《快学快用》光盘使用说明

将光盘印有文字的一面朝上放入光驱中，稍后光盘会自动运行。如果没有自动运行，可以打开“我的电脑”窗口，在光驱所在盘符上单击鼠标右键，选择“打开”或“自动播放”命令来运行光盘。

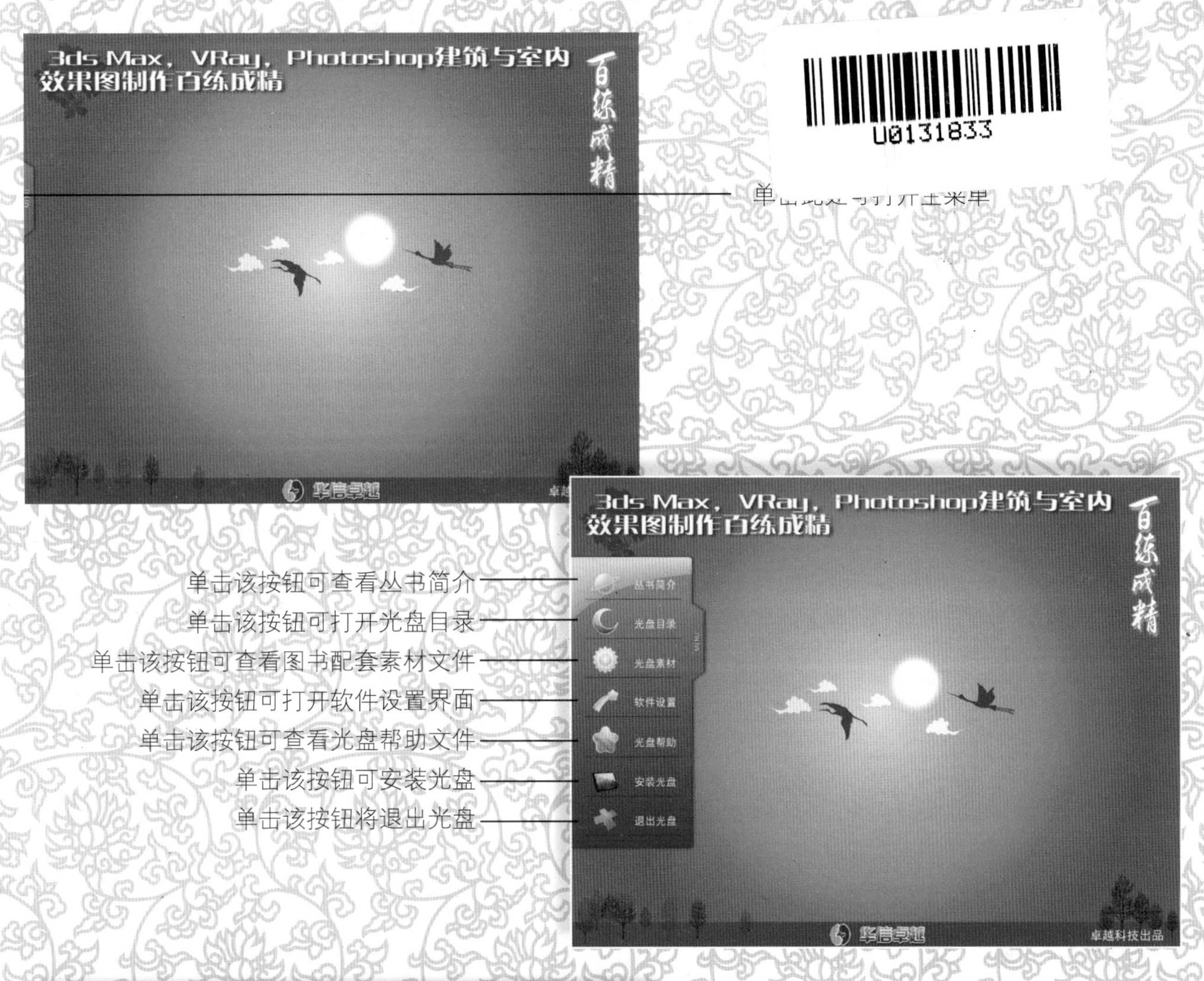

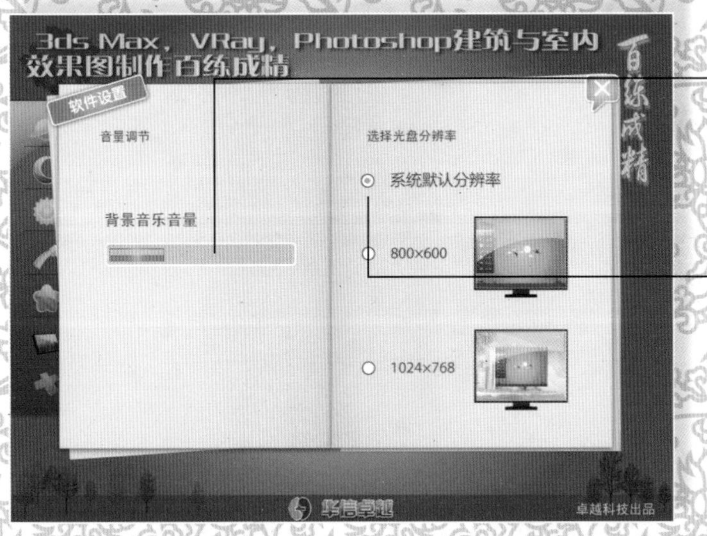

在此可设置光盘演示时的背景音乐音量

在此可设置光盘演示界面的分辨率

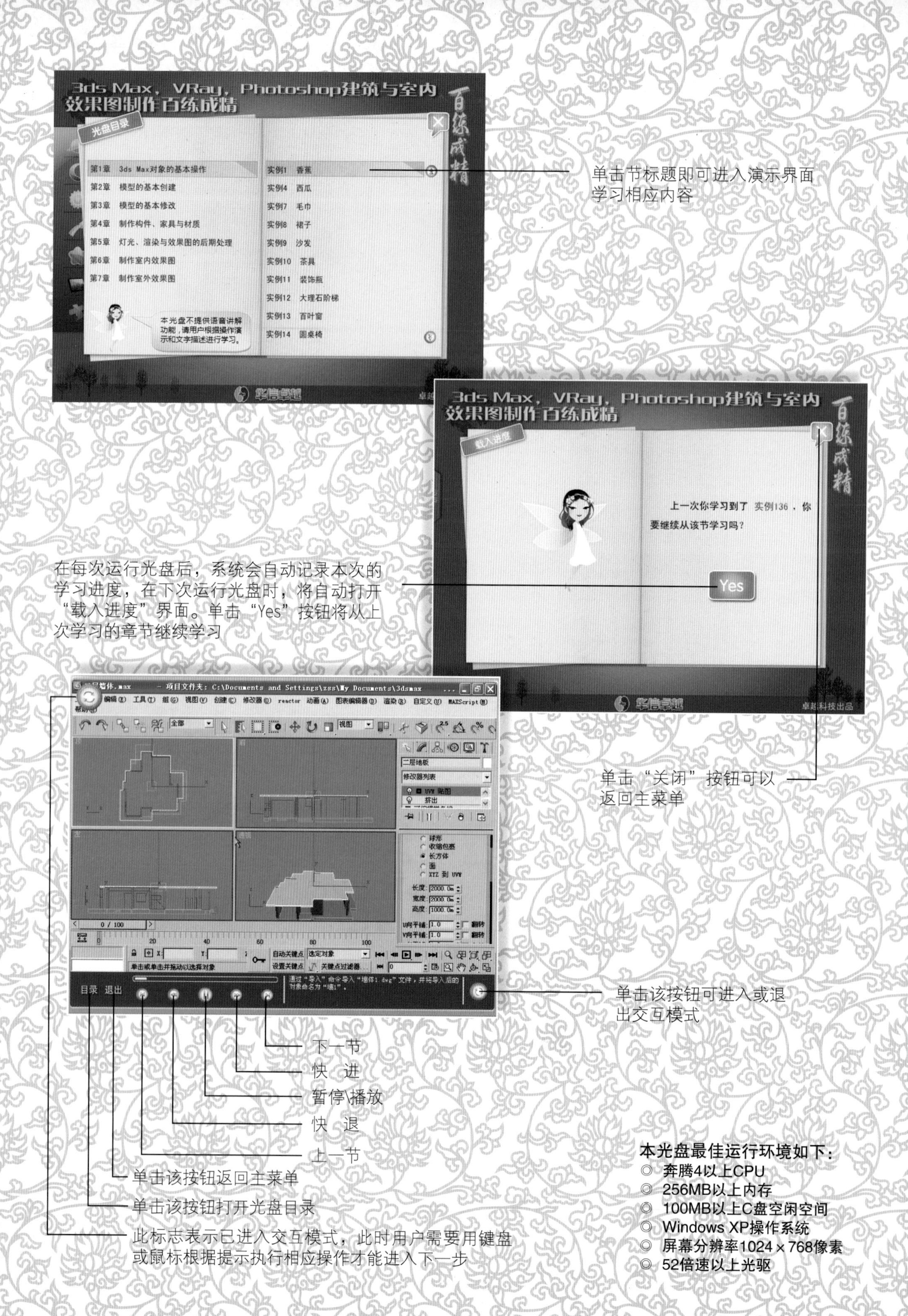
3ds Max，VRay，Photoshop建筑与室内效果图制作百练成精
百练成精
光盘目录
第1章 3ds Max对象的基本操作
第2章 模型的基本创建
第3章 模型的基本修改
第4章 制作构件、家具与材质
第5章 灯光、渲染与效果图的后期处理
第6章 制作室内效果图
第7章 制作室外效果图
实例1 香蕉
实例4 西瓜
实例7 毛巾
实例8 裙子
实例9 沙发
实例10 茶具
实例11 装饰瓶
实例12 大理石阶梯
实例13 百叶窗
实例14 圆桌椅
本光盘不提供语音讲解功能，请用户根据操作演示和文字描述进行学习。
单击节标题即可进入演示界面学习相应内容
载入进度
上一次你学习到了 实例136 ，你要继续从该节学习吗？
Yes
卓越科技出品
在每次运行光盘后，系统会自动记录本次的学习进度，在下次运行光盘时，将自动打开“载入进度”界面。单击“Yes”按钮将从上次学习的章节继续学习
单击“关闭”按钮可以返回主菜单
目录
退出
单击该按钮可进入或退出交互模式
下一节
快 进
暂停\播放
快 退
上一节
单击该按钮返回主菜单
单击该按钮打开光盘目录
此标志表示已进入交互模式，此时用户需要用键盘或鼠标根据提示执行相应操作才能进入下一步
本光盘最佳运行环境如下：
◎ 奔腾4以上CPU
◎ 256MB以上内存
◎ 100MB以上C盘空闲空间
◎ Windows XP操作系统
◎ 屏幕分辨率1024×768像素
◎ 52倍速以上光驱

PowerPoint 2007 演示文稿设计

卓越科技　编著

電子工業出版社
Publishing House of Electronics Industry
北京・BEIJING

内 容 简 介

本书通过实例的方式讲解了 PowerPoint 2007 软件在演示文稿设计方面的应用，让初学者入门并进阶，让已有基础的读者对 PowerPoint 2007 有更全面的认识。主要内容包括文本幻灯片的制作、图形幻灯片的制作、表格和图表幻灯片的制作、多媒体幻灯片的制作、幻灯片动画的制作、幻灯片的版式制作、幻灯片的延伸应用、幻灯片的放映及商业演示、教学演示和培训演讲类演示文稿的制作等。

本书内容新颖、版式美观、步骤详细，全书共 192 个实例，这些实例按知识点的应用和难易程度进行安排，从易到难，从入门到提高，循序渐进地介绍了各种演示文稿实例的制作方法。在讲解时每个实例先提出制作思路及制作知识点，然后才开始讲解具体的制作步骤，并且有些实例在最后补充总结知识点并出题让读者举一反三，从而达到巩固知识的目的。

本书定位于学习和使用 PowerPoint 2007 进行演示文稿设计的初、中级用户，也可作为从事教学、培训及商业展示等相关工作的读者和 PowerPoint 爱好者的学习和参考用书。

图书在版编目（CIP）数据

PowerPoint 2007 演示文稿设计百练成精 / 卓越科技编著.—北京：电子工业出版社，2009.3
（快学快用）

ISBN 978-7-121-07925-2

Ⅰ. P… Ⅱ.卓… Ⅲ.图形软件，PowerPoint 2007 Ⅳ.TP391.41

中国版本图书馆 CIP 数据核字（2008）第 188413 号

责任编辑：付 睿
印　　刷：北京智力达印刷有限公司
装　　订：北京中新伟业印刷有限公司
出版发行：电子工业出版社
　　　　　北京市海淀区万寿路 173 信箱　　邮编：100036
开　　本：880×1230　1/16　印张：27　字数：907 千字　彩插：1
印　　次：2009 年 3 月第 1 次印刷
定　　价：59.00 元（含 DVD 光盘一张）

凡所购买电子工业出版社图书有缺损问题，请向购买书店调换。若书店售缺，请与本社发行部联系，联系及邮购电话：（010）88254888。

质量投诉请发邮件至 zlts@phei.com.cn，盗版侵权举报请发邮件到 dbqq@phei.com.cn。

服务热线：（010）88258888。

学习电脑真的有捷径吗？

——当然有，多学多练。

要制作出满意的作品就必须先模仿别人的作品多练习吗？

——对。但还要多总结、多思考，再试着举一反三。

快速提高软件应用技能有什么诀窍吗？

——百练成精！

如今，电脑的应用已经渗入到社会的方方面面，融入到了各行各业中。因此，许多人都迫切希望能够掌握最流行、最实用的电脑操作技能，以达到通过掌握一两门实用软件来辅助自己的工作或谋求一个适合自己的职位的目的。

据调查，很多读者面临着一些几乎相同的问题：

- 会用软件，但不能结合实际工作进行应用。
- 能参照书本讲解做出精美的效果，但不能独立进行设计、制作。
- 缺少相关设计和工作经验，作品缺乏创意。

这是因为大部分读者的学习思路是：

看到一个效果→我也要做→学习→死记硬背→看到类似效果→不知所措……

而正确的学习思路是：

看到一个效果→学习→理解延伸→能做出更好的效果吗？→还有其他方法实现吗？→看到类似效果→能够理解其中的奥妙……

可见，多练、多学、多总结、多思考，再试着做到举一反三，这样学习见效才快。

综上所述，我们推出了《快学快用·百练成精》系列图书，该系列图书集软件知识与应用技能为一体，使读者既可系统掌握软件的主要知识点，又能掌握实际应用中一些常用实例的制作，通过反复练习和总结大幅度提高软件应用能力，达到既“授之以鱼”又“授之以渔”的目的。

丛书主要内容

本丛书涉及电脑基础与入门、Office 办公、平面设计、动画制作和机械设计等众多领域，主要包括以下图书：

- 电脑新手入门操作百练成精
- Excel 2007 表格应用百练成精
- Word 2007 文档处理百练成精
- PowerPoint 2007 演示文稿设计百练成精
- Office 2007 办公应用百练成精
- Photoshop CS3 平面设计百练成精
- Photoshop CS3 图像处理百练成精
- Photoshop CS3 美工广告设计百练成精
- Photoshop CS3 特效处理百练成精
- Dreamweaver CS3 网页制作百练成精
- Dreamweaver，Flash，Fireworks 网页设计百练成精（CS3 版）

* Flash CS3 动画设计百练成精
* AutoCAD 机械设计百练成精
* AutoCAD 建筑设计百练成精
* AutoCAD 辅助绘图百练成精
* 3ds Max，VRay，Photoshop 建筑与室内效果图制作百练成精

……

本书主要特点

* **既学知识，又练技术**：本书总结了应用软件最常用的知识点，将这些知识点一一体现到实用的实例中，并在目录中体现出各实例的重要知识点。学完本书后，可以在巩固应用软件大部分知识点的同时掌握最实用的应用技能，提高软件的应用水平。
* **任务驱动，简单易学**：书中每个实例都列出涉及的知识点、重点、难点以及制作思路，做到让读者心中有数，从而有目的地进行学习。
* **实例精美，实用性强**：本书选用的实例精美实用，有些实例侧重于应用软件的某方面功能，有些实例用于提高读者的综合应用技能，有些实例则帮助读者掌握某类具体任务的完成要点。每个实例都提供相关素材与完整的最终效果文件，便于读者直接用于相关应用。
* **知识延伸，举一反三**：部分实例对知识点的应用进行了适当的总结与延伸，有些实例还通过出题的方式让读者举一反三，达到学以致用的目的。
* **版式美观，步骤详细**：本书采用双栏图解方式排版，图文对应，每步操作下面再细分步骤进行讲解，便于读者跟随书中的讲解学习具体操作方法。
* **配套多媒体自学光盘**：本书配有一张生动精彩的多媒体自学光盘，其中包含书中一些重点实例的教学演示视频，并收录了所有实例的素材和效果文件。跟随多媒体光盘中的教学演示进行学习，再结合图书中的相关内容，可大大提高学习效率。

本书读者对象

本书定位于有一定 PowerPoint 使用基础，希望快速提高幻灯片制作水平的读者群体，兼顾需通过实例快速学习 PowerPoint 软件应用的初学者，适用于从事商务、贸易、演讲、产品推广和文秘等相关工作的办公人员使用。

本书作者及联系方式

本书由卓越科技组织编写，西华大学沈淑红主编，沈淑红、蒲乐等编著，其中沈淑红编写第 1~11 章，蒲乐编写第 12~14 章。由于作者水平有限，书中疏漏和不足之处在所难免，恳请广大读者及专家不吝赐教。

如果您在阅读本书的过程中有什么问题或建议，请通过以下方式与我们联系。

* 网站：faq.hxex.cn
* 电子邮件：faq@phei.com.cn
* 电话：010-88253801-168（服务时间：工作日 9:00~11:30，13:00~17:00）

第 1 章 文本幻灯片的制作

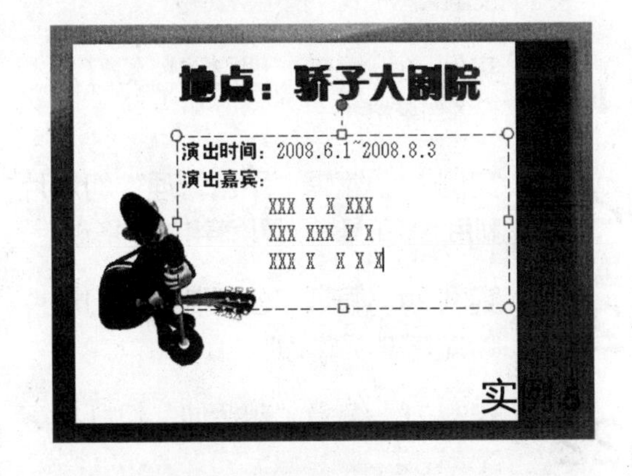

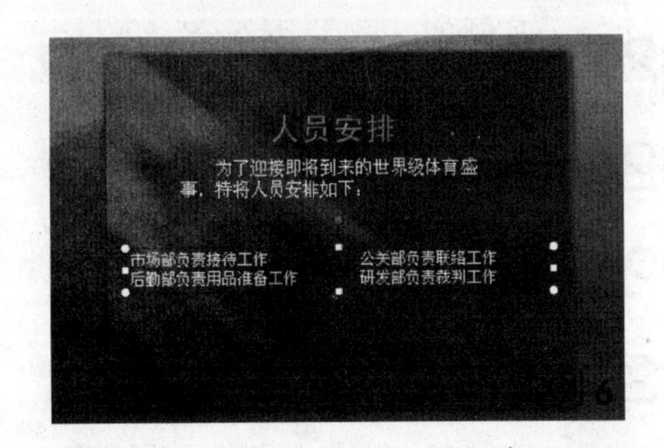

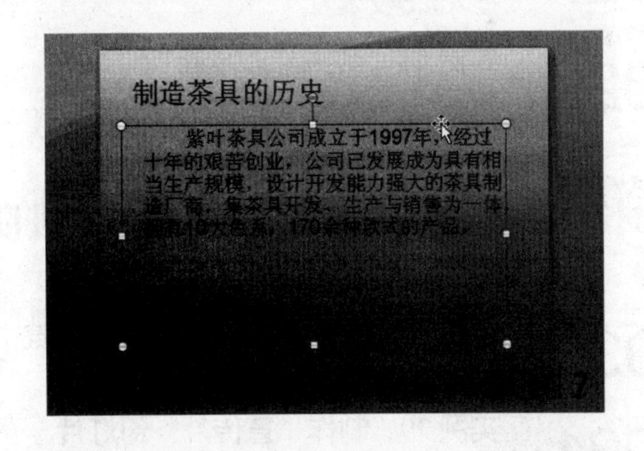

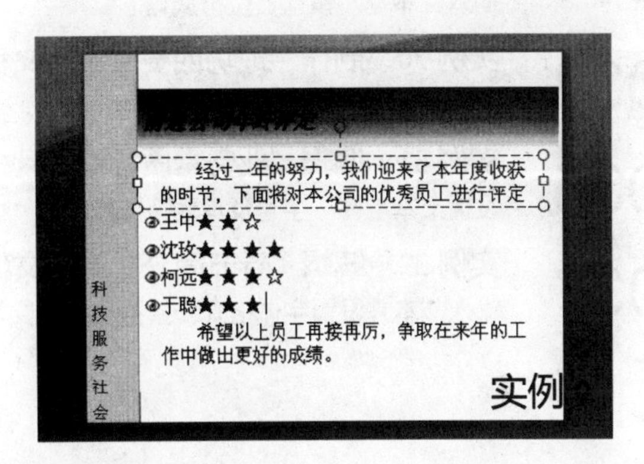

第 2 章 文本幻灯片的制作进阶

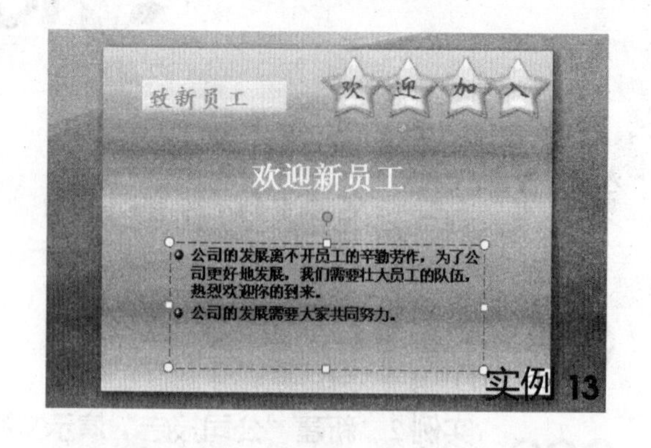

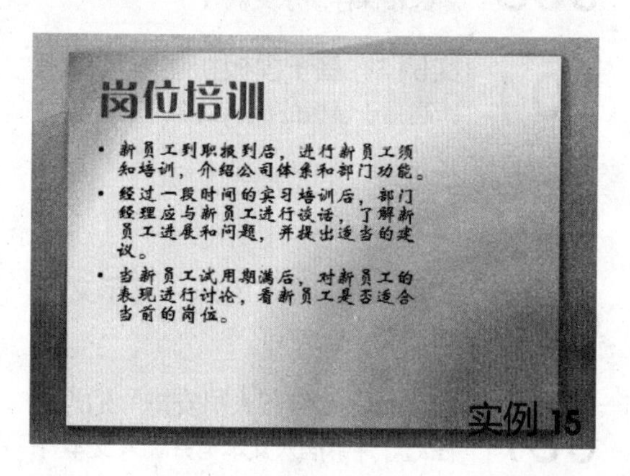

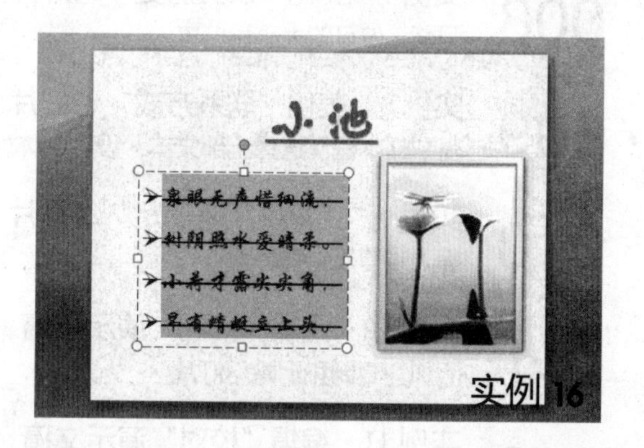

第 3 章 图形幻灯片的制作

第 4 章 表格和图表幻灯片的制作

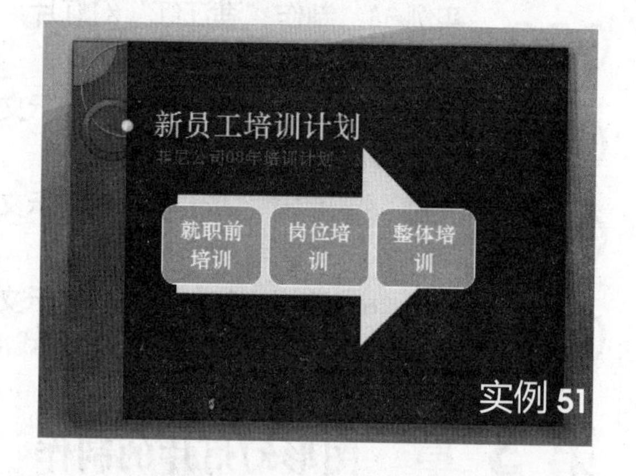

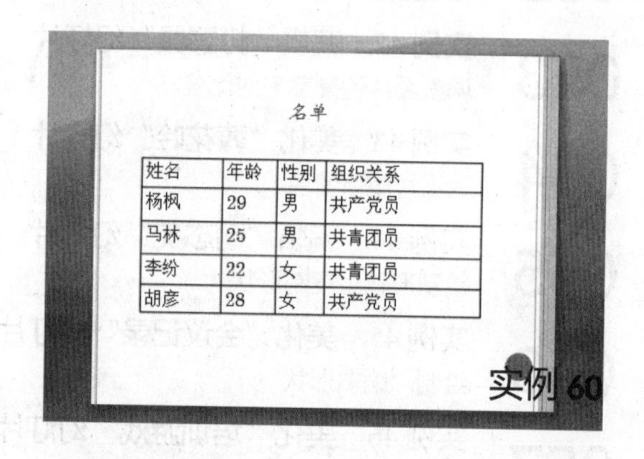

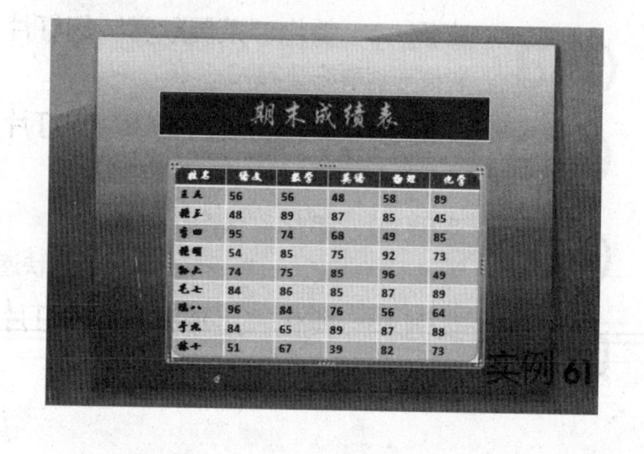

第 5 章　图形、图表幻灯片的制作进阶

科目 姓名	语文	数学	英语
张三	85	95	75
李四	87	97	99
王五	86	75	79

实例 68

菜单

菜品	价格	菜品	价格
红焖龙虾	30	回锅肉	15
鱼香肉丝	15	泰安鱼	25
东坡肘子	30	北京烤鸭	30
土豆炒蛋	10	鱼香茄子	15
红烧肉	20	红烧牛肉	25
酸菜鱼	20	蛋花汤	10
番茄炒蛋	10	番茄鸡蛋汤	10

实例 71

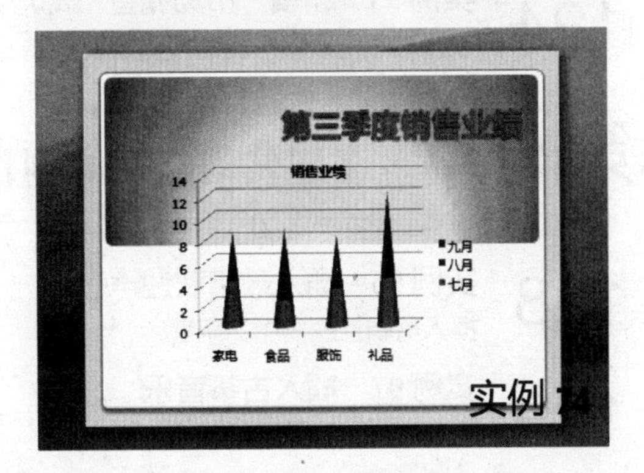

实例 74

实例 84

第 6 章 多媒体幻灯片的制作

比赛记录

第一局	11	1：0	9
第二局	5	1：1	11
第三局	11	2：1	8
第四局	11	3：1	9
胜负	张三	3：1	李四

实例 89

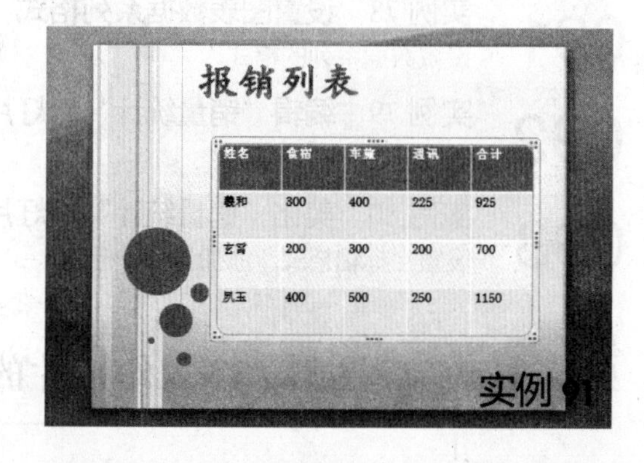

第 7 章 幻灯片动画的制作

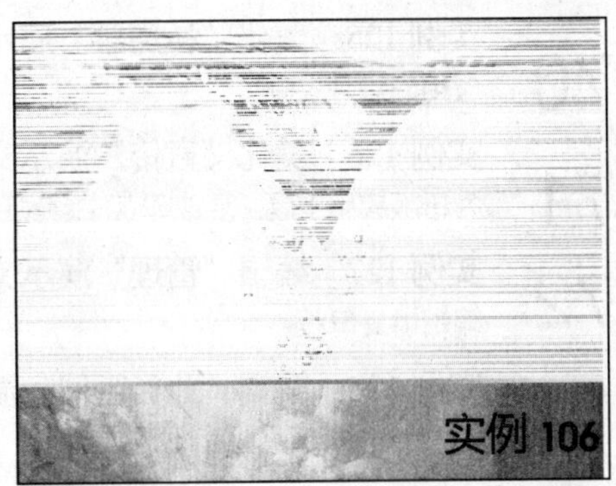

第 8 章 多媒体与幻灯片动画制作进阶

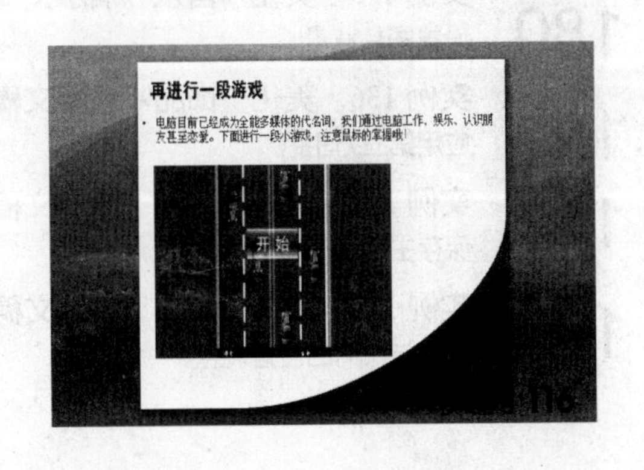

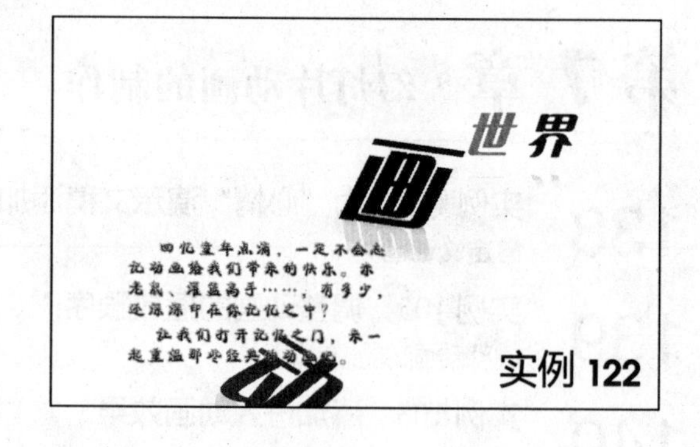

实例 122

第 9 章 幻灯片的版式制作

我们的条件

1.有着对街舞最热诚的爱好。
2.身安良好，当然你的协调性是必不可少的。
3.思想活跃，让你在街舞中彻底解放。
4.你不能太大，12到18岁是最好的。
5.要有耐心哦，懂得坚持的道理。
6.你的时间能安排过来吗？

实例 134

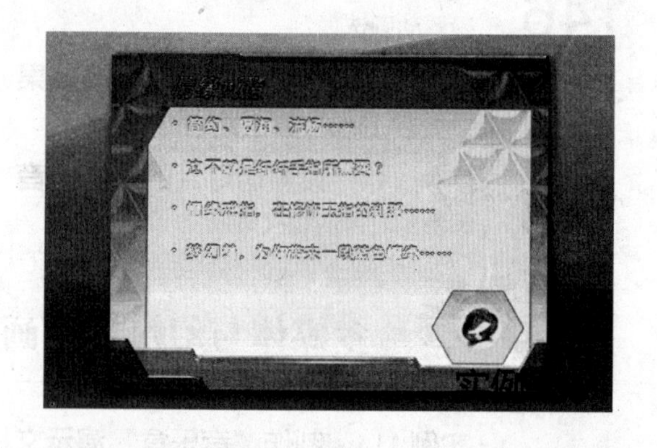

实例 138

第 10 章　幻灯片的延伸应用

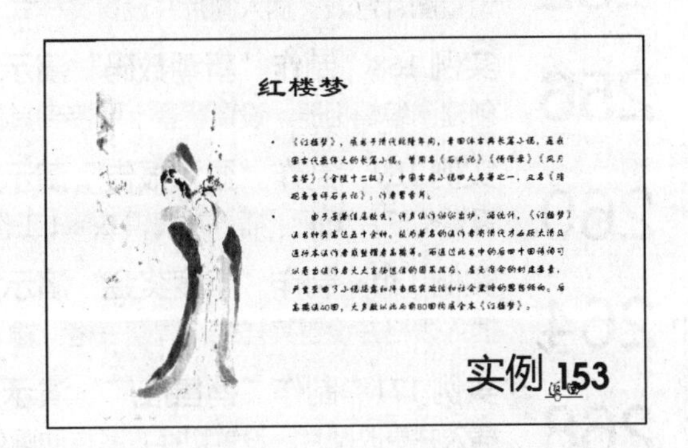

第 11 章 幻灯片的放映

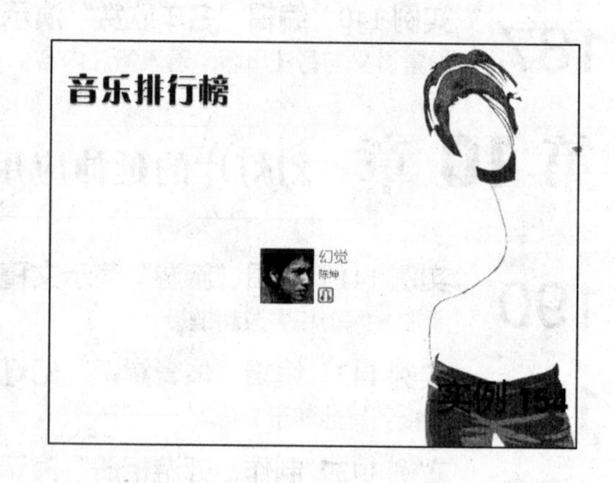

第 12 章 制作商业类演示文稿

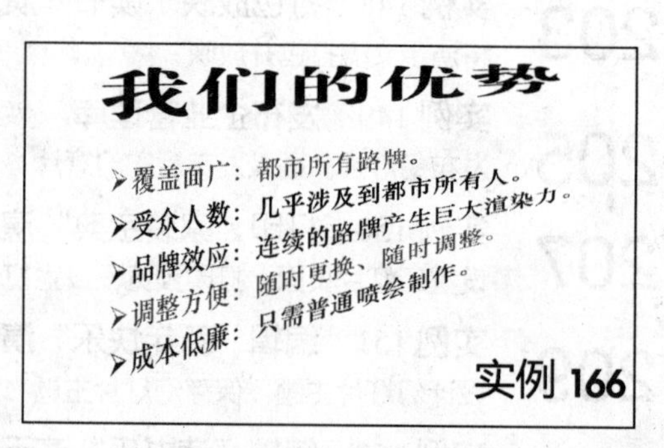

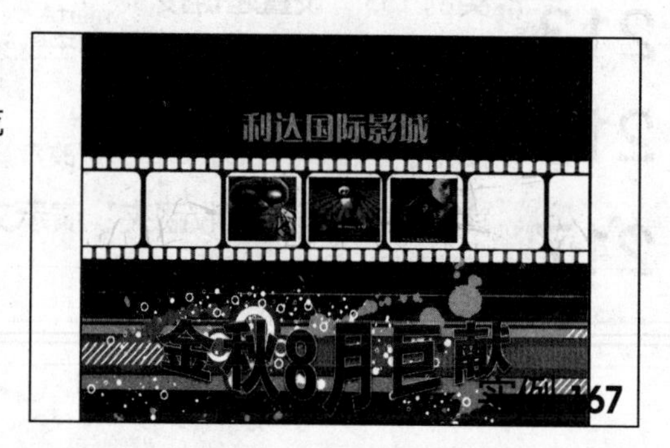

实例 168

第 13 章　制作教学演示文稿

实例 177

第 14 章　制作培训演讲类演示文稿

实例 185

实例 189

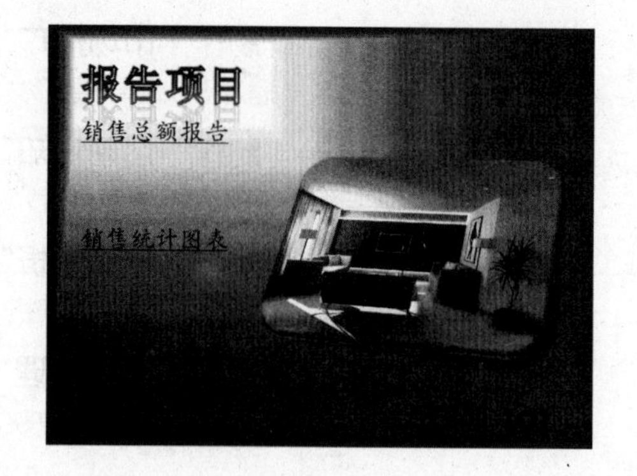
报告项目
销售总额报告
销售统计图表

第 1 章

文本幻灯片的制作

制造茶具的历史

紫叶茶具公司成立于1997年，经过十年的艰苦创业，公司已发展成为具有相当生产规模，设计开发能力强大的茶具制造厂商，集茶具开发、生产与销售为一体，拥有10大色系，170余种款式的产品。

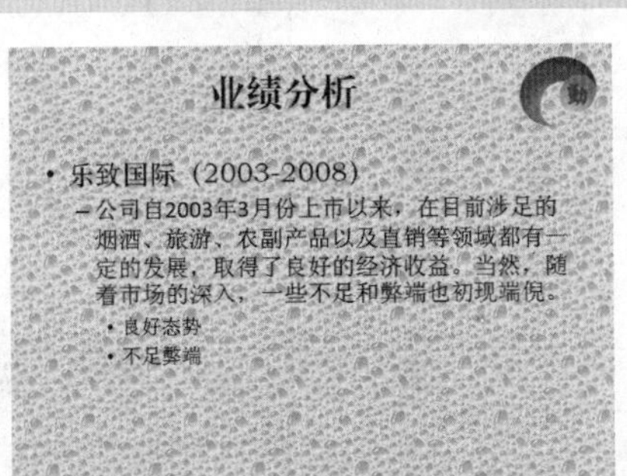

实例 1 打开“智商”演示文稿

实例 3 基于模板新建演示文稿

实例 4 浏览演示文稿

实例 5 制作“音乐”演示文稿

实例 7 美化“茶具历史”幻灯片

实例 10 编辑“培训”演示文稿

实例 13 编辑“欢迎辞”幻灯片

实例 16 编辑“小池”幻灯片

实例 19 编辑“平台管理”幻灯片

01

PowerPoint 2007 是一种集文字、图形、图像、声音和动画于一体，专门用于制作并展示幻灯片的软件。本章我们将学习使用 PowerPoint 2007 制作文本幻灯片的方法，初步享受 PowerPoint 2007 的精美界面带给我们的畅快体验。

实例1 打开“智商”演示文稿

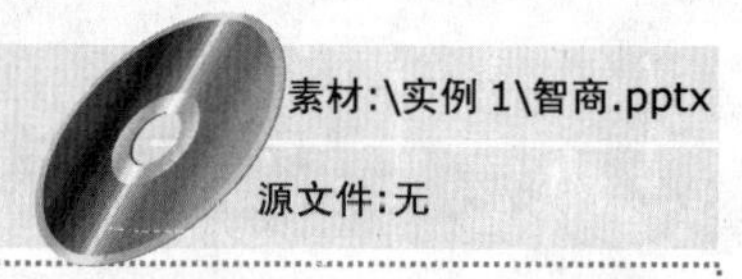

素材:\实例 1\智商.pptx

源文件:无

包含知识

■ 打开演示文稿 ■ 浏览幻灯片 ■ 关闭演示文稿

01

■ 选择“开始/所有程序/Microsoft Office/Microsoft Office PowerPoint 2007”命令，启动PowerPoint 2007，单击“Office”按钮，在弹出的下拉菜单中选择“打开”命令。

02

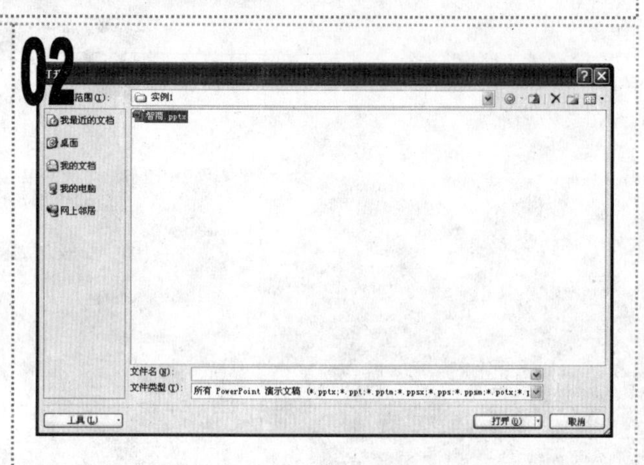

■ 在打开的“打开”对话框的“查找范围”下拉列表框中，选择素材所在的文件夹，在中间的列表框中选择“智商”演示文稿，单击“打开”按钮。

03

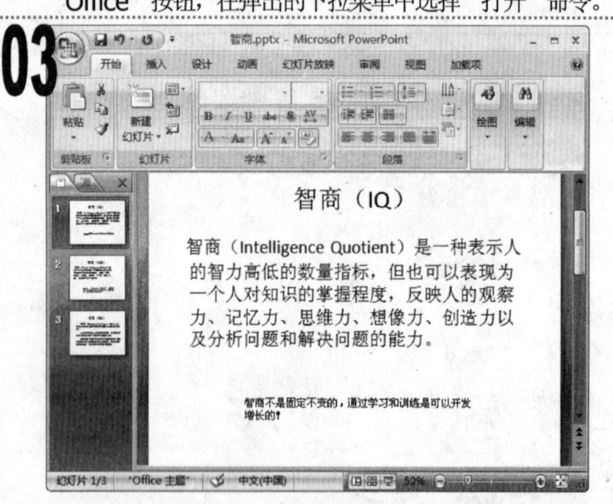

■ 在“幻灯片编辑”窗格中可查看第1张幻灯片的内容，在“幻灯片”窗格中可看到演示文稿由三张幻灯片组成。

04

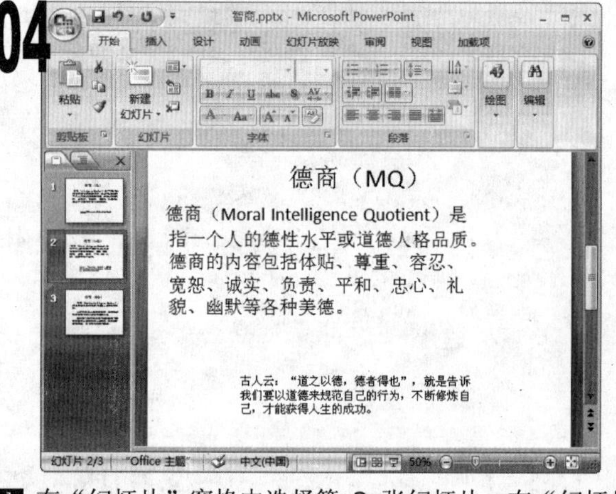

■ 在“幻灯片”窗格中选择第2张幻灯片，在“幻灯片编辑”窗格中可以查看该幻灯片的内容。

05

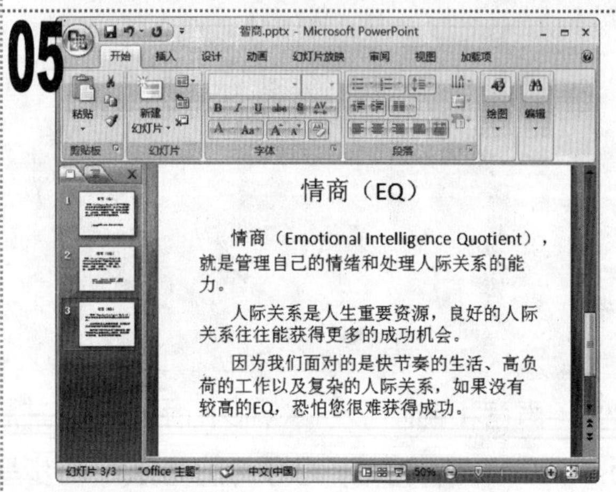

■ 拖动滚动条继续查看其他幻灯片的内容。

06

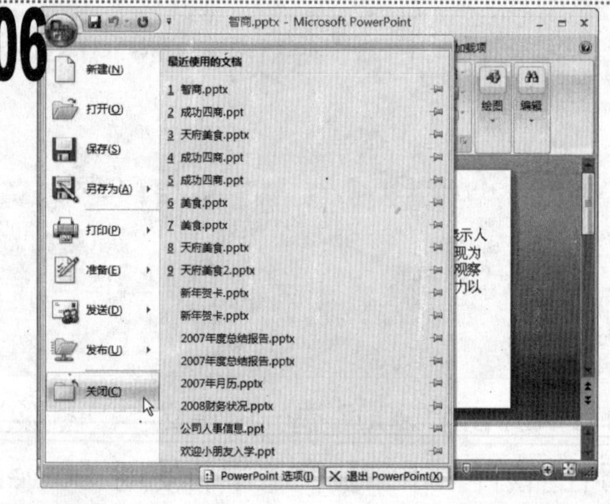

■ 查看完闭后，单击“Office”按钮，在弹出的下拉菜单中选择“关闭“命令，即可关闭演示文稿。

实例2 新建“公司报告”演示文稿

素材:无

源文件:\实例 2\公司报告.pptx

包含知识 ■ 新建空白演示文稿 ■ 保存演示文稿

01

■ 启动 PowerPoint 2007，单击“Office”按钮，在弹出的下拉菜单中选择“新建”命令。

02

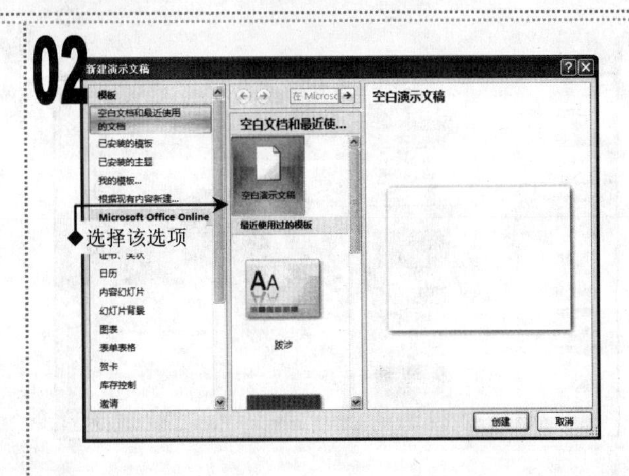

■ 在打开的“新建演示文稿”对话框中间的窗格中，选择“空白演示文稿”选项，单击“创建”按钮。

03

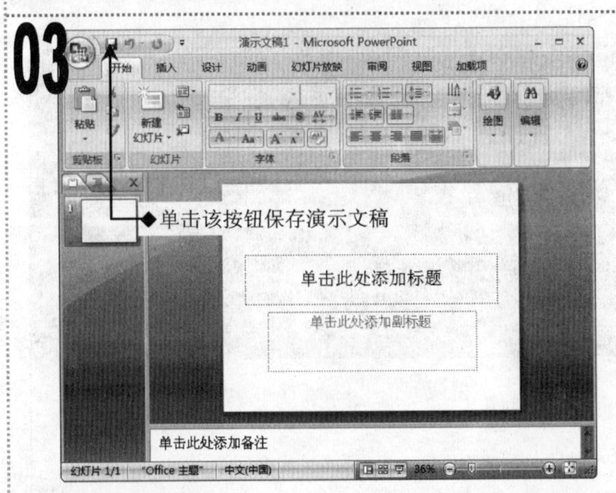

■ 此时，PowerPoint 2007 将新建一个空白演示文稿“演示文稿 1”。

■ 单击快速访问工具栏中的“保存”按钮。

04

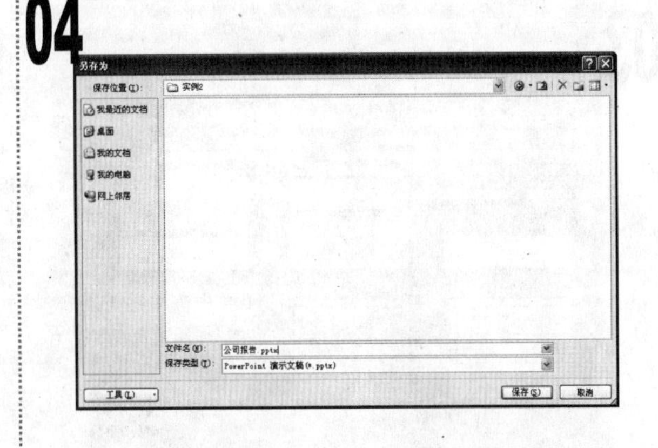

■ 在打开的“另存为”对话框的“保存位置”下拉列表框中，选择文件的保存位置，在“文件名”下拉列表框中输入文件名“公司报告”，单击“保存”按钮。

05

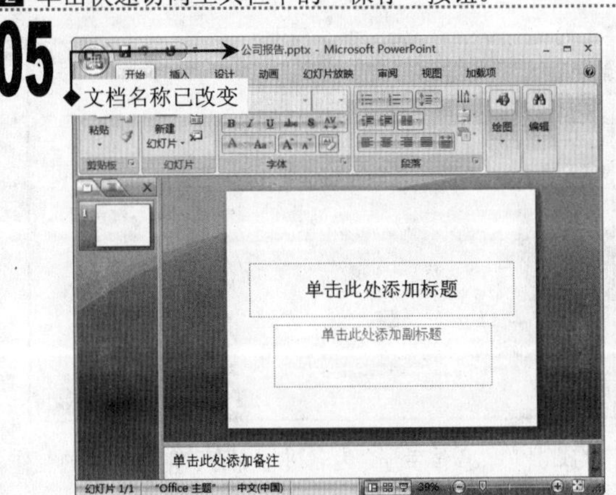

■ 演示文稿被保存后，其标题栏中的文档名称也会发生相应的改变。

注意提示

单击“保存”按钮时，如果该演示文稿已经保存过，将不会打开“另存为”对话框，演示文稿会以原文件名在原位置进行保存，这样做会覆盖修改前的演示文稿内容。若用户需要保存修改前的内容，可单击“Office”按钮，在弹出的下拉菜单中选择“另存为”命令，打开“另存为”对话框，在其中将演示文稿保存到其他位置或以其他文件名进行保存即可。

实例3 基于模板新建演示文稿

素材:无

源文件:\实例 3\宣传手册.pptx

包含知识	■ 新建基于模板的演示文稿 ■ 浏览与放映幻灯片

01

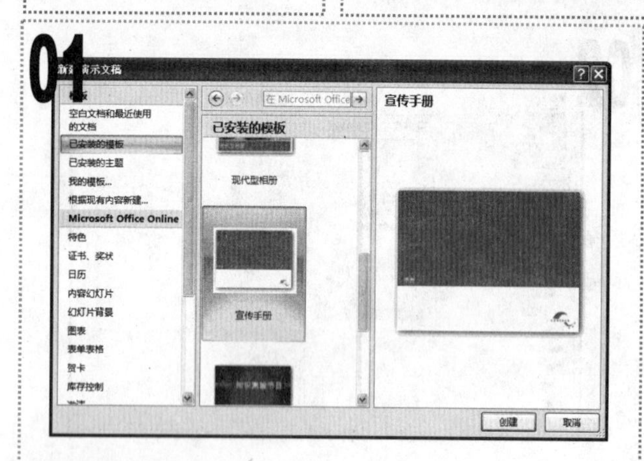

■ 在 PowerPoint 2007 中打开“新建演示文稿”对话框，在左侧的窗格中单击“已安装的模板”选项卡，在中间的窗格中选择“宣传手册”选项，单击“创建”按钮。

02

■ 程序自动新建一个基于“宣传手册”模板的演示文稿，在“幻灯片”窗格中可以看到该演示文稿中包含了多张幻灯片。

03

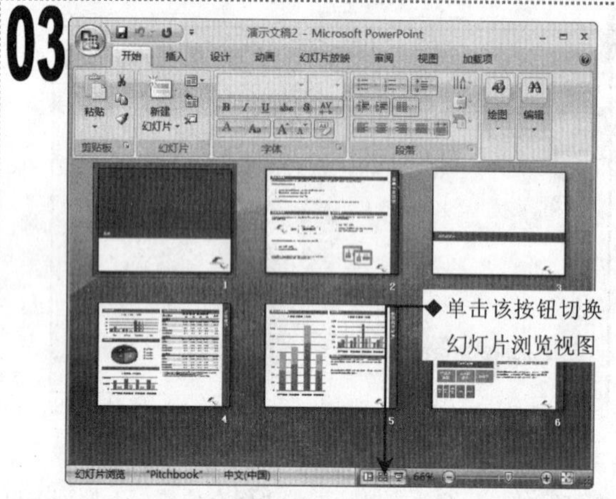

■ 单击“幻灯片编辑”窗格底部的“幻灯片浏览”按钮，将切换为幻灯片浏览视图。

04

■ 在“幻灯片编辑”窗格底部单击“幻灯片放映“按钮，程序开始从第 1 张幻灯片开始放映。

05

■ 单击鼠标左键，将依次放映该演示文稿中的幻灯片，放映完毕后将出现提示，此时单击鼠标左键即可退出放映画面。

06

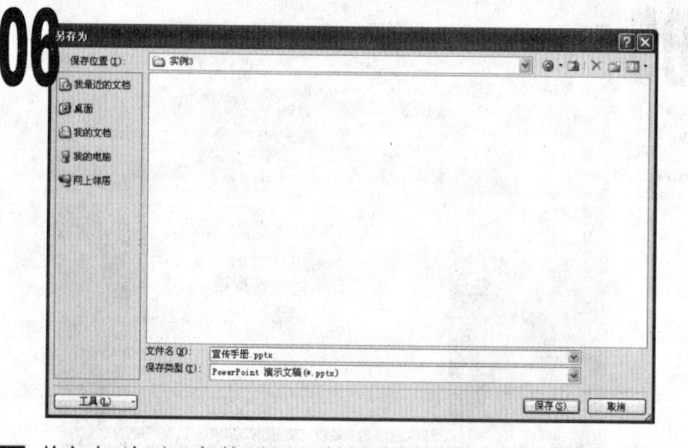

■ 将幻灯片以“宣传手册”为名进行保存，完成本例的制作。

实例4 浏览演示文稿

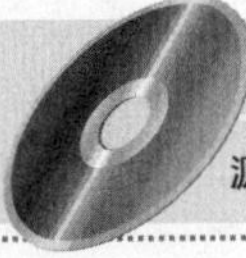

素材:\实例4\公司人事管理.pptx

源文件:无

包含知识 ■ 幻灯片的浏览方式 ■ 显示比例的设置

01

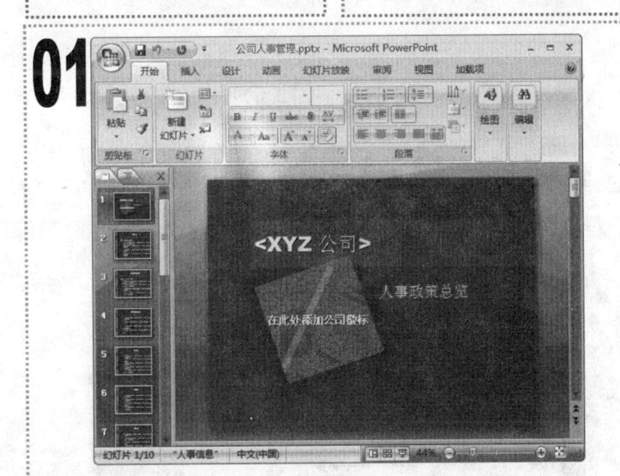

■ 在 PowerPoint 2007 中打开“公司人事管理”演示文稿，此时是以普通视图方式显示幻灯片的，在“幻灯片”窗格中单击任意一张幻灯片即可对其进行浏览。

02

■ 在“幻灯片编辑”窗格底部单击“幻灯片浏览”按钮，切换到幻灯片浏览视图，对当前演示文稿中的所有幻灯片进行浏览。

03

■ 单击“幻灯片编辑”窗格底部的“普通视图”按钮，返回普通视图，单击右侧的“缩放级别”按钮，在打开的“显示比例”对话框中选中“100%”单选按钮，单击“确定”按钮。

04

■ 当前幻灯片将以 100%的比例显示。

05

■ 拖动“缩放级别”按钮右侧的滑块，即可设置幻灯片在10%~400%之间缩放显示。

06

■ 如需使幻灯片以适应当前窗口的比例显示，只需单击窗口右下角的“使幻灯片适应当前窗口”按钮即可。

实例5 制作“音乐”演示文稿

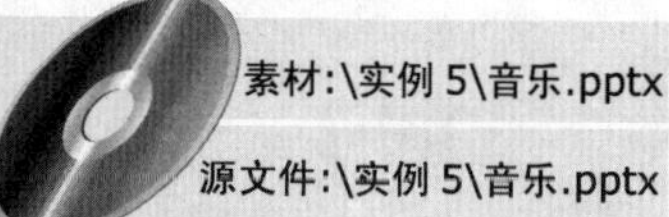
素材:\实例 5\音乐.pptx
源文件:\实例 5\音乐.pptx

包含知识

■ 在占位符中输入文本

重点难点

■ 在占位符中输入文本

制作思路

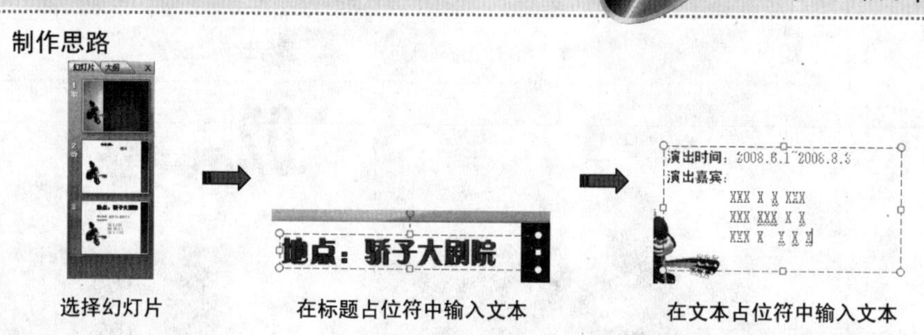

选择幻灯片　在标题占位符中输入文本　在文本占位符中输入文本

01

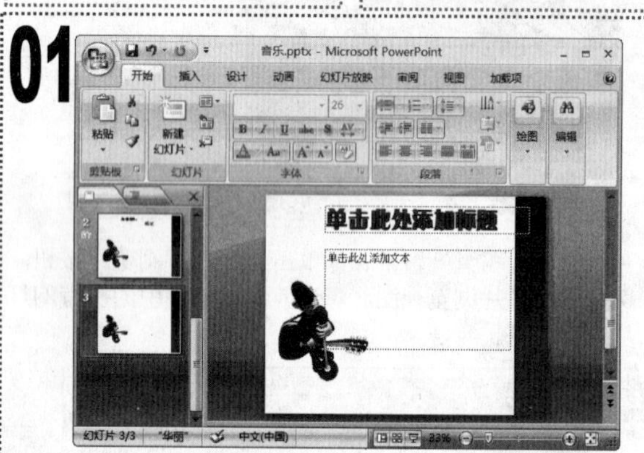

■ 打开“音乐”演示文稿，在左侧的“幻灯片”窗格中选择第 3 张幻灯片。

02

■ 可以看到第 3 张幻灯片中有上下两个虚框，这些虚框就是占位符，在上面的占位符中单击鼠标左键，其中原有的文本“单击此处添加标题”将被文本插入点取代。

03

■ 切换到用户常用的输入法，在该占位符中输入文本“地点：骄子大剧院”。

04

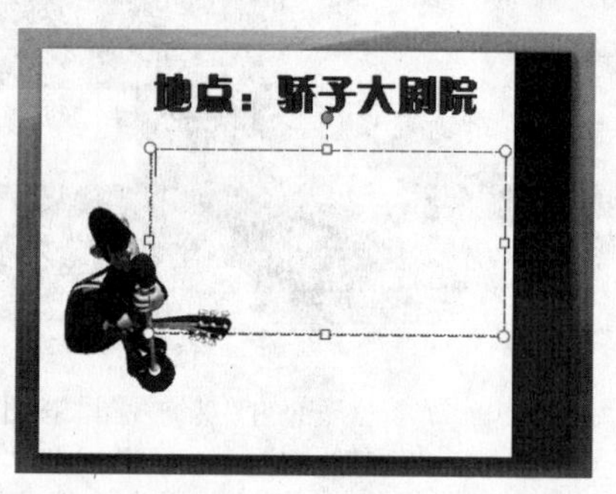

■ 在下面的占位符中单击鼠标左键，其中原有文本“单击此处添加文本”将被文本插入点取代。

05

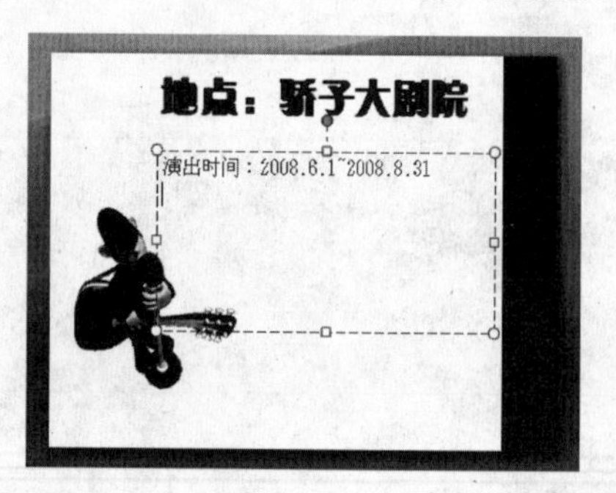

■ 在该占位符中输入第 1 行文本，并按【Enter】键将文本插入点切换到下一行行首。

06

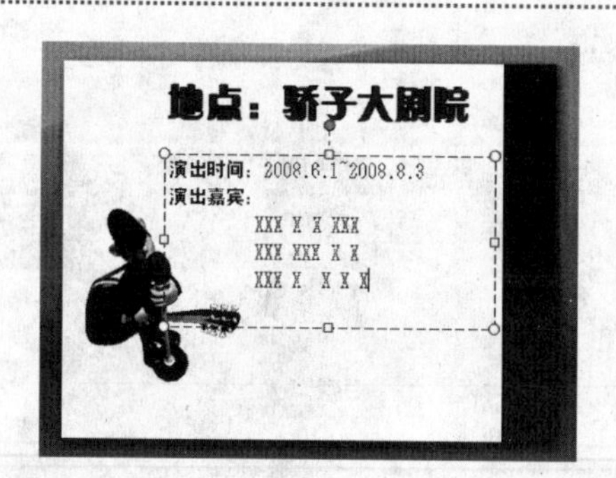

■ 继续输入其他文本，完成之后保存演示文稿，完成本例的制作。

实例6　制作“人员安排”幻灯片

素材:无

源文件:\实例 6\人员安排.pptx

包含知识

- 基于主题创建幻灯片
- 在幻灯片中插入文本框
- 在文本框中输入文本

重点难点

- 在幻灯片中插入文本框

制作思路

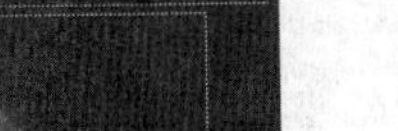

拖动占位符

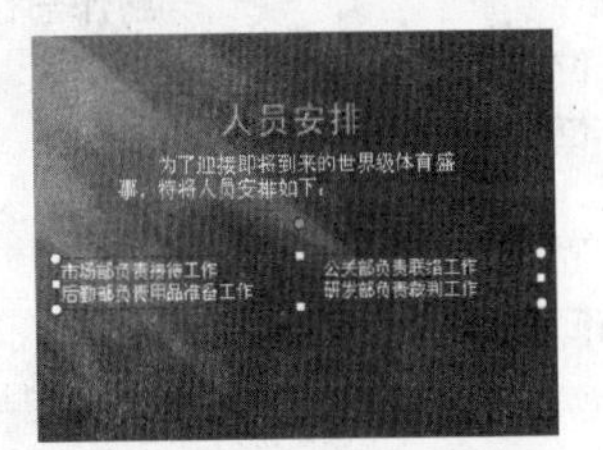

绘制文本框并输入文本

01

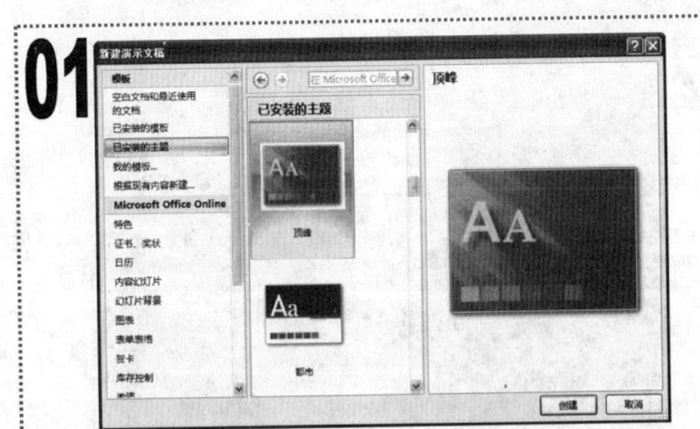

1. 启动 PowerPoint 2007，单击“Office”按钮，在弹出的下拉菜单中选择“新建”命令，打开“新建演示文稿”对话框。
2. 单击“已安装的主题”选项卡，在中间的窗格中选择“顶峰”选项，单击“创建”按钮。

02

1. 按住【Ctrl】键，在“幻灯片编辑”窗格中选择如图所示的两个占位符，将其向上拖动。
2. 在标题占位符中单击鼠标左键，将文本插入点定位其中，输入“人员安排”文本。

03

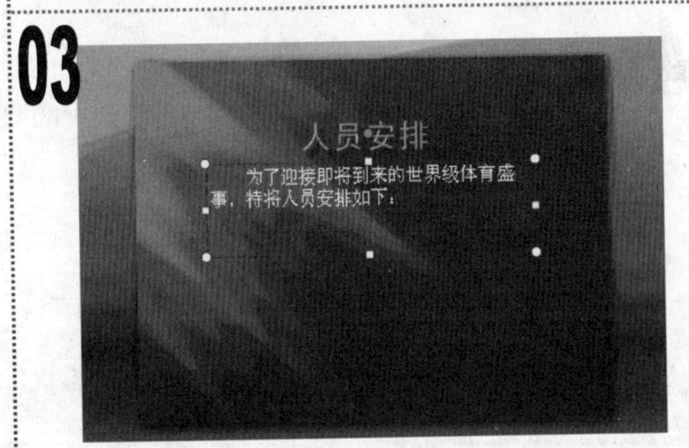

1. 在其下的占位符中单击鼠标左键，定位文本插入点，输入如图所示的文本。

04

1. 单击“插入”选项卡，在“文本”组中单击“文本框”按钮，在弹出的下拉菜单中选择“横排文本框”命令。

05

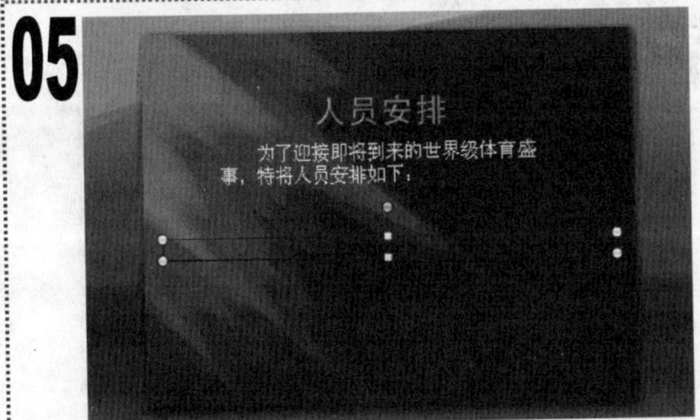

1. 将鼠标光标移动到“幻灯片编辑”窗格中，按住鼠标左键不放拖动绘制一个文本框。

06

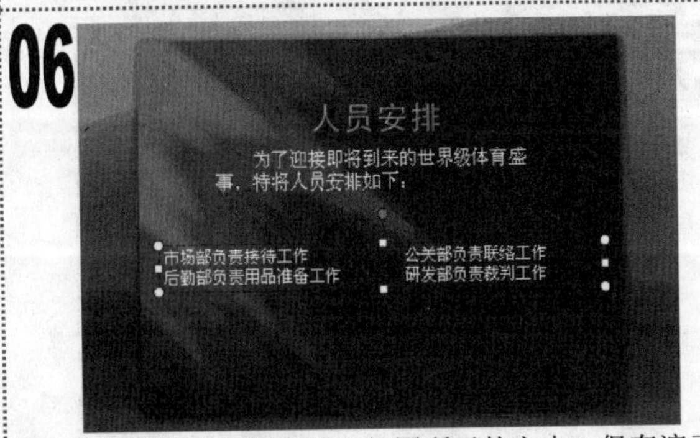

1. 在绘制的文本框中输入如图所示的文本。保存演示文稿，完成本例的制作。

实例7 美化“茶具历史”幻灯片

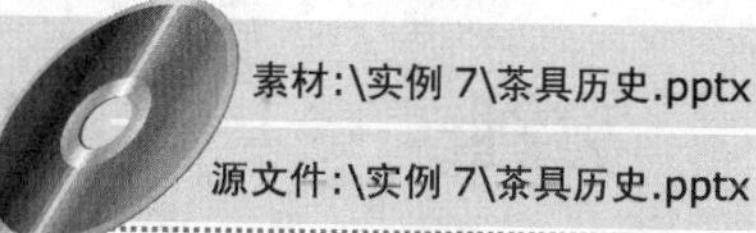

素材:\实例 7\茶具历史.pptx

源文件:\实例 7\茶具历史.pptx

包含知识

- 调整占位符的大小
- 移动占位符的位置

重点难点

- 调整占位符的大小
- 移动占位符的位置

制作思路

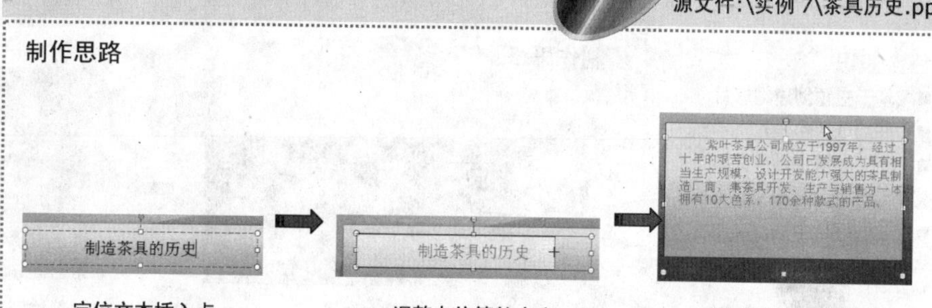

定位文本插入点　　调整占位符的大小　　移动占位符的位置

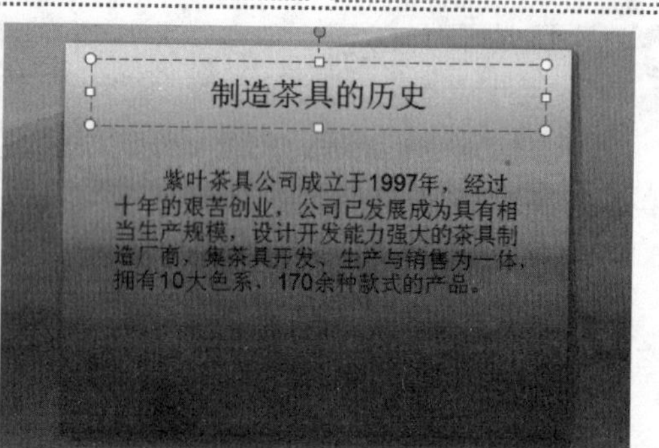

1 在 PowerPoint 2007 中打开“茶具历史”演示文稿。

2 在标题文本的任意位置处单击鼠标左键，将在文本周围出现一个虚框。

02

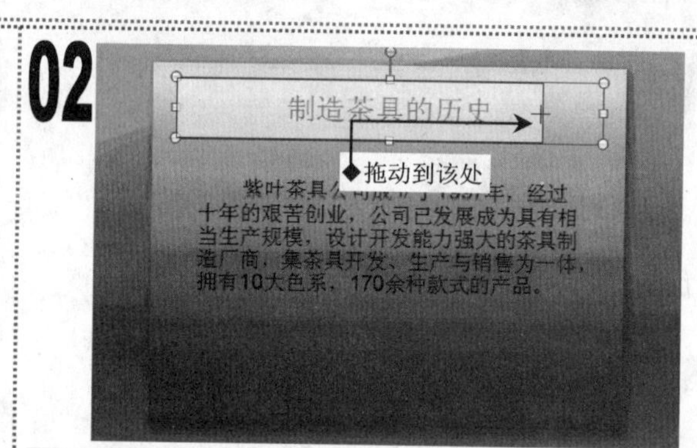

1 将鼠标光标移动到虚框右侧边框的中间节点上，当鼠标光标变为“↔”形状时按住鼠标左键不放进行拖动，可以看到随着鼠标的移动，标题占位符左侧出现一个白色的半透明区域，该区域即为改变标题占位符大小后的区域。

03

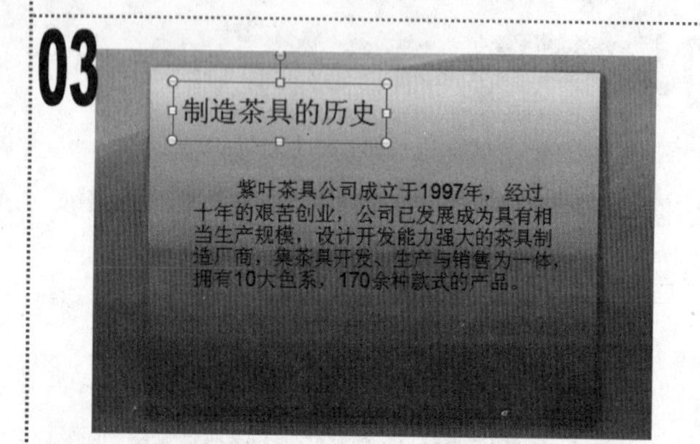

1 释放鼠标左键，可以看到标题占位符的宽度发生了变化，文本位置也因为标题占位符的变化而发生了变化。

04

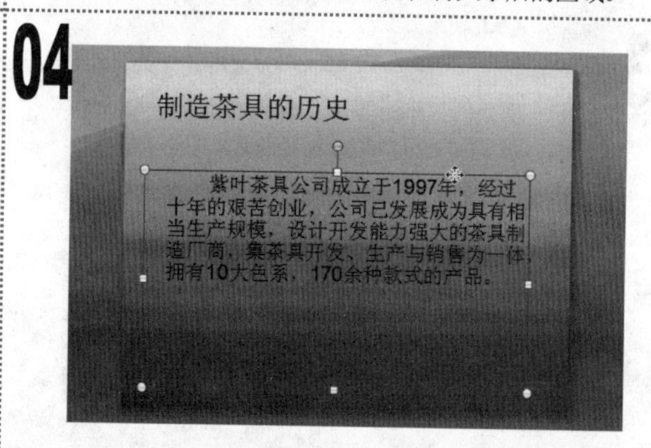

1 将文本插入点定位到文本占位符中，然后将鼠标光标移动到该占位符的边框上，它将变为“✥”形状。

05

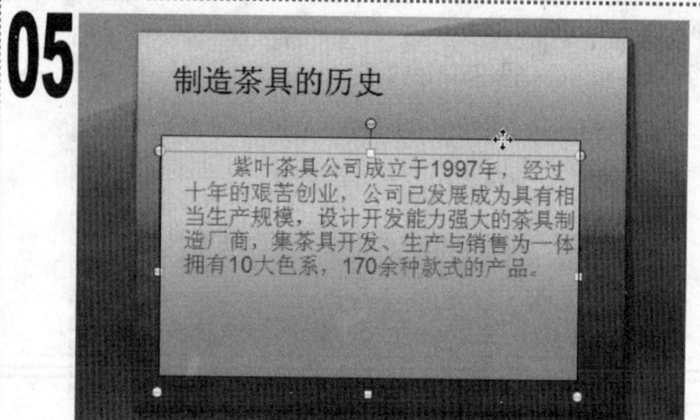

1 按住鼠标左键不放进行拖动，可以看到一个白色半透明区域跟随鼠标一起移动。

06

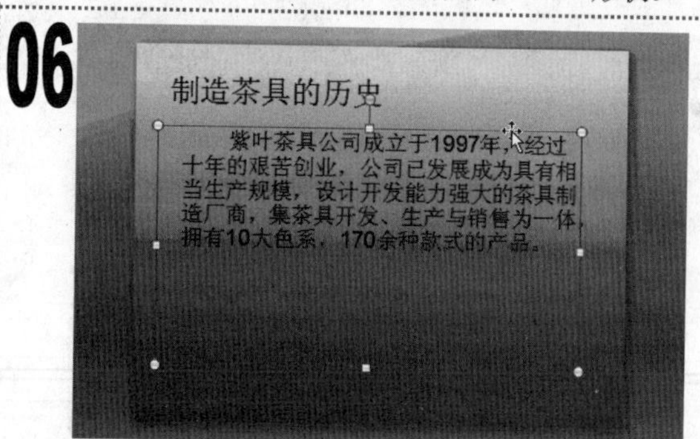

1 在合适的位置释放鼠标左键，文本占位符将会被移动到指定位置。保存演示文稿，完成本例的制作。

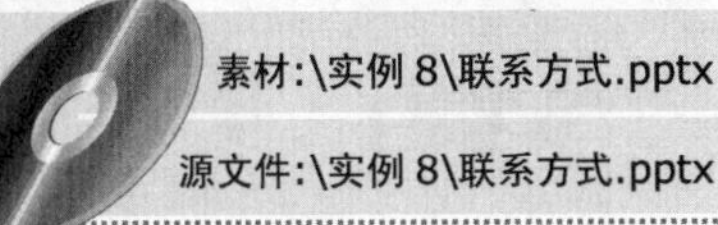

实例8　美化“联系方式”幻灯片

素材:\实例 8\联系方式.pptx

源文件:\实例 8\联系方式.pptx

包含知识

- 复制文本框
- 选择全部文本
- 设置字体颜色

重点难点

- 复制文本框
- 选择全部文本
- 设置字体颜色

制作思路

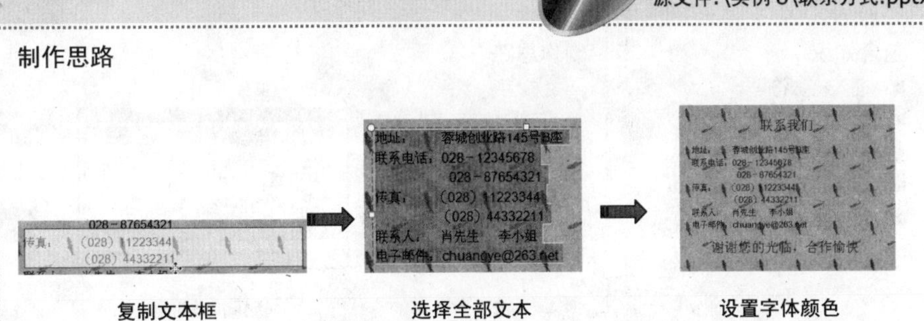

复制文本框　　选择全部文本　　设置字体颜色

01

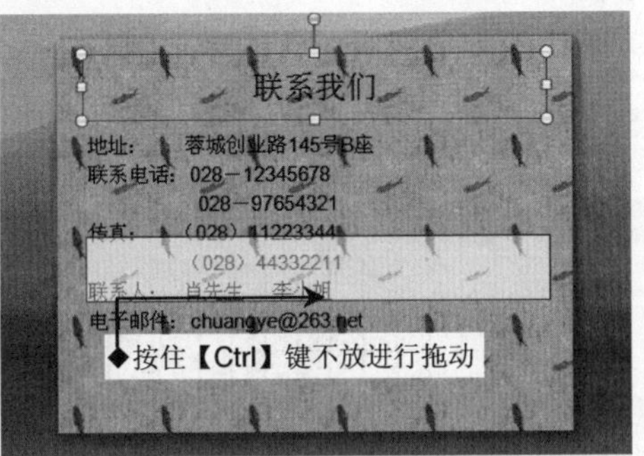

1. 打开“联系方式”演示文稿。
2. 将鼠标光标移动到标题占位符的边框上，当其变为“✥”形状时，按住【Ctrl】键不放进行拖动。

02

1. 将其拖动到适当的位置后，释放鼠标左键，即可在该位置处复制一个文本框。
2. 在文本框中输入如图所示的文本。

03

1. 将文本插入点定位到中间的文本占位符中，按【Ctrl+A】组合键选择该占位符中的所有文本。

04

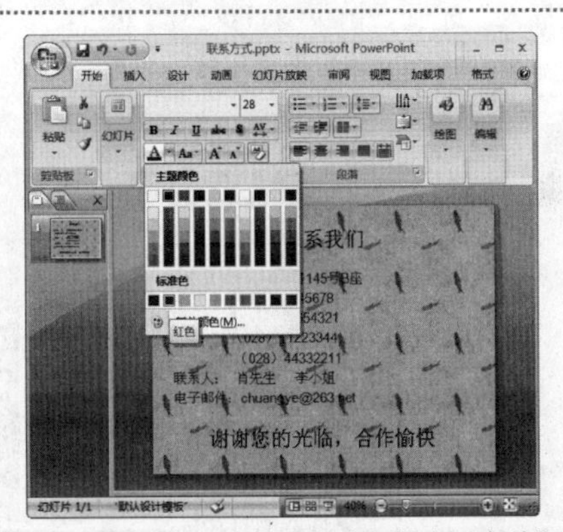

1. 在“开始”选项卡的“字体”组中，单击“字体颜色”按钮右侧的下拉按钮，在弹出的下拉菜单中选择“红色”选项。

05

1. 将文本插入点定位到标题占位符中，按【Ctrl+A】组合键选择所有文本，按住【Ctrl】键在最下方的文本框中选择所有文本。

06

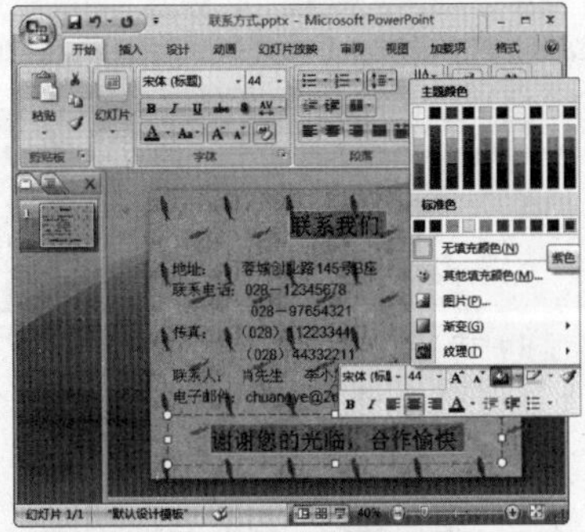

1. 在出现的浮动工具栏中单击“字体颜色”按钮右侧的下拉按钮，在弹出的下拉菜单中选择“紫色”选项，将文本设置为紫色。设置完成后保存演示文稿，完成本例的制作。

实例9 完善“年终评定”幻灯片

素材:\实例 9\年终评定.pptx

源文件:\实例 9\年终评定.pptx

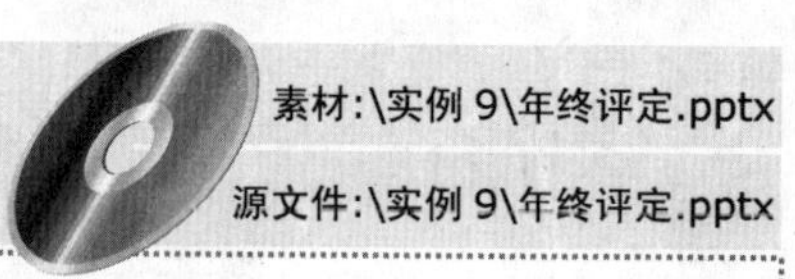

包含知识

- 插入特殊符号
- 复制特殊符号

重点难点

- 插入特殊符号
- 复制特殊符号

制作思路

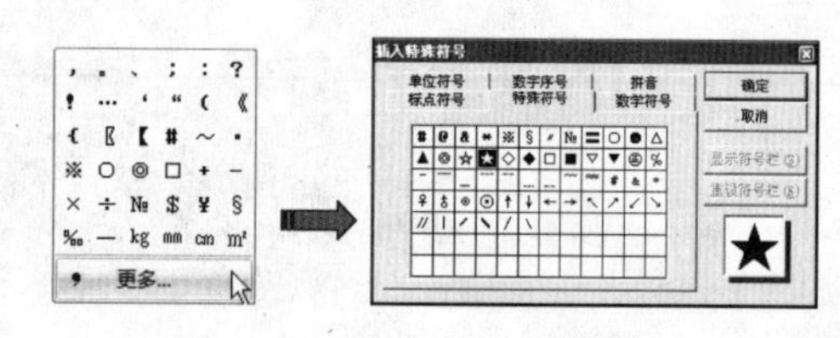

选择命令　选择特殊符号　插入特殊符号

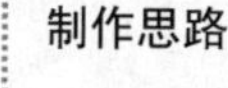

01

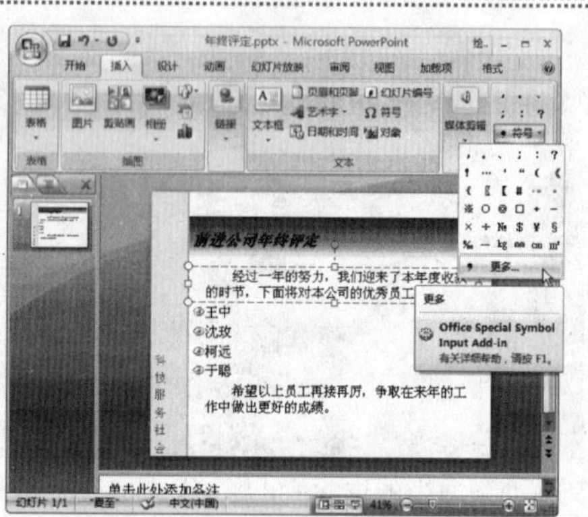

1 打开“年终评定”演示文稿，将文本插入点定位到“王中”文本之后。

2 在“插入”选项卡中的“特殊符号”组中，单击“符号”按钮，在弹出的下拉菜单中选择“更多”命令。

02

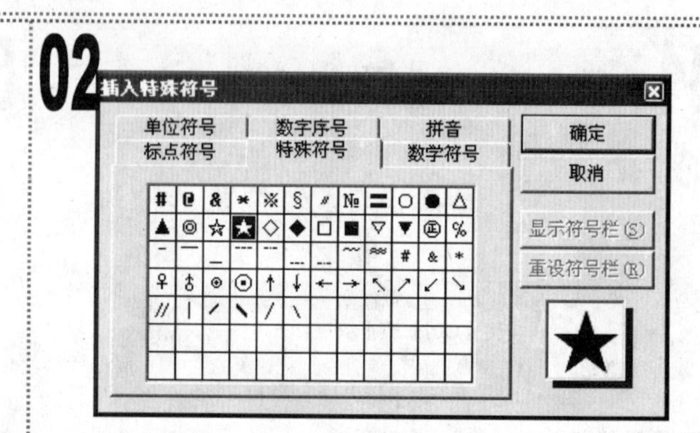

1 在打开的“插入特殊符号”对话框中，单击“特殊符号”选项卡，在其下的列表框中选择实心五角形符号，单击“确定”按钮。

03

插入的特殊符号

1 即在文本插入点处插入了一个实心五角形符号。

04

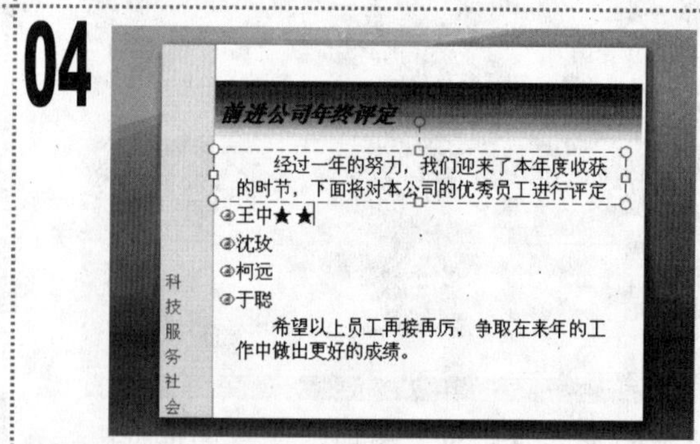

1 选择插入的符号，按【Ctrl+C】组合键复制，然后按【Ctrl+V】组合键粘贴复制的符号。

05

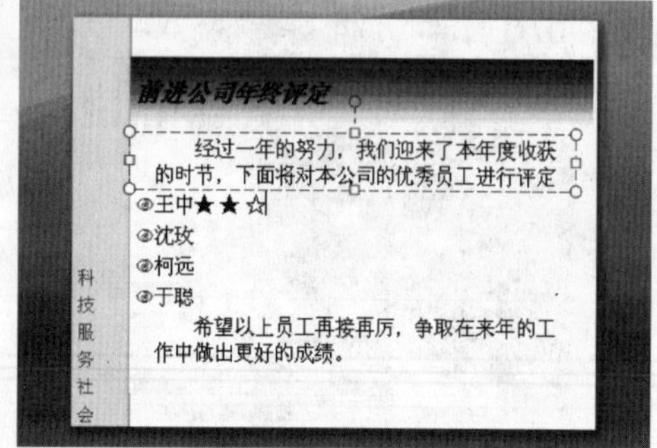

1 打开“插入特殊符号”对话框，在“特殊符号”选项卡中选择空心五角形符号，并将其插入幻灯片。

06

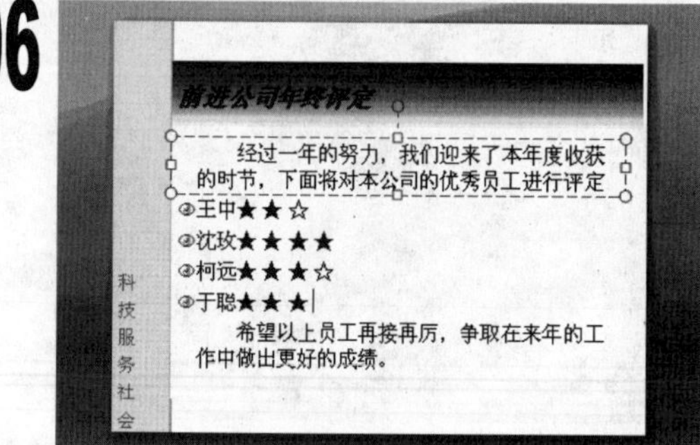

1 用同样的方式为其他员工插入相应的符号。最后保存演示文稿，完成本例的制作。

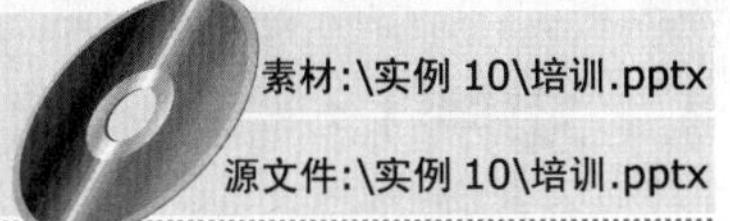

实例10　编辑"培训"演示文稿

素材:\实例 10\培训.pptx

源文件:\实例 10\培训.pptx

包含知识

- 添加幻灯片
- 复制幻灯片
- 删除幻灯片

重点难点

- 添加幻灯片
- 复制幻灯片
- 删除幻灯片

制作思路

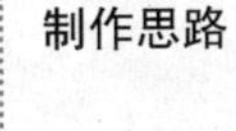

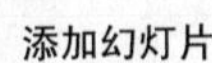

添加幻灯片

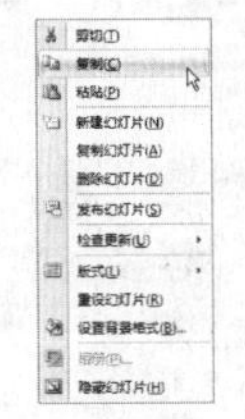

复制幻灯片

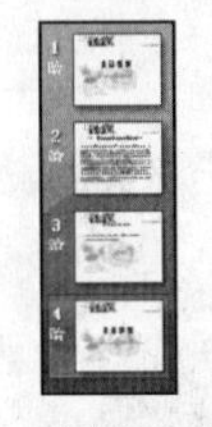

删除幻灯片

01

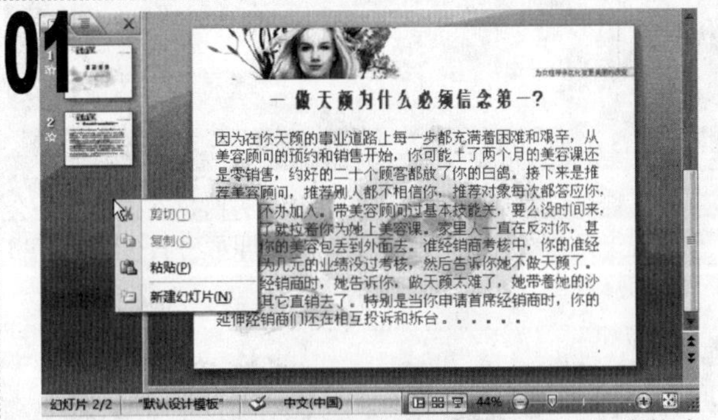

1. 打开"培训"演示文稿，在左侧的"幻灯片"窗格中可以看到该演示文稿由两张幻灯片组成。
2. 在"幻灯片"窗格的空白位置处单击鼠标右键，在弹出的快捷菜单中选择"新建幻灯片"命令。

02

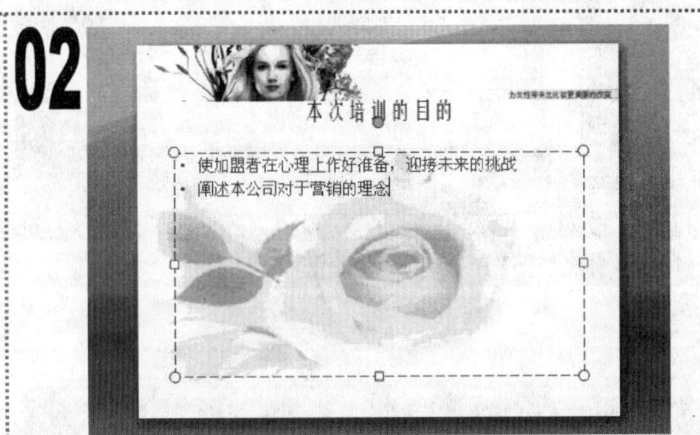

1. 在演示文稿中插入一张幻灯片，在插入的幻灯片中的两个占位符中分别输入如图所示的内容。

03

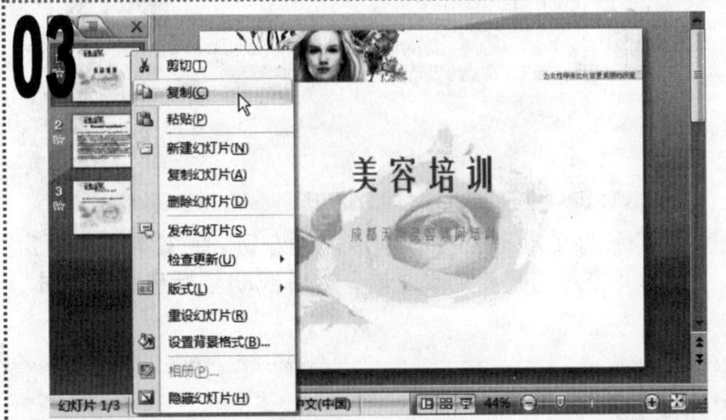

1. 在"幻灯片"窗格的第 1 张幻灯片上单击鼠标右键，在弹出的快捷菜单中选择"复制"命令。

04

1. 在"幻灯片"窗格的空白区域处单击鼠标右键，在弹出的快捷菜单中选择"粘贴"命令，复制一张新的幻灯片，用同样的方法再复制一张幻灯片。

05

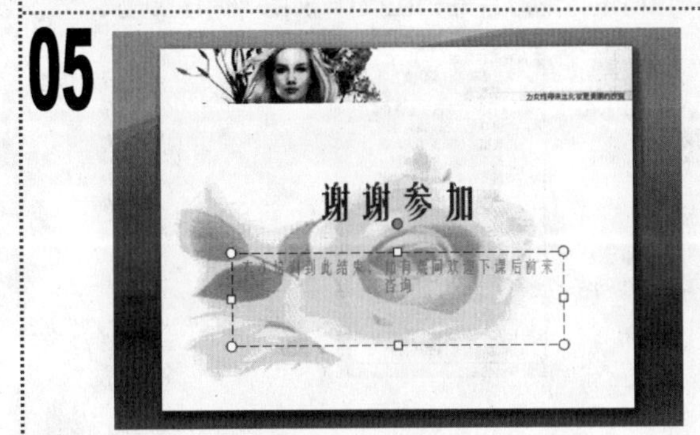

1. 在第 4 张幻灯片中输入如图所示的文本。

06

1. 在"幻灯片"窗格中选择最后一张幻灯片，并按【Delete】键将其删除。最后保存演示文稿，完成本例的制作。

实例11 编辑“校对”演示文稿

素材:\实例 11\校对.pptx

源文件:\实例 11\校对.pptx

包含知识 ■ 移动幻灯片 ■ 选择与复制文本

01

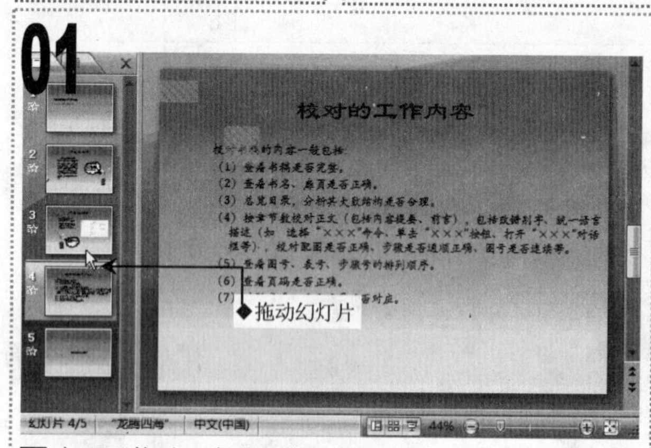

打开“校对”演示文稿，在左侧的“幻灯片”窗格中选择第 4 张幻灯片，按住鼠标左键不放进行拖动。

02

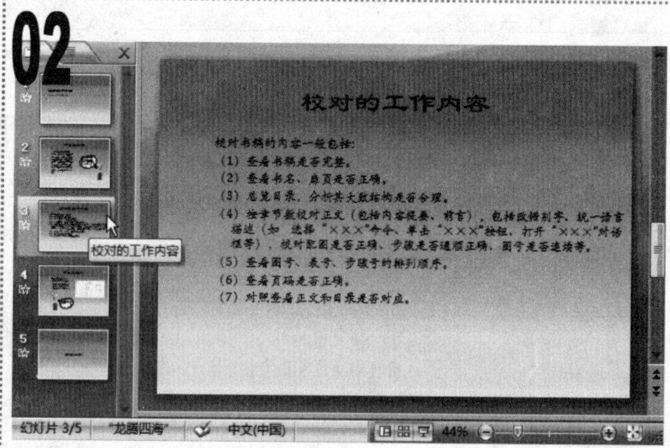

当鼠标光标移动到第 3 张幻灯片上方时，在该位置处会出现一条横线，此时释放鼠标左键即可将其移动到第 3 张幻灯片上方。

03

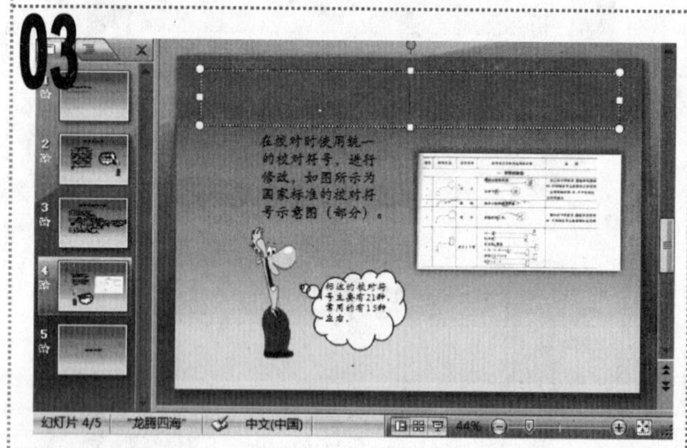

在“幻灯片”窗格中选择第 4 张幻灯片，在标题占位符中单击鼠标左键，按【Ctrl+A】组合键选择所有文本，按【Delete】键将其删除。

04

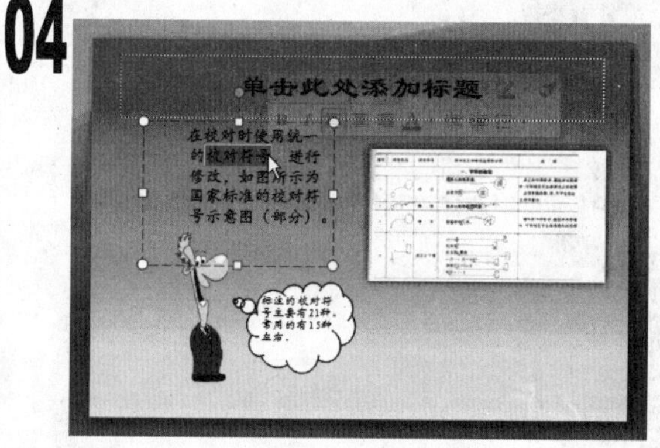

在其下的文本占位符中单击鼠标左键，将文本插入点定位到“校对符号”文本之前，然后拖动鼠标选择该文本。

05

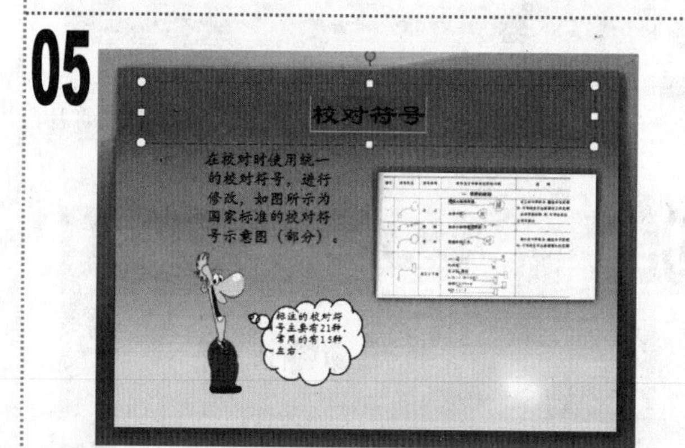

按住【Ctrl】键不放，拖动鼠标将选择的文本移动到标题占位符中，而此时原文本将保持不变。最后保存演示文稿，完成本例的制作。

知识延伸

在 PowerPoint 2007 左侧的窗格中单击“大纲”选项卡，可切换到“大纲”窗格，在其中选择相应的幻灯片也可进行幻灯片的相应操作，如移动和复制等。

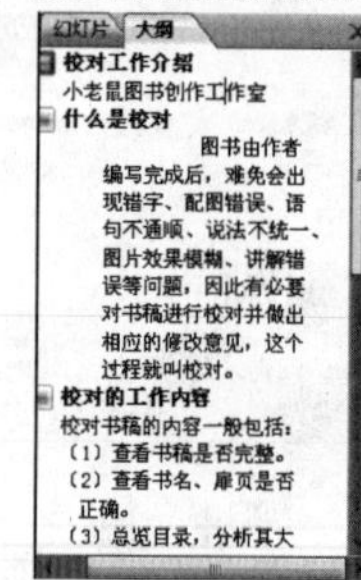

实例12 编辑“健康”演示文稿

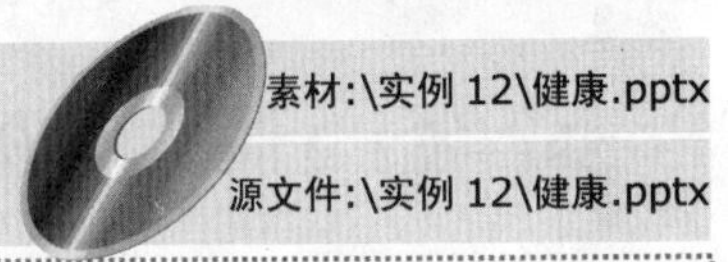

素材:\实例 12\健康.pptx

源文件:\实例 12\健康.pptx

知识应用 ■ 修改文本 ■ 选择连续多张幻灯片 ■ 删除幻灯片

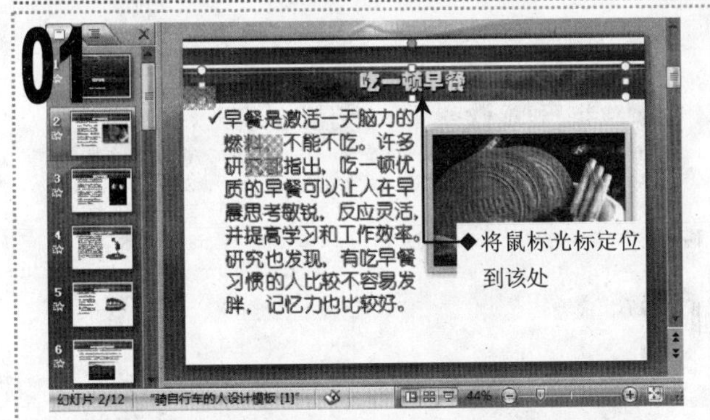

1 打开“健康”演示文稿，在“幻灯片”窗格中选择第 2 张幻灯片。将文本插入点定位到标题占位符中的“早餐”文本之前。

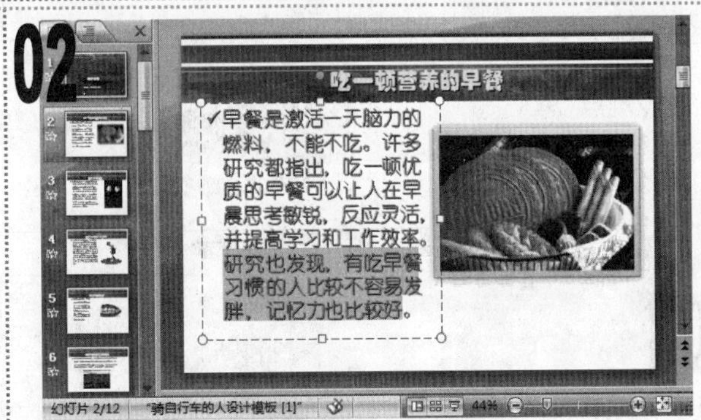

1 输入文本“营养的”。

2 在下面的文本占位符中选择最后一句文本内容。

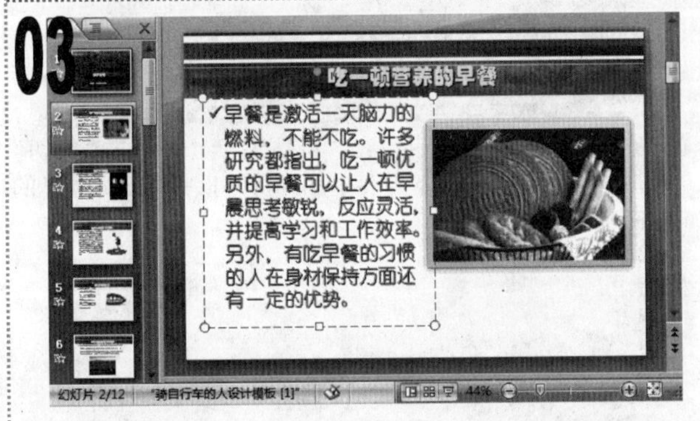

1 输入文本“另外，有吃早餐的习惯的人在身材保持方面还有一定的优势”，新输入的文本将直接替换选择的文本内容。

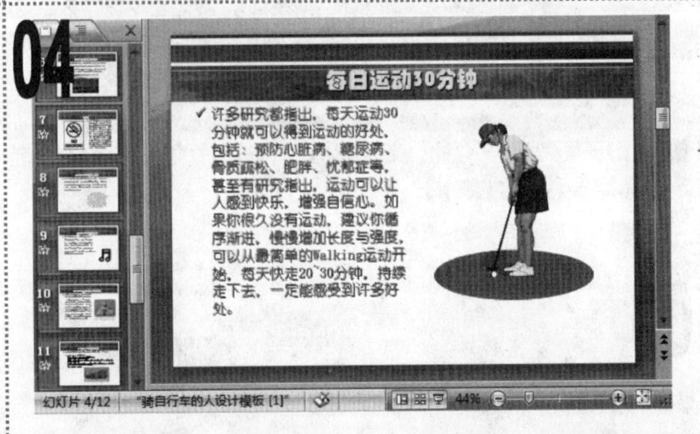

1 在“幻灯片”窗格中选择第 4 张幻灯片，按住【Shift】键不放单击第 11 张幻灯片，即选择了第 4 张~第 11 张幻灯片。

1 直接按【Delete】键，或单击“开始”选项卡，在“幻灯片”组中单击“删除幻灯片”按钮，或在选择的幻灯片上单击鼠标右键，在弹出的快捷菜单中选择“删除幻灯片”命令，都可将选择的幻灯片删除。

注意提示

幻灯片中如果有文本内容，在左侧的窗格中单击“大纲”选项卡，在打开的“大纲”窗格中将显示相应的文本内容，在其中也可以对文本进行选择、修改、添加和删除等操作。

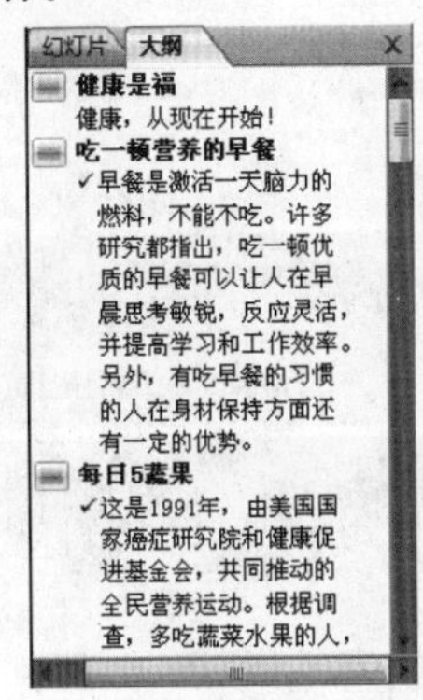

实例13 编辑“欢迎辞”幻灯片

素材:\实例 13\欢迎辞.pptx

源文件:\实例 13\欢迎辞.pptx

包含知识

- 移动文本
- 复制文本
- 修改文本

重点难点

- 移动文本
- 复制文本
- 修改文本

制作思路

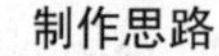

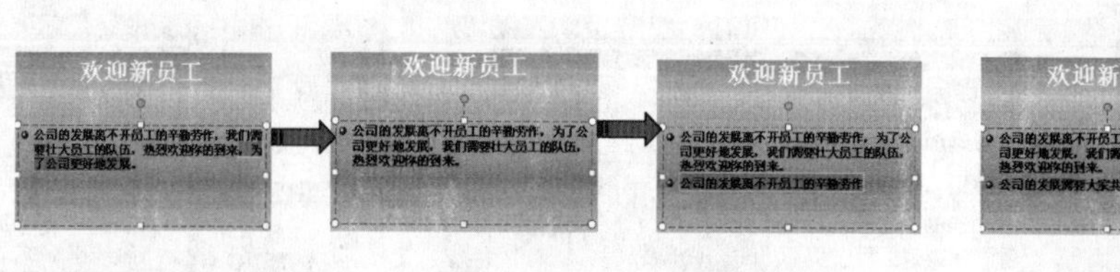

选择文本　移动文本　复制文本　修改文本

01

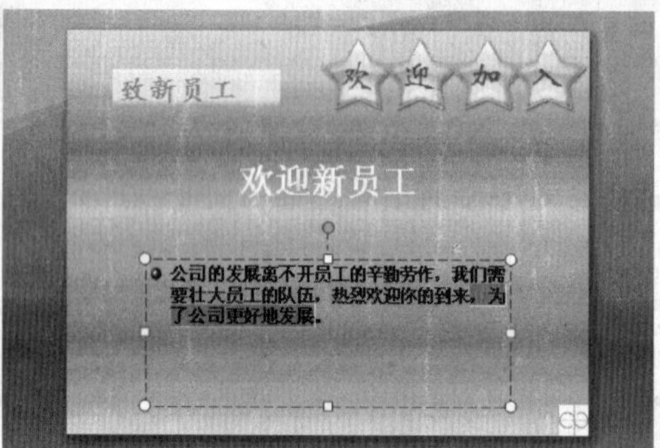

打开“欢迎辞”演示文稿，在“幻灯片编辑”窗格中选择需要移动的文本。

02

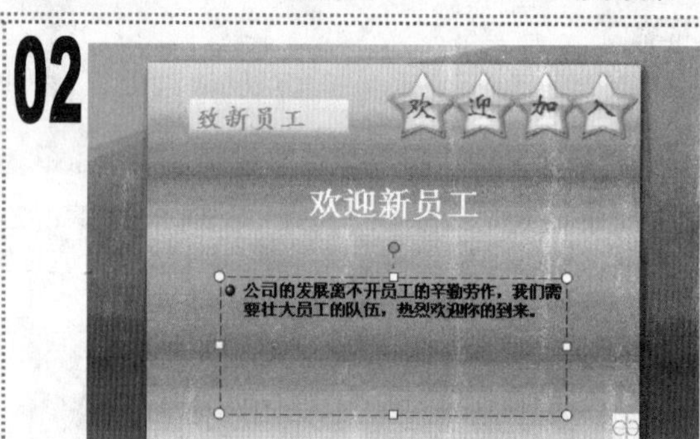

单击“开始”选项卡，在“剪贴板”组中单击“剪切”按钮，将选择的文本内容添加到剪贴板中，此时选择的文本将消失。

03

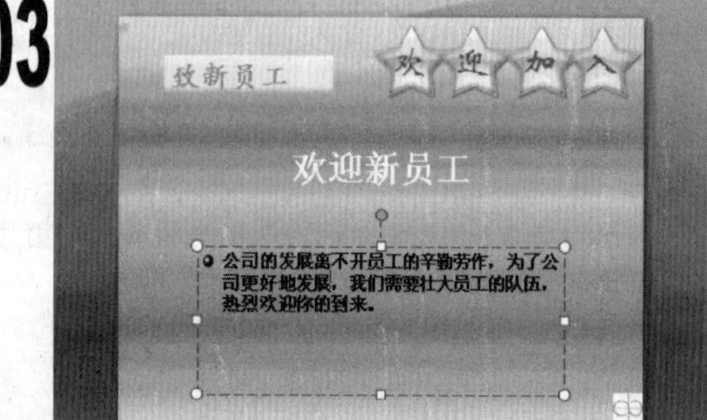

将文本插入点定位到要移动到的位置，然后在“开始”选项卡的“剪贴板”组中单击“粘贴”按钮，即可将剪切的文本粘贴到该处。

04

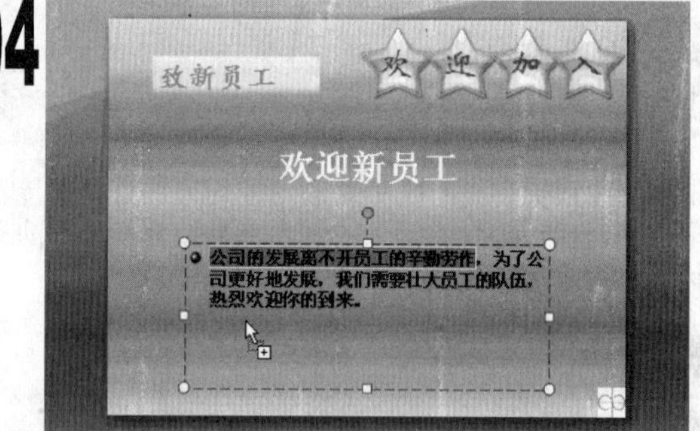

按【Enter】键增加一个项目符号，选择第 1 段的第 1 句文本，按住【Ctrl】键不放进行拖动，可以看到此时有一个虚线光标跟随移动。

05

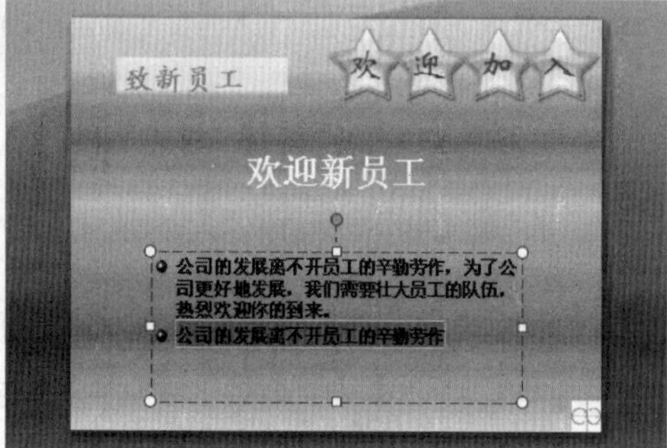

释放鼠标左键，即可将选择的文本复制到第 2 个项目符号后，选择复制的文本中的“离不开员工的辛勤劳作”文本。

06

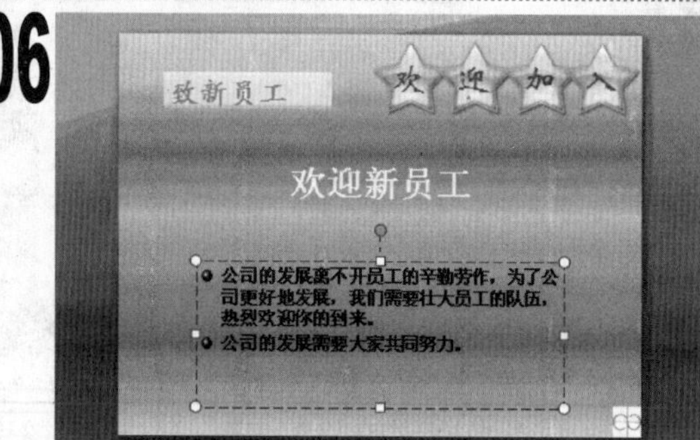

输入文本“需要大家共同努力”。最后保存演示文稿，完成本例的制作。

实例14　编辑“业绩分析”幻灯片

素材:\实例 14\业绩分析.pptx

源文件:\实例 14\业绩分析.pptx

包含知识

- 查找文本
- 替换文本

重点难点

- 查找文本
- 替换文本

制作思路

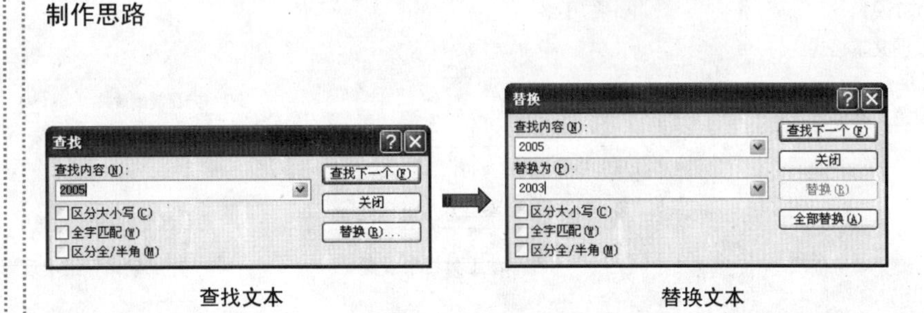

查找文本　　　　替换文本

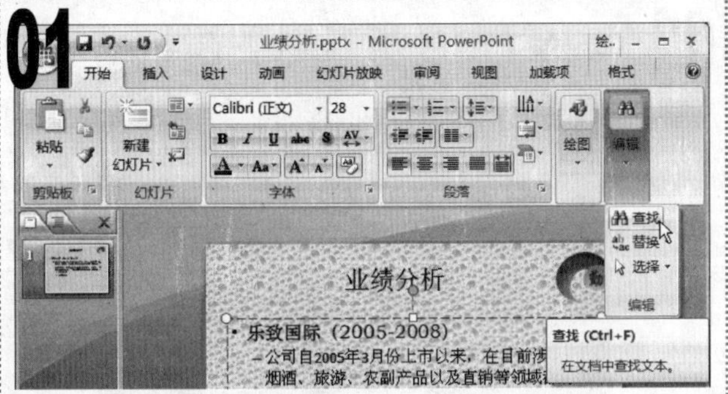

■ 打开“业绩分析”演示文稿，单击“开始”选项卡，在“编辑”组中单击“查找”按钮。

■ 在打开的“查找”对话框中输入要查找的内容“2005”，然后单击“查找下一个”按钮，程序将在所有幻灯片中查找所需的内容，查找到的第 1 处文本呈选中状态。

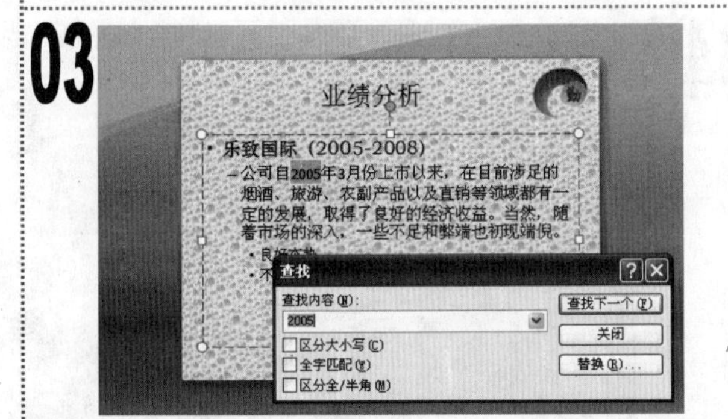

■ 单击“查找下一个”按钮，程序将在所有幻灯片中查找下一处符合要求的文本。

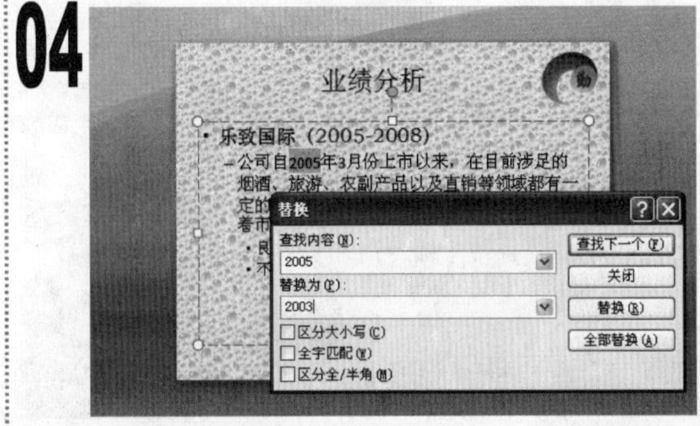

■ 在“开始”选项卡的“编辑”组中，单击“替换”按钮，打开“替换”对话框，在“替换为”下拉列表框中输入要将文本“2005”替换为的内容“2003”。

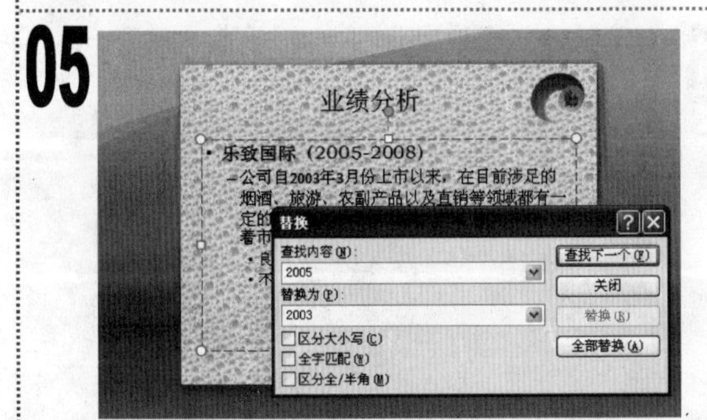

■ 单击“替换”按钮，即可将当前选中的文本替换为指定的文本内容。

■ 单击“全部替换”按钮，幻灯片中所有的“2005”文本都将被替换为“2003”文本，替换完成后将弹出一个提示对话框，提示替换的数量。保存演示文稿，完成本例的制作。

实例15 美化“岗位培训”幻灯片

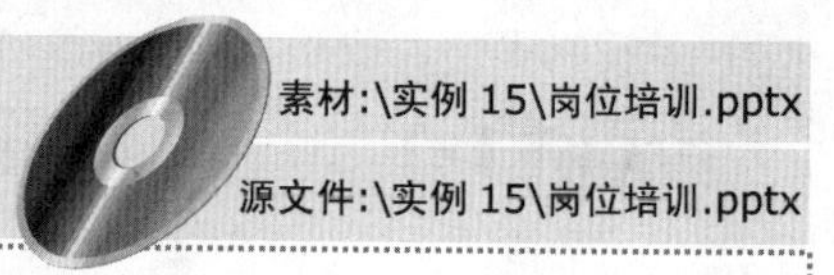

素材:\实例 15\岗位培训.pptx

源文件:\实例 15\岗位培训.pptx

包含知识

■ 设置文本格式

重点难点

■ 设置文本格式

制作思路

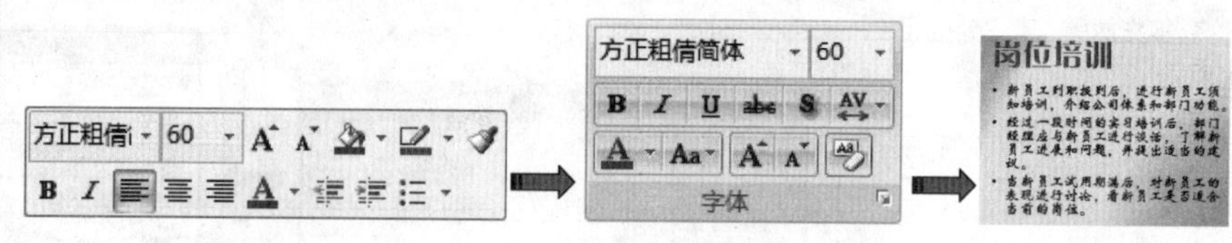

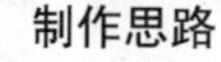

在浮动工具栏中设置　在“字体”组中设置　完成设置

01

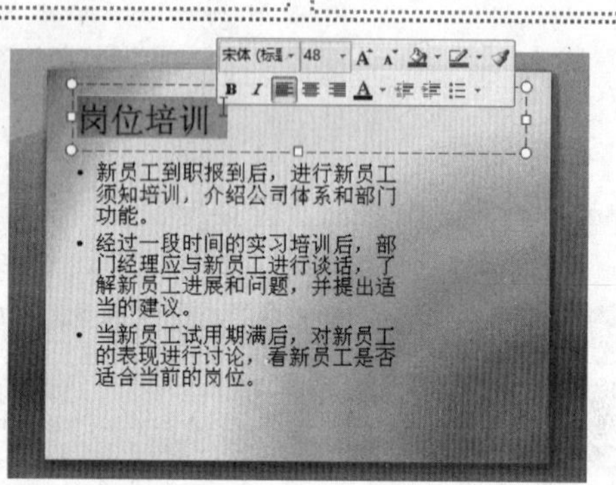

打开“岗位培训”演示文稿，将文本插入点定位到标题占位符中，按【Ctrl+A】组合键选择全部文本内容，将鼠标光标移动到其右上方时将出现一个浮动工具栏。

02

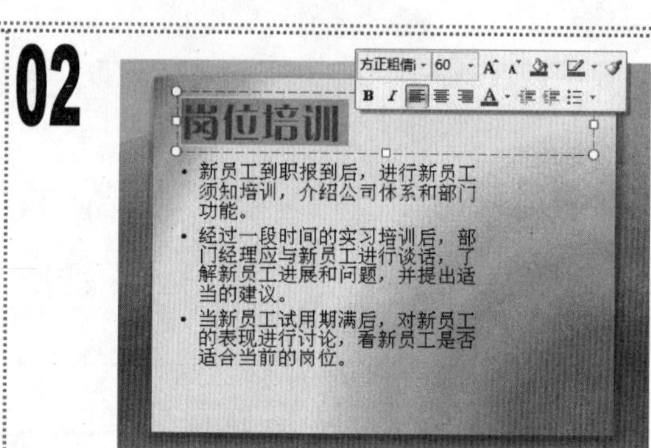

分别在浮动工具栏中的“字体”和“字号”下拉列表框中选择“方正粗倩简体”和“60”选项，并将字体颜色设置为“蓝色”。

03

拖动鼠标选择下面占位符中的第 1 段文本，单击“开始”选项卡，在“字体”组中的“字体”和“字号”下拉列表框中为其设置字体和字号。

04

拖动鼠标选择余下的两段文本，在其上单击鼠标右键，在弹出的快捷菜单中选择“字体”命令。

05

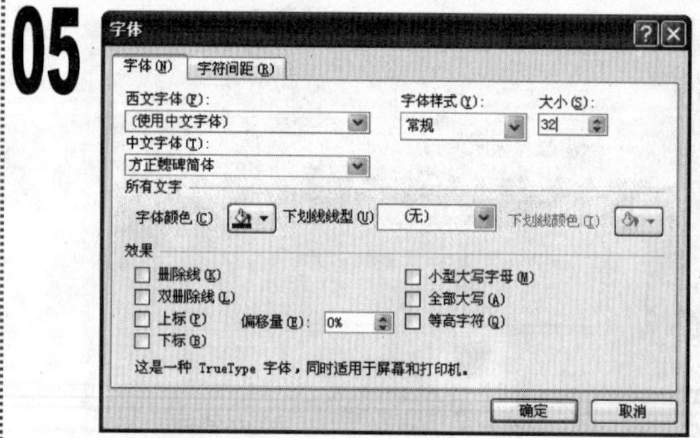

在打开的“字体”对话框中即可对选中的文本的字体格式进行如图所示的设置，完成后单击“确定”按钮。

06

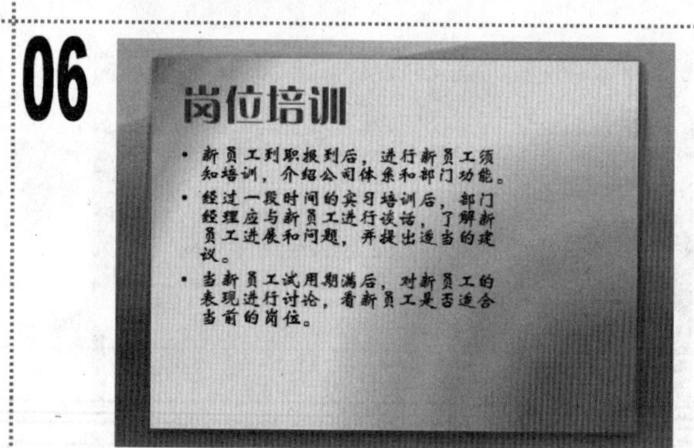

返回“幻灯片编辑”窗格。保存演示文稿，完成本例的制作。

实例16　编辑“小池”幻灯片

素材:\实例 16\小池.pptx

源文件:\实例 16\小池.pptx

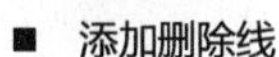

包含知识

- 添加下画线
- 添加删除线

重点难点

- 添加下画线
- 添加删除线

制作思路

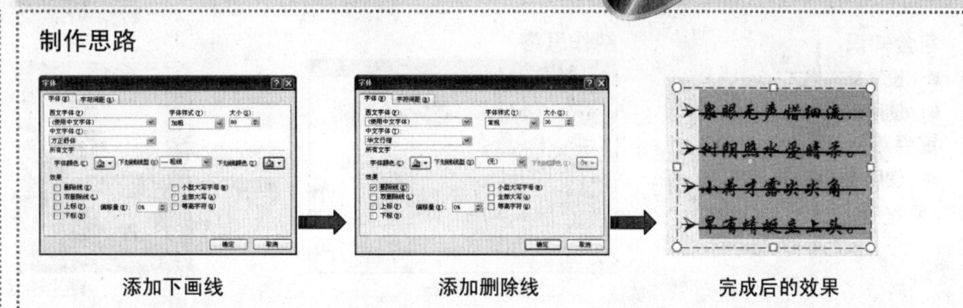

添加下画线　　添加删除线　　完成后的效果

01

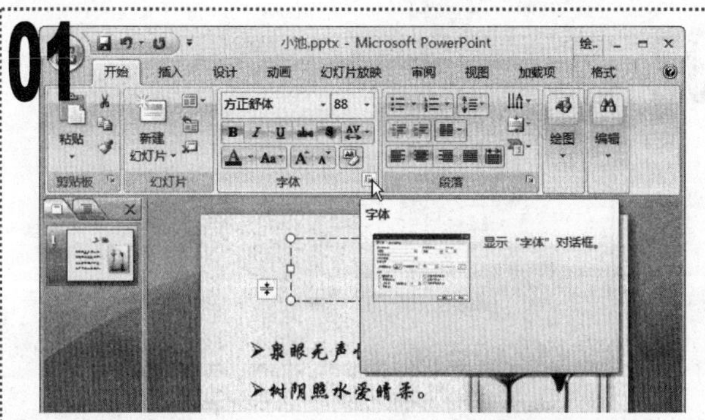

1. 打开“小池”演示文稿，拖动鼠标选择标题占位符中的文本“小池”。
2. 单击“开始”选项卡，单击“字体”组右下角的对话框启动器。

02

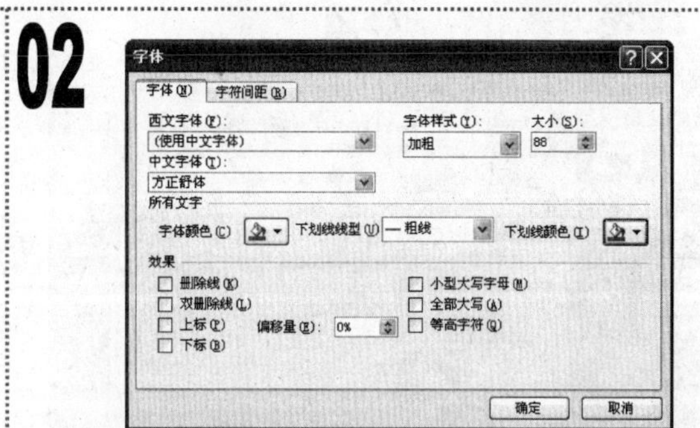

1. 在打开的“字体”对话框中单击“字体”选项卡，在“下画线线型”下拉列表框中选择“粗线”选项，单击“下画线颜色”下拉按钮，在弹出的下拉菜单中选择“绿色”选项，单击“确定”按钮关闭该对话框。

03

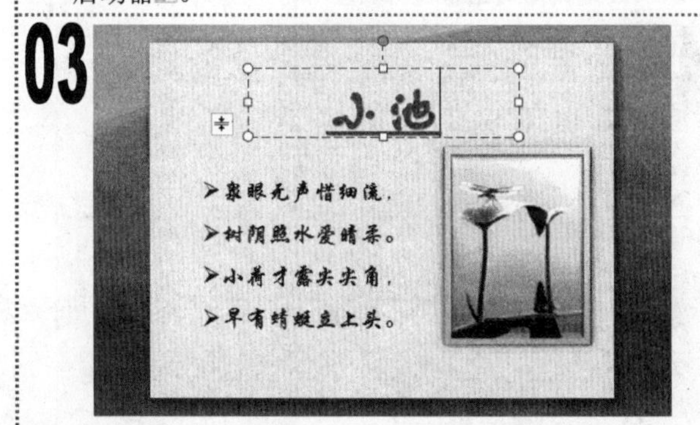

1. 为选择的文本添加了下画线的效果如图所示。

04

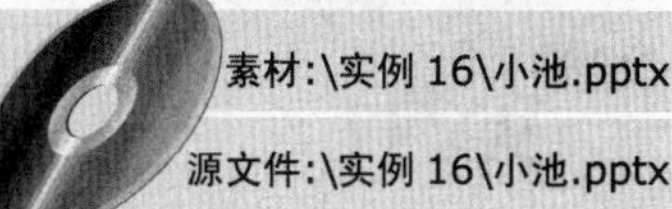

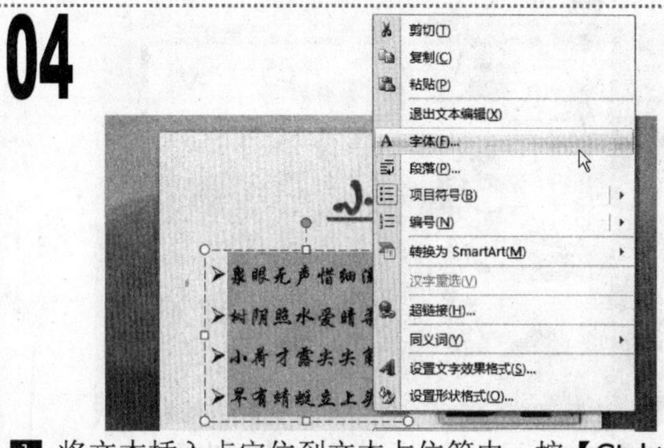

1. 将文本插入点定位到文本占位符中，按【Ctrl+A】组合键选择全部文本，在其上单击鼠标右键，在弹出的快捷菜单中选择“字体”命令。

05

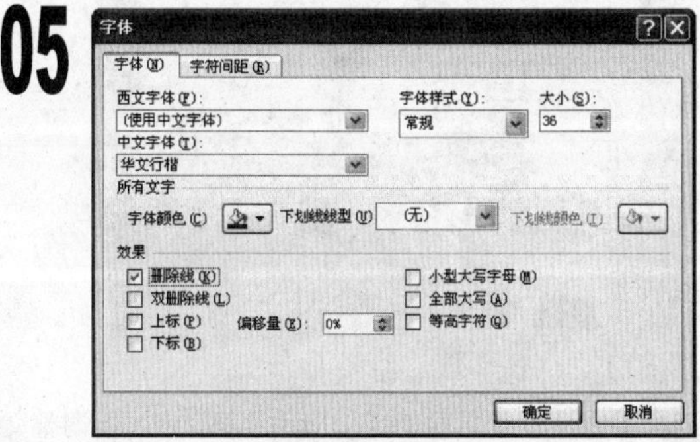

1. 在打开的“字体”对话框的“字体”选项卡中，选中“效果”栏中的“删除线”复选框，单击“确定”按钮。

06

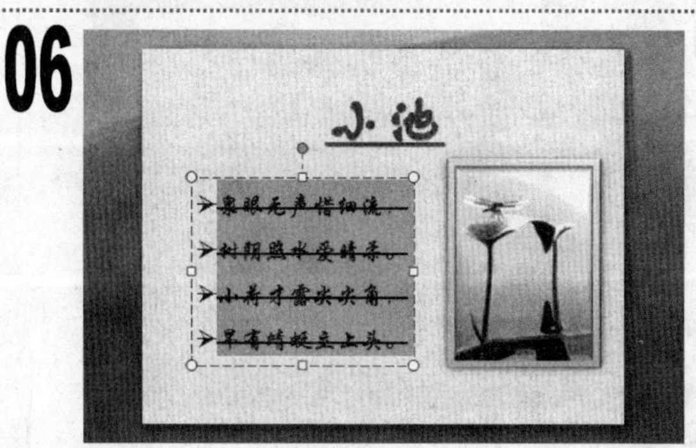

1. 为选择的文本添加了删除线的效果如图所示。最后保存演示文稿，完成本例的制作。

实例17 编辑“诗歌欣赏”幻灯片

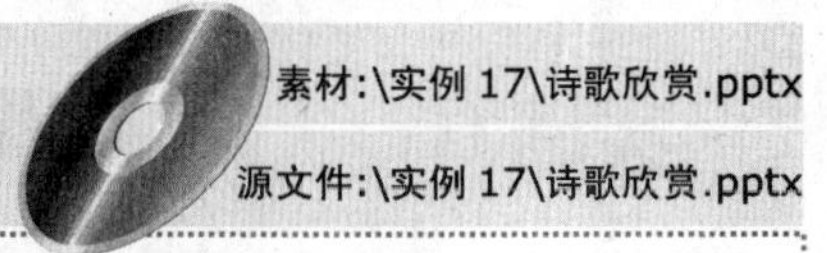

素材:\实例 17\诗歌欣赏.pptx

源文件:\实例 17\诗歌欣赏.pptx

包含知识

- 设置文本格式
- 使用格式刷

重点难点

- 使用格式刷

制作思路

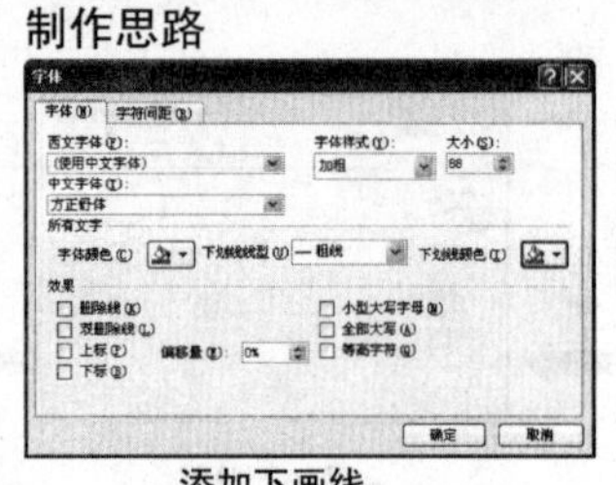

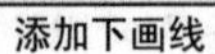

添加下画线

使用格式刷

01

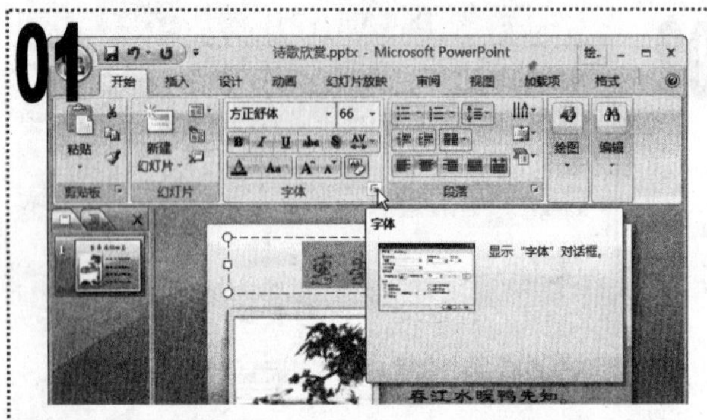

1 打开“诗歌欣赏”演示文稿，拖动鼠标选择标题占位符中的文本“惠崇”。

2 单击“开始”选项卡，单击“字体”组右下角的对话框启动器。

02

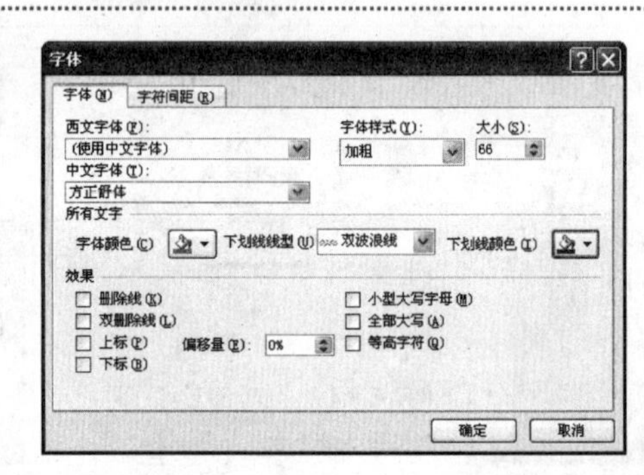

1 在打开的“字体”对话框的“下画线线型”下拉列表框中选择“双波浪线”选项，单击“下画线颜色”下拉按钮，在弹出的下拉菜单中选择“紫色”选项，单击“确定”按钮关闭对话框。

03

1 为选择的文本添加了下画线的效果如图所示。

04

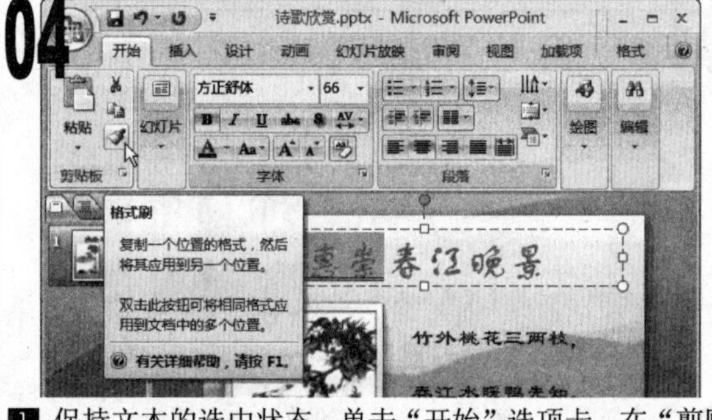

1 保持文本的选中状态，单击“开始”选项卡，在“剪贴板”组中单击“格式刷”按钮。

05

1 拖动鼠标选择文本占位符第 1 行中的文本“竹外”，释放鼠标后选择的文本的格式将与文本“惠崇”相同。

06

1 用同样的方法设置后面的诗句应用相同的格式，调整文本占位符的位置后保存演示文稿，完成本例的制作。

实例18 编辑“理财诀”幻灯片

素材:\实例 18\理财诀.pptx

源文件:\实例 18\理财诀.pptx

包含知识

■ 设置段落格式

重点难点

■ 设置段落格式

制作思路

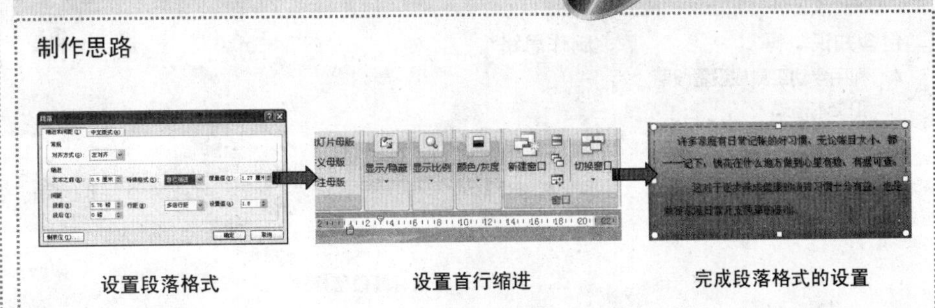

设置段落格式 设置首行缩进 完成段落格式的设置

01

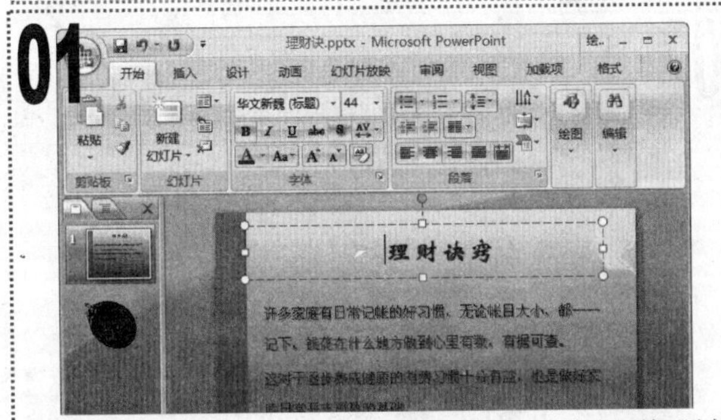

1 打开“理财诀”演示文稿，将文本插入点定位到标题占位符中。

2 单击“开始”选项卡，在“段落”组中单击“居中”按钮，将标题文本居中显示。

02

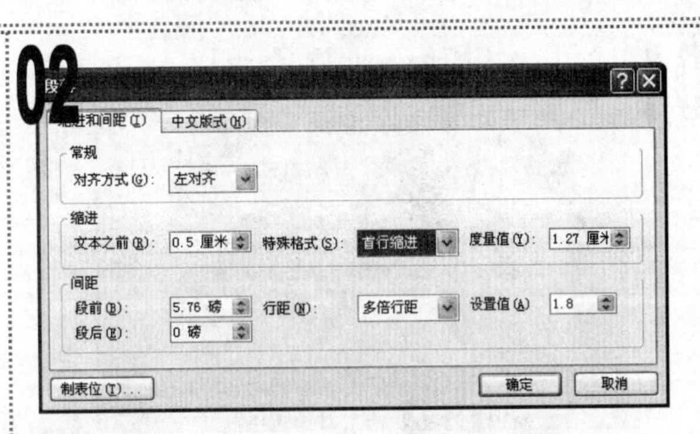

1 将文本插入点定位到文本占位符中的第 1 段文本中，单击“段落”组右下角的对话框启动器。

2 打开“段落”对话框，在“缩进”栏的“特殊格式”下拉列表框中选择“首行缩进”选项，单击“确定”按钮。

03

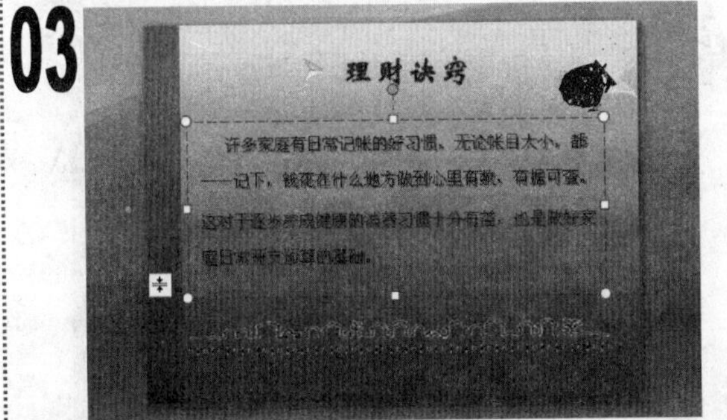

1 为文本插入点所在的段落设置了首行缩进格式后的效果如图所示。

04

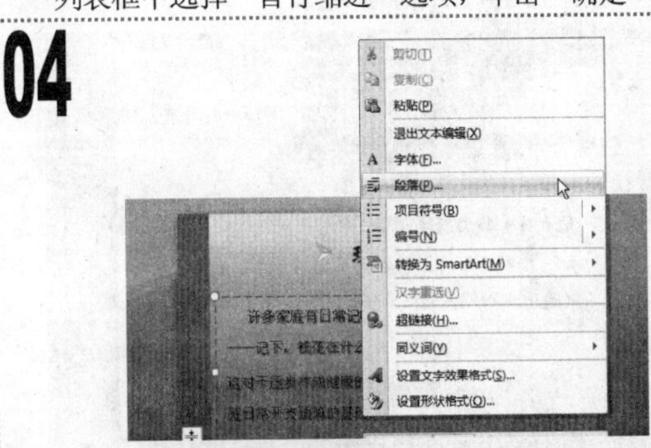

1 将文本插入点定位到第 2 段的任意位置处，单击鼠标右键，在弹出的快捷菜单中选择“段落”命令。

05

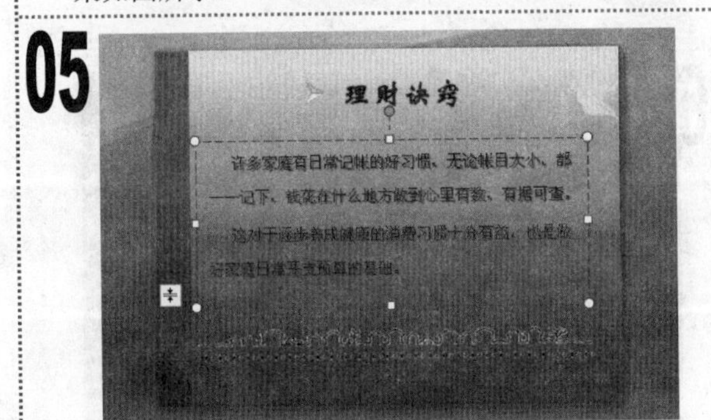

1 在打开的“段落”对话框中用同样的方法将其设置为首行缩进格式。

2 将鼠标光标定位到第 2 段中。

06

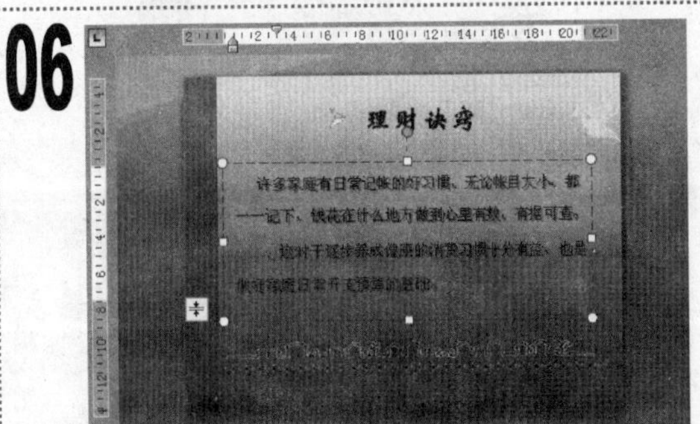

1 单击“视图”选项卡，在“显示/隐藏”组中选中“标尺”复选框，将标尺中的“首行缩进”滑块向右拖动两个字符。保存演示文稿，完成本例的制作。

实例19 编辑“平台管理”幻灯片

素材:\实例 19\平台管理.pptx

源文件:\实例 19\平台管理.pptx

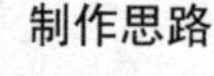

包含知识

- 利用浮动工具栏设置段落和文本格式

重点难点

- 利用浮动工具栏设置段落和文本格式

制作思路

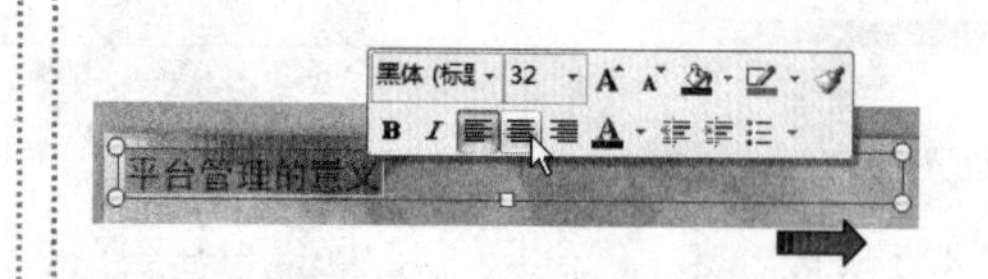

设置标题段落格式

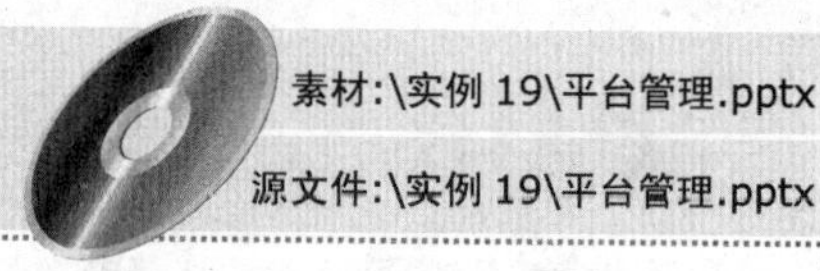

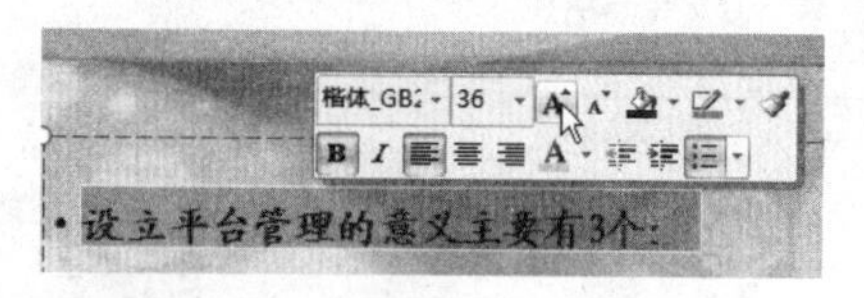

设置文本格式

01

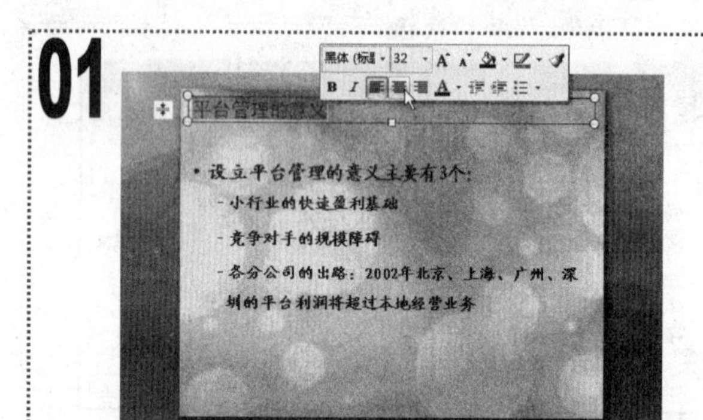

1. 打开“平台管理”演示文稿，选择标题占位符中的所有文本。
2. 在出现的浮动工具栏中单击“居中”按钮，将其对齐方式设置为居中对齐。

02

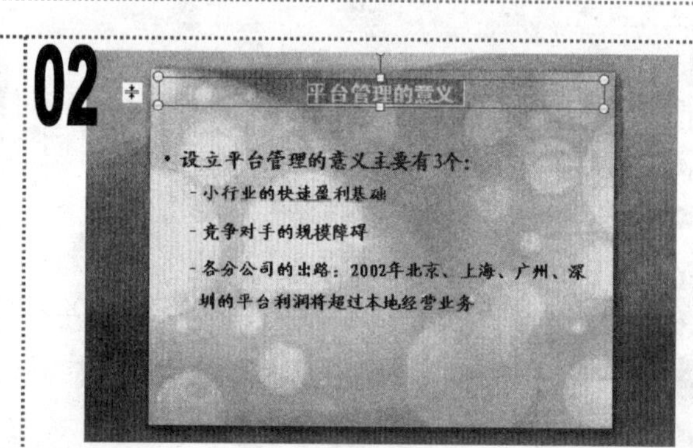

1. 在浮动工具栏中单击“加粗”按钮，单击“字体颜色”按钮右侧的下拉按钮，在弹出的下拉菜单中选择“绿色，强调文字颜色 1，浅色 40%”选项，效果如图所示。

03

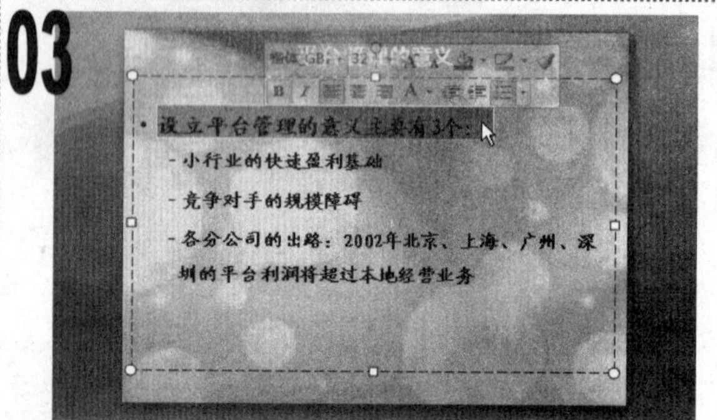

1. 将文本插入点定位到文本占位符的第 1 段中，连续单击三次鼠标左键选择整个段落。

04

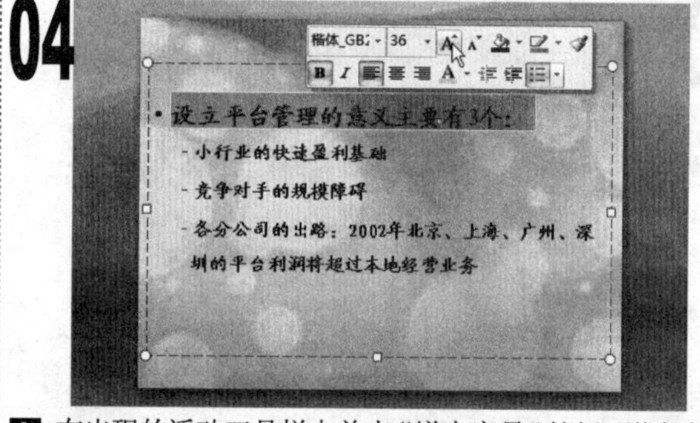

1. 在出现的浮动工具栏中单击“增大字号”按钮，增大字号。

05

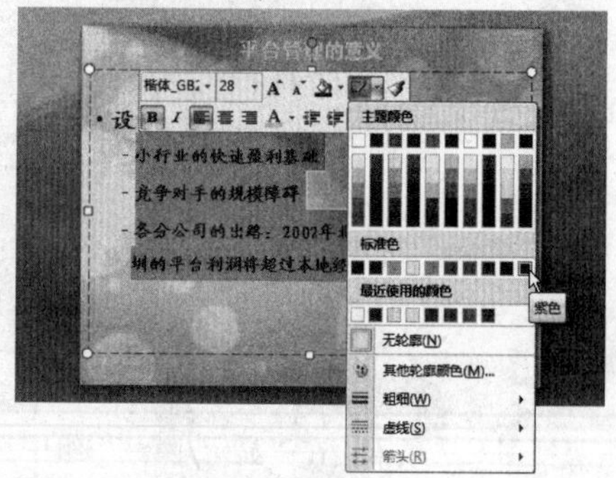

1. 拖动鼠标选择该文本占位符中的其余文本，单击浮动工具栏中的“轮廓颜色”按钮右侧的下拉按钮，在弹出的下拉菜单中选择“紫色”选项。

06

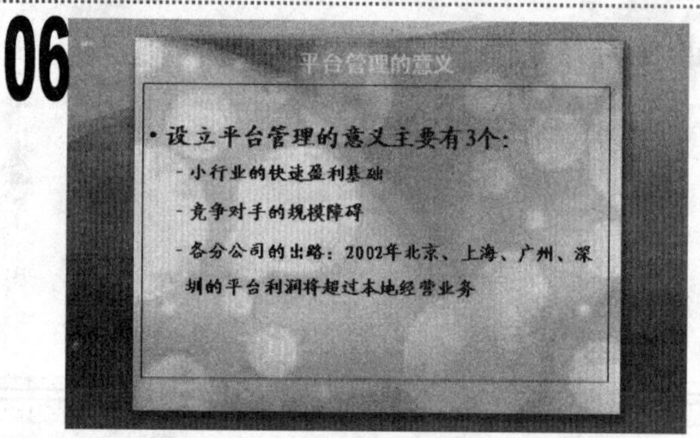

1. 该段文本所在的占位符边框将被设置为紫色。最后保存演示文稿，完成本例的制作。

实例20　编辑“公司制度”幻灯片

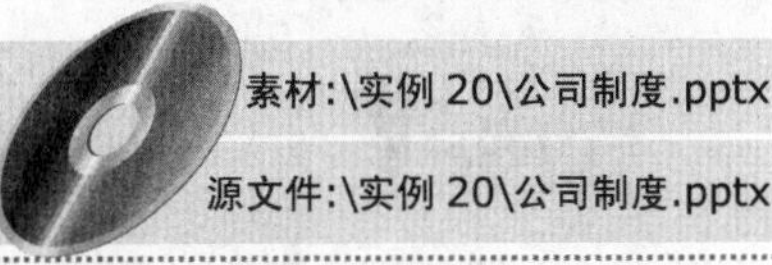

素材:\实例 20\公司制度.pptx

源文件:\实例 20\公司制度.pptx

包含知识　■ 修改文本的标题级别

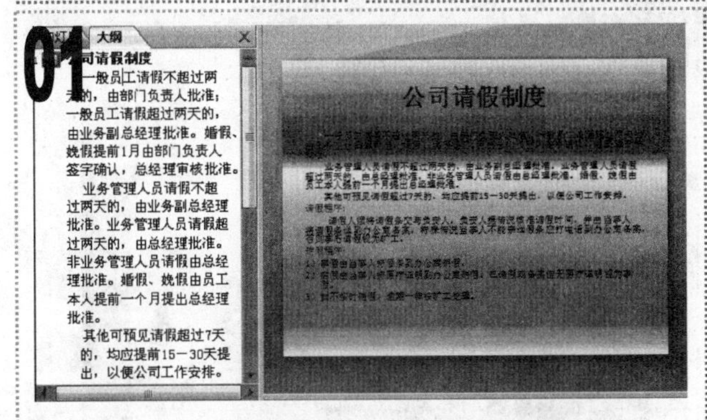

1 打开“公司制度”演示文稿，在左侧的窗格中单击“大纲”选项卡，切换到大纲视图。

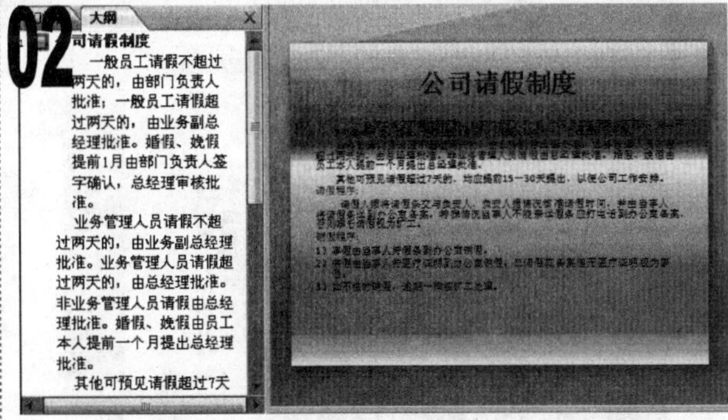

1 在“大纲”窗格中的第 1 个段落中单击鼠标左键，将文本插入点定位到该段中。

2 按【Tab】键，该段文本将以下降一级的小标题显示。

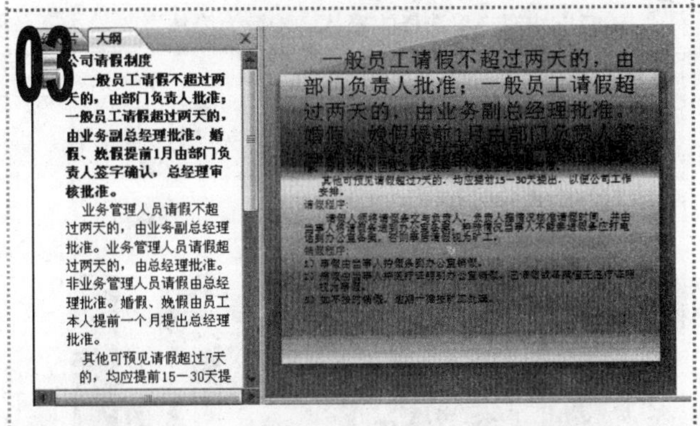

1 保持文本插入点位置不变，按【Shift+Tab】组合键，该段落将上升一级小标题样式。

2 再按一次【Shift+Tab】组合键，该段落的文本样式将上升为标题格式。

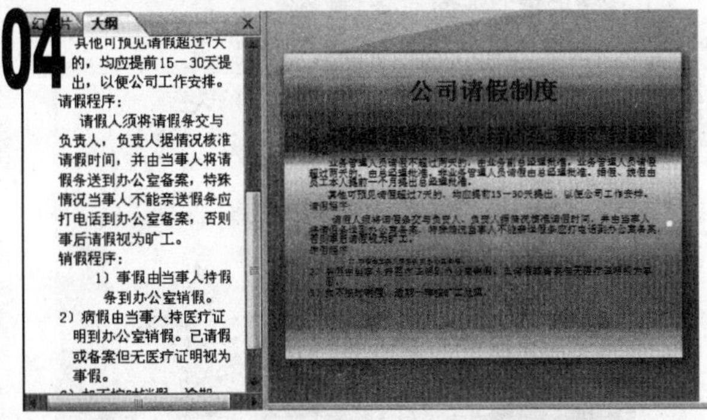

1 保持文本插入点位置不变，按【Alt+Shift+→】组合键可将该段落的文本下降一级恢复为原有格式。

2 将文本插入点定位到“大纲”窗格的“事假由当事人持假条到办公室销假”段落中，连按两次【Alt+Shift+→】组合键，将其标题级别下降两级。

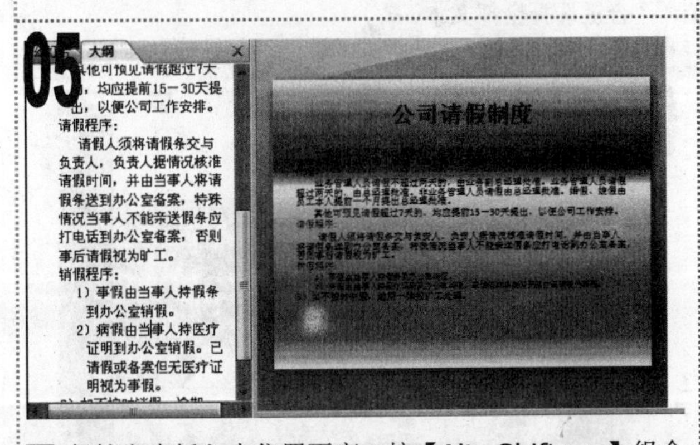

1 保持文本插入点位置不变，按【Alt+Shift+←】组合键可以将当前段落的标题级别上升一级。

2 将文本插入点定位到“大纲”窗格中的“2)”段中，按【Alt+Shift+→】组合键将其标题级别下降一级。

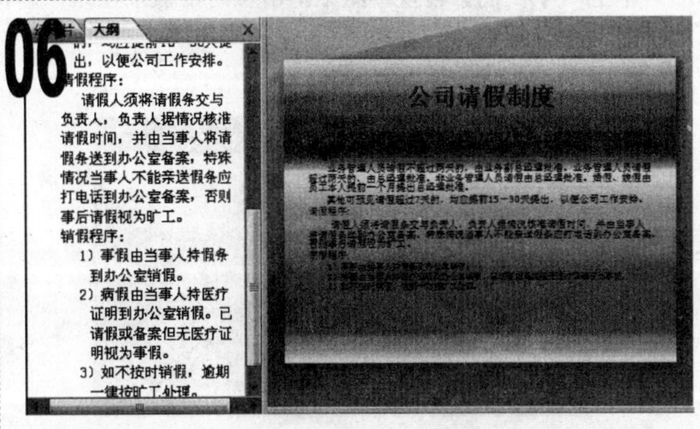

1 用同样的方法将其下的一段文本的标题级别下降一级。最后保存演示文稿，完成本例的制作。

实例21 编辑“鹊桥仙”幻灯片

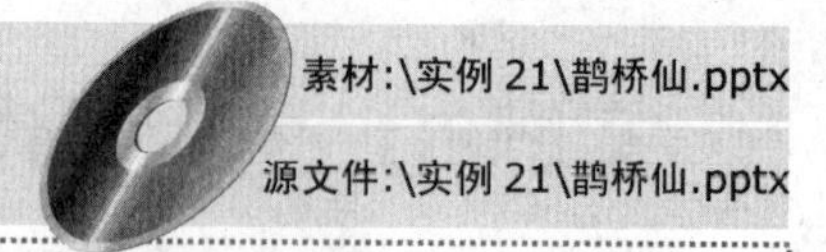

包含知识

■ 简繁转换

01

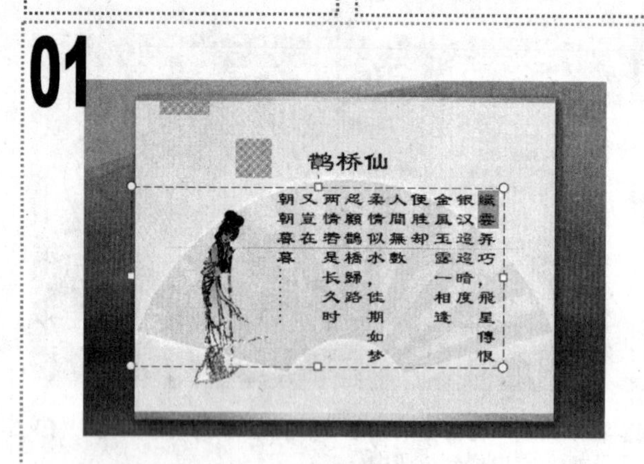

■ 打开“鹊桥仙”演示文稿，选择第 1 句文本中的两个繁体字“纖雲”。

02

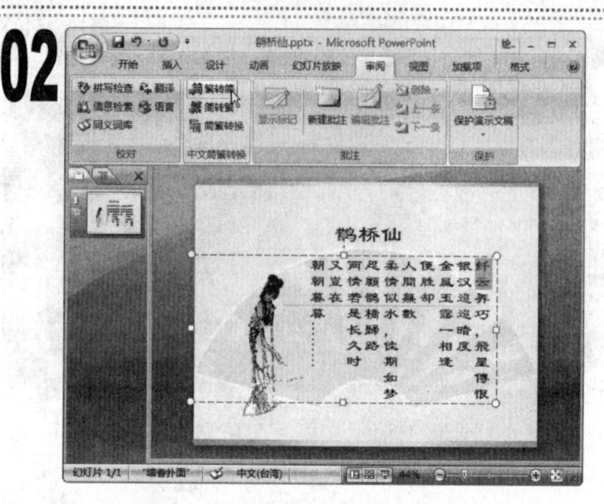

■ 单击“审阅”选项卡，在“中文简繁转换”组中单击“繁转简”按钮，将选择的繁体字转换为简体字。

03

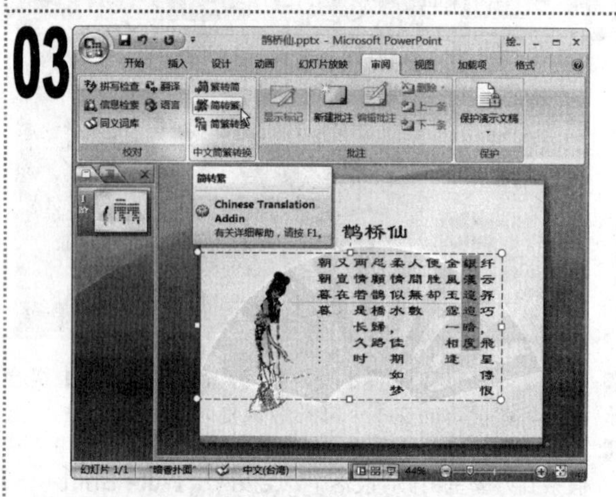

■ 选择第 2 句诗词“银汉迢迢暗渡”，再在“审阅”选项卡的“中文简繁转换”组中单击“简转繁”按钮，即可将其转换为繁体字。

04

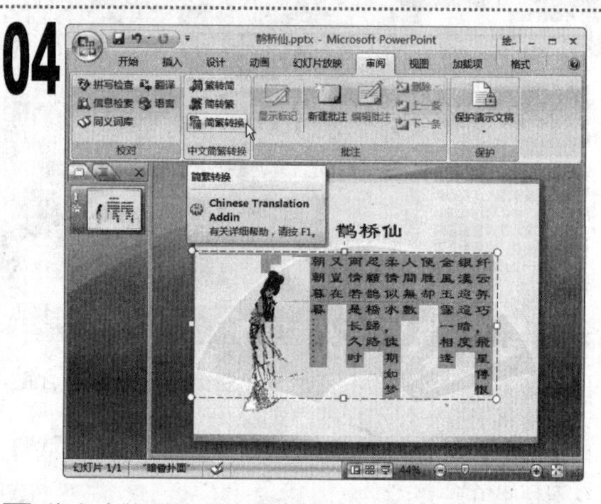

■ 将文本插入点定位到文本占位符中，按【Ctrl+A】组合键选择全部文本。

■ 在“中文简繁转换”组中单击“简繁转换”按钮。

05

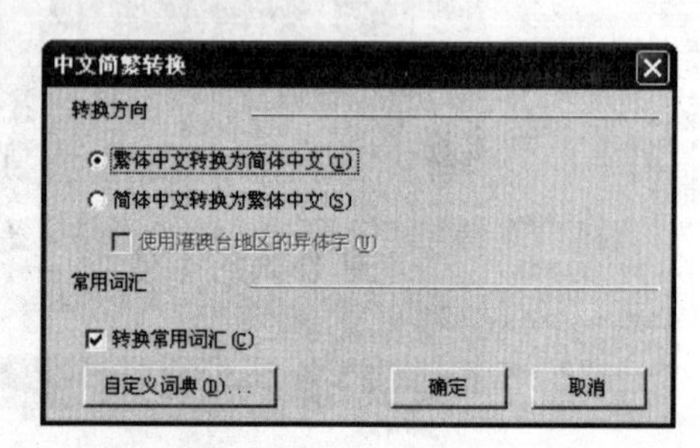

■ 在打开的“中文简繁转换”对话框的“转换方向”栏中，选中“繁体中文转换为简体中文”单选按钮，单击“确定”按钮。

06

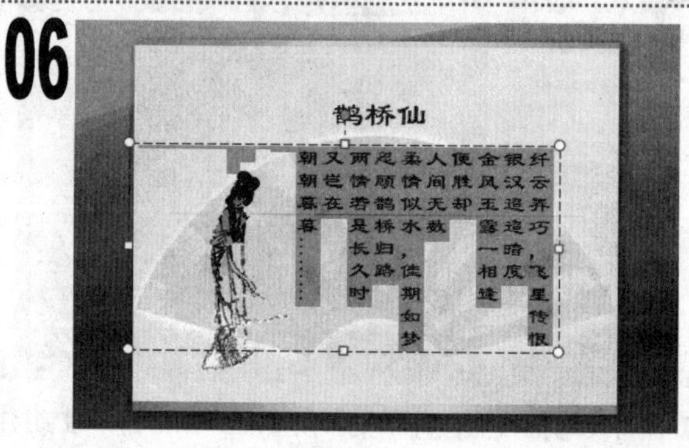

■ PowerPoint 2007 将自动把已选择的文本中的所有繁体字转换为简体字。最后保存演示文稿，完成本例的制作。

实例22 编辑“青花瓷”幻灯片

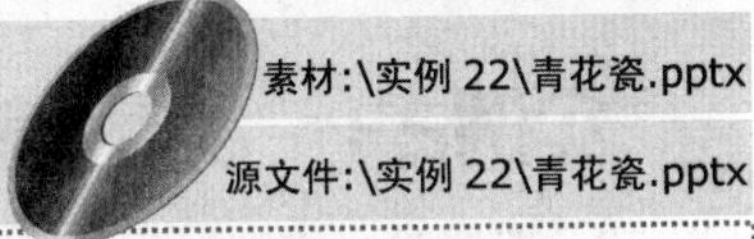

素材:\实例 22\青花瓷.pptx

源文件:\实例 22\青花瓷.pptx

包含知识

- 输入备注
- 查看备注

重点难点

- 输入备注
- 查看备注

制作思路

输入备注

查看备注

01

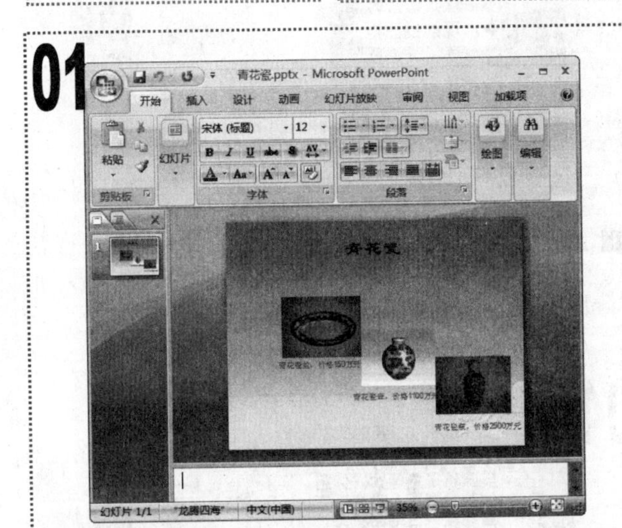

1. 打开“青花瓷”演示文稿。
2. 将鼠标光标移动到“幻灯片编辑”窗格下方的“备注”窗格中，单击鼠标左键将文本插入点定位其中。

02

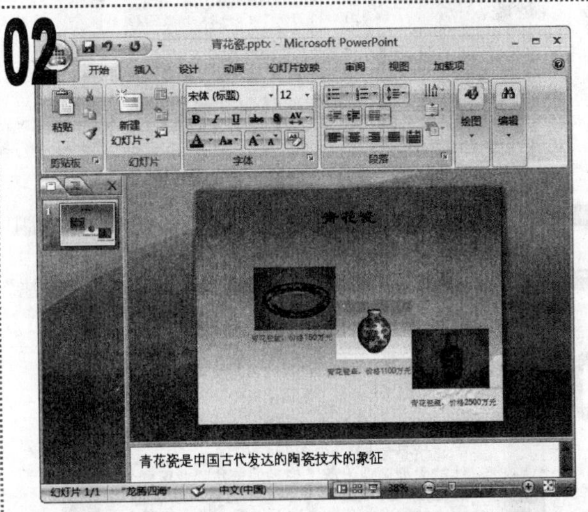

1. 在“备注”窗格中输入关于当前幻灯片的备注文本“青花瓷是中国古代发达的陶瓷技术的象征”。

03

1. 单击“视图”选项卡，在“演示文稿视图”组中单击“备注页”按钮，在切换到的备注页视图中查看当前幻灯片及其备注内容。

04

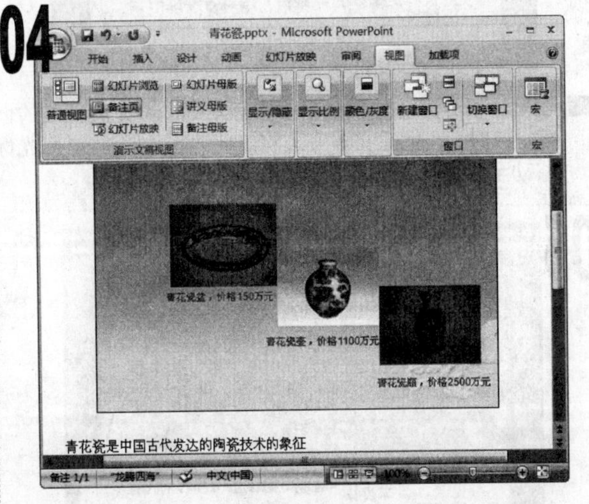

1. 拖动状态栏中的“显示比例”滑块，还可以将视图放大，以便清晰地查看幻灯片的备注内容。最后保存演示文稿，完成本例的制作。

实例23 编辑“美味坊”幻灯片

素材:\实例 23\美味坊.pptx

源文件:\实例 23\美味坊.pptx

包含知识

■ 添加批注 ■ 编辑批注

01

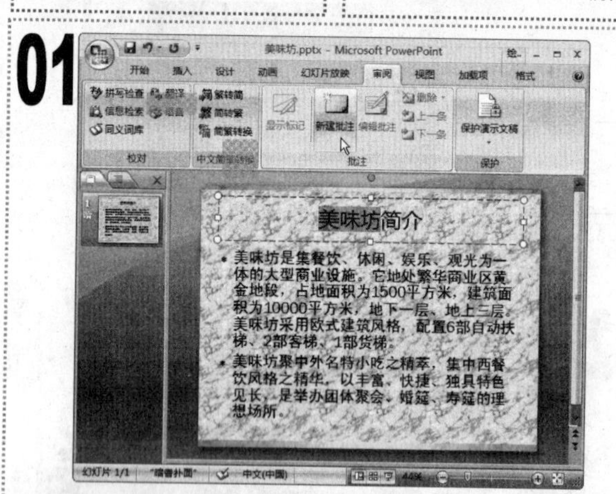

1 打开“美味坊”演示文稿，拖动鼠标选择标题占位符中的“美味坊”文本。

2 单击“审阅”选项卡，在“批注”组中单击“新建批注”按钮。

02

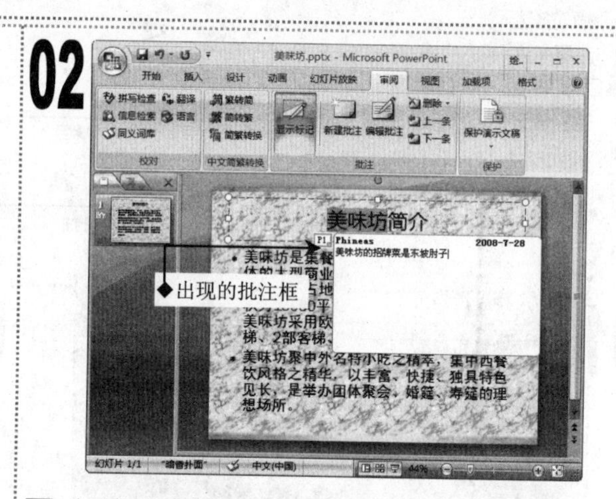

1 此时，在选中的文本周围将出现一个批注框，其中显示了批注人的姓名和日期，在其中的文本插入点处输入如图所示的批注内容。

03

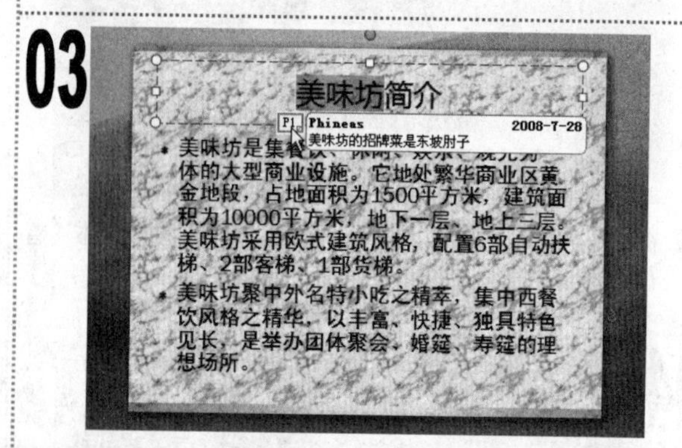

1 在批注框外任意位置处单击鼠标左键，可完成批注的创建。此时，在批注文本旁边将出现P1图标，将鼠标光标移动至该图标上时将显示批注内容。

04

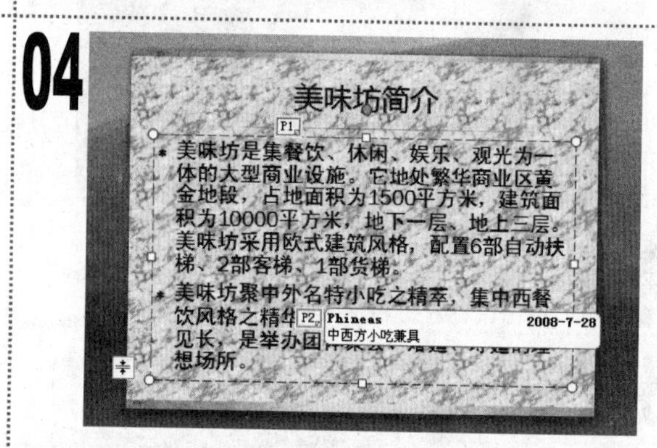

1 选择文本占位符中的“小吃之精萃”文本，用同样的方式为其添加批注“中西方小吃兼具”。

05

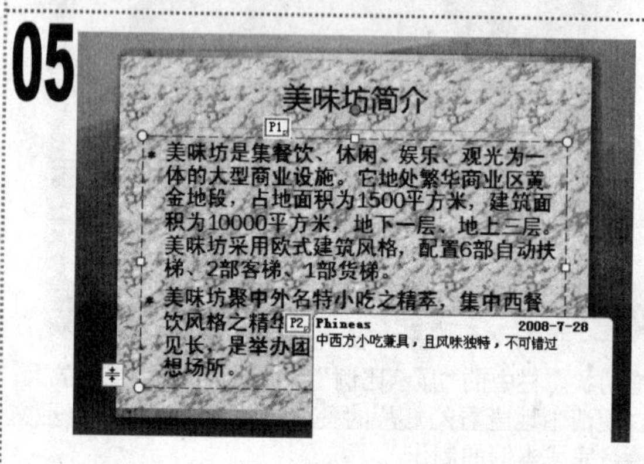

1 单击上一步创建的批注图标，单击“审阅”选项卡，在“批注”组中单击“编辑批注”按钮，使该批注进入可编辑状态，然后在批注框中修改批注内容。

06

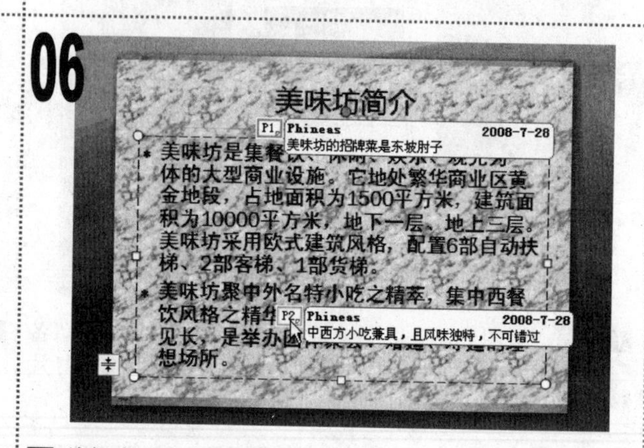

1 编辑完成后，在批注框外任意位置处单击鼠标左键完成批注的创建。最后保存演示文稿，完成本例的制作。

实例24　编辑“总结”演示文稿

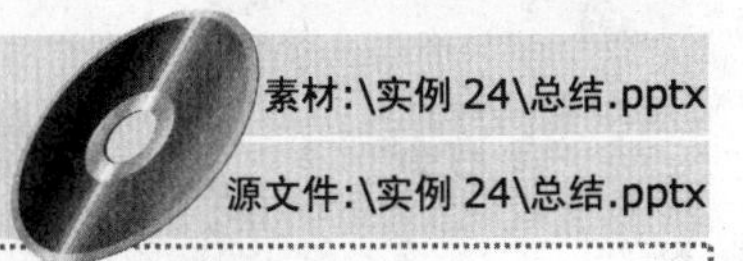

素材:\实例 24\总结.pptx

源文件:\实例 24\总结.pptx

包含知识

■ 插入日期和时间

重点难点

■ 插入日期和时间

制作思路

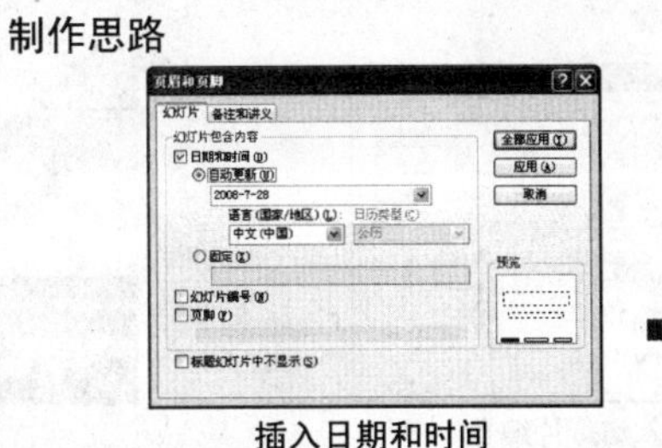

插入日期和时间

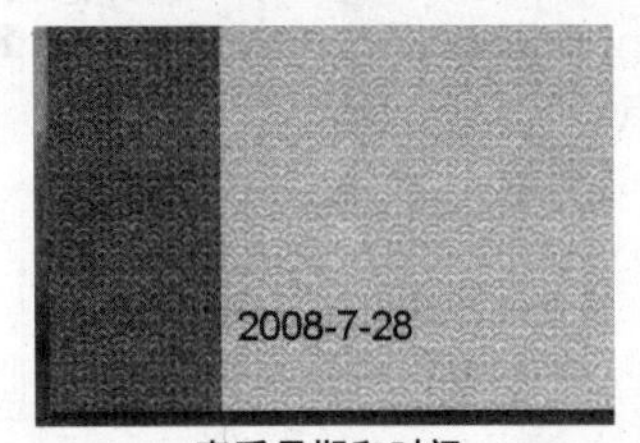

查看日期和时间

01

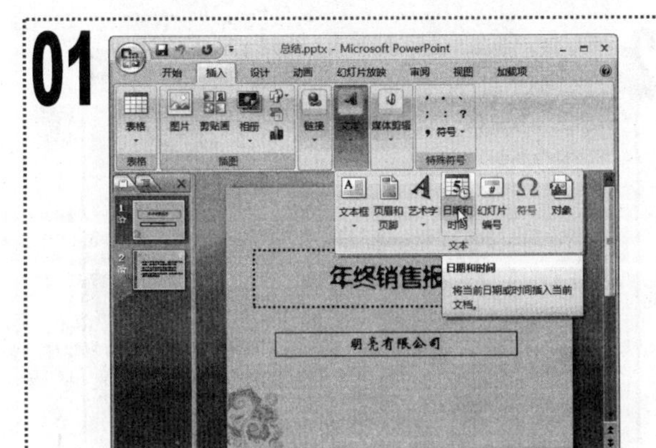

1 打开“总结”演示文稿，单击“插入”选项卡，在“文本”组中单击“日期和时间”按钮。

02

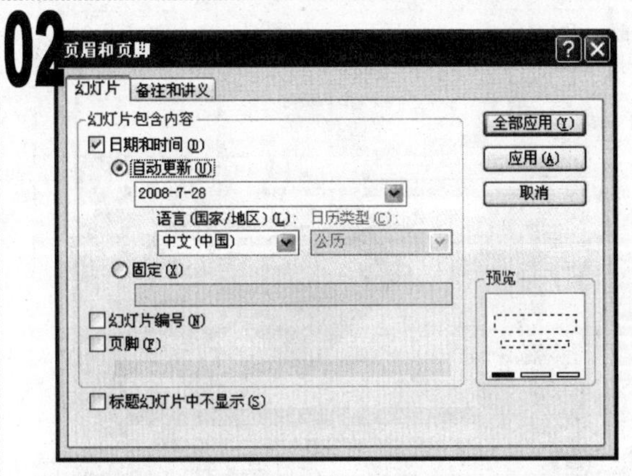

1 在打开的“页眉和页脚”对话框的“幻灯片”选项卡中，选中“日期和时间”复选框，选中“自动更新”单选按钮，单击“全部应用”按钮。

03

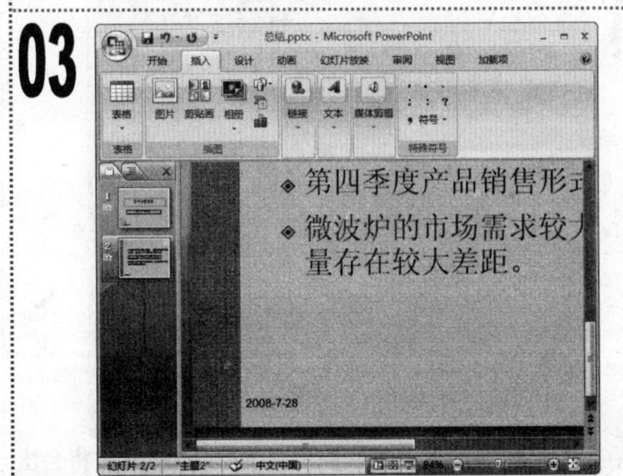

1 返回“幻灯片编辑”窗格，可以看到程序已经在该演示文稿中的每张幻灯片的页脚处插入了日期和时间。

04

1 在幻灯片左下角的日期和时间处单击鼠标左键，将出现文本框，可以根据需要更改文本框的大小或移动其位置。

2 最后保存演示文稿，完成本例的制作。

知识延伸

在“页眉和页脚”对话框中选中“自动更新”单选按钮后，还可以在其下的下拉列表框中选择日期的格式。另外，若选中“固定”单选按钮，则要求在其下的文本框中输入要显示的内容，并在任何时候都显示相同的内容。

注意提示

“日期和时间”文本框中的文本只能进行复制、移动和删除，而不能进行修改操作。

实例25 编辑“喜庆”演示文稿

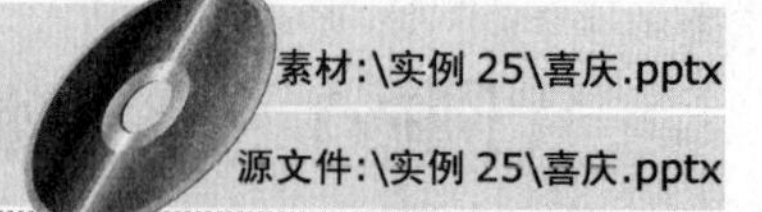
素材:\实例 25\喜庆.pptx
源文件:\实例 25\喜庆.pptx

包含知识

- 插入幻灯片编号

重点难点

- 插入幻灯片编号

制作思路

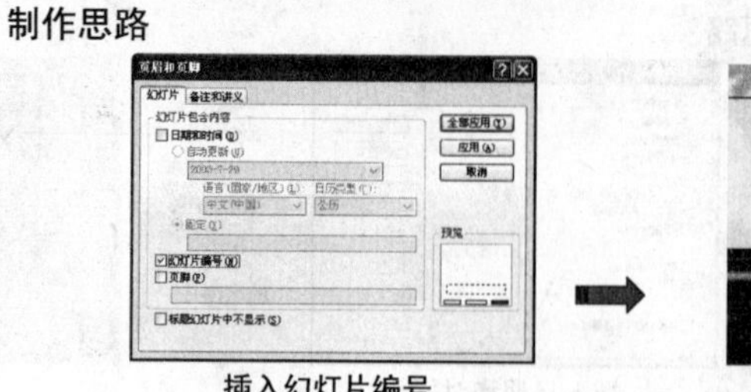

插入幻灯片编号

查看幻灯片编号

01

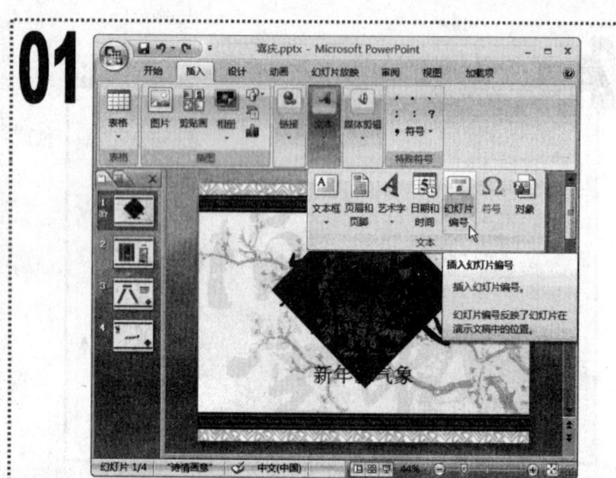

1 打开“喜庆”演示文稿，单击“插入”选项卡，在“文本”组中单击“幻灯片编号”按钮。

02

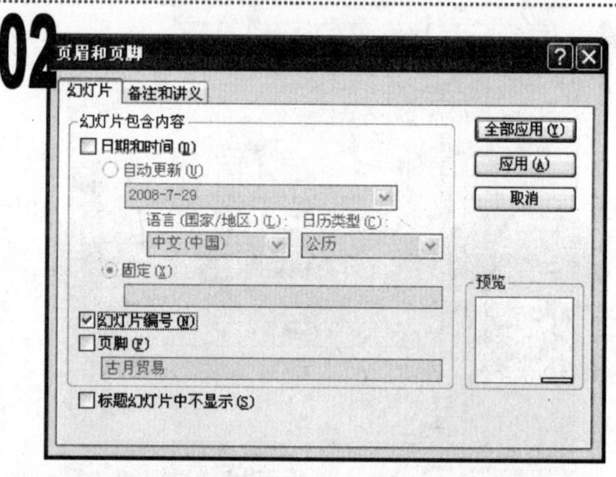

1 在打开的“页眉和页脚”对话框中选中“幻灯片编号”复选框，单击“全部应用”按钮。

03

1 返回“幻灯片编辑”窗口，可以看到程序已经为该演示文稿的每张幻灯片插入了幻灯片编号。

04

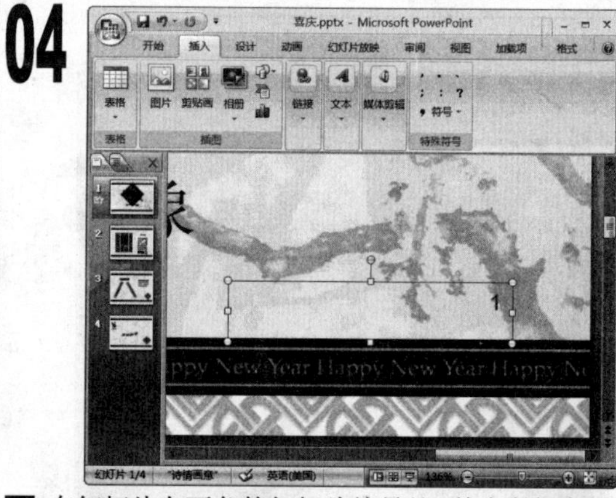

1 在幻灯片左下角的幻灯片编号处，单击鼠标左键将会出现文本框，可以根据需要更改该文本框的大小或移动其位置。

2 最后保存演示文稿，完成本例的制作。

知识延伸

幻灯片编号与时间和日期的添加方法虽然相同，但这两者是相对独立的两个个体，任何一方的变化都不会影响另一方。

注意提示

与日期和时间不同，幻灯片编号可以根据需要随意进行修改，修改后保存演示文稿后即可生效。

实例26 编辑“环保”演示文稿

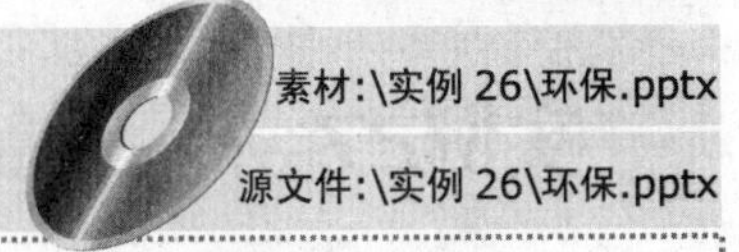

素材:\实例 26\环保.pptx

源文件:\实例 26\环保.pptx

包含知识

- 插入固定文本内容

重点难点

- 插入固定文本内容

制作思路

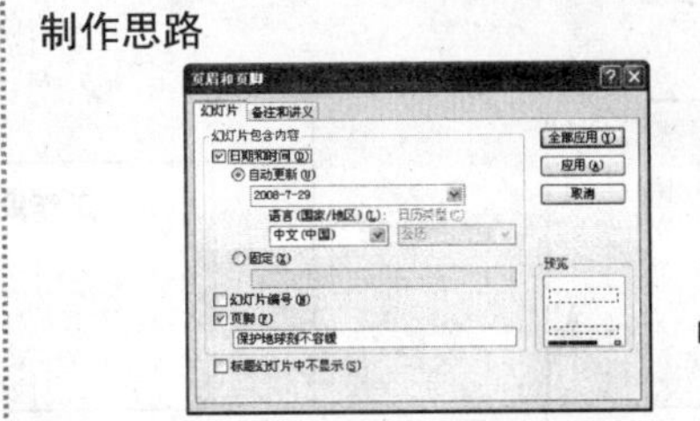

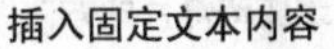

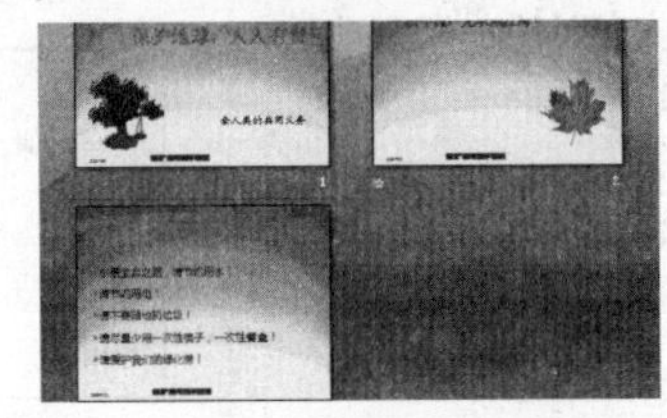

插入固定文本内容　　查看输入的固定文本内容

01

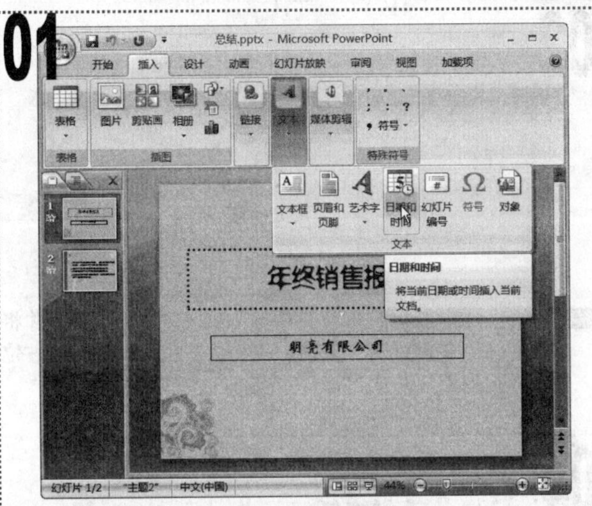

1. 打开“环保”演示文稿，在左侧的“幻灯片”窗格中选择任意一张幻灯片。
2. 单击“插入”选项卡，在“文本”组中单击“日期和时间”按钮。

02

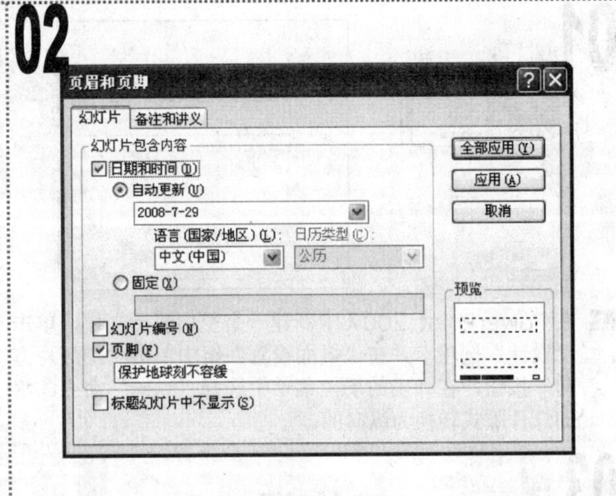

1. 在打开的“页眉和页脚”对话框的“幻灯片”选项卡中，选中“日期和时间”复选框，选中其下的“自动更新”单选按钮。
2. 选中“页脚”复选框，在其下的文本框中输入“保护地球刻不容缓”文本，单击“全部应用”按钮。

03

1. PowerPoint 2007 将在每张幻灯片底部添加日期和时间文本内容。
2. 在任意一张幻灯片的下方选中页脚内容，在出现的浮动工具栏中将其字体格式设置为“华文琥珀、20、加粗、靛蓝色”。

04

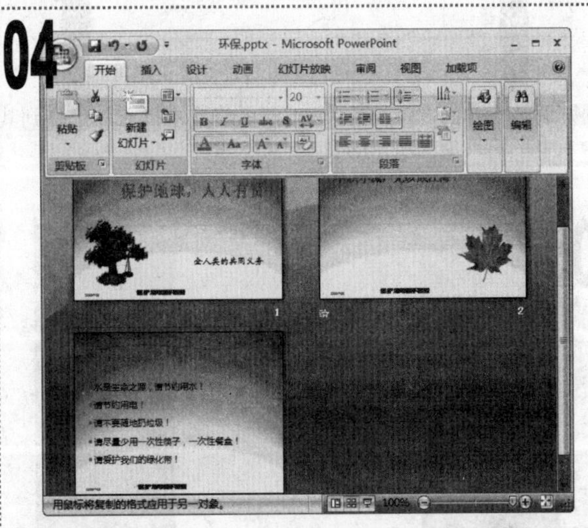

1. 选择设置了格式的页脚文本内容，双击“开始”选项卡的“剪贴板”组中的“格式刷”按钮，将所有幻灯片中的页脚格式都设置为相同的格式。完成后保存演示文稿，完成本例的制作。

实例27 制作"工作证"幻灯片

素材:无

源文件:\实例 27\工作证.pptx

包含知识

- 改变幻灯片的方向
- 添加下画线

重点难点

- 改变幻灯片的方向
- 添加下画线

制作思路

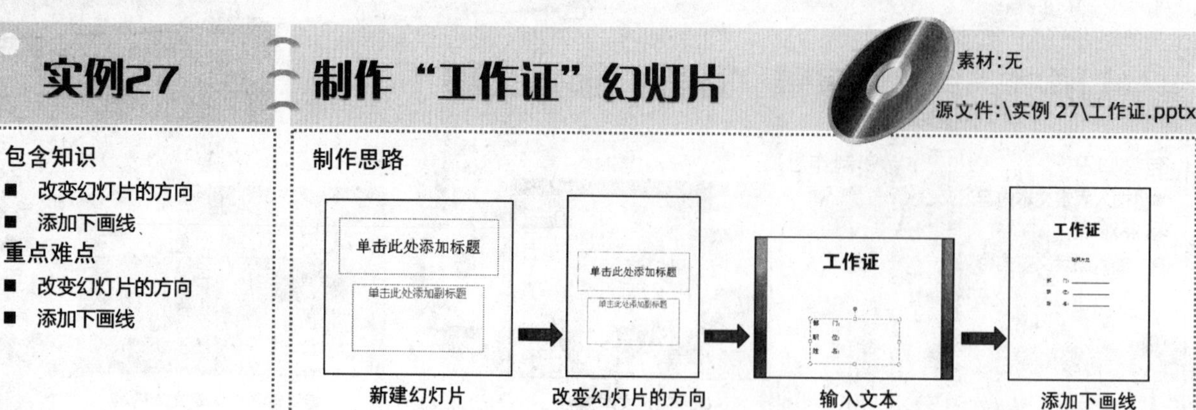

01

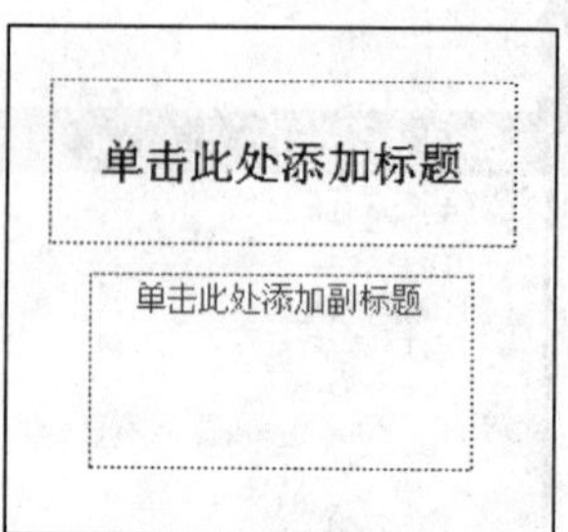

■ 在 PowerPoint 2007 中新建一个空白演示文稿，单击"设计"选项卡，在"页面设置"组中单击"幻灯片方向"按钮，在弹出的下拉菜单中选择"纵向"命令，将幻灯片版式转换为纵向的。

02

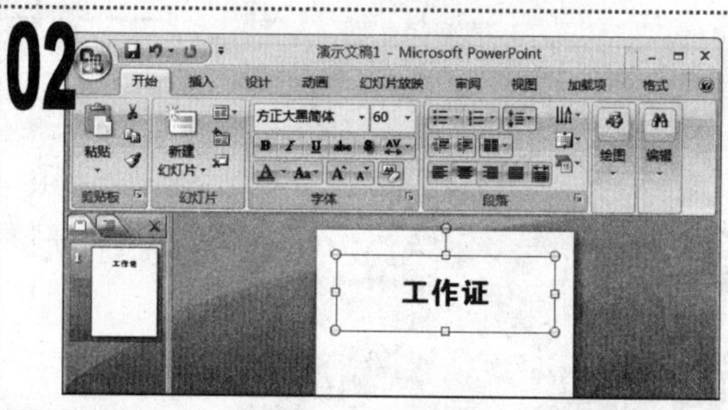

■ 在幻灯片中的标题占位符中输入文本"工作证"，并将其字体格式设置为"方正大黑简体、60"，将标题占位符移动到幻灯片上部。

03

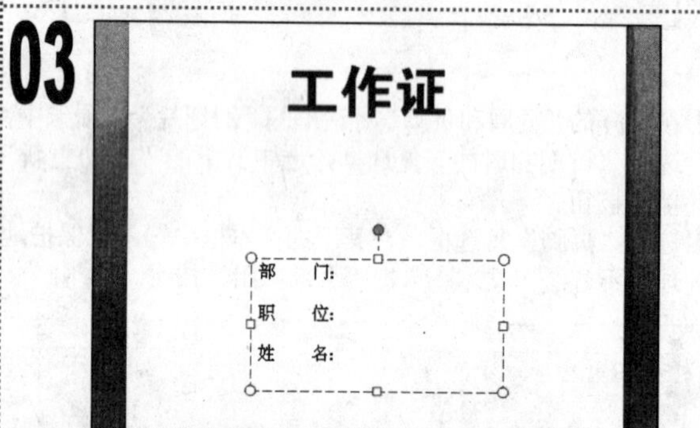

■ 调整下方的占位符的大小，然后将文本插入点定位到其中，输入如图所示的文本。

04

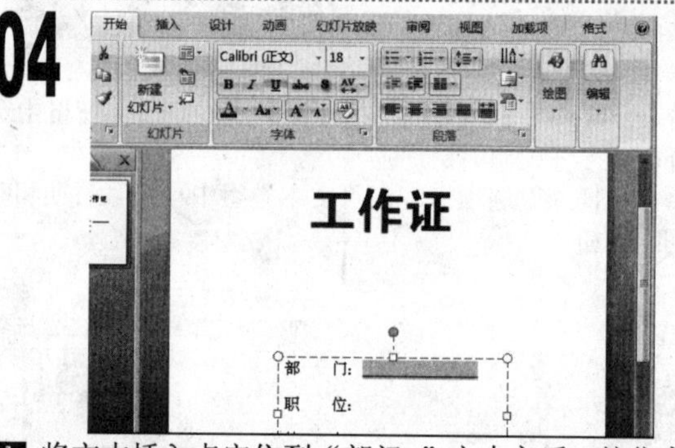

■ 将文本插入点定位到"部门:"文本之后，按住空格键不放输入一段空格，选择输入的空格，在"开始"选项卡的"字体"组中，单击"下画线"按钮添加下画线。

05

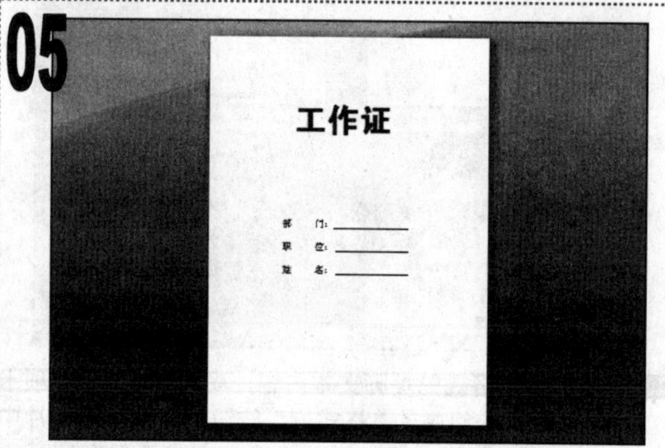

■ 用同样的方法在其余的文本后添加下画线，效果如图所示。

06

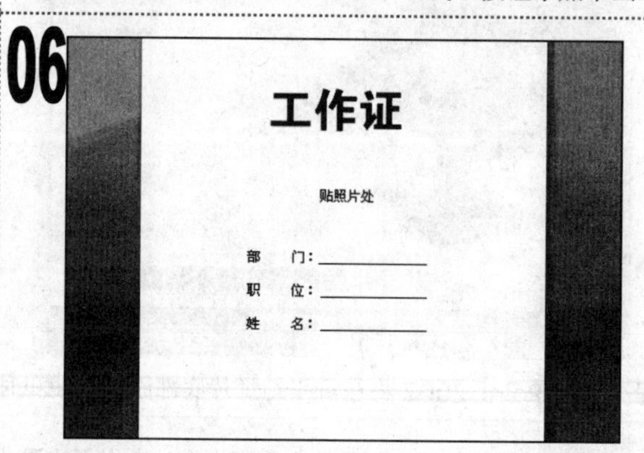

■ 在两个占位符之间插入一个文本框，并在其中输入"贴照片处"文本。保存演示文稿，完成本例的制作。

第2章

文本幻灯片的制作进阶

满江红

怒发冲冠，凭栏处、潇潇雨歇。
抬望眼，仰天长啸，壮怀激烈。
三十功名尘与土，八千里路云和月。
莫等闲、白了少年头，空悲切。
靖康耻，犹未雪；臣子恨，何时灭？
驾长车、踏破贺兰山缺。
壮志饥餐胡虏肉，笑谈渴饮匈奴血。
待从头、收拾旧山河，朝天阙！

实例 28 制作“游戏人间”幻灯片

实例 29 制作“宣传片”幻灯片

实例 30 制作“成功四要”演示文稿

实例 31 制作“业务素质”幻灯片

实例 32 制作“春节简介”演示文稿

实例 33 制作“满江红”幻灯片

实例 34 编辑“质量检测”演示文稿

实例 35 编辑“人生四商”演示文稿

实例 36 编辑“新年贺卡”演示文稿

02

本章将在学习了文本幻灯片制作知识的基础上对文本幻灯片的制作知识进行延伸，让读者能够将这些知识融会贯通，更好地加以运用。

实例28 制作“游戏人间”幻灯片

素材:\实例 28\游戏人间.pptx

源文件:\实例 28\游戏人间.pptx

包含知识

■ 设置幻灯片的大小 ■ 输入文本

01

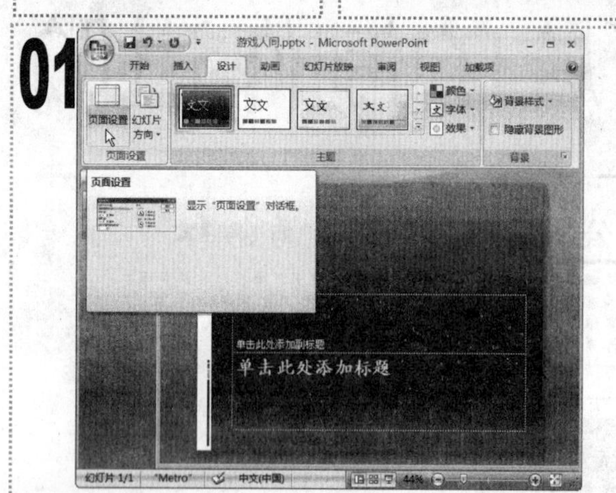

1 打开“游戏人间”演示文稿，单击“设计”选项卡，在“页面设置”组中单击“页面设置”按钮。

02

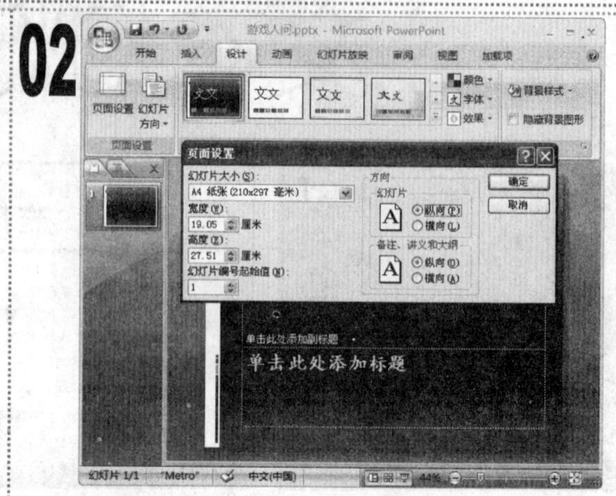

1 在打开的“页面设置”对话框的“幻灯片大小”下拉列表框中，选择“A4 纸张（210 毫米×297 毫米）”选项，选中两个“纵向”单选按钮，单击“确定”按钮。

03

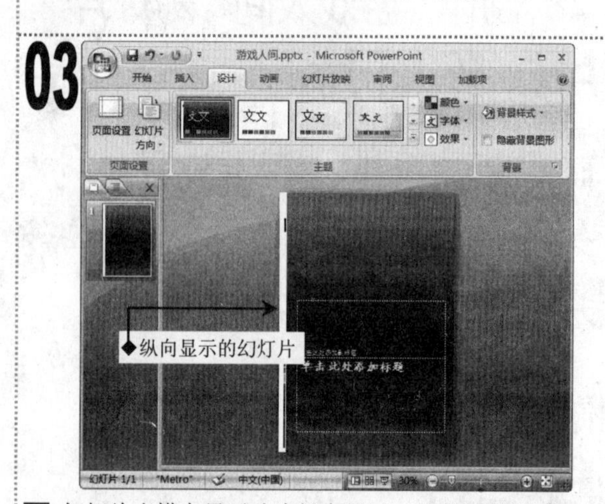

1 幻灯片由横向显示改为纵向显示，效果如图所示。

04

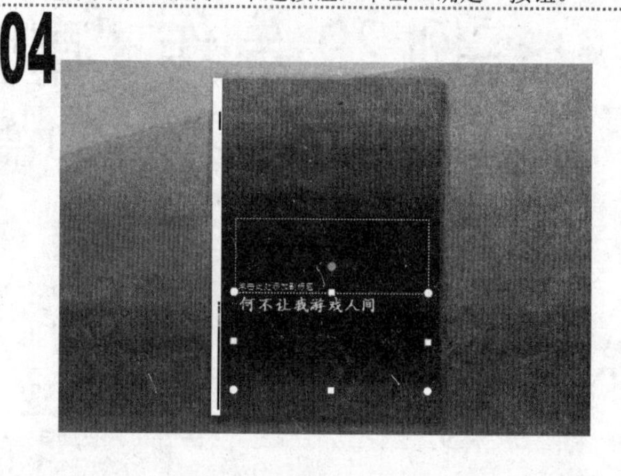

1 将文本插入点定位到标题占位符中，输入文本“何不让我游戏人间”。

05

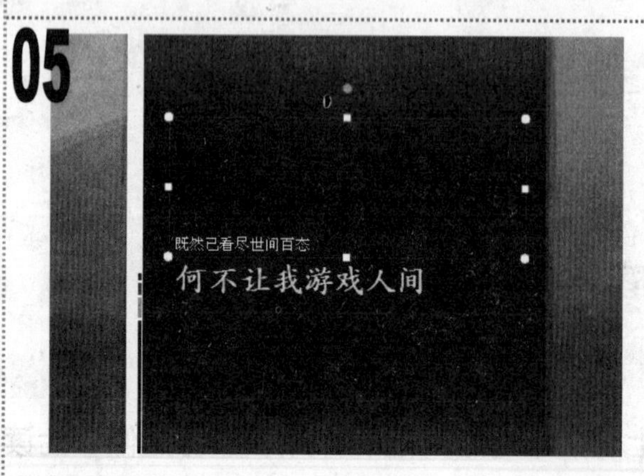

1 用同样的方法在副标题占位符中输入文本“既然已看尽世间百态”。

06

1 单击状态栏中的“幻灯片放映”按钮，放映幻灯片以查看设置后的幻灯片效果。保存演示文稿，完成本例制作。

实例29　制作“宣传片”幻灯片

素材:\实例 29\宣传片.pptx

源文件:\实例 29\宣传片.pptx

包含知识　■ 插入文本框　■ 设置占位符属性

01

■ 打开“宣传片”演示文稿，单击“插入”选项卡，在“文本”组中单击“文本框”按钮，在弹出的下拉菜单中选择“垂直文本框”命令。

02

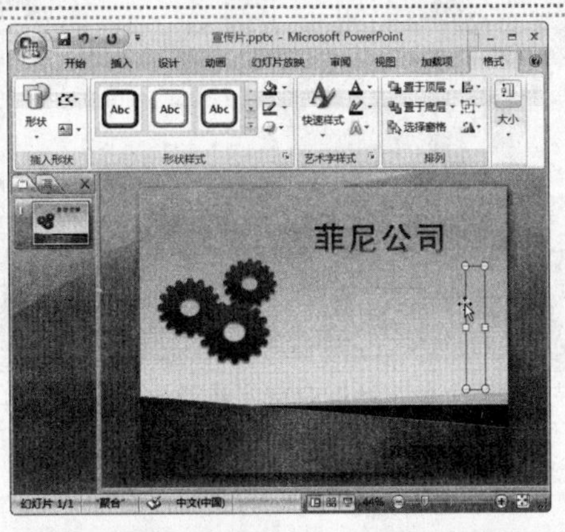

■ 在“幻灯片编辑”窗格中插入一个垂直文本框，然后将鼠标光标移动到文本框上，当其变为“✥”形状时单击鼠标左键选择文本框。

03

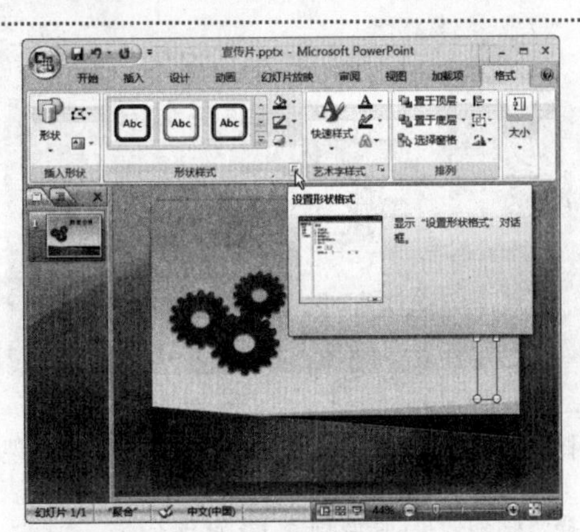

■ 在出现的“绘图工具/格式”选项卡的“形状样式”组中，单击对话框启动器▣。

04

■ 在打开的“设置形状格式”文本框的“填充”选项卡中，选中“渐变填充”单选按钮，单击其下的“预设颜色”下拉按钮，在弹出的下拉列表中选择“羊皮纸”选项，在“类型”下拉列表框中选择“射线”选项。

05

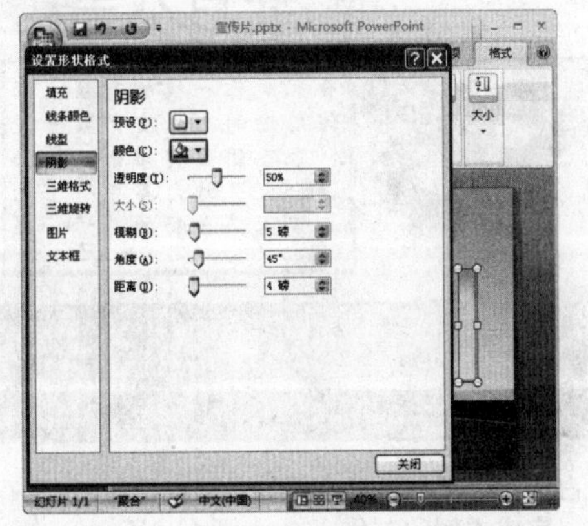

■ 在对话框左侧单击“阴影”选项卡，单击“预设”下拉按钮，在弹出的下拉列表中选择“内部右下角”选项，单击“颜色”下拉按钮，在弹出的下拉菜单中选择“紫色”选项。

06

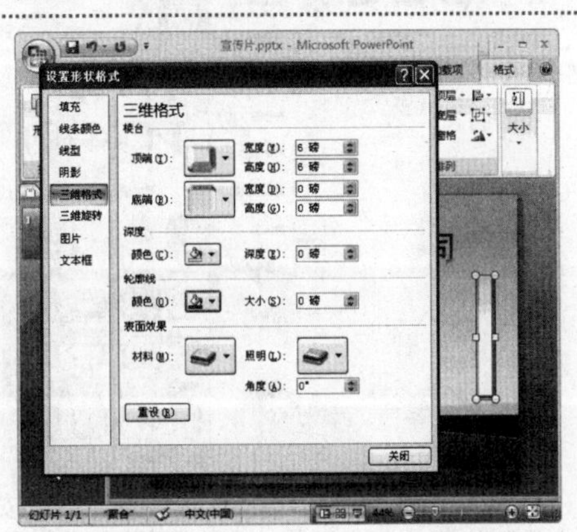

■ 单击“三维格式”选项卡，单击“顶端”下拉按钮，在弹出的下拉列表中选择“角度”选项，单击“关闭”按钮关闭对话框，应用设置。

07

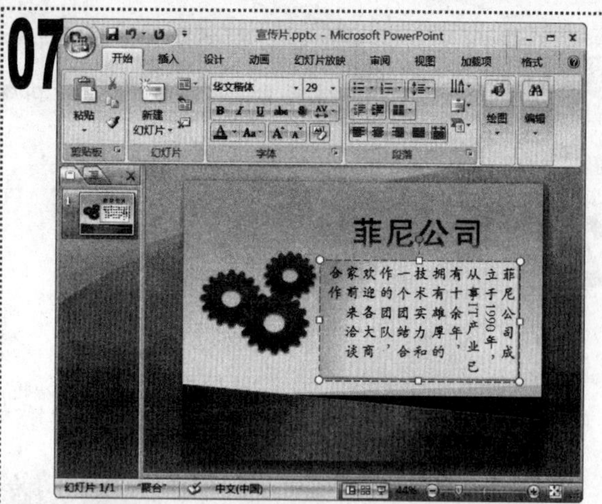

■ 在文本框上单击鼠标右键，在弹出的快捷菜单中选择“编辑文字”命令，在文本框中输入如图所示的文本，并将其字体格式设置为“华文楷体、29”。

08

■ 选择文本“菲尼公司”所在的标题占位符，然后在出现的“绘图工具/格式”选项卡中，选择“形状样式”组中的列表框中的“彩色轮廓-强调颜色 2”选项。

09

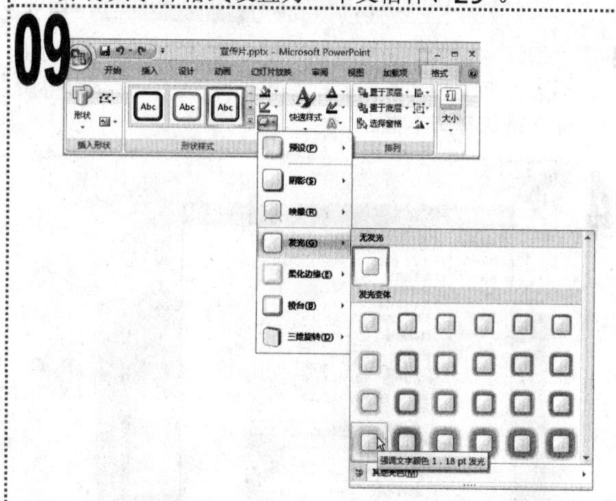

■ 在“形状样式”组中单击“形状效果”下拉按钮，在弹出的下拉菜单中选择“发光/强调文字颜色 1，18pt 发光”选项，为标题占位符添加发光效果。

10

■ 选择文本“欢迎观赏”所在的文本占位符，在出现的“绘图工具/格式”选项卡的“形状样式”组中的列表框中，选择“强烈效果-强调颜色 1”选项。

11

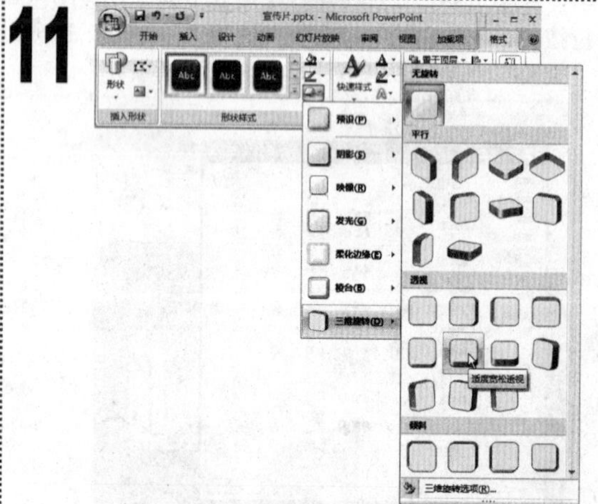

■ 再在“形状样式”组中单击“形状效果”下拉按钮，在弹出的下拉菜单中选择“三维旋转/适度宽松透视”选项，为其添加旋转效果。

12

■ 为占位符设置属性后的最终效果如图所示。保存演示文稿，完成本例的制作。

实例30 制作“成功四要”演示文稿

素材:\实例 30\成功四要.pptx

源文件:\实例 30\成功四要.pptx

包含知识

■ 复制、移动、添加和删除幻灯片

01

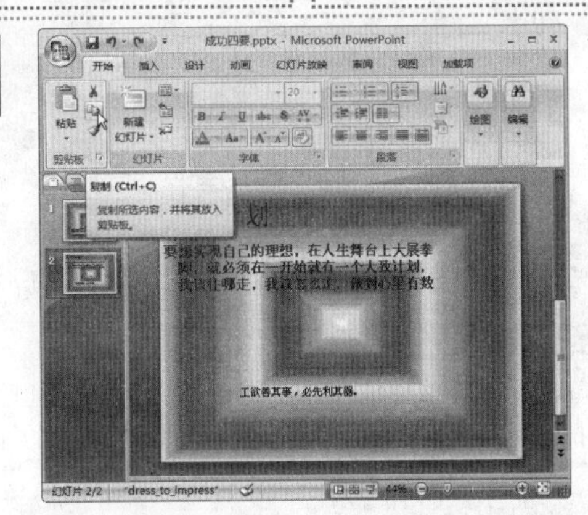

■ 打开“成功四要”演示文稿，在左侧的“幻灯片”窗格中选择第 2 张幻灯片，在“开始”选项卡的“剪贴板”组中单击“复制”按钮。

02

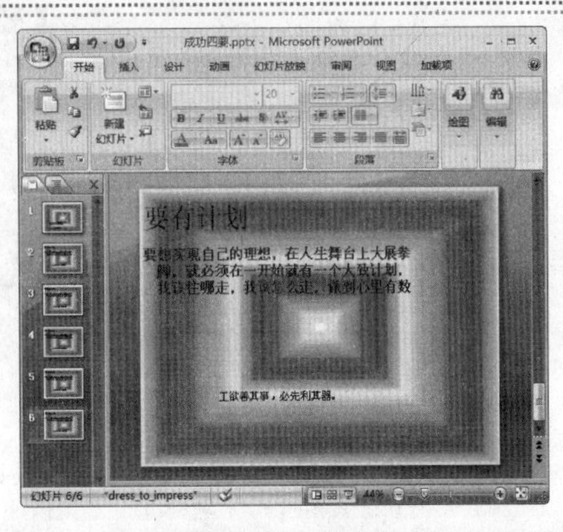

■ 在第 2 张幻灯片下的空白区域处单击鼠标左键，然后单击 “剪贴板”组中的“粘贴”按钮四次，复制四张幻灯片。

03

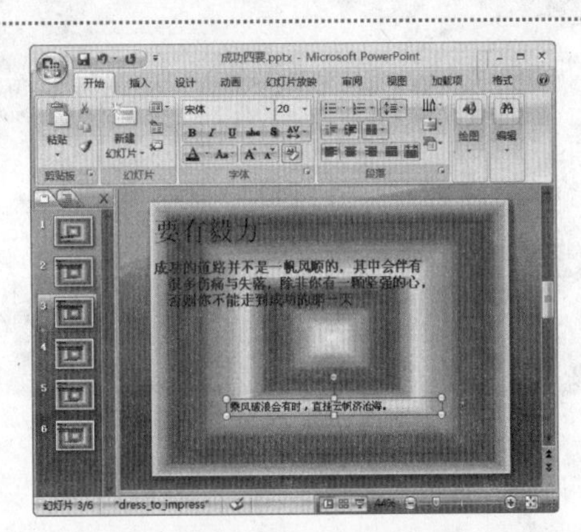

■ 在“幻灯片”窗格中选择第 3 张幻灯片，在“幻灯片编辑”窗格中选择标题占位符中的文本，输入文本“要有毅力”，新输入的文本将取代原有文本，然后用同样的方法在余下两个文本框中输入如图所示的文本。

04

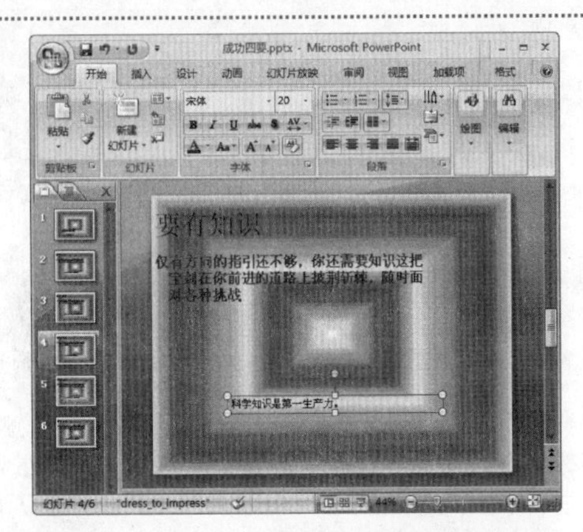

■ 用同样的方法在第 4 张幻灯片的标题占位符中输入文本“要有知识”，在余下的文本框中输入如图所示的文本。

05

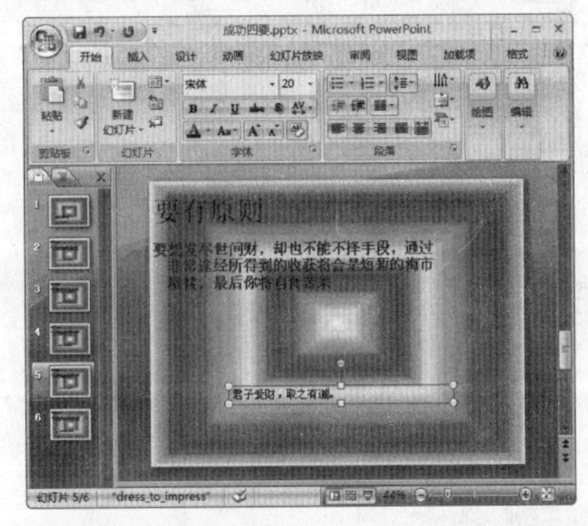

■ 用同样的方法在第 5 张幻灯片的标题占位符中输入文本“要有原则”，以及在余下的文本框中输入如图所示的文本。

06

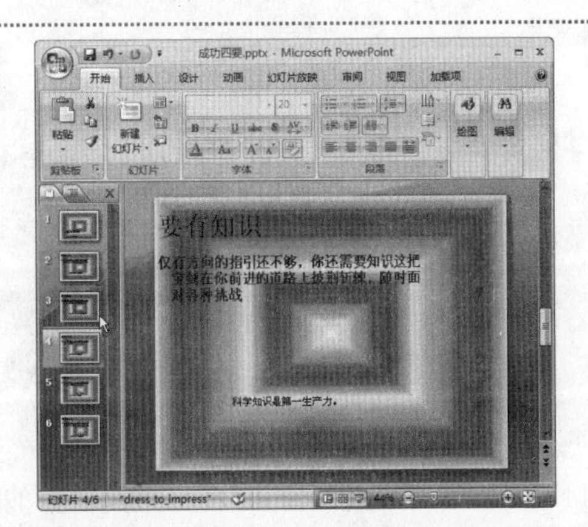

■ 在“幻灯片”窗格中选择第 4 张幻灯片，按住鼠标左键不放将其向上拖动，在拖动过程中会有一条横线指示幻灯片当前所在位置。

07

■ 当该横线位于第 3 张幻灯片上方时释放鼠标，即可将选择的幻灯片移动到此处。

08

■ 将鼠标光标移动到“幻灯片”窗格的空白位置处单击鼠标右键，在弹出的快捷菜单中选择“新建幻灯片”命令。

09

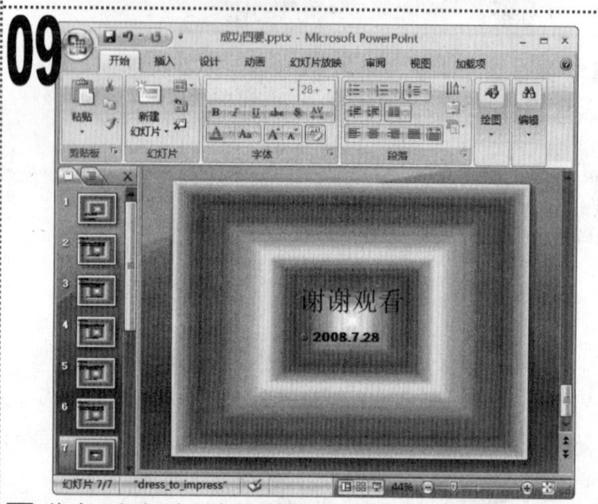

■ 将在“幻灯片”窗格中新建一张幻灯片并将其选中，在其标题占位符中单击鼠标左键，输入文本“谢谢观看”，然后在下面的文本占位符中输入日期“2008.7.28”，调整占位符的位置到幻灯片中央。

10

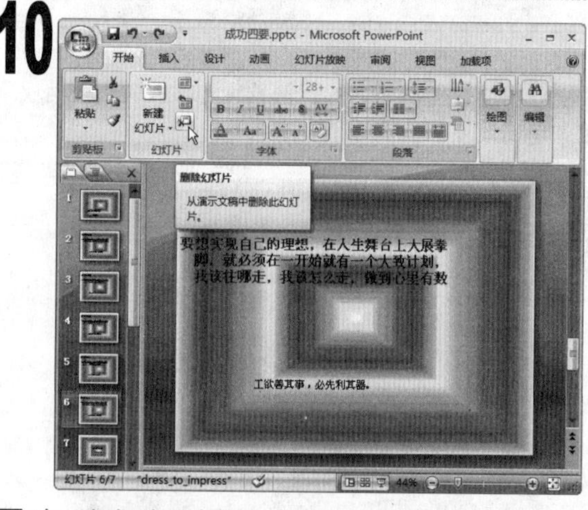

■ 在“幻灯片”窗格中选择第 6 张幻灯片，单击“开始”选项卡，在“幻灯片”组中单击“删除幻灯片”按钮。

11

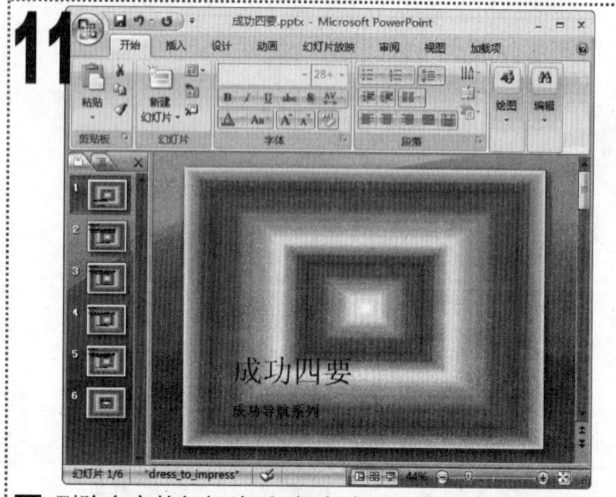

■ 删除多余的幻灯片后，保存演示文稿，完成本例的制作。

知识延伸

在“幻灯片”窗格中的幻灯片上单击鼠标右键，在弹出的快捷菜单中选择相应的命令也可以实现复制、粘贴和删除幻灯片等操作。

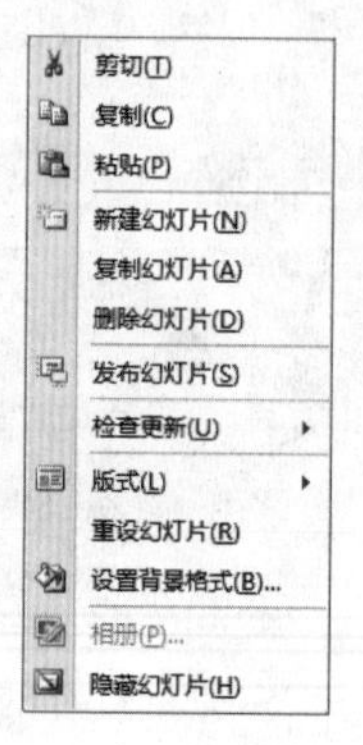

实例31 制作“业务素质”幻灯片

素材:\实例 31\业务素质.pptx

源文件:\实例 31\业务素质.pptx

包含知识

- 设置文本字体
- 设置文本字号
- 设置文本特殊效果

重点难点

- 设置文本字体
- 设置文本字号
- 设置文本特殊效果

制作思路

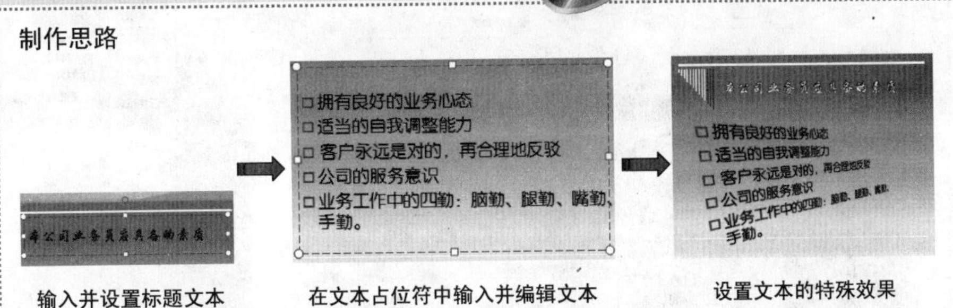

输入并设置标题文本　　在文本占位符中输入并编辑文本　　设置文本的特殊效果

01

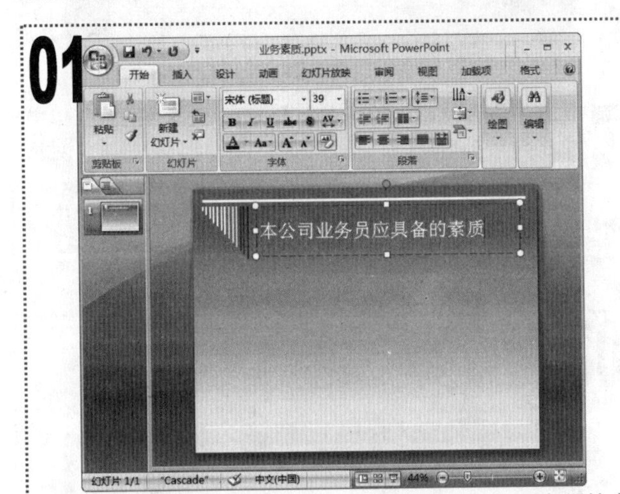

1 打开“业务素质”演示文稿，在幻灯片的标题占位符中单击鼠标左键，输入文本“本公司业务员应具备的素质”。

02

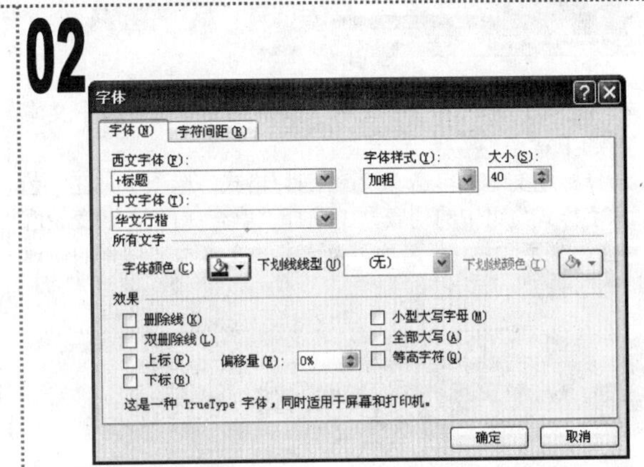

1 选择输入的文本，在其上单击鼠标右键，在弹出的快捷菜单中选择“字体”命令，在打开的“字体”对话框中设置标题文本的字体格式为“华文行楷、加粗、40”，单击“字体颜色”下拉按钮，在弹出的下拉菜单中选择“红色”选项，单击“确定”按钮，关闭对话框应用设置。

03

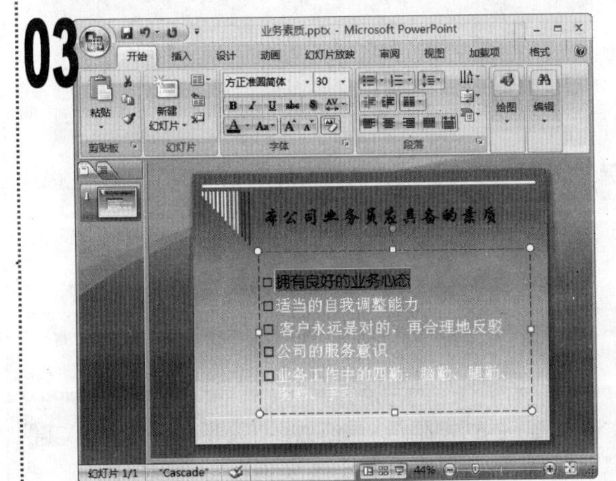

1 将鼠标光标定位到下面的占位符中，输入如图所示的文本，选择第1行文本“拥有良好的业务心态”，在“开始”选项卡的“字体”组中设置其字体格式为“方正准圆简体、30、蓝色”。

04

1 保持文本的选中状态不变，在“开始”选项卡的“剪贴板”组中双击“格式刷”按钮，然后选择文本占位符中的其他文本，为其应用字体格式。

05

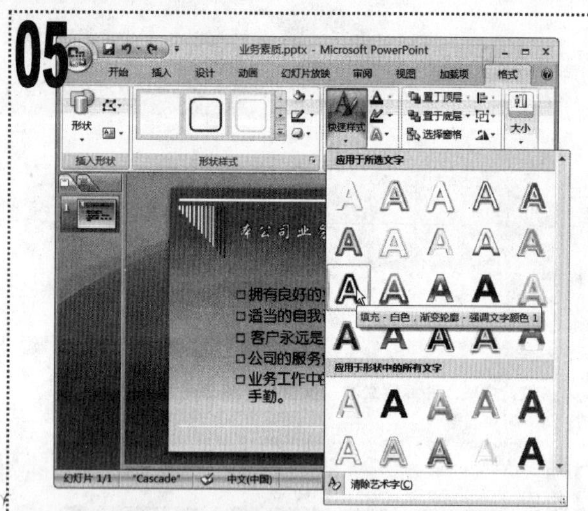

1 按【Esc】键取消“格式刷”按钮及文本占位符中文本的选中状态。

2 选择标题文本，单击“绘图工具/格式”选项卡，在“艺术字样式”组中的列表框中选择“填充-白色，渐变轮廓-强调文字颜色 1”选项，为选中的文本添加预置的快速样式。

06

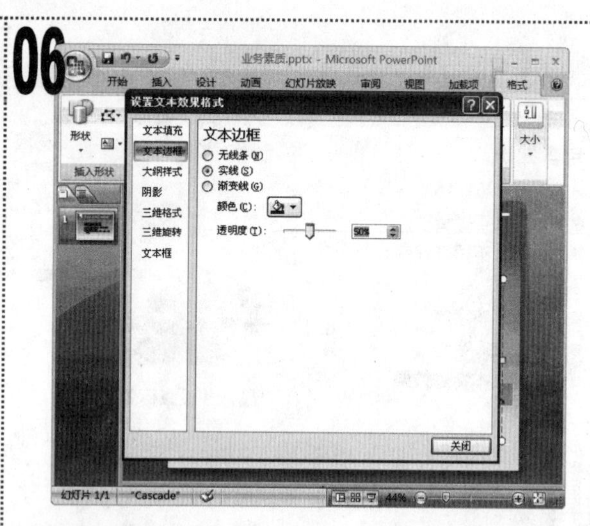

1 选择下方占位符中的所有文本，在“艺术字样式”组中单击对话框启动器，打开“设置文本效果格式”对话框，单击“文本边框”选项卡，选中“实线”单选按钮，单击出现的“颜色”下拉按钮，在弹出的下拉菜单中选择“紫色”选项，设置其透明度为“50%”，单击“关闭”按钮。

07

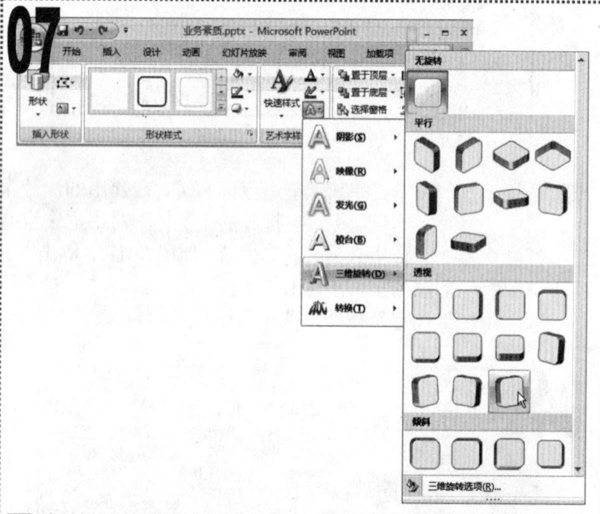

1 保持文本的选中状态不变，在“艺术字样式”组中单击“文本效果”下拉按钮，在弹出的下拉菜单中选择“三维旋转/极右极大透视”选项。

08

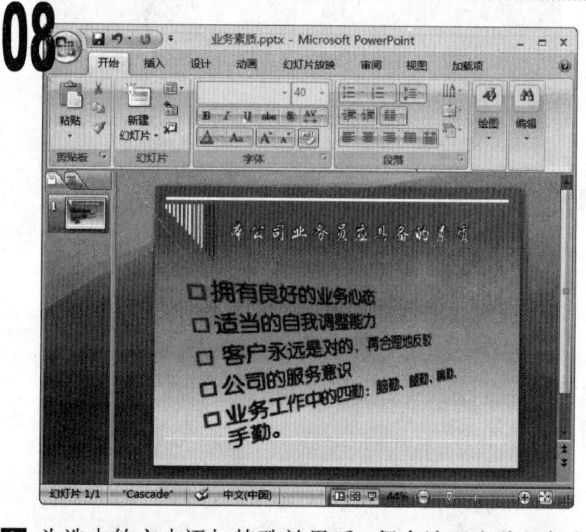

1 为选中的文本添加特殊效果后，保存演示文稿，完成本例的制作。

知识延伸

在“设置文本效果格式”对话框中可以进行的设置有设置文本填充、文本边框的添加和编辑、大纲样式的应用、阴影的添加和编辑、三维格式的添加和编辑、三维旋转效果的添加和编辑，以及文本框中的文字版式、文字自动调整和内部编辑等。

另外，在为文本添加特殊效果时，应根据幻灯片的整体风格和版式进行判断，否则不仅不能体现演示文稿的特点，还会有滥用之嫌。

举一反三

利用本例介绍的方法为素材文件的标题占位符中的文本设置靠下的透视阴影，最终效果如图所示（源文件:\实例31\业务素质 1.pptx）。

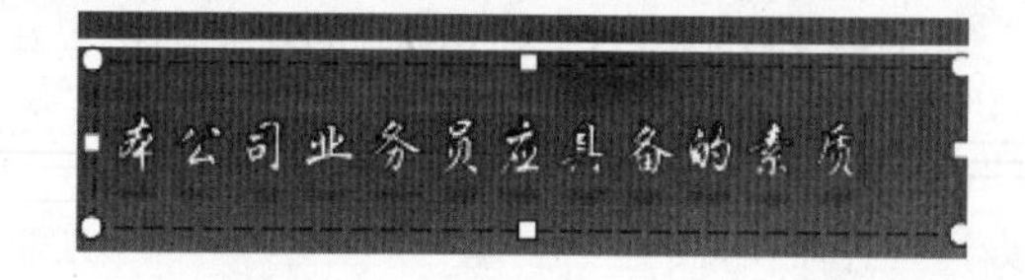

实例32　制作“春节简介”演示文稿

素材:\实例 32\春节简介.pptx

源文件:\实例 32\春节简介.pptx

包含知识

- 输入文本并设置字体格式
- 查找和替换文本

重点难点

- 输入文本并设置字体格式
- 查找和替换文本

制作思路

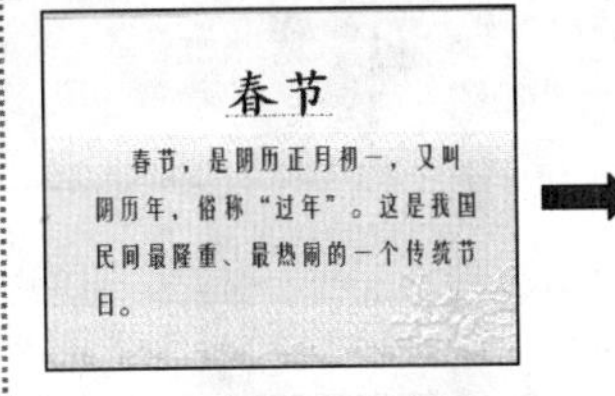

输入第 1 张幻灯片的内容

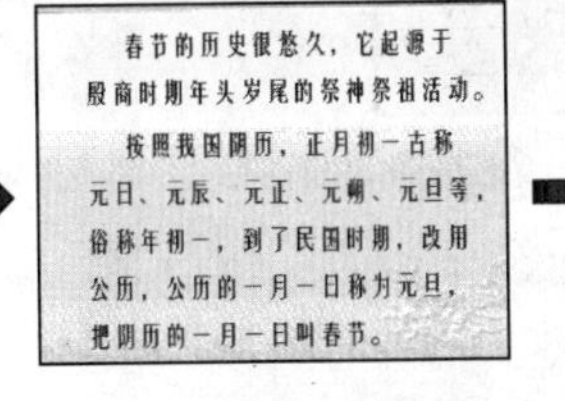

输入第 2 张幻灯片的内容

替换文本后的幻灯片

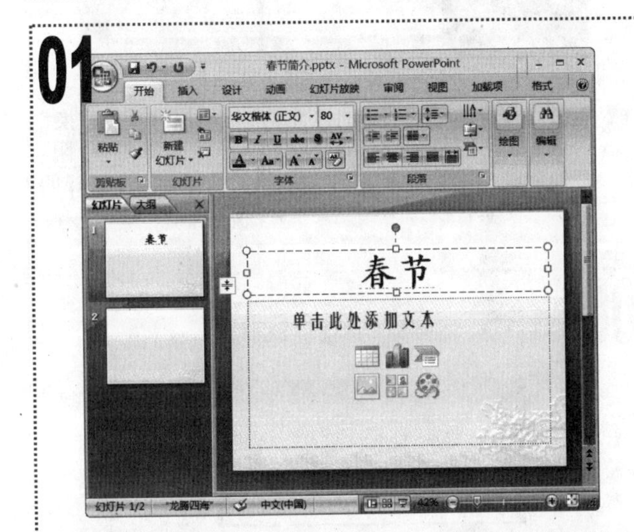

■ 打开“春节简介”演示文稿，将文本插入点定位到第 1 张幻灯片的标题占位符中，输入文本“春节”，并将其字体格式设置为“华文楷体、80、红色”。

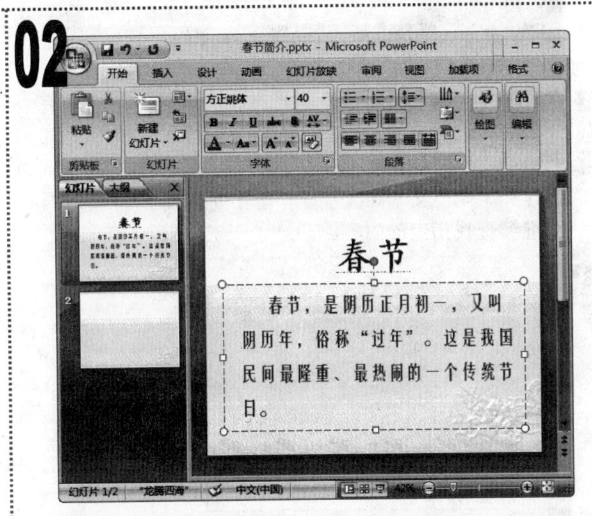

■ 将文本插入点定位到下面的占位符中，输入如图所示的文本，并将其字体格式设置为“方正姚体、40”，字体颜色设置为“蓝-灰，强调文字颜色 1，深色 25%”，完成第 1 张幻灯片的制作。

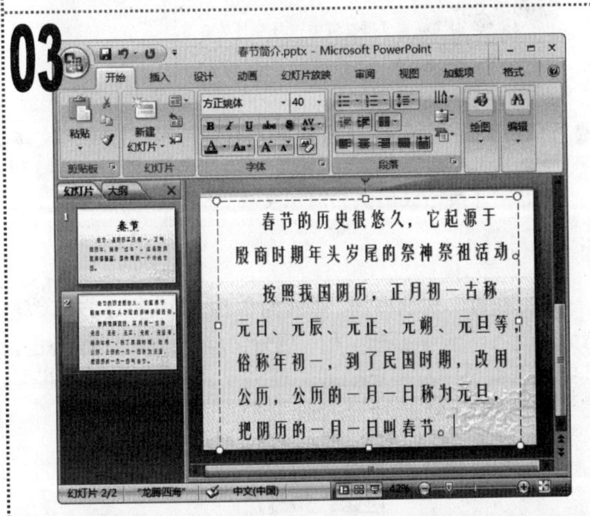

■ 在左侧的“幻灯片”窗格中选择第 2 张幻灯片，将文本插入点定位到其中的占位符中，输入如图所示的文本，并将其字体格式设置为与第 1 张幻灯片中的文本相同。

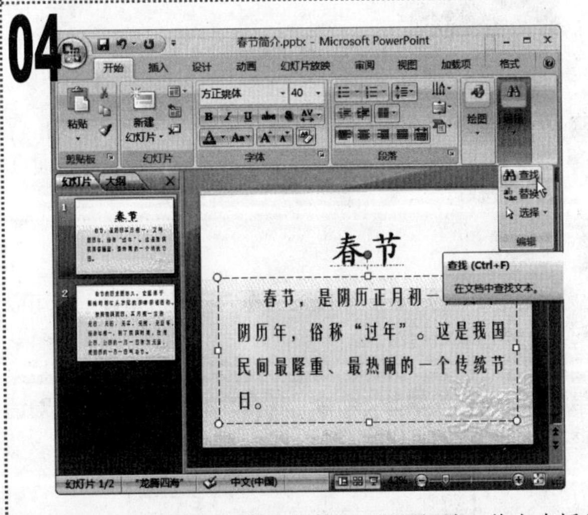

■ 在“幻灯片”窗格中选择第 1 张幻灯片，将文本插入点定位到文本占位符的段首，在“开始”选项卡的“编辑”组中单击“查找”按钮。

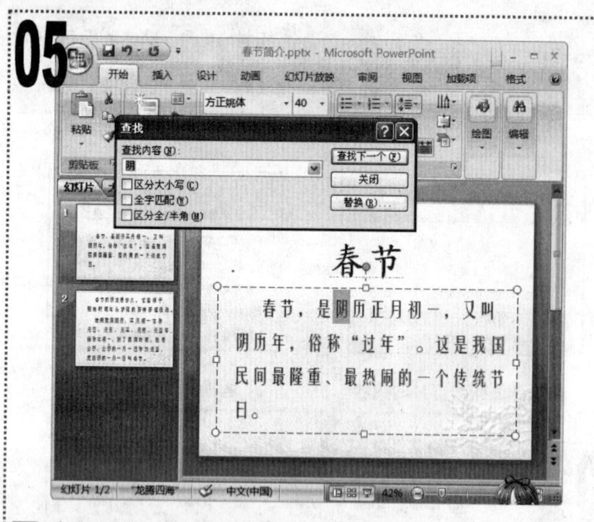

1 在打开的“查找”对话框的“查找内容”下拉列表框中输入要查找的文本“阴”，单击“查找下一个”按钮。

2 对当前占位符中的“阴”文本进行查找，并将查找到的第 1 个“阴”文本高亮显示，单击“查找下一个”按钮，将继续查找指定的内容。

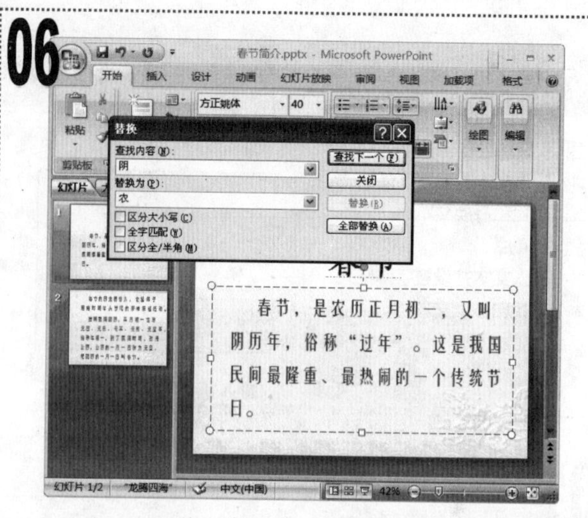

1 单击“查找”对话框中的“替换”按钮，打开“替换”对话框，在“替换为”下拉列表框中输入要将文本“阴”替换为的文本“农”，单击“替换”按钮将当前选择的“阴”文本替换为“农”文本。

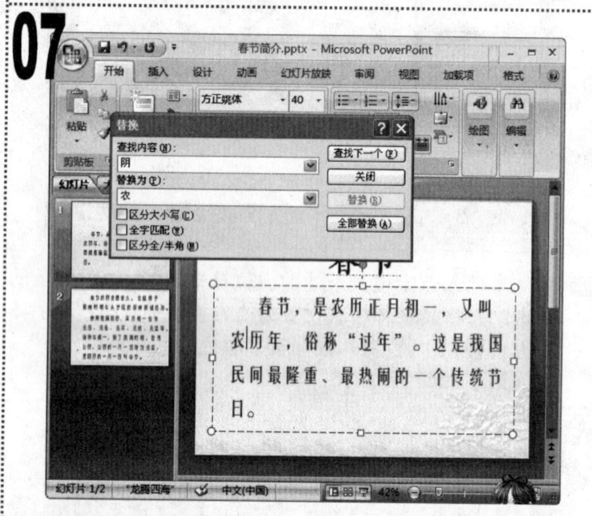

1 继续单击“替换”对话框中的“查找下一个”按钮，当查找到需要进行替换的文本时，单击“替换”按钮即可进行替换。

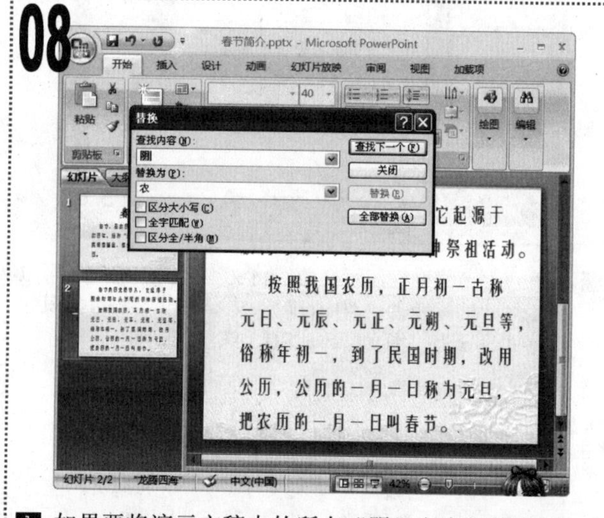

1 如果要将演示文稿中的所有“阴”文本都替换为文本“农”，可直接单击“替换”对话框中的“全部替换”按钮。替换完成后保存演示文稿，完成本例的制作。

知识延伸

查找文本后，不仅可以对文本内容进行替换，还可以对其字体格式进行替换。单击“开始”选项卡，在“编辑”组中单击“替换”按钮右侧的下拉按钮，在弹出的下拉菜单中选择“替换字体”命令，在打开的“替换字体”对话框中进行相应的操作即可。

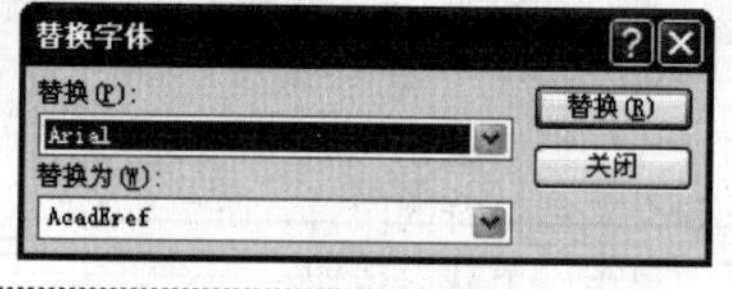

知识延伸

在“替换”对话框的“替换为”下拉列表框下方有“区分大小写”、“全字匹配”和“区分全/半角”三个复选框，选中或取消选中某复选框即代表执行“查找”或“替换”命令时是否需要判断所选的条件成立。

☐区分大小写(C)
☐全字匹配(W)
☐区分全/半角(M)

实例33　制作“满江红”幻灯片

素材:无

源文件:\实例 33\满江红.pptx

包含知识

- 设置段落格式
- 设置标题级别

重点难点

- 设置段落格式
- 设置标题级别

制作思路

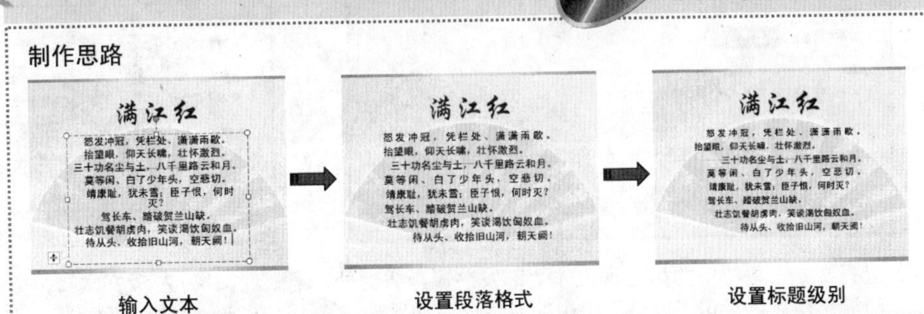

01

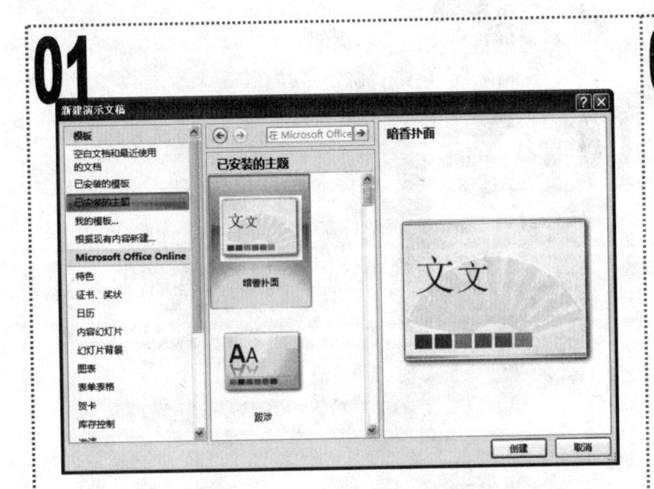

1 启动 PowerPoint 2007，单击“Office”按钮，在弹出的下拉菜单中选择“新建”命令，打开“新建演示文稿”对话框，在左侧窗格中单击“已安装的主题”选项卡，在“已安装的主题”窗格中选择“暗香扑面”选项，单击“创建”按钮，新建一张基于该主题的幻灯片。

02

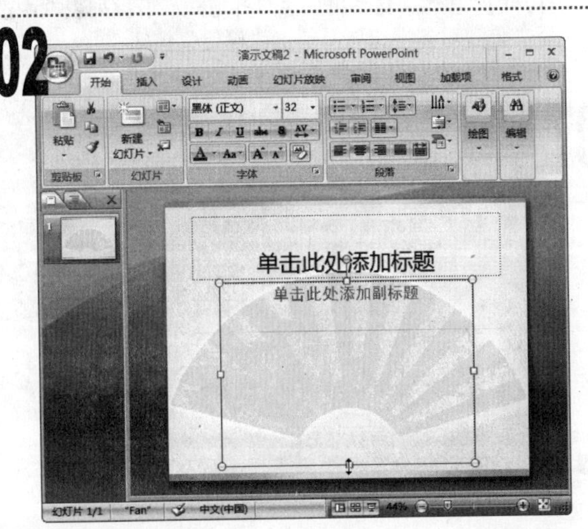

1 选择幻灯片中的标题占位符，按住鼠标左键不放将其拖动到幻灯片顶部。

2 选择其下的文本占位符，将鼠标光标放置在出现的下侧边框的中心节点上，当其变为双箭头形状时按住鼠标左键不放进行拖动，调整其大小。

03

1 在标题占位符中单击鼠标左键将文本插入点定位其中，输入文本“满江红”，并将其字体格式设置为“华文行楷、80、红色”。

04

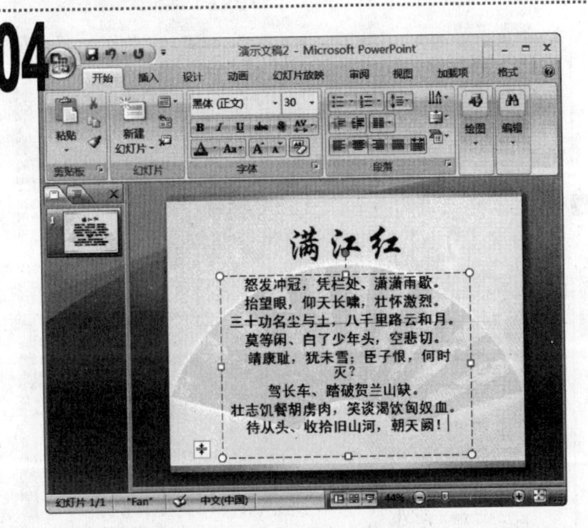

1 将文本插入点定位到下面的文本占位符中，输入如图所示的文本，然后将文本的字体格式设置为“黑体、30、黑色”。

05

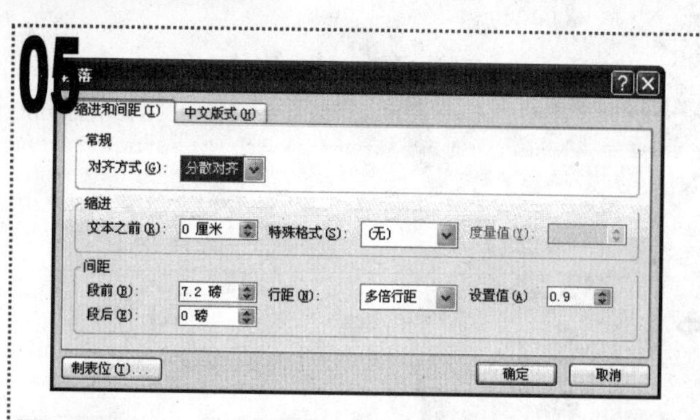

■ 选择文本占位符中的第 1 段文本“怒发冲冠，凭栏处，潇潇雨歇。”，单击“段落”组中的对话框启动器，在打开的“段落”对话框的“对齐方式”下拉列表框中选择“分散对齐”选项，单击“确定”按钮。

06

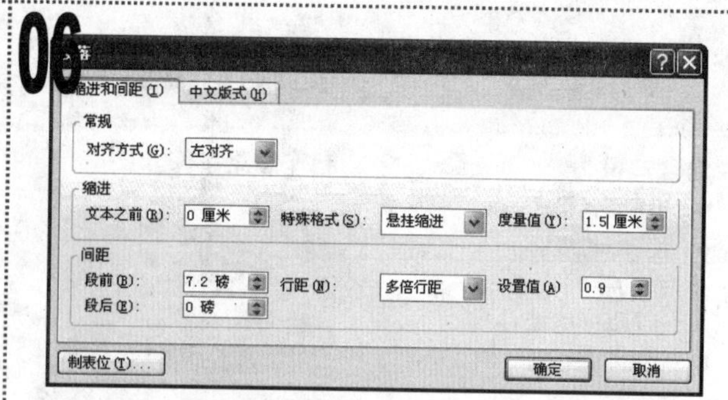

■ 选择第 2 段文本“抬望眼，仰天长啸，壮怀激烈。”，打开“段落”对话框，在“对齐方式”下拉列表框中选择“左对齐”选项，在“特殊格式”下拉列表框中选择“悬挂缩进”选项，在其后的“度量值”数值框中输入“1.5 厘米”，单击“确定”按钮。

07

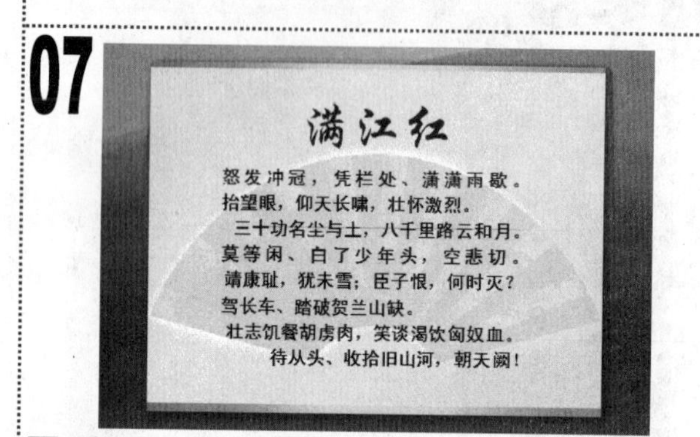

■ 用相同的方法为其余的段落设置段落格式，设置段落格式后的效果如图所示。

08

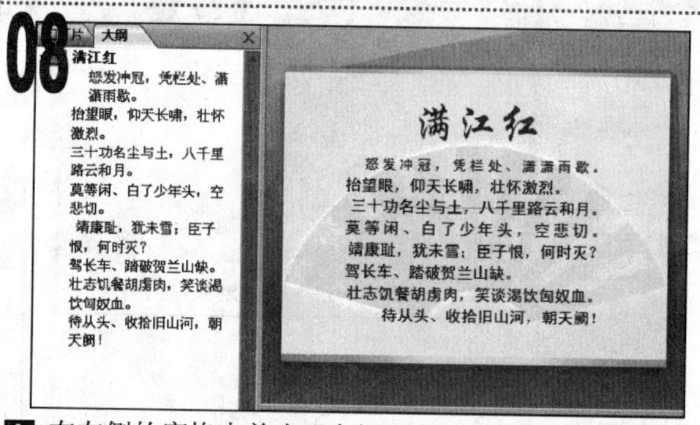

■ 在左侧的窗格中单击“大纲”选项卡，将文本插入点定位到“大纲”窗格中的第 1 段文本中，按【Tab】键将其降低一个级别。

09

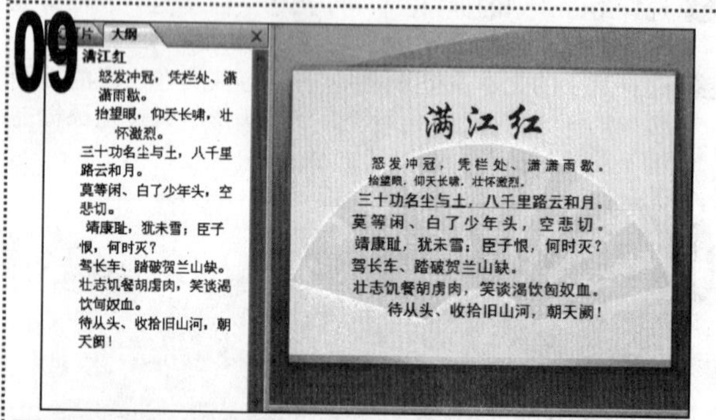

■ 将文本插入点定位到“大纲”窗格中的第 2 段文本中，按两次【Tab】键将其降低两个级别。

10

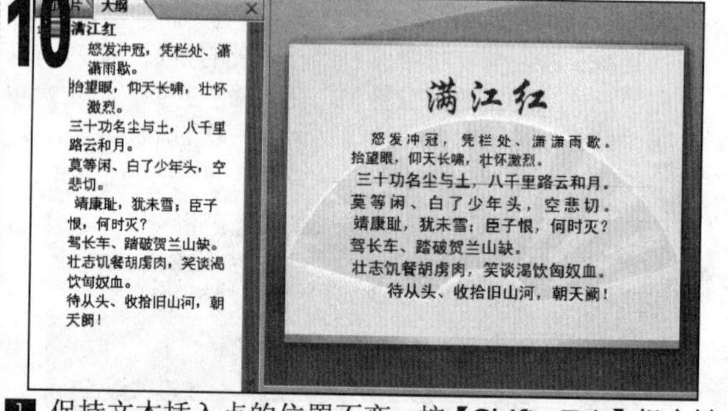

■ 保持文本插入点的位置不变，按【Shift+Tab】组合键可将当前段落提高一个级别。

11

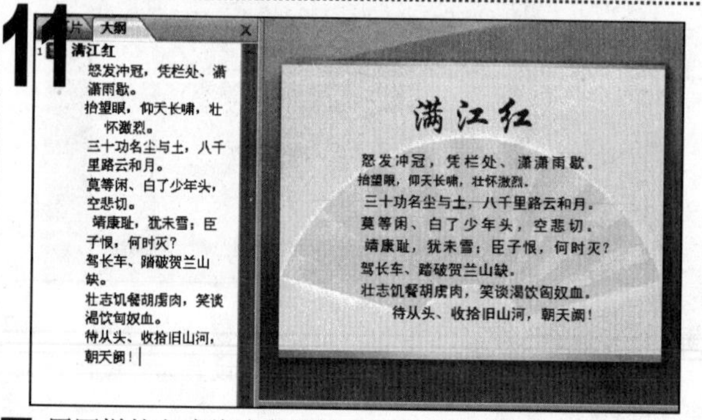

■ 用同样的方式将该占位符中的所有段落都降低一个级别。

12

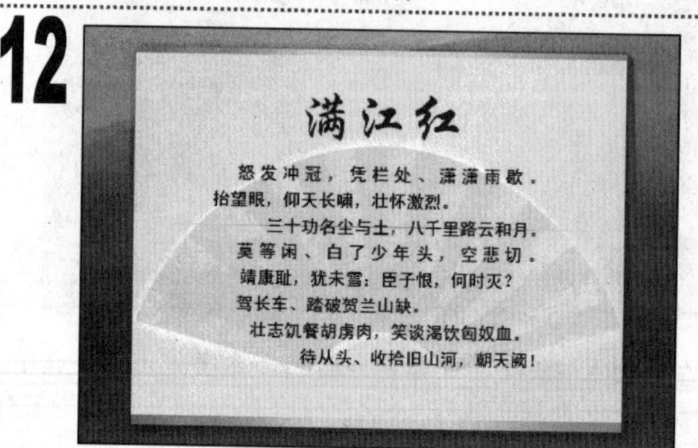

■ 保存演示文稿，完成本例的制作，最终效果如图所示。

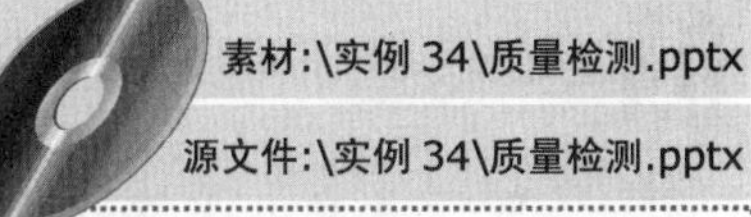

实例34　编辑"质量检测"演示文稿

素材:\实例 34\质量检测.pptx

源文件:\实例 34\质量检测.pptx

包含知识

- 添加和编辑批注
- 添加和编辑备注

重点难点

- 添加和编辑批注
- 添加和编辑备注

制作思路

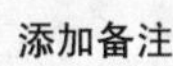

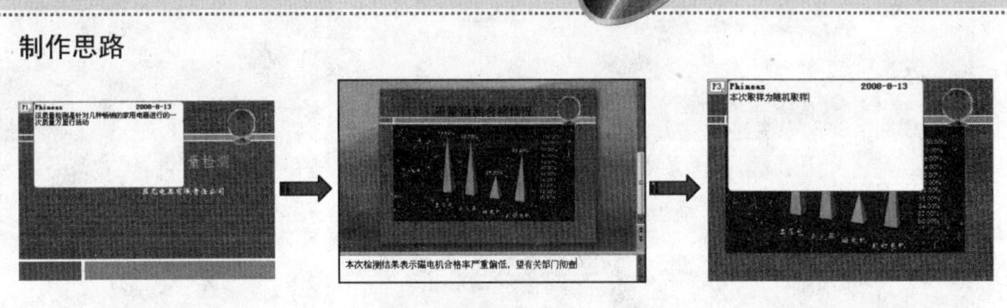

添加、编辑批注　添加备注　添加批注

■ 打开"质量检测"演示文稿，在"幻灯片"窗格中选择第 1 张幻灯片，在"审阅"选项卡中单击"批注"组中的"新建批注"按钮。

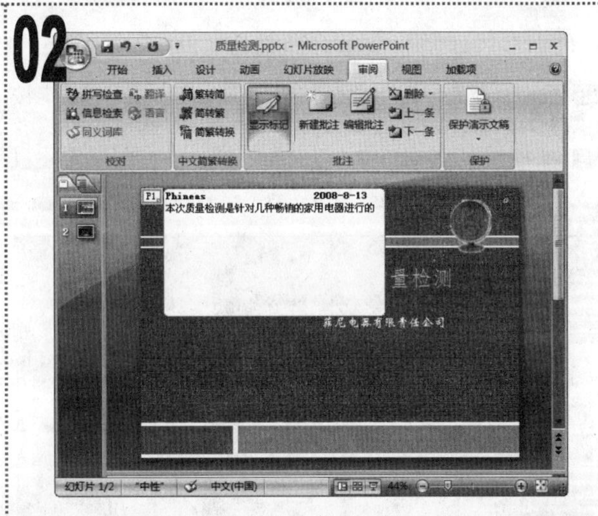

■ 在"幻灯片编辑"窗格中将出现一个名为"P1"的批注框，在其中输入文本"本次质量检测是针对几种畅销的家用电器进行的"。

■ 在批注框外的任意位置处单击鼠标左键，批注文本框将自动消失，"幻灯片编辑"窗格中将仅剩"P1"批注框图标P1，在其上单击鼠标左键，可查看该批注框中的内容。

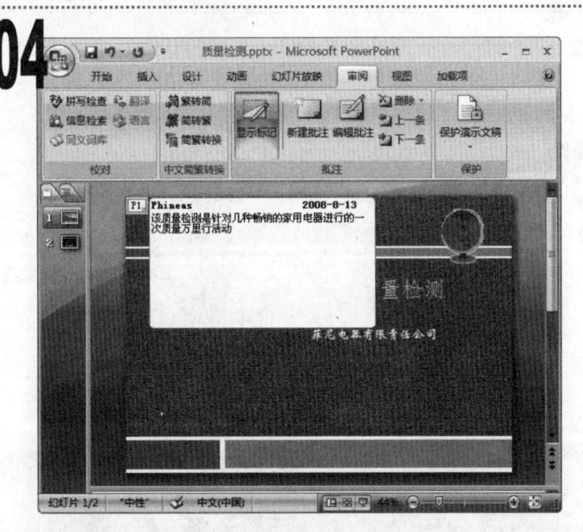

■ 在批注框图标上单击鼠标右键，在弹出的快捷菜单中选择"编辑批注"命令可打开批注框，在该框中可对已添加的批注进行修改，这里将其中的文本修改为"该质量检测是针对几种畅销的家用电器进行的一次质量万里行活动"。

05

1 批注修改完毕后，单击“批注”组中的“显示标记”按钮可将批注隐藏。

2 在“幻灯片编辑”窗格下方的“备注”窗格中，单击鼠标左键，将文本插入点定位其中。

06

1 输入文本“本次检测特别邀请省公证局公证员到场，检测结果可为产品质量检测报告所用”。

07

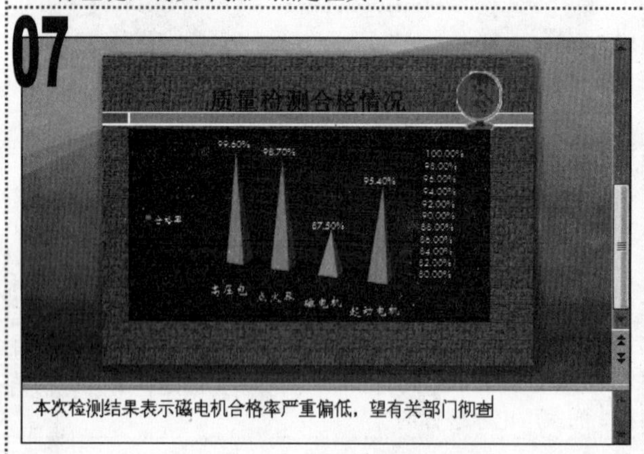

1 在“幻灯片”窗格中选择第 2 张幻灯片，在“备注”窗格中为其输入备注“本次检测结果表示磁电机合格率严重偏低，望有关部门彻查”。

08

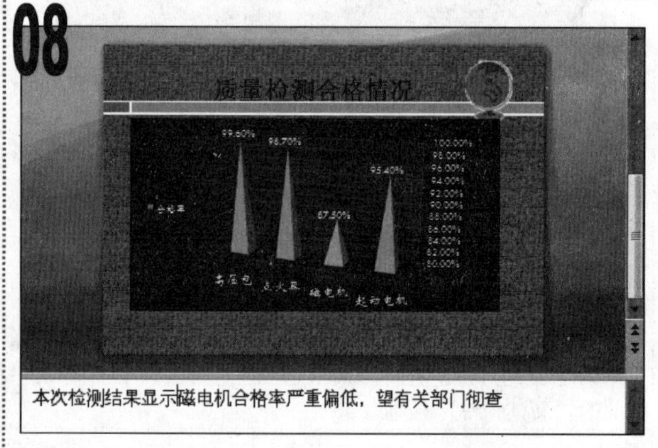

1 选择“备注”窗格中的“表示”文本，输入“显示”文本将其替换。

09

1 单击“新建批注”按钮，在出现的批注框中输入文本“本次取样为随机取样”。

10

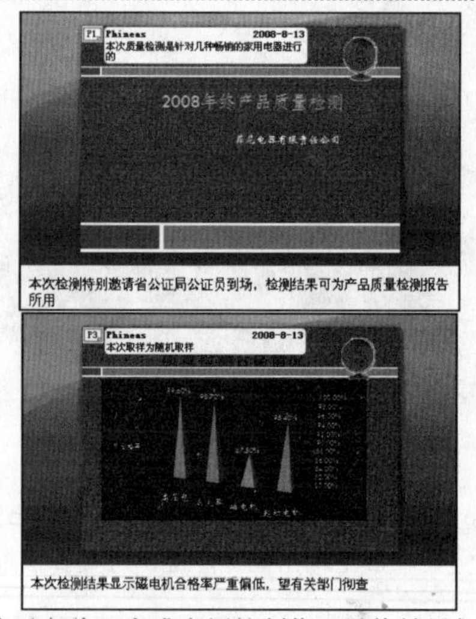

1 保存演示文稿，完成本例的制作，最终效果如图所示。

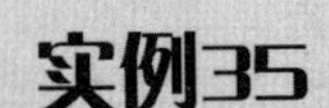

实例35　编辑“人生四商”演示文稿

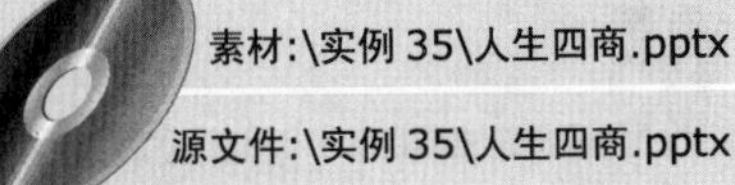

素材:\实例 35\人生四商.pptx

源文件:\实例 35\人生四商.pptx

包含知识

- 插入幻灯片日期和时间
- 插入幻灯片编号

重点难点

- 插入幻灯片日期和时间
- 插入幻灯片编号

制作思路

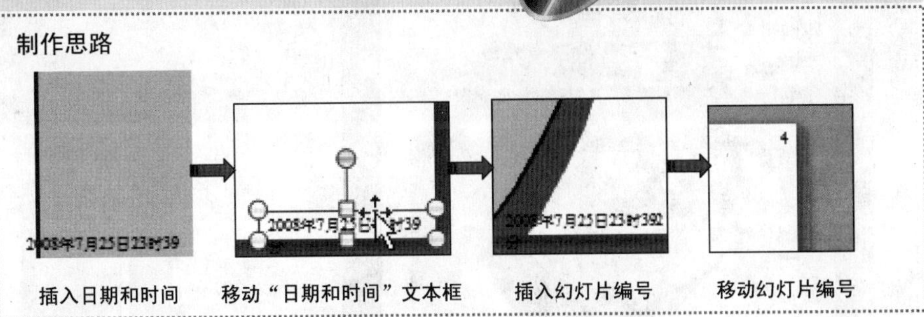

插入日期和时间　移动“日期和时间”文本框　插入幻灯片编号　移动幻灯片编号

01

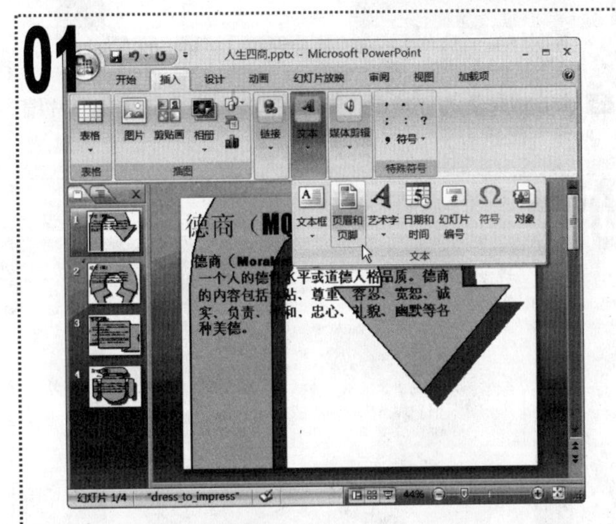

1 打开“人生四商”演示文稿，单击“插入”选项卡，在“文本”组中单击“页眉和页脚”按钮。

02

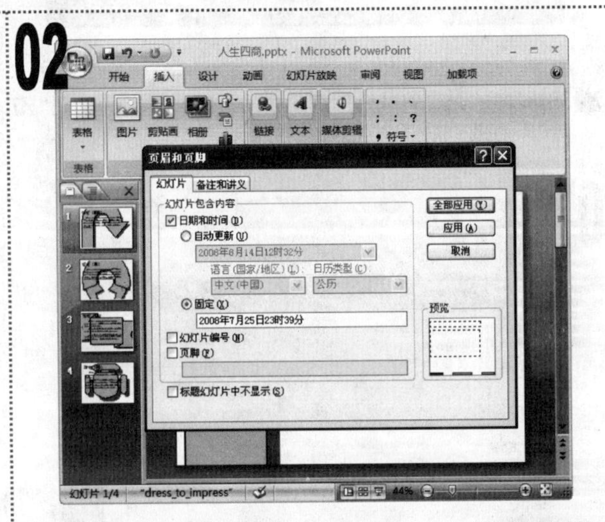

1 在打开的“页眉和页脚”对话框中，选中“日期和时间”复选框，选中其下的“固定”单选按钮，然后在其下的文本框中输入“2008 年 7 月 25 日 23 时 39 分”，单击“全部应用”按钮。

03

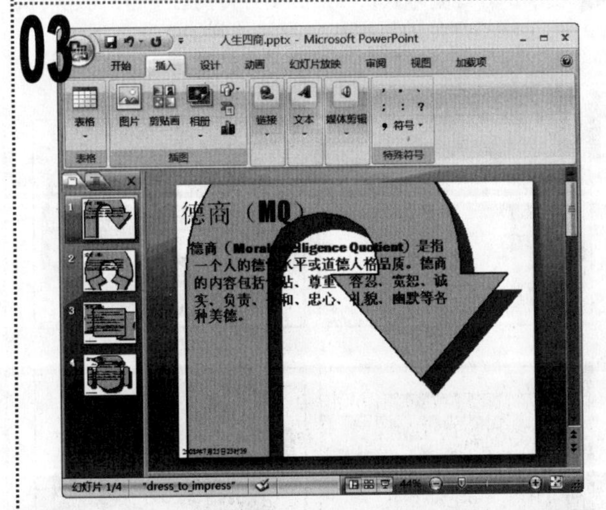

1 返回到“幻灯片编辑”窗格中，可以看到在幻灯片的左下角添加了幻灯片的日期和时间信息。

04

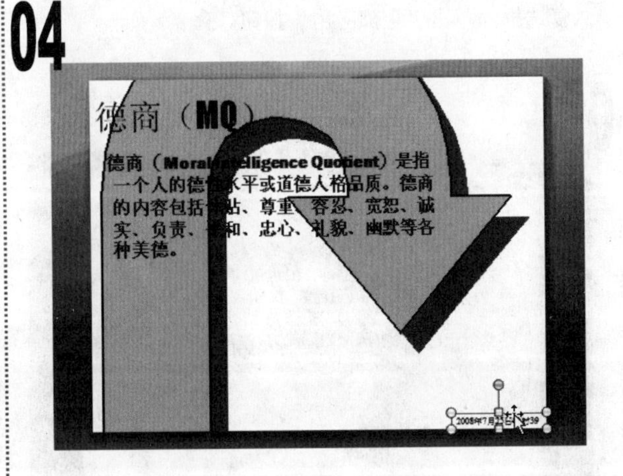

1 在日期和时间信息上单击鼠标左键，将出现一个文本框。

2 单击文本框的边线并按住鼠标左键不放进行拖动，将其移动到幻灯片的右下角后，释放鼠标。

05

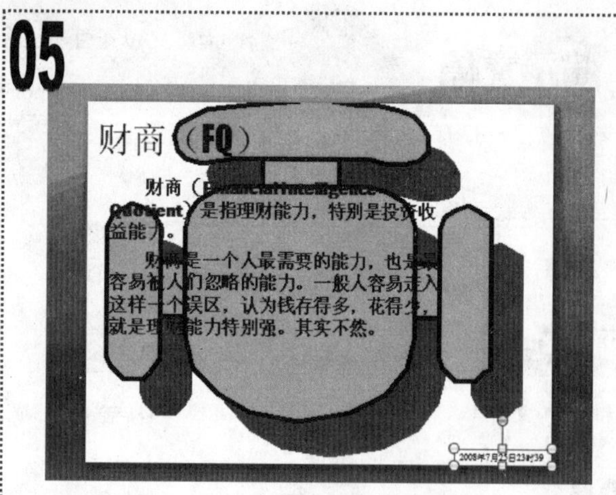

■ 用同样的方法将其余幻灯片中的日期和时间移动到“幻灯片编辑”窗格的右下角。

06

■ 单击“插入”选项卡，在“文本”组中单击“幻灯片编号”按钮。

07

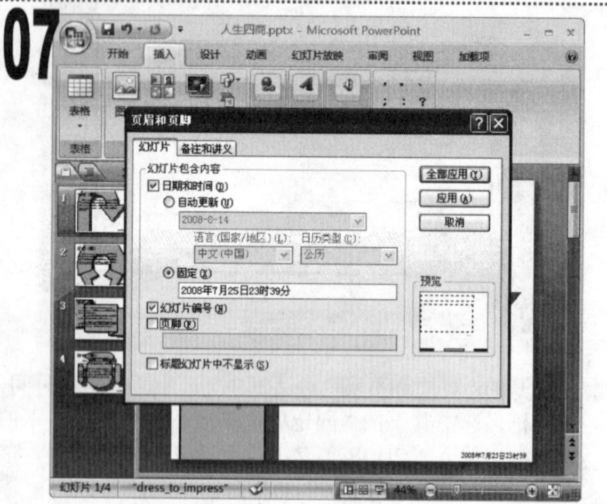

■ 在打开的“页眉和页脚”对话框中选中“幻灯片编号”复选框，单击“全部应用”按钮。

08

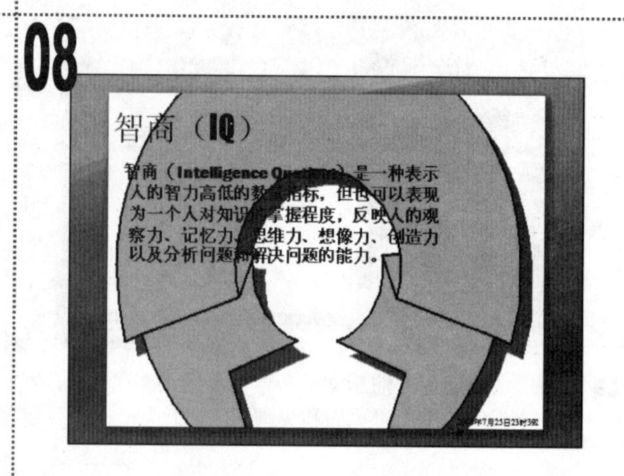

■ 由于幻灯片编号默认添加到幻灯片的右下角，而之前执行过将幻灯片的日期和时间移动到幻灯片右下角的步骤，因此新添加的幻灯片编号将被覆盖。

09

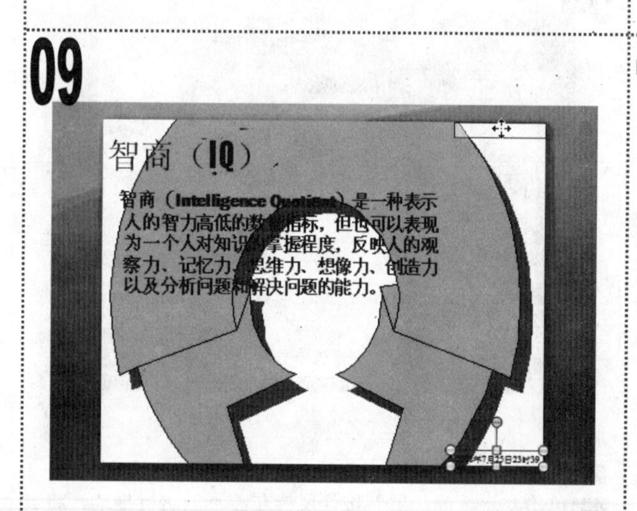

■ 在幻灯片编号所在的位置处单击鼠标左键，此时将选择幻灯片编号所在的文本框，按住鼠标左键不放将其移动到幻灯片的右上角。

10

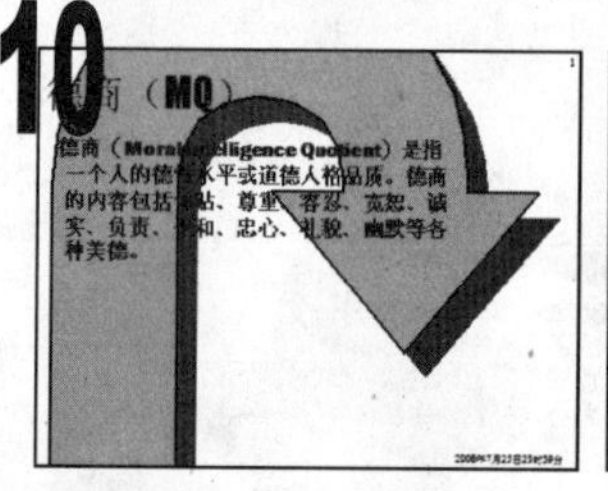

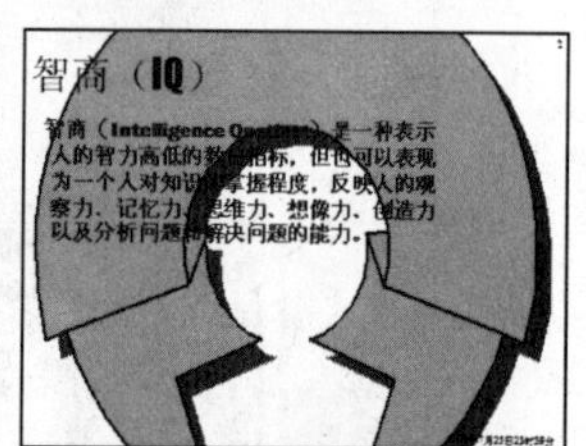

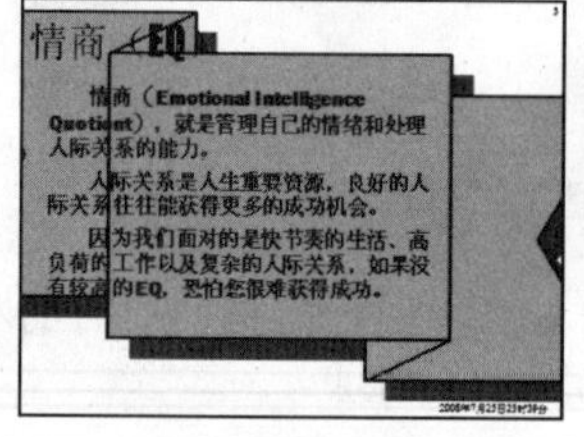

■ 用同样的方法移动所有幻灯片编号文本框后，保存演示文稿，完成本例的制作，最终效果如图所示。

实例36　编辑“新年贺卡”演示文稿

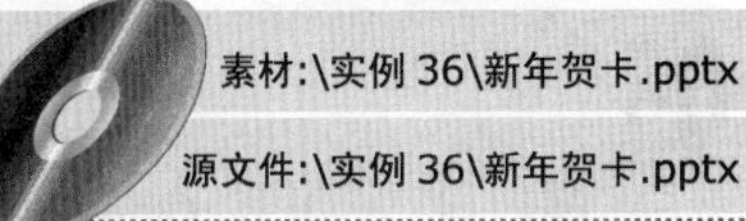
素材:\实例 36\新年贺卡.pptx
源文件:\实例 36\新年贺卡.pptx

包含知识
- 设置幻灯片的大小和方向
- 添加下画线和删除线

重点难点
- 设置幻灯片的大小和方向
- 添加下画线和删除线

制作思路

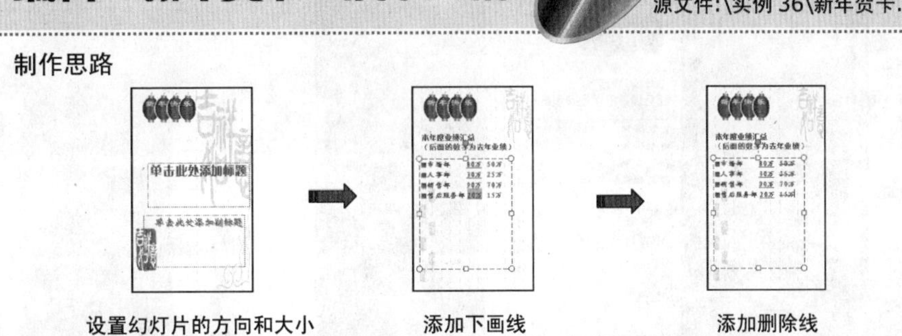

01

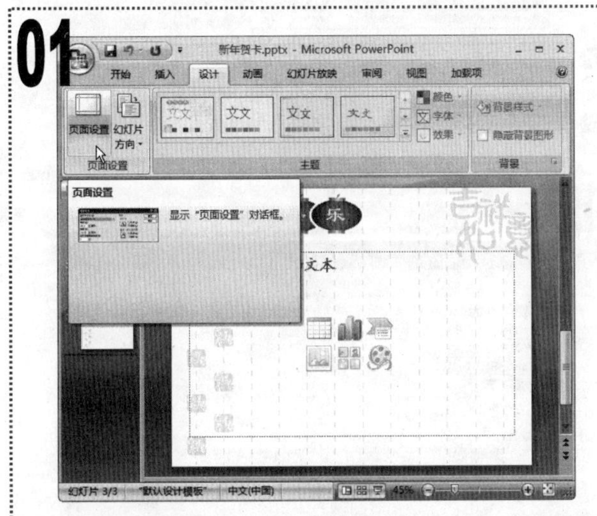

■ 打开“新年贺卡”演示文稿，在“设计”选项卡中单击“页面设置”组中的“页面设置”按钮。

02

■ 在打开的“页面设置”对话框的“幻灯片大小”下拉列表框中，选择“自定义”选项，分别在“宽度”和“高度”数值框中输入“25”和“15”。

03

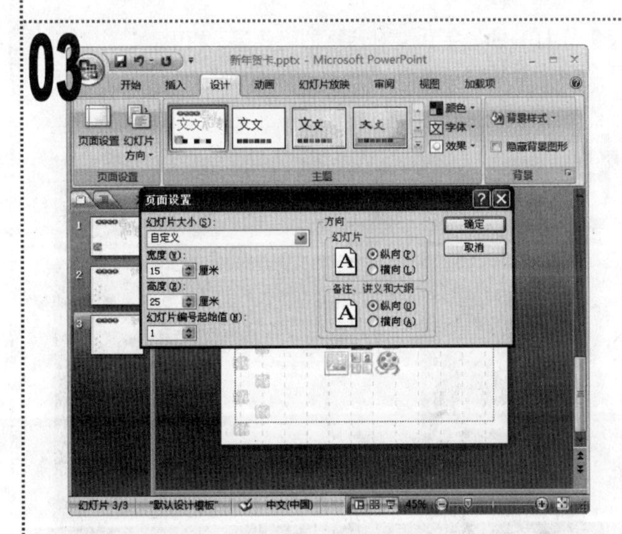

■ 在“页面设置”对话框的“方向”栏中，选中“幻灯片”栏中的“纵向”单选按钮，将幻灯片的显示方式调整为纵向显示，此时“宽度”和“高度”数值框中的数值发生了对调，单击“确定”按钮。

04

1. 将文本插入点定位到第 1 张幻灯片的标题占位符中，输入文本“新年贺卡”。
2. 在下面的占位符中输入文本“向全公司所有员工拜年”。

05

1 在“幻灯片”窗格中选择第 2 张幻灯片，然后在其中输入如图所示的文本。

06

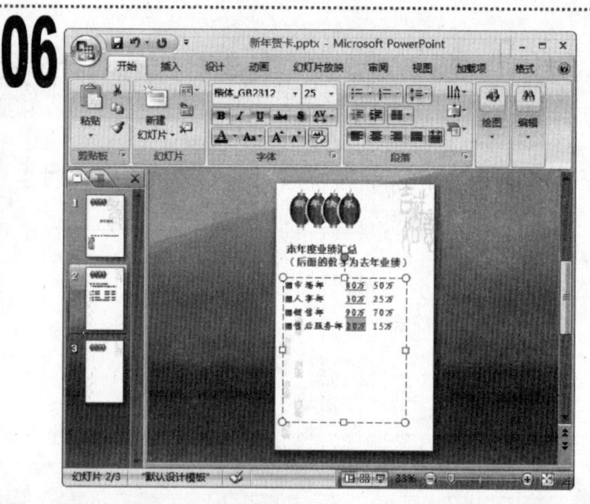

1 选择“80 万”文本，单击“开始”选项卡，在“字体”组中单击“下画线”按钮，为选中的文本添加下画线。

2 为其余部门的今年业绩添加下画线。

07

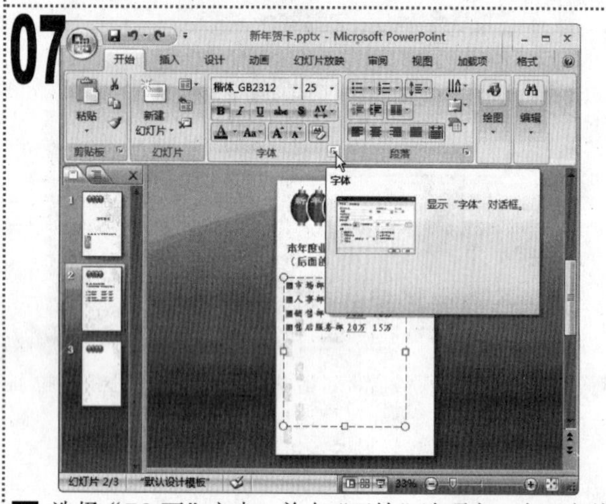

1 选择“50 万”文本，单击“开始”选项卡，在“字体”组中单击对话框启动器。

08

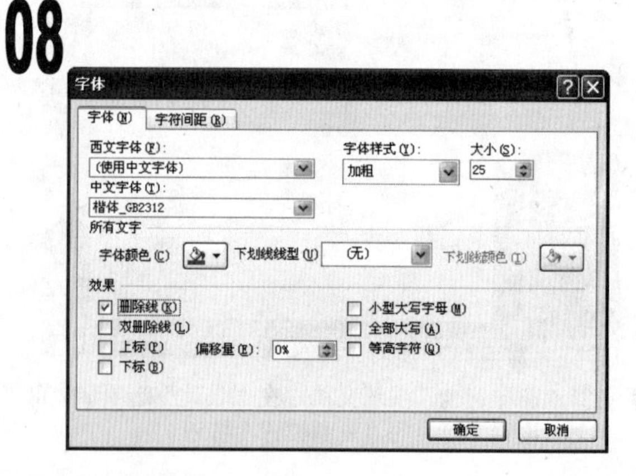

1 在打开的“字体”对话框的“效果”栏中，选中“删除线”复选框，单击“确定”按钮。

09

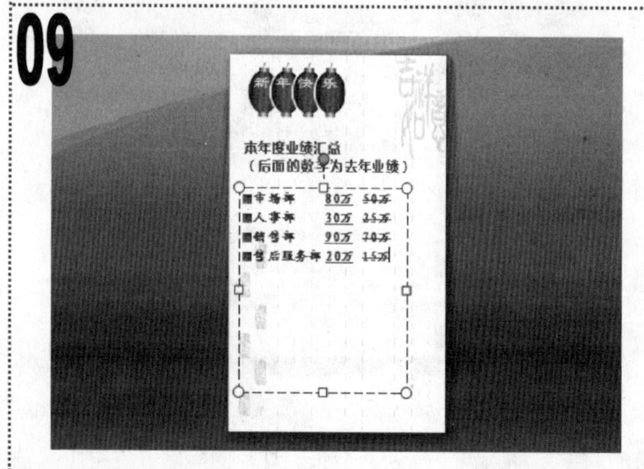

1 用同样的方法为其下的去年业绩文本添加删除线。

10

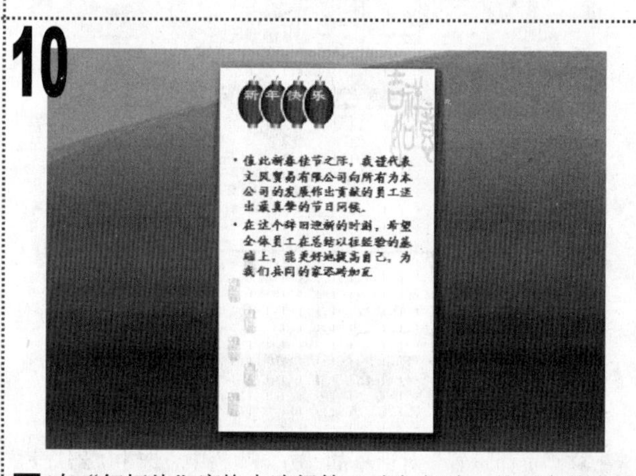

1 在“幻灯片”窗格中选择第 3 张幻灯片，然后在其中的占位符中输入如图所示的内容，完成后保存演示文稿，完成本例的制作。

第3章

图形幻灯片的制作

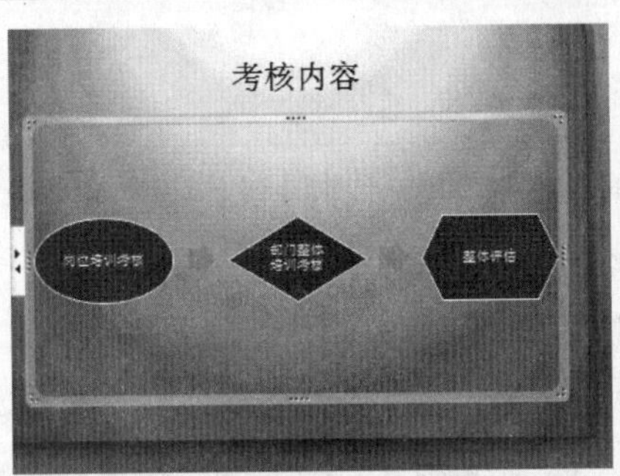

实例37 制作“如梦令”幻灯片

实例38 编辑“情人节”幻灯片

实例41 制作“怀念”幻灯片

实例43 美化“葬花吟”幻灯片

实例45 美化“会议记录”幻灯片

实例51 制作培训流程图

实例52 美化公司结构图

实例55 制作“艺术长廊”幻灯片

实例58 制作“对联”幻灯片

在幻灯片中除了以纯文本形式向观看者传达信息外，还可以在其中插入各种图形对象。本章将主要介绍在幻灯片中插入并编辑图片、形状、SmartArt图形及艺术字等图形对象的方法，使制作出来的幻灯片更加生动、形象。

实例37 制作“如梦令”幻灯片

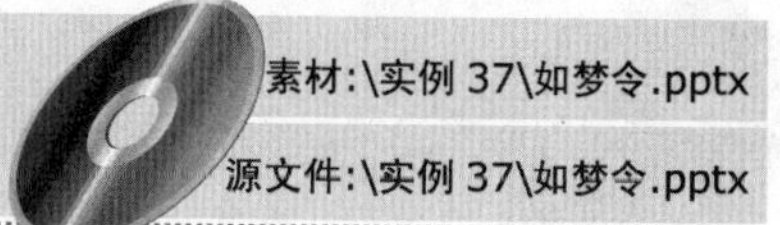

素材:\实例 37\如梦令.pptx

源文件:\实例 37\如梦令.pptx

包含知识

- 插入剪贴画
- 改变剪贴画的大小和位置

重点难点

- 插入剪贴画
- 改变剪贴画的大小和位置

制作思路

输入文本

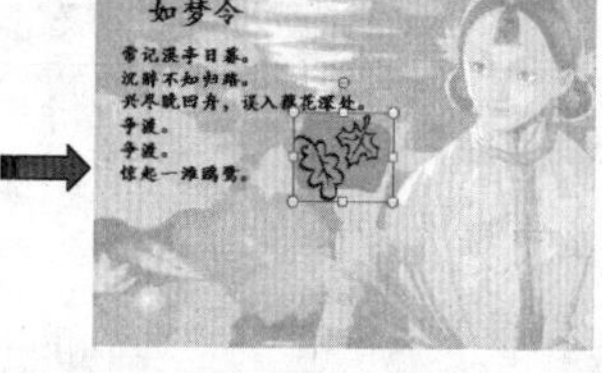

插入剪贴画

改变剪贴画的大小和位置

01

1 打开“如梦令”演示文稿，将文本插入点定位到幻灯片左上角的文本框中，输入文本“如梦令”，然后在下面的文本框中输入如图所示的文本。

02

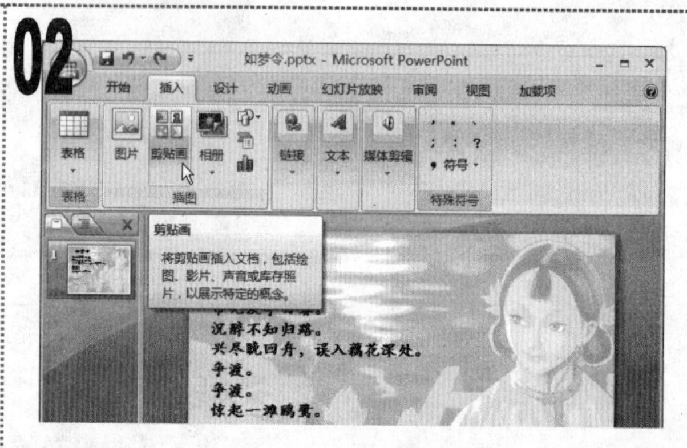

1 在文本框外的任意位置处单击鼠标左键，在“插入”选项卡中单击“插图”组中的“剪贴画”按钮。

03

1 在打开的“剪贴画”任务窗格中的“搜索文字”文本框中，输入要搜索的内容“树叶”，保持其他设置不变，单击“搜索”按钮。

04

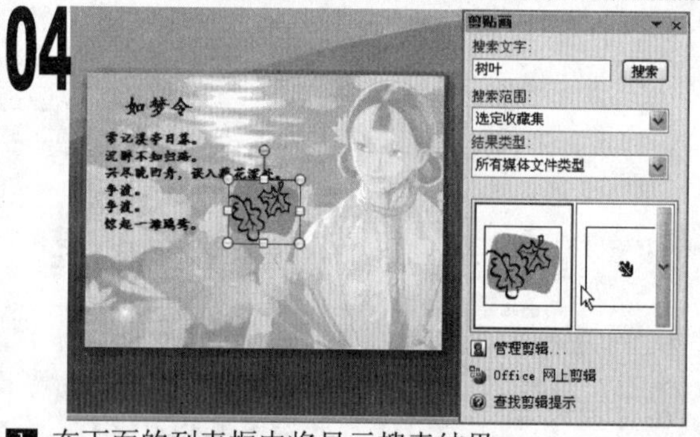

1 在下面的列表框中将显示搜索结果。

2 在如图所示的剪贴画上单击鼠标左键，将其插入到幻灯片中。

05

1 在插入的剪贴画四周将出现一个变换框，将鼠标光标移动到右下角的节点上，当其变为双箭头形状时，按住鼠标左键不放向右下角拖动，改变剪贴画的大小。

06

1 将鼠标光标移动到剪贴画上方，当其变为“✥”形状时按住鼠标不放进行拖动，改变剪贴画的位置，调整完成后保存演示文稿，完成本例的制作。

实例38 编辑“情人节”幻灯片

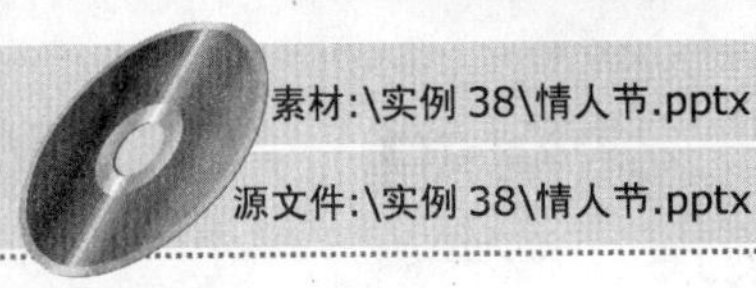

素材:\实例 38\情人节.pptx

源文件:\实例 38\情人节.pptx

包含知识

- 插入剪贴画
- 应用图片样式

重点难点

- 插入剪贴画
- 应用图片样式

制作思路

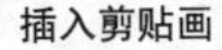

插入剪贴画

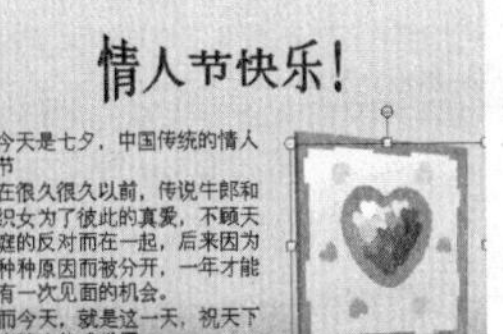

应用图片样式并调整位置

01

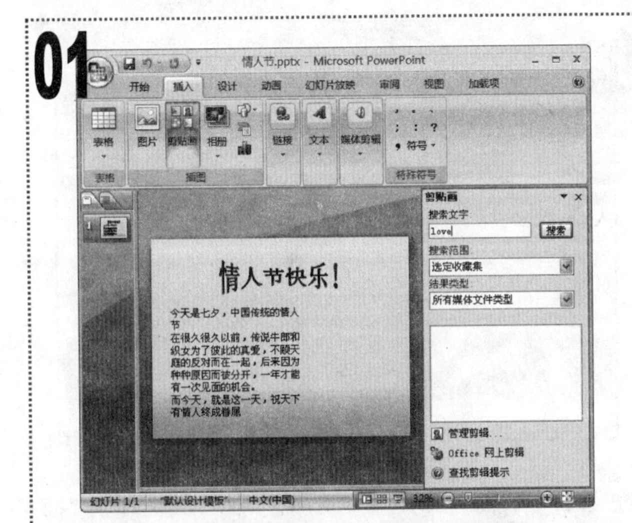

1 打开“情人节”演示文稿，在“插入”选项卡的“插图”组中单击“剪贴画”按钮，在打开的“剪贴画”任务窗格中的“搜索文字”文本框中输入“love”，单击“搜索”按钮。

02

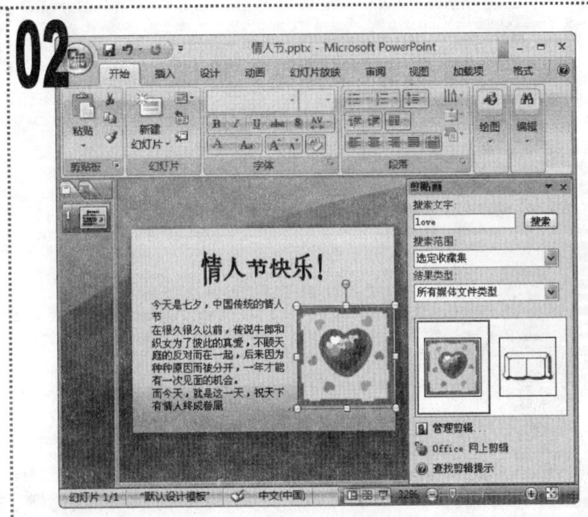

1 在“剪贴画”任务窗格中的列表框中，单击第 1 张剪贴画将其插入到幻灯片中，调整其大小和位置，效果如图所示。

03

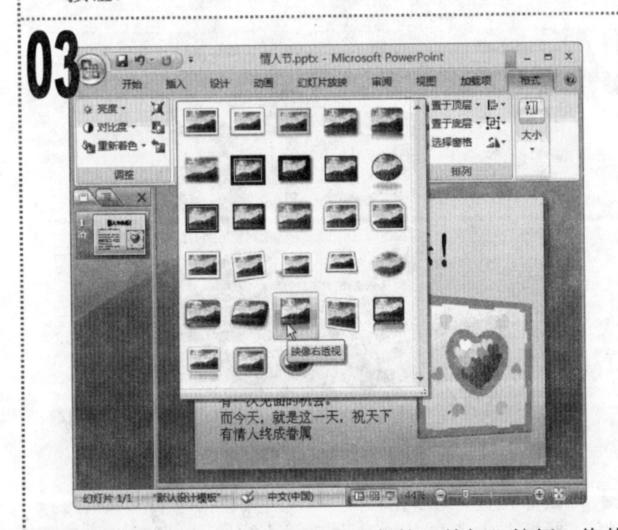

1 单击“剪贴画”任务窗格右上角的“关闭”按钮，将其关闭。

2 选择插入的剪贴画，在出现的“图片工具/格式”选项卡中的“图片样式”组中的列表框中，选择“映像右透视”选项。

04

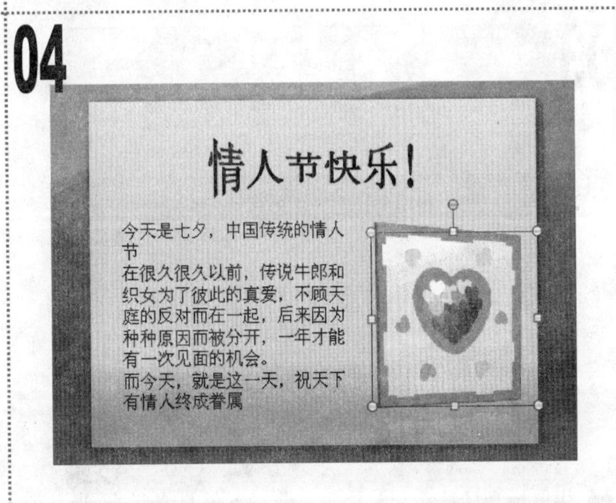

1 为插入的剪贴画应用图片样式后再次对其位置进行调整，然后保存演示文稿，完成本例的制作，最终效果如图所示。

实例39 制作“海底世界”幻灯片

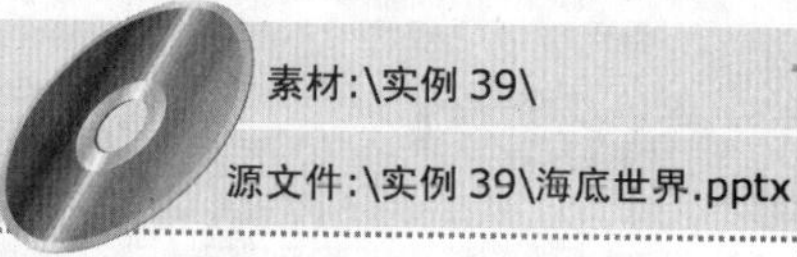

素材:\实例 39\

源文件:\实例 39\海底世界.pptx

包含知识

- 插入图片
- 调整图片的大小和位置

重点难点

- 插入图片
- 调整图片的大小和位置

制作思路

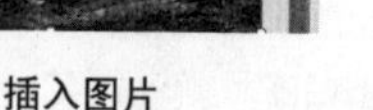

插入图片　　调整图片的大小和位置

01

1. 打开“海底世界”演示文稿，将文本插入点定位到标题占位符中，输入“海底世界”文本并将其对齐方式设置为居中对齐。
2. 将文本插入点定位到下面的占位符中，输入文本“成都海洋公园欢迎您”。

02

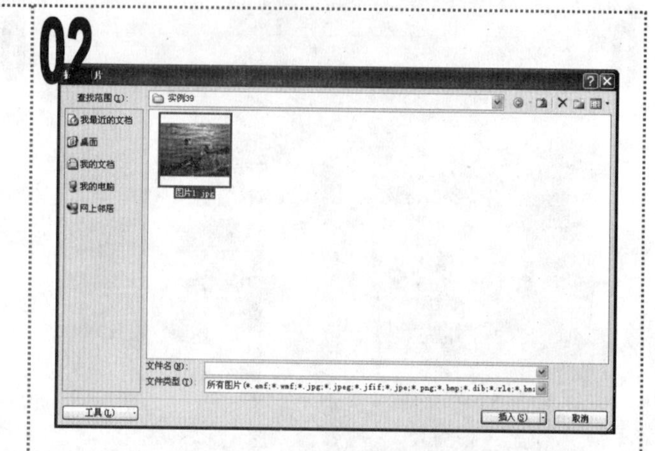

1. 保持文本插入点的位置不变，在“插入”选项卡的“插图”组中单击“图片”按钮。
2. 在打开的“插入图片”文本框的“查找范围”下拉列表框中，选择“素材”文件夹所在的位置，在其下的列表框中选择图片文件“图片 1”，单击“插入”按钮。

03

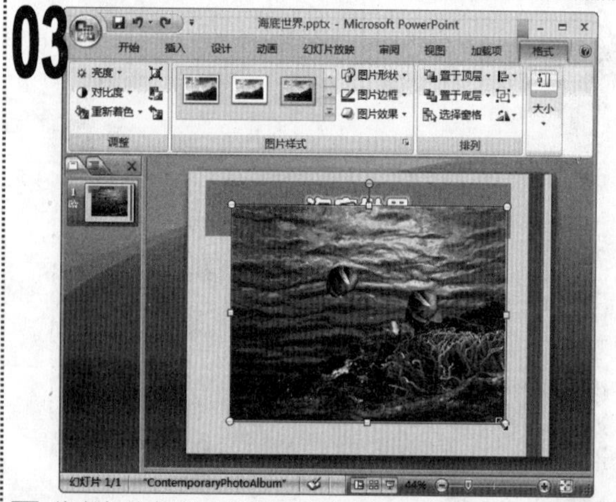

1. 将鼠标光标移动到图片变换框右下角的节点处，当其变为双箭头形状时，按住鼠标左键不放并拖动，调整图片的大小。

04

1. 将鼠标光标移动到图片上方，当其变为“✥”形状时按住鼠标左键不放并拖动调整图片的位置，调整完成后保存演示文稿，完成本例的制作。

实例40　制作“相册封面”幻灯片

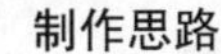

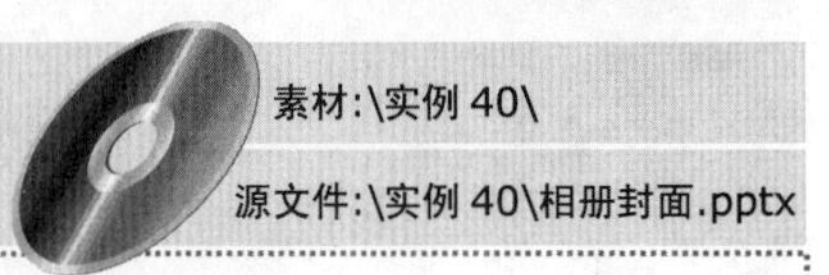

素材:\实例 40\

源文件:\实例 40\相册封面.pptx

包含知识

- 插入图片
- 裁剪图片

重点难点

- 裁剪图片

制作思路

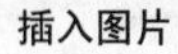

插入图片

裁剪图片

01

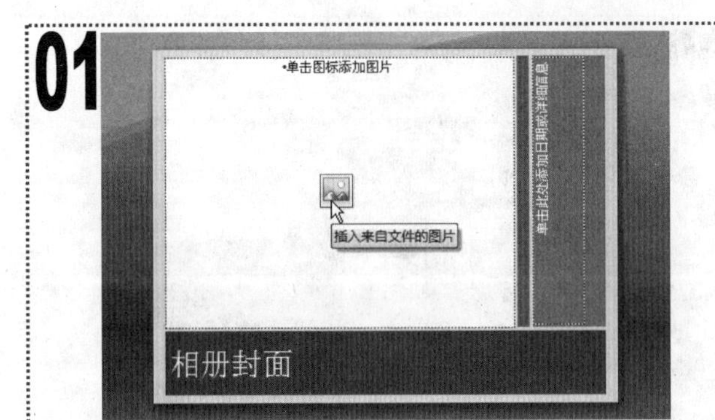

1 打开“相册封面”演示文稿，单击占位符中的“插入来自文件的图片”按钮。

02

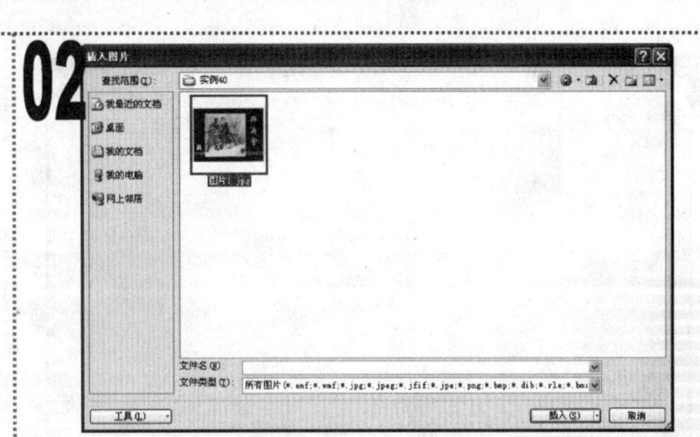

1 在打开的“插入图片”对话框中的“查找范围”下拉列表框中，选择素材文件所在的位置，在中间的列表框中选择图片文件“图片 1”，单击“插入”按钮。

03

1 选择插入的图片，在“图片工具/格式”选项卡的“大小”组中，单击“裁剪”按钮。

04

1 此时，图片周围将出现八个黑色的框线，将鼠标光标移动到图片左侧的黑色框线上，按住鼠标左键不放向右拖动，此时会出现一条黑色细线。

05

1 到合适的位置处释放鼠标左键，就将细线左侧的部分图片裁剪掉了。

06

1 用同样的方法对图片四周其余部分进行裁剪操作，如图所示。最后保存演示文稿，完成本例的制作。

实例41 编辑“怀念”幻灯片

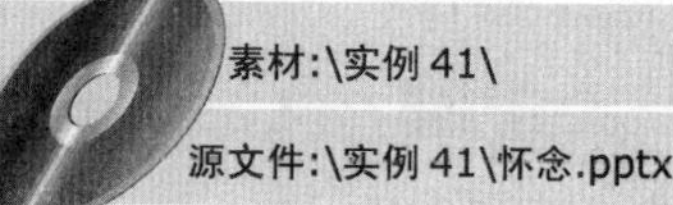

素材:\实例 41\

源文件:\实例 41\怀念.pptx

包含知识

- 插入图片
- 编辑图片样式

重点难点

- 编辑图片样式

制作思路

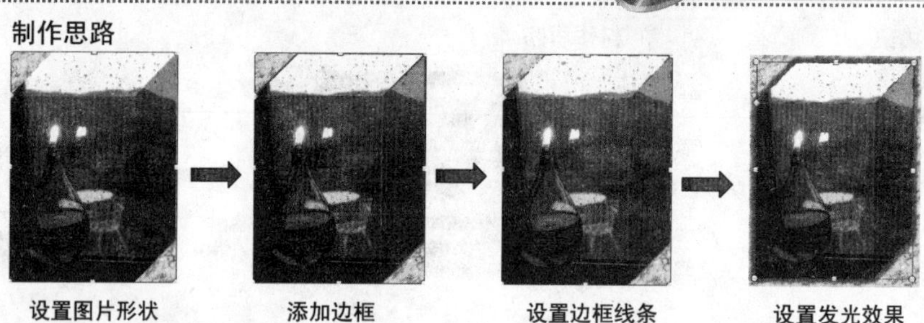

设置图片形状　添加边框　设置边框线条　设置发光效果

01

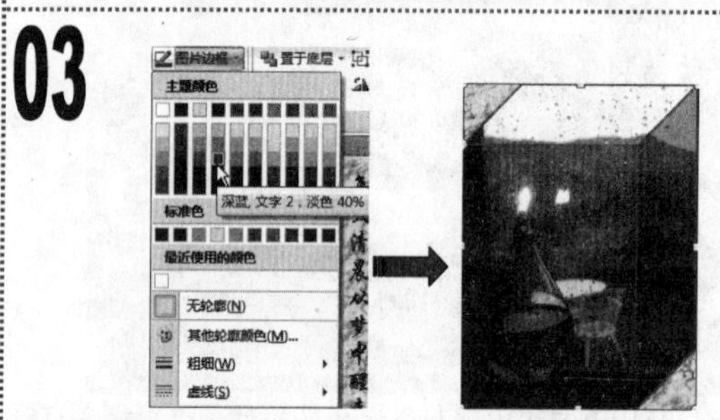

打开“怀念”演示文稿，单击占位符中的“插入来自文件的图片”按钮，在打开的“插入图片”对话框中选择素材文件所在的文件夹，在中间的列表框中选择图片文件“pic”，单击“插入”按钮。

02

选择插入的图片，在“图片工具/格式”选项卡中单击“图片样式”组中的“图片形状”下拉按钮，在弹出的下拉列表中选择“立方体”选项，为图片设置形状。

03

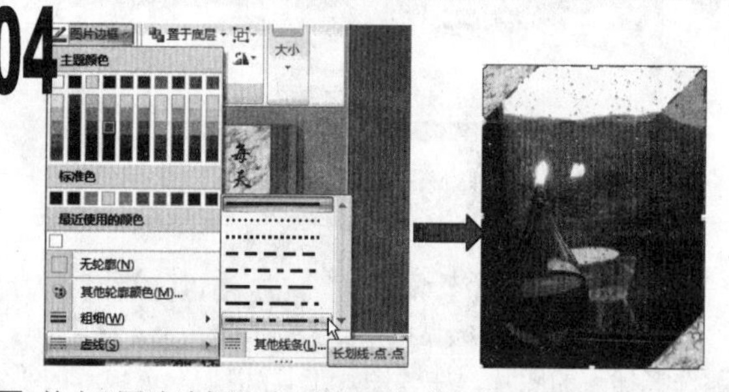

单击“图片样式”组中的“图片边框”按钮右侧的下拉按钮，在弹出的下拉菜单中选择“深蓝，文字 2，淡色 40%”选项，为图片添加边框。

04

单击“图片边框”下拉按钮，在弹出的下拉菜单中选择“虚线/‘长画线-点-点’”选项，为图片的边框选择线型。

05

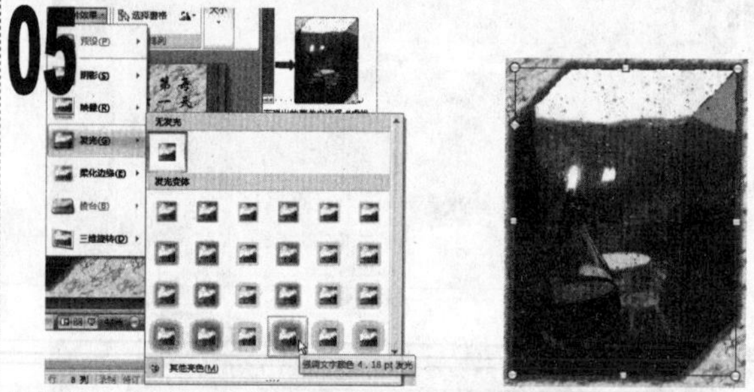

单击“图片样式”组中的“图片效果”下拉按钮，在弹出的下拉菜单中选择“发光/强调文字颜色 4，18pt 发光”选项，为图片添加发光效果。

06

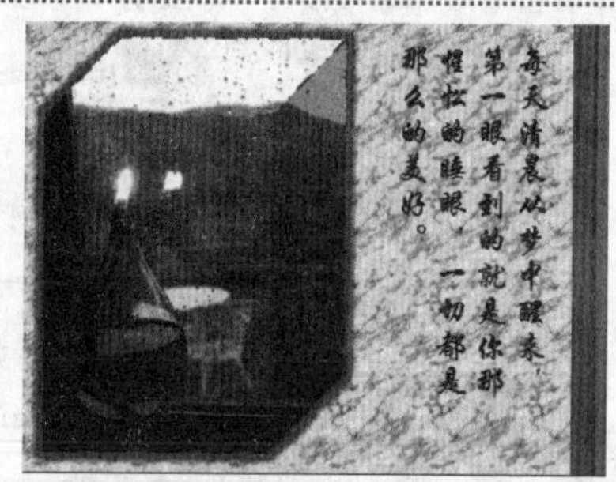

保存演示文稿，完成本例的制作，最终效果如图所示。

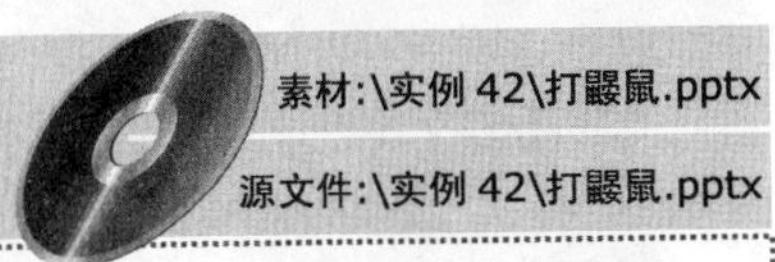

实例42　编辑“打鼹鼠”幻灯片

素材:\实例 42\打鼹鼠.pptx

源文件:\实例 42\打鼹鼠.pptx

包含知识

- 调整图片亮度
- 调整图片对比度

重点难点

- 调整图片亮度
- 调整图片对比度

制作思路

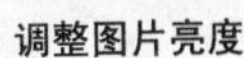

调整图片亮度

调整图片对比度

设置图片样式

01

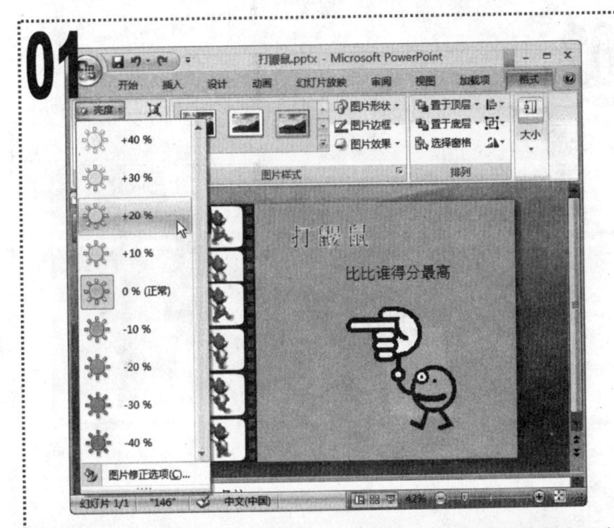

1 打开“打鼹鼠”演示文稿，选择幻灯片中的剪贴画，单击“图片工具/格式”选项卡，在“调整”组中单击“亮度”下拉按钮，在弹出的下拉菜单中选择“+20%”选项，为剪贴画调整亮度。

02

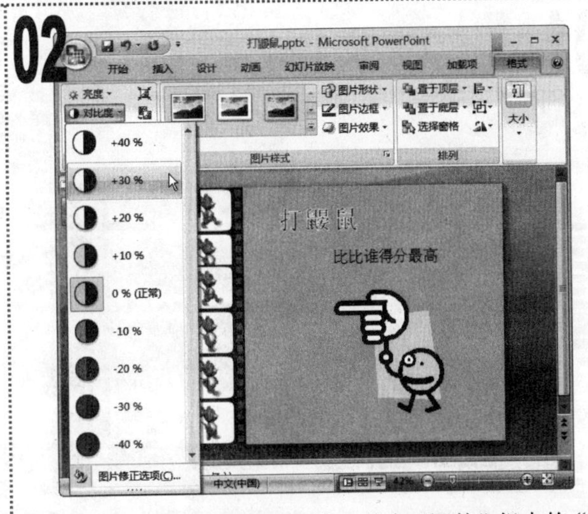

1 保持剪贴画的选中状态不变，单击“调整”组中的“对比度”下拉按钮，在弹出的下拉菜单中选择“+30%”选项，为剪贴画调整对比度。

03

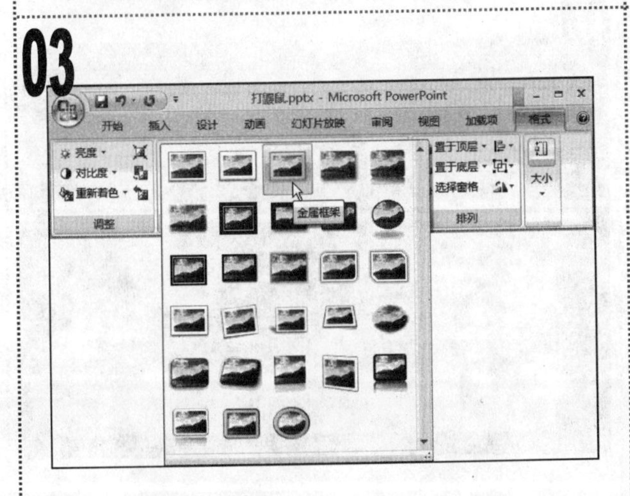

1 保持剪贴画的选中状态不变，单击“图片工具/格式”选项卡，在“图片样式”组中的列表框中选择“金属框架”选项。

04

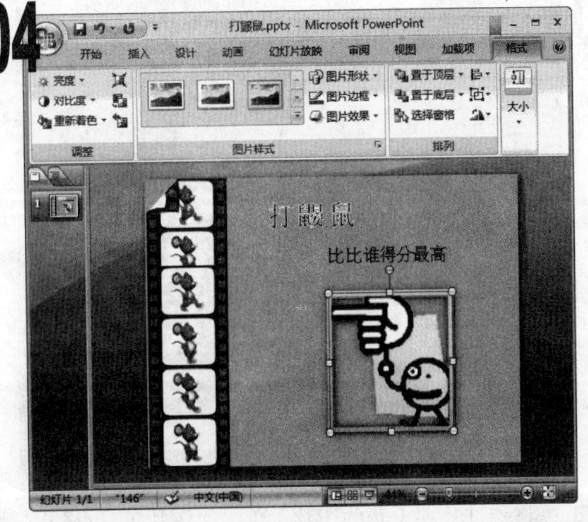

1 返回到“幻灯片编辑”窗格，查看设置“金属框架”图片样式后的剪贴画，如图所示。

2 最后保存演示文稿，完成本例的制作。

实例43 美化“葬花吟”幻灯片

素材:\实例 43\葬花吟.pptx
源文件:\实例 43\葬花吟.pptx

包含知识

■ 为图片重新着色

重点难点

■ 为图片重新着色

制作思路

为图片重新着色

为图片重新着色

01

■ 打开“葬花吟”演示文稿，选择幻灯片左下角的图片，单击“图片工具/格式”选项卡，在“调整”组中单击“重新着色”下拉按钮。

02

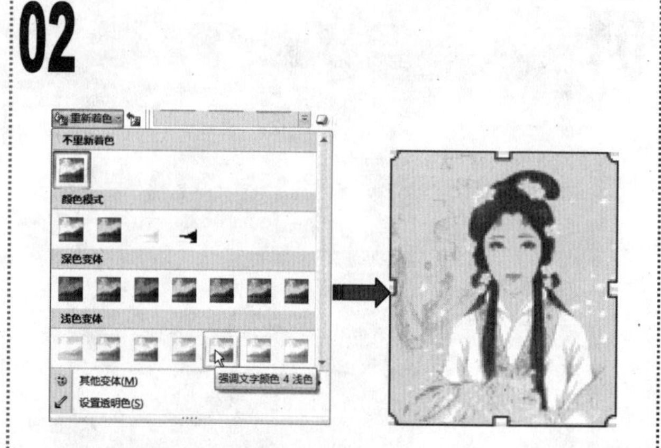

■ 在弹出的下拉菜单的“浅色变体”栏中，选择“强调文字颜色 4 浅色”选项，为图片重新着色后的效果如图所示。

03

■ 选择幻灯片左上角的图片，单击“图片工具/格式”选项卡，在“调整”组中单击“重新着色”下拉按钮，在弹出的下拉菜单中选择“深色变体”栏中的“强调文字颜色 4 深色”选项。

04

■ 为图片重新着色后的效果如图所示，保存演示文稿，完成本例的制作。

实例44　编辑“动态美”幻灯片

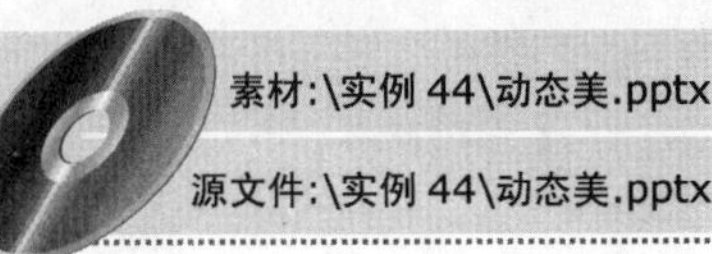

素材:\实例 44\动态美.pptx

源文件:\实例 44\动态美.pptx

包含知识

- 绘制形状
- 复制形状

重点难点

- 绘制形状
- 复制形状

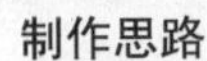

制作思路

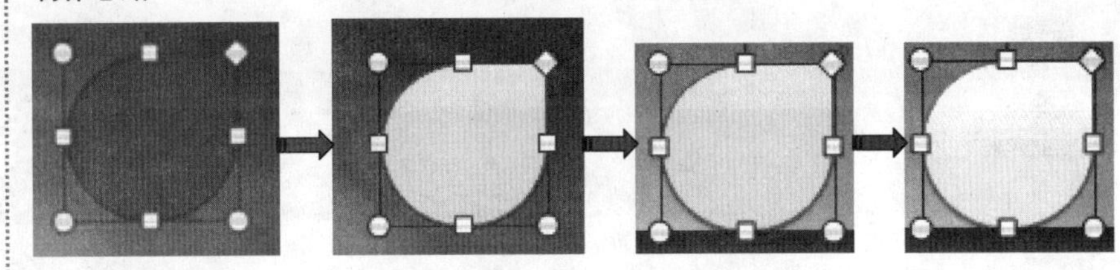

绘制形状　设置形状样式　复制形状　设置形状样式

01

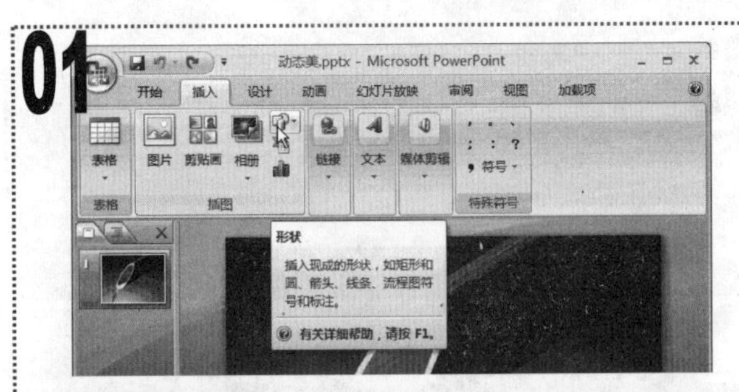

1 打开“动态美”演示文稿，单击“插入”选项卡，在“插图”组中单击“形状”下拉按钮。

02

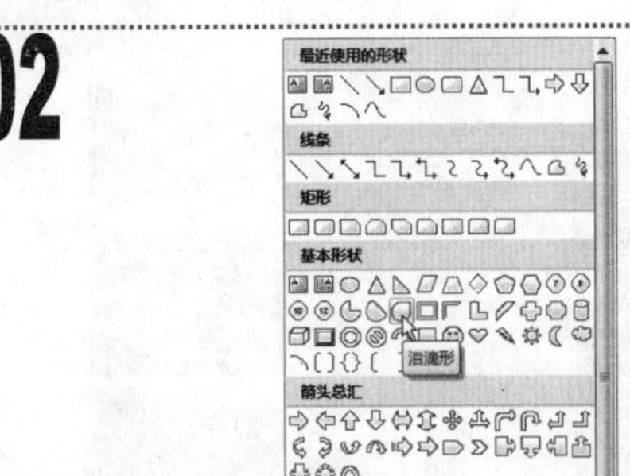

1 在弹出的下拉列表的“基本形状”栏中选择“泪滴形”选项。

03

1 将鼠标光标移动到“幻灯片编辑”窗格中，当其变为“十”形状时，按住鼠标左键不放进行拖动，绘制一个泪滴形的形状。

04

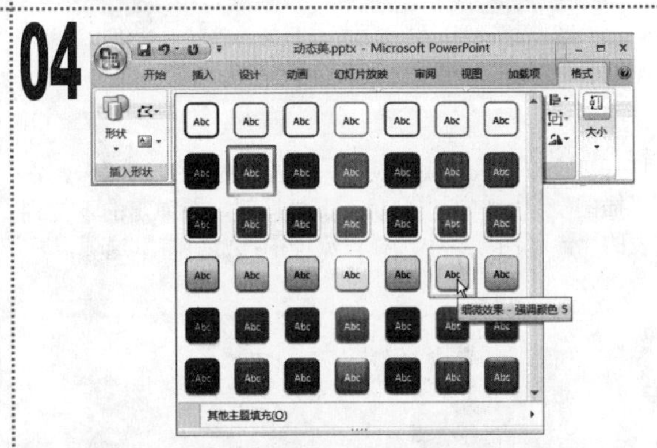

1 单击“绘图工具/格式”选项卡，在“形状样式”组中的列表框中选择“细微效果-强调颜色 5”选项。

05

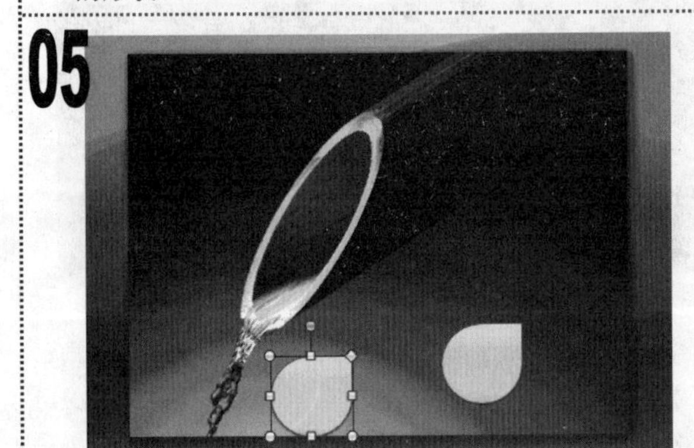

1 选择绘制的形状，按住【Ctrl】键不放，当鼠标光标变为“”形状时拖动形状到其他位置，释放鼠标后即可复制一个当前的形状。

06

1 在“绘图工具/格式”选项卡中，对复制的形状进行形状样式的设置后保存演示文稿，完成本例的制作。

实例45 美化"会议记录"幻灯片

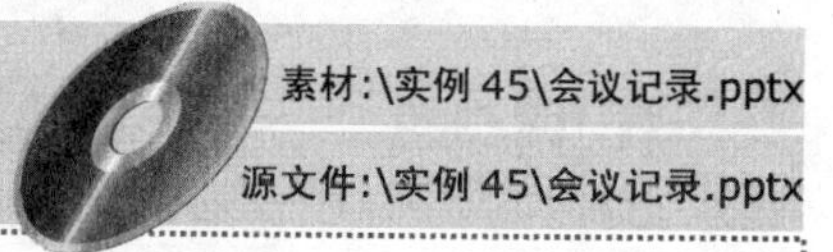

素材:\实例 45\会议记录.pptx

源文件:\实例 45\会议记录.pptx

包含知识

- 绘制形状
- 编辑形状

重点难点

- 编辑形状

制作思路

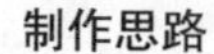

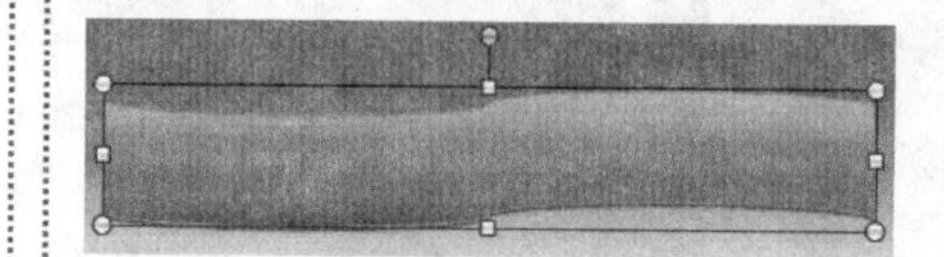

绘制并设置形状样式

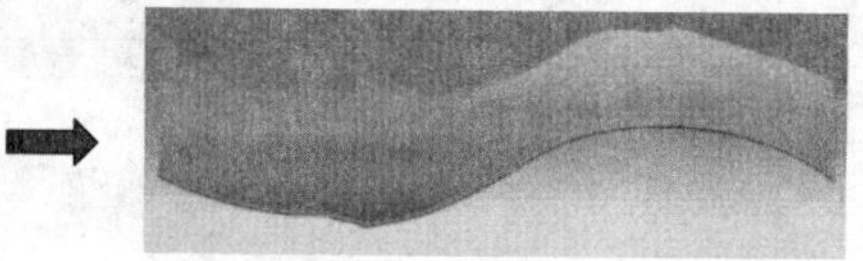

编辑形状

01

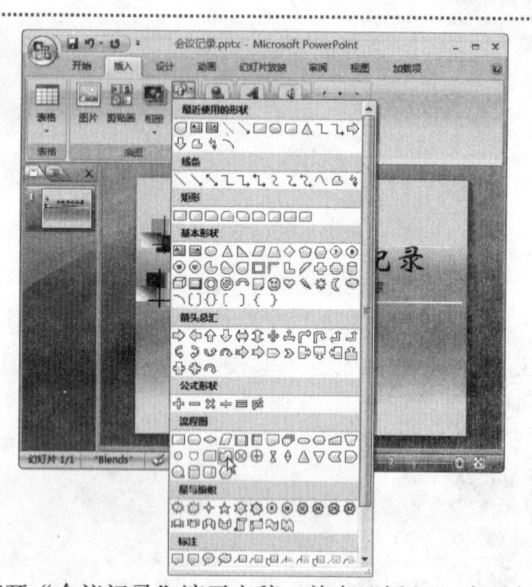

1. 打开"会议记录"演示文稿，单击"插入"选项卡，在"插图"组中单击"形状"下拉按钮，在弹出的下拉列表的"流程图"栏中选择"流程图：资料带"选项。

02

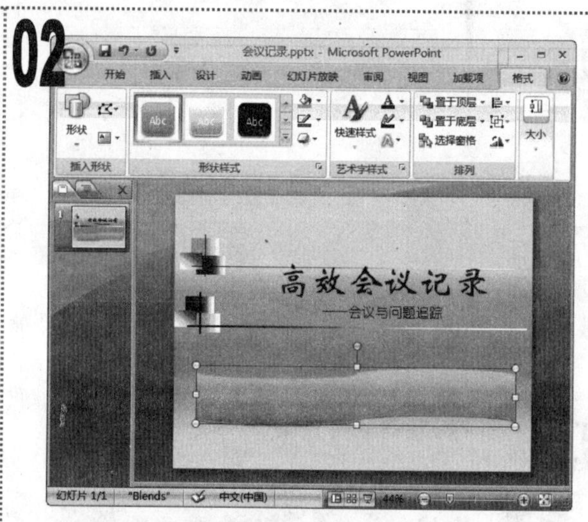

1. 将鼠标光标移动到"幻灯片编辑"窗格中，当其变为"十"形状时按住鼠标左键不放进行拖动绘制一个"流程图：资料带"形状，将其形状样式设置为"中等效果-强调颜色 2"。

03

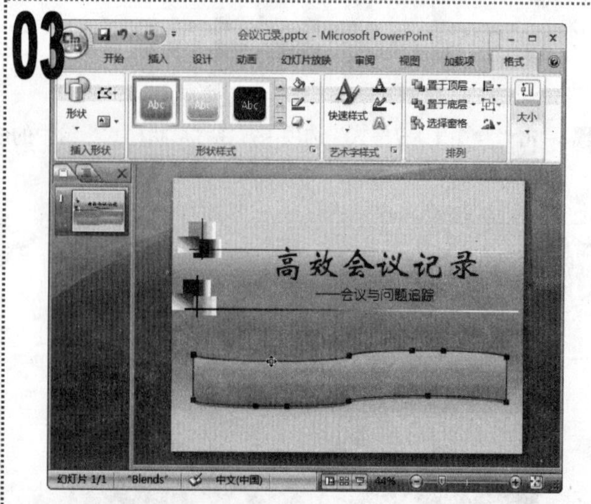

1. 保持形状的选中状态不变，在"绘图工具/格式"选项卡的"插入形状"组中单击"编辑形状"按钮，在弹出的下拉菜单中选择"转换为任意多边形"命令。
2. 在"插入形状"组中单击"编辑形状"按钮，在弹出的下拉菜单中选择"编辑顶点"命令，此时绘制的形状四周将出现黑色的顶点。

04

1. 拖动黑色的顶点调整形状，在形状外的任意位置处单击鼠标左键，退出编辑状态。
2. 保存演示文稿，完成本例的制作。

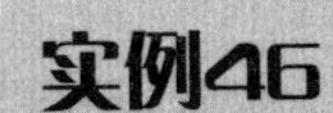

实例46　美化“培训游戏”幻灯片

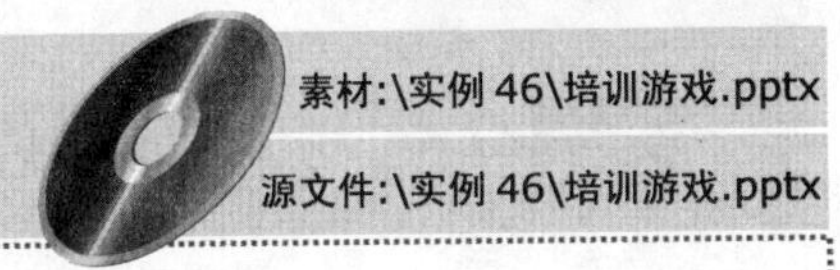

素材:\实例 46\培训游戏.pptx

源文件:\实例 46\培训游戏.pptx

包含知识

- 绘制形状
- 在形状中输入文本
- 为文本设置快速样式

重点难点

- 在形状中输入文本
- 为文本设置快速样式

制作思路

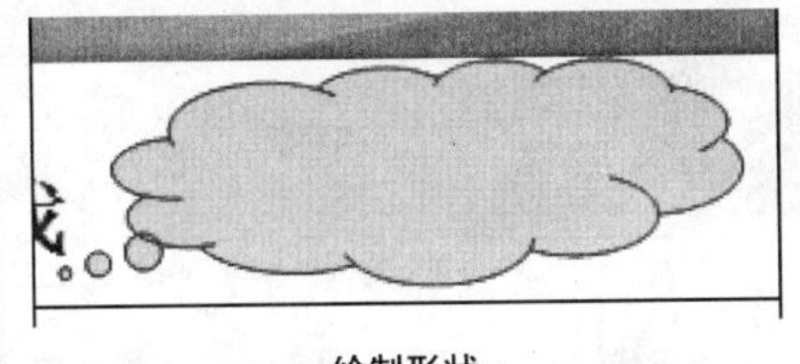

绘制形状

输入文本并为其设置快速样式

01

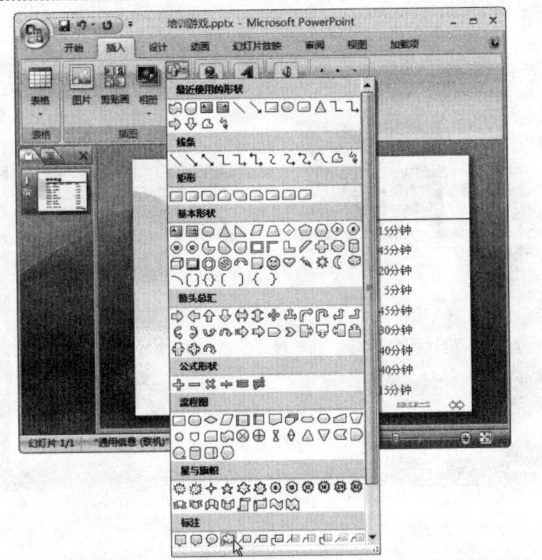

1 打开“培训游戏”演示文稿，单击“插入”选项卡，在“插图”组中单击“形状”下拉按钮，在弹出的下拉列表中选择“云形标注”选项。

02

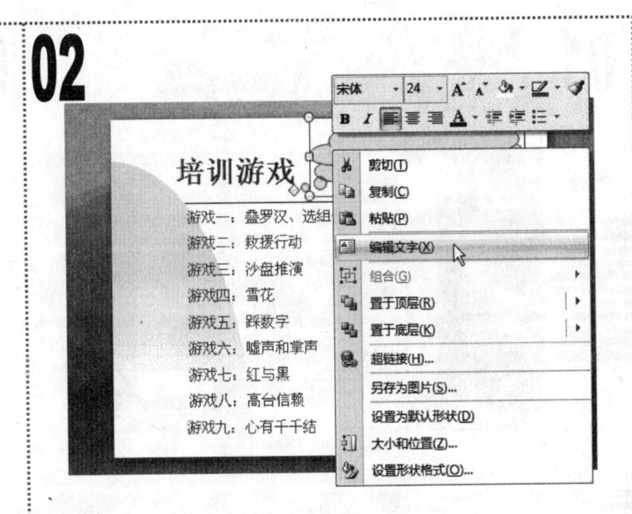

1 拖动鼠标在“幻灯片编辑”窗格的右上角绘制一个云形标注，并调整其形状和位置，在绘制的形状上单击鼠标右键，在弹出的快捷菜单中选择“编辑文字”命令。

03

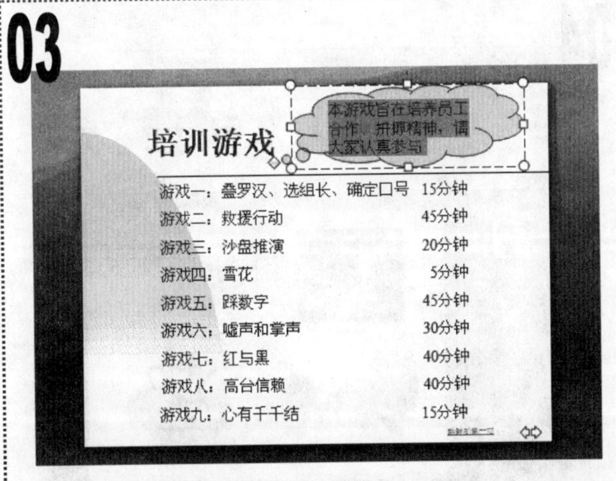

1 在云形标注中将出现一个文本框，在其中输入文本“本游戏旨在培养员工合作、拼搏精神，请大家认真参与”。

2 按【Ctrl+A】组合键选择输入的文本。

04

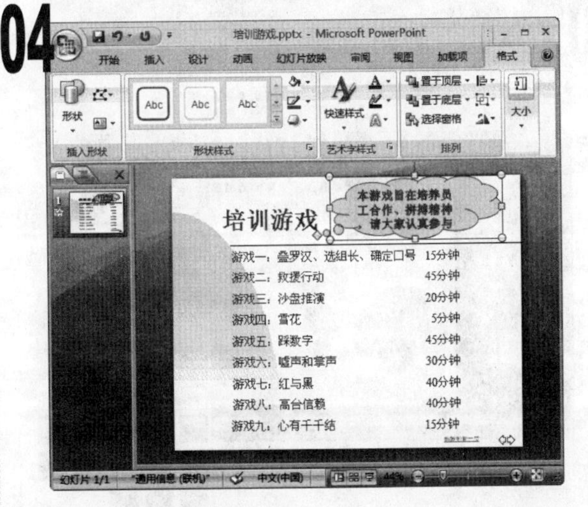

1 在“绘图工具/格式”选项卡的“艺术字样式”组中的列表框中，选择“渐变填充-灰色，轮廓-灰色”选项，为文本设置快速样式，效果如图所示。

2 保存演示文稿，完成本例的制作。

实例47 美化“茶具欣赏”幻灯片

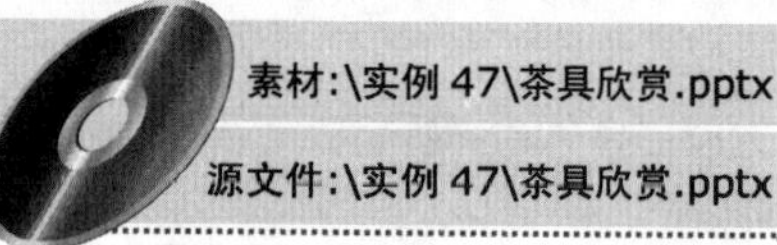

素材:\实例 47\茶具欣赏.pptx

源文件:\实例 47\茶具欣赏.pptx

包含知识

- 绘制形状
- 更改形状填充颜色

重点难点

- 更改形状填充颜色

制作思路

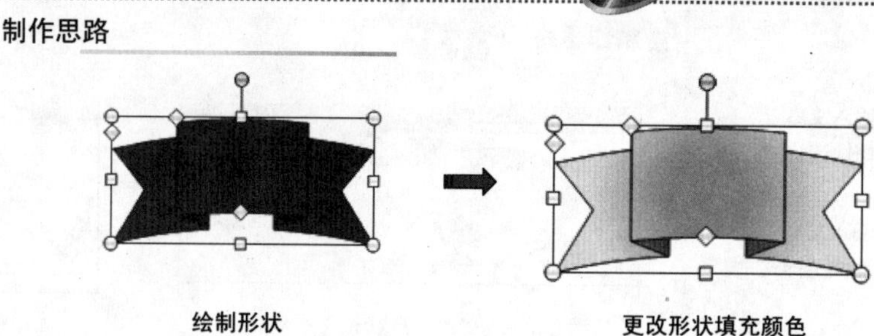

01

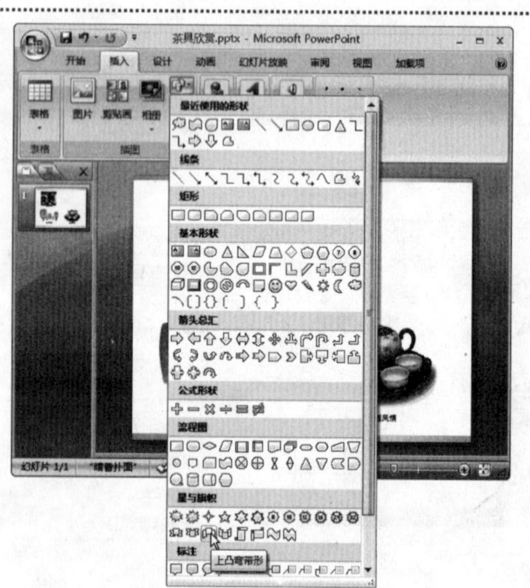

1 打开“茶具欣赏”演示文稿，单击“插入”选项卡，在“插图”组中单击“形状”下拉按钮，在弹出的下拉列表中选择“上凸弯带形”选项。

02

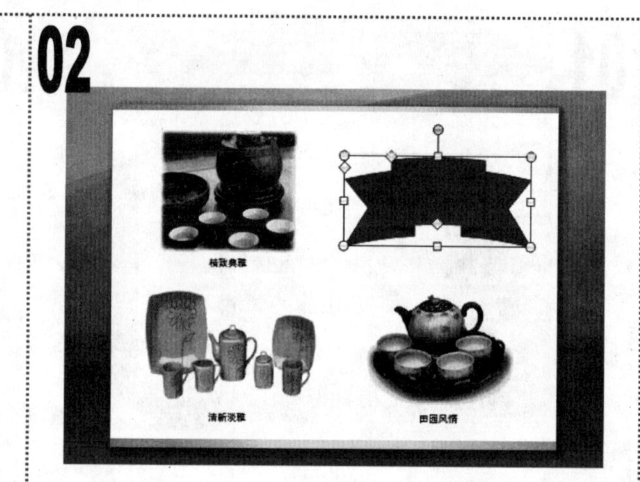

1 拖动鼠标在“幻灯片编辑”窗格的右上角绘制一个上凸弯带形状。

03

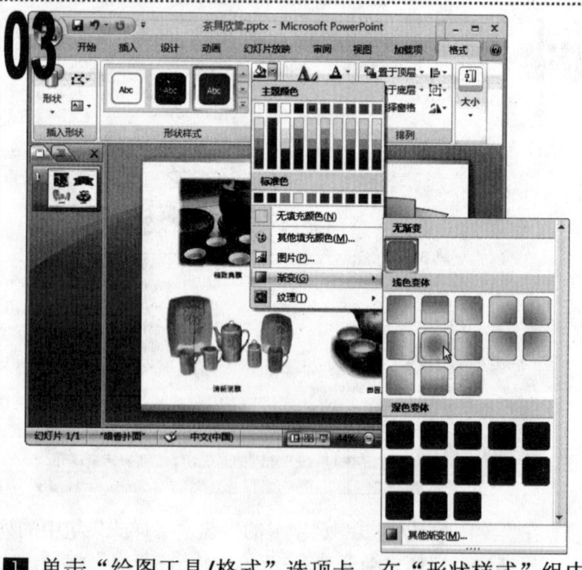

1 单击“绘图工具/格式”选项卡，在“形状样式”组中单击“形状填充”按钮右侧的下拉按钮，在弹出的下拉菜单中选择“渐变/中心辐射”选项。

04

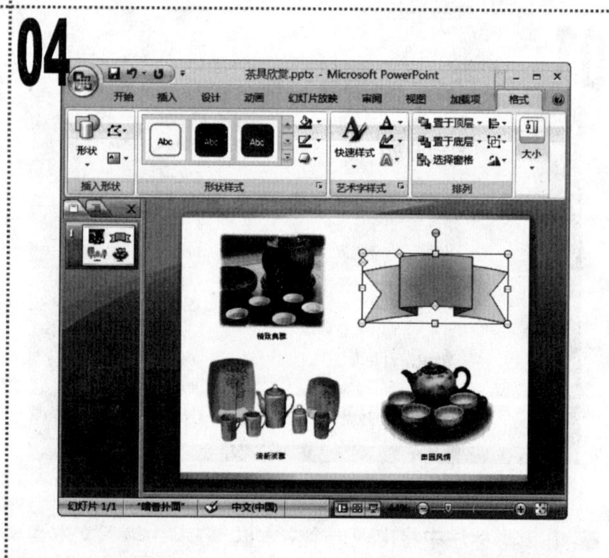

1 对绘制的形状进行填充颜色的设置后的效果如图所示。

2 保存演示文稿，完成本例的制作。

实例48　美化“星月交辉”幻灯片

素材:\实例 48\星月交辉.pptx

源文件:\实例 48\星月交辉.pptx

包含知识

■ 添加形状轮廓

重点难点

■ 添加形状轮廓

制作思路

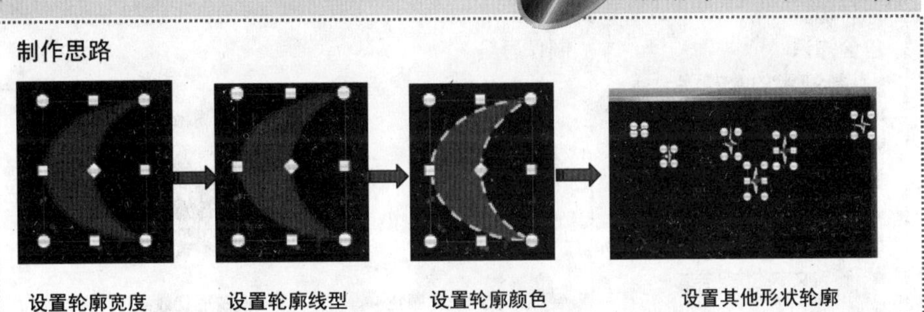

01

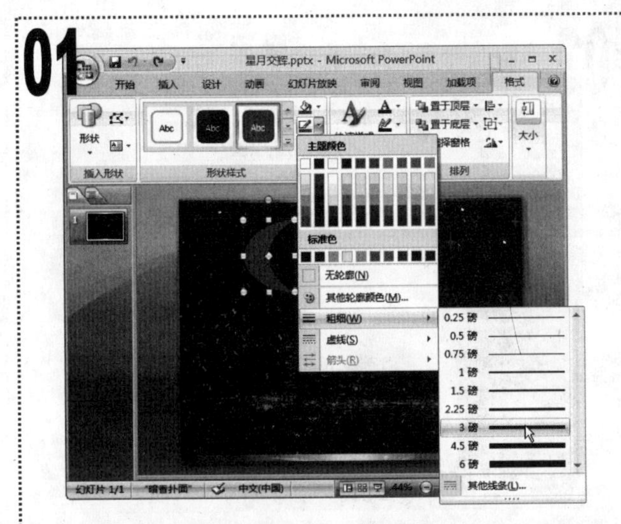

1 打开“星月交辉”演示文稿，在幻灯片中选择“月亮”形状，在“绘图工具/格式”选项卡的“形状样式”组中单击“形状轮廓”按钮右侧的下拉按钮，在弹出的下拉菜单中选择“粗细/3 磅”选项，为形状的轮廓设置宽度。

02

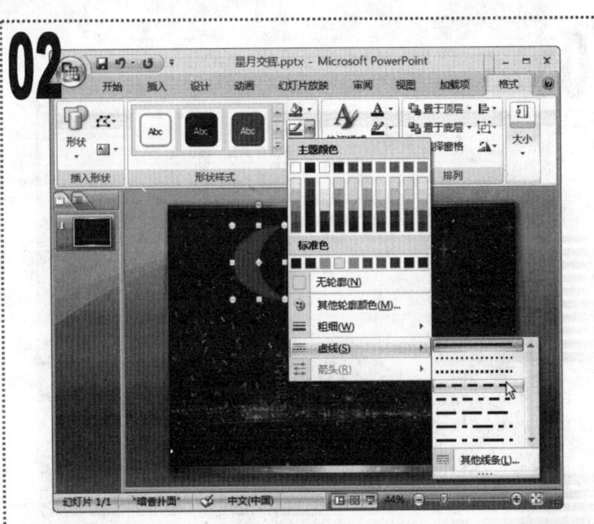

1 保持“月亮”形状的选中状态不变，再次单击“形状轮廓”按钮右侧的下拉按钮，在弹出的下拉菜单中选择“虚线/短画线”选项，为形状轮廓设置线型。

03

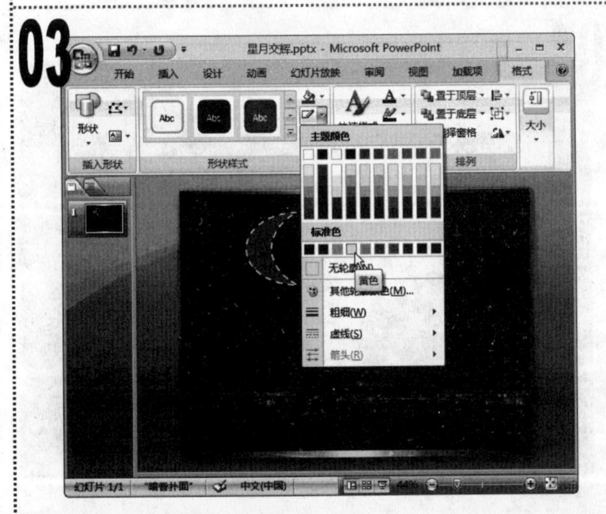

1 保持“月亮”形状的选中状态不变，再次单击“形状轮廓”按钮右侧的下拉按钮，在弹出的下拉菜单中选择“黄色”选项，为形状轮廓设置颜色。

04

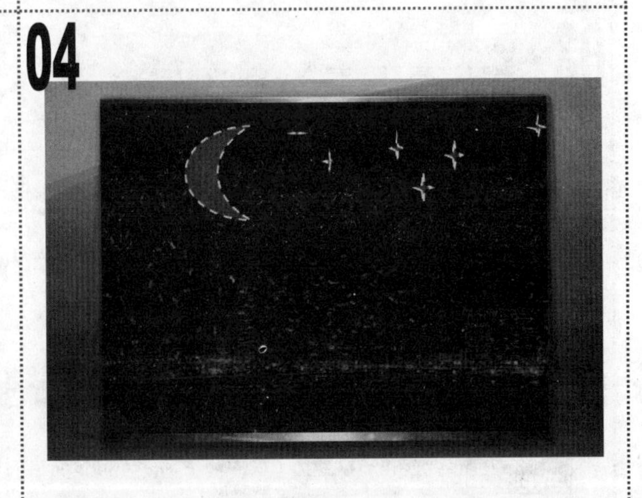

1 选择幻灯片中的所有“星形”形状，用同样的方法为其设置相同的形状轮廓。

2 保存演示文稿，完成本例的制作。

实例49 美化“清新”幻灯片

素材:\实例 49\清新.pptx

源文件:\实例 49\清新.pptx

包含知识

- 更改形状的填充颜色
- 设置形状效果
- 设置文本的快速样式

重点难点

- 更改形状的填充颜色
- 设置形状效果
- 设置文本的快速样式

制作思路

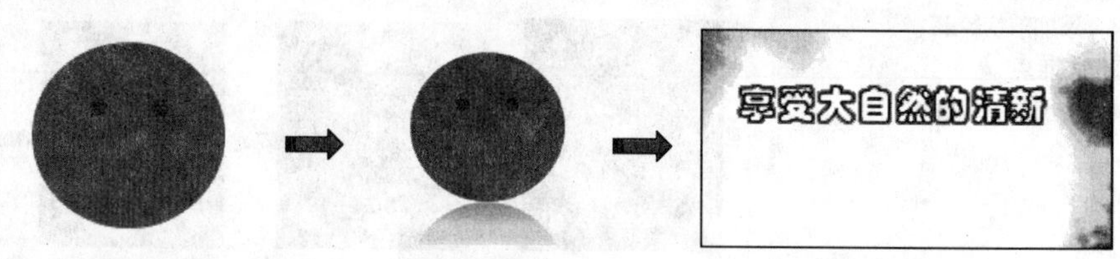

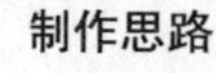

更改形状的填充颜色　　设置形状效果　　设置文本的快速样式

01

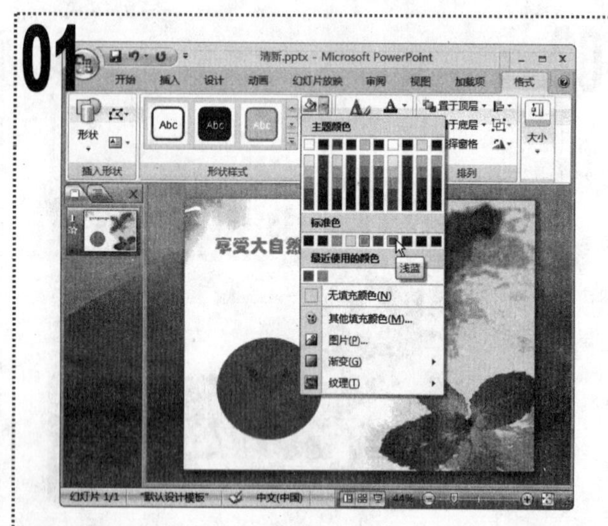

■ 打开“清新”演示文稿，在幻灯片中选择“笑脸”形状，在“绘图工具/格式”选项卡的“形状样式”组中，单击“形状填充”按钮右侧的下拉按钮，在弹出的下拉菜单中选择“浅蓝”选项，为形状设置填充颜色。

02

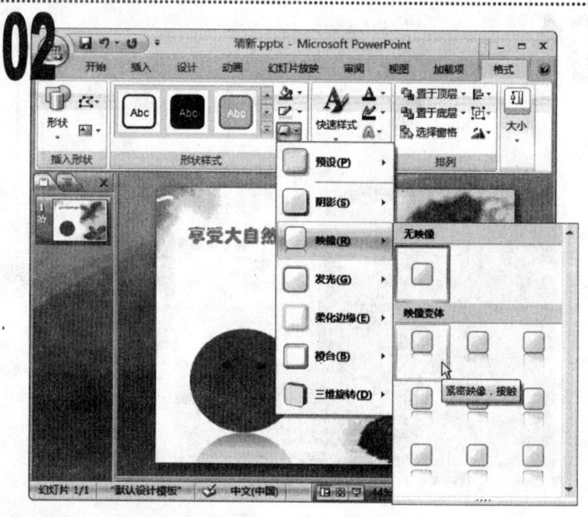

■ 保持“笑脸”形状的选中状态不变，在“形状样式”组中单击“形状效果”下拉按钮，在弹出的下拉菜单中选择“映像/紧密映像，接触”选项，为其添加形状效果。

03

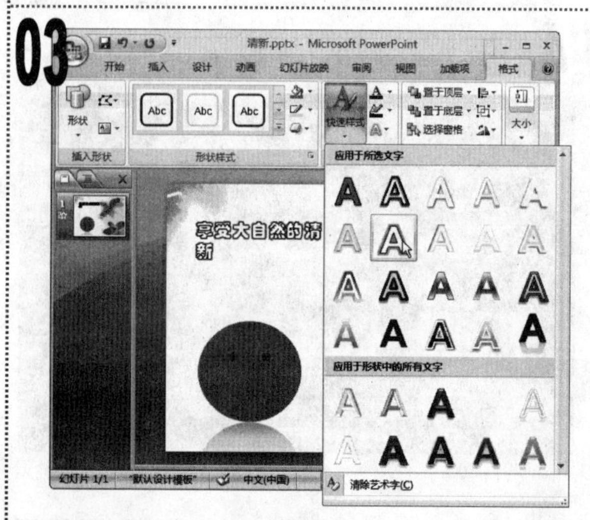

■ 选择幻灯片中的文本“享受大自然的清新”，在“绘图工具/格式”选项卡的“艺术字样式”组中的列表框中，选择“填充-无，轮廓-强调文字颜色 6，发光-强调文字颜色 6”选项。

04

■ 设置幻灯片形状填充颜色、形状效果和文本的快速样式后的最终效果如图所示。保存演示文稿，完成本例的制作。

实例50　美化“足球联赛”幻灯片

素材:\实例 50\足球联赛.pptx

源文件:\实例 50\足球联赛.pptx

包含知识

- 添加文本的快速样式
- 编辑文本的快速样式

重点难点

- 添加文本的快速样式
- 编辑文本的快速样式

制作思路

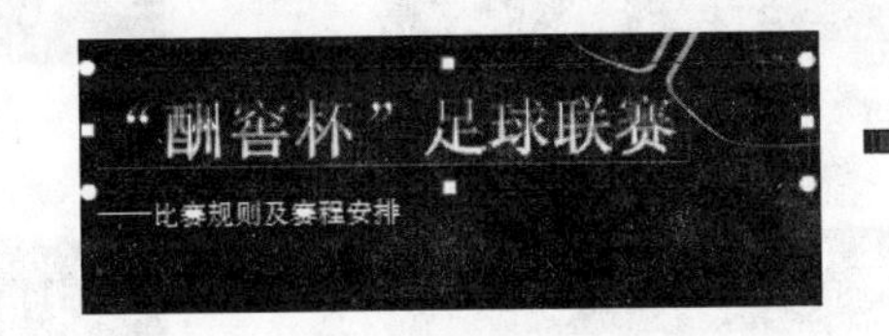

添加文本的快速样式

编辑文本的快速样式

01

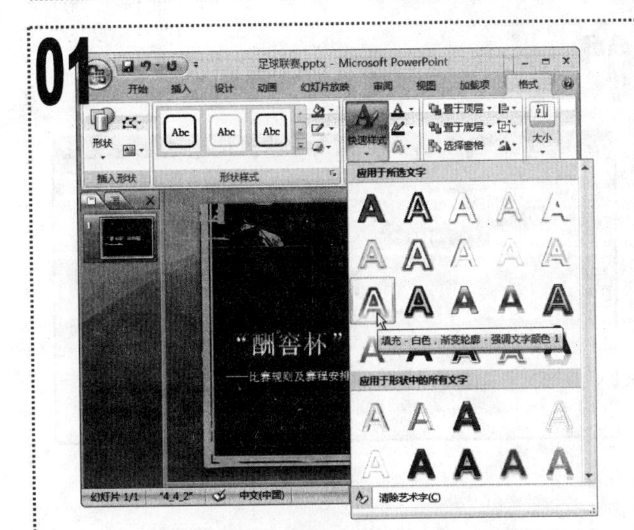

1 打开“足球联赛”演示文稿，在幻灯片中的标题占位符中选择文本“‘酬窖杯’足球联赛”，在“绘图工具/格式”选项卡的“艺术字样式”组中的列表框中，选择“填充-白色，渐变轮廓-强调文字颜色 1”选项，为文本添加快速样式。

02

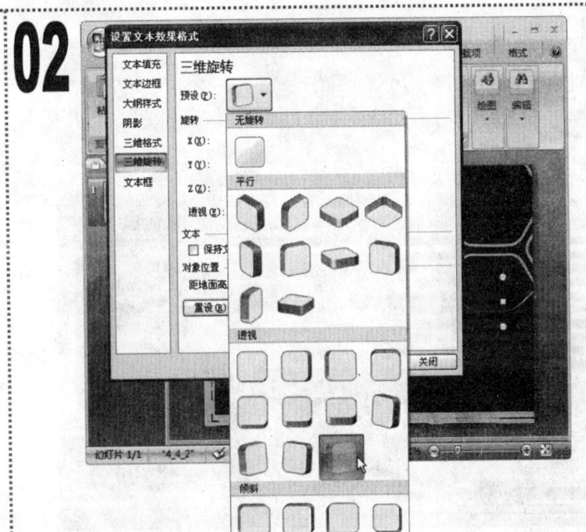

1 保持标题文本的选中状态不变，单击“艺术字样式”组右下角的对话框启动器。

2 在打开的“设置文本效果格式”对话框中，单击“三维旋转”选项卡，单击“预设”下拉按钮，在弹出的下拉列表中选择“极右极大透视”选项。

03

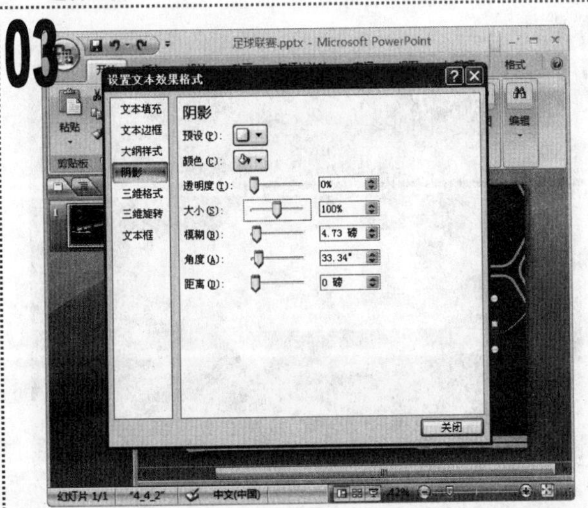

1 单击“阴影”选项卡，单击右侧的“预设”下拉按钮，在弹出的下拉列表中选择“右下对角透视”选项，单击“颜色”下拉按钮，在弹出的下拉列表中选择“黄色”选项，在“透明度”数值框中输入“0%”，单击“关闭”按钮。

04

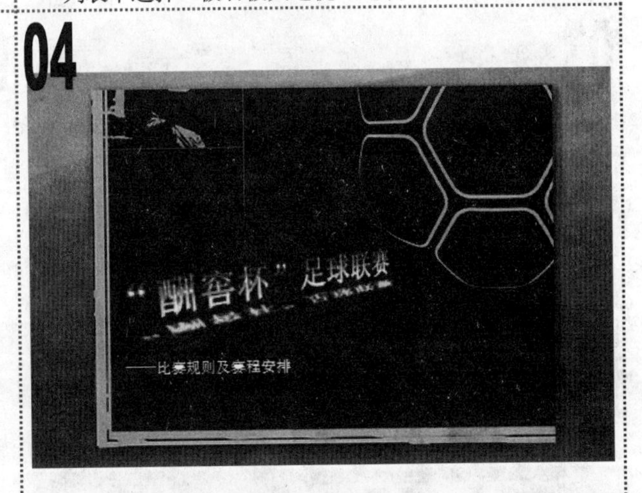

1 返回“幻灯片编辑”窗格，将标题占位符下的文本向下移动。

2 对文本的快速样式进行编辑后的效果如图所示，保存演示文稿，完成本例的制作。

实例51 制作培训流程图

素材:\实例 51\培训计划.pptx

源文件:\实例 51\培训计划.pptx

包含知识

- 通过占位符插入 SmartArt 图形

重点难点

- 通过占位符插入 SmartArt 图形

制作思路

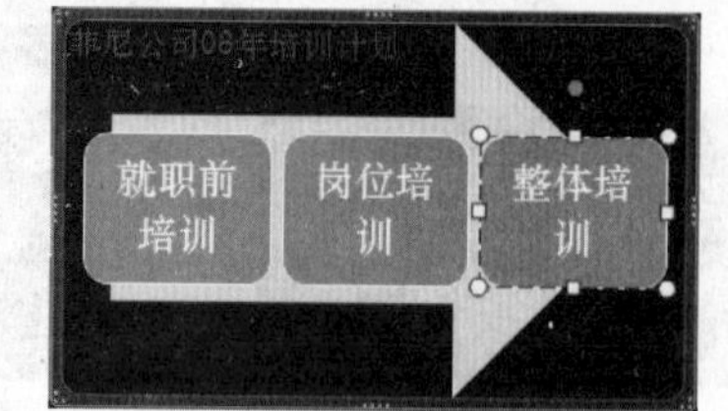

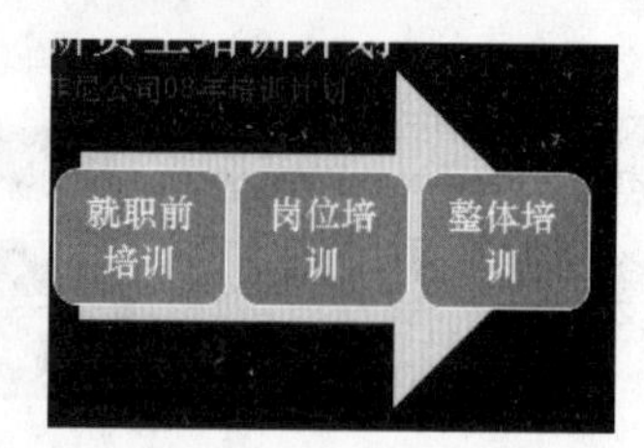

插入 SmartArt 图形　　在 SmartArt 图形中输入文字

01

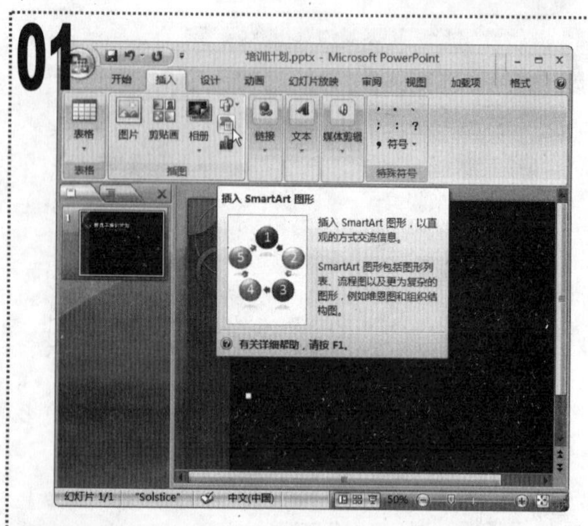

1. 打开"培训计划"演示文稿，将文本插入点定位到占位符中的文本之后，然后按【Enter】键将其移到下一行行首。
2. 单击"插入"选项卡，在"插图"组中单击"插入 SmartArt 图形"按钮。

02

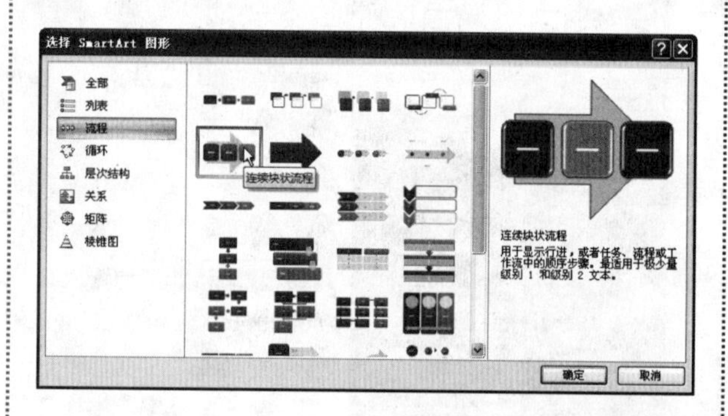

1. 在打开的"选择 SmartArt 图形"对话框的左侧单击"流程"选项卡，在中间的窗格中选择"连续块状流程"选项，在右侧可以查看关于该图形的预览，单击"确定"按钮。

03

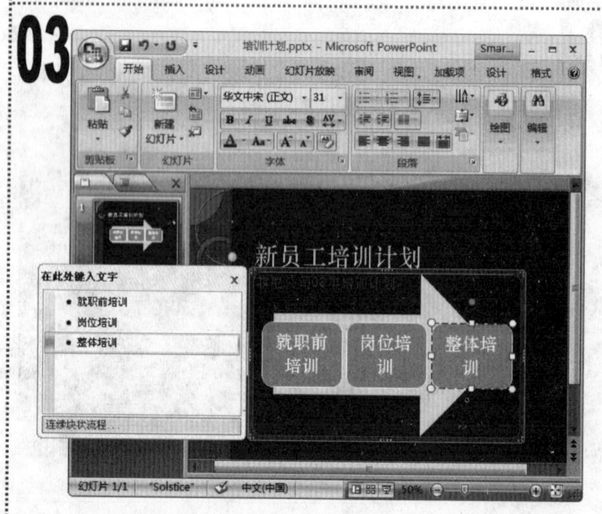

1. 在第 1 个形状中单击鼠标左键，将文本插入点定位其中输入文本"就职前培训"，用相同的方法在后面的两个形状中输入"岗位培训"和"整体培训"文本。

04

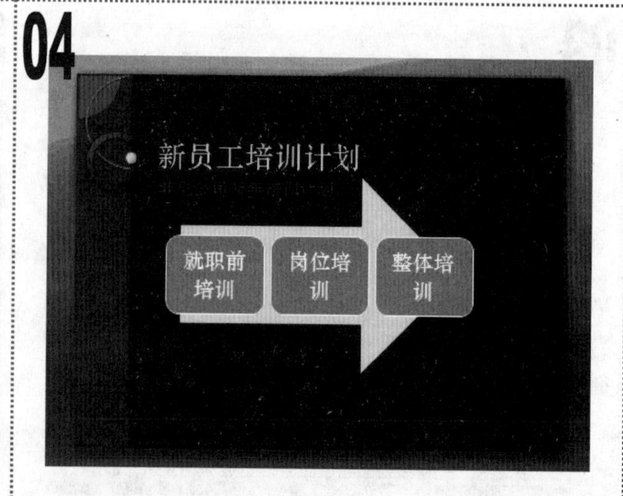

1. 在"幻灯片编辑"窗格的任意位置处单击鼠标左键，退出 SmartArt 图形的编辑状态。
2. 最后保存演示文稿，完成本例的制作，其最终效果如图所示。

实例52　美化公司结构图

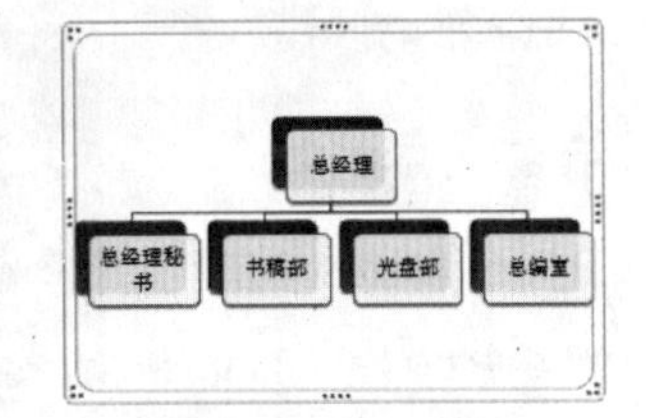

素材:\实例 52\公司结构.pptx

源文件:\实例 52\公司结构.pptx

包含知识

- 更改 SmartArt 图形的布局和样式

重点难点

- 更改 SmartArt 图形的布局和样式

制作思路

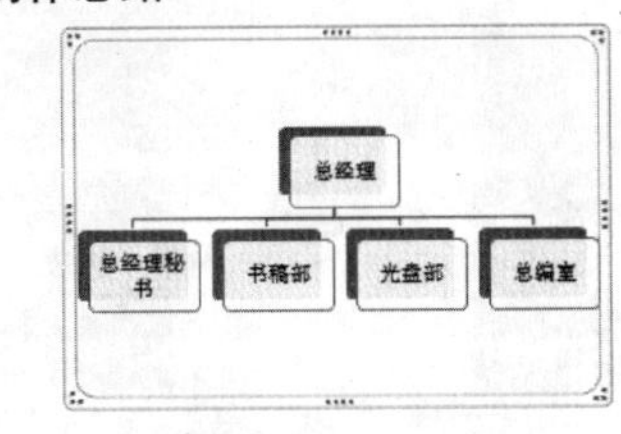

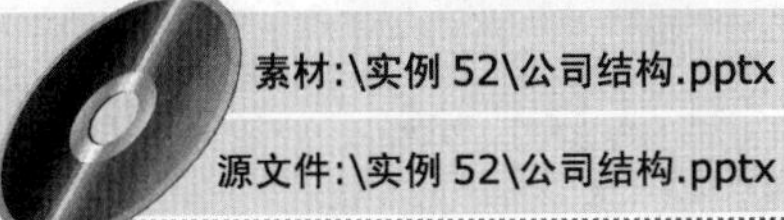

更改 SmartArt 图形的布局　　更改 SmartArt 图形的样式

01

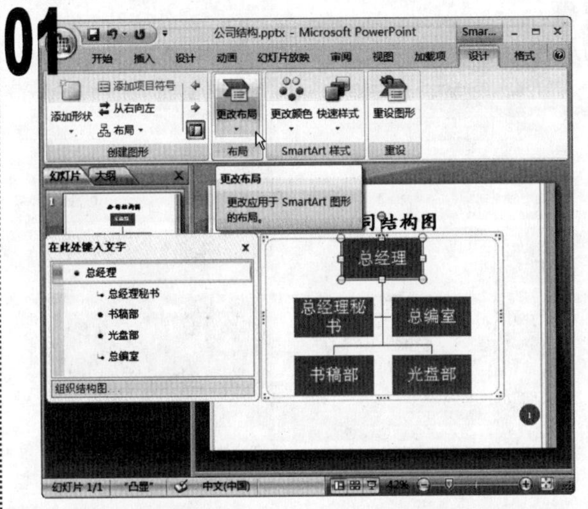

1 打开“公司结构”演示文稿，在“幻灯片编辑”窗格中选择 SmartArt 图形。

2 在“SmartArt 工具/设计”选项卡的“布局”组中，单击“更改布局”下拉按钮。

02

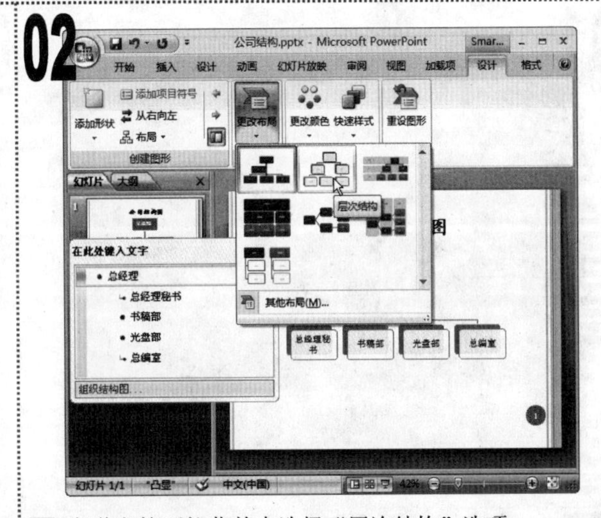

1 在弹出的下拉菜单中选择“层次结构”选项。

03

1 保持 SmartArt 图形的选中状态不变，单击“SmartArt 工具/设计”选项卡，在“SmartArt 样式”组中的列表框中选择“强烈效果”选项。

04

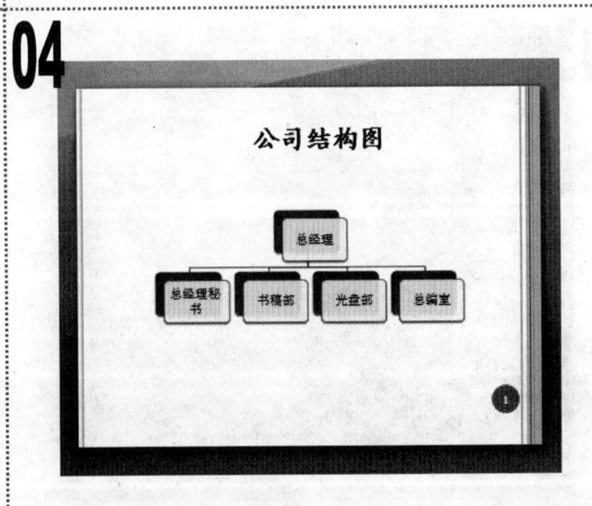

1 在“幻灯片编辑”窗格的任意位置处单击鼠标左键，退出 SmartArt 图形的编辑状态。

2 最后保存演示文稿，完成本例的制作，其最终效果如图所示。

实例53 制作“考核内容”幻灯片

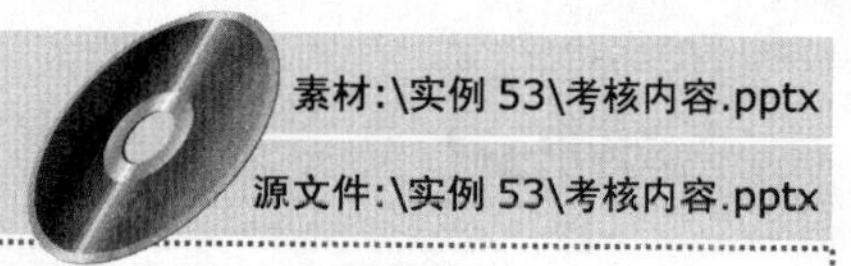
素材:\实例 53\考核内容.pptx
源文件:\实例 53\考核内容.pptx

包含知识

- 插入 SmartArt 图形并输入文本
- 在 SmartArt 图形中添加形状

重点难点

- 在 SmartArt 图形中添加形状

制作思路

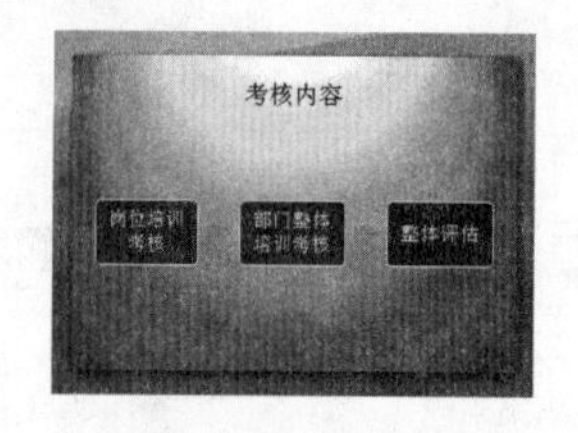

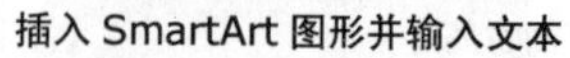
插入 SmartArt 图形并输入文本

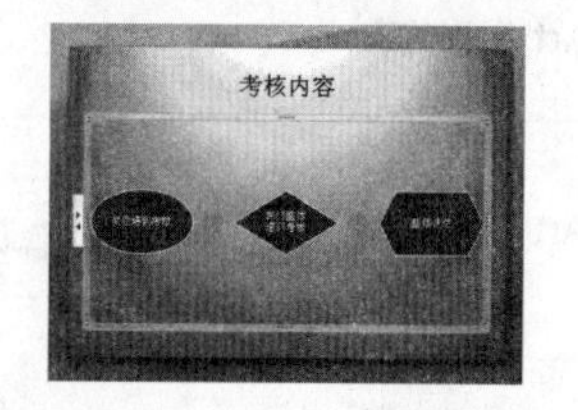

在 SmartArt 图形中添加形状

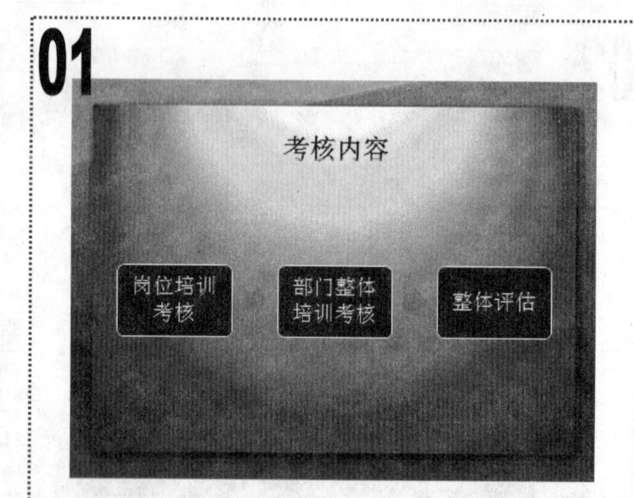

1. 打开“考核内容”演示文稿，单击幻灯片中的占位符中的“插入 SmartArt 图形”按钮，在幻灯片中插入“基本流程”图形，分别在其三个形状中输入如图所示的文本。

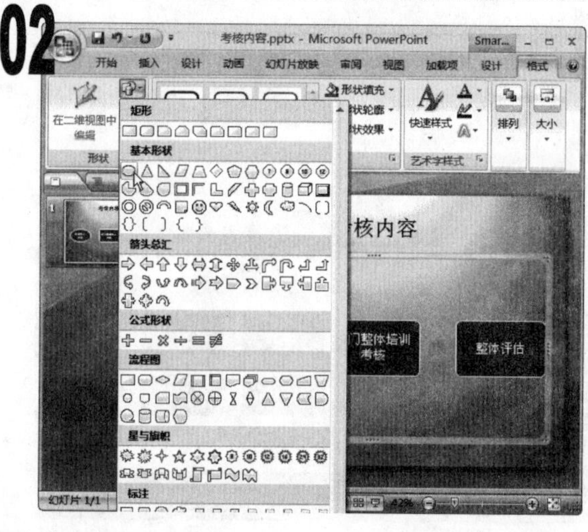

1. 将文本插入点定位到 SmartArt 图形的第 1 个形状中，单击“SmartArt 工具/格式”选项卡，在“形状”组中单击“更改形状”下拉按钮，在弹出的下拉列表中选择“椭圆”选项。

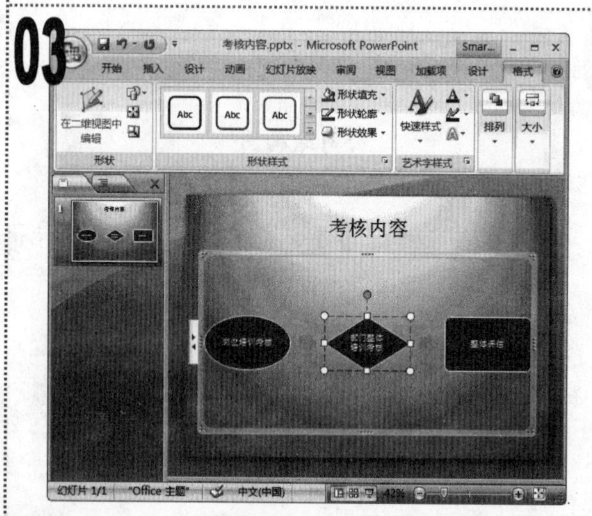

1. 返回到“幻灯片编辑”窗格中，SmartArt 图形的第 1 个形状中的文本位于刚插入的“椭圆”形状之中了。
2. 将文本插入点定位到第 2 个形状中，用相同的方法添加“菱形”形状。

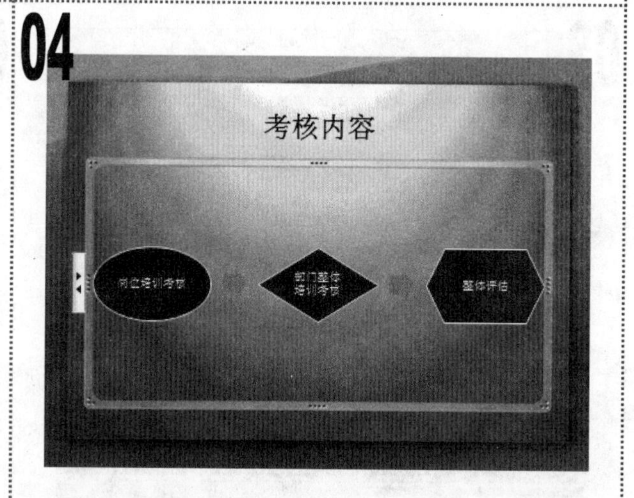

1. 用同样的方法为第 3 个形状添加“六边形”形状。
2. 最后保存演示文稿，完成本例的制作，其最终效果如图所示。

实例54　制作“三国名将”幻灯片

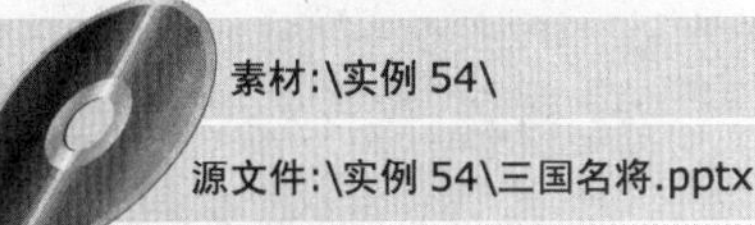

素材:\实例 54\

源文件:\实例 54\三国名将.pptx

包含知识

■ 在 SmartArt 图形中插入图片

重点难点

■ 在 SmartArt 图形中插入图片

制作思路

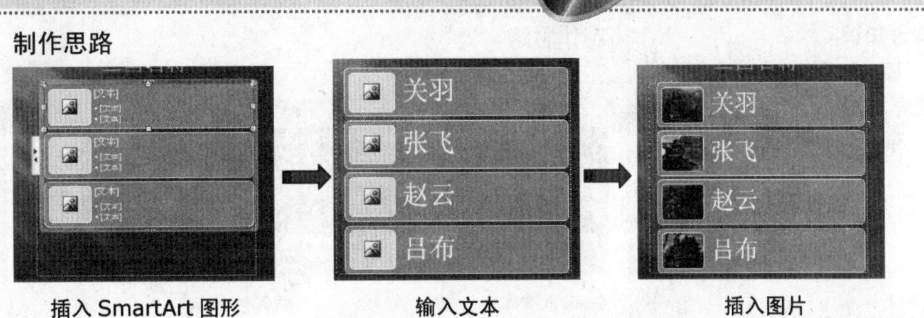

01

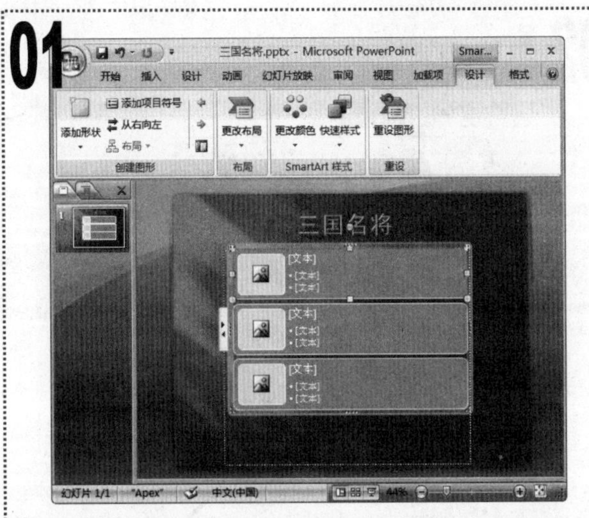

1 打开“三国名将”演示文稿，在“插入”选项卡中单击“插图”组中的“插入 SmartArt 图形”按钮。

2 在打开的对话框中单击“列表”选项卡，在中间的窗格中选择“垂直图片列表”选项，单击“确定”按钮在幻灯片中插入一个 SmartArt 图形。

02

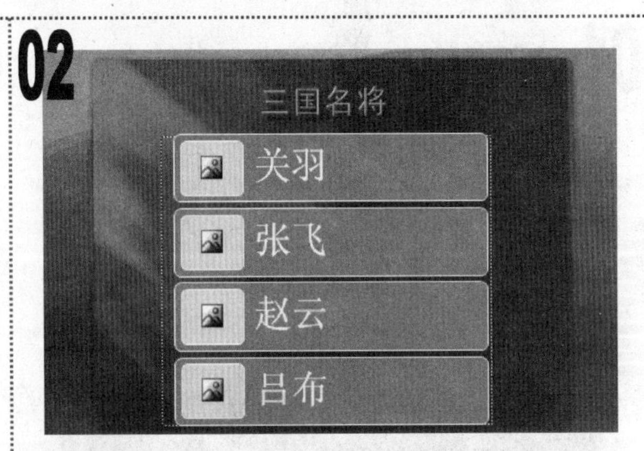

1 单击第 1 个形状中的“[文本]”字样，按【Delete】键删除其后的两个“[文本]”字样，输入文本“关羽”。

2 用同样的方法在另外两个形状中，分别输入文本“张飞”和“赵云”。

3 在最后一个形状上单击鼠标右键，在弹出的快捷菜单中选择“添加形状/在后面添加形状”命令，在添加的形状上单击鼠标右键，在弹出的快捷菜单中选择“编辑文字”命令，输入文本“吕布”。

03

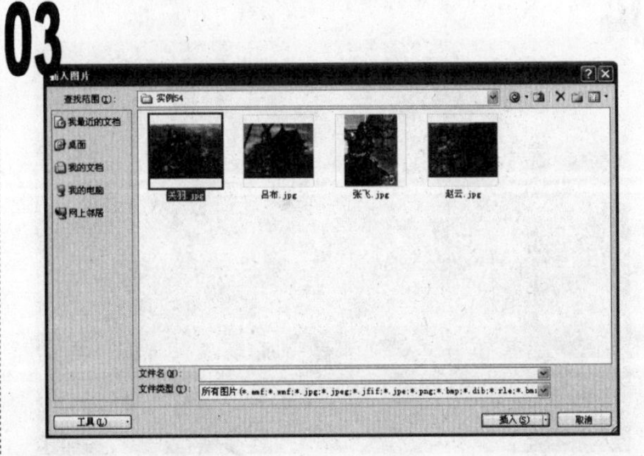

1 单击文本“关羽”左侧的图片图标，在打开的“插入图片”对话框的“查找范围”下拉列表框中选择图片文件所在的位置，然后在中间的列表框中选择图片文件“关羽”，单击“插入”按钮。

04

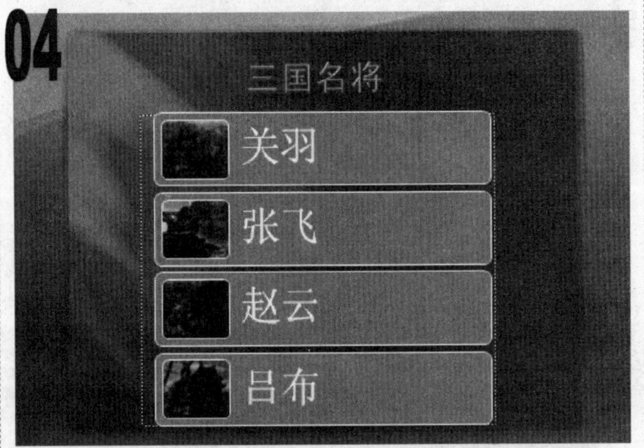

1 用同样的方法在余下的三个形状中分别插入“张飞”、“赵云”和“吕布”图片文件。

2 最后保存演示文稿，完成本例的制作，其最终效果如图所示。

实例55 制作“艺术长廊”幻灯片

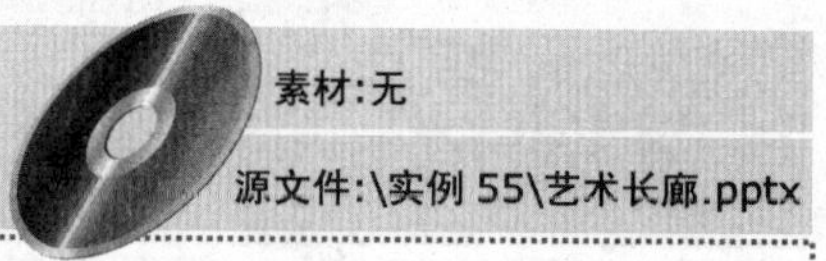

素材:无

源文件:\实例 55\艺术长廊.pptx

包含知识

■ 插入艺术字

重点难点

■ 插入艺术字

制作思路

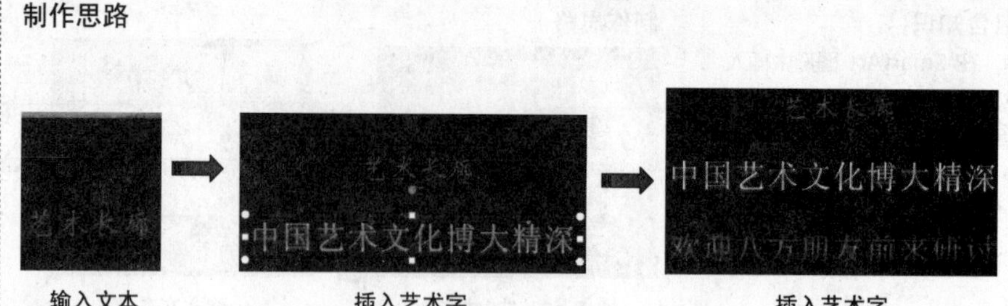

输入文本 插入艺术字 插入艺术字

01

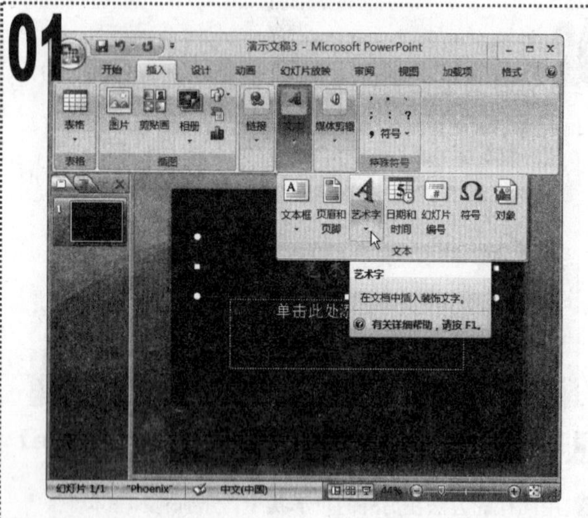

1 启动 PowerPoint 2007，根据已安装的主题“凤舞九天”创建一个演示文稿。

2 在标题占位符中输入文本“艺术长廊”，单击“插入”选项卡，在“文本”组中单击“艺术字”下拉按钮。

02

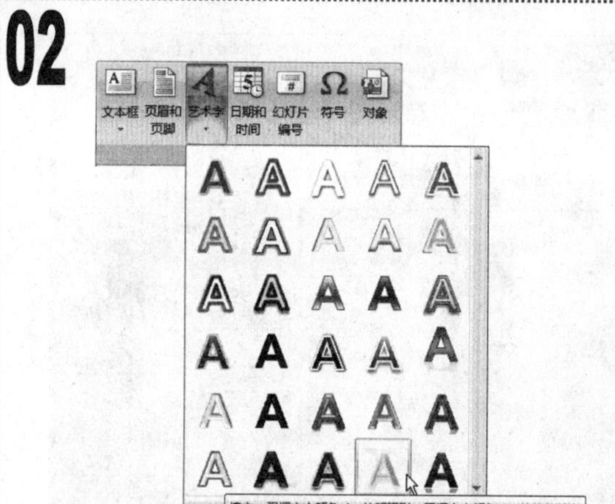

1 在弹出的下拉列表中选择“填充-强调文字颜色 4，外部阴影-强调文字颜色 4，软边缘棱台”选项。

03

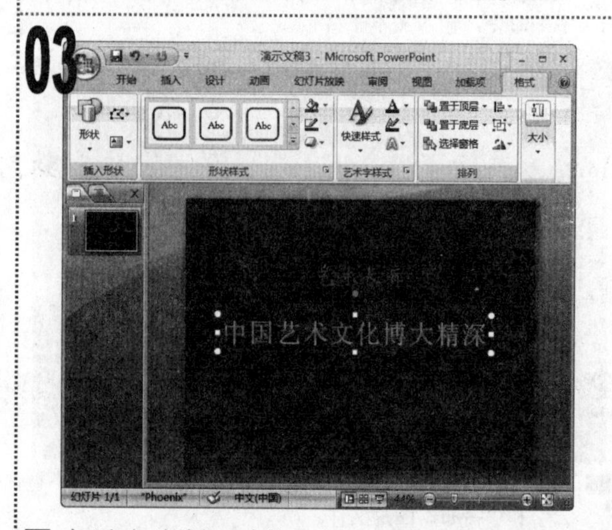

1 在“幻灯片编辑”窗格中出现一个艺术字文本框，在其中输入需要的文本“中国艺术文化博大精深”。

04

1 用同样的方法在该艺术字下方插入一段“渐变填充-强调文字颜色 4，映像”样式的艺术字“欢迎八方朋友前来研讨”。

2 调整艺术字的位置，保存演示文稿，完成本例的制作，其最终效果如图所示。

实例56　美化“艺术长廊”幻灯片

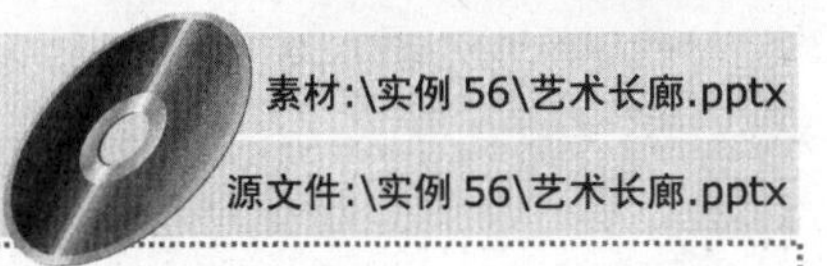

素材:\实例 56\艺术长廊.pptx

源文件:\实例 56\艺术长廊.pptx

包含知识

■ 更改艺术字样式

重点难点

■ 更改艺术字样式

制作思路

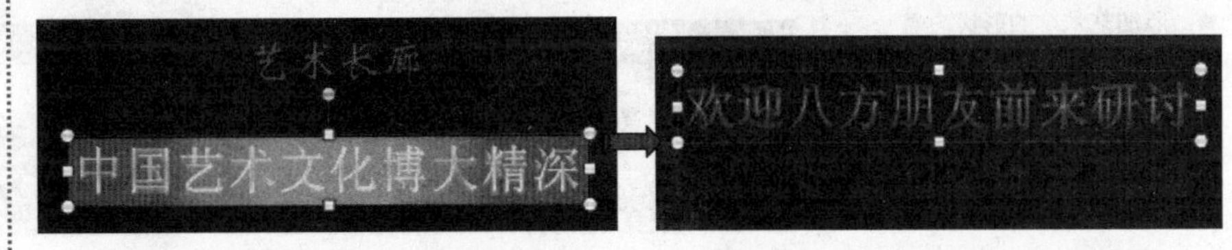

更改第 1 个艺术字文本框的艺术字样式　　更改第 2 个艺术字文本框的艺术字样式

01

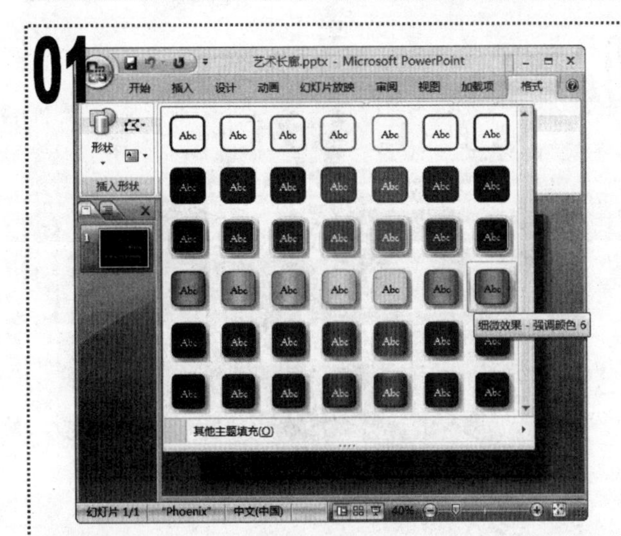

■ 打开“艺术长廊”演示文稿，选择文本“中国艺术文化博大精深”所在的文本框，单击“绘图工具/格式”选项卡，在“形状样式”组中的列表框中选择“细微效果-强调颜色 6”选项。

02

■ 选择下方的艺术字文本框，单击“绘图工具/格式”选项卡，在“形状样式”组中单击“形状效果”下拉按钮。

03

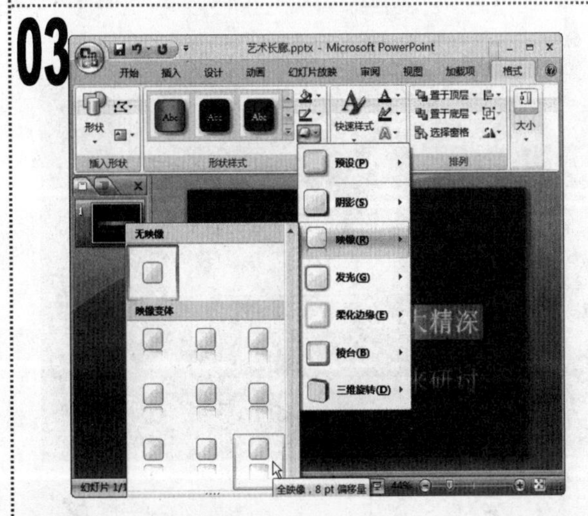

■ 在弹出的下拉菜单中选择“映像/全映像，8pt 偏移量”选项。此时，在“幻灯片编辑”窗格中可以看到关于该形状效果的预览效果。

04

■ 返回到“幻灯片编辑”窗格中，保存演示文稿，完成本例的制作，其最终效果如图所示。

实例57 编辑“艺术长廊”幻灯片

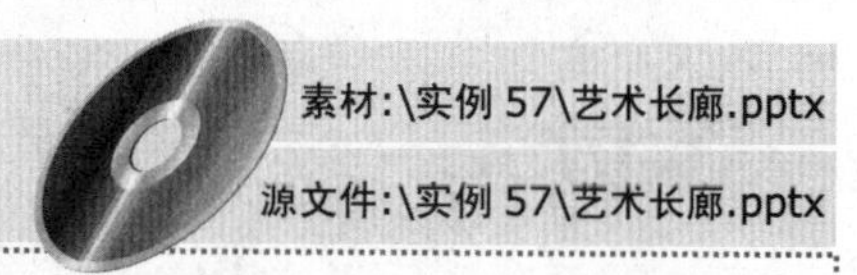

素材:\实例 57\艺术长廊.pptx

源文件:\实例 57\艺术长廊.pptx

包含知识

- 改变艺术字的大小
- 添加艺术字的形状轮廓

重点难点

- 改变艺术字的大小
- 添加艺术字的形状轮廓

制作思路

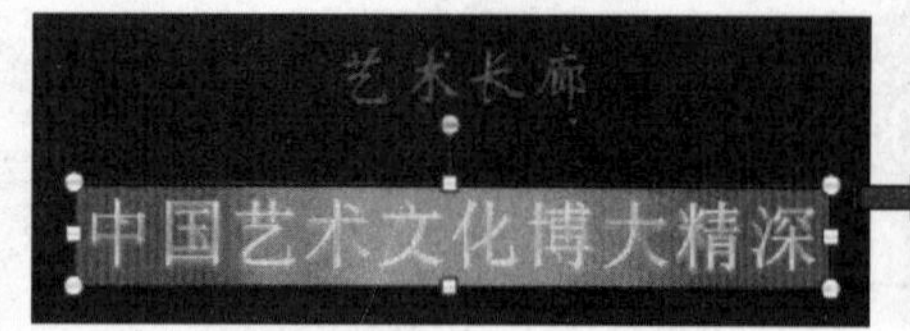

改变艺术字的大小

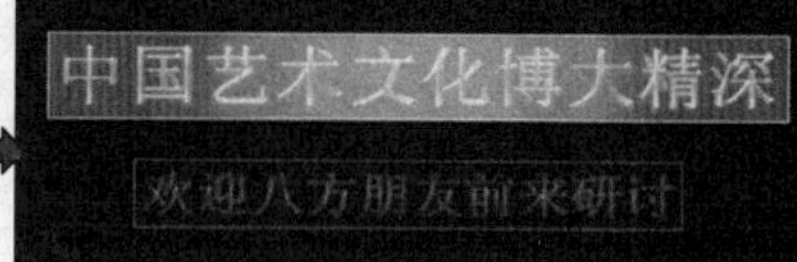

添加艺术字的形状轮廓

01

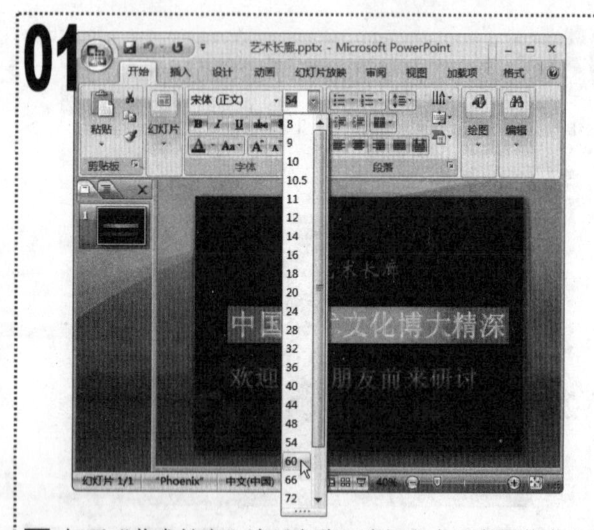

1 打开“艺术长廊”演示文稿，选择文本“中国艺术文化博大精深”所在的文本框，单击“开始”选项卡，在“字体”组的“字号”下拉列表中选择“60”选项。

02

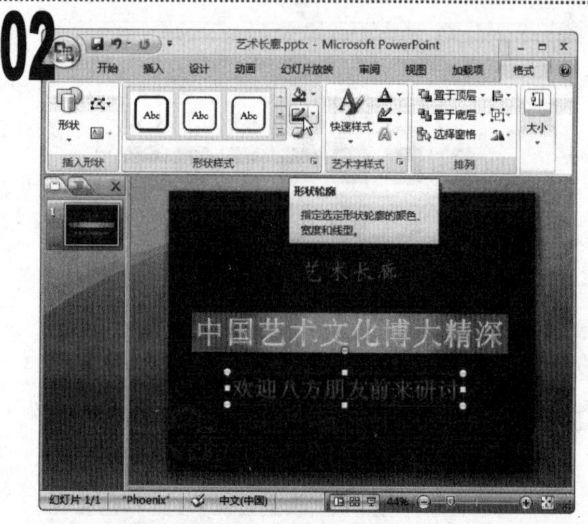

1 用同样的方法将其下面的艺术字字号设置为“44”，调整两个艺术字文本框的位置。

2 选择下方的艺术字文本框，单击“绘图工具/格式”选项卡，在“形状样式”组中单击“形状轮廓”按钮右侧的下拉按钮。

03

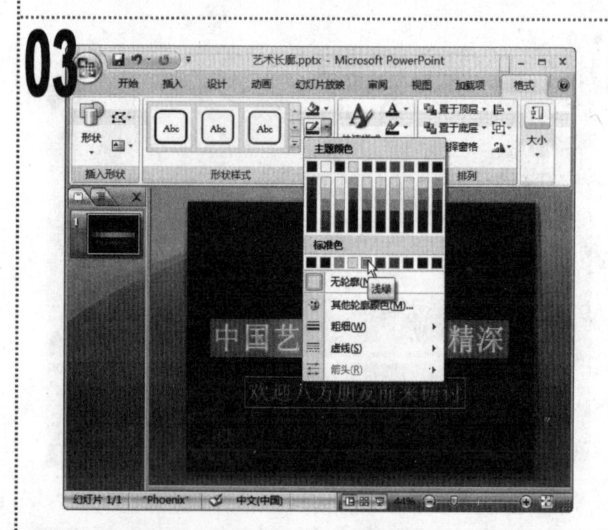

1 在弹出的下拉菜单中选择“浅绿”选项，此时在“幻灯片编辑”窗格中可以看到关于该形状样式的预览效果。

04

1 返回“幻灯片编辑”窗格，可以看到该文本框新增了一个映像效果。用相同的方法为另一个艺术字文本框添加黄色的形状轮廓。

2 最后保存演示文稿，完成本例的制作，其最终效果如图所示。

实例58 制作“对联”幻灯片

素材：无

源文件：\实例 58\对联.pptx

包含知识

- 插入艺术字
- 添加艺术字样式
- 设置形状填充
- 插入图片

重点难点

- 添加艺术字样式
- 设置形状填充

制作思路

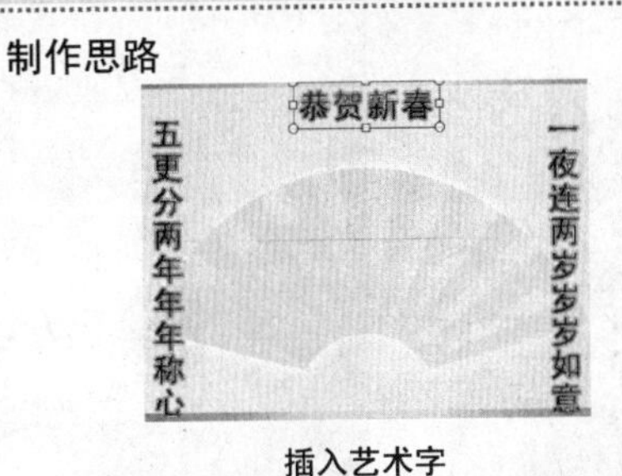

插入艺术字

插入图片

01

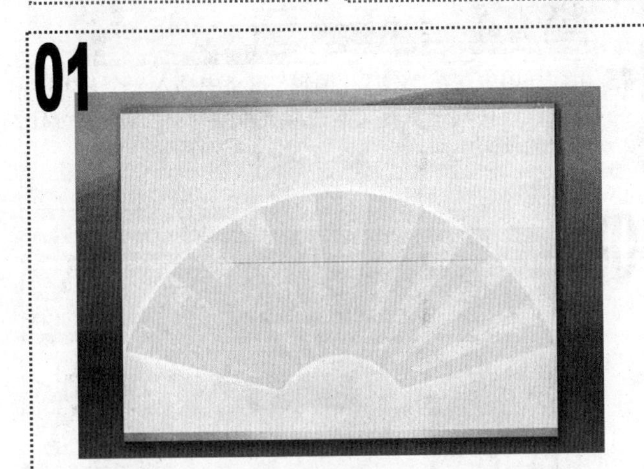

1. 在 PowerPoint 2007 中根据已安装的主题“暗香扑面”新建一个演示文稿。
2. 选择幻灯片中的标题占位符，按【Delete】键将其删除，用同样的方法删除下面的占位符。

02

1. 单击“插入”选项卡，在“文本”组中单击“艺术字”下拉按钮，在弹出的下拉列表中选择“渐变填充-黑色，轮廓-白色，外部阴影”选项。

03

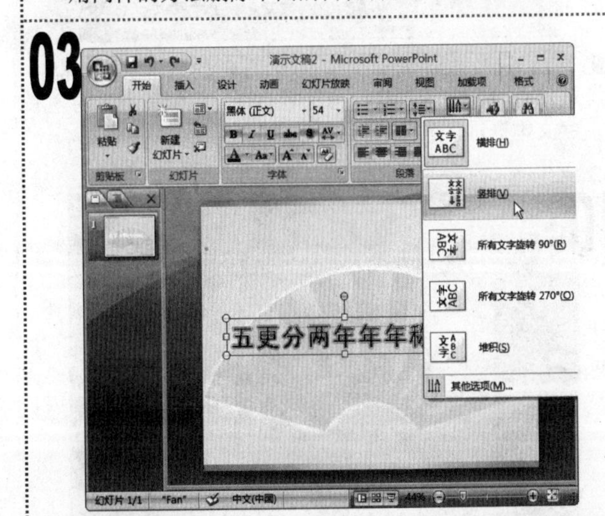

1. 在“幻灯片编辑”窗格中添加一个艺术字文本框，在其中输入对联的上联“五更分两年年年称心”。
2. 保持文本框的选中状态不变，单击“开始”选项卡，在“段落”组中单击“文字方向”下拉按钮，在弹出的下拉菜单中选择“竖排”选项。

04

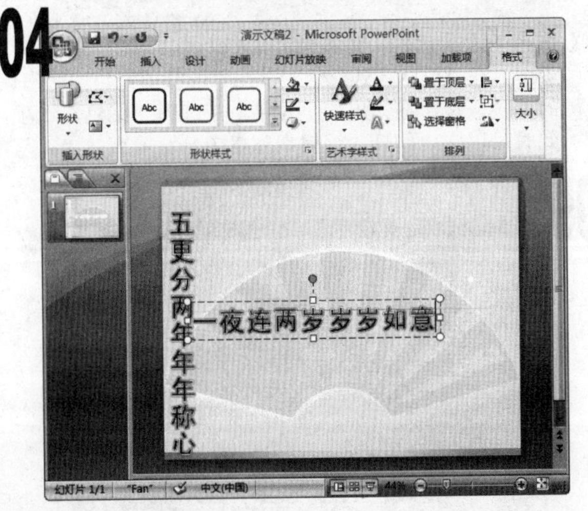

1. 返回到“幻灯片编辑”窗格中，艺术字文本框将竖排显示，将艺术字移动到幻灯片的左侧。
2. 单击“插入”选项卡，在“文本”组中单击“艺术字”下拉按钮，在弹出的下拉列表中选择“渐变填充-黑色，轮廓-白色，外部阴影”选项，在幻灯片中插入一个新的艺术字文本框，输入下联文本“一夜连两岁岁岁如意”。

05

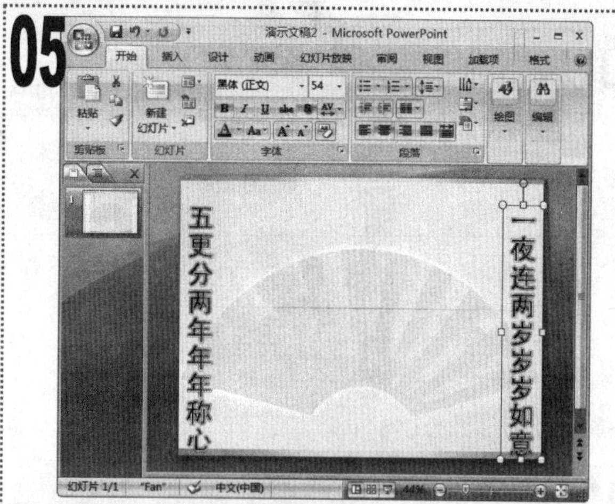

1 保持该艺术字文本框的选中状态不变，单击“开始”选项卡，在“段落”组中单击“文字方向”下拉按钮，在弹出的下拉菜单中选择“竖排”选项，将其设置为竖排显示，并将其移动到幻灯片的右侧。

06

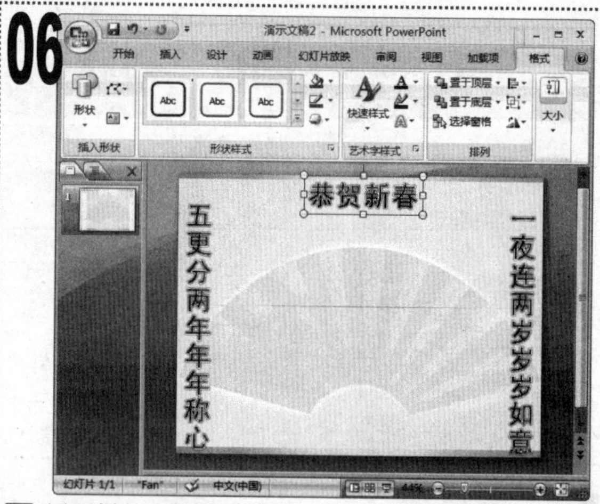

1 用同样的方法在“幻灯片编辑”窗格中插入一个艺术字文本框，在其中输入文本“恭贺新春”，将其移动到幻灯片的顶端中间。

07

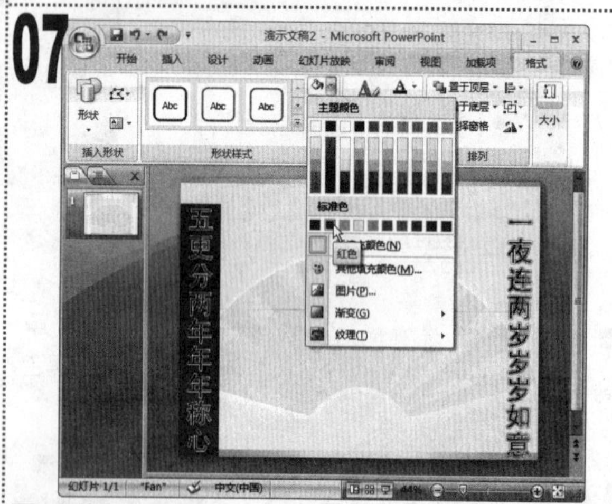

1 选择左边的艺术字文本框，单击“绘图工具/格式”选项卡，在“形状样式”组中单击“形状填充”按钮右侧的下拉按钮，在弹出的下拉菜单中选择“红色”选项，此时可以在“幻灯片编辑”窗格中预览填充效果。

08

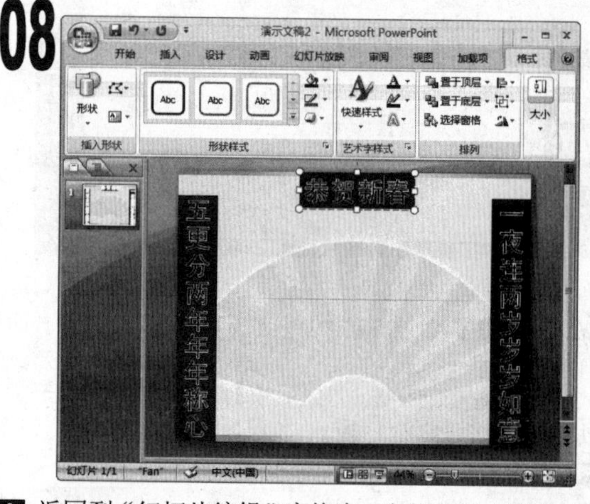

1 返回到“幻灯片编辑”窗格中，左侧的艺术字文本框将被红色填充，用同样的方法对幻灯片右侧和上方的艺术字文本框进行填充。

09

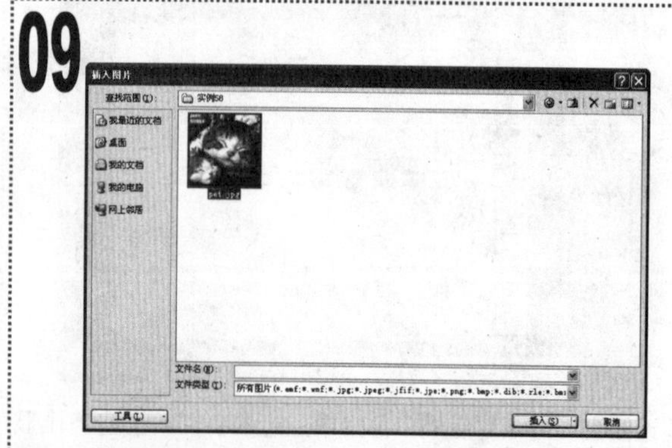

1 单击“插入”选项卡，在“插图”组中单击“图片”按钮，在打开的“插入图片”对话框中选择“素材”文件夹中的“pet”图片文件，单击“插入”按钮。

10

1 返回到“幻灯片编辑”窗格中，调整插入图片的大小和位置，保存演示文稿，完成本例的制作，最终效果如图所示。

第4章

表格和图表幻灯片的制作

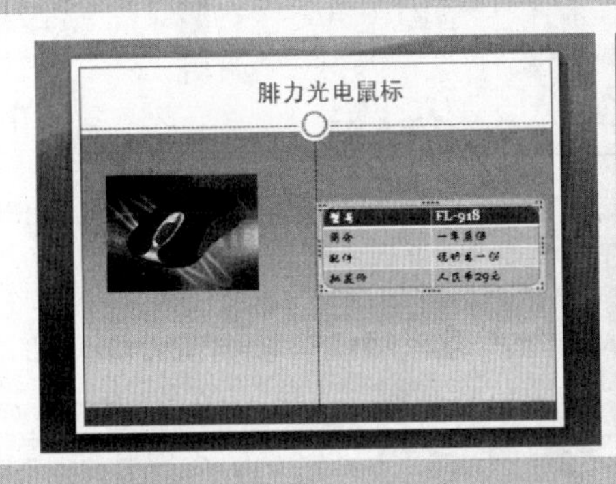

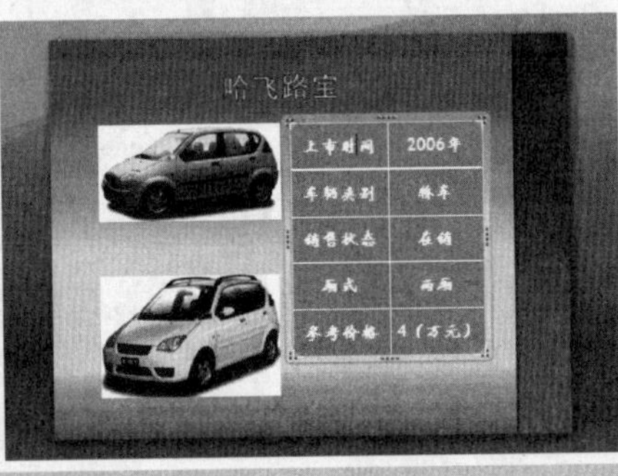

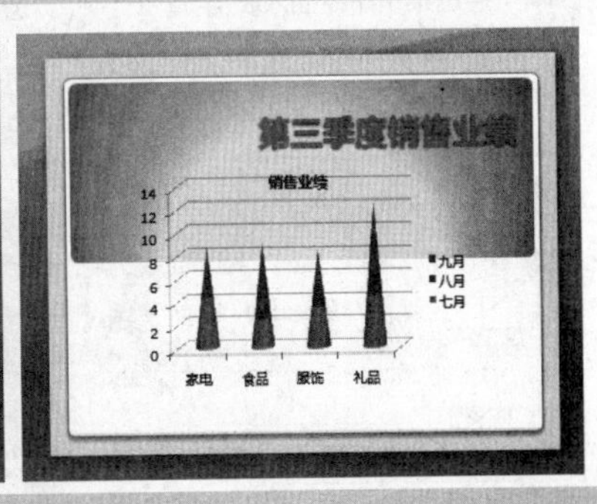

实例59 制作“鼠标报价”演示文稿

实例61 制作“期末成绩”幻灯片

实例63 编辑“哈飞路宝”幻灯片

实例64 编辑“家庭开支”幻灯片

实例65 制作“工作量”幻灯片

实例67 编辑“考勤表”幻灯片

实例71 制作“菜单”幻灯片

实例73 制作“销售业绩”幻灯片

实例79 编辑“销量统计”幻灯片

04

在幻灯片中向观众传达一些数据信息时，需要使用PowerPoint 2007的表格和图表制作功能，合理地利用这些功能不仅能使观众明确幻灯片所要表达的内容，还可以使演示文稿更加精美。本章将就表格和图表幻灯片的制作方法进行详细讲解。

实例59 制作“鼠标报价”演示文稿

素材:\实例 59\鼠标报价.pptx

源文件:\实例 59\鼠标报价.pptx

包含知识

- 通过菜单命令插入表格
- 调整表格位置
- 在表格中输入文本

重点难点

- 通过菜单命令插入表格
- 调整表格位置

制作思路

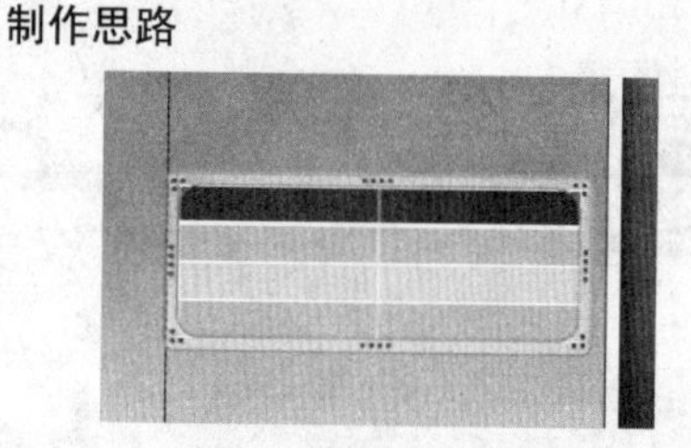

插入表格并调整位置

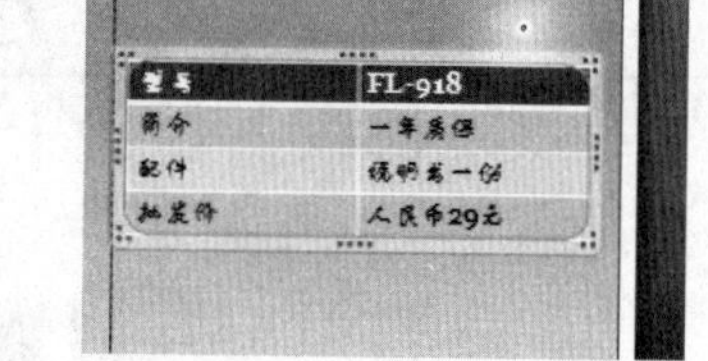

输入文本

01

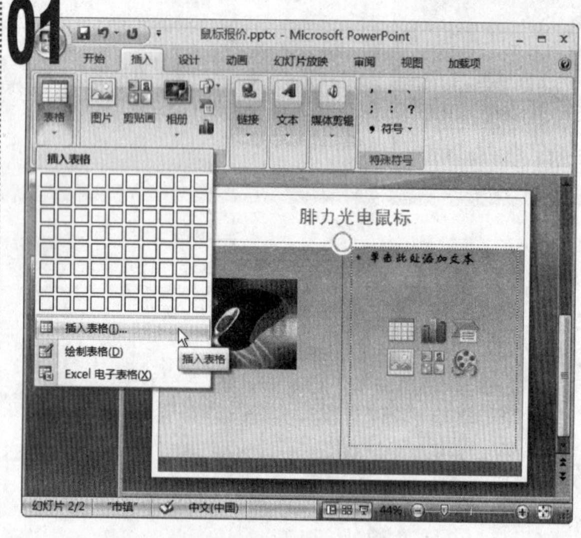

■ 打开“鼠标报价”演示文稿，在“幻灯片”窗格中选择第2张幻灯片，单击“插入”选项卡，在“表格”组中单击“表格”下拉按钮，在弹出的下拉菜单中选择“插入表格”命令。

02

■ 在打开的“插入表格”对话框的“列数”数值框中输入“2”，在“行数”数值框中输入“4”，单击“确定”按钮。

03

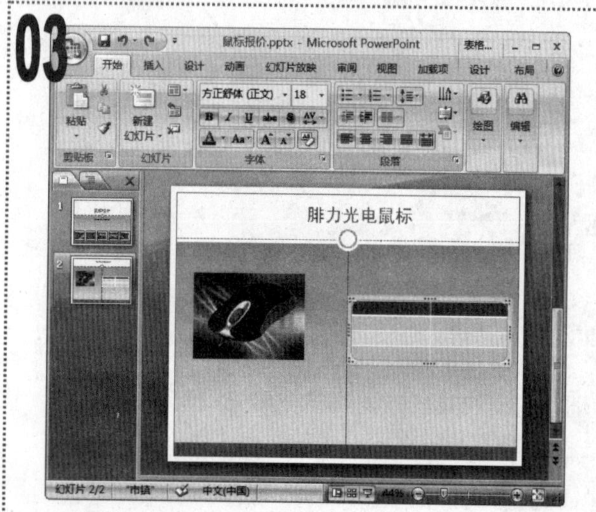

■ 将鼠标光标移动到插入的表格边框上，当其变为“✥”形状时按住鼠标左键不放，并拖动到需要的位置后释放鼠标左键。

04

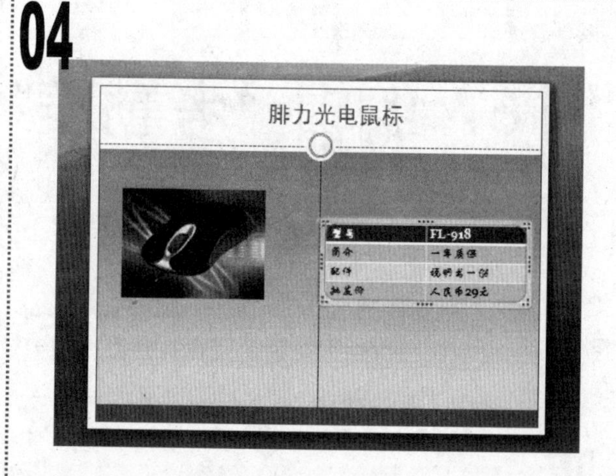

■ 在表格的各个单元格中输入如图所示的文本。

■ 最后保存演示文稿，完成本例的制作，其最终效果如图所示。

实例60 制作“名单”幻灯片

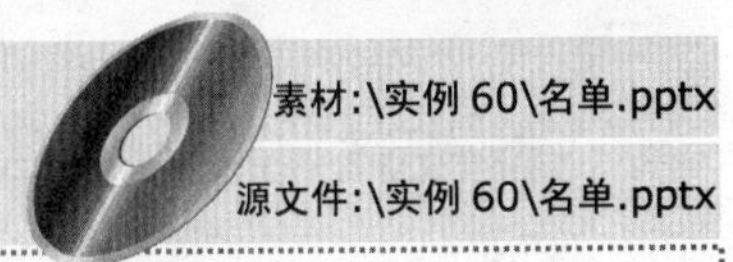

素材:\实例 60\名单.pptx

源文件:\实例 60\名单.pptx

包含知识

- 手动绘制表格
- 在表格中输入文本

重点难点

- 手动绘制表格
- 在表格中输入文本

制作思路

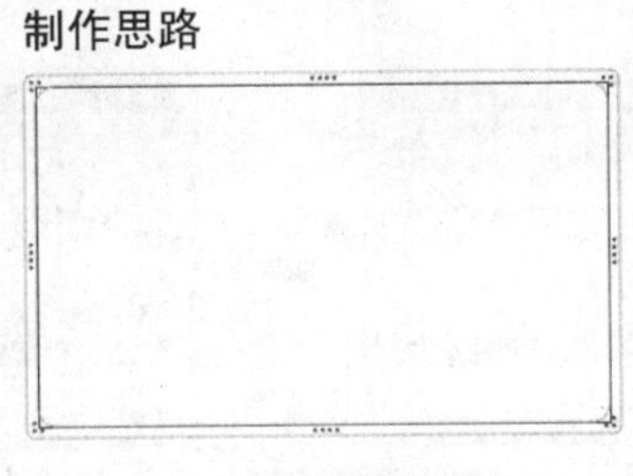

绘制表格边框

姓名	年龄	性别	组织关系
杨枫	29	男	共产党员
马林	25	男	共青团员
李纷	22	女	共青团员
胡彦	28	女	共产党员

绘制表格线并输入文本

01

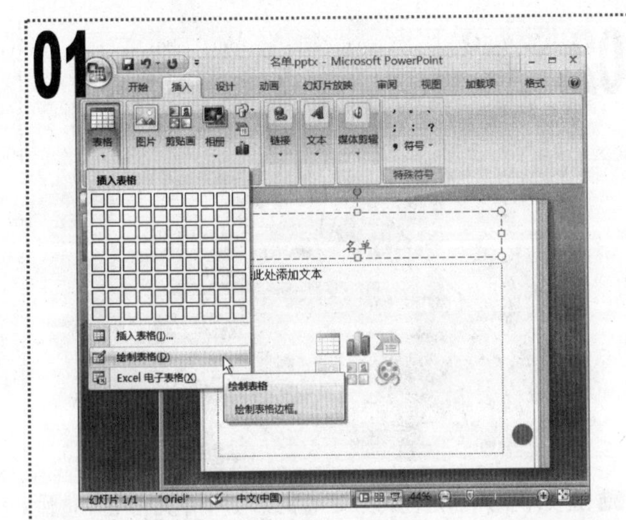

1. 打开“名单”演示文稿，将文本插入点定位到标题占位符中，输入文本“表格”，将其设置为居中对齐。
2. 单击“插入”选项卡，在“表格”组中单击“表格”下拉按钮，在弹出的下拉菜单中选择“绘制表格”命令。

02

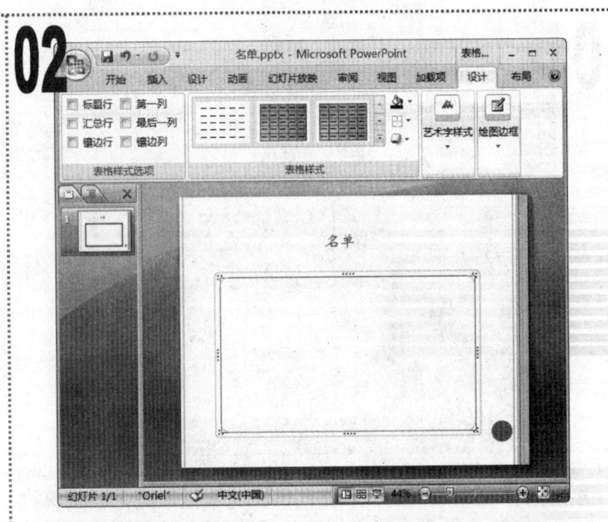

1. 将鼠标光标移动到“幻灯片编辑”窗格中，当其变为“✎”形状时按住鼠标左键不放，从幻灯片左上角向右下角进行拖曳，释放鼠标绘制出表格的边框。

03

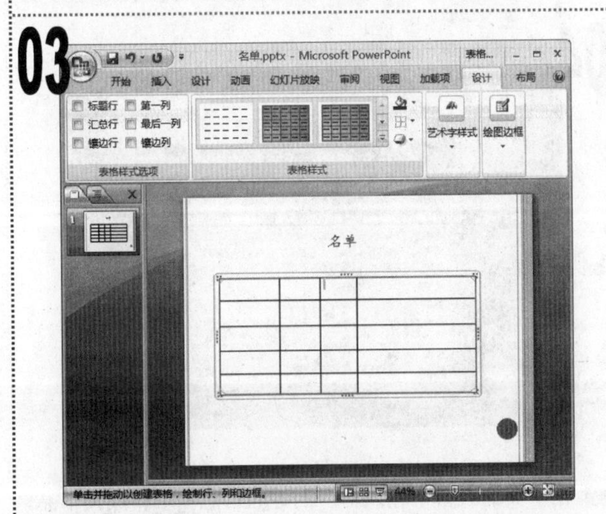

1. 选择绘制的表格，单击“表格工具/设计”选项卡，在“绘图边框”组中单击“绘制表格”按钮。
2. 在表格边框需绘制表格线的位置处按住鼠标左键不放，并向左或向右拖动绘制横向表格线，然后按住鼠标左键不放向上或向下拖动绘制竖向表格线。

04

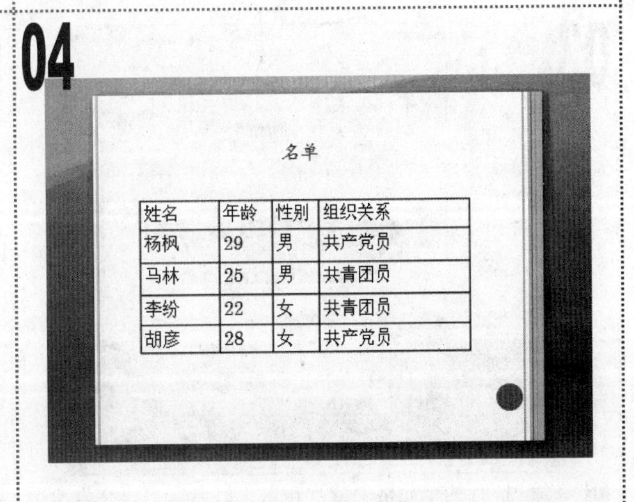

名单

姓名	年龄	性别	组织关系
杨枫	29	男	共产党员
马林	25	男	共青团员
李纷	22	女	共青团员
胡彦	28	女	共产党员

1. 在表格中的第 1 列单元格中输入姓名信息，在第 2 列单元格中输入年龄信息，在第 3 列单元格中输入性别信息，在最后一列单元格中输入组织关系信息。
2. 保存演示文稿，完成本例的制作，最终效果如图所示。

实例61 制作“期末成绩”幻灯片

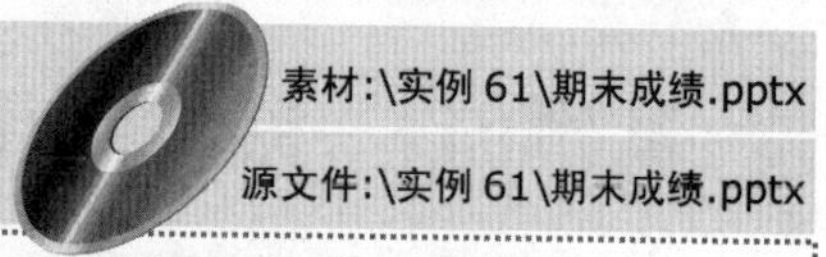

素材:\实例 61\期末成绩.pptx

源文件:\实例 61\期末成绩.pptx

包含知识

- 选择单元格
- 输入文本

重点难点

- 选择单元格

制作思路

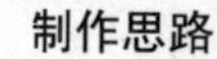

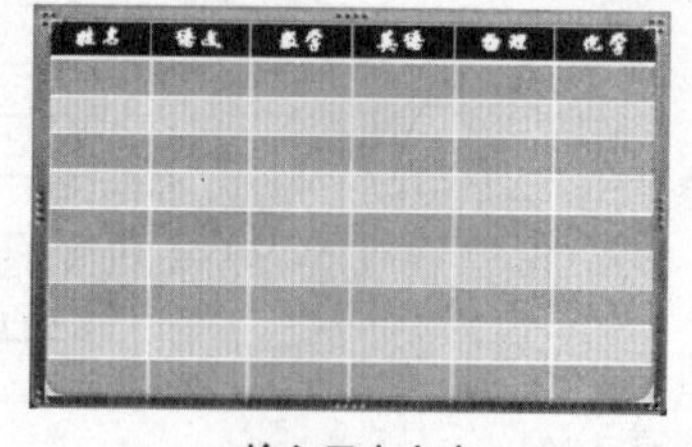

输入居中文本

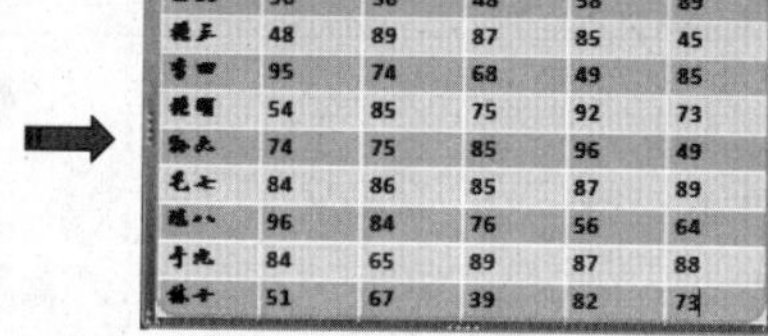

输入加粗文本

01

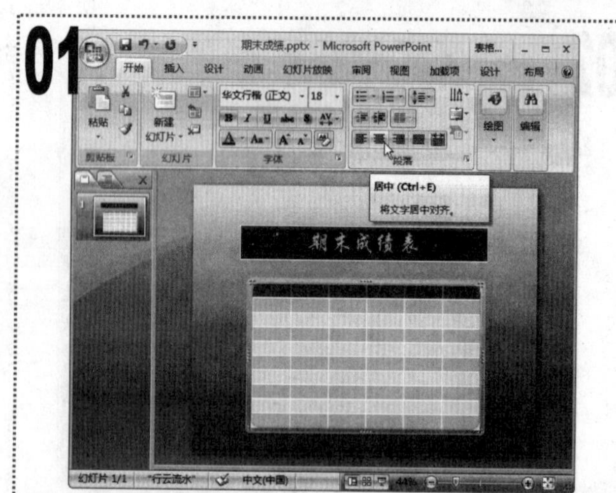

1. 打开“期末成绩”演示文稿，将文本插入点定位到第 1 行的第 1 个单元格中，按住【Shift】键不放单击第 1 行最后一个单元格，选择该行所有的单元格。
2. 单击“开始”选项卡，在“段落”组中单击“居中”按钮。

02

1. 将文本插入点定位到第 2 行的第 1 个单元格中，按住【Shift】键不放单击最末一行的最后一个单元格，选择除第 1 行外的所有单元格。
2. 单击“开始”选项卡，在“字体”组中单击“加粗”按钮。

03

1. 在第 1 行的单元格中依次输入“姓名”、“语文”、“数学”、“英语”、“物理”和“化学”文本，可以看到这些文本都在单元格中居中对齐显示。

04

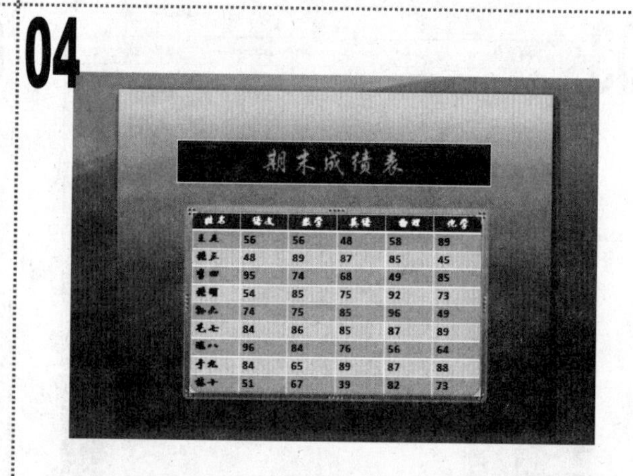

1. 在下面的表格中输入对应的姓名信息和单科成绩信息，可以看到这些文本都以加粗形式显示。
2. 最后保存演示文稿，完成本例的制作，其最终效果如图所示。

实例62　制作“销售账目”幻灯片

素材:\实例 62\销售账目.pptx

源文件:\实例 62\销售账目.pptx

包含知识

- 调整单元格的大小
- 设置单元格字体格式

重点难点

- 调整单元格的大小
- 设置单元格字体格式

制作思路

类别	第1季度	第2季度	第3季度	第4季度
电视	100	105	110	140
洗衣机	152	143	163	143
电冰箱	201	182	192	149
微波炉	198	284	321	169
电饭锅	241	213	197	224

调整单元格大小

类别	第1季度	第2季度	第3季度	第4季度
电视	100	105	110	140
洗衣机	152	143	163	143
电冰箱	201	182	192	149
微波炉	198	284	321	169
电饭锅	241	213	197	224

设置单元格字体格式

01

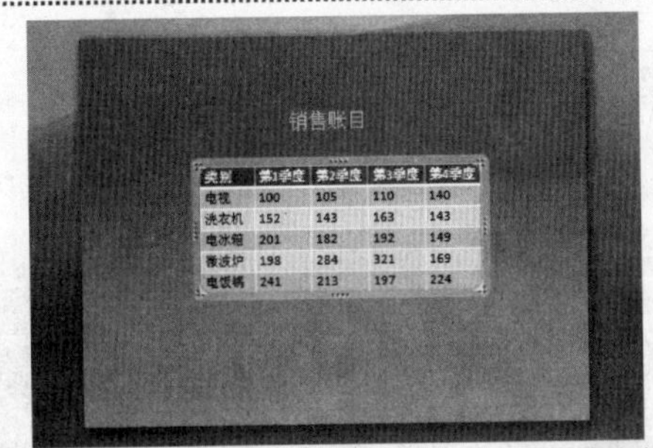

1. 打开“销售账目”演示文稿，在幻灯片中的表格中输入如图所示的文本。

02

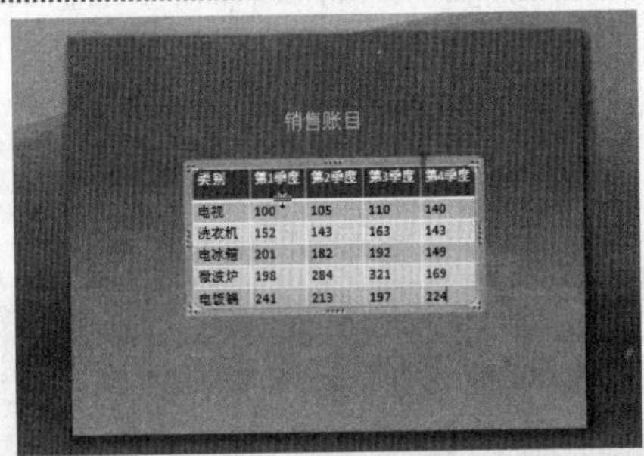

1. 将鼠标光标停留在第 1 行和第 2 行之间的框线上，当其变为双箭头形状时，按住鼠标左键不放向下拖动，到需要的位置处释放鼠标，改变第 1 行的行高。

03

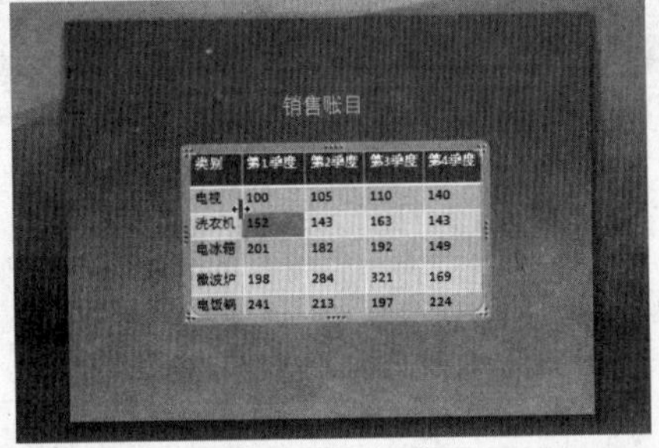

1. 用同样的方式调整其余行的行高。
2. 将鼠标光标移动到第 1，2 列之间的框线上，当其变为双箭头形状时，按住鼠标向右拖动调整列宽。

04

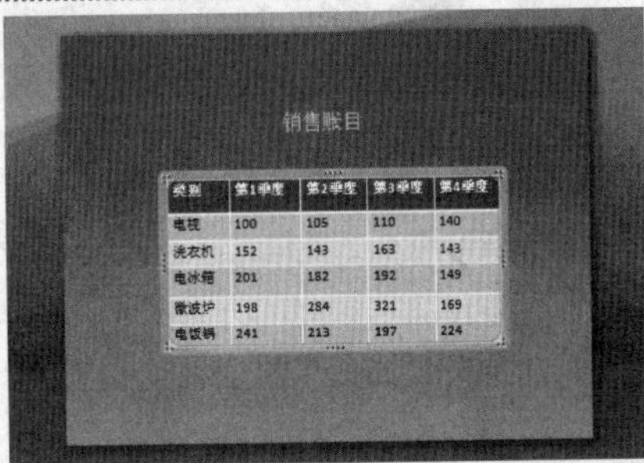

1. 用同样的方法为所有列调整列宽，调整完毕后调整表格的整体位置，使其位于幻灯片中央。

05

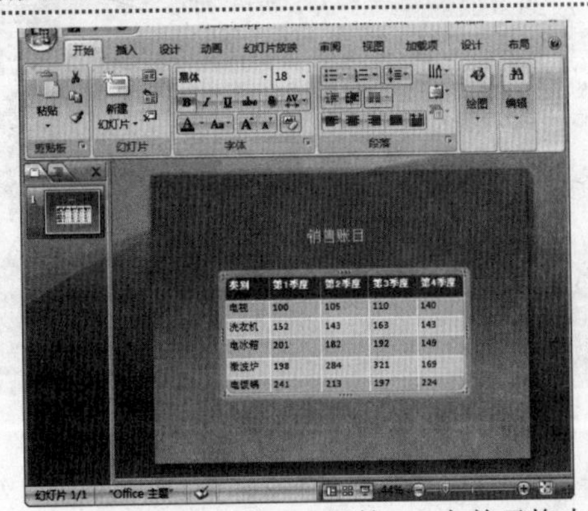

1. 将文本插入点定位到第 1 行第 1 个单元格中，按住【Shift】键不放单击第 1 行最后一个单元格，可选择第 1 行所有单元格。然后在“开始”选项卡的“字体”组中的“字体”下拉列表框中选择“黑体”选项，为单元格中的文本设置字体格式。

06

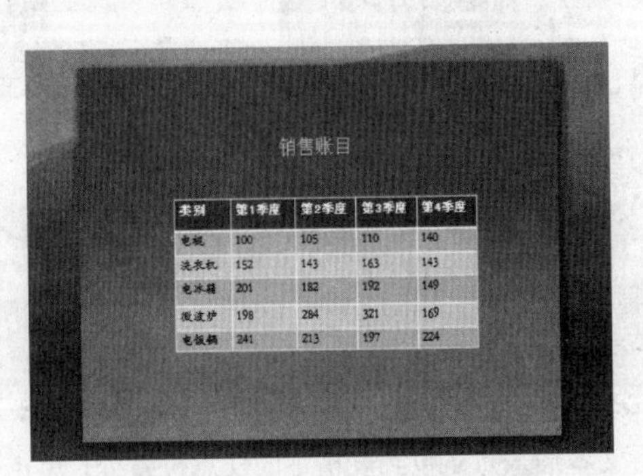

1. 用同样的方法将下面的数据文本的字体格式设置为“华文楷体”。最后保存演示文稿，完成本例的制作，最终效果如图所示。

实例63 编辑“哈飞路宝”幻灯片

素材:\实例 63\哈飞路宝.pptx

源文件:\实例 63\哈飞路宝.pptx

包含知识

- 删除行
- 分布行和列

重点难点

- 删除行
- 分布行和列

制作思路

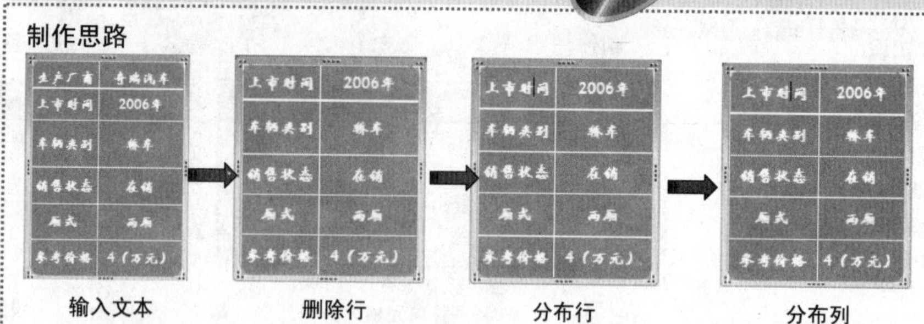

输入文本　删除行　分布行　分布列

01

1 打开“哈飞路宝”演示文稿，在幻灯片中的表格中输入如图所示的文本，将其字体格式设置为“华文新魏、24、白色”。

02

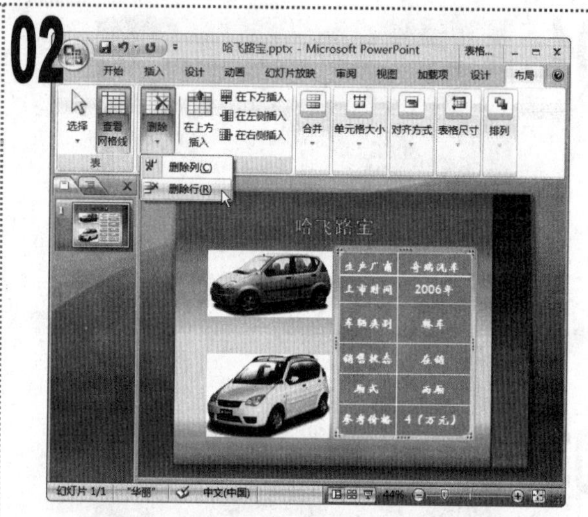

1 将文本插入点定位到“生产厂商”文本所在的单元格中，单击“表格工具/布局”选项卡，在“行和列”组中单击“删除”按钮，在弹出的下拉菜单中选择“删除行”命令，将该行中的所有单元格删除。

03

1 将文本插入点定位到表格中的任意位置处，单击“表格工具/布局”选项卡，在“单元格大小”组中单击“分布行”按钮，将当前表格中的所有行重新分布。

04

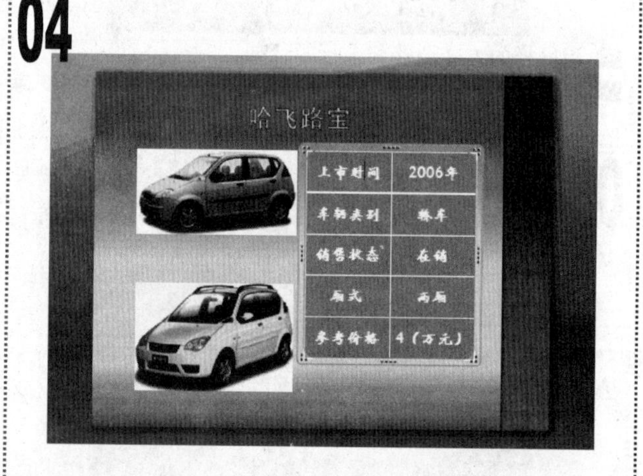

1 保持文本插入点的位置不变，单击“表格工具/布局”选项卡，在“单元格大小”组中单击“分布列”按钮，将所有列重新分布。

2 最后保存演示文稿，完成本例的制作，其最终效果如图所示。

实例64 编辑“家庭开支”幻灯片

素材:\实例 64\家庭开支.pptx

源文件:\实例 64\家庭开支.pptx

包含知识

- 插入行
- 复制单元格内容

重点难点

- 插入行
- 复制单元格内容

制作思路

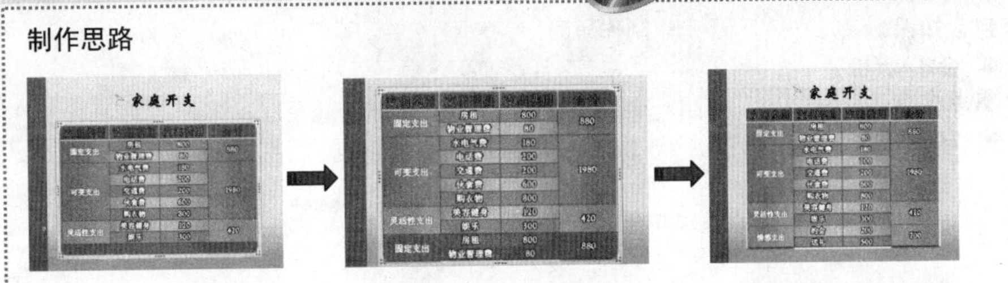

插入行 → 复制并粘贴单元格内容 → 修改单元格内容

01

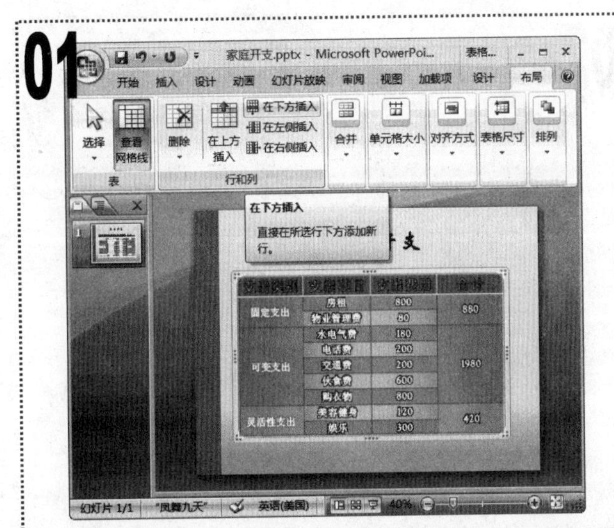

1. 打开“家庭开支”演示文稿，将文本插入点定位到表格的最后一个单元格中，单击“表格工具/布局”选项卡，在“行和列”组中单击“在下方插入”按钮。

02

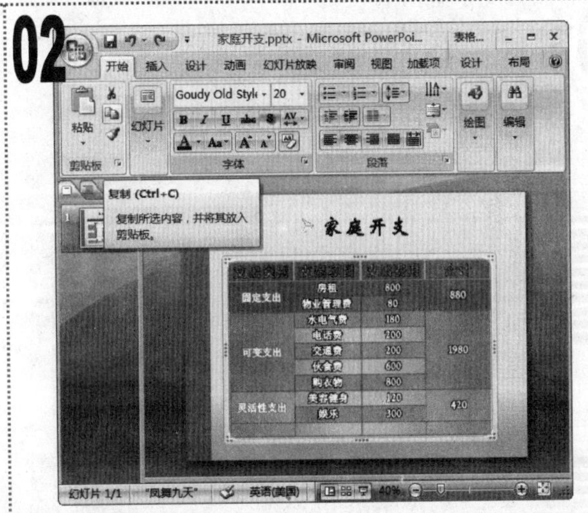

1. 在表格下方将插入一空白行。
2. 将文本插入点定位到表格的第 1 个单元格中，按住【Shift】键不放单击该行的最后一个单元格，选择该行。在“开始”选项卡的“剪贴板”组中单击“复制”按钮。

03

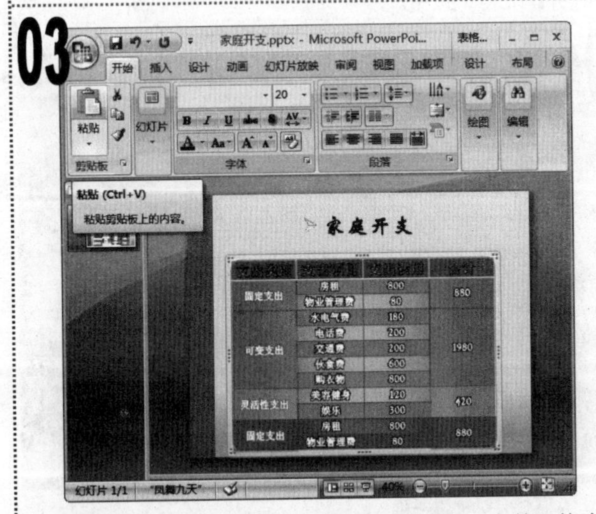

1. 将文本插入点定位到表格最后一行的第 1 个单元格中，单击“开始”选项卡，在“剪贴板”组中单击“粘贴”按钮，将第 1 行单元格中的内容粘贴到最后一行中。

04

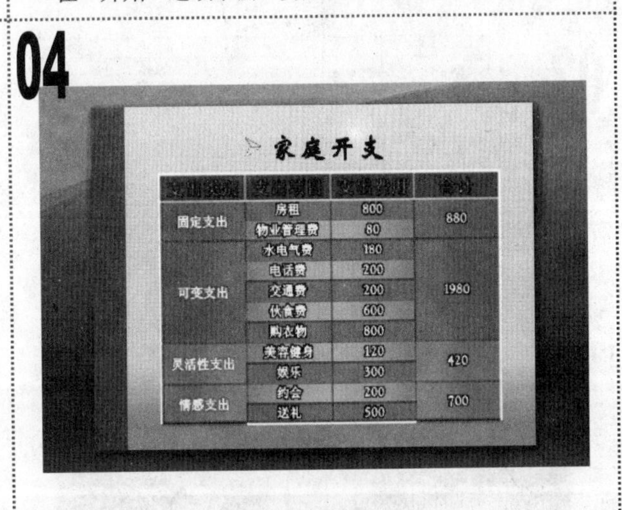

1. 将最后一行单元格中的文本和数据进行如图所示的修改后，调整表格位置。
2. 最后保存演示文稿，完成本例的制作，其最终效果如图所示。

实例65 制作“工作量”幻灯片

素材:\实例 65\工作量.pptx

源文件:\实例 65\工作量.pptx

包含知识

■ 合并单元格

重点难点

■ 合并单元格

制作思路

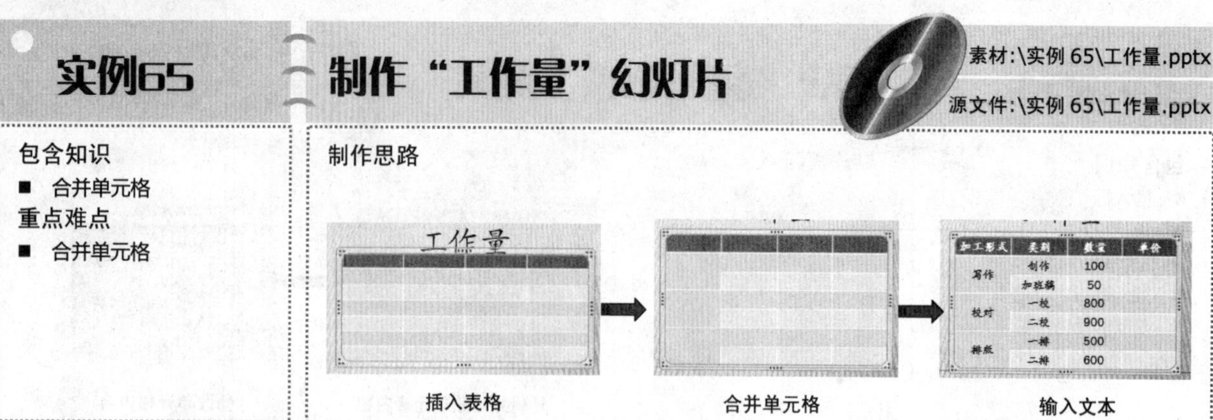

01

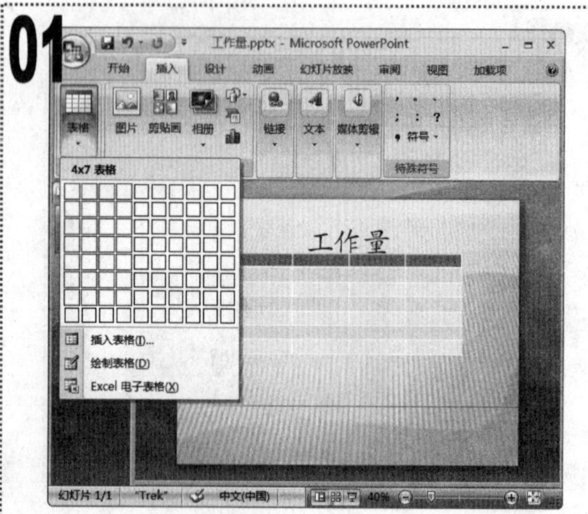

1 打开“工作量”演示文稿，单击“插入”选项卡，在“表格”组中单击“表格”下拉按钮，在弹出的下拉菜单中选择“4×7 表格”选项，在“幻灯片编辑”窗格中将出现该表格。

02

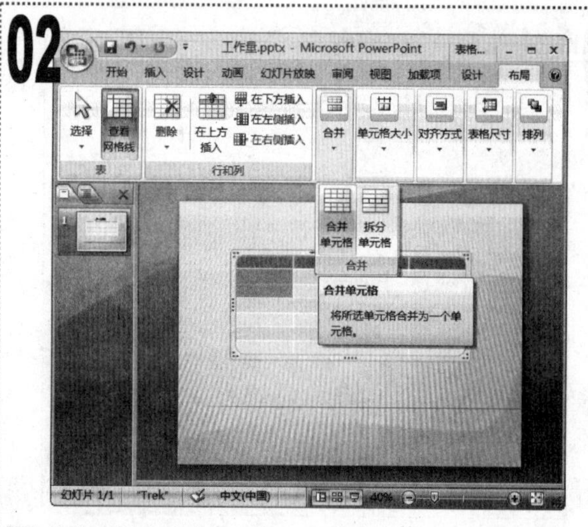

1 将文本插入点定位到第 2 行的第 1 个单元格中，按住【Shift】键不放单击第 3 行的第 1 个单元格，选择这两个单元格。

2 单击“表格工具/布局”选项卡，在“合并”组中单击“合并单元格”按钮。

03

1 用相同的方法将第 4 行与第 5 行的第 1 个单元格，以及第 6 行和第 7 行的第 1 个单元格分别合并，适当调整表格的大小和位置。

04

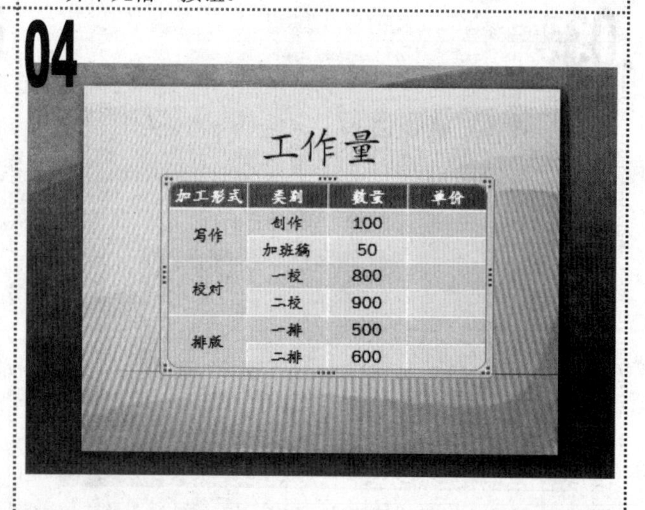

1 在表格中输入如图所示的文本，将其字体格式设置为“华文楷体、24、居中显示”。

2 保存演示文稿，完成本例的制作。

实例66 为销售统计表应用表格样式

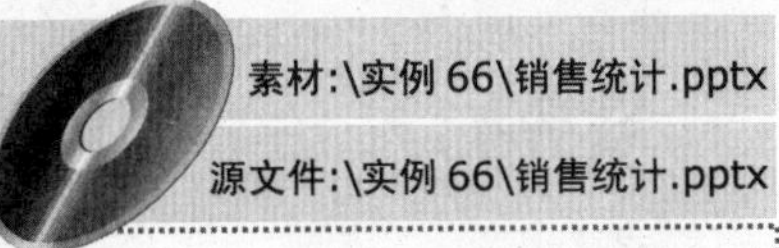

素材:\实例 66\销售统计.pptx

源文件:\实例 66\销售统计.pptx

包含知识

- 应用表格样式
- 应用效果样式

重点难点

- 应用表格样式
- 应用效果样式

制作思路

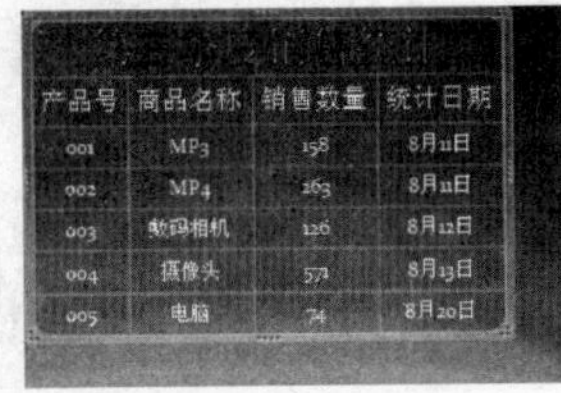

选择表格

应用表格样式

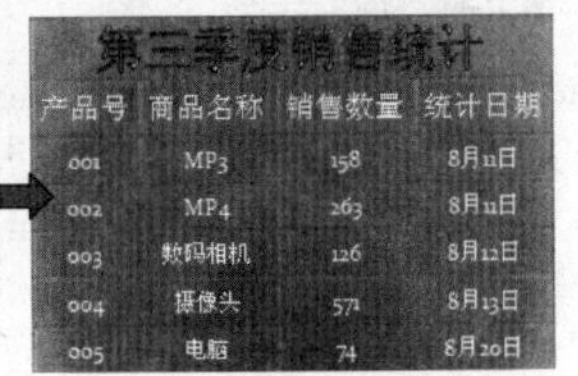

应用效果样式

01

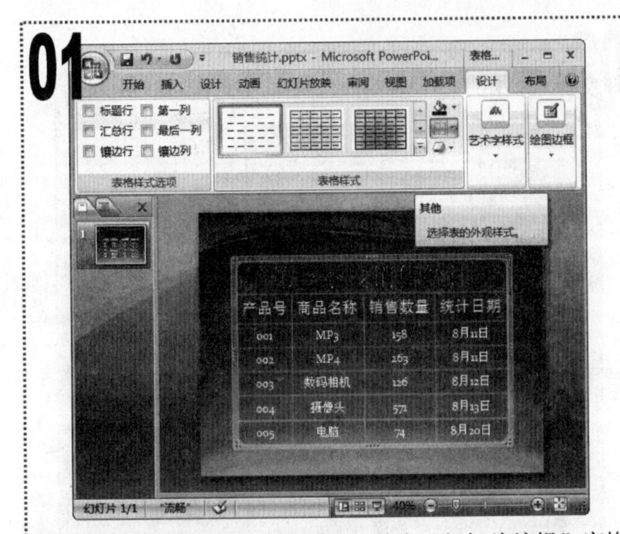

1 打开“销售统计”演示文稿，单击“幻灯片编辑”窗格中的表格边框选择该表格，单击“表格工具/设计”选项卡，在“表格样式”组中单击列表框右下角的“其他”按钮。

02

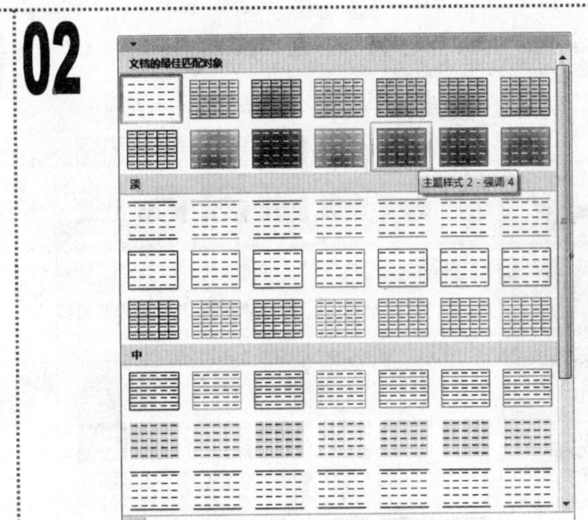

1 在弹出的下拉菜单中的“文档的最佳匹配对象”栏中，选择“主题样式 2-强调 4”选项。

03

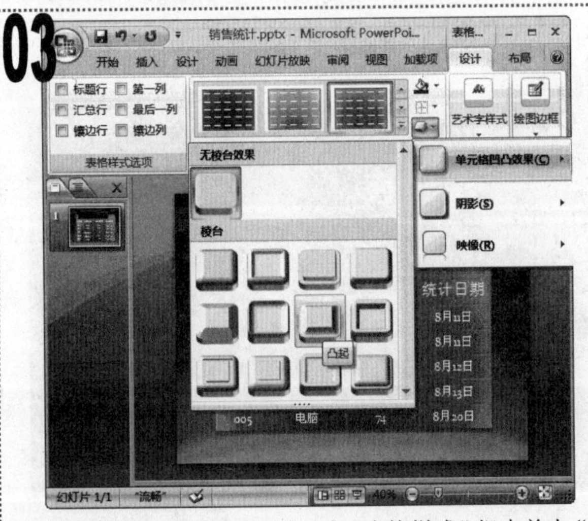

1 保持表格的选中状态不变，在“表格样式”组中单击“效果”下拉按钮，在弹出的下拉菜单中选择“单元格凹凸效果/凸起”选项。

04

1 返回到“幻灯片编辑”窗格中，可以看到表格中的单元格呈凸起效果。

2 保存演示文稿，完成本例的制作，其最终效果如图所示。

实例67 编辑“考勤表”幻灯片

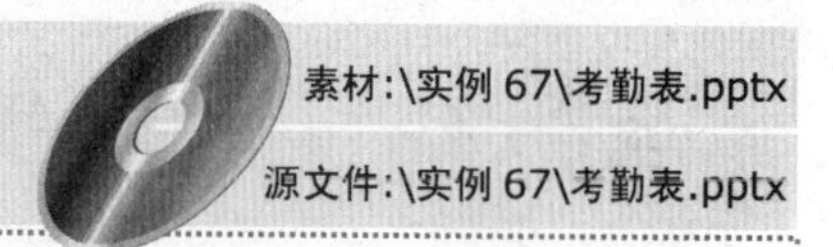

素材:\实例 67\考勤表.pptx

源文件:\实例 67\考勤表.pptx

包含知识

- 清除表格样式
- 应用表格样式

重点难点

- 清除表格样式
- 应用表格样式

制作思路

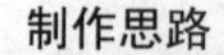

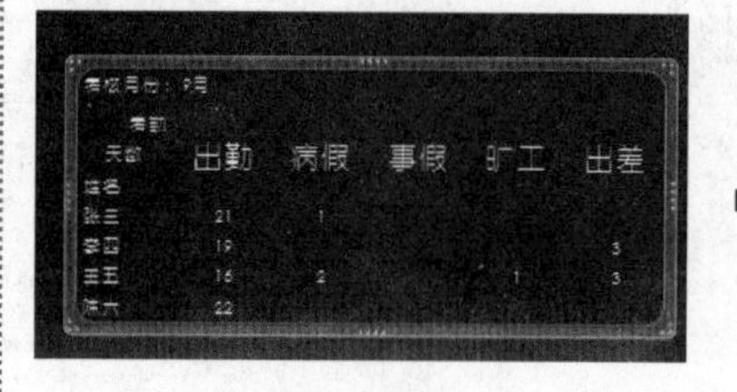

清除表格样式

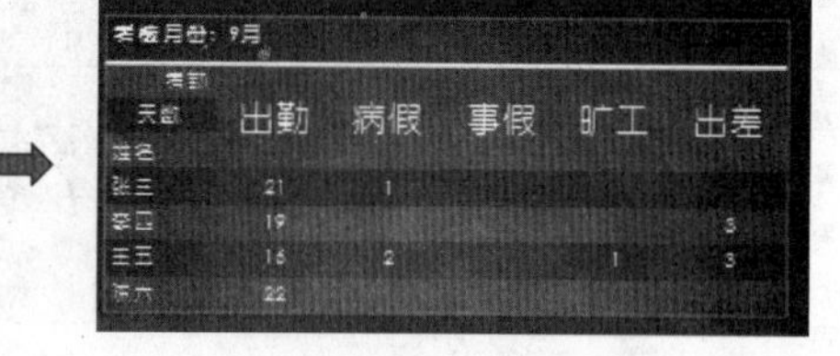

应用表格样式

01

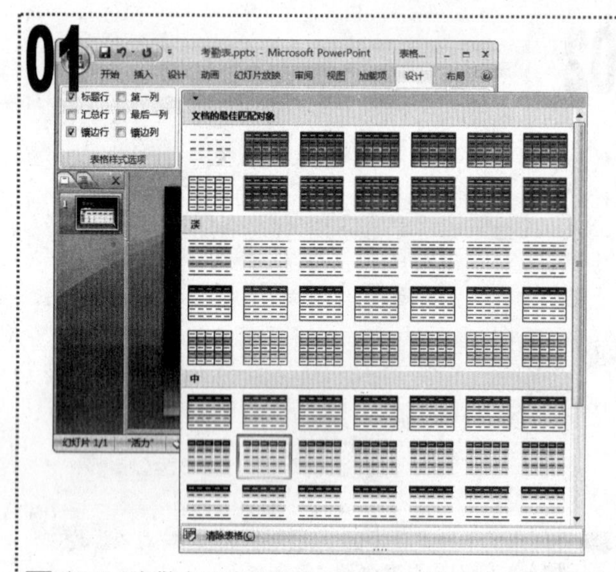

1 打开“考勤表”演示文稿，单击幻灯片中的表格边框选择该表格，单击“表格工具/设计”选项卡，在“表格样式”组中单击列表框右下角的“其他”按钮，在弹出的下拉菜单中选择“清除表格”命令。

02

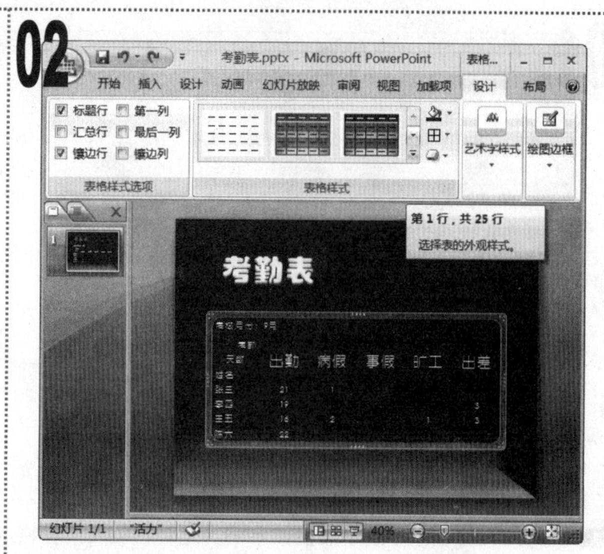

1 返回到“幻灯片编辑”窗格中可以查看被清除格式后的表格状态，保持表格的选中状态不变，在“表格样式”组中的列表框中逐行查看可用的表格样式。

03

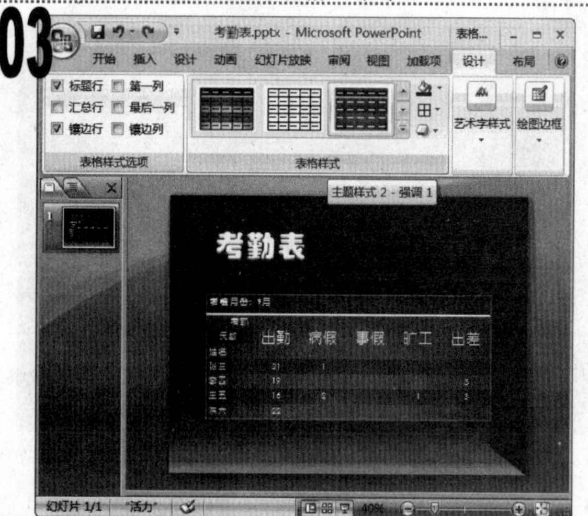

1 将鼠标光标指向列表框中的表格样式选项，在“幻灯片编辑”窗格中就会显示表格应用该样式的预览。

04

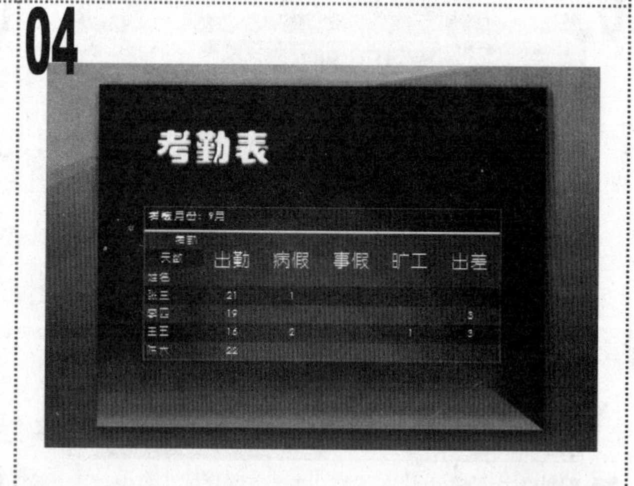

1 在“表格样式”组中的列表框中选择“主题样式 2-强调 3”选项，使表格应用该样式。

2 最后保存演示文稿，完成本例的制作，其最终效果如图所示。

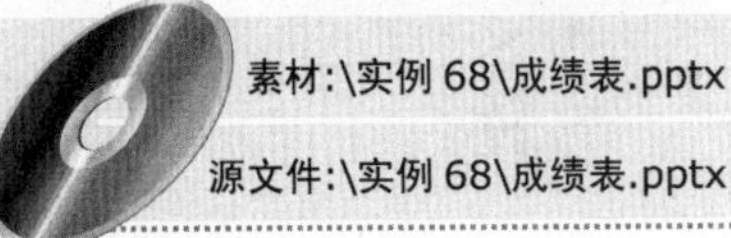

实例68　美化“成绩表”幻灯片

素材:\实例 68\成绩表.pptx

源文件:\实例 68\成绩表.pptx

包含知识

■ 绘制斜线表头

重点难点

■ 绘制斜线表头

制作思路

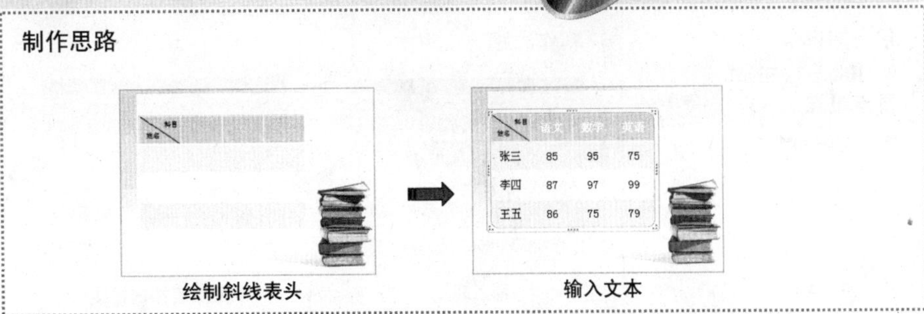

绘制斜线表头　　输入文本

01

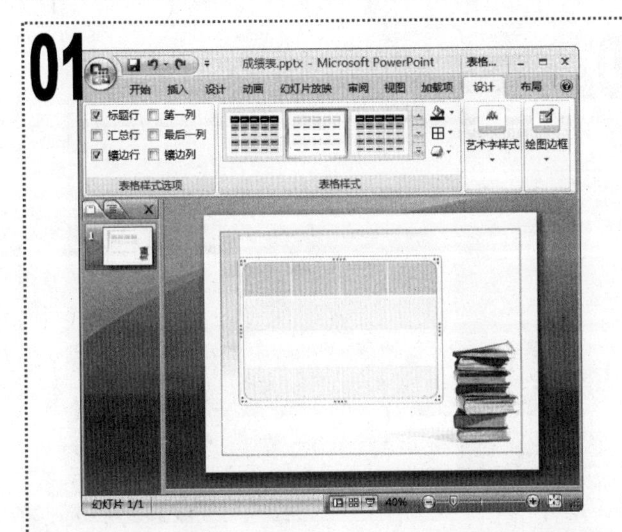

■ 打开“成绩表”演示文稿，在“幻灯片编辑”窗格中插入一个 4 行 4 列的表格，适当调整表格大小，将其移动到幻灯片的左上方。

02

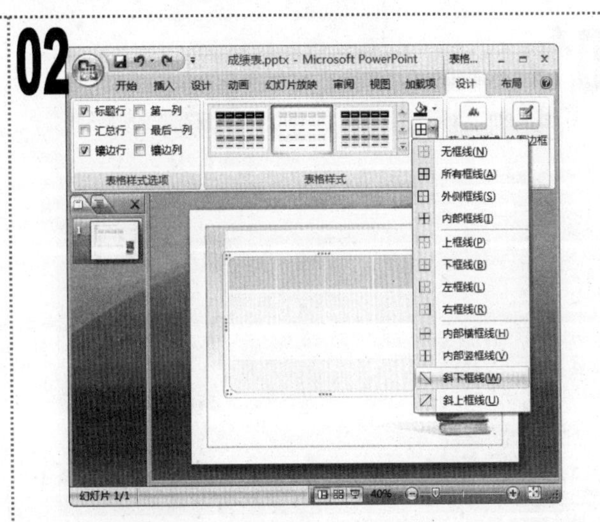

■ 将文本插入点定位到表格第 1 行的第 1 个单元格中，单击“表格工具/设计”选项卡，在“表格样式”组中单击“边框”按钮右侧的下拉按钮，在弹出的下拉菜单中选择“斜下框线”命令。

03

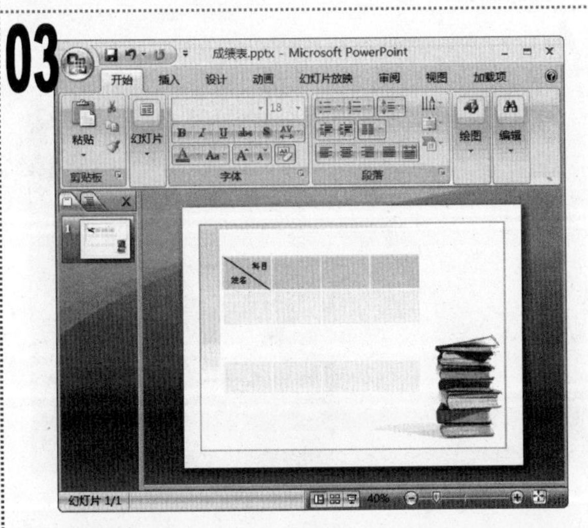

1 返回到“幻灯片编辑”窗格中，文本插入点所在的单元格中将从左上角绘制一条斜线到右下角。

2 在该单元格中插入两个文本框，并分别在其中输入文本“姓名”和“科目”。

04

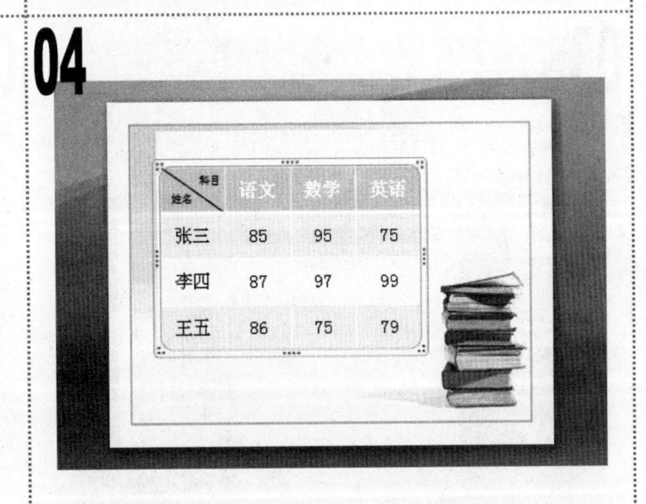

1 在表格中的其他单元格中输入如图所示的文本。

2 保存演示文稿，完成本例的制作。

实例69 制作“访客登记”幻灯片

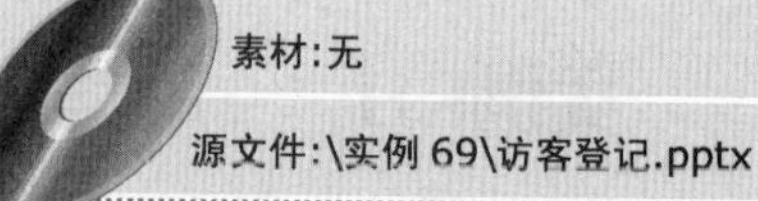

素材：无

源文件：\实例 69\访客登记.pptx

包含知识

- 擦除表格内框线

重点难点

- 擦除表格内框线

制作思路

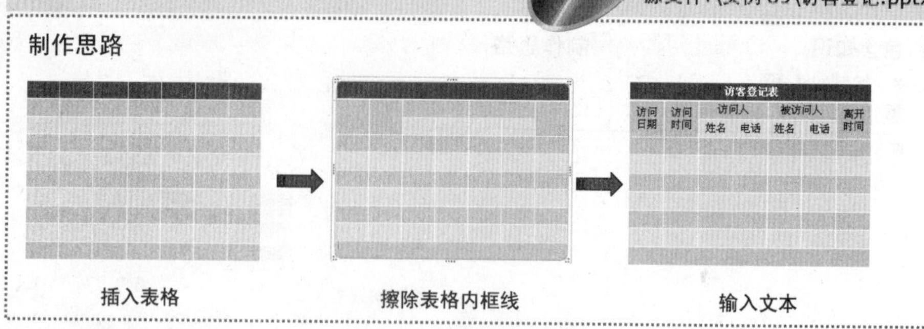

插入表格　　擦除表格内框线　　输入文本

01

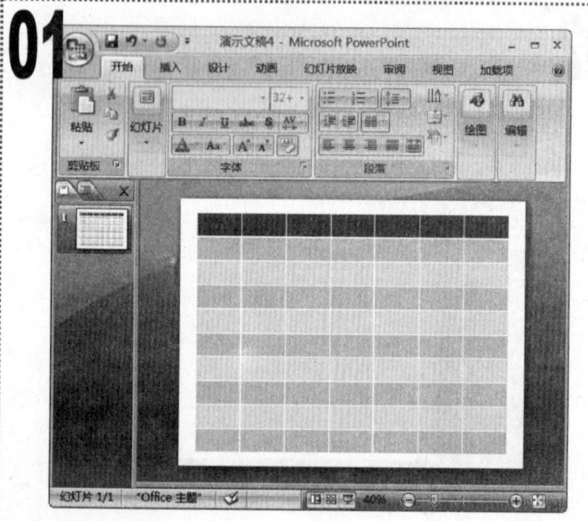

1 在 PowerPoint 2007 中新建一个空白演示文稿，按住【Ctrl】键不放选择幻灯片中的两个占位符，按【Delete】键将其删除。

2 在幻灯片中插入一个 10 行 7 列的表格，调整表格大小。

02

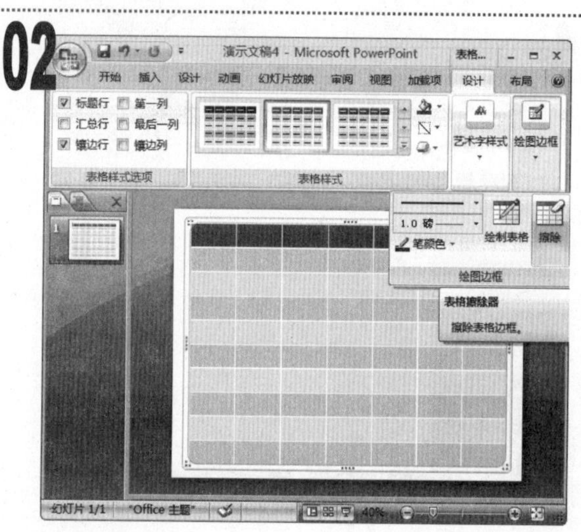

1 单击表格边框选择插入的表格，单击“表格工具/设计”选项卡，在“绘图边框”组中单击“擦除”按钮。

03

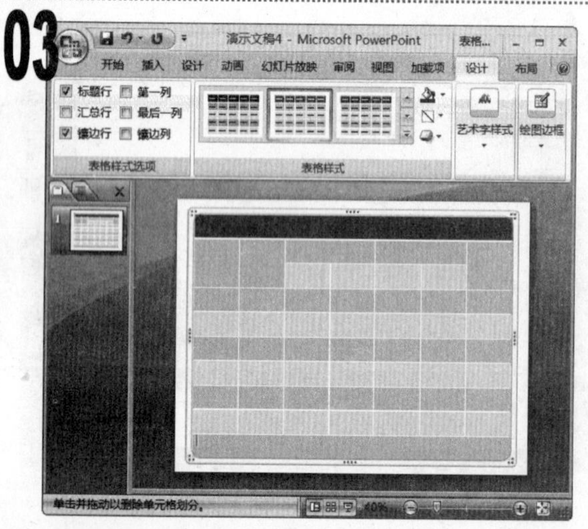

1 将鼠标光标移动到“幻灯片编辑”窗格中，当其变为橡皮擦形状“♡”时，在需要擦除的框线上单击鼠标左键，即可将该处的表格框线擦除。

2 擦除框线后的表格如图所示。

04

1 在表格中输入如图所示的文本，将其字号设置为“28”，对齐方式设置为水平、垂直居中对齐。

2 保存演示文稿，完成本例的制作。

实例70　美化“人员统计”幻灯片

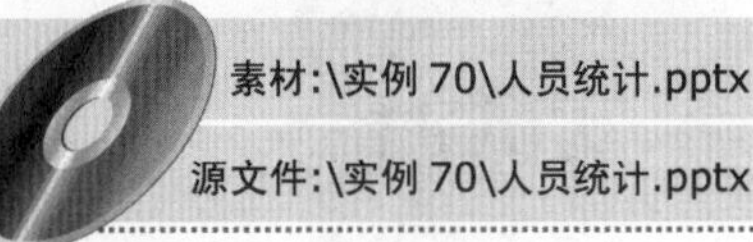

素材:\实例 70\人员统计.pptx

源文件:\实例 70\人员统计.pptx

包含知识

■ 添加表格底纹

重点难点

■ 添加表格底纹

制作思路

部门	人数	中学文凭	大学文凭	硕士文凭
行政部	12	3	6	3
市场部	50	0	50	0
研发部	19	1	10	8
售后部	30	20	10	0

在表格中输入文本

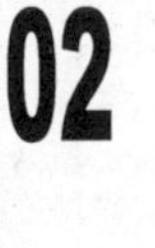

部门	人数	中学文凭	大学文凭	硕士文凭
行政部	12	3	6	3
市场部	50	0	50	0
研发部	19	1	10	8
售后部	30	20	10	0

添加表格底纹

01

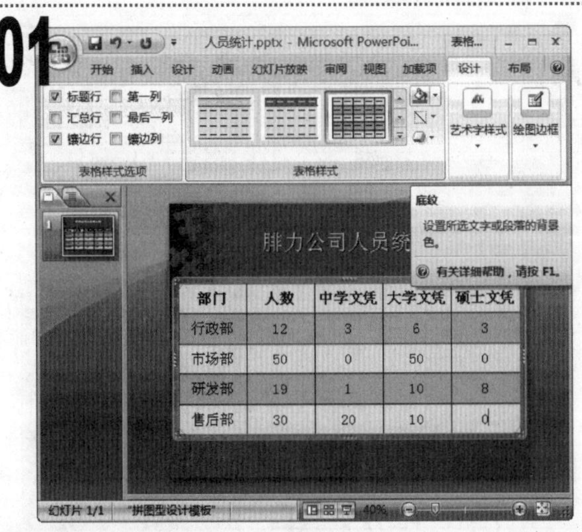

1. 打开“人员统计”演示文稿，在幻灯片中的表格中输入如图所示的文本，将文本字体格式设置为“宋体、28、居中对齐”，将第 1 行的文本加粗显示。
2. 调整表格的大小和位置至如图所示。

02

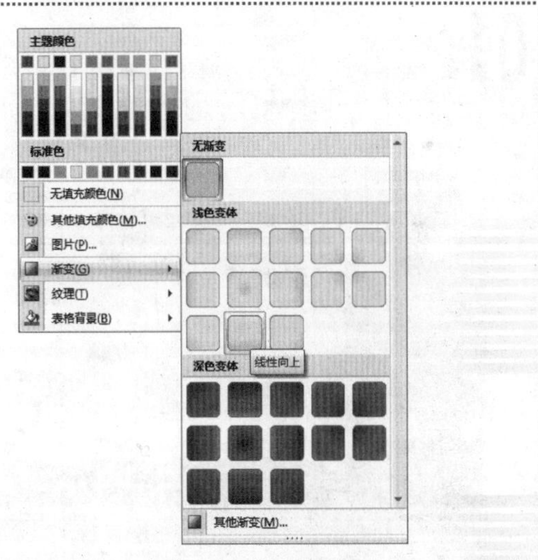

1. 选择表格，单击“表格工具/设计”选项卡，在“表格样式”组中单击“底纹”按钮右侧的下拉按钮，在弹出的下拉菜单中选择“渐变/线性向上”选项。

03

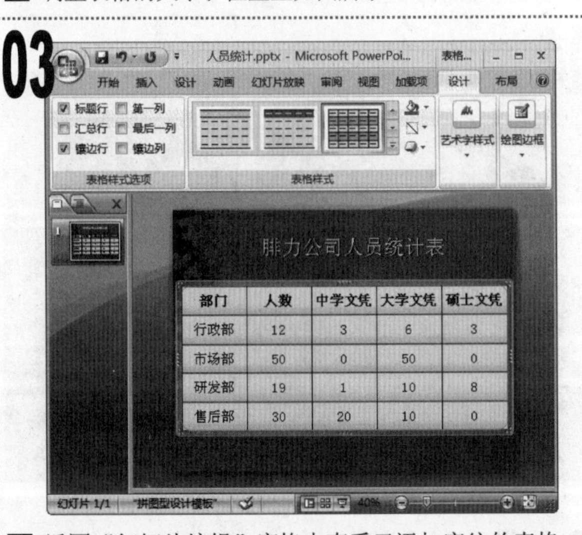

1. 返回“幻灯片编辑”窗格中查看已添加底纹的表格。
2. 最后保存演示文稿，完成本例的制作，最终效果如图所示。

知识延伸

除了为表格添加渐变底纹外，在“底纹”下拉菜单中还提供了图片底纹、纹理底纹及纯色底纹等，其中纹理底纹如图所示。

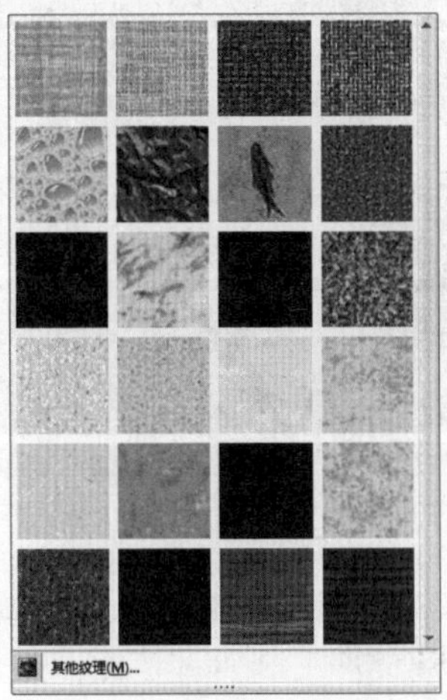

实例71 制作“菜单”幻灯片

素材:\实例 71\菜单.pptx

源文件:\实例 71\菜单.pptx

包含知识

- 去除表格框线
- 应用表格样式

重点难点

- 去除表格框线

制作思路

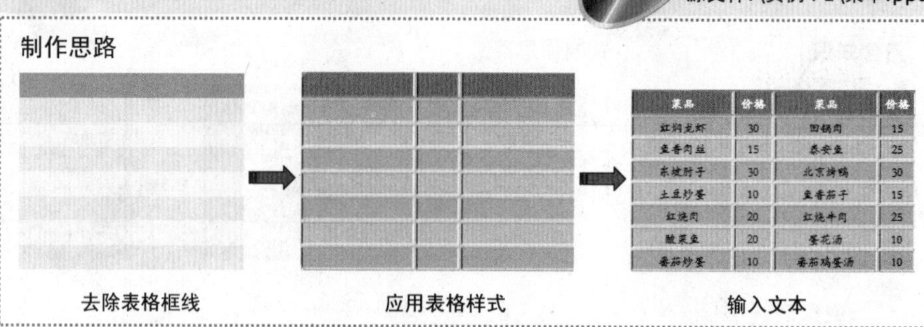

01

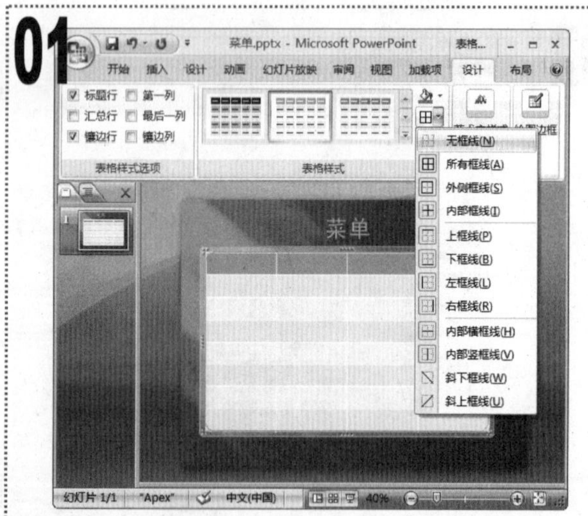

1 打开“菜单”演示文稿，单击表格边框选择整个表格，单击“表格工具/设计”选项卡，在“表格样式”组中单击“边框”按钮右侧的下拉按钮，在弹出的下拉菜单中选择“无框线”命令。

02

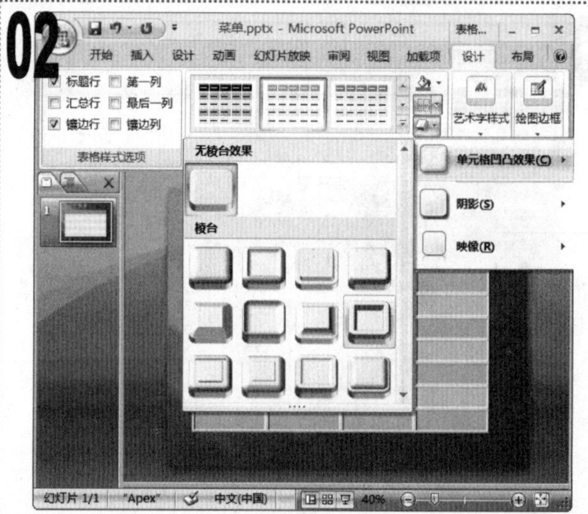

1 保持表格的选中状态不变，在“表格样式”组中单击“效果”下拉按钮，在弹出的下拉菜单中选择“单元格凹凸效果/斜面”选项。

03

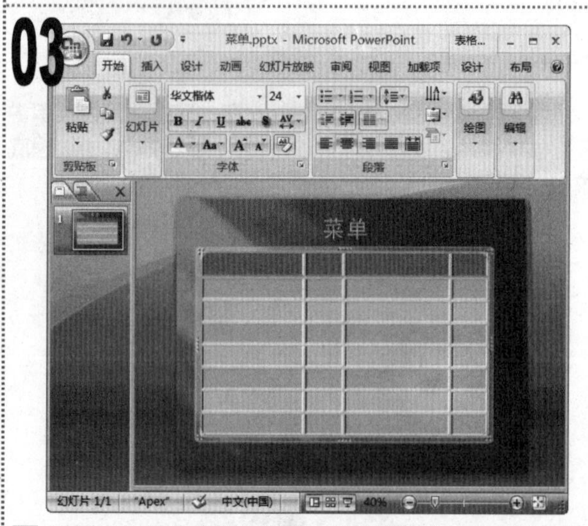

1 返回“幻灯片编辑”窗格，选择表格中的所有单元格，在“开始”选项卡中将表格中的字体格式设置为“华文楷体、24、居中对齐”，将表格单元格宽度调整为如图所示的效果。

04

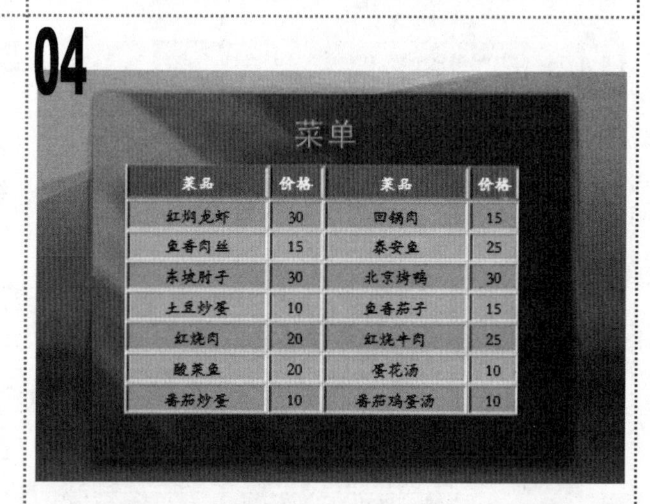

1 在表格中输入如图所示的文本。

2 最后保存演示文稿，完成本例的制作。

实例72　美化“收支表”幻灯片

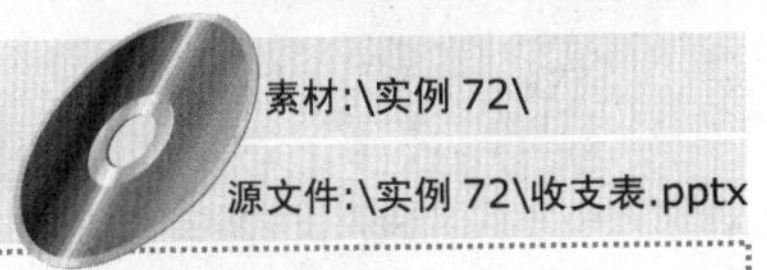

素材:\实例 72\

源文件:\实例 72\收支表.pptx

包含知识

- 设置表格的对齐方式
- 将表格置于顶层

重点难点

- 设置表格的对齐方式
- 将表格置于顶层

制作思路

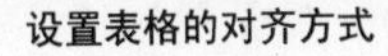

设置表格的对齐方式

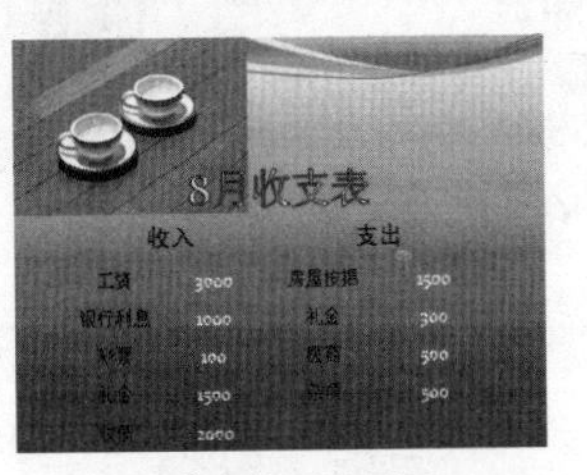

将表格置于顶层

01

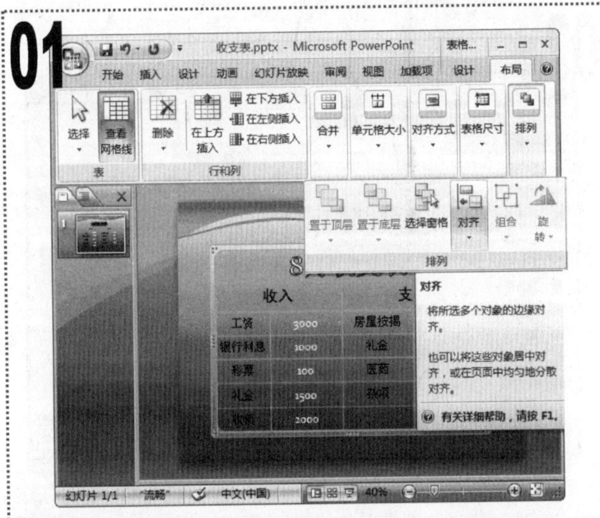

■ 打开“收支表”演示文稿，在“幻灯片编辑”窗格中选择其中的表格，单击“表格工具/布局”选项卡，在“排列”组中单击“对齐”下拉按钮。

02

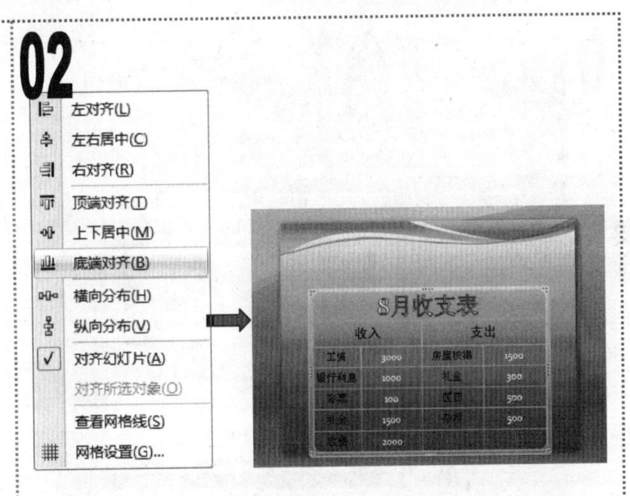

■ 在弹出的下拉菜单中选择“底端对齐”命令，表格将自动移动到幻灯片底端。

03

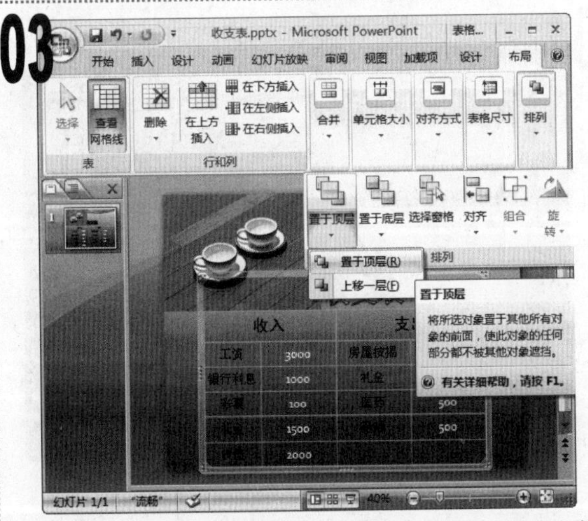

1. 在幻灯片中插入“素材”文件夹中的“pic”图片文件，调整大小后将图片文件移动到幻灯片的左上角。
2. 选择幻灯片中的表格，单击“表格工具/布局”选项卡，在“排列”组中单击“置于顶层”下拉按钮，在弹出的下拉菜单中选择“置于顶层”命令。

04

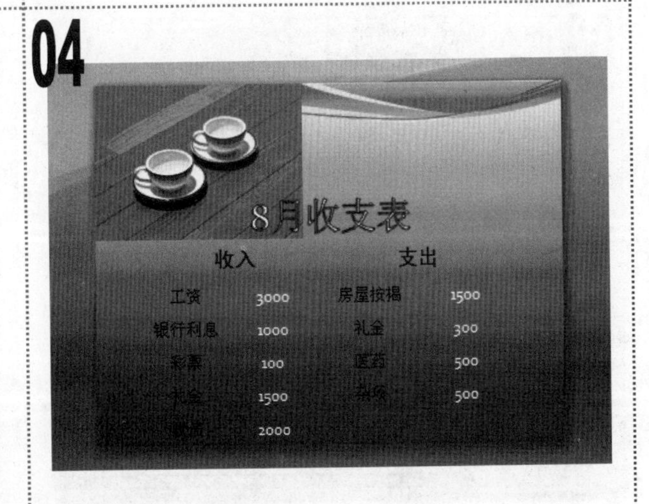

■ 将选择的表格置于顶层后效果如图所示。保存演示文稿，完成本例的制作。

实例73 制作"销售业绩"演示文稿

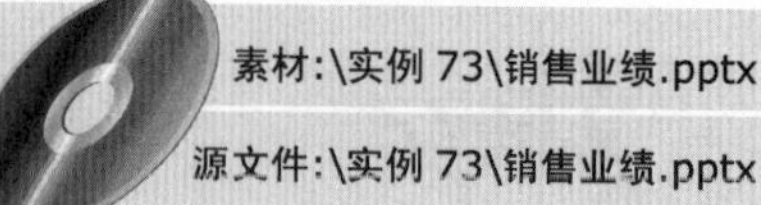

素材:\实例 73\销售业绩.pptx

源文件:\实例 73\销售业绩.pptx

包含知识

■ 插入图表

重点难点

■ 插入图表

制作思路

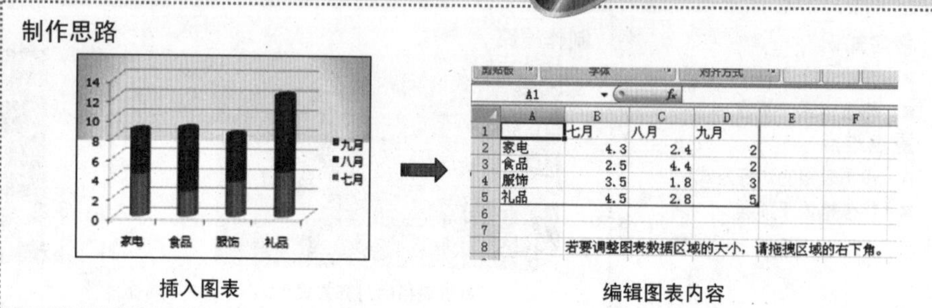

插入图表　　编辑图表内容

01

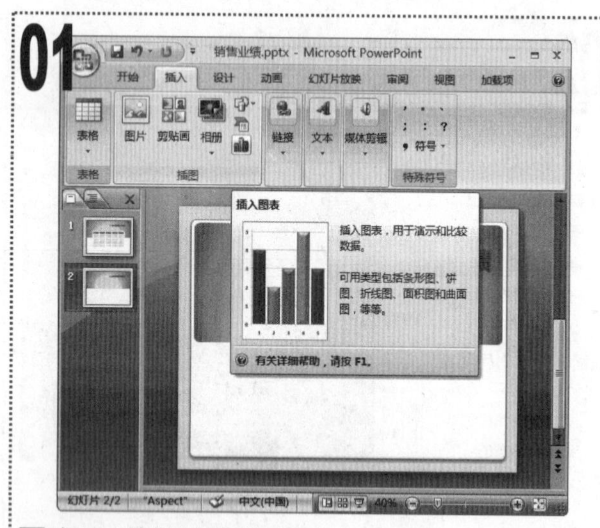

1 打开"销售业绩"演示文稿，在"幻灯片"窗格中选择第2张幻灯片，单击"插入"选项卡，在"插图"组中单击"插入图表"按钮。

02

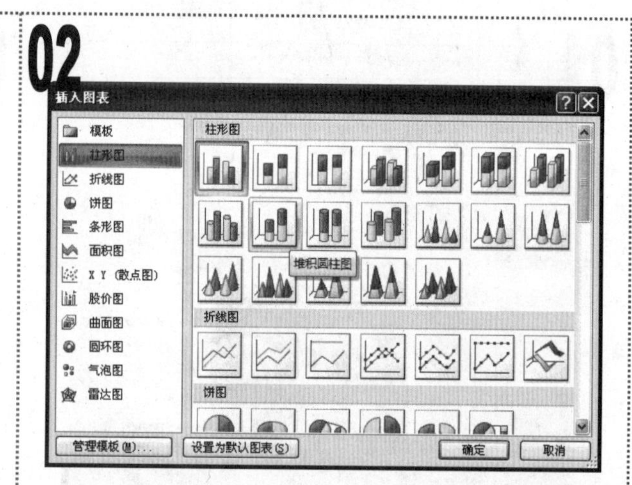

1 在打开的"插入图表"对话框的左侧窗格中单击"柱形图"选项卡，在右侧的窗格中选择"堆积圆柱图"选项，单击"确定"按钮。

03

1 在打开的名为"Microsoft Office PowerPoint 中的图表"的Excel窗口中将A2，A3，A4和A5单元格中的文本改为"家电"、"食品"、"服饰"和"礼品"。

2 将B1，C1和D1单元格中的文本改为"七月"、"八月"和"九月"，保持其他数据不变。

04

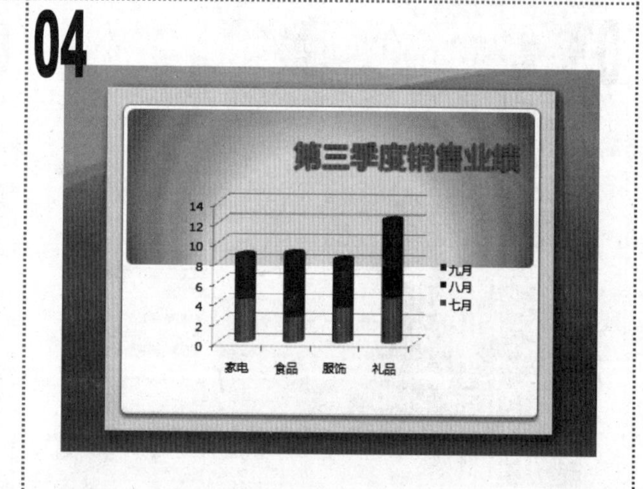

1 关闭Excel窗口返回"幻灯片编辑"窗格，可查看插入的图表，调整图表位置。

2 最后保存演示文稿，完成本例的制作，其最终效果如图所示。

实例74　编辑“销售业绩”演示文稿

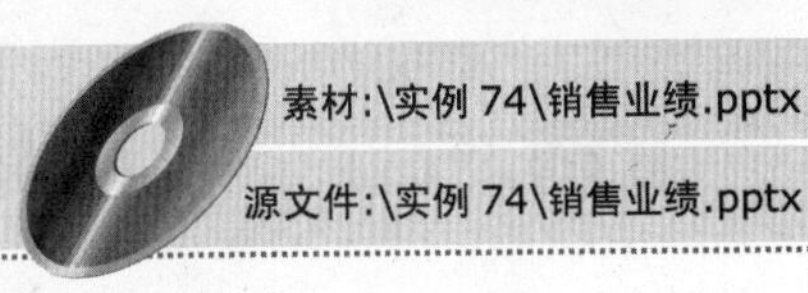

素材:\实例 74\销售业绩.pptx

源文件:\实例 74\销售业绩.pptx

包含知识

- 插入图表标题
- 更改图表类型

重点难点

- 插入图表标题
- 更改图表类型

制作思路

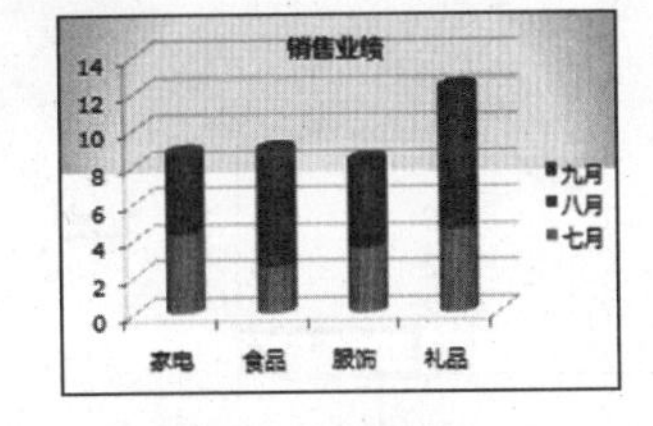

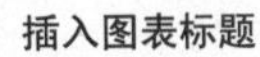

插入图表标题

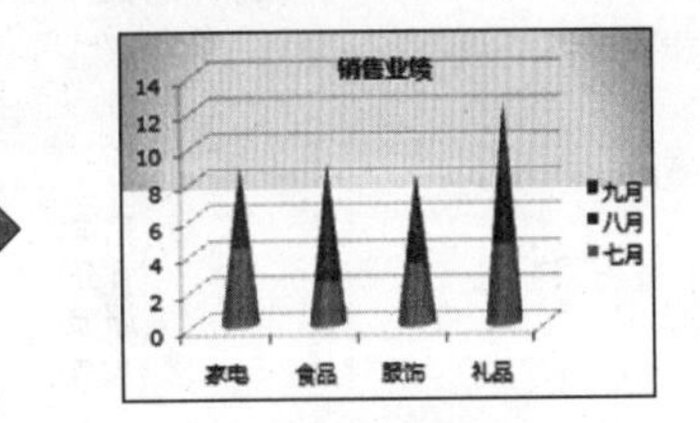

更改图表类型

01

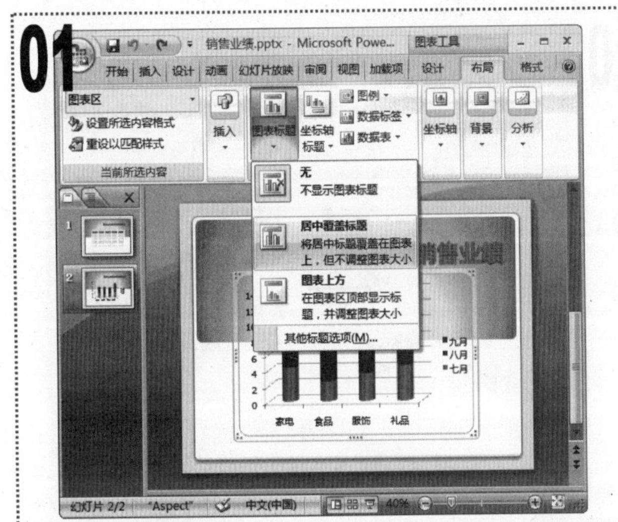

■ 打开“销售业绩”演示文稿，选择第 2 张幻灯片中的图表，单击“图表工具/布局”选项卡，在“标签”组中单击“图表标题”按钮，在弹出的下拉菜单中选择“居中覆盖标题”命令。

02

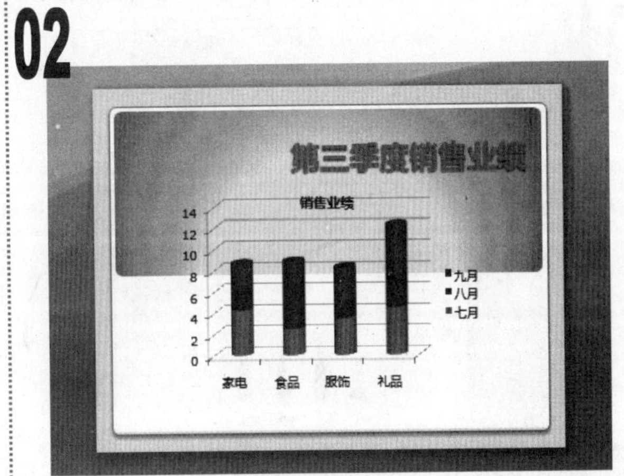

■ 在图表中将出现一个“图表标题”文本框，删除其中的文本，输入需要的文本“销售业绩”，在幻灯片的其他位置处单击鼠标左键应用该标题。

03

■ 选择图表，单击“图表工具/设计”选项卡，在“类型”组中单击“更改图表类型”按钮，在打开的“更改图表类型”对话框中选择需要更改为的图表类型，这里选择“堆积圆锥图”选项，单击“确定”按钮。

04

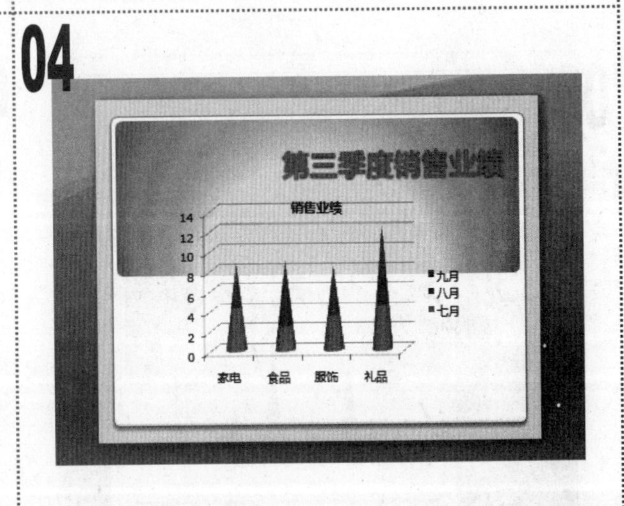

■ 幻灯片中的图表将自动应用所选择的图表类型，如图所示。保存演示文稿，完成本例的制作。

实例75 编辑销售业绩图表数据

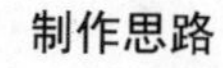

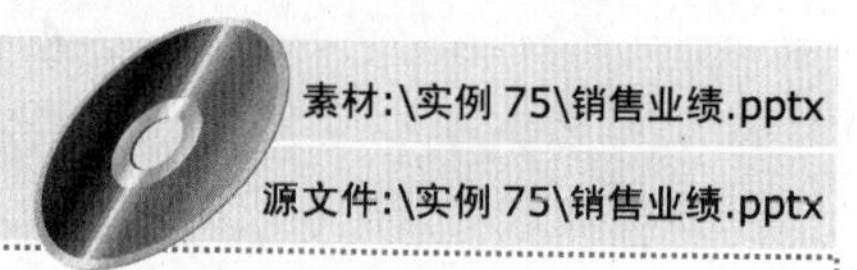

包含知识

- 编辑图表数据

重点难点

- 编辑图表数据

制作思路

	A	B	C	D
1		七月	八月	九月
2	家电	5.1	4.8	4
3	食品	1.2	2.2	1
4	服饰	7	3.6	6
5	礼品	2.2	1.4	2.5

编辑图表数据

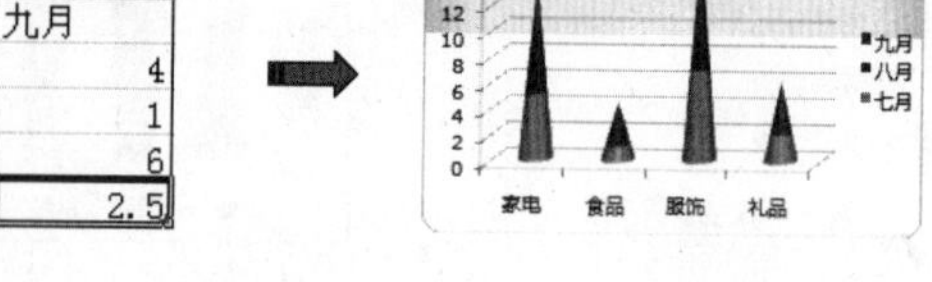

查看效果

01

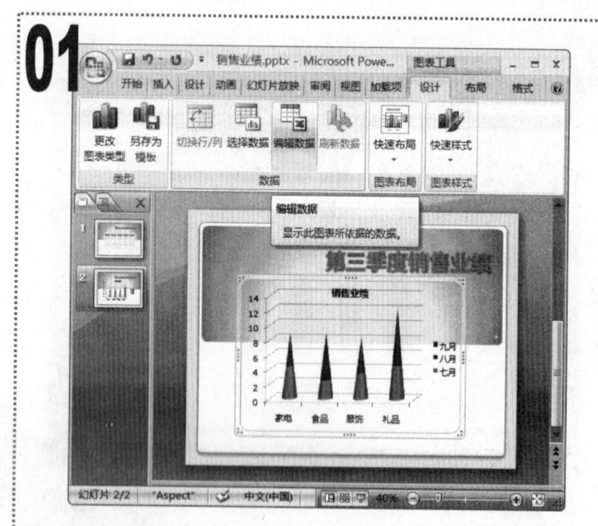

1. 打开“销售业绩”演示文稿，选择第 2 张幻灯片中的图表，单击“图表工具/设计”选项卡，在“数据”组中单击“编辑数据”按钮。

02

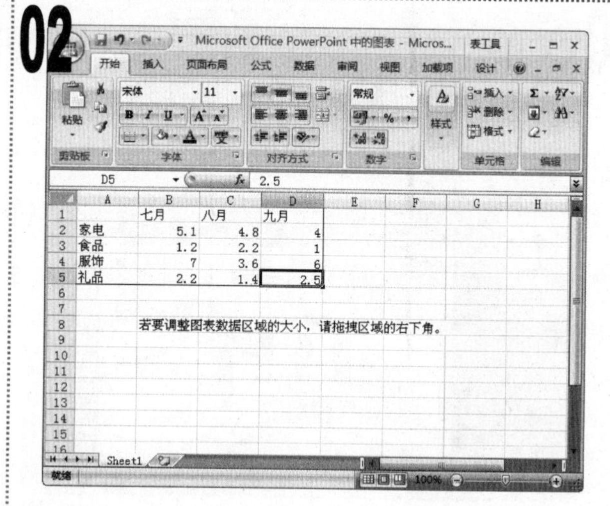

1. 在打开的“Microsoft Office PowerPoint 中的图表”Excel 窗口中单击 B2 单元格，输入文本“5.1”，用同样的方法依次在 B2：D5 单元格区域中输入如图所示的数值。
2. 单击窗口右上角的“关闭“按钮，关闭该窗口。

03

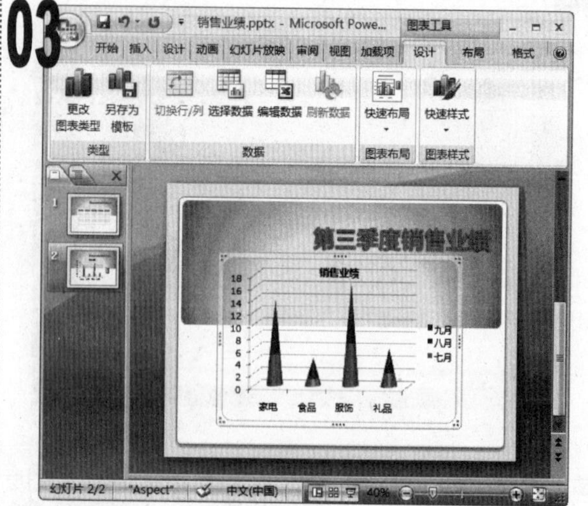

1. 返回到“幻灯片编辑”窗格中，可以看到幻灯片中的图表数据已经发生了改变。保存演示文稿，完成本例的制作。

知识延伸

在“数据”组中单击“选择数据”按钮，除了打开一个名为"Microsoft Office PowerPoint 中的图表"的 Excel 窗口外，还将打开“选择数据源”对话框，在该对话框中可以对图表中的水平轴和垂直轴标签等参数进行修改。

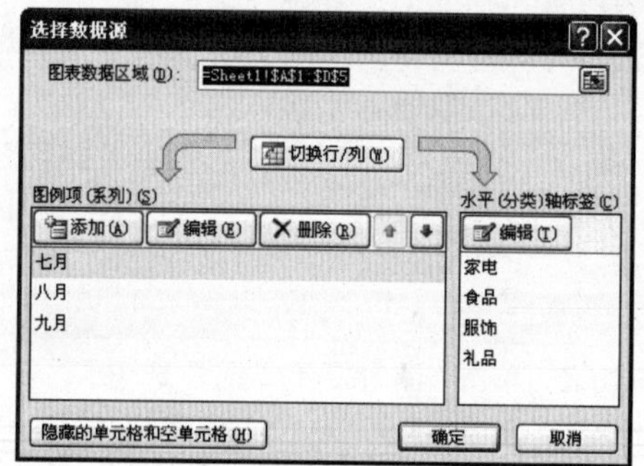

实例76 美化“销售业绩”演示文稿

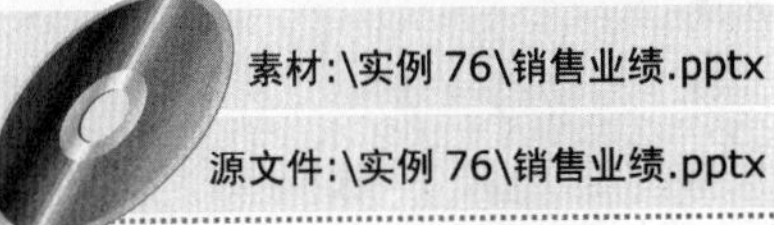

素材:\实例 76\销售业绩.pptx

源文件:\实例 76\销售业绩.pptx

包含知识

■ 设置背景墙格式

重点难点

■ 设置背景墙格式

制作思路

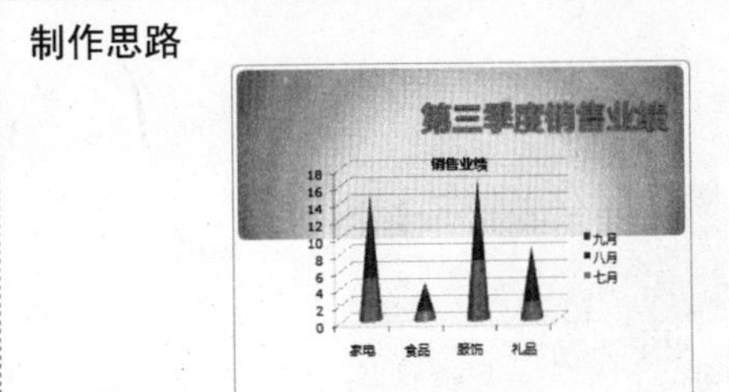

打开演示文稿

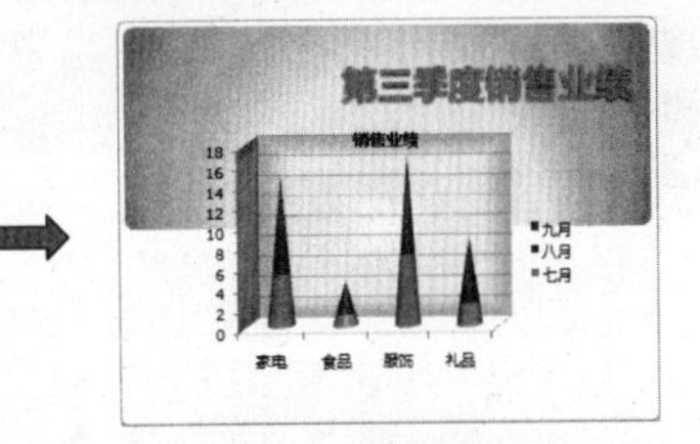

设置背景墙格式

01

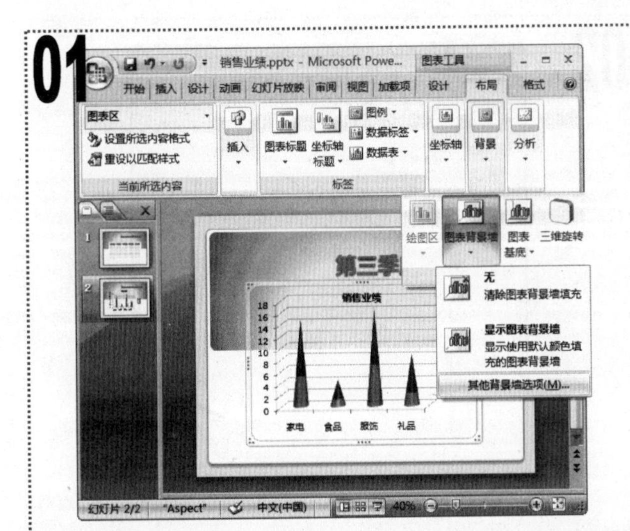

1 打开“销售业绩”演示文稿，选择第2张幻灯片中的图表，单击“图表工具/布局”选项卡，在“背景”组中单击“图表背景墙”下拉按钮，在弹出的下拉菜单中选择“其他背景墙选项”命令。

02

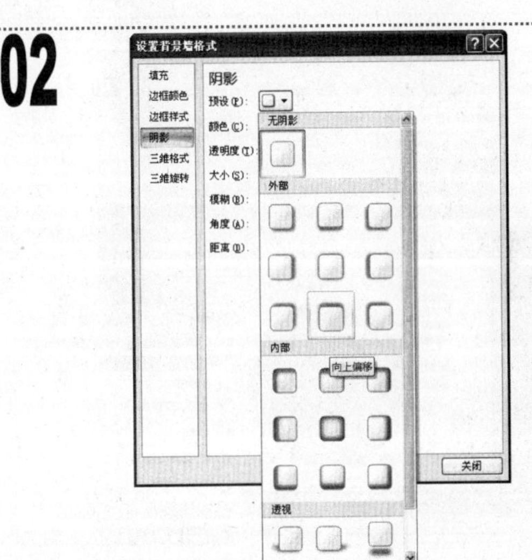

1 在打开的“设置背景墙格式”对话框中，单击左侧的“阴影”选项卡，在右侧窗格中单击“预设”下拉按钮，在弹出的下拉列表中选择“向上偏移”选项。

03

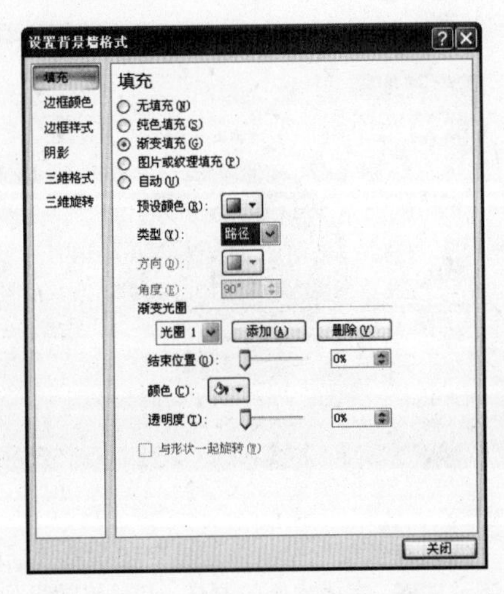

1 单击“填充”选项卡，在右侧窗格中选中“渐变填充”单选按钮，单击“预设颜色”下拉按钮，在弹出的下拉列表中选择“羊皮纸”选项，在“类型”下拉列表框中选择“路径”选项，单击“关闭”按钮。

04

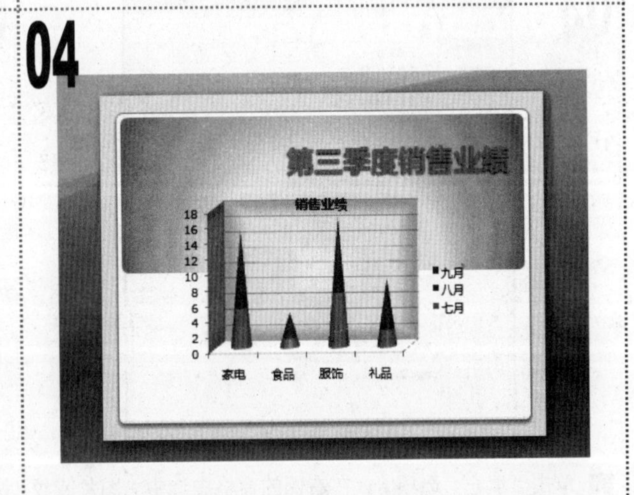

1 返回“幻灯片编辑”窗格中查看添加了阴影和填充效果后的图表背景墙效果。保存演示文稿，完成本例的制作。

实例77 美化“客户分布”幻灯片

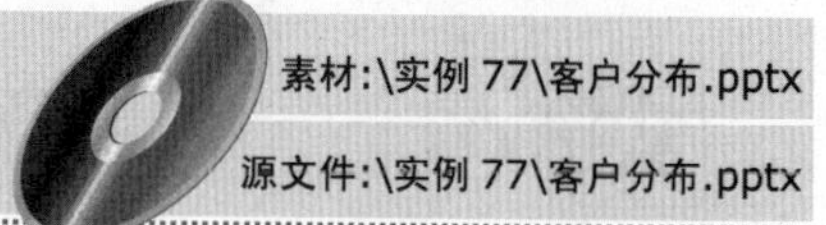
素材:\实例 77\客户分布.pptx
源文件:\实例 77\客户分布.pptx

包含知识

- 设置图例格式

重点难点

- 设置图例格式

制作思路

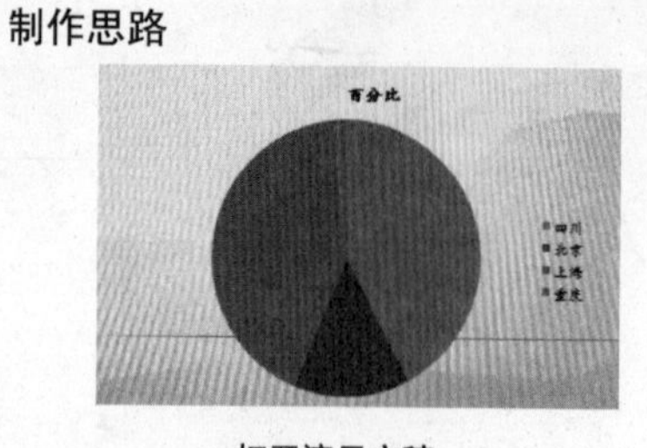
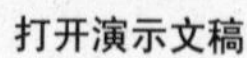
打开演示文稿

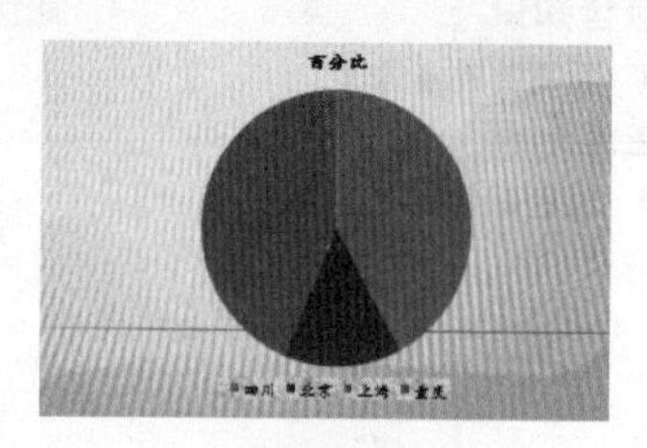
设置图例格式

01

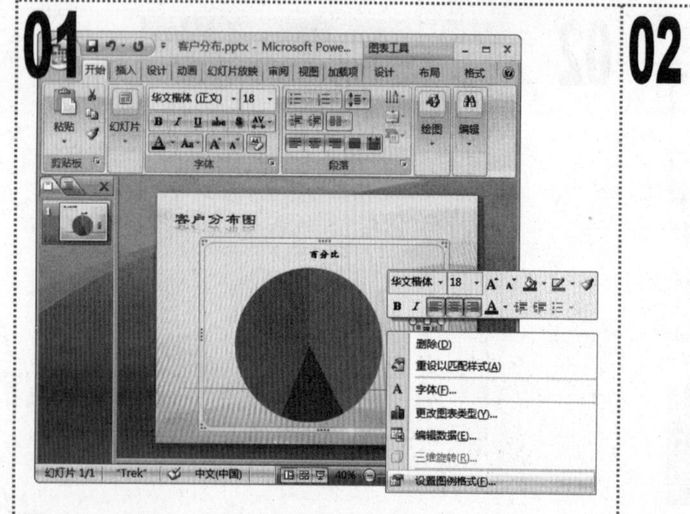

打开“客户分布”演示文稿，将鼠标光标移动到幻灯片图表中的图例上单击鼠标右键，在弹出的快捷菜单中选择“设置图例格式”命令。

02

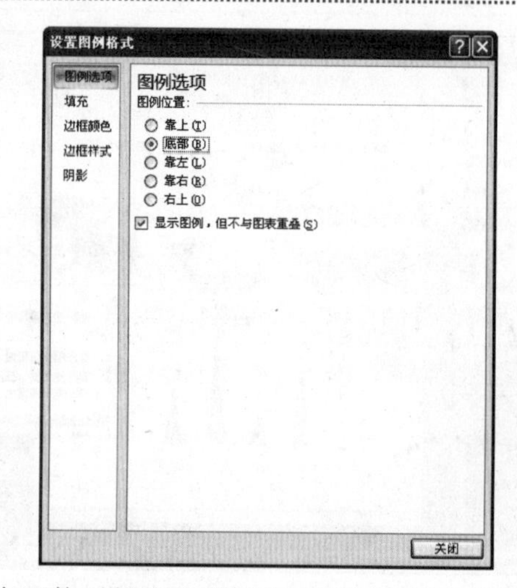

1 在打开的“设置图例格式”对话框中，单击“图例选项”选项卡，在右侧的窗格中选中“底部”单选按钮，选中“显示图例，但不与图表重叠”复选框。

03

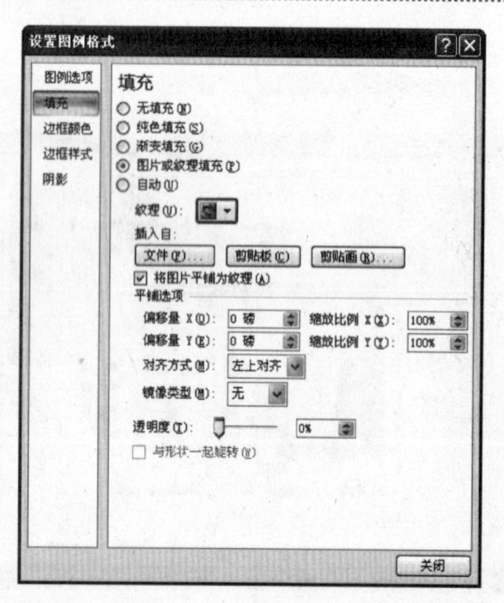

1 单击“填充”选项卡，在右侧的窗格中选中“图片或纹理填充”单选按钮，单击“纹理”下拉按钮，在弹出的下拉列表中选择“花束”选项，其他设置保持不变，单击“关闭”按钮。

04

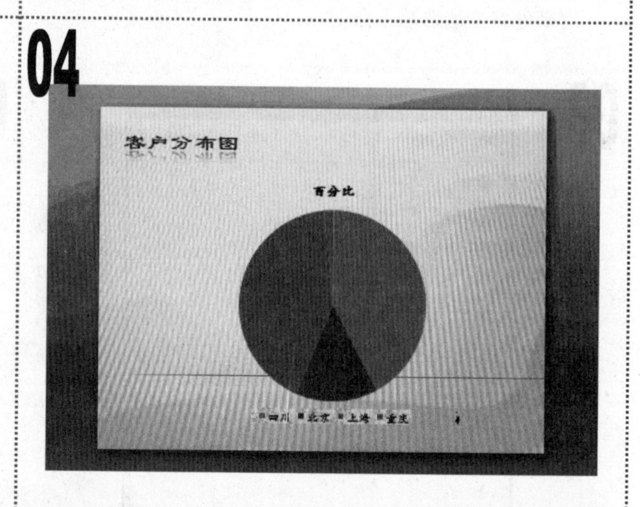

1 返回“幻灯片编辑”窗格查看设置图例格式后的效果。保存演示文稿，完成本例的制作，其最终效果如图所示。

实例78　设置图表数据系列格式

素材:\实例 78\客户分布.pptx

源文件:\实例 78\客户分布.pptx

包含知识

- 设置数据系列的格式

重点难点

- 设置数据系列的格式

制作思路

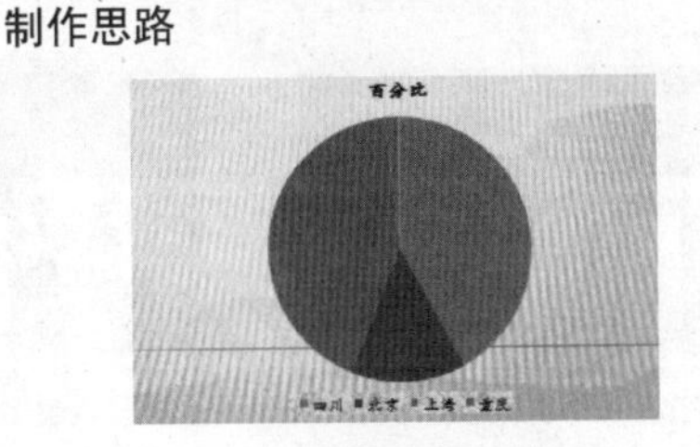

打开演示文稿

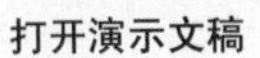

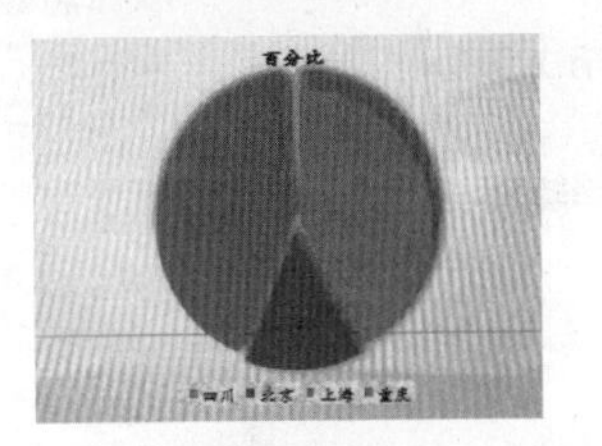

设置数据系列的格式

01

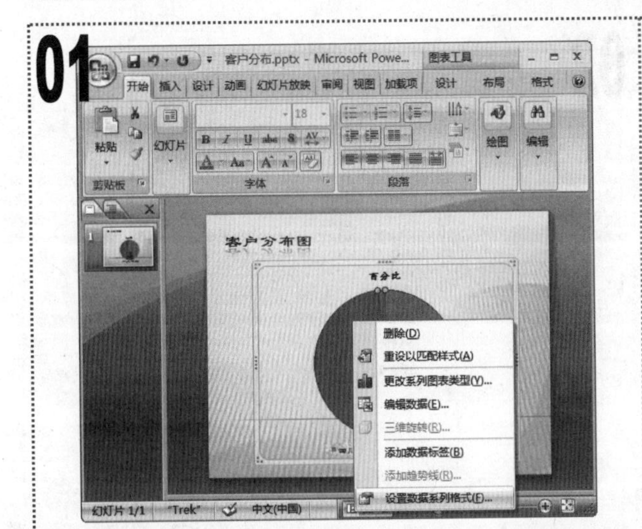

1. 打开"客户分布"演示文稿，将鼠标光标移动到幻灯片中的图表的数据系列上，单击鼠标右键，在弹出的快捷菜单中选择"设置数据系列格式"命令。

02

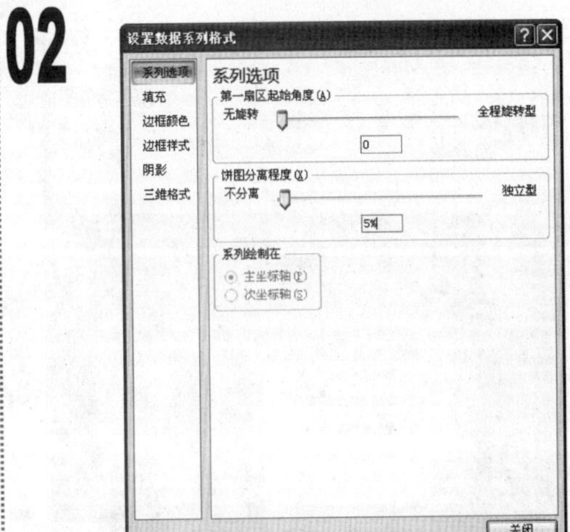

1. 在打开的"设置数据系列格式"对话框中，单击"系列选项"选项卡，在右侧的"饼图分离程度"栏中的文本框中输入"5%"。

03

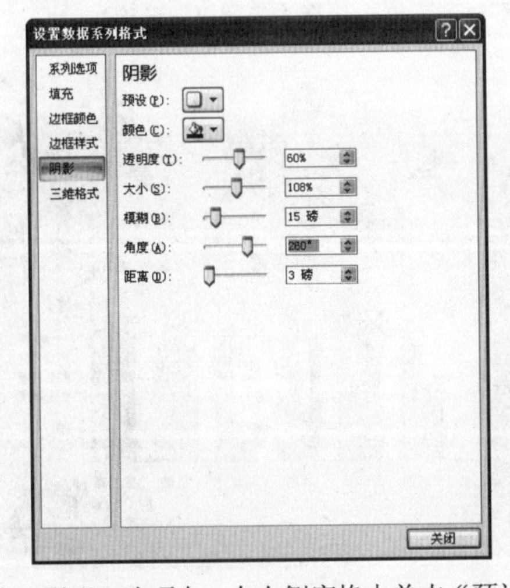

1. 单击"阴影"选项卡，在右侧窗格中单击"预设"下拉按钮，在弹出的下拉列表中选择"右上斜偏移"选项，在下面的"大小"数值框中输入"108%"，在"模糊"数值框中输入"15 磅"，在"角度"数值框中输入"260°"，单击"关闭"按钮。

04

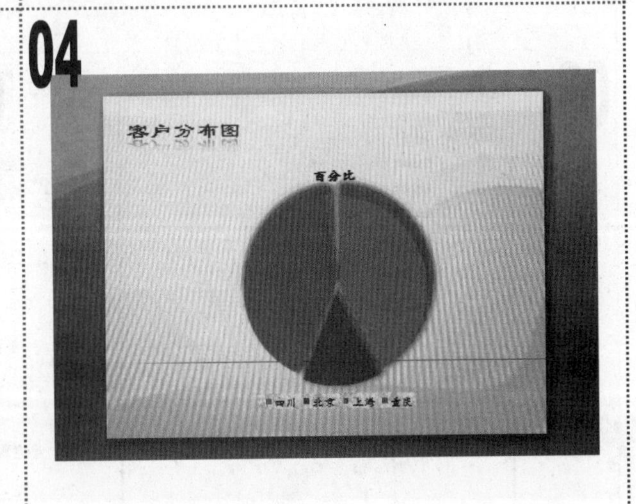

1. 返回"幻灯片编辑"窗格可看到设置饼图分离和阴影效果后的数据系列效果。
2. 最后保存演示文稿，完成本例的制作，其最终效果如图所示。

实例79 编辑“销量统计”幻灯片

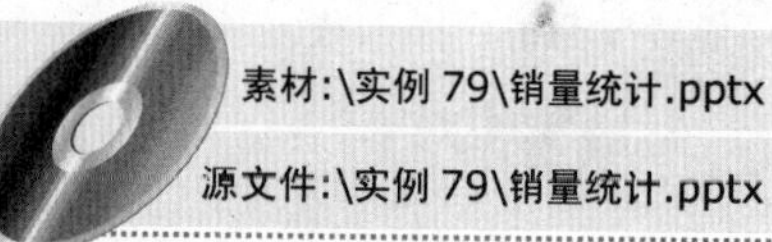

素材:\实例 79\销量统计.pptx

源文件:\实例 79\销量统计.pptx

包含知识

■ 设置网格线格式

重点难点

■ 设置网格线格式

制作思路

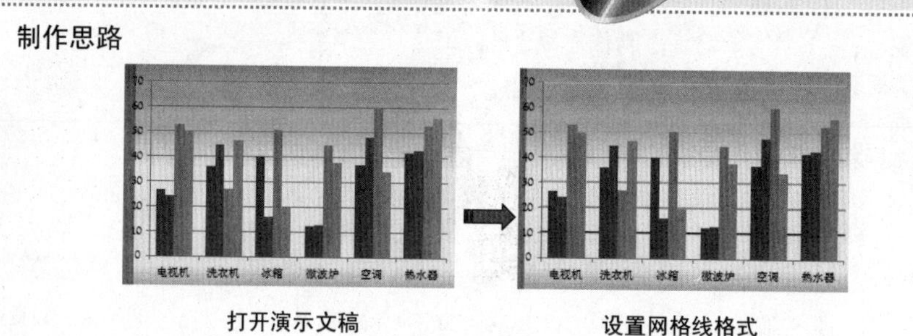

打开演示文稿　　设置网格线格式

01

1 打开“销量统计”演示文稿，在幻灯片中的图表的网格线上单击鼠标右键，在弹出的快捷菜单中选择“设置网格线格式”命令。

02

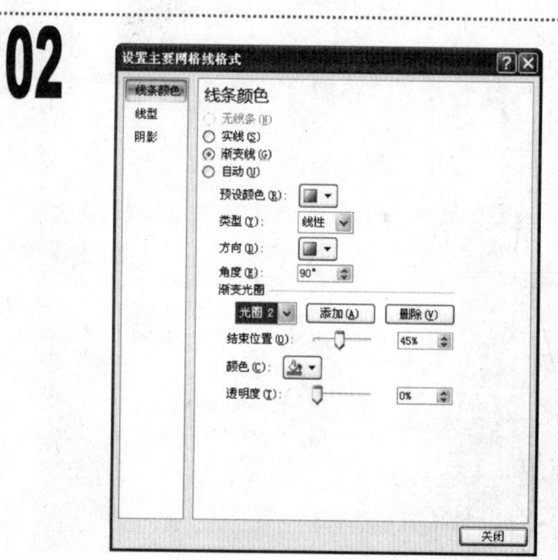

1 在打开的“设置主要网格线格式”对话框中，单击“线条颜色”选项卡，在右侧的窗格中选中“渐变线”单选按钮，单击下方的“预设颜色”下拉按钮，在弹出的下拉列表中选择“熊熊火焰”选项，在“渐变光圈”栏中的下拉列表框中选择“光圈 2”选项。

03

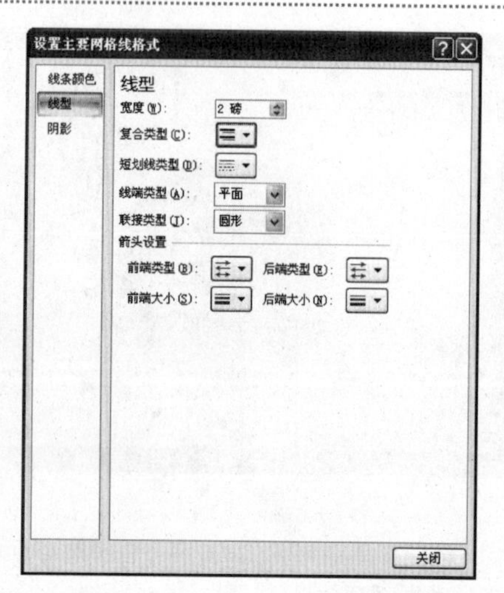

1 单击“线型”选项卡，在右侧的窗格中的“宽度”数值框中输入“2 磅”，单击“复合类型”下拉按钮，在弹出的下拉列表中选择“三线”选项，单击“关闭”按钮。

04

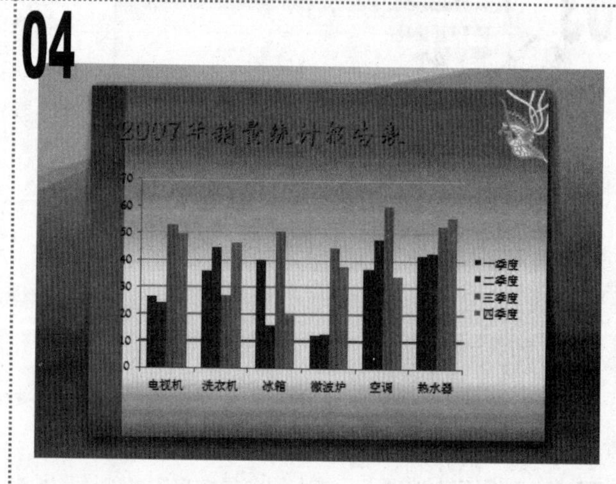

1 返回到“幻灯片编辑”窗格中，查看设置网格线格式后的效果。

2 最后保存演示文稿，完成本例的制作，其最终效果如图所示。

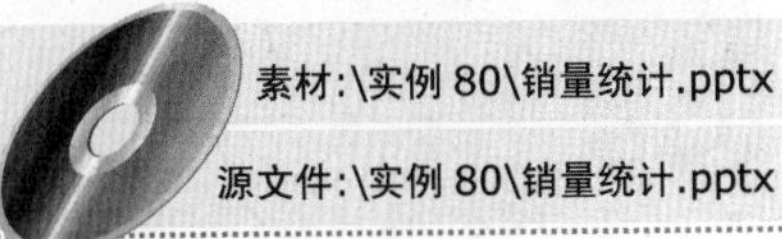

实例80　美化“销量统计”幻灯片

素材:\实例 80\销量统计.pptx

源文件:\实例 80\销量统计.pptx

包含知识

- 设置坐标轴格式
- 添加坐标轴标题

重点难点

- 设置坐标轴格式
- 添加坐标轴标题

制作思路

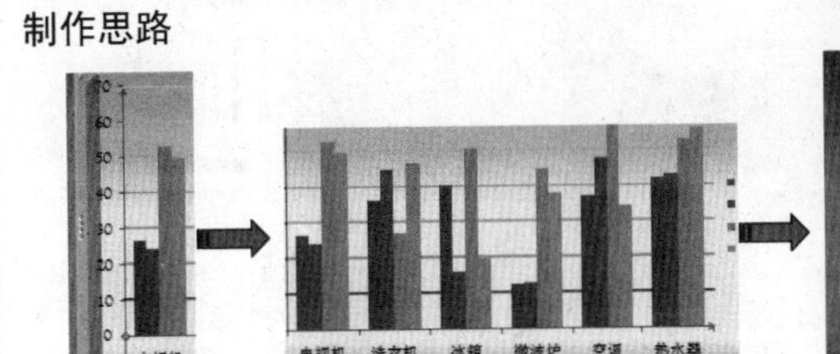

设置纵坐标轴格式　设置横坐标轴格式　添加坐标轴标题

01

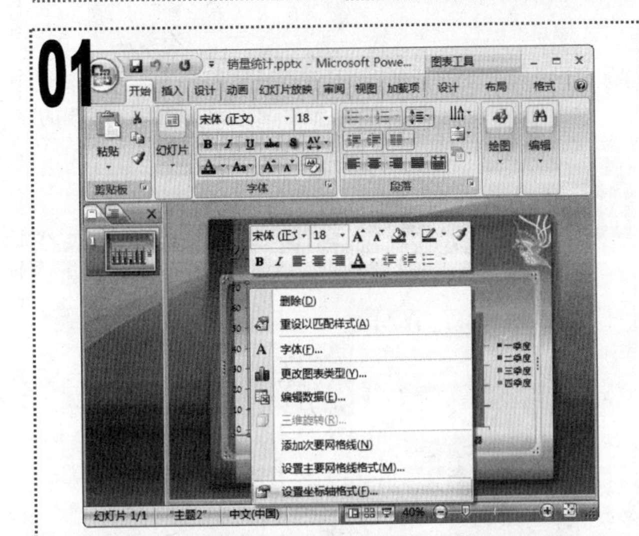

1 打开“销量统计”演示文稿，在图表的纵坐标轴上单击鼠标右键，在弹出的快捷菜单中选择“设置坐标轴格式”命令。

02

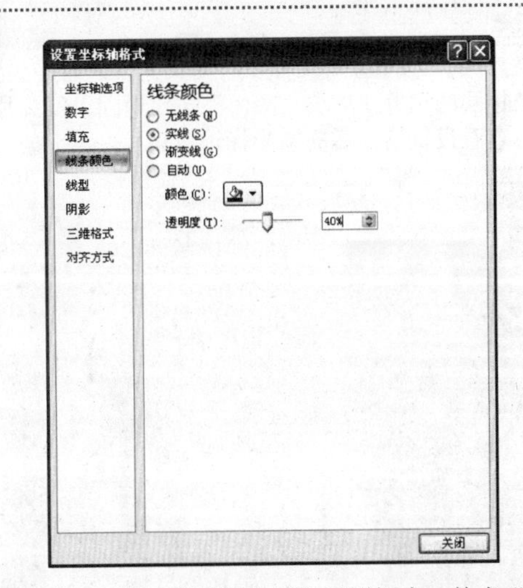

1 在打开的“设置坐标轴格式”对话框中，单击“线条颜色”选项卡，在右侧的窗格中选中“实线”单选按钮，单击“颜色”下拉按钮，在弹出的下拉菜单中选择“红色”选项，在“透明度”数值框中输入“40%”。

03

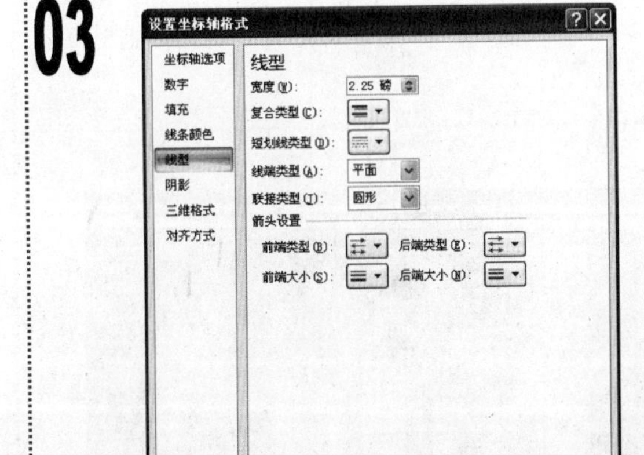

1 在对话框左侧单击“线型”选项卡，在右侧窗格中的“宽度”数值框中输入“2.25 磅”，单击“复合类型”下拉按钮，在弹出的下拉列表中选择“单线”选项，在“箭头设置”栏中单击“后端类型”下拉按钮，在弹出的下拉列表中选择“开放性箭头”选项，单击“关闭”按钮。

04

1 返回到“幻灯片编辑”窗格中，查看设置格式后的纵坐标轴效果，将鼠标光标移动到图表的横坐标轴上单击鼠标右键，在弹出的快捷菜单中选择“设置坐标轴格式”命令。

05

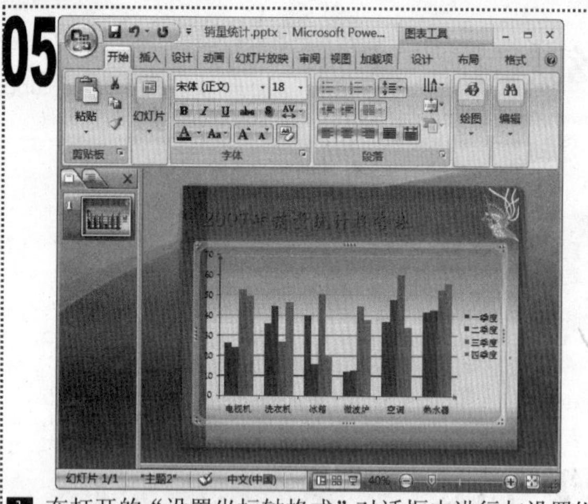

1 在打开的“设置坐标轴格式”对话框中进行与设置纵坐标轴相同的设置，单击“关闭”按钮返回“幻灯片编辑”窗格查看设置格式后的横坐标轴效果。

06

1 选择图表的纵坐标轴，单击“图表工具/布局”选项卡，在“标签”组中单击“坐标轴标题”下拉按钮，在弹出的下拉菜单中选择“主要纵坐标轴标题/竖排标题”命令。

07

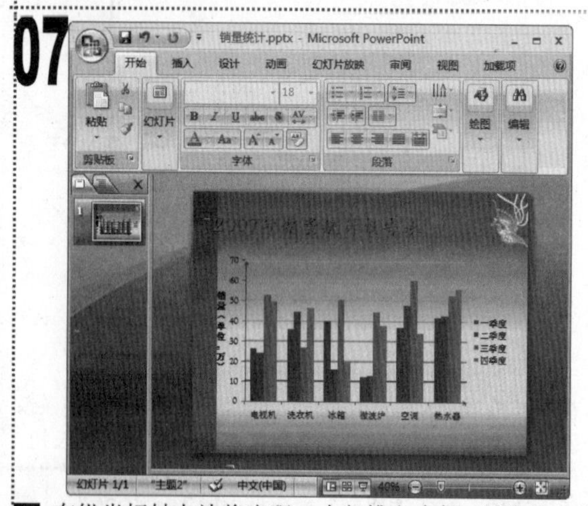

1 在纵坐标轴左边将出现一个竖排文本框，删除其中的文本并输入“销量（单位：万）”文本。输入完成后在“幻灯片编辑”窗格的任意位置处单击鼠标左键应用坐标轴标题。

08

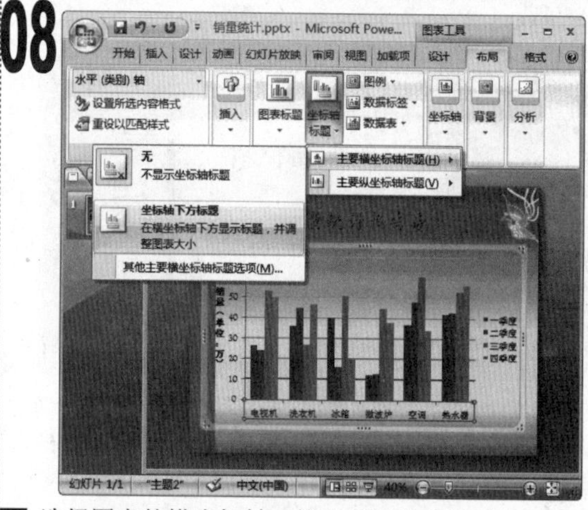

1 选择图表的横坐标轴，单击“图表工具/布局”选项卡，在“标签”组中单击“坐标轴标题”下拉按钮，在弹出的下拉菜单中选择“主要横坐标轴标题/坐标轴下方标题”命令。

09

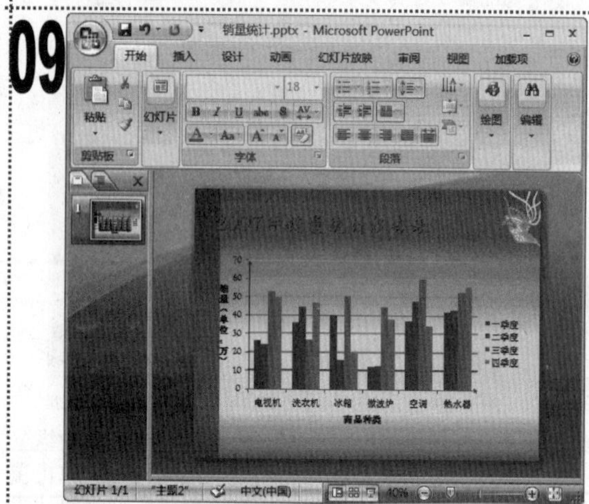

1 在横坐标轴下方出现的横排文本框中输入文本“商品种类”，在“幻灯片编辑”窗格的任意位置处单击鼠标左键应用坐标轴标题。

10

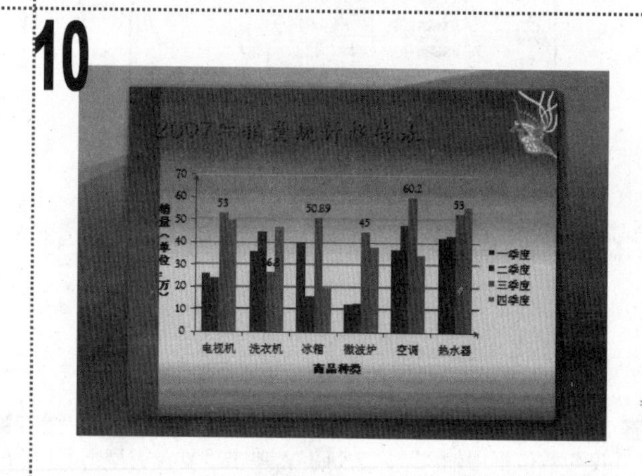

1 在图表的数据系列上单击鼠标右键，在弹出的快捷菜单中选择“添加数据标签”命令，为数据系列添加数据标签。保存演示文稿完成本例的制作，其最终效果如图所示。

第5章

图形、图表幻灯片的制作进阶

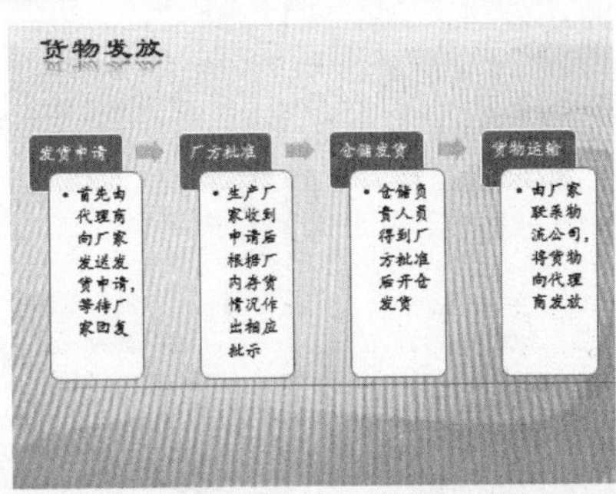

8月员工工资分钱表

姓名	总工资	100	50	20	10	结余
[illegible]	3357	33	1	0	0	7
[illegible]	3124	31	0	1	0	4
[illegible]	3624	36	0	1	0	4
[illegible]	2981	29	1	1	1	1
总计	13086	129	2	3	1	16

实例 81 制作“剪贴作品”幻灯片

实例 82 制作“美丽 SD”演示文稿

实例 83 制作“活动计划”演示文稿

实例 85 制作“货物发放”幻灯片

实例 86 制作“关系网”幻灯片

实例 87 制作“中秋节”幻灯片

实例 88 制作“分钱表”幻灯片

实例 92 编辑“续借表”幻灯片

实例 93 制作“库存表”幻灯片

05

本章在学习了图形和图表幻灯片的制作知识的基础之上对其进行延伸，让读者能够对这些知识融会贯通，达到活学活用的目的。

实例81 制作“剪贴作品”幻灯片

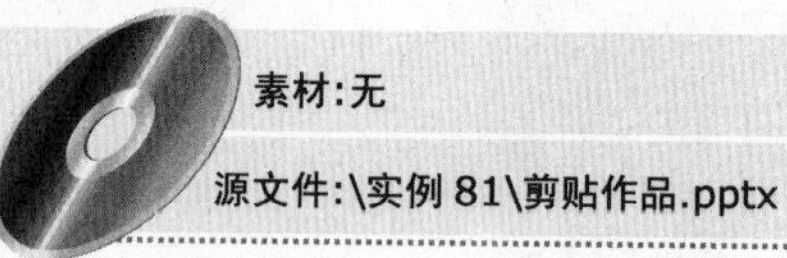

素材:无

源文件:\实例 81\剪贴作品.pptx

包含知识

- 插入并调整剪贴画的大小
- 应用图片样式

重点难点

- 插入并调整剪贴画的大小
- 应用图片样式

制作思路

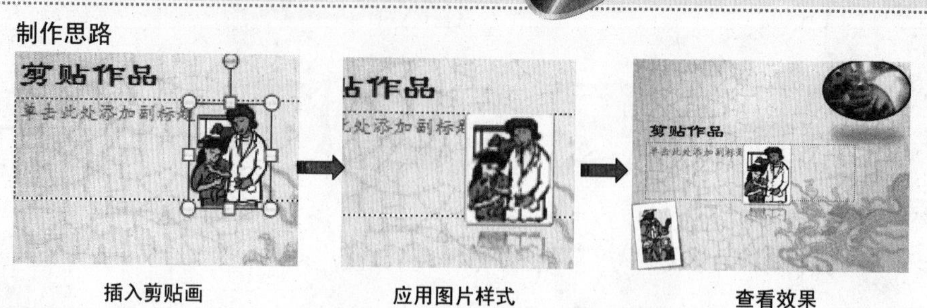

插入剪贴画　　应用图片样式　　查看效果

01

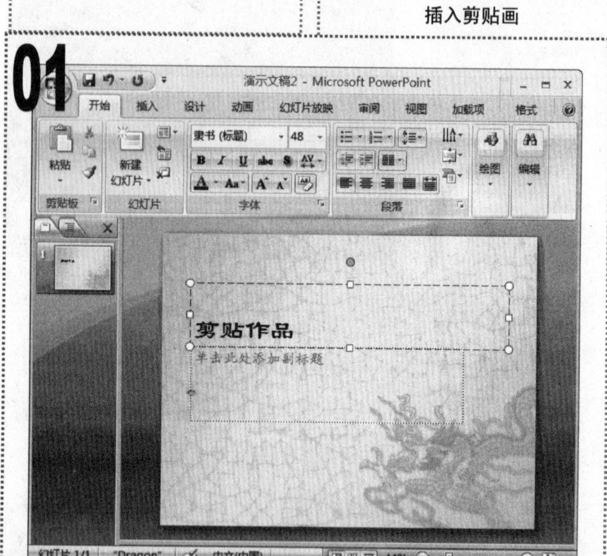

1 启动 PowerPoint 2007，根据已安装的主题“龙腾四海”新建一个演示文稿。

2 将鼠标光标定位到标题占位符中，输入幻灯片的标题“剪贴作品”。

02

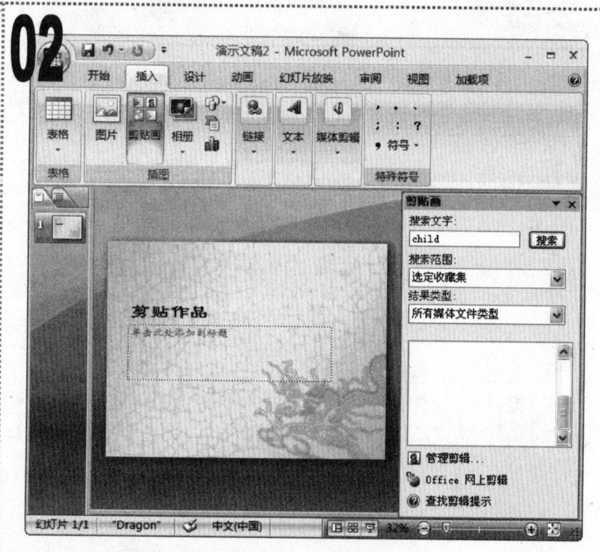

1 单击“插入”选项卡，在“插图”组中单击“剪贴画”按钮，在打开的“剪贴画”任务窗格中的“搜索文字”文本框中输入文本“child”，单击“搜索”按钮。

03

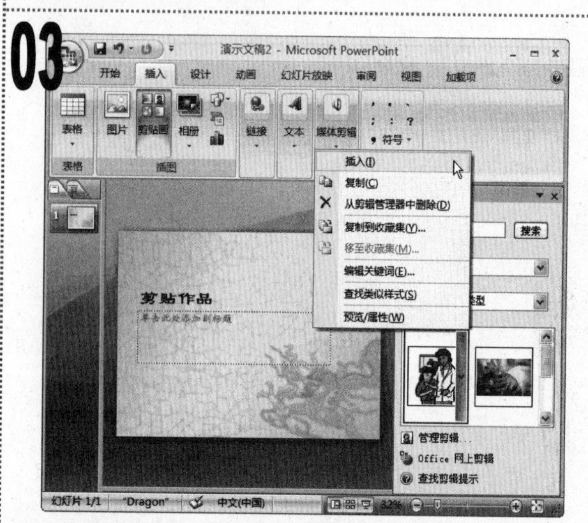

1 在“剪贴画”任务窗格的列表框的第 1 张剪贴画上，单击鼠标右键，在弹出的快捷菜单中选择“插入”命令。

04

1 该剪贴画将被插入到幻灯片中，将鼠标光标移动到剪贴画上，当其变为“✥”形状时按住鼠标左键不放，将剪贴画移动到幻灯片中央。

05

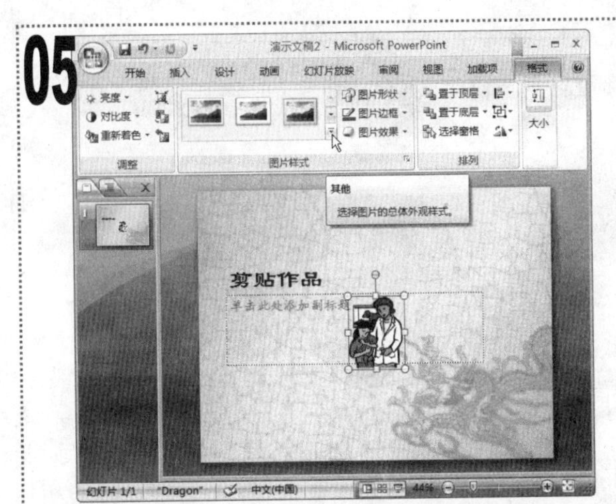

■ 关闭“剪贴画”任务窗格，保持剪贴画的选中状态，单击“图片工具/格式”选项卡，在“图片样式”组中单击列表框右下角的“其他”按钮。

06

映像棱台，白色

■ 在弹出的下拉列表中选择“映像棱台，白色”选项。

07

■ 返回到“幻灯片编辑”窗格中查看应用了图片样式的剪贴画效果。再在“插入”选项卡的“插图”组中单击“剪贴画”按钮，打开“剪贴画”任务窗格，单击列表框中其余的两张剪贴画，将其插入到幻灯片中并调整其大小和位置。

08

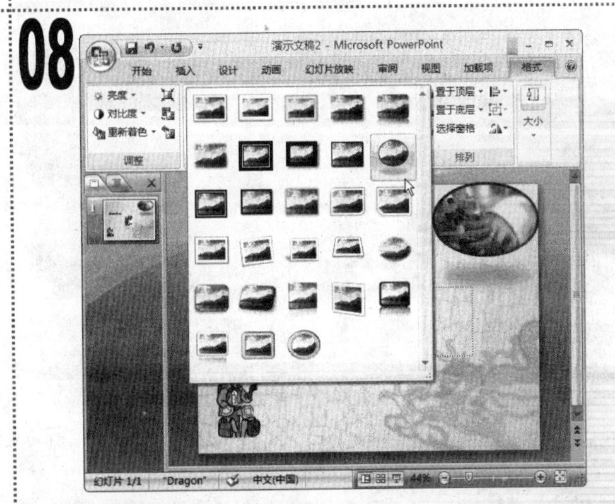

■ 关闭“剪贴画”任务窗格，选择幻灯片右上角的剪贴画，单击“图片工具/格式”选项卡，在“图片样式”组中的列表框中选择“棱台形椭圆，黑色”选项，为其设置图片样式。

09

■ 选择幻灯片左下角的剪贴画，用相同的方法为其应用“旋转，白色”图片样式。

10

■ 为所有剪贴画应用图片样式后的效果如图所示。保存演示文稿，完成本例的制作。

实例82 制作“美丽SD”演示文稿

素材:\实例 82\

源文件:\实例 82\美丽 SD.pptx

包含知识

- 插入与裁剪图片
- 应用图片样式
- 调整图片效果

重点难点

- 插入与裁剪图片
- 应用图片样式
- 调整图片效果

制作思路

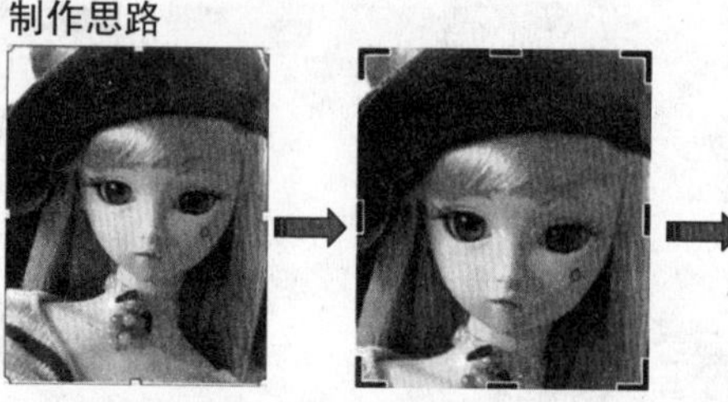

插入图片　裁剪图片

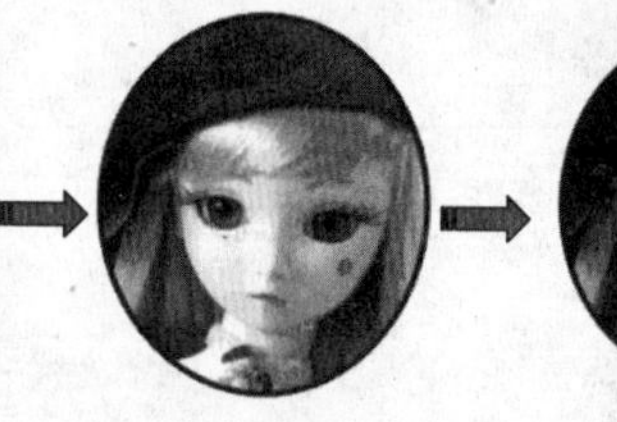

应用图片样式

调整亮度和对比度

01

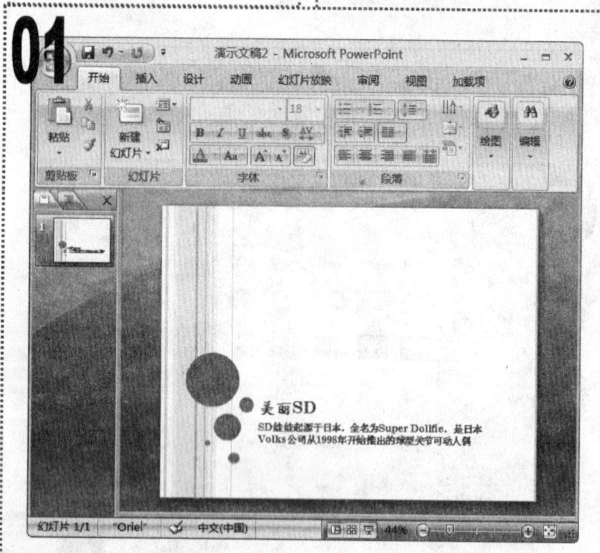

1 启动 PowerPoint 2007，根据已安装的主题“凸显”新建一个演示文稿。

2 将鼠标光标定位到标题占位符中，输入幻灯片的标题“美丽 SD”，在下面的占位符中输入如图所示的文本。

02

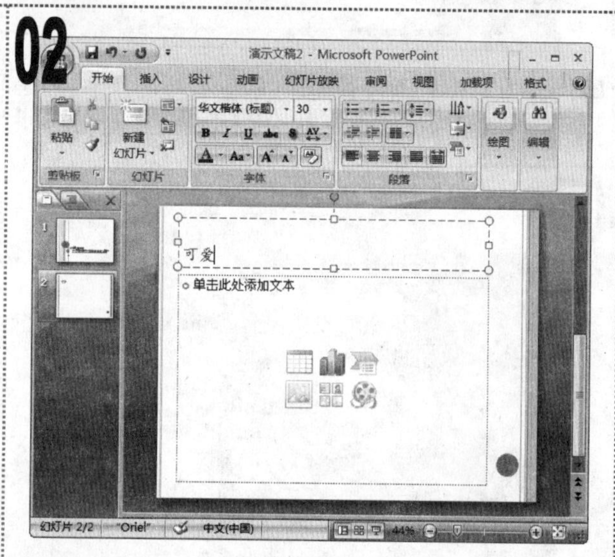

1 在“幻灯片”窗格的空白位置处单击鼠标右键，在弹出的快捷菜单中选择“新建幻灯片”命令，新建一张幻灯片。选择该幻灯片，在标题占位符中输入文本“可爱”。

03

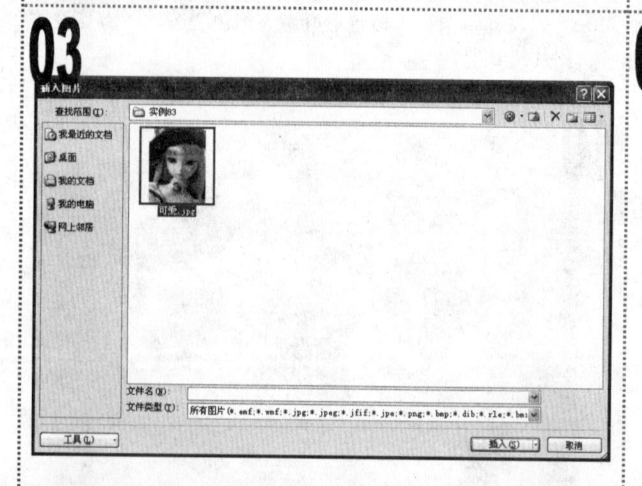

1 单击标题占位符下的占位符中的“插入来自文件的图片”按钮，在打开的“插入图片”对话框中选择素材文件所在的位置，在中间的列表框中选择要插入的图片文件“可爱”，单击“插入”按钮。

04

1 选择插入的图片，单击“图片工具/格式”选项卡，在“大小”组中单击“裁剪”按钮。

05

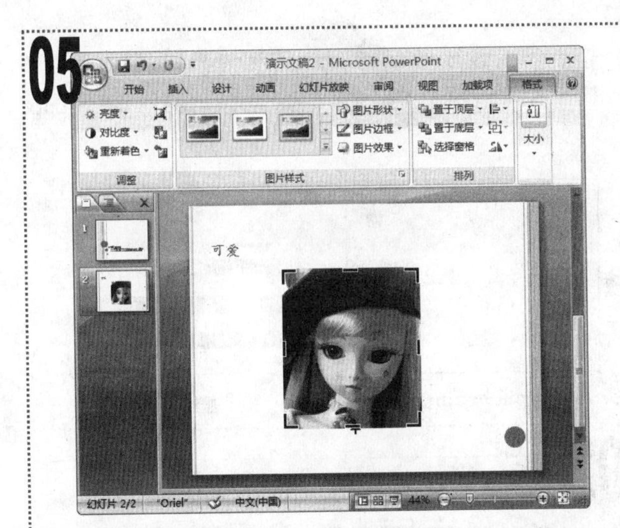

■ 在图片周围将出现多条黑色框线，将鼠标光标移动到这些框线上并按住鼠标左键不放进行拖动，对图片进行裁剪操作。

06

■ 裁剪完成后按【Esc】键退出裁剪状态。

■ 保持图片的选中状态不变，在“图片工具/格式”选项卡中单击“图片样式”组中的列表框右下角的“其他”按钮。

07

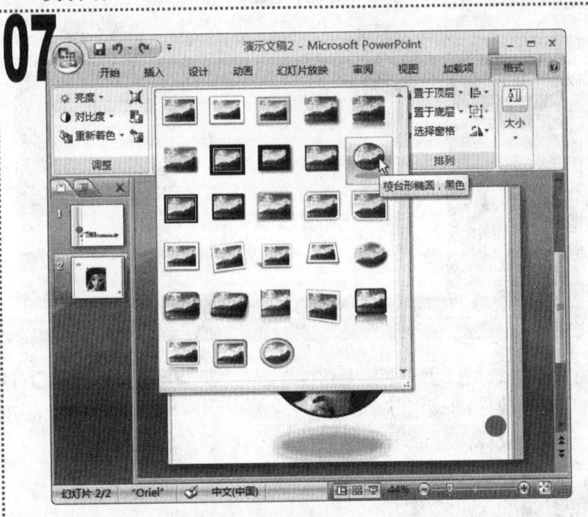

■ 在弹出的下拉列表中选择“棱台形椭圆，黑色”选项，在“幻灯片编辑”窗格中可以对该图形样式进行预览。

08

■ 在“图片工具/格式”选项卡中单击“调整”组中的“亮度”下拉按钮，在弹出的下拉菜单中选择“+10%”选项。

09

■ 在“图片工具/格式”选项卡中，单击“调整”组中的“对比度”下拉按钮，在弹出的下拉菜单中选择“+20%”选项。

举一反三

新建一个演示文稿，将“素材”文件夹中的“个性”图片文件插入其中，然后对其进行裁剪、应用图片样式等操作，效果如图所示（源文件:\实例 82\个性.pptx）。

实例83 制作“活动计划”演示文稿

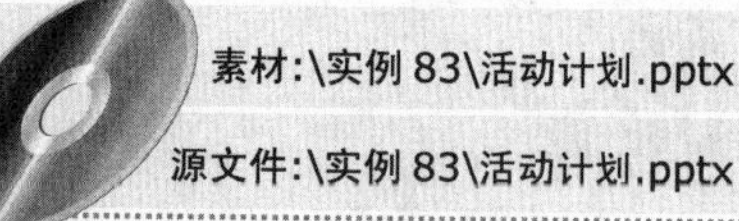

素材:\实例 83\活动计划.pptx

源文件:\实例 83\活动计划.pptx

包含知识

- 绘制与复制图形
- 更改图形并输入文本

重点难点

- 绘制与复制图形
- 更改图形并输入文本

制作思路

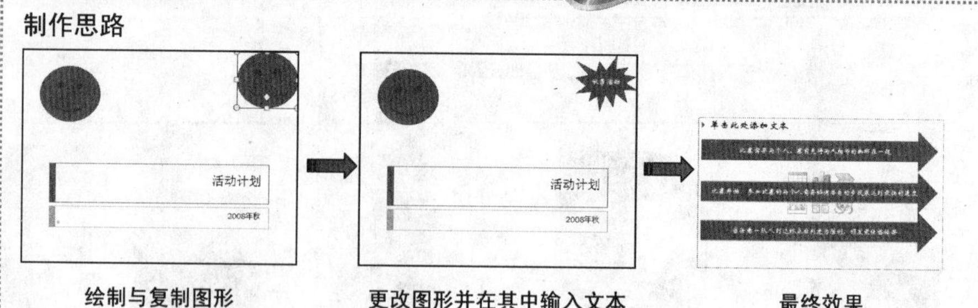

绘制与复制图形　　更改图形并在其中输入文本　　最终效果

01

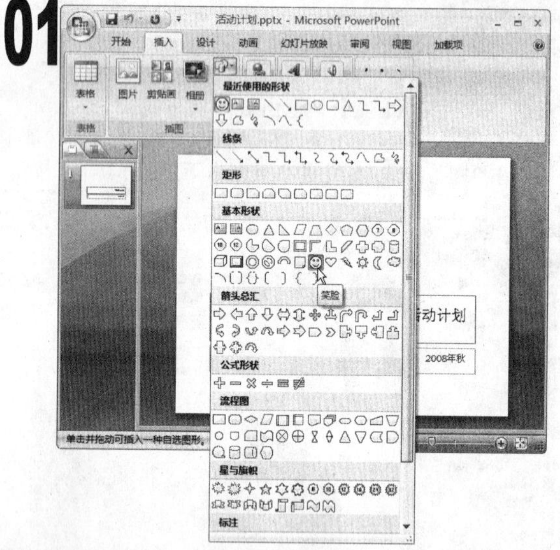

■ 打开“活动计划”演示文稿，单击“插入”选项卡，在“插图”组中单击“形状”下拉按钮，在弹出的下拉列表中选择“笑脸”选项。

02

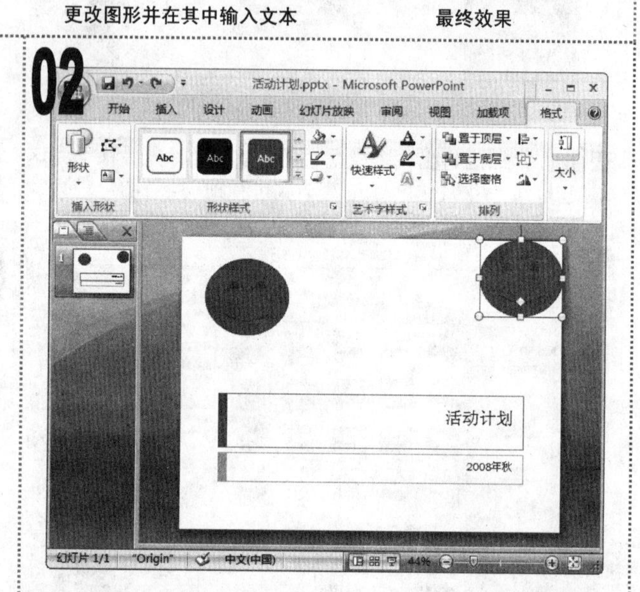

■ 拖动鼠标在幻灯片左上角绘制一个“笑脸”形状，按住【Ctrl】键不放拖动该形状到“幻灯片编辑”窗格中的任意位置处释放鼠标，复制一个该形状，再将其移动到右上角。

03

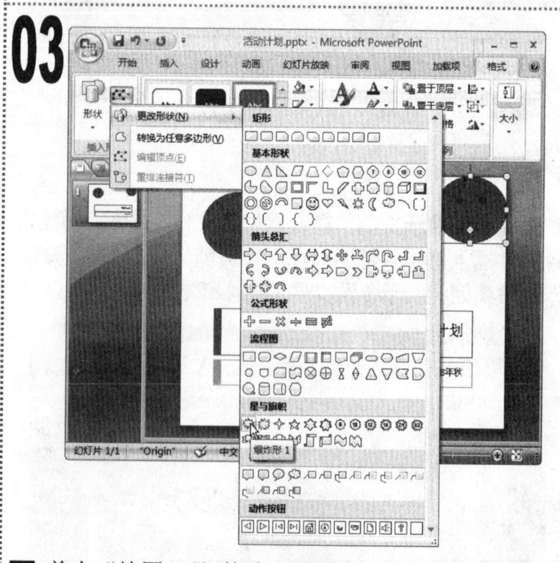

■ 单击“绘图工具/格式”选项卡，在“插入形状”组中单击“编辑形状”下拉按钮，在弹出的下拉菜单中选择“更改形状/爆炸形 1”选项。

04

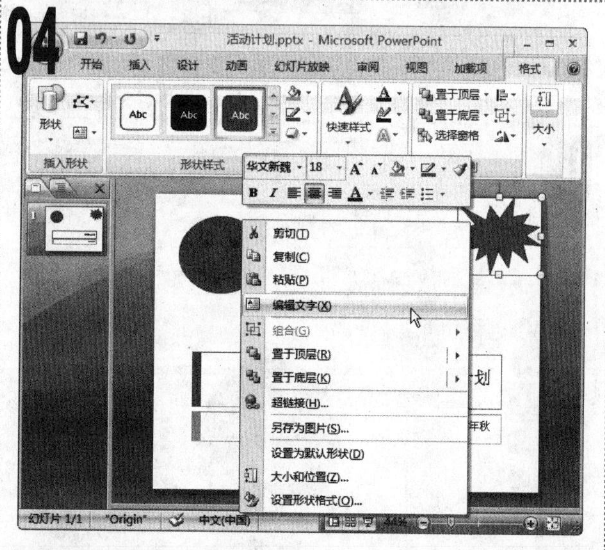

■ 返回到“幻灯片编辑”窗格中，该“笑脸”形状被更改为“爆炸形 1”形状，在该形状上单击鼠标右键，在弹出的快捷菜单中选择“编辑文字”命令。

05

1 在该形状中出现一个文本插入点，输入需要的文本“秋季活动”后在“幻灯片编辑”窗格的任意位置处单击鼠标左键，完成编辑。

06

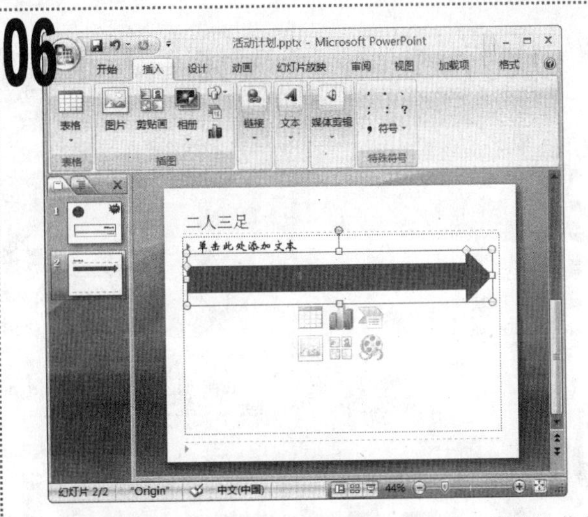

1 在“幻灯片”窗格中单击鼠标右键，在弹出的快捷菜单中选择“新建幻灯片”命令，新建一张幻灯片。

2 在新建幻灯片的标题占位符中输入文本“二人三足”，在其下绘制一个“右箭头”形状。

07

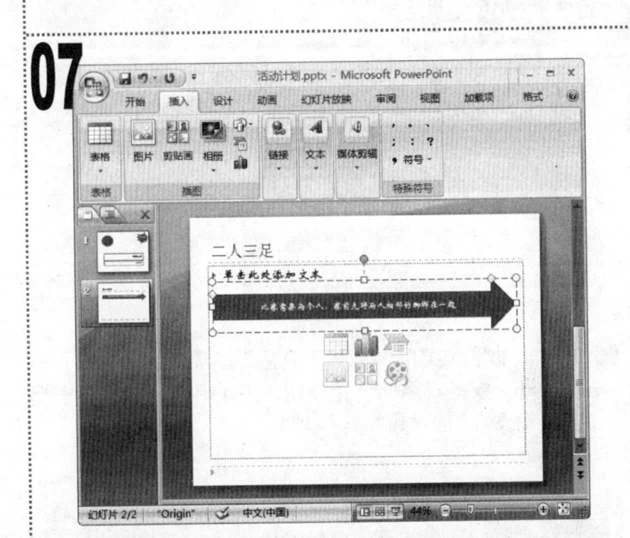

1 在箭头上单击鼠标右键，在弹出的快捷菜单中选择“编辑文字”命令，在形状中输入如图所示的文本。

08

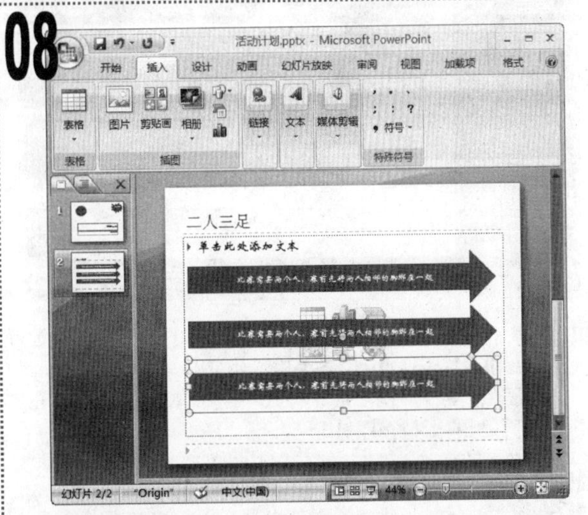

1 按住【Ctrl】键不放拖动“右箭头”形状，在原形状下方复制两个新的形状。

09

1 在复制的两个形状中输入如图所示的文本，保存演示文稿，完成本例的制作。

注意提示

在按住【Ctrl】键不放拖动图形进行复制时，如果需要使复制得到的图形在水平方向或垂直方向上与原图形对齐，可同时按住【Shift】键，此时图形仅能在水平或垂直方向上移动。

实例84 美化“活动计划”演示文稿

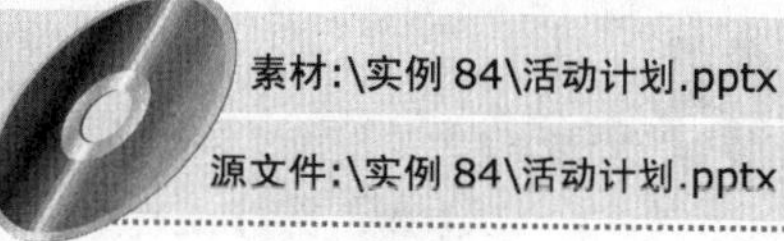

素材:\实例 84\活动计划.pptx

源文件:\实例 84\活动计划.pptx

包含知识

- 填充形状
- 设置形状轮廓
- 设置形状效果

重点难点

- 填充形状
- 设置形状轮廓
- 设置形状效果

制作思路

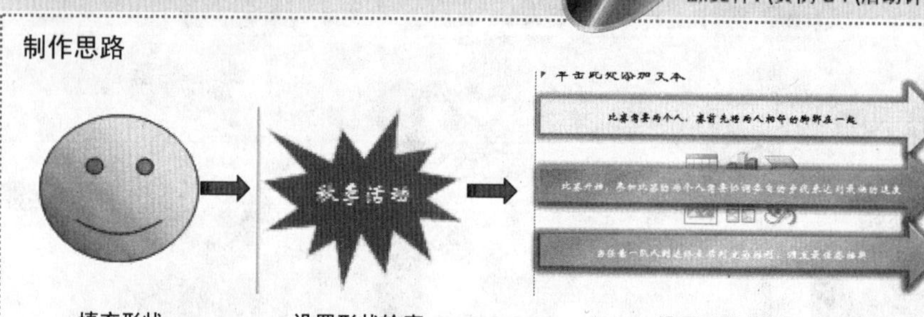

填充形状　设置形状轮廓　设置形状效果

01

■ 打开“活动计划”演示文稿，在“幻灯片”窗格中选择第 1 张幻灯片，选择“笑脸”形状，单击“绘图工具/格式”选项卡，在“形状样式”组中单击“形状填充”按钮右侧的下拉按钮。

02

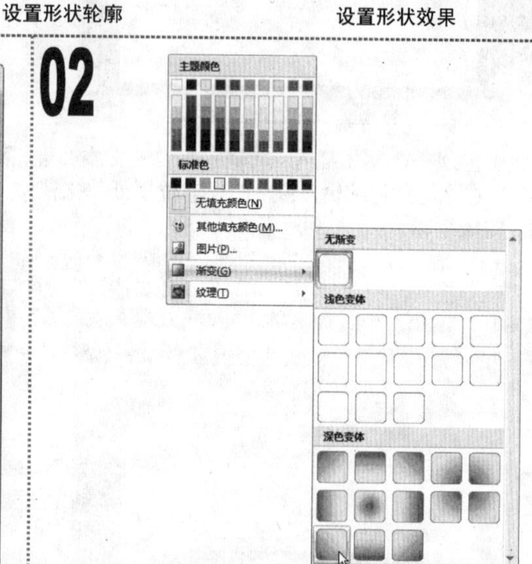

■ 在弹出的下拉菜单中选择“黄色”选项，再次单击“形状填充”按钮右侧的下拉按钮，在弹出的下拉菜单中选择“渐变/线性对角”选项。

03

■ 返回“幻灯片编辑”窗格查看为“笑脸”形状设置渐变填充后的效果。选择“爆炸形 1”形状，单击“绘图工具/格式”选项卡，在“形状样式”组中单击“形状轮廓”按钮右侧的下拉按钮。

04

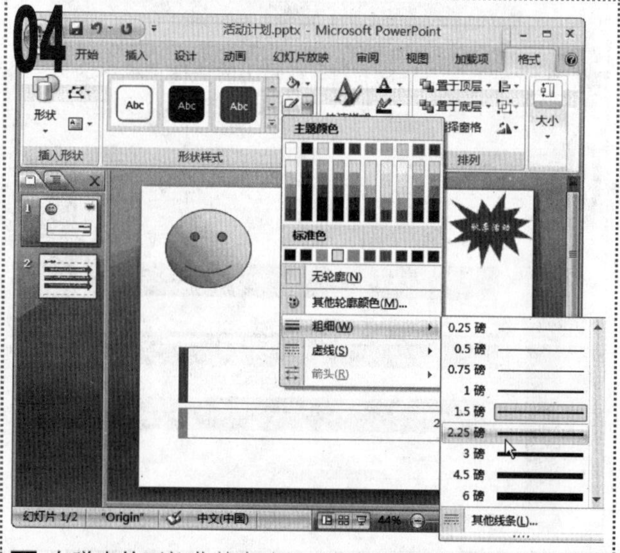

■ 在弹出的下拉菜单中选择“黄色”选项，再次单击“形状轮廓”按钮右侧的下拉按钮，在弹出的下拉菜单中选择“粗细/2.25 磅”选项，为轮廓设置宽度，此时在“幻灯片编辑”窗格中可以看到设置轮廓后的效果。

05

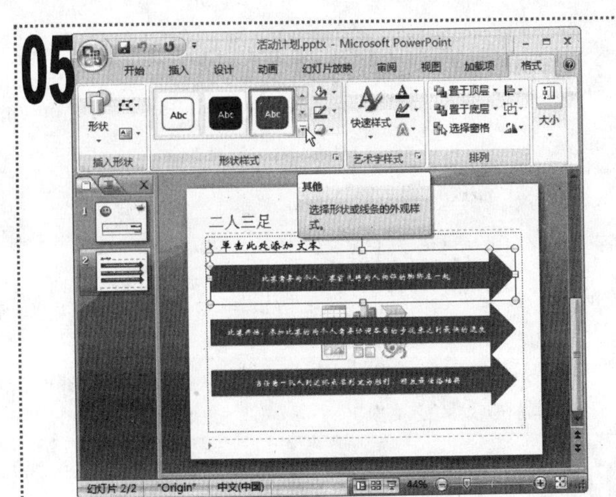

■ 在“幻灯片”窗格中选择第 2 张幻灯片，选择最上方的形状，单击“绘图工具/格式”选项卡，在“形状样式”组中单击列表框右下角的“其他”按钮。

06

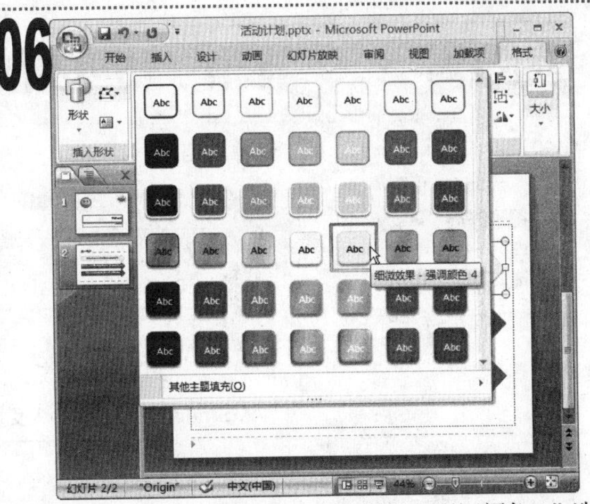

■ 在弹出的下拉菜单中选择“细微效果-强调颜色 4”选项，在“幻灯片编辑”窗格中可以看到关于该选项的效果。

07

■ 选择第 2 个形状，在“形状样式”组中的列表框中选择“中等效果-强调颜色 3”选项。

08

■ 选择第 3 个形状，在“形状样式”组中的列表框中选择“强烈效果-强调颜色 4”选项。

09

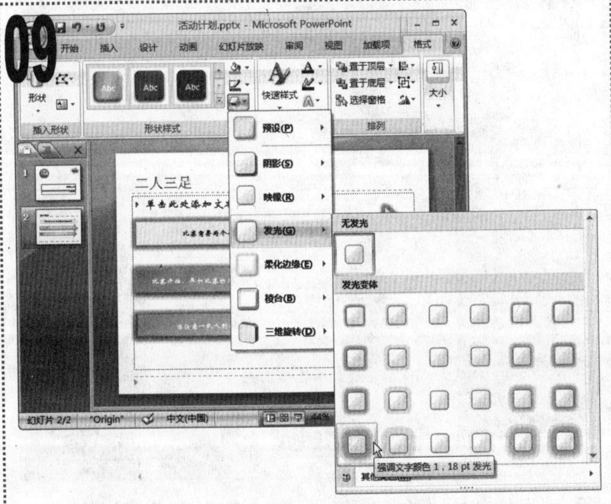

■ 按住【Ctrl】键不放选择三个形状，在“形状样式”组中单击“形状效果”下拉按钮，在弹出的下拉菜单中选择“发光/强调文字颜色 1，18pt 发光”选项。

10

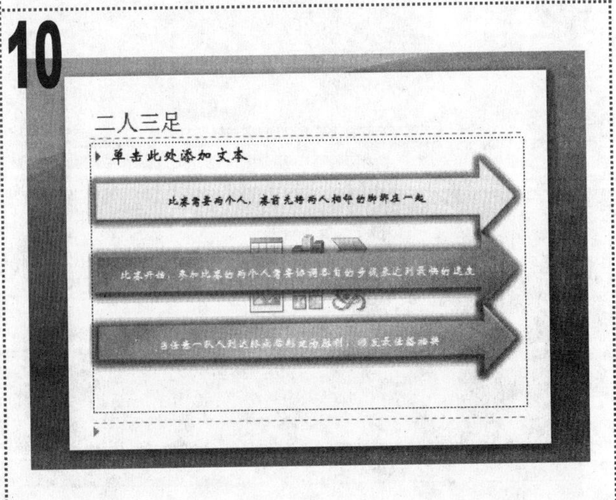

■ 最后保存演示文稿，完成本例的制作，最终效果如图所示。

实例85 制作“货物发放”幻灯片

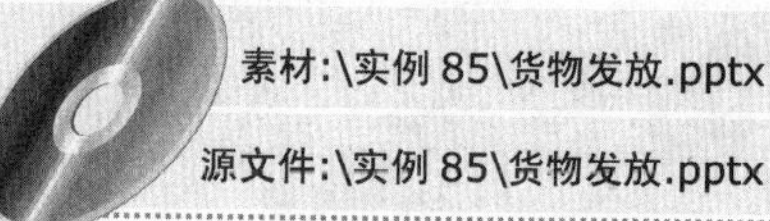

素材:\实例 85\货物发放.pptx

源文件:\实例 85\货物发放.pptx

包含知识

- 插入 SmartArt 图形
- 更改图形布局

重点难点

- 插入 SmartArt 图形
- 更改图形布局

制作思路

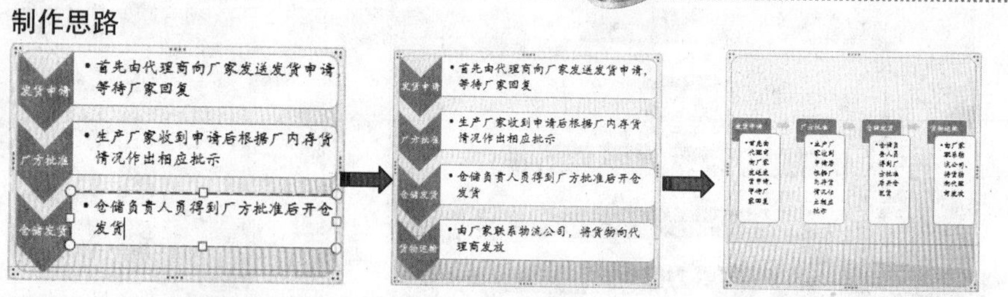

插入 SmartArt 图形并输入文本　　添加形状并输入文本　　更改布局

01

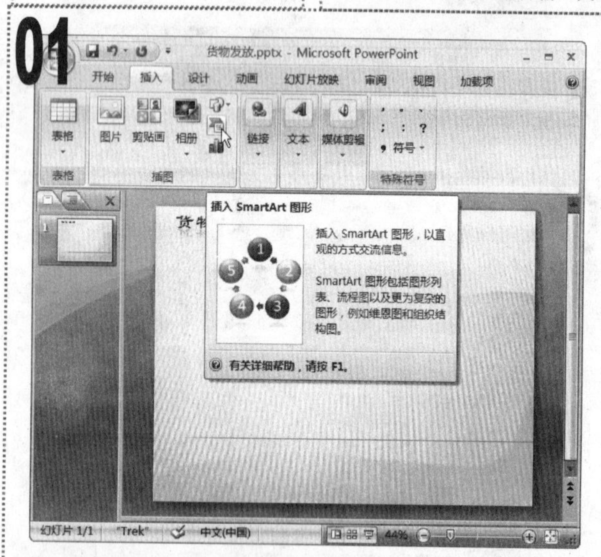

1 打开“货物发放”演示文稿，单击“插入”选项卡，在“插图”组中单击“插入 SmartArt 图形”按钮。

02

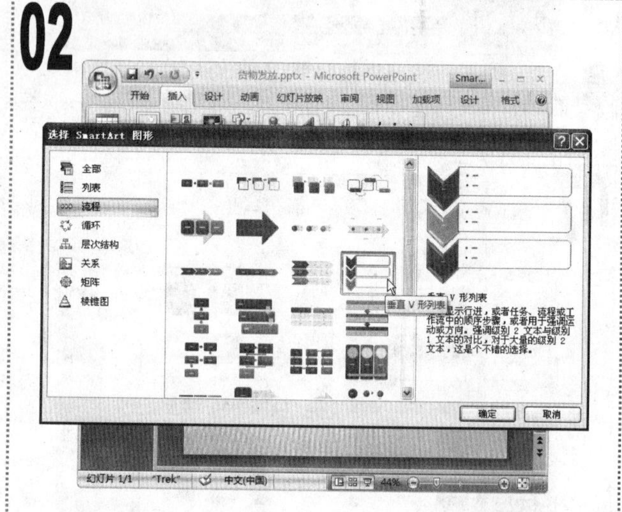

1 在打开的“选择 SmartArt 图形”对话框中，单击左侧的“流程”选项卡，在右侧的窗格中选择“垂直 V 形列表”选项，单击“确定”按钮。

03

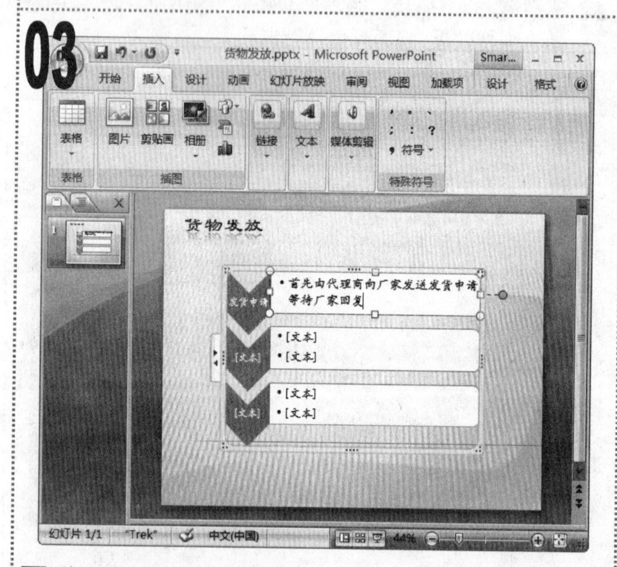

1 将文本插入点定位到第 1 个形状左侧的“V”形图案中，输入文本“发货申请”。

2 将文本插入点定位到右侧的形状中，按【Delete】键删除一个项目符号，然后输入文本“首先由代理商向厂家发送发货申请，等待厂家回复”。

04

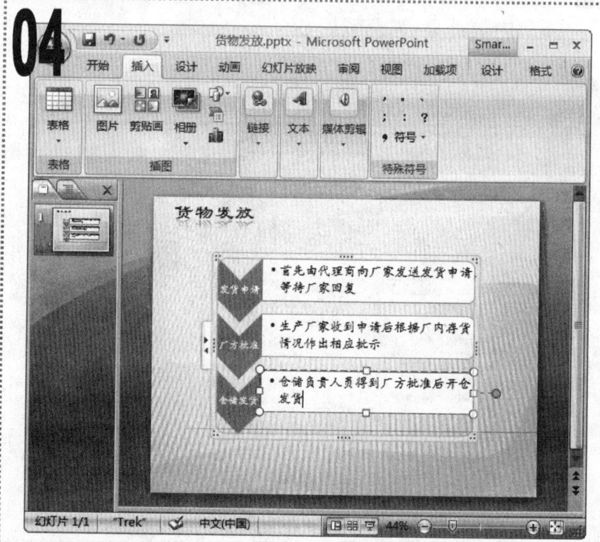

1 用同样的方法在下面两个“V”形图案和右侧的形状中输入如图所示的文本。

05

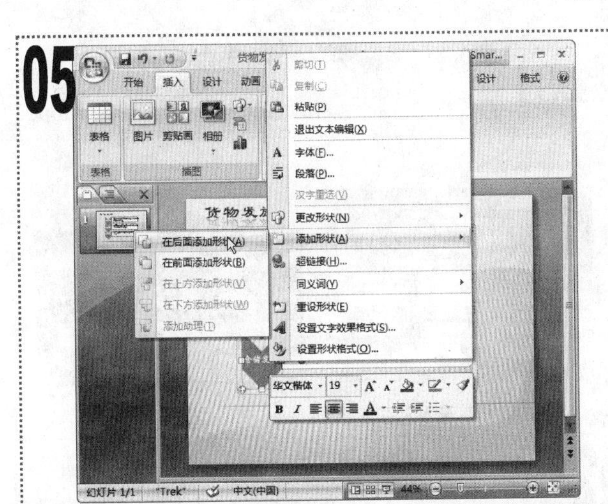

1 选择插入的 SmartArt 图形，将其向上移动一段距离。
2 在第 3 个“V”形图案上单击鼠标右键，在弹出的快捷菜单中选择“添加形状/在后面添加形状”命令。

06

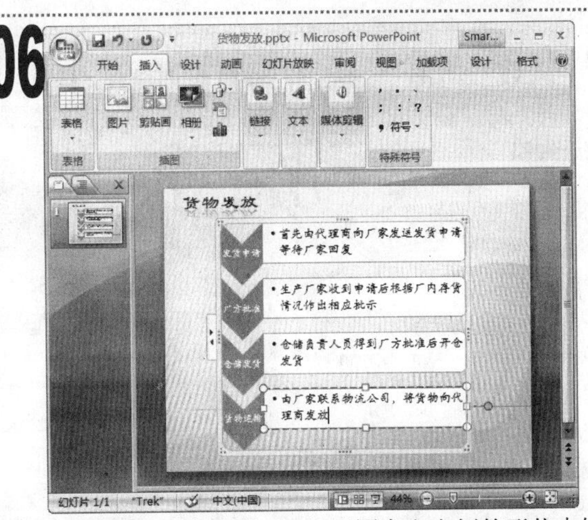

1 在新添加的形状中的“V”形图案和右侧的形状中输入如图所示的文本。

07

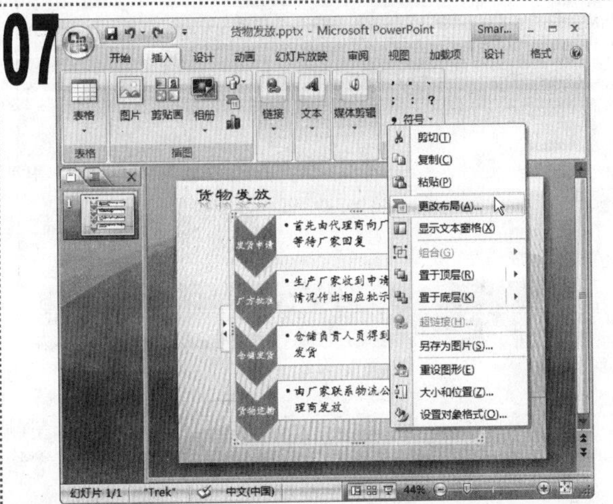

1 在 SmartArt 图形的外边框上单击鼠标右键，在弹出的快捷菜单中选择“更改布局”命令。

08

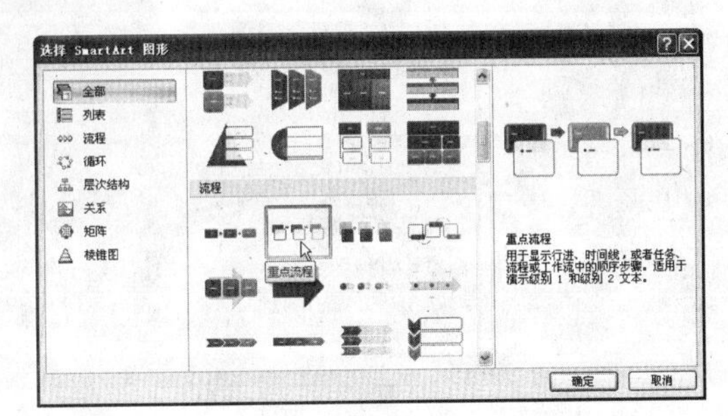

1 在打开的“选择 SmartArt 图形”对话框中，单击左侧的“流程”选项卡，在右侧的窗格中选择“重点流程”选项，单击“确定”按钮。

09

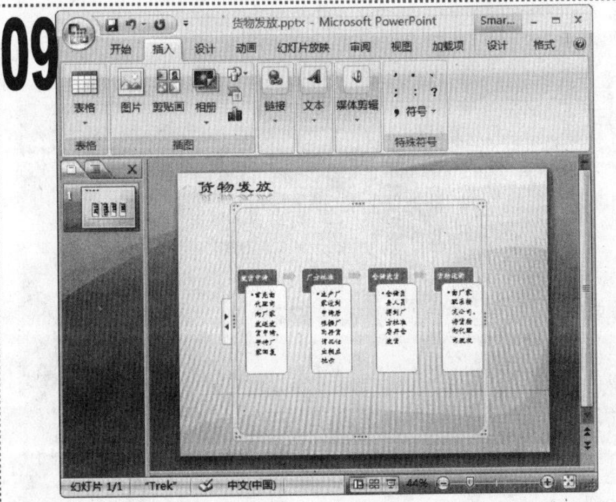

1 返回到“幻灯片编辑”窗格中，查看更改布局后的 SmartArt 图形。

10

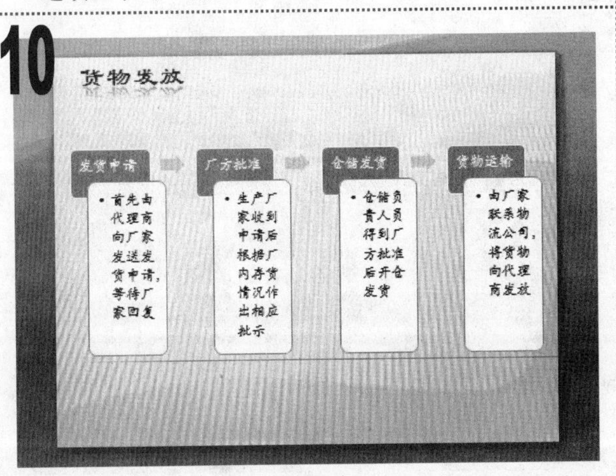

1 调整 SmartArt 图形的大小和位置，保存演示文稿，完成本例的制作，最终效果如图所示。

实例86 制作“关系网”幻灯片

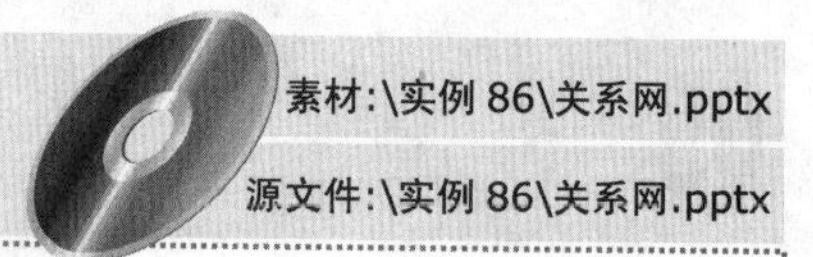

素材:\实例 86\关系网.pptx

源文件:\实例 86\关系网.pptx

包含知识

- 插入 SmartArt 图形
- 在 SmartArt 图形中添加形状

重点难点

- 插入 SmartArt 图形
- 在 SmartArt 图形中添加形状

制作思路

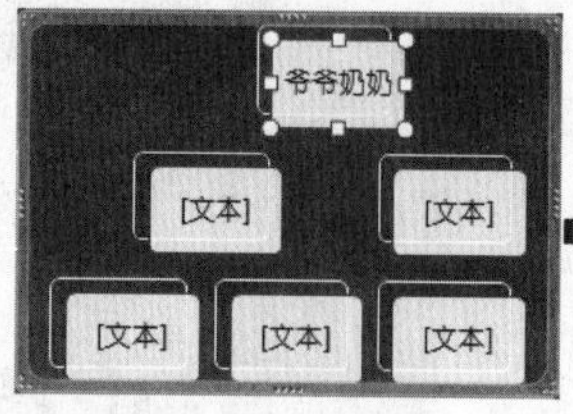

插入 SmartArt 图形并输入文本

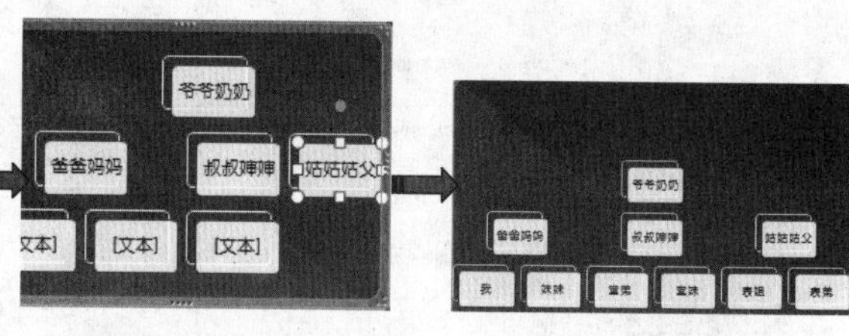

添加形状并输入文本　　完成制作

01

■ 打开“关系网”演示文稿，单击“插入”选项卡，在“插图”组中单击“插入 SmartArt 图形”按钮。

02

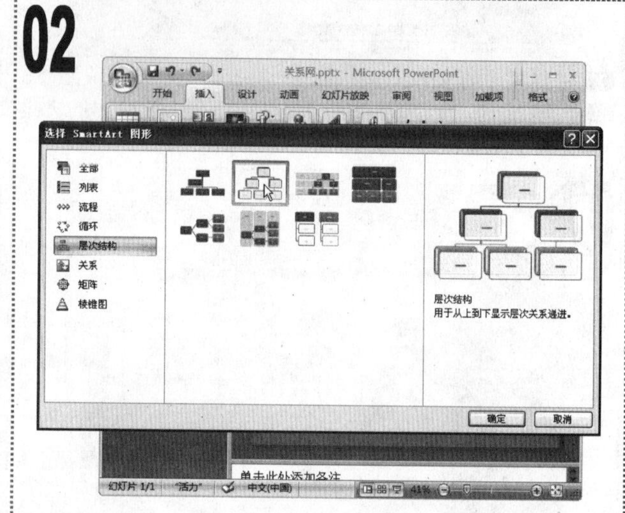

■ 在打开的“选择 SmartArt 图形”对话框中，单击左侧的“层次结构”选项卡，在右侧的窗格中选择“层次结构”选项，单击“确定”按钮。

03

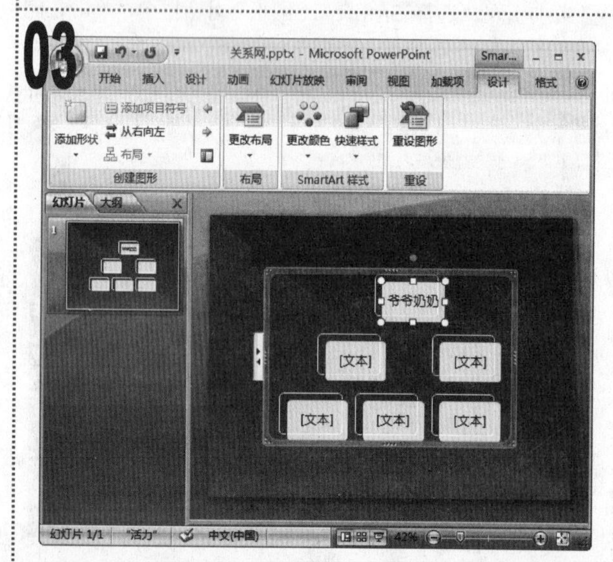

■ 在“幻灯片编辑”窗格中将插入一个 SmartArt 图形，将鼠标光标定位到最上面的形状中，输入文本“爷爷奶奶”。

04

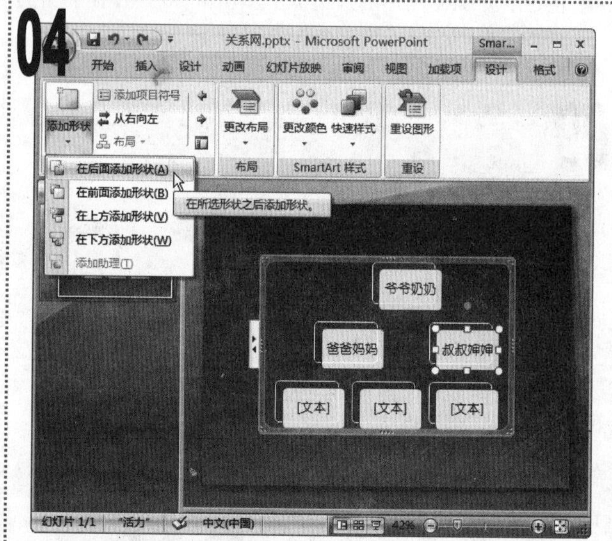

1 在第 2 行的两个形状中分别输入文本“爸爸妈妈”和“叔叔婶婶”。

2 单击“SmartArt 工具/设计”选项卡，在“创建图形”组中单击“添加形状”下拉按钮，在弹出的下拉菜单中选择“在后面添加形状”命令。

05

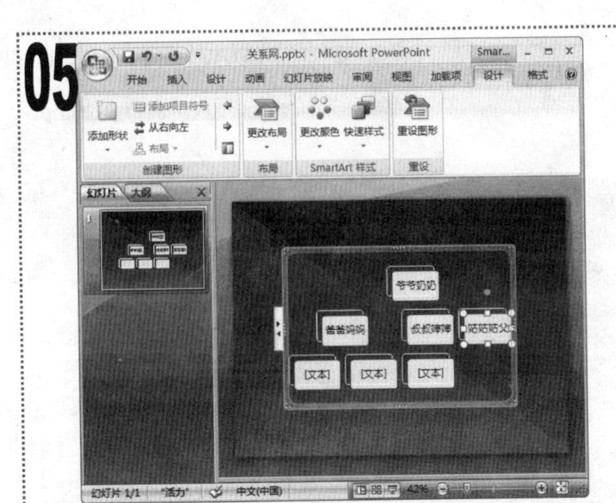

1 在“叔叔婶婶”形状之后将插入一个新的形状，在其上单击鼠标右键，在弹出的快捷菜单中选择“编辑文字”命令，将文本插入点定位到该形状中，输入文本“姑姑姑父”。

06

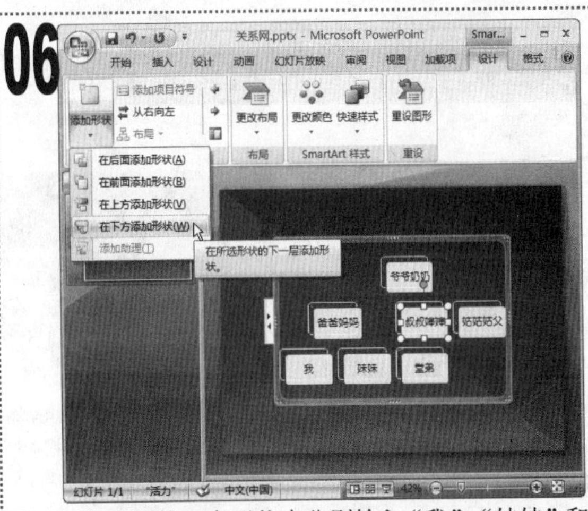

1 在第3行的三个形状中分别输入“我”、“妹妹”和“堂弟”文本，将鼠标光标定位到“叔叔婶婶”形状中。

2 在“SmartArt工具/设计”选项卡的“创建图形”组中单击“添加形状”下拉按钮，在弹出的下拉菜单中选择“在下方添加形状”命令。

07

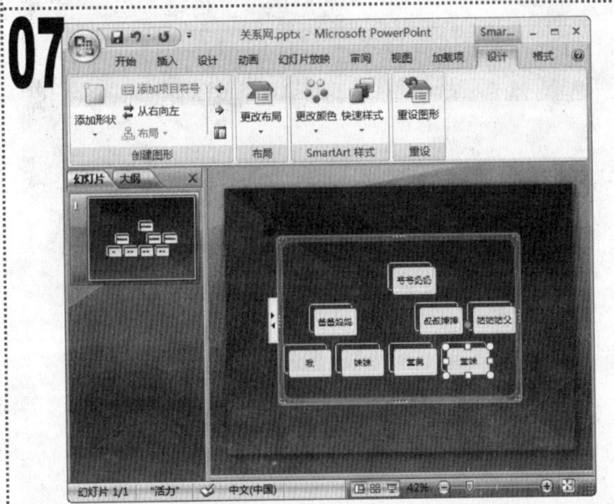

1 在该形状下将添加一个新的形状，将鼠标光标定位到插入的新形状中，输入文本“堂妹”。

08

1 在形状“姑姑姑父”上单击鼠标右键，在弹出的快捷菜单中选择“添加形状/在下方添加形状”命令。

09

1 在插入的新形状中输入文本“表弟”，在该形状上单击鼠标右键，在弹出的快捷菜单中选择“添加形状/在前面添加形状”命令。

10

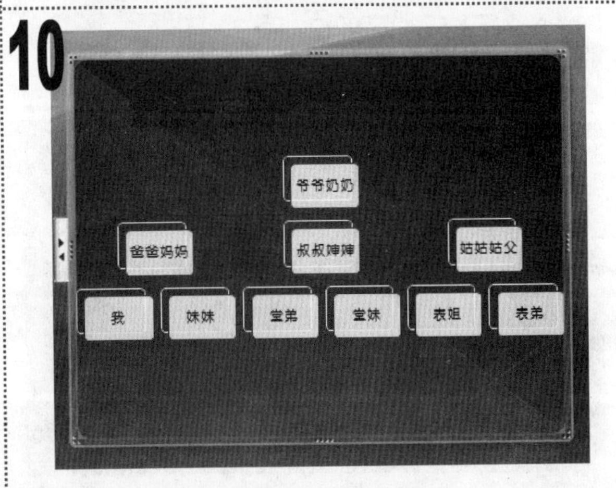

1 在新添加的形状中输入文本“表姐”。

2 调整SmartArt图形的大小和位置，保存演示文稿，完成本例的制作，最终效果如图所示。

实例87 制作“中秋节”幻灯片

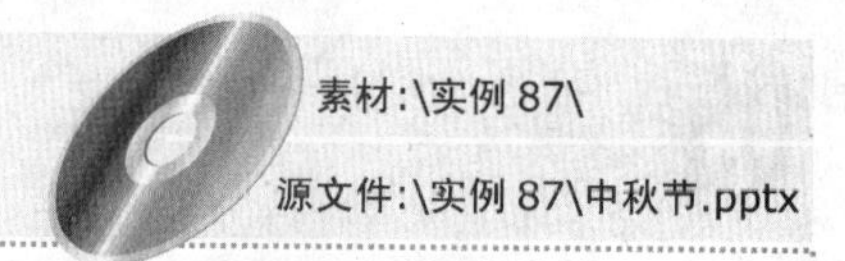

包含知识

- 插入艺术字
- 更改艺术字样式
- 插入图片

重点难点

- 插入艺术字
- 更改艺术字样式
- 插入图片

制作思路

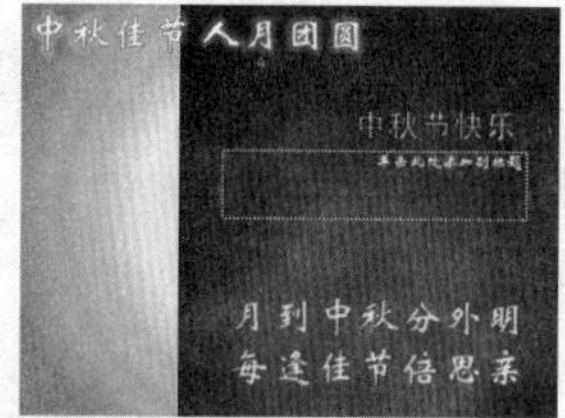

插入艺术字并更改样式

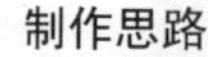

插入图片

01

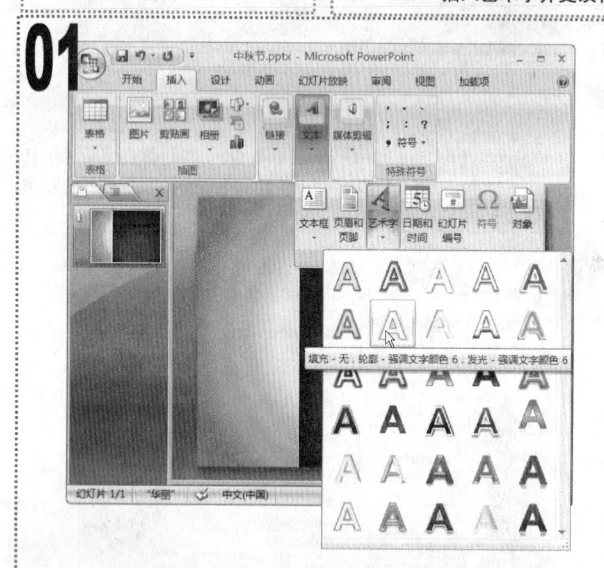

1. 打开“中秋节”演示文稿，单击“插入”选项卡，在“文本”组中单击“艺术字”下拉按钮，在弹出的下拉列表中选择“填充-无，轮廓-强调文字颜色6，发光-强调文字颜色6”选项。

02

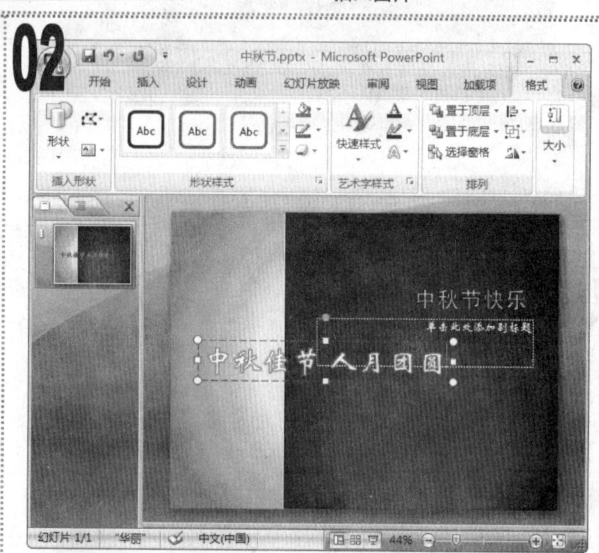

1. 在幻灯片中插入一个“请在此键入您自己的内容”文本框，在其中输入文本“中秋佳节 人月团圆”。

03

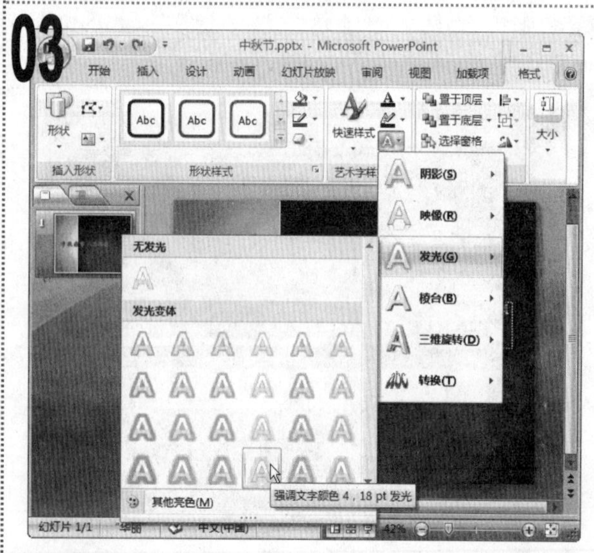

1. 选择艺术字文本框，在“绘图工具/格式”选项卡中单击“艺术字样式”组中的“文本效果”下拉按钮，在弹出的下拉菜单中选择“发光/强调文字颜色4，18pt发光”选项。

04

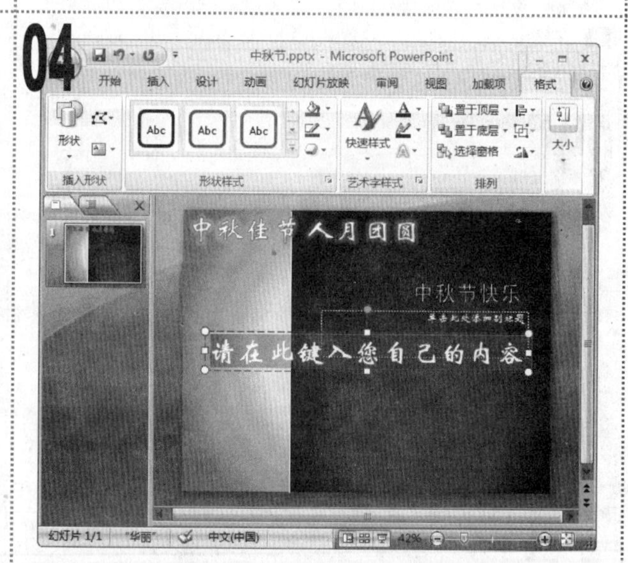

1. 返回到“幻灯片编辑”窗格中，查看应用形状效果后的艺术字，将其移动到幻灯片的左上角。
2. 插入一个艺术字效果为“填充-白色，暖色粗糙棱台”样式的艺术字文本框。

05

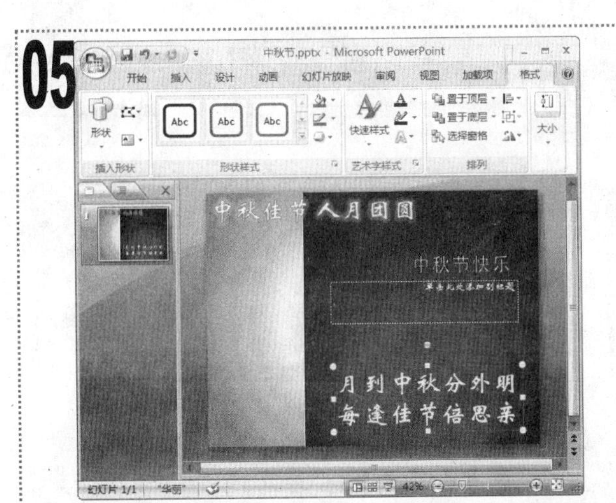

■ 输入文本“月到中秋分外明 每逢佳节倍思亲”，将其移动到幻灯片的右下角。

06

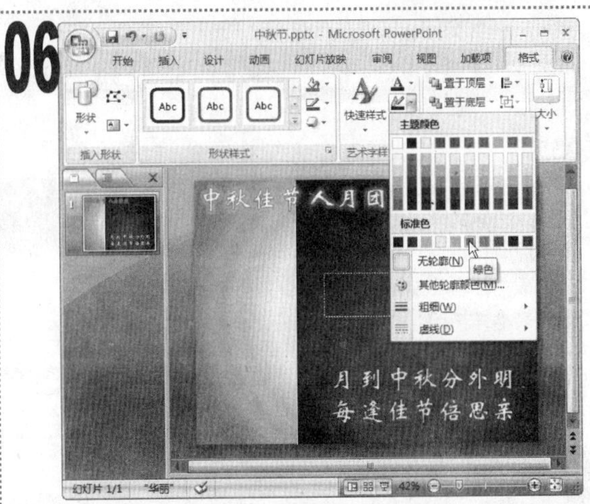

■ 在“绘图工具/格式”选项卡的“艺术字样式”组中，单击“文本轮廓”按钮右侧的下拉按钮，在弹出的下拉菜单中选择“绿色”选项。

07

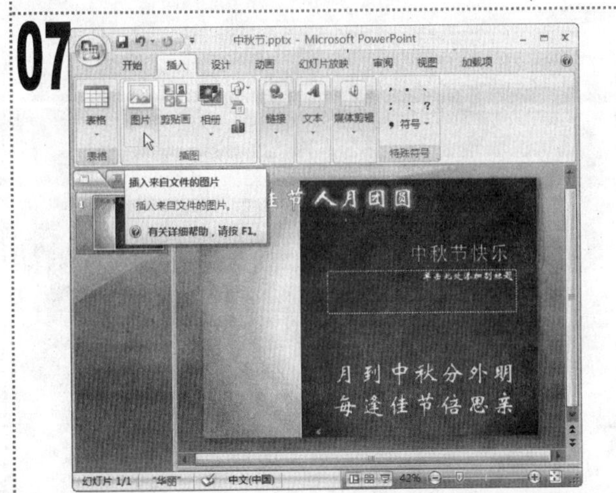

■ 单击“插入”选项卡，在“插图”组中单击“图片”按钮。

08

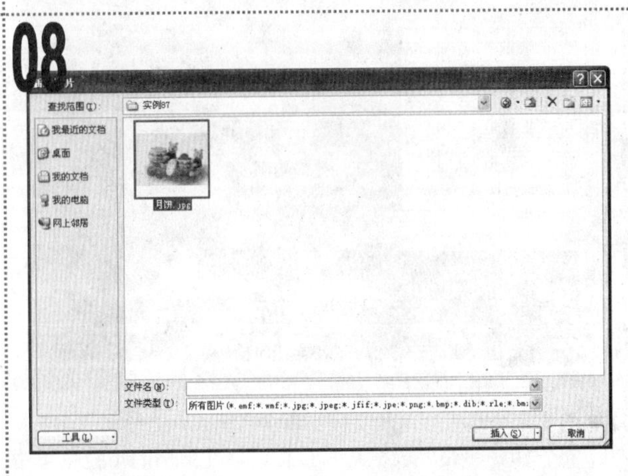

■ 在打开的“插入图片”对话框的“查找范围”下拉列表框中，选择“素材”文件夹所在的位置，在中间的列表框中选择“月饼”图片文件，单击“插入”按钮将其插入到幻灯片中。

09

■ 返回到“幻灯片编辑”窗格中，调整图片的大小，将其调整到幻灯片中间。

10

■ 最后保存演示文稿，完成本例的制作，最终效果如图所示。

实例88 制作“分钱表”幻灯片

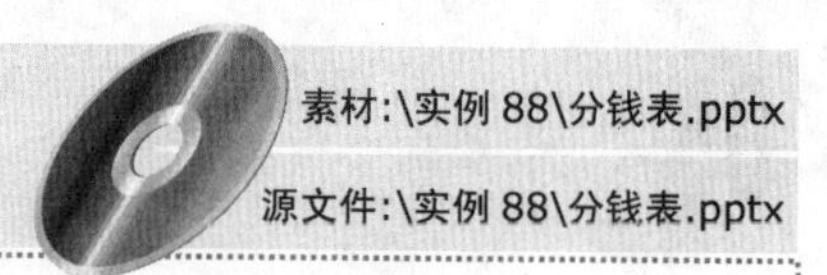

素材:\实例 88\分钱表.pptx

源文件:\实例 88\分钱表.pptx

包含知识

- 插入表格并输入数据
- 设置表格样式

重点难点

- 插入表格并输入数据
- 设置表格样式

制作思路

插入表格并输入数据

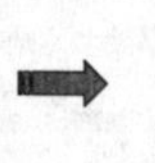

设置表格样式

01 打开“分钱表”演示文稿，单击“插入”选项卡，在“表格”组中单击“表格”下拉按钮，在弹出的下拉菜单中选择“插入表格”命令。

02 在打开的“插入表格”对话框的“列数”和“行数”数值框中，分别输入“7”和“6”，单击“确定”按钮。

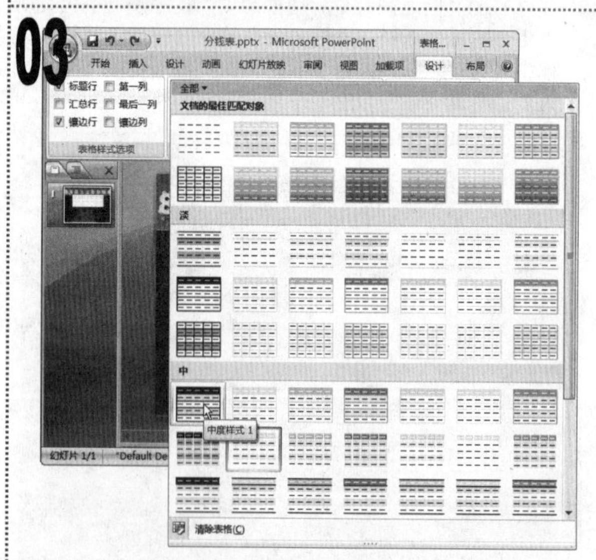

03 返回“幻灯片编辑”窗格，选择插入的表格，在“表格工具/设计”选项卡的“表格样式”组中，选择列表框中的“中度样式 1”选项。

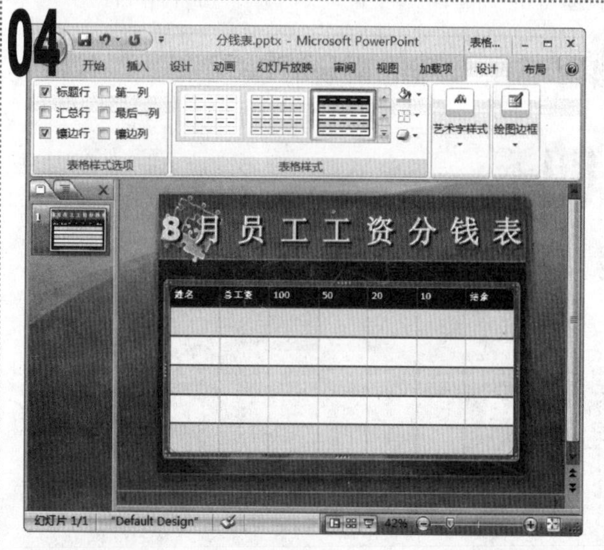

04 在表格的第 1 行单元格中，输入文本“姓名”、“总工资”、“100”、“50”、“20”、“10”和“结余”，调整表格的大小。

05

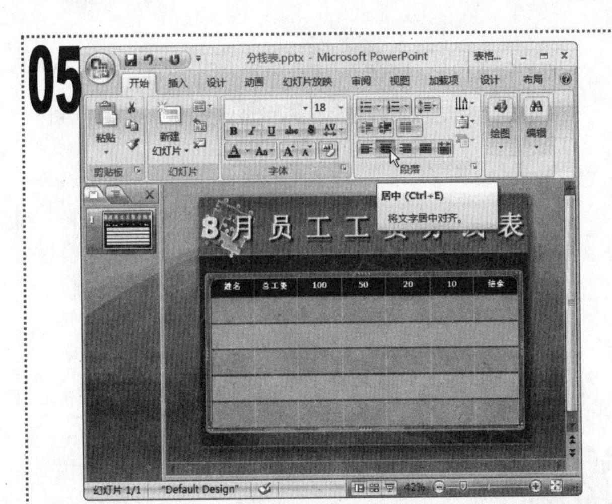

1 将鼠标光标定位到第 1 个单元格中，按住【Shift】键不放单击最后一行最后一个单元格，选择所有单元格，在“开始”选项卡中单击“段落”组中的“居中”按钮，设置单元格中的文本水平居中显示。

06

1 保持表格的选中状态，单击“段落”组中的“对齐文本”下拉按钮，在弹出的下拉菜单中选择“中部对齐”命令，设置单元格中的文本在垂直方向上中部对齐。

07

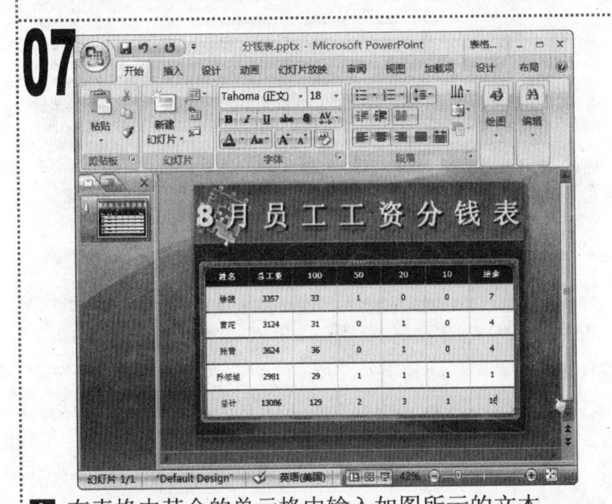

1 在表格中其余的单元格中输入如图所示的文本。

08

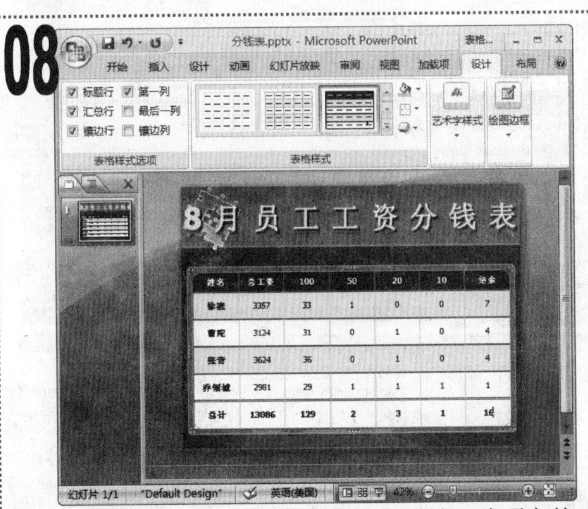

1 选择插入的表格，在“表格工具/设计”选项卡的“表格样式选项”组中，选中“汇总行”和“第一列”复选框，将其中的文本加粗显示。

09

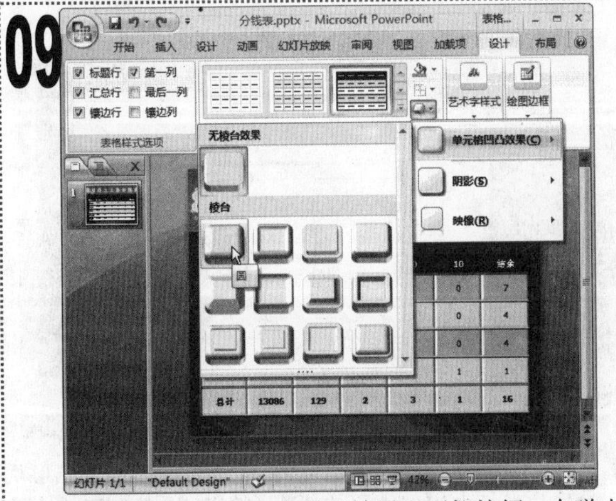

1 单击“表格样式”组中的“效果”下拉按钮，在弹出的下拉菜单中选择“单元格凹凸效果/圆”选项，在“幻灯片编辑”窗格中将出现关于该效果的预览。

10

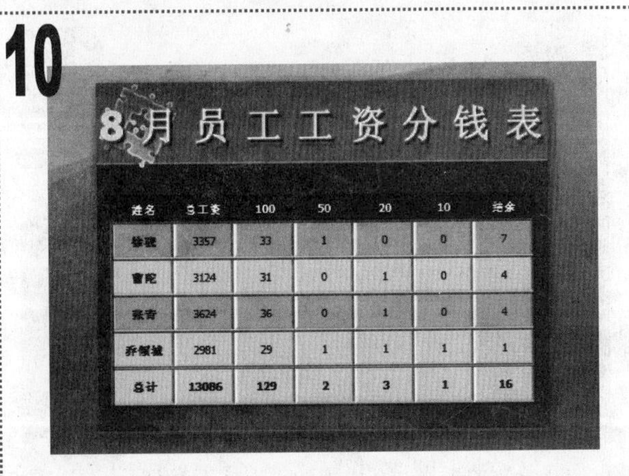

1 最后保存演示文稿，完成本例的制作，最终效果如图所示。

实例89 制作“比赛记录”幻灯片

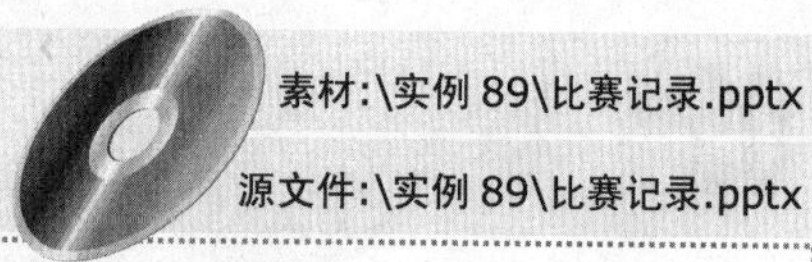

包含知识

- 手动绘制表格
- 设置表格单元格大小
- 设置单元格字体格式

重点难点

- 手动绘制表格
- 设置表格单元格大小
- 设置单元格字体格式

制作思路

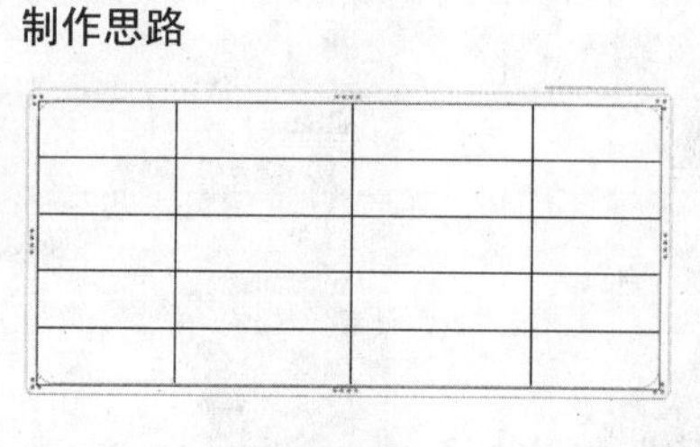

绘制表格

第一局	11	1：0	9
第二局	5	1：1	11
第三局	11	2：1	8
第四局	11	3：1	9
胜负	张三	3：1	李四

设置单元格格式并输入文本

01

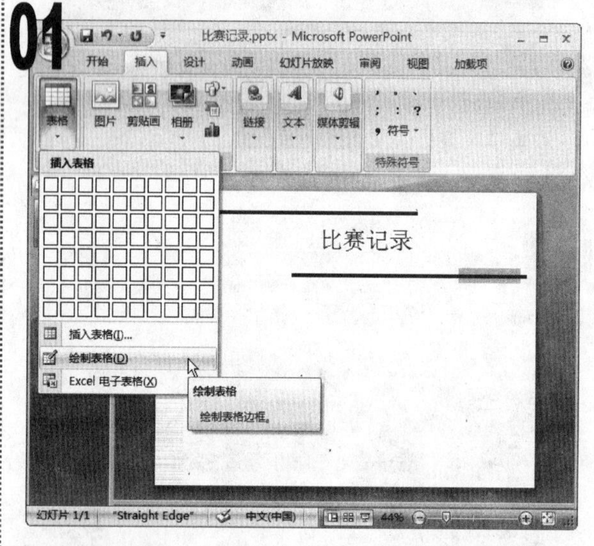

1 打开“比赛记录”演示文稿，单击“插入”选项卡，在“表格”组中单击“表格”下拉按钮，在弹出的下拉菜单中选择“绘制表格”命令。

02

1 将鼠标光标移动到“幻灯片编辑”窗格中，当其变为“$\mathscr{/}$”形状时按住鼠标左键进行拖动，在幻灯片中绘制一个表格。

03

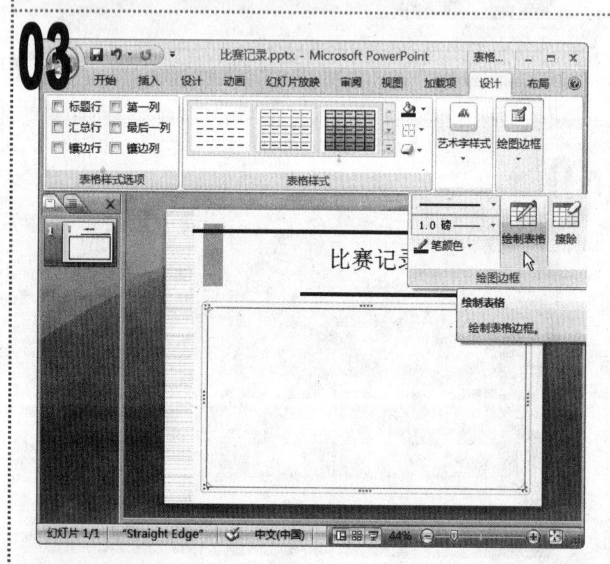

1 选择绘制的表格，在出现的“表格工具/设计”选项卡中，单击“绘图边框”组中的“绘制表格”按钮。

04

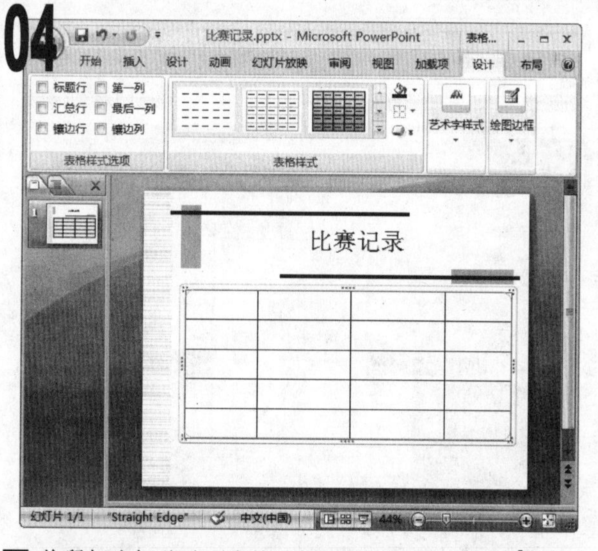

1 将鼠标光标移动到表格边框内部，当其变为“✎”形状时按住鼠标左键向水平或垂直方向拖动，绘制表格中的框线，将表格绘制成如图所示的样子。

05

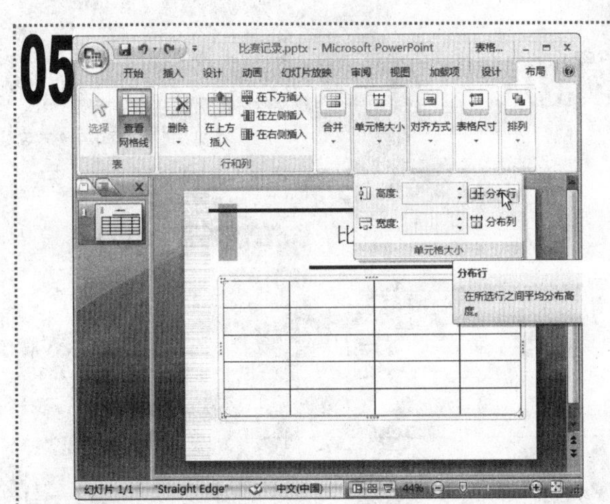

■ 选择绘制的表格，单击“表格工具/布局”选项卡，在“单元格大小”组中单击“分布行”按钮，将表格中的所有行等高显示。

06

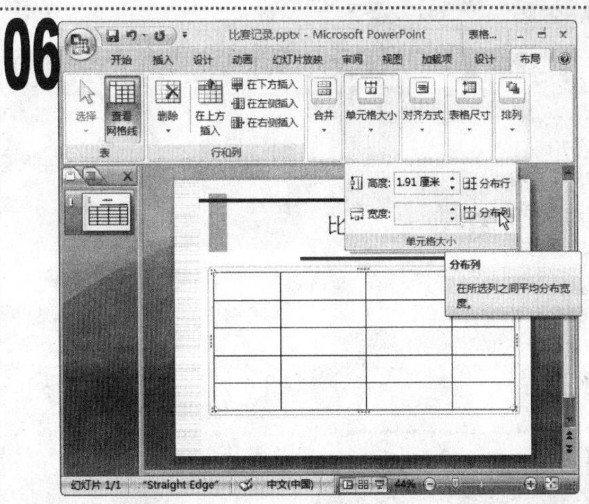

■ 选择绘制的表格，单击“表格工具/布局”选项卡，在“单元格大小”组中单击“分布列”按钮，将表格中的所有列等宽显示。

07

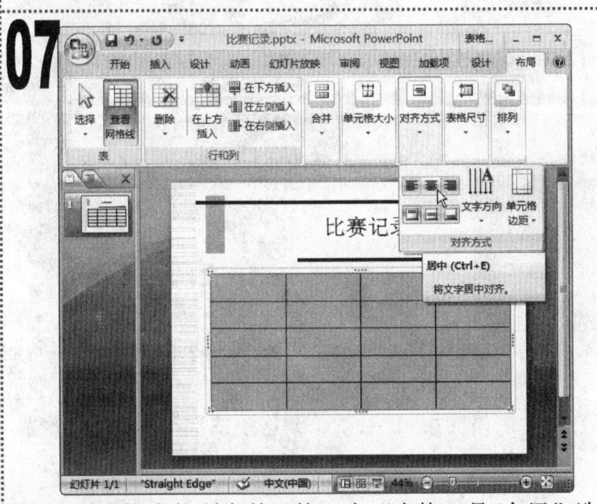

■ 选择表格中的所有单元格，在“表格工具/布局”选项卡中单击“对齐方式”组中的“居中”按钮，设置表格文本居中对齐，单击“垂直居中”按钮，设置表格文本在垂直方向上居中对齐。

08

■ 保持表格中所有单元格的选中状态不变，单击“开始”选项卡，在“字体”组的“字体”下拉列表框中选择“华文楷体”选项，在“字号”下拉列表框中选择“28”选项。

09

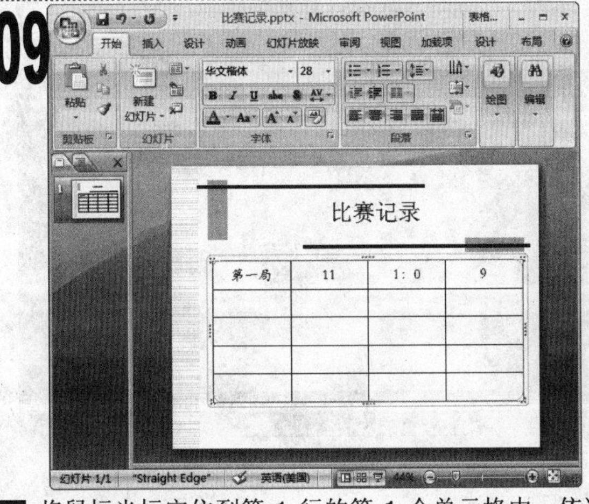

■ 将鼠标光标定位到第 1 行的第 1 个单元格中，依次在第 1 行的四个单元格中输入文本“第一局”、“11”、“1：0”和“9”。

10

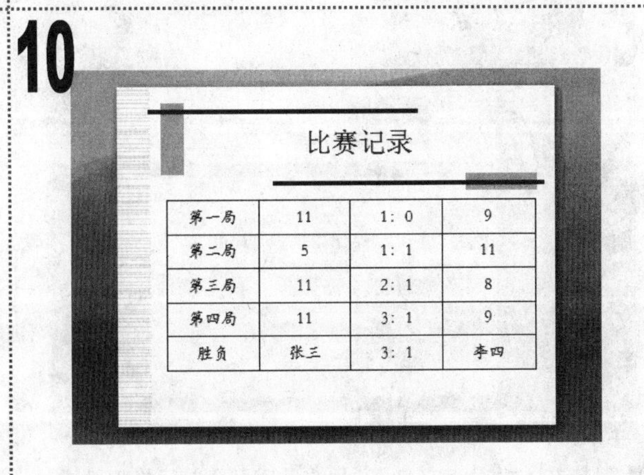

■ 依次在下方的单元格中输入如图所示的文本，保存演示文稿，完成本例的制作。

实例90 制作“库存报表”幻灯片

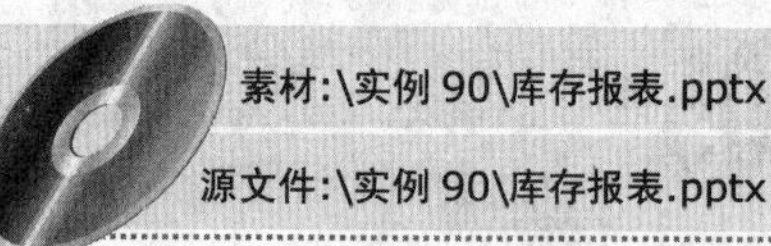

素材:\实例 90\库存报表.pptx

源文件:\实例 90\库存报表.pptx

包含知识

- 插入行和列
- 删除行和列

重点难点

- 插入行和列
- 删除行和列

制作思路

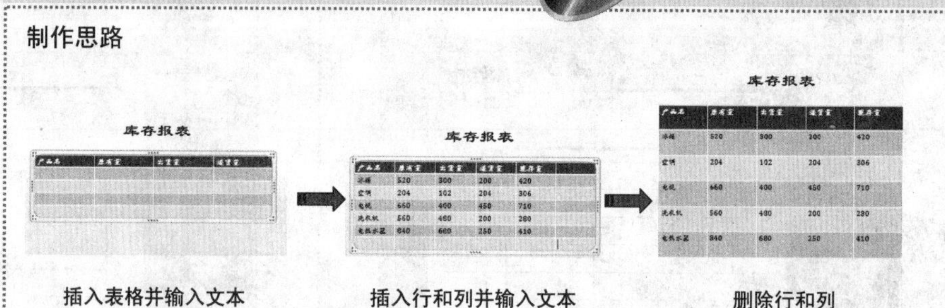

1. 打开“库存报表”演示文稿，单击“插入”选项卡，在“表格”组中单击“表格”下拉按钮，在弹出的下拉菜单中选择“4×5表格”选项。

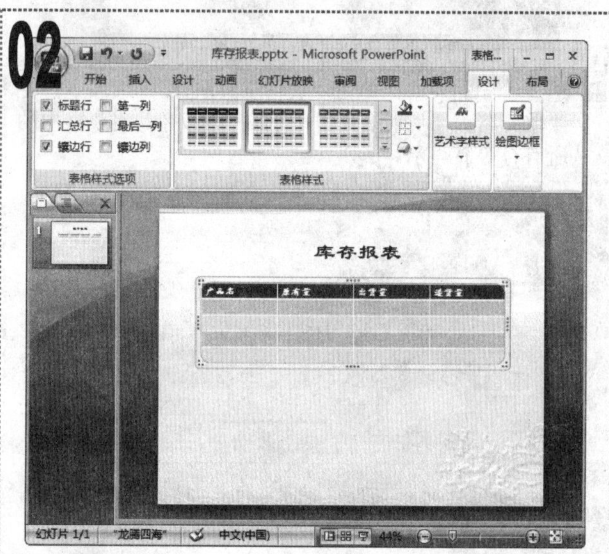

1. 在插入表格的第1行的单元格中依次输入文本“产品名”、“原有量”、“出货量”和“进货量”。

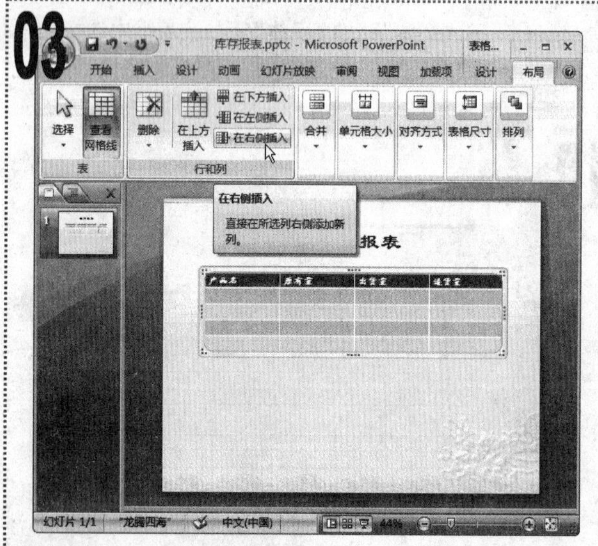

1. 保持文本插入点在第1行的最后一个单元格中，单击“表格工具/布局”选项卡，在“行和列”组中单击“在右侧插入”按钮两次，在表格右侧插入两列单元格。

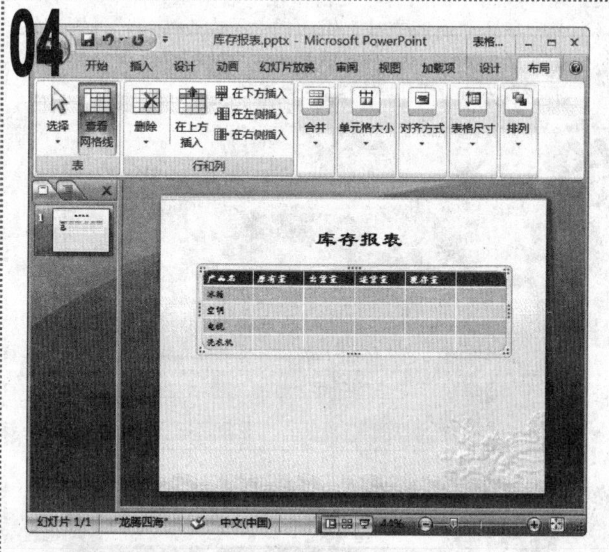

1. 将鼠标光标定位到第1行的第5个单元格中，输入文本“现存量”。
2. 在每一行的第1个单元格中，依次输入文本“冰箱”、“空调”、“电视”和“洗衣机”。

05

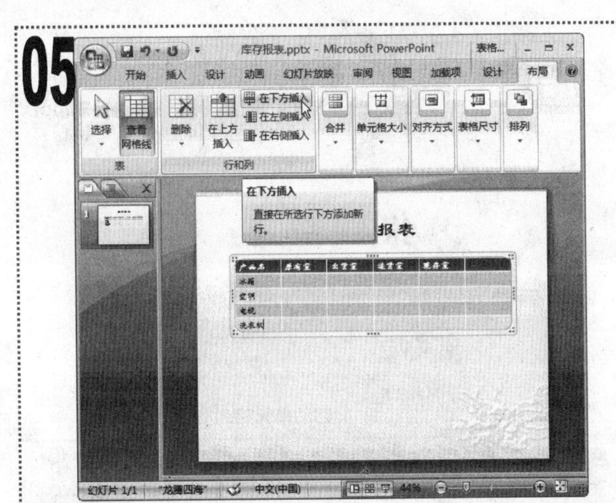

■ 将鼠标光标定位到第5行的第1个单元格中，单击“表格工具/布局”选项卡，在“行和列”组中单击“在下方插入”按钮两次，在表格下方插入两行单元格。

06

■ 在表格中输入如图所示的文本。

■ 将鼠标光标定位到最后一行的最后一个单元格中。

07

■ 单击“表格工具/布局”选项卡，在“行和列”组中单击“删除”下拉按钮，在弹出的下拉菜单中选择“删除列”命令。

08

■ 将鼠标光标定位到最后一行的任意单元格中，单击“表格工具/布局”选项卡，在“行和列”组中单击“删除”下拉按钮，在弹出的下拉菜单中选择“删除行”命令。

09

■ 删除文本插入点的所在行后，调整表格的大小和位置。保存演示文稿，完成本例的制作，最终效果如图所示。

知识提示

将文本插入点定位到需要删除的行或列中后，单击鼠标右键，在弹出的快捷菜单中选择“删除行”或“删除列”命令，也可以删除对应的行或列。

剪切(T)
复制(C)
粘贴(P)
字体(F)...
项目符号(B)
编号(N)
汉字重选(V)
超链接(H)...
同义词(Y)
插入(I)
删除行(R)
删除列(L)
合并单元格(M)
拆分单元格(E)...
选择表格(A)
设置形状格式(O)...

实例91 制作“报销列表”幻灯片

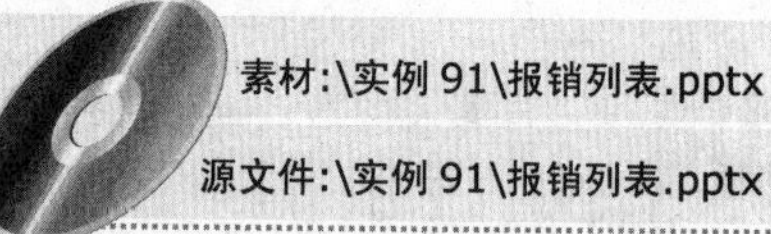

素材:\实例 91\报销列表.pptx

源文件:\实例 91\报销列表.pptx

包含知识

- 合并单元格
- 移动单元格内容

重点难点

- 合并单元格
- 移动单元格内容

制作思路

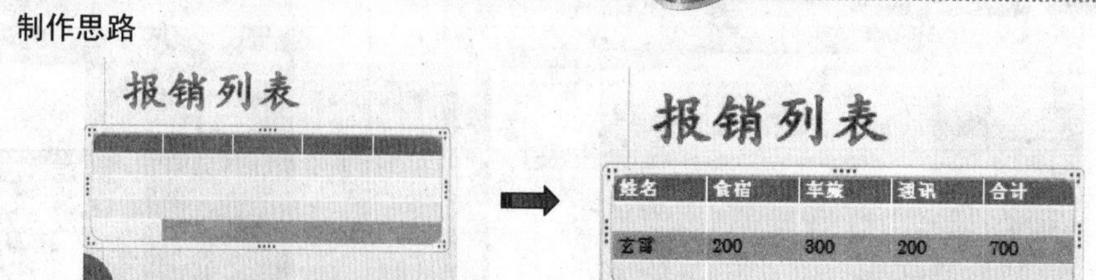

插入表格并合并单元格　　移动单元格内容

01

1 打开“报销列表”演示文稿，单击“插入”选项卡，在“表格”组中单击“表格”下拉按钮，在弹出的下拉菜单中选择“插入表格”命令，在打开的“插入表格”对话框的“列数”和“行数”数值框中都输入“5”，单击“确定”按钮。

02

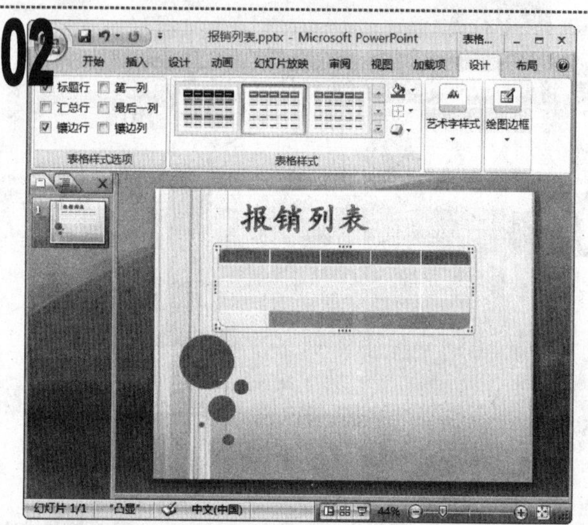

1 将鼠标光标定位到最后一行的第 2 个单元格中，按住【Shift】键不放单击最后一个单元格，选择这两个单元格之间的所有单元格。

03

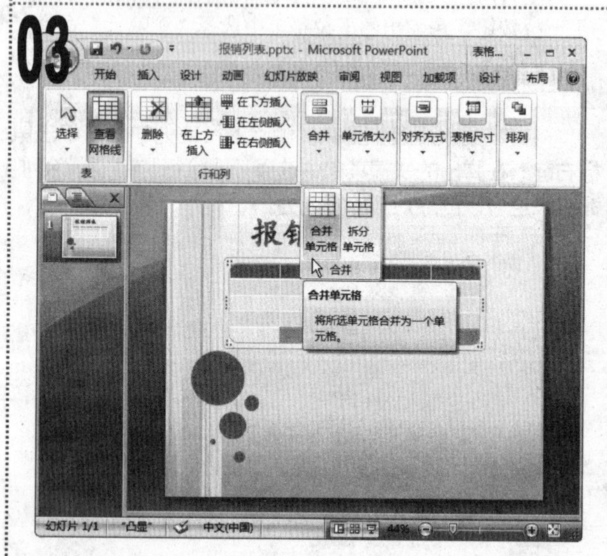

1 单击“表格工具/布局”选项卡，在“合并”组中单击“合并单元格”按钮，将选中的单元格合并为一个单元格。

04

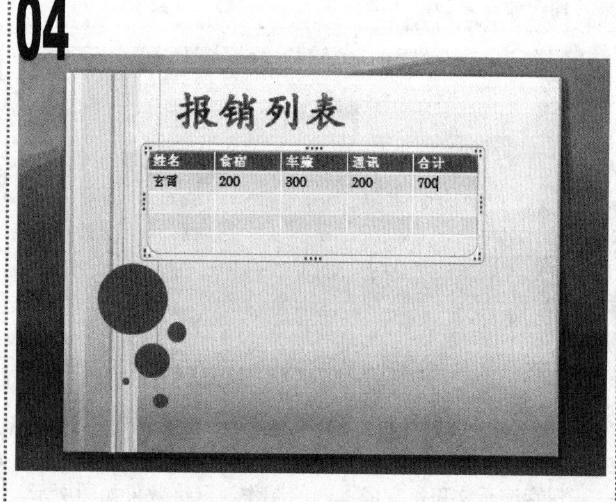

1 将鼠标光标定位到第 1 行的第 1 个单元格中，输入文本“姓名”，然后依次在后面的单元格中输入如图所示的文本。

05

1 选择第 2 行中的所有单元格，单击“开始”选项卡，在“剪贴板”组中单击“剪切”按钮。此时，第 2 行单元格中的文本连同表格将被剪切到剪贴板中。

06

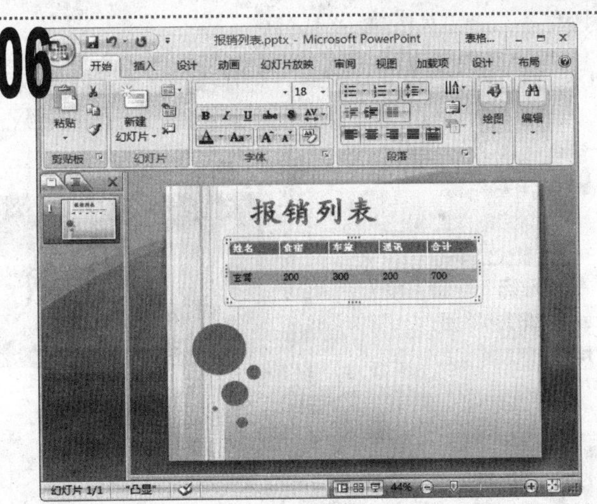

1 将鼠标光标定位到第 3 行的第 1 个单元格中，在“开始”选项卡的“剪贴板”组中单击“粘贴”按钮，将原来第 2 行中的文本移动到第 3 行中。

07

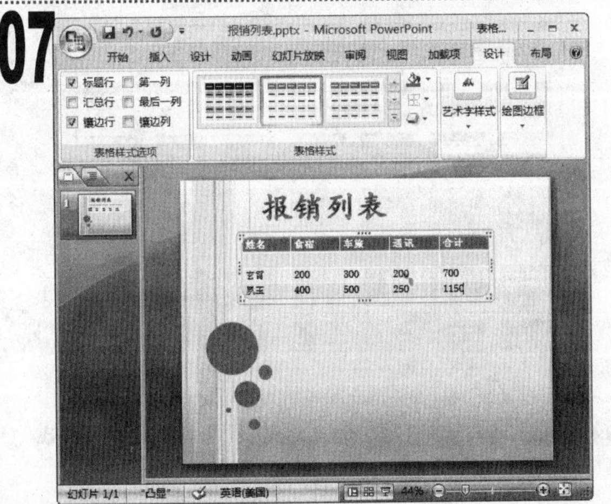

1 将鼠标光标定位到第 4 行中，在“开始”选项卡中单击“剪贴板”组中的“粘贴”按钮。

2 将第 4 行中的内容进行如图所示的修改。

08

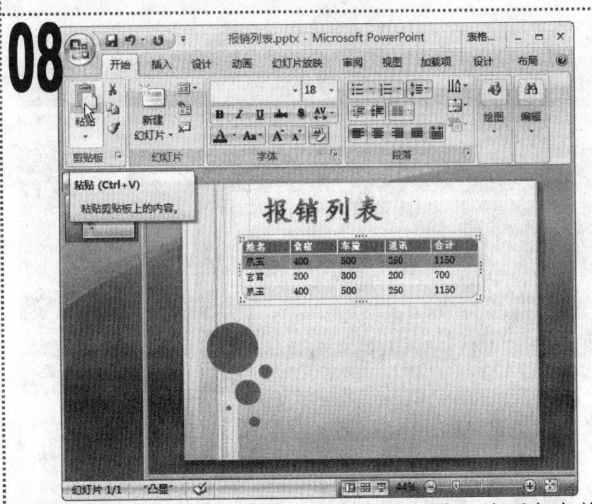

1 选择第 4 行中的所有文本，在“开始”选项卡中单击“剪贴板”组中的“复制”按钮，将其复制到剪贴板中。

2 将鼠标光标定位到第 2 行中，单击“粘贴”按钮将复制的内容粘贴到其中。

09

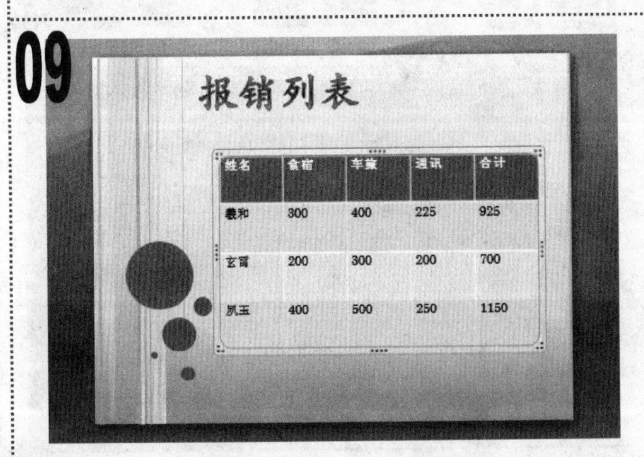

1 对第 2 行中的文本进行修改，调整表格的大小和位置，如图所示。

2 保存演示文稿，完成本例的制作。

知识提示

在“剪贴板”组中单击右下角的对话框启动器，可以打开“剪贴板”任务窗格，使用复制或剪切命令后复制或剪切的内容将在其中显示。

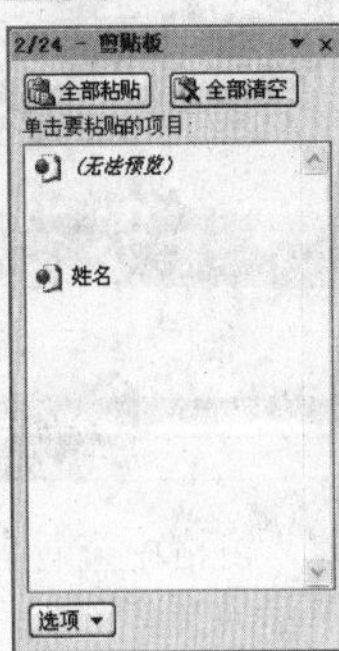

实例92 编辑“续借表”幻灯片

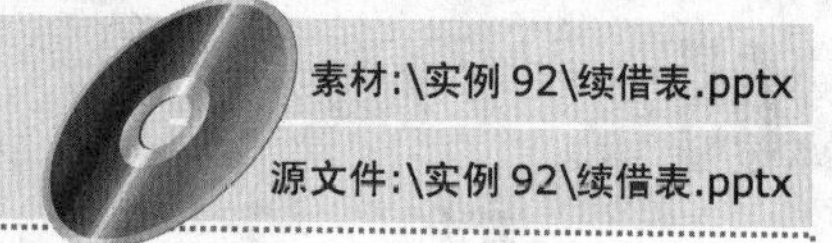

素材:\实例 92\续借表.pptx

源文件:\实例 92\续借表.pptx

包含知识

- 应用表格样式
- 清除表格样式
- 设置快速样式

重点难点

- 应用表格样式
- 清除表格样式

制作思路

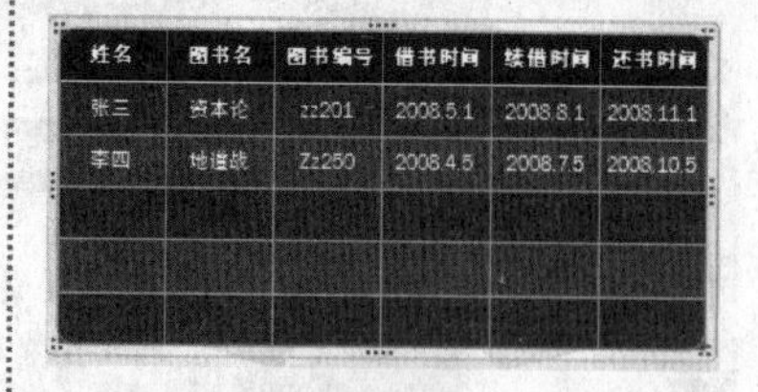

应用表格样式

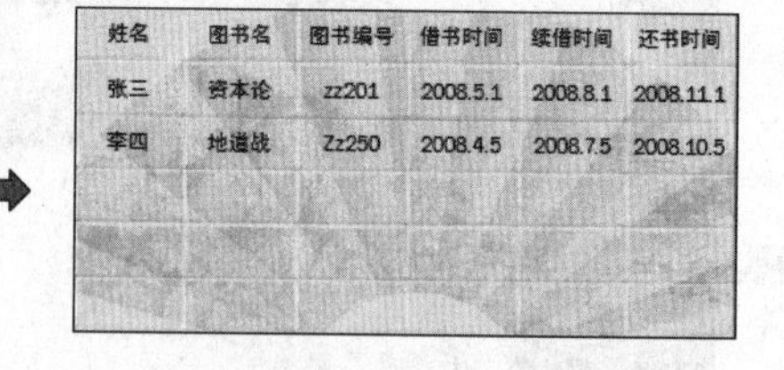

清除表格样式并自定义表格样式

01

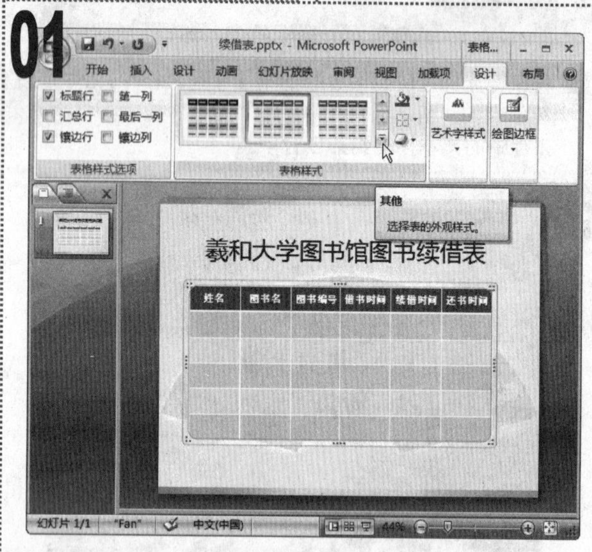

■ 打开“续借表”演示文稿，选择幻灯片中的表格，在“表格工具/设计”选项卡中，单击“表格样式”组中的列表框右下角的“其他”按钮。

02

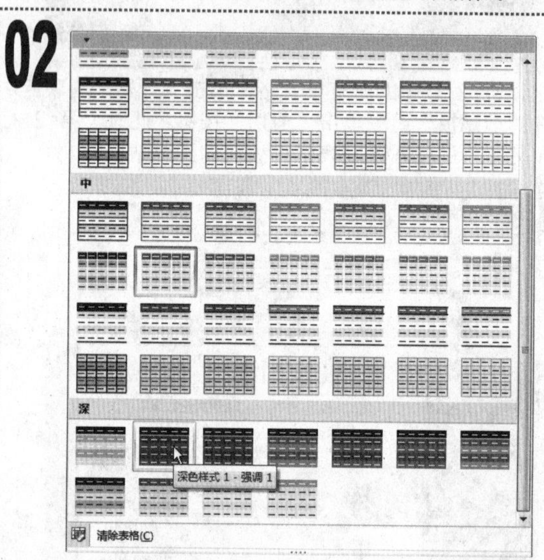

■ 在弹出的下拉菜单的“深”栏中，选择“深色样式 1-强调 1”选项。

03

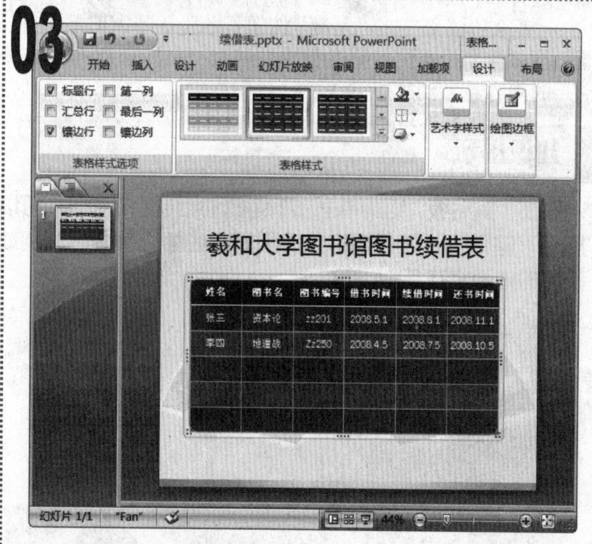

■ 返回“幻灯片编辑”窗格中查看应用了样式的表格，在表格中输入如图所示的文本。

04

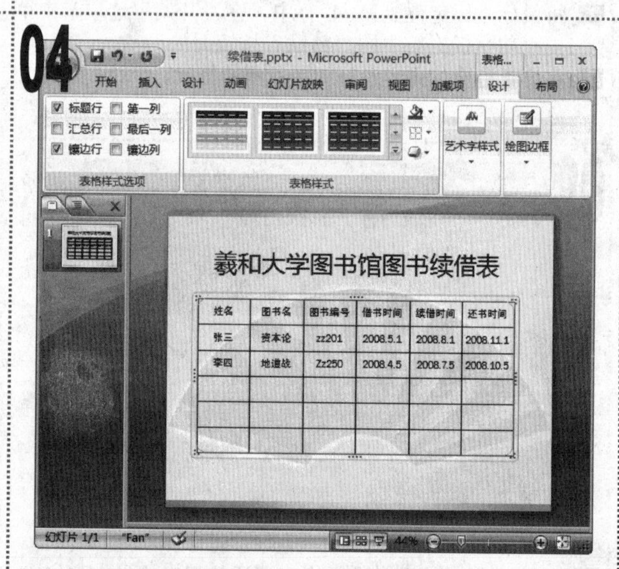

■ 单击表格边框选择表格，在“表格样式”组中单击列表框右下角的“其他”按钮，在弹出的下拉菜单中选择“清除表格”命令，将表格样式清除。

05

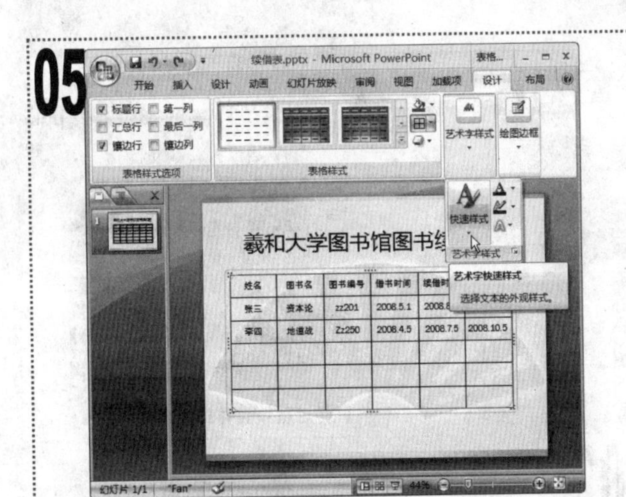

■ 保持表格的选中状态，在“表格工具/设计”选项卡的“艺术字样式”组中，单击“快速样式”下拉按钮。

06

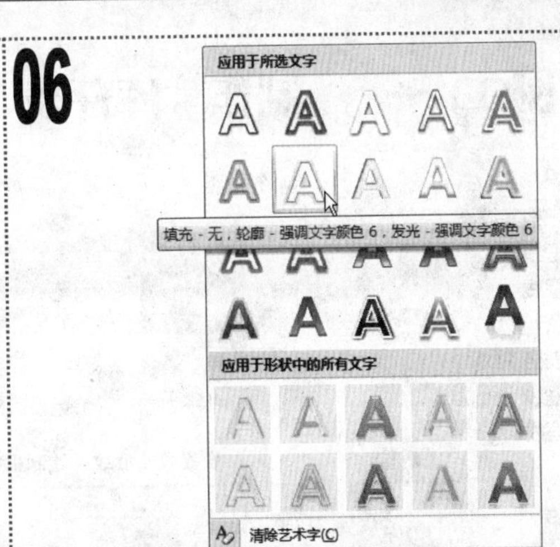

■ 在弹出的下拉菜单中选择“填充-无，轮廓-强调文字颜色6，发光-强调文字颜色6”选项。

07

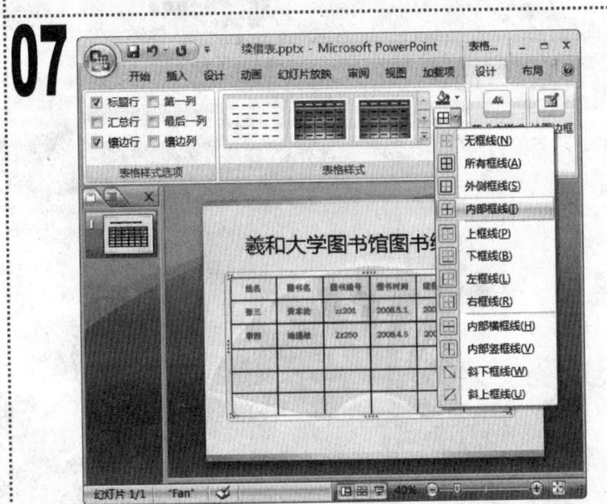

■ 返回到“幻灯片编辑”窗格中，可以看到表格中的文本已经应用了艺术字的快速样式。

■ 保持表格的选中状态不变，在“表格样式”组中单击“边框”按钮右侧的下拉按钮，在弹出的下拉菜单中选择“内部框线”命令。

08

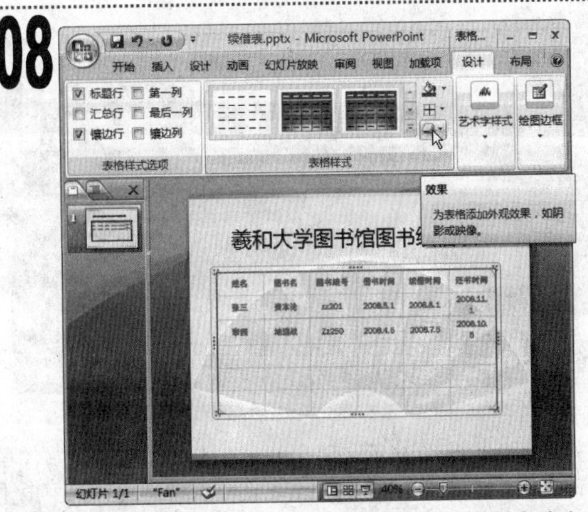

■ 在“幻灯片编辑”窗格中可以看到表格的所有内部框线都被消除了。

■ 保持表格的选中状态不变，在“表格样式”组中单击“效果”下拉按钮。

09

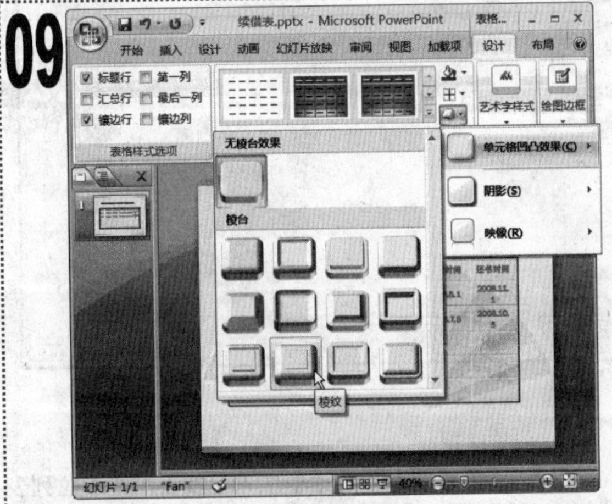

■ 在弹出的下拉菜单中选择“单元格凹凸效果/棱纹”选项，为表格中的单元格添加样式。

10

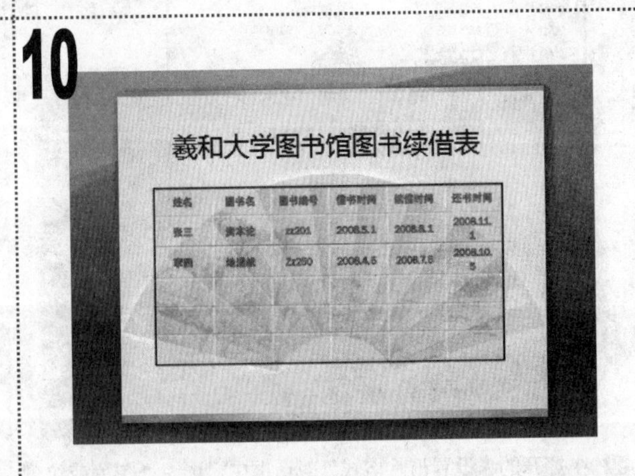

■ 返回“幻灯片编辑”窗格即可查看应用表格样式后的效果。最后保存演示文稿，完成本例的制作。

实例93 制作“库存表”幻灯片

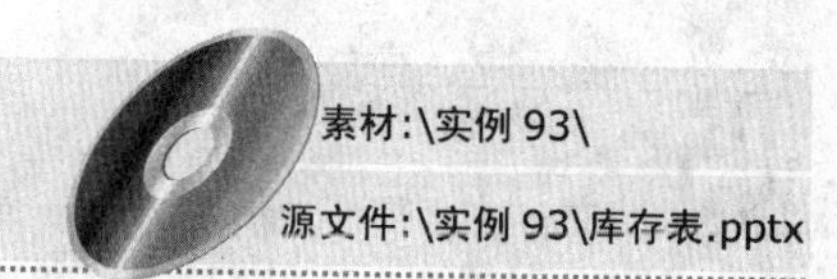
素材:\实例 93\

源文件:\实例 93\库存表.pptx

包含知识

- 设置表格底纹
- 绘制框线
- 擦除框线

重点难点

- 设置表格底纹
- 绘制框线
- 擦除框线

制作思路

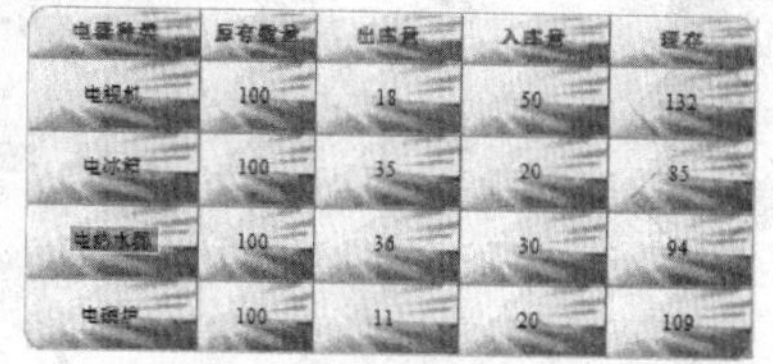

设置表格底纹并绘制框线

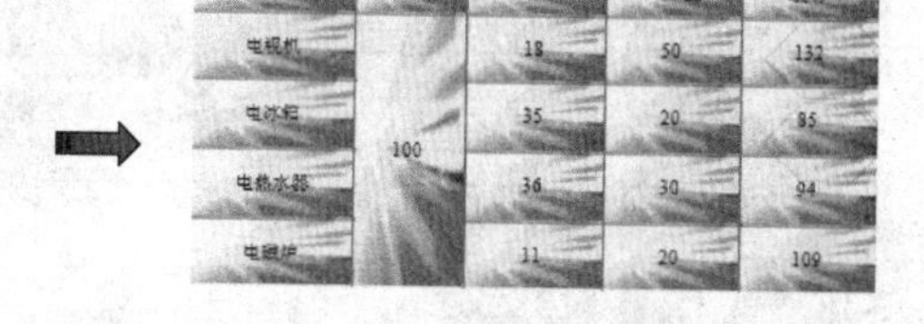

擦除框线合并单元格

01

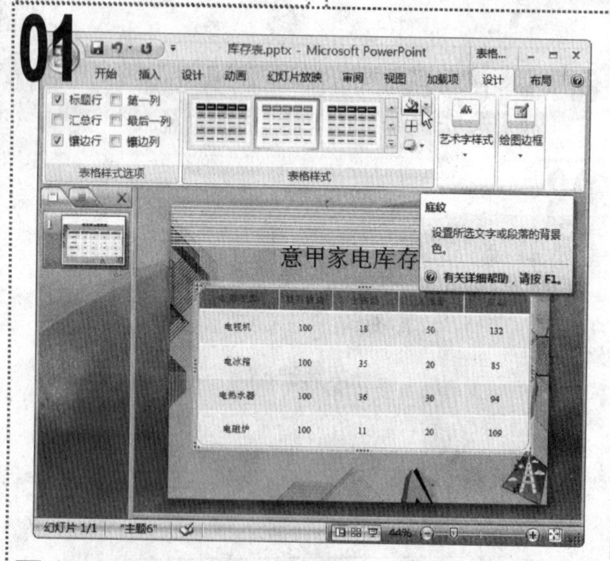

打开“库存表”演示文稿，单击表格边框选择表格，单击“表格工具/设计”选项卡，在“表格样式”组中单击“底纹”按钮右侧的下拉按钮。

02

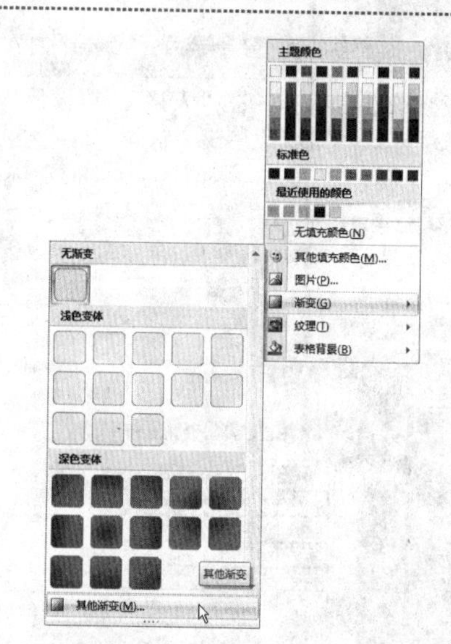

在弹出的下拉菜单中选择“渐变/其他渐变”命令。

03

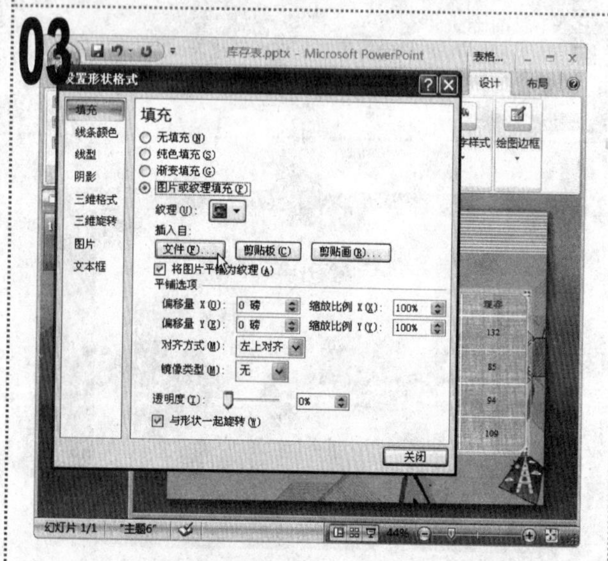

在打开的“设置形状格式”对话框中，选中“图片或纹理填充”单选按钮，在“插入自”栏中单击“文件”按钮。

04

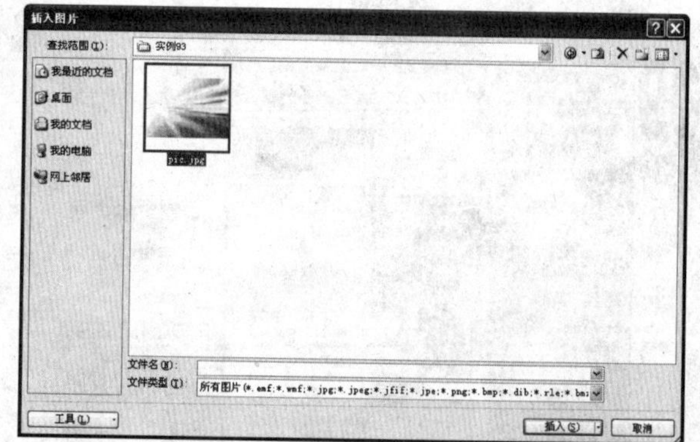

在打开的“插入图片”对话框的“查找范围”下拉列表框中，选择“素材”文件夹所在的位置，在中间的列表框中选择图片文件“pic”，单击“插入”按钮。

05

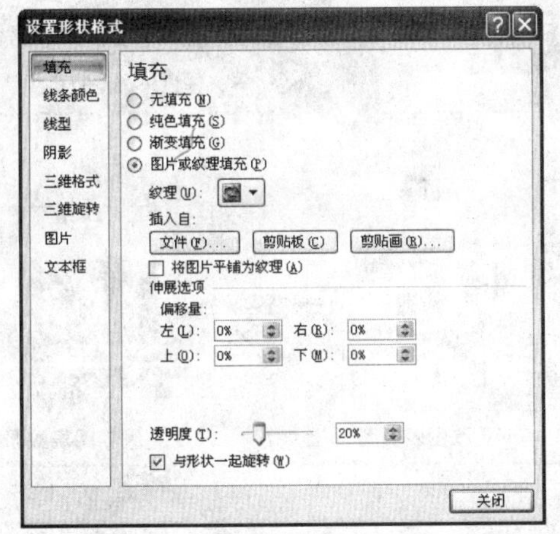

1 返回“设置形状格式”对话框，在“透明度”数值框中输入数值“20%”，单击“关闭”按钮。

06

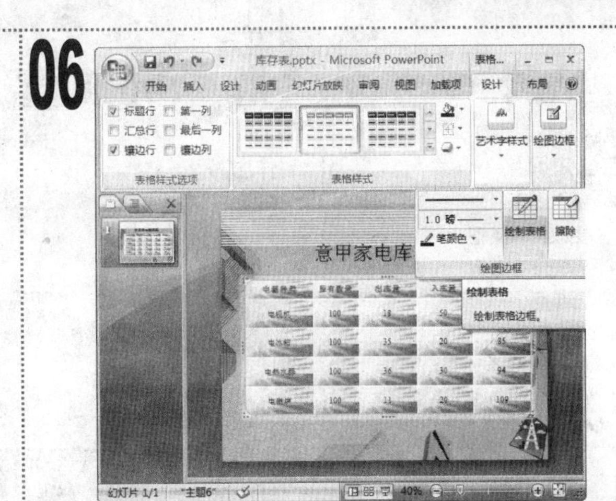

1 返回到“幻灯片编辑”窗格中，表格中的所有单元格背景将被替换为插入的图片。

2 保持表格的选中状态，单击“表格工具/设计”选项卡，在“绘图边框”组中单击“绘制表格”按钮。

07

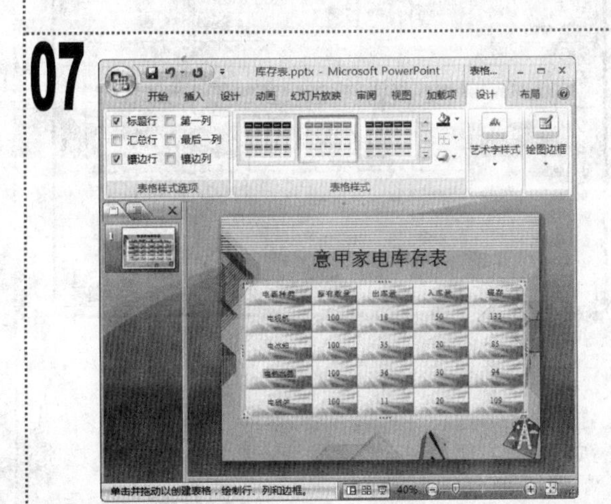

1 在“绘图边框”组中单击“笔颜色”下拉按钮，在弹出的下拉菜单中选择“蓝色，强调文字颜色2，淡色40%”选项。

2 在表格中绘制如图所示的框线。

08

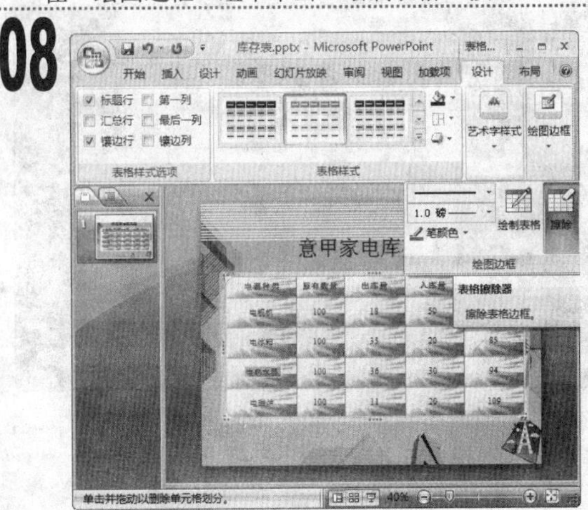

1 在“表格工具/设计”选项卡的“绘图边框”组中，单击“擦除”按钮。

09

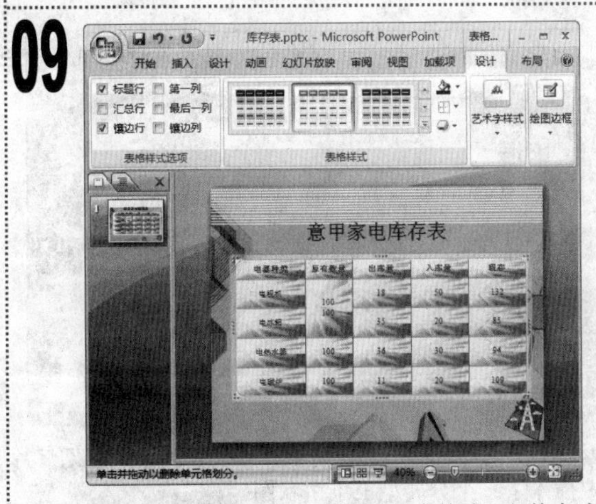

1 将鼠标光标移动到“幻灯片编辑”窗格中，当其变为“”形状时在要擦除的框线上单击鼠标左键，即可将该处的框线擦除，此时该框线相邻的两个单元格将被合并。

10

1 继续擦除表格中的框线，对合并后的单元格的数据进行修改。保存演示文稿，完成本例的制作，最终效果如图所示。

实例94 制作“市场调查”幻灯片

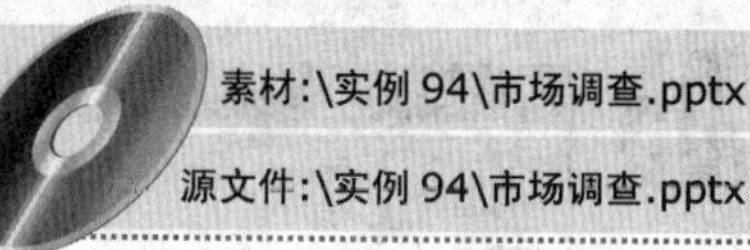

素材:\实例 94\市场调查.pptx

源文件:\实例 94\市场调查.pptx

包含知识

- 插入图表
- 更改图表类型
- 编辑图表数据

重点难点

- 插入图表
- 更改图表类型
- 编辑图表数据

制作思路

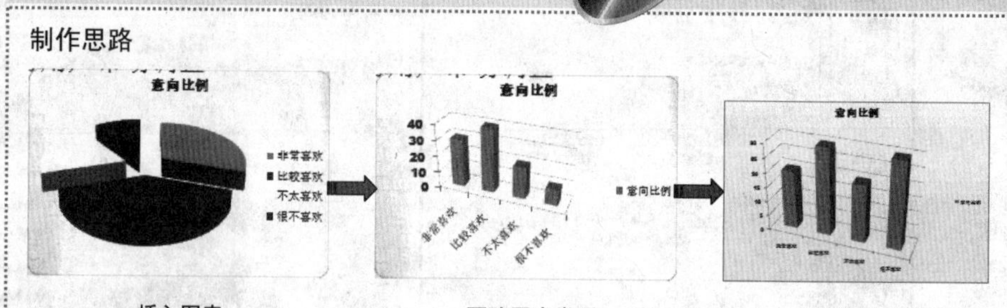

插入图表　　更改图表类型　　编辑图表数据

01

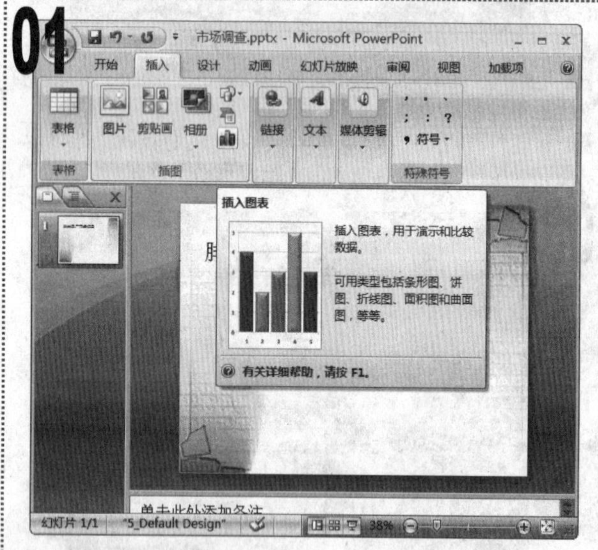

■ 打开“市场调查”演示文稿，单击“插入”选项卡，在“插图”组中单击“插入图表”按钮。

02

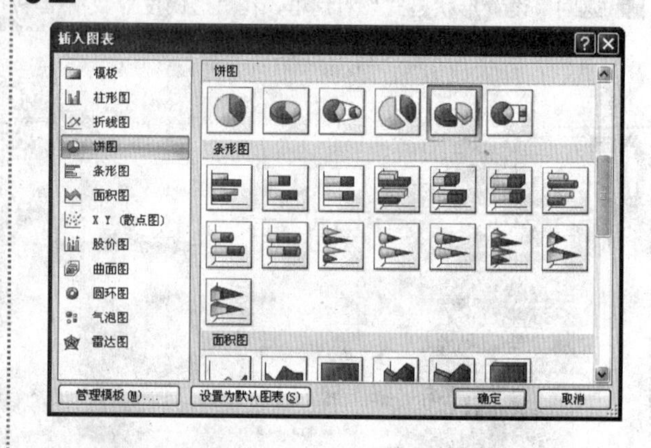

■ 在打开的“插入图表”对话框中单击左侧的“饼图”选项卡，在右侧的窗格中选择“分离型三维饼图”选项，单击“确定”按钮。

03

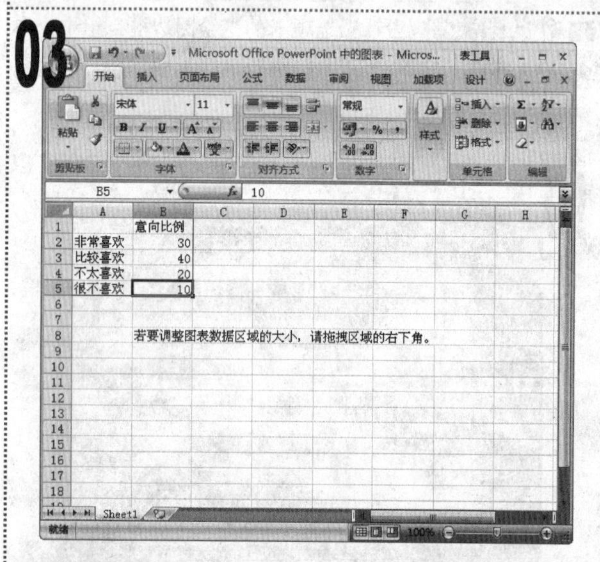

■ 在打开的“Microsoft Office PowerPoint 中的图表”Excel 窗口中，输入如图所示的内容，完成后单击“关闭”按钮。

04

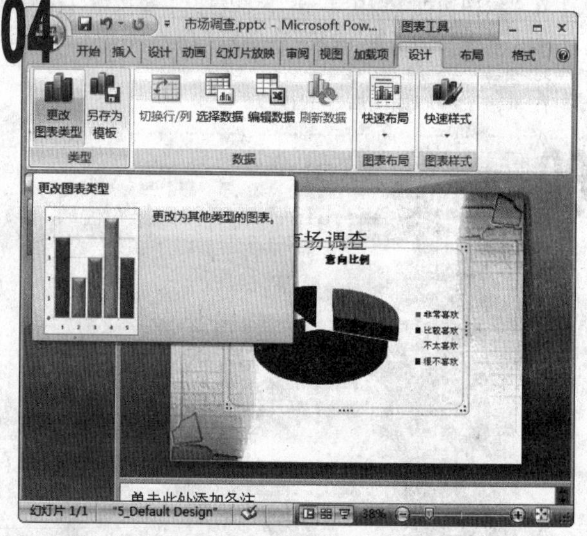

1. 返回到“幻灯片编辑”窗格中，可以看到已经在幻灯片中插入了一个分离型三维饼状图。
2. 选择插入的饼状图，单击“图表工具/设计”选项卡，在“类型”组中单击“更改图表类型”按钮。

05

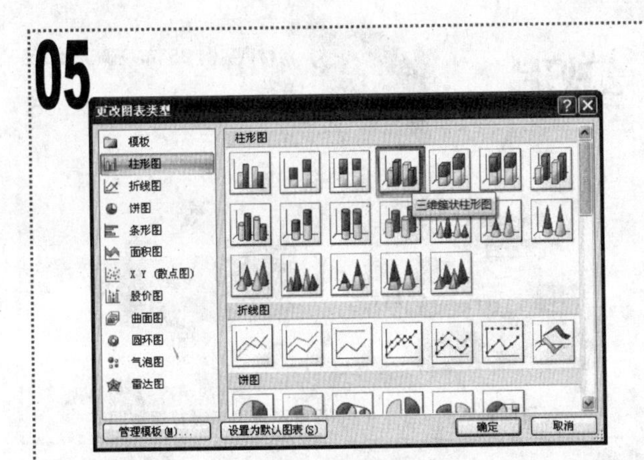

1 在打开的“更改图表类型”对话框中，单击“柱形图”选项卡，在右侧的窗格中选择“三维簇状柱形图”选项，单击“确定”按钮。

06

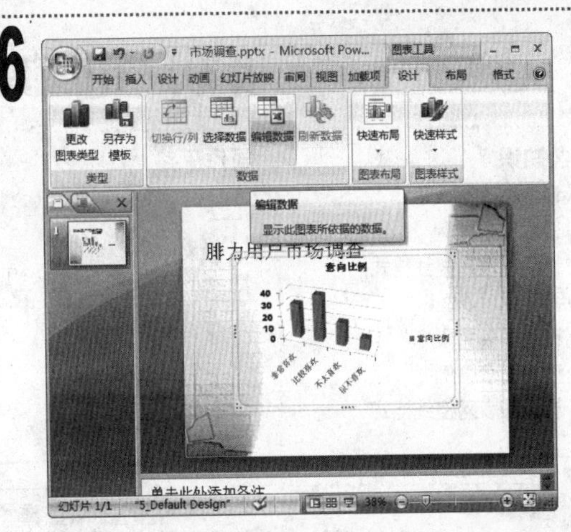

1 返回到“幻灯片编辑”窗格中，查看更改类型后的图表效果。

2 保持图表的选中状态不变，在“图表工具/设计”选项卡中，单击“数据”组中的“编辑数据”按钮。

07

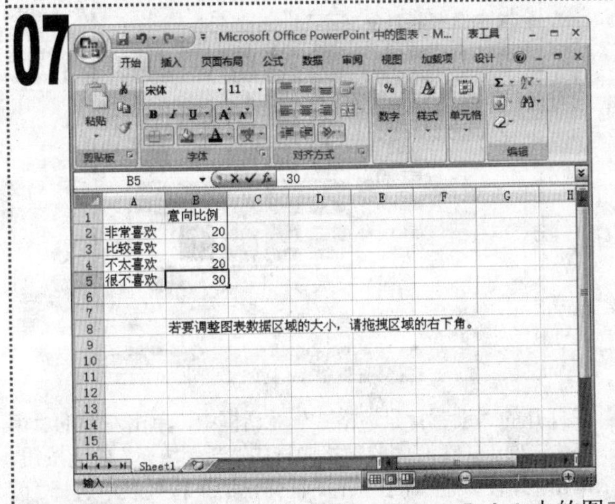

1 在打开的“Microsoft Office PowerPoint 中的图表” Excel 窗口中，对图表数据进行如图所示的编辑，完成后单击窗口右上角的“关闭”按钮。

08

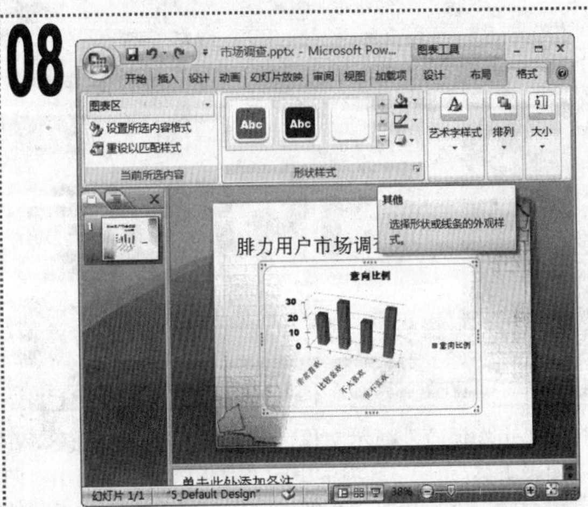

1 返回到“幻灯片编辑”窗格中，图表中的形状将随数据的更改而发生变化。

2 单击“图表工具/格式”选项卡，在“形状样式”组中单击列表框右下角的“其他”按钮。

09

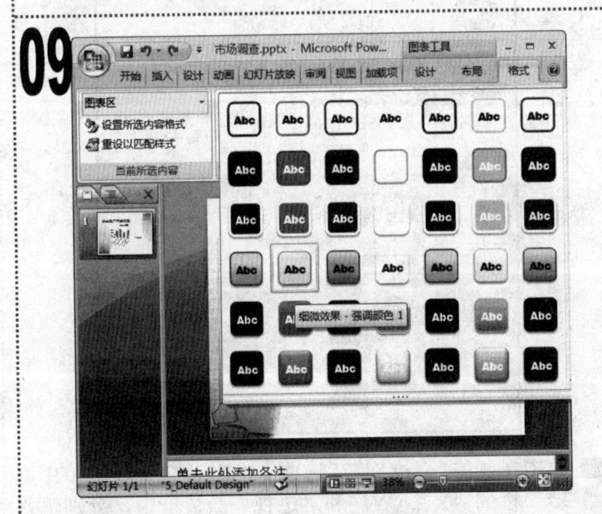

1 在弹出的下拉列表中选择“细微效果-强调颜色 1”选项。

10

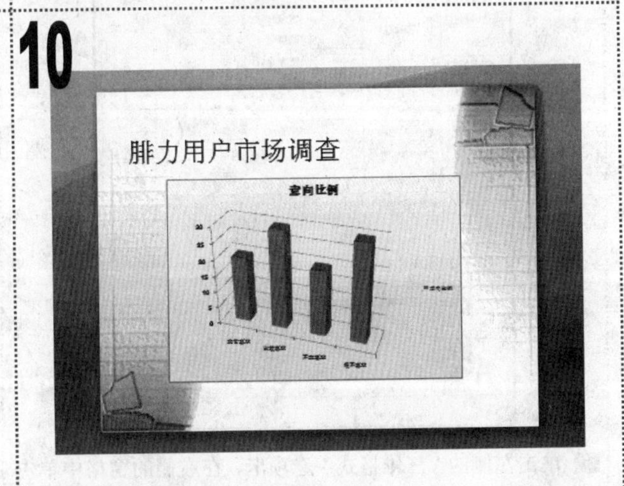

1 应用图表样式后的效果如图所示。最后保存演示文稿，完成本例的制作。

实例95 编辑“市场调查”幻灯片

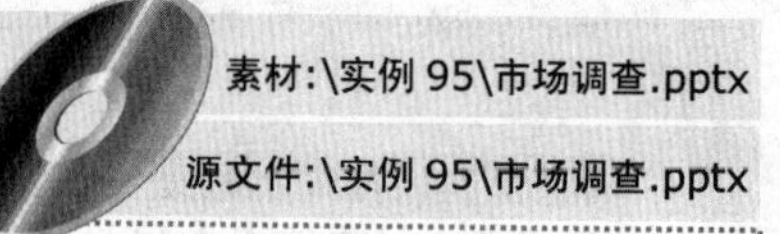

素材:\实例 95\市场调查.pptx

源文件:\实例 95\市场调查.pptx

包含知识

- 设置图表背景墙
- 设置图表图例
- 设置图表网格线格式

重点难点

- 设置图表背景墙
- 设置图表图例
- 设置图表网格线格式

制作思路

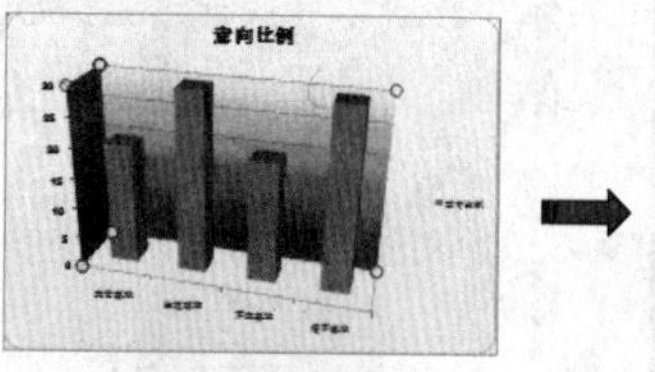

设置图表背景墙

设置图表图例

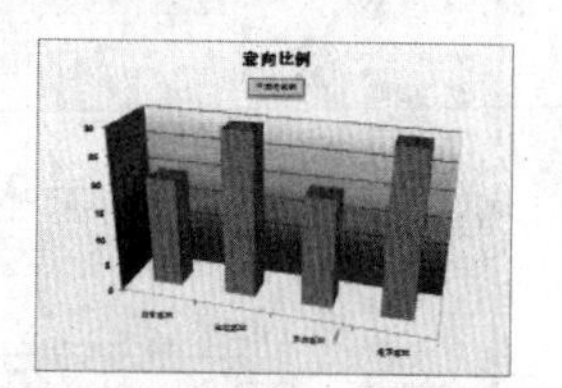

设置图表网格线并调整图表

01

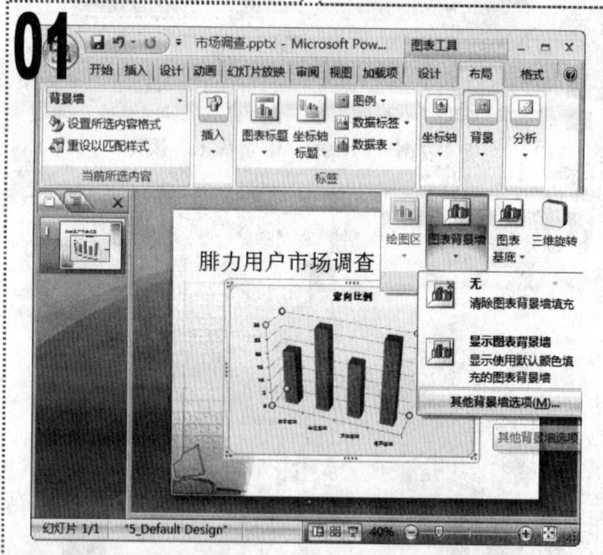

■ 打开“市场调查”演示文稿，选择幻灯片中的图表，在“图表工具/布局”选项卡中的“背景”组中，单击“图表背景墙”下拉按钮，在弹出的下拉菜单中选择“其他背景墙选项”命令。

02

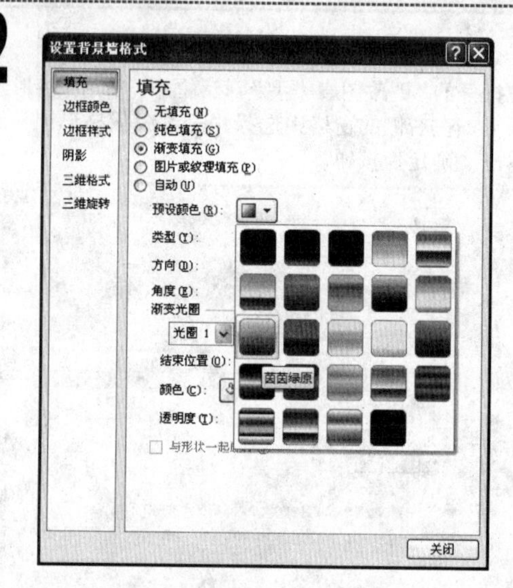

■ 在打开的“设置背景墙格式”对话框中，单击左侧的“填充”选项卡，在右侧的窗格中选中“渐变填充”单选按钮，单击“预设颜色”下拉按钮，在弹出的下拉列表中选择“茵茵绿原”选项。

03

■ 单击左侧的“三维格式”选项卡，在右侧的窗格中单击“顶端”下拉按钮，在弹出的下拉列表中选择“角度”选项，再单击“底端”下拉按钮，在弹出的下拉列表中选择“凸起”选项，然后单击“材料”下拉按钮，在弹出的下拉列表中选择“硬边缘”选项。

04

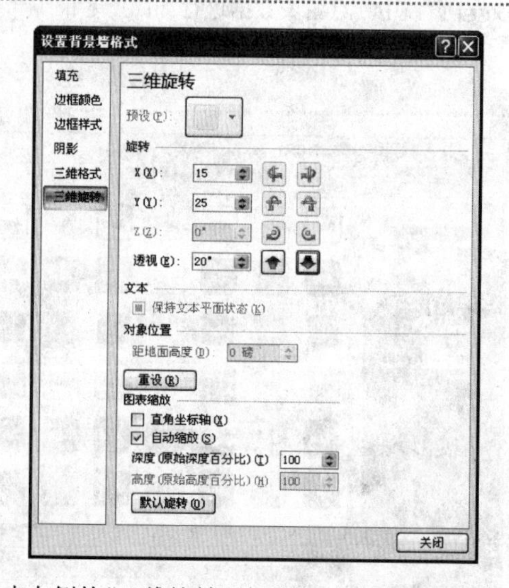

■ 单击左侧的“三维旋转”选项卡，在右侧的窗格中的“旋转”栏的“X”、“Y”和“透视”数值框中，分别输入“15”，“25”和“20°”，单击“关闭”按钮。

05

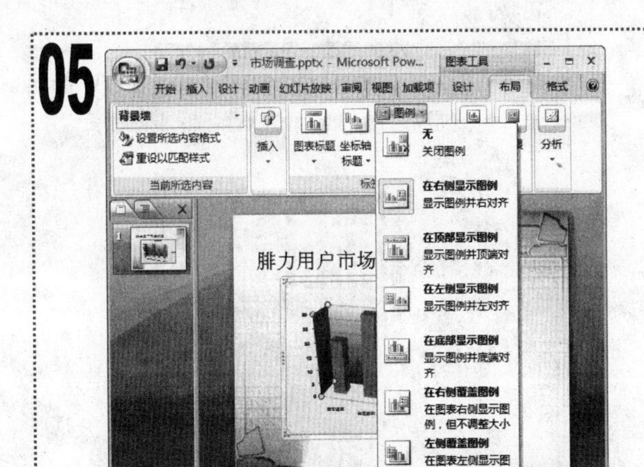

1 返回到“幻灯片编辑”窗格中查看设置背景墙格式后的图表效果。

2 在“图表工具/布局”选项卡中，单击“标签”组中的“图例”下拉按钮，在弹出的下拉菜单中选择“其他图例选项”命令。

06

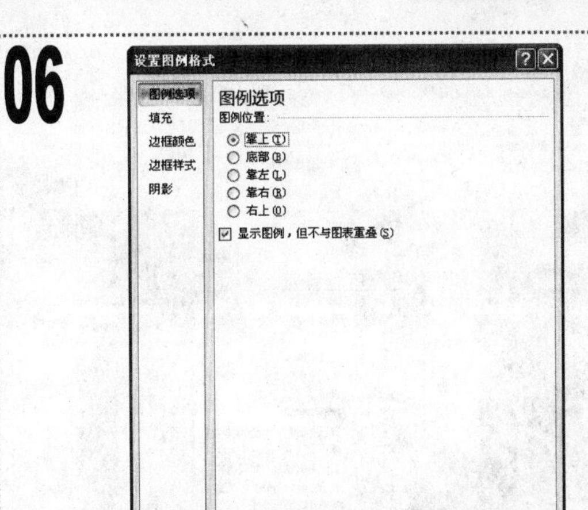

1 在打开的“设置图例格式”对话框的“图例选项”选项卡中，选中“靠上”单选按钮并保持“显示图例，但不与图表重叠”复选框的选中状态不变。

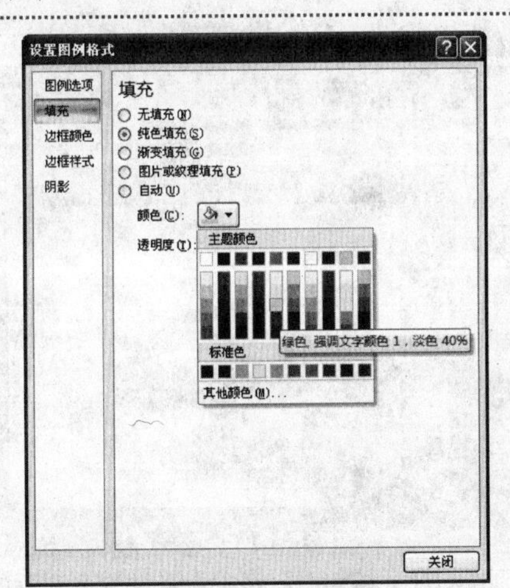

1 单击“填充”选项卡，在右侧的窗格中选中“纯色填充”单选按钮，单击“颜色”下拉按钮，在弹出的下拉菜单中选择“绿色，强调文字颜色 1，淡色 40%”选项。

08

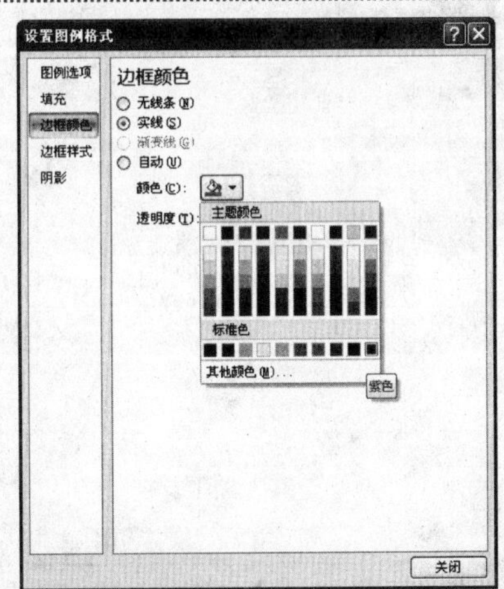

1 单击“边框颜色”选项卡，在右侧的窗格中选中“实线”单选按钮，单击“颜色”下拉按钮，在弹出的下拉菜单中选择“紫色”选项。

09

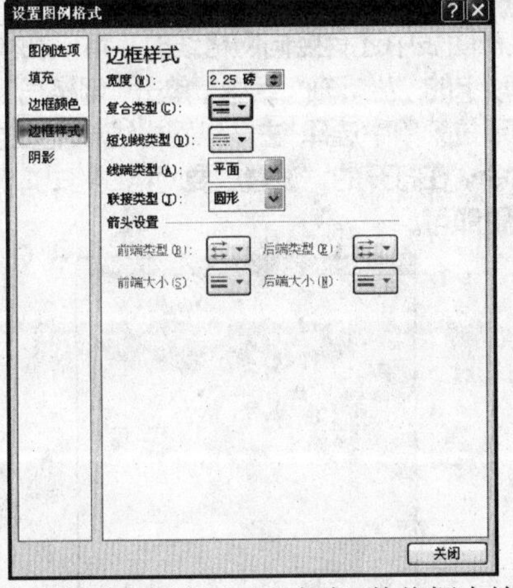

1 单击“边框样式”选项卡，在“宽度”数值框中输入“2.25 磅”，单击“复合类型”下拉按钮，在弹出的下拉列表中选择“双线”选项，保持其他设置不变。

10

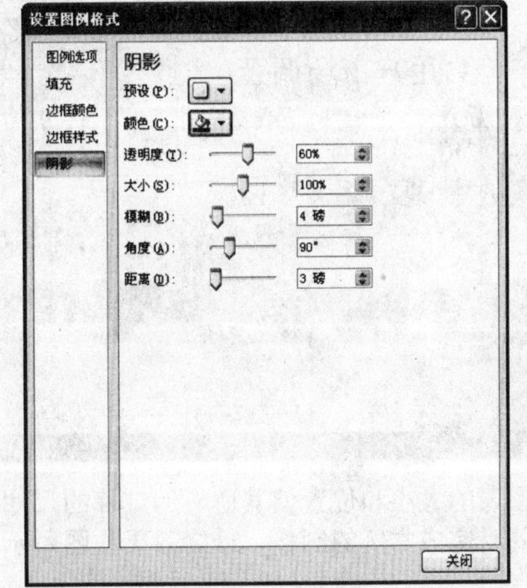

1 单击“阴影”选项卡，单击“预设”下拉按钮，在弹出的下拉列表中选择“向下偏移”选项，单击“颜色”下拉按钮，在弹出的下拉菜单中选择“紫色”选项，单击“关闭”按钮。

11

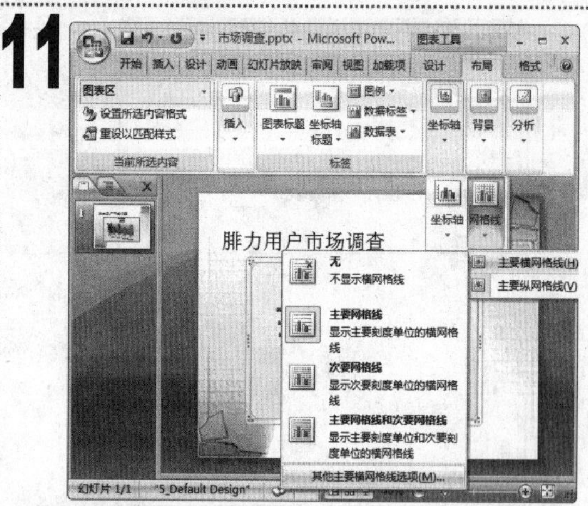

■ 返回“幻灯片编辑”窗格，查看设置格式后的图例效果。在“图表工具/布局”选项卡的“坐标轴”组中，单击“网格线”下拉按钮，在弹出的下拉菜单中选择“主要横网格线/其他主要横网格线选项”命令。

12

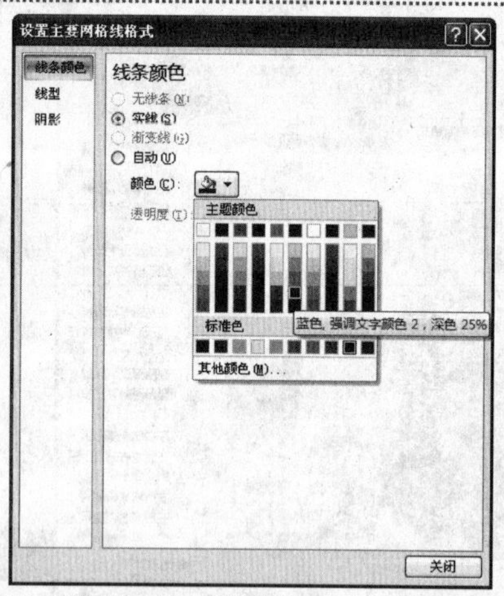

■ 在打开的“设置主要网格线格式”对话框中，单击“线条颜色”选项卡，在右侧的窗格中选中“实线”单选按钮，单击“颜色”下拉按钮，在弹出的下拉菜单中选择“蓝色，强调文字颜色 2，深色 25%”选项。

13

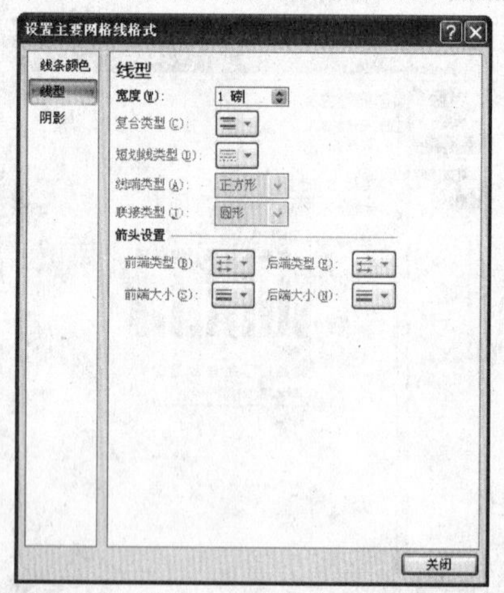

■ 单击“线型”选项卡，在右侧的窗格中的“宽度”数值框中输入“1 磅”，单击“关闭”按钮。

14

■ 返回到“幻灯片编辑”窗格中查看设置格式后的网格线效果。

15

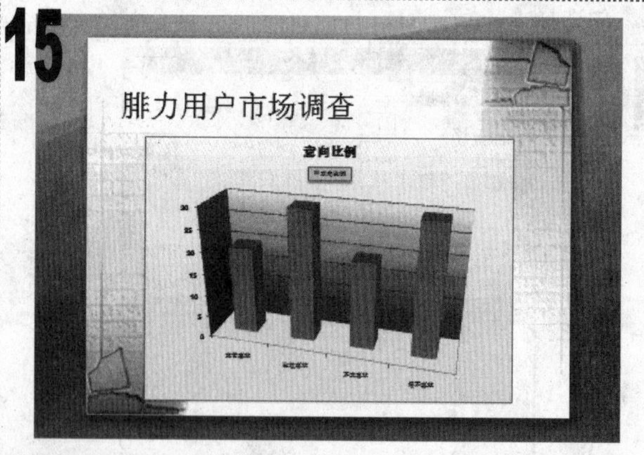

■ 调整图表的大小和位置使其适应幻灯片的尺寸。保存演示文稿，完成本例的制作，最终效果如图所示。

知识提示

如果在图表中还有竖向网格线时，可以在“图表工具/布局”选项卡的“坐标轴”组中，单击“网格线”下拉按钮，在弹出的下拉菜单中选择“主要纵网格线/其他主要纵网格线选项”命令，在打开的“设置主要网格线格式”对话框中对其进行设置即可。

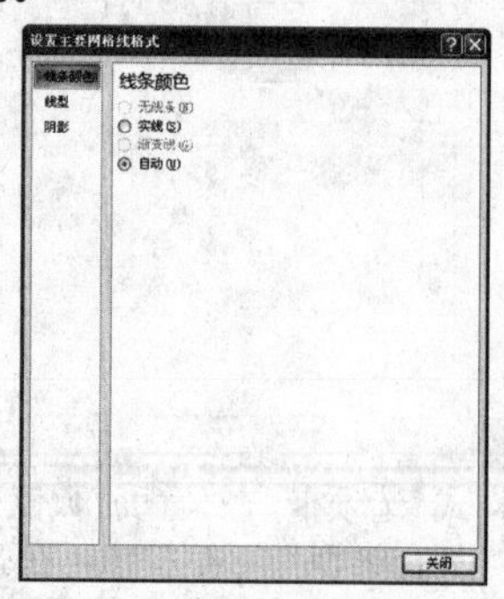

第6章

多媒体幻灯片的制作

06

PowerPoint 2007 提供了强大的媒体支持功能，使得用户可以方便地在演示文稿中添加各种声音、影片及动画媒体内容等，可以增强演示文稿的观赏性与说服力。本章我们将学习在演示文稿中插入声音、视频及 Flash 动画的方法。

实例96 插入鼓掌欢迎声音

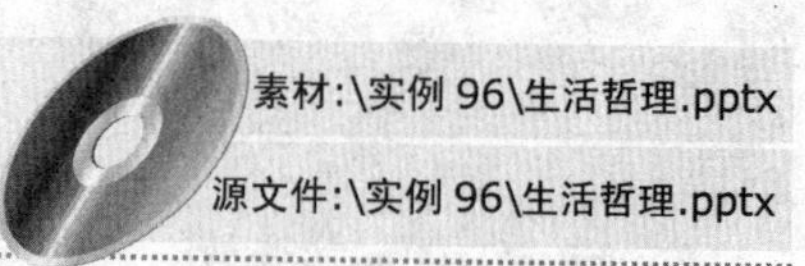

素材:\实例 96\生活哲理.pptx

源文件:\实例 96\生活哲理.pptx

包含知识	■ 插入剪辑管理器中的声音

01

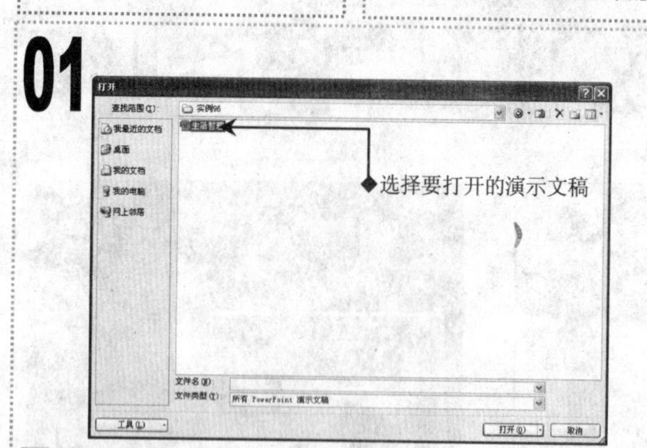

■ 启动PowerPoint 2007，单击“Office”按钮，在弹出的下拉菜单中选择“打开”命令，打开“打开”对话框，选择素材所在的文件夹，选择“生活哲理”演示文稿，单击“打开”按钮将其打开。

02

■ 在“插入”选项卡的“媒体剪辑”组中，单击“声音”按钮右侧的下拉按钮，在弹出的下拉菜单中选择“剪辑管理器中的声音”命令。

03

■ 窗口右侧显示出“剪贴画”任务窗格，在列表框中找到并选择“掌声”声音文件。

04

■ 在弹出的提示对话框中单击对应的按钮，选择声音的播放条件，这里单击“在单击时”按钮。

05

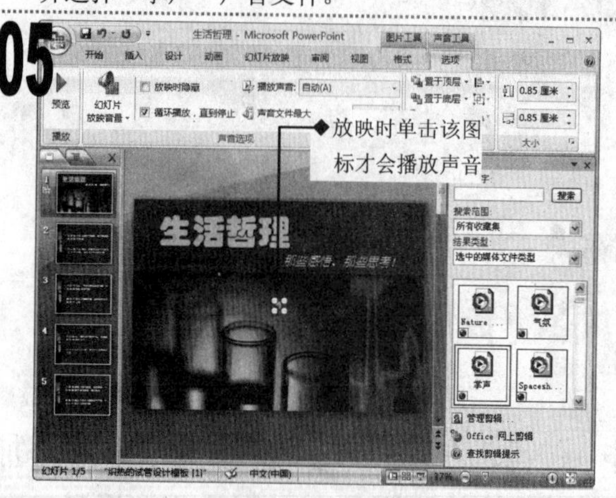

■ 此时，即可将选择的声音文件插入到幻灯片中，并显示为一个声音图标，通过鼠标拖动调整图标的大小和位置。

知识延伸

在演示文稿中还可以插入CD中的声音，其方法与插入剪辑库中的声音相似，在“媒体剪辑”组中单击“声音”按钮右侧的下拉按钮，在弹出的下拉菜单中选择“播放CD乐曲”命令，打开“插入CD乐曲”对话框后，在其中设置在幻灯片中插入CD中的声音的具体参数。

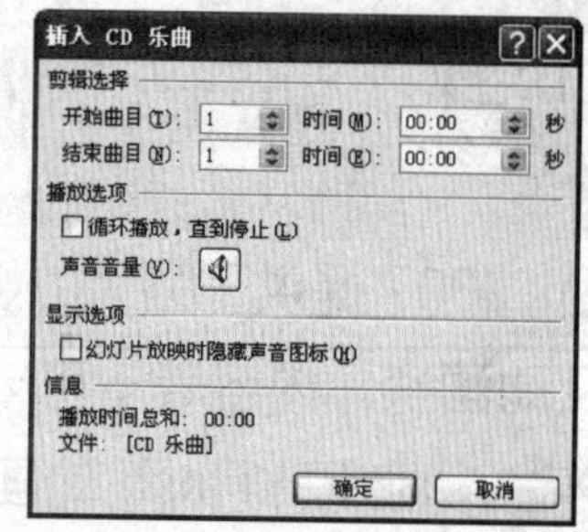

实例97　插入古筝音乐

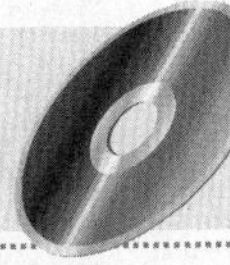

素材:\实例 97\

源文件:\实例 97\中秋.pptx

包含知识	■ 插入声音文件

01

1 启动 PowerPoint 2007，打开“中秋”演示文稿。

02

1 选择第 2 张幻灯片，在“插入”选项卡的“媒体剪辑”组中，单击“声音”按钮右侧的下拉按钮，在弹出的下拉菜单中选择“文件中的声音”命令。

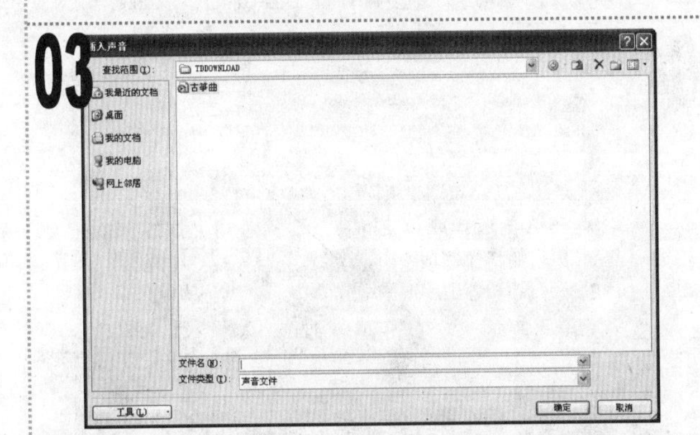

03

1 在打开的“插入声音”对话框的“查找范围”下拉列表框中选择声音文件所在的文件夹，然后在中间的列表框中选择“古筝曲”声音文件，单击“确定”按钮。

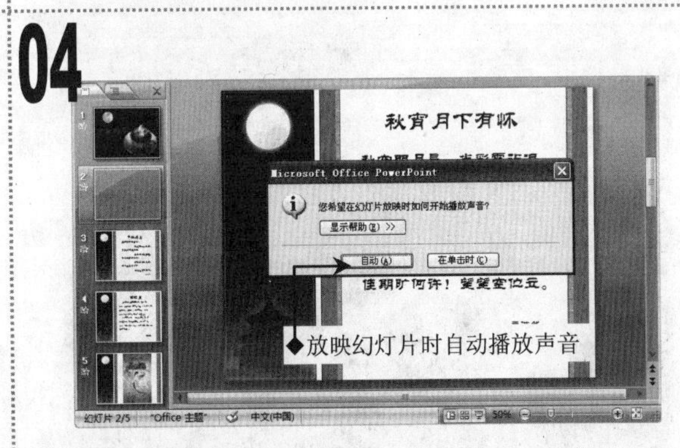

04

1 在弹出的提示对话框中将询问用户何时播放声音，单击“自动”按钮。

05

1 调整幻灯片中插入的声音图标的大小与位置。

2 在“声音工具/选项”选项卡中的“声音选项”组中，选择“播放声音”下拉列表框中的“跨幻灯片播放”选项。

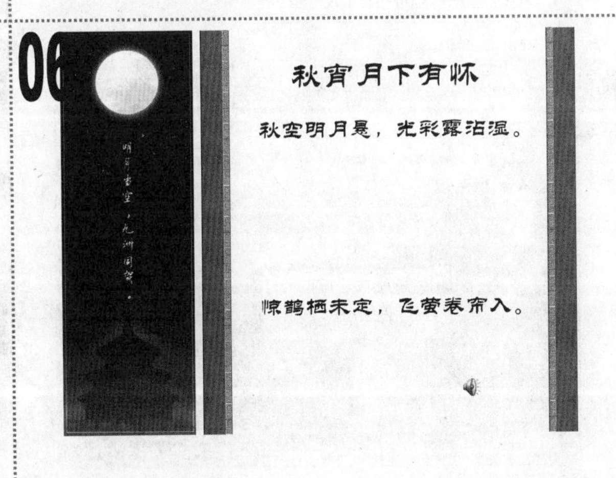

06

1 按【F5】键放映演示文稿，当放映第 2 张幻灯片时即可自动播放插入的声音文件了。

实例98 为演示文稿添加背景音乐

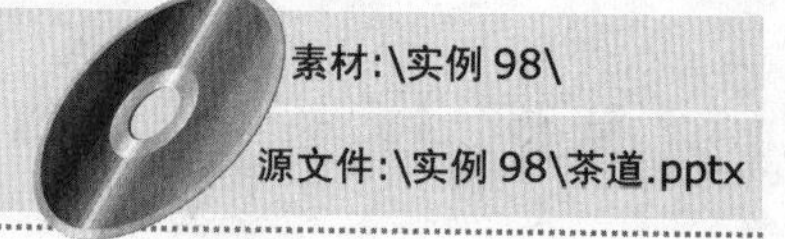

素材:\实例 98\

源文件:\实例 98\茶道.pptx

包含知识

■ 插入声音文件 ■ 设置声音选项

1 打开“茶道”演示文稿，选择第 1 张幻灯片。
2 单击“插入”选项卡，在“媒体剪辑”组中单击“声音”按钮。

1 在打开的“插入声音”对话框中，选择“平湖秋月”声音文件，单击“确定”按钮。
2 在弹出的提示对话框中单击“在单击时”按钮。

1 用鼠标将幻灯片中插入的声音图标拖动到幻灯片的右下角，并调整声音图标的大小。

1 单击“声音工具/选项”选项卡，选中“声音选项”组中的“放映时隐藏”与“循环播放，直到停止”复选框。
2 在“播放声音”下拉列表框中选择“跨幻灯片播放”选项。

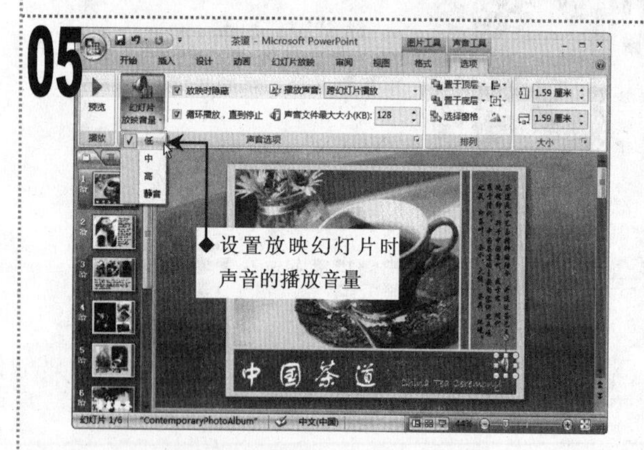

1 单击“幻灯片放映音量”下拉按钮，在弹出的下拉菜单中选择“低”命令。
2 放映演示文稿，插入的音乐将伴随幻灯片放映。

知识提示

PowerPoint 2007 支持插入的声音文件类型包括 WAV 声音文件、WMA 媒体播放文件、MP3 音频文件（.mp3，.m3u）及 MIDI 文件（.midi，.mid）等。插入声音文件时，建议不要插入太大的文件。

注意提示

在幻灯片中插入了电脑中保存的声音或影片后，PowerPoint 2007 将引用声音或影片在电脑中的当前位置。如果将文件从原位置删除或将该演示文稿复制、移动至其他电脑中，原引用位置将无效，也就将无法播放幻灯片中插入的声音。

实例99　编辑“洗耳恭听”演示文稿

素材:\实例 99\

源文件:\实例 99\洗耳恭听.pptx

包含知识	■ 更改声音图标　■ 设置声音图标的格式

01

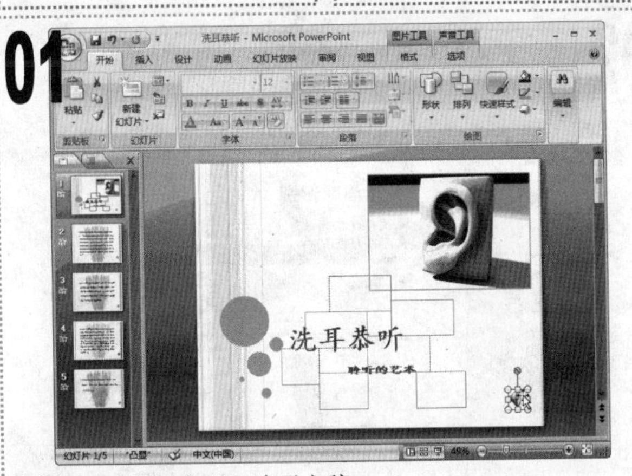

1 打开“洗耳恭听”演示文稿。

2 用鼠标将第 1 张幻灯片中的声音图标拖动到右下角。

02

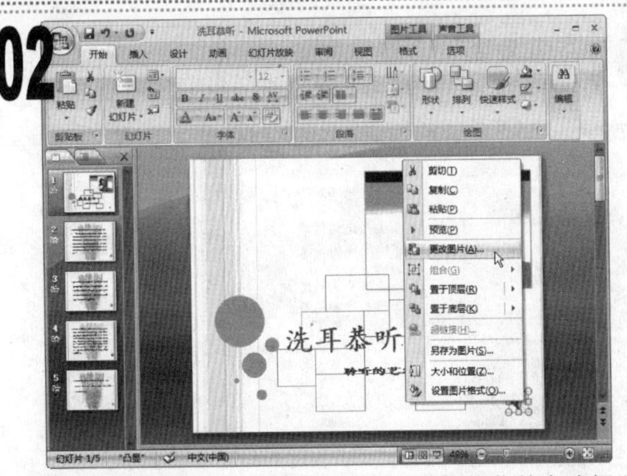

1 用鼠标右键单击声音图标，在弹出的快捷菜单中选择“更改图片”命令。

03

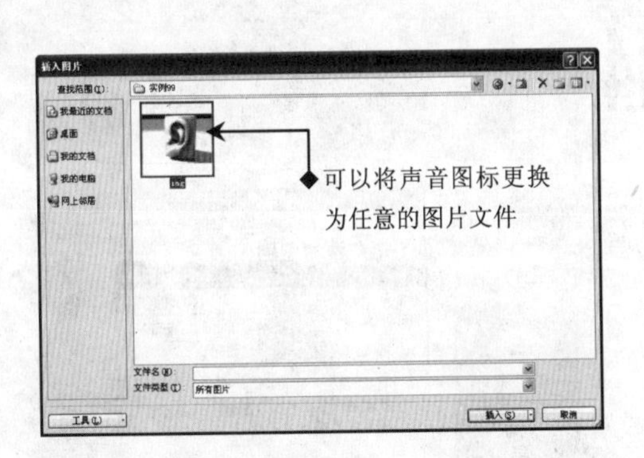

1 在打开的“插入图片”对话框的“查找范围”下拉列表框中选择图片所在的文件夹，在中间的列表框中选择“img”图片文件，单击“插入”按钮。

04

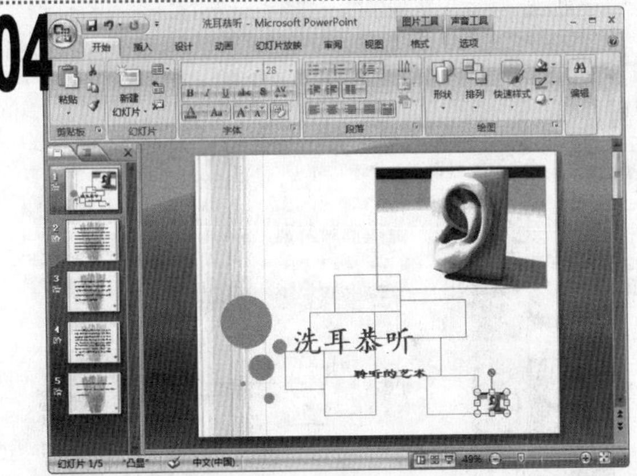

1 此时，即可将幻灯片中的声音图标更改为所选的图片样式，增强幻灯片对象的协调性。

2 拖动鼠标改变图片的大小和位置。

05

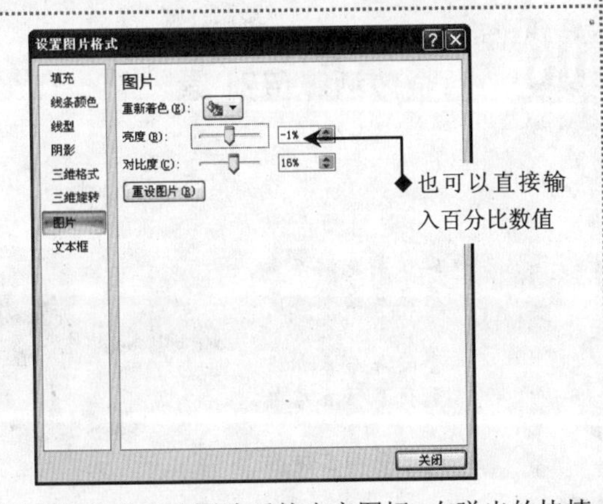

1 用鼠标右键单击更改图片后的声音图标，在弹出的快捷菜单中选择“设置图片格式”命令。

2 打开“设置图片格式”对话框，并默认显示“图片”选项卡。

06

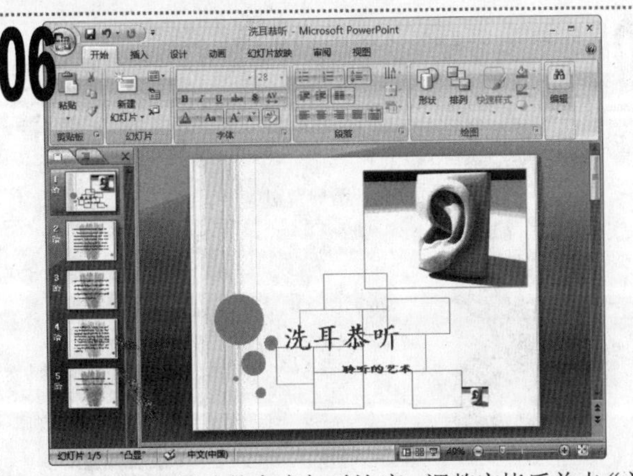

1 在其中调整图片的亮度与对比度，调整完毕后单击“关闭”按钮，返回“幻灯片编辑”窗格。

2 保存演示文稿并按【F5】键放映演示文稿，在放映第 1 张幻灯片时，单击下方的图标就可以播放声音了。

实例100 为演示文稿配音

素材:\实例 100\唐诗赏析.pptx

源文件:\实例 100\唐诗赏析.pptx

包含知识

■ 为幻灯片录制声音

01

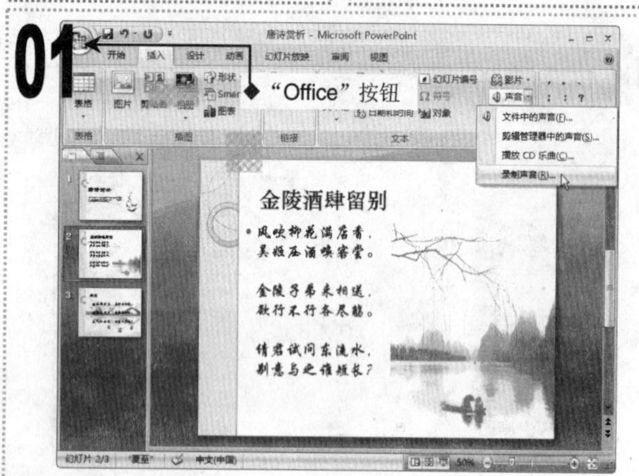

1 打开“唐诗赏析”演示文稿，选择第 2 张幻灯片。

2 单击“插入”选项卡，在“媒体剪辑”组中单击“声音”按钮右侧的下拉按钮，在弹出的下拉菜单中选择“录制声音”命令。

02

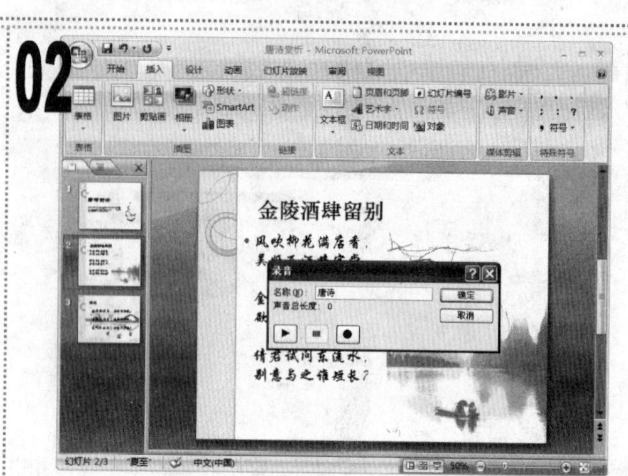

1 在打开的“录音”对话框的“名称”文本框中，输入录制声音的名称，然后单击“录制”按钮●。

03

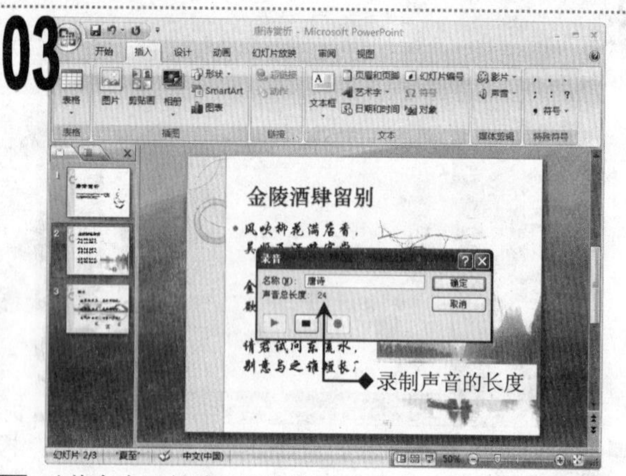

1 对着麦克风朗读要录制的声音内容，对话框中会同步显示录制声音的长度（秒）。

04

1 录制完毕后，单击“停止”按钮■停止录制。此时，可以单击“播放”按钮▶播放录制的声音。

05

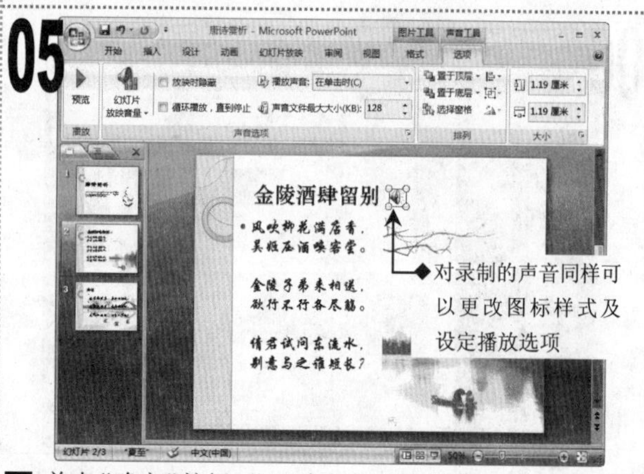

1 单击“确定”按钮，即可在幻灯片中插入一个声音图标。

2 拖动鼠标调整声音图标的大小与位置。

06

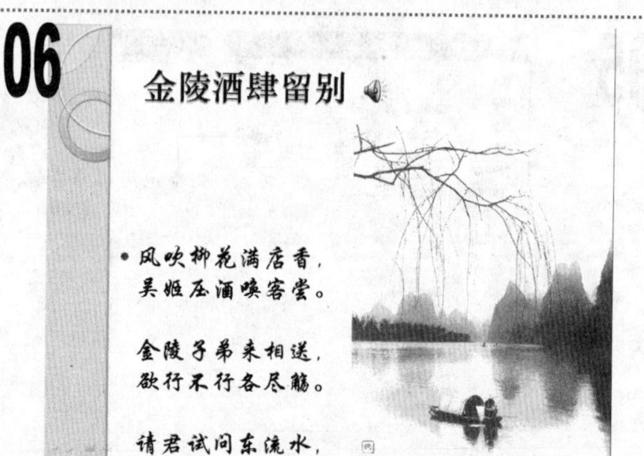

1 保存演示文稿，然后按【F5】键放映演示文稿。

2 当放映到第 2 张幻灯片时，单击幻灯片中的声音图标，就可以播放录制的声音了。

实例101　制作“生日”幻灯片

素材:\实例 101\生日.pptx

源文件:\实例 101\生日.pptx

包含知识	■ 插入剪辑管理器中的影片

1 打开“生日”演示文稿，单击“插入”选项卡，在“媒体剪辑”组中单击“影片”按钮右侧的下拉按钮，在弹出的下拉菜单中选择“剪辑管理器中的影片”命令。

1 窗口右侧显示出“剪贴画”任务窗格，其中的列表框中显示了所有剪辑管理器中的视频剪辑。

1 在列表框中找到并单击数字“2”视频剪辑，将其插入到幻灯片中。

1 找到并单击数字“5”视频剪辑，将其插入到幻灯片中，并调整其大小与位置。

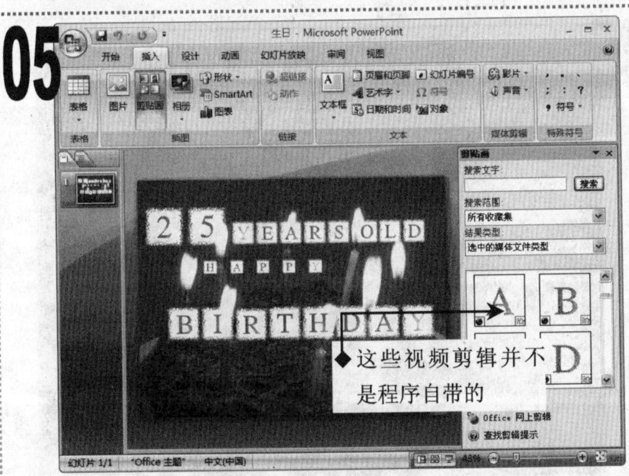

1 向上拖动列表框滚动条，显示出英文字母视频剪辑，按顺序单击插入“YEARSOLD”，并调整各个视频剪辑的位置。

2 继续插入字母组合“HAPPYBIRTHDAY”，并调整视频剪辑的大小与位置。

1 保存演示文稿，然后按【F5】键放映幻灯片，同时将播放插入的视频剪辑。

实例102 制作"动物"演示文稿

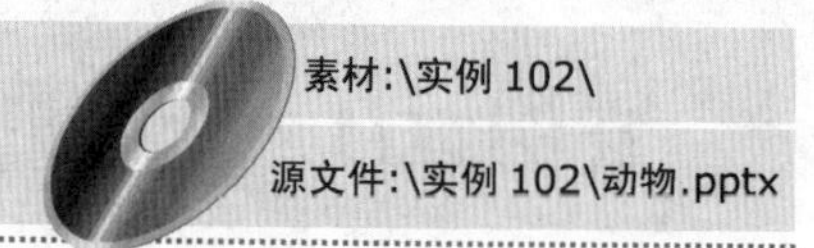

素材:\实例 102\

源文件:\实例 102\动物.pptx

包含知识	■ 插入电脑中保存的影片

01

1 打开"动物"演示文稿，选择第2张幻灯片。

2 单击"插入"选项卡，在"媒体剪辑"组中单击"影片"按钮右侧的下拉按钮，在弹出的下拉菜单中选择"文件中的影片"命令。

02

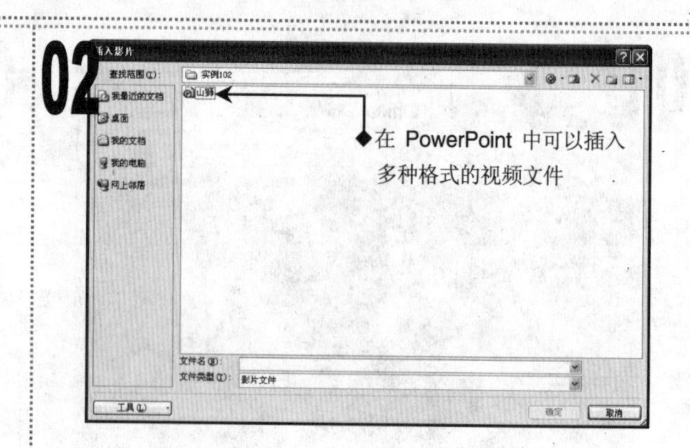

1 在打开的"插入影片"对话框的"查找范围"下拉列表框中，选择影片所在的文件夹，在中间的列表框中选择"山狮"视频文件，单击"确定"按钮。

03

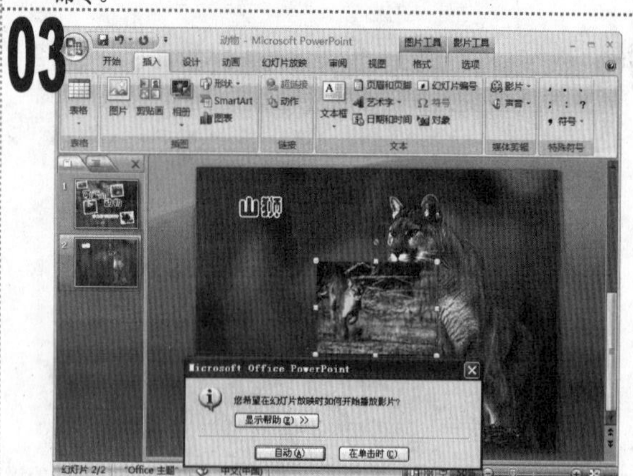

1 此时，即在幻灯片中插入了影片，在弹出的提示对话框中单击"自动"按钮。

04

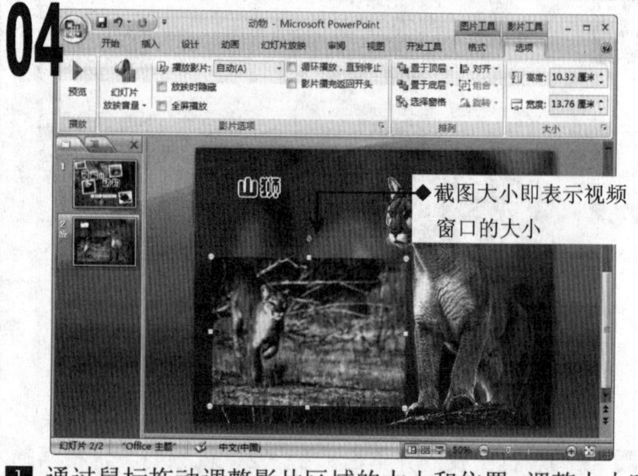

1 通过鼠标拖动调整影片区域的大小和位置，调整大小时尽量按照原比例调整。

05

1 单击"图片工具/格式"选项卡，在"图片样式"组中的列表框中为影片选择一种图片样式。

2 用鼠标双击幻灯片中的影片截图区域，预览影片的播放效果。

06

1 单击快速访问工具栏中的"保存"按钮，保存演示文稿。

2 按【F5】键放映演示文稿，当放映到第2张幻灯片时，就会自动开始播放幻灯片中插入的影片了。

实例103　制作 Flash 游戏演示文稿

素材:\实例 103\游戏.pptx
源文件:\实例 103\游戏.pptx

包含知识

- 插入 Flash 动画
- 调整动画区域
- 放映幻灯片并进行游戏

重点难点

- 插入 Flash 动画

制作思路

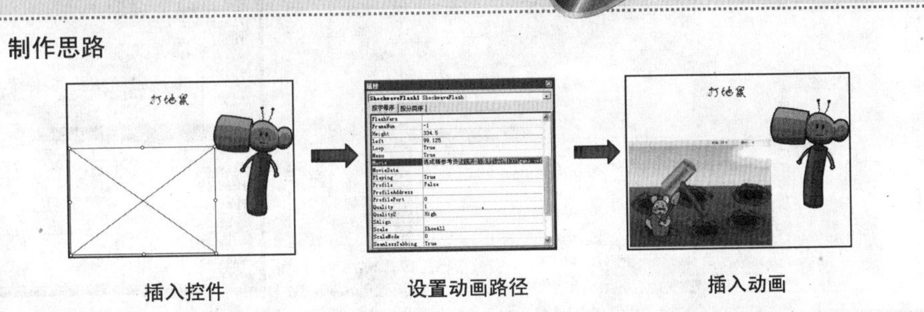

插入控件　　设置动画路径　　插入动画

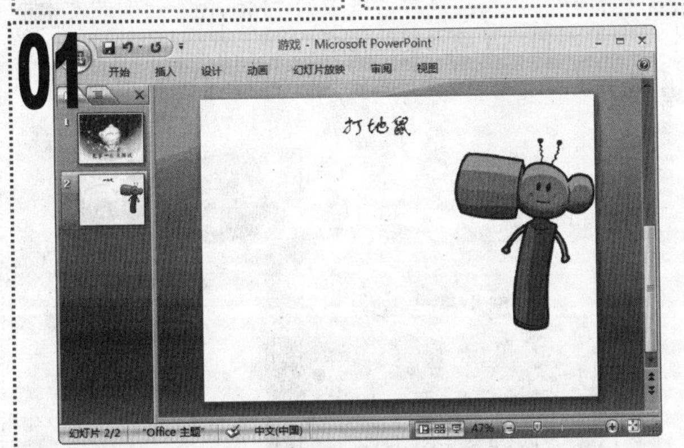

01 打开"游戏"演示文稿，选择第 2 张幻灯片。

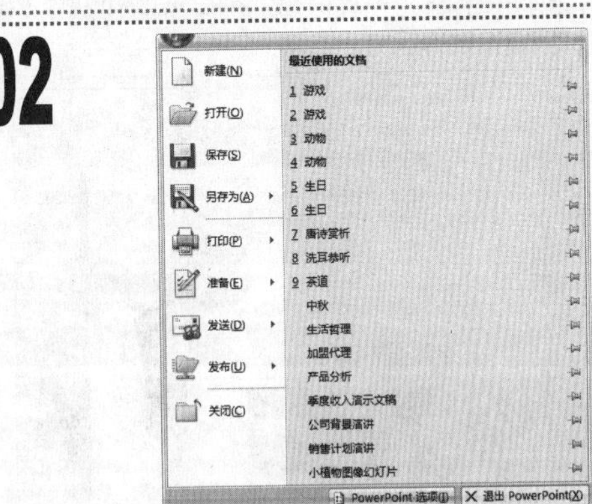

02 单击"Office"按钮，在弹出的下拉菜单中单击"PowerPoint 选项"按钮。

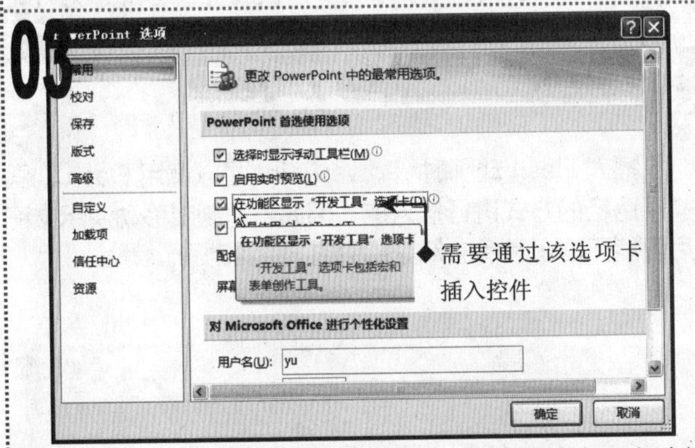

03 在打开的"PowerPoint 选项"对话框中选中"在功能区显示'开发工具'选项卡"复选框，单击"确定"按钮。

04 单击"开发工具"选项卡，单击"控件"组中的"其他控件"按钮。

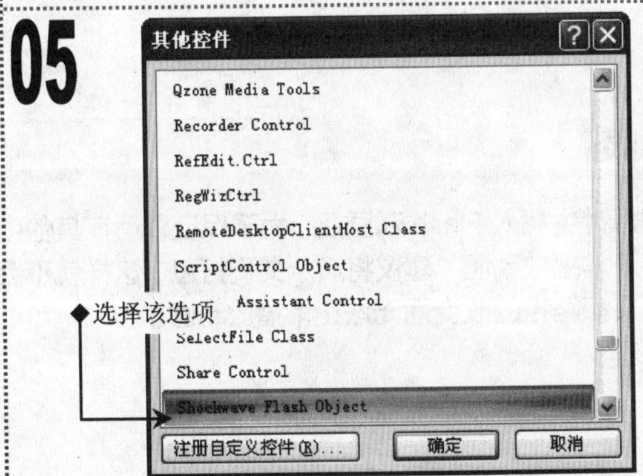

05 在打开的"其他控件"对话框中选择"Shockwave Flash Object"选项，单击"确定"按钮。

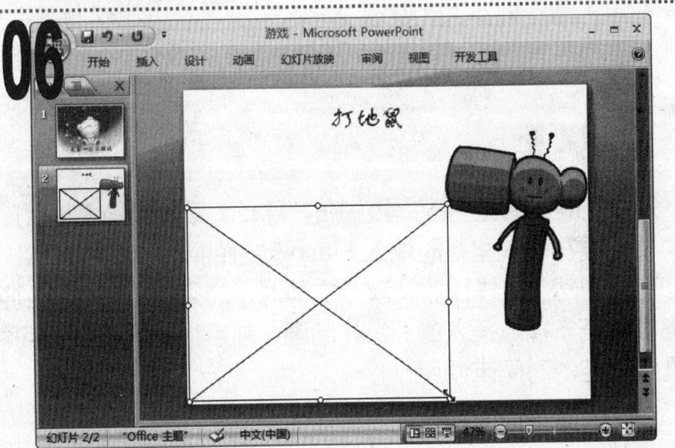

06 此时，鼠标光标将变为"十"形状，在幻灯片中需插入 Flash 游戏的位置处拖动鼠标绘制一个播放区域。

07

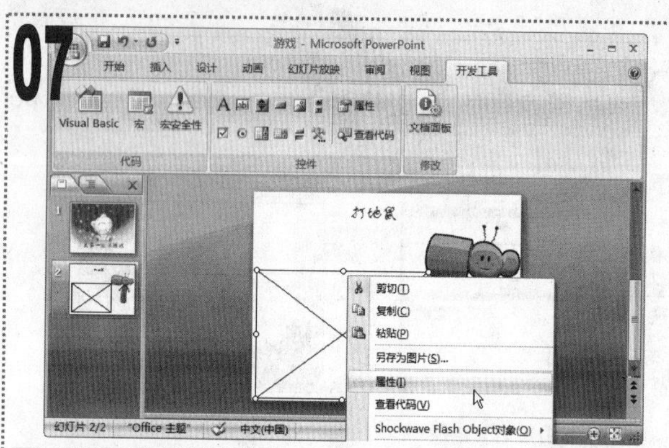

■ 用鼠标右键单击绘制的控件区域，在弹出的快捷菜单中选择“属性”命令。

08

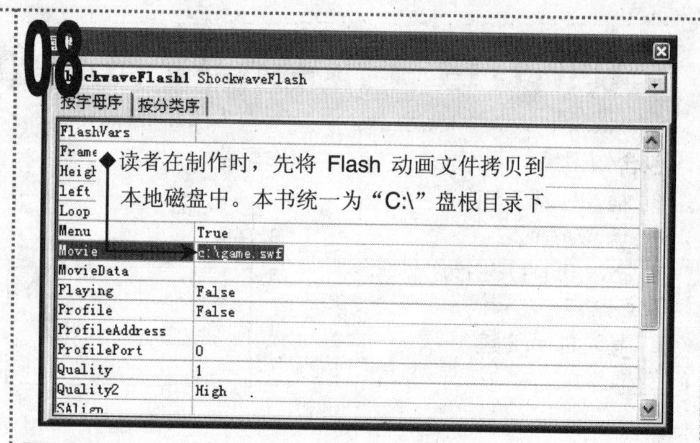

■ 在打开的“属性”对话框中的“Movie”后面的文本框中输入Flash动画文件的路径。

09

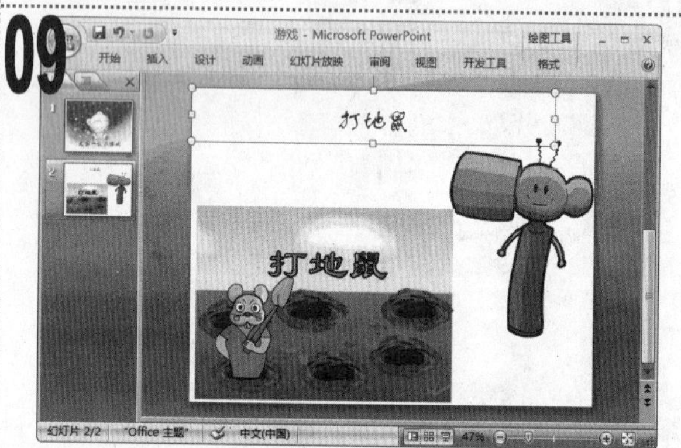

■ 此时，幻灯片中的控件区域将显示Flash动画的截图，表示已经将Flash动画插入到幻灯片中了。

10

■ 按下【F5】键放映演示文稿，在放映第2张幻灯片时会自动播放幻灯片中插入的Flash动画。

注意提示

插入Flash动画时，PowerPoint是以调用Flash动画文件路径的方式进行插入的，因此当复制或移动演示文稿后可能无法正常播放幻灯片中的Flash动画。

11

■ 由于插入的是Flash游戏，因此当需要用户控制时，可以通过鼠标指针在Flash动画区域中对游戏进行操控。

知识延伸

我们也可以直接将网络中的Flash动画插入到幻灯片中，只要在输入路径时输入Flash动画的网络地址（URL）即可。当然，这样在放映演示文稿时，必须将电脑连接到网络才能正常播放插入的Flash动画，并且根据网络情况可能需要一定的时间来调用。

注意提示

在幻灯片中插入Flash动画后，为了保证以后在其他电脑中能够正常播放动画，建议将演示文稿打包，这样就不会因为演示文稿路径的改变而无法正常播放动画了。

第7章

幻灯片动画的制作

实例104 为“心情”演示文稿添加动画

实例109 为“恋爱”幻灯片添加动画

实例110 编辑“运动”幻灯片

实例111 为“谢幕”幻灯片添加动画

实例112 设置“饰物”幻灯片动画

实例113 设置幻灯片的切换效果

实例114 设置幻灯片的切换声音

07

使用 PowerPoint 2007 制作演示文稿时，可以为幻灯片中的对象添加各种动画放映效果，以及为幻灯片设置不同的切换效果，从而使演示文稿更加灵活生动、富有吸引力。本章我们将学习为幻灯片添加动画及设置切换效果。

实例104 为“心情”演示文稿添加动画

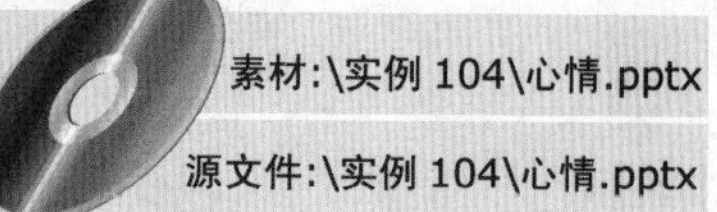

素材:\实例 104\心情.pptx

源文件:\实例 104\心情.pptx

包含知识

- 自定义动画
- 播放动画效果

重点难点

- 自定义动画

制作思路

选择幻灯片对象

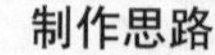

添加动画

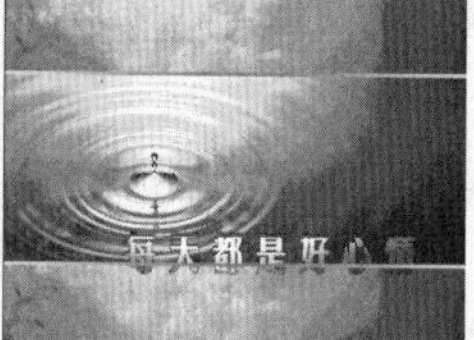

放映幻灯片

01

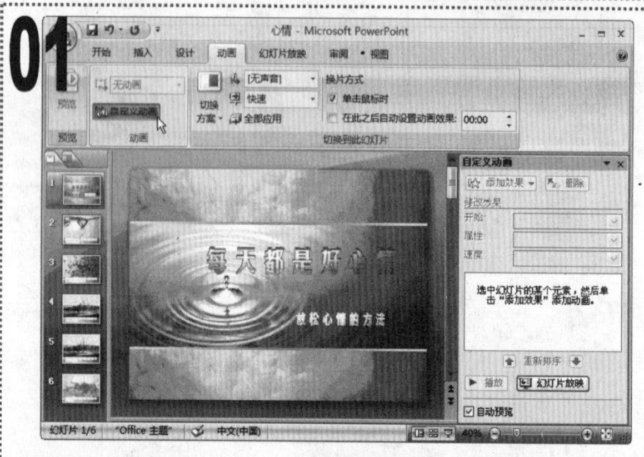

打开“心情”演示文稿，单击“动画”选项卡，在“动画”组中单击“自定义动画”按钮，在窗口右侧打开“自定义动画”任务窗格。

02

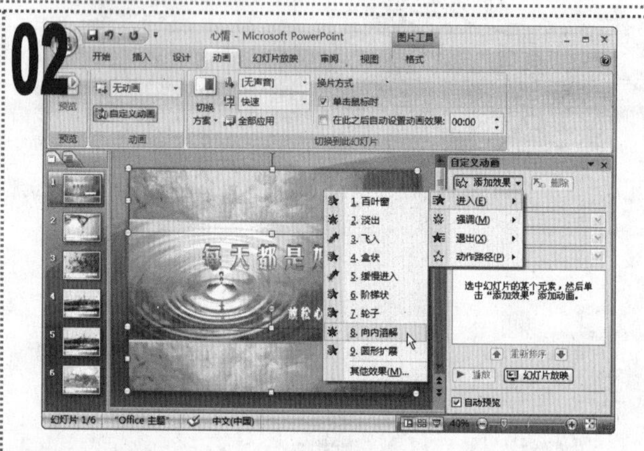

同时选择幻灯片上方与下方的图形，在“自定义动画”任务窗格中单击“添加效果”下拉按钮，在弹出的下拉菜单中选择“进入/向内溶解”命令。

03

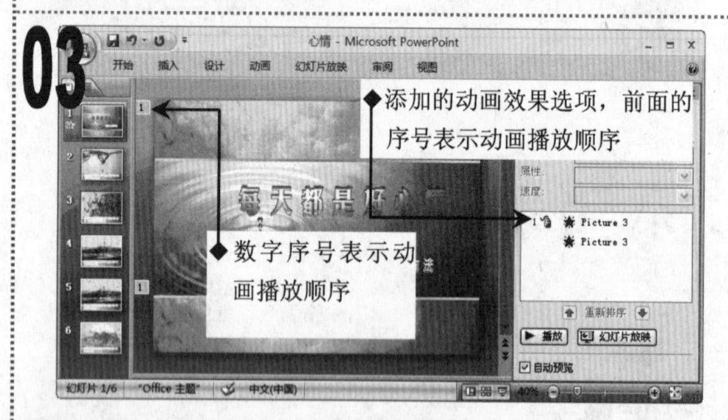

此时，即可为图形添加动画效果，并在“自定义动画”任务窗格中的列表框中显示出来。

04

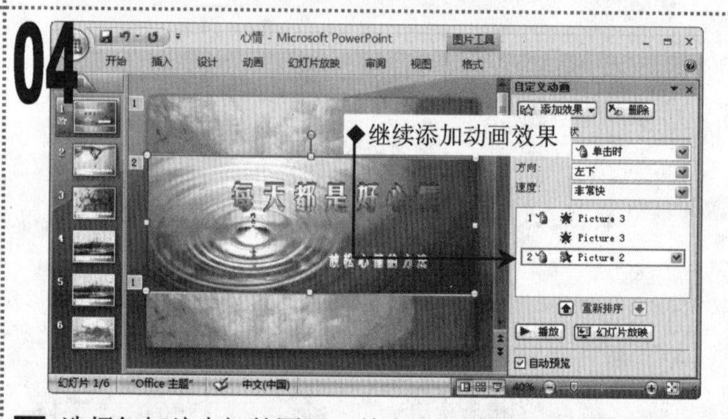

选择幻灯片中间的图形，单击“添加效果”下拉按钮，在弹出的下拉菜单中选择“进入/阶梯状”命令，添加动画效果。

05

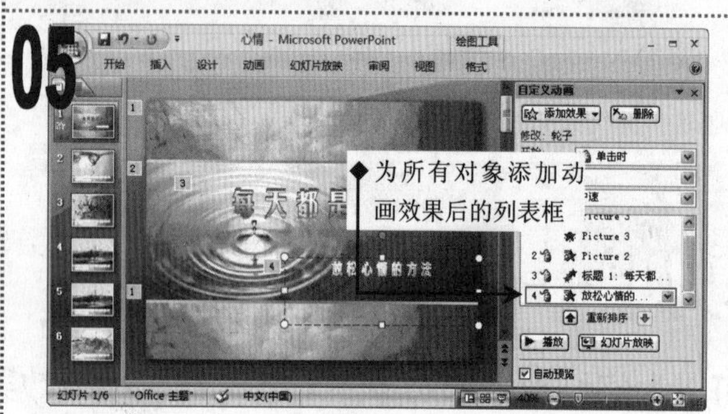

选择标题占位符，在“添加效果”下拉菜单中选择“进入/缓慢进入”命令；再选择副标题占位符，在“添加效果”下拉菜单中选择“进入/轮子”命令。

06

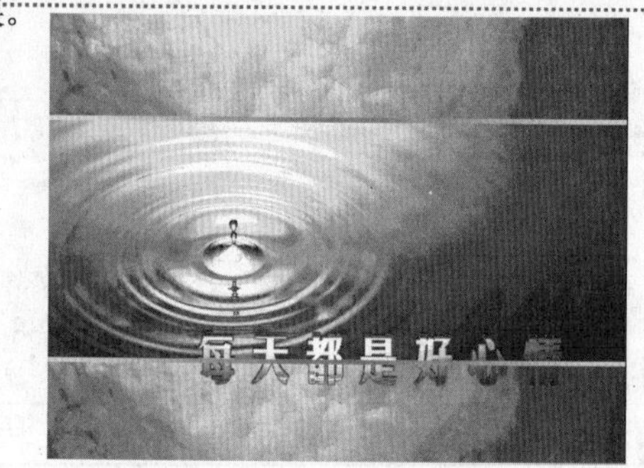

按【F5】键放映幻灯片，在放映第 1 张幻灯片时逐次单击鼠标左键，就会按顺序播放动画了。

实例105　调整动画的播放顺序

素材:\实例 105\心情.pptx

源文件:\实例 105\心情.pptx

包含知识	■ 调整动画的播放顺序

01

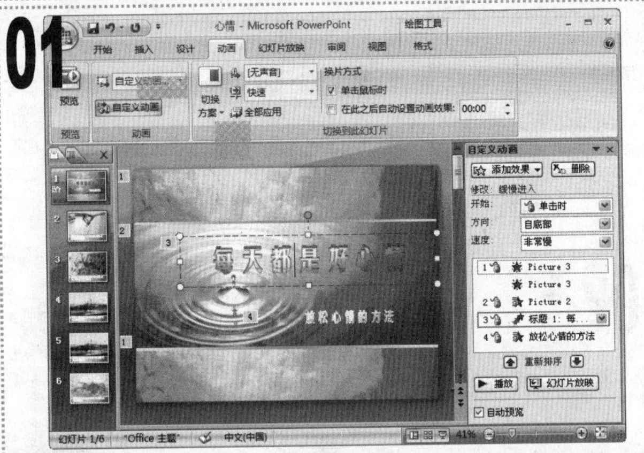

1 打开“心情”演示文稿，在“动画”选项卡的“动画”组中，单击“自定义动画”按钮，打开“自定义动画”任务窗格。

02

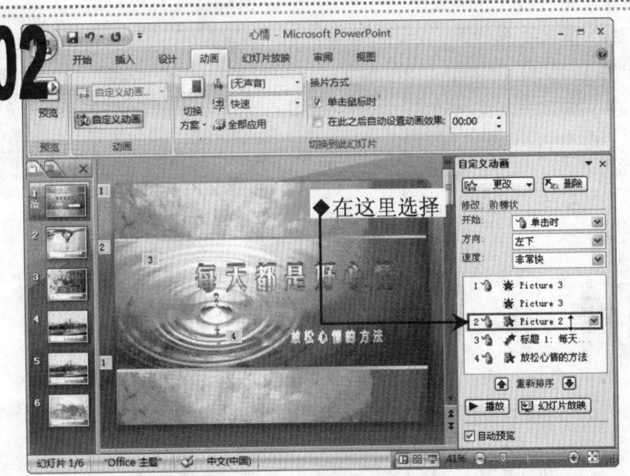

1 通过幻灯片对象的序号或“自定义动画”任务窗格中的列表框中的序号，可以看出动画的播放顺序，在“自定义动画”任务窗格中的列表框中选择要调整顺序的动画效果选项。

03

1 单击列表框下方的“降序”按钮，可以将所选动画效果下移一个位置，连续单击该按钮可将其移动到最后。

04

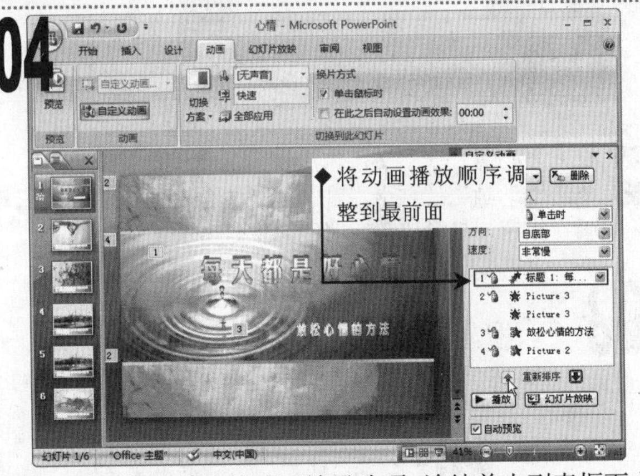

1 选择要提前播放的动画效果选项，连续单击列表框下方的“升序”按钮，将其播放顺序提到最前面。

05

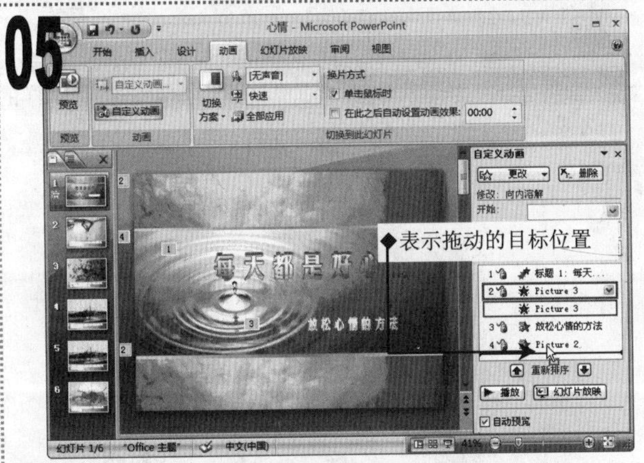

1 选择第 2 步播放的动画效果，按住鼠标左键不放进行拖动，到目标位置后释放鼠标左键即可。

06

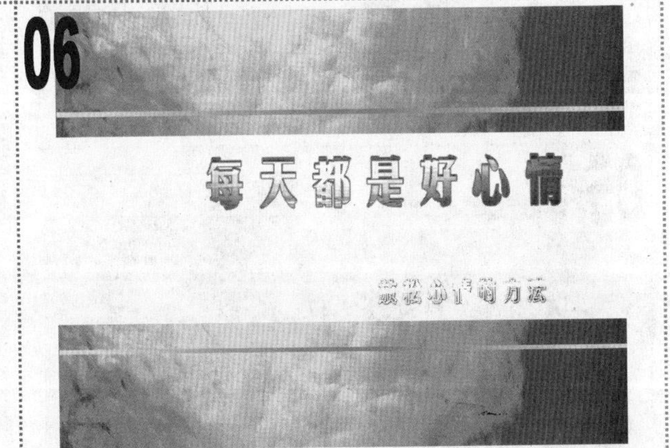

1 调整完毕后，保存演示文稿，按【F5】键放映演示文稿，在放映第 1 张幻灯片时逐次单击鼠标，可以发现幻灯片中的各个对象的播放顺序改变了。

实例106 添加进入动画效果

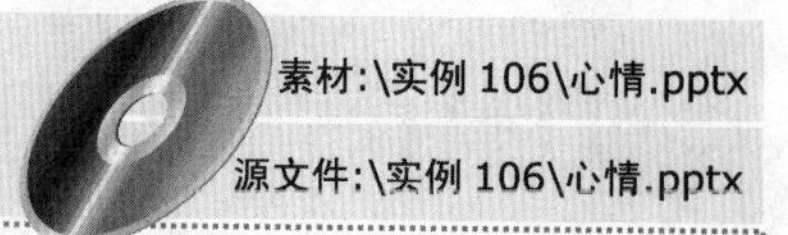

包含知识

- 添加进入动画效果
- 播放动画效果

重点难点

- 添加进入动画效果

制作思路

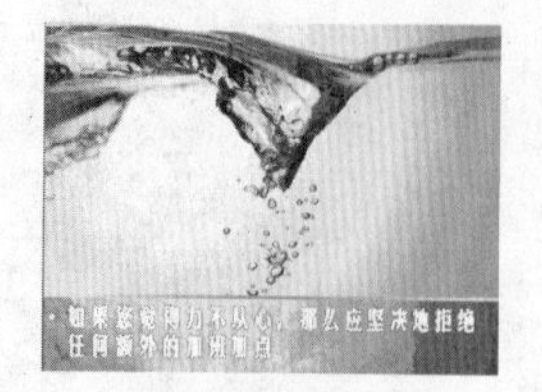
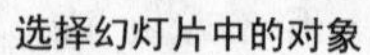
选择幻灯片中的对象

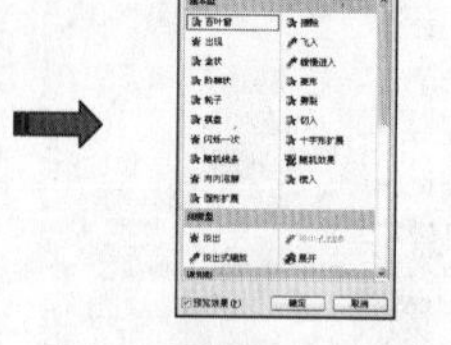
选择动画效果

放映幻灯片

01

1 打开“心情”演示文稿，选择第2张幻灯片。
2 单击“动画”选项卡，在“动画”组中单击“自定义动画”按钮，打开“自定义动画”任务窗格。

02

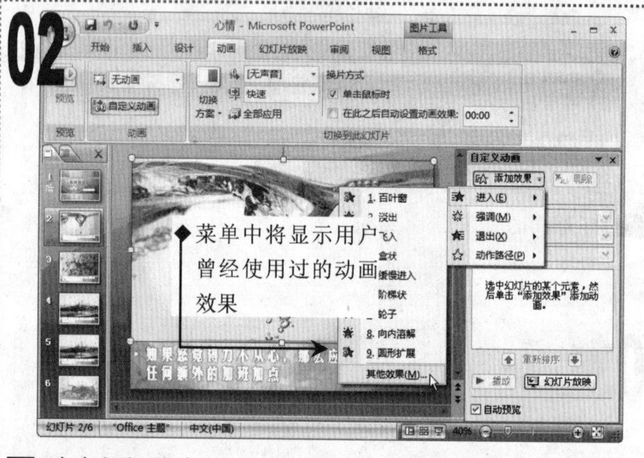

1 选中幻灯片中的“水花”图片，单击“添加效果”下拉按钮，在弹出的下拉菜单中选择“进入/其他效果”命令。

03

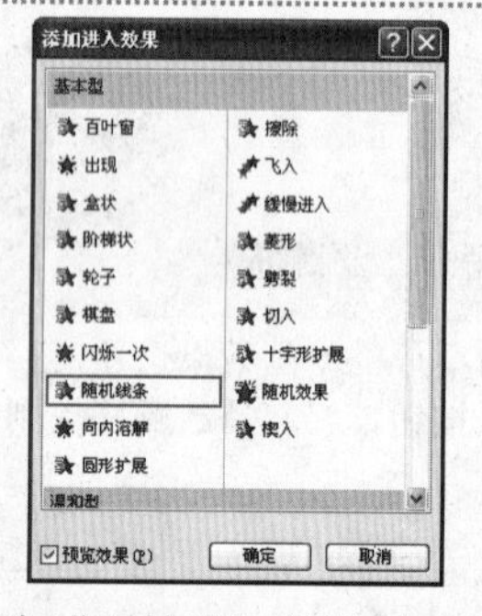

1 在打开的“添加进入效果”对话框中，选择“随机线条”选项，单击“确定”按钮。

04

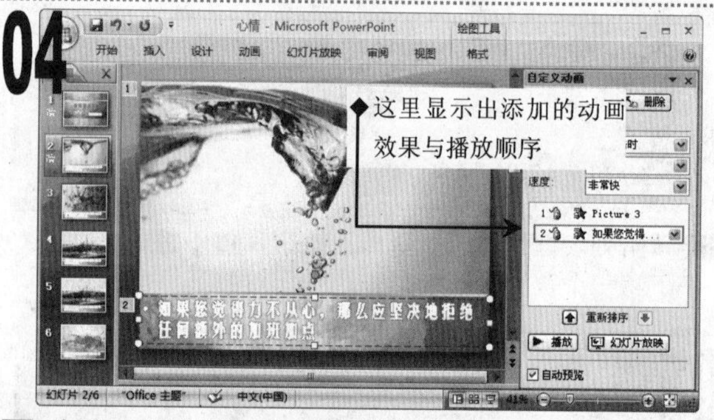

1 此时，即可为图片添加“随机线条”效果，按照同样的方法，为下方的文本添加“棋盘”效果。

05

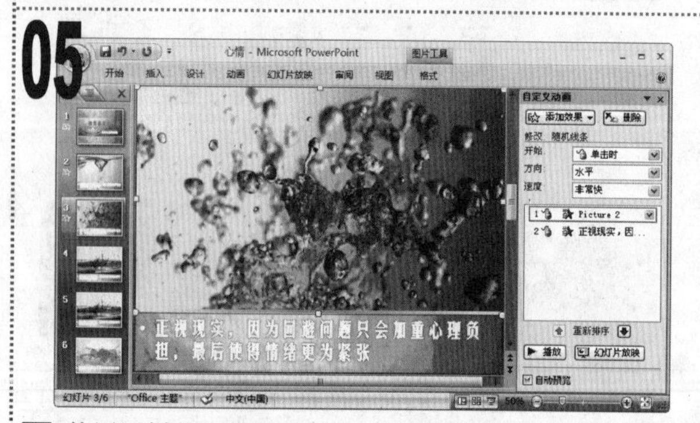

1 使用同样的方法，为第3张幻灯片中的“水花”图片及文本添加与第2张幻灯片相同的进入动画效果。

06

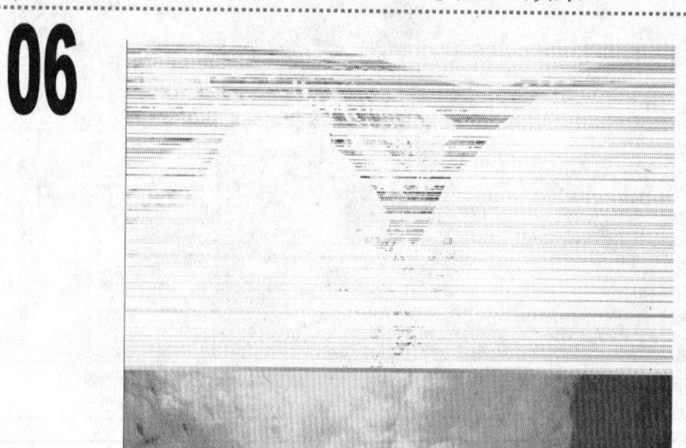

1 保存演示文稿，按【F5】键放映幻灯片，可查看到为第2张与第3张幻灯片添加的动画效果。

实例107　添加强调动画效果

素材:\实例 107\心情.pptx

源文件:\实例 107\心情.pptx

包含知识

- 添加强调动画效果
- 播放动画效果

重点难点

- 添加强调动画效果

制作思路

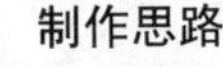

选择幻灯片中的对象

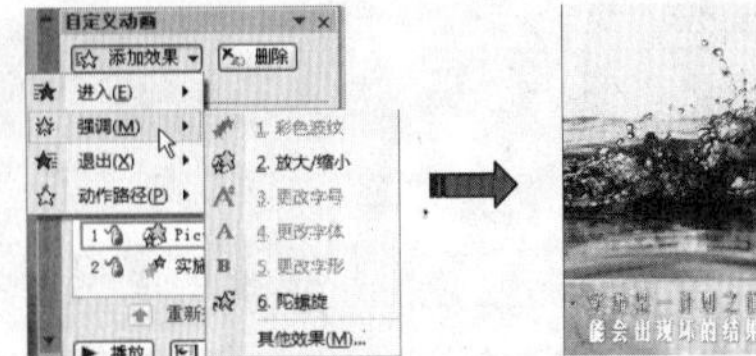

添加动画

放映幻灯片

01

1. 打开“心情”演示文稿，选择第 4 张幻灯片。
2. 在“动画”选项卡的“动画”组中，单击“自定义动画”按钮，打开“自定义动画”任务窗格。

02

1. 选择幻灯片中的“水花”图片，单击“添加效果”下拉按钮，在弹出的下拉菜单中选择“强调/‘放大/缩小’”命令。

03

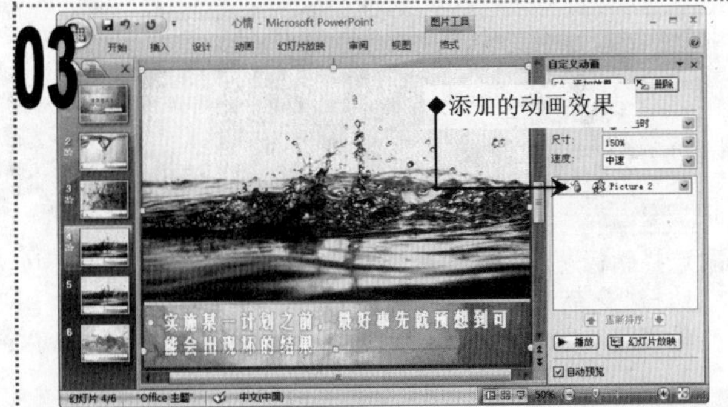

1. 为图片添加“放大/缩小”强调效果后，添加的效果将在任务窗格中的列表框中显示出来。

04

1. 选择幻灯片中的文本占位符，单击“添加效果”下拉按钮，在弹出的下拉菜单中选择“强调/其他效果”命令。

05

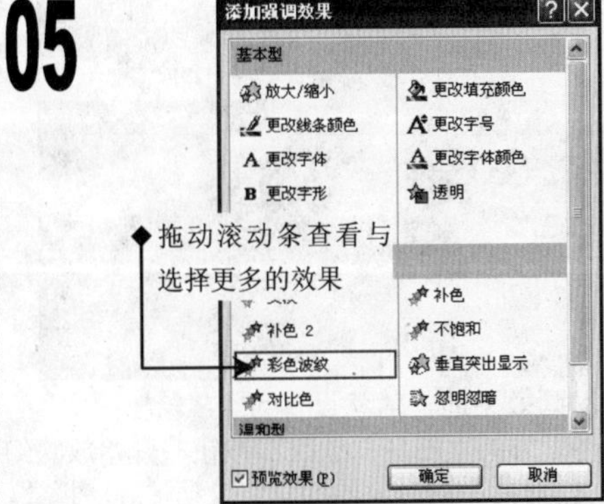

1. 在打开的“添加强调效果”对话框中，选择“细微型”栏中的“彩色波纹”选项，单击“确定”按钮。

06

1. 单击“幻灯片放映”按钮开始放映幻灯片，查看添加的动画效果。

实例108 设置动画选项

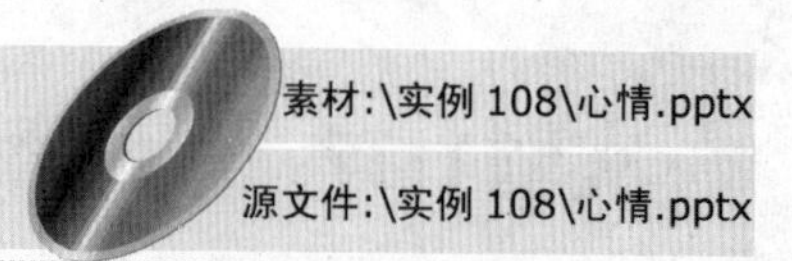

素材:\实例 108\心情.pptx

源文件:\实例 108\心情.pptx

包含知识	■ 设置动画选项 ■ 修改动画效果

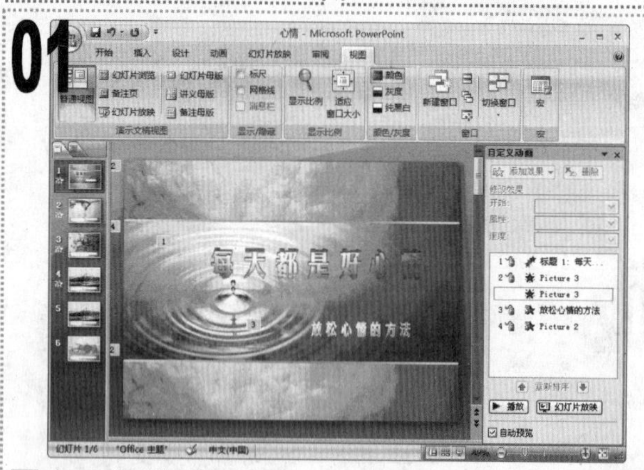

1 打开“心情”演示文稿，在“动画”选项卡的“动画”组中单击“自定义动画”按钮，打开“自定义动画”任务窗格，在列表框中选中放映序号为“1”的动画效果选项。

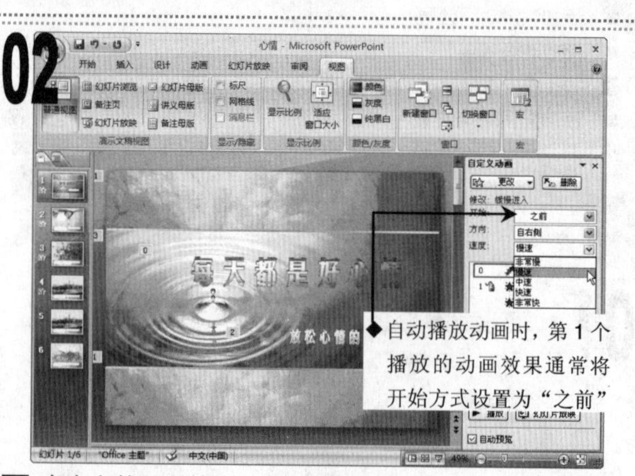

1 在上方的“开始”下拉列表框中选择“之前”选项。

2 在“方向”下拉列表框中选择“自右侧”选项，在“速度”下拉列表框中选择“慢速”选项。

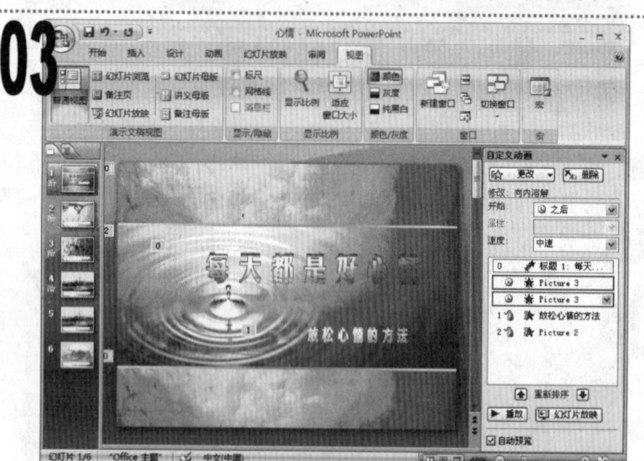

1 在列表框中同时选择第2个和第3个动画效果选项，将其开始方式设置为“之后”，速度设置为“中速”。

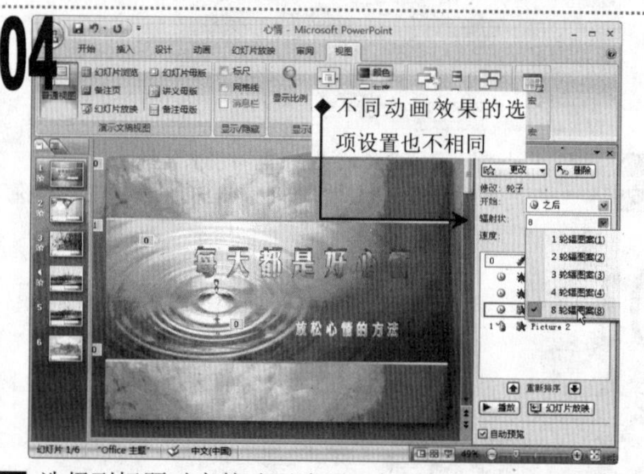

1 选择副标题对应的动画选项，在“开始”下拉列表框中选择“之后”选项，在“辐射状”下拉列表框中选择“8轮辐图案”选项。

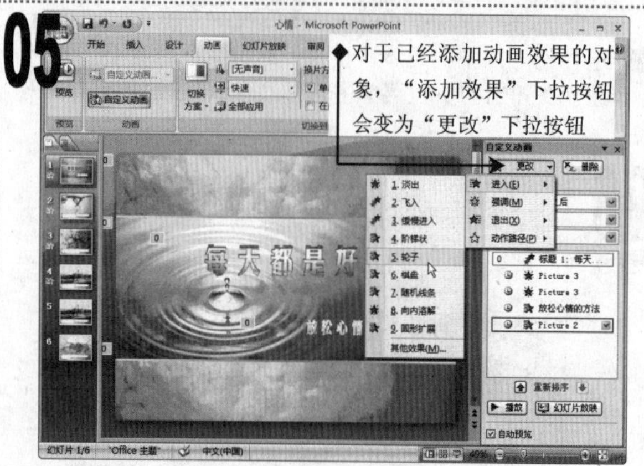

1 选择最后一个动画效果选项，将其开始方式设置为“之后”，然后单击任务窗格上方的“更改”下拉按钮，在弹出的下拉菜单中选择“进入/轮子”命令，将原来的“阶梯状”动画效果更改为“轮子”动画效果。

1 将最后一个动画效果的辐射状设置为“8轮辐图案”。

2 单击任务窗格下方的“幻灯片放映”按钮，开始放映幻灯片。此时，幻灯片中的对象的动画将自动按顺序播放，并且其放映效果也根据用户所做的设置而改变。

实例109　为“恋爱”幻灯片添加动画

素材:\实例 109\恋爱.pptx

源文件:\实例 109\恋爱.pptx

包含知识

■ 绘制动作路径

■ 设置动画选项

重点难点

■ 绘制动作路径

制作思路

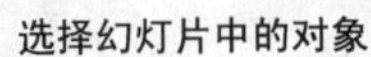

选择幻灯片中的对象

绘制路径

放映幻灯片

01

打开“恋爱”演示文稿，单击“动画”选项卡，在“动画”组中单击“自定义动画”按钮，打开“自定义动画”任务窗格。

02

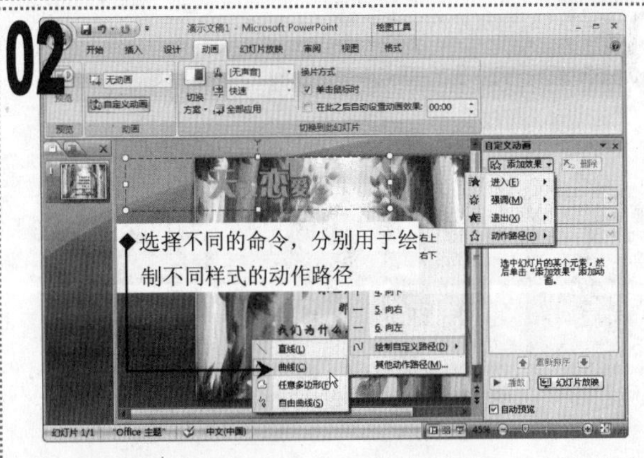

选择标题占位符，单击“自定义动画”任务窗格中的“添加效果”下拉按钮，在弹出的下拉菜单中选择“动作路径/绘制自定义路径/曲线”命令。

03

此时，鼠标光标将变为十字形状，将其移动到幻灯片的右下角，在曲线起始处单击鼠标左键然后向目标方向移动。

04

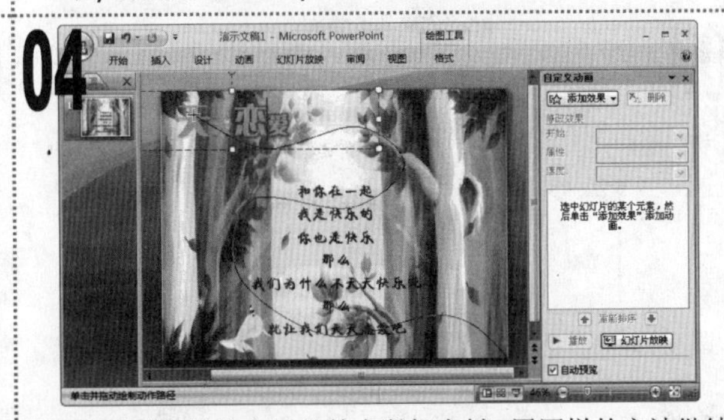

在需要弯曲的位置处单击鼠标左键，用同样的方法继续拖动鼠标至幻灯片的左上角。

05

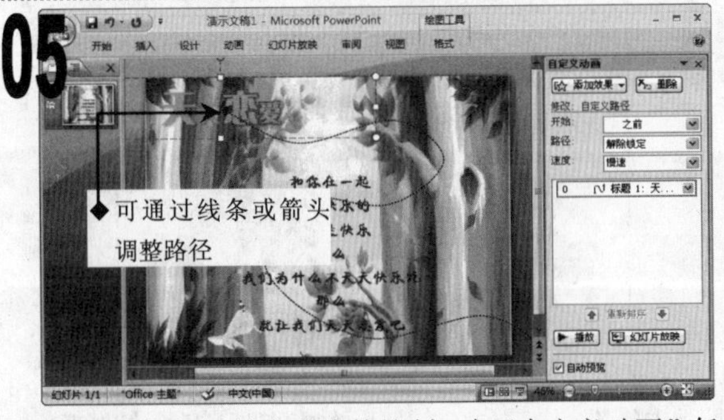

双击鼠标左键结束曲线的绘制，在“自定义动画”任务窗格中，将开始方式设置为“之前”，速度设置为“慢速”。

06

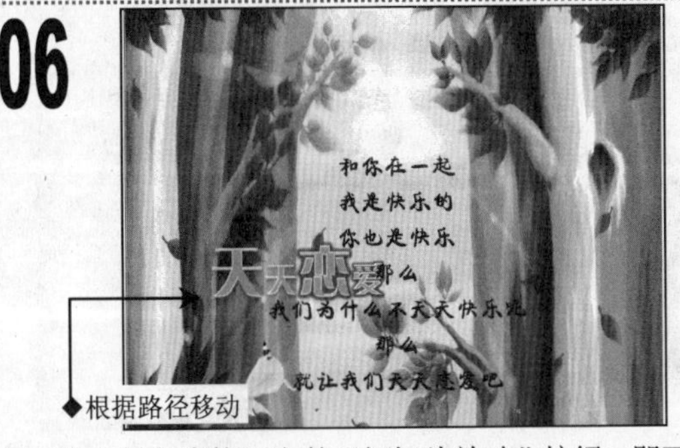

单击任务窗格下方的“幻灯片放映”按钮，即可开始放映幻灯片，并自动播放路径动画。

实例110 编辑“运动”幻灯片

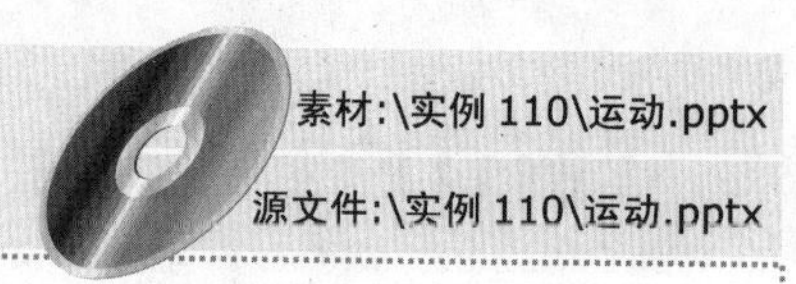

素材:\实例 110\运动.pptx

源文件:\实例 110\运动.pptx

包含知识

- 为对象添加多个动画效果
- 添加进入动画效果
- 添加强调动画效果
- 添加退出动画效果

重点难点

- 为对象添加多个动画效果
- 添加退出动画效果

制作思路

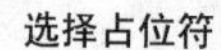

选择占位符

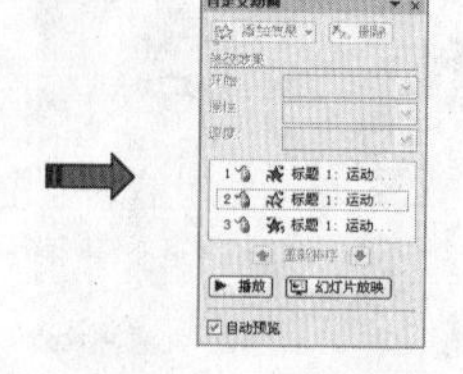

添加多个动画

放映幻灯片

■ 打开“运动”演示文稿，单击“动画”选项卡，在“动画”组中单击“自定义动画”按钮，打开“自定义动画”任务窗格。

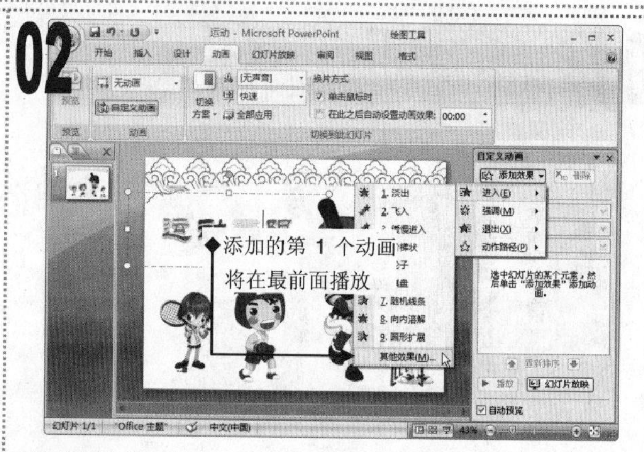

■ 选择“运动无限”文本所在的占位符，单击“自定义动画”任务窗格中的“添加效果”下拉按钮，在弹出的下拉菜单中选择“进入/其他效果”命令。

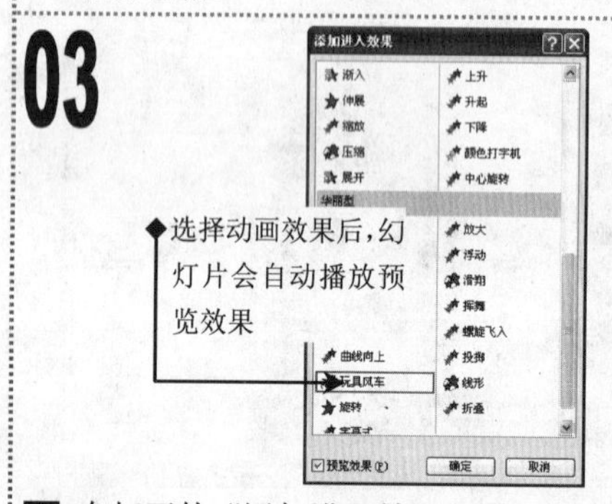

■ 在打开的“添加进入效果”对话框中，选择“华丽型”栏中的“玩具风车”选项，单击“确定”按钮。

■ 单击“添加效果”下拉按钮，在弹出的下拉菜单中选择“强调/陀螺旋”命令。

■ 再次单击“添加效果”下拉按钮，在弹出的下拉菜单中选择“退出/其他效果”命令，在打开的“添加退出效果”对话框中选择“玩具风车”选项，单击“确定”按

■ 单击任务窗格下方的“幻灯片放映”按钮，开始放映幻灯片，一次次单击鼠标，标题文本将会按设置的顺序播放动画。

实例111　为“谢幕”幻灯片添加动画

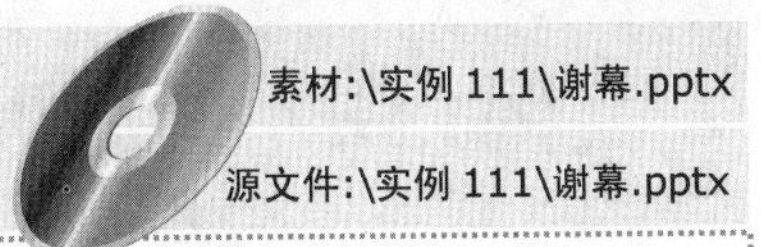

素材:\实例 111\谢幕.pptx

源文件:\实例 111\谢幕.pptx

包含知识

- 添加退出动画效果
- 设置动画开始选项

重点难点

- 添加退出动画效果

制作思路

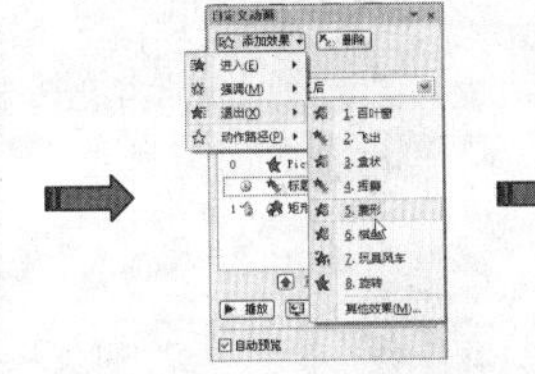

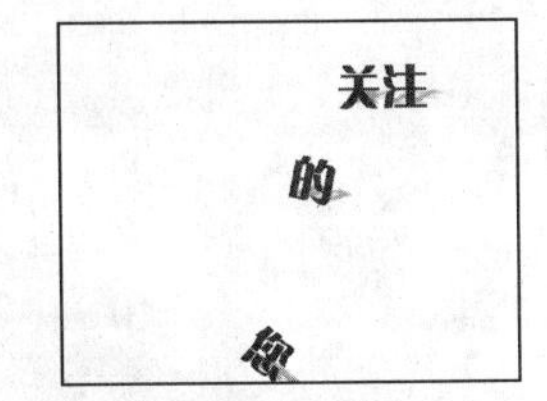

选择幻灯片对象　添加退出动画　放映幻灯片

01

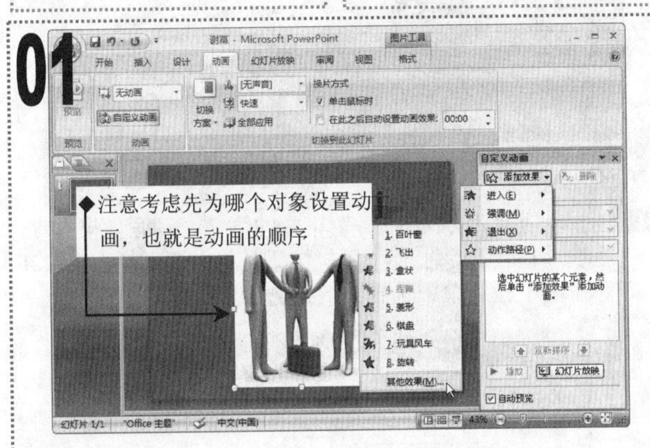

1. 打开“谢幕”演示文稿，单击“动画”选项卡，在“动画”组中单击“自定义动画”按钮。
2. 选择幻灯片中的人物图片，单击“添加效果”下拉按钮，在弹出的下拉菜单中选择“退出/其他效果”命令。

02

1. 在打开的“添加退出效果”对话框中，选择“华丽型”栏中的“旋转”选项，单击“确定”按钮。

03

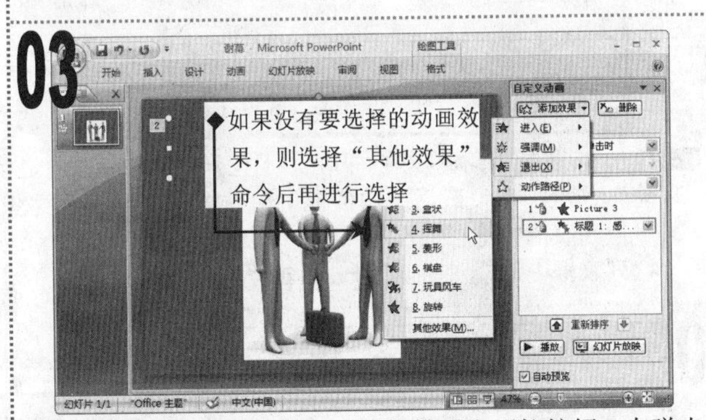

1. 选择标题占位符，单击“添加效果”下拉按钮，在弹出的下拉菜单中选择“退出/挥舞”命令。

04

1. 选择蓝色背景图形，单击“添加效果”下拉按钮，在其下拉菜单中选择“进入/展开”命令。

05

1. 在“自定义动画”任务窗格中，将第1个动画的开始方式设置为“之前”，其他两个动画的开始方式设置为“之后”。

06

1. 单击任务窗格下方的“幻灯片放映”按钮，开始放映幻灯片，查看为对象添加的动画效果。

实例112 设置“饰物”幻灯片动画

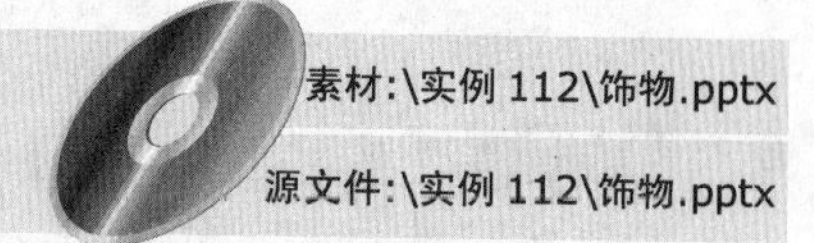

素材:\实例 112\饰物.pptx

源文件:\实例 112\饰物.pptx

包含知识

■ 设置动画效果　■ 设置动画计时

01

■ 打开“饰物”演示文稿，在“动画”选项卡的“动画”组中单击“自定义动画”按钮，打开“自定义动画”任务窗格。

02

饰物 - Microsoft PowerPoint

开始　插入　设计　动画　幻灯片放映　审阅　视图

自定义动画

更改　删除

开始：单击时

方向：跨越

速度：慢速

1 Picture 3

2 标题 1: 美...

单击开始(C)

从上一项开始(W)

从上一项之后开始(A)

效果选项(E)...

计时(T)...

显示高级日程表(S)

删除(R)

自动预览

■ 选择“自定义动画”任务窗格中的第 2 个动画效果选项，在选项后会显示出一个下拉按钮，单击该下拉按钮，在弹出的下拉菜单中选择“效果选项”命令。

03

伸展

效果　计时　正文文本动画

设置

方向(R)：跨越

增强

声音(S)：爆炸

动画播放后(A)：播放动画后隐藏

动画文本(X)：按字/词

10 % 字/词之间延迟(D)

确定　取消

■ 在打开的对应的动画选项对话框中，默认显示“效果”选项卡，在“声音”下拉列表框中选择“爆炸”选项，在“动画播放后”下拉列表框中选择“播放动画后隐藏”选项，在“动画文本”下拉列表框中选择“按字/词”选项。

04

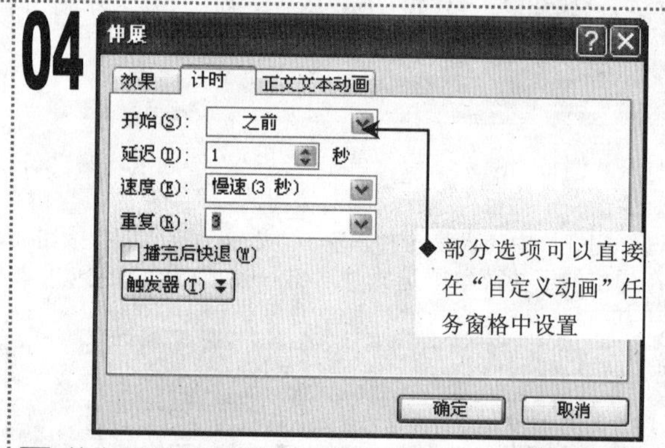

■ 单击“计时”选项卡，在“开始”下拉列表框中选择“之前”选项，在“延迟”数值框中输入“1”，在“速度”下拉列表框中选择“慢速（3 秒）”选项，在“重复”下拉列表框中选择“3”选项，单击“确定”按钮。

05

■ 返回“幻灯片编辑”窗格，可以发现动画的序号发生了变化。

06

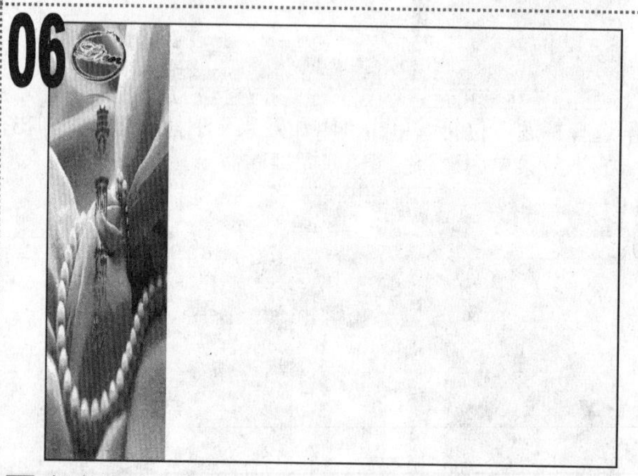

■ 保存演示文稿，按【F5】键放映演示文稿，得到的效果如图所示。

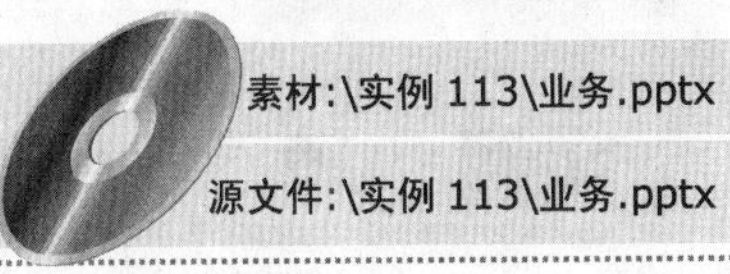

实例113　设置幻灯片的切换效果

素材:\实例 113\业务.pptx

源文件:\实例 113\业务.pptx

包含知识	■ 幻灯片的切换方案　■ 切换速度

01

1 打开“业务”演示文稿，单击“动画”选项卡。

02

1 单击“切换方案”下拉按钮，在弹出的下拉列表中选择“水平梳理”选项。

03

1 在“切换速度”下拉列表框中选择“慢速”选项，选中“在此之后自动设置动画效果”复选框，并在后面的数值框中输入“00：10”。

04

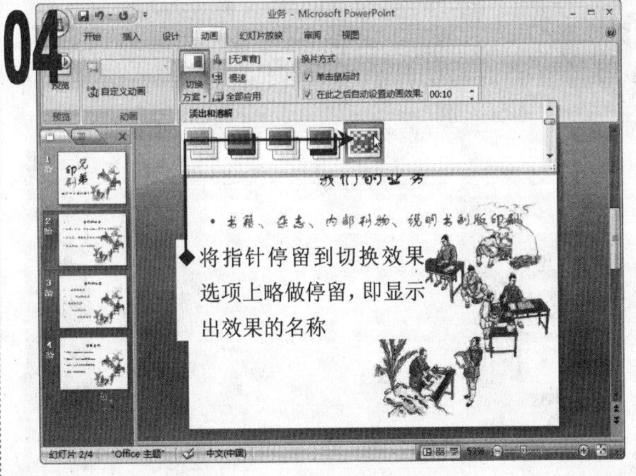

1 选择第 2 张幻灯片，将切换速度设置为“慢速”，切换方式设置为与第 1 张幻灯片相同。

2 为幻灯片设置“溶解”切换效果。

05

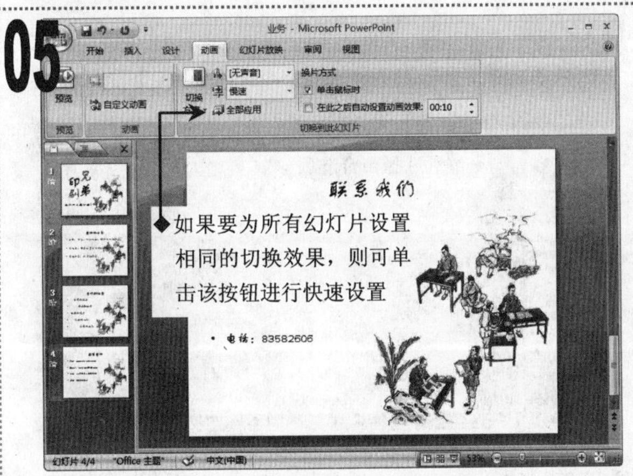

1 分别选择第 3 张与第 4 张幻灯片，设置与第 2 张幻灯片相同的切换方案和切换速度。

06

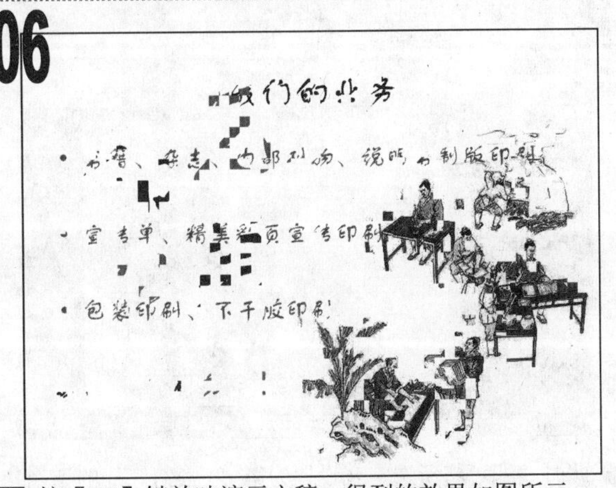

1 按【F5】键放映演示文稿，得到的效果如图所示。

实例114 设置幻灯片的切换声音

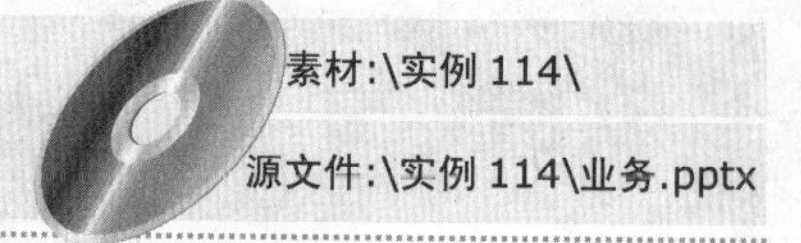

素材:\实例 114\
源文件:\实例 114\业务.pptx

包含知识

- 添加程序自带的幻灯片切换声音
- 添加电脑中保存的切换声音

1 打开“业务”演示文稿，单击“动画”选项卡。

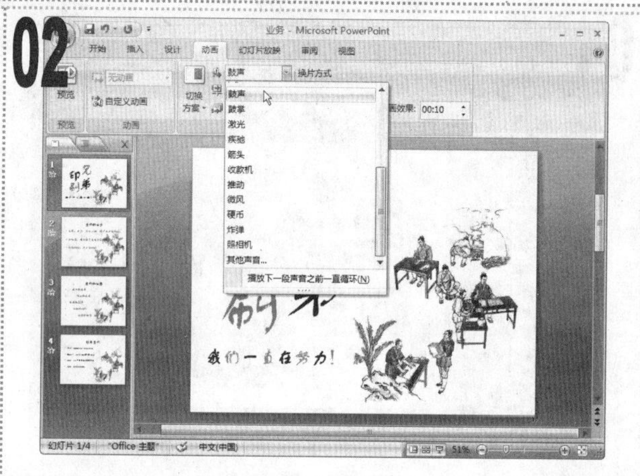

1 单击“切换声音”下拉列表框中的下拉按钮，在弹出的下拉菜单中选择“鼓声”选项。

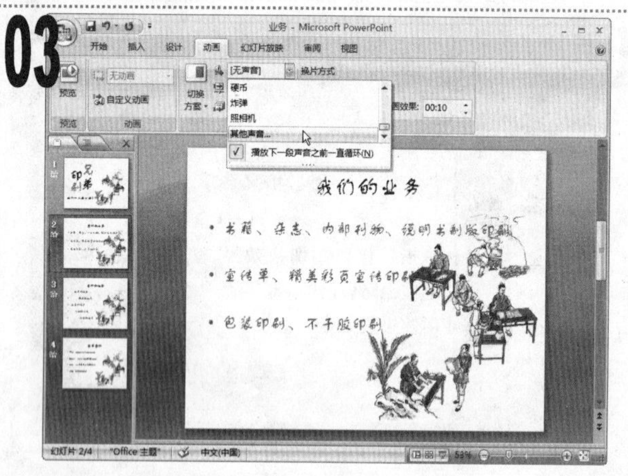

1 选择第 2 张幻灯片，在“切换声音”下拉列表框中选择“其他声音”选项。

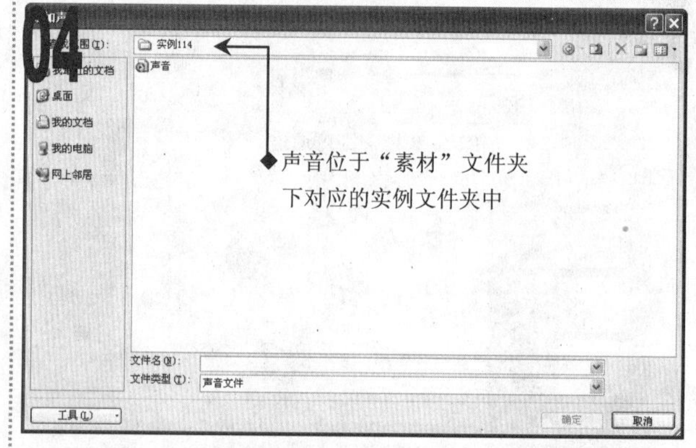

1 在打开的“添加声音”对话框的“查找范围”下拉列表框中，选择声音文件所在的文件夹。
2 在中间的列表框中选择“声音”文件，单击“确定”按钮。

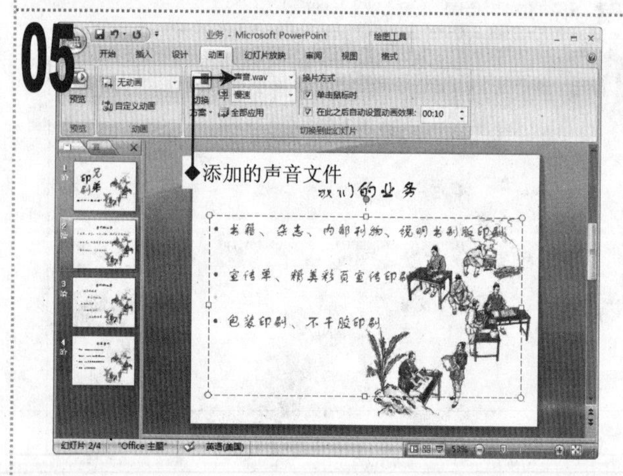

1 此时，即可将所选声音设置为第 2 张幻灯片的切换声音，并且会自动预览切换声音。

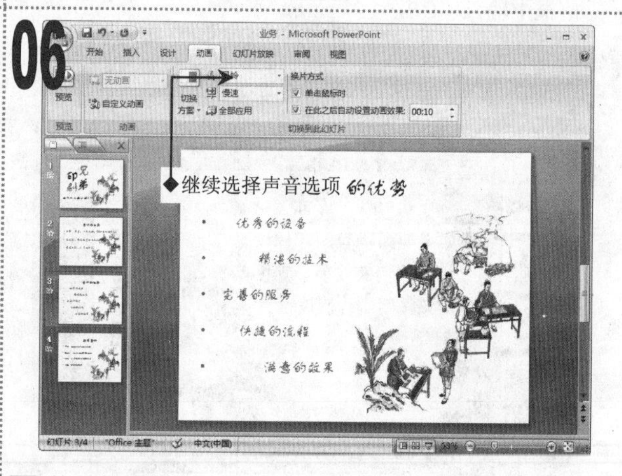

1 按照与第 1 张幻灯片相同的方法，为第 3 张与第 4 张幻灯片设置 PowerPoint 自带的切换声音。
2 放映演示文稿，预览为幻灯片添加的切换声音。

第8章

多媒体与幻灯片动画制作进阶

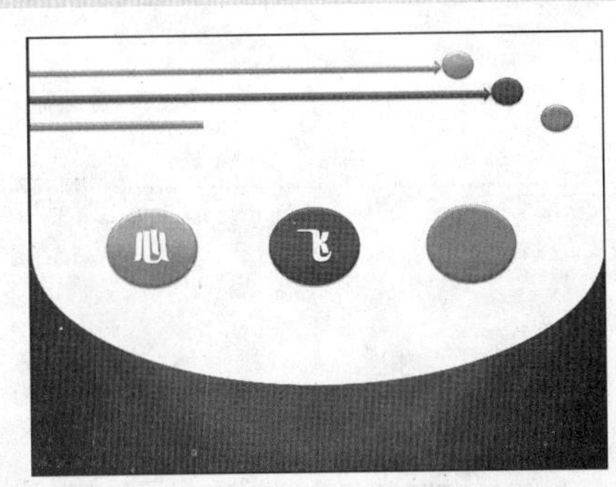

实例 115 制作“音乐盒”演示文稿

实例 117 美化图片“小狗”

实例 118 制作“卡通王国”演示文稿

实例 119 编辑“动画”演示文稿

实例 120 编辑“滑雪”幻灯片

实例 122 编辑“动画世界”演示文稿

08

学习了 PowerPoint 2007 中提供的多媒体功能与动画效果后，读者就可以将其结合起来制作出更加生动活泼的演示文稿了。本章将综合运用多媒体与动画效果来制作精彩的演示文稿，从而让读者深入了解如何通过多媒体和动画使幻灯片更加生动。

实例115 制作“音乐盒”演示文稿

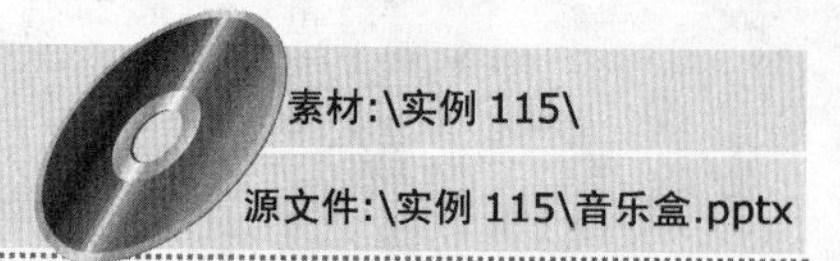

素材:\实例 115\

源文件:\实例 115\音乐盒.pptx

包含知识

- 插入声音文件
- 更改声音图标

重点难点

- 设置声音选项

制作思路

插入声音文件

更改声音图标

设置图片效果

01

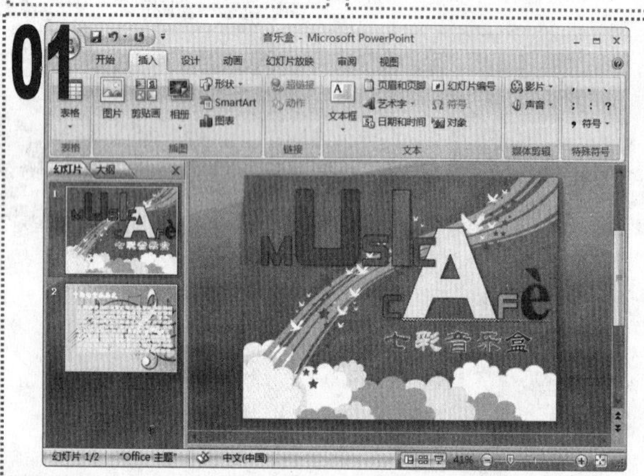

■ 打开“音乐盒”演示文稿，单击“插入”选项卡。

02

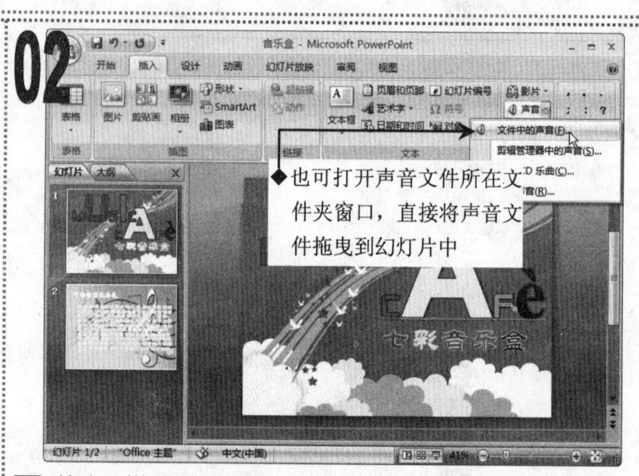

■ 单击“媒体剪辑”组中的“声音”按钮右侧的下拉按钮，在弹出的下拉菜单中选择“文件中的声音”命令。

03

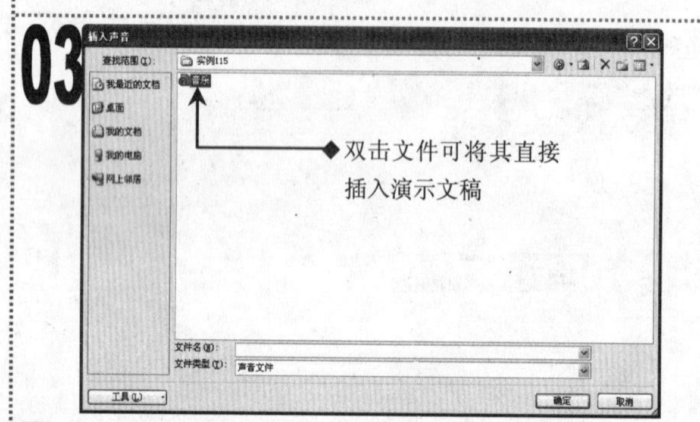

■ 在打开的“插入声音”对话框中选择 “音乐”文件，单击“确定”按钮。

04

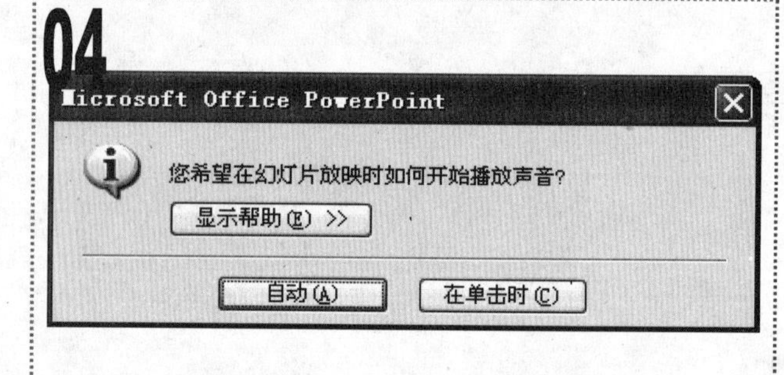

■ 在弹出的提示对话框中单击“自动”按钮。

05

■ 在幻灯片中单击选择插入的声音图标，然后通过鼠标拖动调整图标的大小与位置。

06

■ 选择声音图标，单击“声音工具/选项”选项卡，在“声音选项”组中选中“循环播放，直到停止”复选框。

07

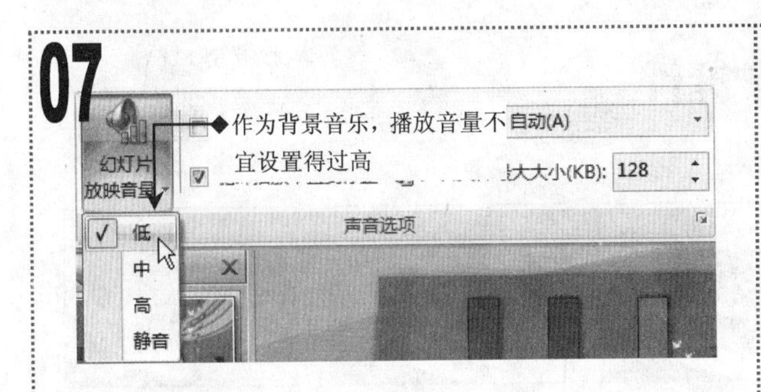

■ 单击“声音选项”组中的“幻灯片放映音量”下拉按钮，在弹出的下拉菜单中选择“低”命令。

08

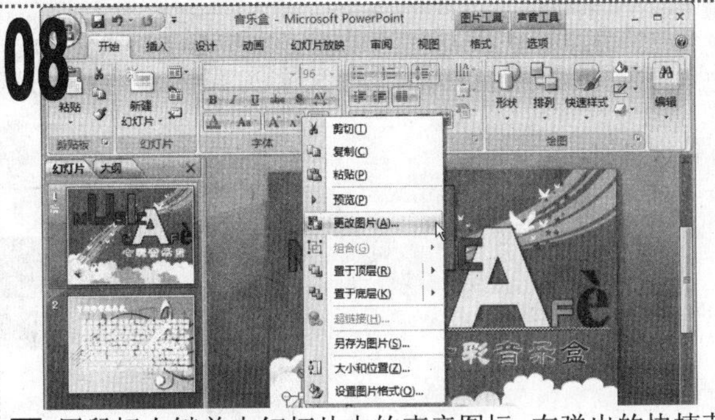

■ 用鼠标右键单击幻灯片中的声音图标，在弹出的快捷菜单中选择“更改图片”命令。

09

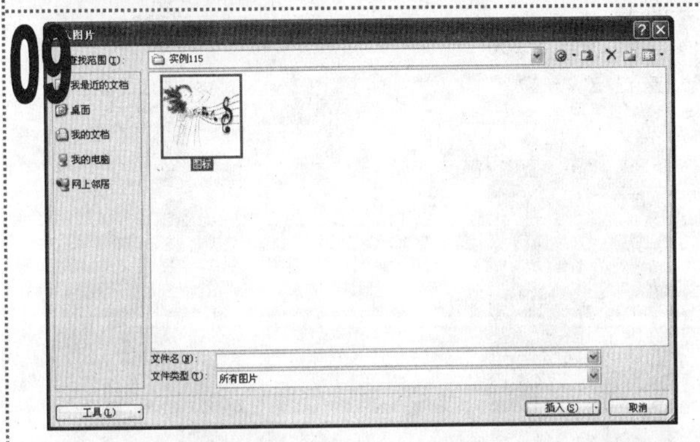

■ 在打开的“插入图片”对话框中间的列表框中，选择“图标”声音文件，单击“插入”按钮。

10

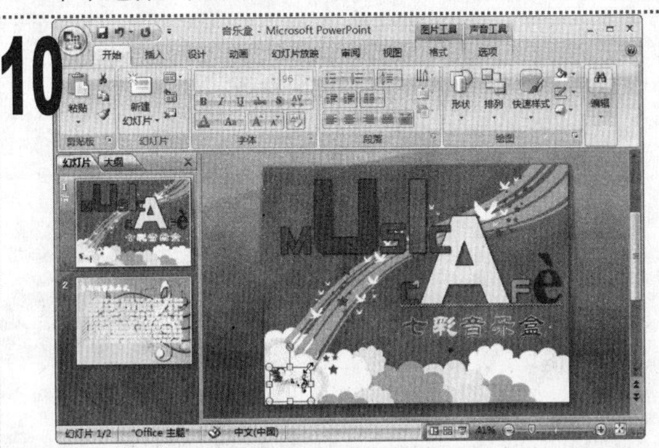

■ 通过鼠标拖动调整图片的大小。

11

■ 选择图片，单击“图片工具/格式”选项卡，在“图片样式”组中的列表框中选择“棱台透视”选项。

12

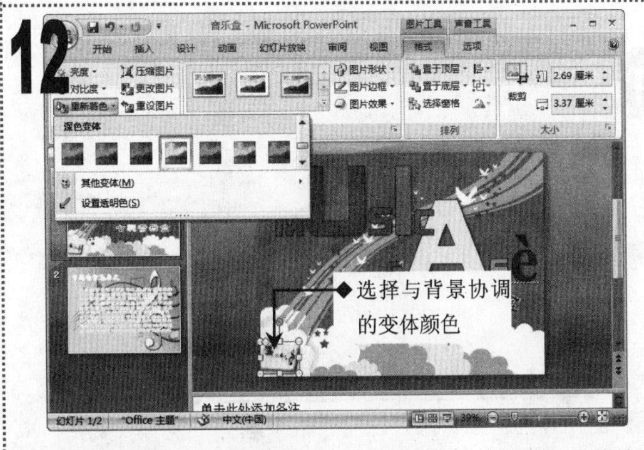

■ 单击“调整”组中的“重新着色”按钮，在弹出的下拉菜单中选择“强调文字颜色3深色”选项。

13

■ 按【F5】键放映幻灯片，可同步放映插入的声音，通过单击幻灯片左下角的图标，可以对当前播放的声音进行控制。

知识延伸

当插入声音文件后，打开“自定义动画”任务窗格，在其中的列表框中可以查看到添加的声音效果选项。如果在幻灯片中添加了动画效果，可以调整声音与动画效果播放的先后顺序。另外，也可在声音选项上单击鼠标右键，在弹出的快捷菜单中选择“效果选项”命令，在打开的对话框中设置播放声音的其他详细设置。

实例116 制作多媒体教学课件

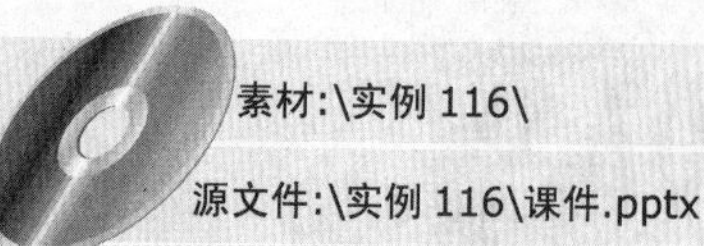
素材:\实例 116\

源文件:\实例 116\课件.pptx

包含知识

- 插入视频
- 插入 Flash 动画

重点难点

- 插入 Flash 动画

制作思路

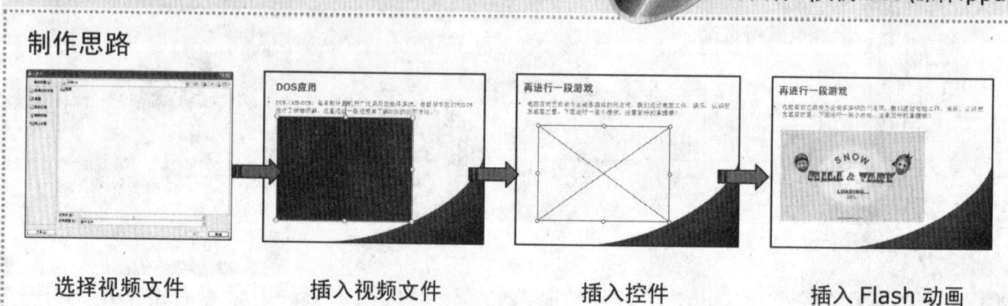

选择视频文件　插入视频文件　插入控件　插入 Flash 动画

01

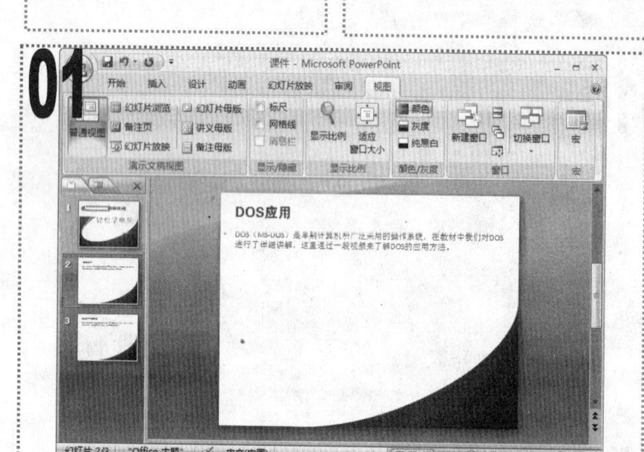

■ 打开“课件”演示文稿，选择第 2 张幻灯片。

02

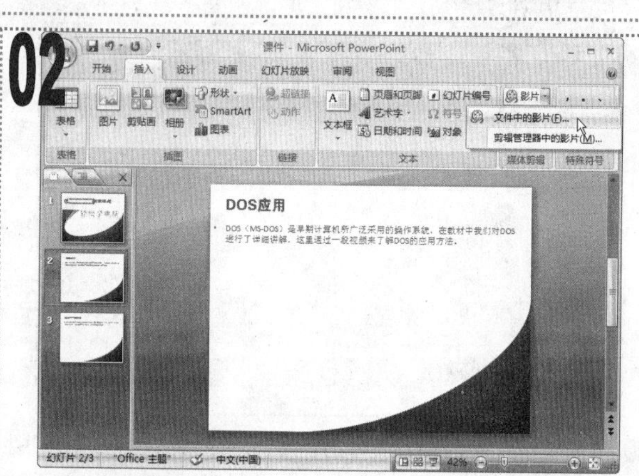

■ 单击“插入”选项卡的“媒体剪辑”组中的“影片”按钮右侧的下拉按钮，在弹出的下拉菜单中选择“文件中的影片”命令。

03

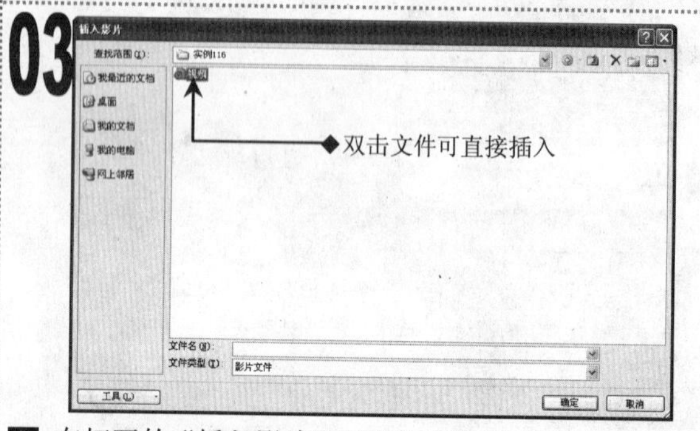

■ 在打开的“插入影片”对话框中选择“视频”文件，单击“确定”按钮。

04

■ 在弹出的提示对话框中要求用户选择声音的播放条件，单击“自动”按钮。

05

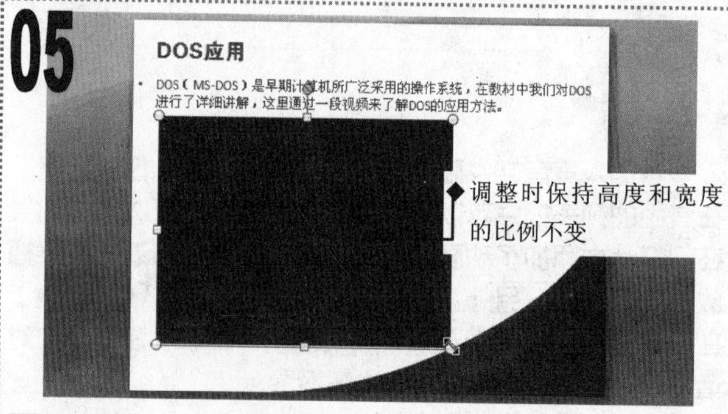

■ 选择插入的视频区域，通过鼠标拖动调整区域的大小与位置。

06

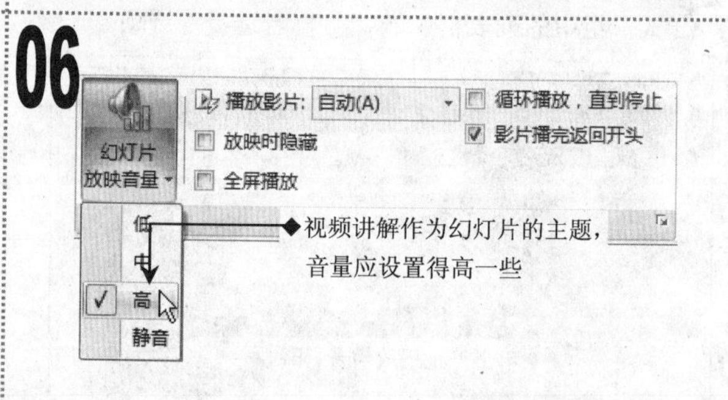

■ 单击“影片工具/选项”选项卡，在“影片选项”组中选中“影片播完返回开头”复选框。

2 单击“幻灯片放映音量”下拉按钮，在弹出的下拉菜单中选择“高”命令。

07

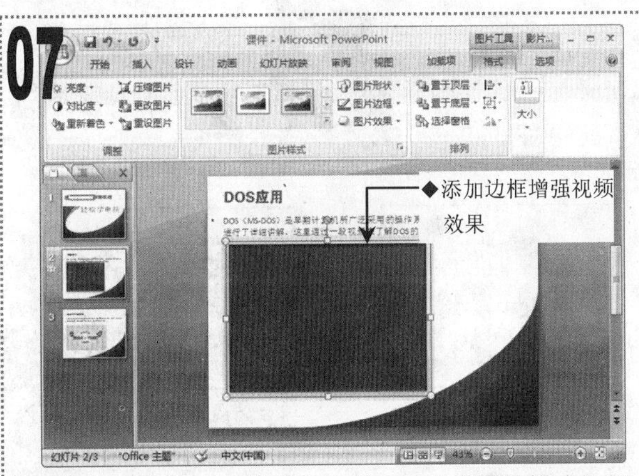

■ 单击“图片工具/格式”选项卡，在“图片样式”组中的列表框中选择“金属框架”选项。

08

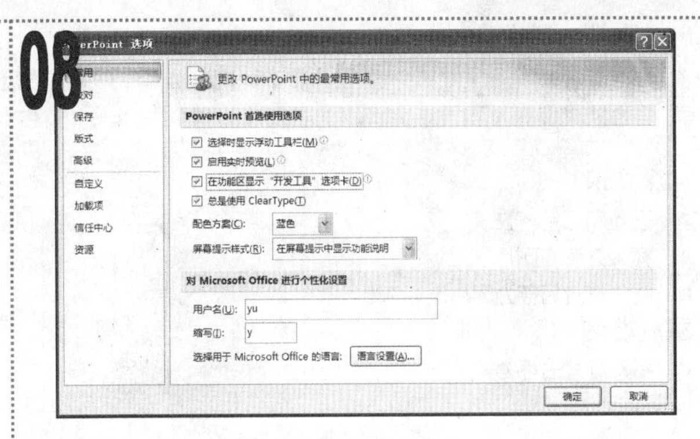

■ 单击“Office”按钮，在弹出的下拉菜单中单击PowerPoint 选项”按钮，在打开的“PowerPoint 选项”对话框中选中“在功能区显示‘开发工具’选项卡”复选框，单击“确定”按钮。

09

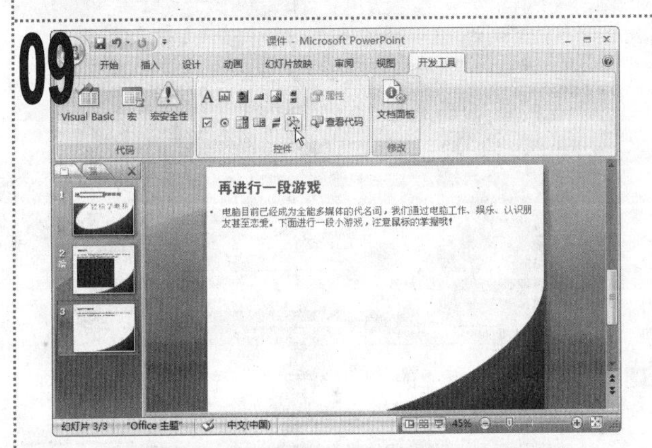

■ 选择第 3 张幻灯片，单击“开发工具”选项卡，在“控件”组中单击“其他控件”按钮。

10

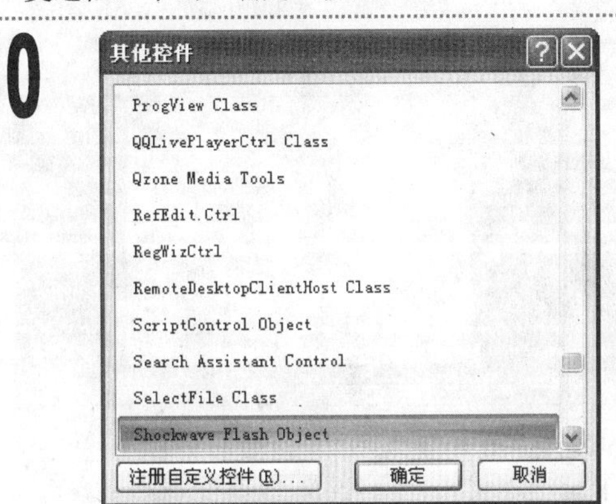

■ 在打开的“其他控件”对话框中，选择“Shockwave Flash Object”选项，单击“确定”按钮。

11

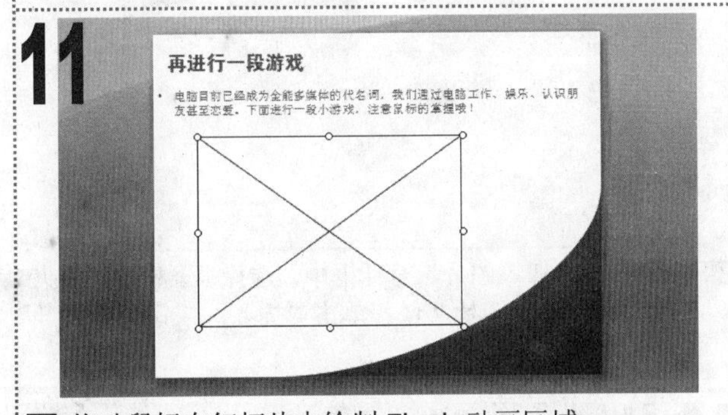

■ 拖动鼠标在幻灯片中绘制 Flash 动画区域。

12

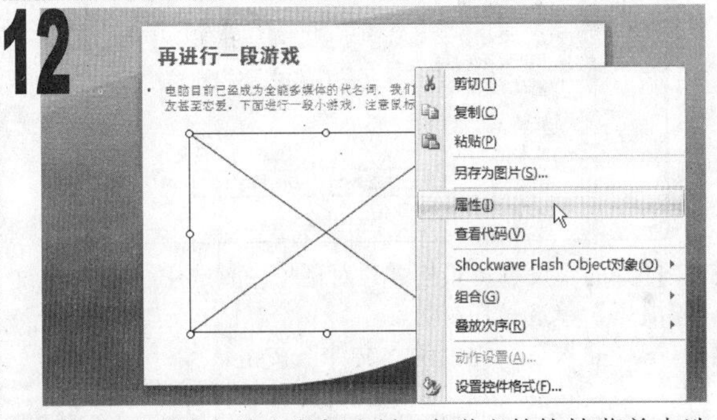

■ 在动画区域中单击鼠标右键，在弹出的快捷菜单中选择“属性”命令。

13

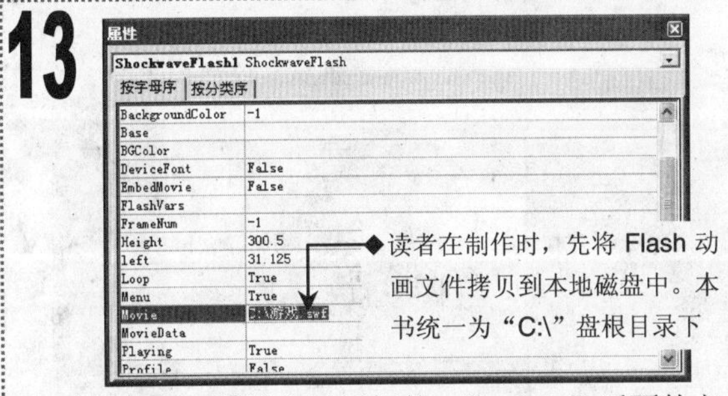

■ 在打开的“属性”对话框的 “Movie”后面的文本框中，输入要插入的 Flash 游戏的完整地址。

14

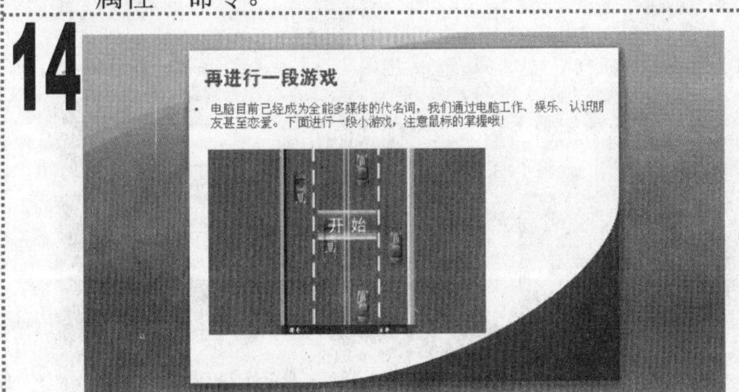

■ 保存演示文稿，按【F5】键放映演示文稿，查看插入的视频和动画。

实例117 美化图片“小狗”

包含知识

- 设置幻灯片背景
- 插入并编辑图片
- 将幻灯片另存为图片

重点难点

- 将幻灯片另存为图片

制作思路

设置幻灯片背景

插入并编辑图片

将幻灯片保存为图片

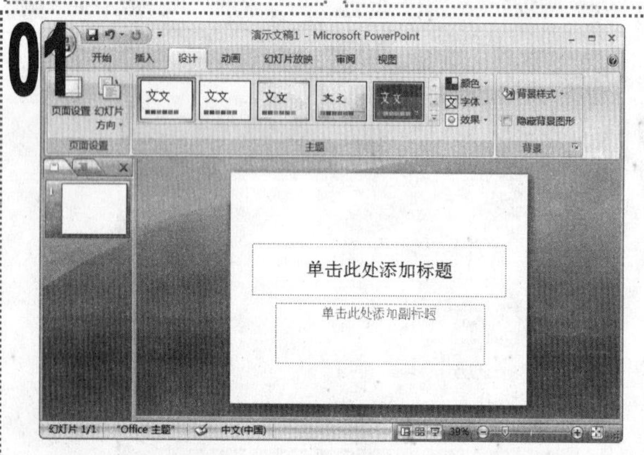

1 在 PowerPoint 中新建一个空白演示文稿，单击“设计”选项卡。

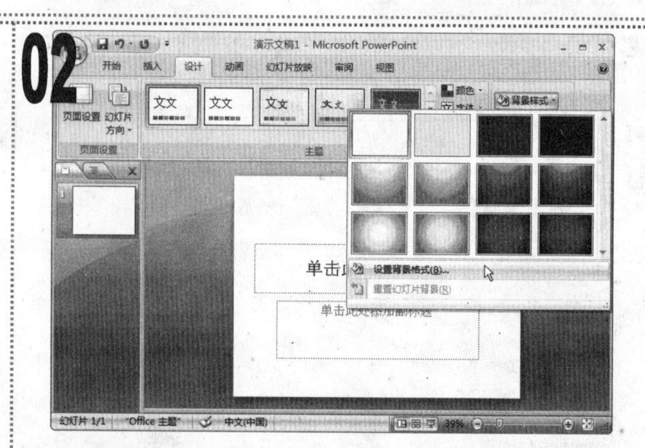

1 单击“背景”组中的“背景样式”下拉按钮，在弹出的下拉菜单中选择“设置背景格式”命令。

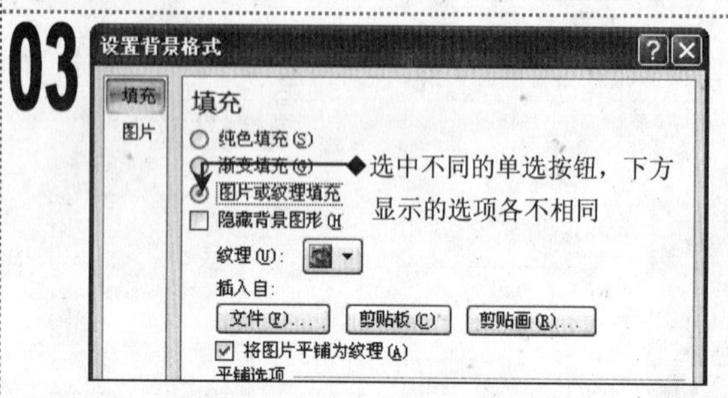

1 在打开的“设置背景格式”对话框中，选中“图片或纹理填充”单选按钮。

2 单击“插入自”栏中的“文件”按钮。

1 在打开的“插入图片”对话框中，选择“素材”文件夹中的“img5”图片文件，单击“插入”按钮。

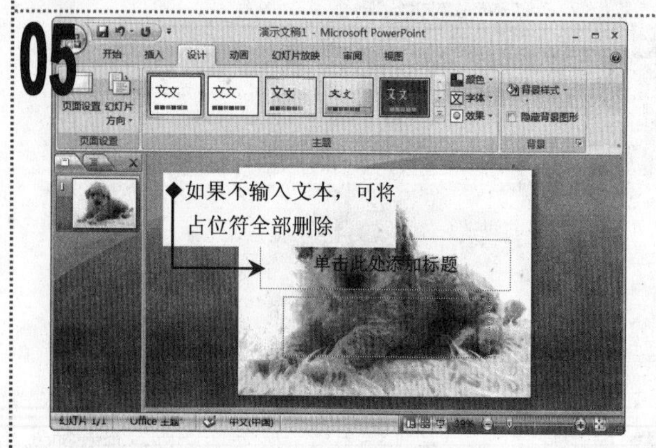

1 单击“关闭”按钮，关闭“设置背景格式”对话框，即可将图片设置为当前幻灯片的背景。

1 单击“插入”选项卡，在“插图”组中单击“图片”按钮。

07

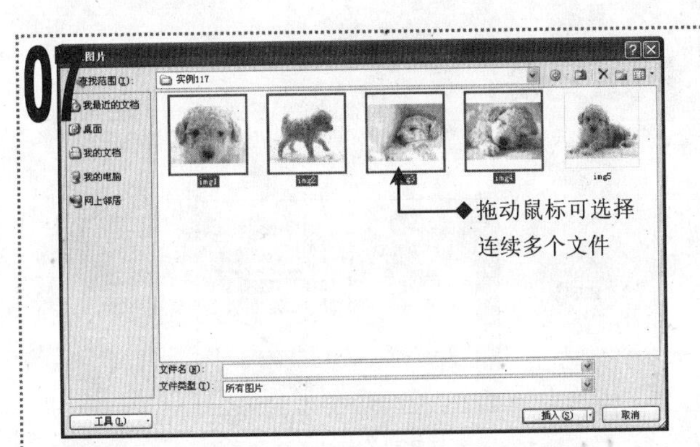

1 在打开的“插入图片”对话框中同时选择“img1”，“img2”，“img3”及“img4”图片文件，单击“插入”按钮。

08

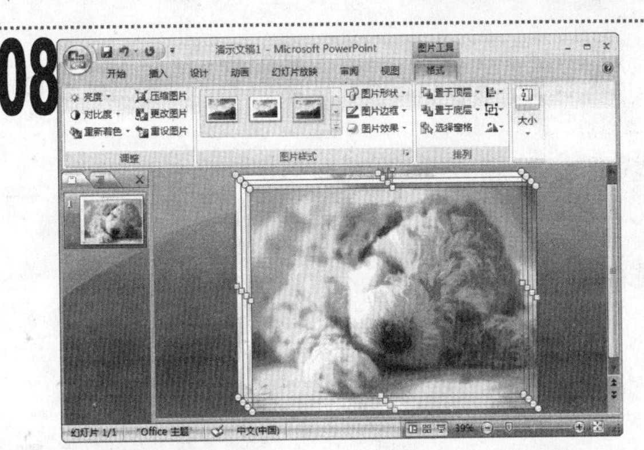

1 此时，即可将所选的四幅图片全部插入到幻灯片中，插入的图片可能会重叠。

09

1 分别选择每张图片，通过鼠标拖动调整每张图片的大小与在幻灯片中的位置。

10

1 单击“图片工具/格式”选项卡，为所有图片应用“旋转，白色”图片样式。

11

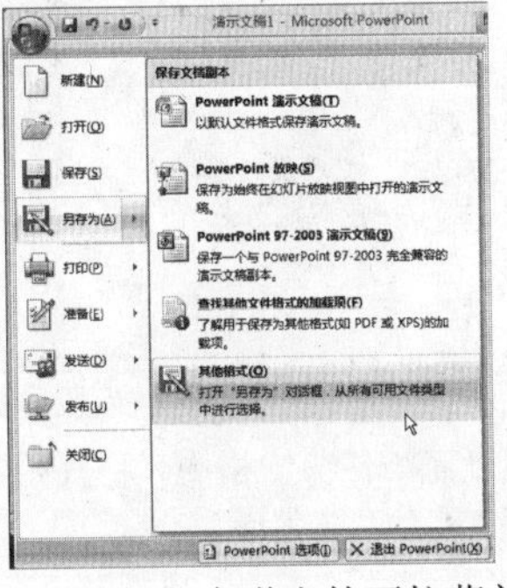

1 单击“Office”按钮，在弹出的下拉菜单中选择“另存为/其他格式”命令。

12

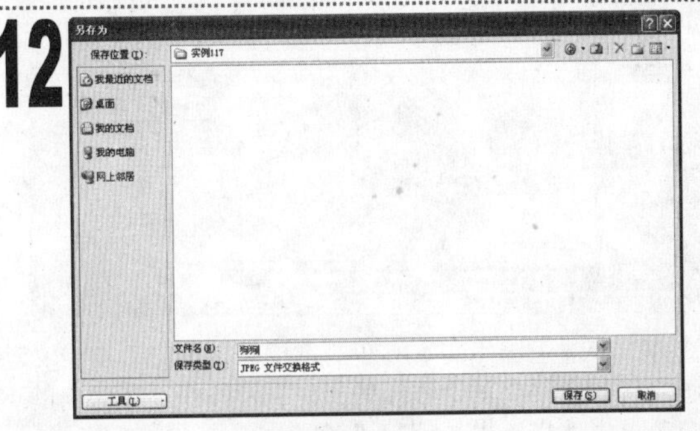

1 在打开的“另存为”对话框中，选择文件的保存位置，在“保存类型”下拉列表框中选择“JPEG 文件交换格式”选项，单击“保存”按钮。

13

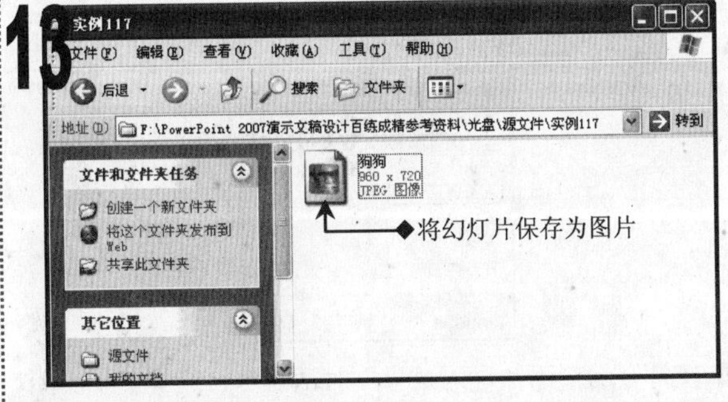

1 在弹出的提示对话框中，单击“仅当前幻灯片”按钮。
2 打开保存文件的文件夹，即可查看保存的图片。

14

1 双击图片文件，即可在 Windows 图片和传真查看器中打开并查看图片了。

实例118 制作“卡通王国”演示文稿

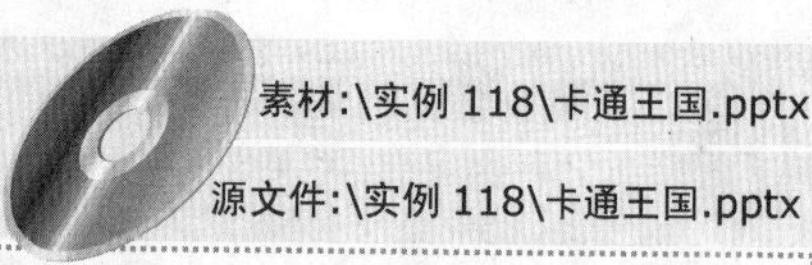

素材:\实例 118\卡通王国.pptx

源文件:\实例 118\卡通王国.pptx

包含知识

- 自定义动画
- 设置动画选项

重点难点

- 设置动画选项

制作思路

为第 1 张幻灯片添加动画

为第 2 张幻灯片添加动画

01

1 打开“卡通王国”演示文稿，单击“动画”选项卡。

02

1 单击“动画”组中的“自定义动画”按钮，在窗口右侧打开“自定义动画”任务窗格。

03

1 选择“卡通王国”文本所在的占位符，单击“自定义动画”任务窗格中的“添加效果”下拉按钮，在弹出的下拉菜单中选择“进入/飞入”命令。

04

1 在“自定义动画”任务窗格中，将开始方式设置为“之前”，速度设置为“非常慢”。

05

1 选择第 2 张幻灯片，选择白雪公主图片，单击“添加效果”下拉按钮，在弹出的下拉菜单中选择“进入/其他效果”命令。

06

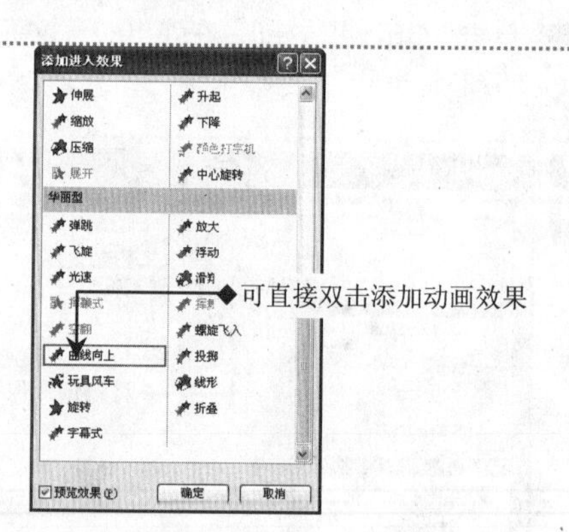

1 在打开的“添加进入效果”对话框中，选择“华丽型”栏中的“曲线向上”选项，单击“确定”按钮。

07

■ 选择小矮人图片，单击“添加效果”下拉按钮，在弹出的下拉菜单中选择“进入/曲线向上”命令。

08

■ 在“自定义动画”任务窗格中的“速度”下拉列表框中，选择“慢速”选项。

09

■ 选择文本“白雪公主”所在的占位符，单击“添加效果”下拉按钮，在弹出的下拉菜单中选择“进入/回旋”命令。

10

■ 选择正文文本所在的文本框，单击“添加效果”下拉按钮，在弹出的下拉菜单中选择“进入/淡出式回旋”命令。

11

■ 在“自定义动画”任务窗格中的列表框中，选中第 1 个动画效果选项，在“开始”下拉列表框中选择“之前”选项。

12

■ 在“自定义动画”任务窗格中的列表框中，选择第 2 个动画效果选项，在“开始”下拉列表框中选择“之后”选项。

13

■ 按【F5】键放映演示文稿，放映第 1 张幻灯片时，将自动播放文本的动画效果。

14

■ 放映第 2 张幻灯片时，白雪公主与小矮人图片的动画会自动播放，而文本动画则在用户单击鼠标后播放。

实例119 编辑“动画”演示文稿

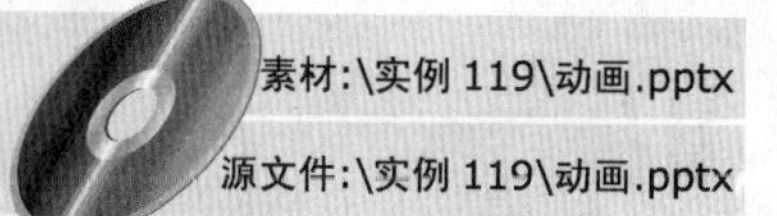
素材:\实例 119\动画.pptx
源文件:\实例 119\动画.pptx

包含知识

- 添加并设置进入动画效果
- 添加并设置强调动画效果
- 为多个对象同时添加动画

重点难点

- 为多个对象同时添加动画

制作思路

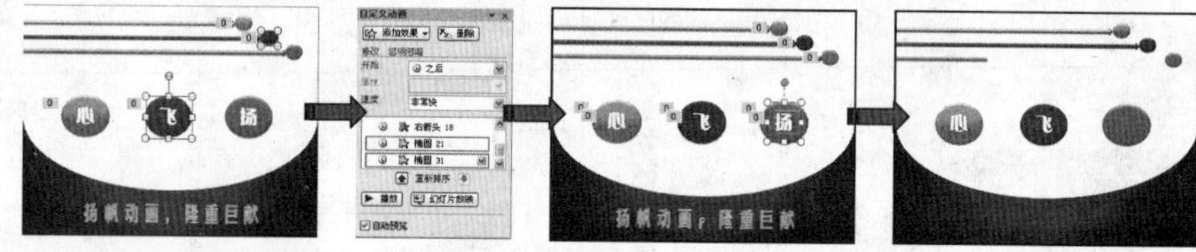

选择多个对象　添加动画效果　为其他对象添加动画　播放幻灯片

01

打开“动画”演示文稿，在“动画”选项卡的“动画”组中单击“自定义动画”按钮，打开“自定义动画”任务窗格。

02

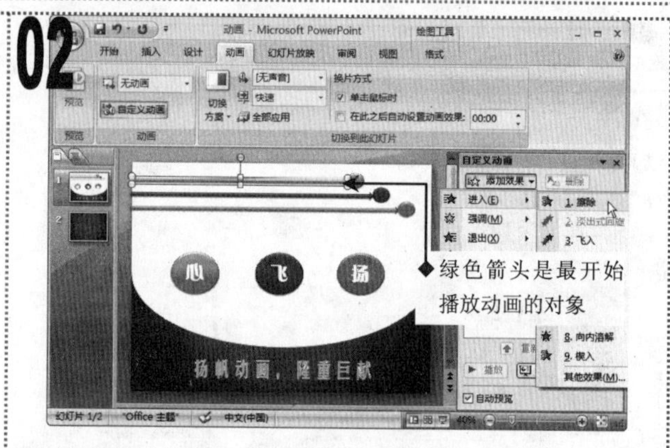

选择幻灯片最上方的绿色箭头，单击“添加效果”下拉按钮，在弹出的下拉菜单中选择“进入/擦除”命令。

03

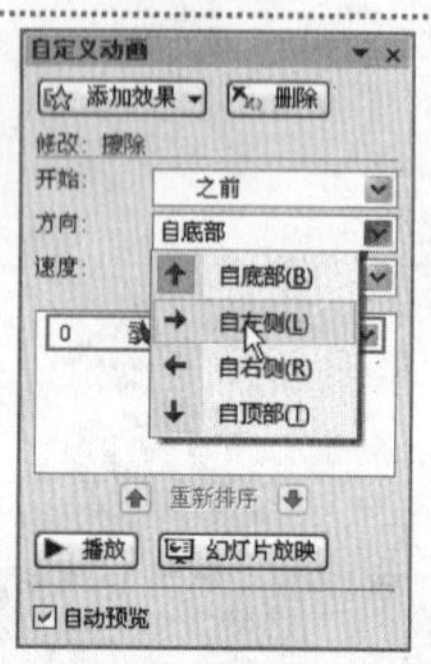

在“自定义动画”任务窗格中的列表框中，选择添加的动画效果选项，在“开始”下拉列表框中选择“之前”选项，在“方向”下拉列表框中选择“自左侧”选项。

04

同时选择幻灯片中的两个绿色圆形，单击“添加效果”下拉按钮，在弹出的下拉菜单中选择“强调/忽明忽暗”命令。

05

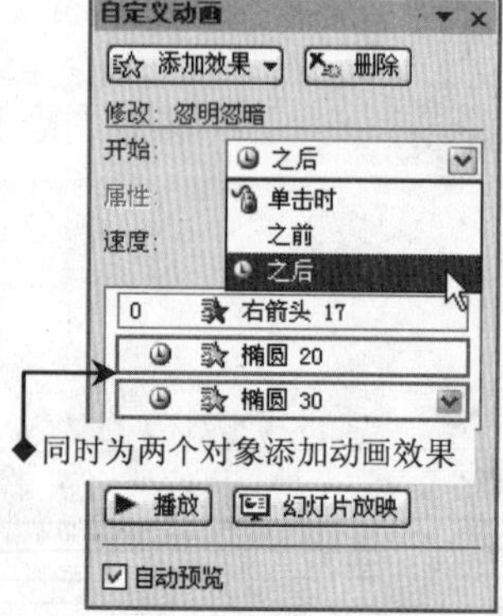

在列表框中选择前一步添加的两个动画选项，将其开始方式设置为“之后”。

06

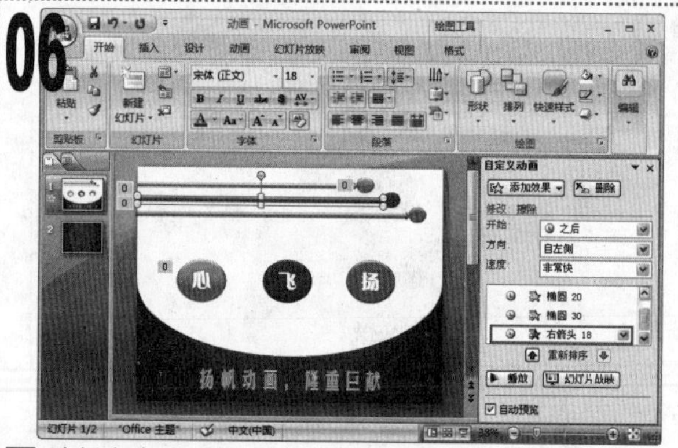

选择文本“心”，为文本添加“进入/玩具风车”动画效果，并将其开始方式设置为“之后”。

07

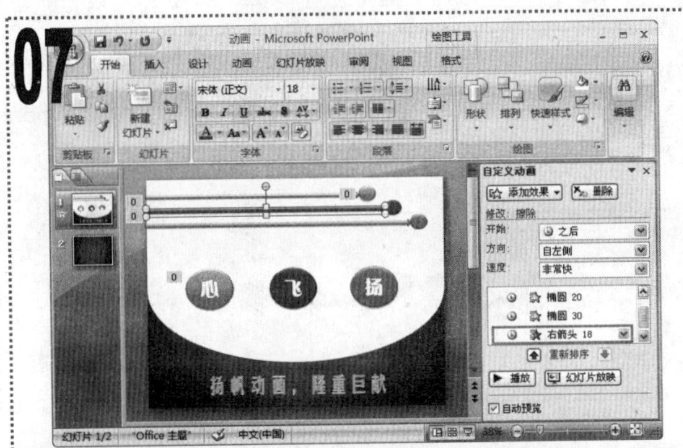

■ 选择红色箭头，添加与绿色箭头相同的“擦除”效果，将其开始方式设置为“之后”，方向设置为“自左侧”。

08

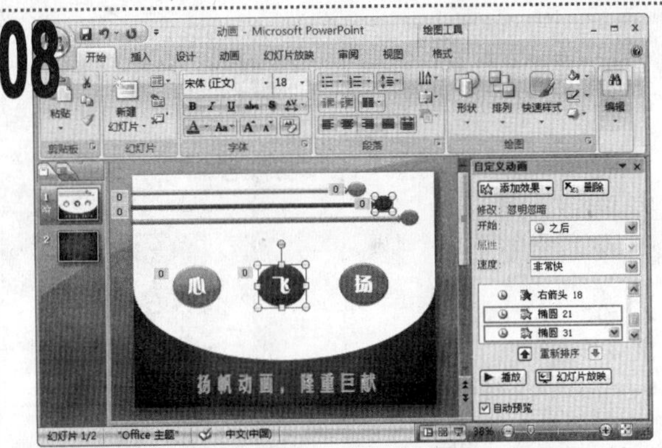

■ 同时选择两个红色圆形，将其动画效果设置为“忽明忽暗”，开始方式设置为“之后”。

09

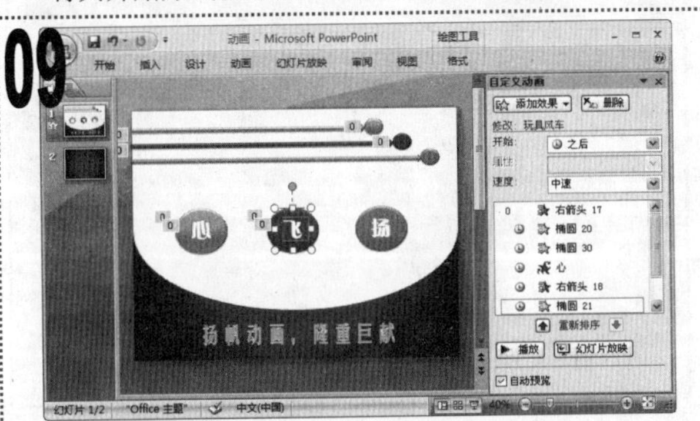

■ 选择文本“飞”，为文本添加“进入/玩具风车”动画效果，并将其开始方式设置为“之后”。

10

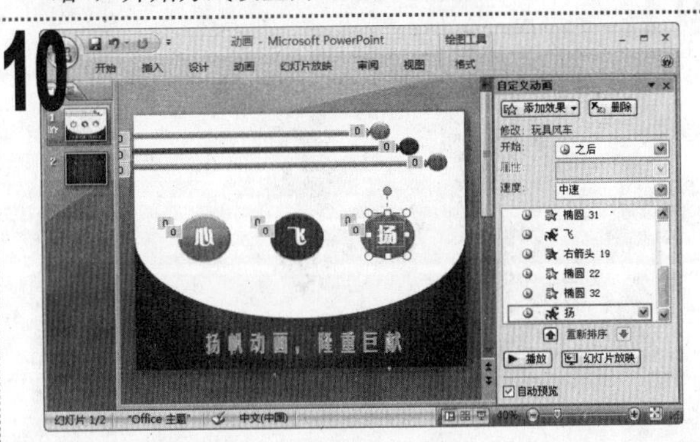

■ 按照同样的方法，按顺序对橙色箭头、两个橙色圆形及文本“扬”设置对应的动画效果，开始方式均设置为“之后”。

11

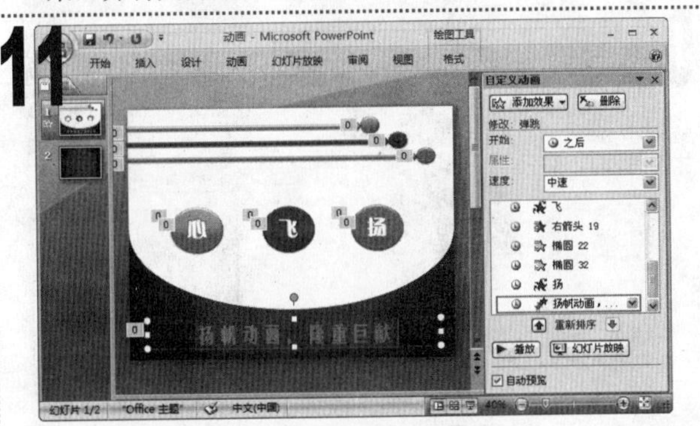

■ 选择幻灯片最下方的文本，为其添加“进入/弹跳”动画效果，将其开始方式设置为“之后”。

12

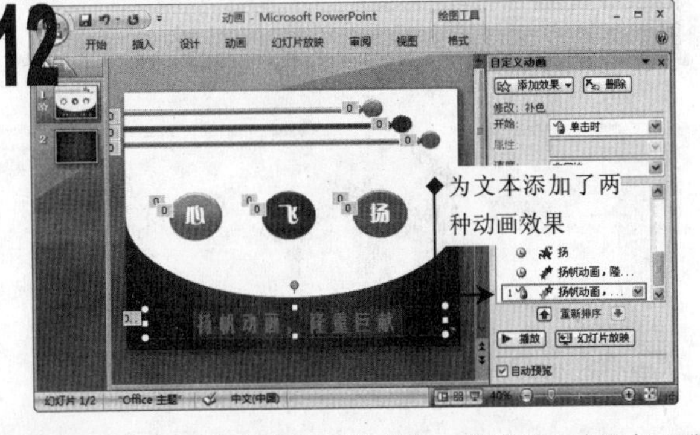

■ 再次单击“添加效果”下拉按钮，继续为文本添加“强调/补色”动画效果，开始方式同样设置为“之后”。

13

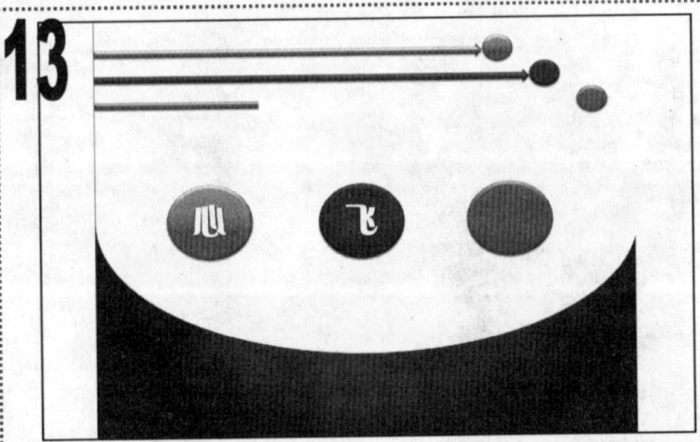

■ 按【F5】键放映演示文稿，幻灯片会自动按顺序播放所有的动画效果。

注意提示

在为幻灯片中的多个对象同时添加动画效果时，可以通过两种方法来实现。第 1 种就是前面所讲解的将多个对象同时选中，然后添加动画效果；第 2 种则是将要同时添加相同动画效果的多个对象选中并组合为一个对象，然后单击选择其中的任一对象（即选择了整个组合对象），再添加动画效果。

实例120 编辑“滑雪”幻灯片

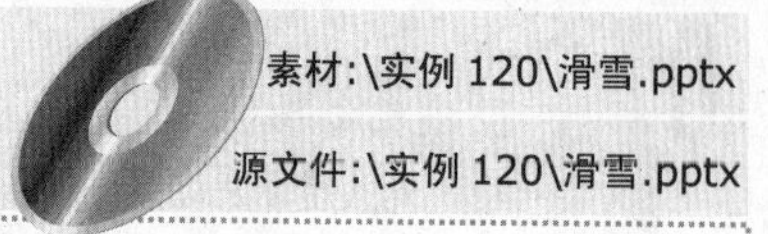

素材:\实例 120\滑雪.pptx

源文件:\实例 120\滑雪.pptx

包含知识

- 设置动画路径
- 为一个对象应用多个动画效果
- 设置进入动画效果

重点难点

- 设置动画路径

制作思路

插入图片

绘制路径并添加动画效果

播放幻灯片

01 打开“滑雪”演示文稿，单击“插入”选项卡，在“插图”组中单击“图片”按钮。

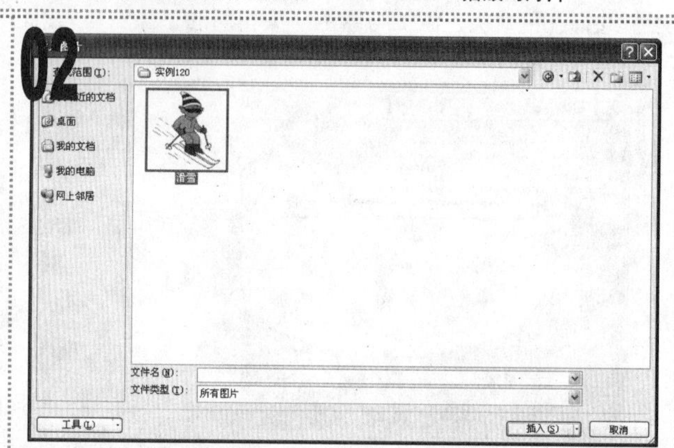

02 在打开的“插入图片”对话框中，选择“素材”文件夹中的“滑雪”图片文件，单击“插入”按钮。

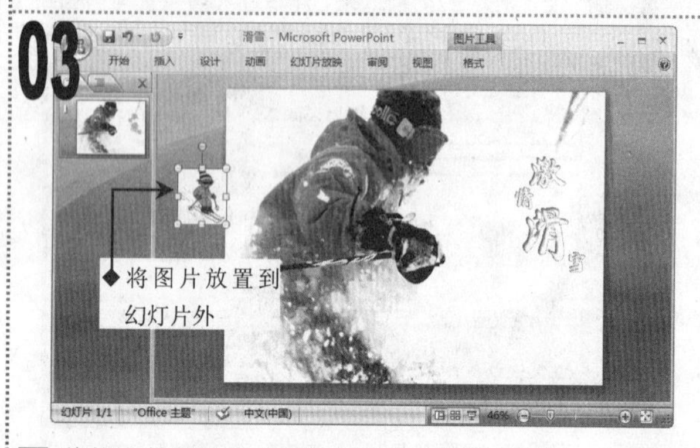

03 将插入的图片拖放到幻灯片外左侧的区域中。

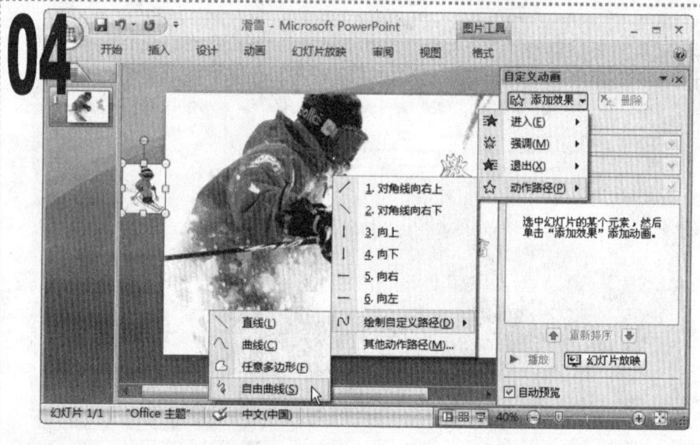

04 打开“自定义动画”任务窗格，单击“添加效果”下拉按钮，在弹出的下拉菜单中选择“动作路径/绘制自定义路径/自由曲线”命令。

05 拖动鼠标从图片位置开始绘制动作路径，到幻灯片中间位置时，释放鼠标结束绘制。

06 在“自定义动画”任务窗格中，将动作路径动画的开始方式设置为“之前”，速度设置为“慢速”。

07

1 单击“添加效果”下拉按钮，在弹出的下拉菜单中选择“强调/陀螺旋”命令，将其开始方式设置为“之后”。

08

1 再次选择“动作路径/绘制自定义路径/自由曲线”命令，拖动鼠标从上一动作路径结束处绘制动作路径到幻灯片右侧的区域中。

09

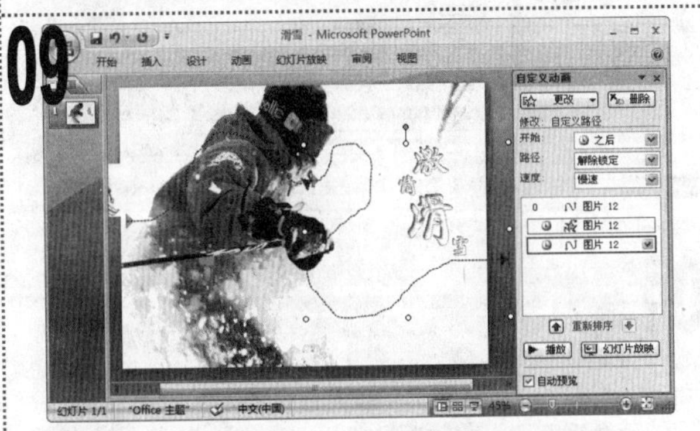

1 将开始方式设置为“之后”，速度设置为“慢速”。
2 用鼠标单击选择幻灯片中的背景图片。

10

1 单击“添加效果”下拉按钮，设置动画效果为“进入/翻转式由远及近”，开始方式为“之后”，速度为“慢速”。

11

1 选择文本“激”，为文本添加“进入/翻转式由远及近”动画效果，开始方式设置为“之后”。

12

1 按顺序依次为其他文本添加相同的动画效果，开始方式均设置为“之后”。

13

1 按【F5】键放映演示文稿，查看效果。

知识延伸

当为幻灯片中的一个对象添加了多个动画效果时，需要考虑到以下几个问题：要设置的多个动画是否能够协调播放？在设置的多个动画中，怎样安排各个动画的顺序？如果是动作路径动画，其如何才能与对象协调？在选择动画效果时最好通过“添加效果”对话框进行选择，这样可以先预览动画效果，而后确定是否采用动画。

实例121 制作声色并茂的演示文稿

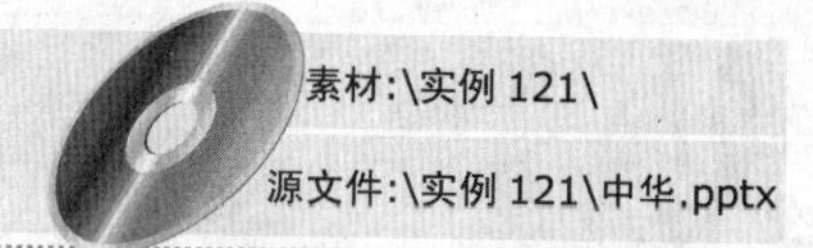

素材:\实例 121\

源文件:\实例 121\中华.pptx

包含知识

- 插入声音文件
- 设置动画声音
- 设置幻灯片切换声音

01

1 打开“中华”演示文稿，单击“插入”选项卡。

02

1 单击“媒体剪辑”组中的“声音”按钮右侧的下拉按钮，在弹出的下拉菜单中选择“文件中的声音”命令。

03

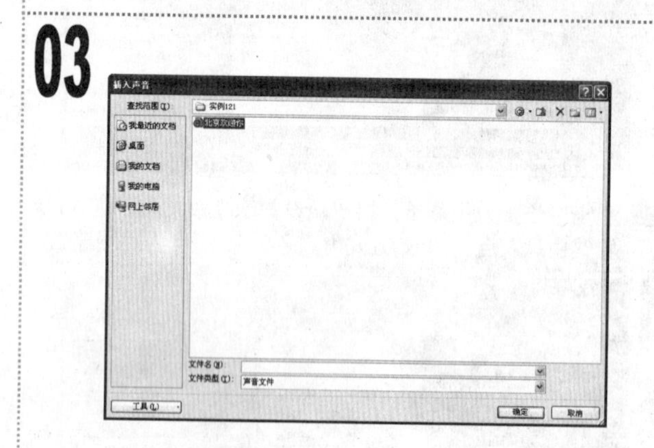

1 在打开的“插入声音”对话框的“查找范围”下拉列表框中，选择素材所在的文件夹，在中间的列表框中选择“北京欢迎你”声音文件，单击“确定”按钮。

04

1 在弹出的提示对话框中，单击“自动”按钮。

05

1 拖动鼠标调整声音图标的大小与位置。

2 单击“声音工具/选项”选项卡，单击“声音选项”组中的“幻灯片放映音量”下拉按钮，在弹出的下拉菜单中选择“高”命令。

06

1 单击“动画”选项卡，在“切换到此幻灯片”组中单击“切换方案”下拉按钮，在弹出的下拉列表中选择“溶解”选项，在“切换速度”下拉列表框中选择“慢速”选项。

07

■ 在“切换声音”下拉列表框中选择“鼓声”选项。

08

■ 单击“全部应用”按钮，为其他所有幻灯片应用所设置的切换效果与切换声音。

09

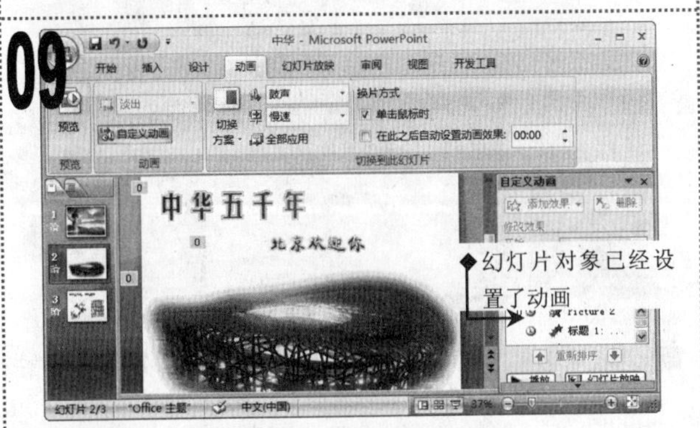

■ 选择第 2 张幻灯片，单击“动画”选项卡的“动画”组中的“自定义动画”按钮，打开“自定义动画”任务窗格。

10

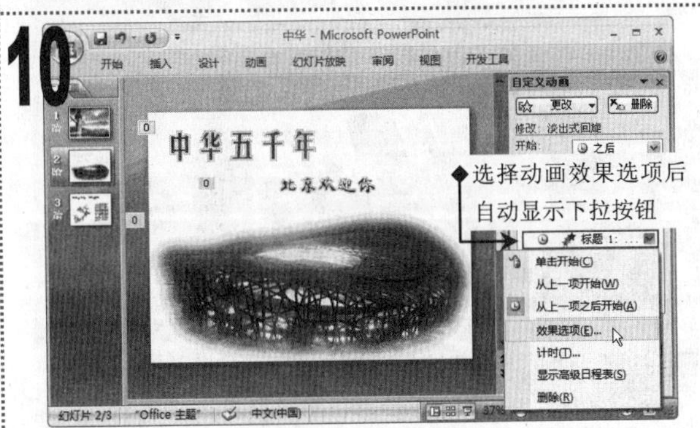

■ 选择文本“中华五千年”，单击“自定义动画”任务窗格中的列表框中与其对应的效果选项右侧的下拉按钮，在弹出的下拉菜单中选择“效果选项”命令。

11

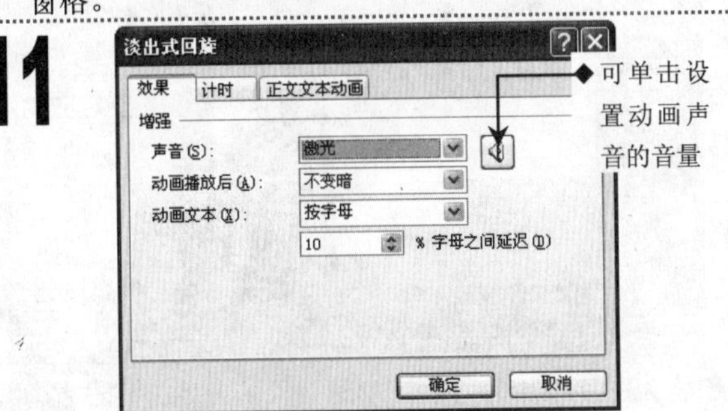

■ 在打开的对应的效果选项对话框中的“声音”下拉列表框中，选择“激光”选项，单击“确定”按钮。

12

■ 按照同样的方法，为第 3 幻灯片中的“我们的底蕴，我们的历史”文本的动画添加“激光”声音。

13

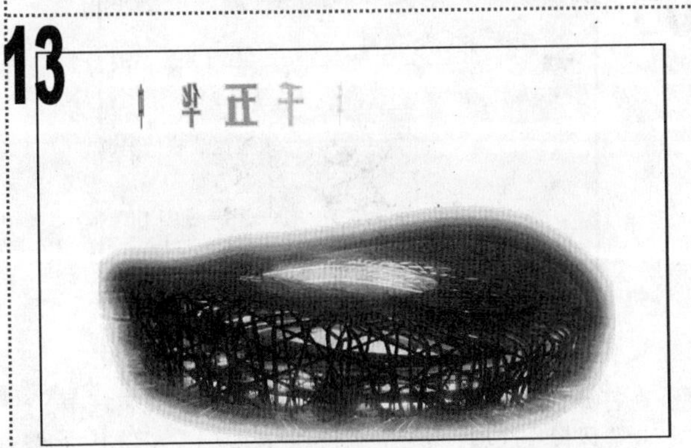

■ 按【F5】键放映演示文稿，得到的效果如图所示。

注意提示

在演示文稿中的某张幻灯片中插入较长的声音文件时，为了保证能够完整播放声音，可以将声音的播放方式设置为“跨幻灯片播放”。这时就尽量不要为幻灯片中的动画对象或幻灯片切换添加声音，而仅采用长声音文件作为整个演示文稿的背景音乐。

实例122 编辑"动画世界"演示文稿

素材:\实例 122\动画世界.pptx

源文件:\实例 122\动画世界.pptx

包含知识

- 添加退出动画效果
- 设置动画选项
- 设置动画声音

重点难点

- 设置动画选项

制作思路

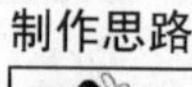

为第 1 张幻灯片添加动画效果

为第 2 张幻灯片添加动画效果

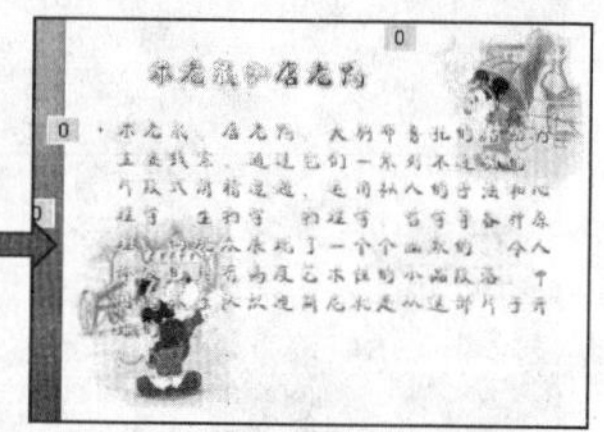

为第 3 张幻灯片添加动画效果

01

■ 打开"动画世界"演示文稿，单击"动画"选项卡的"自定义动画"按钮，打开"自定义动画"任务窗格。

02

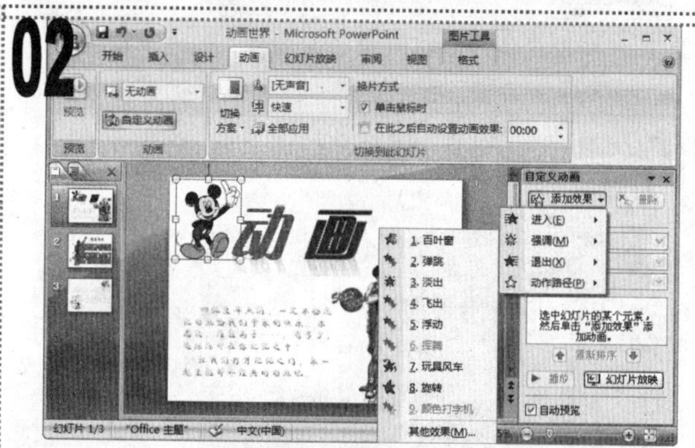

■ 选择米老鼠图片，单击任务窗格中的"添加效果"下拉按钮，在弹出的下拉菜单中选择"退出/其他效果"命令。

03

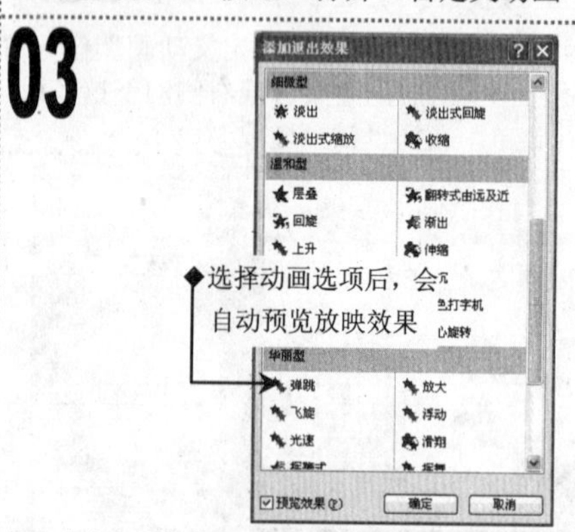

■ 在打开的"添加退出效果"对话框中，选择"弹跳"选项，单击"确定"按钮。

04

■ 将为图片添加的"弹跳"动画效果的开始方式设置为"之前"，速度设置为"慢速"。

05

■ 在"自定义动画"任务窗格中的列表框中，单击动画效果选项右侧的下拉按钮，在弹出的下拉菜单中选择"效果选项"命令。

06

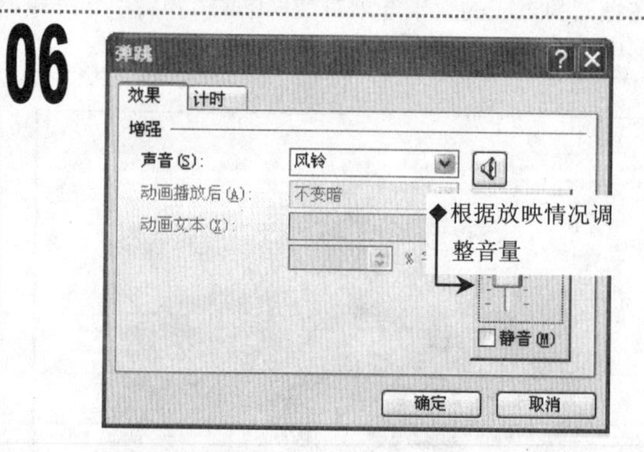

■ 在打开的"弹跳"对话框的"声音"下拉列表框中，选择"风铃"选项，单击右侧的声音图标，在弹出的调整框中调整声音音量，单击"确定"按钮。

07

■ 选择幻灯片右下角的灌篮高手图片，单击“添加效果”下拉按钮，在弹出的下拉菜单中选择“退出/螺旋飞出”命令。

08

■ 设置动画的开始方式为“之后”，速度为“慢速”，单击该动画效果选项右侧的下拉按钮，在弹出的下拉菜单中选择“效果选项”命令。

09

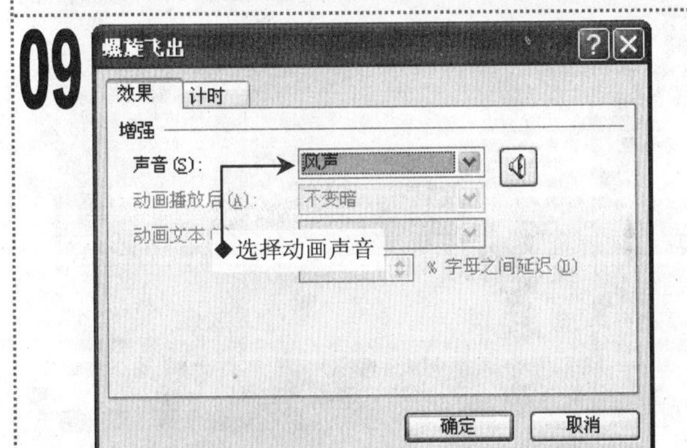

■ 在打开的“螺旋飞出”对话框中，将声音设置为“风声”，单击“确定”按钮。

10

■ 选中文本“动画世界”所在的占位符，设置其动画效果为“退出/挥舞”，开始方式为“之后”，速度为“慢速”。

11

■ 选中正文文本所在的占位符，设置动画效果为“退出/颜色打字机”，开始方式为“之后”，速度为“中速”。

12

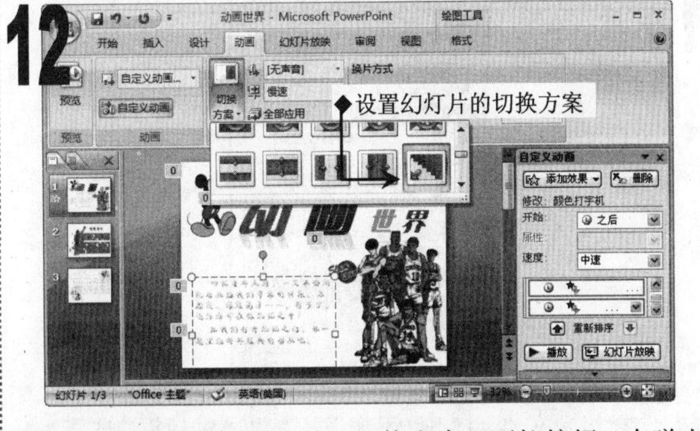

■ 单击“动画”选项卡的“切换方案”下拉按钮，在弹出的下拉列表中选择“条纹左下展开”选项。

13

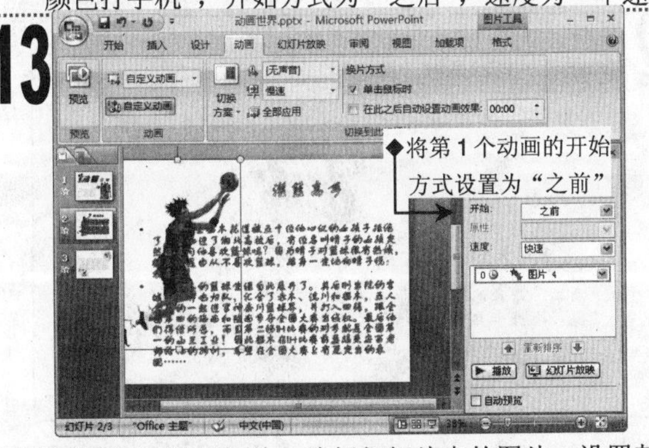

■ 选择第 2 张幻灯片，选择幻灯片中的图片，设置其动画效果为“退出/光速”，开始方式为“之前”。

14

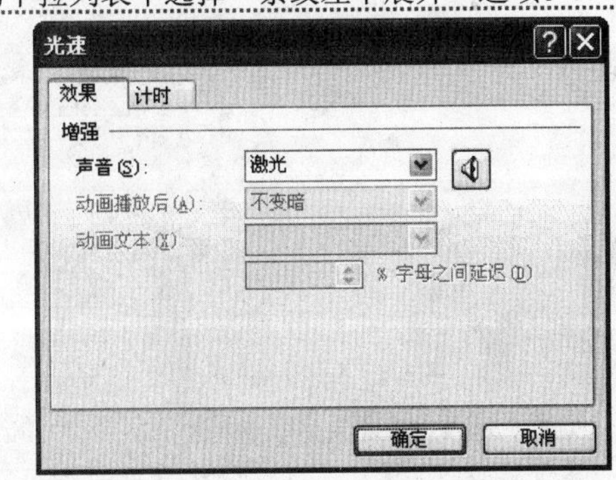

■ 单击该动画效果选项右侧的下拉按钮，在弹出的下拉菜单中选择“效果选项”命令，打开“光速”对话框，将声音设置为“激光”，单击“确定”按钮。

15

■ 为标题文本应用“退出/旋转”动画效果，为正文文本应用“退出/空翻”动画效果，开始方式均设置为“之后”。

16

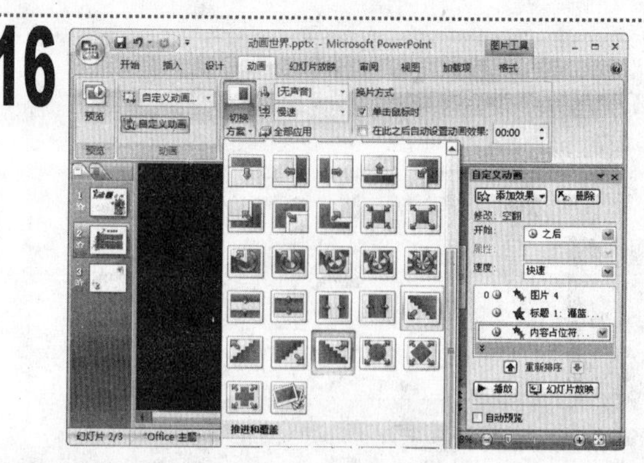

■ 按照前面讲解的方法，为幻灯片应用“条纹右上展开”切换方案，将切换速度设置为“慢速”。

17

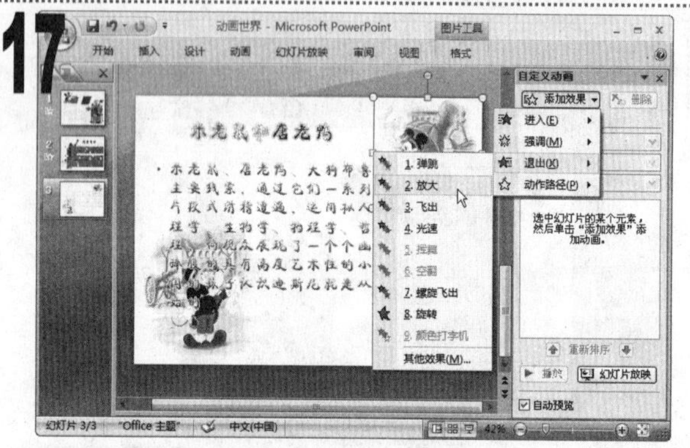

■ 选择第3张幻灯片，为右上角的图片应用“退出/放大”动画效果，开始方式设置为“之前”。

18

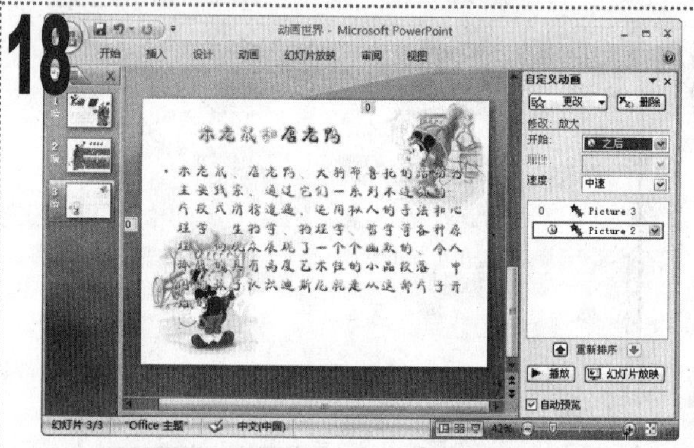

■ 选择左下角的图片，同样应用“退出/放大”动画效果，也将开始方式设置为“之后”。

19

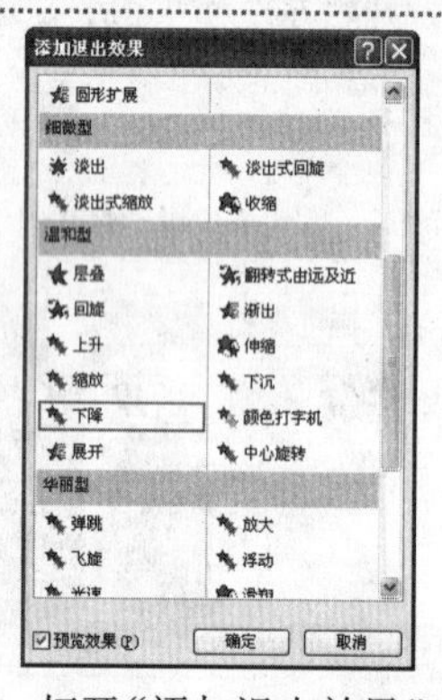

■ 选择标题文本，打开“添加退出效果”对话框，选择“下降”选项，单击“确定”按钮。

20

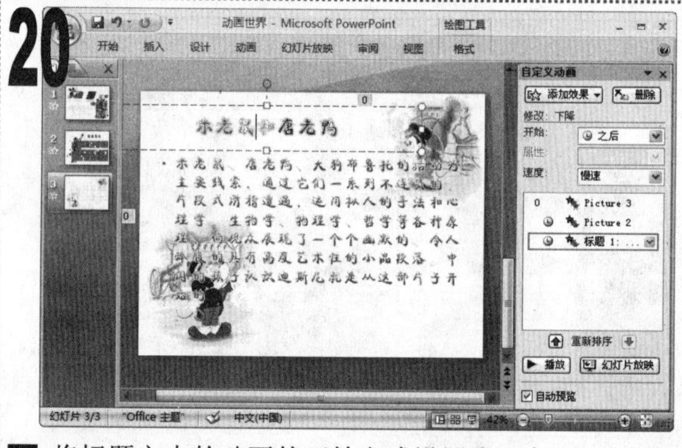

■ 将标题文本的动画的开始方式设置为“之后”，速度设置为“慢速”。

21

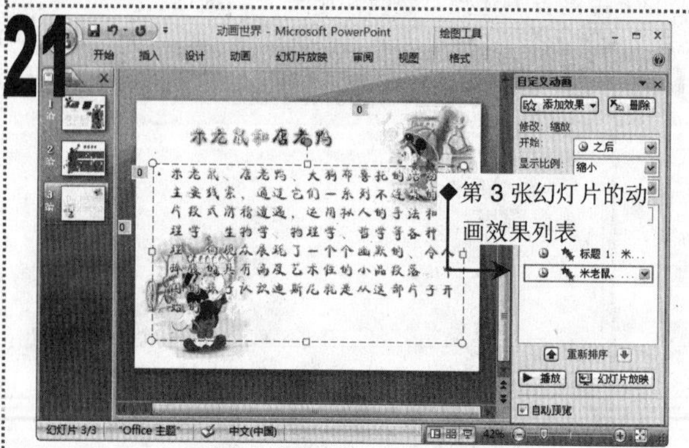

■ 为正文文本应用“退出/缩放”动画效果，将其开始方式设置为“之后”，速度设置为“慢速”。

22

■ 保存演示文稿并放映幻灯片，查看设置的动画效果。

第9章

幻灯片的版式制作

实例 123 制作“风月”母版

实例 124 制作“品牌理念”母版

实例 125 美化“私房菜”演示文稿

实例 127 编辑“管理”演示文稿

实例 129 设置演示文稿的版式

实例 130 设置“论文”演示文稿

实例 132 美化“雕刻”幻灯片

实例 136 美化“饰品”演示文稿

实例 138 美化“背影”演示文稿

实例 139 制作“产品宣传”演示文稿

09

幻灯片版式的设计是制作幻灯片的重要内容之一，合理的版式和对象搭配可以让幻灯片更加美观。幻灯片版式设计主要包括版式、主题和背景的制作。通过幻灯片母版，则可更加方便地对演示文稿中所有幻灯片的版式进行设置。

实例123 制作"风月"母版

素材:无

源文件:\实例 123\风月.pptx

包含知识

- 进入幻灯片母版视图
- 设置母版的占位符格式

重点难点

- 设置母版的占位符格式

制作思路

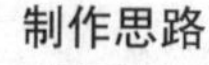

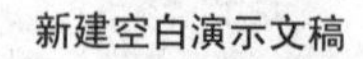

新建空白演示文稿　　进入幻灯片母版视图　　设置占位符格式

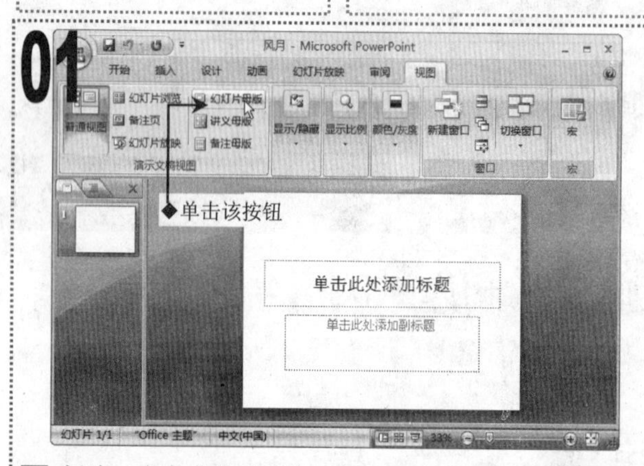

1 新建一个空白演示文稿，以"风月"为名保存到电脑中。

2 单击"视图"选项卡，单击"演示文稿视图"组中的"幻灯片母版"按钮。

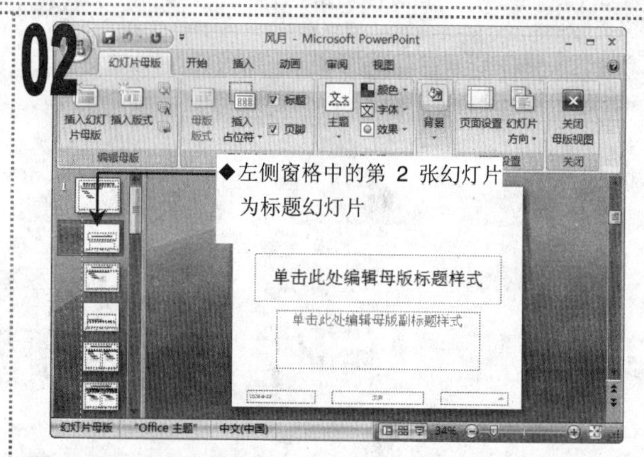

1 进入幻灯片母版视图，在左侧的窗格中显示了多张幻灯片母版，在其中选择标题母版（第 2 张幻灯片）。

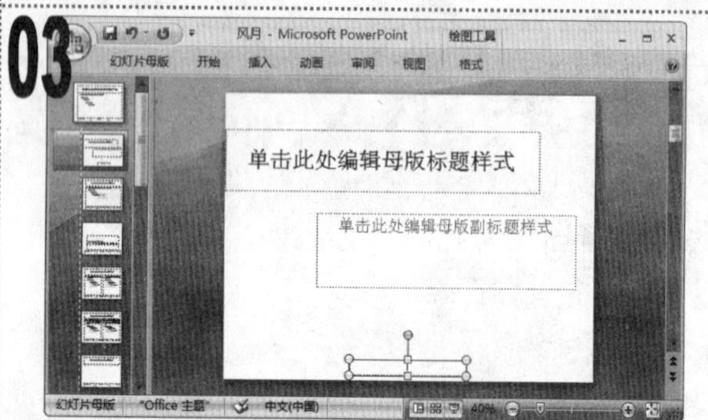

1 拖动鼠标调整各个占位符的位置，选择日期和时间文本框和幻灯片编号文本框后按【Delete】键删除。

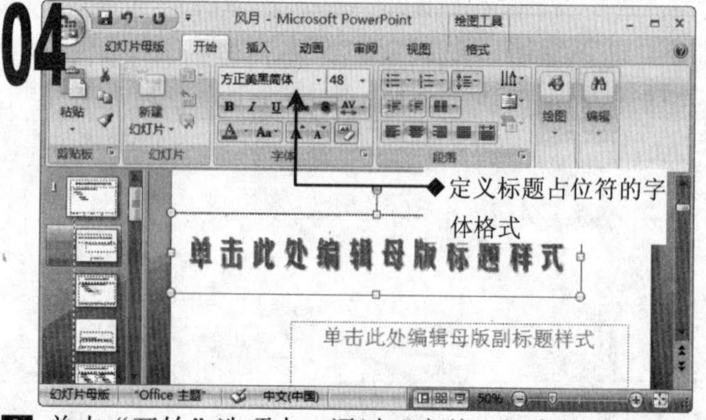

1 单击"开始"选项卡，通过"字体"组中的选项和按钮对标题文本的字体、字号和字体颜色等进行设置。

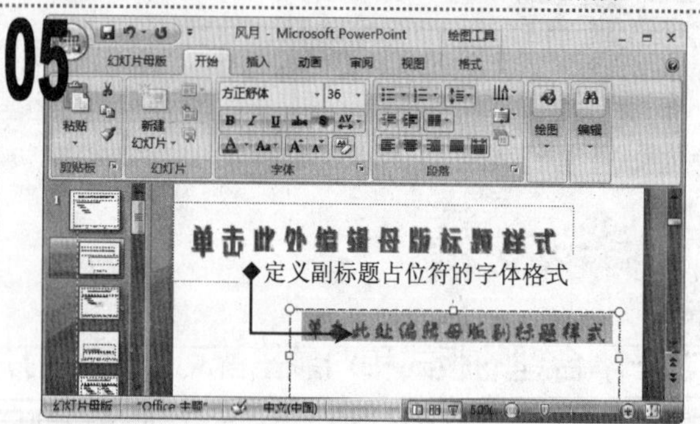

1 按照同样的方法，对副标题占位符中的文本格式进行相应的设置。

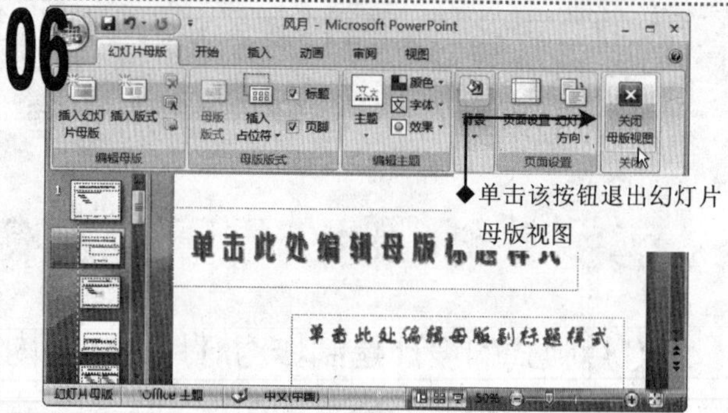

1 单击"幻灯片母版"选项卡，单击"关闭"组中的"关闭母版视图"按钮，完成幻灯片标题母版的制作。

实例124 制作“品牌理念”母版

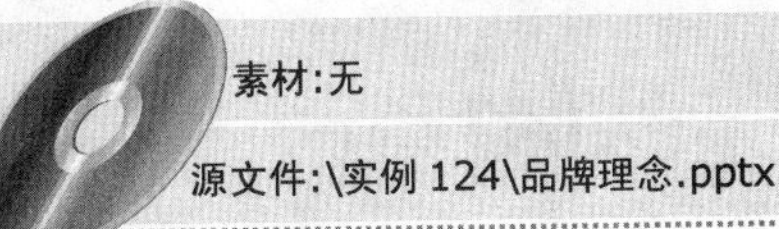

素材:无

源文件:\实例 124\品牌理念.pptx

包含知识

- 设置母版背景
- 调整图片亮度与对比度

重点难点

- 设置母版背景

制作思路

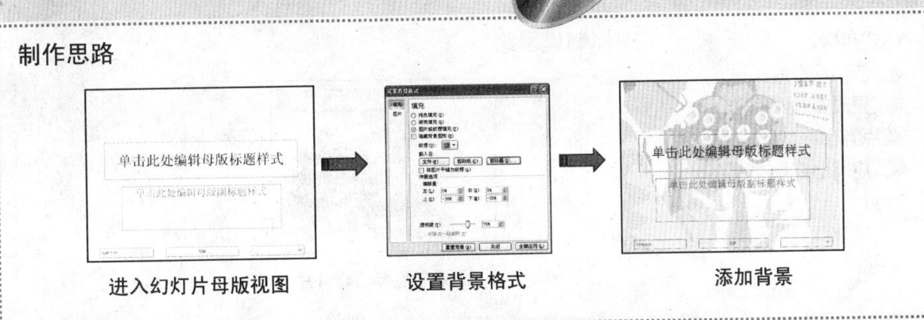

进入幻灯片母版视图　设置背景格式　添加背景

01

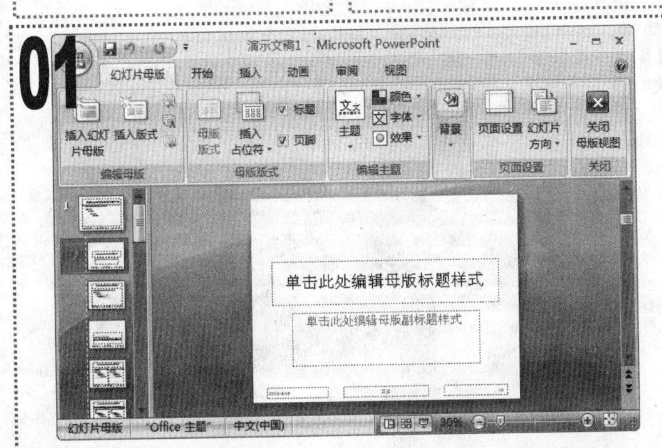

1. 新建一个演示文稿，以“品牌理念”为名保存到电脑中。
2. 在“视图”选项卡中单击“演示文稿视图”组中的“幻灯片母版”按钮，进入幻灯片母版视图，选择标题母版。

02

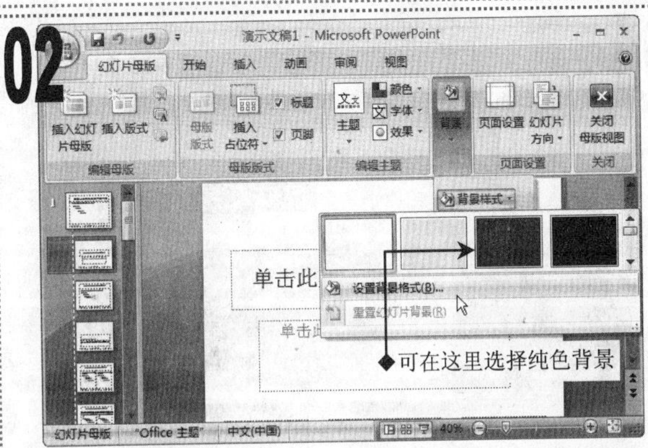

1. 在“幻灯片母版”选项卡中，单击“背景”组中的“背景样式”下拉按钮，在弹出的下拉菜单中选择“设置背景格式”命令。

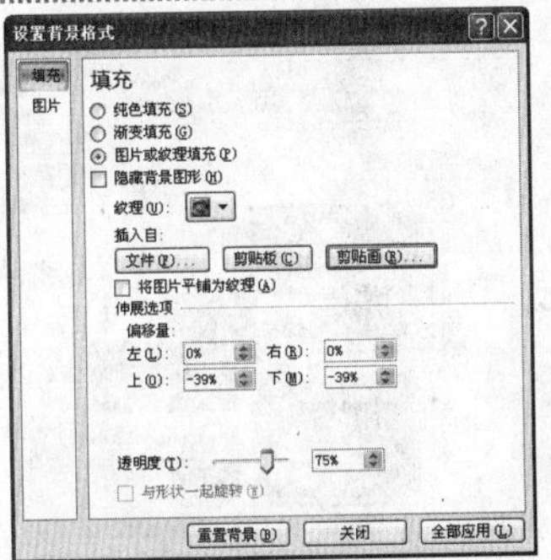
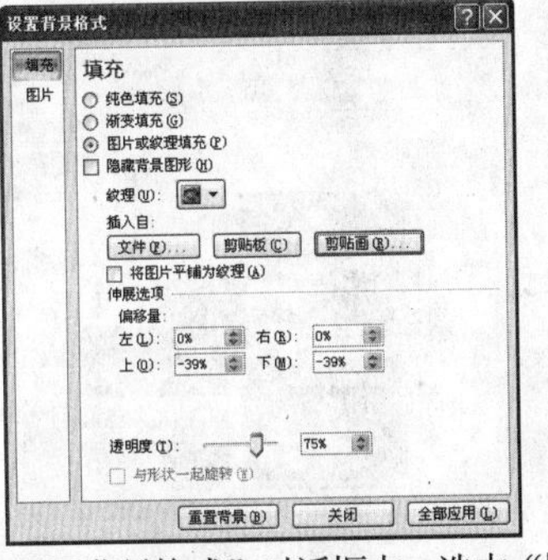

1. 在打开的“设置背景格式”对话框中，选中“图片或纹理填充”单选按钮，在下方单击“剪贴画”按钮。

04

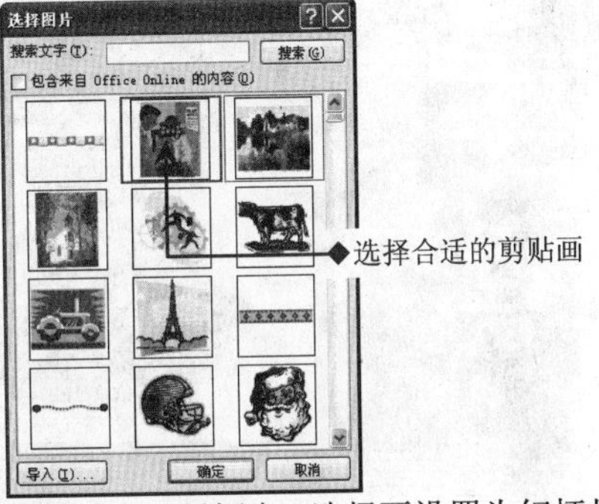

1. 在打开的“选择图片”对话框中，选择要设置为幻灯片背景的图片，单击“确定”按钮。

05

设置背景格式

填充　图片

图片

重新着色(E):

亮度(B): 16%

对比度(C): 0%

重设图片(R)

也可直接输入百分比值

1. 单击“设置背景格式”对话框左侧的“图片”选项卡，在右侧的窗格中拖动滑块分别调整图片的亮度与对比度。
2. 调整完毕后单击“关闭”按钮。

06

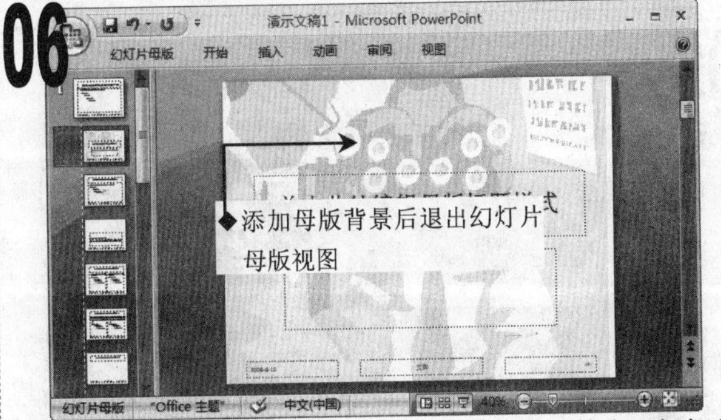

1. 此时，即可为标题幻灯片母版设置背景，单击“幻灯片母版”选项卡中的“关闭母版视图”按钮，退出幻灯片母版视图即可。

实例125 美化“私房菜”演示文稿

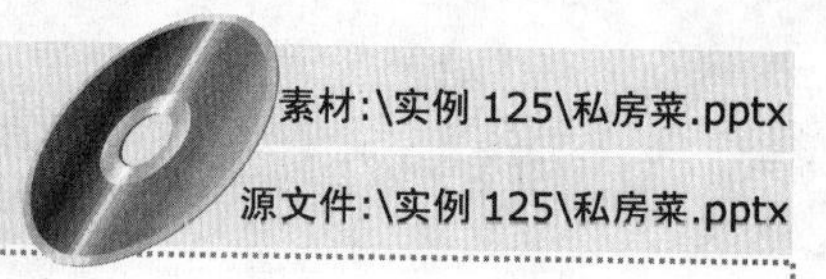

包含知识

- 应用幻灯片主题
- 更改主题颜色

重点难点

- 应用幻灯片主题

制作思路

设置主题前的幻灯片

设置主题后的幻灯片

01

■ 打开“私房菜”演示文稿，单击“设计”选项卡。

02

■ 在“主题”组中的列表框中选择“夏至”选项，为所有幻灯片应用该主题。

03

■ 单击“主题”组中的“颜色”下拉按钮，在弹出的下拉菜单中选择“暗香扑面”选项。

04

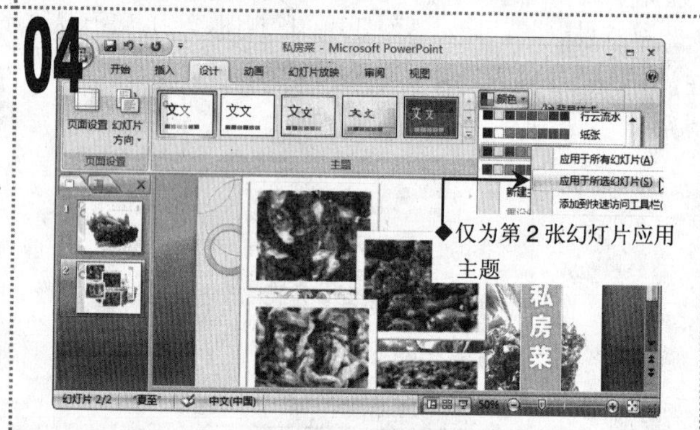

■ 选择第 2 张幻灯片，单击“颜色”下拉按钮，在弹出的下拉菜单中用鼠标右键单击“质朴”选项，在弹出的快捷菜单中选择“应用于所选幻灯片”命令。

05

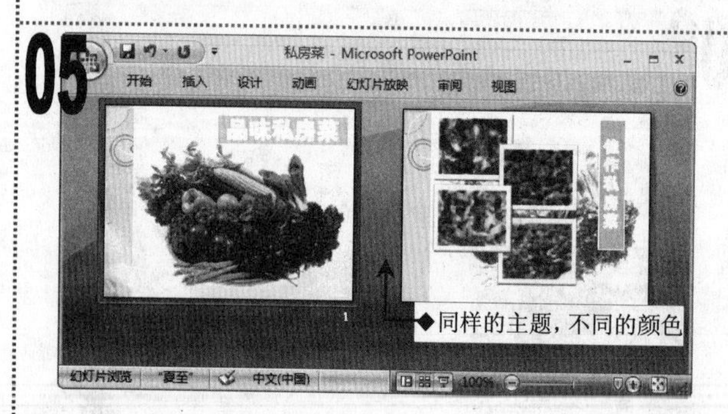

■ 切换到幻灯片浏览视图下进行直观的对比，此时为演示文稿中的幻灯片设置了相同的主题，但不同的主题颜色。

06

■ 按【F5】键放映幻灯片，查看为幻灯片设置主题后的效果。

实例126　美化“宣传”演示文稿

素材:\实例 126\宣传.pptx

源文件:\实例 126\宣传.pptx

包含知识

- 为母版应用主题
- 更改母版主题颜色

重点难点

- 为母版应用主题
- 更改母版主题颜色

制作思路

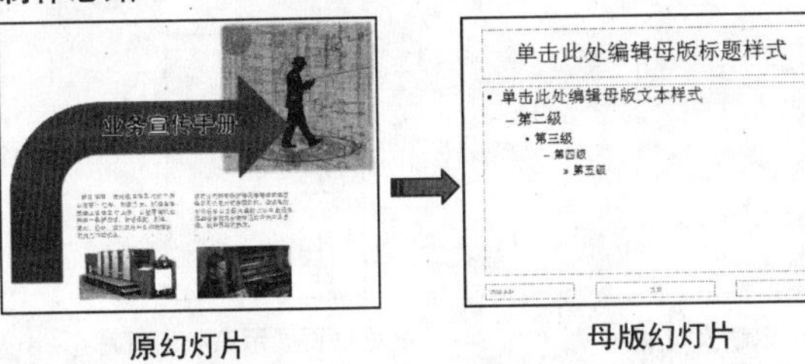

原幻灯片　　母版幻灯片

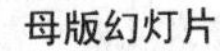

设置后的幻灯片

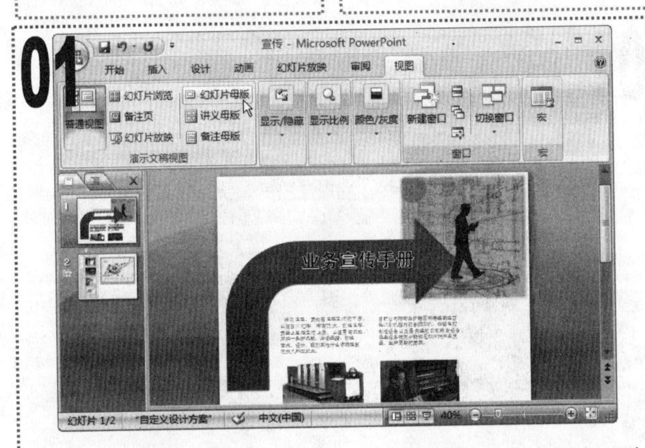

1 打开“宣传”演示文稿，单击“视图”选项卡，在“演示文稿视图”组中单击“幻灯片母版”按钮。

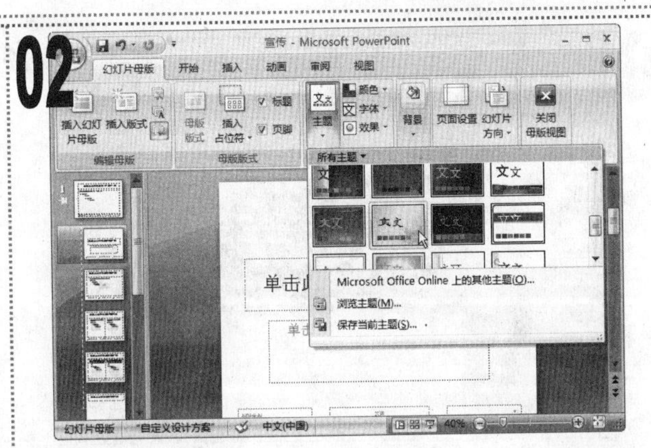

1 进入幻灯片母版视图，在左侧的窗格中选择第2张幻灯片，在“幻灯片母版”选项卡的“编辑主题”组中，单击“主题”下拉按钮，在弹出的下拉菜单中选择“龙腾四海”选项。

1 为标题幻灯片母版应用“龙腾四海”主题。

1 退出幻灯片母版视图，即可看到已经为幻灯片应用了主题。

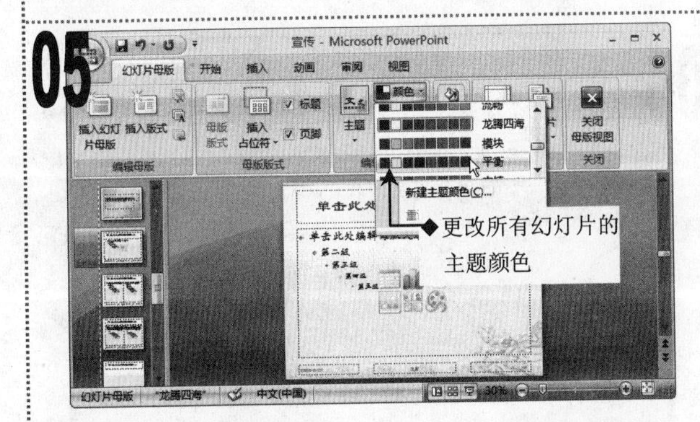

1 再次进入幻灯片母版视图，选择第3张幻灯片。

2 单击“编辑主题”组中的“颜色”下拉按钮，在弹出的下拉菜单中选择“平衡”选项。

1 退出幻灯片母版视图后，即可看到第1张幻灯片与第2张幻灯片的主题颜色都发生了改变。

实例127 编辑“管理”演示文稿

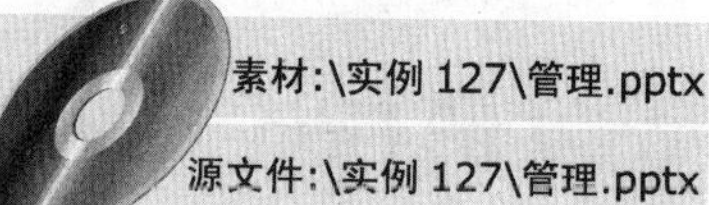

包含知识

- 编辑讲义母版
- 设置每页的幻灯片数量
- 插入页眉与页脚

重点难点

- 编辑讲义母版

制作思路

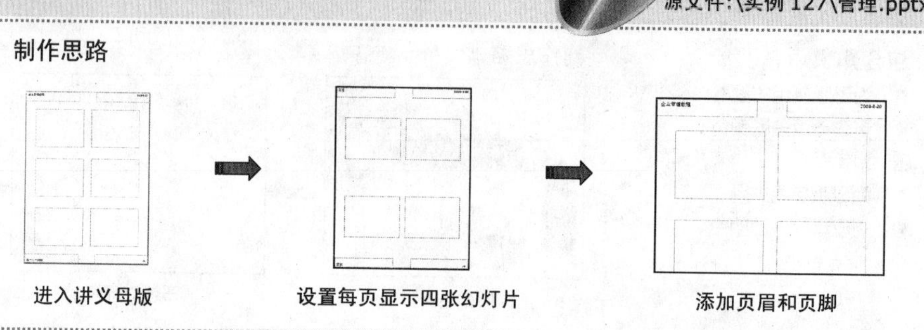

01

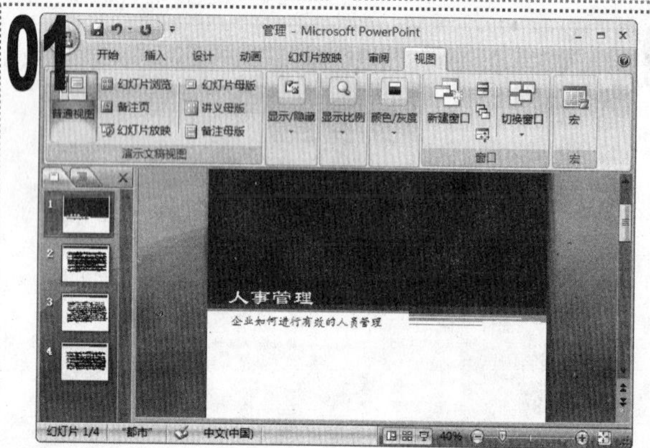

1 打开“管理”演示文稿，单击“视图”选项卡，在“演示文稿视图”组中单击“讲义母版”按钮。

02

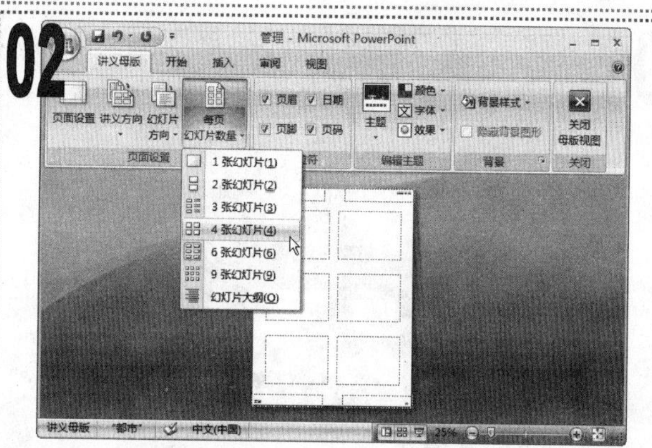

1 进入讲义母版视图，其中默认显示六张幻灯片，在“讲义母版”选项卡的“页面设置”组中，单击“每页幻灯片数量”下拉按钮，在弹出的下拉菜单中选择“4 张幻灯片（4）”命令。

03

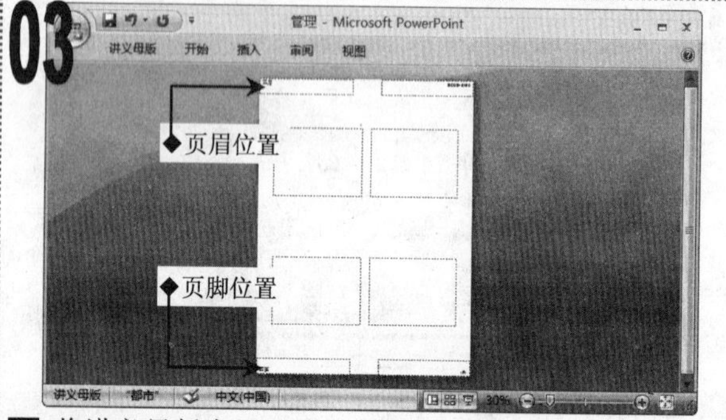

1 将讲义母版中显示的幻灯片数量更改为四张后的效果如图所示。

04

1 单击“插入”选项卡，在“文本”组中单击“页眉和页脚”按钮。

05

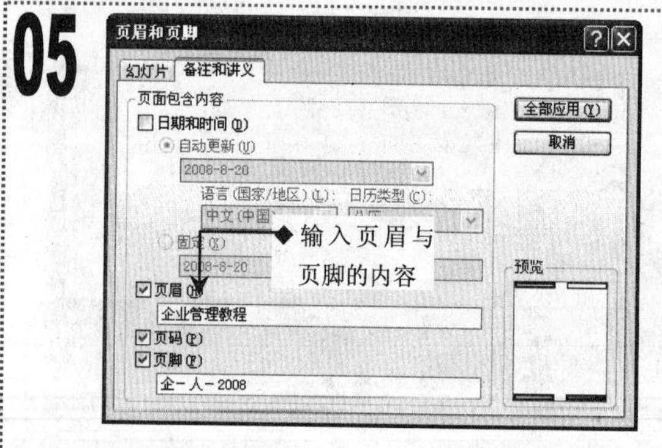

1 在打开的“页眉和页脚”对话框中，单击“备注和讲义”选项卡，选中“页眉”和“页脚”复选框，并在下方对应的文本框中输入页眉与页脚的内容。

06

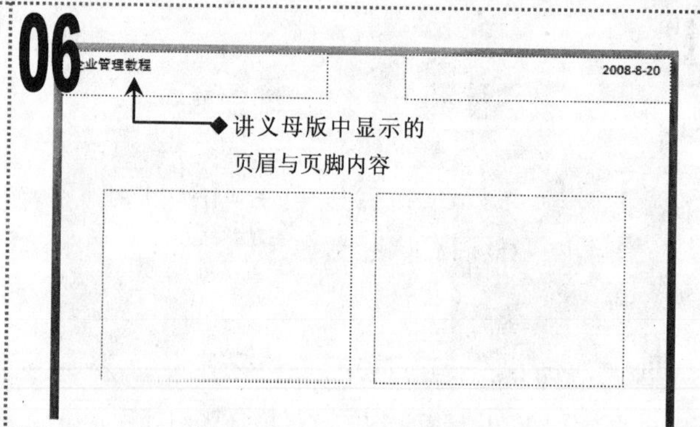

1 添加页眉和页脚的内容后的讲义母版如图所示。

2 单击“讲义母版”选项卡的“关闭”组中的“关闭母版视图”按钮，退出讲义母版视图。

编辑“业务管理”演示文稿

素材:\实例 128\业务管理.pptx

源文件:\实例 128\业务管理.pptx

包含知识

- 进入备注母版视图
- 添加备注内容
- 编辑备注内容

重点难点

- 编辑备注内容

制作思路

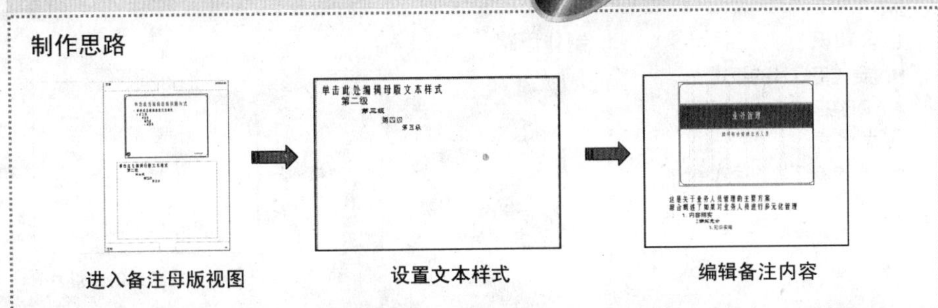

01 打开“业务管理”演示文稿，单击“视图”选项卡，单击“演示文稿视图”组中的“备注母版”按钮。

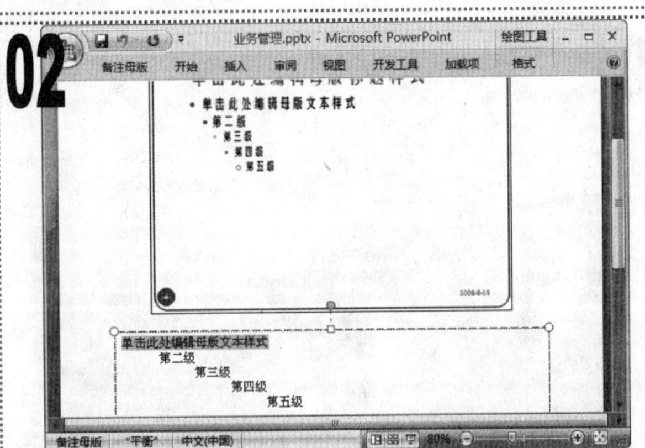

02 进入备注母版视图，页面下方的文本框用于设置备注文本的样式，上方的幻灯片缩略图预览则显示设置的样式，选择备注页面的第 1 级文本。

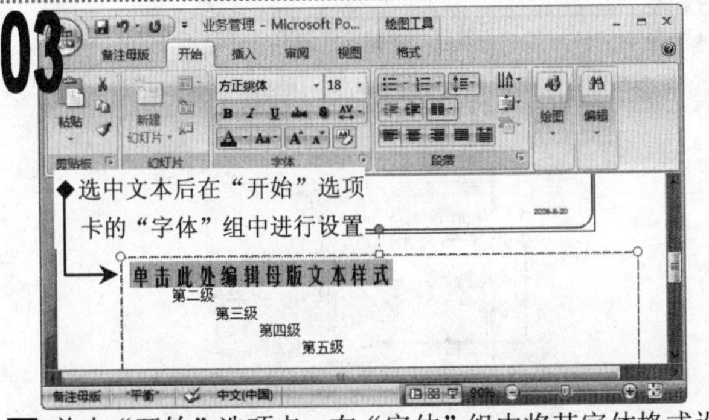

03 单击“开始”选项卡，在“字体”组中将其字体格式设置为“方正姚体、18”。

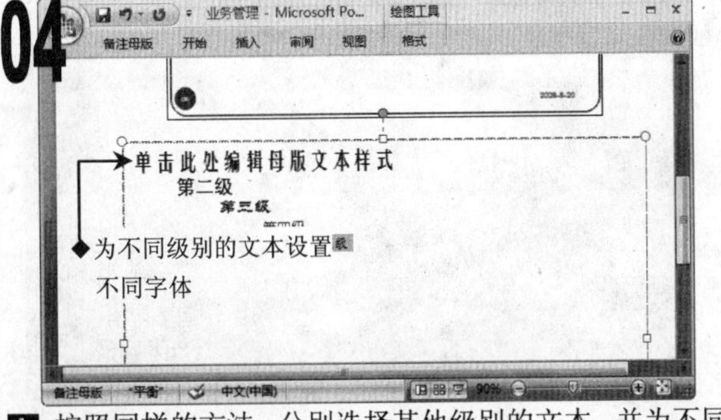

04 按照同样的方法，分别选择其他级别的文本，并为不同级别的文本设置不同的字体格式。

05 返回普通视图，选择第 1 张幻灯片，在“演示文稿视图”组中单击“备注页”按钮。

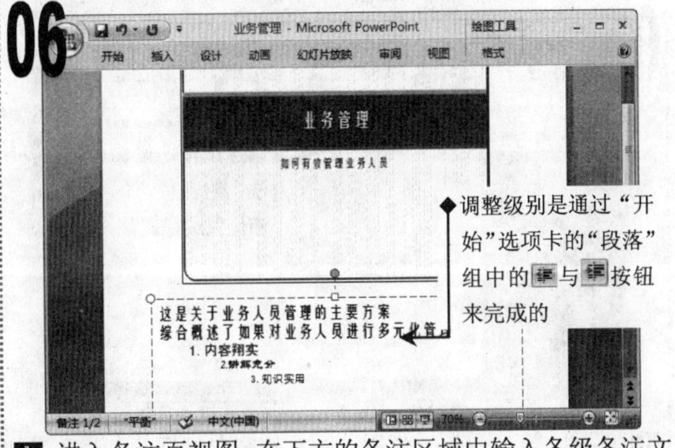

06 进入备注页视图，在下方的备注区域中输入各级备注文本，然后返回普通视图即可。

实例129 设置演示文稿的版式

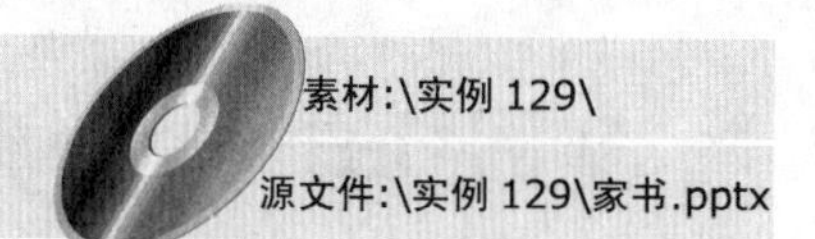

素材:\实例 129\

源文件:\实例 129\家书.pptx

包含知识

- 更改幻灯片的版式
- 新建指定版式的幻灯片

重点难点

- 更改幻灯片的版式

制作思路

更改版式 → 新建指定版式的幻灯片 → 编辑幻灯片

01

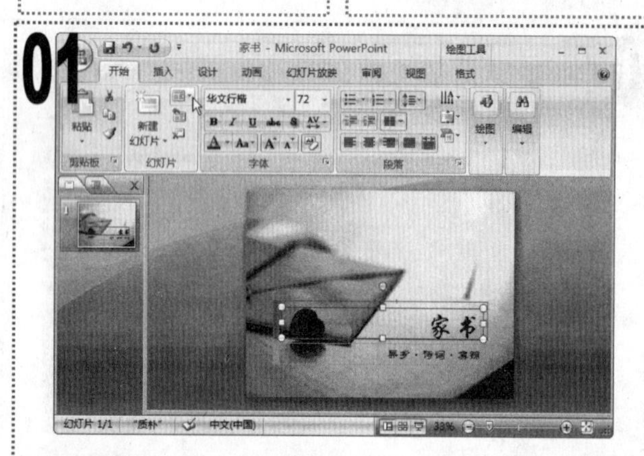

打开“家书”演示文稿，单击“开始”选项卡的“幻灯片”组中的“版式”下拉按钮。

02

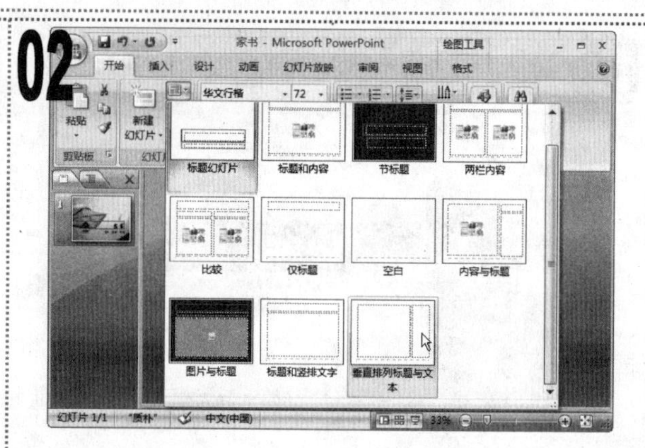

在弹出的下拉列表中列出了 PowerPoint 中的所有版式，这里选择“垂直排列标题与文本”选项。

03

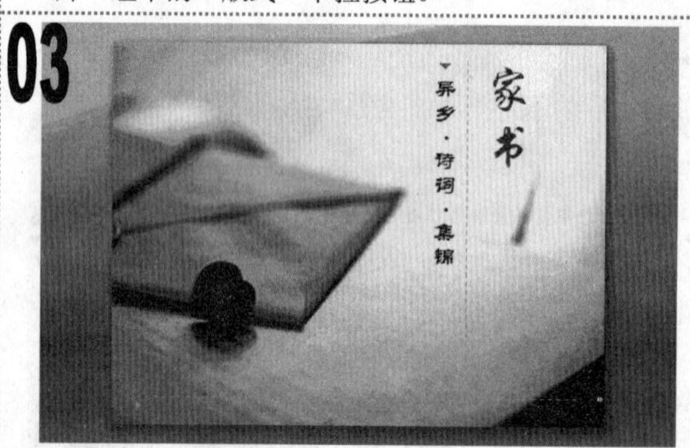

此时，即可更改第 1 张幻灯片中标题与文本的版式，其效果如图所示。

04

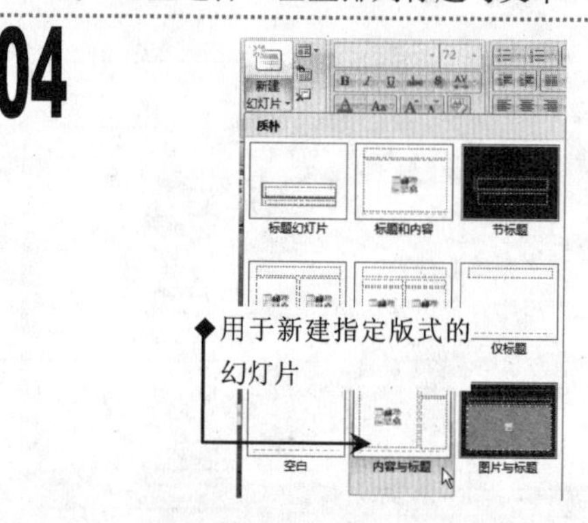

单击“幻灯片”组中的“新建幻灯片”下拉按钮，在弹出的下拉菜单中选择“内容与标题”选项。

05

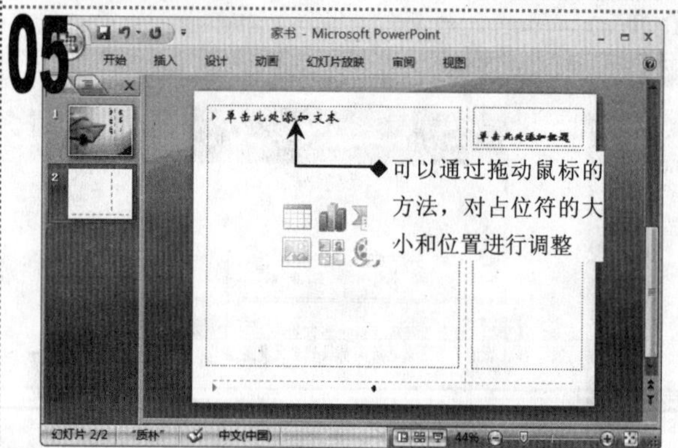

此时，即可新建一张所选版式的空白幻灯片，其效果如图所示。

06

在占位符中输入文本与插入图片，并设置文本的格式。

实例130　设置“论文”演示文稿

素材:\实例 130\论文.pptx

源文件:\实例 130\论文.pptx

包含知识

- 通过拖动鼠标改变幻灯片的布局

重点难点

- 通过拖动鼠标改变幻灯片的布局

制作思路

原幻灯片

调整标题占位符的位置

调整副标题占位符的大小和位置

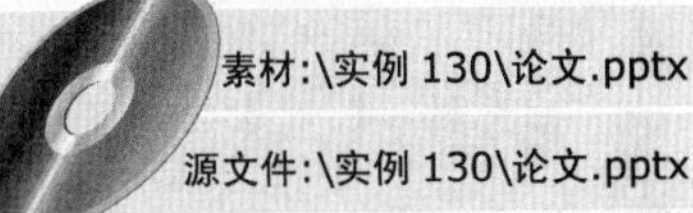

01

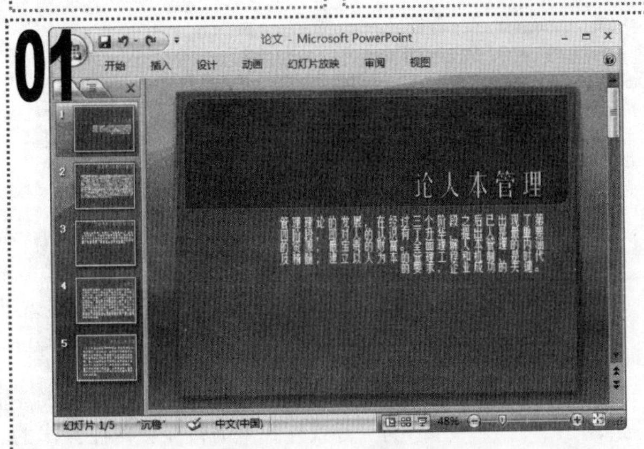

1 打开“论文”演示文稿，选择第 1 张幻灯片。

02

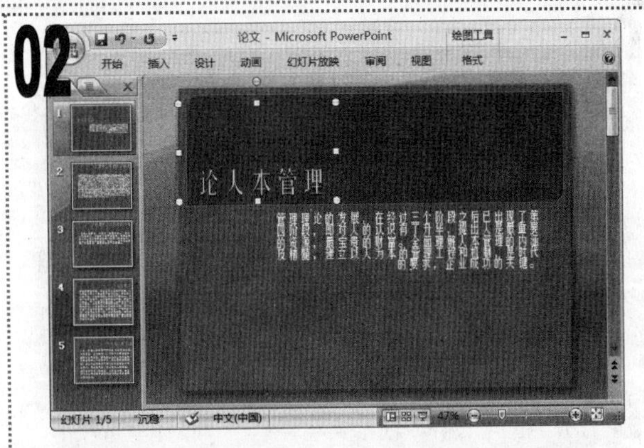

1 选择标题占位符，通过拖动鼠标将占位符调整到幻灯片左侧的位置。

03

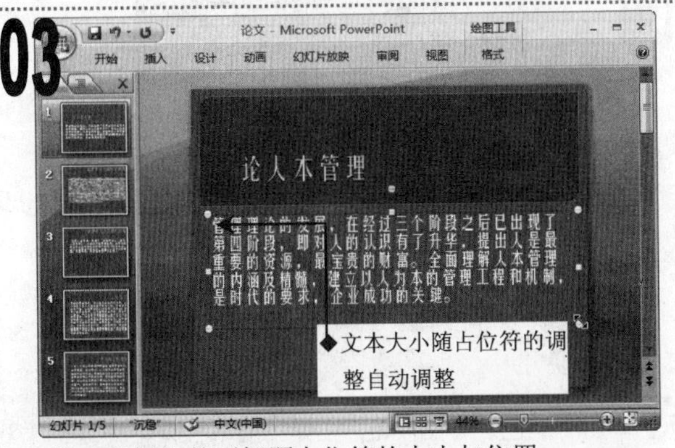

1 拖动鼠标调整副标题占位符的大小与位置。

04

1 选择第 2 张幻灯片，调整标题占位符与文本占位符的大小和位置。

05

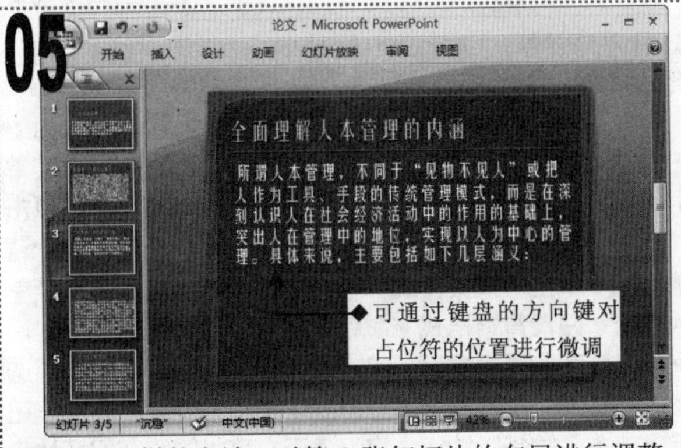

1 按照同样的方法，对第 3 张幻灯片的布局进行调整。

06

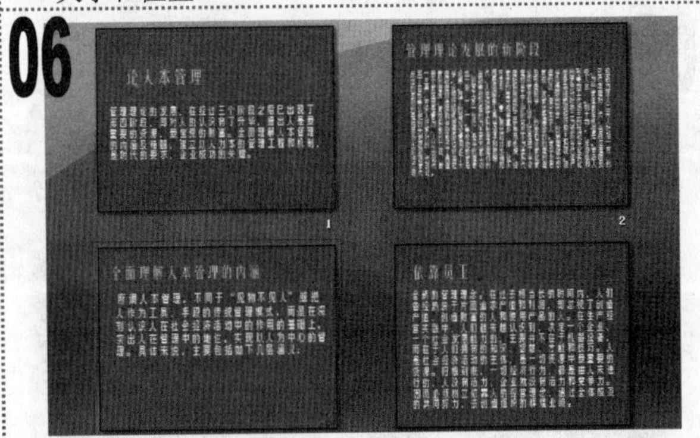

1 切换到幻灯片浏览视图，可以看到调整后的幻灯片的布局更加合理。

实例131 美化"工业设计"演示文稿

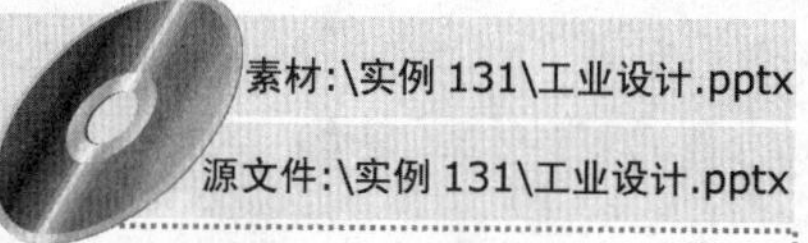

素材:\实例 131\工业设计.pptx

源文件:\实例 131\工业设计.pptx

包含知识
- 设置幻灯片的背景
- 自定义渐变效果

重点难点
- 自定义渐变效果

制作思路

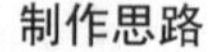

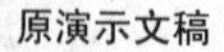

原演示文稿　　自定义渐变效果

01

1 打开"工业设计"演示文稿，单击"设计"选项卡。

02

1 单击"背景"组中的"背景样式"下拉按钮，在弹出的下拉菜单中选择"样式 7"选项。

03

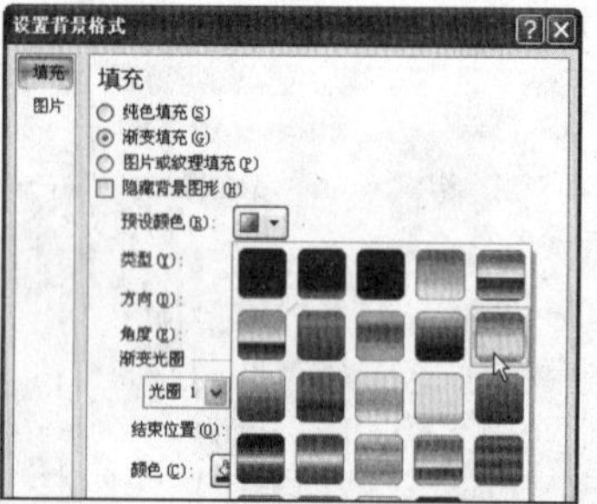

1 在幻灯片的空白位置处单击鼠标右键，在弹出的快捷菜单中选择"设置背景格式"命令，打开"设置背景格式"对话框。

2 单击"预设颜色"下拉按钮，在弹出的下拉列表中选择"薄雾浓云"选项。

04

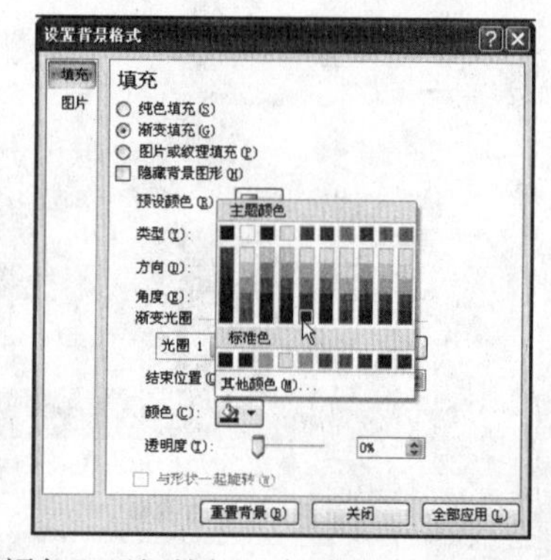

1 单击"颜色"下拉按钮，在弹出的下拉菜单中选择"蓝色，强调文字颜色 1，深色 50%"选项。

2 单击"关闭"按钮，为当前幻灯片应用自定义的渐变效果。

05

1 更改第 1 张幻灯片的渐变效果后的效果如图所示。

知识延伸

打开"设置背景格式"对话框有三种方法，分别为：在幻灯片的空白位置处单击鼠标右键，在弹出的快捷菜单中选择"设置背景格式"命令；在"设计"选项卡中单击"背景"组中的对话框启动器；在"设计"选项卡的"背景"组中单击"背景样式"下拉按钮，在弹出的下拉菜单中选择"设置背景格式"命令。在"设置背景格式"对话框中设置了背景格式后，单击"关闭"按钮将只为当前选择的幻灯片应用设置的背景格式，单击"全部应用"按钮后再单击"关闭"按钮，将为演示文稿中的所有幻灯片应用设置的背景格式。

实例132　美化“雕刻”幻灯片

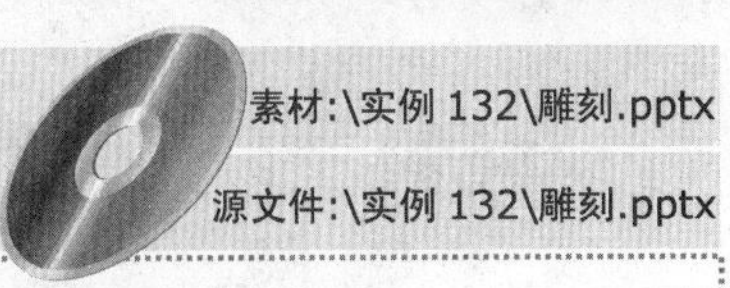

素材:\实例 132\雕刻.pptx

源文件:\实例 132\雕刻.pptx

包含知识

- 应用纹理背景
- 设置文本填充
- 应用文本效果

重点难点

- 应用纹理背景
- 应用文本效果

制作思路

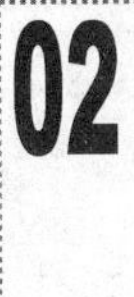

原幻灯片　　设置文本填充

01

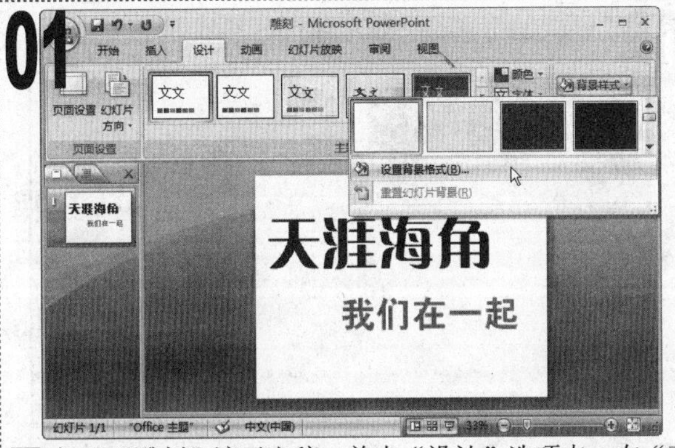

1 打开“雕刻”演示文稿，单击“设计”选项卡，在“背景”组中单击“背景样式”下拉按钮，在弹出的下拉菜单中选择“设置背景格式”命令。

02

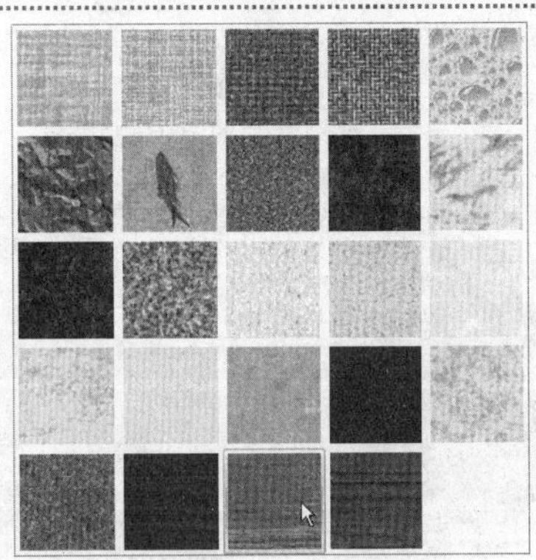

1 在打开的“设置背景格式”对话框中，选中“图片或纹理填充”单选按钮，单击“纹理”下拉按钮，在弹出的下拉列表中选择“栎木”选项，单击“关闭”按钮。

03

1 选择标题文本，单击“绘图工具/格式”选项卡。

04

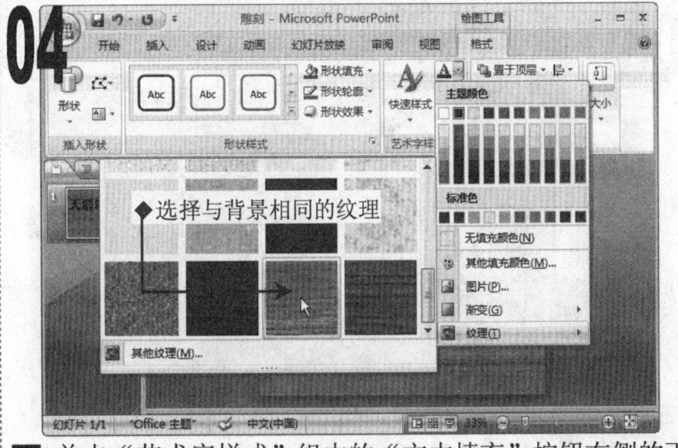

1 单击“艺术字样式”组中的“文本填充”按钮右侧的下拉按钮，在弹出的下拉菜单中选择“纹理/栎木”选项。

05

1 保持文本的选中状态，单击“艺术字样式”组中的“文本效果”下拉按钮，在弹出的下拉菜单中选择“棱台/草皮”选项。

06

1 为副标题文本设置相同的文本填充与文本效果，最终制作完毕的幻灯片具有木纹雕刻的效果。

实例133 制作"留念"演示文稿

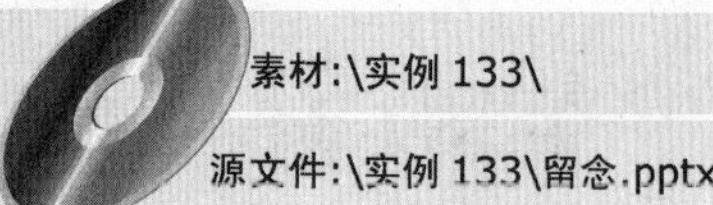

素材:\实例 133\

源文件:\实例 133\留念.pptx

包含知识

- 更改幻灯片的方向
- 编辑幻灯片的对象

重点难点

- 更改幻灯片的方向

制作思路

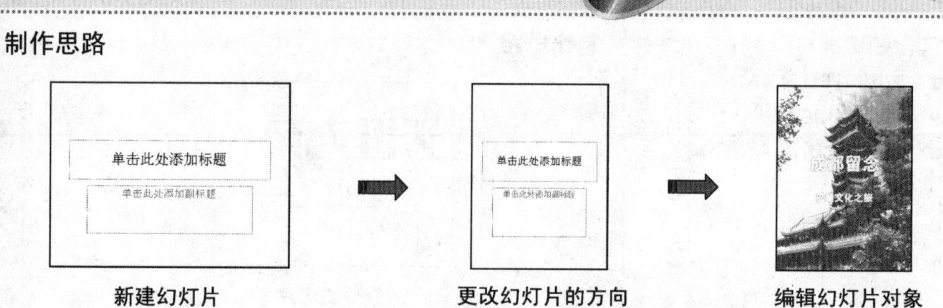

新建幻灯片　更改幻灯片的方向　编辑幻灯片对象

01

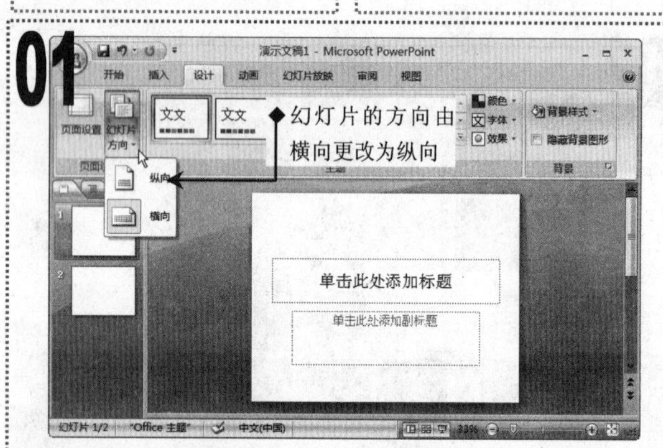

■ 新建一个空白演示文稿，新建一张幻灯片，单击"设计"选项卡，在"页面设置"组中单击"幻灯片方向"下拉按钮，在弹出的下拉菜单中选择"纵向"命令。

02

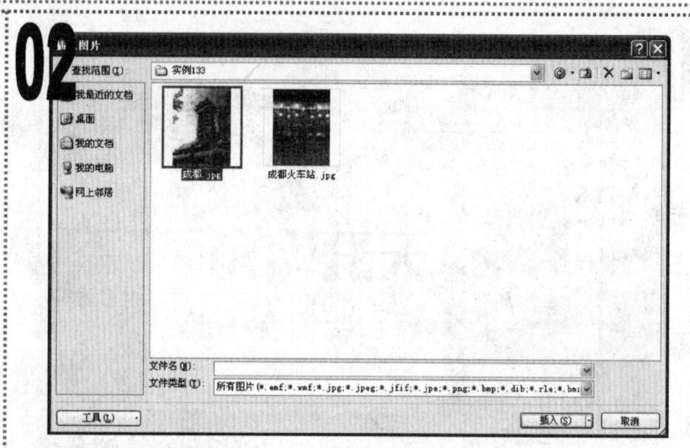

■ 打开"插入图片"对话框，在其中双击"素材"文件夹中的"成都"图片文件。

03

■ 在幻灯片中输入文本并设置其格式。

04

■ 选择第2张幻灯片，插入"成都火车站"图片文件，并调整图片的大小，然后输入如图所示的文本并设置字体格式。

05

■ 按【F5】键放映演示文稿，得到的效果如图所示。

注意提示

调整幻灯片的方向时，如果已经设置了幻灯片的背景，或在幻灯片中插入了图形对象，那么在调整方向后背景与图形对象都会随之变形。因此，用户如果要制作纵向演示文稿，最好在创建演示文稿时就将幻灯片的方向设置为纵向，然后再编排内容。

实例134 美化“街舞”演示文稿

素材:\实例 134\街舞.pptx

源文件:\实例 134\街舞.pptx

包含知识

- 应用编号
- 自定义编号样式

重点难点

- 自定义编号样式

制作思路

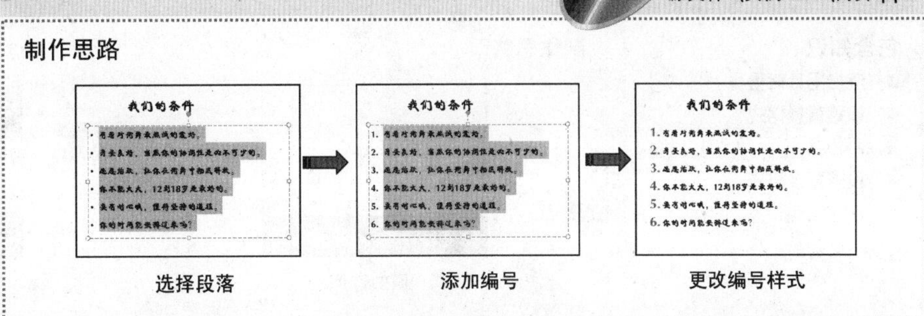

选择段落　　添加编号　　更改编号样式

01

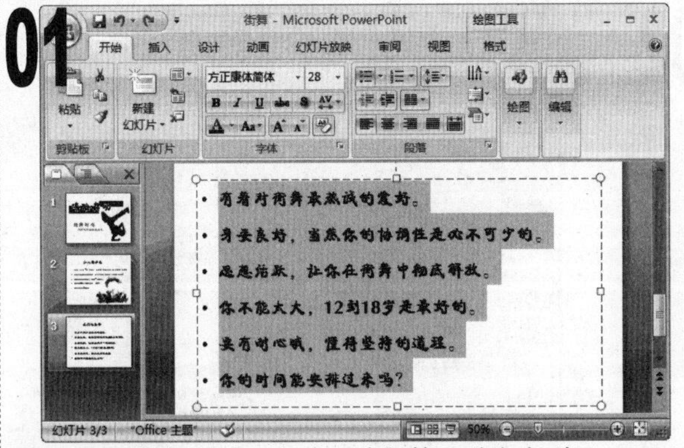

1 打开“街舞”演示文稿，选择第 3 张幻灯片。

2 选择文本占位符中的所有文本段落。

02

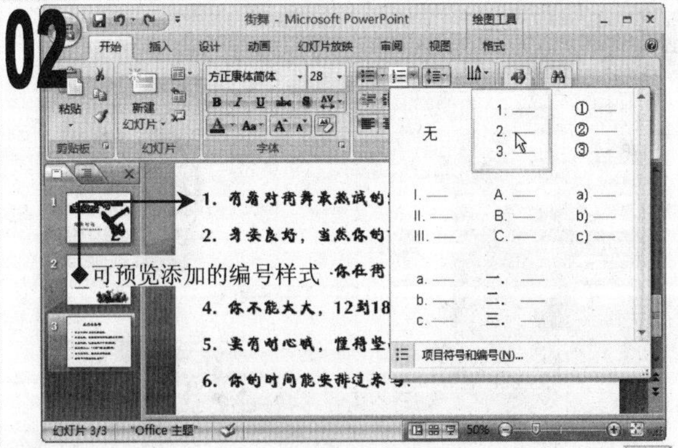

1 单击“开始”选项卡的“段落”组中的“编号”按钮右侧的下拉按钮，在弹出的下拉菜单中选择编号样式。

03

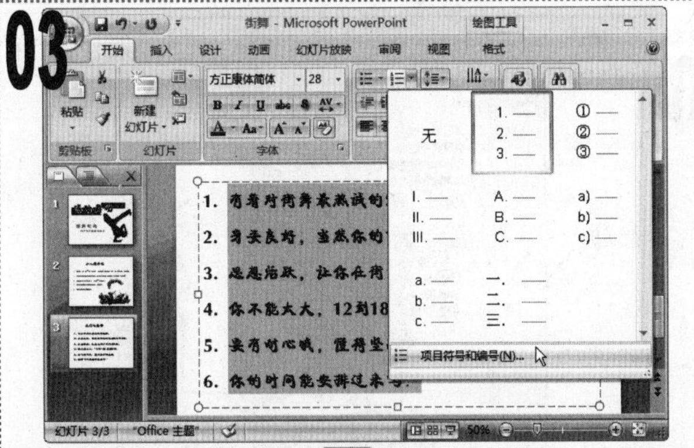

1 再次单击“编号”按钮右侧的下拉按钮，在弹出的下拉菜单中选择“项目符号和编号”命令。

1 在打开的“项目符号和编号”对话框中默认显示“编号”选项卡。在“大小”数值框中输入“150”，单击“颜色”下拉按钮，在弹出的下拉菜单中选择“橙色”选项。

05

我们的条件

1. 有着对街舞来热诚的发射。
2. 身要良好，当然你的协调性是必不可少的。
3. 惠惠活跃，让你在街舞中彻底释放。
4. 你不能太大，12到18岁是最好的。
5. 要有耐心哦，懂得坚持的道理。
6. 你的时间能安排过来吗？

1 返回“幻灯片编辑”窗格，为幻灯片添加编号后的效果如图所示。

知识延伸

在“项目符号和编号”对话框的“起始编号”数值框中可以设置起始编号。

注意提示

如果要取消为段落添加的编号，可选择添加了编号的段落，然后在“开始”选项卡的“段落”组中单击“编号”按钮右侧的下拉按钮，在弹出的下拉菜单中选择“无”选项即可。

实例135 美化“音乐”演示文稿

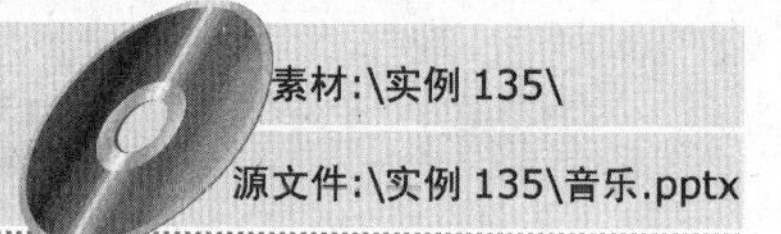

素材:\实例 135\

源文件:\实例 135\音乐.pptx

包含知识

- 添加图片背景
- 设置背景格式

重点难点

- 设置背景格式

制作思路

原幻灯片

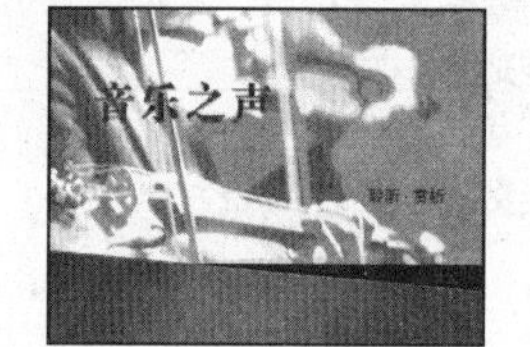

添加图片背景

01

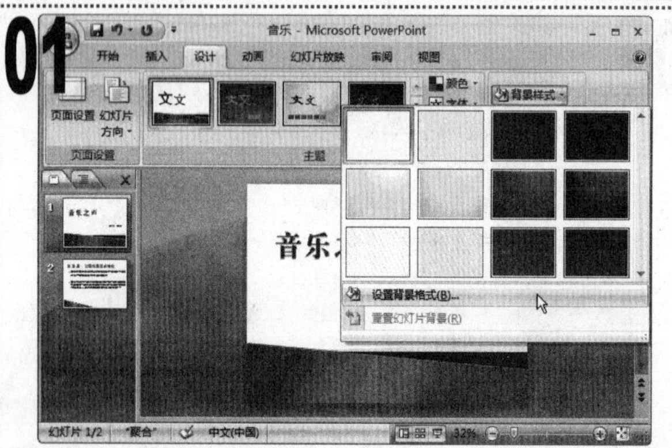

■ 打开“音乐”演示文稿，在“设计”选项卡的“背景”组中，单击“背景样式”下拉按钮，在弹出的下拉菜单中选择“设置背景格式”命令。

02

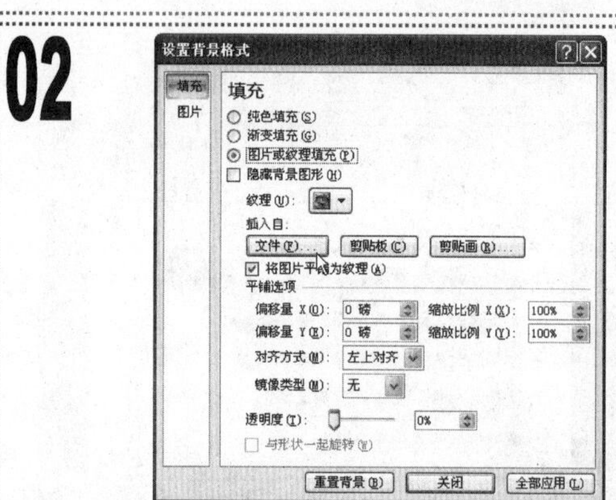

■ 在打开的“设置背景格式”对话框中，选中“图片或纹理填充”单选按钮，单击下方显示出来的“文件”按钮。

03

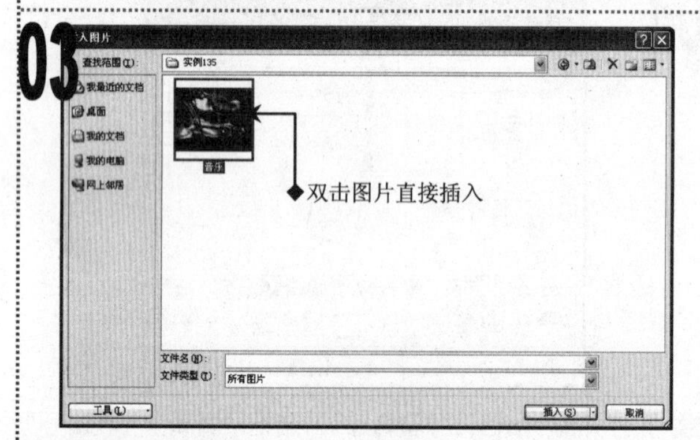

■ 在打开的“插入图片”对话框中，选择“素材”文件夹中的“音乐”图片文件，单击“插入”按钮。

04

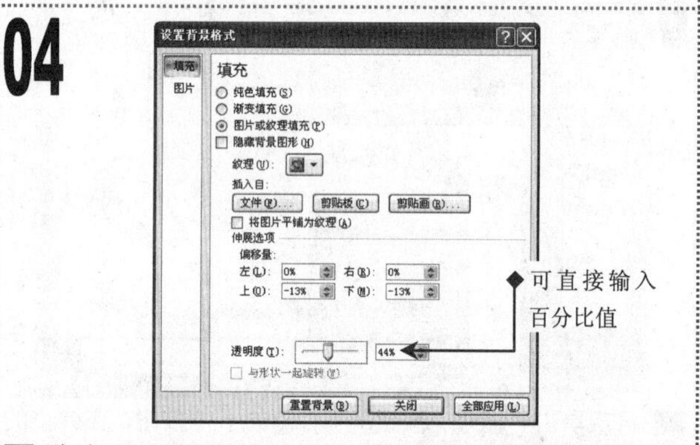

■ 此时，即可将图片设置为幻灯片的背景，在“设置背景格式”对话框下方拖动“透明度”滑块，调整背景图片的透明度。

05

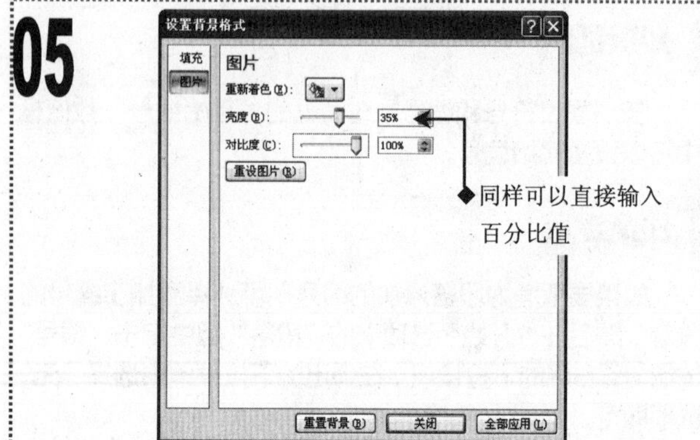

■ 单击对话框左侧的“图片”选项卡，在右侧的窗格中分别拖动滑块调整背景图片的亮度与对比度，单击“全部应用”按钮，再单击“关闭”按钮。

06

■ 为幻灯片应用了背景图片的效果如图所示。

实例136 美化“饰品”演示文稿

素材:\实例 136\

源文件:\实例 136\饰品.pptx

包含知识

■ 应用第三方主题

重点难点

■ 应用第三方主题

制作思路

打开演示文稿

应用主题后的幻灯片

01

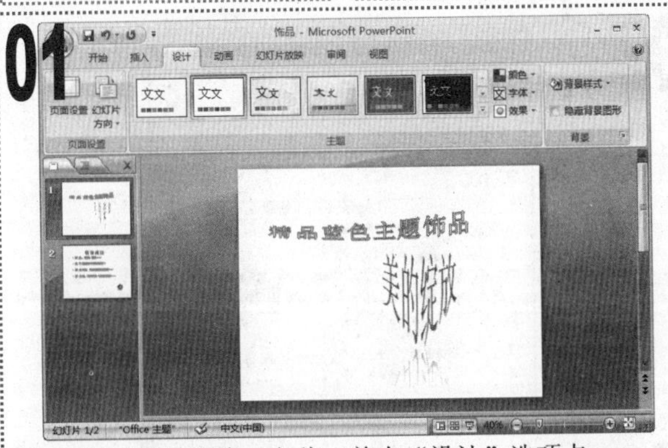

1 打开“饰品”演示文稿，单击“设计”选项卡。

02

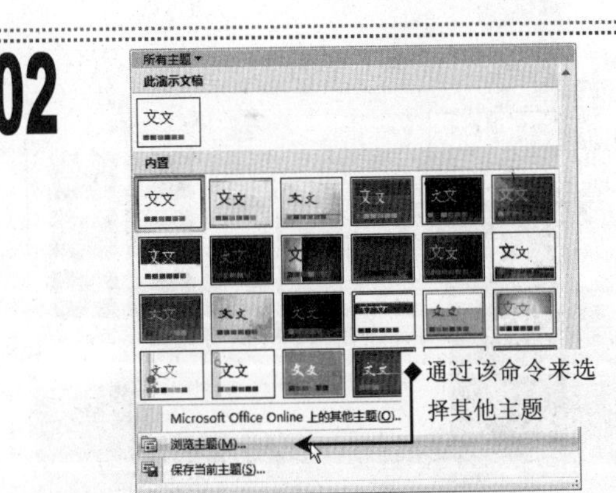

1 在“主题”组中单击其中的列表框右下角的“其他”按钮，在弹出的下拉菜单中选择“浏览主题”命令。

03

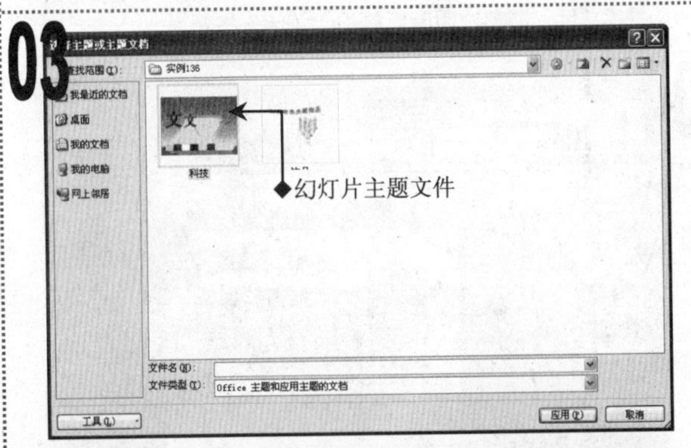

1 在打开的“选择主题或主题文档”对话框中，选择“科技”主题文件，单击“应用”按钮。

04

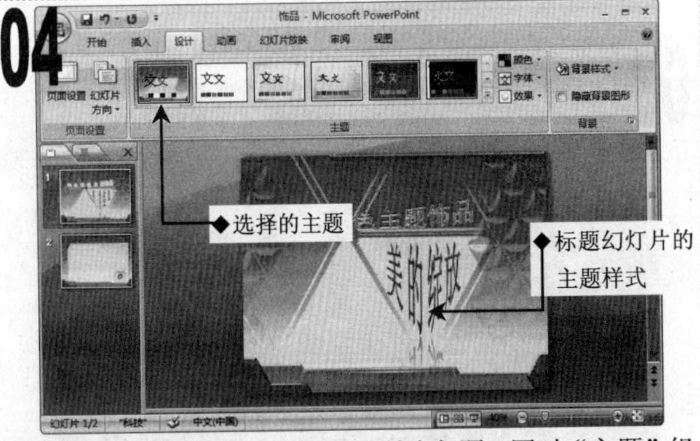

1 此时，即可为演示文稿应用所选主题，同时“主题”组中的列表框中会显示所选择的主题。

05

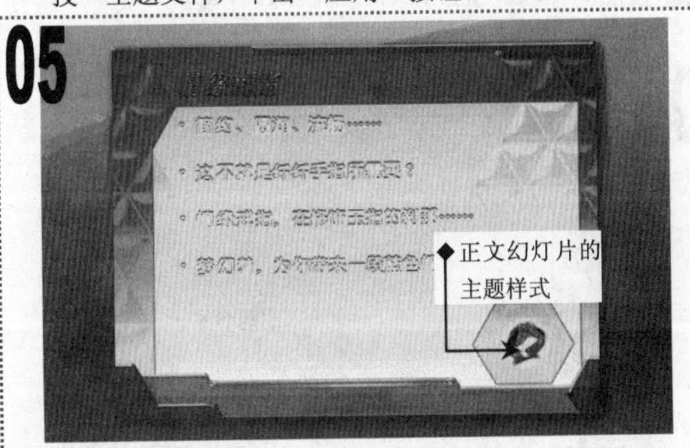

1 选择第2张幻灯片，其效果如图所示。

知识延伸

PowerPoint 2007 幻灯片主题文件的格式为“.thmx”，用户可以通过网络或其他途径获取更多的幻灯片主题。除了直接为幻灯片应用主题文件外，还可以套用其他演示文稿的主题。其方法是一样的，只要在“选择主题或主题文档”对话框中不选择主题文件，而是直接选择采用了要套用的主题的演示文稿即可。

实例137 美化“动感”演示文稿

素材:\实例 137\
源文件:\实例 137\

包含知识

- 设置幻灯片的背景
- 设置主题文本格式
- 保存主题

重点难点

- 保存主题

制作思路

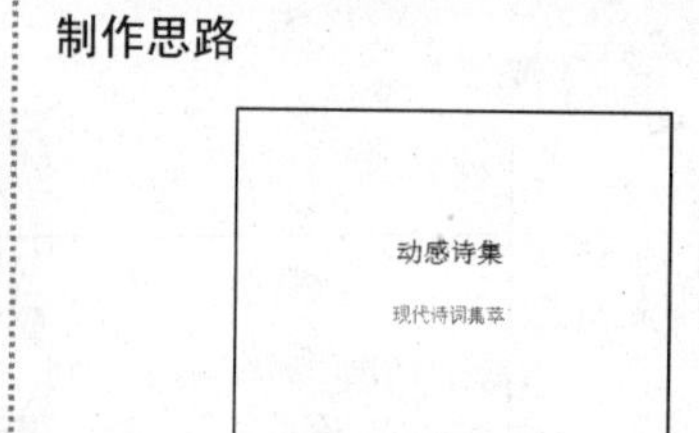

原幻灯片

设置背景、字体格式

01

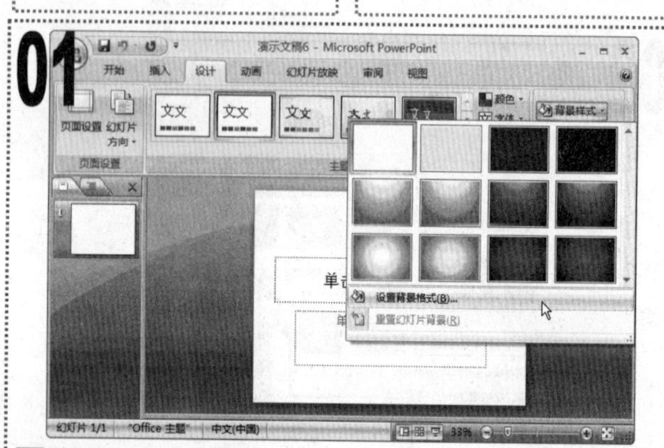

■ 打开“动感”演示文稿，单击“设计”选项卡，在“背景”组中单击“背景样式”下拉按钮，在弹出的下拉菜单中选择“设置背景格式”命令。

02

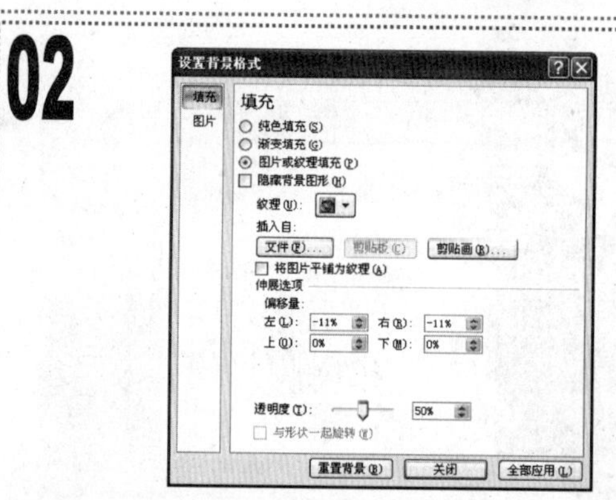

■ 在打开的“设置背景格式”对话框中，选中“图片或纹理填充”单选按钮，单击“文件”按钮，在打开的对话框中选择“都市”图片文件，调整透明度后单击“关闭”按钮。

03

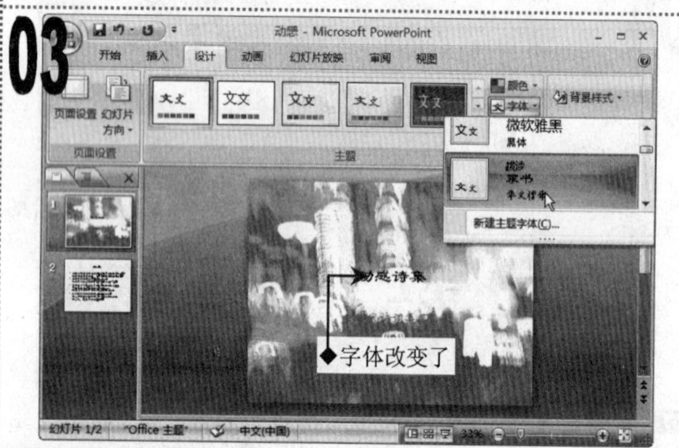

■ 单击“设计”选项卡的“主题”组中的“字体”下拉按钮，在弹出的下拉菜单中选择“跋涉”选项。

04

■ 按照同样的方法，为第 2 张幻灯片设置“火车”图片背景，并将主题字体也设置为“跋涉”。

05

■ 单击“主题”组中的列表框右下角的“其他”按钮，在弹出的下拉菜单中选择“保存当前主题”命令。

06

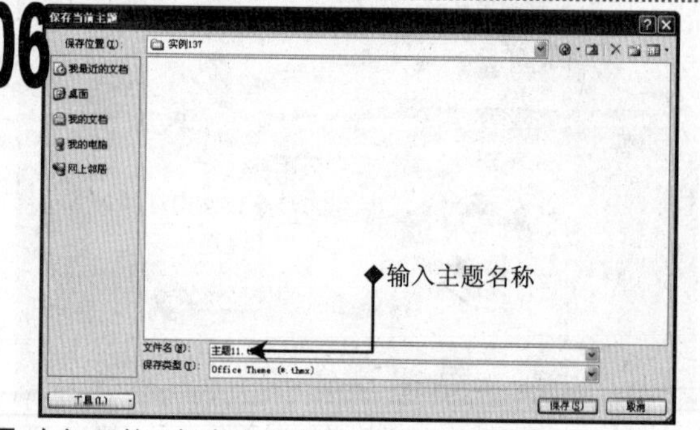

■ 在打开的“保存当前主题”对话框中选择保存路径与文件名，单击“保存”按钮保存主题。以后使用该主题时通过“浏览主题”命令选择保存的主题文件即可。

实例138　美化“背影”演示文稿

素材:\实例 138\背影.pptx

源文件:\实例 138\背影.pptx

包含知识

- 更改幻灯片的版式
- 调整幻灯片的布局
- 设置幻灯片的背景

重点难点

- 版式与布局的合理调整

制作思路

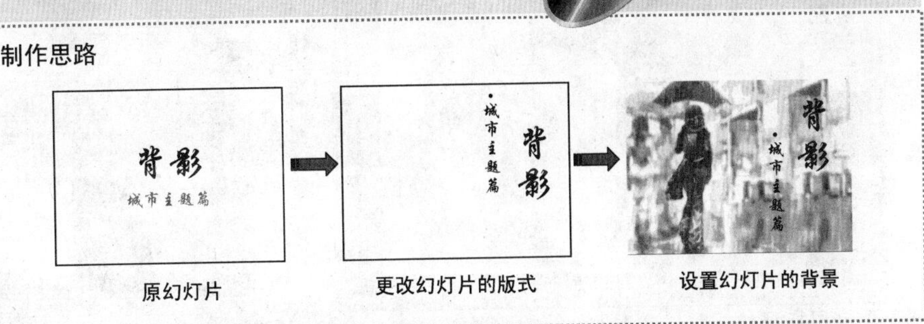

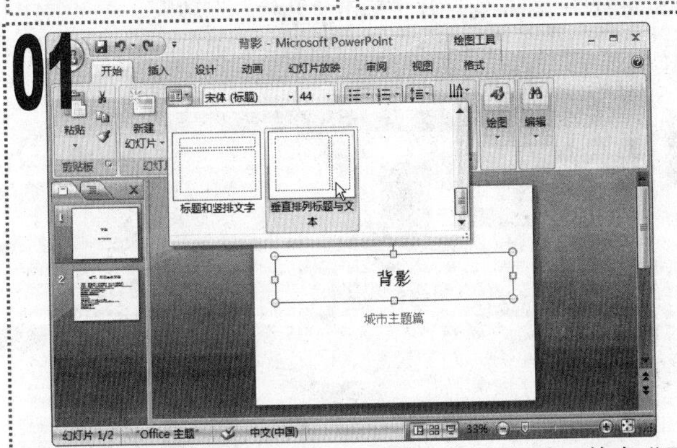

01 打开“背影”演示文稿，选择第 1 张幻灯片，单击“开始”选项卡的“幻灯片”组中的“版式”下拉按钮，在弹出的下拉列表中选择“垂直排列标题与文本”选项。

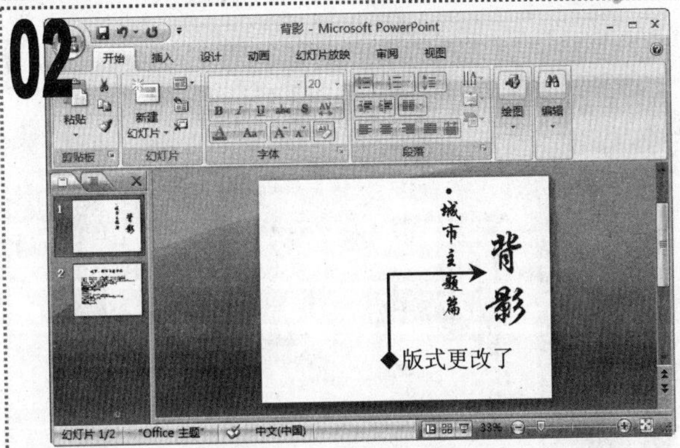

02 为标题幻灯片应用版式后的效果如图所示。

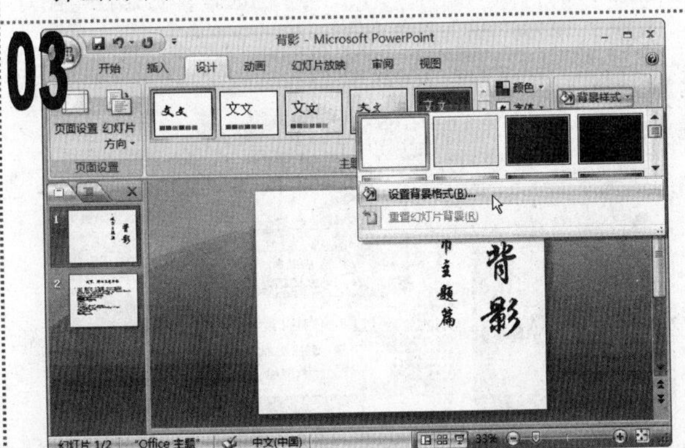

03 单击“设计”选项卡，在“背景”组中单击“背景样式”下拉按钮，在弹出的下拉菜单中选择“设置背景格式”命令。

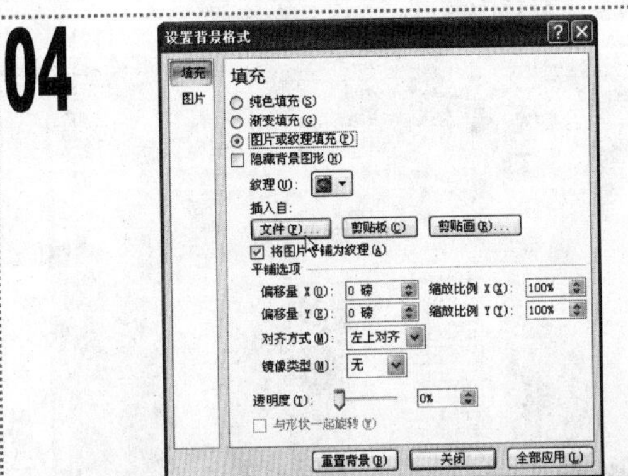

04 在打开的“设置背景格式”对话框中，选中“图片或纹理填充”单选按钮，然后单击下方的“文件”按钮。

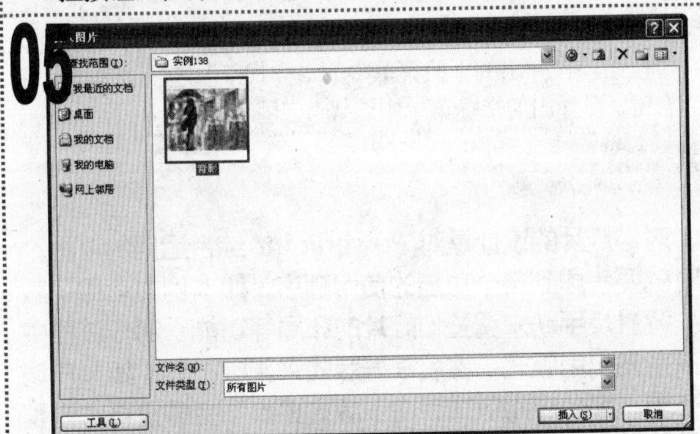

05 在打开的“插入图片”对话框中，选择“素材”文件夹中的“背影”图片文件，单击“插入”按钮。

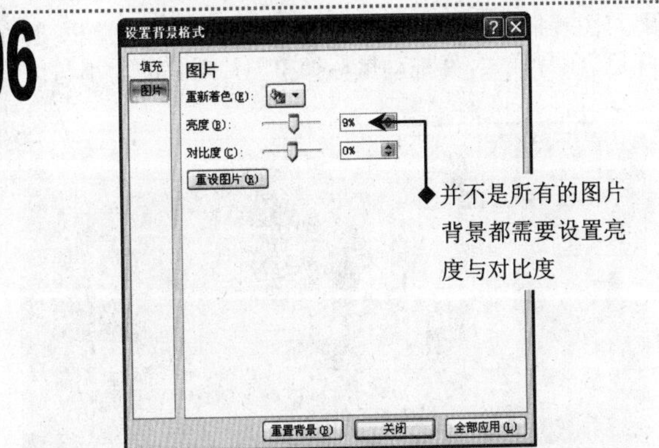

06 调整图片的透明度，在对话框左侧单击“图片”选项卡，在右侧的窗格中调整图片的亮度与对比度，单击“关闭”按钮。

07

■ 拖动鼠标调整标题与文本占位符的位置。

08

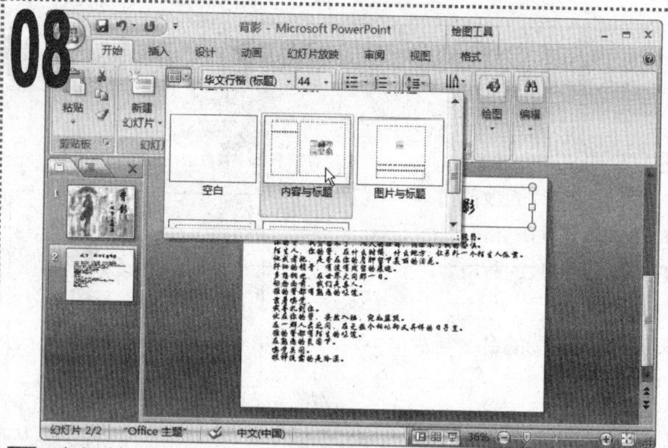

■ 选择第 2 张幻灯片，单击“开始”选项卡，在“幻灯片”组中单击“版式”下拉按钮，在弹出的下拉列表中选择“内容与标题”选项。

09

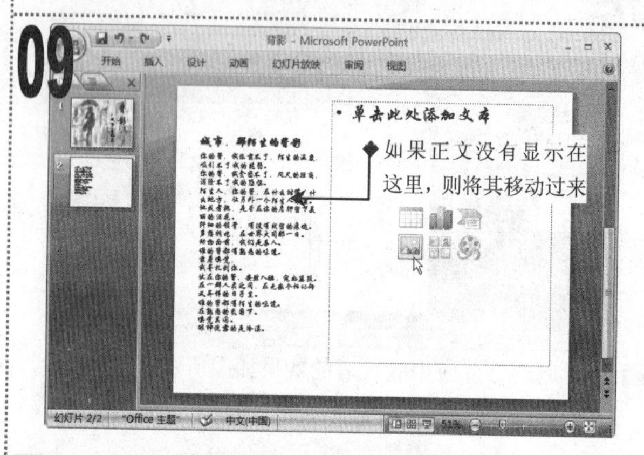

■ 单击右侧占位符中的“插入图片”按钮。

10

■ 在打开的“插入图片”对话框中，选择“背影 2”图片文件，单击“插入”按钮。

11

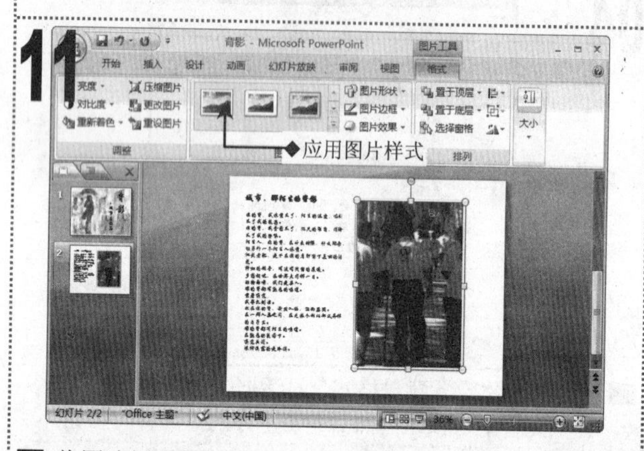

■ 将图片插入到幻灯片中后，为图片应用“简单框架，白色”图片样式，并拖动鼠标调整图片对象的大小与位置。

12

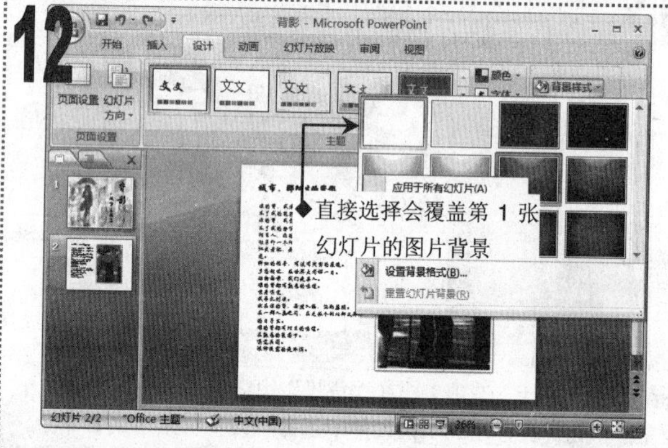

■ 单击“设计”选项卡，在“背景”组中单击“背景样式”下拉按钮，在弹出的下拉菜单中的“样式 7”选项上单击鼠标右键，在弹出的快捷菜单中选择“应用于所选幻灯片”命令。

13

■ 在幻灯片浏览视图下查看最终效果。

注意提示

对幻灯片的设计是对 PowerPoint 综合运用的过程，这时就要考虑到各个功能的使用顺序。如本例中运用了版式、背景及手动来调整幻灯片的布局等功能，制作过程中应该首先应用版式，然后根据版式来调整布局。如果先调整布局，那么应用版式后由于版式更改，会需要再次调整布局。

实例139 制作“产品宣传”演示文稿

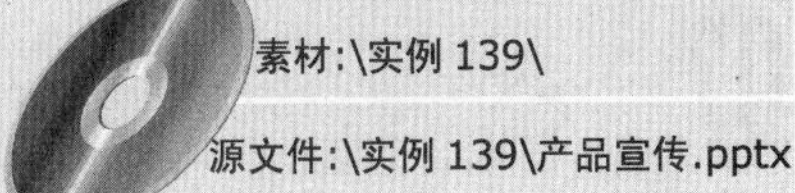
素材:\实例 139\
源文件:\实例 139\产品宣传.pptx

包含知识

- 设置母版占位符的格式
- 设置幻灯片母版的背景
- 设置幻灯片母版的主题

重点难点

- 幻灯片母版的综合设计

制作思路

进入幻灯片母版视图　设置母版样式　编辑标题幻灯片

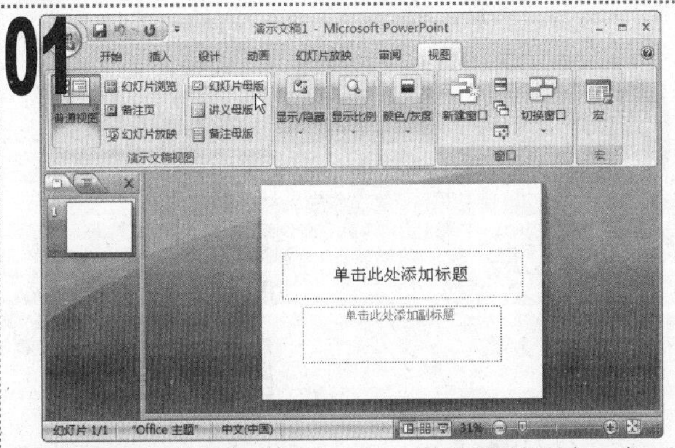

01 新建一个空白演示文稿，单击“视图”选项卡，在“演示文稿视图”组中单击“幻灯片母版”按钮。

02 进入到幻灯片母版视图，在左侧的窗格中选择第 2 张幻灯片（标题幻灯片）。

03 单击“幻灯片母版”选项卡，在“编辑主题”组中单击“主题”下拉按钮，在弹出的下拉菜单中选择“平衡”选项。

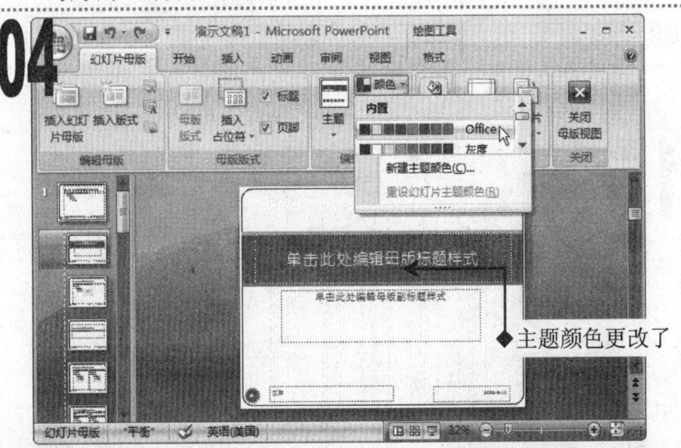

04 单击“编辑主题”组中的“颜色”按钮，在弹出的下拉菜单中选择“Office”选项。

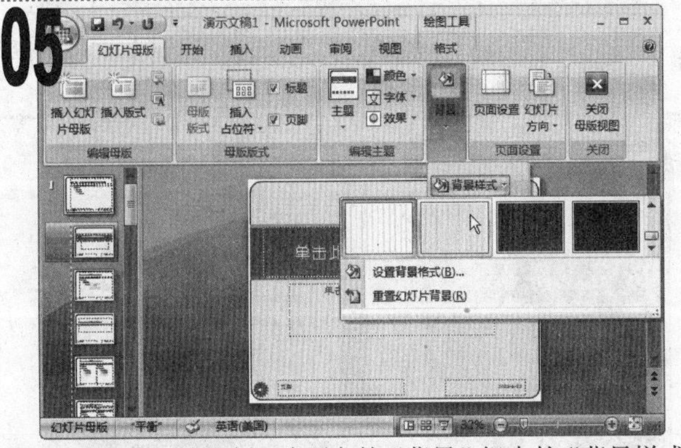

05 单击“幻灯片母版”选项卡的“背景”组中的“背景样式”下拉按钮，在弹出的下拉菜单中选择“样式 9”选项。

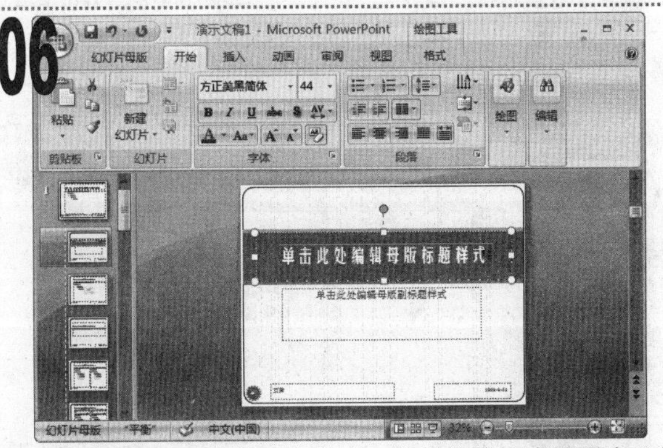

06 选择幻灯片中的标题占位符，将其字体格式设置为“方正美黑简体、44”。

07

选择副标题占位符中的文本，将其字体格式设置为“方正黑体简体、36”。

08

调整副标题占位符的大小与位置，单击“绘图工具/格式”选项卡，在“形状样式”组中的列表框中选择“浅色 1 轮廓，彩色填充-强调颜色 1”选项。

09

选择第 3 张幻灯片，将标题占位符中的文本的字体格式设置为“方正美黑简体”，正文的字体格式设置为“幼圆、20”。

10

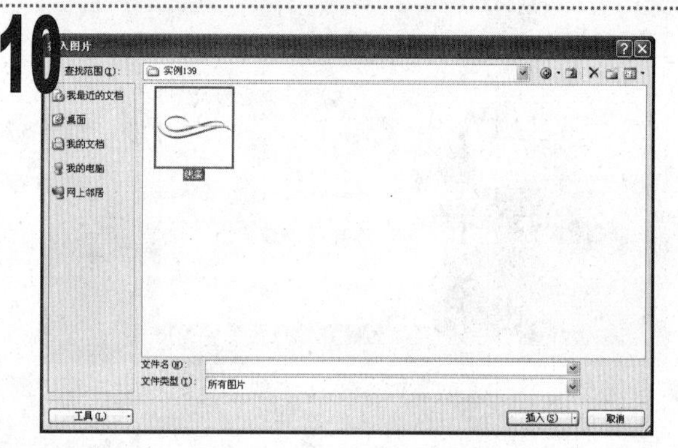

单击“插入”选项卡，在“插图”组中单击“图片”按钮，在打开的“插入图片”对话框中选择“素材”文件夹中的“线条”图片文件，单击“插入”按钮。

11

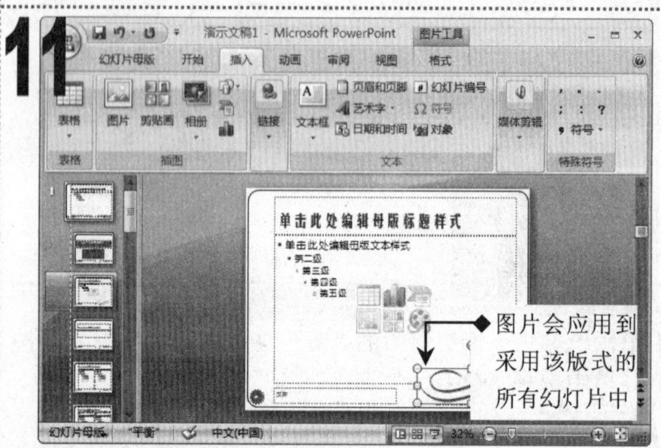

通过拖动鼠标调整图片的大小与位置。

12

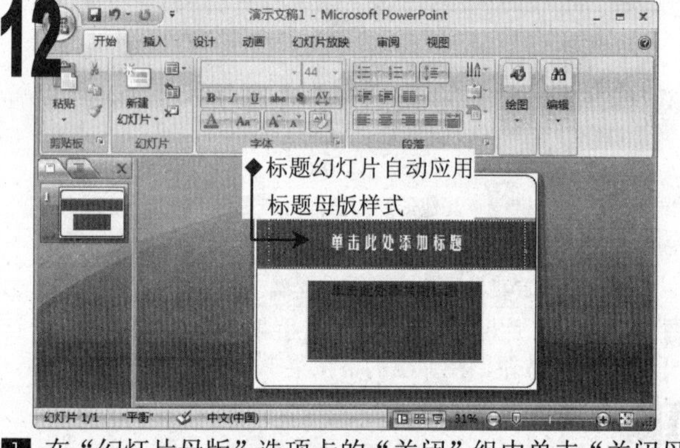

在“幻灯片母版”选项卡的“关闭”组中单击“关闭母版视图”按钮，返回到普通视图。

13

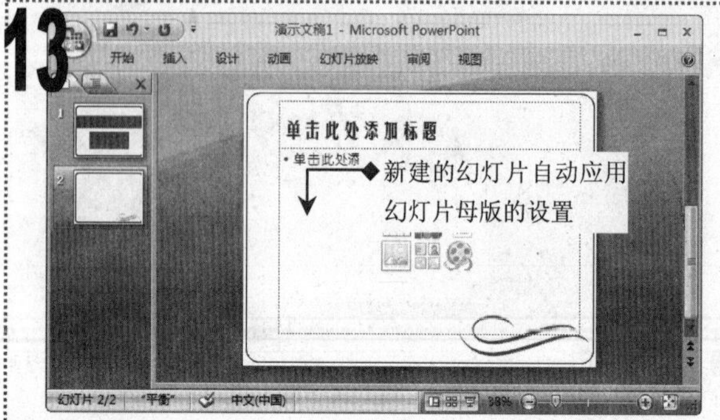

按【Ctrl+M】组合键，即可根据母版中编排的样式新建幻灯片。

14

编辑幻灯片中的其余内容，制作出产品宣传演示文稿。

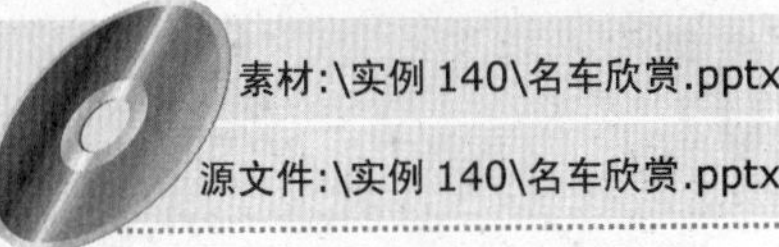

实例140　编辑“名车欣赏”演示文稿

素材:\实例 140\名车欣赏.pptx

源文件:\实例 140\名车欣赏.pptx

包含知识

- 设置讲义母版
- 设置备注母版
- 输入备注内容

重点难点

- 设置讲义与备注母版
- 输入备注内容

制作思路

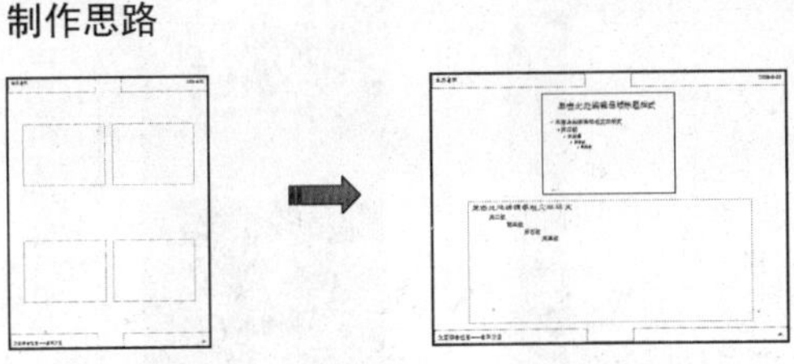

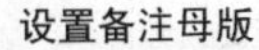

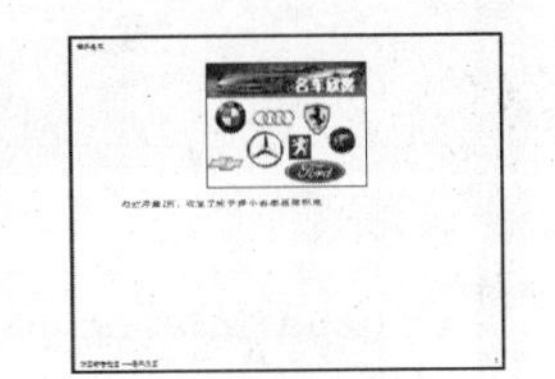

设置讲义母版　设置备注母版　添加备注内容

01

1 打开“名车欣赏”演示文稿，单击“视图”选项卡，在“演示文稿视图”组中单击“讲义母版”按钮。

02

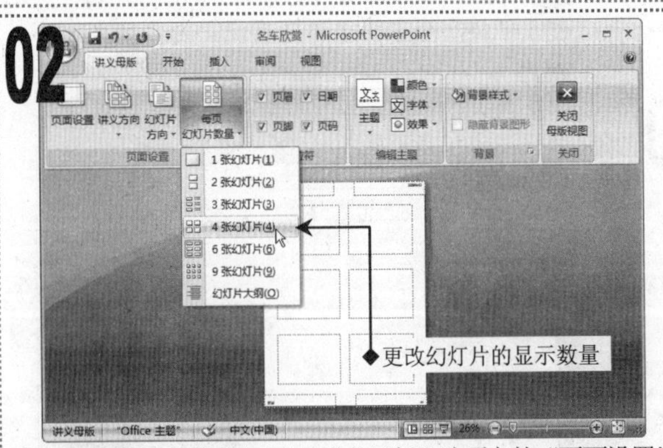

2 进入讲义母版视图，在“讲义母版”选项卡的“页面设置”组中，单击“每页幻灯片数量”下拉按钮，在弹出的下拉菜单选择“4 张幻灯片”命令。

03

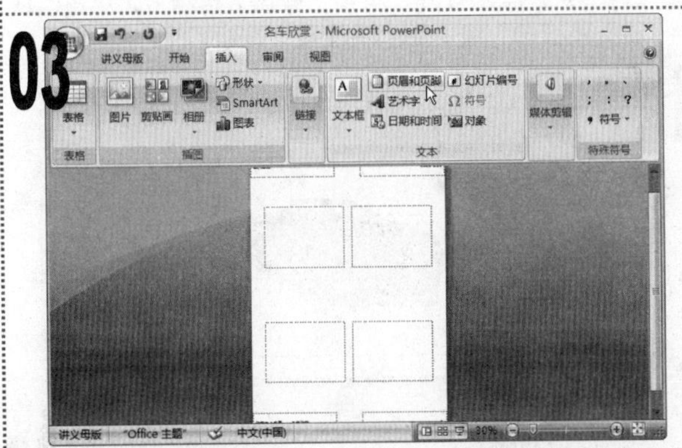

3 单击“插入”选项卡，在“文本”组中单击“页眉和页脚”按钮。

04

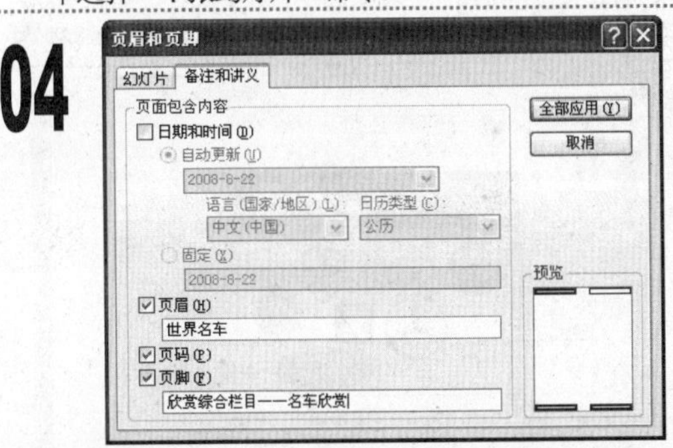

4 在打开的“页眉和页脚”对话框中选中“页眉”与“页脚”复选框，并在对应的文本框中输入相应的内容，单击“全部应用”按钮。

05

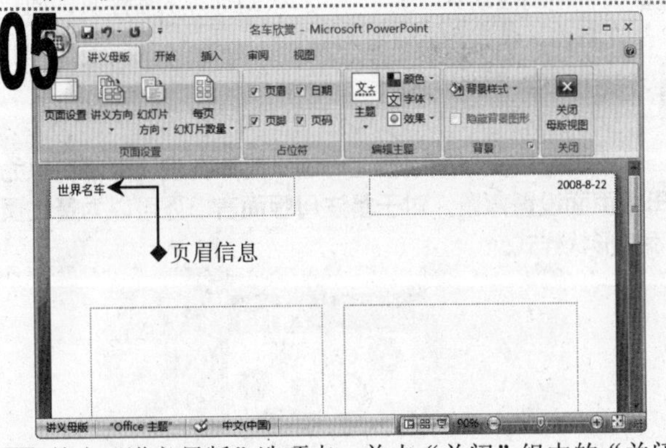

5 单击“讲义母版”选项卡，单击“关闭”组中的“关闭母版视图”按钮。

06

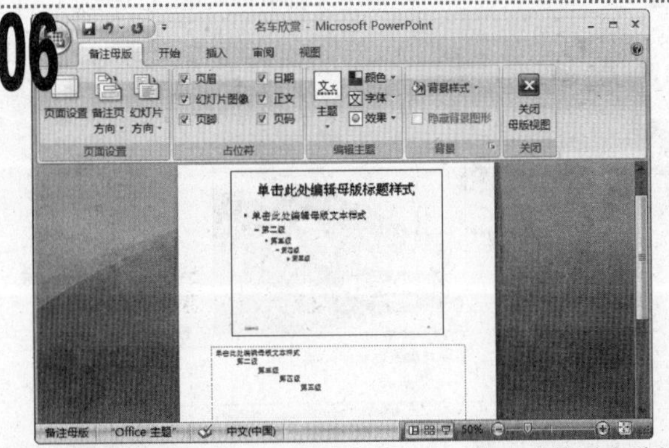

6 在普通视图中的“视图”选项卡中，单击“演示文稿视图”组中的“备注母版”按钮，进入备注母版视图。

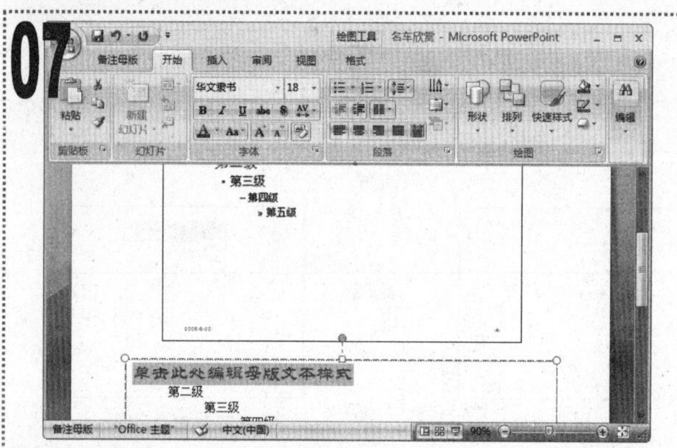

07 ■ 选择备注占位符中的第 1 行文本，单击“开始”选项卡，在“字体”组中将字体格式设置为“华文隶书、18、蓝色”。

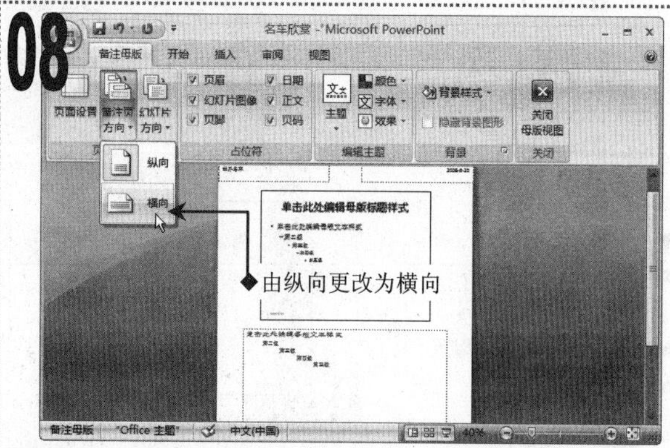

08 ■ 单击“备注母版”选项卡，在“页面设置”组中单击“备注页方向”下拉按钮，在弹出的下拉菜单中选择“横向”命令。

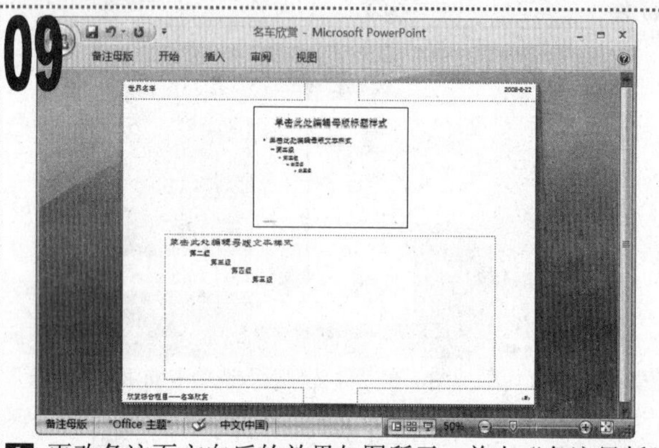

09 ■ 更改备注页方向后的效果如图所示，单击“备注母版”选项卡中的“关闭母版视图”按钮，退出备注母版视图。

10 ■ 选择第 1 张幻灯片，单击“视图”选项卡，单击“演示文稿视图”组中的“备注页”按钮。

11 ■ 进入备注页视图，在备注区域中输入第 1 张幻灯片的备注内容。

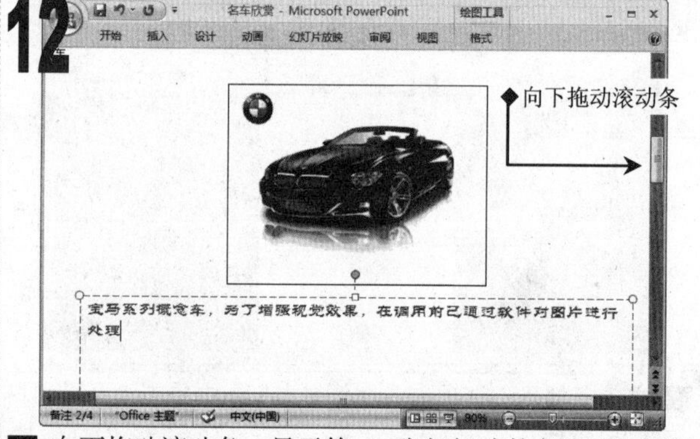

12 ■ 向下拖动滚动条，显示第 2 张幻灯片的备注页，同样在备注区域中输入备注内容。

13 ■ 按照同样的方法，为第 3 张与第 4 张幻灯片添加相应的备注内容。

知识延伸

无论是讲义母版或备注母版，用户在设计时都可以为母版页面设置背景。对于备注母版而言，还可以为备注页添加形状样式。

第 10 章

幻灯片的延伸应用

实例 141 编辑“旅游”演示文稿

实例 144 制作“影视排行”演示文稿

实例 146 发布“遨游”演示文稿

实例 148 打包放映“读书”演示文稿

实例 150 打印“家装宝典”演示文稿

实例 153 设置超链接

实例 155 编辑“收藏夹”演示文稿

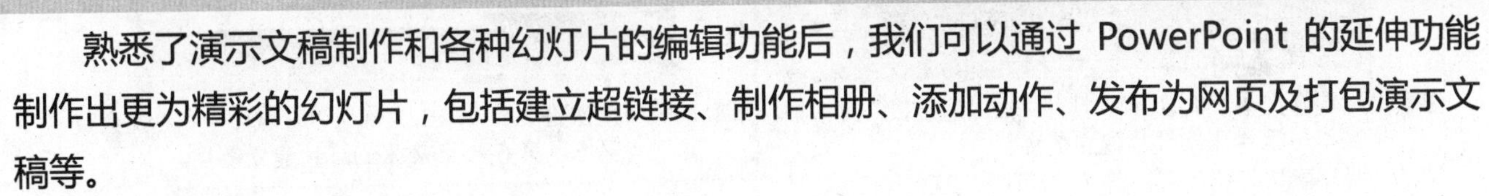

熟悉了演示文稿制作和各种幻灯片的编辑功能后，我们可以通过 PowerPoint 的延伸功能制作出更为精彩的幻灯片，包括建立超链接、制作相册、添加动作、发布为网页及打包演示文稿等。

实例141 编辑“旅游”演示文稿

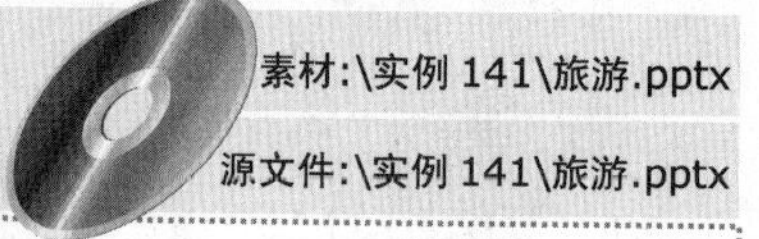
素材:\实例 141\旅游.pptx

源文件:\实例 141\旅游.pptx

包含知识

- 添加文本超链接
- 更改超链接
- 更改超链接的颜色

重点难点

- 添加文本超链接

制作思路

选择文本

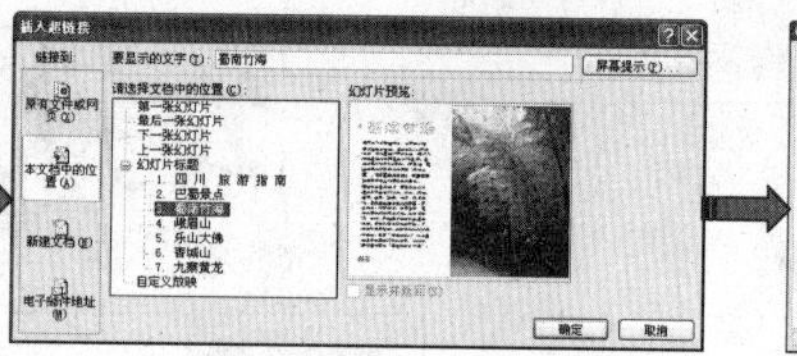
设置超链接

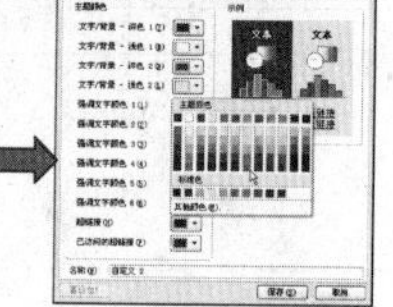
更改超链接颜色

01

■ 打开“旅游”演示文稿，选择第2张幻灯片。

02

■ 选择幻灯片中的文本“蜀南竹海”，单击“插入”选项卡，在“链接”组中单击“超链接”按钮。

03

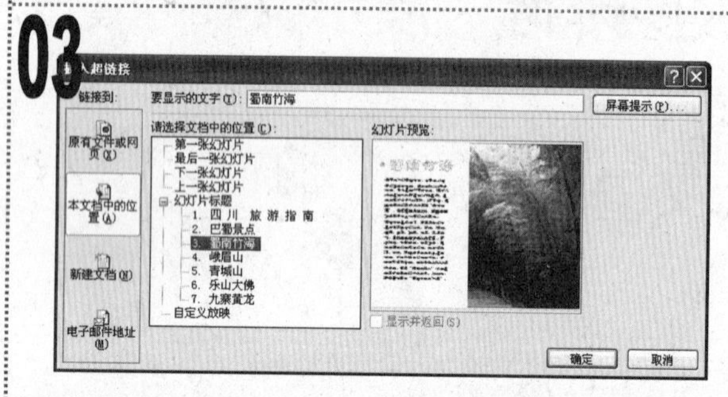

■ 在打开的“插入超链接”对话框中，单击“本文档中的位置”选项卡，在中间的列表框中将显示当前演示文稿中所包含的幻灯片列表，选择第3张幻灯片，单击“确定”按钮。

04

■ 此时，可以看到文本“蜀南竹海”的颜色变为蓝色，表示该文本已经设置了超链接。

05

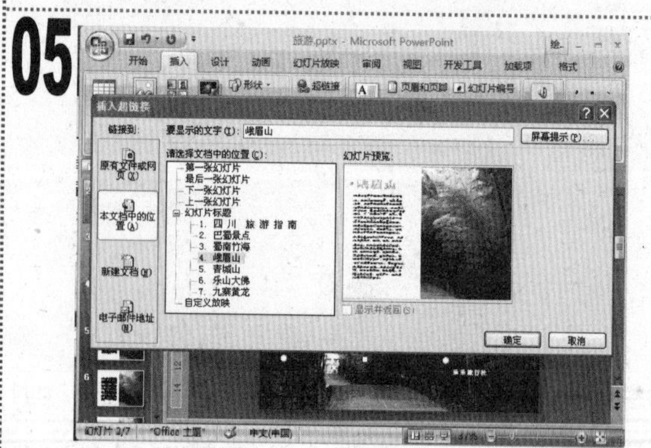

■ 继续选择文本“峨眉山”，打开“插入超链接”对话框，将文本与第4张幻灯片建立链接。

06

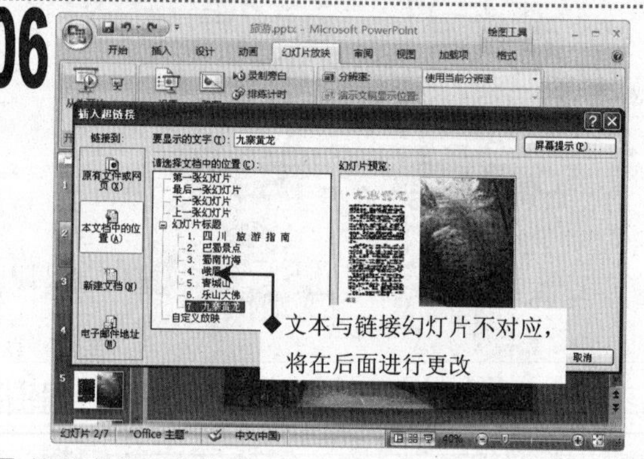

■ 按顺序依次将文本“乐山大佛”、“青城山”和“九寨黄龙”与第5，第6和第7张幻灯片建立链接。

07

1. 此时，幻灯片中的所有超链接文本都变为蓝色并带下画线。
2. 选择文本占位符，单击“设计”选项卡。

08

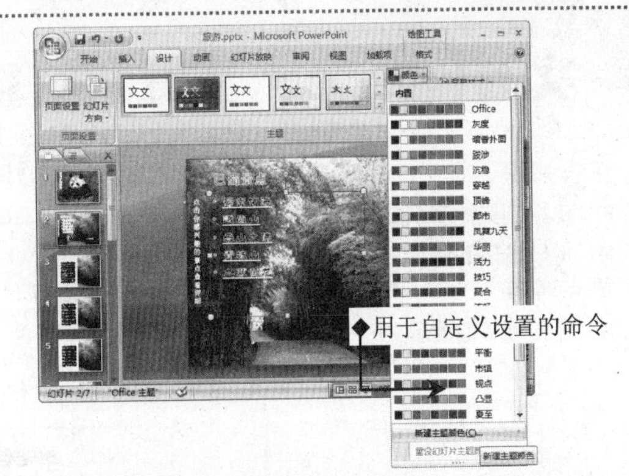

1. 单击“主题”组中的“颜色”下拉按钮，在弹出的下拉菜单中选择“新建主题颜色”命令。

09

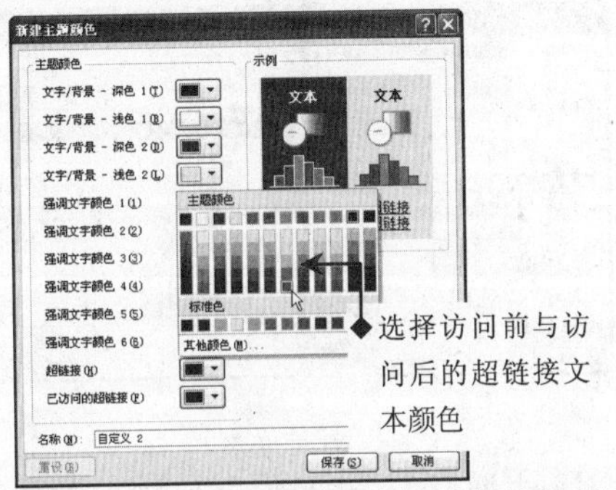

1. 在打开的“新建主题颜色”对话框中，单击“超链接”后的“颜色”下拉按钮，在弹出的下拉菜单中选择“橄榄绿，强调文字颜色 3，深色 50%”选项，再单击“已访问的超链接”后的“颜色”下拉按钮，在弹出的下拉菜单中选择“浅绿”选项。

10

1. 返回“幻灯片编辑”窗格，可以看到幻灯片中超链接文本的颜色变为绿色。

11

1. 按【F5】键放映演示文稿，在放映第 2 张幻灯片时，单击超链接文本，即可切换到对应的链接幻灯片中。

12

1. 放映过程中可以发现文本“乐山大佛”与“青城山”链接的幻灯片混淆。退出放映后，选择文本“乐山大佛”。

13

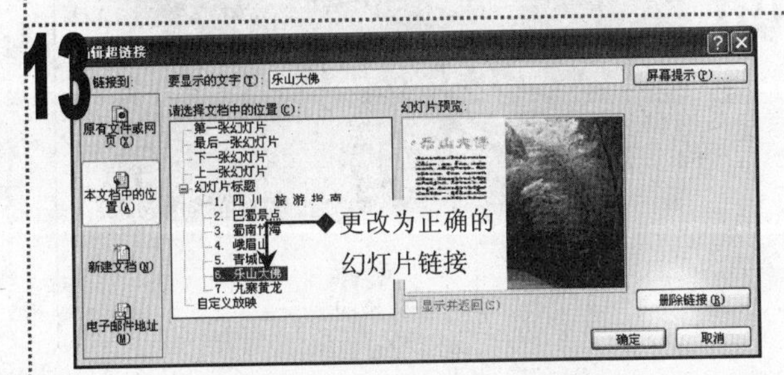

1. 打开“编辑超链接”对话框，在幻灯片列表中选择第 6 张幻灯片，单击“确定”按钮，再次放映幻灯片，文本“乐山大佛”链接的幻灯片已经更改正确。

14

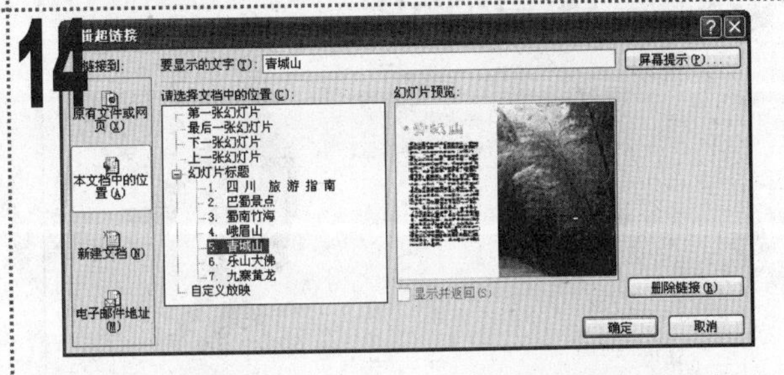

1. 按照同样的方法，将文本“青城山”链接的幻灯片更正为第 5 张幻灯片。放映幻灯片，单击“青城山”超链接，将打开“青城山”幻灯片。

实例142 编辑“体育常识”幻灯片

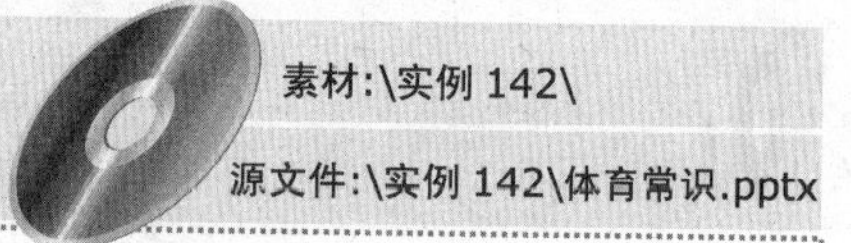

素材:\实例 142\

源文件:\实例 142\体育常识.pptx

包含知识

- 链接到其他演示文稿
- 放映链接的演示文稿

重点难点

- 链接到其他演示文稿

制作思路

单击超链接

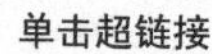

打开链接的演示文稿

01

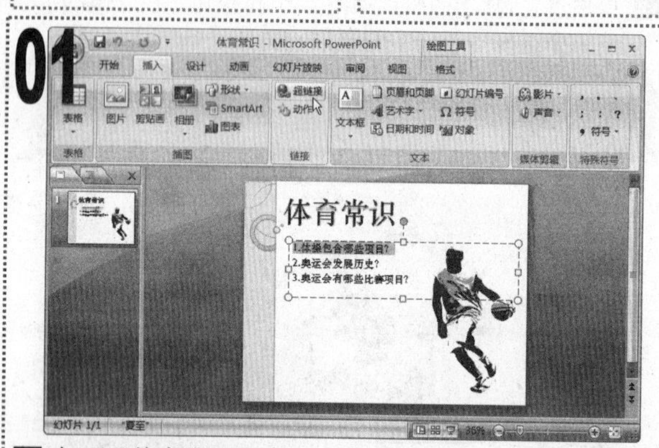

1 打开“体育常识”演示文稿，选择“1.体操包含哪些项目？”文本，单击“插入”选项卡，在“链接”组中单击“超链接”按钮。

02

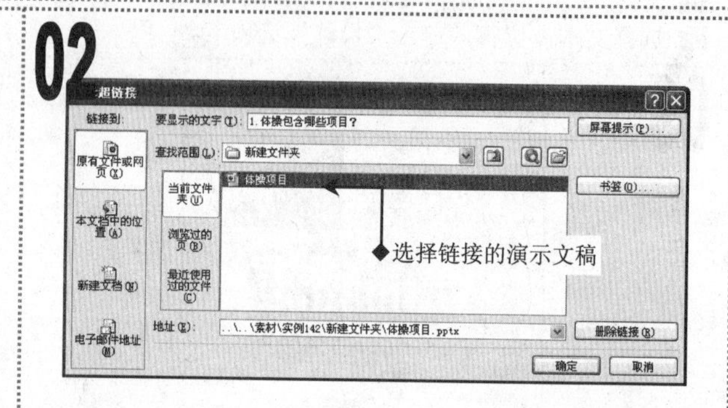

1 在打开的“插入超链接”对话框中，单击“当前文件夹”选项卡，在中间的列表框中选择“新建文件夹”文件夹中的“体操项目”演示文稿，单击“确定”按钮。

03

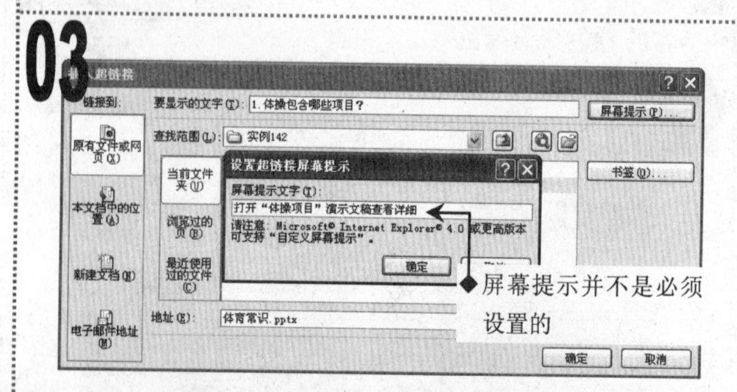

1 单击对话框右上角的“屏幕提示”按钮，打开“设置超链接屏幕提示”对话框。

2 在其中的文本框中输入文本“打开‘体操项目’演示文稿查看详细”，依次单击“确定”按钮。

04

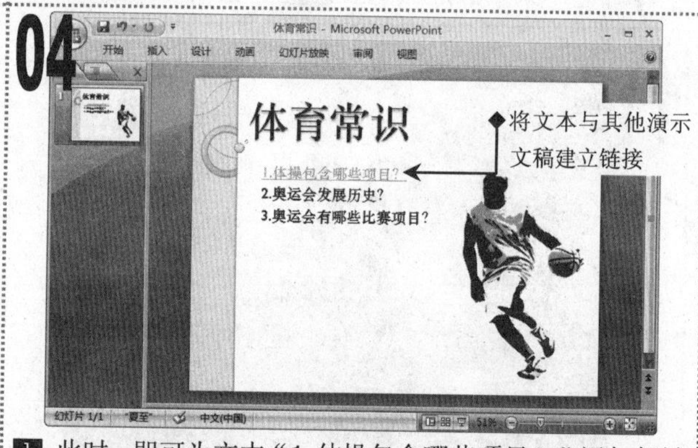

1 此时，即可为文本“1.体操包含哪些项目？”添加超链接，同时文本颜色也发生相应的改变。

05

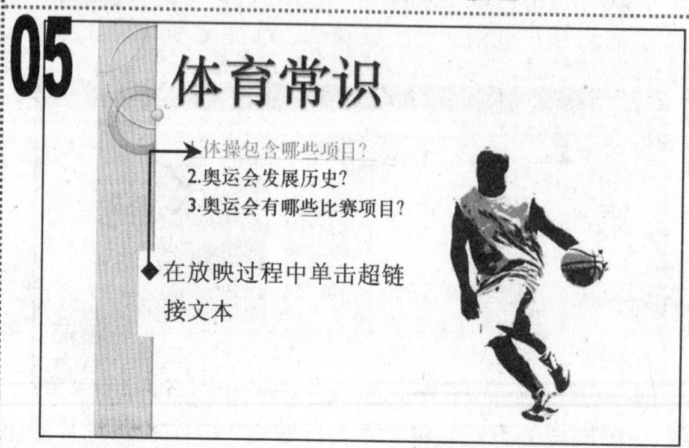

1 按【F5】键放映演示文稿，在放映过程中用鼠标单击幻灯片中的超链接文本“1.体操包含哪些项目？”。

06

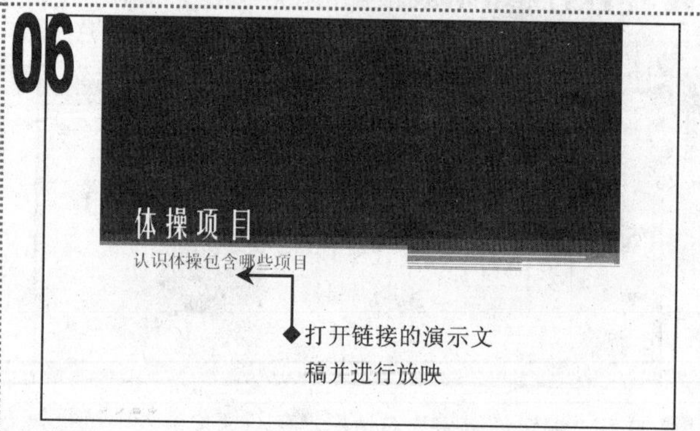

1 程序将打开“体操项目”演示文稿进行放映。

实例143　制作“郊游相册”演示文稿

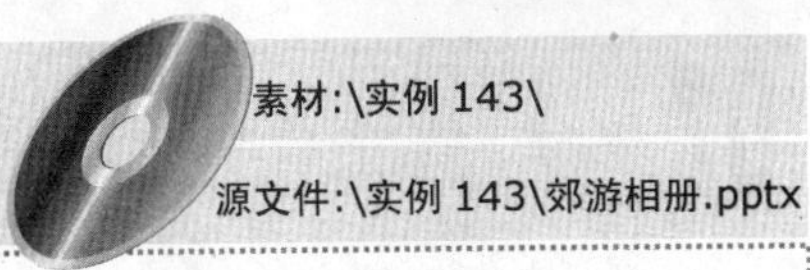

素材:\实例 143\

源文件:\实例 143\郊游相册.pptx

包含知识

- 创建相册
- 编辑相册

重点难点

- 创建相册
- 编辑相册

制作思路

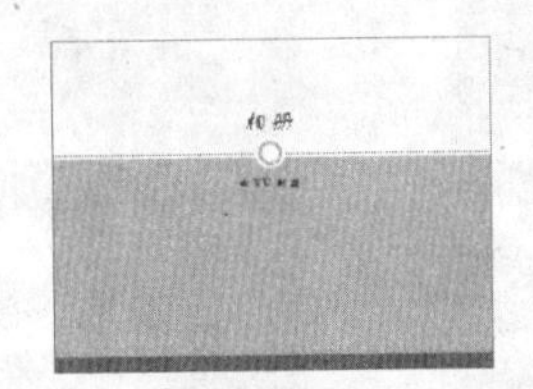

制作相册封面

编辑完成后的相册效果图

01

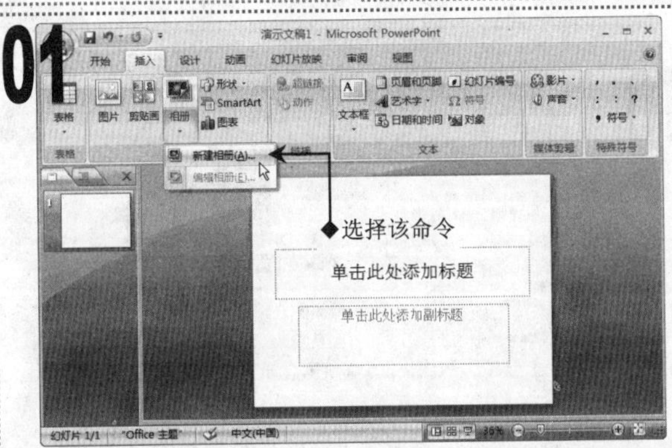

■ 新建一个演示文稿，单击“插入”选项卡，在“插图”组中单击“相册”下拉按钮，在弹出的下拉菜单中选择“新建相册”命令。

02

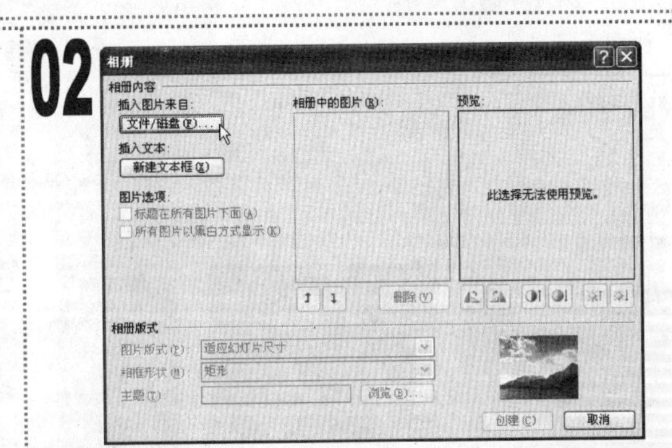

■ 在打开的“相册”对话框中，单击对话框左上角的“文件/磁盘”按钮。

03

■ 在打开的“插入新图片”对话框中，选择素材文件所在文件夹中的所有图片，单击“插入”按钮。

04

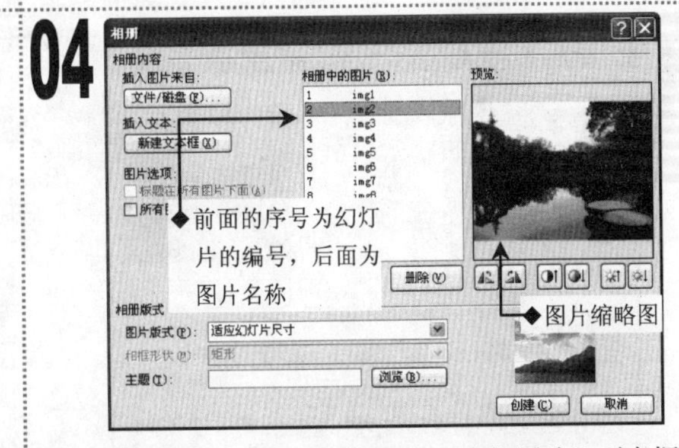

■ 返回“相册”对话框，在“相册中的图片”列表框中将显示所有图片的名称，选择一张图片，在右侧可查看图片缩略图，单击“主题”文本框后面的“浏览”按钮。

05

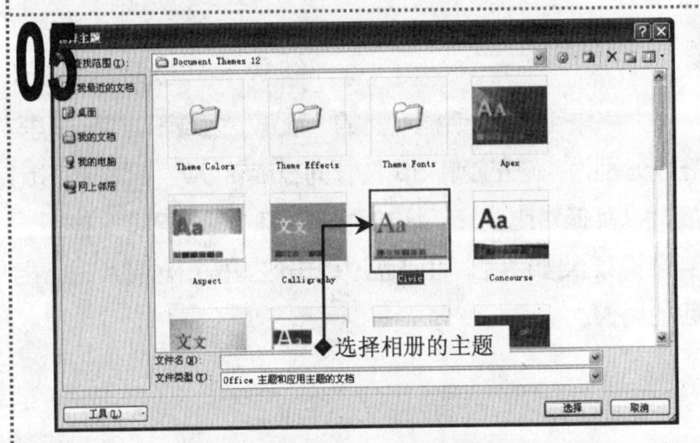

■ 在打开的“选择主题”对话框中间的列表框中选择“Civic”主题选项，单击“选择”按钮。

06

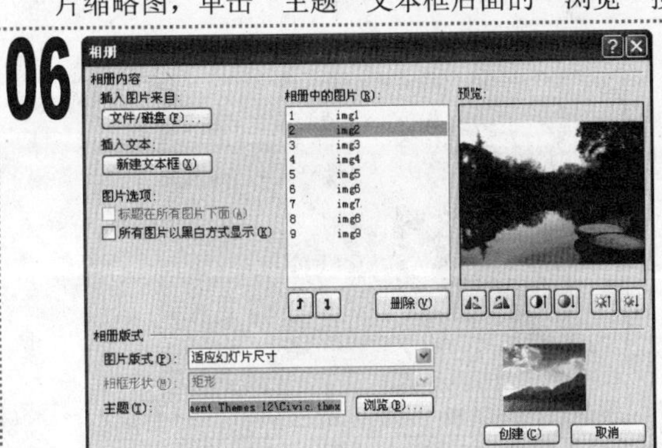

■ 返回“相册”对话框，在“主题”文本框中将显示主题的路径和名称，单击“创建”按钮。

07

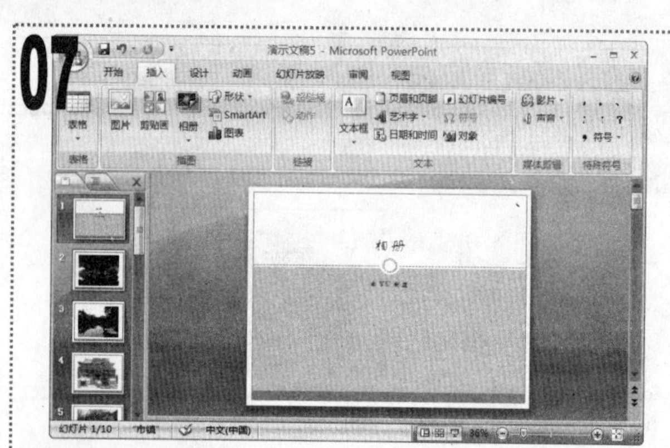

返回“幻灯片编辑”窗格，程序自动新建相册演示文稿，如图所示。

08

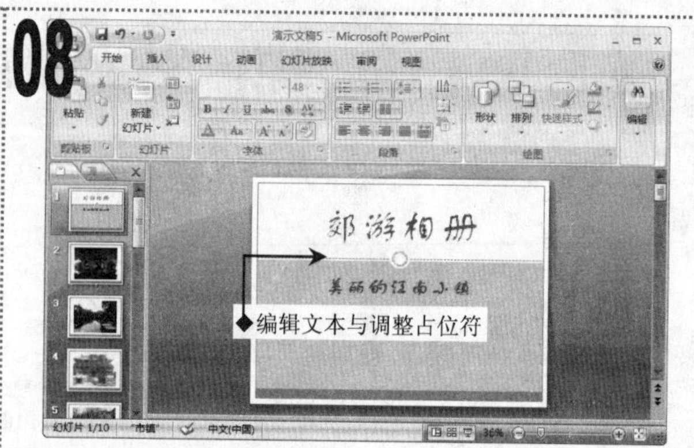

在标题幻灯片中修改相册的标题与副标题的内容，调整字号与占位符位置。

09

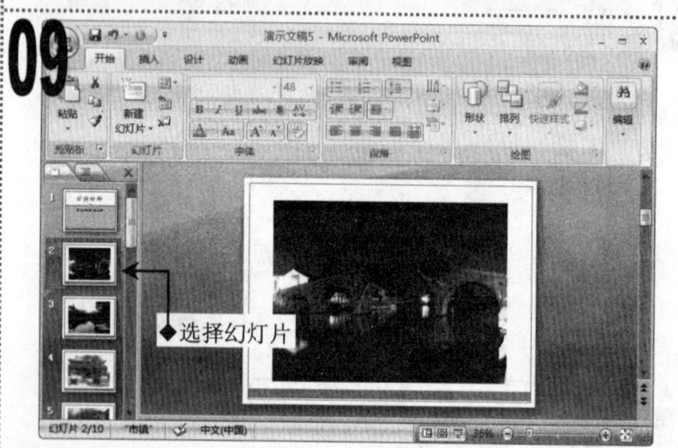

在“幻灯片”窗格中选择其他幻灯片，依次查看每张幻灯片中图片的效果。

10

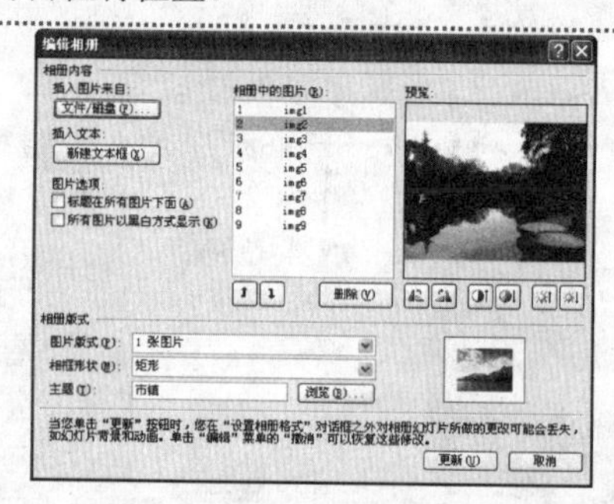

单击“插入”选项卡，在“插图”组中单击“相册”下拉按钮，在弹出的下拉菜单中选择“编辑相册”命令，在打开的“编辑相册”对话框中的列表框中选择第 2 张幻灯片，在“图片版式”下拉列表框中选择“1 张图片”选项。

11

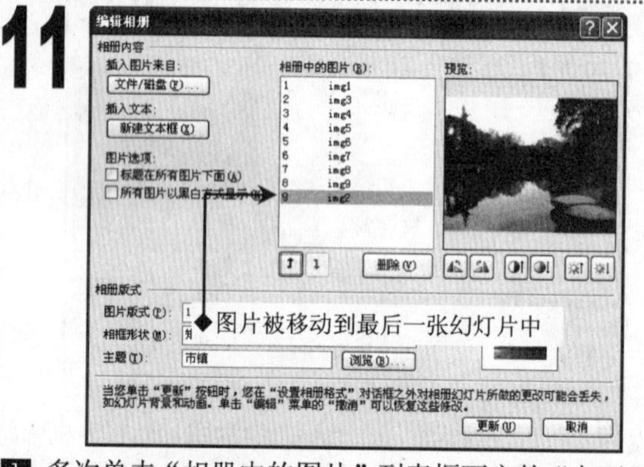

多次单击“相册中的图片”列表框下方的“向下”按钮 ，将其移动到列表的最后。

12

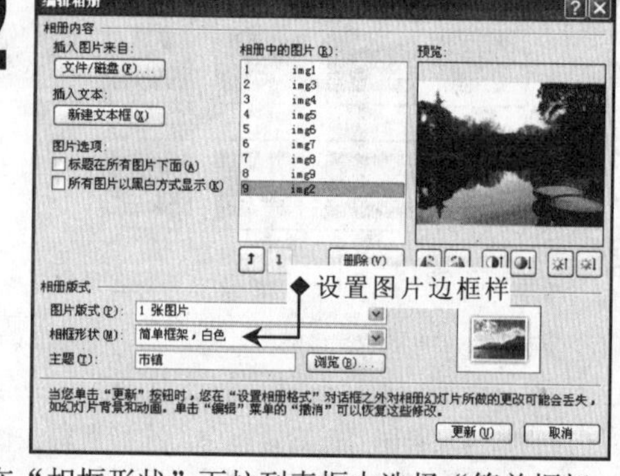

在“相框形状”下拉列表框中选择“简单框架，白色”选项，单击“更新”按钮。

13

放映演示文稿查看最终的相册效果。放映完毕后将演示文稿以“郊游相册”为名进行保存，图片相册就制作完成了。

注意提示

“编辑相册”对话框右侧的“预览”区域下方有一排按钮，分别为“向左旋转 90°”、“向右旋转 90°”、“增加对比度”、“降低对比度”、“增加亮度”和“减少亮度”按钮。当选择某张图片后，可以通过单击这些按钮对图片进行相应的调整。

实例144　编辑“影视排行”演示文稿

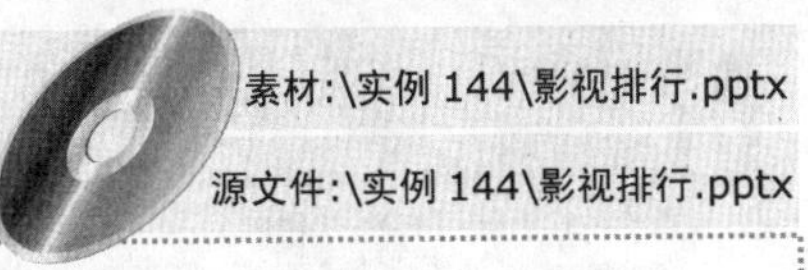

素材:\实例 144\影视排行.pptx

源文件:\实例 144\影视排行.pptx

包含知识

- 添加动作按钮
- 更改动作按钮样式
- 编辑动作按钮

重点难点

- 添加与编辑动作按钮

制作思路

绘制动作按钮

更改动作按钮样式

通过动作按钮控制放映

01

■ 打开“影视排行”演示文稿，选择第 1 张幻灯片，单击“插入”选项卡。

02

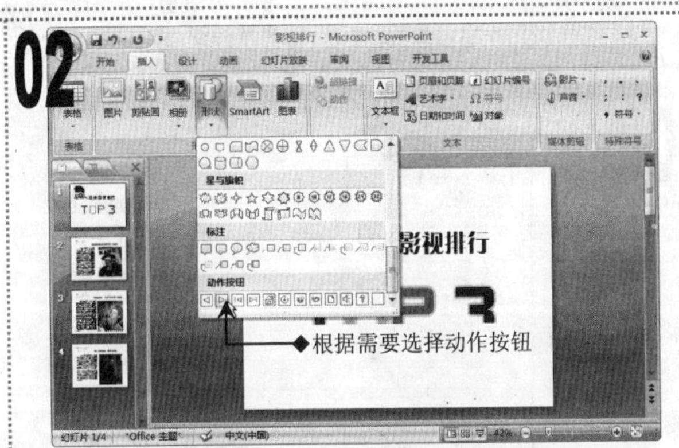

■ 单击“插图”组中的“形状”下拉按钮，在弹出的下拉列表中选择“动作按钮：前进或下一项”选项。

03

■ 拖动鼠标在幻灯片的右下角绘制动作按钮。

04

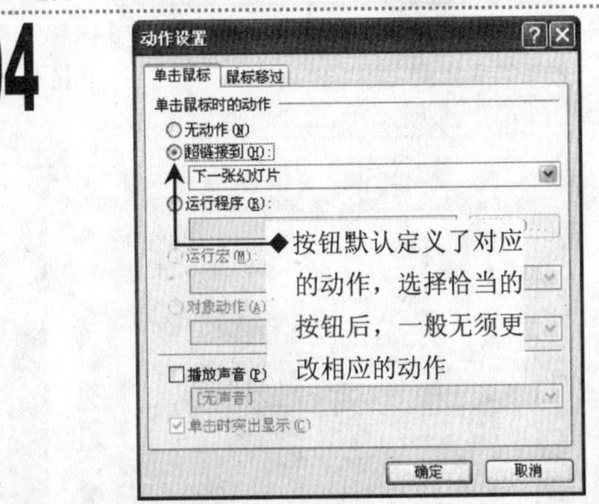

■ 释放鼠标将打开“动作设置”对话框，该按钮默认的动作为“超链接到下一张幻灯片”，单击“确定”按钮。

05

■ 选择绘制的动作按钮，单击“绘图工具/格式”选项卡，在“形状样式”组中的列表框中选择“强烈效果-强调颜色 3”选项。

06

■ 单击“插入”选项卡的“插图”组中的“形状”下拉按钮，在弹出的下拉列表中选择“动作按钮：结束”选项，按照同样的方法在幻灯片中绘制，并更改其形状样式。

07

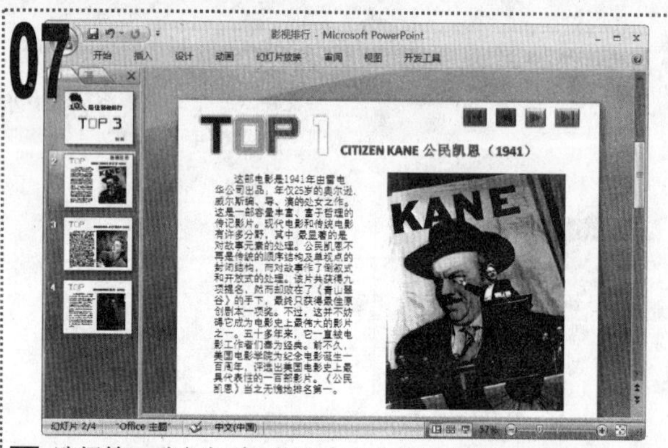

1 选择第 2 张幻灯片，依次在右上角绘制“动作按钮：开始”、“动作按钮：后退或前一项”、“动作按钮：前进或下一项”与“动作按钮：结束”动作按钮，并设定形状样式。

08

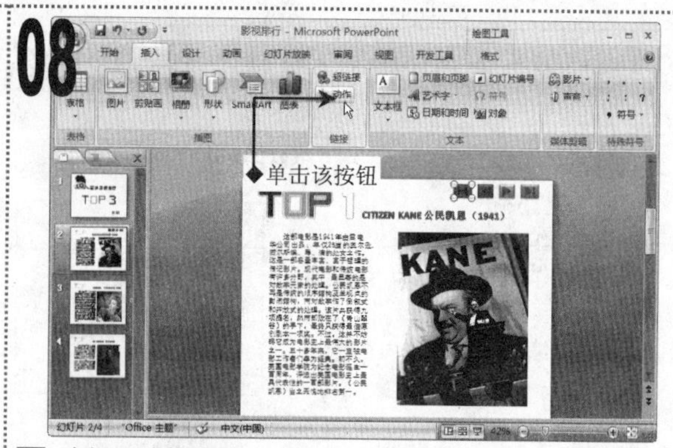

1 选择“动作按钮：开始”动作按钮，单击“插入”选项卡，在“链接”组中单击“动作”按钮。

09

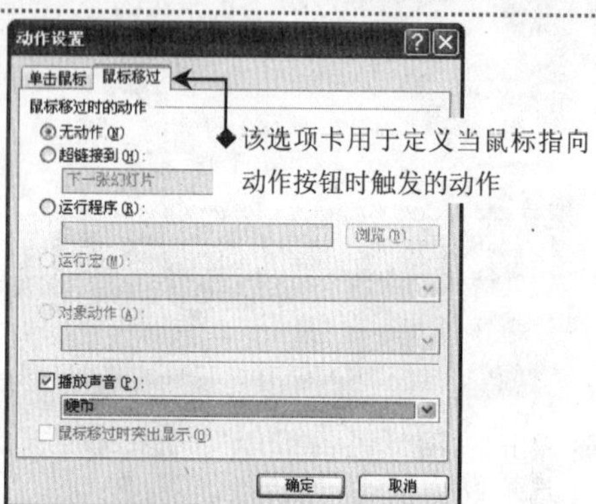

1 在打开的“动作设置”对话框中，单击“鼠标移过”选项卡，选中“播放声音”复选框，在其下的下拉列表框中选择“硬币”选项，单击“确定”按钮。

10

1 按照同样的方法，为其他动作按钮设置鼠标移过的声音。
2 拖动鼠标将四个动作按钮选中，按【Ctrl+C】组合键复制。

11

1 选择第 3 张幻灯片，按【Ctrl+V】组合键将复制的动作按钮粘贴到幻灯片中。

12

1 切换到第 4 张幻灯片，继续粘贴复制的动作按钮。

13

1 按【F5】键放映演示文稿，单击动作按钮切换幻灯片。

注意提示

在刚刚绘制完动作按钮释放鼠标后并打开“动作设置”对话框时，就可单击“鼠标移过”选项卡来定义鼠标移动至按钮上的触发动作。另外，在“单击鼠标”选项卡中可为单击动作按钮时添加声音。

实例145　编辑"综合报告"演示文稿

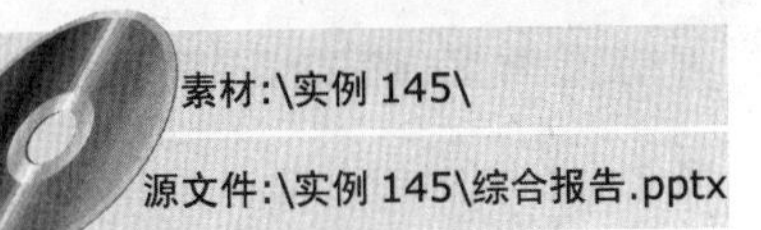

素材:\实例 145\

源文件:\实例 145\综合报告.pptx

包含知识

- 插入 Word 文档
- 插入 Excel 工作表

重点难点

- 插入 Word 文档
- 插入 Excel 工作表

制作思路

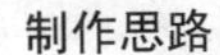

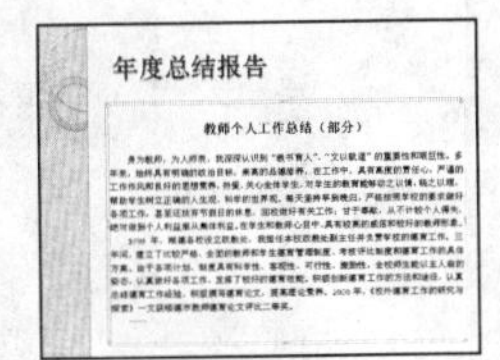

插入 Word 文档

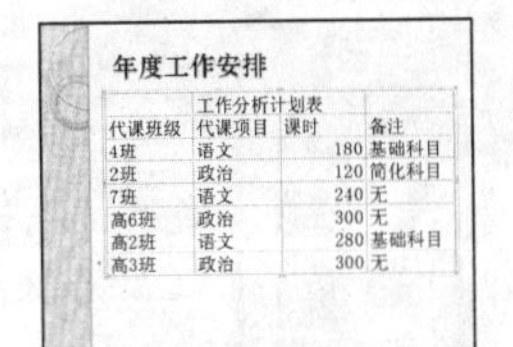

插入 Excel 工作表

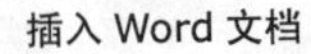

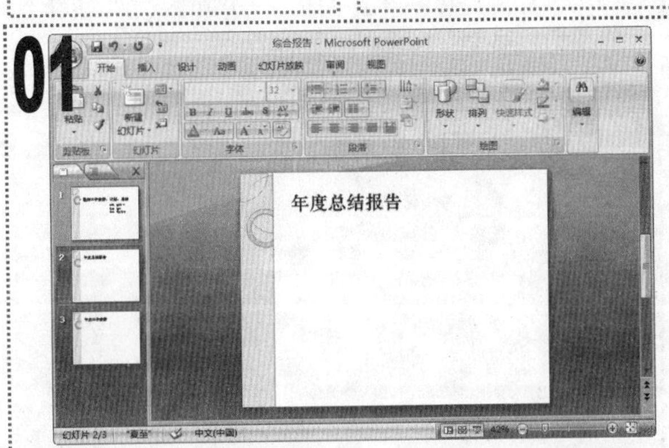

■ 打开"综合报告"演示文稿，选择第 2 张幻灯片。

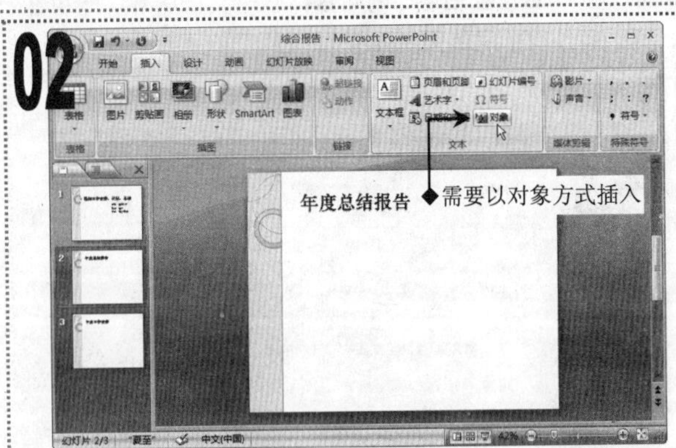

■ 单击"插入"选项卡，在"文本"组中单击"对象"按钮。

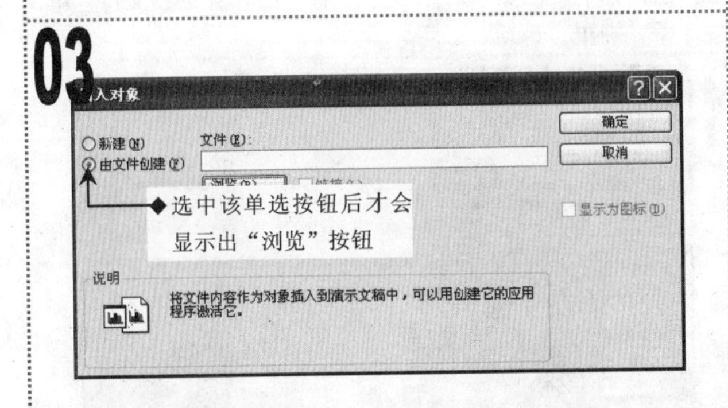

■ 在打开的"插入对象"对话框中，选中"由文件创建"单选按钮，在显示出的界面中单击"浏览"按钮。

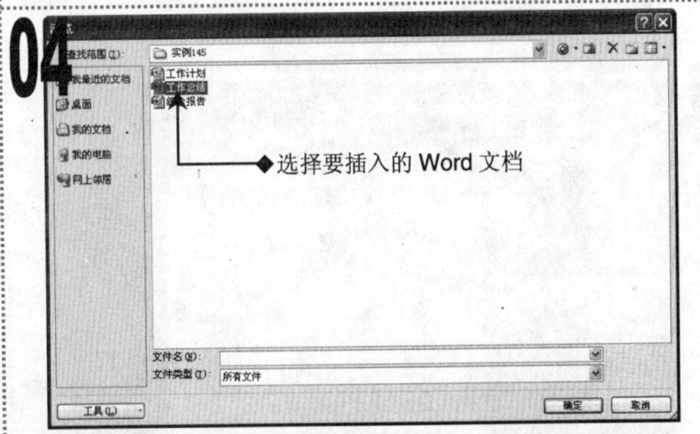

■ 在打开的"浏览"对话框中，选择素材文件所在文件夹中的"工作总结"文档文件，单击"确定"按钮。

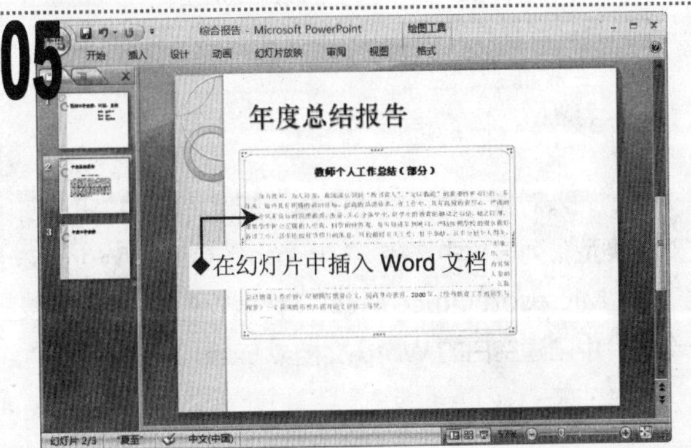

■ 在"插入对象"对话框中单击"确定"按钮，即可在幻灯片中插入 Word 文档。

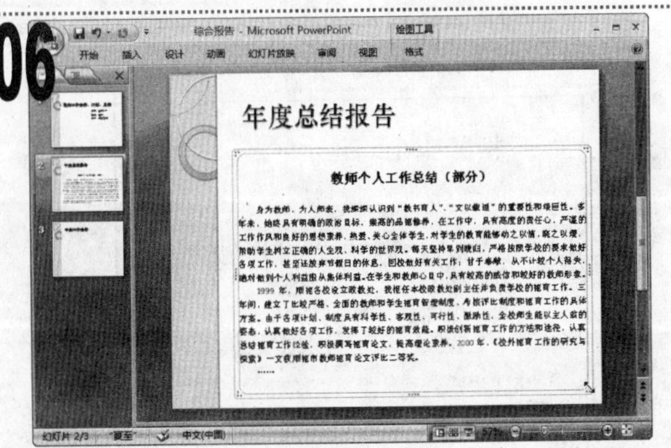

■ 用鼠标拖动文档区域四周的控制点，调整对象在幻灯片中的显示大小。

07

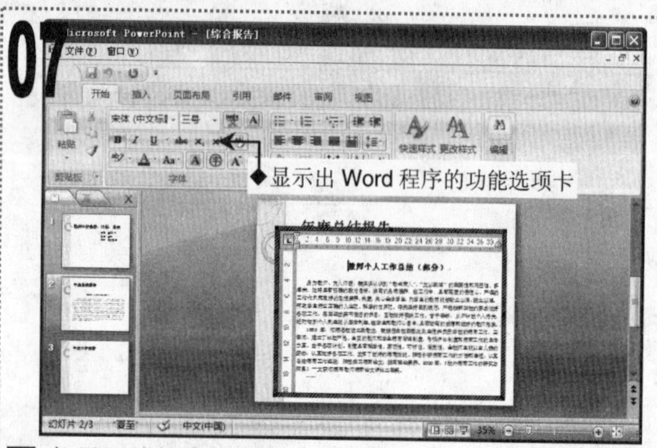

如果要编辑文档内容，则用鼠标双击文档区域，即可在 PowerPoint 中调用 Word 程序，然后进行编辑即可。

08

选择第 3 张幻灯片，单击“插入”选项卡，在“文本”组中单击“对象”按钮。

09

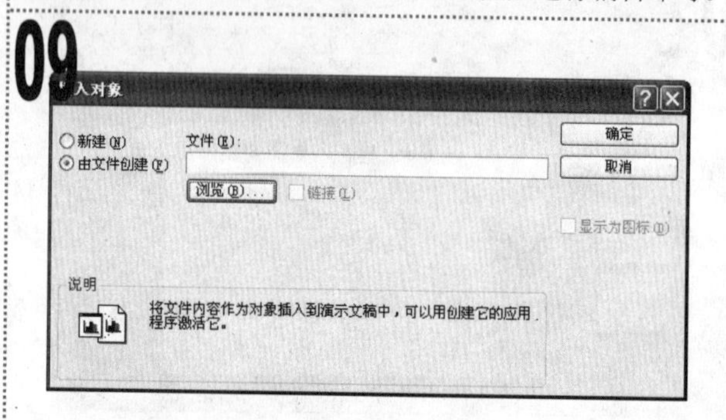

在打开的“插入对象”对话框中，选中“由文件创建”单选按钮，单击显示出的“浏览”按钮。

10

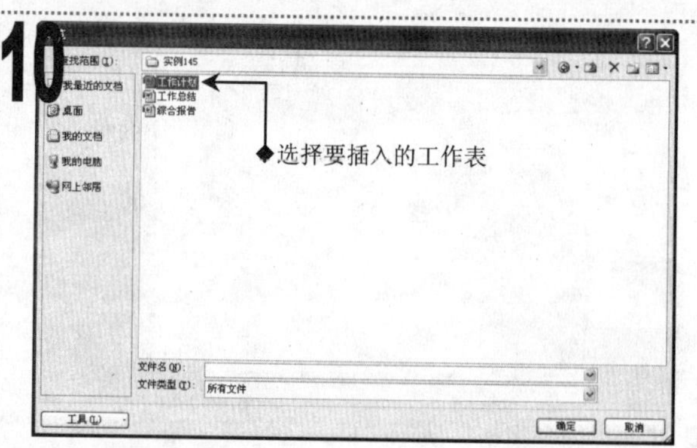

在打开的“浏览”对话框中选择“工作计划”文件，单击“确定”按钮。

11

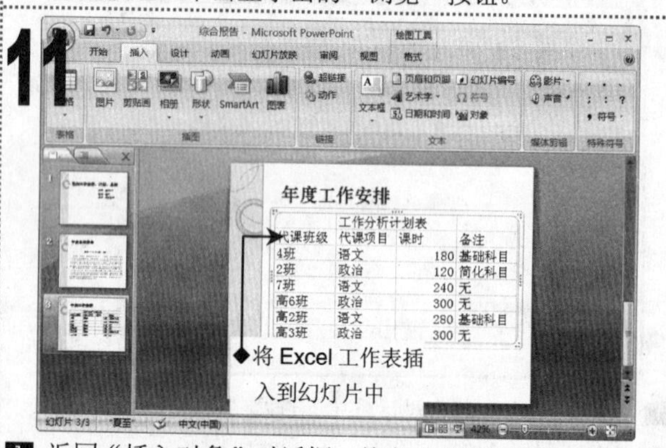

返回“插入对象”对话框，单击“确定”按钮，即可在第 3 张幻灯片中插入 Excel 工作表。拖动鼠标调整对象在幻灯片中的显示大小。

12

如果要编辑 Excel 工作表中的数据，则用鼠标双击工作表区域，即可在 PowerPoint 中调用 Excel 程序。

13

年度总结报告

教师个人工作总结（部分）

保存演示文稿，按【F5】键放映演示文稿，得到的效果如图所示。

知识延伸

在“插入对象”对话框中选择“新建”单选按钮，在“对象类型”列表框中选择“Microsoft Office Word 文档”或“Microsoft Office Excel 工作表”选项，可以直接在幻灯片中创建空白的 Word 文档或 Excel 工作表。

实例146　发布“遨游”演示文稿

素材:\实例 146\遨游.pptx

源文件:\实例 146\遨游.mht

包含知识

- 将演示文稿发布为网页
- 设置发布选项
- 在浏览器中打开网页

重点难点

- 将演示文稿发布为网页

制作思路

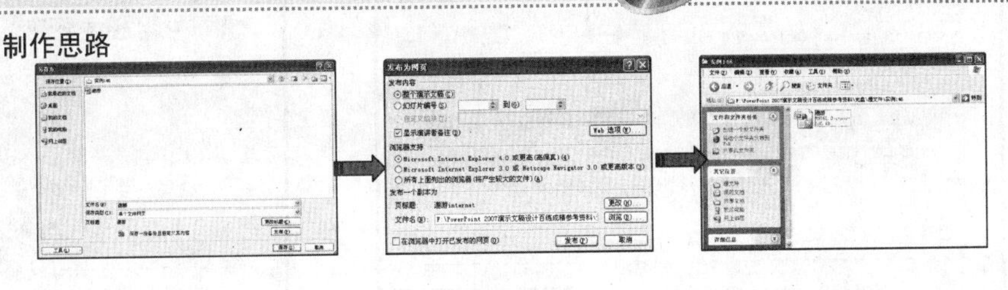

选择保存格式　　设置发布选项　　发布为网页文件

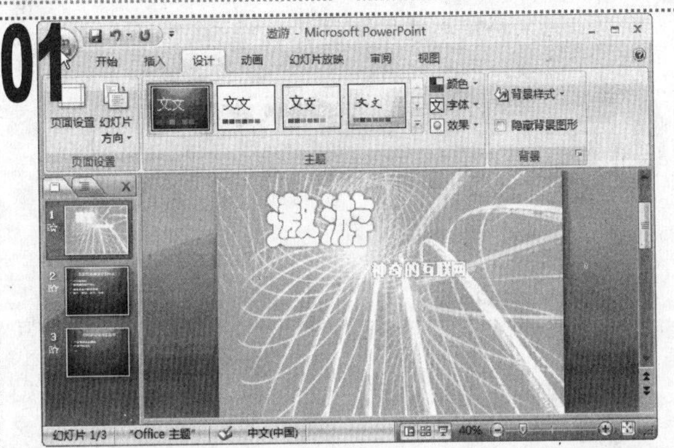

01 打开“遨游”演示文稿，单击窗口左上角的“Office”按钮。

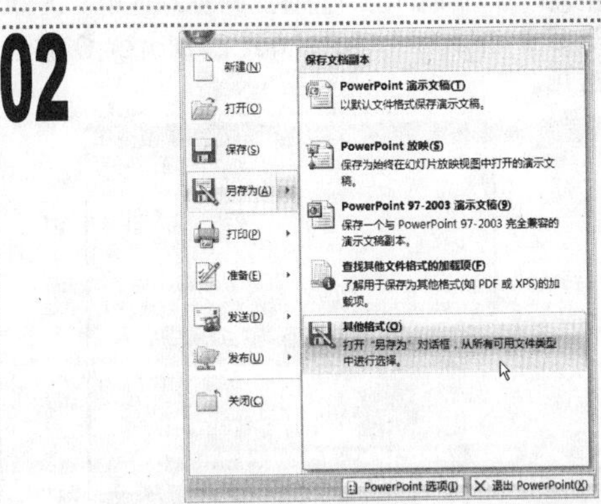

02 在弹出的下拉菜单中选择“另存为/其他格式”命令。

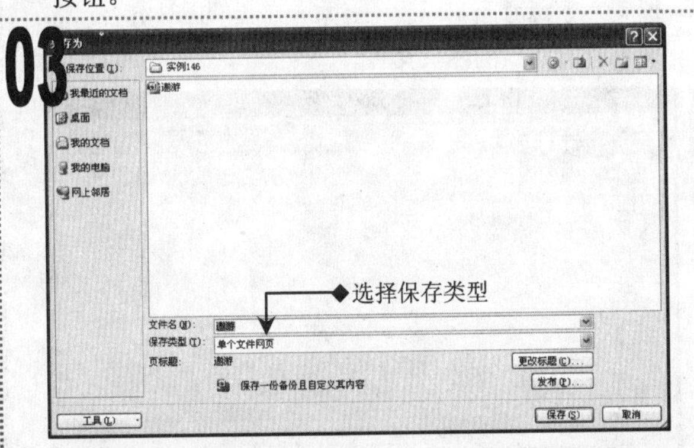

03 在打开的“另存为”对话框的“保存类型”下拉列表框中，选择“单个文件网页”选项，单击“更改标题”按钮。

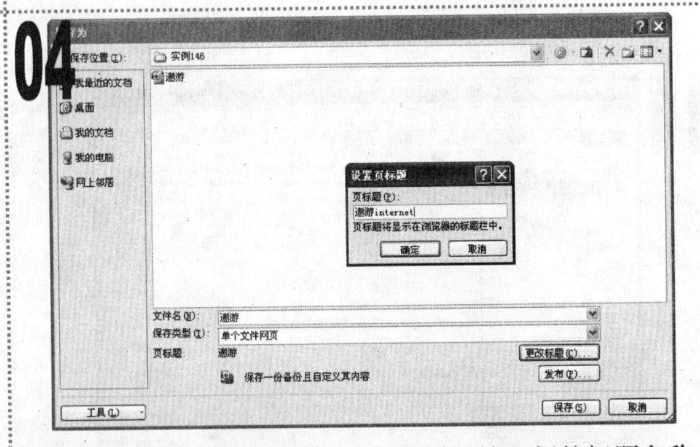

04 在打开的“设置页标题”对话框中，输入新的标题名称，单击“确定”按钮。

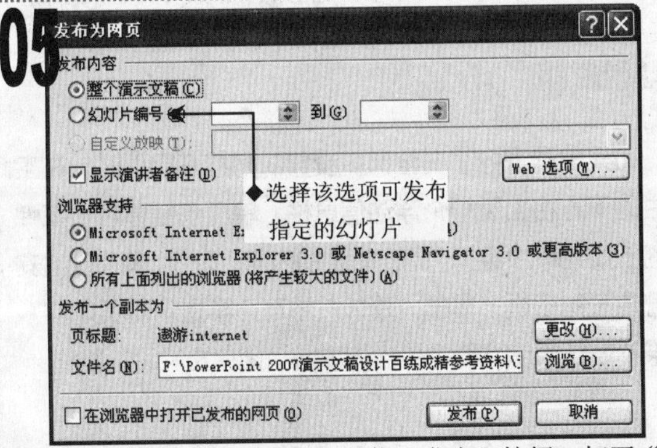

05 返回“另存为”对话框，单击“发布”按钮，打开“发布为网页”对话框，选中“整个演示文稿”单选按钮，单击“Web 选项”按钮。

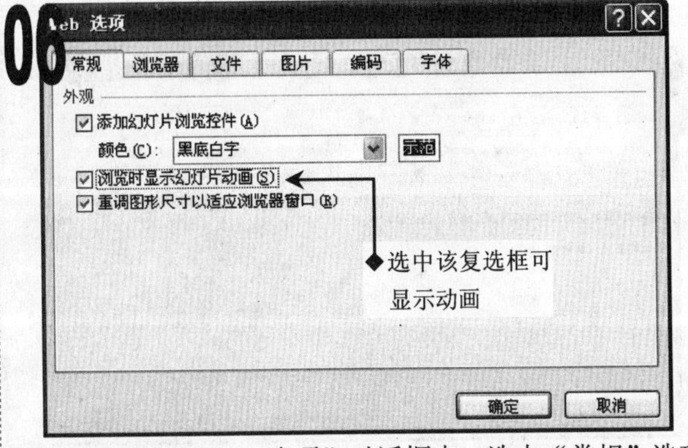

06 在打开的“Web 选项”对话框中，选中“常规”选项卡中的“浏览时显示幻灯片动画”复选框。

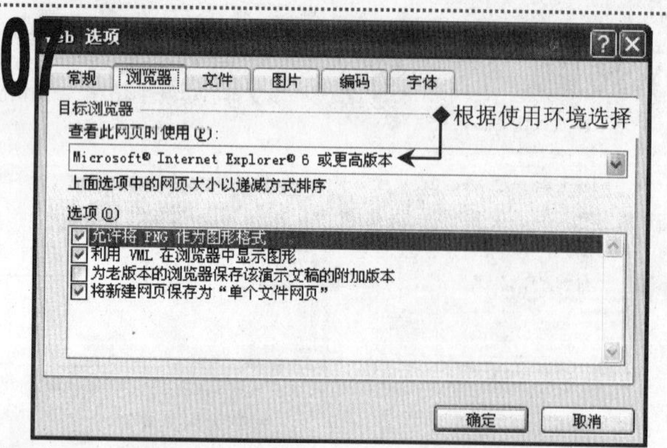

单击“浏览器”选项卡，在“查看此网页时使用”下拉列表框中选择“Microsoft Internet Explorer 6 或更高版本”选项。

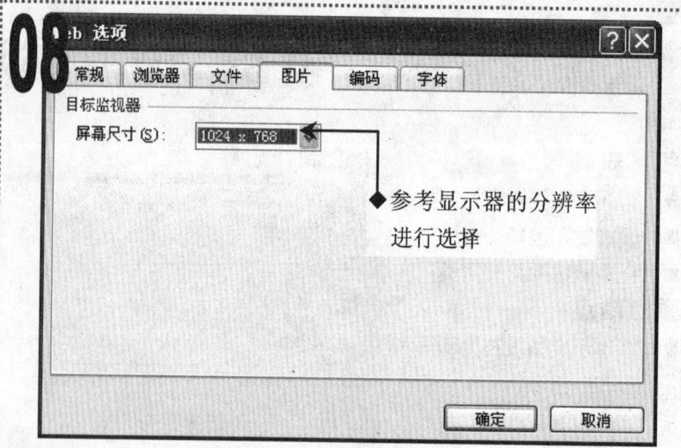

单击“图片”选项卡，在“屏幕尺寸”下拉列表框中根据显示器的分辨率选择屏幕尺寸，这里选择“1024×768”选项，单击对话框中的“确定”按钮。

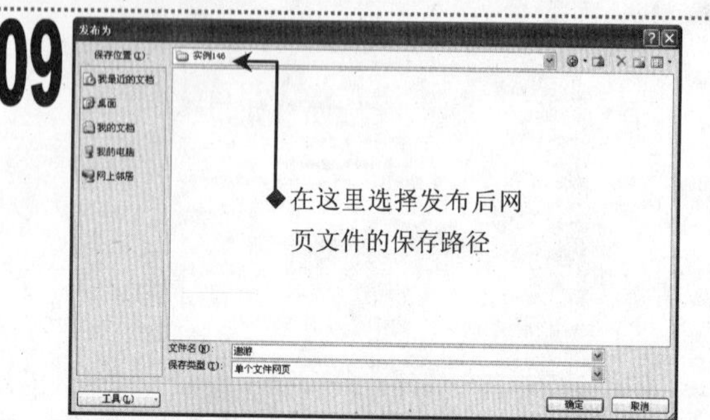

返回“发布为网页”对话框，单击“文件名”文本框右侧的“浏览”按钮，在打开的“发布为”对话框的“保存位置”下拉列表框中，选择发布位置，单击“确定”按钮。

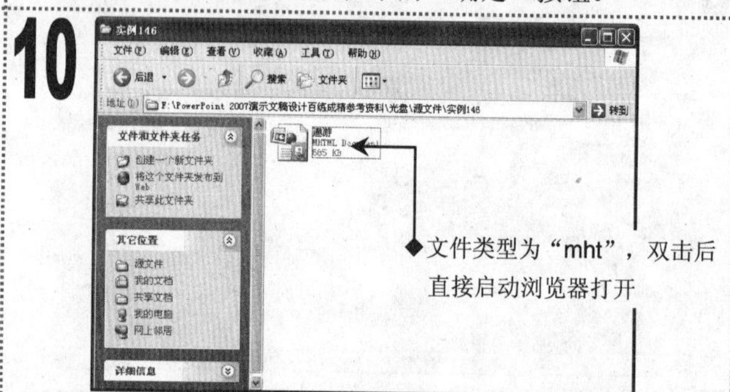

返回“发布为网页”对话框，单击“发布”按钮，开始将演示文稿发布为网页。发布完成后，打开发布的文件夹查看发布后的网页文件。

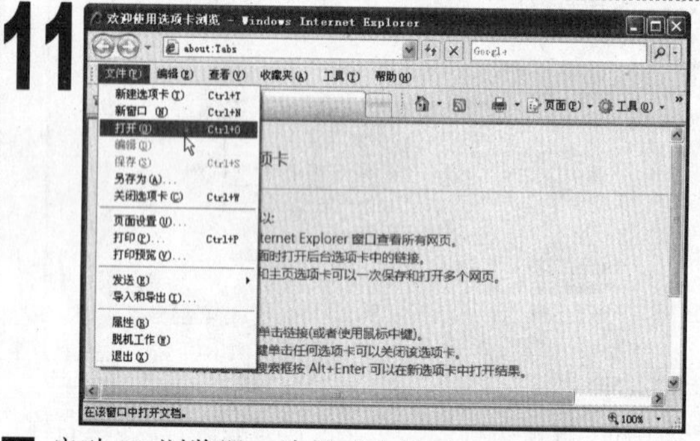

启动 IE 浏览器，选择“文件/打开”命令。

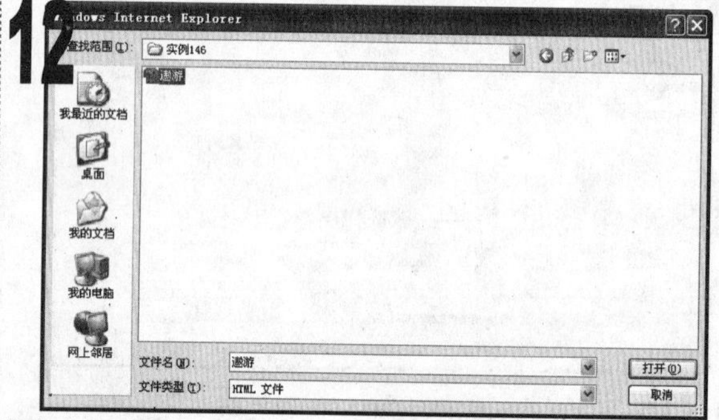

在打开的“打开”对话框中单击“浏览”按钮，在打开的对话框中选择发布后的网页文件所在的位置，在中间的列表框中选择“遨游”文件，单击“打开”按钮。

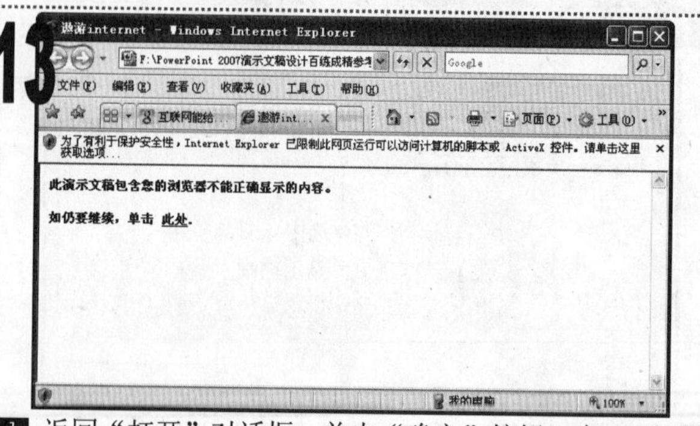

返回“打开”对话框，单击“确定”按钮，在 IE 浏览器中打开幻灯片网页，默认无法直接播放，需要单击网页中的“此处”超链接进行放映。

知识延伸

如果电脑进行了安全保护设置，则打开网页时，在工具栏的下方将出现一个浮动信息栏，单击该信息栏，在弹出的下拉菜单中选择“允许阻止的内容”命令，将弹出“安全警告”对话框，单击“是”按钮可正常显示网页内容，如果不信任演示文稿中包含的内容，则单击“否”按钮。

实例147　浏览“星空”演示文稿

素材:\实例 147\遨游.mht

源文件:无

包含知识

- 在浏览器中浏览幻灯片网页
- 控制幻灯片的放映

重点难点

- 在浏览器中浏览幻灯片网页

制作思路

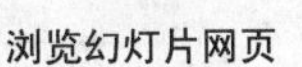

浏览幻灯片网页

放映幻灯片

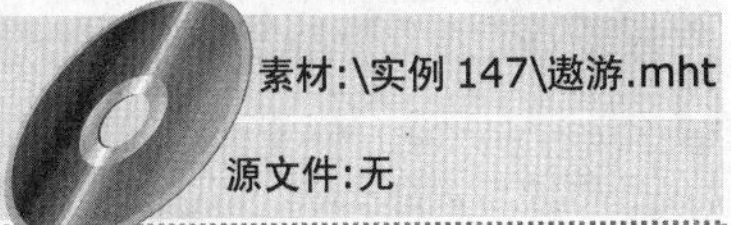

01

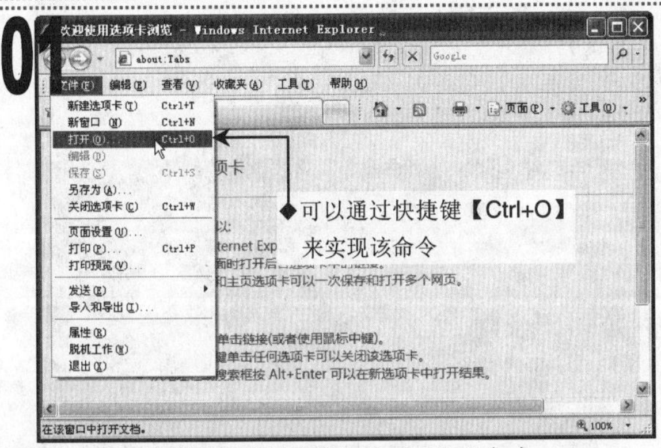

1 启动 IE 浏览器，选择“文件/打开“命令。

02

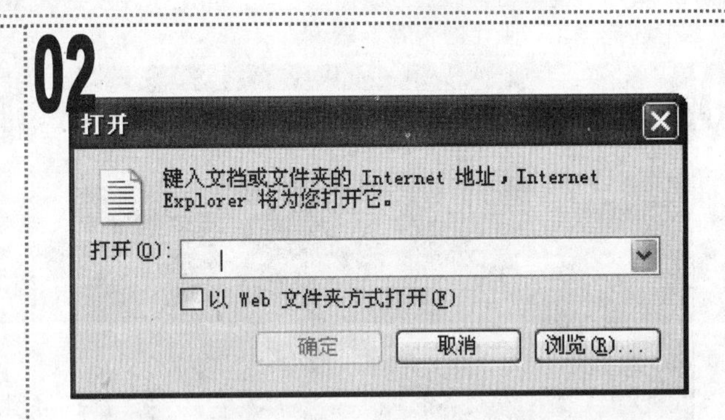

1 在打开的“打开”对话框中，单击“浏览”按钮。

03

1 在打开的对话框的“查找范围”下拉列表框中，选择文件所在的位置，在中间的列表框中选择“星空”文件，单击“打开”按钮。

04

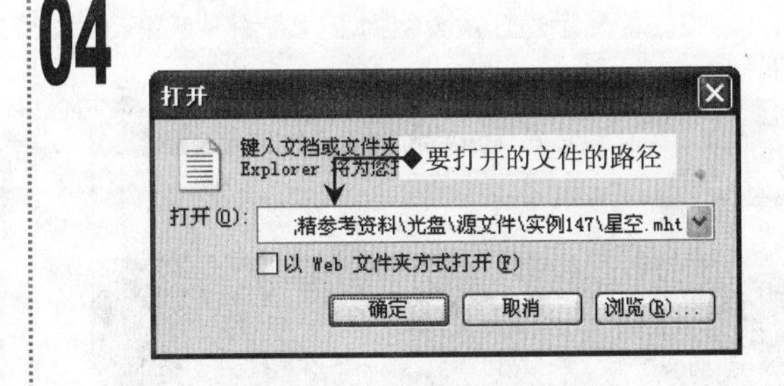

1 返回“打开”对话框，可以看到“打开”下拉列表框中显示了要打开文件的路径及名称，单击“确定”按钮。

05

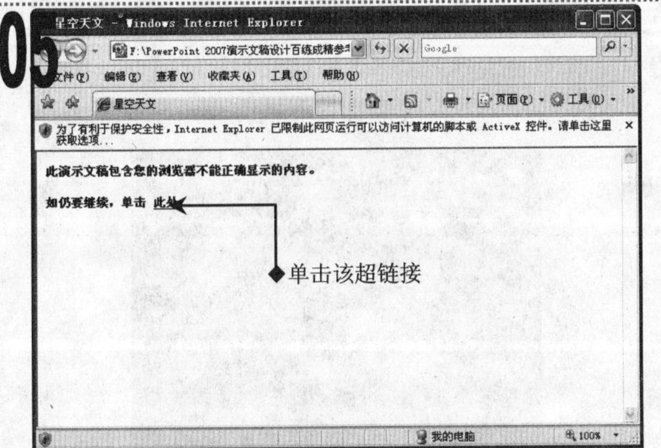

1 此时，浏览器将提示用户需要安装控件才能正确播放演示文稿，同时窗口上方显示信息栏，单击“此处”超链接。

06

1 IE 窗口中将显示第 1 张幻灯片，由于没有运行控件，幻灯片中部分内容将无法正确显示。

07

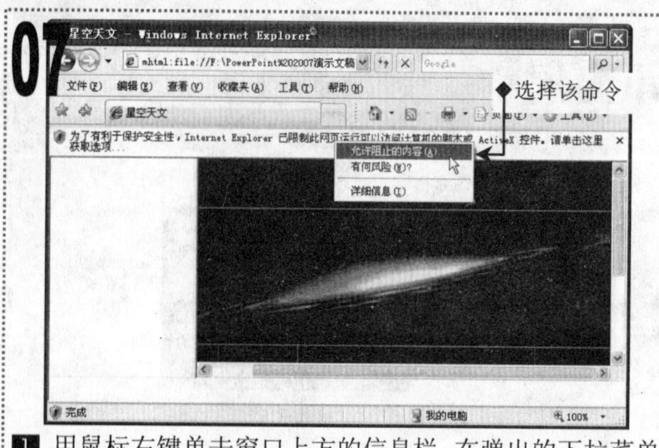

用鼠标右键单击窗口上方的信息栏，在弹出的下拉菜单中选择“允许阻止的内容”命令。

08

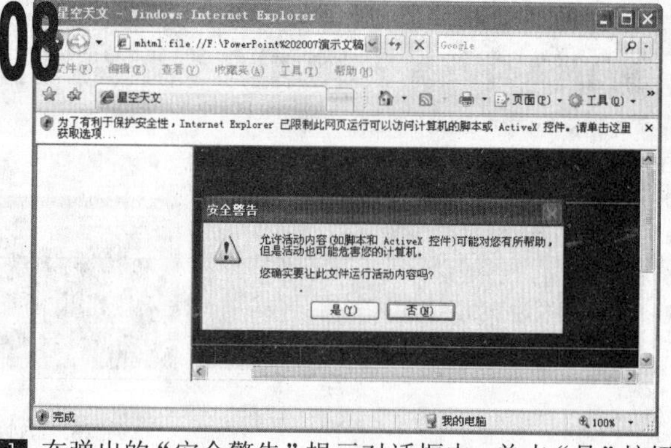

在弹出的“安全警告”提示对话框中，单击“是”按钮，确定运行指定控件。

09

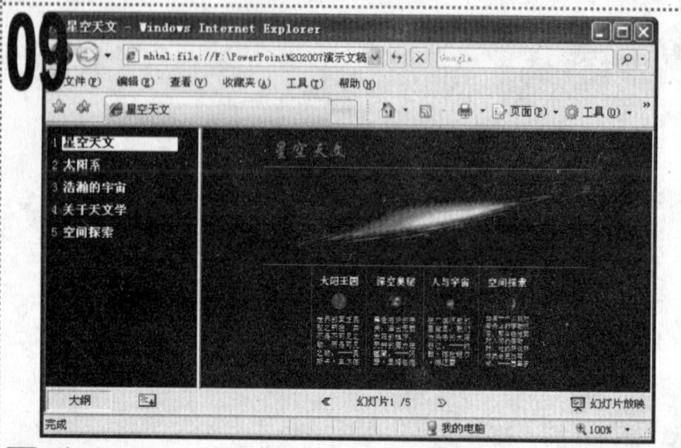

此时，即可在浏览器中打开保存为网页的演示文稿窗口，窗口左侧显示幻灯片大纲列表，右侧显示第 1 张幻灯片。

10

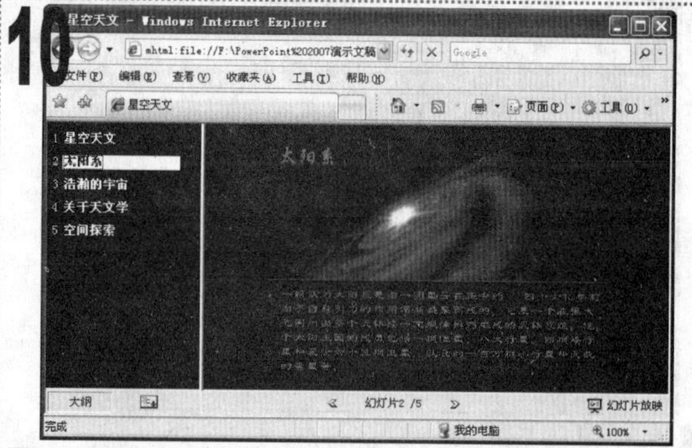

在幻灯片大纲列表中，选择幻灯片的标题，即可在右侧显示相应的幻灯片。

11

单击下方的控制按钮，按顺序逐张向前或向后切换幻灯片。

12

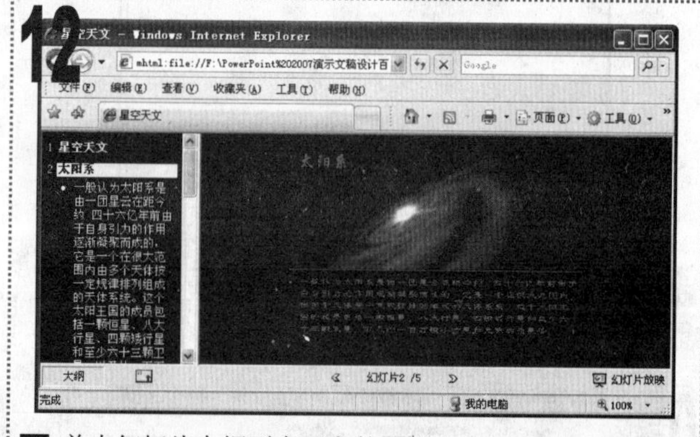

单击幻灯片大纲列表下方的按钮，可展开大纲列表。

13

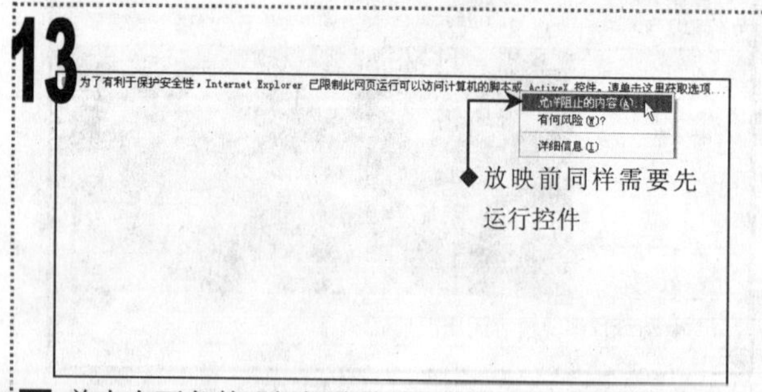

单击右下角的“幻灯片放映”按钮，在放映界面中右键单击信息栏，在弹出的快捷菜单中选择“允许阻止的内容”命令。

14

在弹出的“安全警告”提示对话框中，单击“是”按钮，则可全屏放映演示文稿，其效果如图所示。

实例148　打包放映“读书”演示文稿

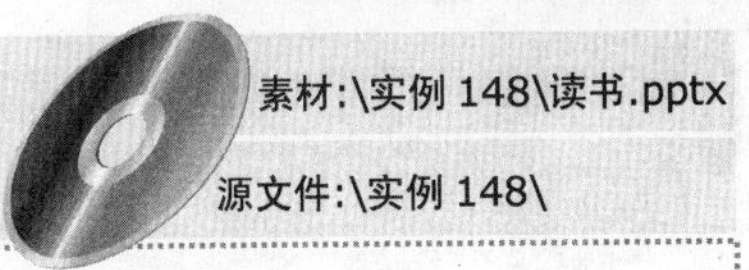

素材:\实例 148\读书.pptx

源文件:\实例 148\

包含知识

- 设置演示文稿打包选项
- 放映打包演示文稿

重点难点

- 设置演示文稿打包选项

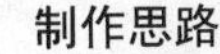

制作思路

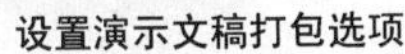

设置演示文稿打包选项

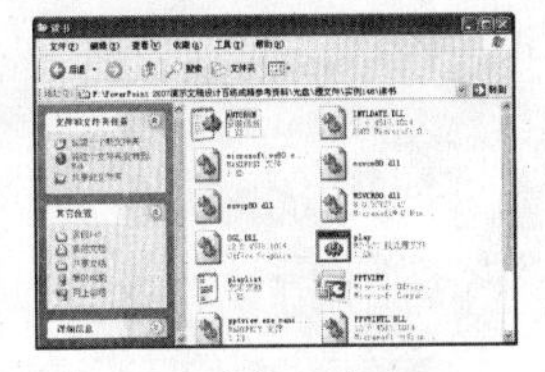

打包演示文稿

01

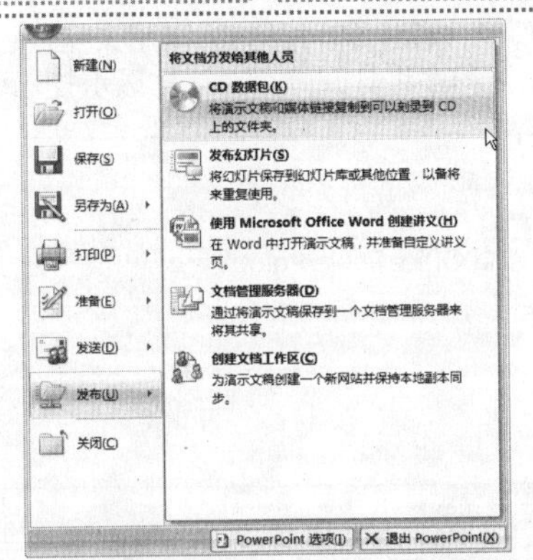

■ 打开“读书”演示文稿，在“Office”下拉菜单中选择“发布/CD 数据包”命令。

02

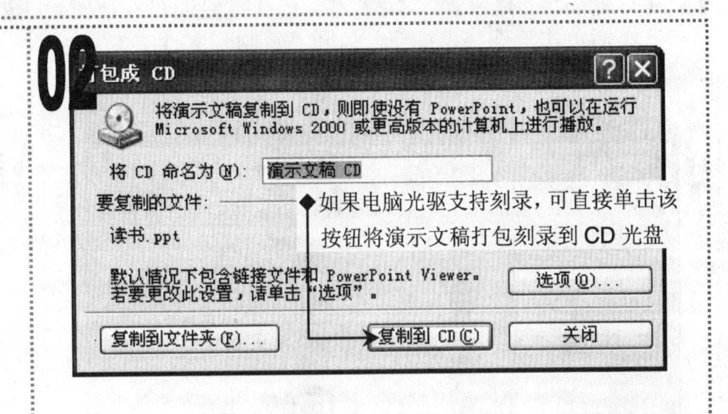

■ 在打开的“打包成 CD”对话框中，单击“选项”按钮。

03

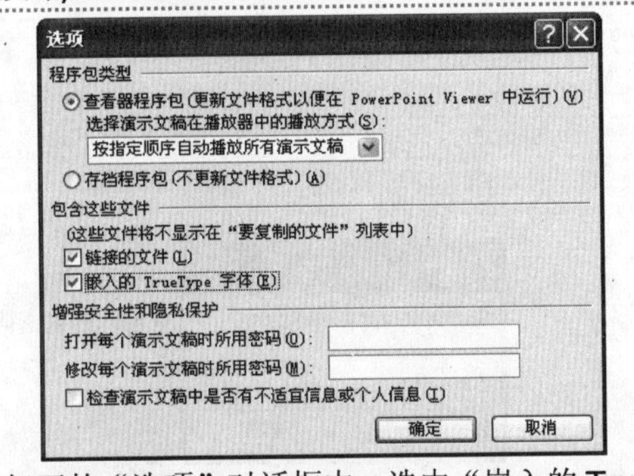

■ 在打开的“选项”对话框中，选中“嵌入的 TrueType 字体”复选框。

04

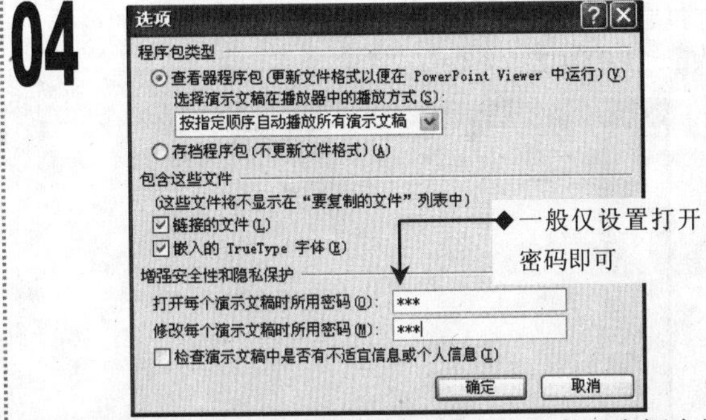

■ 在“增强安全性和隐私保护”栏中的两个文本框中输入密码，这里输入“123”。

05

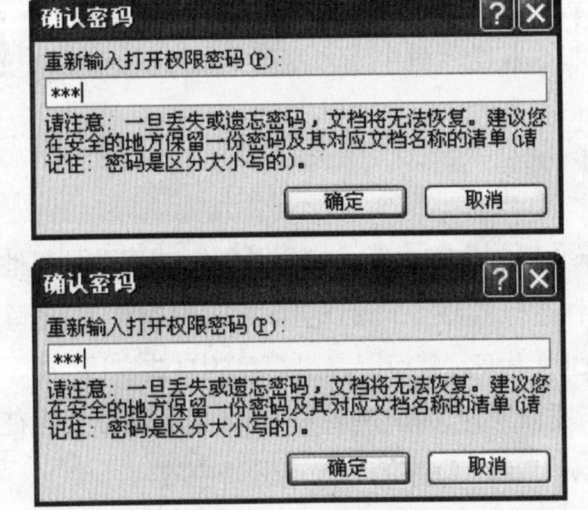

■ 在依次弹出的“确认密码”对话框中，重复输入密码“123”，单击“确定”按钮。

06

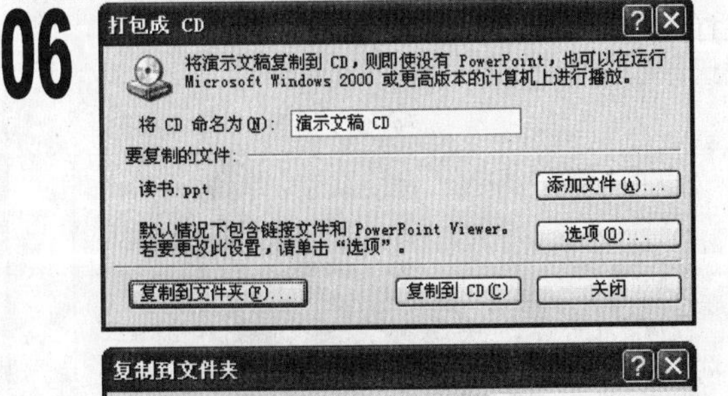

■ 返回“打包成 CD”对话框，单击“复制到文件夹”按钮，在打开的“复制到文件夹”对话框中单击“浏览”按钮。

07

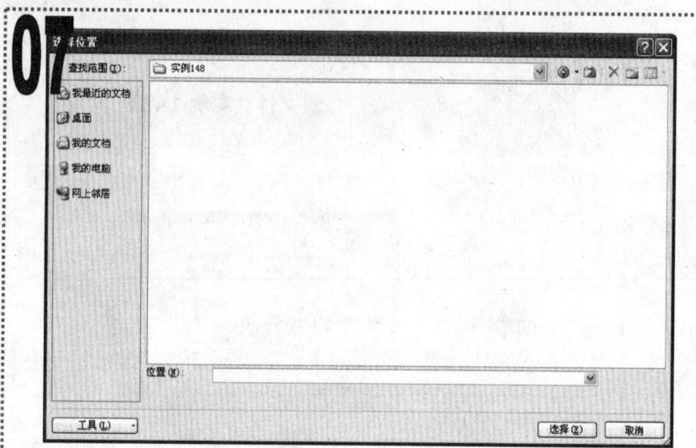

在打开的"选择位置"对话框中，选择打包的目标位置，完成后单击"选择"按钮，返回"复制到文件夹"对话框。

08

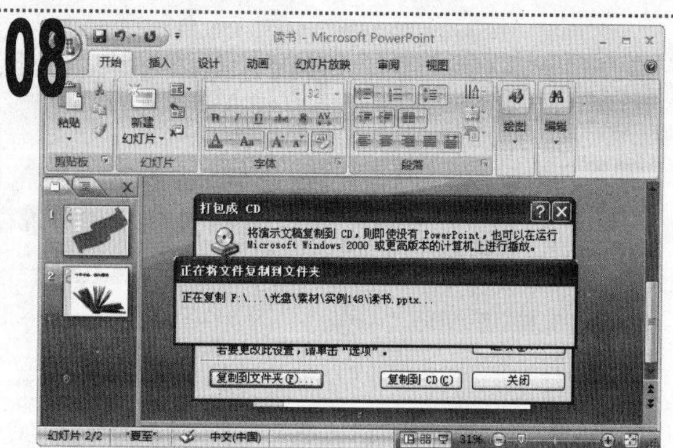

单击"确定"按钮，返回"打包成 CD"对话框，再次单击"确定"按钮，即可开始将演示文稿打包到指定路径中，同时程序将打开一个对话框显示打包进度。

09

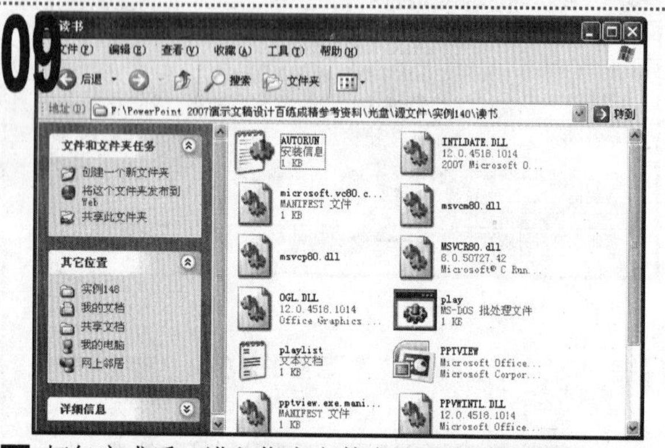

打包完成后，进入指定文件夹即可查看打包后的内容，双击"PPTVIEW.exe"文件。

10

在打开的页面中单击"接受"按钮。

11

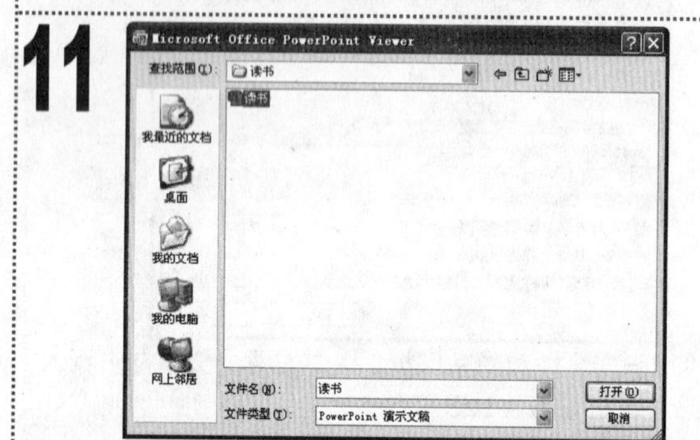

在打开的对话框中选择"读书"演示文稿，单击"打开"按钮。

12

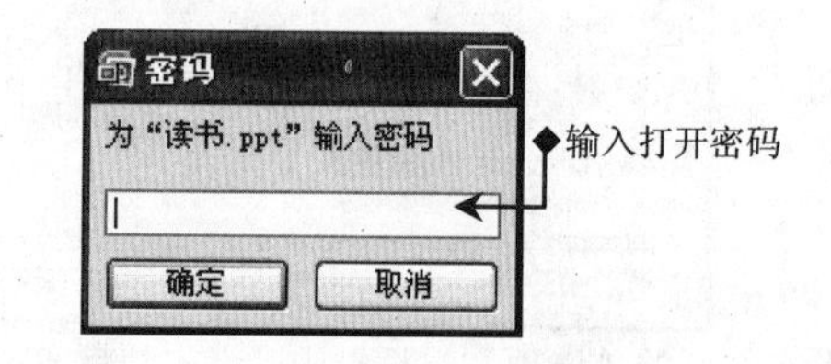

由于打包时设置了打开与修改密码，因此将打开"密码"对话框，在文本框中输入密码"123"，单击"确定"按钮。

13

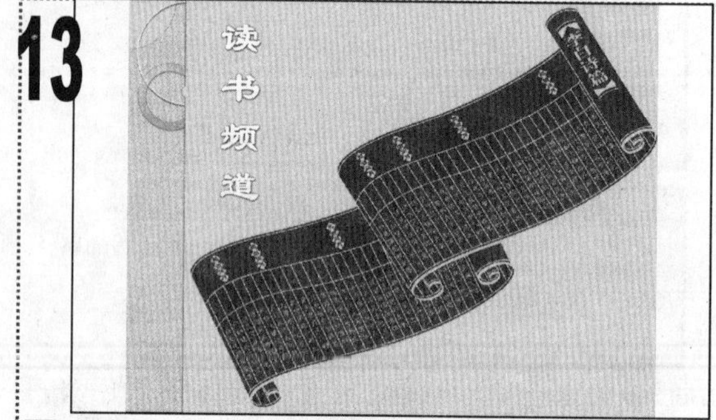

程序将自动放映"读书"演示文稿。

知识延伸

演示文稿制作完成后，如果要复制或移动到其他电脑或设备中进行放映，而目的电脑或设备中并没有安装 PowerPoint 程序，就可以通过打包的方式进行。由于打包后的演示文稿绑定了相应的播放器，因此可以直接在没有安装 PowerPoint 程序的电脑或设备中放映。

实例149　发布企业管理库

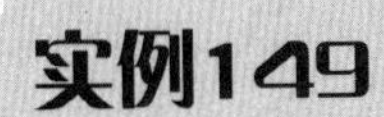

素材:\实例 149\

源文件:\实例 149\

包含知识

- 发布幻灯片
- 幻灯片发布选项设置
- 插入发布后的幻灯片

重点难点

- 发布幻灯片
- 插入发布后的幻灯片

制作思路

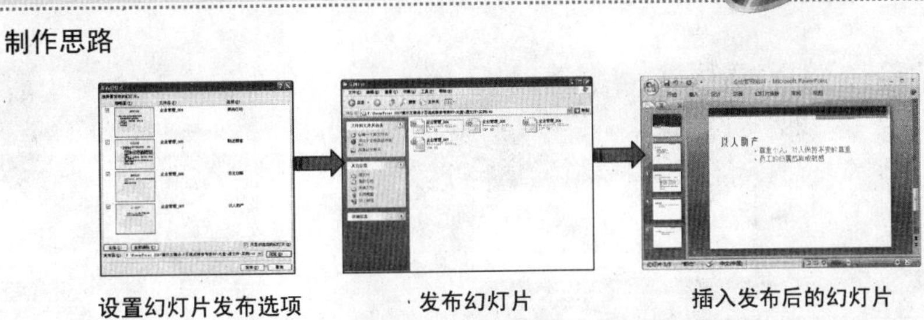

设置幻灯片发布选项　发布幻灯片　插入发布后的幻灯片

01

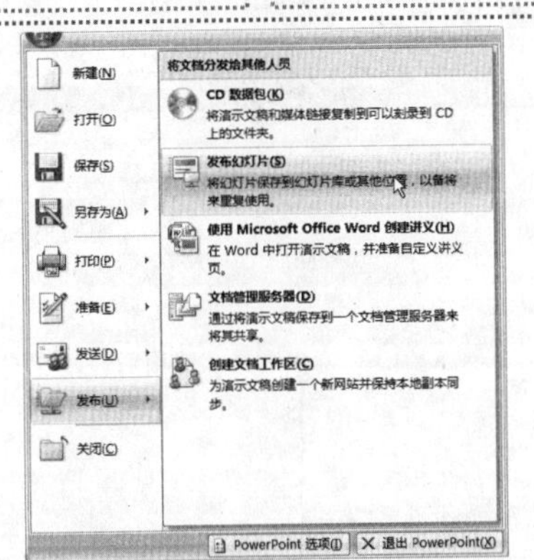

打开“企业管理”演示文稿，在“Office”下拉菜单中选择“发布/发布幻灯片”命令。

02

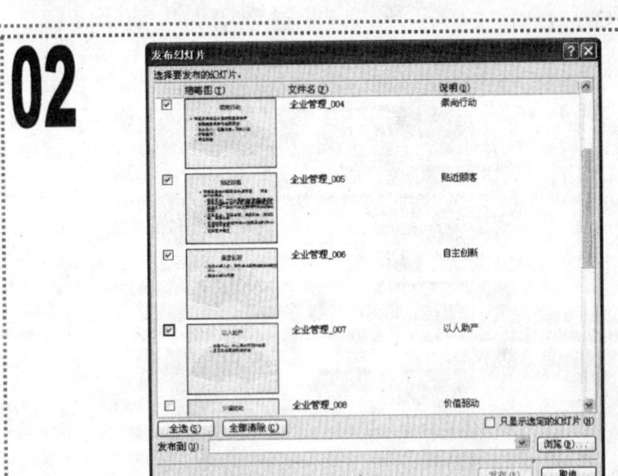

在打开的“发布幻灯片”对话框中的列表框中，选中要发布的幻灯片前的复选框。

03

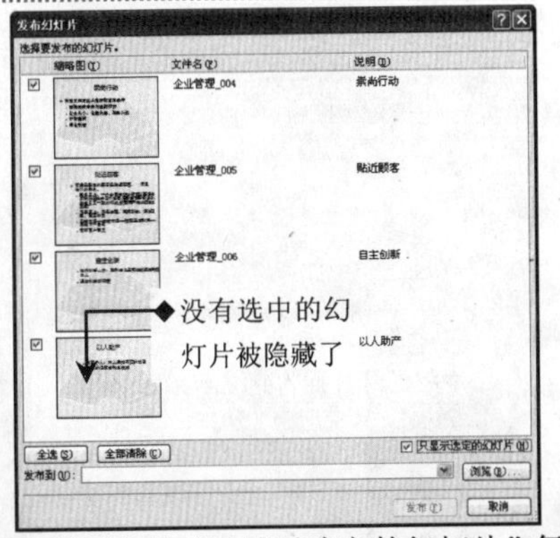

选中列表框下方的“只显示选定的幻灯片”复选框，将仅显示出选中的幻灯片，单击“发布到”下拉列表框后的“浏览”按钮。

04

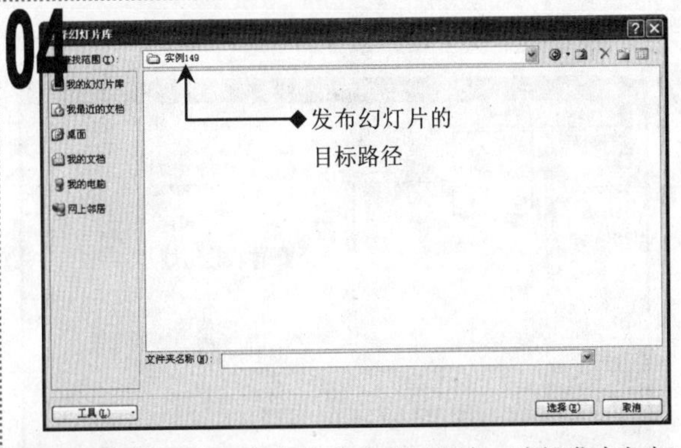

在打开的“选择幻灯片库”对话框中，选择发布幻灯片的目标位置，单击“选择”按钮。

05

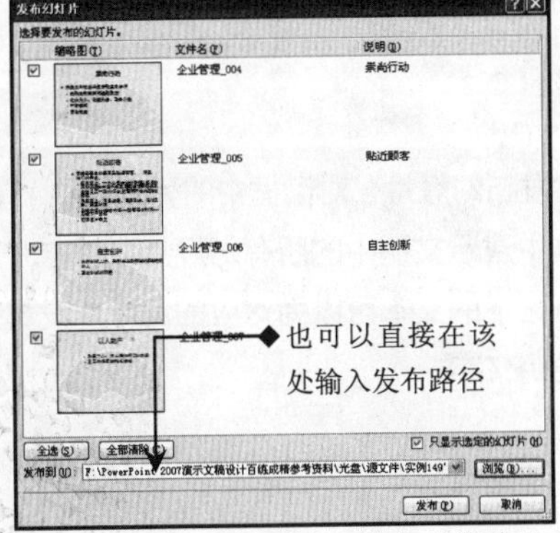

返回“发布幻灯片”对话框，单击“发布”按钮。

06

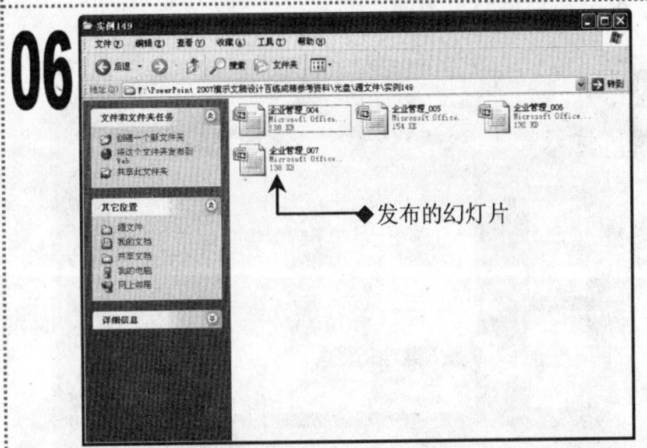

程序开始发布选定的幻灯片到指定位置，发布完毕后打开目标文件夹进行查看。

07

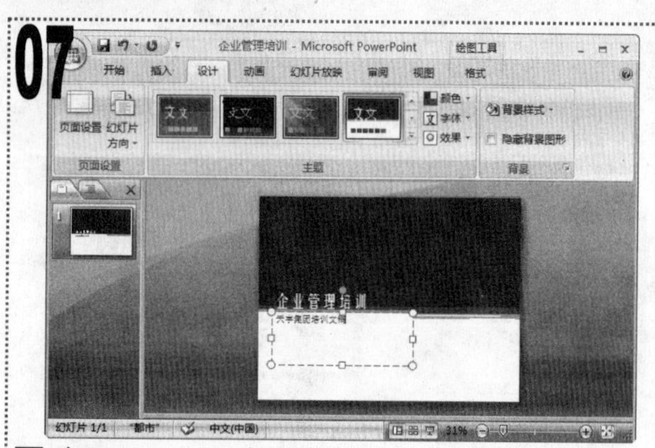

■ 在 PowerPoint 中打开“企业管理培训”演示文稿。

08

■ 在“开始”选项卡中单击“幻灯片”组中的“新建幻灯片”下拉按钮。

09

■ 在弹出的下拉菜单中选择“幻灯片（从大纲）”命令。

10

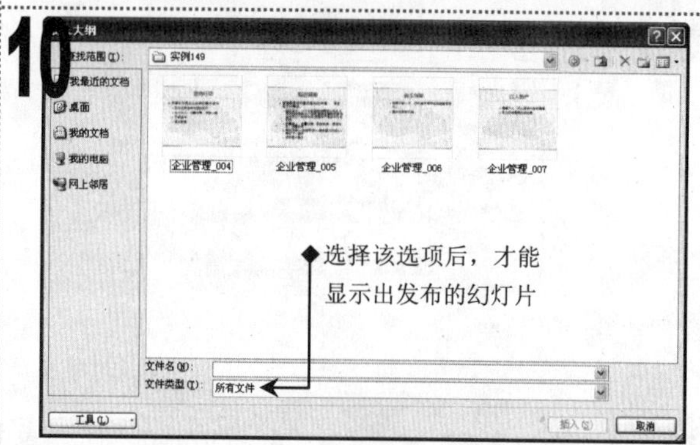

■ 在打开的“插入大纲”对话框的“查找范围”下拉列表框中，选择“企业管理”演示文稿中的幻灯片的发布位置，在“文件类型”下拉列表框中选择“所有文件”选项。

11

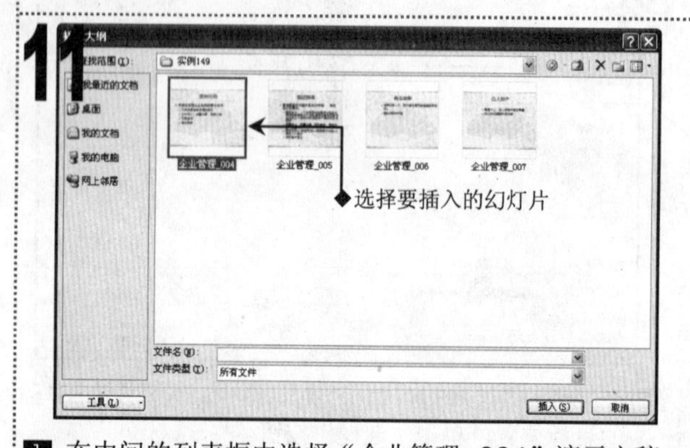

■ 在中间的列表框中选择“企业管理_004”演示文稿，单击对话框右下角的“插入”按钮。

12

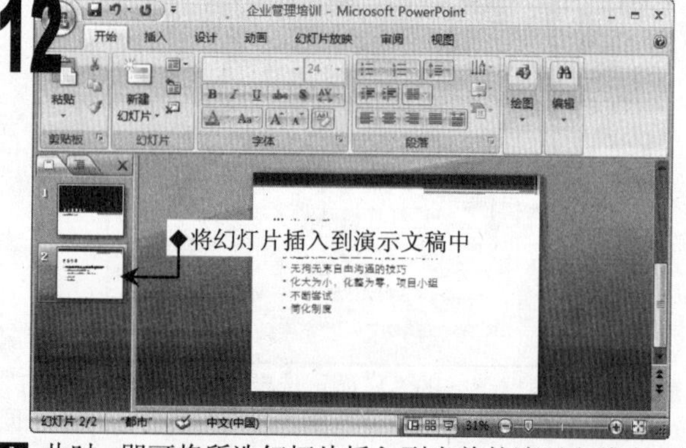

■ 此时，即可将所选幻灯片插入到当前的演示文稿中，并自动应用当前演示文稿的主题。

13

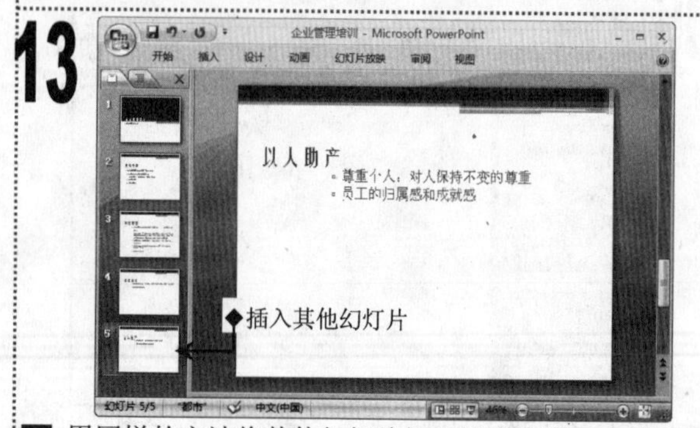

■ 用同样的方法将其他幻灯片插入到当前演示文稿中。

知识延伸

在“发布幻灯片”对话框中的列表框中，单击“全选”按钮可选中演示文稿中的所有幻灯片，单击“文件名”和“说明”栏下的文本可以为对应的幻灯片设置新的文件名和添加说明文字。

实例150　打印“家装宝典”演示文稿

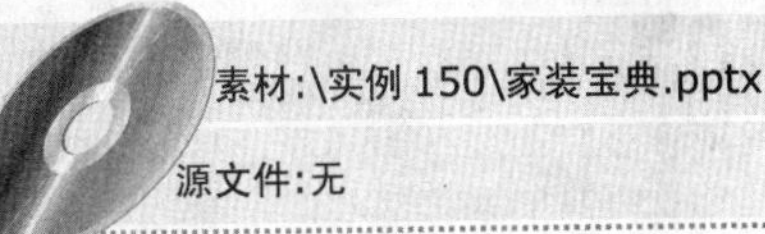

素材:\实例 150\家装宝典.pptx

源文件:无

包含知识

- 进行幻灯片的页面设置
- 打印预览
- 调整幻灯片的打印颜色
- 设置打印选项

重点难点

- 幻灯片打印选项的设置

制作思路

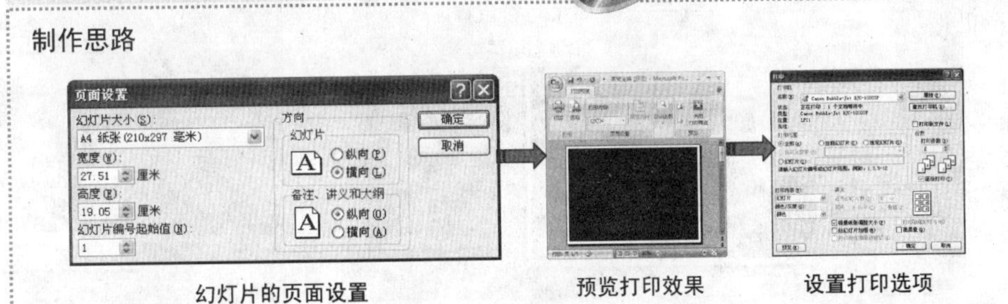

幻灯片的页面设置　预览打印效果　设置打印选项

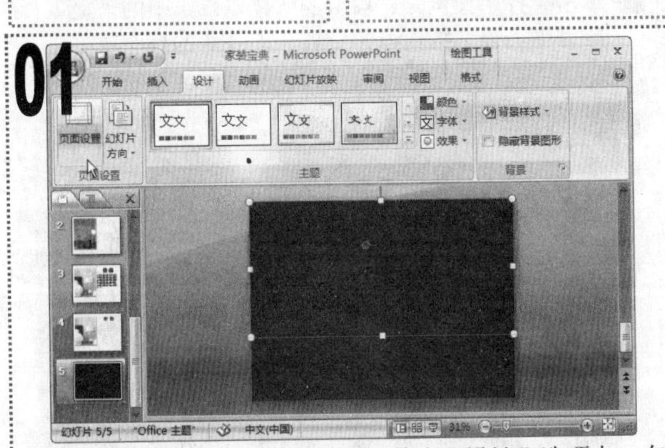

01 打开“家装宝典”演示文稿，单击“设计”选项卡，在“页面设置”组中单击“页面设置”按钮。

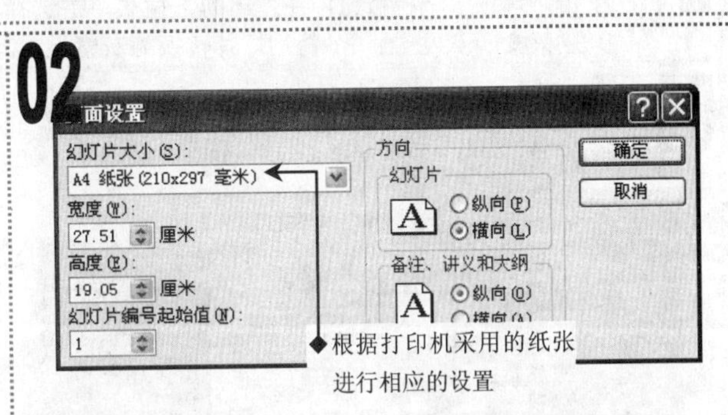

02 在打开的“页面设置”对话框的“幻灯片大小”下拉列表框中，选择“A4 纸张”选项，单击“确定”按钮。

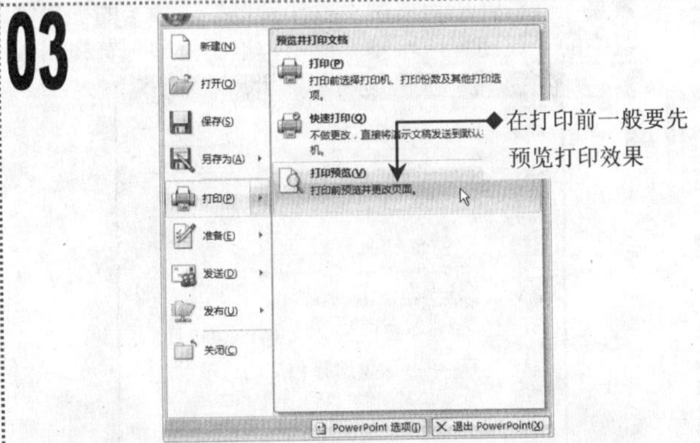

03 单击“Office”按钮，在“Office”下拉菜单中选择“打印/打印预览”命令。

04 进入打印预览视图，显示幻灯片在纸张中的排列效果。

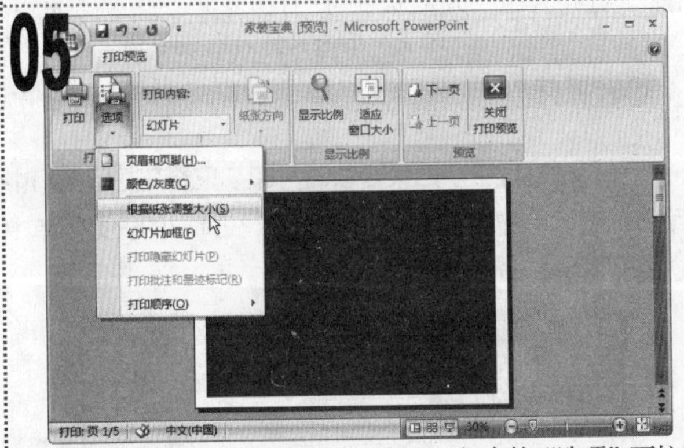

05 单击“打印预览”选项卡的“打印”组中的“选项”下拉按钮，在弹出的下拉菜单中选择“根据纸张调整大小”命令。

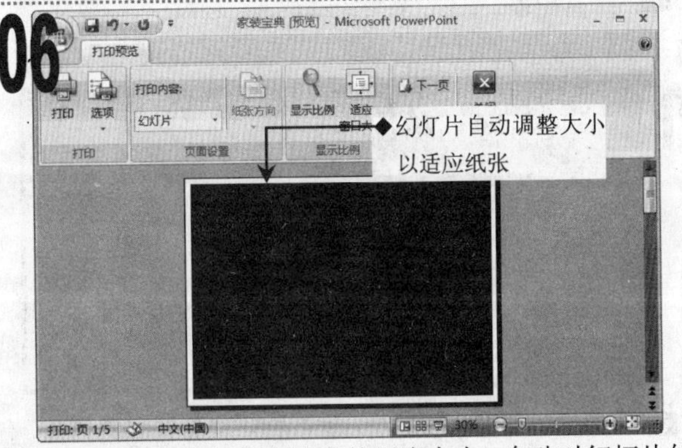

06 此时，程序会根据所设定的纸张大小，自动对幻灯片的大小进行调整。

07

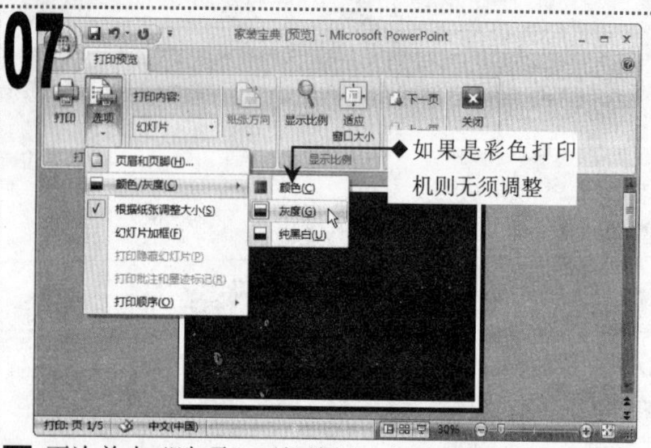

■ 再次单击“选项”下拉按钮，在弹出的下拉菜单中选择“‘颜色/灰度’/灰度”命令，将幻灯片转换为灰度显示。

08

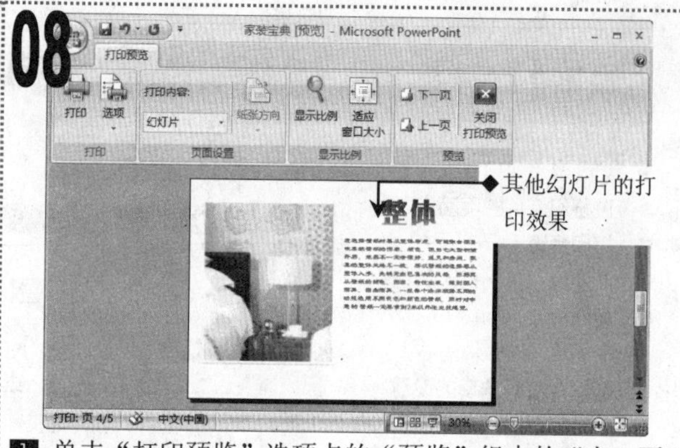

■ 单击“打印预览”选项卡的“预览”组中的“上一页”或“下一页”按钮，预览各张幻灯片的打印效果。

09

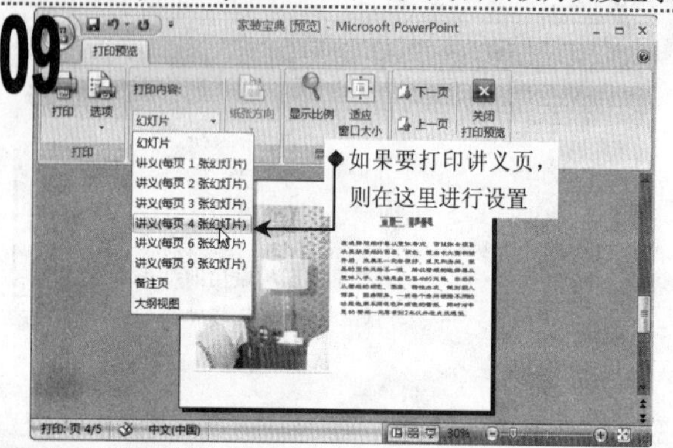

■ 在“打印预览”选项卡中，选择“页面设置”组的“打印内容”下拉列表框中的“讲义（每页4张幻灯片）”选项。

10

■ 此时，将切换到幻灯片讲义页面，查看讲义页面的打印效果，查看完毕后单击“打印预览”选项卡的“预览”组中的“关闭打印预览”按钮，退出打印预览视图。

11

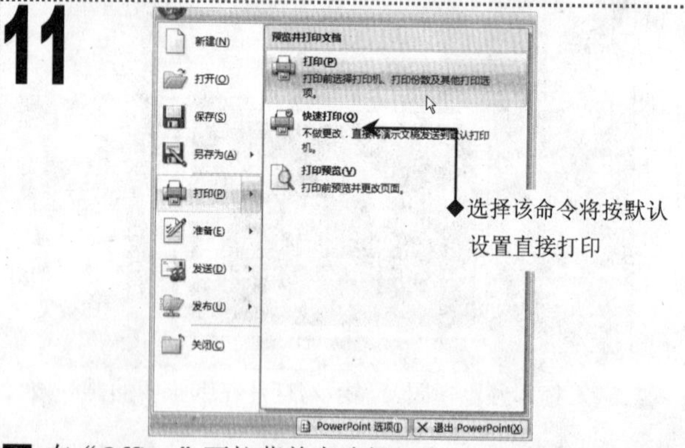

■ 在“Office”下拉菜单中选择“打印/打印”命令。

12

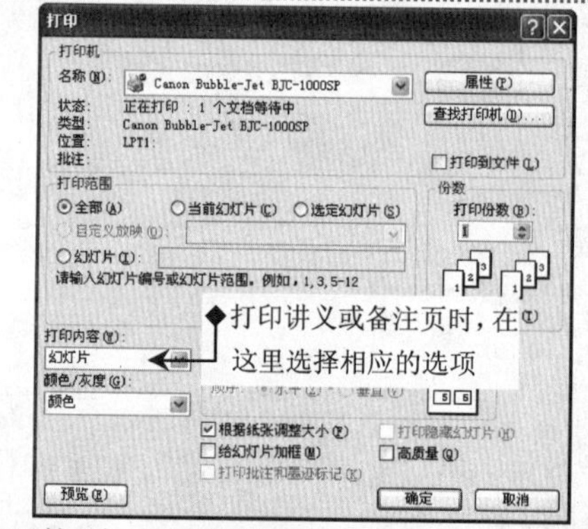

■ 在打开的“打印”对话框的“打印内容”下拉列表框中，选择“幻灯片”选项，单击“确定”按钮。

13

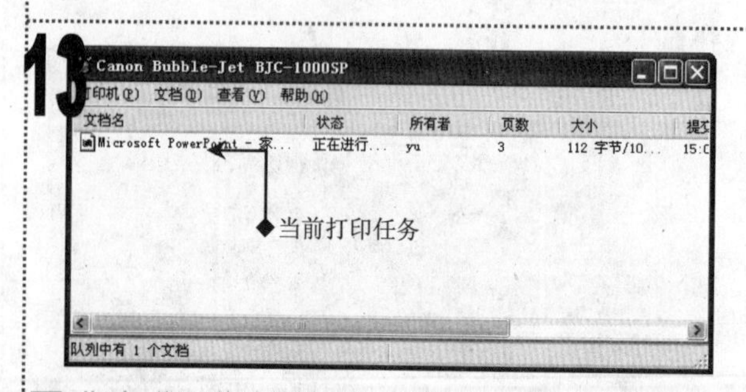

■ 此时，即可将演示文稿发送到打印机并打印幻灯片，任务栏通知区域中将显示“打印机”图标。双击“打印机”图标可打开打印机窗口查看打印情况。

知识延伸

在打印过程中，如果要取消打印，只要在打印窗口中用鼠标右键单击要删除的打印选项，在弹出的快捷菜单中选择“取消”命令即可。

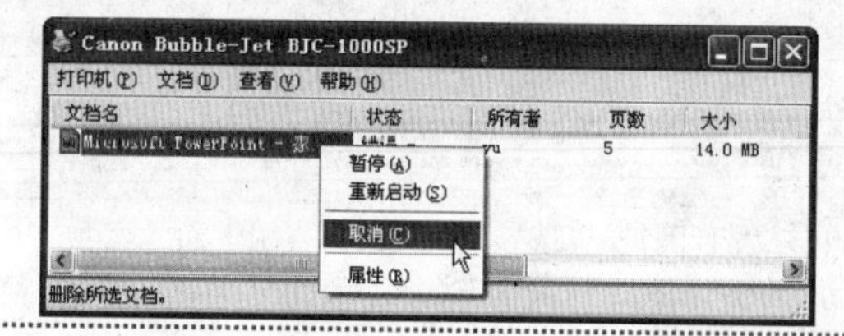

实例151　编辑“新年快乐”演示文稿

素材:\实例 151\

源文件:\实例 151\新年快乐.pptx

包含知识

- 设计幻灯片主题
- 保存幻灯片主题

重点难点

- 设计幻灯片主题
- 保存幻灯片主题

制作思路

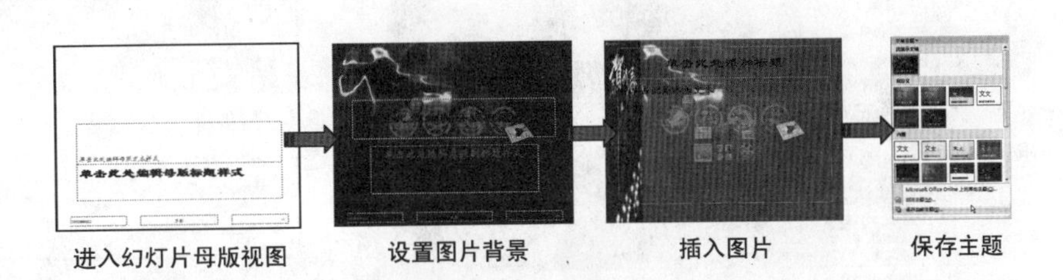

01

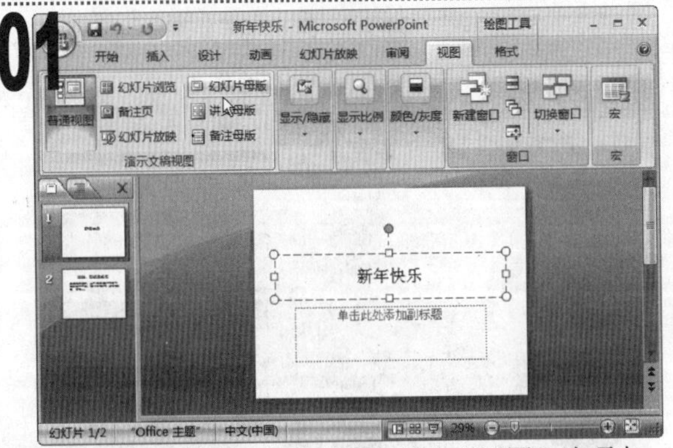

1 打开“新年快乐”演示文稿，单击“视图”选项卡，在“演示文稿视图”组中单击“幻灯片母版”按钮。

02

1 进入幻灯片母版视图，在“幻灯片母版”选项卡的“背景”组中，单击“背景样式”下拉按钮，在弹出的下拉菜单中选择“设置背景格式”命令。

03

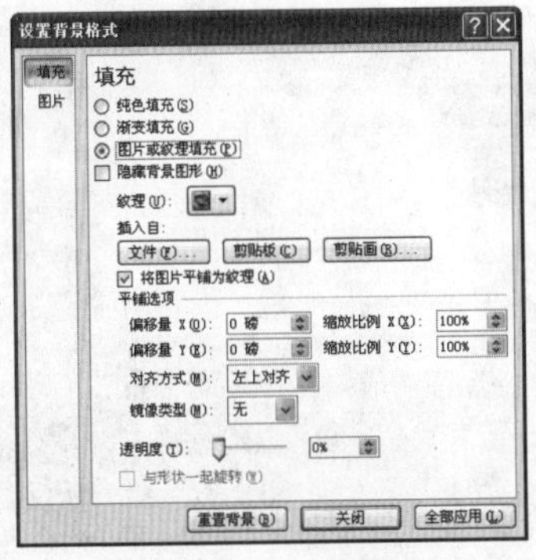

1 在打开的“设置背景格式”对话框中，选中“图片或纹理填充”单选按钮，单击显示出来的“文件”按钮。

04

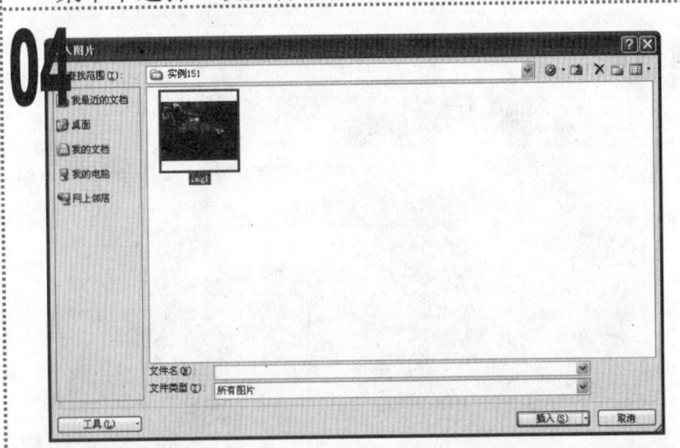

1 在打开的“插入图片”对话框中，选择素材文件所在文件夹中的“img1”图片文件，单击“插入”按钮。

05

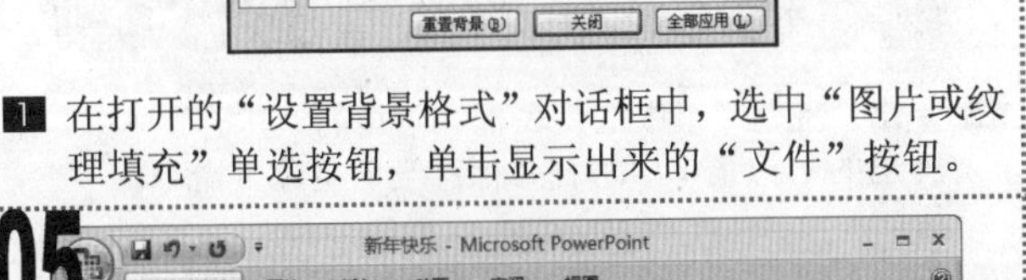

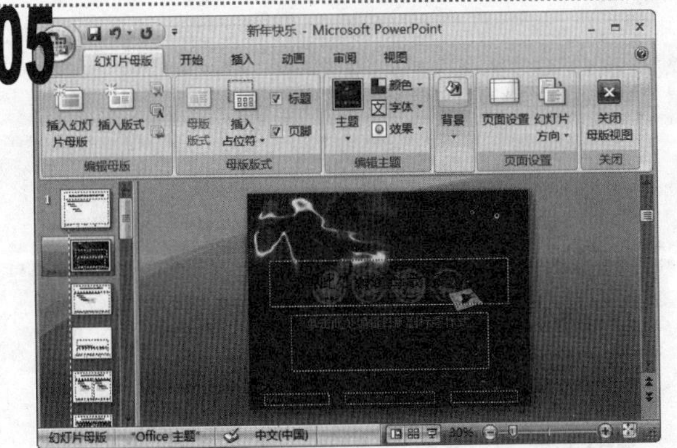

1 返回“设置背景格式”对话框，单击“关闭”按钮，为标题母版设置图片背景。

06

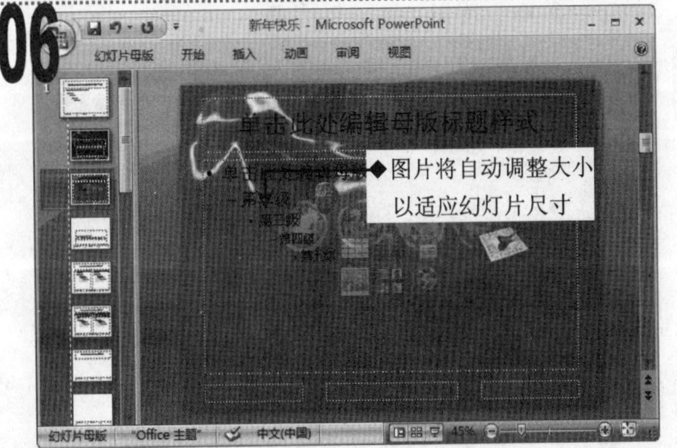

1 选择第 3 张幻灯片，同样设置“img1”图片为其背景，将图片透明度设置为“35%”。

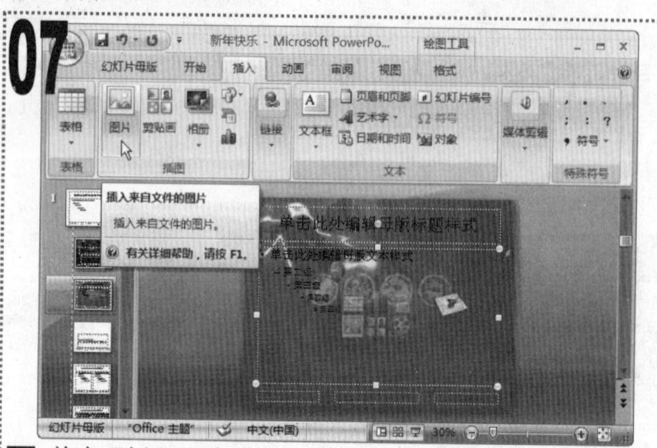

07 单击“插入”选项卡，单击“插图”组中的“图片”按钮。

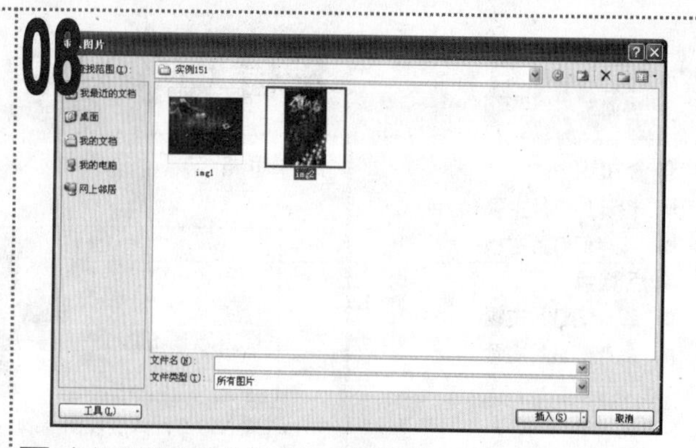

08 在打开的“插入图片”对话框中，选择素材文件所在文件夹中的“img2”图片文件，单击“插入”按钮。

09 插入图片后，拖动鼠标调整图片的大小与位置，并应用“棱台/十字形”图片效果，如图所示。

10 单击“幻灯片母版”选项卡，单击“关闭母版视图”按钮退出幻灯片母版视图，普通视图下的幻灯片效果如图所示。

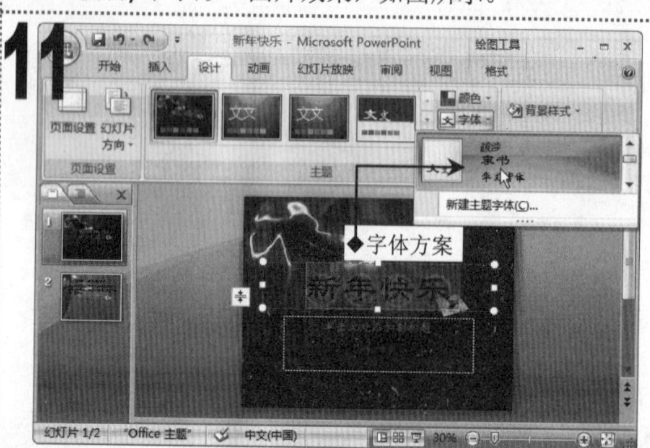

11 调整第1张幻灯片中标题文本的字号，在“设计”选项卡的“主题”组中，单击“字体”下拉按钮，在弹出的下拉菜单中选择“跋涉”选项。

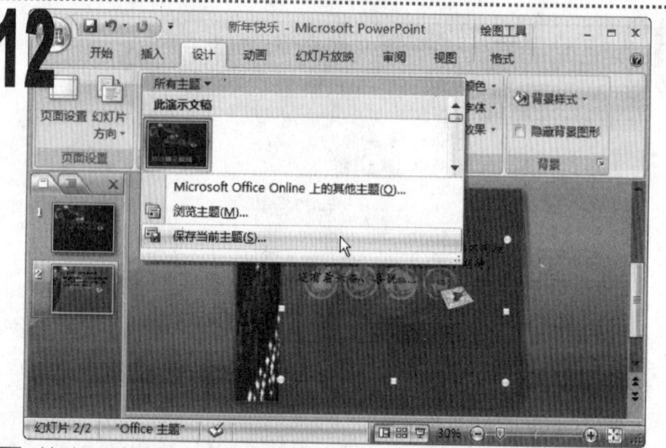

12 单击“主题”组中的列表框右下角的“其他”按钮，在弹出的下拉菜单中选择“保存当前主题”命令。

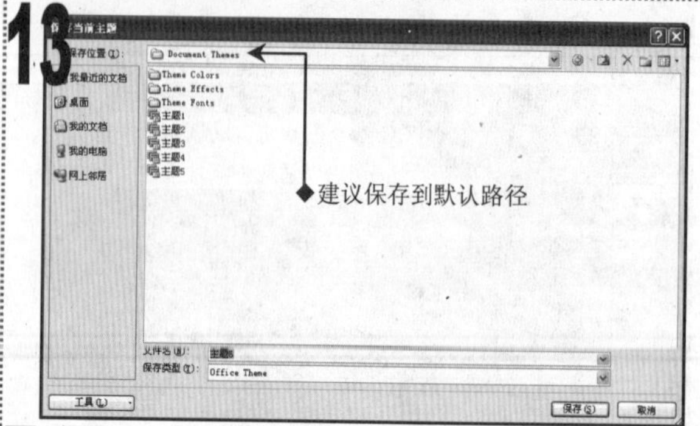

13 在打开的“保存当前主题”对话框中，设置保存文件的名称与保存路径，这里保持默认设置，单击“保存”按钮。

14 再在“主题”组中单击列表框右下角的“其他”按钮，在弹出的下拉菜单中即可查看保存的主题，只需在该列表框中选择该主题即可直接应用。

实例152　编辑“读书乐”演示文稿

包含知识

- 更改幻灯片的页面设置
- 应用第三方主题
- 修改幻灯片的主题
- 保存幻灯片的主题

重点难点

- 修改并保存幻灯片的主题

制作思路

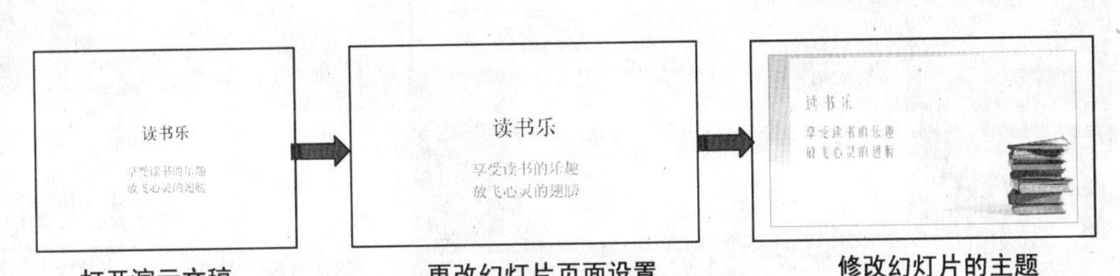

01

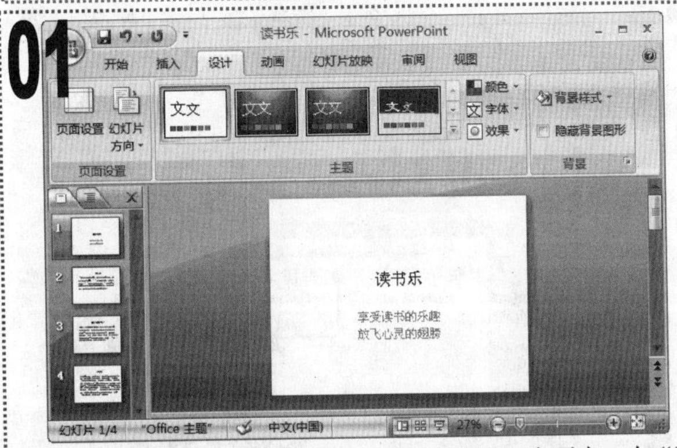

■ 打开“读书乐”演示文稿，单击“设计”选项卡，在“页面设置”组中单击“页面设置”按钮。

02

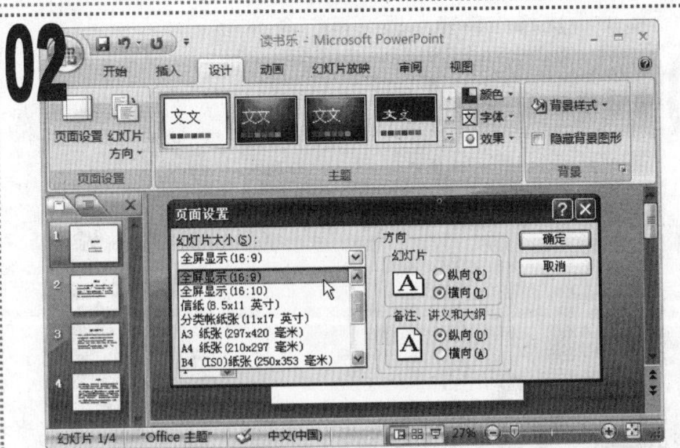

■ 在打开的“页面设置”对话框的“幻灯片大小”下拉列表框中，选择“全屏显示（16:9）”选项，单击“确定”按钮。

03

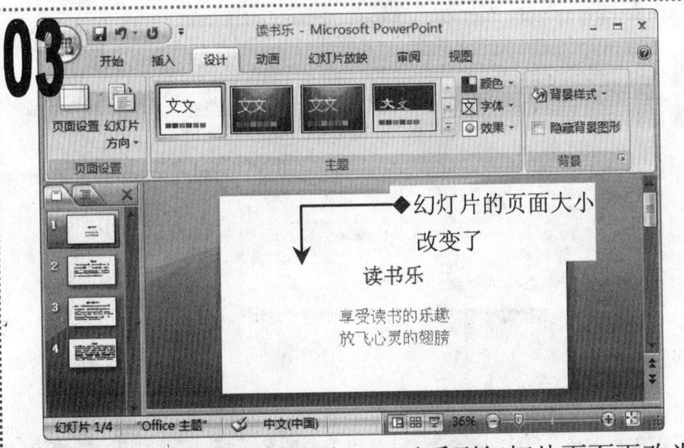

■ 返回“幻灯片编辑”窗格，可以看到幻灯片页面更改为宽屏页面后的效果。

04

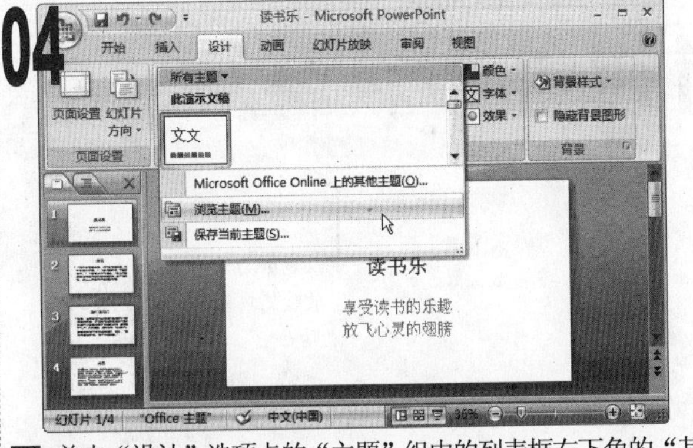

■ 单击“设计”选项卡的“主题”组中的列表框右下角的“其他”按钮，在弹出的下拉菜单中选择“浏览主题”命令。

05

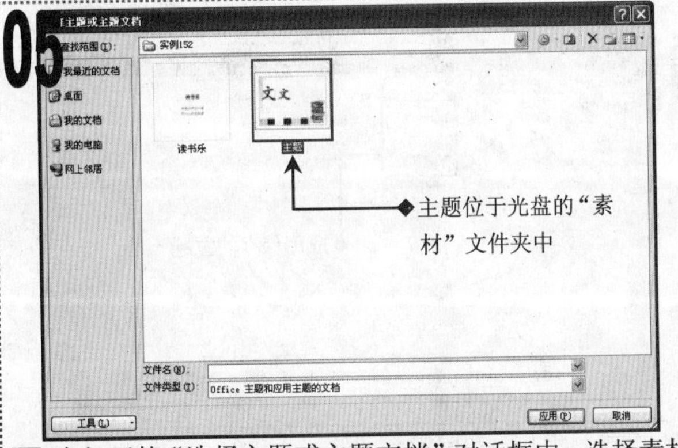

■ 在打开的“选择主题或主题文档”对话框中，选择素材文件所在文件夹中的“主题”文件，单击“应用”按钮。

06

■ 此时，即可为演示文稿应用所选的主题，应用后的效果如图所示。

07

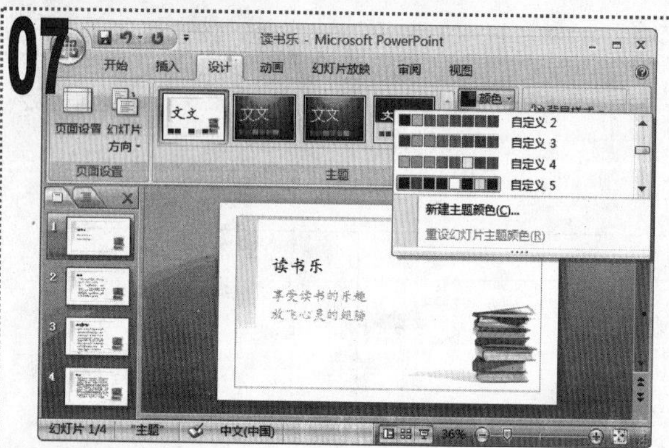

■ 单击“主题”组中的“颜色”下拉按钮，在弹出的下拉菜单中选择“新建主题颜色”命令。

08

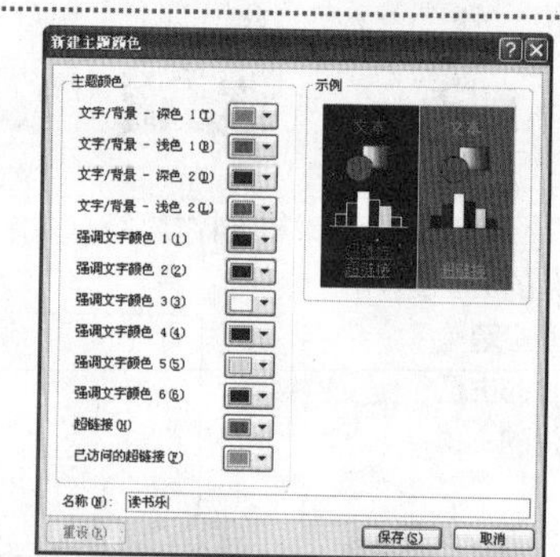

■ 在打开的“新建主题颜色”对话框中，单击对应选项后的颜色下拉按钮，在弹出的下拉菜单中选择自定义的颜色。

■ 在“名称”文本框中输入文本“读书乐”，单击“保存”按钮。

09

■ 此时，即可更改每张幻灯片中的文本的主题颜色，更改后的效果如图所示。

10

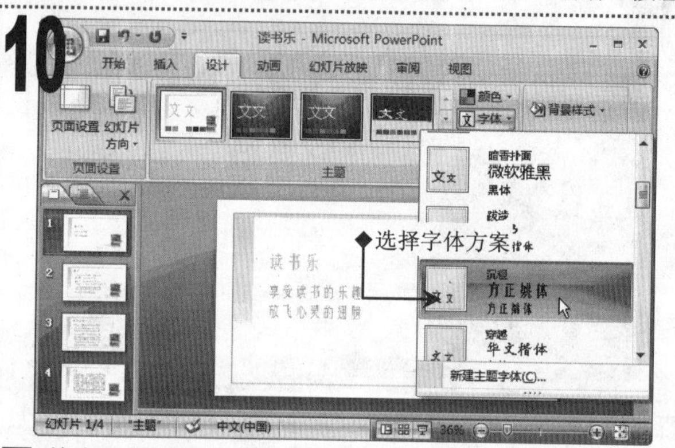

■ 单击“主题”组中的“字体”下拉按钮，在弹出的下拉菜单中选择“沉稳”选项。

11

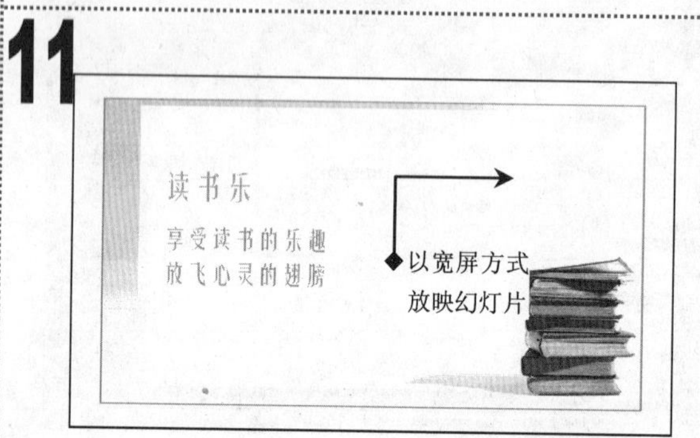

■ 按【F5】键放映演示文稿，即可以宽屏方式显示制作完毕的幻灯片。

12

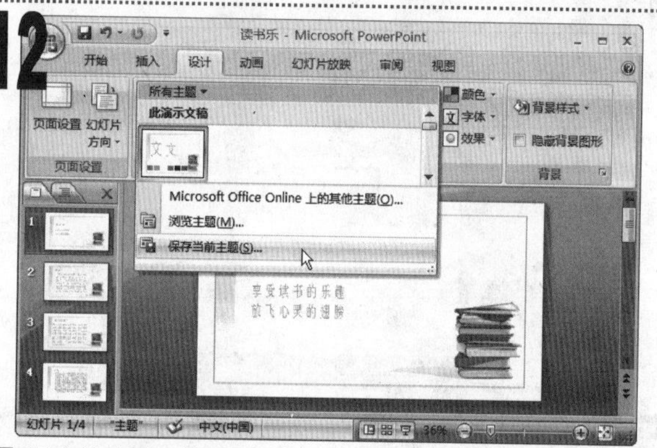

■ 退出放映后，单击“主题”组中的列表框右下角的“其他”按钮，在弹出的下拉菜单中选择“保存当前主题”命令。

13

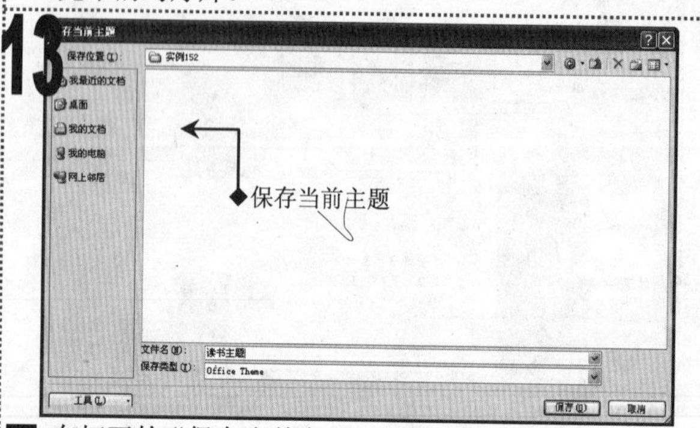

■ 在打开的“保存当前主题”对话框中，设置文件名与保存路径后，单击“保存”按钮。

14

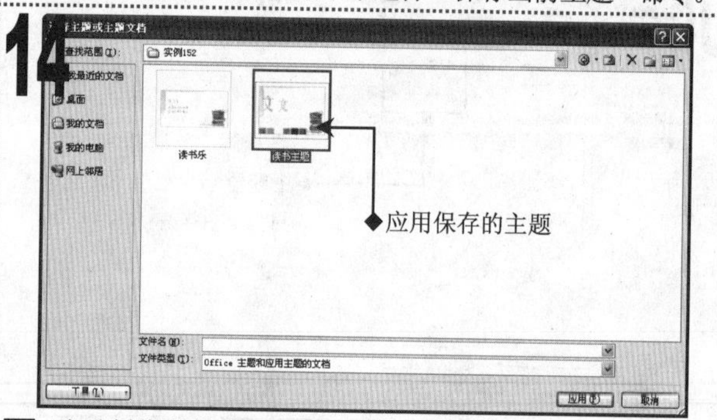

■ 以后制作其他相同类型的演示文稿时（尤其是宽屏演示文稿），只要按照应用主题的方法应用保存的主题即可。

实例153　设置超链接

素材:\实例 153\四大名著.pptx

源文件:\实例 153\四大名著.pptx

包含知识

- 建立文本超链接
- 设置超链接的主题颜色

重点难点

- 建立文本超链接
- 设置超链接的主题颜色

制作思路

为第 1 张幻灯片中的文本建立超链接

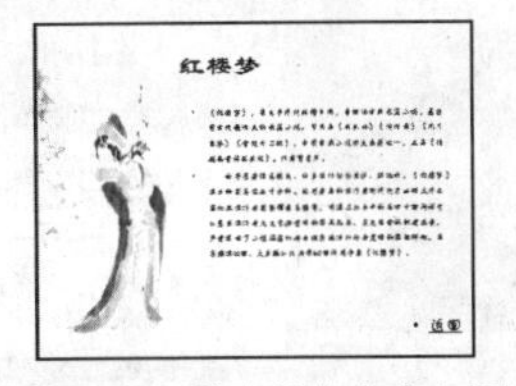

为第 2 张幻灯片中的文本建立超链接

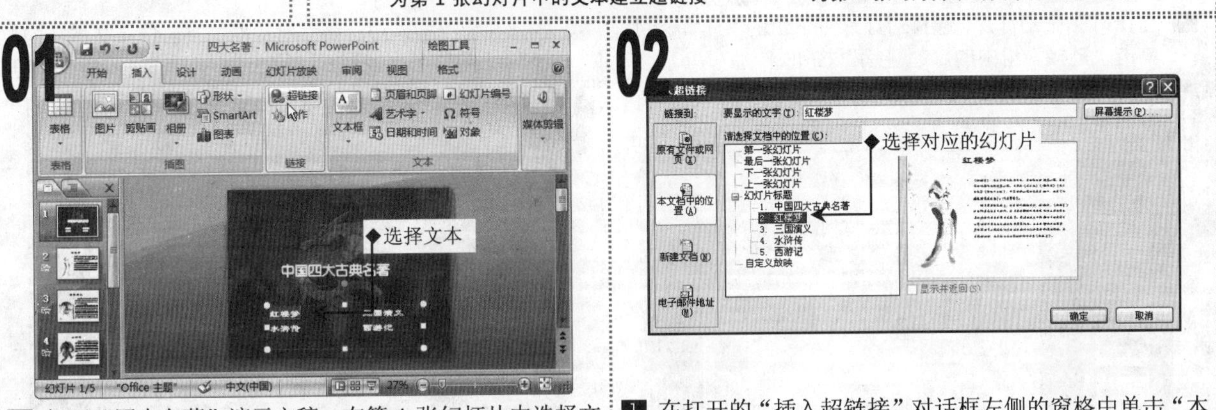

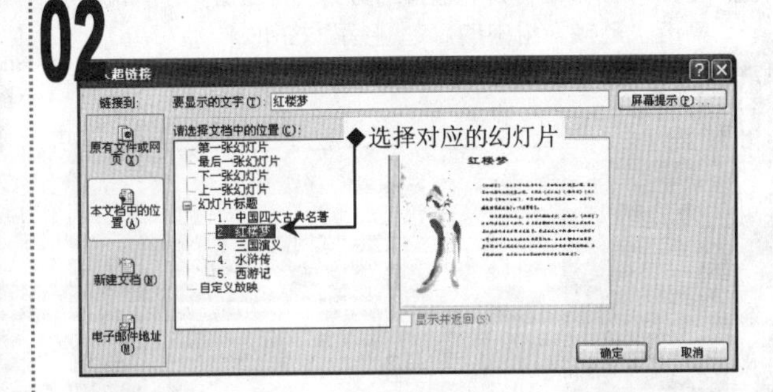

01

■ 打开“四大名著”演示文稿，在第 1 张幻灯片中选择文本“红楼梦”，单击“插入”选项卡，单击“链接”组中的“超链接”按钮。

02

■ 在打开的“插入超链接”对话框左侧的窗格中单击“本文档中的位置”选项卡，在中间的列表框中选择第 2 张幻灯片，单击“确定”按钮。

03

■ 此时，即可将文本“红楼梦”与第 2 张幻灯片建立链接，文本颜色发生改变并自动添加下画线。

04

■ 选择文本“三国演义”，单击“链接”组中的“超链接”按钮。

05

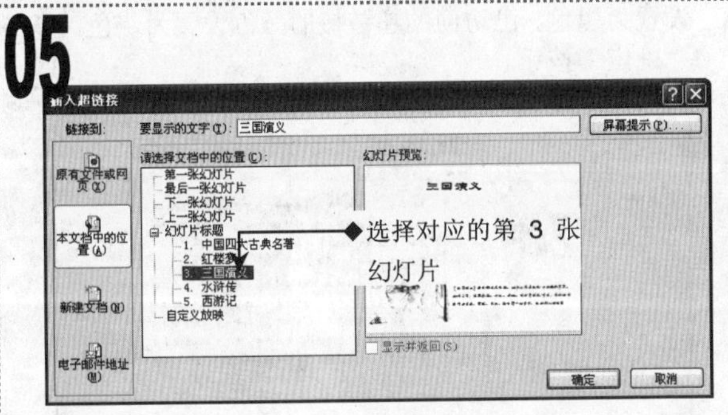

■ 在打开的“插入超链接”对话框的“请选择文档中的位置”列表框中，选择第 3 张幻灯片，单击“确定”按钮。

06

■ 按照同样的方法，分别将文本“水浒传”与“西游记”与对应的幻灯片链接。

07

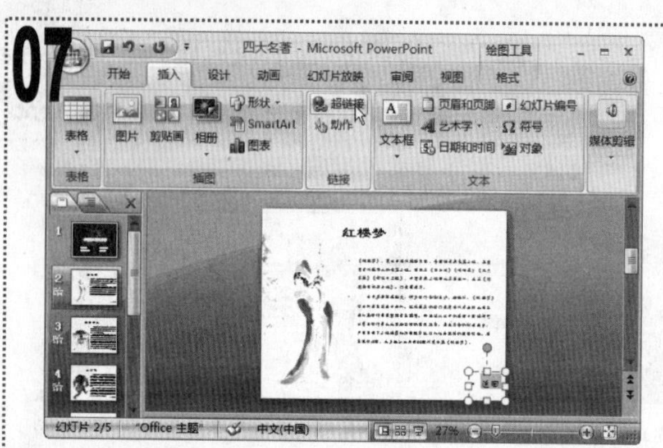

■ 选择第 2 张幻灯片，选择幻灯片右下角的文本“返回”，单击“链接”组中的“超链接”按钮。

08

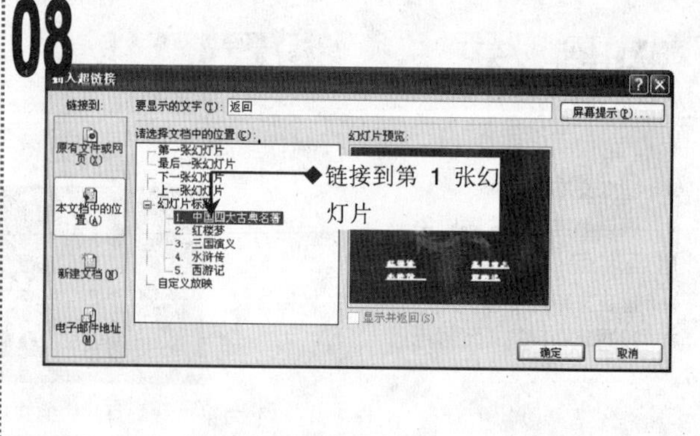

■ 在打开的“插入超链接”对话框的“请选择文档中的位置”列表框中，选择第 1 张幻灯片，单击“确定”按钮。

09

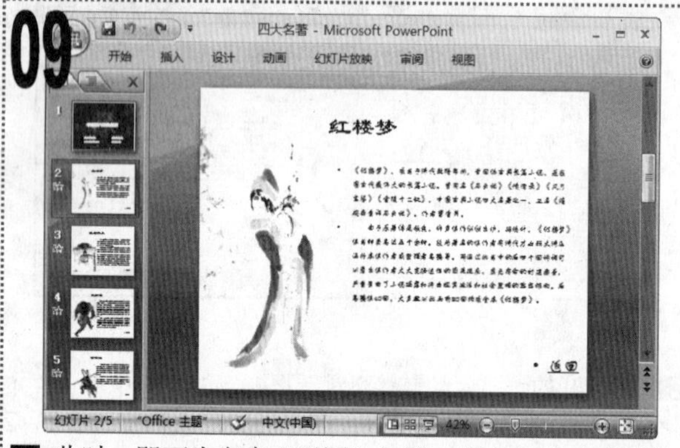

■ 此时，即可为文本“返回”与第 1 张幻灯片建立链接，文本颜色发生相应的改变并添加下画线。

10

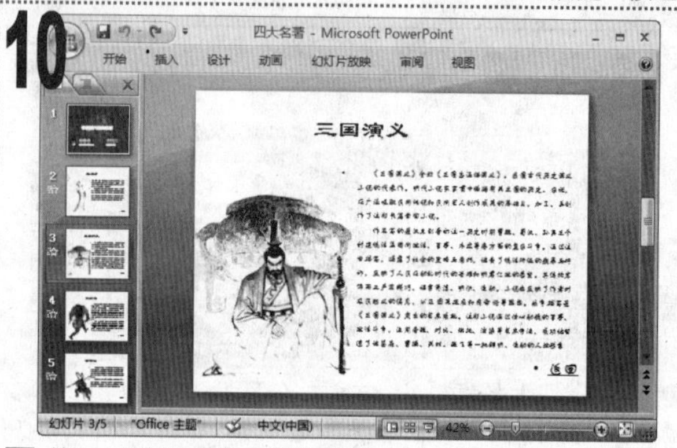

■ 按照同样的方法，分别将第 3 张到第 5 张幻灯片中的文本“返回”与第 1 张幻灯片建立链接。

11

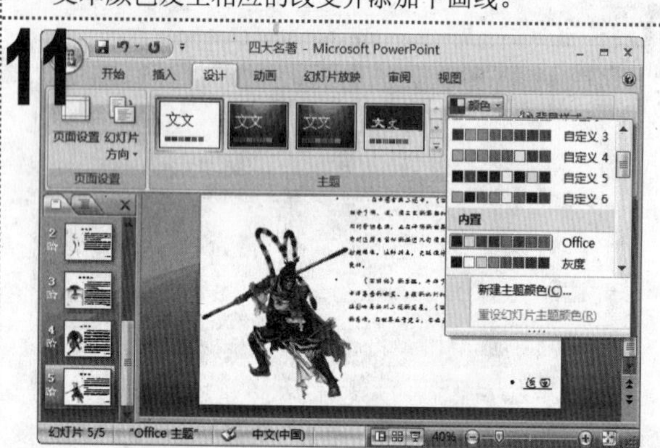

■ 单击“设计”选项卡，在“主题”组中单击“颜色”下拉按钮，在弹出的下拉菜单中选择“新建主题颜色”命令。

12

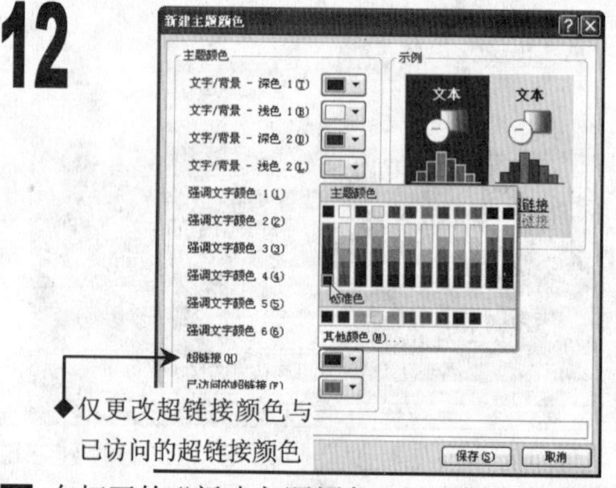

■ 在打开的“新建主题颜色”对话框中，将超链接的颜色设置为黑色，已访问的超链接的颜色设置为灰色，单击“确定”按钮。

13

■ 按【F5】键开始放映演示文稿。

14

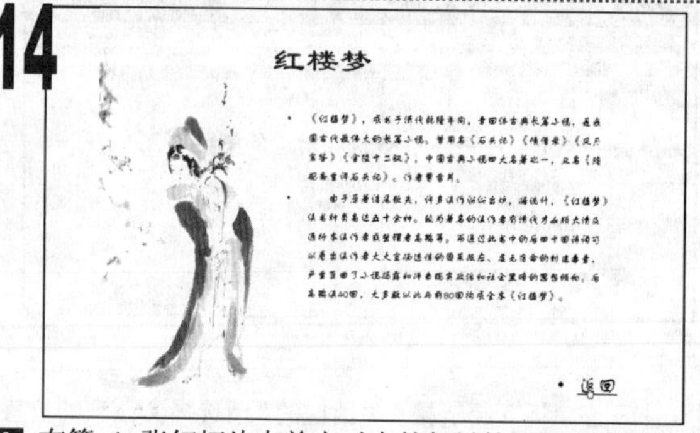

■ 在第 1 张幻灯片中单击对应的超链接即可切换到对应的幻灯片，切换后单击“返回”超链接可返回第 1 张幻灯片。

实例154　添加图片超链接

素材:\实例 154\

源文件:\实例 154\音乐排行.pptx

包含知识
- 插入图片超链接
- 插入声音
- 更改声音图标

重点难点
- 插入图片超链接

制作思路

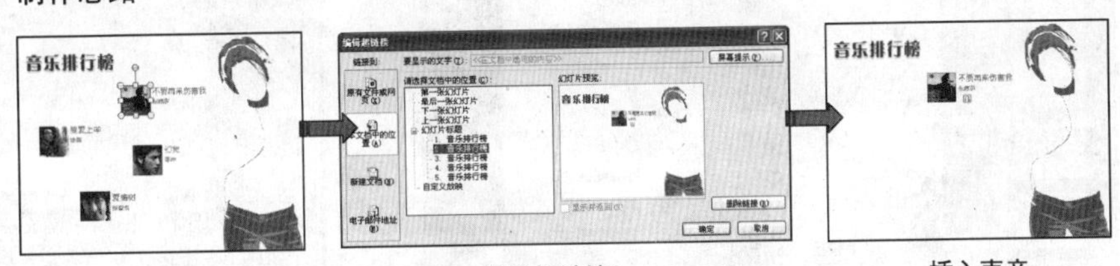

选择图片　设置超链接　插入声音

01

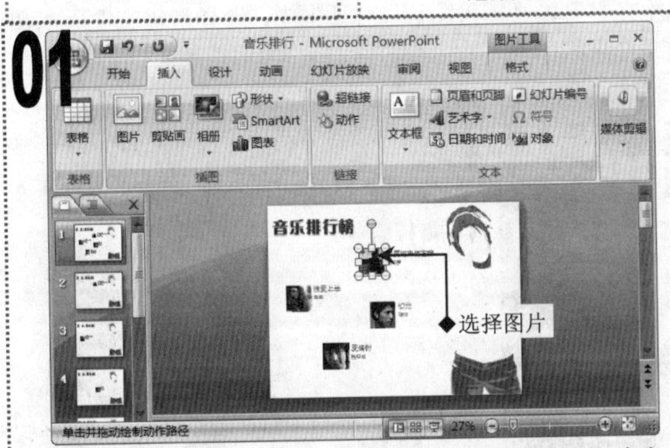

■ 打开“音乐排行”演示文稿，选择第 1 张幻灯片右上角的图片，单击“插入”选项卡，在“链接”组中单击“超链接”按钮。

02

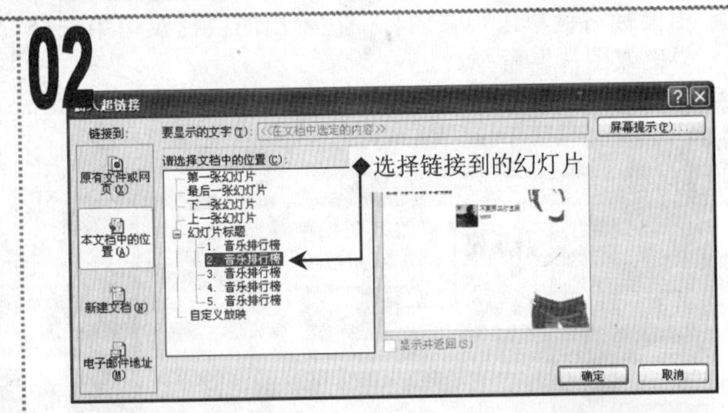

■ 在打开的“插入超链接”对话框左侧单击“本文档中的位置”选项卡，在中间的列表框中选择第 2 张幻灯片，单击“确定”按钮。

03

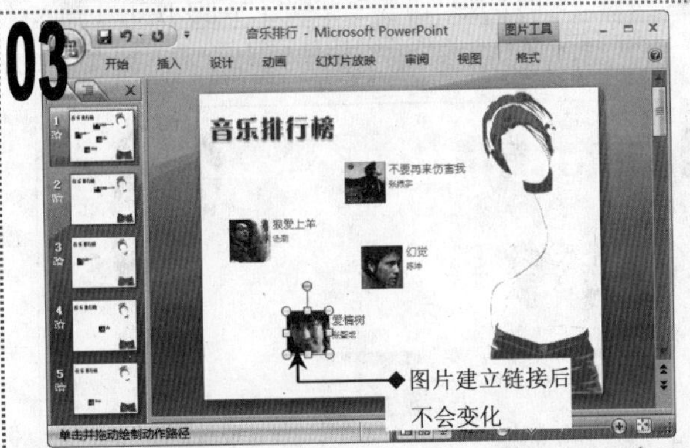

■ 选择左上角的图片与第 3 张幻灯片链接，用同样的方法，将其余两张图片与其他幻灯片链接。

04

■ 选择第 2 张幻灯片，单击“插入”选项卡，在“媒体剪辑”组中单击“声音”按钮。

05

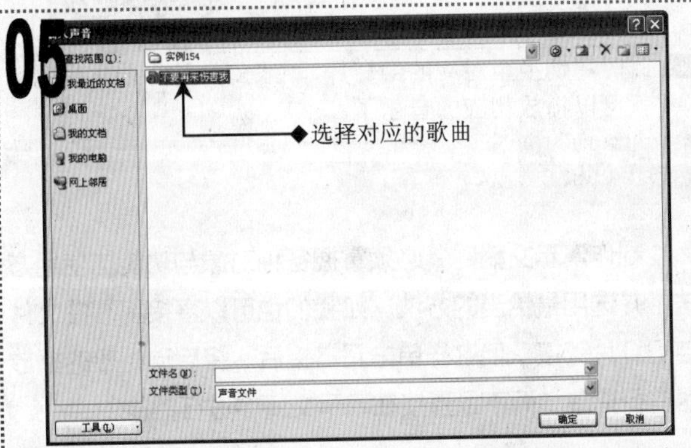

■ 在打开的“插入声音”对话框中，选择素材文件所在文件夹中的“不要再来伤害我”文件，单击“确定”按钮。

06

■ 在弹出的提示对话框中单击“在单击时”按钮，在该幻灯片中插入声音图标。

07

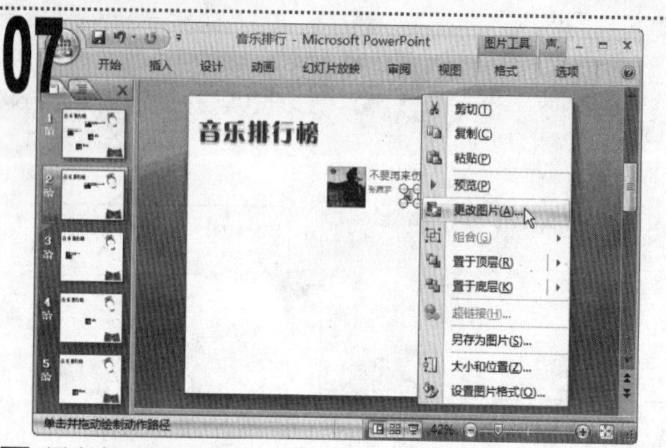

1 用鼠标右键单击声音图标，在弹出的快捷菜单中选择“更改图片”命令。

08

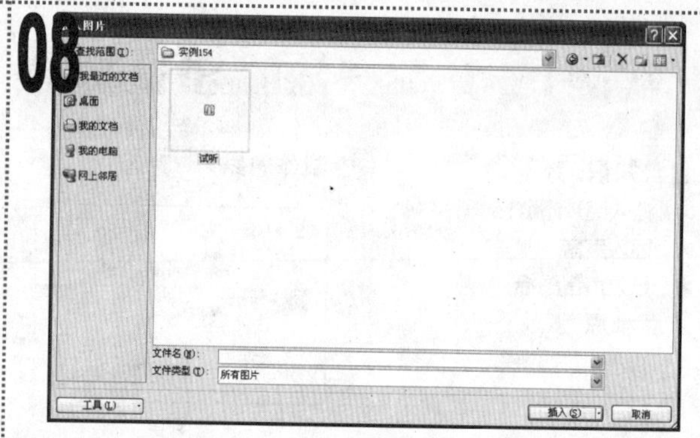

1 在打开的“插入图片”对话框中，选择素材文件所在文件夹中的“试听”图片文件，单击“插入”按钮。

09

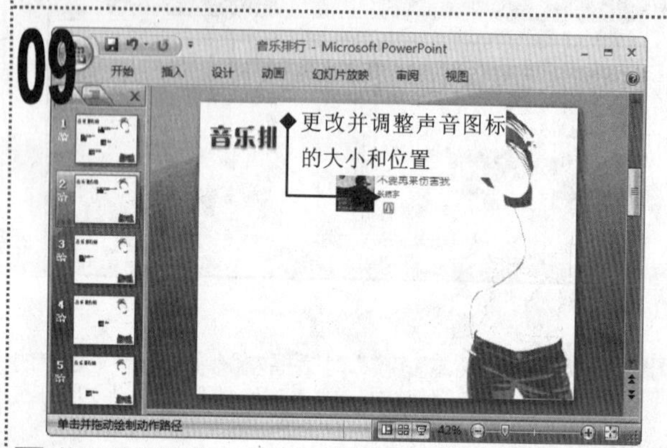

1 拖动鼠标调整声音图标的大小与位置，调整后的效果如图所示。

10

1 按照同样的方法，在第 3 张到第 5 张幻灯片中插入对应的声音文件并更改声音图标。

11

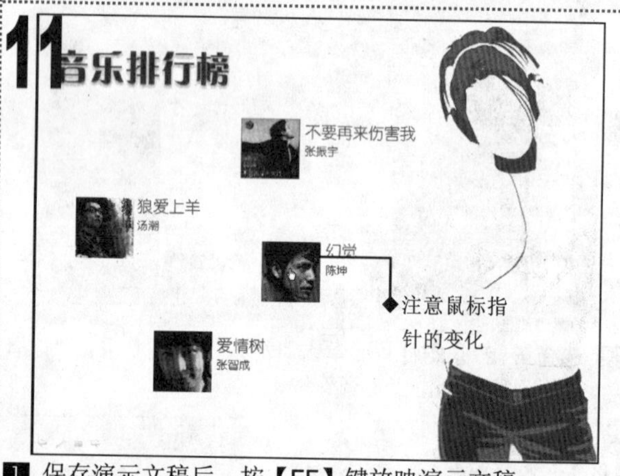

1 保存演示文稿后，按【F5】键放映演示文稿。
2 在第 1 张幻灯片中单击“幻觉”文本左侧的图片。

12

音乐排行榜
幻觉
陈坤
单击声音图标播放音乐

1 此时将切换至对应的幻灯片，单击幻灯片中的声音图标就可以播放相应的音乐了。

注意提示

为图片设置超链接后，图片并不会像文本一样发生变化，只有在放映演示文稿，将鼠标光标指向图片时，鼠标指针才会变为手形形状，表示图片已经设置为超链接了。

知识延伸

制作演示文稿时，必须掌握各种对象与功能的使用方法，并选用最恰当的方法。如我们也可以直接将歌曲文件与幻灯片链接，但这样单击超链接后，将启动相应的播放器进行播放，而不是直接在演示文稿中进行播放。

实例155　编辑"收藏夹"演示文稿

素材:\实例 155\收藏夹.pptx

源文件:\实例 155\收藏夹.pptx

包含知识

- 链接到网站
- 链接到电子邮件
- 通过超链接打开网站
- 通过超链接发送邮件

重点难点

- 链接到网站
- 连接到电子邮件

制作思路

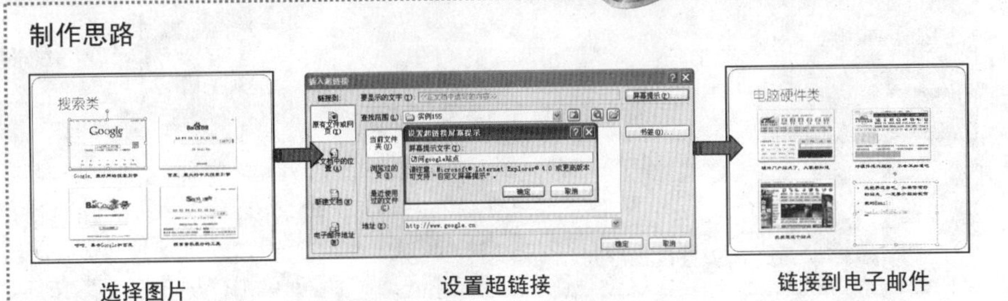

选择图片　　设置超链接　　链接到电子邮件

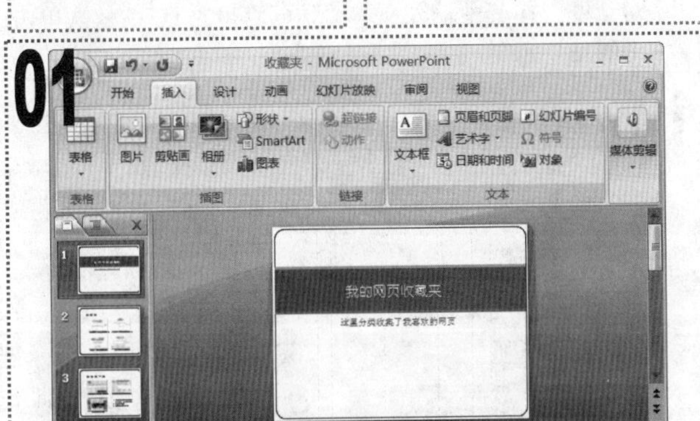

01 打开"收藏夹"演示文稿，单击"插入"选项卡。

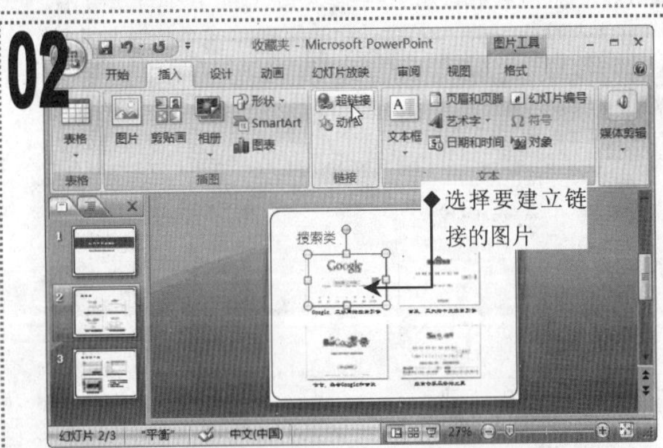

02 选择第2张幻灯片，选择左上角的图片，单击"插入"选项卡的"链接"组中的"超链接"按钮。

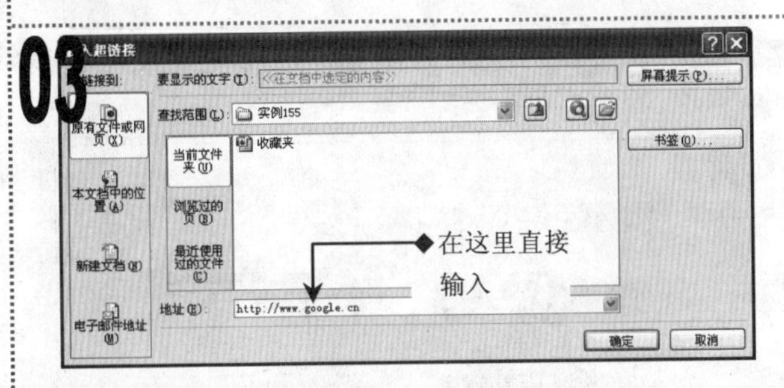

03
1. 在打开的"插入超链接"对话框下方的"地址"下拉列表框中输入网址"www.google.cn"。
2. 单击对话框右上角的"屏幕提示"按钮。

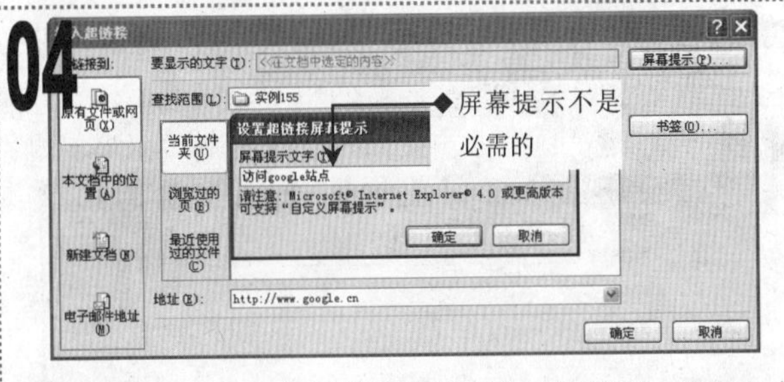

04
1. 在打开的"设置超链接屏幕提示"对话框中，输入文本"访问 google 站点"，单击"确定"按钮。
2. 返回"插入超链接"对话框，单击"确定"按钮。

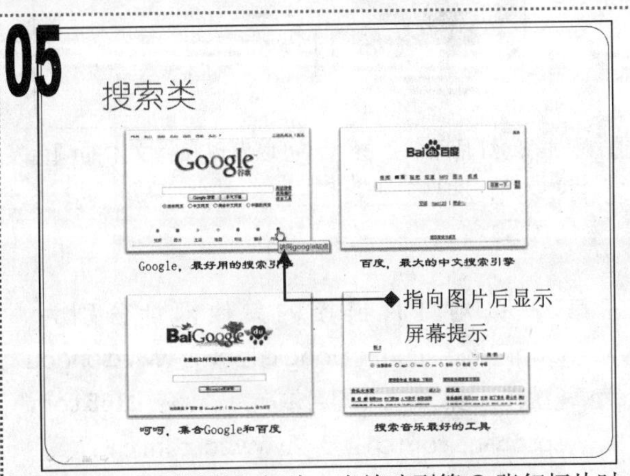

05 按【F5】键放映幻灯片，当放映到第2张幻灯片时，将鼠标光标指向左上角的图片，将弹出浮动框显示提示内容。

06 用鼠标单击图片，就可以启动IE浏览器打开对应的链接站点了。

07

1 退出幻灯片的放映，选择第 2 张幻灯片右上角的图片，在“插入”选项卡的“链接”组中单击“超链接”按钮。

08

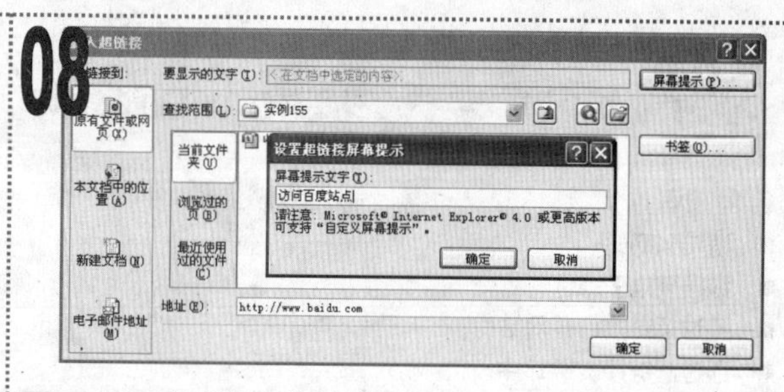

1 在打开的“插入超链接”对话框的“地址”下拉列表框中，输入网址“www.baidu.com”。

2 单击“屏幕提示”按钮，打开“设置超链接屏幕提示”对话框，在其中输入文本“访问百度站点”，依次单击“确定”按钮。

09

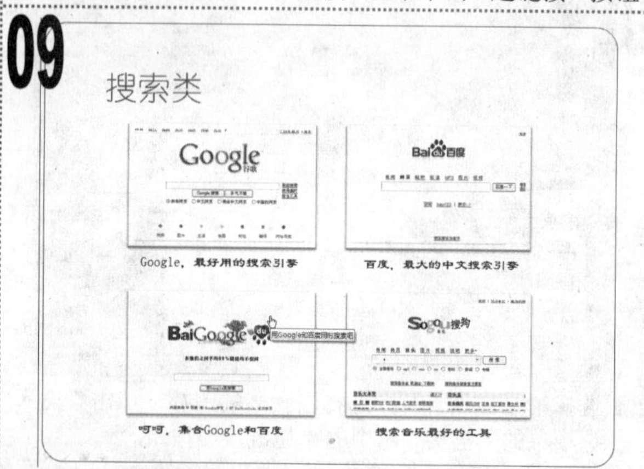

1 按照同样的方法，为第 2 张幻灯片中的其他两幅图片添加对应的链接网站和屏幕提示内容。

10

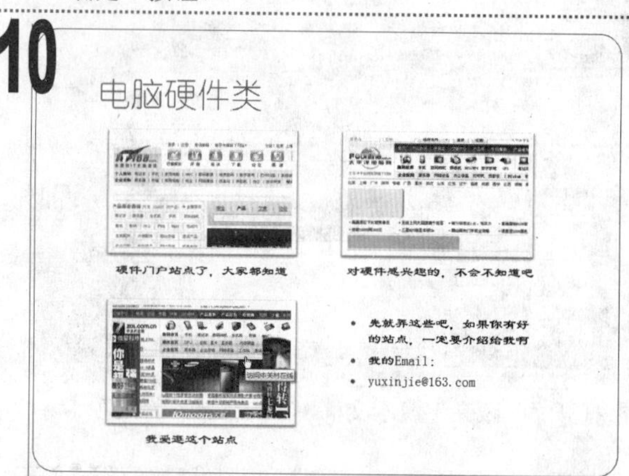

1 选择第 3 张幻灯片，为各张图片分别建立对应的网站链接，并设置屏幕提示内容。

11

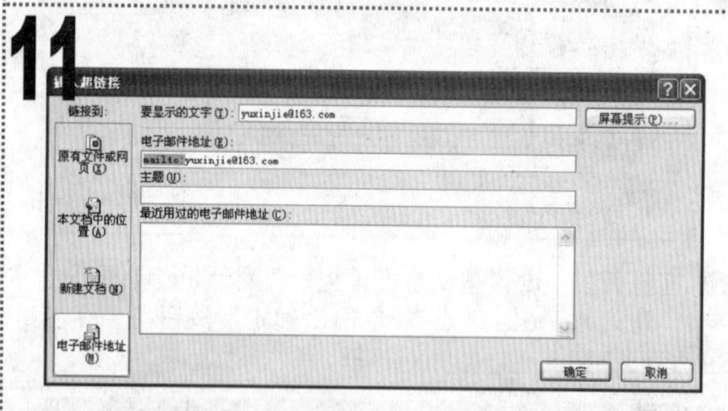

1 选择第 3 张幻灯片中的“yuxinjie@163.com”文本，单击“链接”组中“超链接”按钮。

2 单击打开的“插入超链接”对话框左侧的“电子邮件地址”选项卡，然后在“电子邮件地址”文本框中输入邮箱地址，程序会自动添加“mailto:”字样，单击“确定”按钮。

12

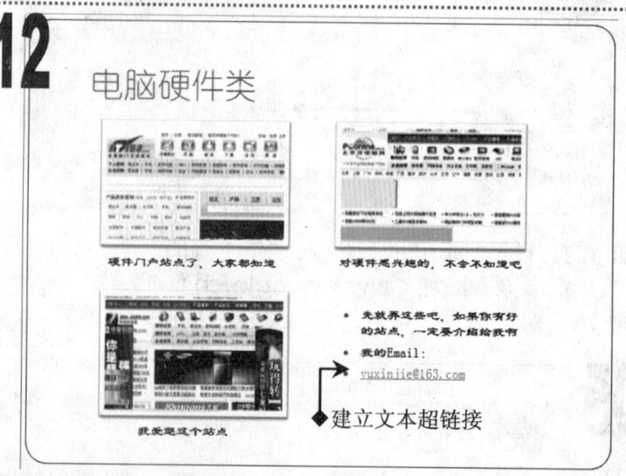

1 返回“幻灯片编辑”窗格，可以发现邮件文本的颜色发生了改变，并且添加了下画线。

13

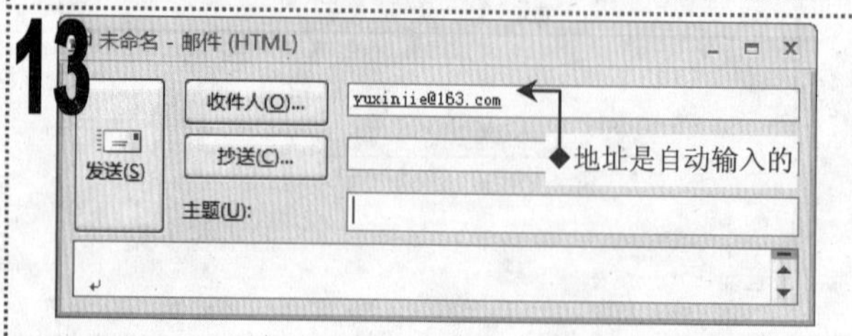

1 放映演示文稿，单击邮件地址链接，将启动默认的邮件客户端程序，并新建一个针对该地址的邮件。输入主题与内容后就可以发送邮件了。

注意提示

第 2 张幻灯片链接的其他网址分别为、www.googlebaidu.com（Google 百度）“www.sougou.com”（搜狗）；第 3 张幻灯片依次为“www.it168.com”、“www.pconline.com.cn”及“www.zol.com.cn”。

第11章 幻灯片的放映

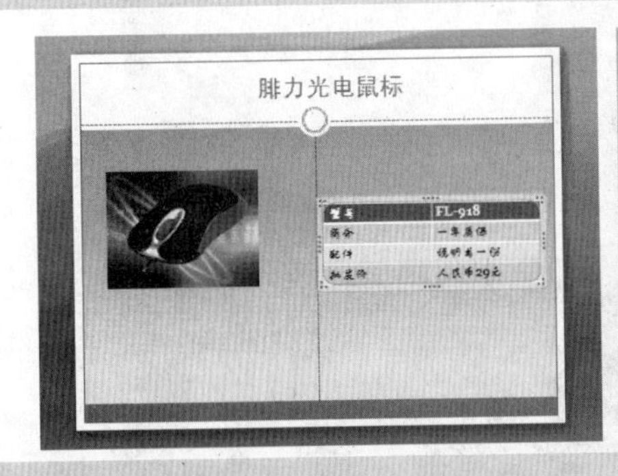

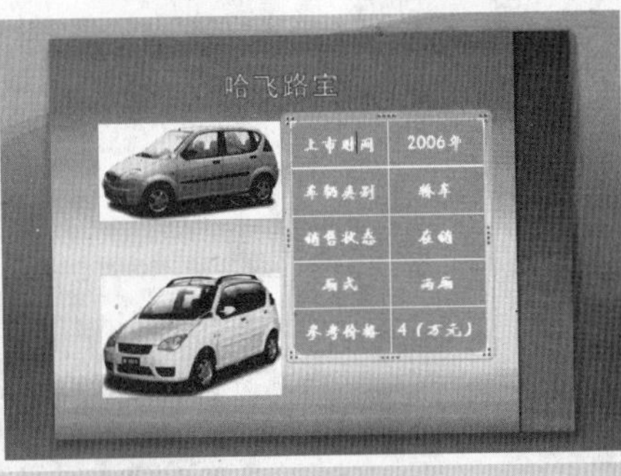

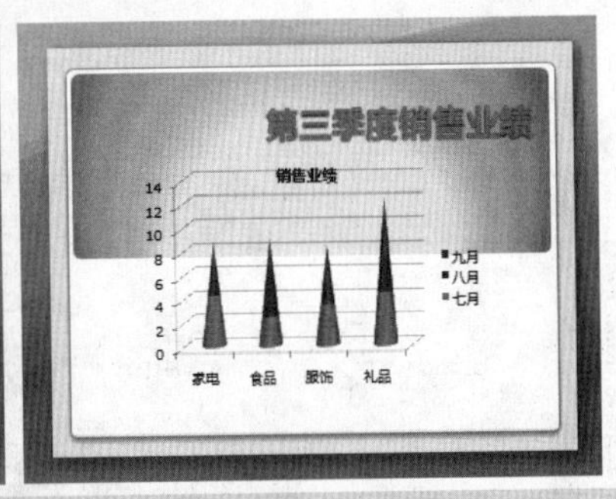

实例 156 放映“现代相册”演示文稿

实例 157 放映“沟通”演示文稿

实例 158 放映“家装”演示文稿

实例 159 放映“车展”演示文稿

实例 160 为演示文稿录制旁白

实例 161 放映“九寨美景”演示文稿

11

制作幻灯片的目的是使用它向观众展示某些信息，此时就需要对幻灯片进行放映了。本章将介绍放映幻灯片时的一些设置技巧，包括自定义放映幻灯片、设置放映模式、排练计时、录制旁白和快速定位幻灯片等的方法，以便更好地展示制作的幻灯片。

实例156 放映“现代相册”演示文稿

素材:\实例 156\现代相册.pptx

源文件:无

包含知识

■ 放映幻灯片

重点难点

■ 放映幻灯片

制作思路

开始放映幻灯片

放映第 2 张幻灯片

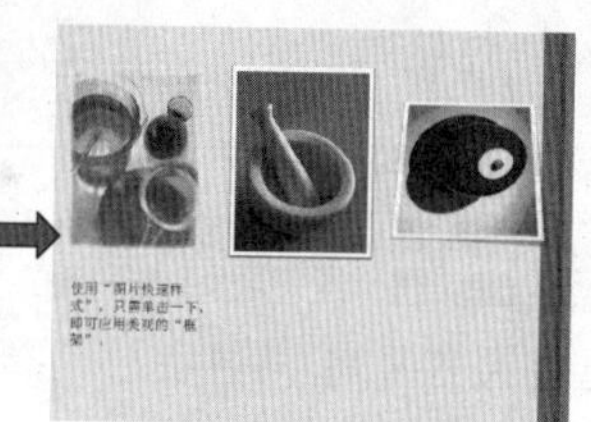

放映第 5 张幻灯片

01

1 打开“现代相册”演示文稿，单击“幻灯片放映”选项卡，在“开始放映幻灯片”组中单击“从头开始”按钮。

02

1 此时，PowerPoint 2007 将从演示文稿的第 1 张幻灯片开始放映。

2 第 1 张幻灯片观看完毕后，直接单击鼠标左键，或单击鼠标右键，在弹出的快捷菜单中选择“下一张”命令，开始播放下一张幻灯片。

03

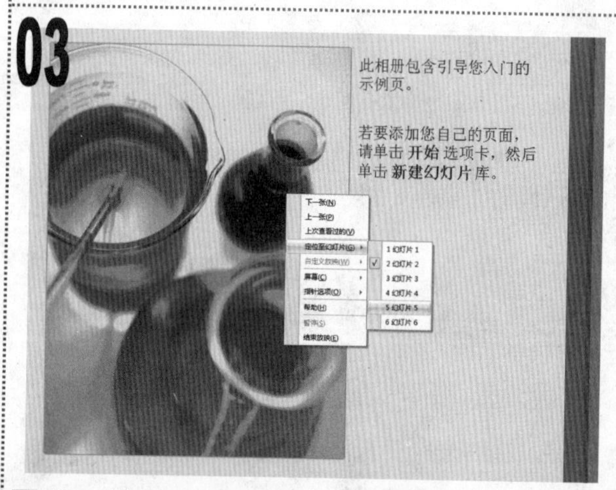

1 第 2 张幻灯片观看完毕后，单击鼠标右键，在弹出的快捷菜单中选择“定位至幻灯片/幻灯片 5”命令，直接跳过第 3 张和第 4 张幻灯片而播放第 5 张幻灯片。

04

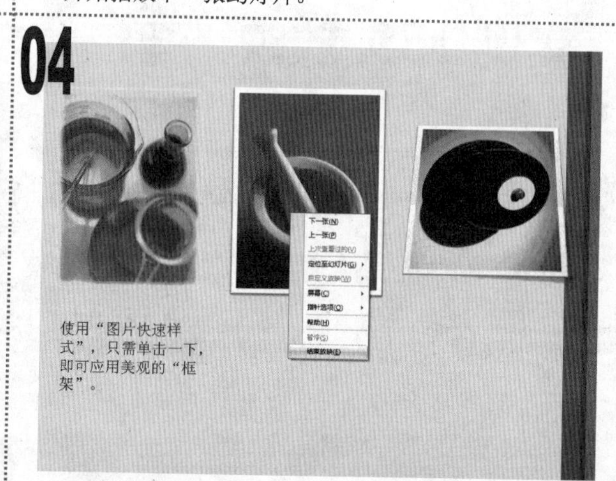

1 第 5 张幻灯片观看完毕后，单击鼠标右键，在弹出的快捷菜单中选择“结束放映”命令，取消剩余幻灯片的播放并退出幻灯片的放映模式。

实例157　放映“沟通”演示文稿

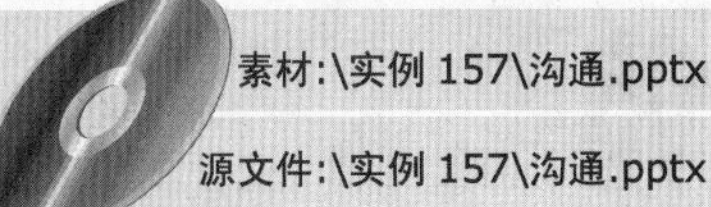

素材:\实例 157\沟通.pptx

源文件:\实例 157\沟通.pptx

包含知识

■ 自定义放映幻灯片

重点难点

■ 自定义放映幻灯片

制作思路

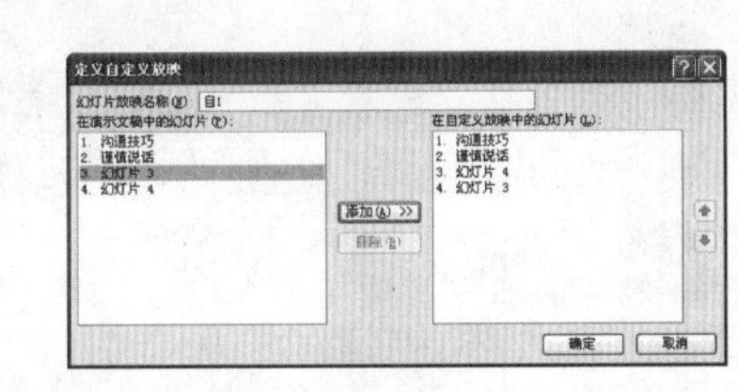

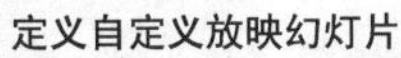

定义自定义放映幻灯片

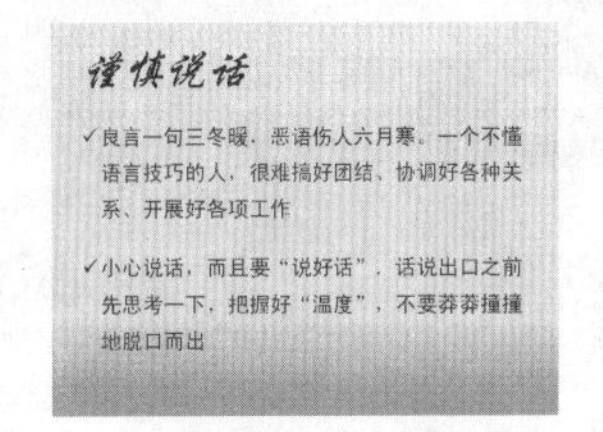

自定义播放演示文稿

01

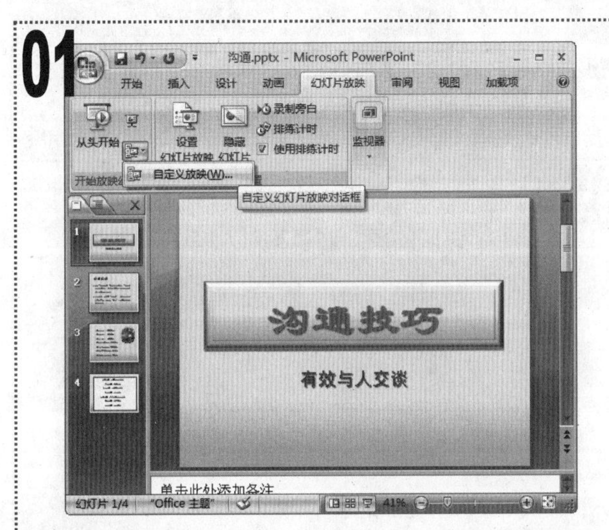

■ 打开“沟通”演示文稿，单击“幻灯片放映”选项卡，在“开始放映幻灯片”组中单击“自定义幻灯片放映”下拉按钮，在弹出的下拉菜单中选择“自定义放映”命令。

02

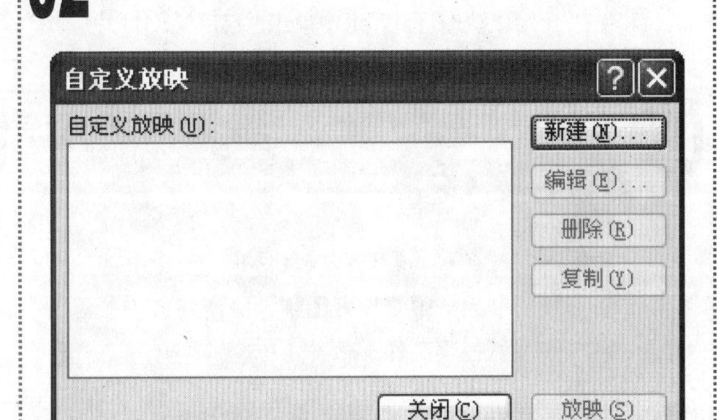

■ 在打开的“自定义放映”对话框中，单击“新建”按钮。

03

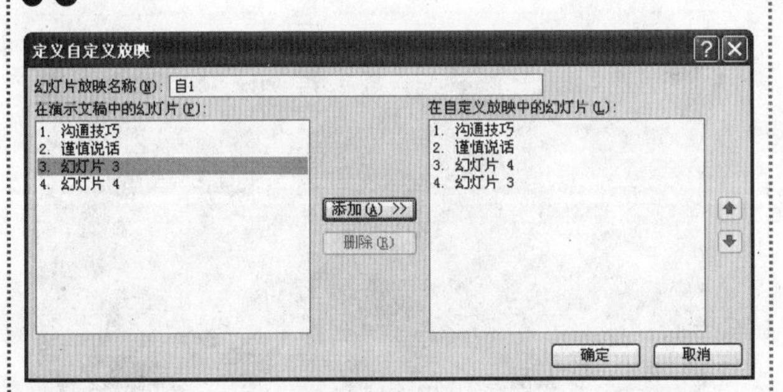

■ 在打开的“定义自定义放映”对话框的“幻灯片放映名称”文本框中，输入“自 1”文本，在下面的左侧列表框中选择第 1 张幻灯片，单击“添加”按钮将其添加到右侧的列表框中。

■ 用相同的方法依次将第 2 张、第 4 张、第 3 张幻灯片添加到右侧的列表框中，完成后单击“确定”按钮。

04

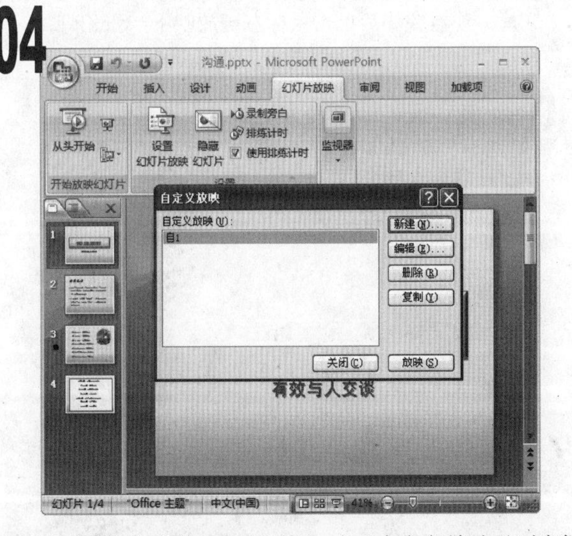

■ 返回“自定义放映”对话框，在“自定义放映”列表框中可以查看之前所创建的自定义放映规则，如果要对其进行编辑，只需选择该选项，然后单击“编辑”按钮即可，这里单击“关闭”按钮。

05

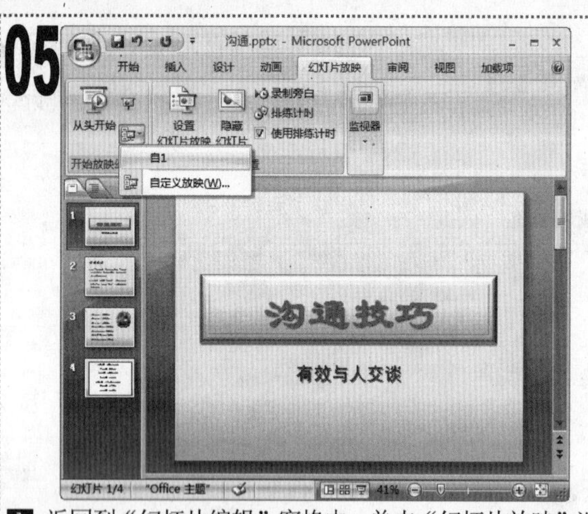

返回到“幻灯片编辑”窗格中，单击“幻灯片放映”选项卡，在“开始放映幻灯片”组中单击“自定义幻灯片放映”下拉按钮，在弹出的下拉菜单中选择“自 1”命令。

06

PowerPoint 2007 将开始放映演示文稿，第 1 张幻灯片观看完毕后单击鼠标左键放映下一张幻灯片。

07

谨慎说话

✓良言一句三冬暖，恶语伤人六月寒。一个不懂语言技巧的人，很难搞好团结、协调好各种关系、开展好各项工作

✓小心说话，而且要“说好话”．话说出口之前先思考一下，把握好“温度”，不要莽莽撞撞地脱口而出

按照之前所定义的放映顺序，程序开始放映第 2 张幻灯片，观看完毕后单击鼠标左键放映下一张幻灯片。

08

讨厌的事，对事不对人地说

开心的事，看场合说

伤心的事，不要见人就说

别人的事，小心地说

自己的事，听听自己的心怎么说

现在的事，做了再说

未来的事，未来再说

按照自定义的放映顺序，此时将跳过第 3 张幻灯片而播放第 4 张幻灯片，观看完毕后单击鼠标左键放映下一张幻灯片。

09

① 急事，慢慢地说

② 大事，清楚地说

③ 小事，幽默地说

④ 没把握的事，谨慎地说

⑤ 没发生的事，不要胡说

⑥ 做不到的事，别乱说

⑦ 伤害人的事，不能说

PowerPoint 2007 开始放映第 3 张幻灯片，观看完毕后单击鼠标左键。

10

放映完毕后，将出现一个全黑的画面，在画面上方有一句提示语“放映结束，单击鼠标退出”。此时，单击鼠标左键即可退出幻灯片放映模式，返回“幻灯片编辑”窗格。最后保存演示文稿，完成本例的制作。

实例158　放映"家装"演示文稿

素材:\实例 158\家装.pptx

源文件:\实例 158\家装.pptx

包含知识
- 隐藏幻灯片
- 设置幻灯片的放映方式

重点难点
- 隐藏幻灯片
- 设置幻灯片的放映方式

制作思路

隐藏幻灯片

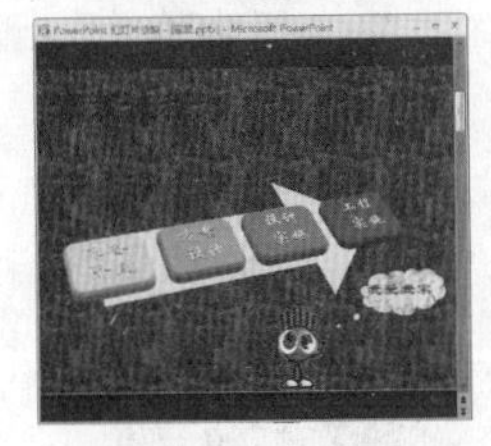

设置幻灯片的放映方式

取消幻灯片的隐藏属性

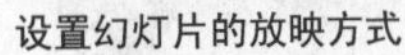

01

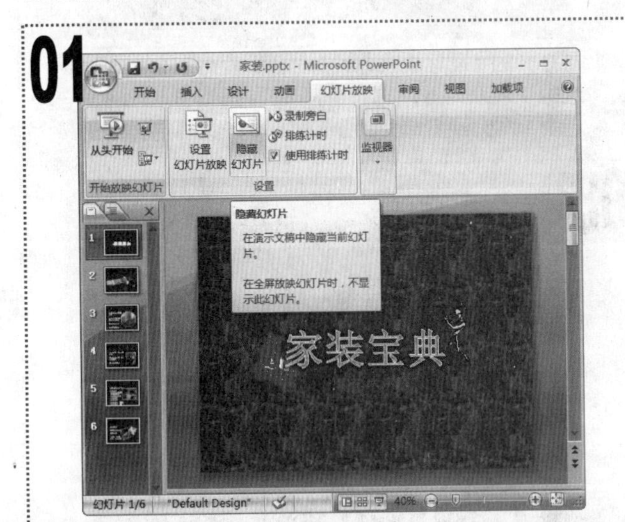

1 打开"家装"演示文稿，在"幻灯片"窗格中选择需要隐藏的第 1 张幻灯片，单击"幻灯片放映"选项卡，在"设置"组中单击"隐藏幻灯片"按钮。

02

1 此时，在第 1 张幻灯片的序号周围将出现一个边框，而播放时不再播放该幻灯片。用相同的方法将第 3 张幻灯片设置成隐藏属性。

03

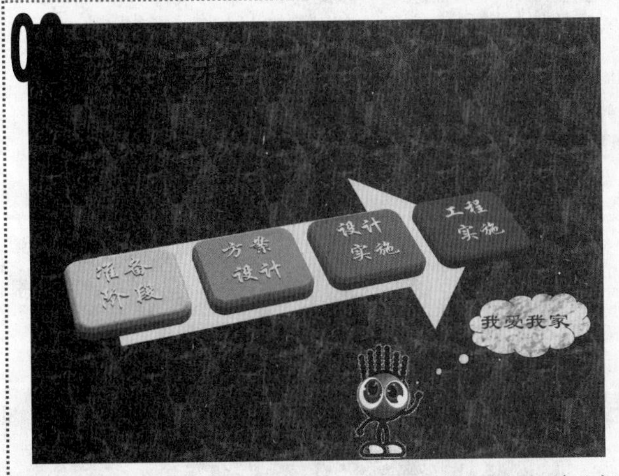

1 单击"幻灯片放映"选项卡，在"开始放映幻灯片"组中单击"从头开始"按钮，开始放映幻灯片，此时 PowerPoint 2007 将跳过第 1 张幻灯片而直接开始放映第 2 张幻灯片。

04

1 单击鼠标左键放映下一张幻灯片，由于第 3 张幻灯片也设置为隐藏，因此将跳过该幻灯片而直接放映第 4 张幻灯片。

05

■ 按【Esc】键结束幻灯片的放映，在“幻灯片放映”选项卡中单击“设置”组中的“设置幻灯片放映”按钮。

06

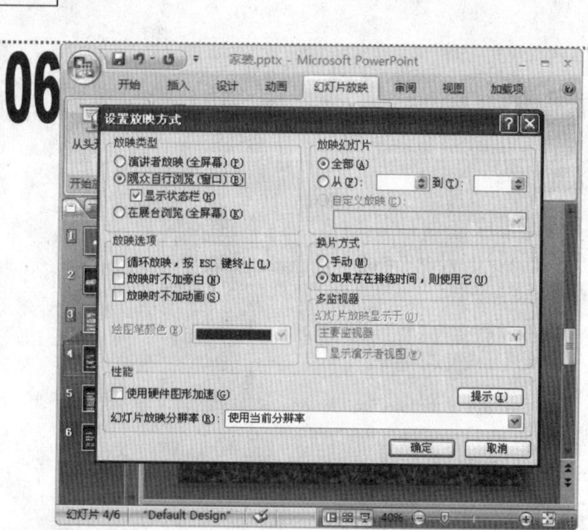

■ 在打开的“设置放映方式”对话框的“放映类型”栏中，选中“观众自行浏览（窗口）”单选按钮，此时将自动选中 “显示状态栏”复选框，单击“确定”按钮。

07

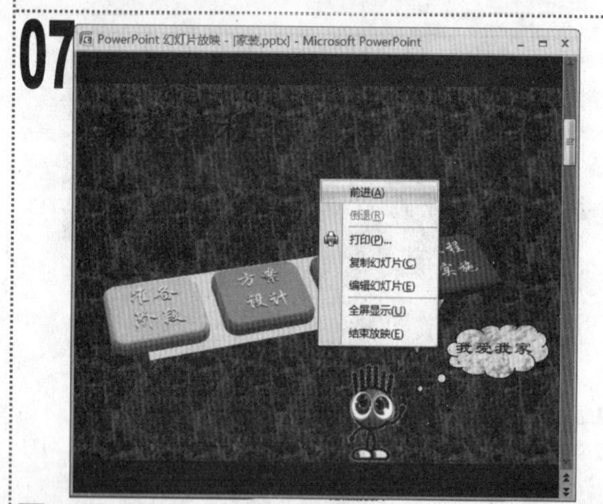

■ 返回到“幻灯片编辑”窗格中，按【F5】键放映演示文稿，幻灯片将以观众自行浏览的放映方式进行放映，单击鼠标右键在弹出的快捷菜单中选择“前进”命令。

08

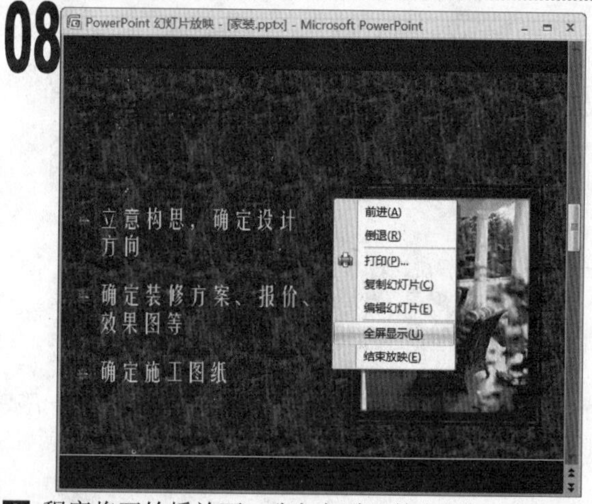

■ 程序将开始播放下一张幻灯片。单击鼠标右键，在弹出的快捷菜单中选择“全屏显示”命令。

09

■ 幻灯片将以全屏显示的形式进行播放，单击鼠标左键放映下一张幻灯片。

10

■ 放映完毕后返回到“幻灯片编辑”窗格中，按住【Ctrl】键的同时选择被隐藏的第 1 张和第 3 张幻灯片，在“设置”组中单击“隐藏幻灯片”按钮，取消其隐藏属性。最后保存演示文稿，完成本例的制作。

实例159　放映“车展”演示文稿

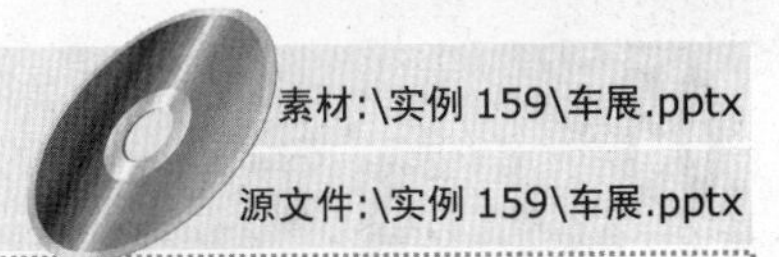

素材:\实例 159\车展.pptx

源文件:\实例 159\车展.pptx

包含知识

- 排练计时
- 设置幻灯片的放映方式

重点难点

- 排练计时
- 设置幻灯片的放映方式

制作思路

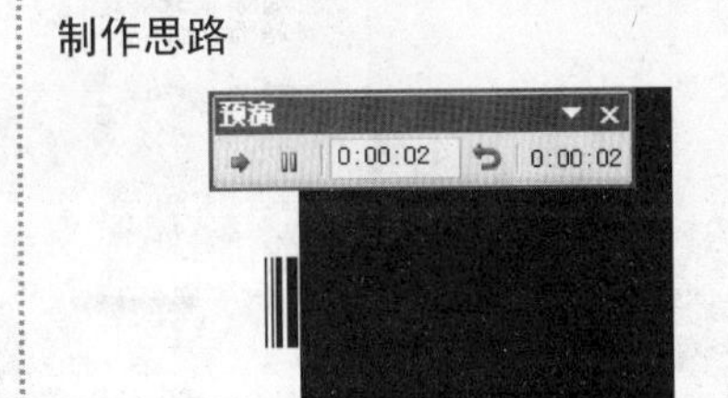

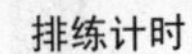

排练计时

以展台浏览方式放映幻灯

01

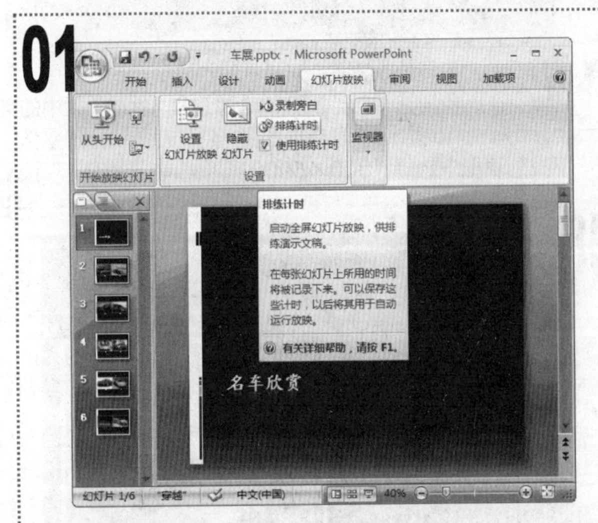

1 打开“车展”演示文稿，单击“幻灯片放映”选项卡，在“设置”组中单击“排练计时”按钮。

02

1 进入放映排练计时状态，幻灯片将全屏放映，同时打开“预演”工具栏并自动为该幻灯片的动画效果计时。

03

1 单击鼠标左键或滚动鼠标滚轴切换到下一张幻灯片，并控制幻灯片中动画或幻灯片出现的时间。

2 当所有幻灯片放映完后，屏幕上将弹出提示对话框，提示总共的排练计时时间，并询问是否保留幻灯片的排练时间，这里单击“是”按钮。

04

1 PowerPoint 2007 将自动切换到幻灯片浏览视图，并在每张幻灯片的左下角显示幻灯片播放时需要的时间，如图所示。

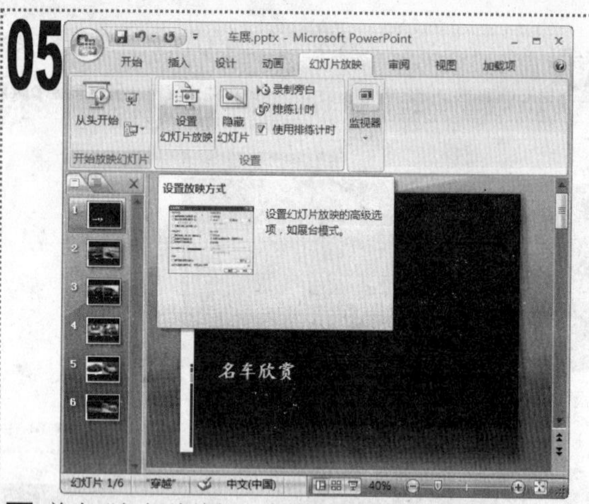

1 单击“幻灯片编辑”窗格底部的“普通视图”按钮，切换到普通视图。

2 单击“幻灯片放映”选项卡，在“设置”组中单击“设置幻灯片放映”按钮。

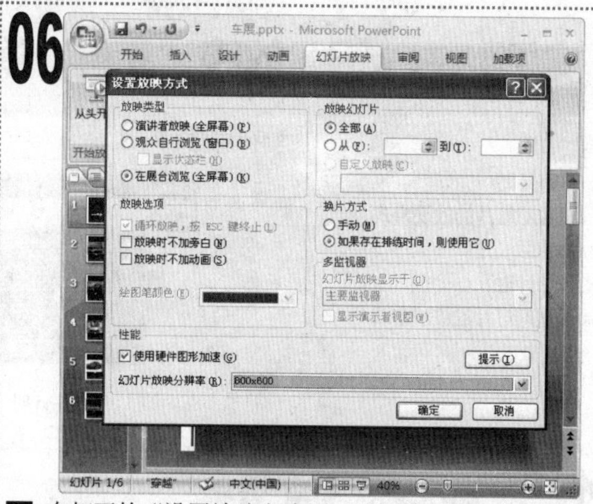

1 在打开的“设置放映方式”对话框的“放映类型”栏中，选中“在展台浏览（全屏幕）”单选按钮和“性能”栏中的“使用硬件图形加速”复选框，在“幻灯片放映分辨率”下拉列表框中选择“800×600”选项，单击“确定”按钮。

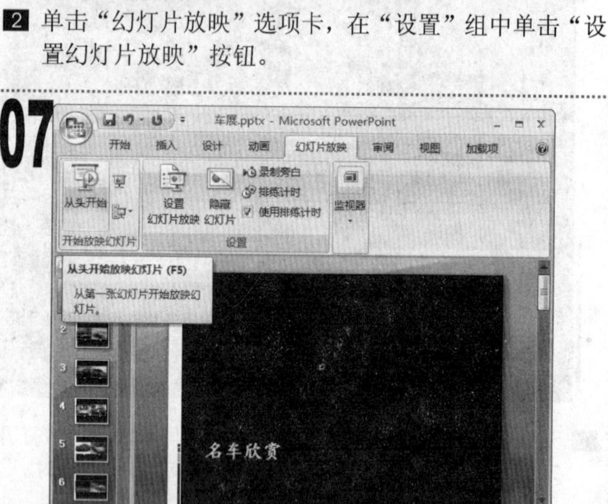

1 返回到“幻灯片编辑”窗格中，在“幻灯片放映”选项卡的“开始放映幻灯片”组中，单击“从头开始”按钮，从第1张幻灯片开始放映演示文稿。

1 幻灯片将按800×600的分辨率放映，且每张幻灯片的放映时间为前面设置的排练计时的时间。放映结束后保存演示文稿，完成本例的制作。

知识延伸

如果知道幻灯片所需的排练时间，可直接在“预演”工具栏的“幻灯片放映时间”文本框中输入该时间；如果觉得时间安排得不够好，可单击“重复”按钮，重新开始从0秒计时；若要暂停排练计时可单击“暂停”按钮。

排练计时需要每一张幻灯片都进行排练计时，采取人工计时的方式来排练这些演示文稿，它既能把握幻灯片的总体演示时间，又能根据讲解的重点来自由安排每张幻灯片的排练时间。人工计时实际上就是在之前章节中所讲解的对动画效果的换片方式进行设置，在“动画”选项卡的“切换到此幻灯片”组中，选中“在此之后自动设置动画效果”复选框，并在其后的数值框中输入设定的时间即可。

注意提示

当对演示文稿设置了排练计时后，在放映幻灯片时当幻灯片放映的时间到达排练设置的时间时，幻灯片会自动切换到下一张幻灯片，如果直接单击鼠标，也会切换到下一张幻灯片。如果将演示文稿的放映方式设置为“在展台浏览（全屏幕）”放映方式，放映幻灯片时单击鼠标不会切换幻灯片，且此时单击鼠标右键也不会弹出快捷菜单，幻灯片只会按照排练计时的时间进行切换。如果幻灯片没有进行排练计时而使用了“在展台浏览（全屏幕）”放映方式进行放映，则只会放映当前幻灯片。

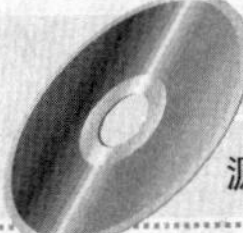

实例160　为演示文稿录制旁白

素材:\实例 160\茶文化.pptx

源文件:\实例 160\茶文化.pptx

包含知识

- 为演示文稿录制旁白

重点难点

- 为演示文稿录制旁白

制作思路

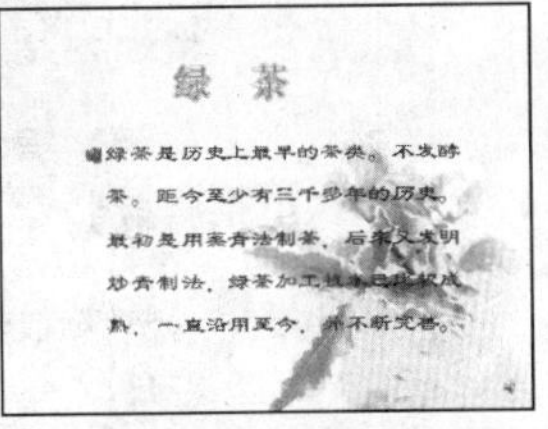

为单张幻灯片录制旁白

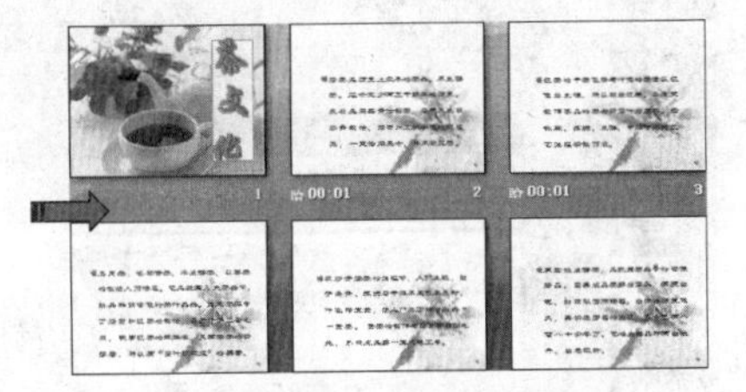

为所有幻灯片录制旁白

01

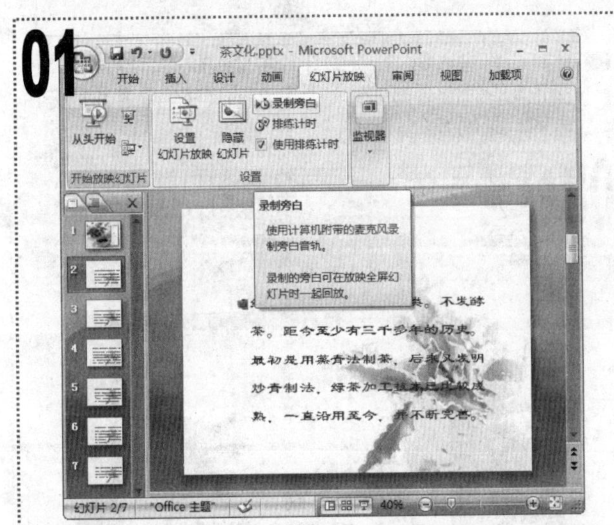

■ 打开“茶文化”演示文稿，在“幻灯片”窗格中选择第 2 张幻灯片，单击“幻灯片放映”选项卡，在“设置”组中单击“录制旁白”按钮。

02

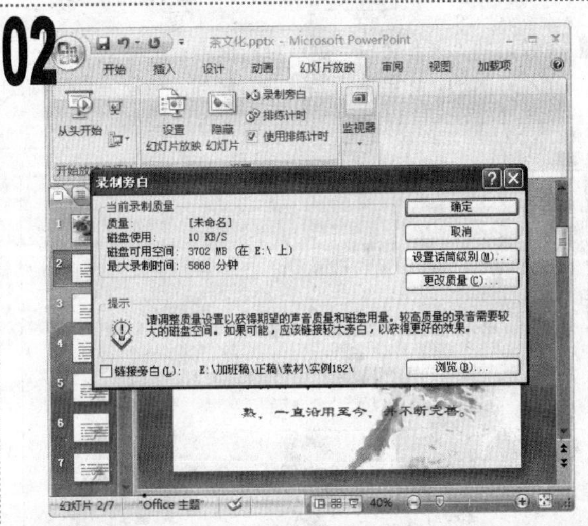

■ 在打开的“录制旁白”对话框中，单击“设置话筒级别”按钮。

03

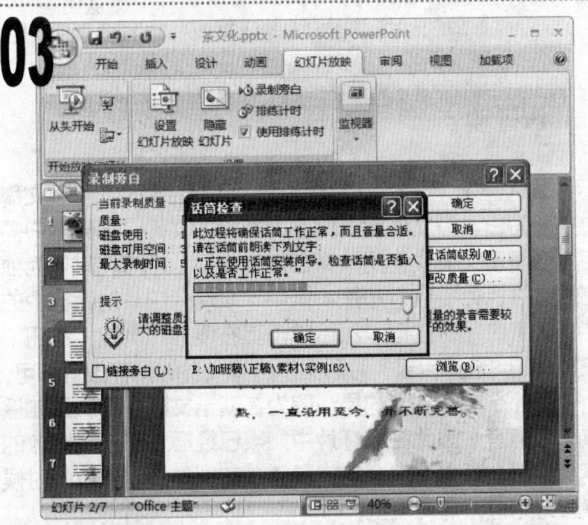

■ 此时，对着话筒说话，根据打开的“话筒检查”对话框中出现的音量条，检查话筒是否正常工作及音量大小是否合适，确认后单击“确定”按钮。

04

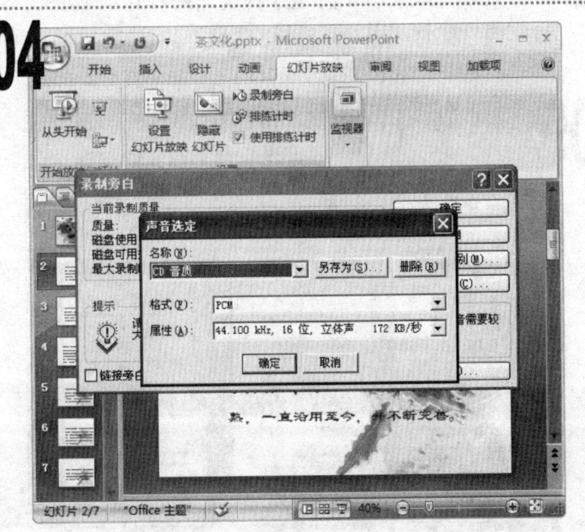

■ 返回“录制旁白”对话框，单击“更改质量”按钮，在打开的“声音选定”对话框的“名称”下拉列表框中选择“CD 音质”选项，单击“确定”按钮，返回“录制旁白”对话框，再次单击“确定”按钮。

05

■ 在弹出的“录制旁白”提示对话框中，选择从哪张幻灯片开始录制，这里单击“当前幻灯片”按钮，从当前幻灯片开始录制。

06

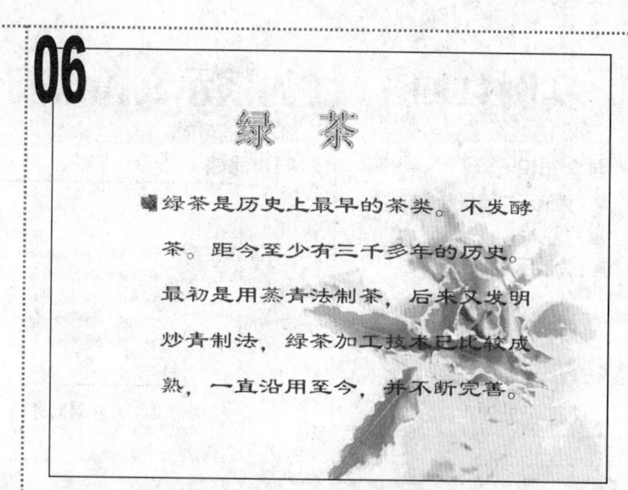

■ 此时，将进入第 2 张幻灯片的放映状态，确认话筒连接正确，对准话筒朗读幻灯片中的文字，或者其他旁白内容，录制旁白。

07

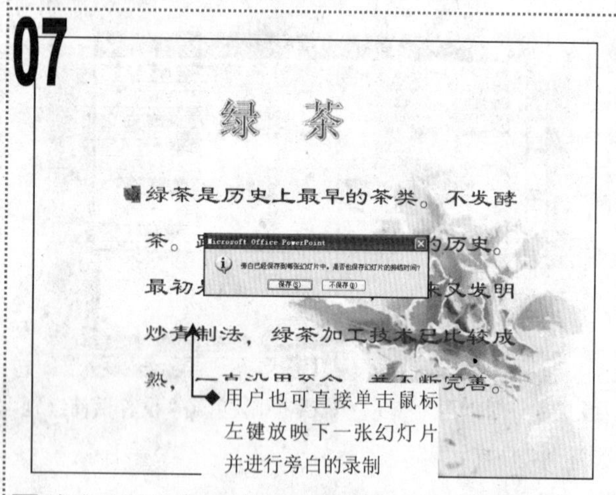

■ 旁白录制完成后，按【Esc】键退出幻灯片的放映状态，将弹出一个提示对话框，提示用户旁白已经录制完成，单击“保存”按钮。

08

■ 录制完成后，在幻灯片右下角会出现一个声音图标，以后再次放映幻灯片时，通过音箱或耳机就可以听到录制的旁白了。

09

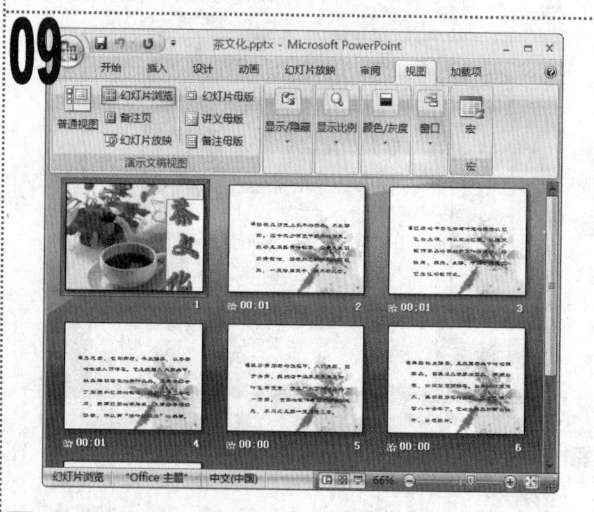

■ 使用同样的方式为除第 1 张外的其他幻灯片录制旁白，如图所示，然后保存演示文稿，完成本例的制作。

知识延伸

默认情况下为幻灯片录制的旁白会存储在演示文稿中，即旁白声音文件没有保存为单独的文件。如果用户需在其他演示文稿中使用该旁白声音文件，也可将其作为独立的文件保存，其方法是：选中“录制旁白”对话框中的“链接旁白”复选框，然后单击其右侧的“浏览”按钮，在打开的“选择目录”对话框中选择文件的保存位置即可。

另外，需要注意的是，因为在演示文稿中每次只能播放一种声音，因此在幻灯片中如果已经插入了自动播放的声音，那么语音旁白会将其覆盖，在制作演示文稿的时候应当避免这种情况发生。

实例161　放映“九寨美景”演示文稿

素材:\实例 161\九寨美景.pptx

源文件:\实例 161\九寨美景.pptx

包含知识

- 快速定位幻灯片
- 用鼠标标记重点内容

重点难点

- 快速定位幻灯片
- 用鼠标标记重点内容

制作思路

放映幻灯片

快速定位幻灯片

用鼠标标记重点内容

01

1. 打开“九寨美景”演示文稿，按【F5】键放映幻灯片并连续单击鼠标左键放映幻灯片中的动画，或换到下一张幻灯片。
2. 当第 1 张幻灯片中的对象显示完后，在幻灯片中单击鼠标右键，在弹出的快捷菜单中选择“定位至幻灯片/4 卧龙海”命令。

02

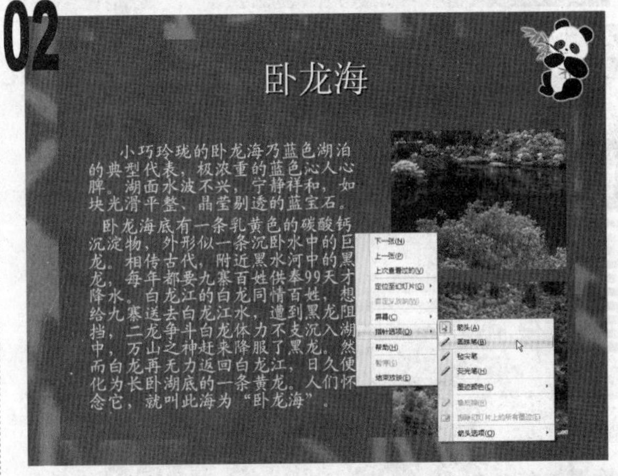

1. 切换到第 4 张幻灯片中，单击鼠标左键放映幻灯片中的动画。
2. 单击鼠标右键，在弹出的快捷菜单中选择“指针选项/圆珠笔”命令。

03

1. 此时，鼠标光标变为一个黑色的圆点，在幻灯片中的“卧龙海”文本下方按住鼠标左键不放并拖动，可绘制一条黑色的线。

04

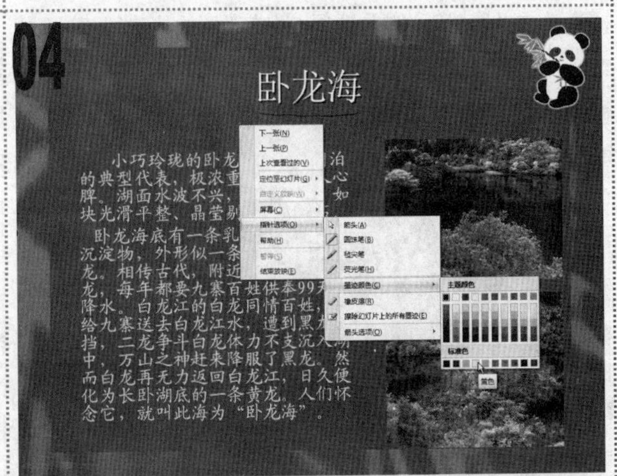

1. 单击鼠标右键，在弹出的快捷菜单中选择“指针选项/墨迹颜色”命令，在弹出的下拉列表中选择“黄色”选项。

05

1 拖动鼠标在第 4 张幻灯片中绘制黄色线条。

2 在幻灯片中的空白位置处单击鼠标右键，在弹出的快捷菜单中选择“结束放映”命令。

06

1 在弹出的提示对话框中将会询问是否保留墨迹注释，这里单击“保留”按钮。

07

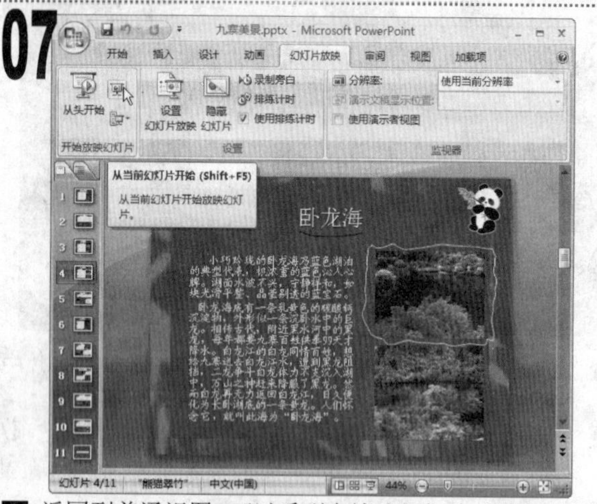

1 返回到普通视图，可以看到在放映幻灯片时绘制的墨迹保留在幻灯片中。

2 单击“幻灯片放映”选项卡，在“开始放映幻灯片”组中单击“从当前幻灯片开始”按钮，继续放映幻灯片。

08

1 连续单击鼠标左键快速播放第 4 张幻灯片，播放第 5 张幻灯片时，在幻灯片播放界面的左下角单击“下一张”按钮。

09

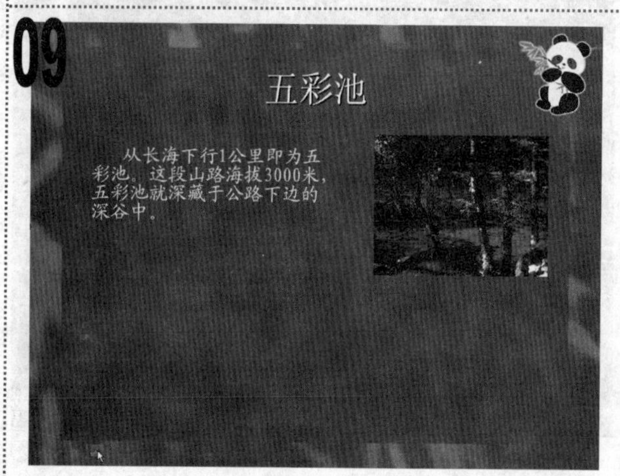

1 将跳过该幻灯片中的所有动画而直接播放下一张幻灯片。

10

1 继续放映其他幻灯片，当最后一张幻灯片放映完毕后，单击鼠标左键退出幻灯片的放映状态。最后保存演示文稿，完成本例的制作。

第12章

制作商业类演示文稿

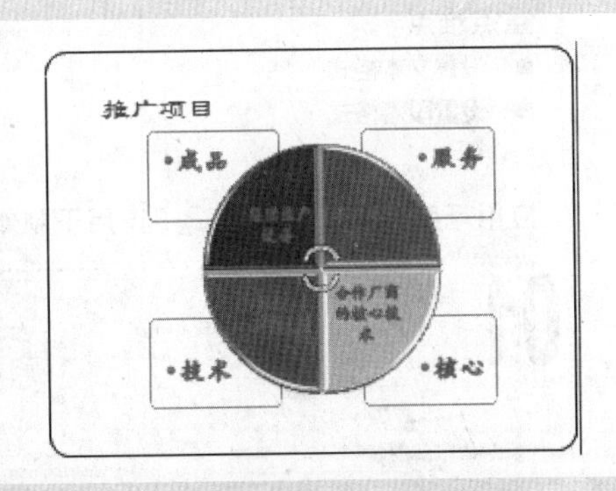

实例162 制作“天府美食”演示文稿

实例164 制作“个人总结”演示文稿

实例166 制作“广告招商”演示文稿

实例168 制作“新潮数码”演示文稿

实例170 制作“年度奖金”演示文稿

实例173 制作“市场推广”演示文稿

实例176 制作“加盟代理”演示文稿

12

演示文稿在商业应用中有着非常重要的地位，是必不可少的商业展现方式。通过演示文稿可以进行各种商业宣传、产品推广及会议辅助等。其灵活的展现方式，可以更直观地表达出商业展示的目的。

实例162 制作“天府美食”演示文稿

素材:无

源文件:\实例 162\天府美食.pptx

包含知识
- 应用主题
- 输入、复制与粘贴文本
- 设置文本格式
- 设置段落格式

重点难点
- 设置文本格式
- 设置段落格式

制作思路

输入文本 设置文本格式 调整段落格式

应用场所

用于制作以文本为主的宣传、讲解类演示文稿。

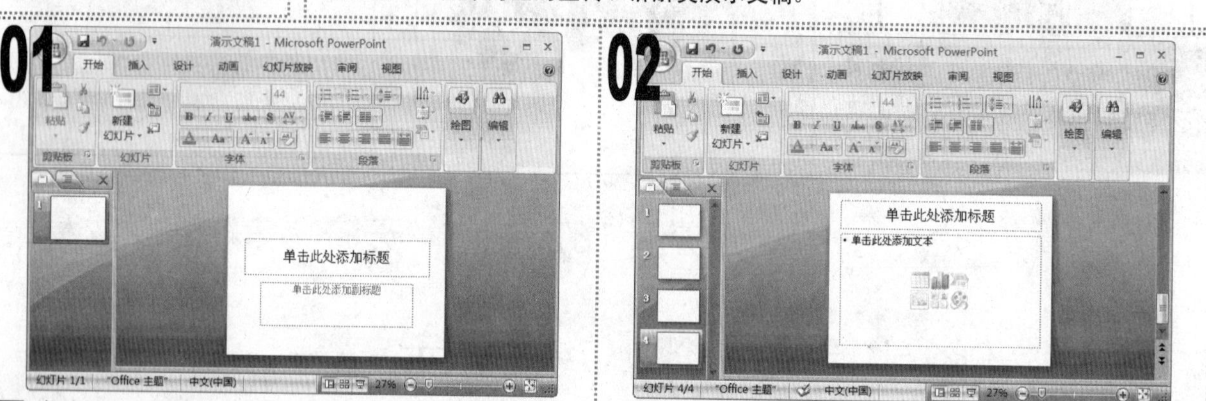

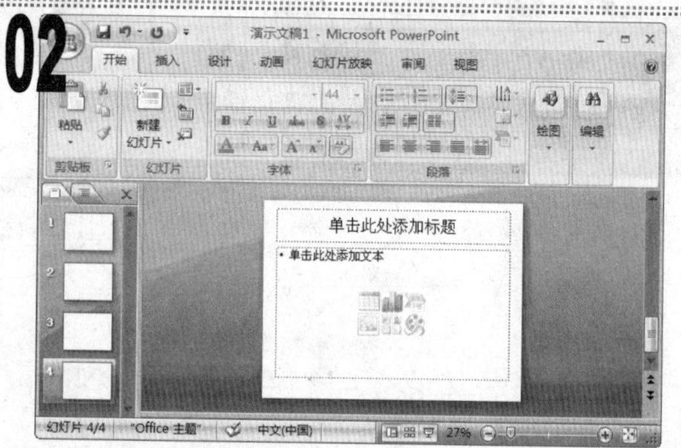

01 启动 PowerPoint 2007，新建一个空白演示文稿。

02 在“开始”选项卡中单击“幻灯片”组中的“新建幻灯片”按钮三次，新建三张空白幻灯片。

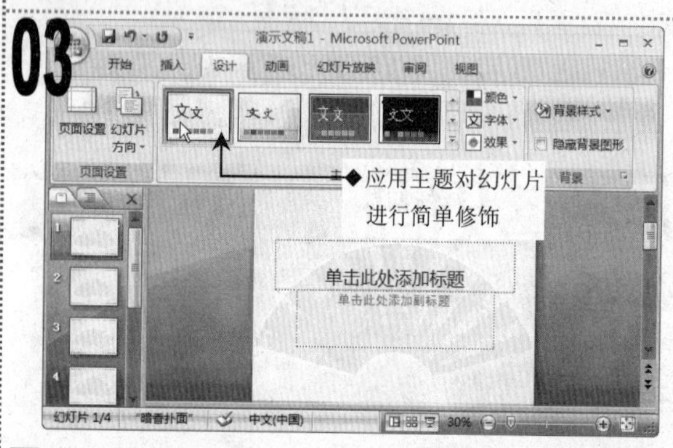

03 单击“设计”选项卡，在“主题”组中的列表框中选择“暗香扑面”选项。

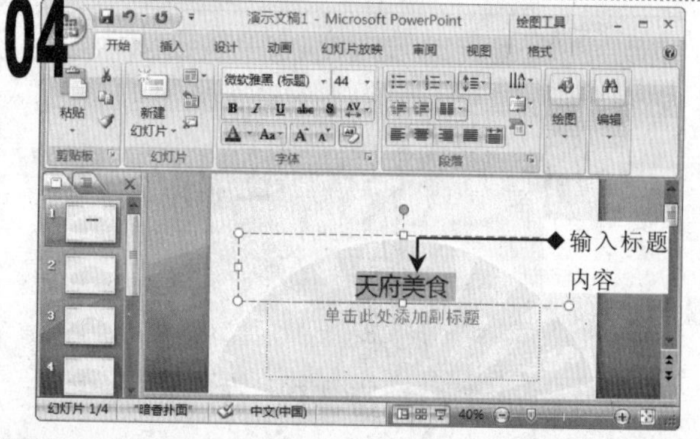

04 选择第 1 张幻灯片，将文本插入点定位到标题占位符中，输入文本“天府美食”，并选择输入的文本。

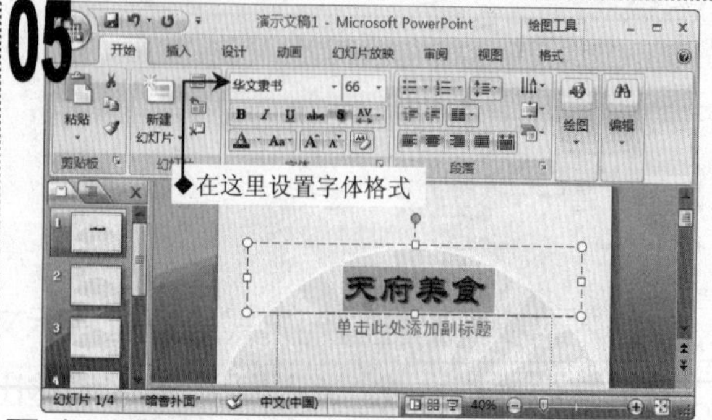

05 在“开始”选项卡的“字体”组中，将字体格式设置为“华文隶书、66、阴影”。

06 选择副标题占位符，将文本插入点定位其中并输入文本“四川省美食协会”，按【Enter】键换行输入“2008 年 8 月”。

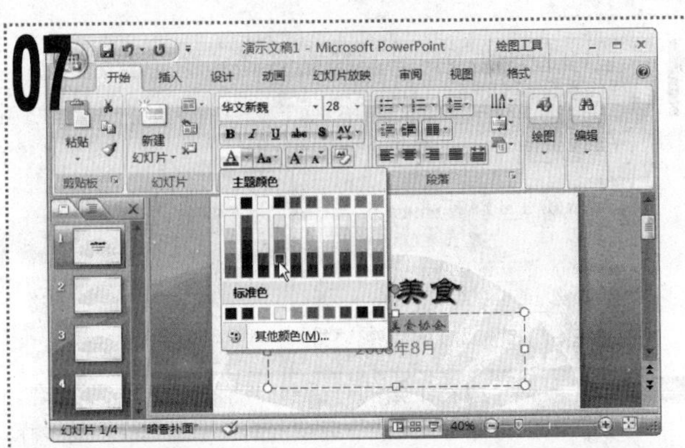

■ 选择文本“四川省美食协会”，将其字体格式设置为“华文新魏、28”，颜色设置为“灰色-80%，文字 2，淡色 25%”。

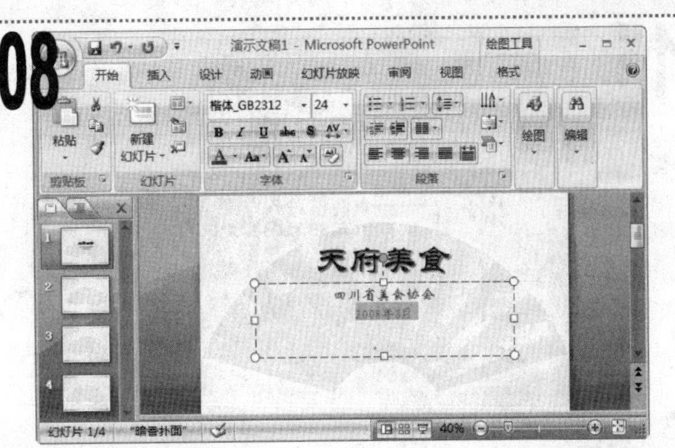

■ 选择文本“2008 年 8 月”，将其字体格式设置为“楷体_GB2312、24”，字体颜色保持默认设置。

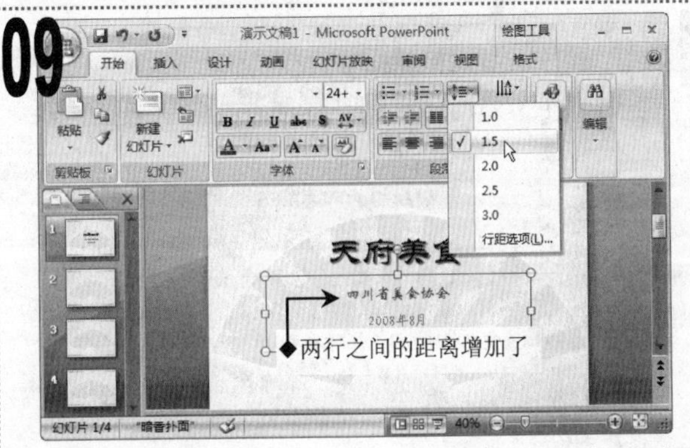

■ 选择副标题占位符，单击“开始”选项卡的“段落”组中的“行距”下拉按钮，在弹出的下拉菜单中选择“1.5”命令。

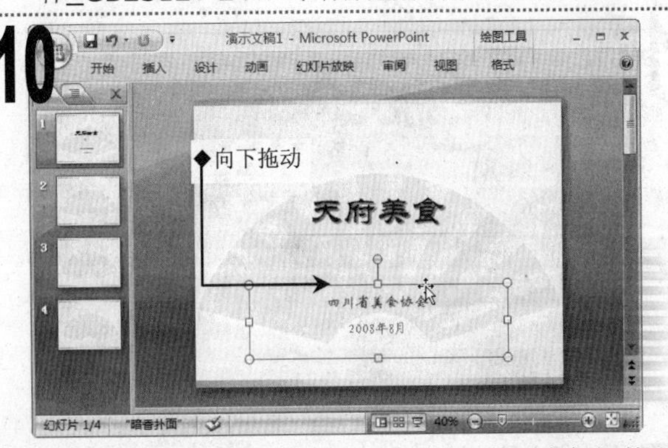

■ 将鼠标光标指向副标题占位符的边框，拖动鼠标调整副标题占位符在幻灯片中的位置。

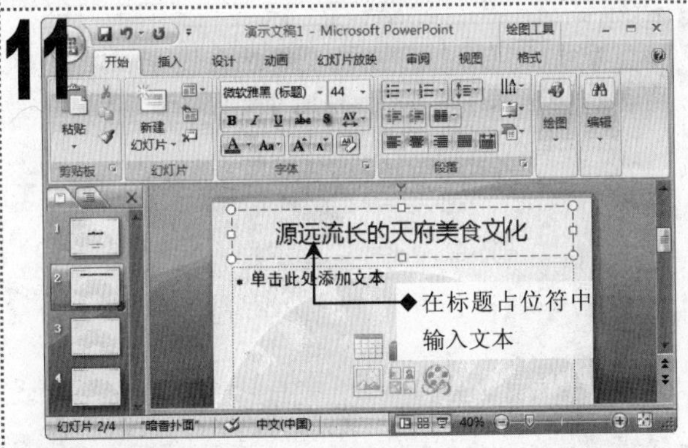

■ 选择第 2 张幻灯片，输入标题文本“源远流长的天府美食文化”。

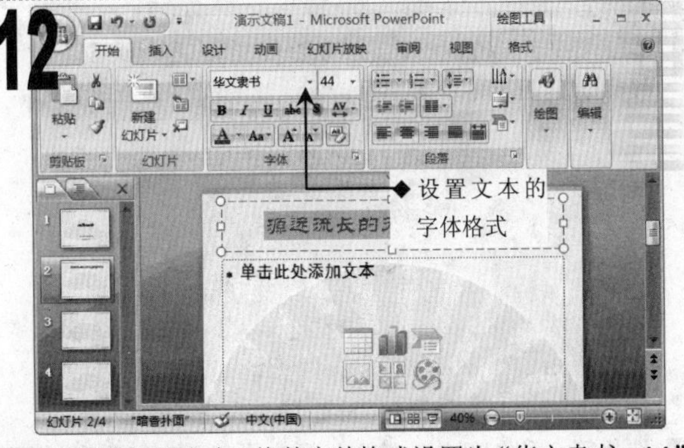

■ 选择输入的文本，将其字体格式设置为“华文隶书、44”，字体颜色设置为“灰色-80%，文字 2，淡色 25%”。

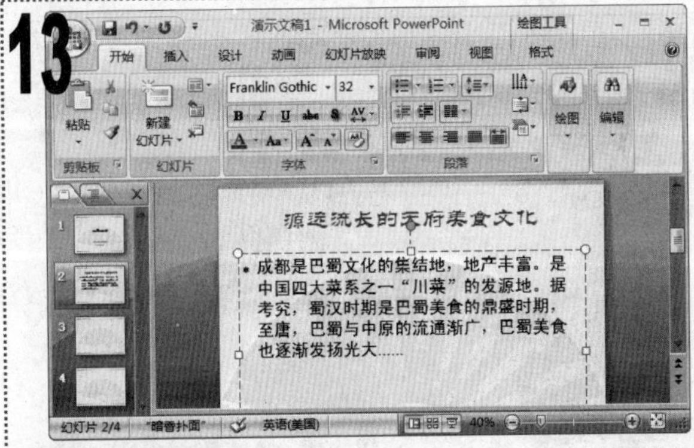

■ 将文本插入点定位到下方的占位符中，并在其中输入正文内容。

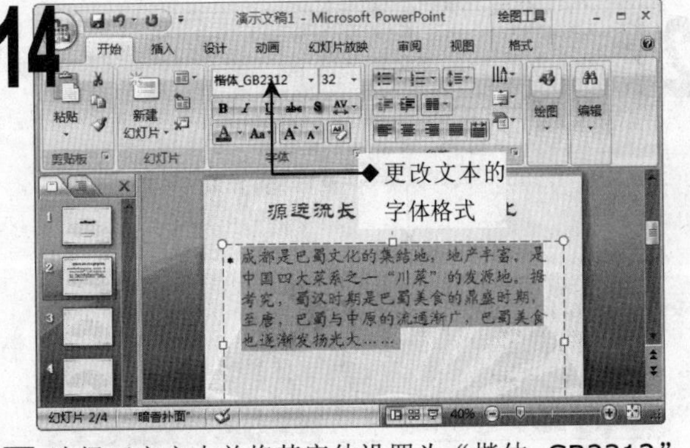

■ 选择正文文本并将其字体设置为“楷体_GB2312”，颜色与标题文本相同。

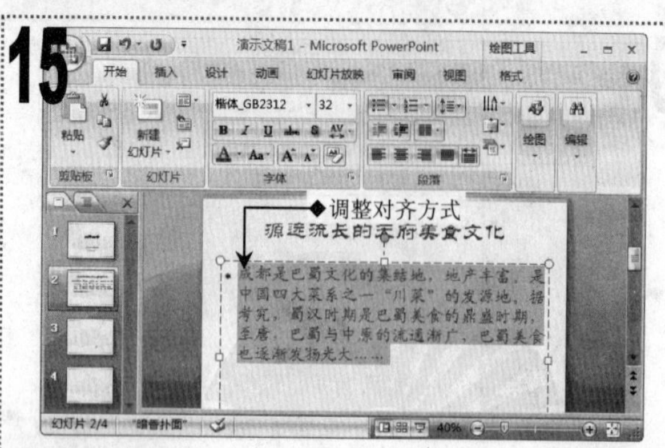

■ 单击“段落”组中的“两端对齐”按钮，将段落的对齐方式设置为“两端对齐”。

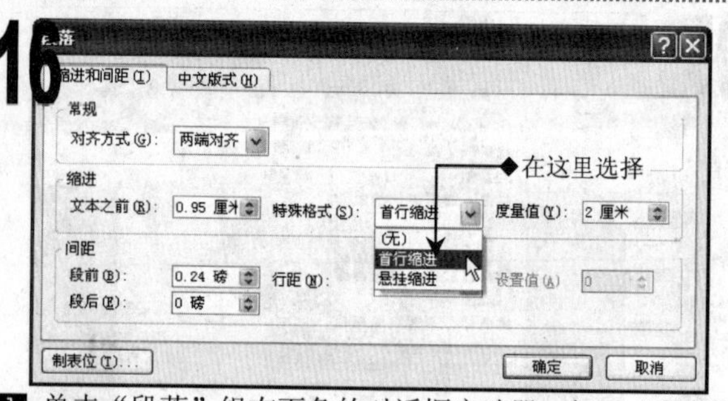

■ 单击“段落”组右下角的对话框启动器，打开“段落”对话框，在“缩进和间距”选项卡的“缩进”栏中的“特殊格式”下拉列表框中选择“首行缩进”选项，在“度量值”数值框中输入“2厘米”，然后单击“确定”按钮。

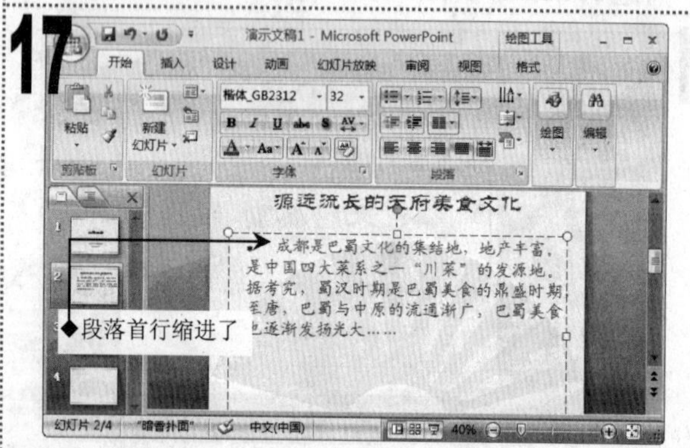

■ 更改正文段落缩进后的效果如图所示。

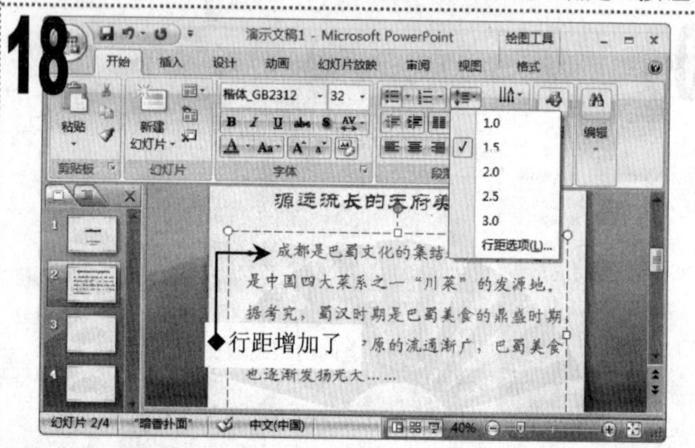

■ 选择下方的占位符，单击“段落”组中的“行距”下拉按钮，在弹出的下拉菜单中选择“1.5”命令。

■ 选择第3张幻灯片，输入标题文本“天府名菜”，将其字体设置为“华文隶书”，颜色设置为“灰色-80%，文字2，淡色25%”。

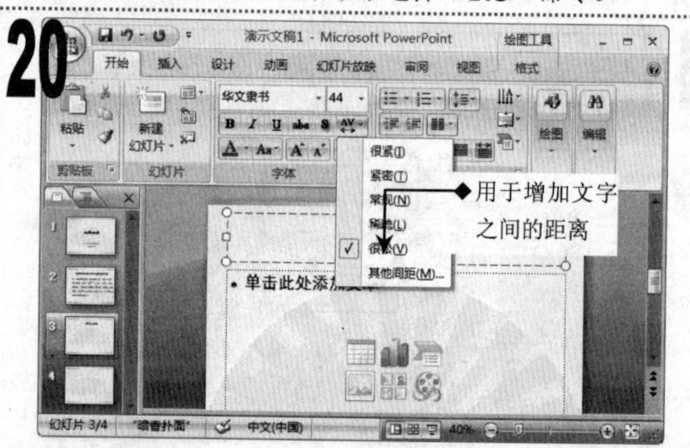

■ 单击“字体”组中的“字符间距”下拉按钮，在弹出的下拉菜单中选择“很松”命令，调整标题文本的字符间距。

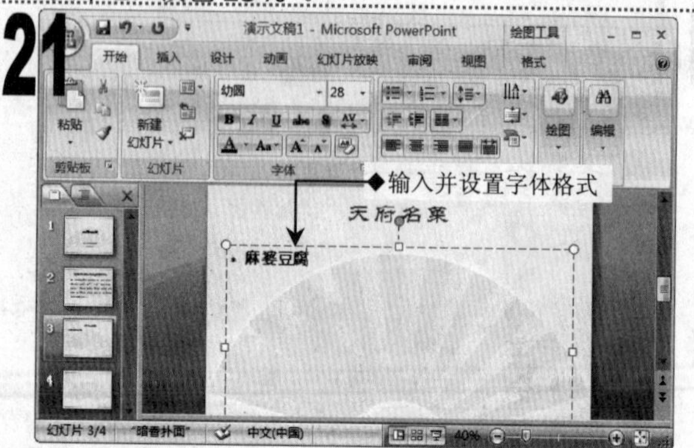

■ 在下方的占位符中输入文本“麻婆豆腐”，并将其字体格式设置为“幼圆、加粗、28”。

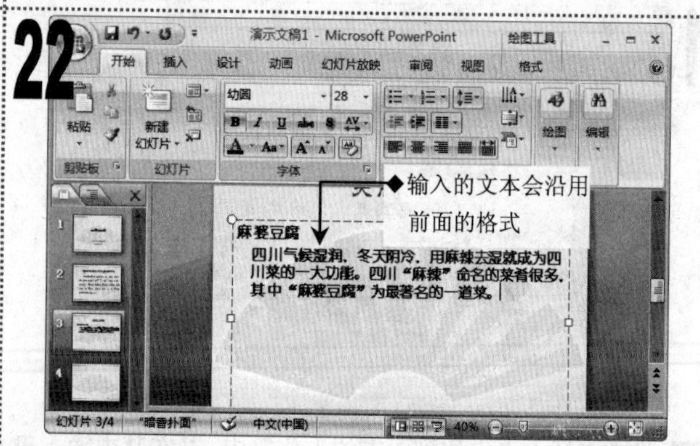

■ 按【Delete】键删除文本前自动生成的项目符号，将文本插入点定位到文本后，按【Enter】键换行后输入相关的说明内容。

23

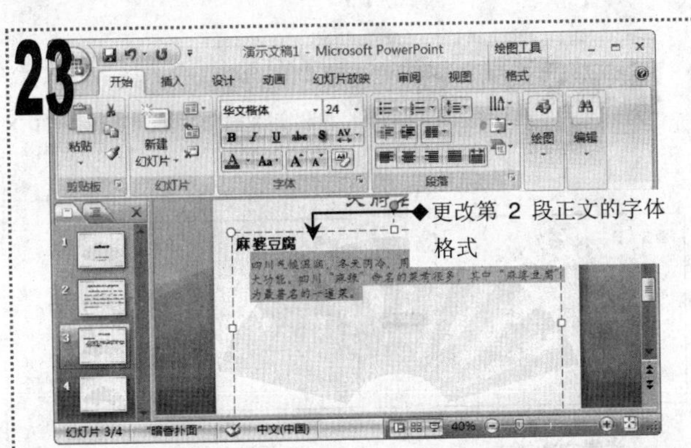

■ 将说明内容的字体格式设置为“华文楷体、24”，字体颜色设置为与标题文本的相同。

24

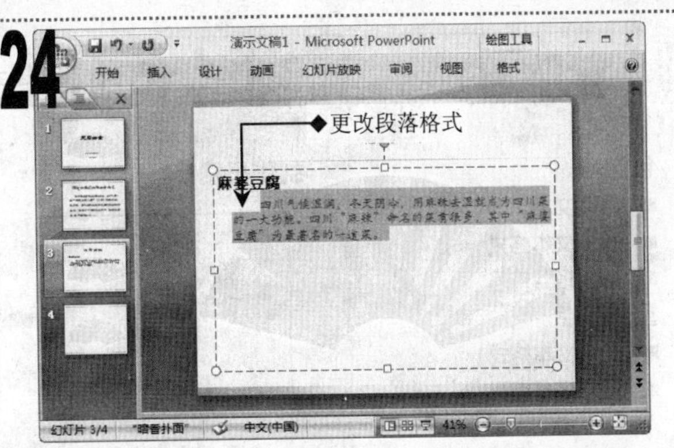

■ 将说明内容的段落格式设置为首行缩进 0.8 厘米，对齐方式设置为“两端对齐”。

25

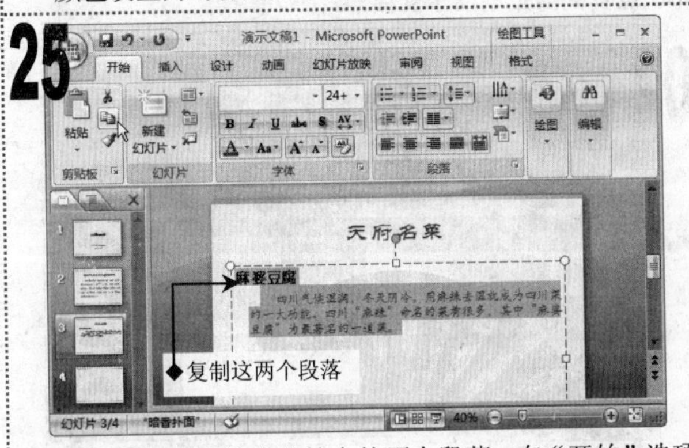

■ 同时选择下方的占位符中的两个段落，在“开始”选项卡的“剪贴板”组中，单击“复制”按钮复制段落。

26

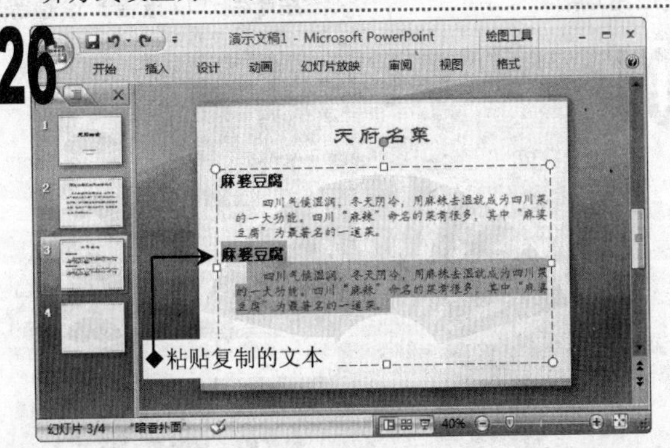

■ 将光标移动到第 2 个段落的末尾，按【Enter】键换行。

■ 单击“剪贴板”组中的“粘贴”按钮，粘贴复制的文本。

27

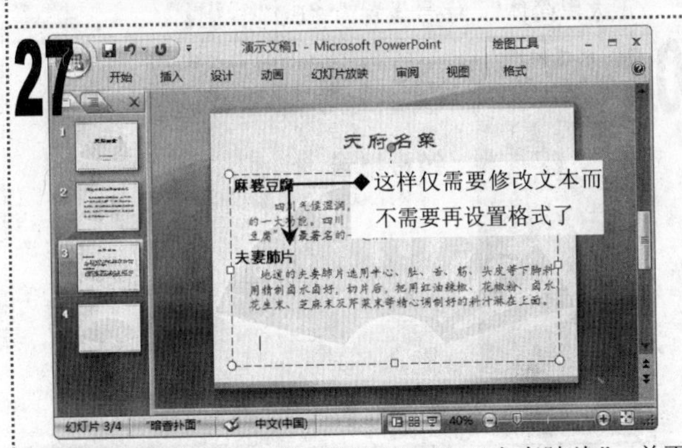

■ 将复制的文本“麻婆豆腐”更改为“夫妻肺片”，并更改相关的说明内容。

28

■ 选择第 4 张幻灯片，在标题占位符中输入文本“参与我们，获取更多”，设置其字体格式为“方正大黑简体、60”。

29

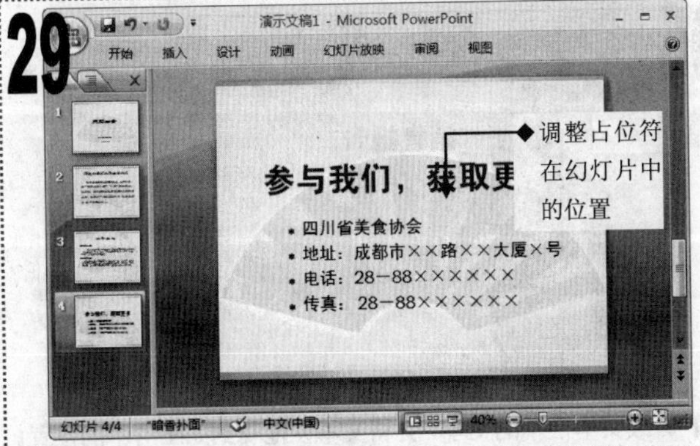

■ 在下方的占位符中输入相关内容，并调整占位符的位置。

30

■ 至此，演示文稿制作完成，保存后进行放映即可。

实例163 制作“销售报告”演示文稿

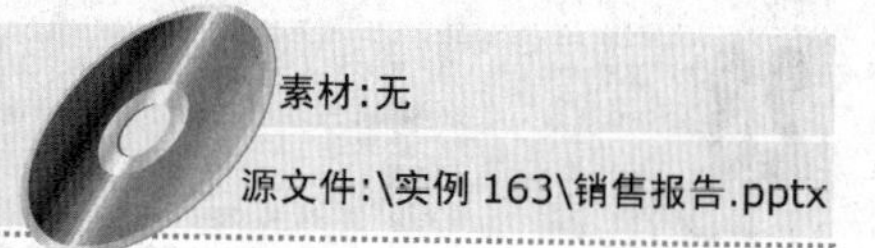

素材：无

源文件：\实例 163\销售报告.pptx

包含知识

- 输入文本
- 设置文本格式
- 应用项目符号

重点难点

- 设置文本格式
- 应用项目符号

制作思路

应用场所

用于制作以报告、论题等以知识点罗列为主的演示文稿。

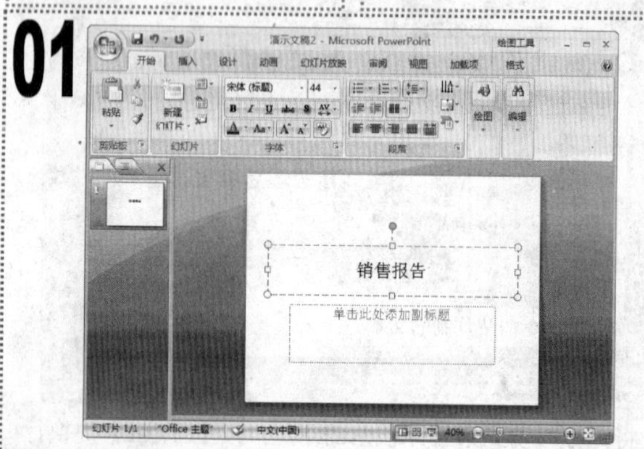

■ 在 PowerPoint 2007 中新建一个空白演示文稿，在标题占位符中输入文本“销售报告”。

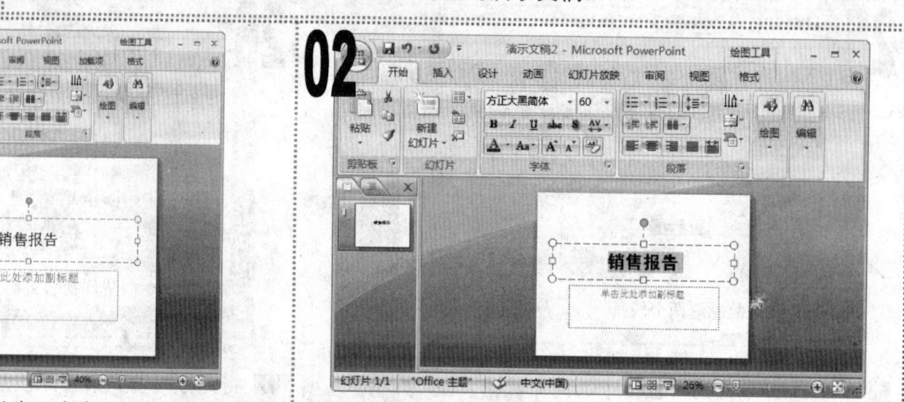

■ 在“开始”选项卡的“字体”组中，将字体设置为“方正大黑简体”，字号设置为“60”。

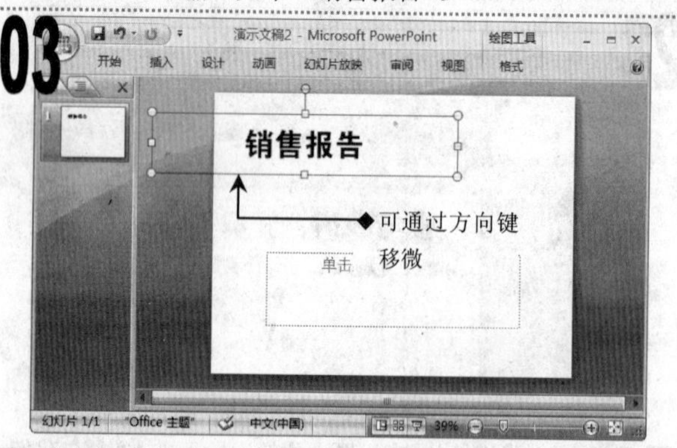

■ 将鼠标光标移动到标题占位符的边框上，按住鼠标左键不放拖动鼠标调整占位符到如图所示的位置。

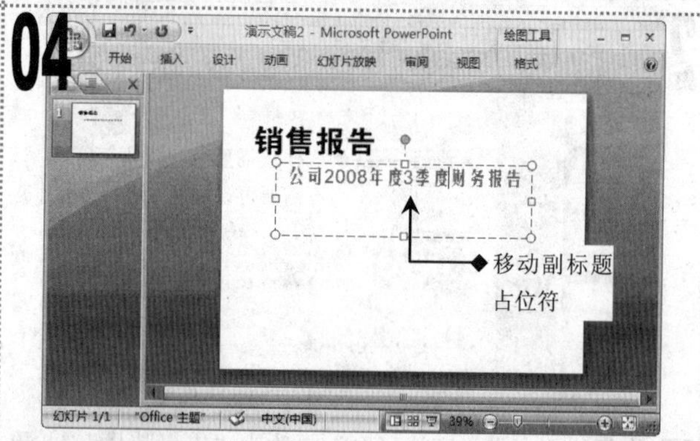

■ 在副标题占位符中输入相应的文本，将其字体格式设置为“方正美黑简体、36”，并移动其位置。

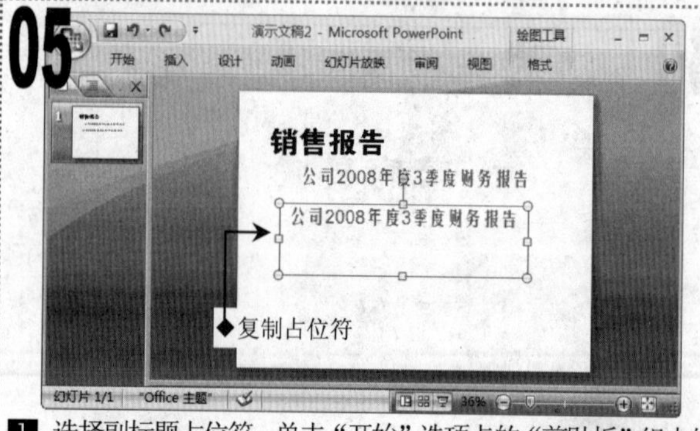

■ 选择副标题占位符，单击“开始”选项卡的“剪贴板”组中的“复制”按钮，然后单击“粘贴”按钮，复制一个文本框。

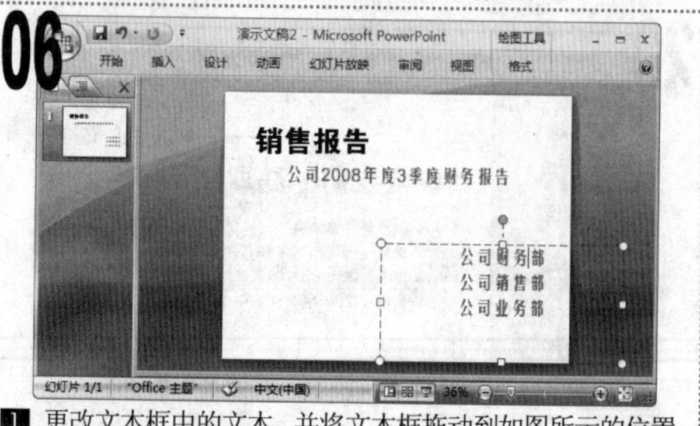

■ 更改文本框中的文本，并将文本框拖动到如图所示的位置。

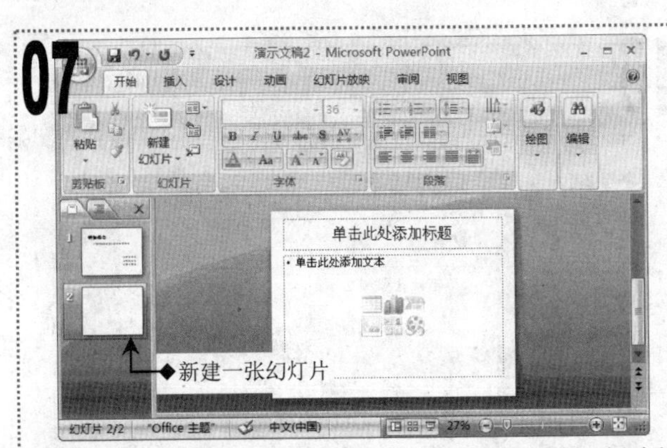

单击“开始”选项卡，在“幻灯片”组中单击“新建幻灯片”按钮，新建一张幻灯片。

在标题占位符中输入文本，将其字体格式设置为“方正大黑简体、44”，对齐方式设置为“左对齐”。

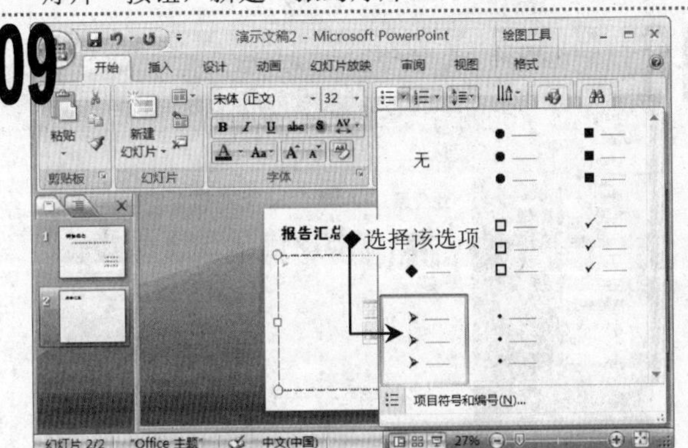

在下方的占位符中单击鼠标左键，单击“开始”选项卡的“段落”组中的“项目符号”按钮右侧的下拉按钮，在弹出的下拉菜单中选择“箭头项目符号”选项。

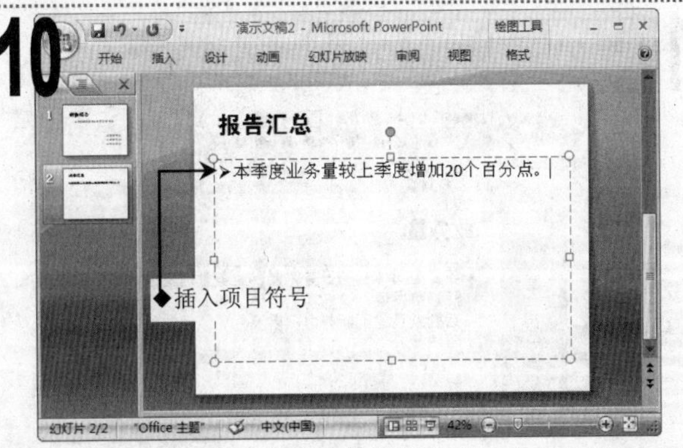

此时，即可更改占位符中的项目符号，在项目符号后输入相应的文本内容。

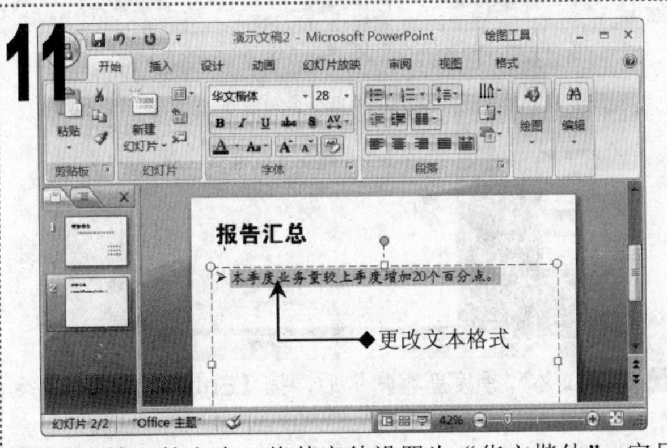

选中输入的文本，将其字体设置为“华文楷体”，字号设置为“28”。

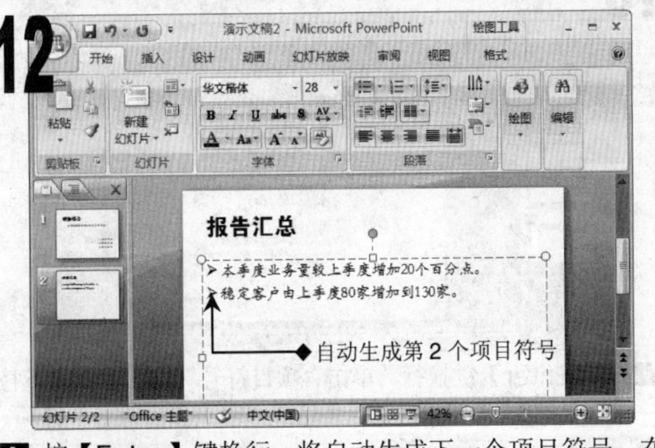

按【Enter】键换行，将自动生成下一个项目符号，在项目符号后输入相应的文本。

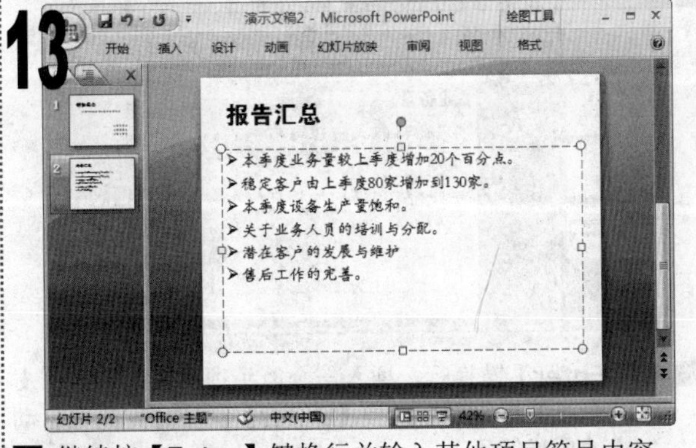

继续按【Enter】键换行并输入其他项目符号内容。

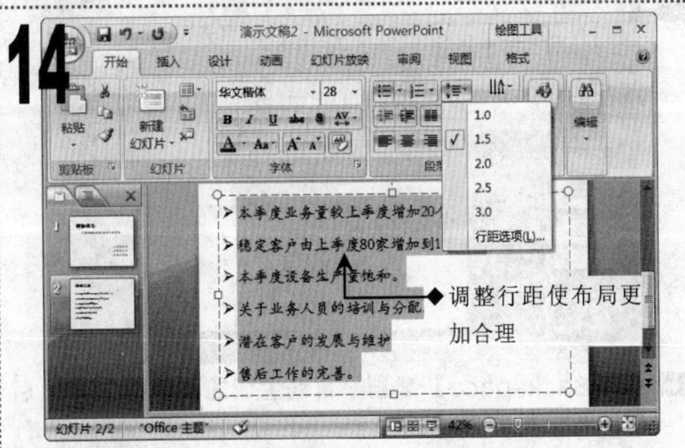

选择全部项目符号内容，将其行间距设置为“1.5”。

15

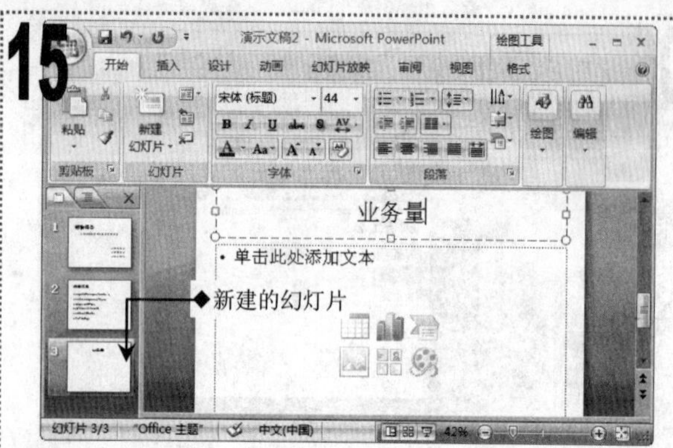

按下【Ctrl+M】组合键新建一张幻灯片，在标题占位符中输入文本“业务量”。

16

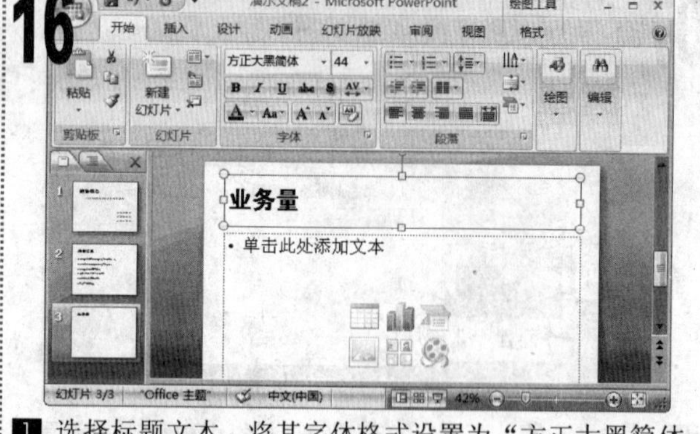

选择标题文本，将其字体格式设置为“方正大黑简体、44”，对齐方式设置为“左对齐”。

17

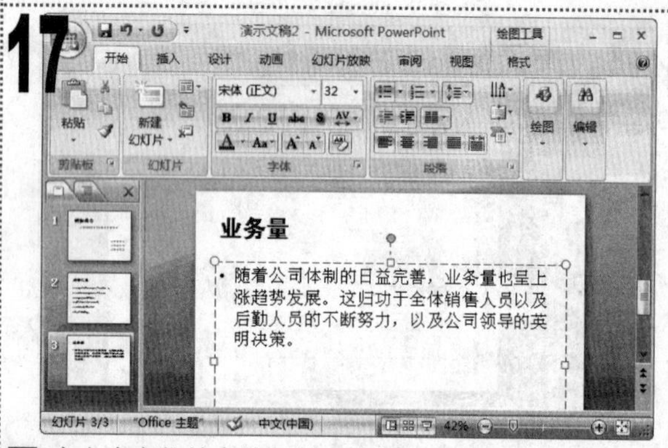

在文本占位符中输入第 1 段概述文本。

18

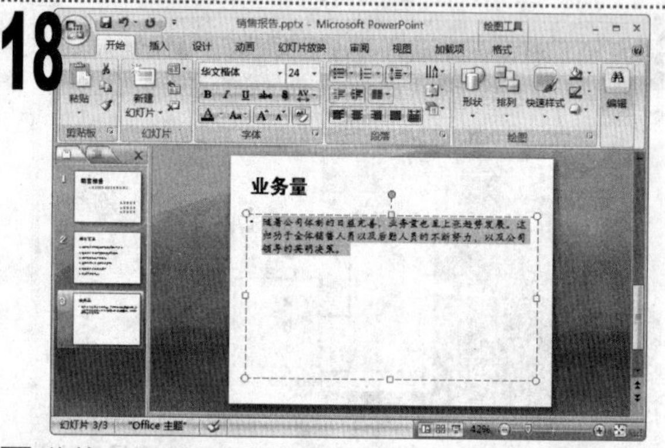

将第 1 段文本的字体格式设置为“华文楷体、24”。

19

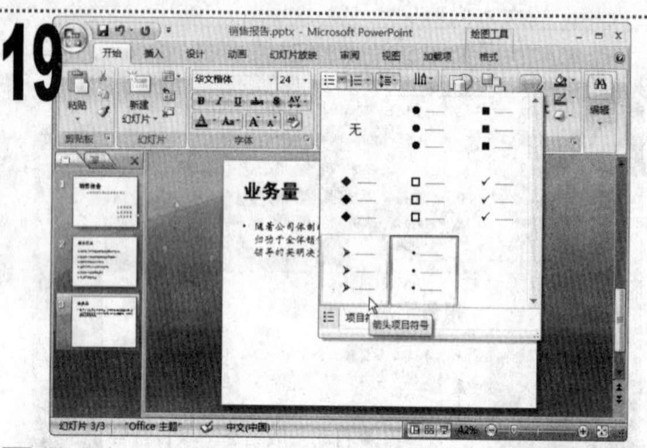

按【Enter】键换行，单击“项目符号”按钮右侧的下拉按钮，在弹出的下拉菜单中选择“箭头项目符号”选项。

20

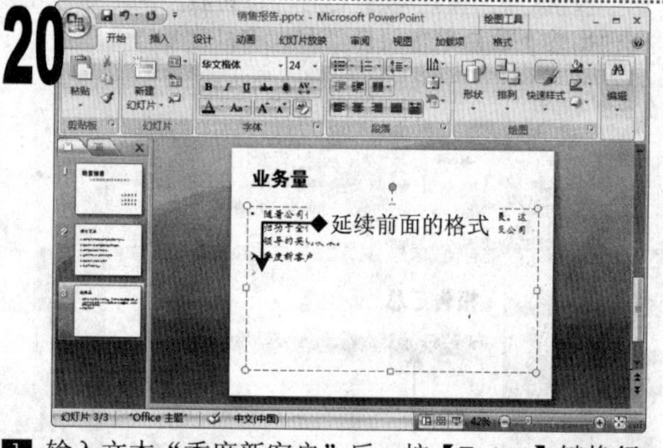

输入文本“季度新客户”后，按【Enter】键换行。

21

按【Backspace】键删除自动生成的项目符号，然后输入相应的内容。

22

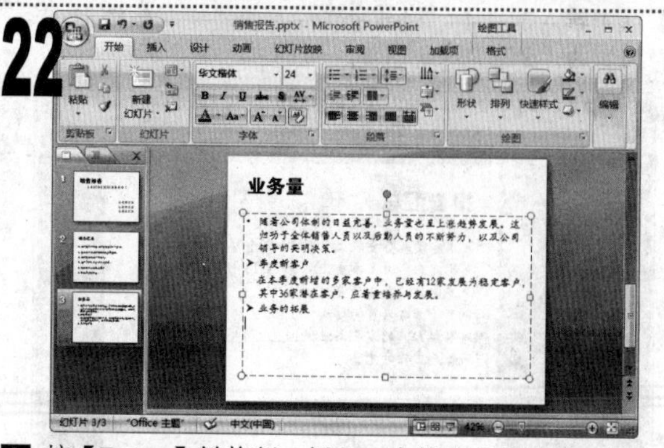

按【Enter】键换行，插入一个箭头项目符号，输入文本“业务的拓展”后，按【Enter】键换行并删除自动生成的项目符号。

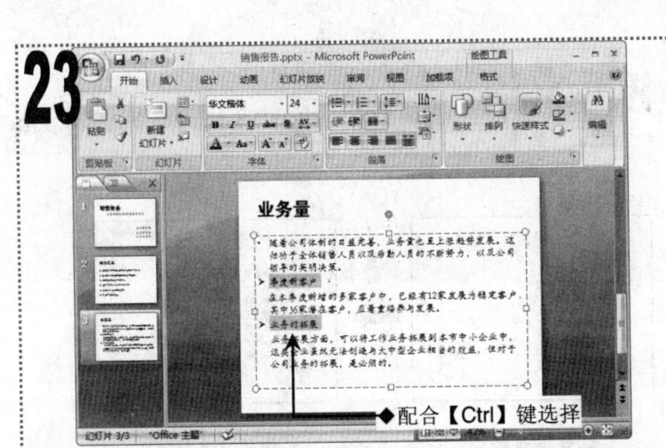

■ 输入其他文本。选择“季度新客户”和“业务的拓展”文本。

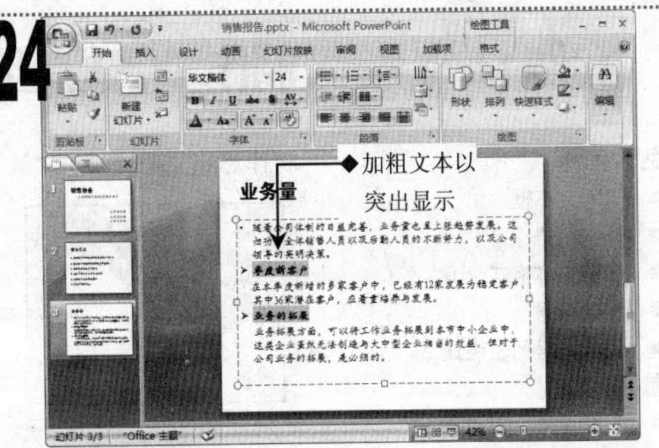

■ 单击“开始”选项卡，在“字体”组中单击“加粗”按钮，将选中的文本加粗显示。

■ 再新建一张幻灯片，输入标题文本“业务人员”，将其字体格式设置为“方正大黑简体、44、左对齐”。

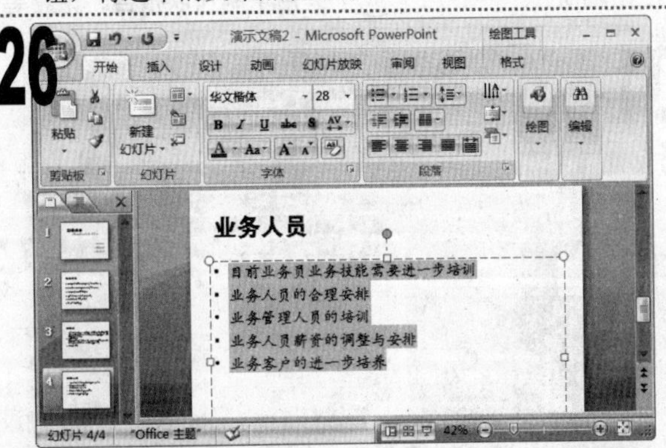

■ 在下面的占位符中输入相应的正文内容，将其字体格式设置为“华文楷体、28”。

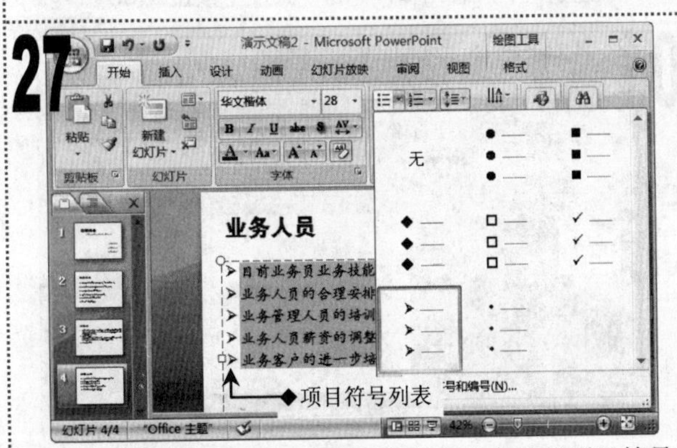

■ 选择所有正文段落，单击“段落”组中的“项目符号”按钮右侧的下拉按钮，在弹出的下拉菜单中选择“箭头项目符号”选项。

■ 再新建一张幻灯片，在标题占位符中输入标题文本，字体格式设置为“方正大黑简体、60”，并删除下面的占位符，将标题占位符移动到幻灯片中间。

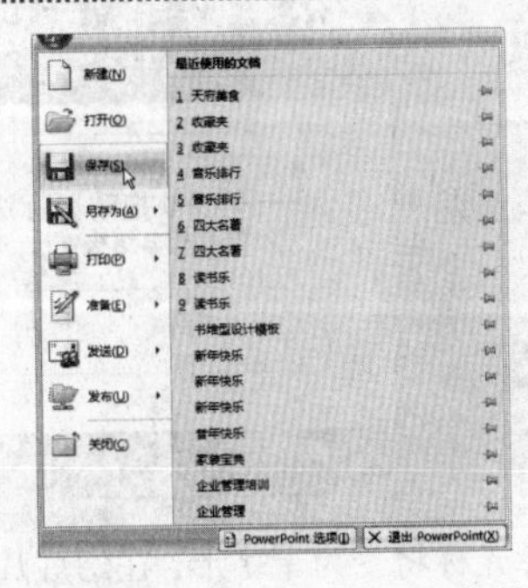

■ 单击“Office”按钮，在弹出的下拉菜单中选择“保存”命令。

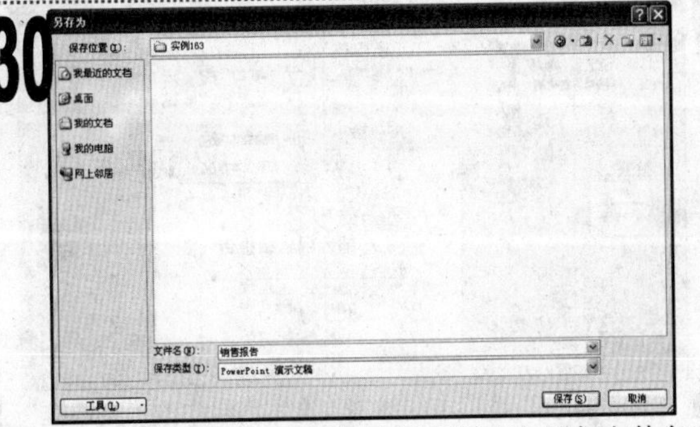

■ 在打开的“另存为”对话框中设置保存位置与文件名后，单击“保存”按钮保存演示文稿。

实例164 制作“个人总结”演示文稿

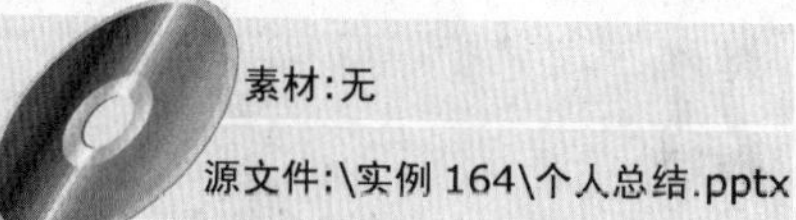

素材:无

源文件:\实例 164\个人总结.pptx

包含知识

- 插入文本框
- 插入符号
- 设置文本格式
- 创建编号
- 调整编号列表格式

重点难点

- 调整编号列表

制作思路

创建编号列表 → 调整编号级别 → 设置文本格式

应用场所

用于制作以报告、论题等以有序的内容为主的演示文稿。

01

■ 新建一个空白演示文稿，单击快速访问工具栏中的“保存”按钮。

02

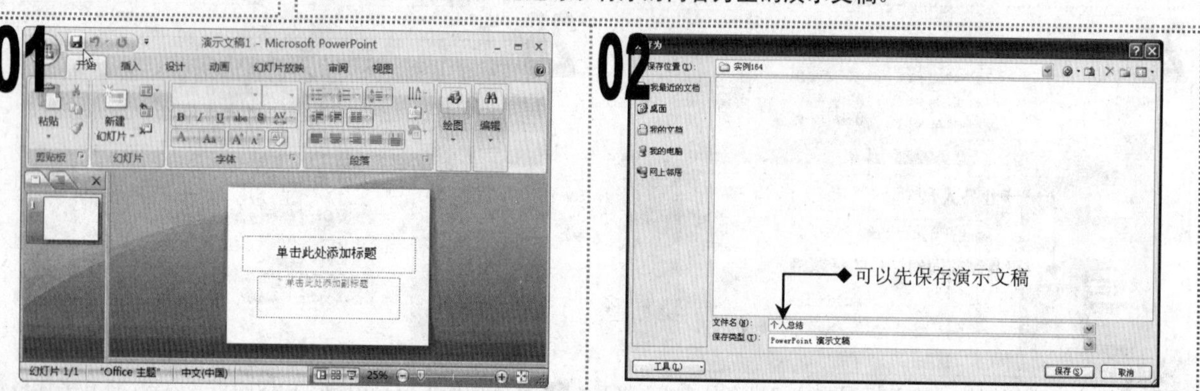

■ 在打开的“另存为”对话框中选择保存路径，将文件名设置为“个人总结”，单击“保存”按钮。

03

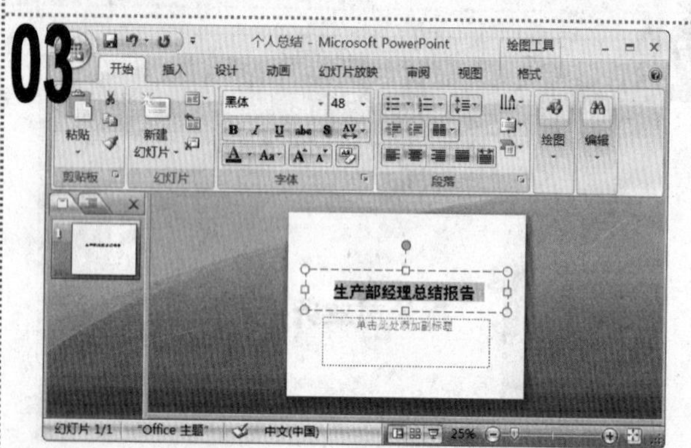

■ 在幻灯片中的标题占位符中输入“生产部经理总结报告”文本，将其字体格式设置为“黑体、48”。

04

■ 在副标题占位符中输入个人姓名，换行输入报告日期，将其字体设置为“华文中宋”。

05

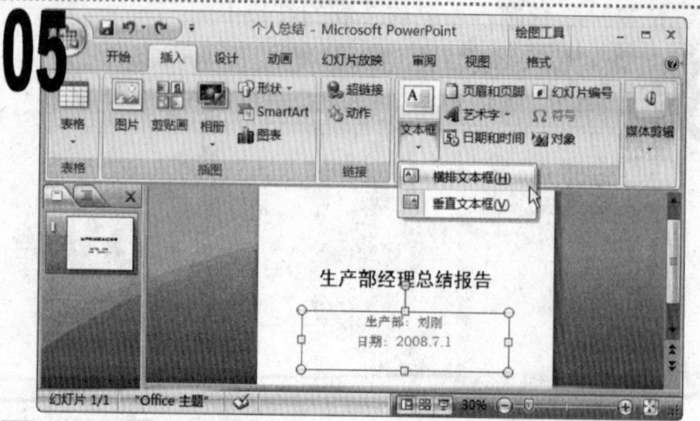

■ 单击“插入”选项卡，单击“文本”组中的“文本框”下拉按钮，在弹出的下拉菜单中选择“横排文本框”命令。

06

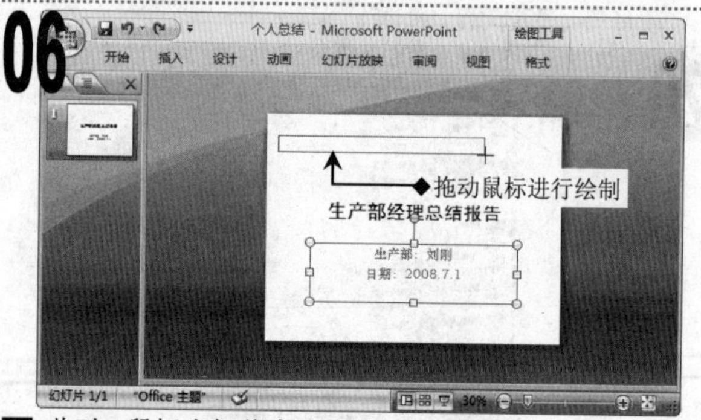

■ 此时，鼠标光标将变为十字形，在幻灯片上方拖动鼠标绘制文本框。

07

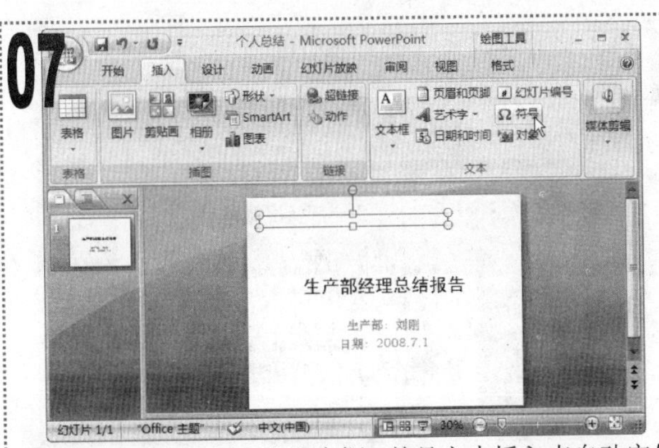

此时，即可绘制一个文本框，并且文本插入点自动定位到其中，单击“文本”组中的“符号”按钮。

08

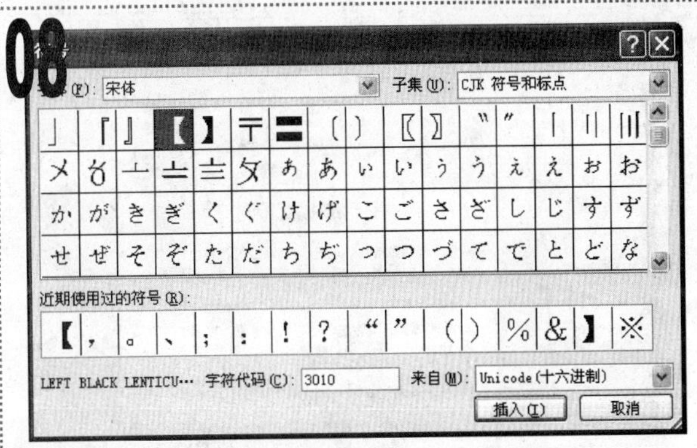

在打开的“符号”对话框中选择符号“【”，单击“插入”按钮。

09

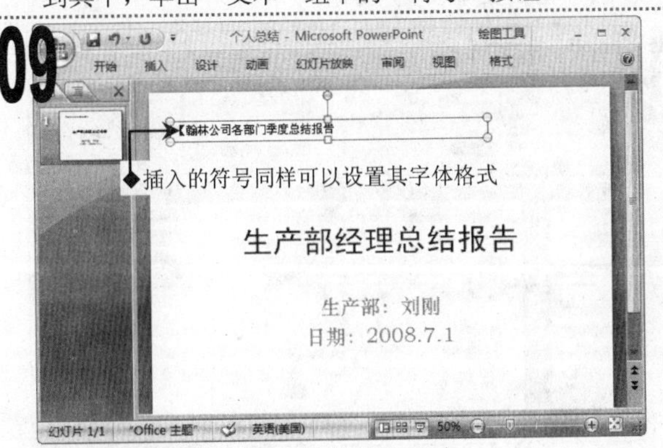

在插入的符号“【”后继续输入文本。

10

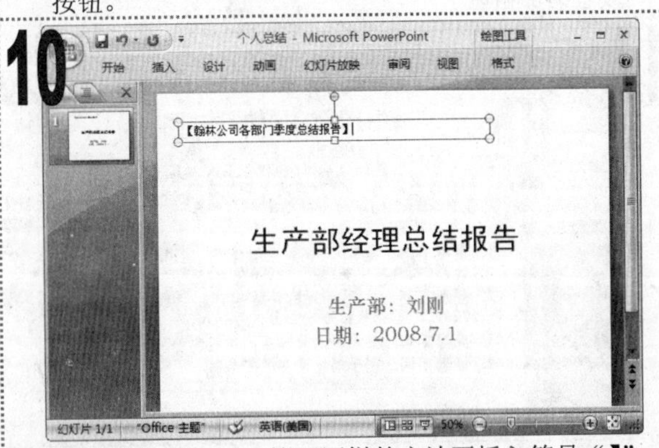

文本输入完毕后，按照同样的方法再插入符号“】”。

11

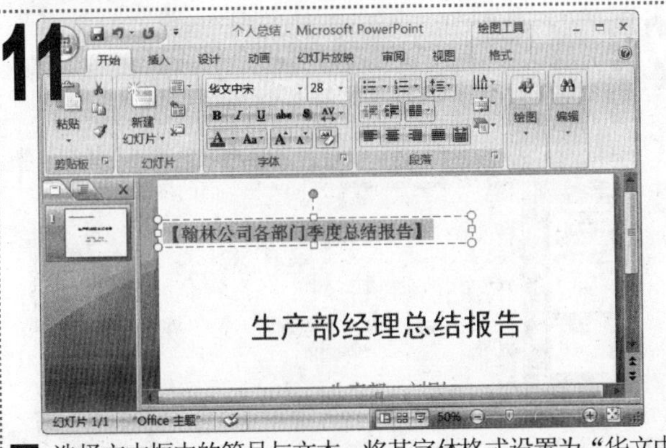

选择文本框中的符号与文本，将其字体格式设置为“华文中宋、28”，字体颜色设置为“黑色，文字 1，淡色 35%”

12

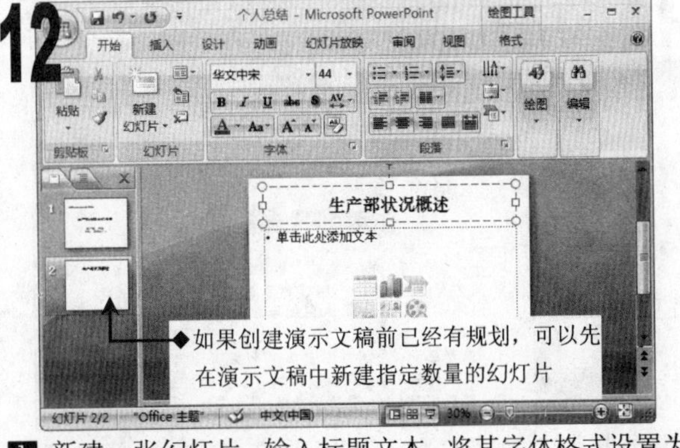

新建一张幻灯片，输入标题文本，将其字体格式设置为“华文中宋、44”。

13

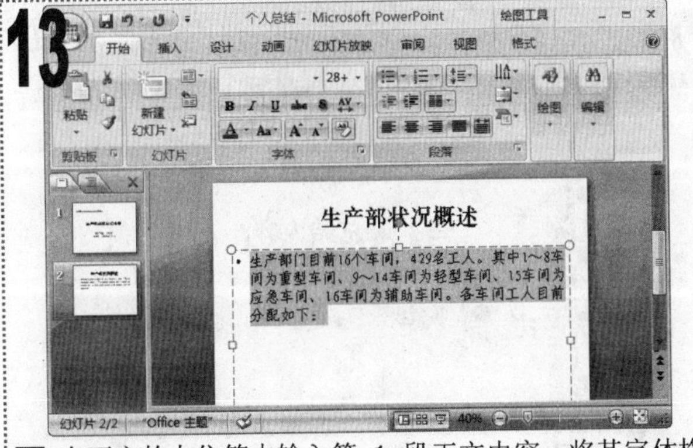

在下方的占位符中输入第 1 段正文内容，将其字体格式设置为“仿宋、28、两端对齐”

14

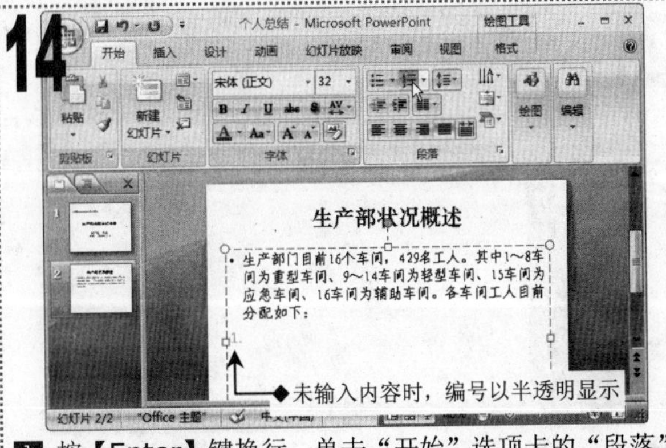

按【Enter】键换行，单击“开始”选项卡的“段落”组中的“编号”按钮，创建编号。

15

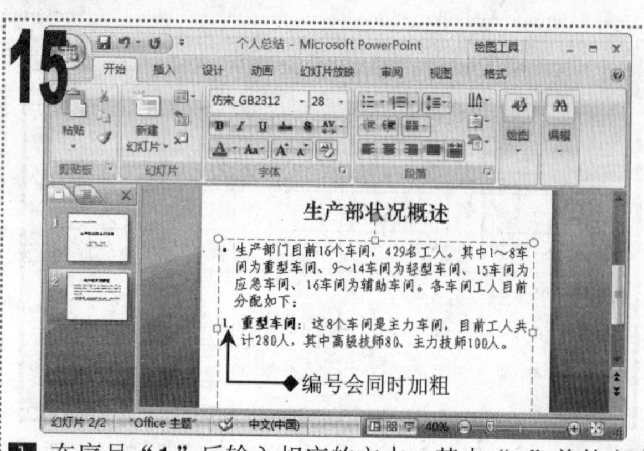

在序号“1”后输入相应的文本，其中“：”前的文本设置为加粗显示。

16

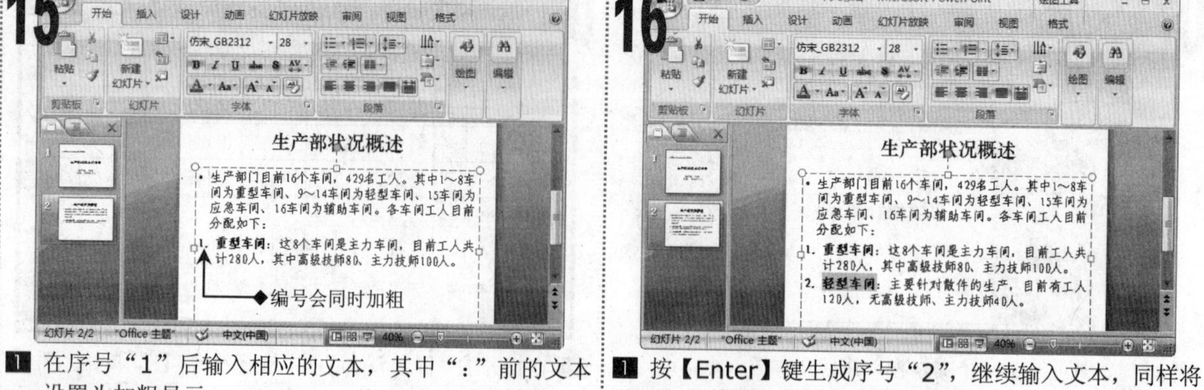

按【Enter】键生成序号“2”，继续输入文本，同样将“：”前的文本设置为加粗显示。

17

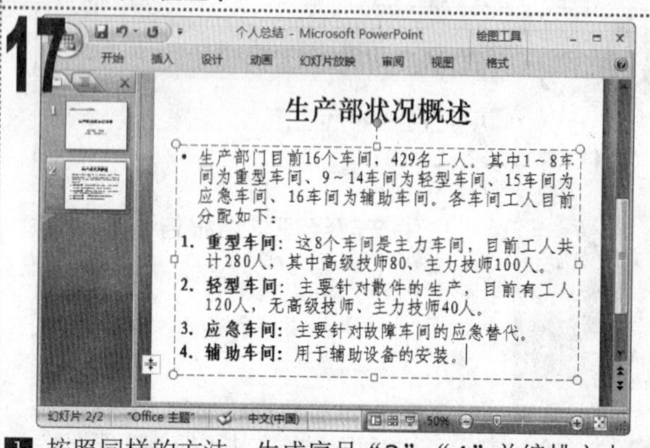

按照同样的方法，生成序号“3”，“4”并编排文本。

18

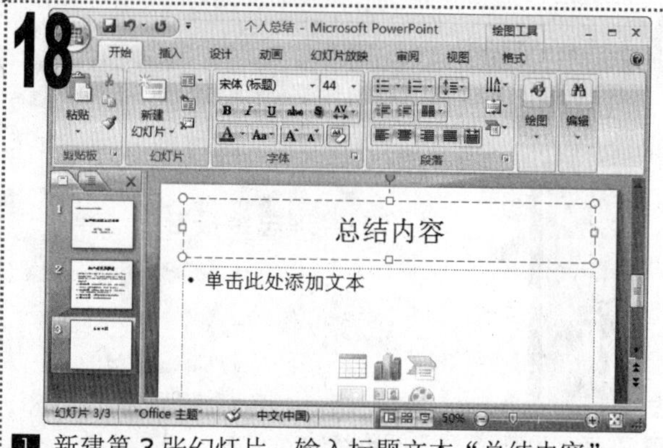

新建第 3 张幻灯片，输入标题文本“总结内容”。

19

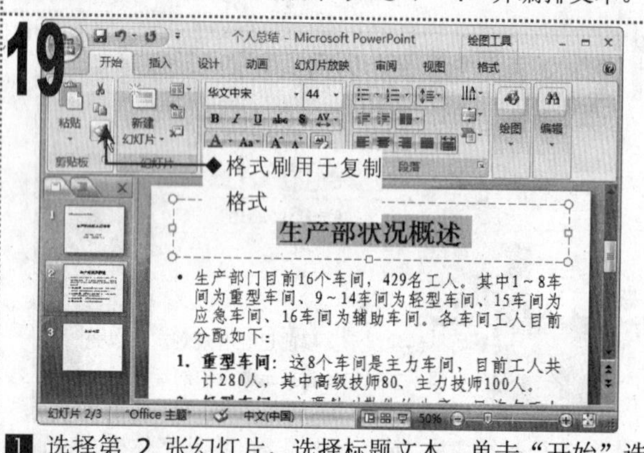

选择第 2 张幻灯片，选择标题文本，单击“开始”选项卡的“剪贴板”组中的“格式刷”按钮。

20

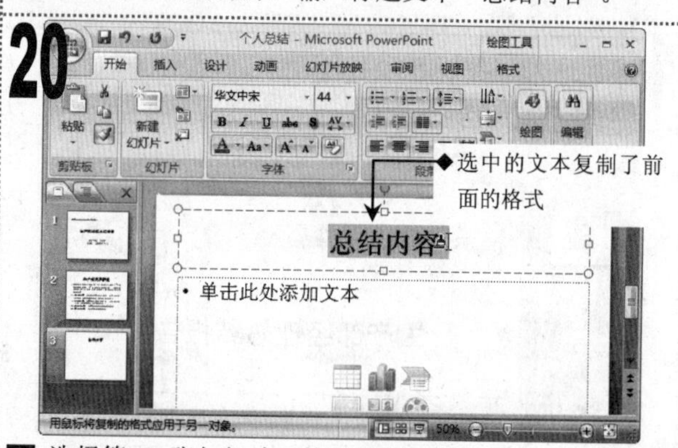

选择第 3 张幻灯片，拖动鼠标选择标题文本，即可为其复制第 2 张幻灯片的标题文本的格式。

21

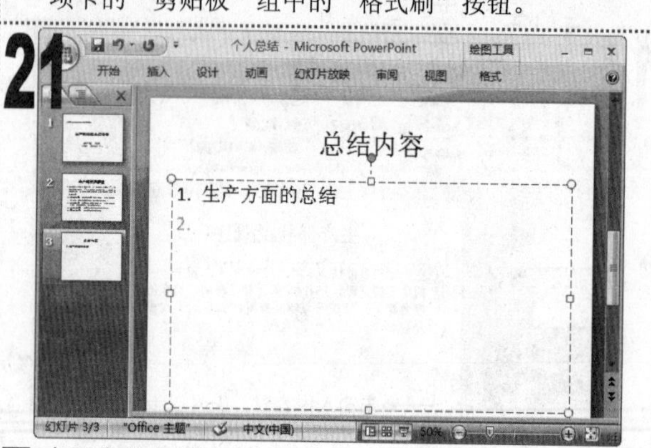

在下方的占位符中插入编号，输入相应的文本，然后按【Enter】键生成编号“2”。

22

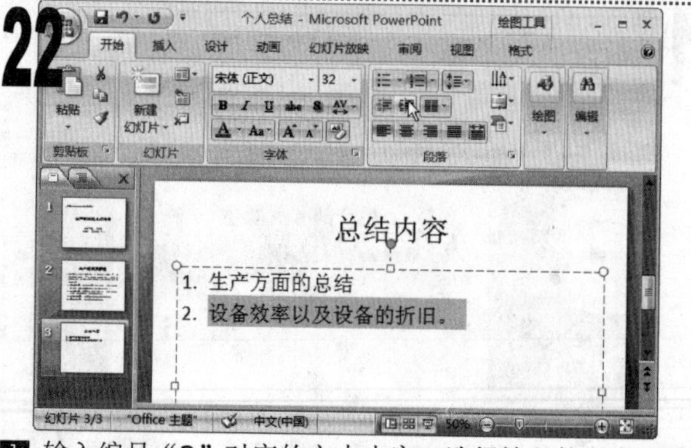

输入编号“2”对应的文本内容，选择输入的文本，单击“段落”组中的“提高列表级别”按钮。

23

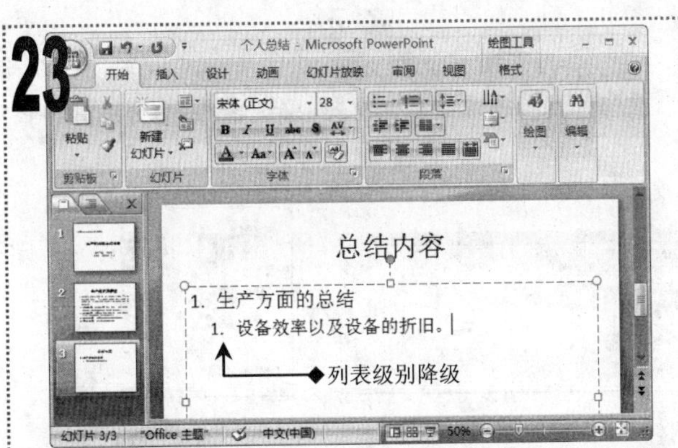

■ 此时，编号“2”自动缩进并下降一个级别，编号“2”自动变为编号“1”。

24

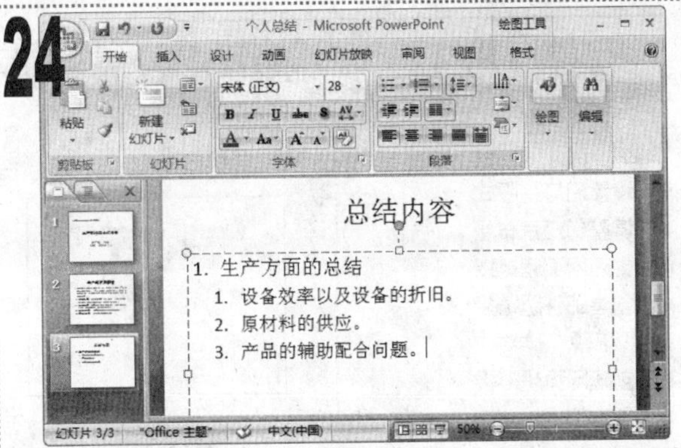

■ 按【Enter】键生成其他同级别编号，并输入相应的内容。

25

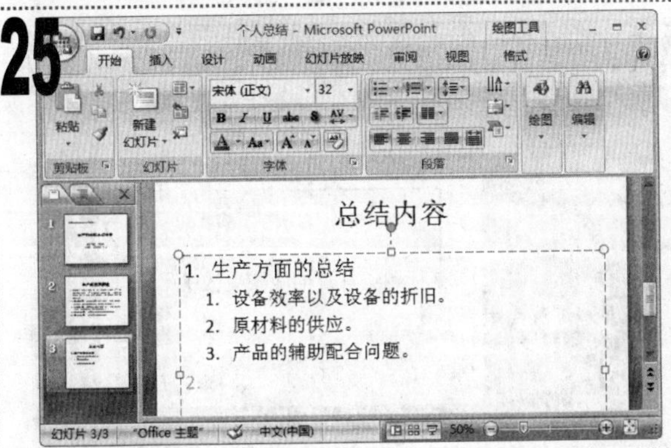

■ 生成编号“4”时，单击“段落”组中的“降低列表级别”按钮，提升其为上级列表编号并变为编号“2”。

26

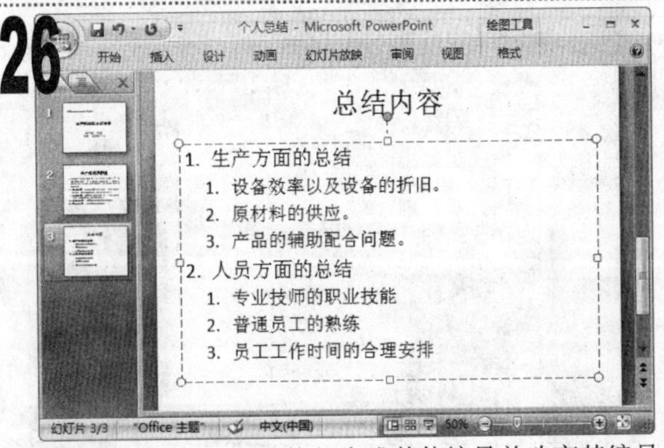

■ 输入编号内容，继续换行生成其他编号并改变其编号级别，输入相应内容。

27

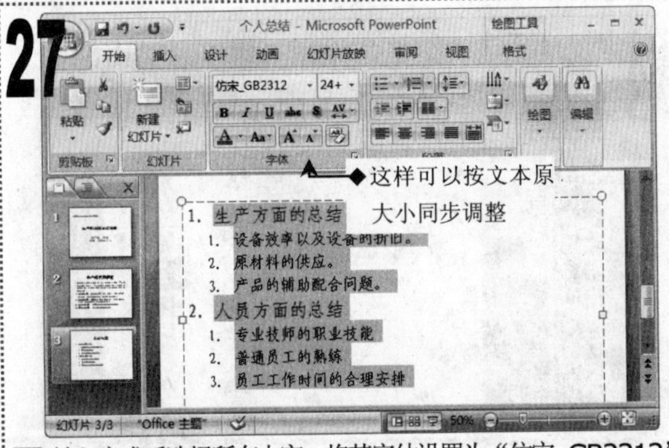

■ 输入完成后选择所有内容，将其字体设置为“仿宋_GB2312”，单击“字体”组中的“减小字号”按钮，减小其字号。

28

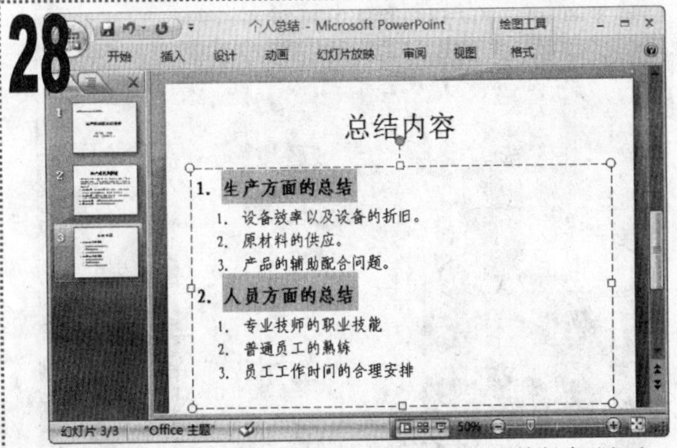

■ 选择第1级别编号的文本内容，设置其加粗显示，并将行距调整为1.5倍。

29

■ 新建第4张幻灯片，输入标题文本并设置文本格式。

30

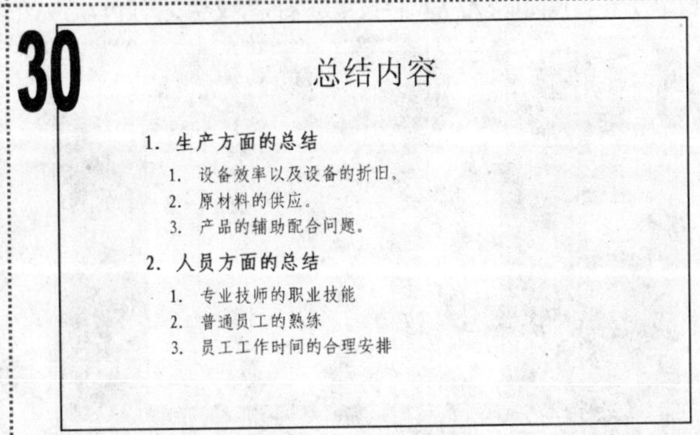

■ 单击“保存”按钮，保存制作完毕的演示文稿，然后按【F5】键进行放映。

实例165 制作"公益宣传"演示文稿

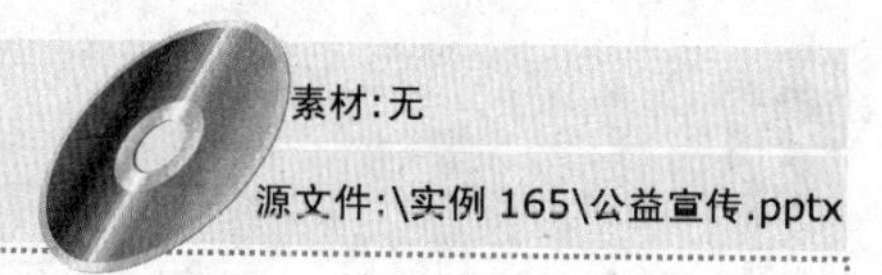

素材:无

源文件:\实例 165\公益宣传.pptx

包含知识

- 设置幻灯片版式
- 调整幻灯片布局
- 创建网页超链接
- 创建邮件超链接

重点难点

- 创建网页超链接
- 创建邮件超链接

制作思路

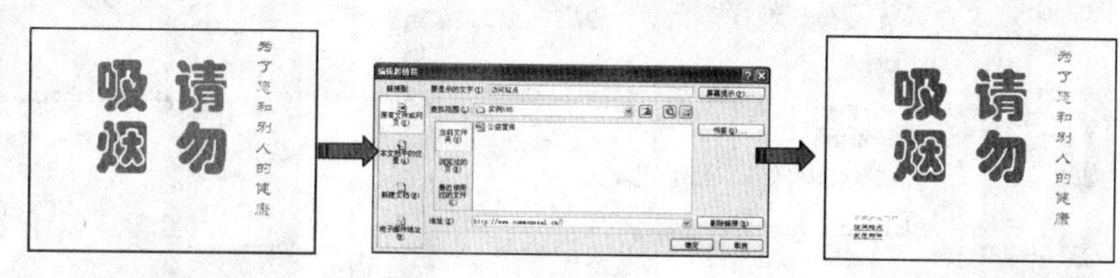

设置版式调整布局　　添加超链接　　放映幻灯片

应用场所

用于制作放映时可以链接到指定网页与电子邮件的演示文稿。

01

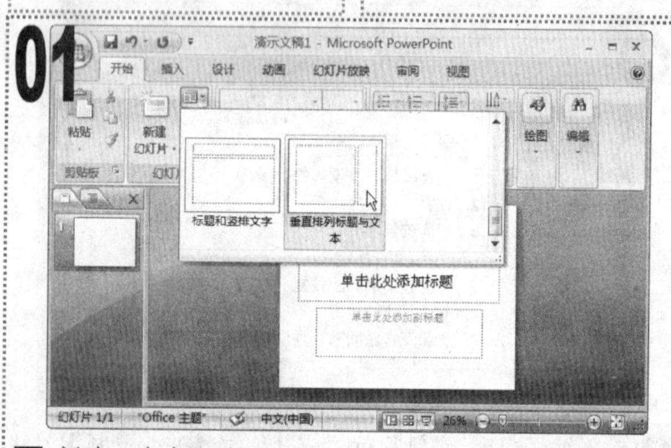

1 新建一个空白演示文稿，单击"开始"选项卡的"幻灯片"组中的"版式"下拉按钮，在弹出的下拉列表中选择"垂直排列标题与文本"选项。

02

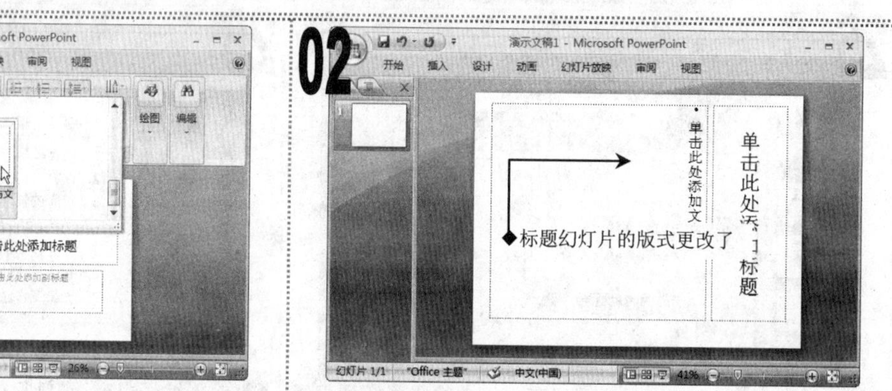

1 此时，即可为幻灯片应用所选版式，应用后的效果如图所示。

03

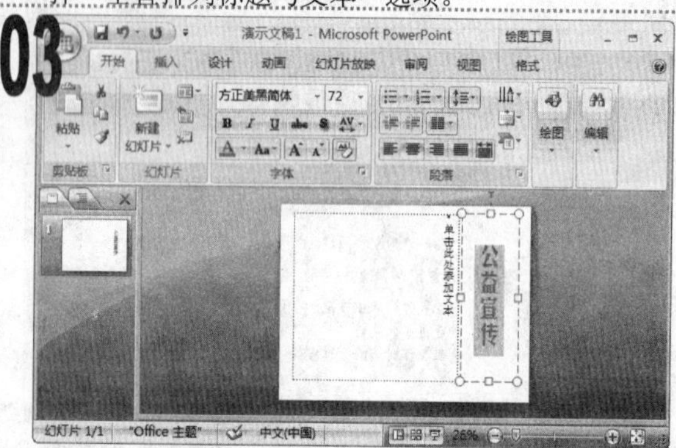

1 单击标题占位符，输入文本"公益宣传"，将其字体格式设置为"方正美黑简体、72"，颜色设置为"深蓝，文字2，淡色40%"。

04

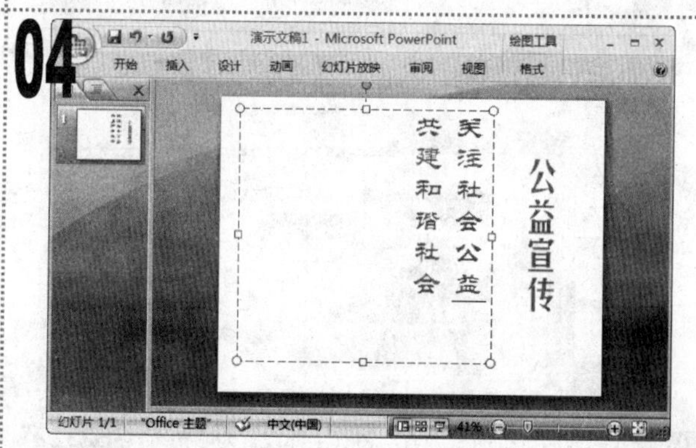

1 在副标题占位符中输入相应的文本，将其字体格式设置为"华文隶书、54"，颜色与标题文本的一致。

05

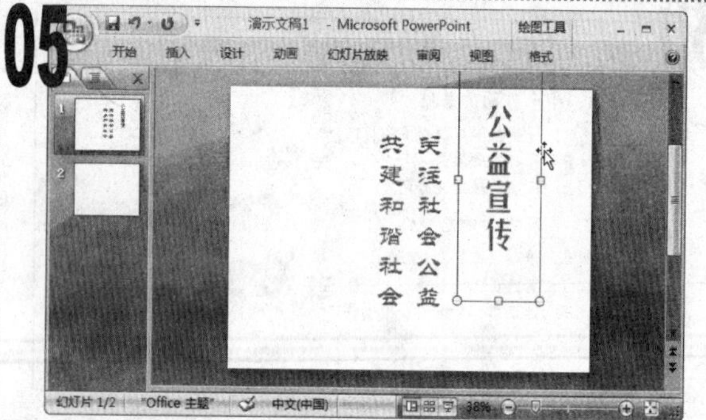

1 拖动鼠标调整标题占位符与副标题占位符的位置，调整幻灯片的整体布局。

06

1 单击"开始"选项卡的"幻灯片"组中的"新建幻灯片"下拉按钮，在弹出的下拉菜单中选择"垂直排列标题与文本"选项。

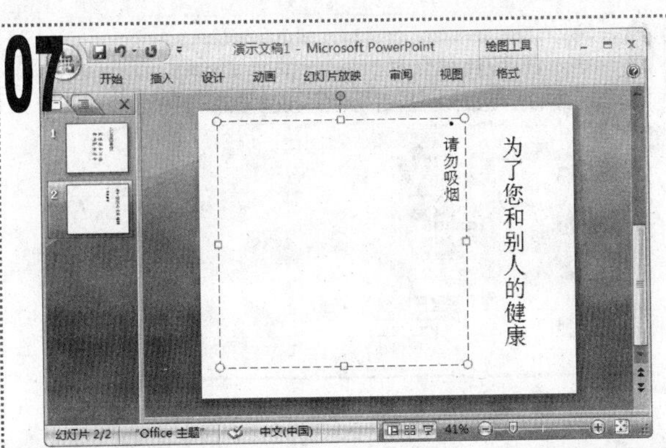

07 此时，即可新建一张所选版式的幻灯片，分别在标题与文本占位符中输入相应的文本。

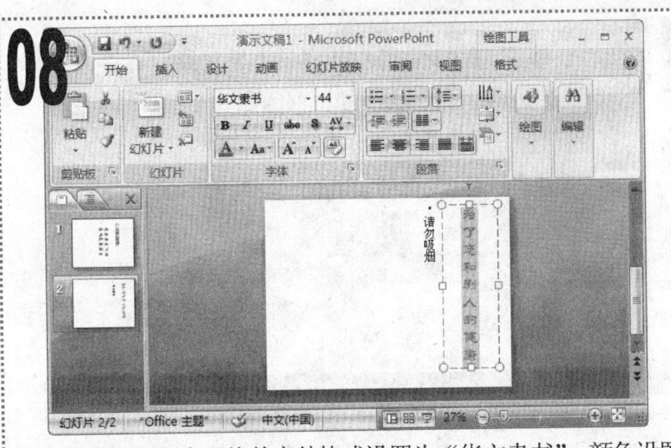

08 选择标题文本，将其字体格式设置为“华文隶书”，颜色设置为“深蓝，文字 2，淡色 40%”，字符间距设置为稀疏显示。

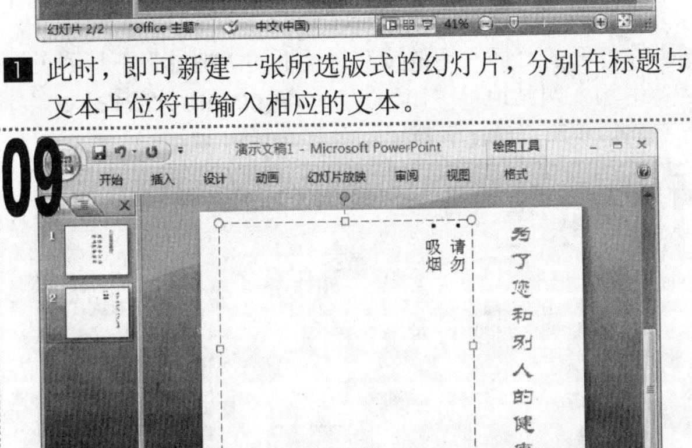

09 将鼠标光标定位移动到正文文本“请勿”与“吸烟”之间，按【Enter】键换行，然后删除正文中的项目符号。

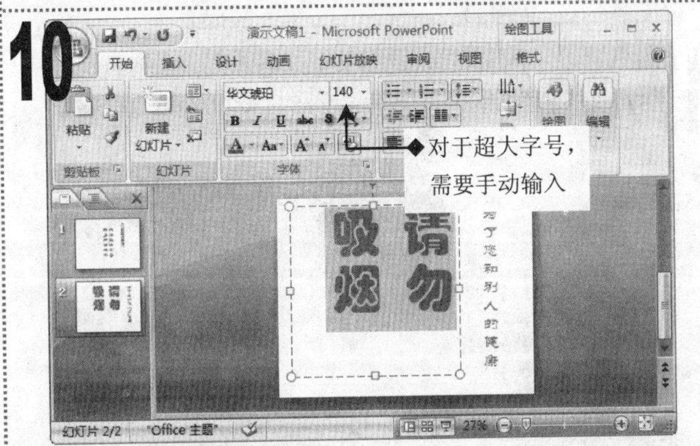

10 将正文字体格式设置为“华文琥珀、140”，颜色设置为“橙色，强调文字颜色 6，深色 25%”。

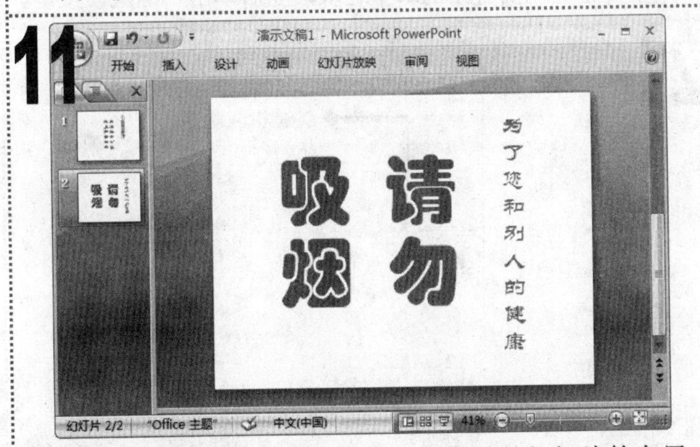

11 使用鼠标拖动标题与文本占位符来调整幻灯片的布局，调整后的效果如图所示。

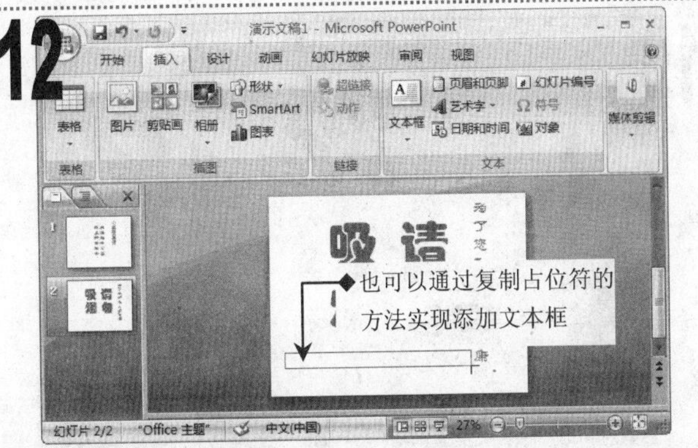

12 单击“插入”选项卡，单击“文本”组中的“文本框”按钮，拖动鼠标在幻灯片下方绘制文本框。

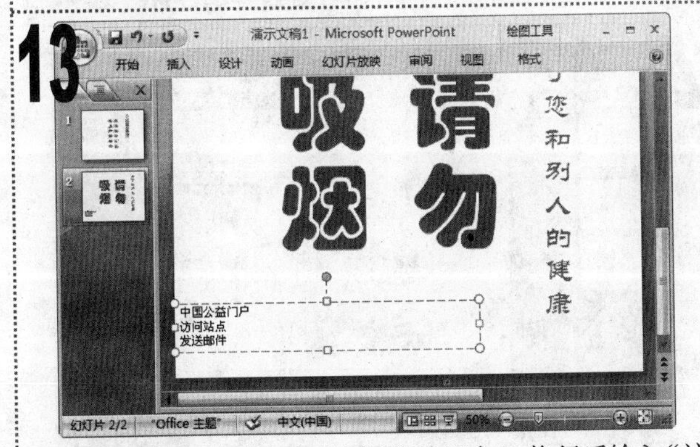

13 在文本框中输入文本“中国公益门户”，换行后输入“访问站点”与“发送邮件”文本。

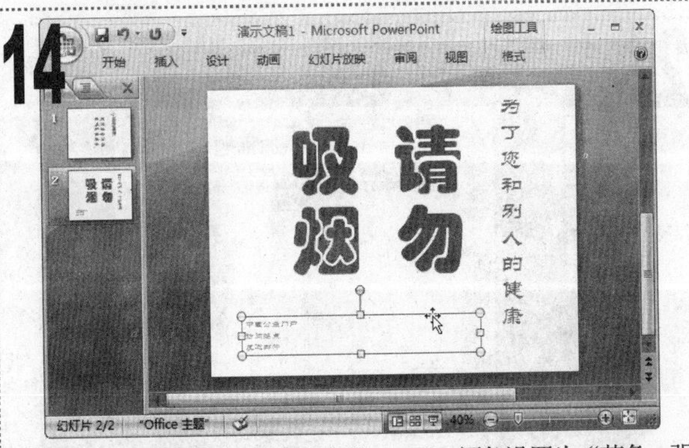

14 将字体格式设置为“华文隶书、18”，颜色设置为“蓝色，强调文字颜色 1，淡色 40%”，并拖动鼠标调整文本框的位置。

15

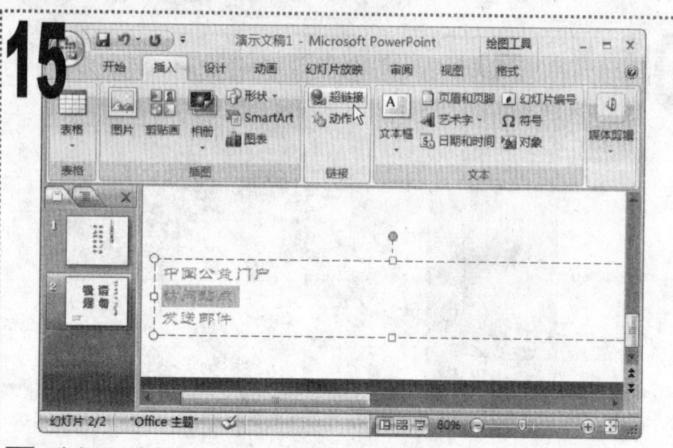

■ 选择“访问站点”文本，在“插入”选项卡中单击“链接”组中的“超链接”按钮。

16

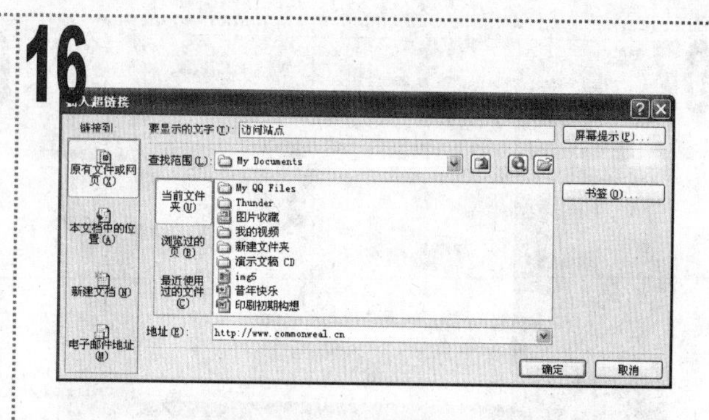

■ 在打开的“插入超链接”对话框的“地址”下拉列表框中输入网站地址“http://www.commonweal.cn”，然后单击“确定”按钮。

17

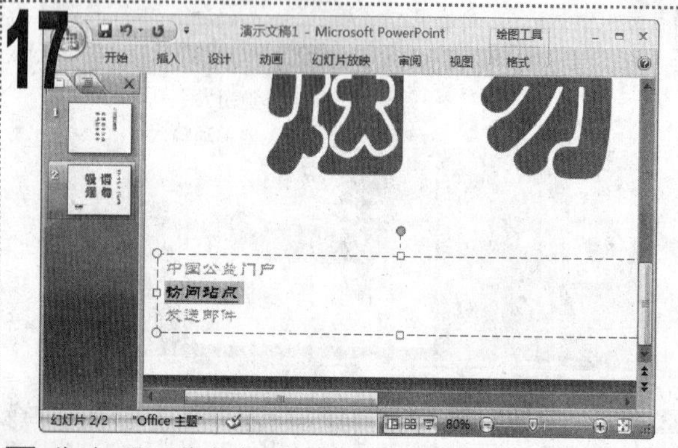

■ 此时，即可将文本“访问站点”与相应的网站建立链接。

18

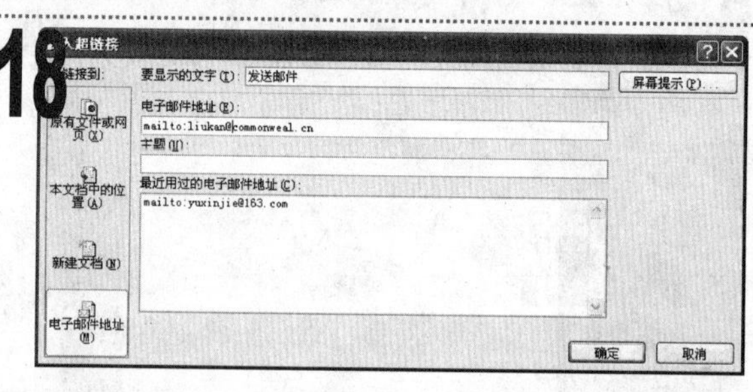

■ 选择文本“发送邮件”，单击“链接”组中的“超链接”按钮，打开“插入超链接”对话框，在“链接到”栏中单击“电子邮件地址”选项卡，然后在“电子邮件地址”文本框中输入要链接的邮箱地址，然后单击“确定”按钮。

19

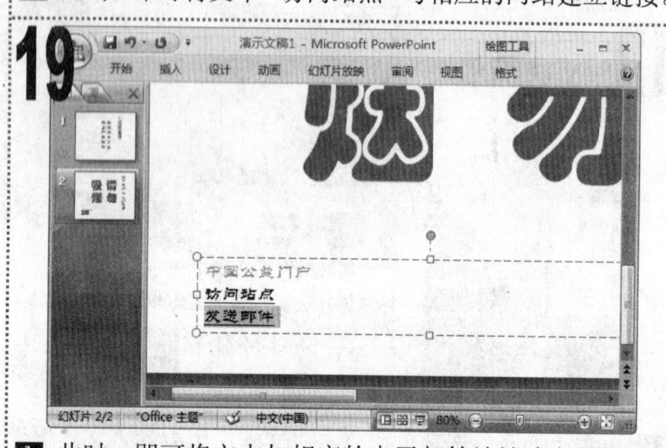

■ 此时，即可将文本与相应的电子邮箱地址建立链接。

20

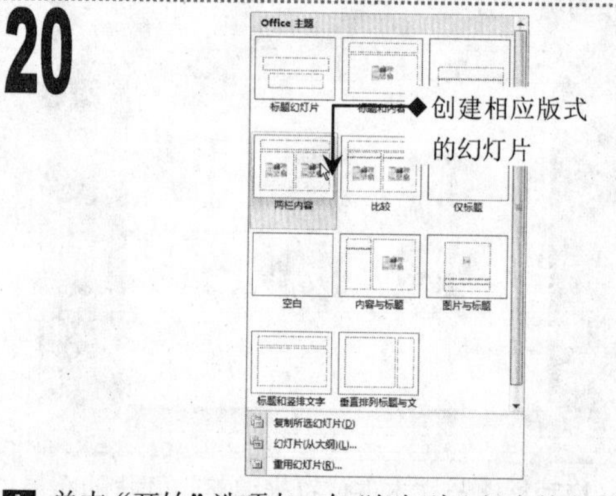

■ 单击“开始”选项卡，在“幻灯片”组中单击“新建幻灯片”下拉按钮，在弹出的下拉菜单中选择“两栏内容”选项。

21

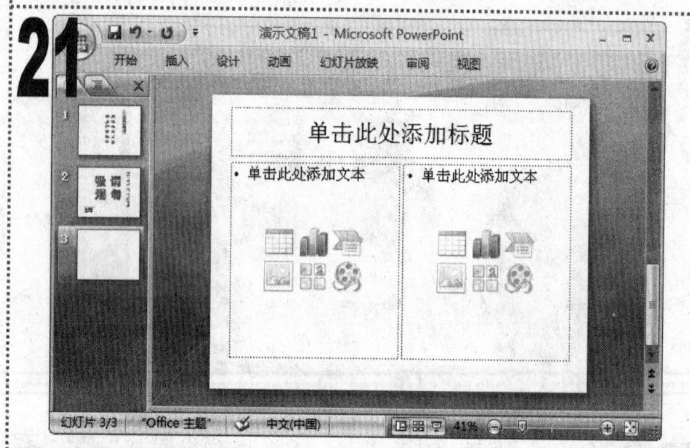

■ 此时，将插入新的幻灯片，且幻灯片采用“两栏内容”版式。

22

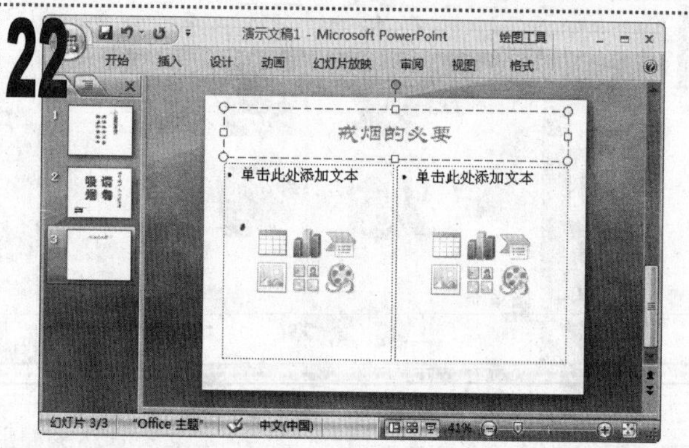

■ 输入标题文本“戒烟的必要”，将其字体格式设置为“华文隶书、44”，颜色设置为“蓝色，强调文字颜色 1，淡色 40%”。

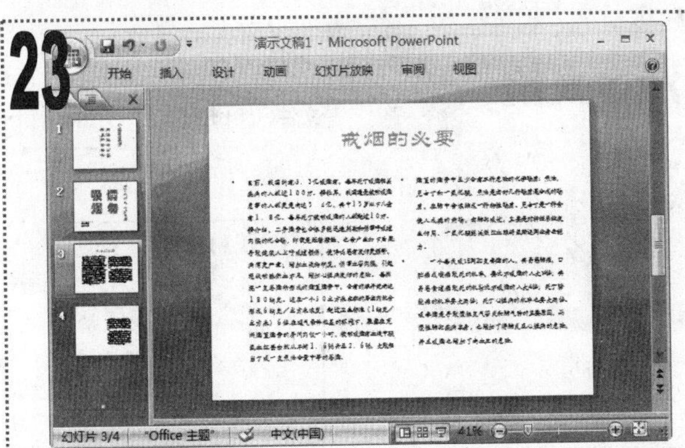

23 在左侧与右侧的占位符中分别输入相应的内容，将其字体格式设置"华文楷体、12"，行距设置为"1.5"。

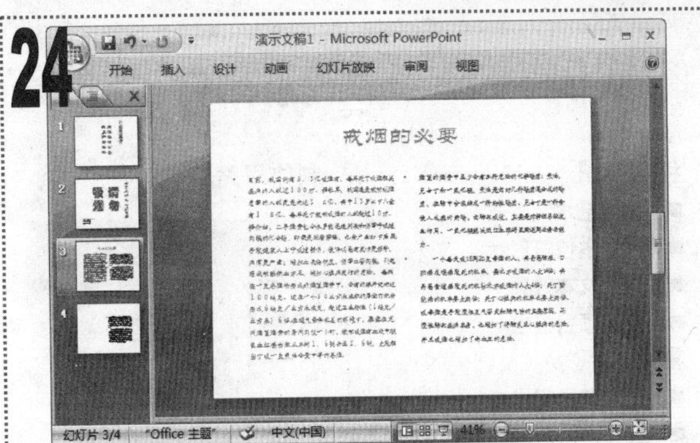

24 将左侧文本颜色设置为"橙色，强调文字颜色 6，深色 25%"，右侧文本的颜色设置为"蓝色，强调文字颜色 1，深色 25%"。

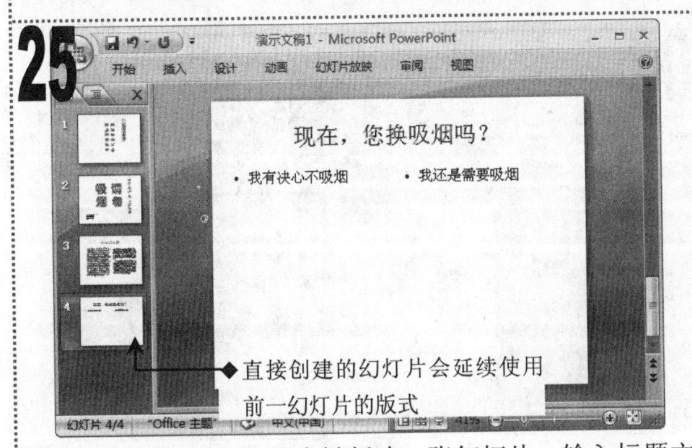

25 按下【Ctrl+M】组合键新建一张幻灯片，输入标题文本，并在左侧与右侧的占位符中输入内容。

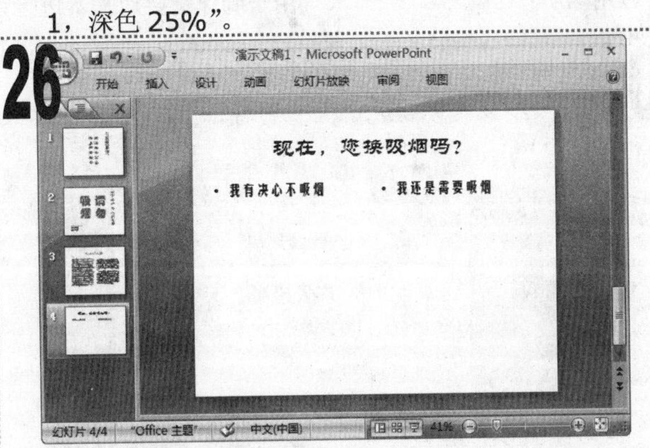

26 将标题文本的字体格式设置为"华文隶书、44"，正文文本的字体格式设置为"方正美黑简体、28"。

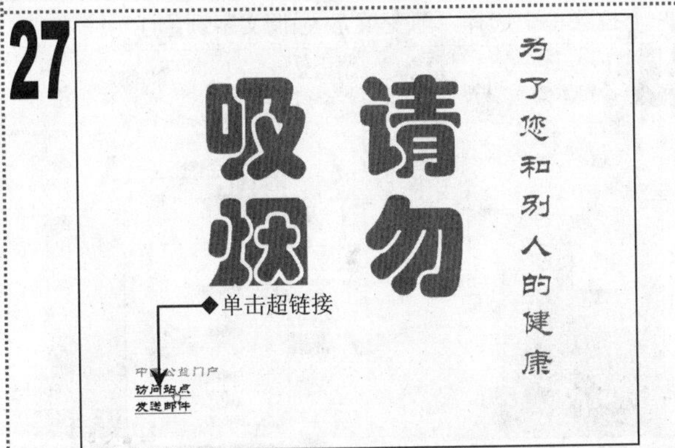

27 保存演示文稿，然后按【F5】键放映演示文稿，当放映第 2 张幻灯片时，单击"访问网站"超链接。

28 此时，将自动启动 IE 浏览器，并打开"中国公益门户"网站。

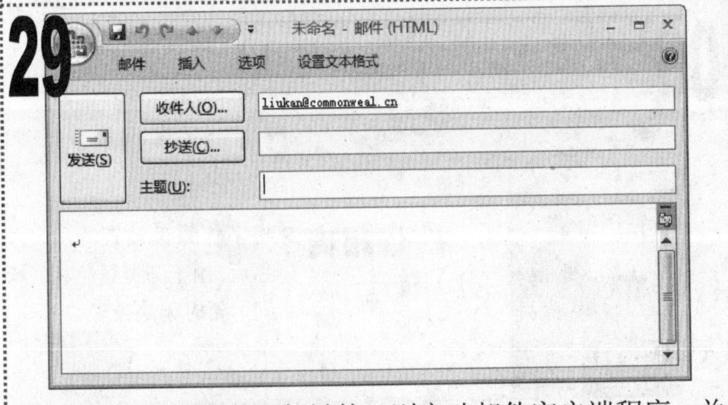

29 单击"发送邮件"超链接，则启动邮件客户端程序，并新建要发送至指定邮箱地址的空白邮件。

举一反三

根据本例介绍的方法，为"结束"演示文稿（素材:\实例 165\结束.pptx）中的相应文本创建网页与电子邮件超链接（源文件:\实例 165\结束.pptx）。

实例166 制作“广告招商”演示文稿

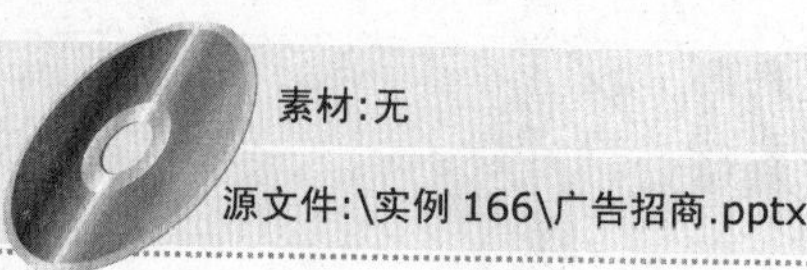

素材：无

源文件：\实例 166\广告招商.pptx

包含知识

- 设置艺术字样式
- 设置占位符形状
- 更改文本效果
- 更改项目符号

重点难点

- 设置艺术字样式
- 设置占位符样式

制作思路

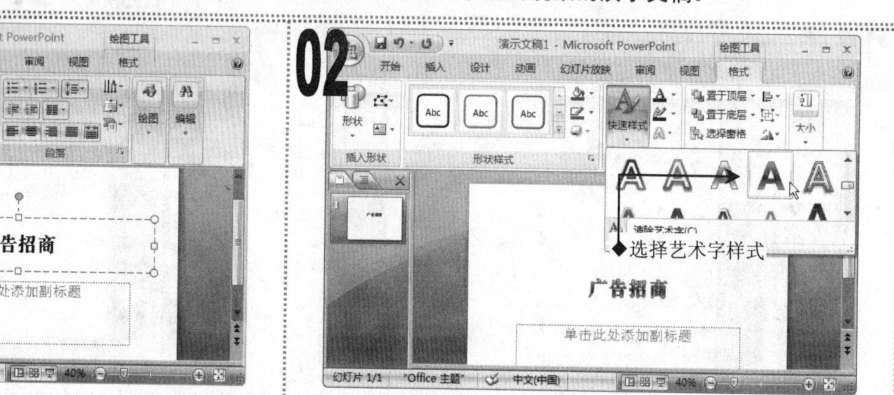

设置艺术字样式　设置占位符样式　更改文本效果

应用场所

用于制作需要对文本进行系列美化，通过文本吸引观众的演示文稿。

01

1 新建一个空白演示文稿，在标题幻灯片中输入标题文本“广告招商”，将其字体格式设置为“方正大标宋简体、44”。

02

选择艺术字样式

1 选择输入的文本，单击“绘图工具/格式”选项卡，在“艺术字样式”组中单击“快速样式”下拉按钮，在弹出的下拉菜单中选择“渐变填充-强调文字颜色 1”选项。

03

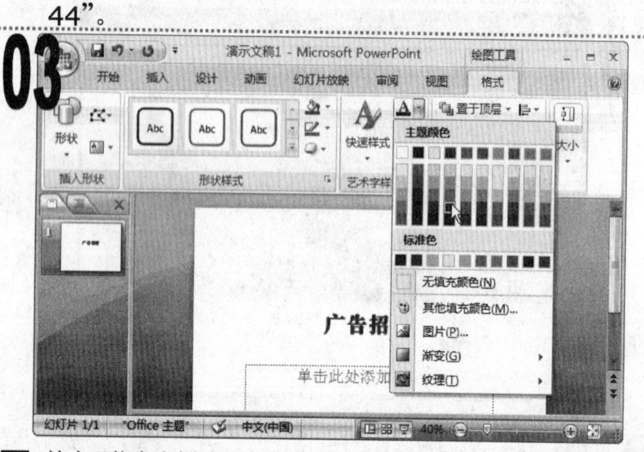

1 单击“艺术字样式”组中的“文本填充”按钮右侧的下拉按钮，在弹出的下拉菜单中选择“深蓝，文字 2，深色 25%”选项。

04

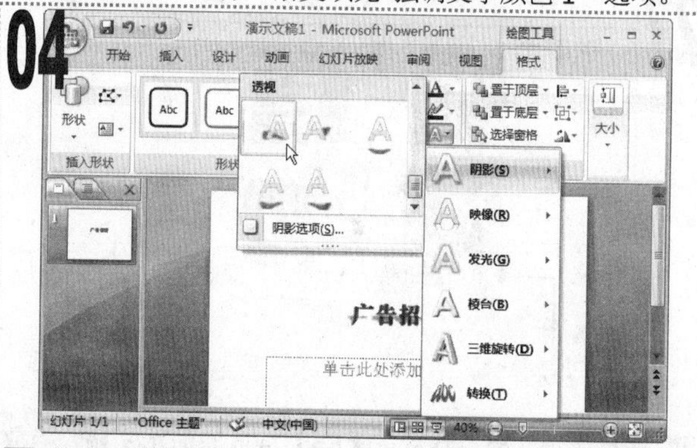

1 单击“艺术字样式”组中的“文本效果”下拉按钮，在弹出的下拉菜单中选择“阴影/左上对角透视”选项。

05

1 将艺术字字号更改为“66”，并拖动鼠标调整标题占位符的位置。

06

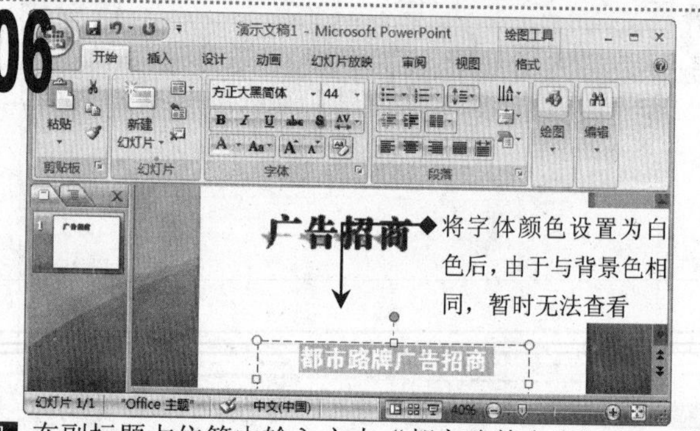

1 在副标题占位符中输入文本“都市路牌广告招商”，将其字体格式设置为“方正大黑简体、44、白色”。

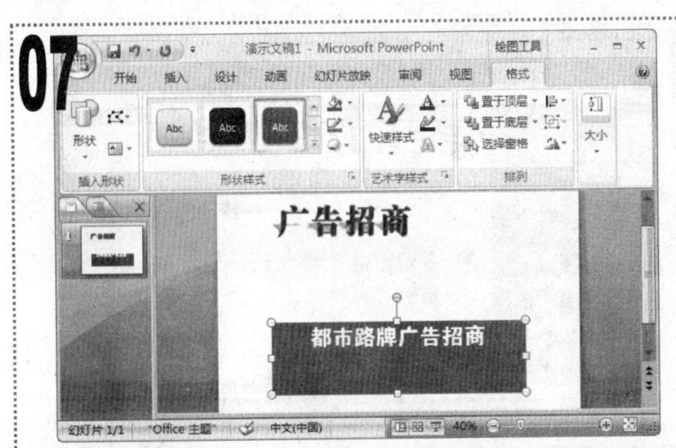

■ 选择副标题占位符，单击“绘图工具/格式”选项卡，在“形状样式”组中的列表框中选择“中等效果-强调颜色 1”选项。

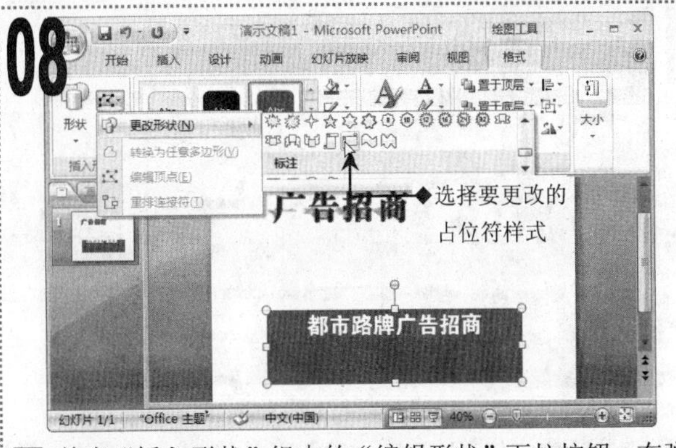

■ 单击“插入形状”组中的“编辑形状”下拉按钮，在弹出的下拉菜单中选择“更改形状/横卷形”选项。

■ 更改形状样式与形状后，拖动副标题占位符到如图所示的位置。

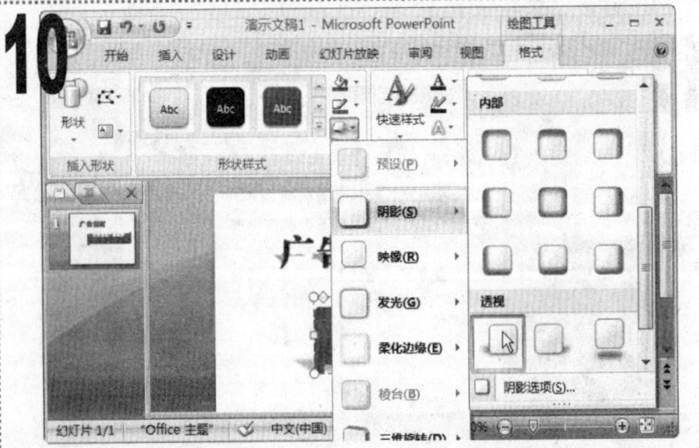

■ 在“形状样式”组中单击“形状效果”下拉按钮，在弹出的下拉菜单中选择“阴影/左上对角透视”选项。

■ 单击“设计”选项卡，在“背景”组中单击“背景样式”下拉按钮，在弹出的下拉菜单中选择“设置背景格式”命令。

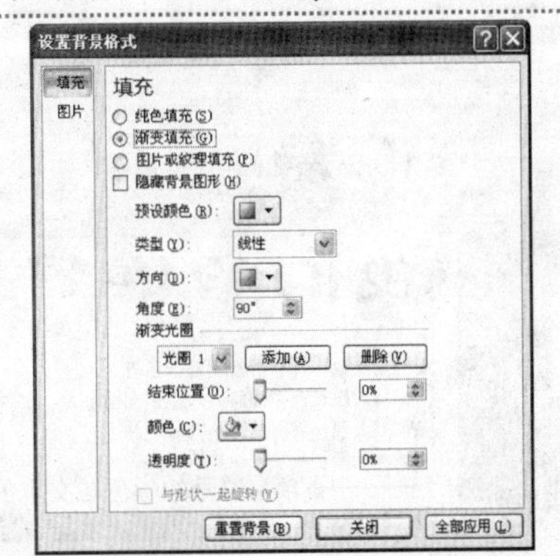

■ 在打开的“设置背景格式”对话框中，选中“渐变填充”单选按钮，直接单击“关闭”按钮。

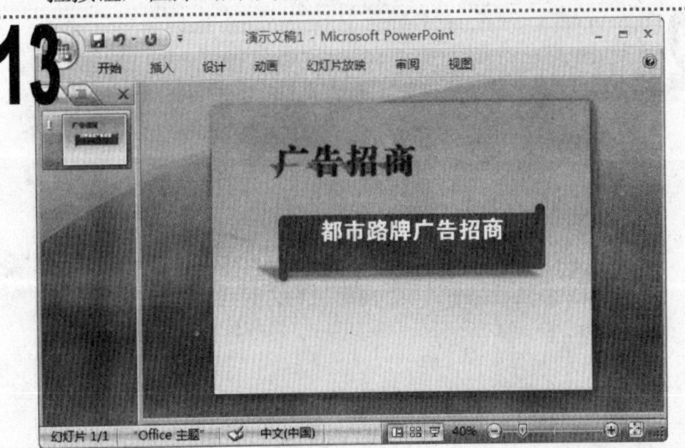

■ 此时，即可为标题幻灯片添加默认的渐变背景样式，其效果如图所示。

■ 按【Ctrl+M】组合键新建一张幻灯片，输入标题“我们的优势”，将其字体设置为“方正大标宋简体、44”。

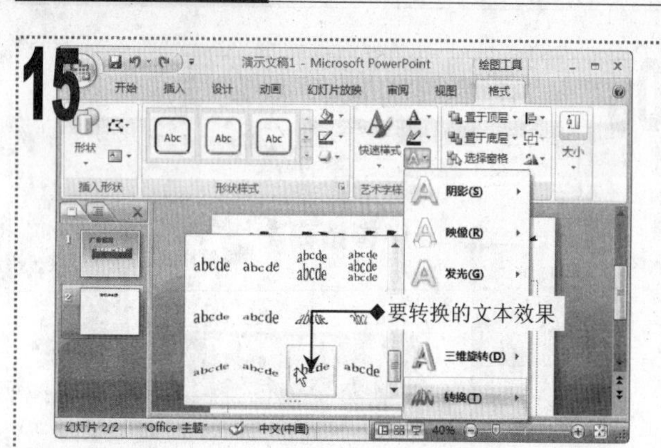

■ 选择标题占位符，单击“绘图工具/格式”选项卡，单击“艺术字样式”组中的“文本效果”下拉按钮，在弹出的下拉菜单中选择“转换/前近后远”选项。

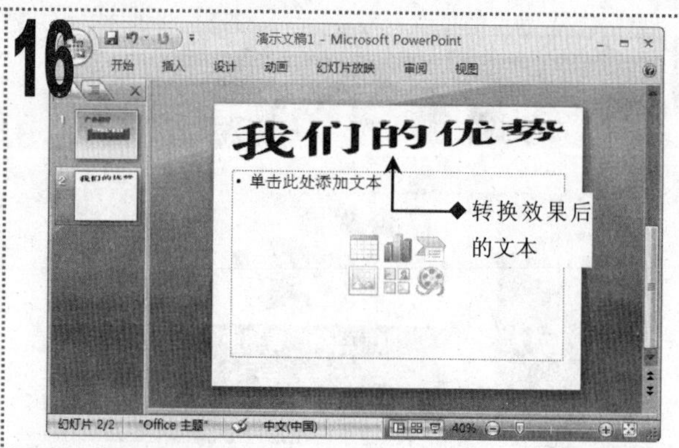

■ 更改标题文本的艺术字文本效果后的效果如图所示。

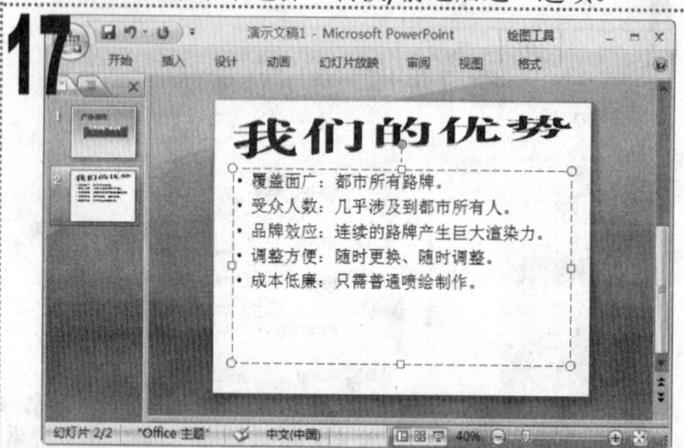

■ 在文本占位符中输入相应的正文内容。

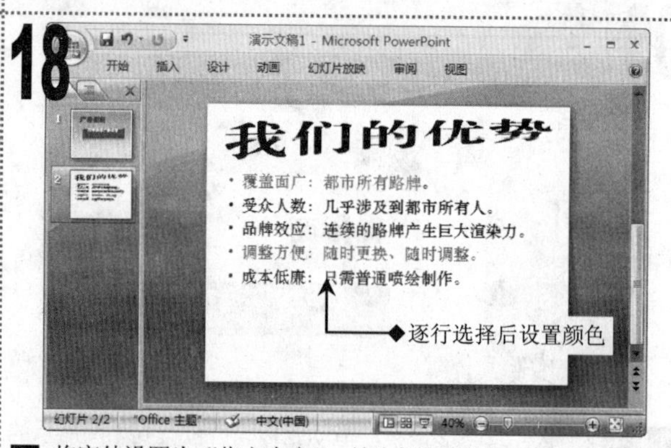

■ 将字体设置为“华文中宋”，并为每行设置不同的文本颜色。

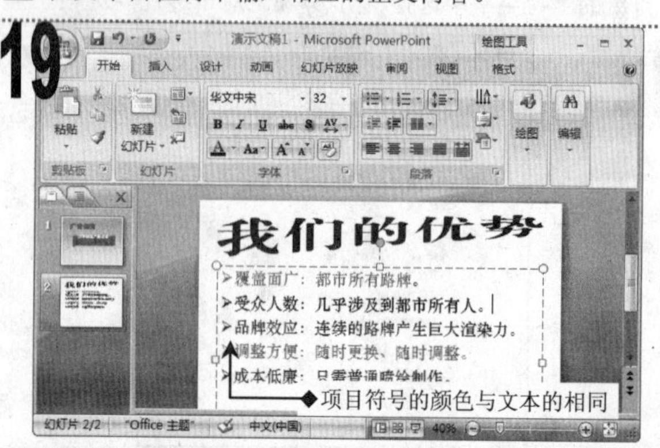

■ 选择下方的占位符，单击“段落”组中的“项目符号”按钮右侧的下拉按钮，在弹出的下拉菜单中选择“箭头项目符号”选项。

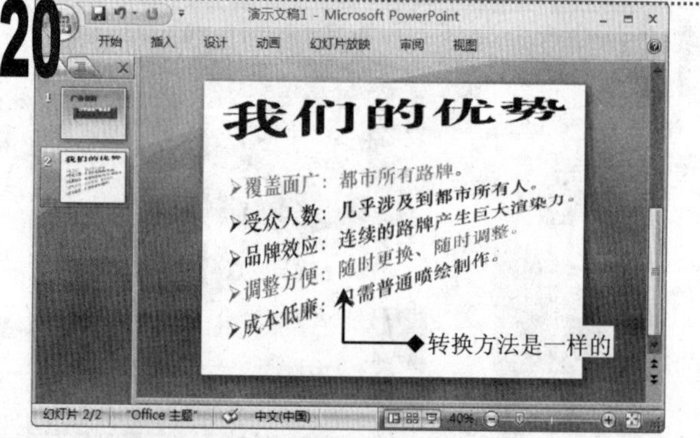

■ 保持占位符的选中状态不变，通过“艺术字样式”组同样应用“转换/前近后远”文本效果。

■ 新建一张幻灯片，输入标题“我们的价格”，字体格式设置为“方正大标宋简体、44”。

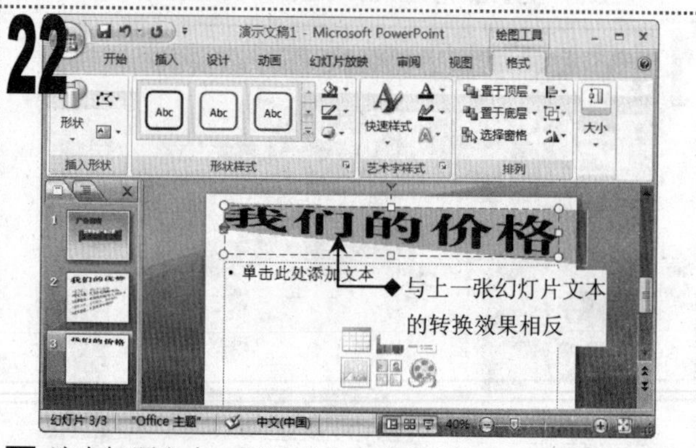

■ 选中标题文本，通过“艺术字样式”组应用“转换/前远后近”文本效果。

23

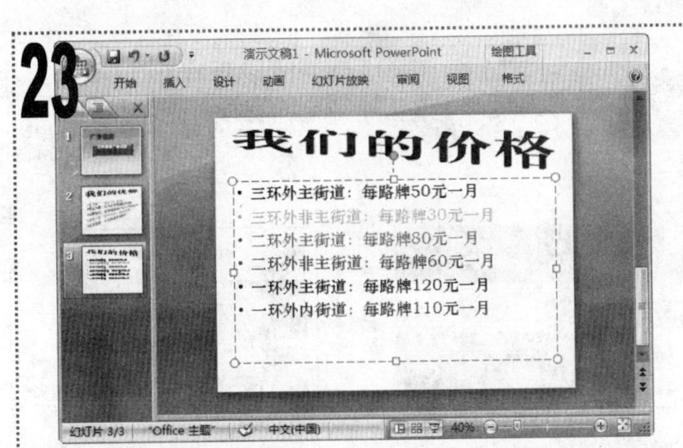

■ 在下方的占位符中输入正文文本，字体设置为“华文中宋”，同样为每行文本设置不同的颜色。

24

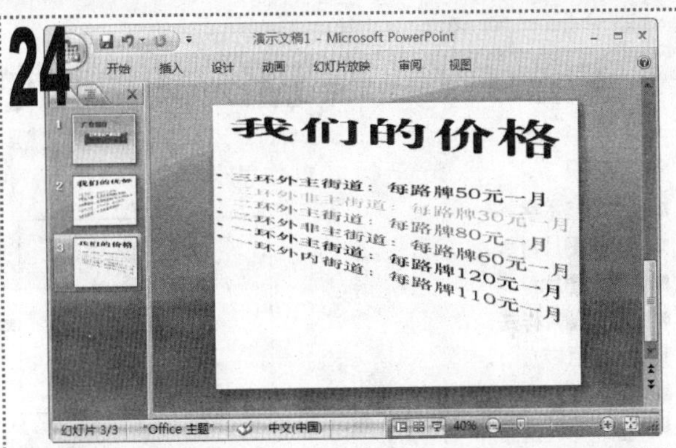

■ 选择占位符，通过“艺术字样式”组同样应用“转换/前远后近”文本效果。

25

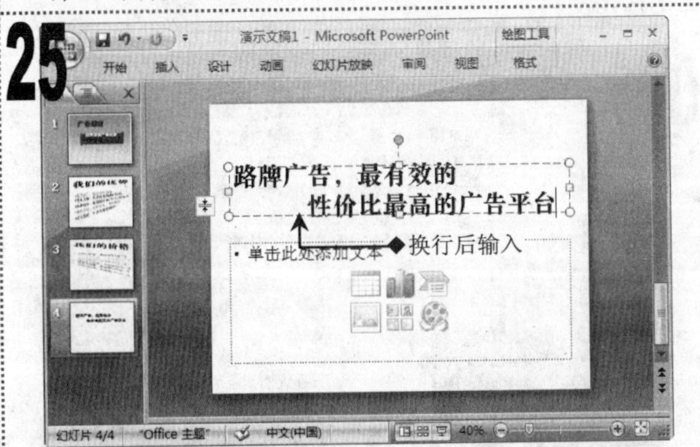

■ 再次新建一张幻灯片，输入标题文本，将其字体格式设置为“方正大标宋简体、48”。

26

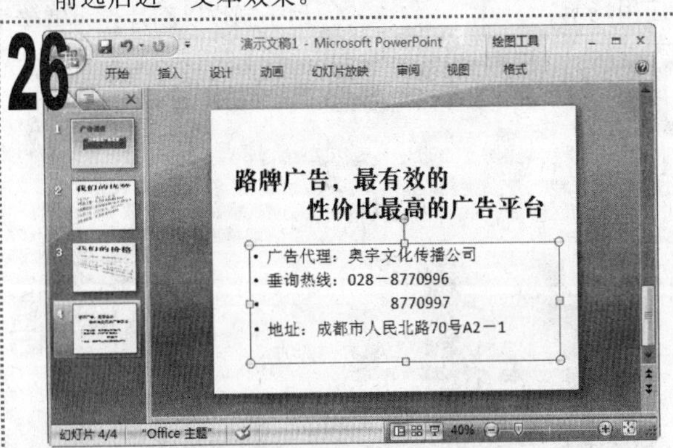

■ 在下方的占位符中输入相应的文本，输入过程中通过按【Enter】键换行。

27

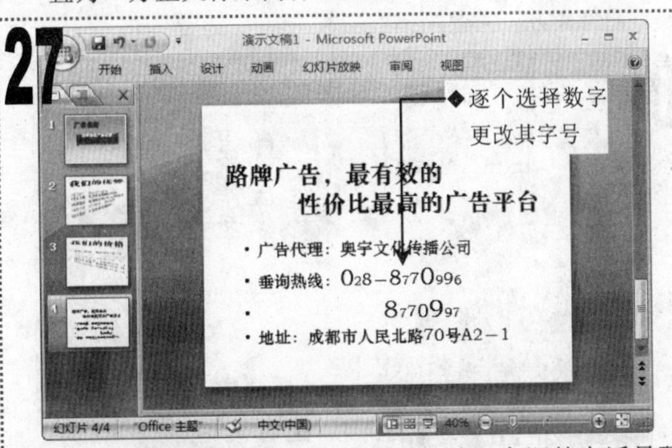

■ 将正文字体设置为“华文中宋”，并逐个调整电话号码数字的字号，调整后的效果如图所示。

28

我们的优势

➤覆盖面广：都市所有路牌。
➤受众人数：几乎涉及到都市所有人。
➤品牌效应：连续的路牌产生巨大渲染力。
➤调整方便：随时更换、随时调整。
➤成本低廉：只需普通喷绘制作。

■ 至此，演示文稿就基本制作完成了，按【F5】键放映演示文稿，观看各张幻灯片的放映效果。

29

■ 放映完毕后退出放映，单击快速访问工具栏中的“保存”按钮，在打开的“另存为”对话框中设置保存路径与文件名，单击“保存”按钮保存演示文稿。

知识延伸

本例只运用部分功能来完成一份基本广告招商演示文稿的制作，而读者在实际制作过程中，可以为幻灯片设置图片背景及在幻灯片的空白位置处添加相应的图片或内容，如企业标志、公司名称等，使制作的演示文稿内容更加丰富。

实例167 制作“电影宣传”演示文稿

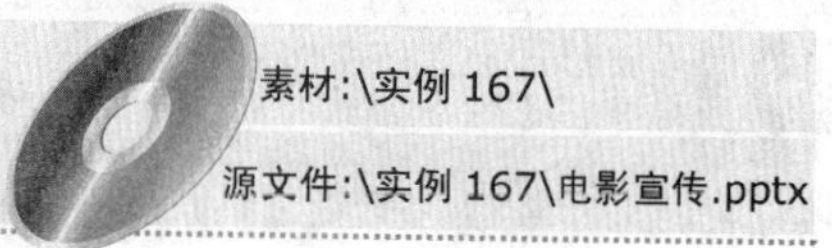

素材:\实例 167\

源文件:\实例 167\电影宣传.pptx

包含知识

- 使用艺术字
- 设置图片背景
- 插入图片
- 设置图片样式

重点难点

- 设置图片背景
- 插入与调整图片

制作思路

使用艺术字　　设置图片背景　　插入与调整图片

应用场所

用于制作以图片作为宣传主体的演示文稿。

01

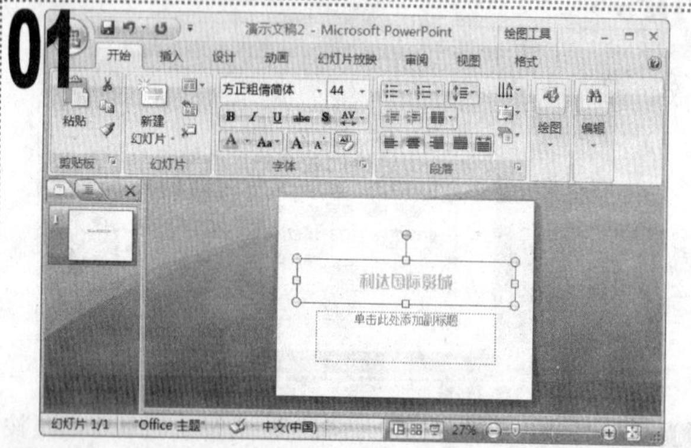

■ 新建一个空白演示文稿，在标题幻灯片中输入标题“利达国际影城”，字体格式设置为“方正粗倩简体、橙色”。

02

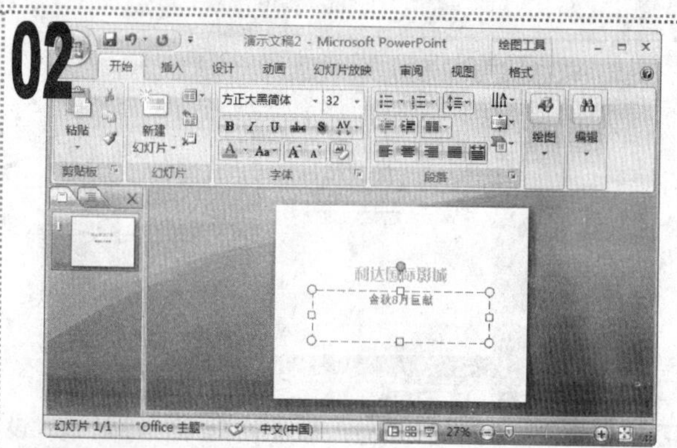

■ 在副标题占位符中输入文本“金秋8月巨献”，字体设置为“方正大黑简体”。

03

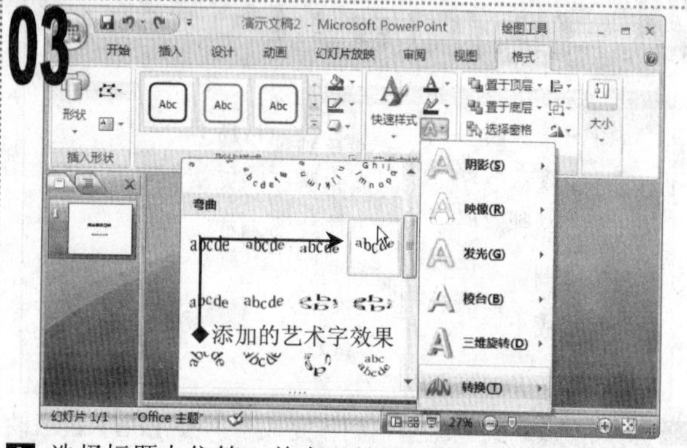

■ 选择标题占位符，单击“绘图工具/格式”选项卡，单击“艺术字样式”组中的“文本效果”下拉按钮，在弹出的下拉菜单中选择“转换/倒三角”选项。

04

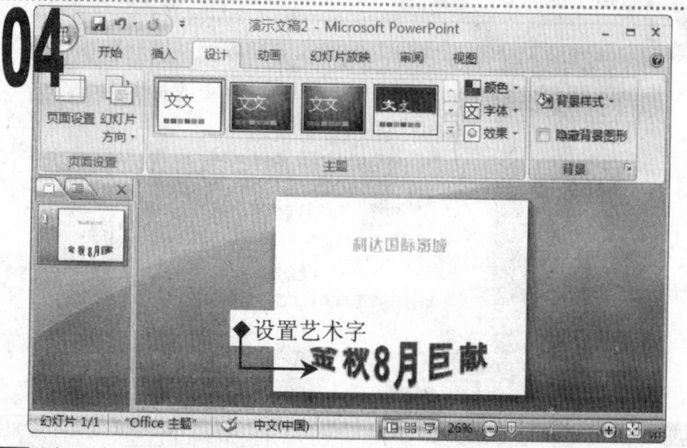

■ 为副标题文本应用“填充-强调文字颜色2，粗糙棱台”艺术字样式，并调整副标题占位符的位置。

05

■ 在“设计”选项卡中单击“背景”组中的“背景样式”下拉按钮，在弹出的下拉菜单中选择“设置背景格式”命令。

06

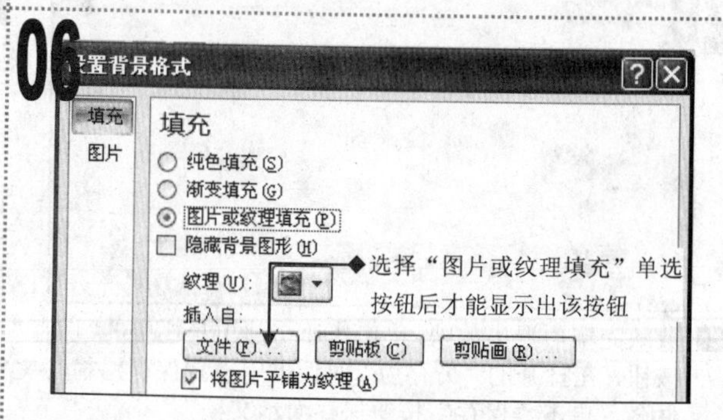

■ 在打开的“设置背景格式”对话框中选中“图片或纹理填充”单选按钮，单击显示出来的“文件”按钮。

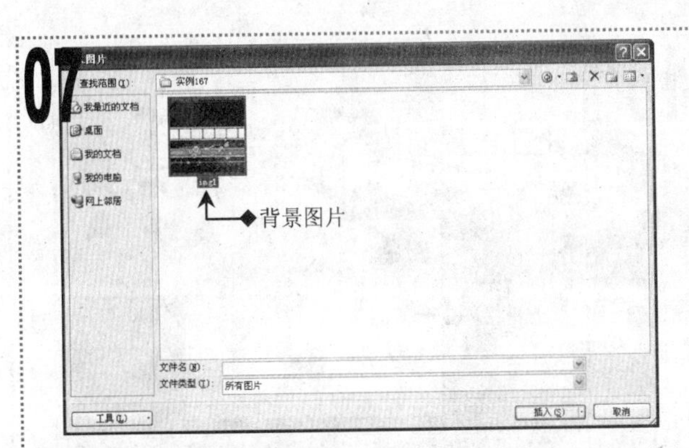

■ 在打开的“插入图片”对话框中，选择素材文件所在文件夹中的“img1”图片文件，单击“插入”按钮。

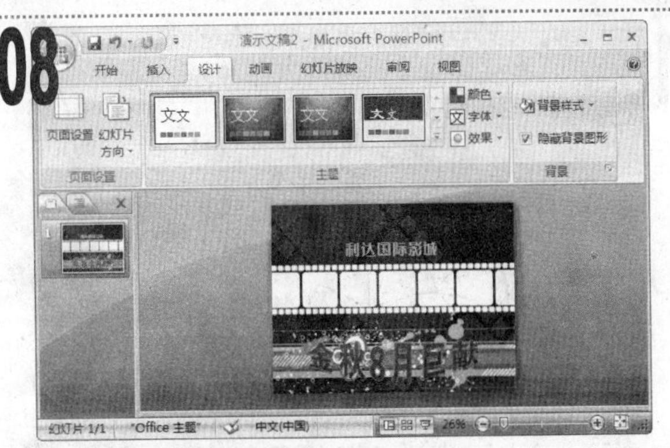

■ 返回“设置背景格式”对话框，单击“关闭”按钮，即可为幻灯片应用背景图片。

■ 单击“插入”选项卡，在“插图”组中单击“图片”按钮。

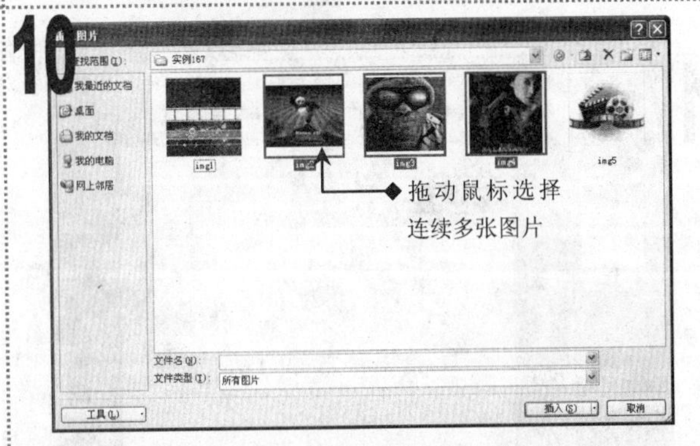

■ 在打开的“插入图片”对话框中，拖动鼠标选择“img2”、“img3”及“img4”图片文件，单击“插入”按钮。

■ 插入图片后，调整图片的大小及位置，其效果如图所示。

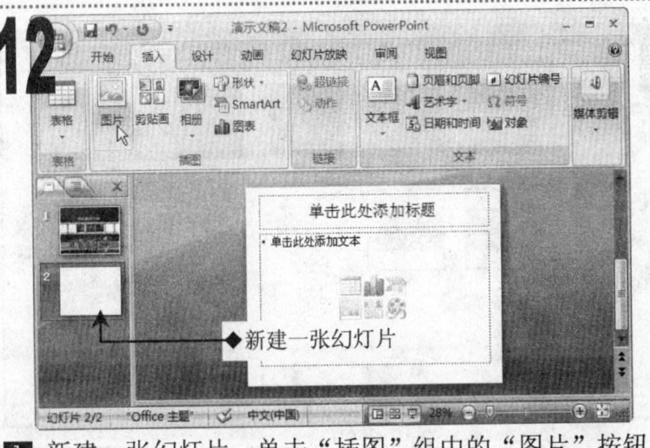

■ 新建一张幻灯片，单击“插图”组中的“图片”按钮。

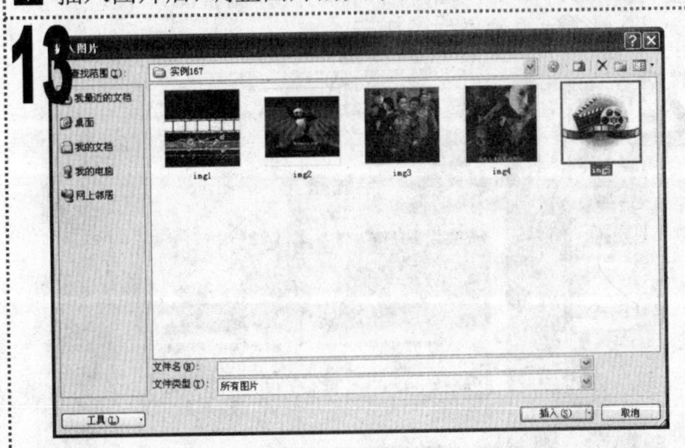

■ 在打开的“插入图片”对话框中选择“img5”图片文件，单击“插入”按钮。

■ 在幻灯片中插入图片后，拖动鼠标调整图片的大小及在幻灯片中的位置，得到的效果如图所示。

15

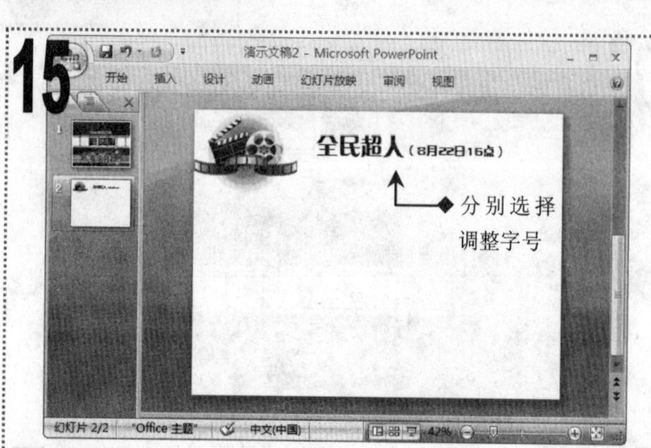

1 在标题占位符中输入标题，字体设置为“方正粗倩简体”，并为文本设置不同字号，如图所示。

16

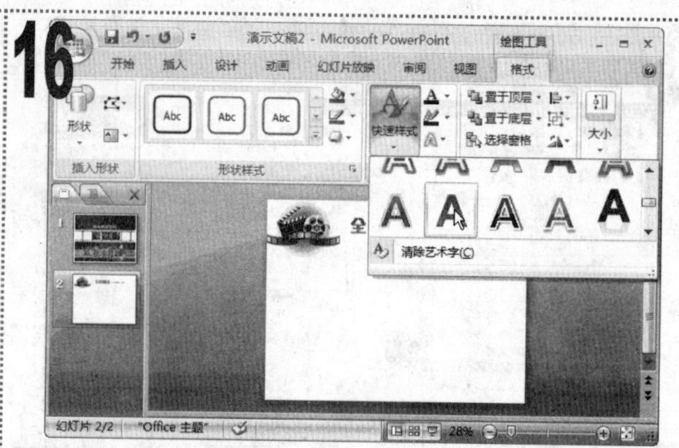

1 选择标题文本，单击“绘图工具/格式”选项卡，在“艺术字样式”组中单击“快速样式”下拉按钮，在弹出的下拉菜单中选择“渐变填充-强调文字颜色6，内部阴影”选项。

17

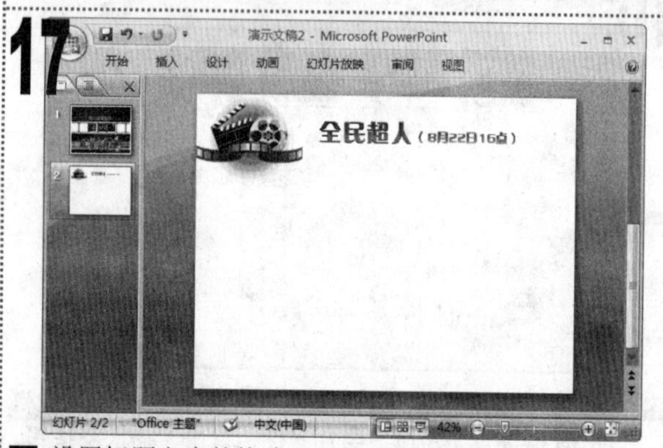

1 设置标题文本的格式后的效果如图所示。

18

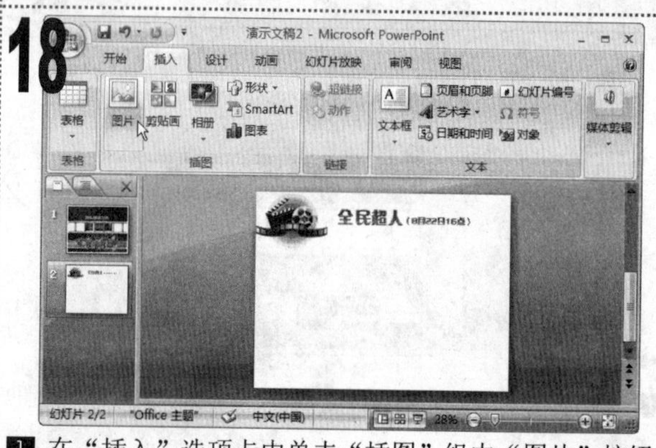

1 在“插入”选项卡中单击“插图”组中“图片”按钮。

19

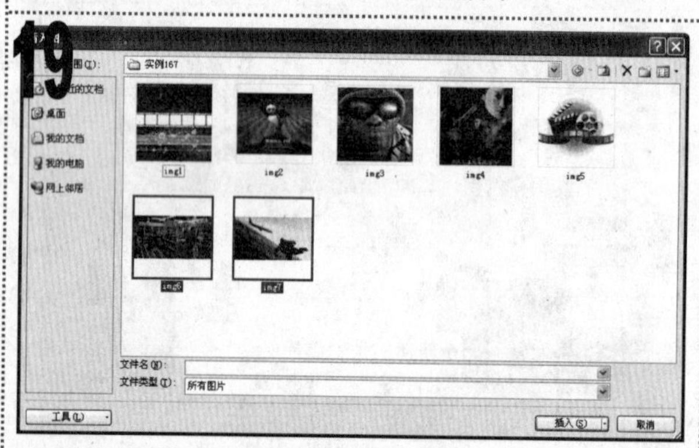

1 在打开的“插入图片”对话框中，选择素材文件所在文件夹中的“img6”与“img7”图片文件，单击“插入”按钮。

20

1 在幻灯片中插入图片后，拖动鼠标调整图片的大小与位置，得到的效果如图所示。

21

1 选择插入的图片，单击“图片工具/格式”选项卡，在“图片样式”组中的列表框中选择“矩形投影”选项。

22

1 在幻灯片下方插入文本框并输入相应的影片介绍文本，字体格式设置为“黑体、20”，并调整其位置。

23

■ 在“幻灯片”窗格中选择第 2 张幻灯片，按【Ctrl+C】组合键复制该幻灯片，然后按【Ctrl+V】组合键粘贴。

24

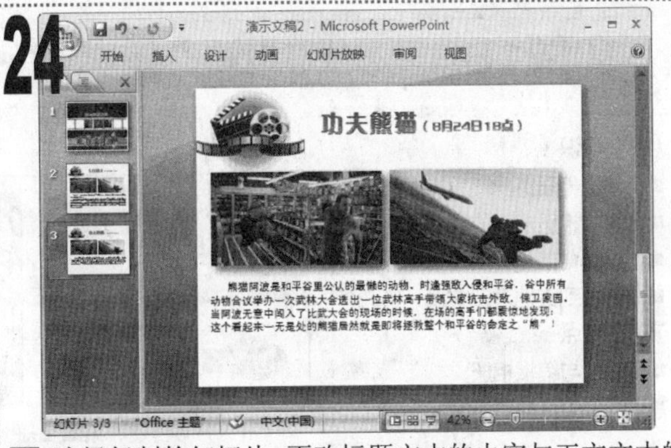

■ 选择复制的幻灯片，更改标题文本的内容与正文文本的内容，如图所示。

25

■ 在幻灯片左侧的图片上单击鼠标右键，在弹出的快捷菜单中选择“更改图片”命令。

26

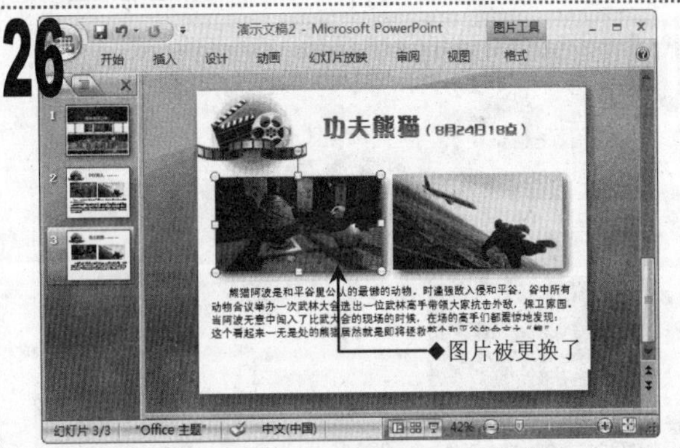

■ 在打开的“插入图片”对话框中，选择“img8”图片文件，将幻灯片左侧的图片更换为所选图片。

27

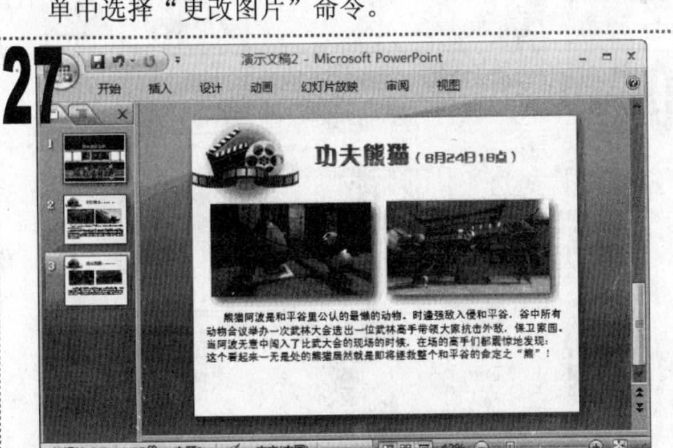

■ 按照同样的方法，将幻灯片右侧的图片更换为“img9”图片文件。

28

■ 复制并粘贴第 3 张幻灯片，然后在复制的幻灯片中编辑文本内容并更换图片，编辑后的效果如图所示。

29

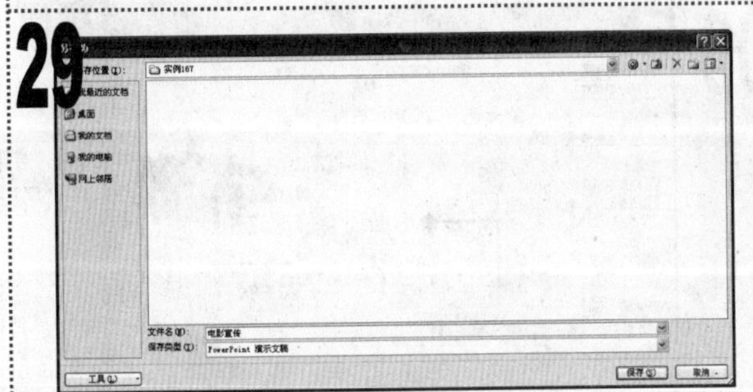

■ 单击快速访问工具栏中的“保存”按钮，打开“另存为”对话框，在对话框中设置保存路径与文件名，单击“保存”按钮保存演示文稿。

30

■ 按【F5】键放映演示文稿，其效果如图所示。

实例168 制作“新潮数码”演示文稿

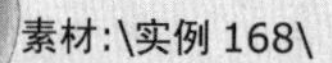

素材:\实例 168\

源文件:\实例 168\新潮数码.pptx

包含知识

- 创建相册
- 编辑相册
- 设置背景
- 链接到其他演示文稿

重点难点

- 创建与编辑相册
- 链接到其他演示文稿

制作思路

创建和编辑相册

链接到其他演示文稿

应用场所

用于制作侧重通过图片进行说明的演示文稿，以及链接演示文稿的演示文稿。

01

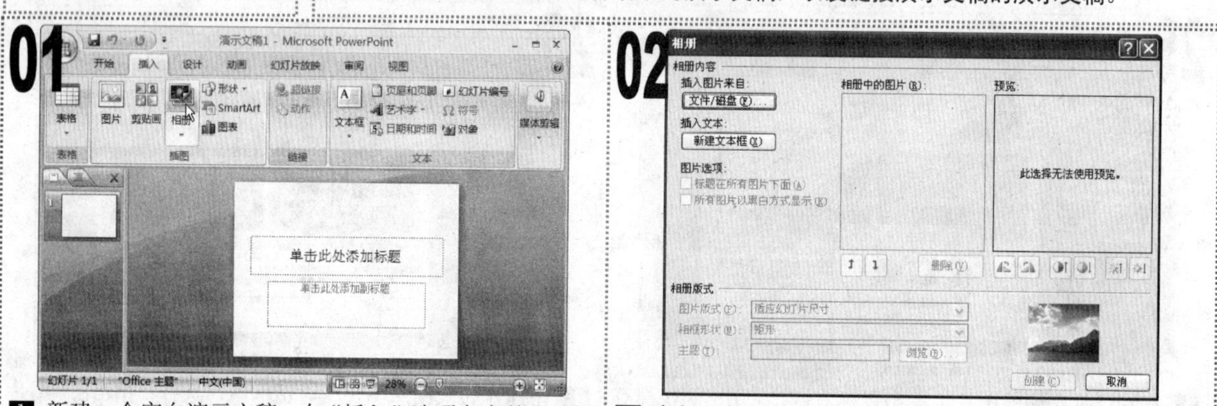

■ 新建一个空白演示文稿，在“插入”选项卡中单击“插图”组中的“相册”按钮。

02

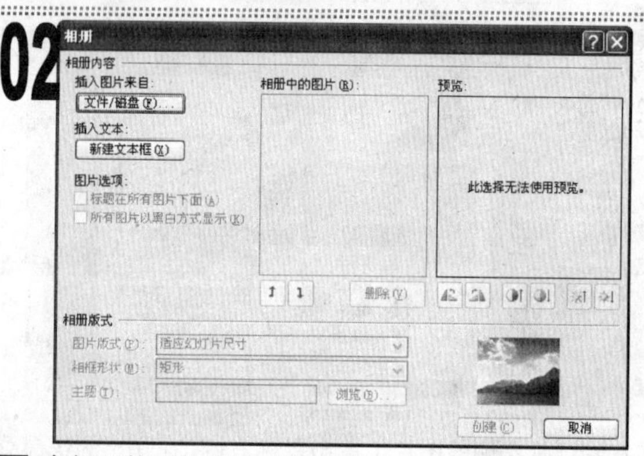

■ 在打开的“相册”对话框中，单击对话框中的“文件/磁盘”按钮。

03

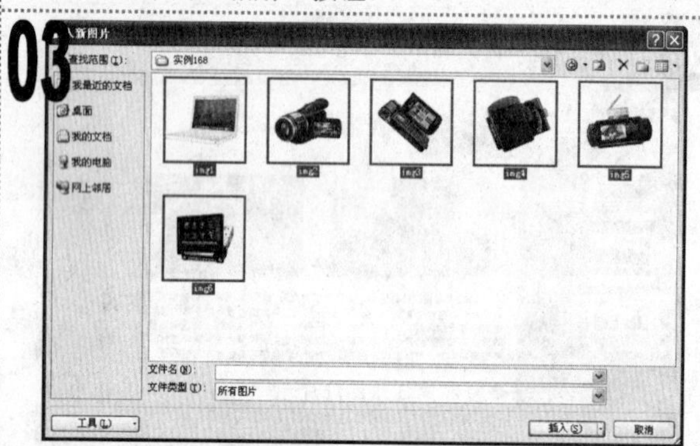

■ 打开“插入新图片”对话框，在素材文件所在文件夹中选择“img1”~“img6”图片文件，单击“插入”按钮。

04

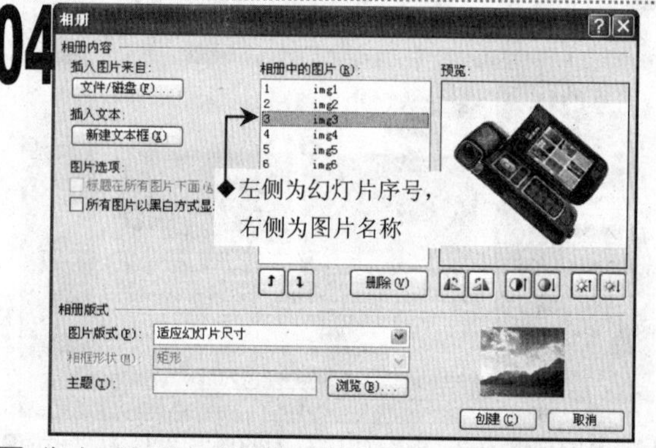

■ 此时，“相册中的图片”列表框中显示了所有插入的图片的名称，选择某个名称，可在“预览”区域中查看缩略图。

05

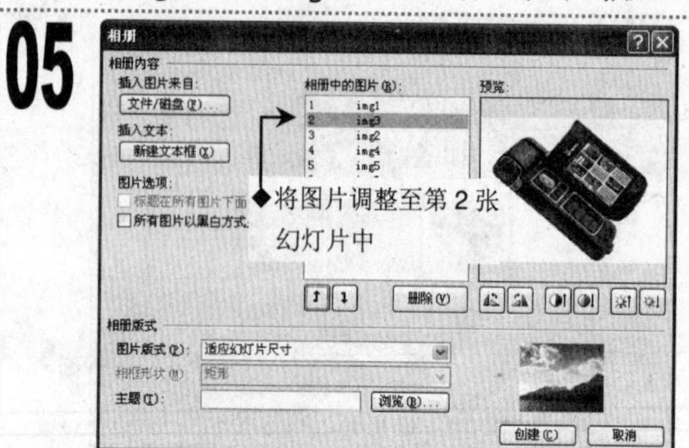

■ 在列表框中选择“img3”图片，单击下方的“向上”按钮，将其调整到第 2 张图片之前。

06

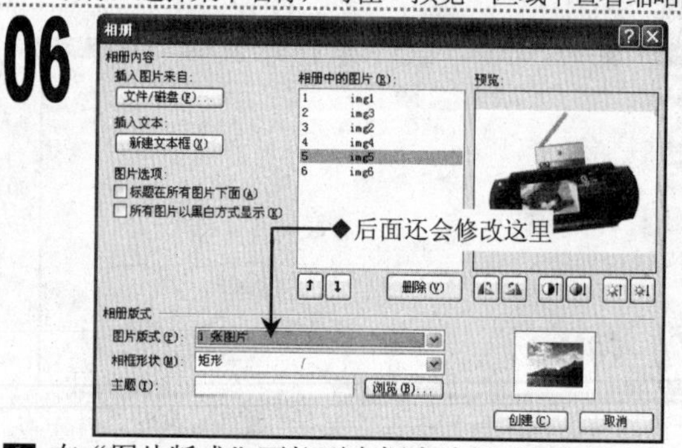

■ 在“图片版式”下拉列表框中选择“1 张图片”选项，单击“创建”按钮。

07

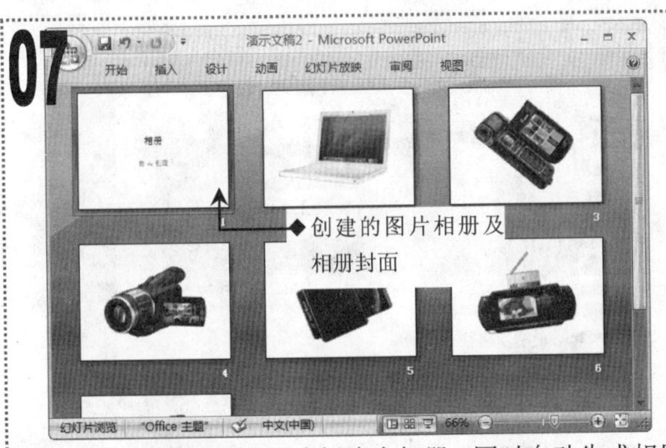

此时，即可将所选图片创建为相册，同时自动生成相册封面幻灯片，如图所示。

08

在封面幻灯片中的标题与副标题占位符中输入相应的文本，并设置其字体格式。

09

调整各占位符的位置，复制副标题占位符并移动到标题占位符的上方，将其中的文本修改为英文字母并设置其字体格式。

10

单击“设计”选项卡，在“背景”组中单击“背景样式”下拉按钮，在弹出的下拉菜单中选择“设置背景格式”命令。

11

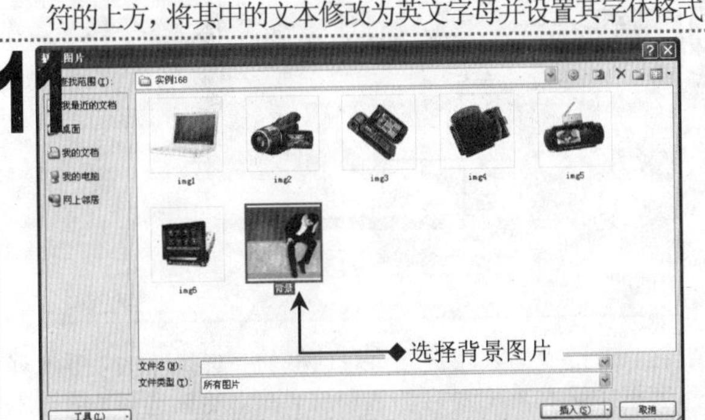

在打开的“设置背景格式”对话框中选中“图片或纹理填充”单选按钮，然后单击“文件”按钮，在打开的对话框中选择“背景”图片文件，单击“插入”按钮。

12

返回“设置背景格式”对话框，单击“关闭”按钮返回“幻灯片编辑”窗格，拖动鼠标调整幻灯片中各个占位符的位置。

13

单击“插入”选项卡，在“插图”组中单击“相册”下拉按钮，在弹出的下拉菜单中选择“编辑相册”命令。

14

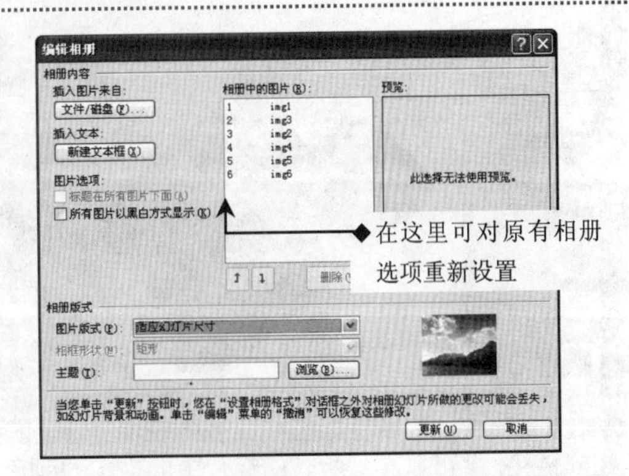

在打开的“编辑相册”对话框的“图片版式”下拉列表框中选择“适应幻灯片尺寸”选项，单击“更新”按钮。

15

1 选择第 2 张幻灯片，单击“插入”选项卡，在“文本”组中单击“文本框”按钮，拖动鼠标绘制文本框。

16

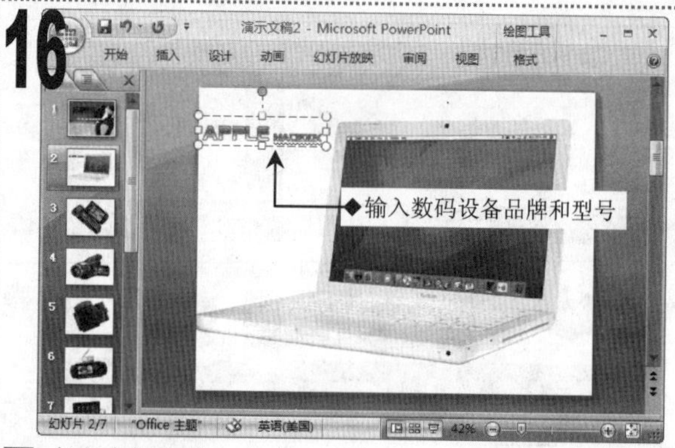

1 在文本框中输入文本，并设置文本的字体、字号及应用“渐变填充-灰色，轮廓-灰色”艺术字样式。

17

1 选择该文本框并复制，然后粘贴到后面的其他幻灯片中。

18

1 按照幻灯片中的不同设备更改文本框中的内容。

19

1 选择第 2 张幻灯片，选择文本框中的文本，单击“插入”选项卡，在“链接”组中单击“超链接”按钮。

20

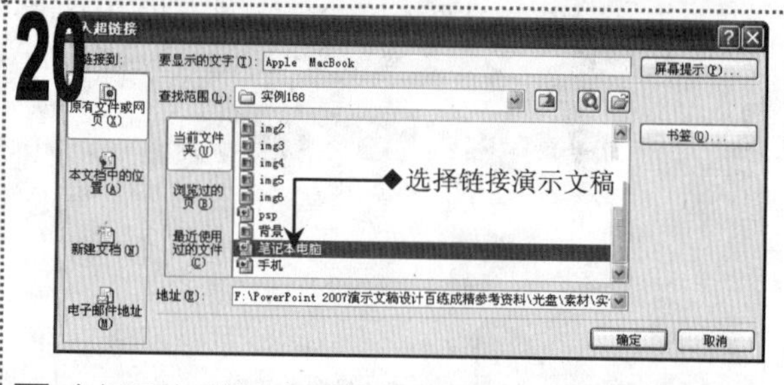

1 在打开的“插入超链接”对话框的“查找范围”下拉列表框中选择本例对应的素材文件夹，然后选择“笔记本电脑”演示文稿，单击“确定”按钮。

2 按照同样的方法，分别将其他幻灯片中的文本与素材文件夹中对应的演示文稿建立链接。

21

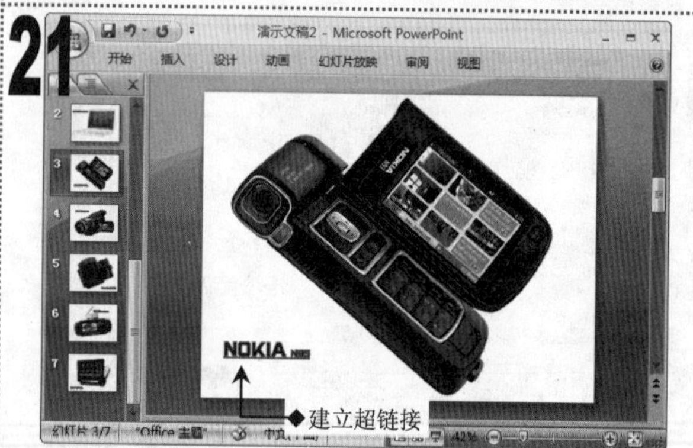

1 建立链接后，可以看到所有幻灯片中的文本的颜色发生了变化并自动添加了下画线。

22

1 单击“设计”选项卡，在“主题”组中单击“颜色”下拉按钮，在弹出的下拉菜单中选择“新建主题颜色”命令。

23

■ 在打开的“新建主题颜色”对话框中设置超链接的颜色为“灰色-80%，超链接”，已访问的超链接的颜色为“灰色-25%，已访问的超链接”，单击“保存”按钮。

24

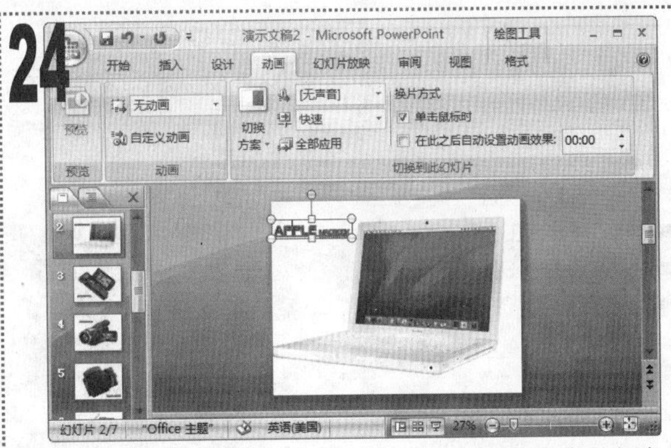

■ 返回“幻灯片编辑”窗格可以看到超链接文本的颜色发生了变化，选择第 2 张幻灯片，单击“动画”选项卡。

25

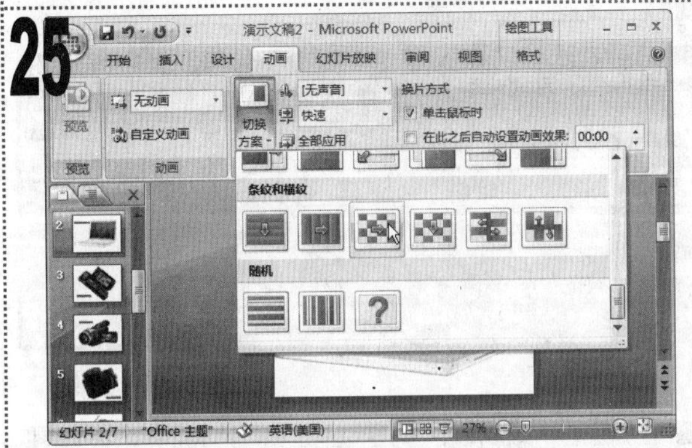

■ 在“切换到此幻灯片”组中，单击“切换方案”下拉按钮，在弹出的下拉列表中选择“横向棋盘式”选项。

26

■ 单击“切换到此幻灯片”组中的“全部应用”按钮，为所有幻灯片应用该切换方案。

27

■ 按【F5】键放映演示文稿，将按照指定的切换方案来放映。

28

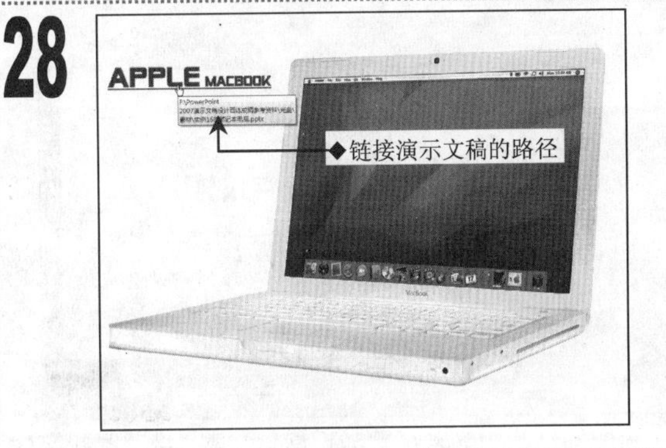

■ 当放映到第 2 张幻灯片时，将鼠标光标指向超链接文本，将弹出浮动框显示链接演示文稿的路径。

29

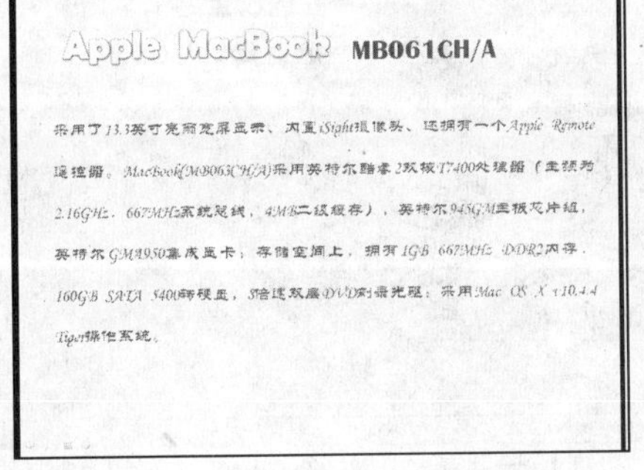

■ 单击该超链接，即可跳转放映链接的演示文稿。

30

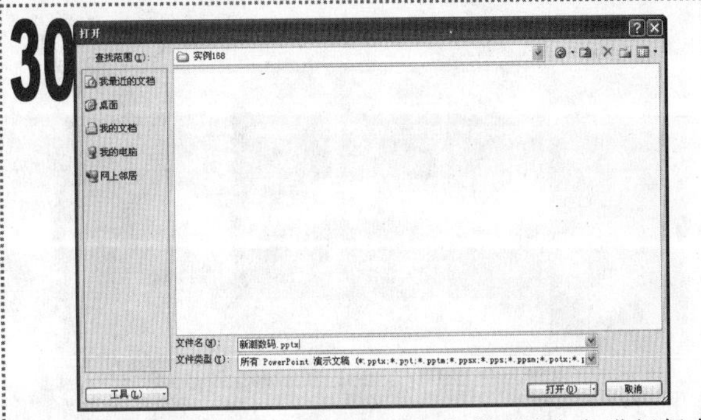

■ 放映完成后，将演示文稿以“新潮数码”为名进行保存，完成本例的制作。

实例169 制作“盈亏报告”演示文稿

素材:\实例 169\

源文件:\实例 169\盈亏报告.pptx

包含知识

- 设置幻灯片页面
- 插入 Excel 工作表
- 调整与编辑 Excel 工作表
- 进行打印预览
- 打印幻灯片

重点难点

- 插入与编辑 Excel 工作表

制作思路

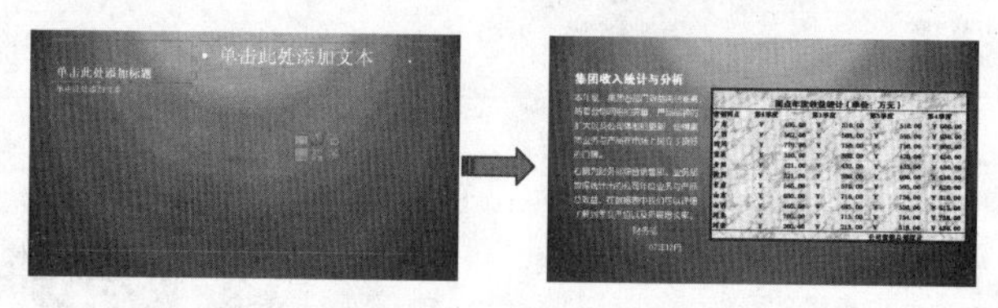

设置幻灯片页面　　插入与调整工作表

应用场所

用于制作通过调用 Excel 工作表进行说明的商业演示文稿。

01

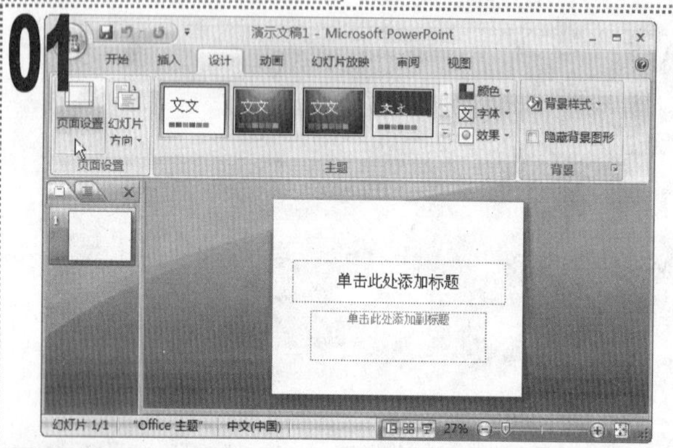

1 新建一个空白演示文稿，单击“设计”选项卡，在“页面设置”组中单击“页面设置”按钮。

02

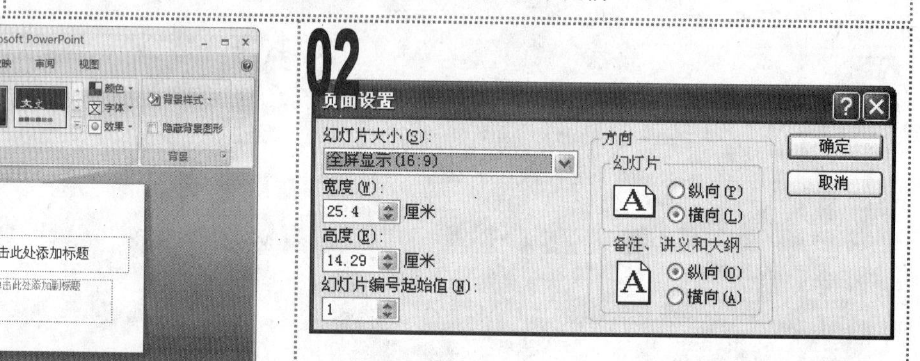

1 在打开的“页面设置”对话框的“幻灯片大小”下拉列表框中选择“全屏显示（16：9）”选项，单击“确定”按钮。

03

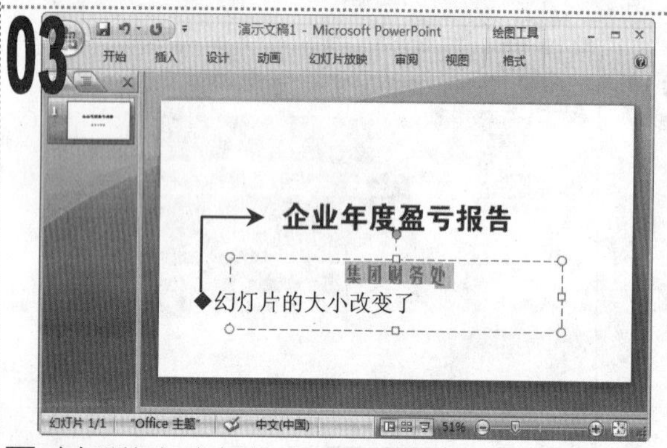

1 在标题幻灯片中输入标题与副标题文本，并设置其字体格式。

04

1 单击“设计”选项卡，在“背景”组中单击“背景样式”下拉按钮，在弹出的下拉菜单中选择“样式 7”选项。

05

1 按【Ctrl+M】组合键新建一张幻灯片，单击“开始”选项卡，在“幻灯片”组中单击“版式”下拉按钮，在弹出的下拉列表中选择“内容与标题”选项。

06

1 更改幻灯片版式后，在左侧占位符中输入相应的标题与正文内容，并设置其字体格式。

07

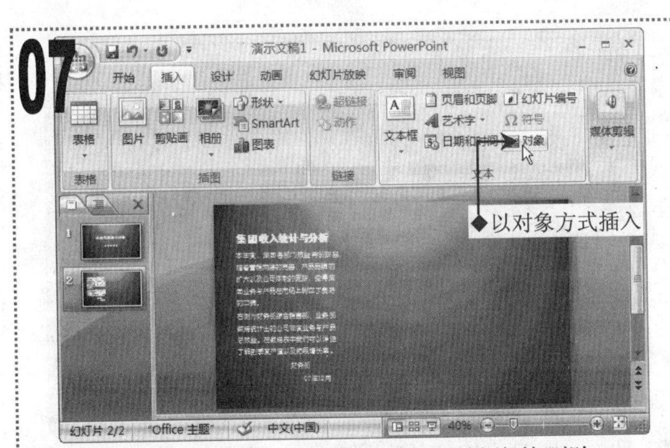

1 选择右侧的占位符，按【Delete】键将其删除。
2 单击“插入”选项卡，在“文本”组中单击“对象”按钮。

08

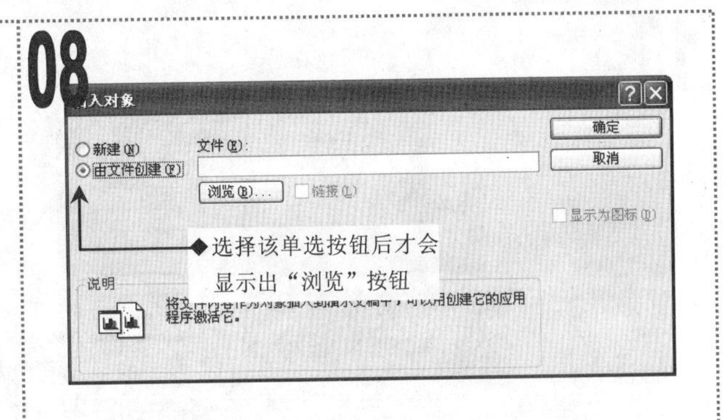

1 在打开的“插入对象”对话框中，选中左侧的“由文件创建”单选按钮，单击对话框中显示出来的“浏览”按钮。

09

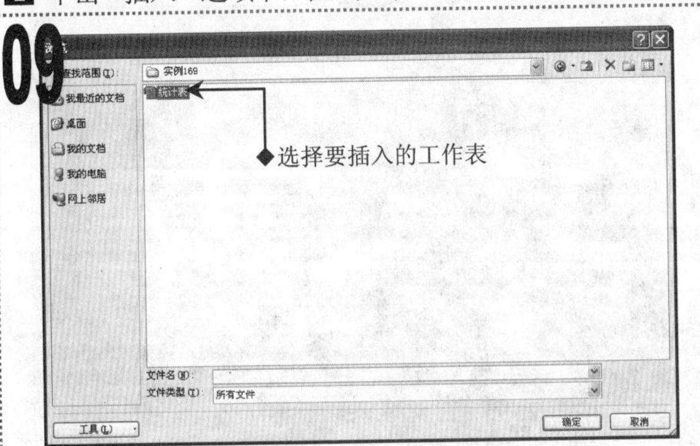

1 在打开的“浏览”对话框中，选择素材文件所在文件夹中的“统计表”文件，单击“确定”按钮。

10

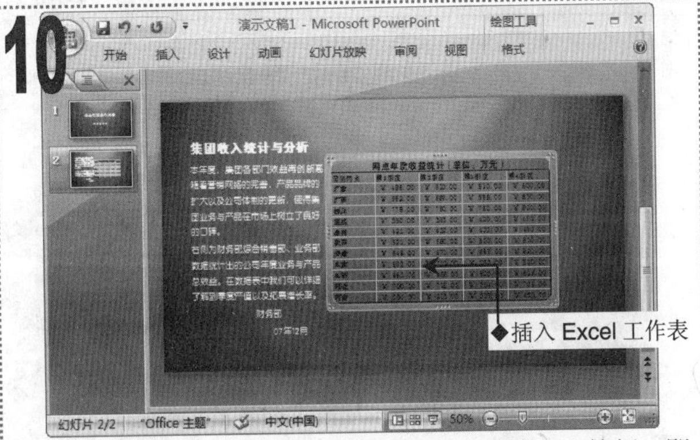

1 在返回的“插入对象”对话框中单击“确定”按钮，即可将 Excel 工作表插入到幻灯片中。

11

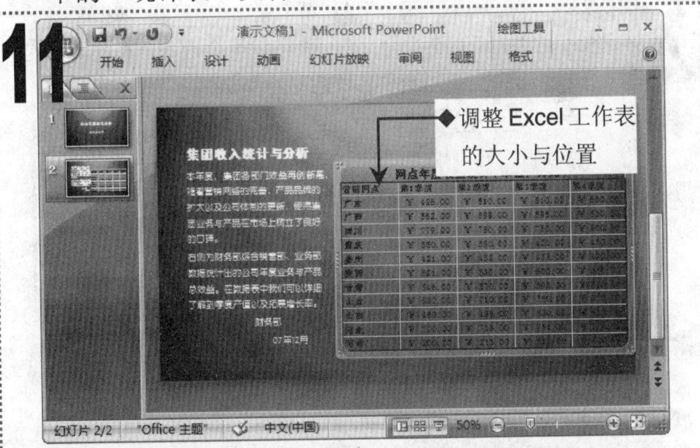

1 拖动鼠标调整 Excel 工作表区域的大小及位置。

12

1 用鼠标双击工作表区域，即可对 Excel 工作表进行编辑。

13

1 选择如图所示的单元格，输入文本“公司营销总部统计”。

14

1 单击幻灯片的其他位置，退出 Excel 工作表的编辑状态。
2 选择 Excel 工作表，单击“绘图工具/格式”选项卡。

15

■ 单击“形状样式”组中的“形状轮廓”按钮右侧的下拉按钮，在弹出的下拉菜单中选择“粗细/4.5 磅”选项。

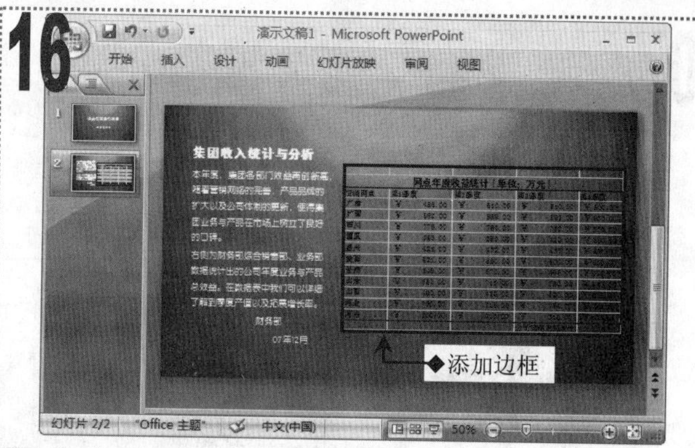

16

■ 此时，即可为幻灯片中的工作表区域添加边框线条，其效果如图所示。

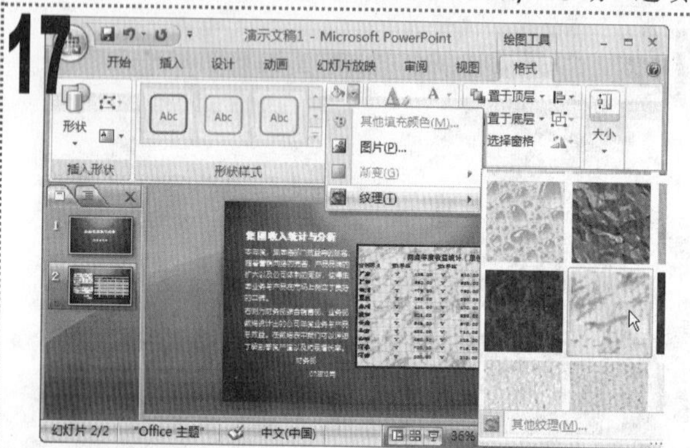

17

■ 单击“形状样式”组中的“形状填充”按钮右侧的下拉按钮，在弹出的下拉菜单中选择“纹理/白色大理石”选项。

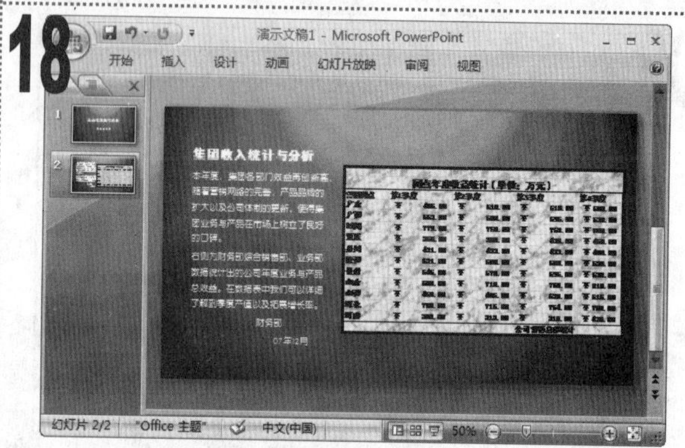

18

■ 填充后的效果如图所示。

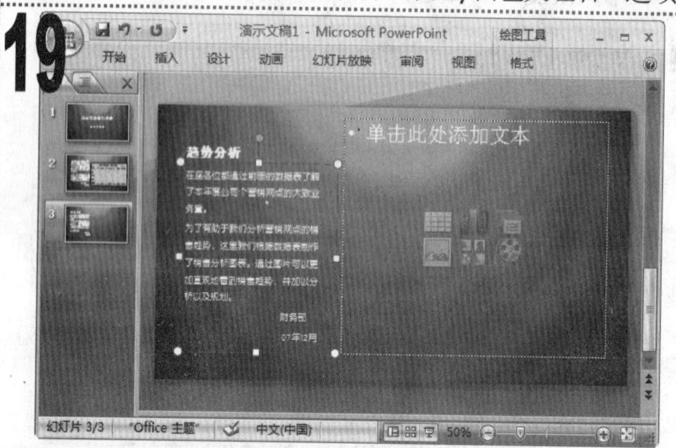

19

■ 按【Ctrl+M】组合键新建第 3 张幻灯片，同样在左侧的占位符中输入标题与正文文本，并设置其字体格式。

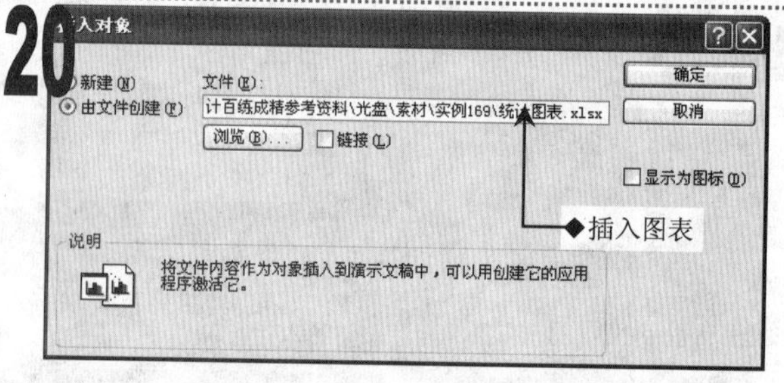

20

1. 删除右侧的占位符，在“插入”选项卡中单击“文本”组中的“对象”按钮。
2. 打开“插入对象”对话框，选中“由文件创建”单选按钮，单击“浏览”按钮，在打开的对话框中选择“统计图表.xlsx”文件，依次单击“确定”按钮。

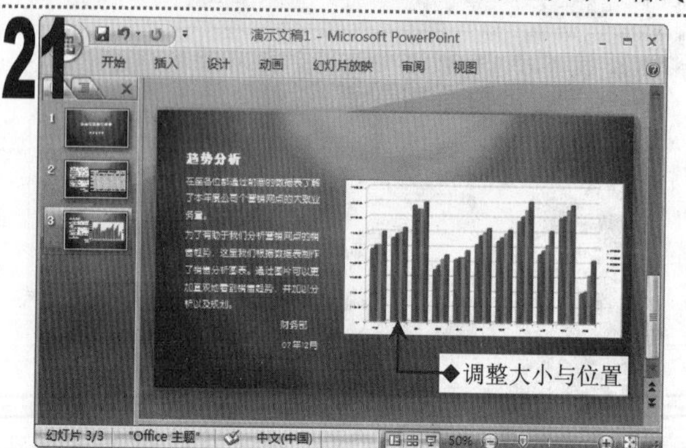

21

■ 选择插入的图表，拖动鼠标调整图表区域的大小及在幻灯片中的位置。

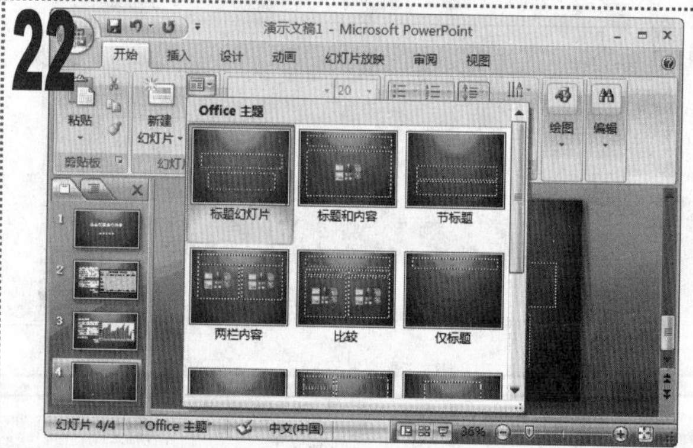

22

■ 新建第 4 张幻灯片，单击“开始”选项卡，在“幻灯片”组中单击“版式”下拉按钮，在弹出的下拉列表中选择“标题幻灯片”选项。

23

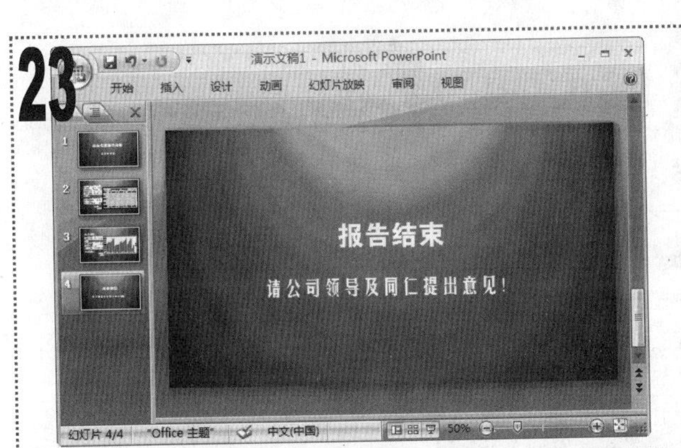

■ 在幻灯片中依次输入标题与副标题文本，并设置不同的字体格式。

24

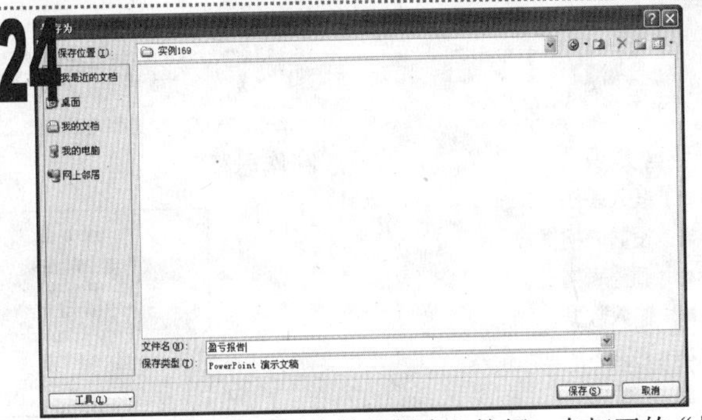

■ 单击快速访问工具栏中的“保存”按钮，在打开的“另存为”对话框中，将文件名设置为“盈亏报告”并选择保存路径，单击“保存”按钮保存演示文稿。

25

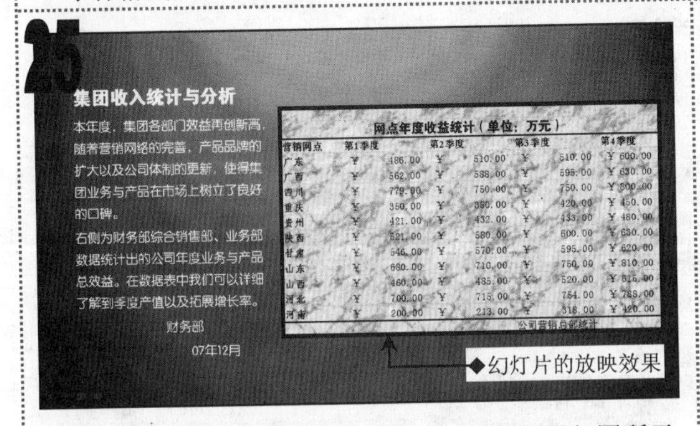

■ 保存后，按【F5】键放映演示文稿，其效果如图所示。

26

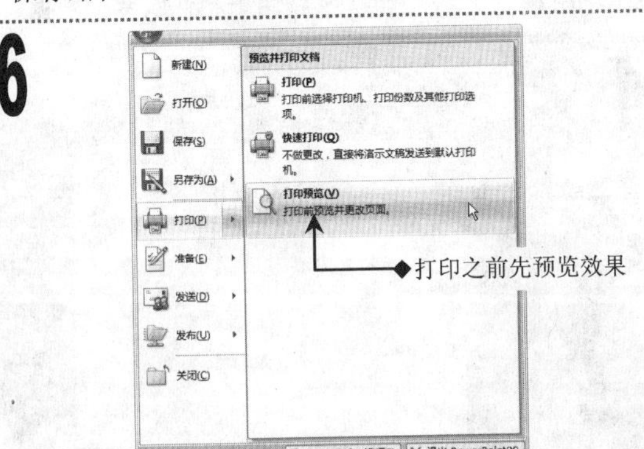

■ 放映完毕后退出放映，单击窗口左上角的“Office”按钮，在弹出的下拉菜单中选择“打印/打印预览”命令。

27

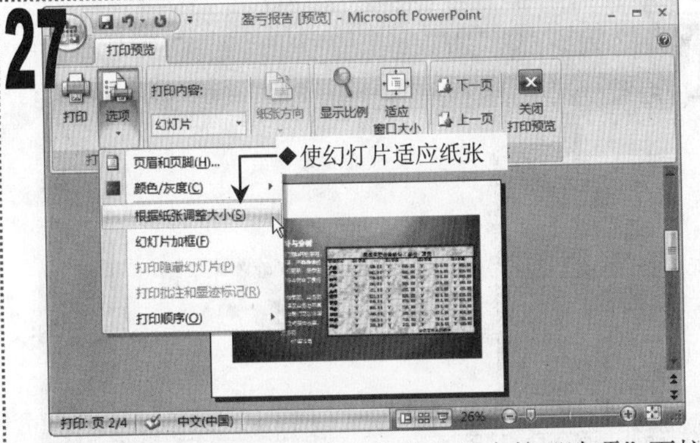

■ 进入打印预览视图，单击“打印”组中的“选项”下拉按钮，在弹出的下拉菜单中选择“根据纸张调整大小”命令。

28

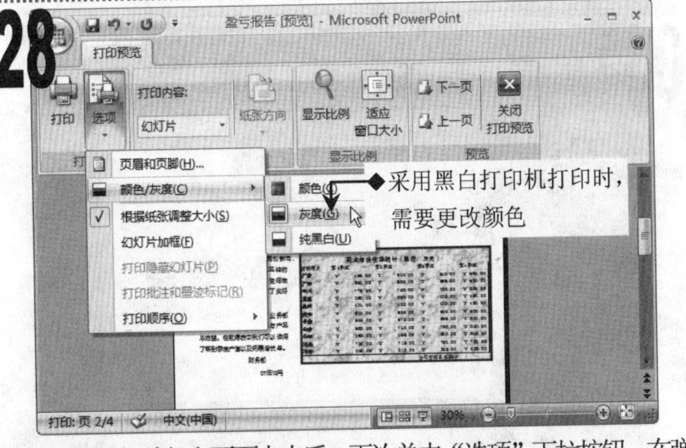

■ 更改幻灯片打印页面大小后，再次单击“选项”下拉按钮，在弹出的下拉菜单中选择“‘颜色/灰度’/灰度”选项。

29

■ 再次单击“选项”下拉按钮，在弹出的下拉菜单中选择“幻灯片加框”命令，为幻灯片添加边框。

30

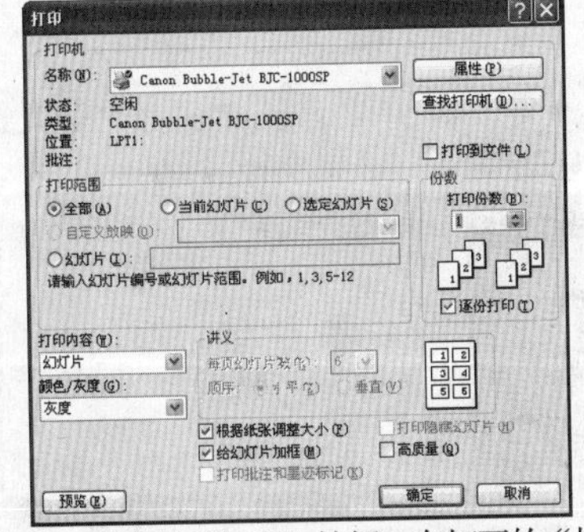

■ 单击“打印”组中的“打印”按钮，在打开的“打印”对话框中设置打印范围与份数，然后单击“确定”按钮打印幻灯片。

实例170 制作“年度奖金”演示文稿

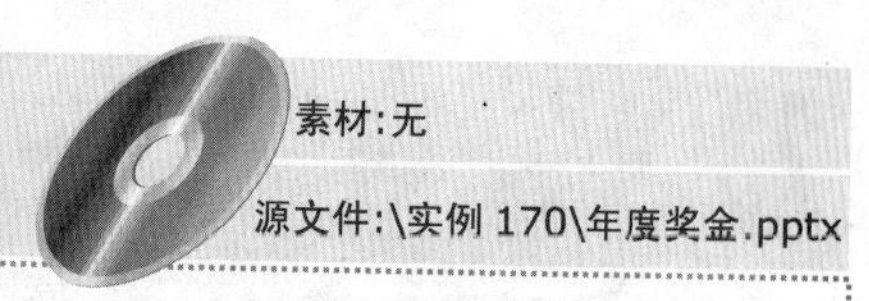

素材:无

源文件:\实例 170\年度奖金.pptx

包含知识

- 插入表格
- 设置表格样式
- 调整表格
- 输入数据
- 为文本添加超链接

重点难点

- 插入与调整表格

制作思路

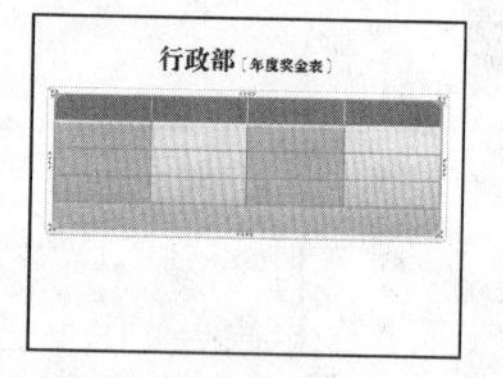

插入与调整表格

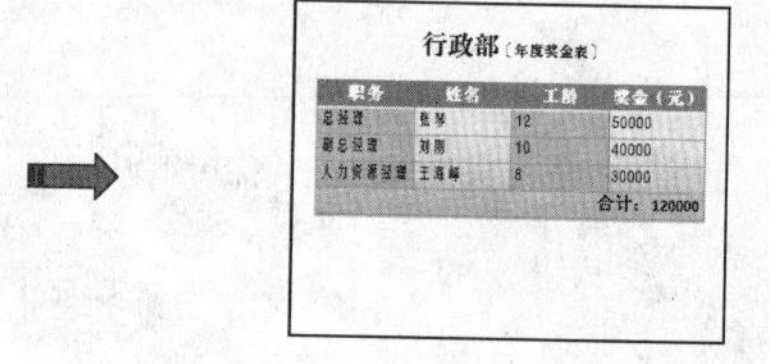

输入表格数据

应用场所

用于制作以罗列数据、信息为主的演示文稿。

01

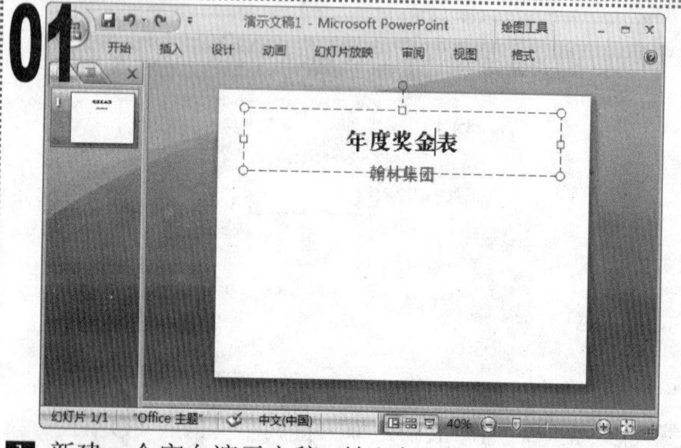

新建一个空白演示文稿，输入标题与副标题的内容，设置文本的字体格式并调整占位符的位置。

02

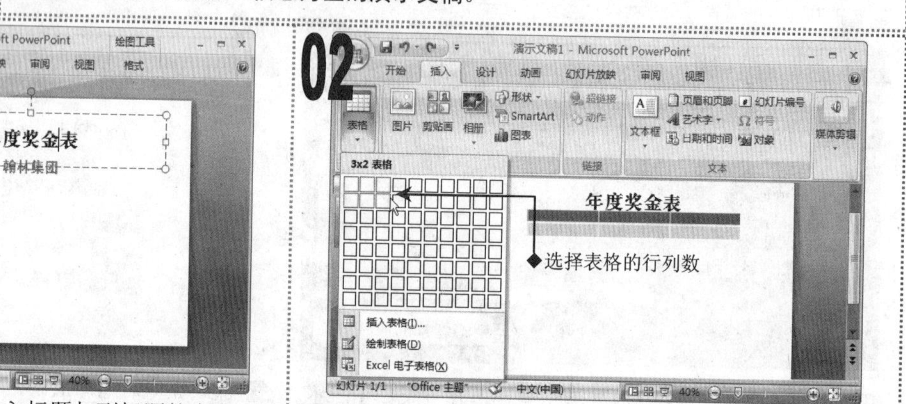

单击“插入”选项卡，在“表格”组中单击“表格”下拉按钮，在弹出的下拉菜单中选择“3×2 表格”选项。

03

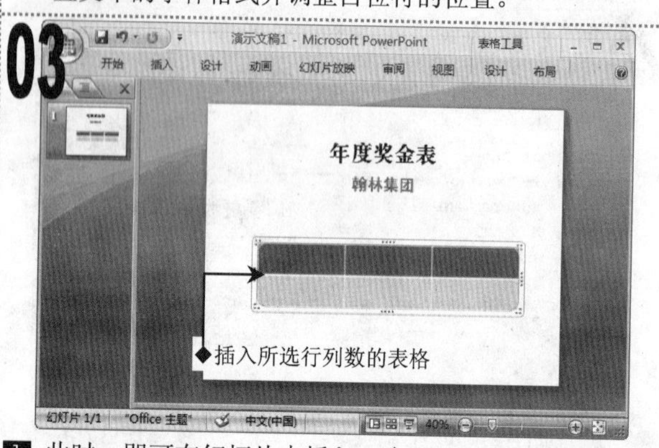

此时，即可在幻灯片中插入一个 2 行 3 列的表格，拖动鼠标调整表格的大小及在幻灯片中的位置。

04

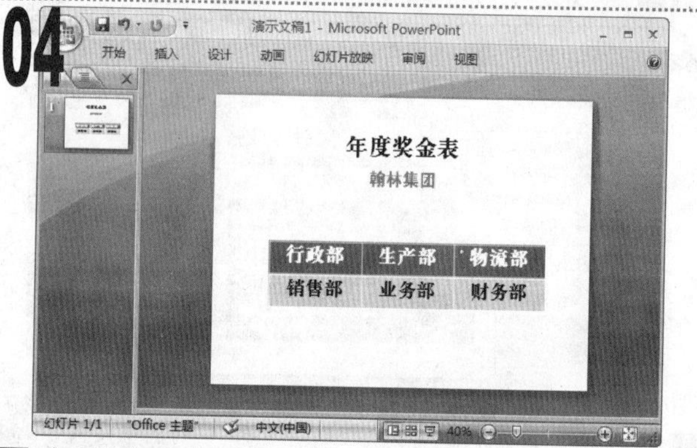

在表格各个单元格中输入相应的数据，然后选择所有单元格，并通过“开始/字体”组设置字体格式。

05

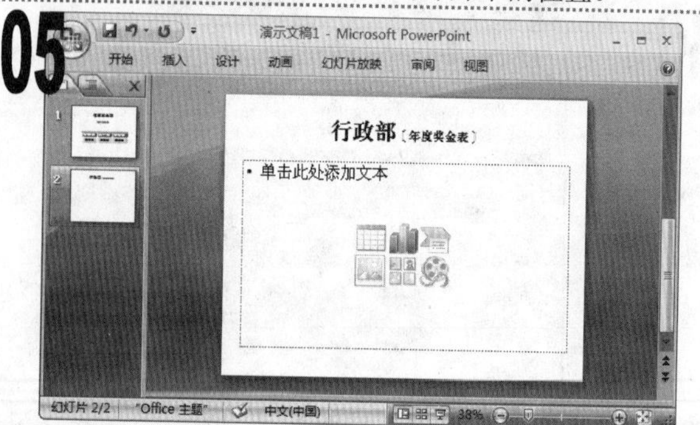

按【Ctrl+M】组合键新建一张幻灯片，输入标题并设置文本的字体格式及调整为不同的字号。

06

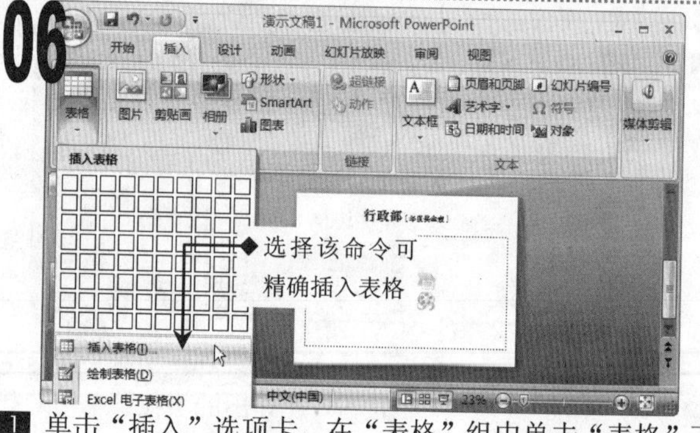

单击“插入”选项卡，在“表格”组中单击“表格”下拉按钮，在弹出的下拉菜单中选择“插入表格”命令。

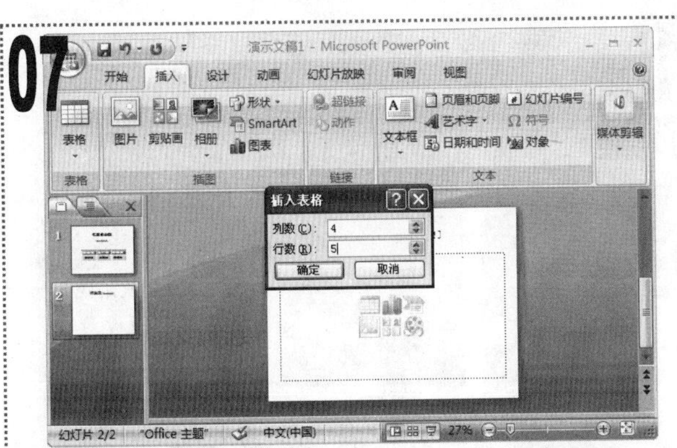

■ 在打开的“插入表格”对话框的“列数”数值框中输入“4”，在“行数”数值框中输入“5”，单击“确定”按钮。

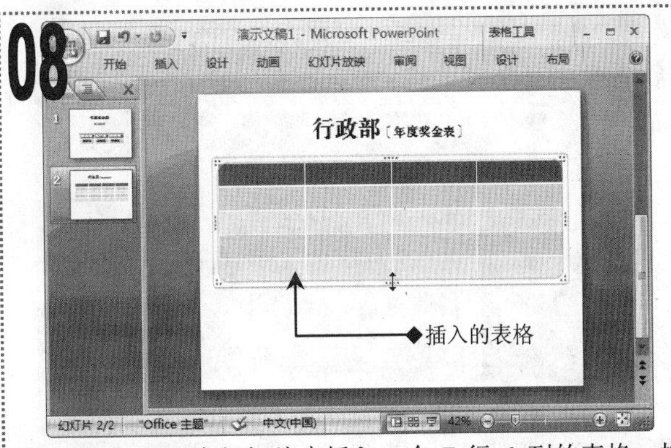

■ 此时，即可在幻灯片中插入一个 5 行 4 列的表格，拖动鼠标调整表格高度。

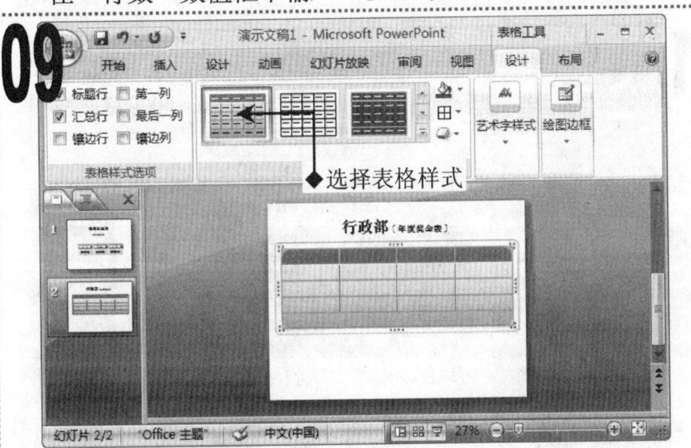

■ 单击“表格工具/设计”选项卡，在“表格样式”组中的列表框中选择“主题样式 1-强调 6”选项。

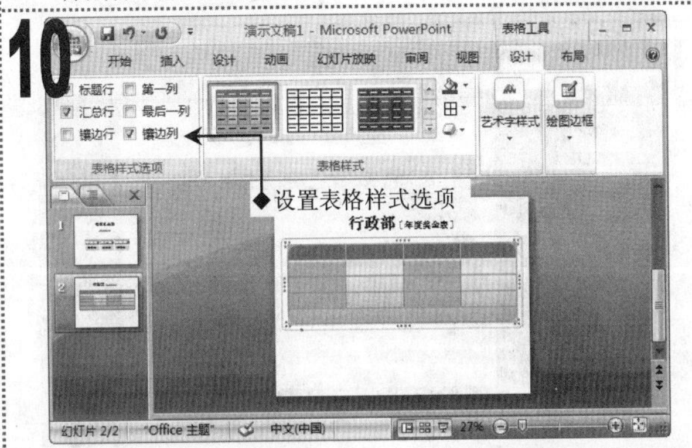

■ 在“表格样式选项”组中选中“镶边列”复选框，显示表格镶边列样式。

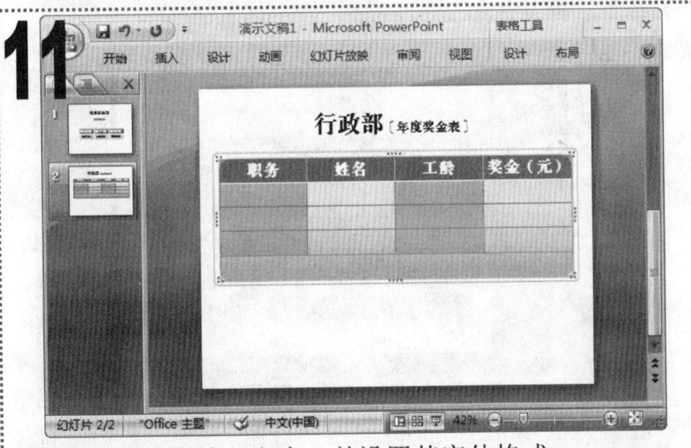

■ 在第 1 行中输入文本，并设置其字体格式。

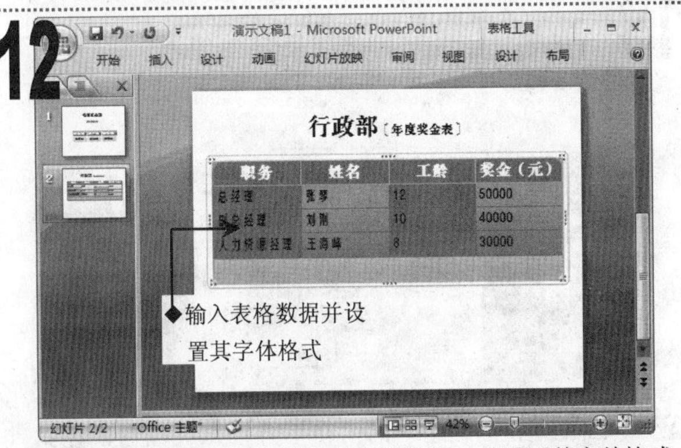

■ 在第 2 行到第 4 行中输入对应的数据，并设置其字体格式。

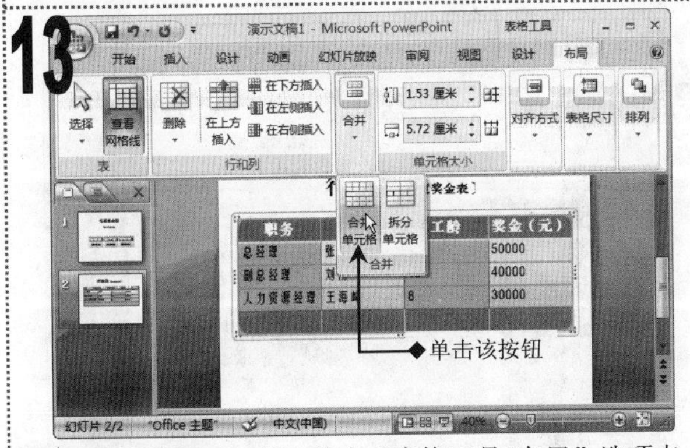

■ 选择表格最后一行，单击“表格工具/布局”选项卡，在“合并”组中单击“合并单元格”按钮。

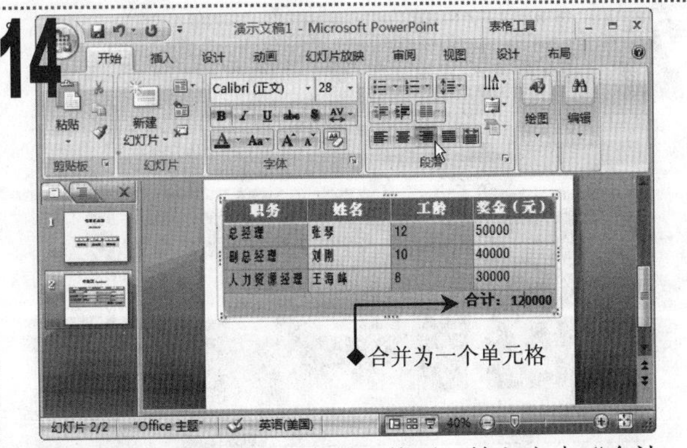

■ 将最后一行合并为一个单元格后，输入文本“合计：120000”，将其对齐方式设置为“右对齐”。

15

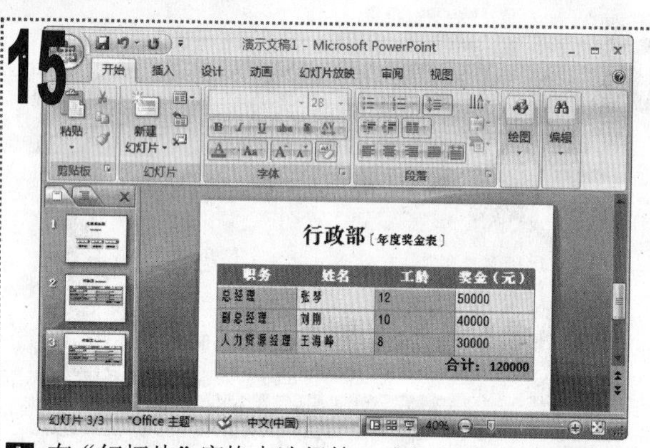

■ 在“幻灯片”窗格中选择第2张幻灯片，按【Ctrl+C】组合键复制幻灯片，再按【Ctrl+V】组合键粘贴。

16

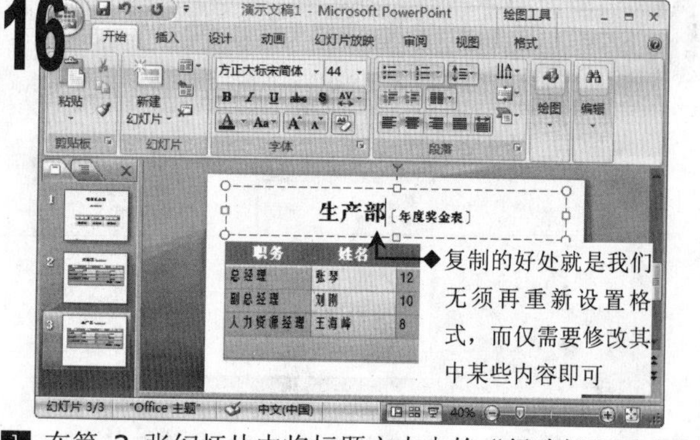

■ 在第3张幻灯片中将标题文本中的“行政部”更改为“生产部”。

17

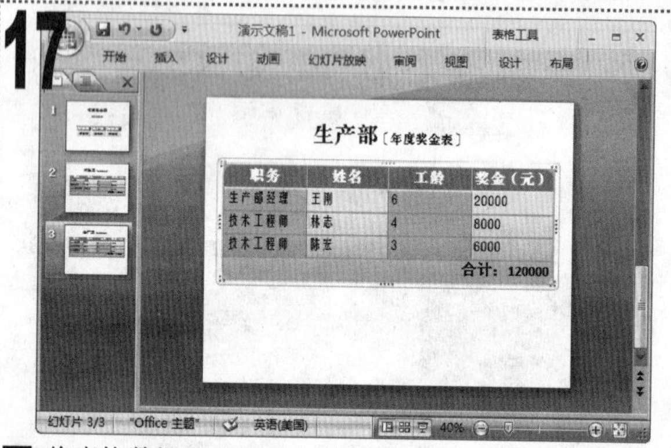

■ 将表格数据更改为对应的部门数据。

18

■ 选择表格的第2行到第4行，单击“表格工具/布局”选项卡。

19

■ 单击“行和列”组中的“在下方插入”按钮，在第4行下方插入三行单元格。

20

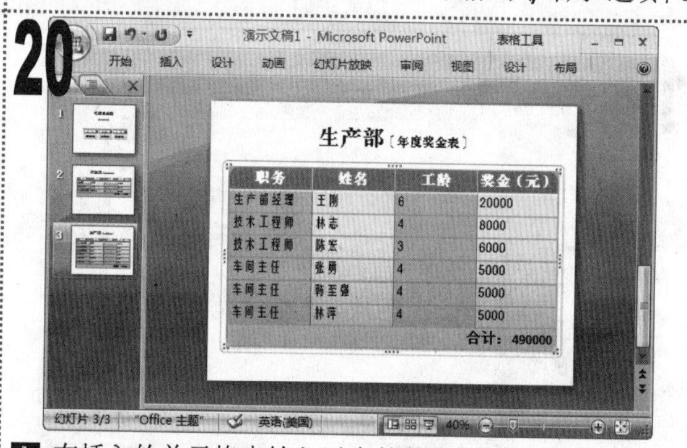

■ 在插入的单元格中输入对应的数据，并更改最后一行中的合计数值。

21

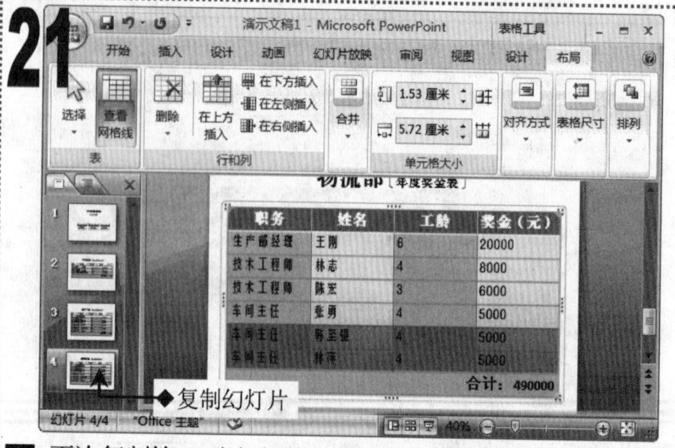

■ 再次复制第3张幻灯片，将标题更改为“物流部”，选择表格中的第6行、第7行，单击“表格工具/布局”选项卡。

22

■ 单击“行和列”组中的“删除”下拉按钮，在弹出的下拉菜单中选择“删除行”命令。

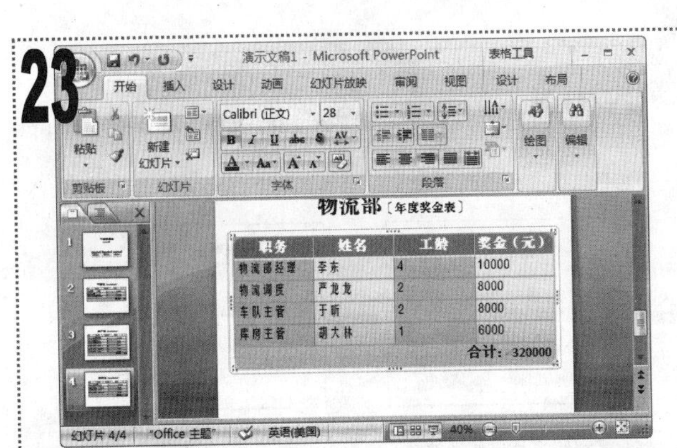

1 删除所选表格行后，更改表格各单元格中的数据及最后一行中的合计数值。

1 再次复制第 4 张幻灯片，修改幻灯片标题并根据数据量在表格中插入或删除行，然后输入对应的数据。

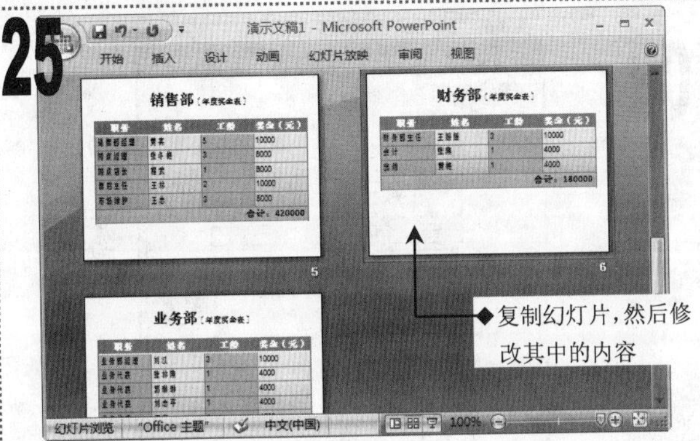

1 按照同样的方法，继续复制幻灯片，并编排业务部与财务部的年度奖金表。

1 选择标题幻灯片，选中文本“行政部”所在的单元格，单击“插入”选项卡，在“链接”组中单击“超链接”按钮。

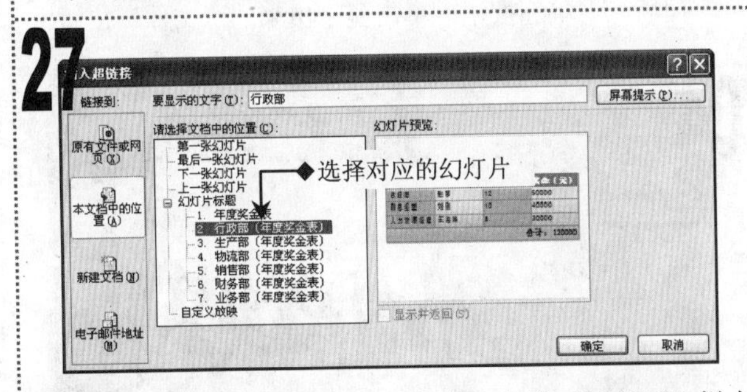

1 在打开的“插入超链接”对话框左侧的“链接到”栏中单击“本文档中的位置”选项卡。

2 在“请选择文档中的位置”列表框中选择第 2 张幻灯片，单击“确定”按钮。

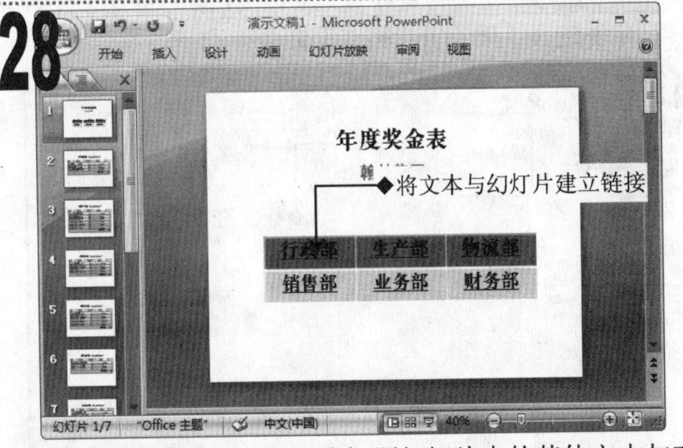

1 按照同样的方法，分别将标题幻灯片中的其他文本与对应的幻灯片建立链接。

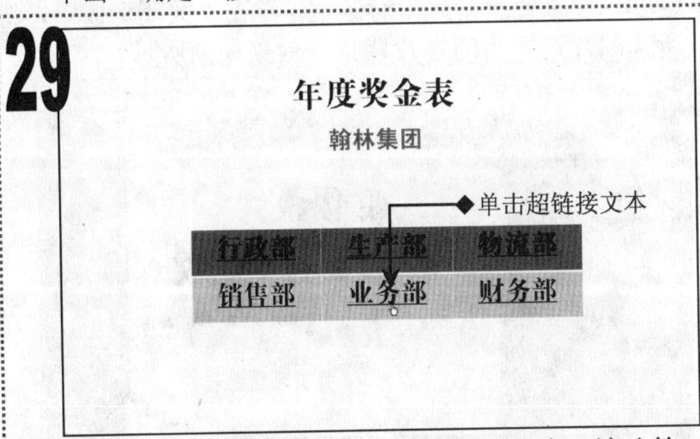

1 保存幻灯片后按【F5】键放映演示文稿，放映第 1 张幻灯片时，用鼠标光标指向对应的超链接，光标形状将变为手形形状。

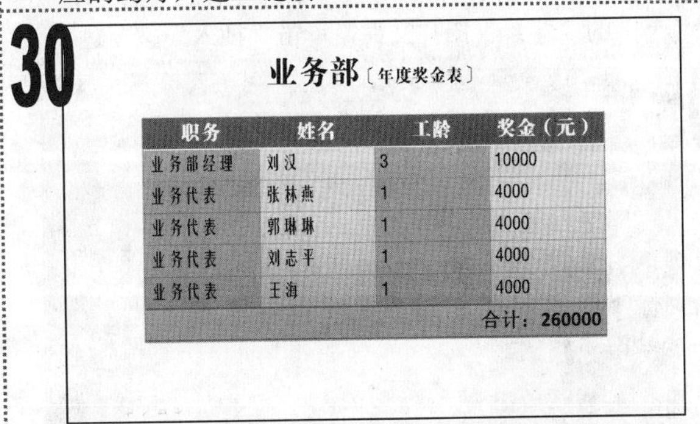

1 单击超链接文本，即可跳转放映相应的链接幻灯片。

实例171 制作“销售推广”演示文稿

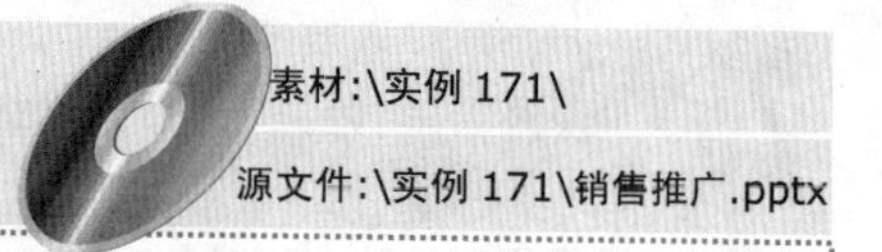
素材:\实例 171\
源文件:\实例 171\销售推广.pptx

包含知识

- 设置图片背景
- 插入图片
- 更改图片
- 设置切换方案与动画效果

重点难点

- 插入与更改图片
- 设置切换方案与动画效果

制作思路

应用场所

用于制作图文并茂、动画效果相似的演示文稿。

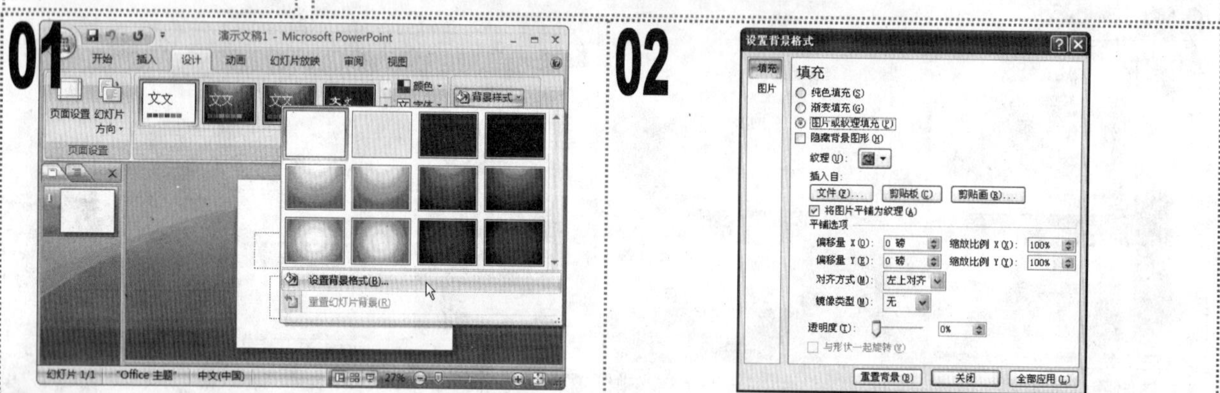

01 新建一个空白演示文稿，单击“设计”选项卡，在“背景”组中单击“背景样式”下拉按钮，在弹出的下拉菜单中选择“设置背景格式”命令。

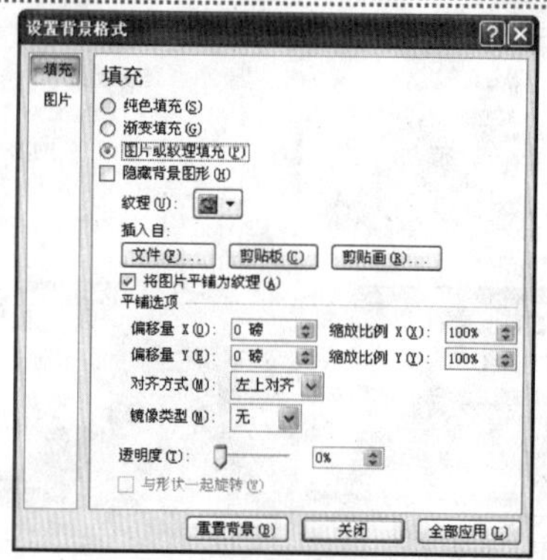

02 在打开的“设置背景格式”对话框中，选中“图片或纹理填充”单选按钮，单击显示出来的“文件”按钮。

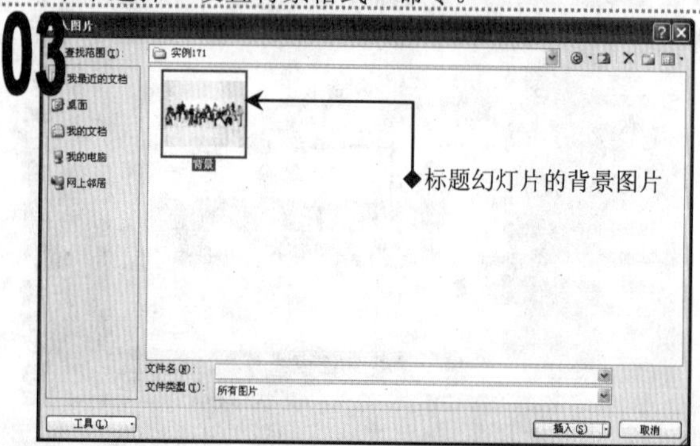

03 在打开的“插入图片”对话框中选择素材文件所在文件夹中的“背景”图片文件，单击“插入”按钮。

04 返回“设置背景格式”对话框，单击“关闭”按钮，将所选图片设置为幻灯片背景，效果如图所示。

05 在标题占位符中输入文本“销售推广”，将其字体格式设置为“华文行楷、88、阴影”，并调整标题占位符的位置。

06 在副标题占位符中输入文本“数据库营销推广”，将其字体格式设置为“方正美黑简体、44”，并调整占位符的位置。

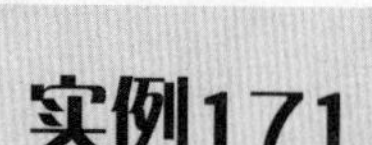

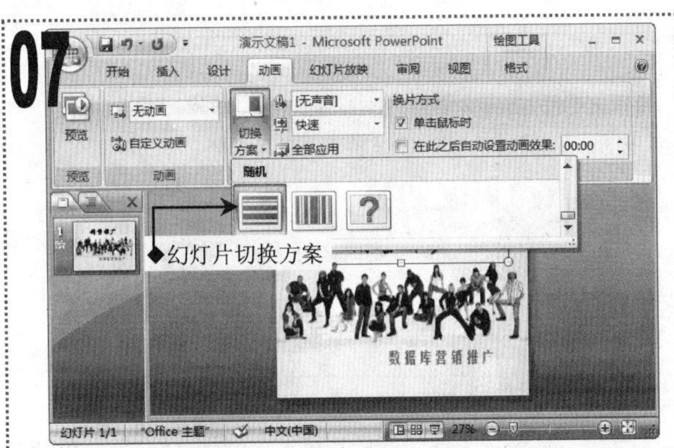

在"动画"选项卡的"切换到此幻灯片"组中单击"切换方案"下拉按钮，在弹出的下拉列表中选择"随机水平条"选项。

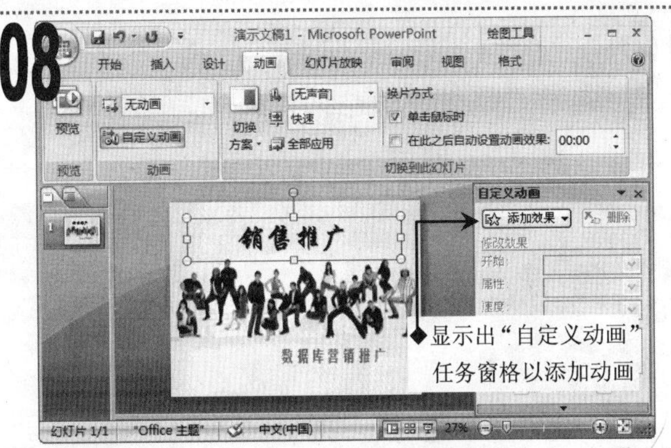

选择标题占位符，单击"动画"选项卡的"动画"组中的"自定义动画"按钮，打开"自定义动画"任务窗格。

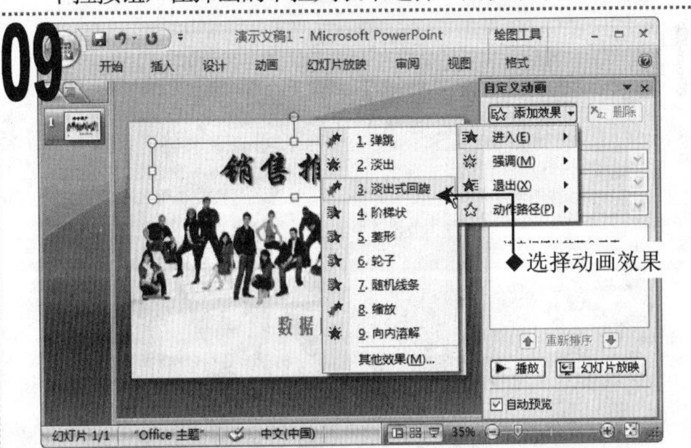

单击"添加效果"下拉按钮，在弹出的下拉菜单中选择"进入/淡出式回旋"命令。

选择副标题占位符，单击"添加效果"下拉按钮，在弹出的下拉菜单中选择"进入/随机线条"命令。

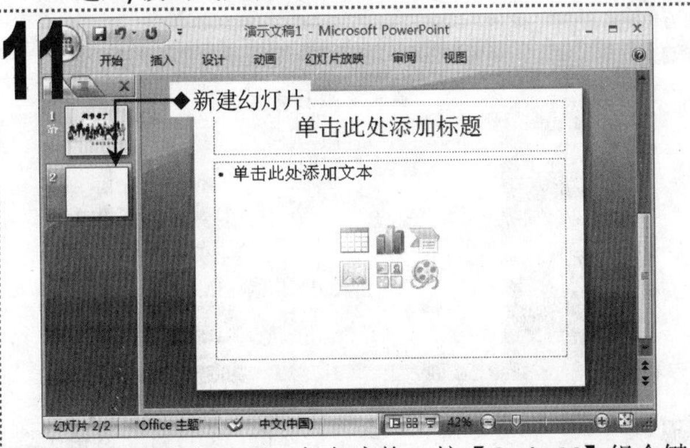

关闭"自定义动画"任务窗格，按【Ctrl+M】组合键新建一张空白幻灯片。

在标题占位符中输入标题文本并设置其字体格式。

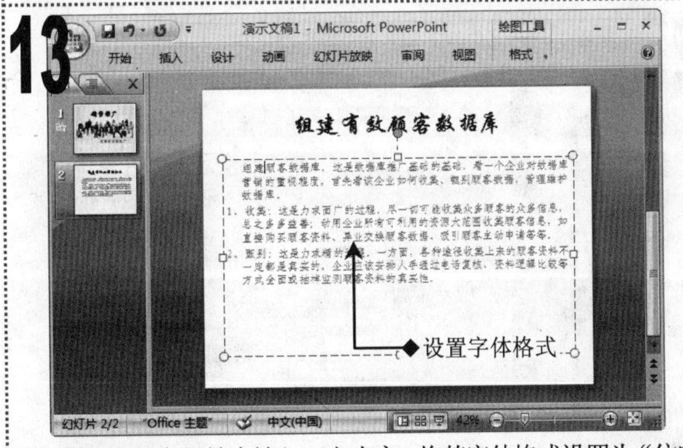

在下方的占位符中输入正文内容，将其字体格式设置为"仿宋_GB2312、20"，颜色设置为"深蓝，文字 2，淡色 40%"。

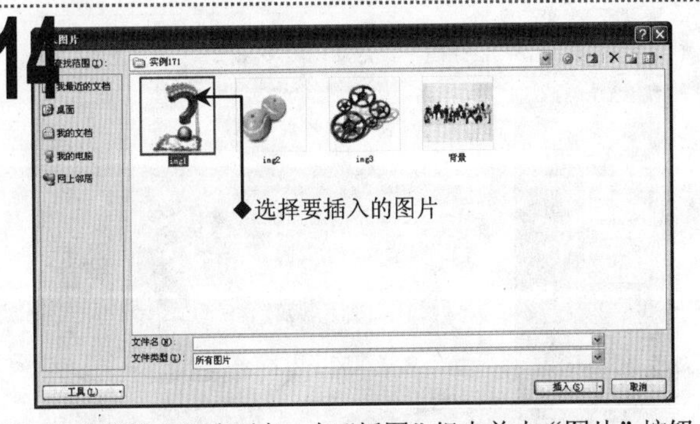

单击"插入"选项卡，在"插图"组中单击"图片"按钮，在打开的"插入图片"对话框中选择素材文件所在文件夹中的"img1"图片文件，单击"插入"按钮。

15

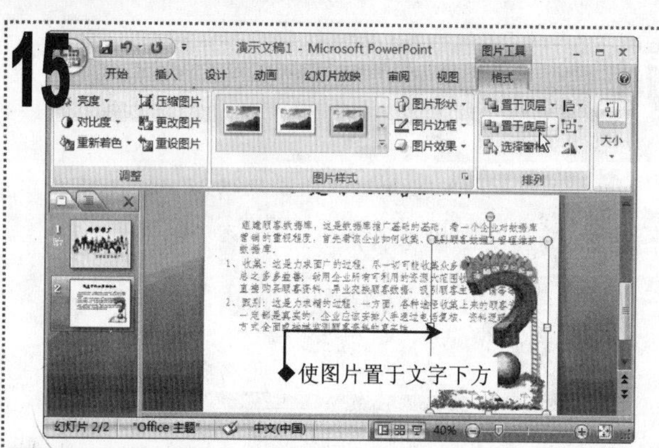

■ 拖动鼠标调整图片的大小与位置，单击“图片工具/格式”选项卡，在“排列”组中单击“置于底层”按钮。

16

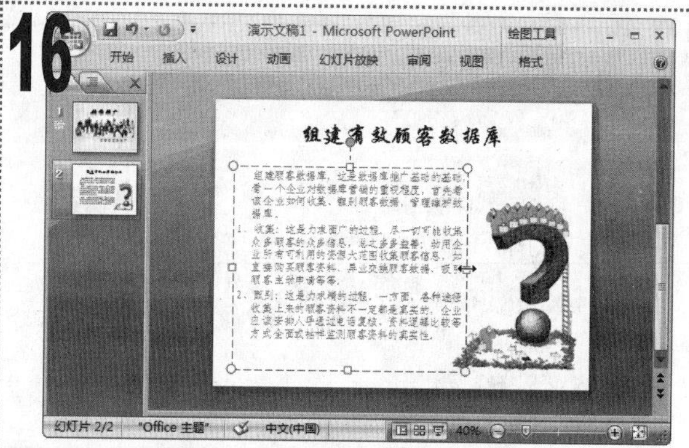

■ 拖动鼠标调整占位符的宽度到如图所示。

17

■ 单击“动画”选项卡，为幻灯片应用“溶解”切换方案。

18

■ 单击“自定义动画”按钮，打开“自定义动画”任务窗格。

19

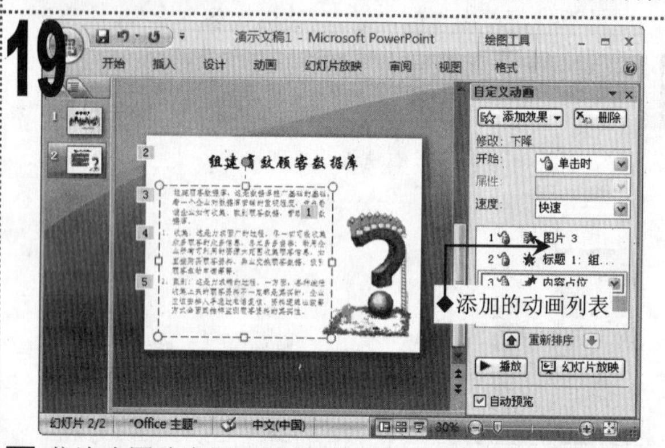

■ 依次为图片应用“进入/菱形”效果，为标题应用“进入/淡出”效果，为正文应用“进入/下降”效果。

20

■ 关闭“自定义动画”任务窗格，在“幻灯片”窗格中选择第 2 张幻灯片，按【Ctrl+C】组合键进行复制，并按【Ctrl+V】组合键粘贴。

21

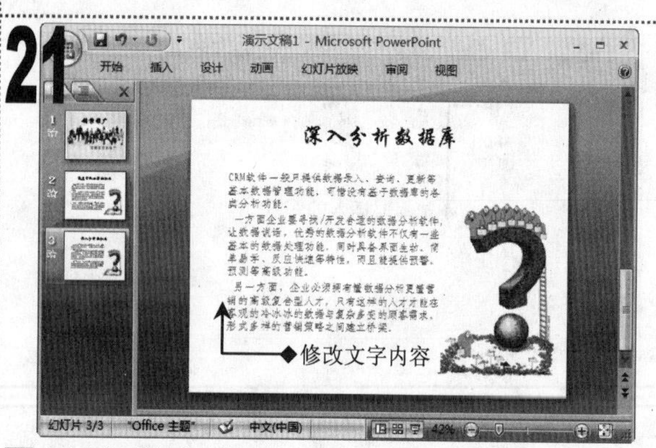

■ 更改复制的幻灯片中的标题与正文内容，并将正文文本的颜色设置为“橙色，强调文字颜色 6，深色 25%”。

22

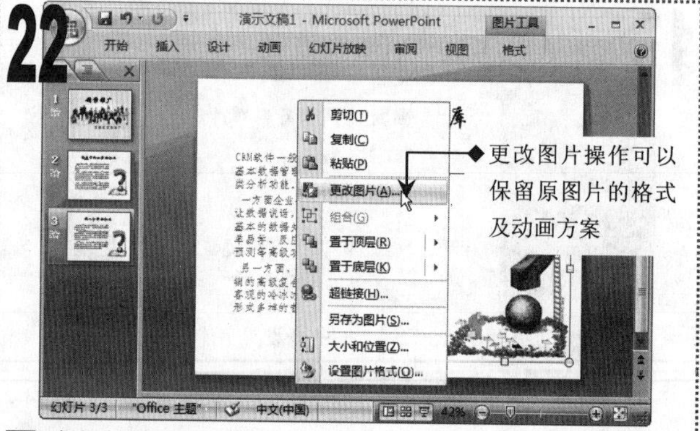

■ 在幻灯片中的图片上单击鼠标右键，在弹出的快捷菜单中选择“更改图片”命令。

23

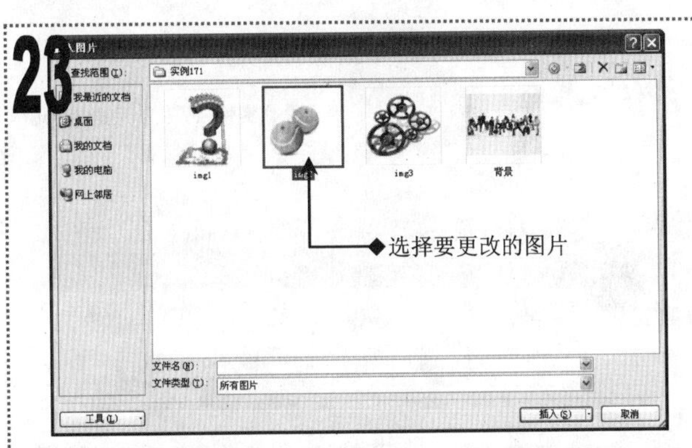

在打开的"插入图片"对话框中，选择"img2"图片文件，单击"插入"按钮。

24

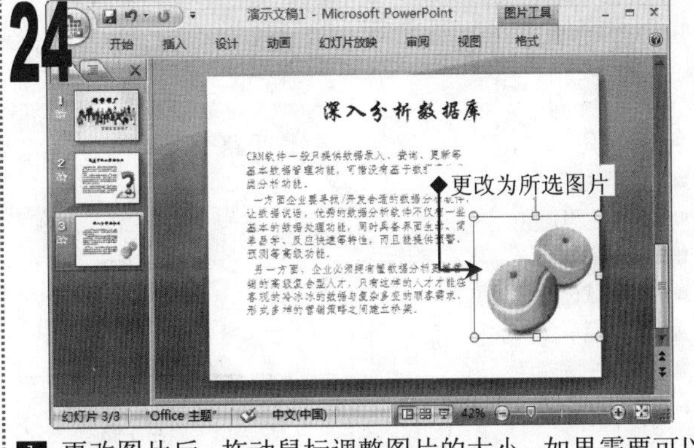

更改图片后，拖动鼠标调整图片的大小，如果需要可以对图片进行裁剪操作。

25

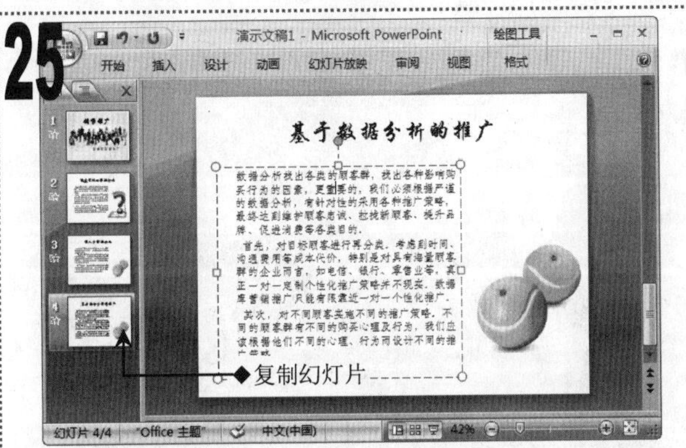

再次复制第 3 张幻灯片，在复制的幻灯片中更改标题与正文文本，将正文文本的颜色设置为"紫色"。

26

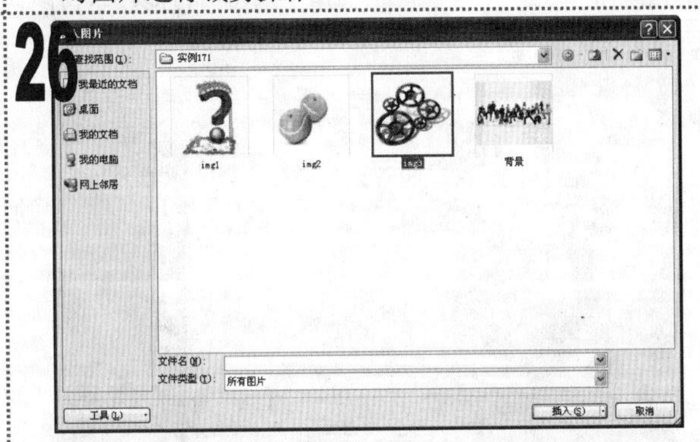

在图片上单击鼠标右键，在弹出的快捷菜单中选择"更改图片"命令，在打开的"插入图片"对话框中选择"img3"图片文件，单击"插入"按钮。

27

拖动鼠标调整图片的大小与位置。

28

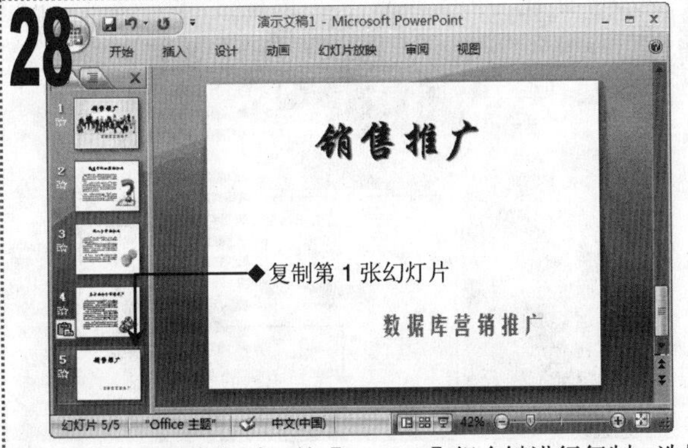

选择第 1 张幻灯片，按【Ctrl+C】组合键进行复制，选择第 4 张幻灯片，按【Ctrl+V】组合键粘贴复制的幻灯片。

29

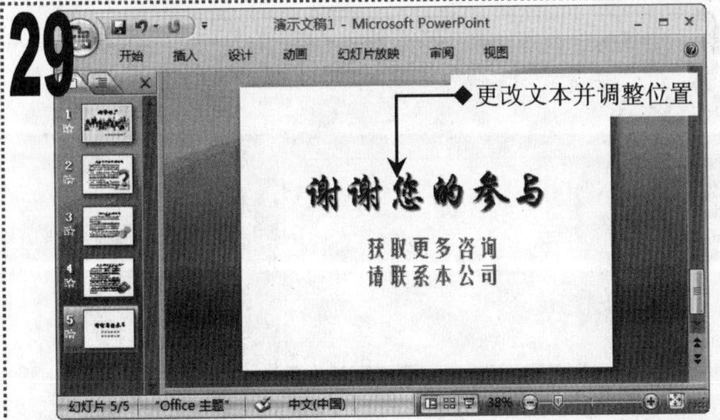

更改复制的幻灯片中的标题与副标题文本，并调整占位符的位置。

30

保存演示文稿并放映幻灯片，播放幻灯片的效果如图所示。

实例172 制作“新品速递”演示文稿

素材:\实例 172\

源文件:\实例 172\新品速递.pptx

包含知识

- 应用主题
- 设置主题颜色
- 绘制形状
- 为形状设置图片填充

重点难点

- 设置主题颜色
- 为形状设置图片填充

制作思路

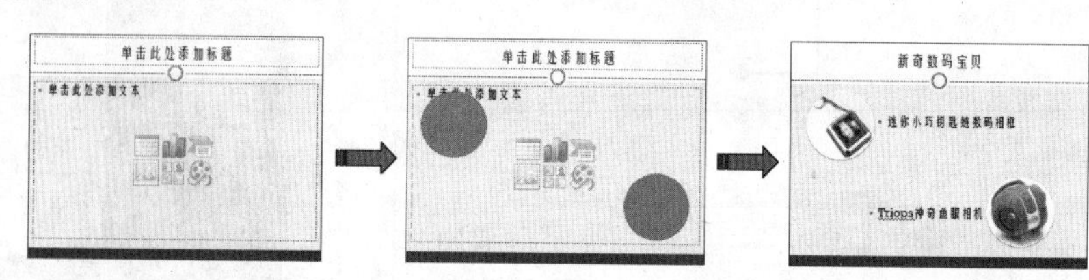

应用场所

用于制作通过形状结合图片的方式展现主题的演示文稿。

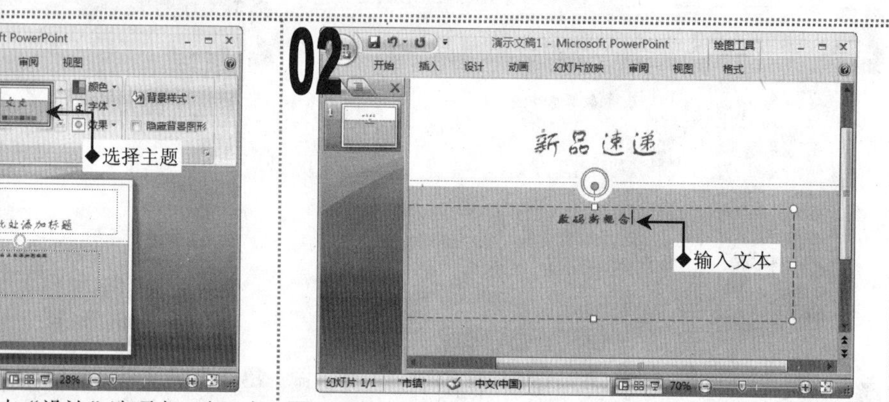

1 新建一个空白演示文稿，单击“设计”选项卡，在“主题”组中的列表框中选择“市镇”选项。

1 在标题占位符中输入标题文本“新品速递”，在副标题占位符中输入文本“数码新概念”。

1 单击“设计”选项卡，在“主题”组中单击“颜色”下拉按钮，在弹出的下拉菜单中选择“凸显”选项。

1 单击“主题”组中的“字体”下拉按钮，在弹出的下拉菜单中选择“沉稳”选项。

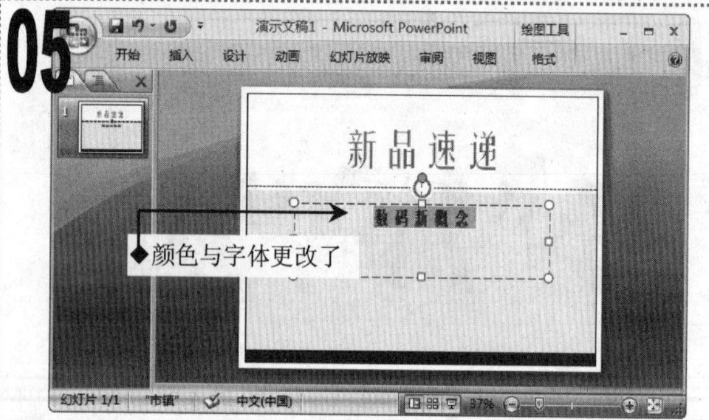

1 将标题文本的字号设置为“80”，副标题文本的字号设置为“36”。

1 单击“插入”选项卡，在“插图”组中单击“剪贴画”按钮，打开“剪贴画”任务窗格。

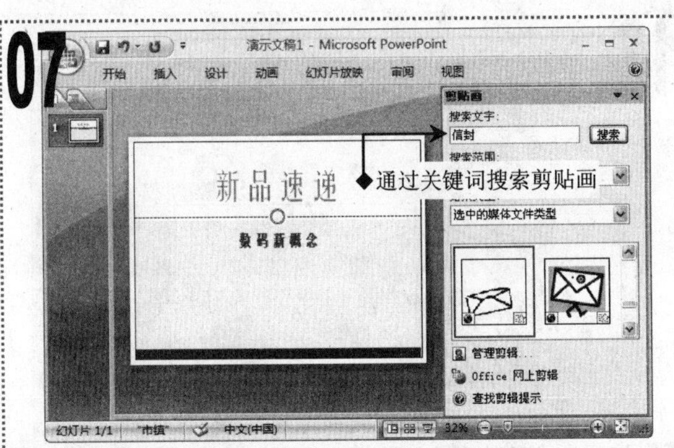

■ 在“搜索文字”文本框中输入关键词“信封”，单击“搜索”按钮，在列表框中显示出关于信封的剪贴画。

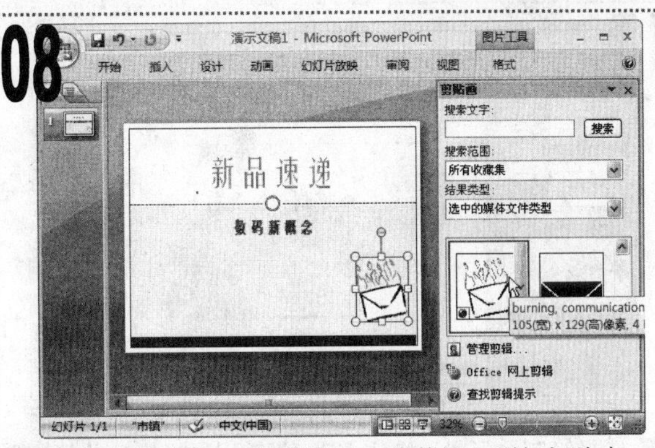

■ 在其中单击第1张剪贴画，将其插入到幻灯片中，并调整其大小与位置。

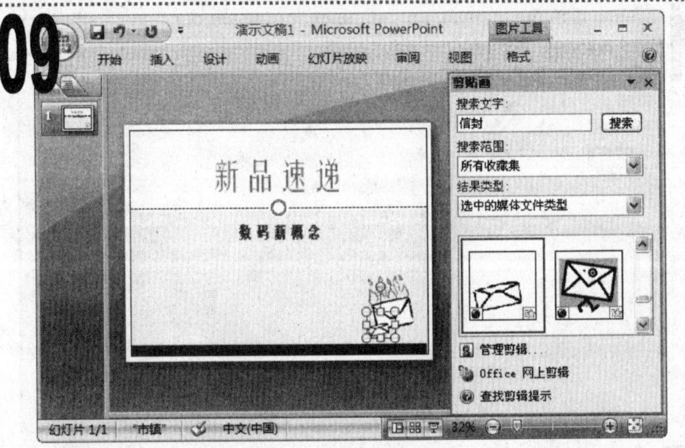

■ 选择第2张剪贴画，插入到幻灯片中，调整其大小与位置，关闭“剪贴画”任务窗格。

■ 选择第2个插入的剪贴画，按住【Ctrl】键拖动鼠标复制图片，并调整复制图片的位置。

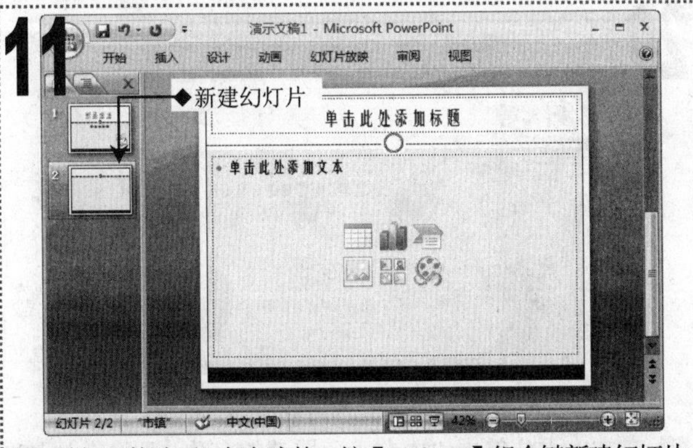

■ 关闭“剪贴画”任务窗格，按【Ctrl+M】组合键新建幻灯片。

■ 在标题占位符中输入标题文本。

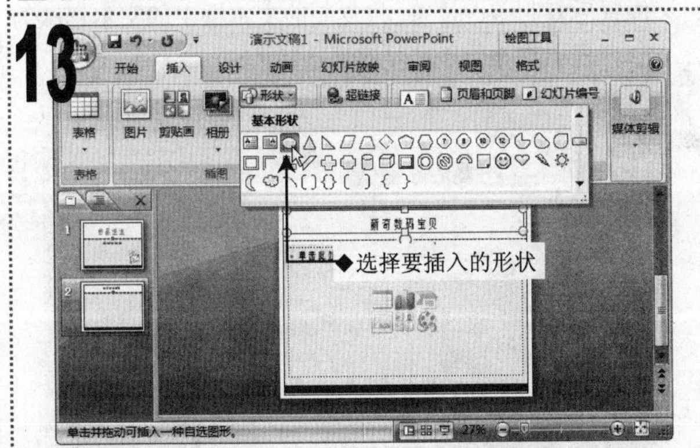

■ 单击“插入”选项卡，在“插图”组中单击“形状”下拉按钮，在弹出的下拉列表中选择“椭圆”选项。

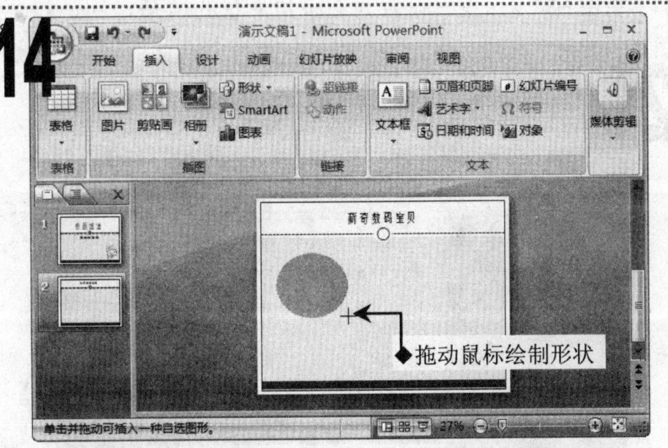

■ 按住【Shift】键拖动鼠标在幻灯片中绘制正圆形。

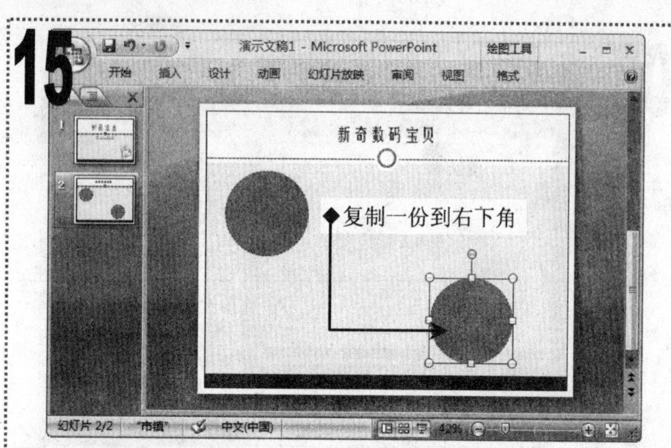

■ 选择绘制的形状，按住【Ctrl】键用鼠标拖动并复制形状，调整复制后的形状的位置。

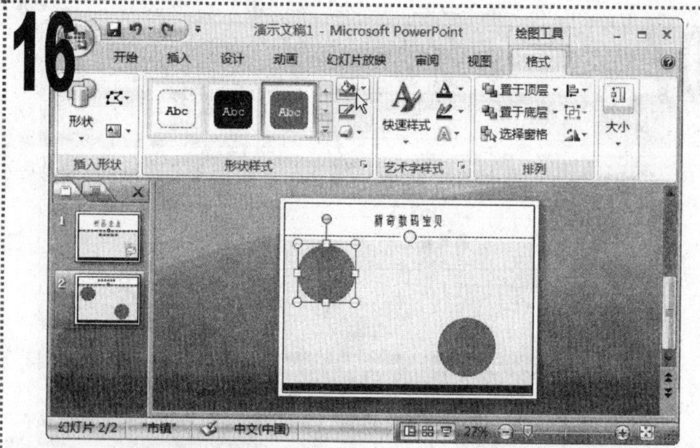

■ 选择左上角的形状，单击“绘图工具/格式”选项卡，在“形状样式”组中单击“形状填充”按钮右侧的下拉按钮。

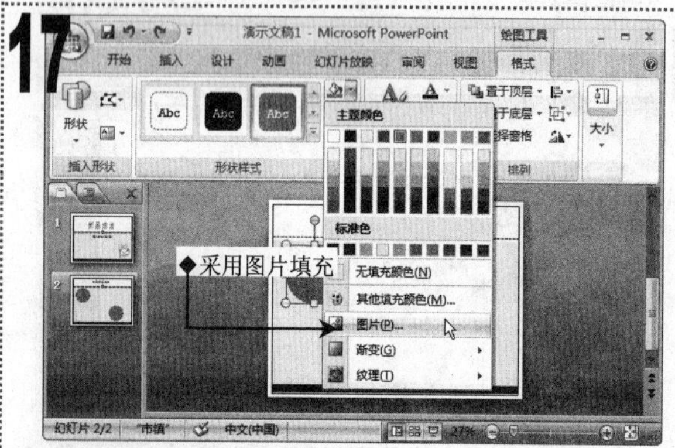

■ 在弹出的下拉菜单中选择“图片”命令。

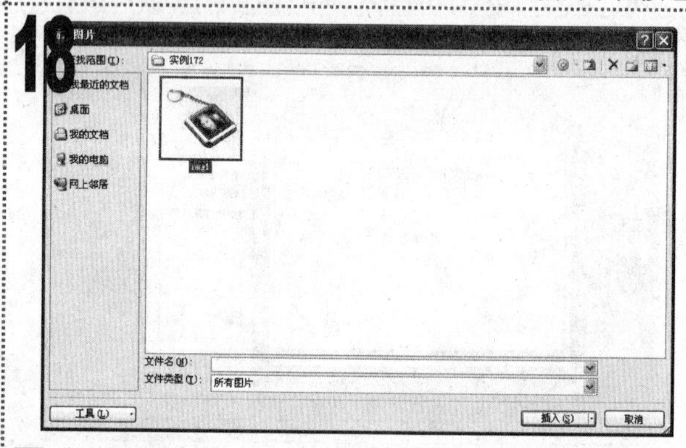

■ 在打开的“插入图片”对话框中，选择素材文件所在文件夹中的“img1”图片文件，单击“插入”按钮。

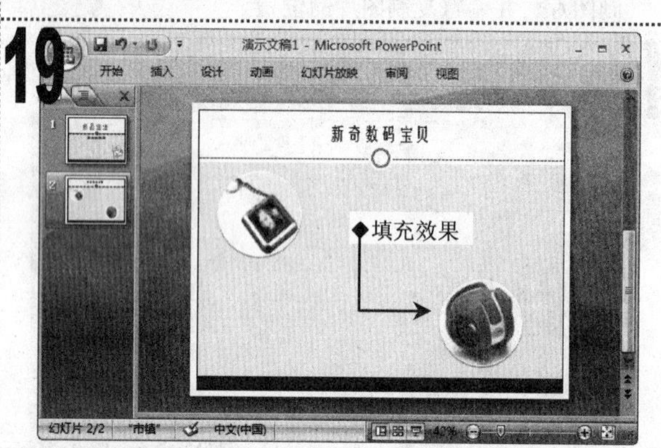

■ 此时，即可将图片设置为形状的填充。按照同样的方法，将图片“img2”设置为右下角形状的填充。

■ 在文本占位符中输入左上角图片的名称，调整其大小和位置后复制该占位符，将复制的文本框中的文本修改为右下角图片的名称，并调整其位置。

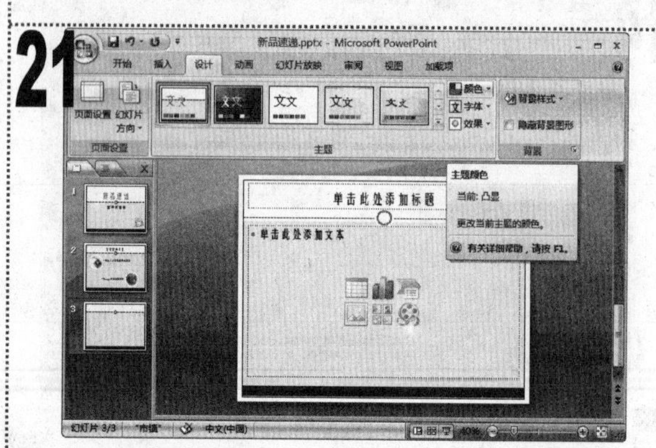

■ 按【Ctrl+M】组合键新建一张幻灯片，单击“设计”选项卡，在“主题”组中单击“颜色”下拉按钮。

■ 在弹出的下拉菜单中的“质朴”选项上单击鼠标右键，在弹出的快捷菜单中选择“应用于所选幻灯片”命令。

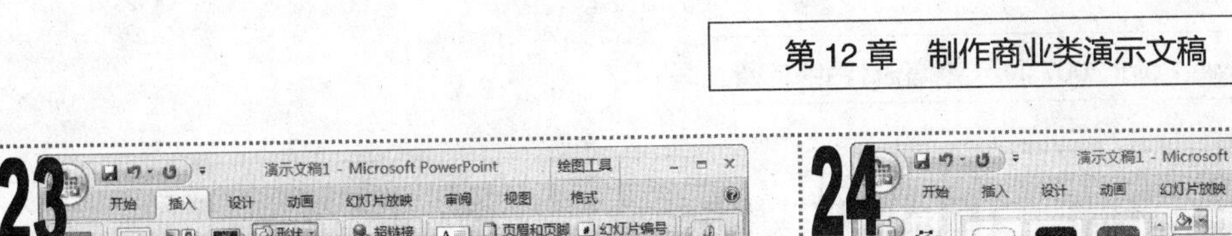

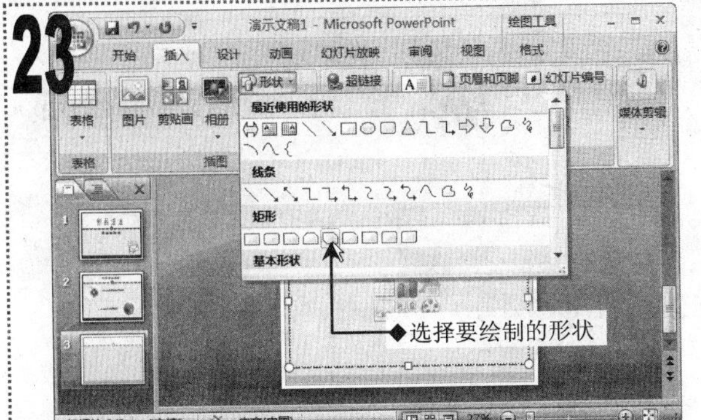

■ 输入幻灯片的标题，单击“插入”选项卡，在“插图”组中单击“形状”下拉按钮，在弹出的下拉列表中选择“剪去对角的矩形”选项。

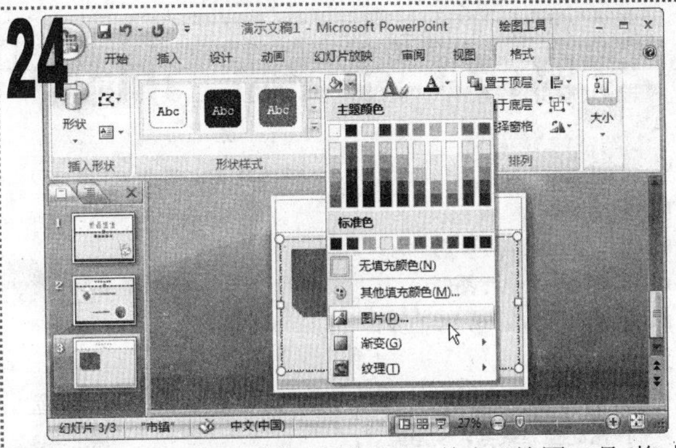

■ 在幻灯片中拖动鼠标绘制形状，单击“绘图工具/格式”选项卡，在“形状样式”组中单击“形状填充”按钮右侧的下拉按钮，在弹出的下拉菜单中选择“图片”命令。

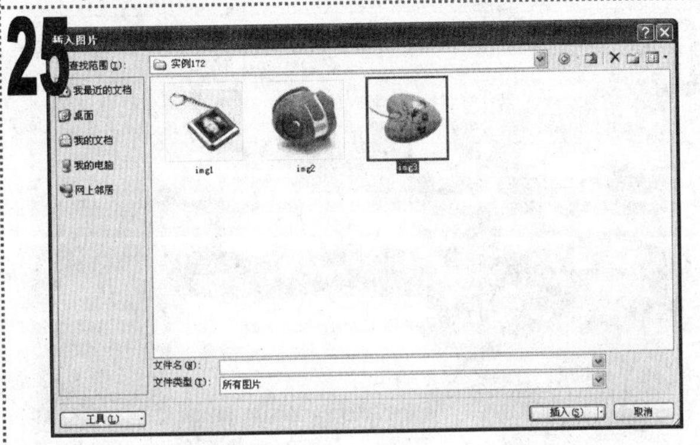

■ 在打开的“插入图片”对话框中，选择“img3”图片文件，单击“插入”按钮。

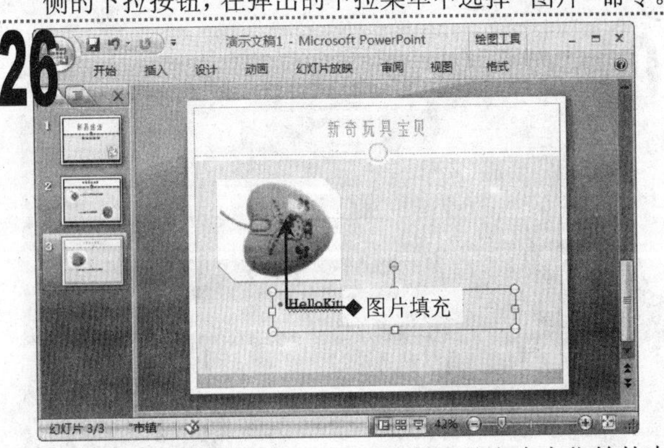

■ 在文本占位符中输入产品名称，并调整文本占位符的大小与位置，效果如图所示。

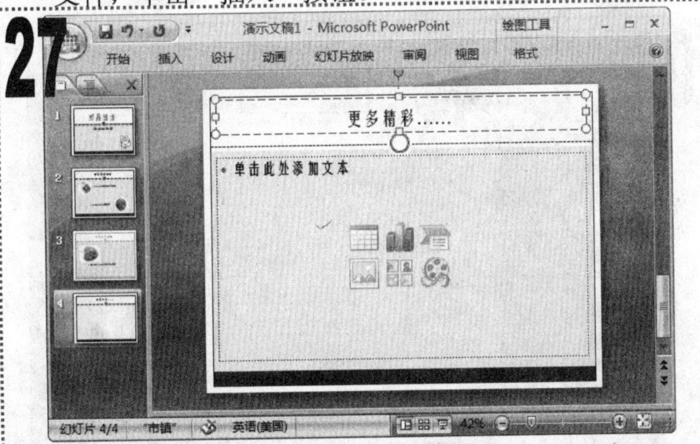

■ 按【Ctrl+M】组合键新建第4张幻灯片，在标题占位符中输入幻灯片的标题。

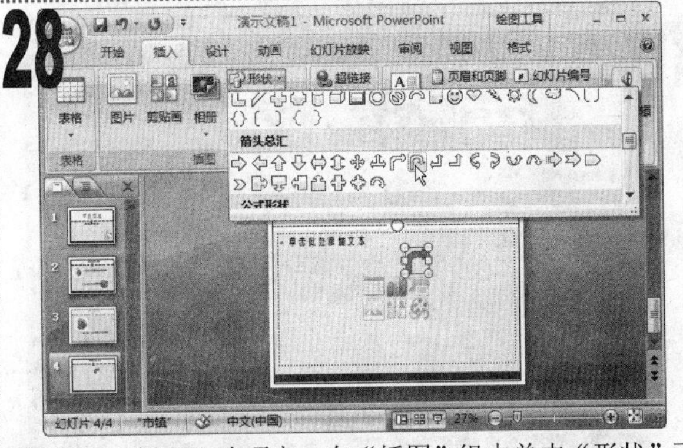

■ 单击“插入”选项卡，在“插图”组中单击“形状”下拉按钮，在弹出的下拉列表中选择“手杖形箭头”选项。

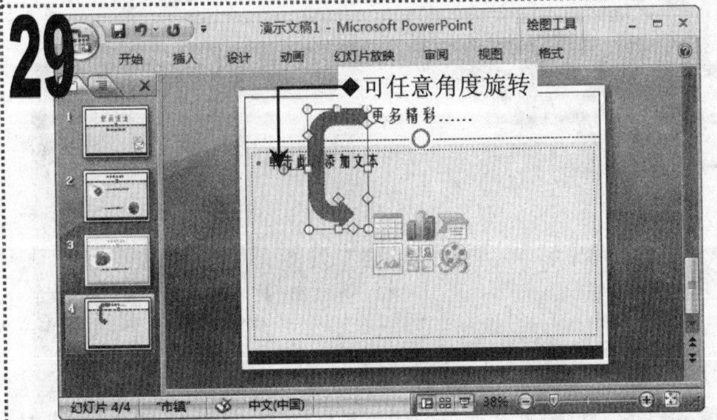

■ 拖动鼠标绘制箭头，改变箭头的方向并拖动形状的旋转柄，将其旋转到如图所示的位置。

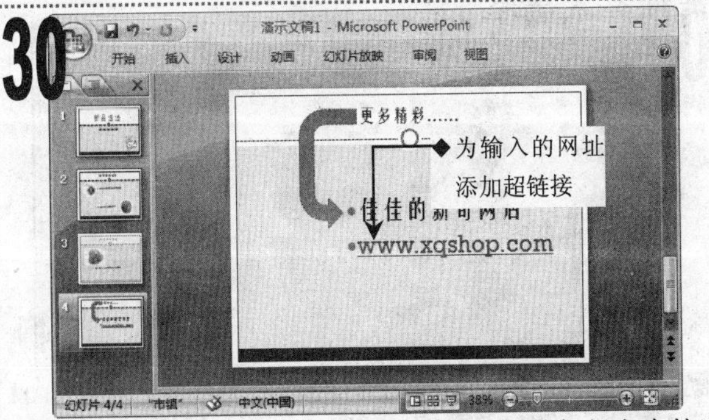

■ 在文本占位符中输入相应的文本，并调整每行文本的字号，将第2段文本链接到相应的网站，保存演示文稿。

实例173 制作“市场推广”演示文稿

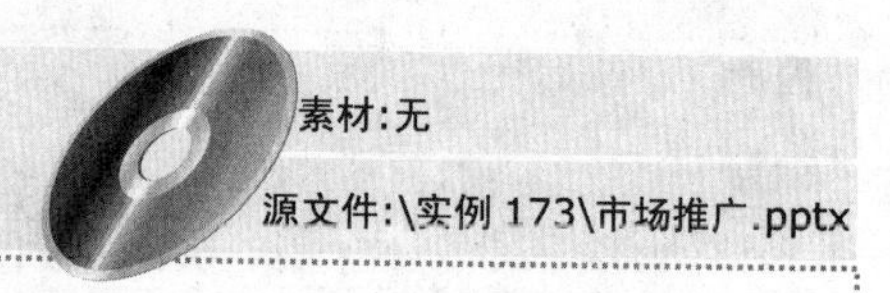

素材:无

源文件:\实例 173\市场推广.pptx

包含知识

- 应用主题
- 插入 SmartArt 图形
- 编辑 SmartArt 图形
- 设置动画效果与切换方案

重点难点

- 编辑 SmartArt 图形
- 设置动画效果与切换方案

制作思路

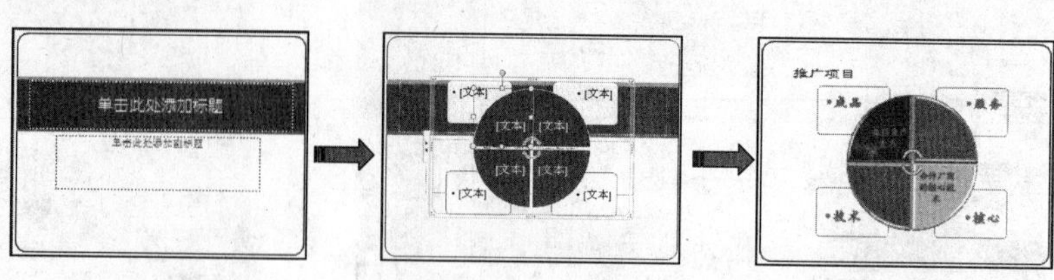

应用主题 → 插入 SmartArt 图形 → 编辑 SmartArt 图形

应用场所

用于制作以流程、结构为主要表达方式的演示文稿

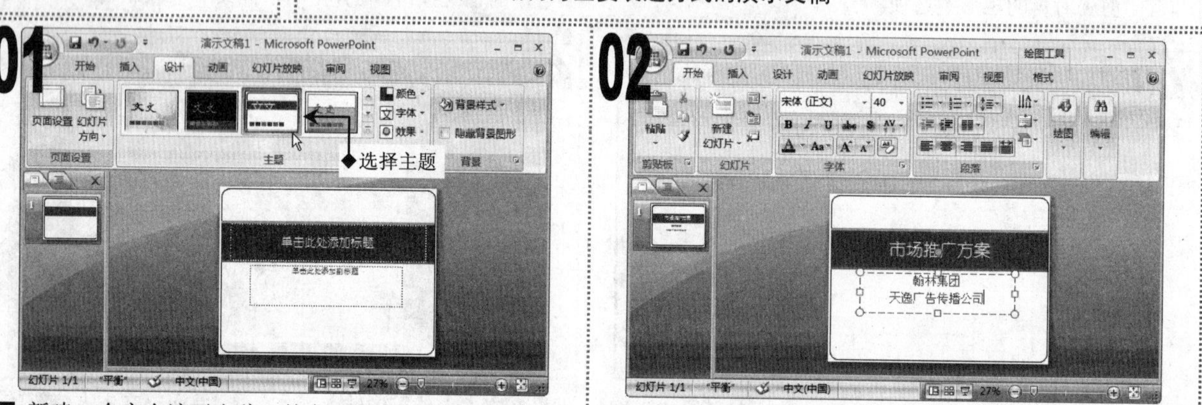

1 新建一个空白演示文稿，单击“设计”选项卡，在“主题”组中的列表框中选择“平衡”选项。

02

1 在标题占位符与副标题占位符中输入相应的文本，并调整文本字号。

1 单击“设计”选项卡，在“主题”组中单击“字体”下拉按钮，在弹出的下拉菜单中选择“跋涉”选项。

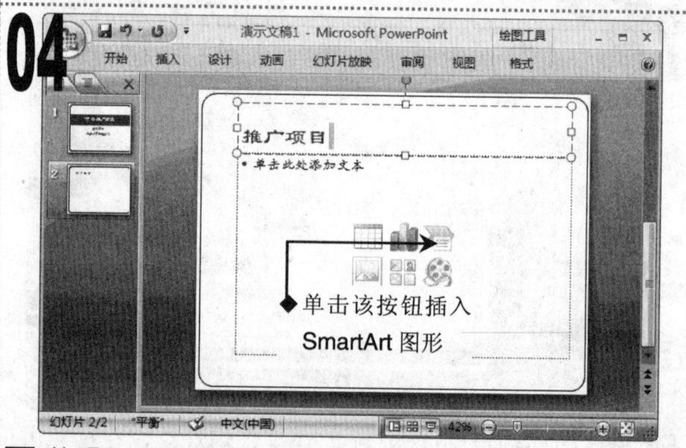

1 按【Ctrl+M】组合键新建一张幻灯片，输入标题“推广项目”。

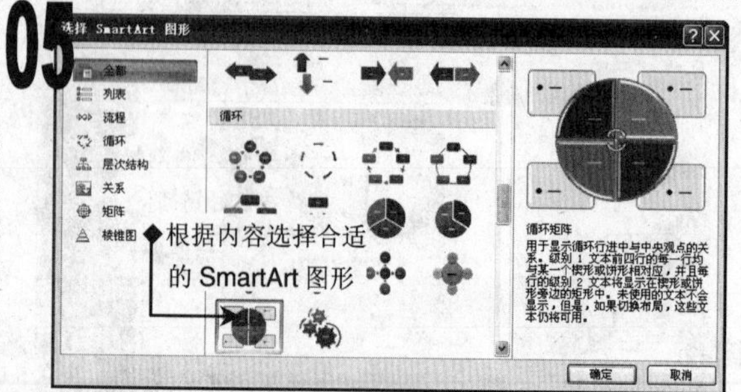

1 单击“插入”选项卡，在“插图”组中单击“SmartArt”按钮，打开“选择 SmartArt 图形”对话框。

2 在其中选择“循环矩阵”选项，单击“确定”按钮。

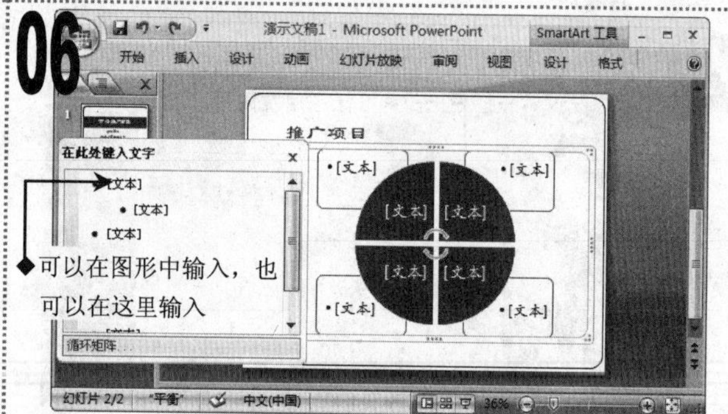

1 此时，即可在幻灯片中插入所选择的 SmartArt 图形，同时显示其文本编辑框。

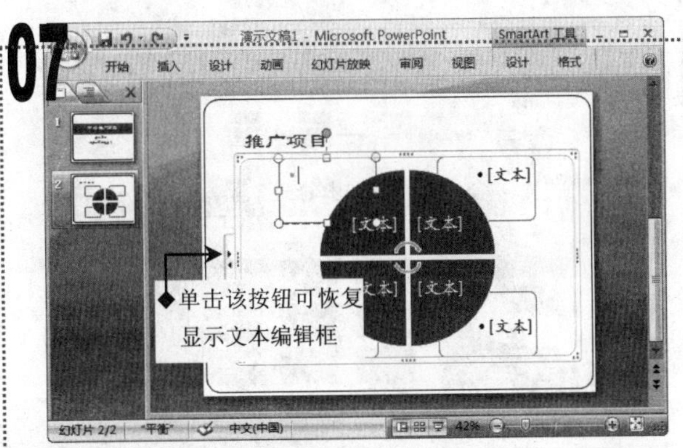

■ 为了查看直观，关闭文本编辑框。

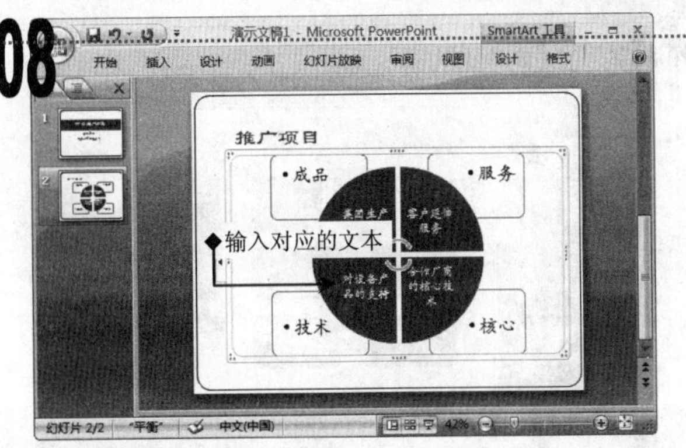

■ 直接在形状中输入文本。

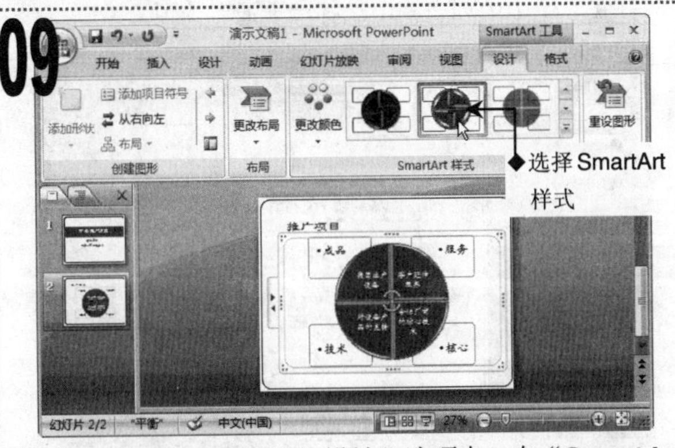

■ 单击“SmartArt 工具 设计”选项卡，在“SmartArt 样式”组中的列表框中选择“卡通”选项。

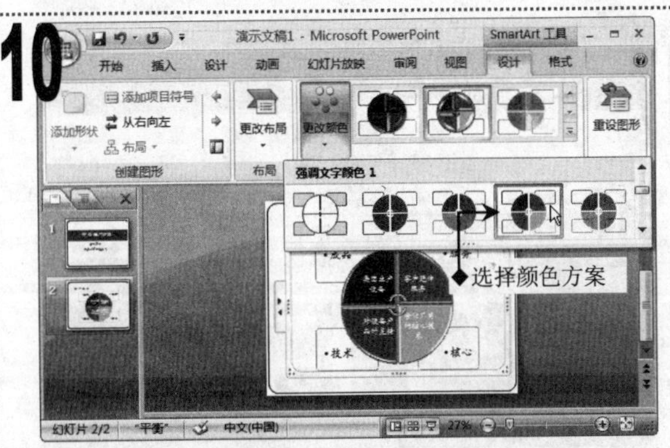

■ 单击“SmartArt 样式”组中的“更改颜色”下拉按钮，在弹出的下拉列表中选择“渐变循环-强调文字颜色 1”选项。

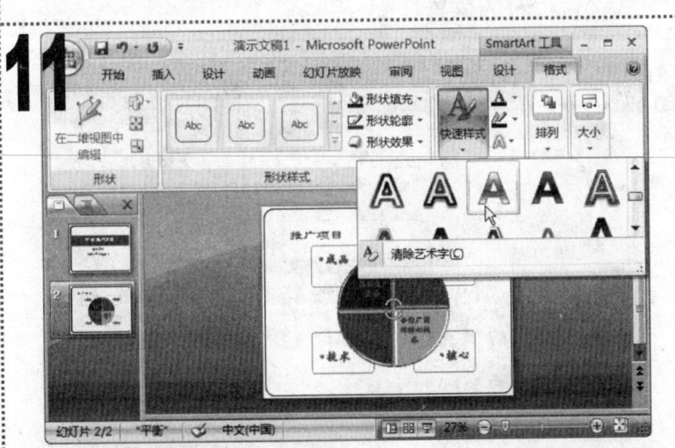

■ 单击“SmartArt 工具/格式”选项卡，在“艺术字样式”组中单击“快速样式”下拉按钮，在弹出的下拉菜单中选择“渐变填充-灰色，轮廓-灰色”选项。

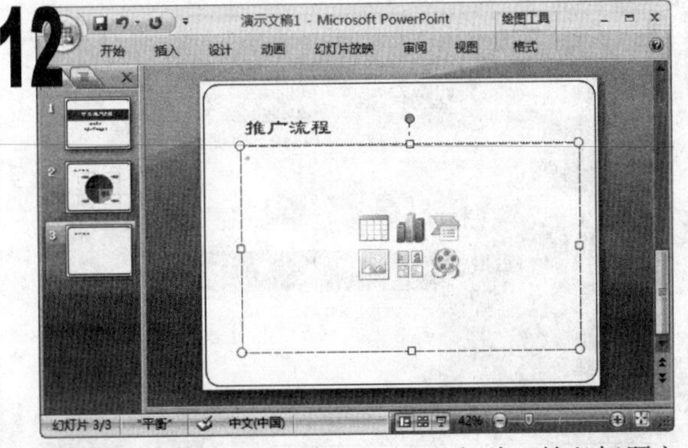

■ 按【Ctrl+M】组合键新建一张幻灯片，输入标题文本“推广流程”。

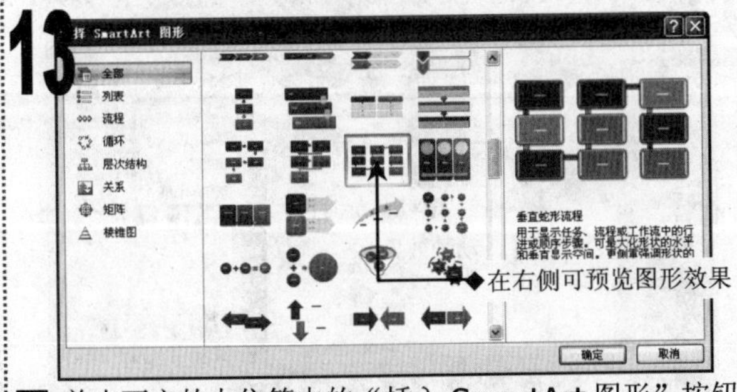

■ 单击下方的占位符中的“插入 SmartArt 图形”按钮，在打开的“选择 SmartArt 图形”对话框中选择“垂直蛇形流程”选项，单击“确定”按钮。

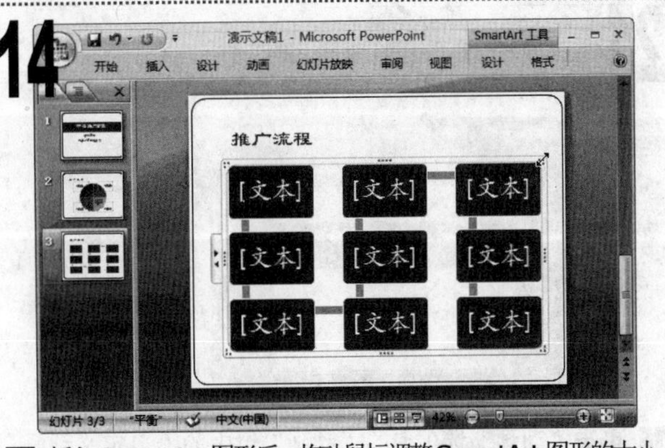

■ 插入 SmartArt 图形后，拖动鼠标调整 SmartArt 图形的大小。

15

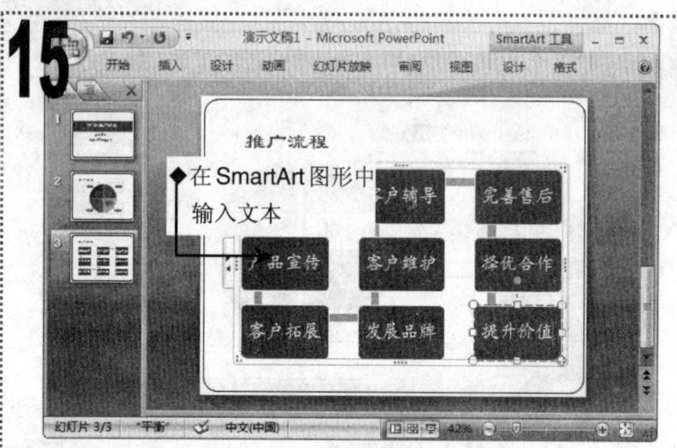

■ 在图形中的各个形状中输入相应的文本。

16

■ 单击“SmartArt 工具/设计”选项卡，在“SmartArt 样式”组中的列表框中选择“卡通”选项。

17

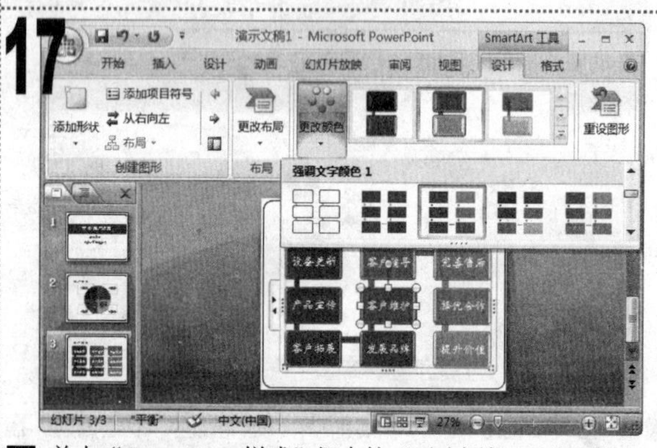

■ 单击“SmartArt 样式”组中的“更改颜色”下拉按钮，在弹出的下拉列表中选择“渐变范围-强调文字颜色 1”选项。

18

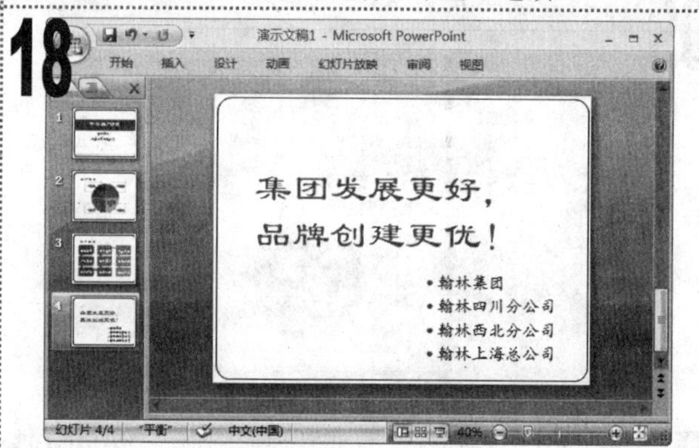

■ 新建一张幻灯片，输入标题与正文文本，并设置字体格式及占位符的位置。

19

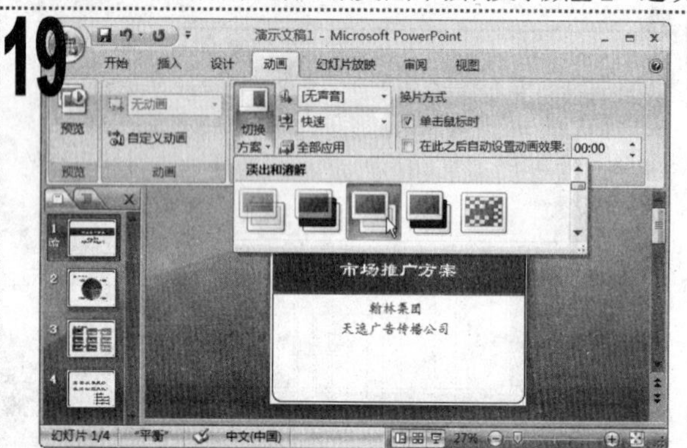

■ 选择第 1 张幻灯片，单击“动画”选项卡，在“切换到此幻灯片”组中单击“切换方案”下拉按钮，在弹出的下拉列表中选择“切出”选项。

20

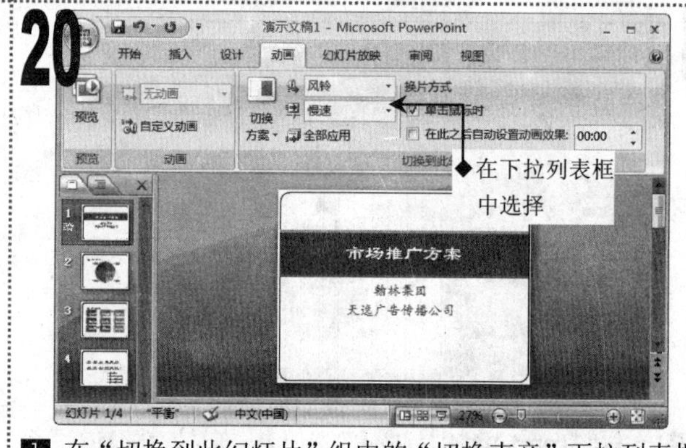

■ 在“切换到此幻灯片”组中的“切换声音”下拉列表框中选择“风铃”选项，在“切换速度”下拉列表框中选择“慢速”选项。

21

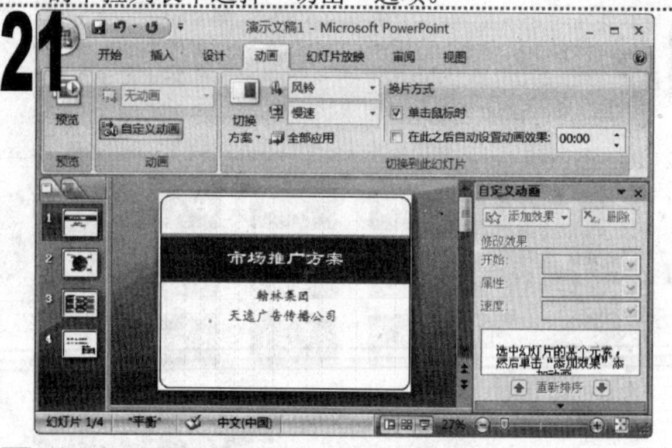

■ 单击“动画”选项卡的“动画”组中的“自定义动画”按钮，打开“自定义动画”任务窗格。

22

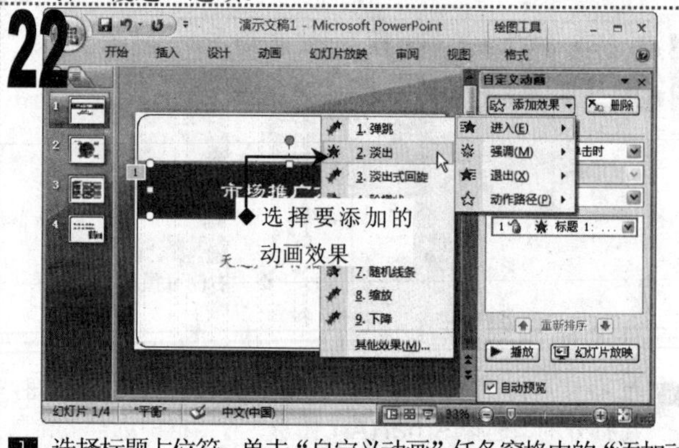

■ 选择标题占位符，单击“自定义动画”任务窗格中的“添加动画”下拉按钮，在弹出的下拉菜单中选择“进入/淡出”命令。

23

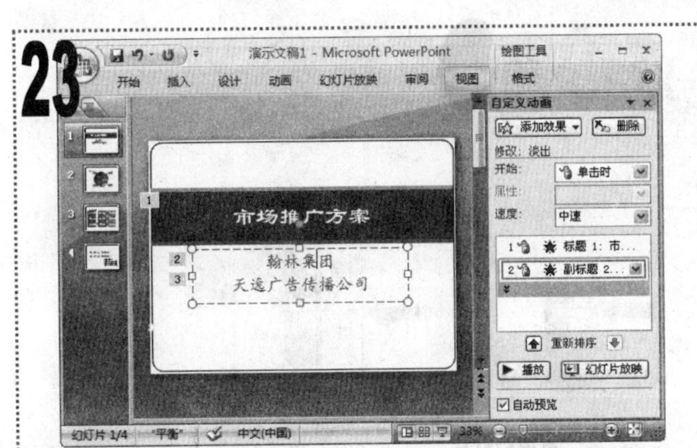

■ 选择副标题占位符，同样添加“进入/淡出”动画效果。

24

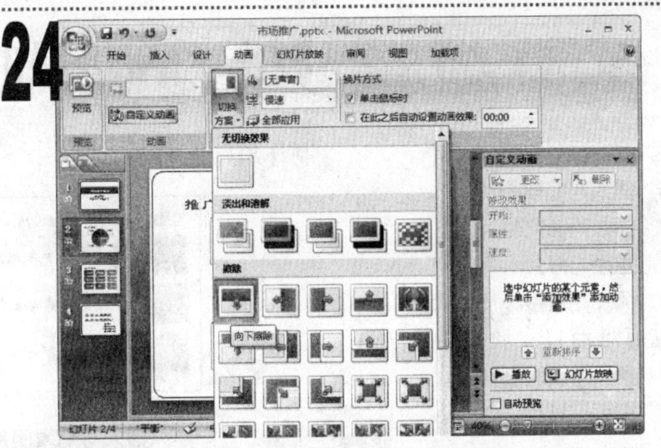

■ 选择第 2 张幻灯片，添加“向下擦除”切换方案，设置切换速度为“慢速”。

25

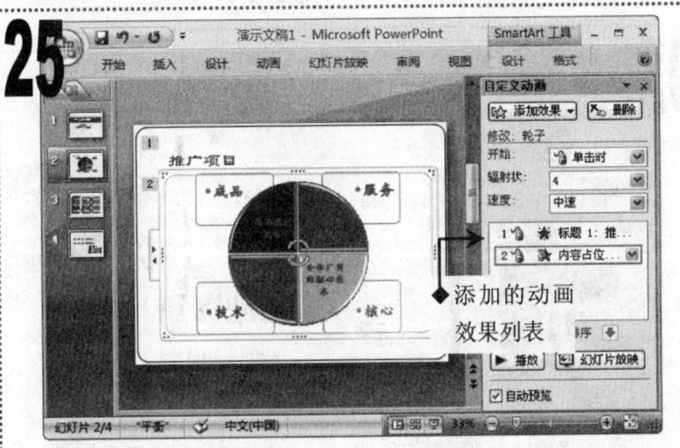

■ 为标题占位符应用“进入/淡出”动画效果，为 SmartArt 图形应用“进入/轮子”动画效果。

26

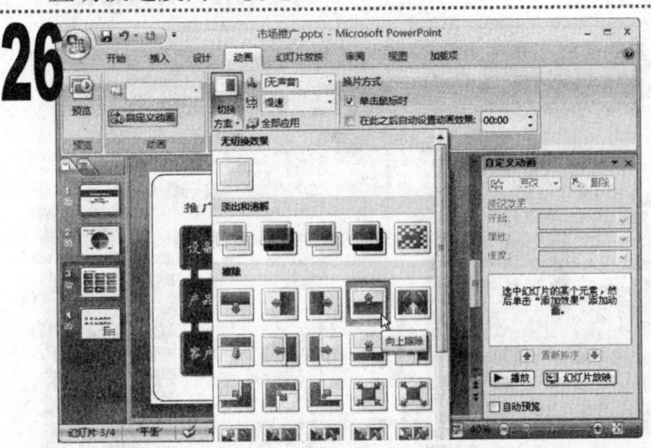

■ 切换到第 3 张幻灯片，应用“向上擦除”切换方案，设置切换速度为“慢速”。

27

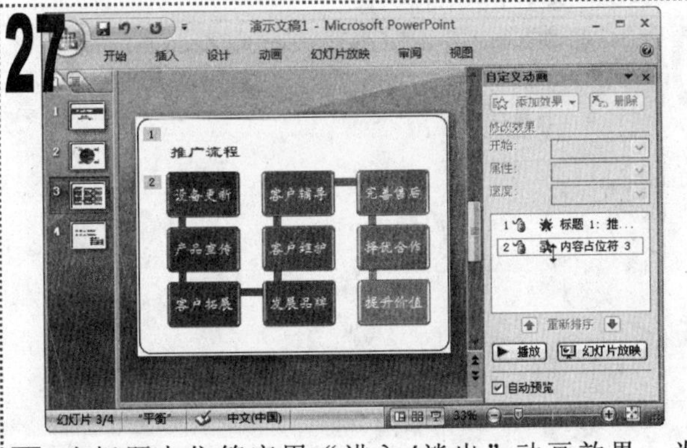

■ 为标题占位符应用“进入/淡出”动画效果，为 SmartArt 图形应用“进入/棋盘”动画效果。

28

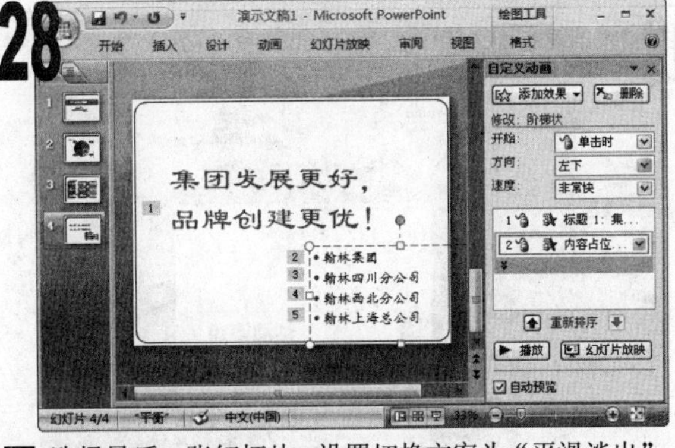

■ 选择最后一张幻灯片，设置切换方案为“平滑淡出”，切换速度为“快速”，为标题占位符添加“进入/轮子”动画效果，为下方的占位符添加“进入/阶梯状”动画效果。

29

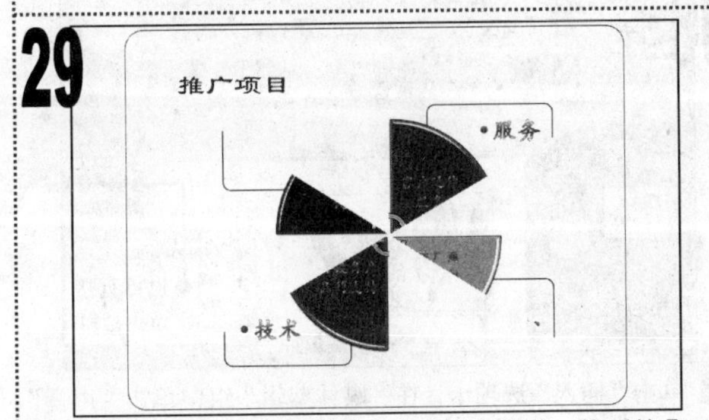

■ 将演示文稿以“市场推广”为名进行保存，然后按【F5】键放映幻灯片，其效果如图所示。

知识延伸

本例制作的动画效果主要是针对“演讲者放映”放映方式的，即在放映演示文稿时通过鼠标控制动画的播放。如果用户要将制作完成的演示文稿在展台等场所自动放映，则应将动画的开始方式按顺序设置为“之前”或“之后”，这样才能让动画随演示文稿的放映而自动播放。

实例174 制作“活动通知”演示文稿

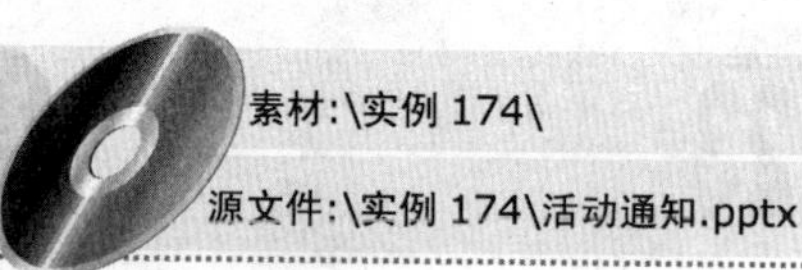

素材:\实例 174\

源文件:\实例 174\活动通知.pptx

包含知识

- 插入与编辑图片
- 插入声音文件
- 重用幻灯片
- 添加超链接

重点难点

- 插入与编辑图片
- 重用幻灯片

制作思路

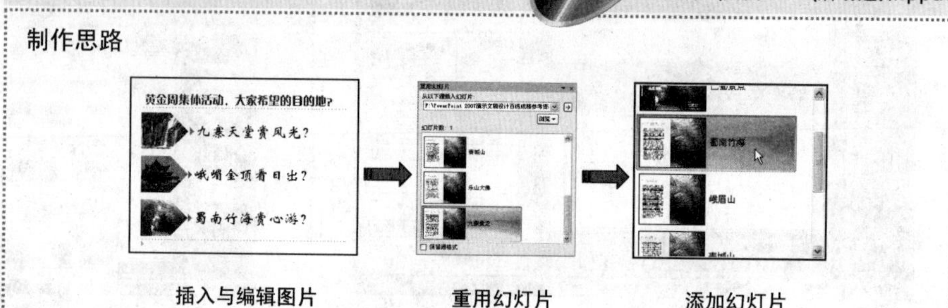

插入与编辑图片　　重用幻灯片　　添加幻灯片

应用场所

用于制作带有背景音乐，且需调用其他演示文稿中的幻灯片的演示文稿。

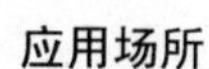

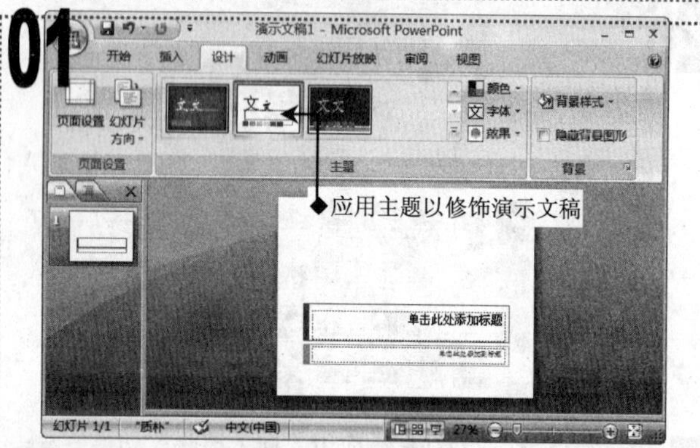

1 新建一个空白演示文稿，单击“设计”选项卡，在“主题”组中的列表框中选择“质朴”选项。

2 在标题占位符与副标题占位符中输入相应的文本，并对其字体文本格式进行设置。

3 单击“插入”选项卡，在“插图”组中单击“图片”按钮。

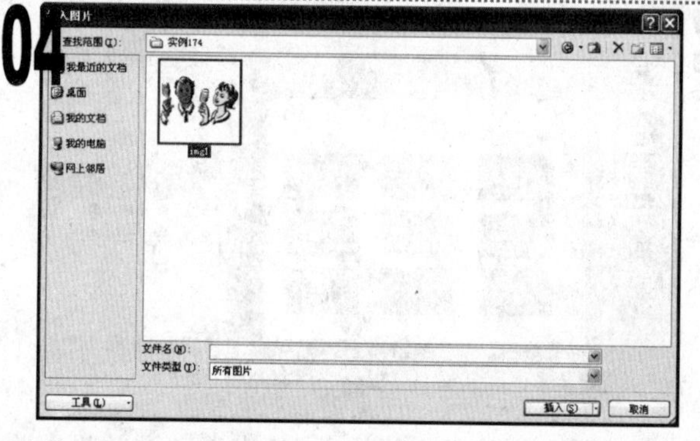

4 在打开的“插入图片”对话框中，选择素材文件所在文件夹中的“img1”图片文件，单击“插入”按钮。

5 插入图片后，拖动鼠标调整图片的大小及在幻灯片中的位置，如图所示。

6 单击“插入”选项卡，在“媒体剪辑”组中单击“声音”下拉按钮，在弹出的下拉菜单中选择“文件中的声音”命令。

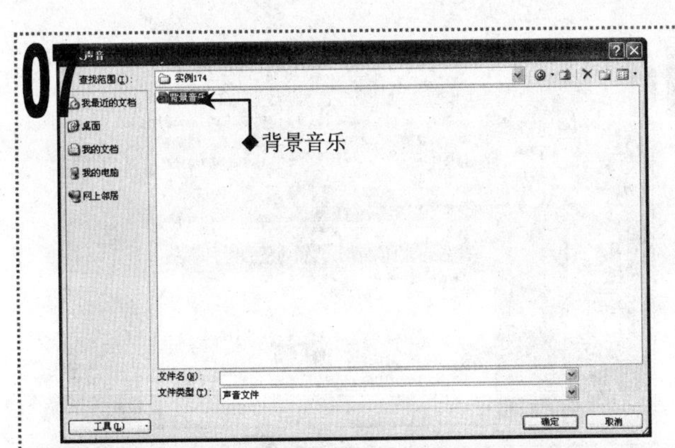

在打开的“插入声音”对话框中选择素材文件所在文件夹中的“背景音乐”文件，单击“确定”按钮。

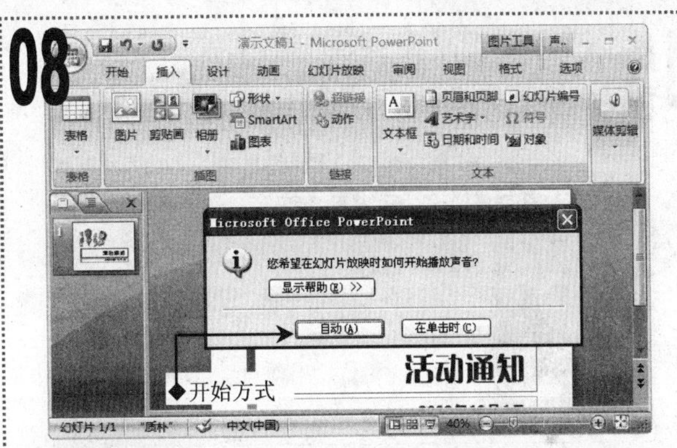

在弹出的提示对话框中单击“自动”按钮。

双击插入的声音图标，切换到“声音工具/选项”选项卡，在“声音选项”组中选中“循环播放，直到停止”复选框。

单击“声音选项”组中的“幻灯片放映音量”下拉按钮，在弹出的下拉菜单中选择“低”命令。

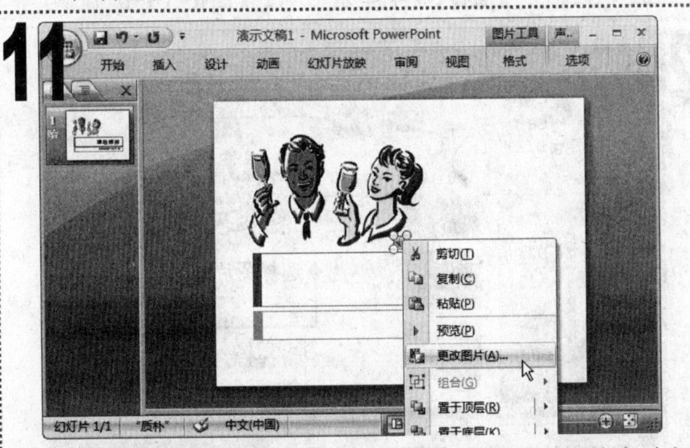

在声音图标上单击鼠标右键，在弹出的快捷菜单中选择“更改图片”命令。

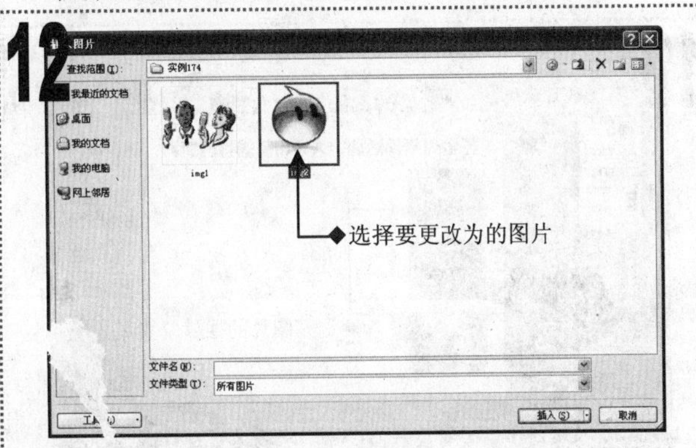

在打开的“插入图片”对话框中，选择“img2”图片文件，单击“插入”按钮。

拖动鼠标调整更改后的声音图标的位置与大小。

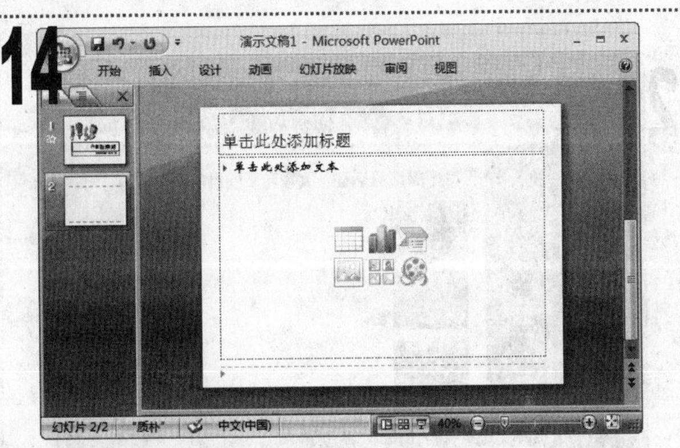

按【Ctrl+M】组合键新建一张幻灯片。

15

■ 在标题占位符中输入标题文本，将其字体格式设置为“方正粗倩简体、36”。

16

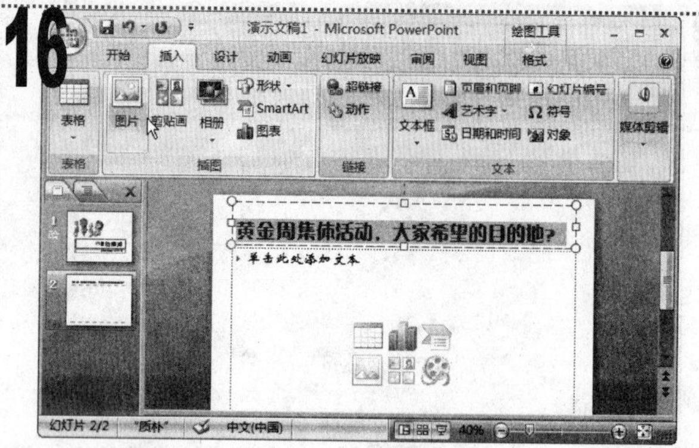

■ 单击“插入”选项卡，在“插图”组中单击“图片”按钮。

17

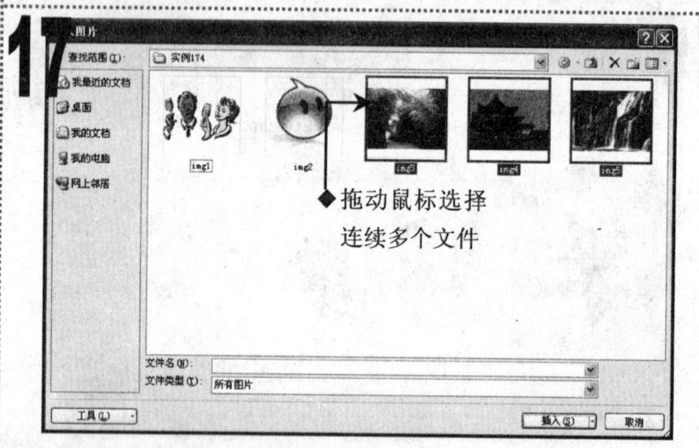

■ 在打开的对话框中选择“img3”、“img4”及“img5”图片文件，单击“插入”按钮。

18

■ 单击“图片工具/格式”选项卡，在“大小”组中的“高度”数值框中输入“4 厘米”，按【Enter】键确认。

19

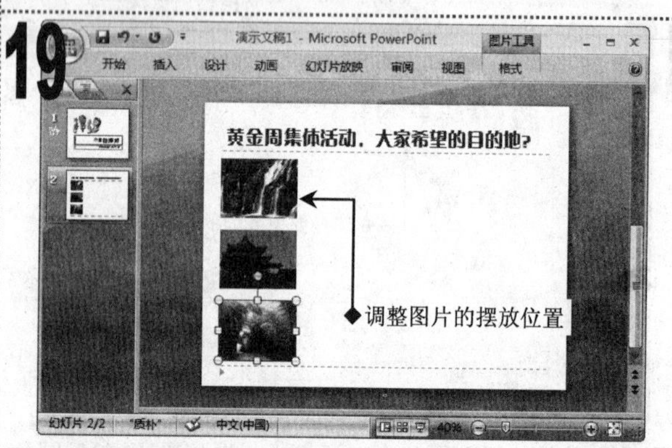

■ 逐个选择图片并通过鼠标拖动调整各个图片在幻灯片中的位置。

20

■ 选择第 1 张图片，单击“图片工具/格式”选项卡，在“图片样式”组中单击“图片形状”下拉按钮，在弹出的下拉列表中选择“五边形”选项。

21

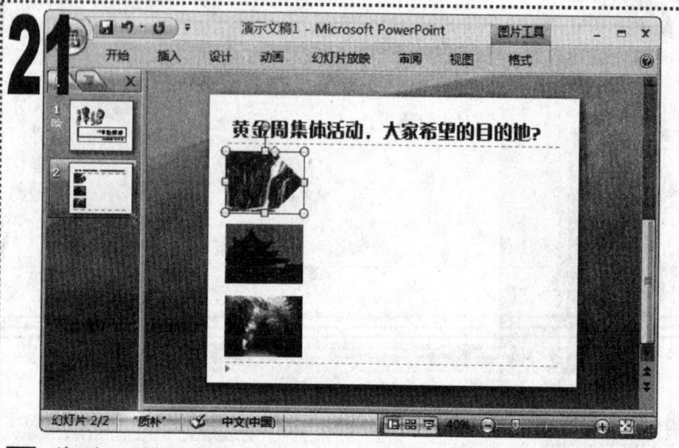

■ 此时，即可将第 1 张图片的形状更改为五边形。

22

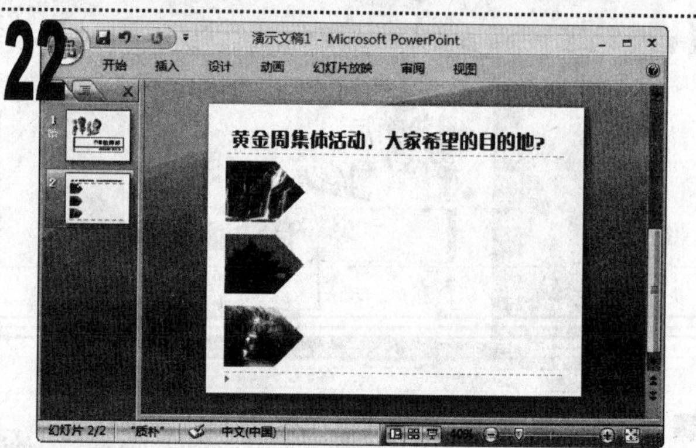

■ 按照同样的方法，将其他两张图片的形状更改为五边形。

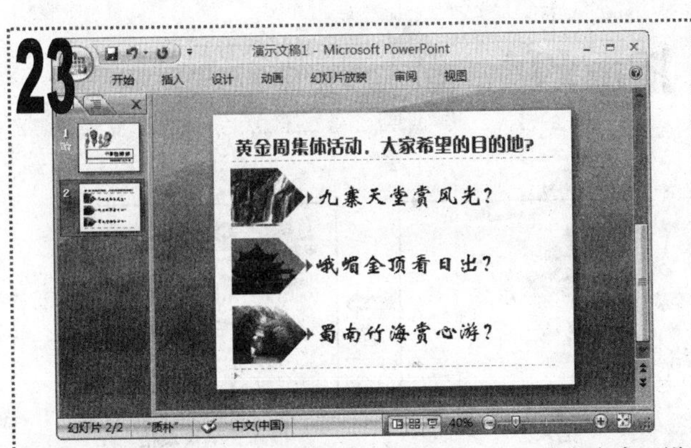

■ 在幻灯片中插入三个文本框，输入相应的文本内容，设置其字体格式并调整文本框的位置。

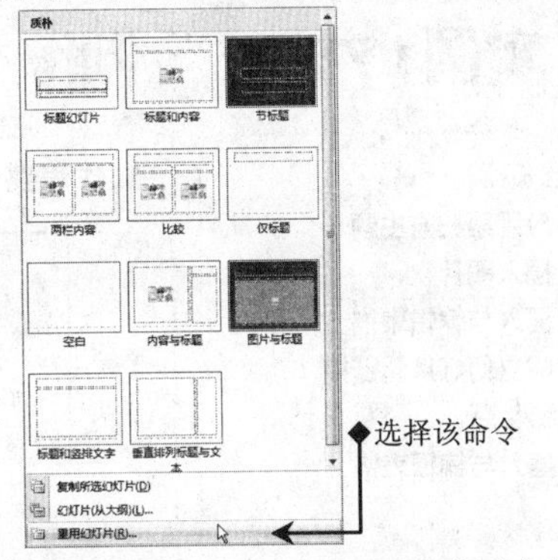

■ 单击“开始”选项卡，单击“幻灯片”组中的“新建幻灯片”下拉按钮，在弹出的下拉菜单中选择“重用幻灯片”命令。

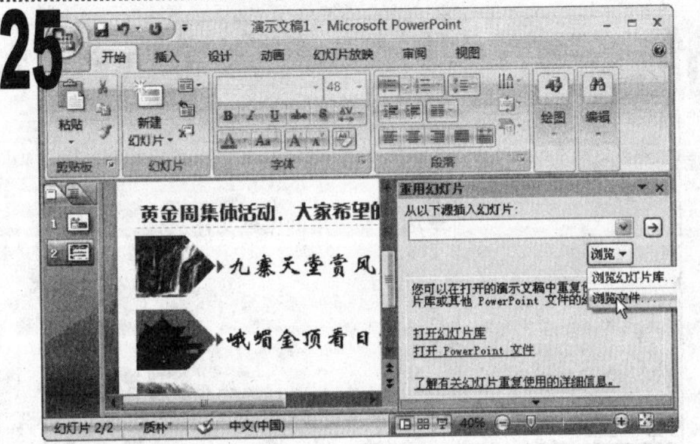

■ 此时，将在窗口右侧显示出“重用幻灯片”任务窗格，单击任务窗格中的“浏览”下拉按钮，在弹出的下拉菜单中选择“浏览文件”命令。

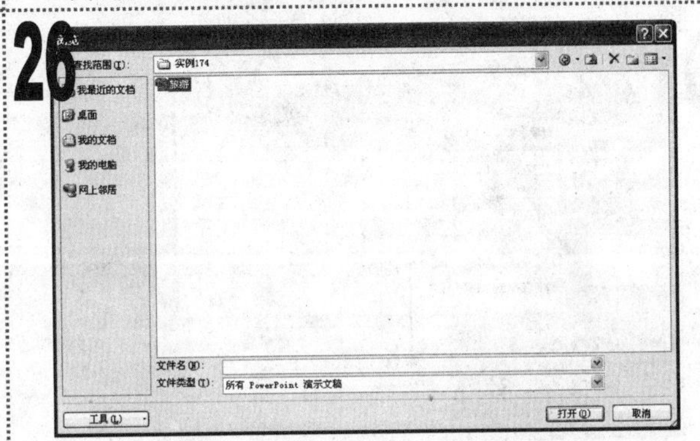

■ 在打开的“浏览”对话框中，选择素材文件所在文件夹中的“旅游”演示文稿，单击“打开”按钮。

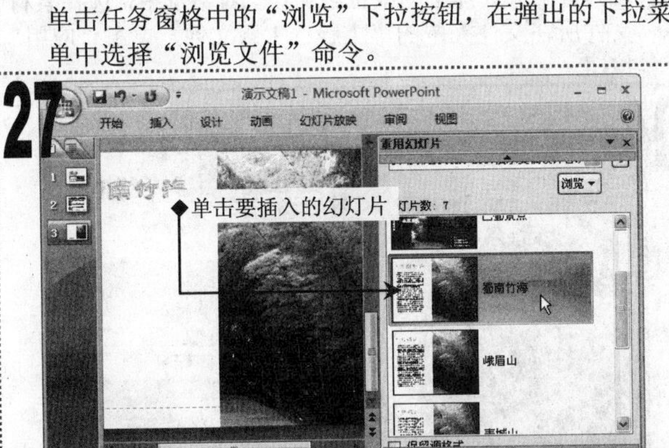

■ 在任务窗格中的列表框中显示了“旅游”演示文稿中的所有幻灯片，单击“蜀南竹海”幻灯片，将其添加到当前幻灯片中。

■ 按照同样的方法，将“峨眉山”与“九寨黄龙”幻灯片插入到当前演示文稿中。

■ 依次选择插入的三张幻灯片，将其更改为“内容与标题”版式。

■ 选择第 2 张幻灯片，打开“插入超链接”对话框，分别将图片与对应的幻灯片建立链接，将演示文稿以“活动通知”为名进行保存后，完成本例的制作。

实例175 制作“产品分析”演示文稿

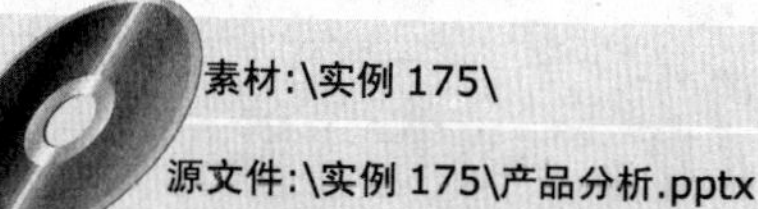

素材:\实例 175\

源文件:\实例 175\产品分析.pptx

包含知识

- 应用第三方主题
- 插入图片
- 插入与编辑表格
- 建立幻灯片超链接

重点难点

- 插入与编辑表格

制作思路

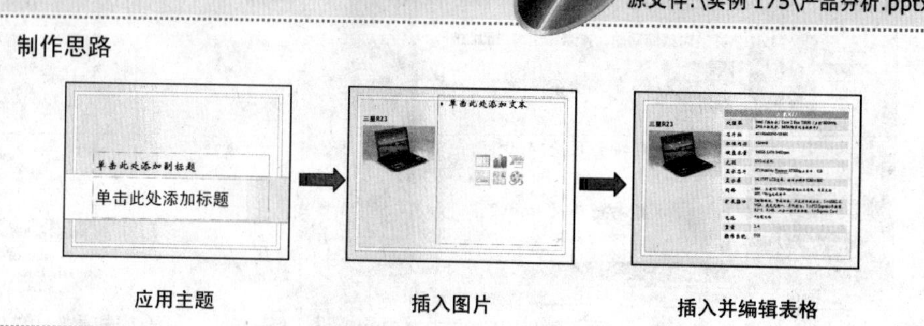

应用场所

用于制作用于说明产品规格的图表混排演示文稿。

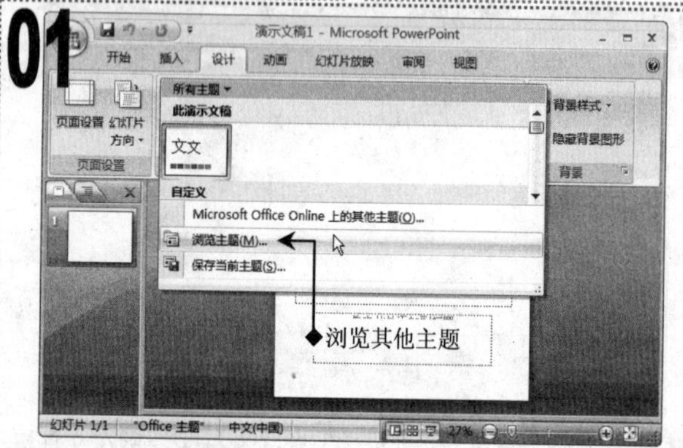

■ 新建空白演示文稿，单击“设计”选项卡，单击“主题”组中的列表框右下角的“其他”按钮，在弹出的下拉菜单中选择“浏览主题”命令。

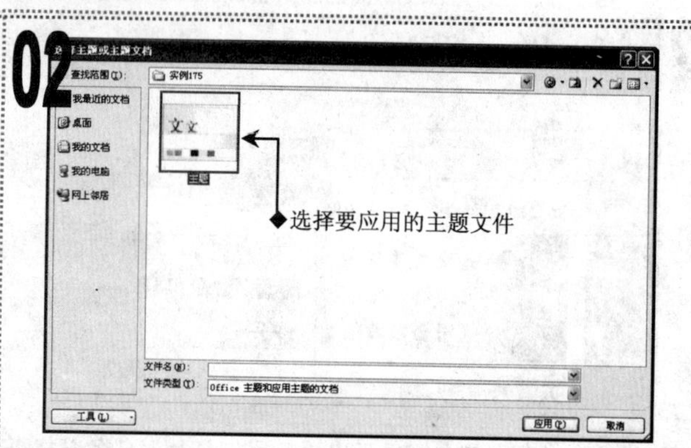

■ 在打开的“选择主题或主题文档”对话框中，选择素材文件所在文件夹中的“主题”主题文件，单击“应用”按钮。

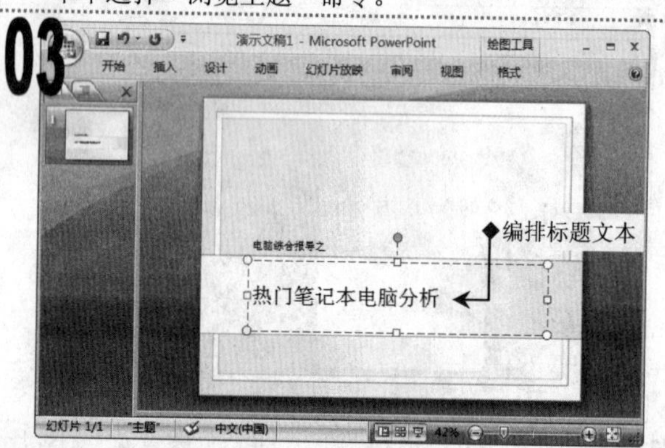

■ 此时，即可为演示文稿应用所选主题，在标题幻灯片中分别输入标题与副标题文本，并调整文本字号。

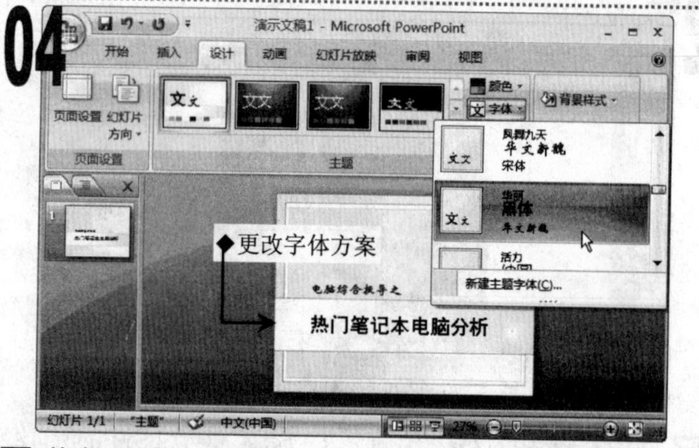

■ 单击“设计”选项卡，在“主题”组中单击“字体”下拉按钮，在弹出的下拉菜单中选择“华丽”选项。

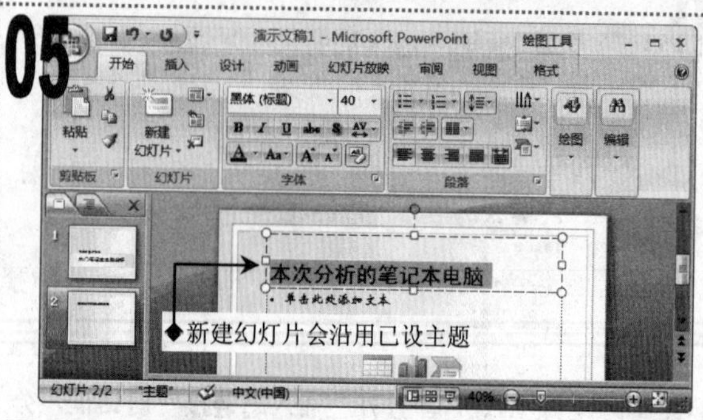

■ 按【Ctrl+M】组合键新建一张幻灯片，输入标题文本“本次分析的笔记本电脑”，将其字号设置为“40”。

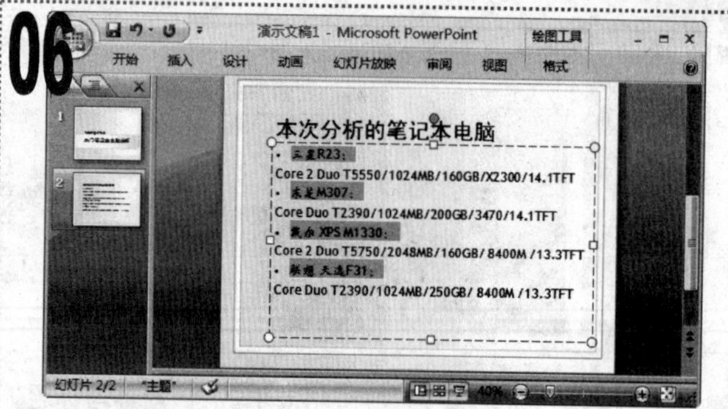

■ 在下方的占位符中输入相应的正文内容，输入完毕后配合【Ctrl】键选择相关的笔记本型号文本。

07

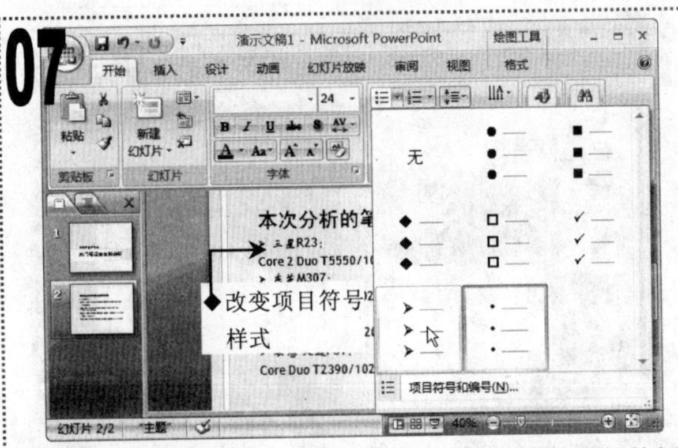

1 单击“段落”组中的“项目符号”按钮右侧的下拉按钮，在弹出的下拉菜单中选择“箭头项目符号”选项。

08

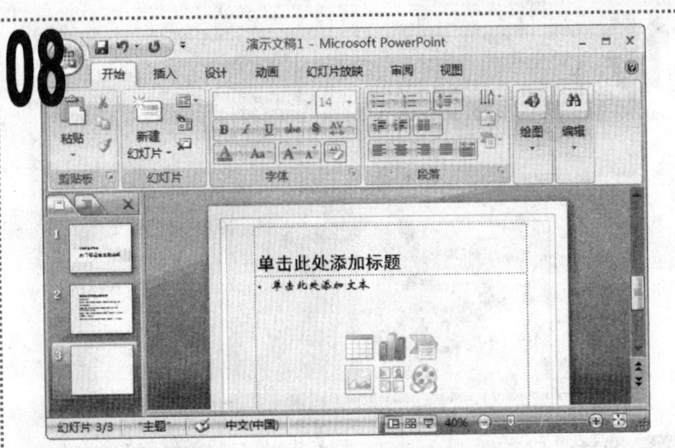

1 按【Ctrl+M】组合键，新建第3张幻灯片。

09

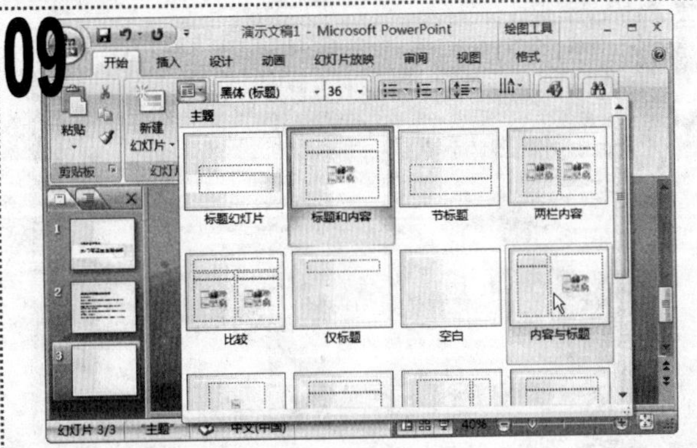

1 单击“开始”选项卡的“幻灯片”组中的“版式”下拉按钮，在弹出的下拉列表中选择“内容与标题”选项。

10

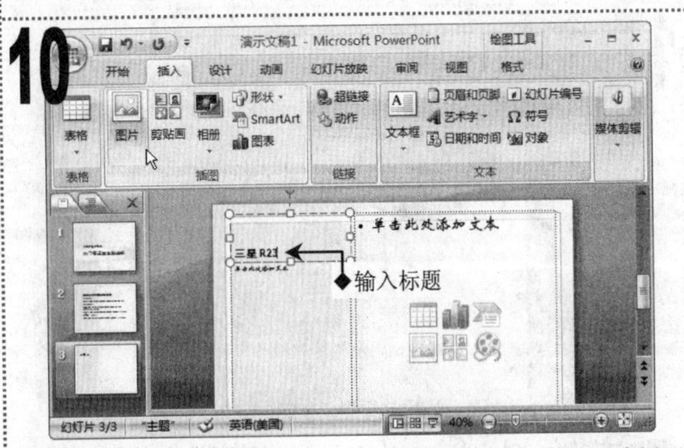

1 在标题占位符中输入“三星R23”文本，单击“插入”选项卡，在“插图”组中单击“图片”按钮。

11

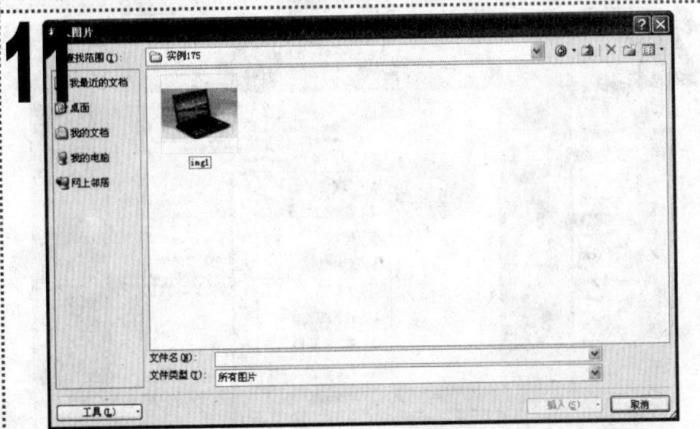

1 在打开的“插入图片”对话框中，选择素材文件所在文件夹中的“img1”图片文件，单击“插入”按钮。

12

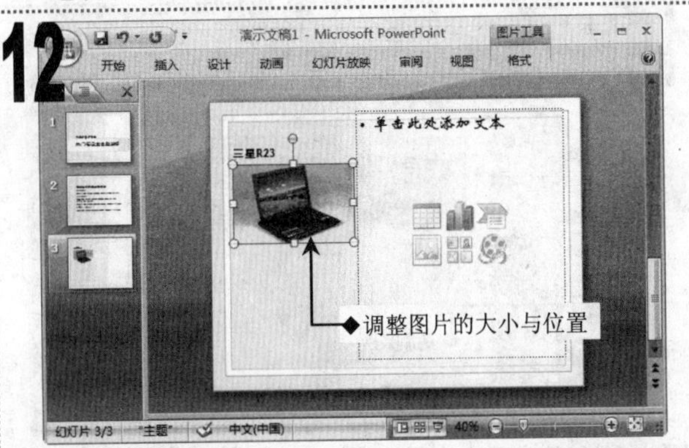

1 此时，即可将图片插入到幻灯片中，拖动鼠标调整图片的大小与位置。

13

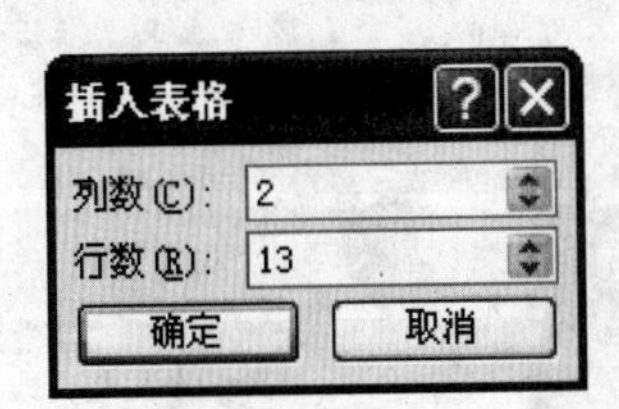

1 单击右侧占位符中的“插入表格”按钮，打开“插入表格”对话框。

2 在“列数”数值框中输入“2”，在“行数”数值框中输入“13”，单击“确定”按钮。

14

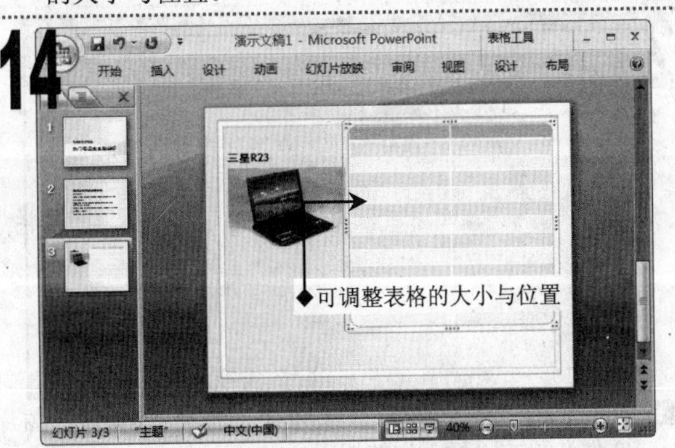

1 此时，即可在幻灯片中插入一个13行2列的表格。

选择表格的第 1 行，单击“表格工具/布局”选项卡，在“合并”组中单击“合并单元格”按钮。

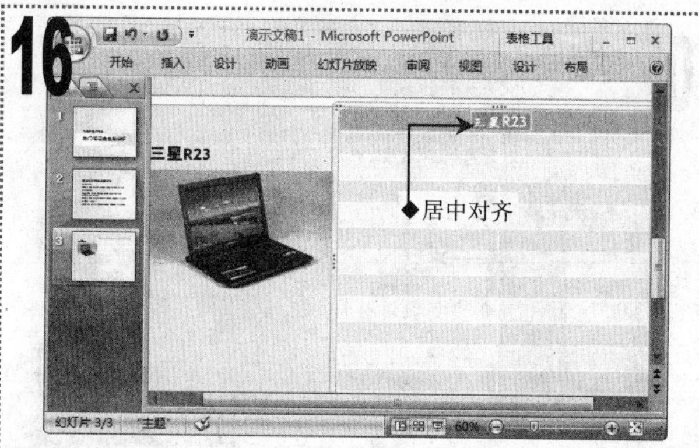

将第 1 行合并为一个单元格后，输入文本“三星 R23”并将其对齐方式设置为“居中”。

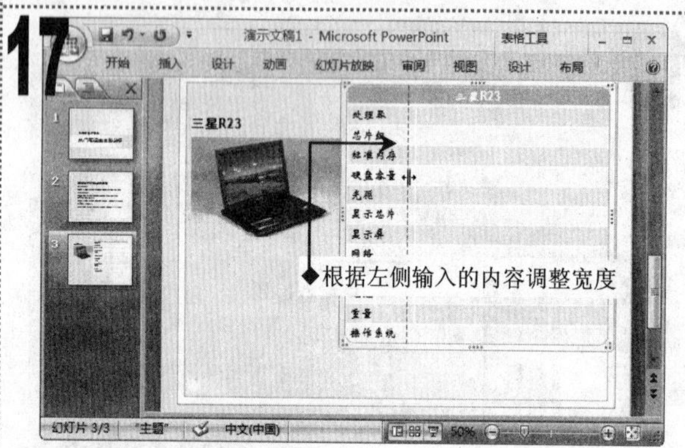

在左侧一列的单元格中分别输入对应的产品规格名称，并拖动列线调整表格列宽。

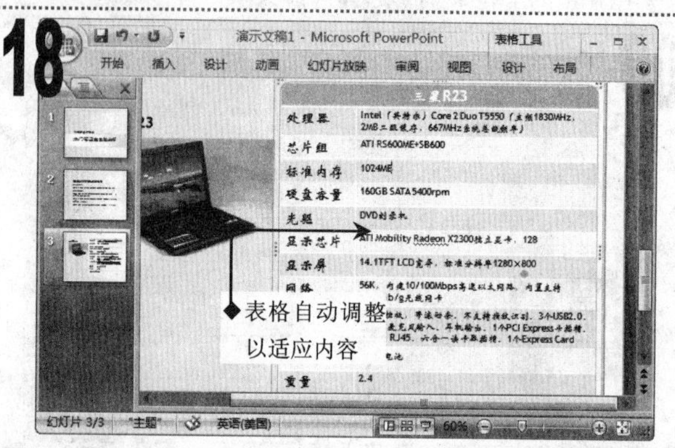

在右侧一列的单元格中分别输入对应的规格参数，将该列单元格中文本的字号设置为“12”。

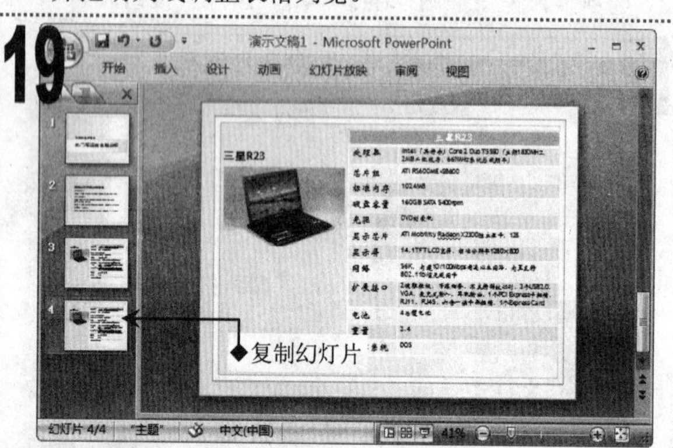

在“幻灯片”窗格中选择第 3 张幻灯片，按【Ctrl+C】组合键进行复制，按【Ctrl+V】组合键进行粘贴。

将复制幻灯片的标题更改为“东芝 M307”，在图片上单击鼠标右键，在弹出的快捷菜单中选择“更改图片”命令。

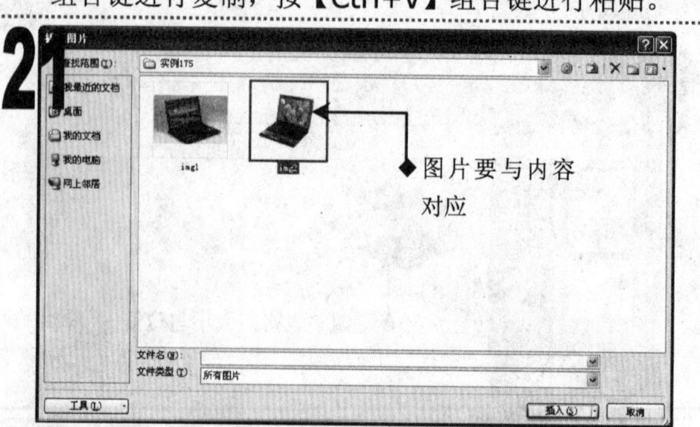

在打开的“插入图片”对话框中，选择“img2”图片文件，单击“插入”按钮。

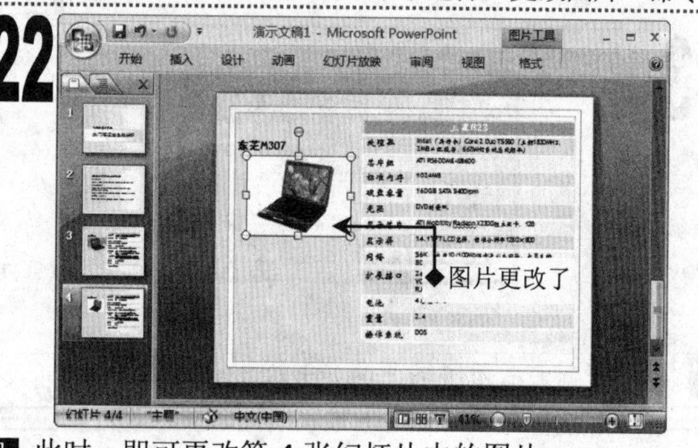

此时，即可更改第 4 张幻灯片中的图片。

23

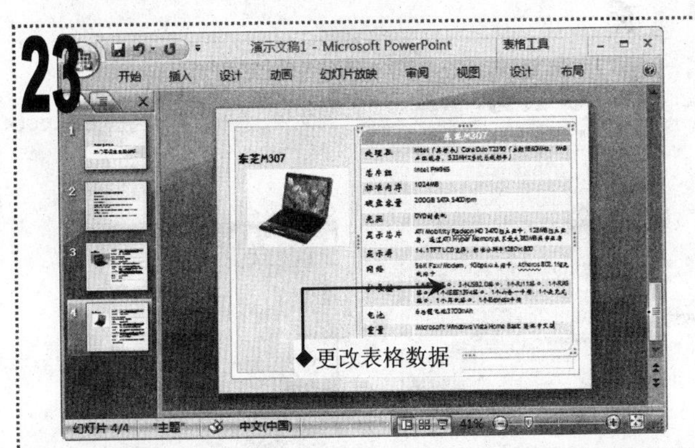

■ 将表格第 1 行文本更改为“东芝 M307”，然后修改右侧一列单元格中的规格参数。

24

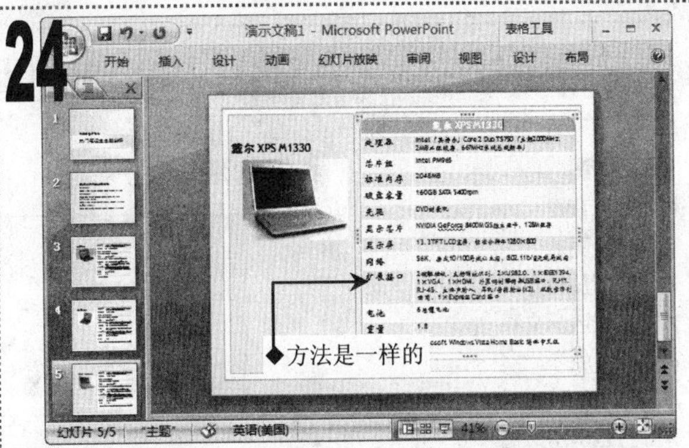

■ 再次复制幻灯片，将复制幻灯片的标题更改为“戴尔 XPS M1330”，将图片更改为“img3”图片并修改表格规格参数。

25

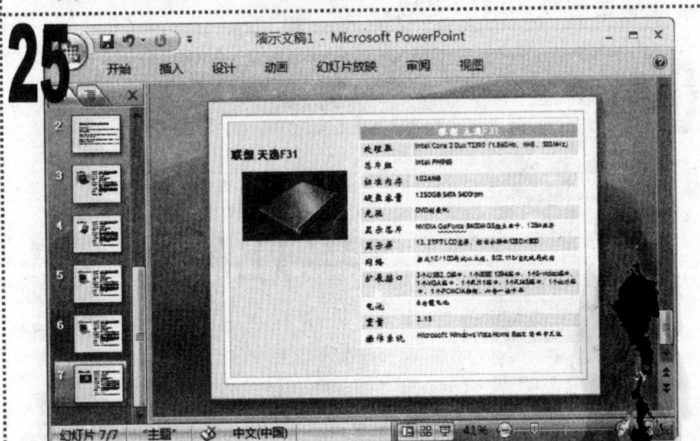

■ 再次复制幻灯片，将复制幻灯片的标题更改为“联想天逸 F31”，将图片更改为“img4”图片并修改表格规格参数。

26

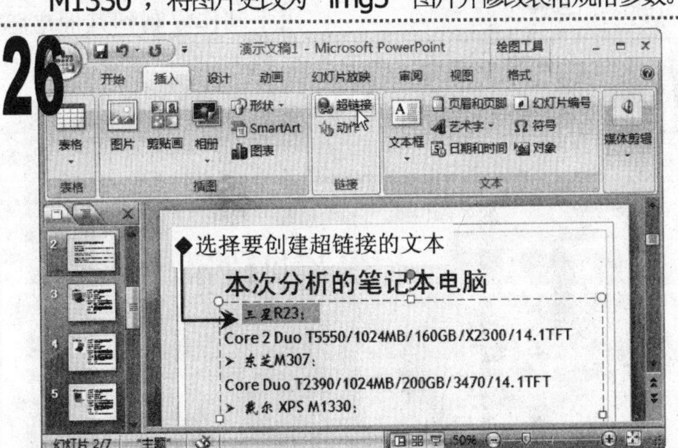

■ 选择第 2 张幻灯片，选择其中的文本“三星 R23”，单击“插入”选项卡，在“链接”组中单击“超链接”按钮。

27

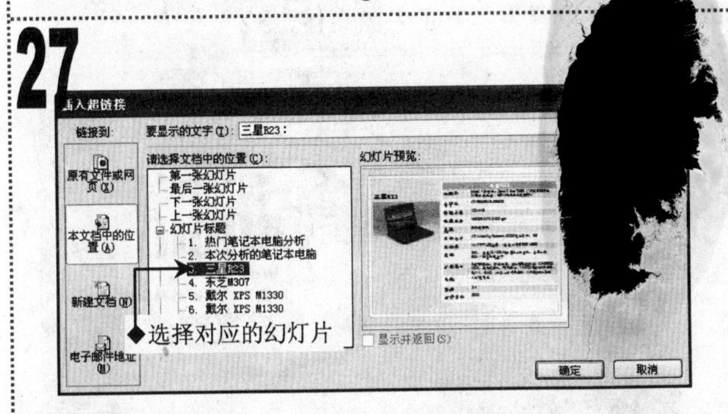

■ 在打开的“插入超链接”对话框中单击“链接到”栏中的“本文档中的位置”选项卡，然后在右侧的列表框中选择第 3 张幻灯片，单击“确定”按钮。

28

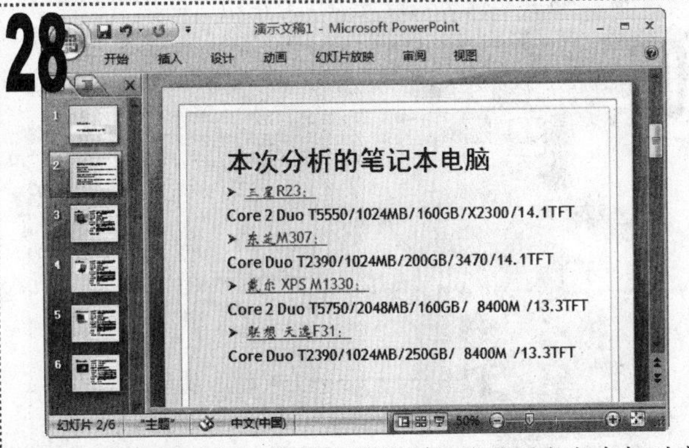

■ 按照同样的方法，分别将其他项目符号列表文本与对应的幻灯片建立链接。

本次分析的笔记本电脑

三星R23：

Core 2 Duo T5550/1024MB/160GB/X2300/14.1TFT

东芝M307：

Core Duo T2390/1024MB/200GB/3470/14.1TFT

戴尔 XPS M1330：

Core 2 Duo T5750/2048MB/160GB/ 8400M /13.3TFT

单击超链接文本

联想 天逸F31：

Core Duo T2390/1024MB/250GB/ 8400M /13.3TFT

■ 将演示文稿以“产品分析”为名进行保存，按【F5】键放映幻灯片，在第 2 张幻灯片中单击感兴趣的笔记本型号。

■ 即可切换放映对应的链接幻灯片，在其中可详细查看关于该笔记本的图片及规格参数。

实例176 制作“加盟代理”演示文稿

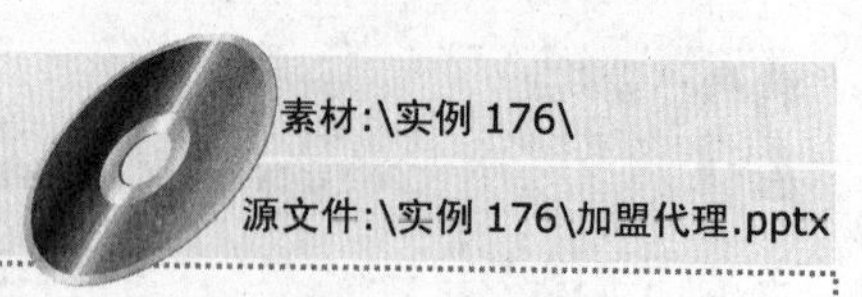

包含知识

- 设置背景
- 插入图片
- 设置放映方式
- 打包演示文稿

重点难点

- 设置放映方式
- 打包演示文稿

制作思路

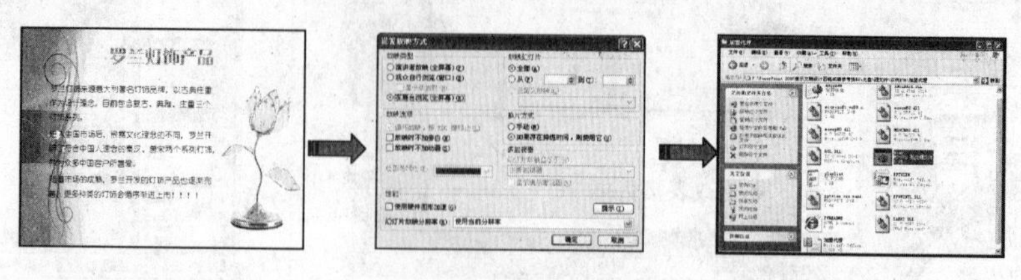

编排幻灯片　　设置放映方式　　打包演示文稿

应用场所

用于制作复制到其他电脑或需在展台放映的演示文稿。

01

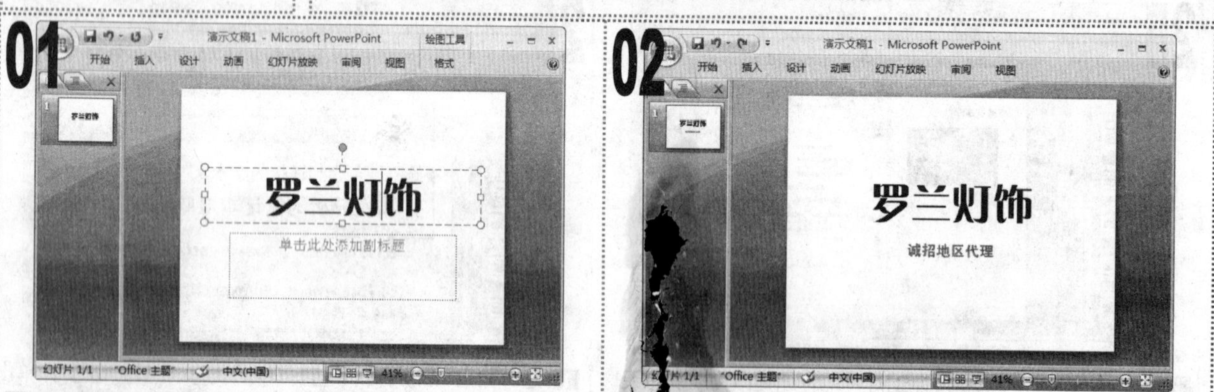

■ 新建空白演示文稿，在标题占位符中输入文本“罗兰灯饰”，将其字体格式设置为“方正粗倩简体、88”。

02

■ [illegible]副标题占位符中输入文本“诚招地区代理”，将其字[illegible]式设置为“方正大黑简体、32”。

03

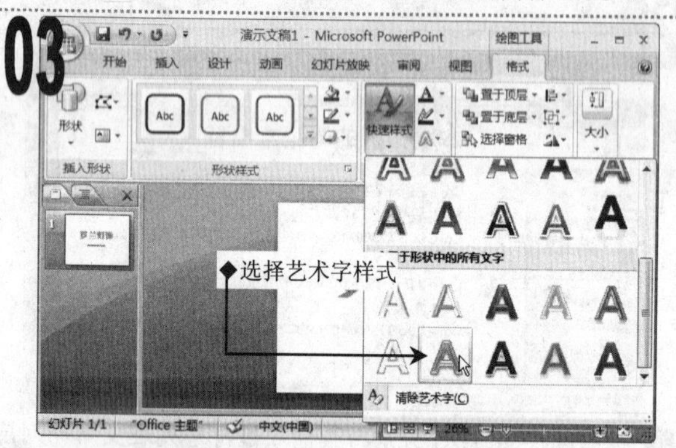

■ 选择标题文本，在“艺术字样式”组中的列表框中选择“填充-强调文字颜色 6，暖色粗糙棱台”选项。

04

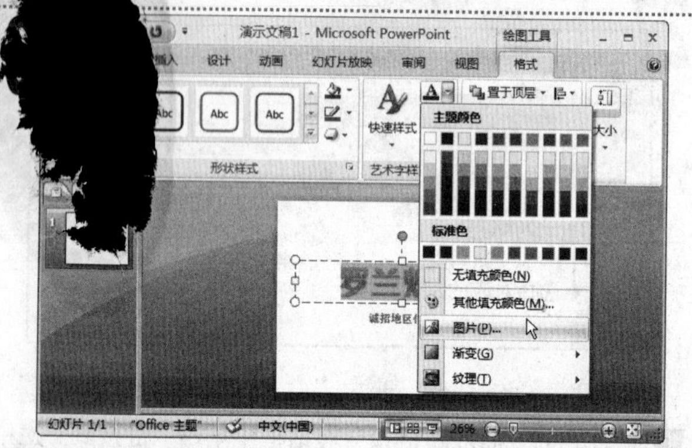

■ 单击“艺术字样式”组中的“文本填充”按钮右侧的下拉按钮，在弹出的下拉菜单中选择“图片”命令。

05

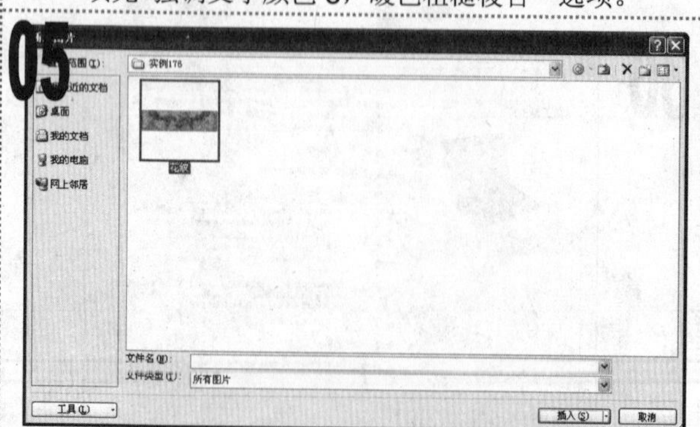

■ 在打开的“插入图片”对话框中，选择素材文件所在文件夹中的“花纹”图片文件，单击“插入”按钮。

06

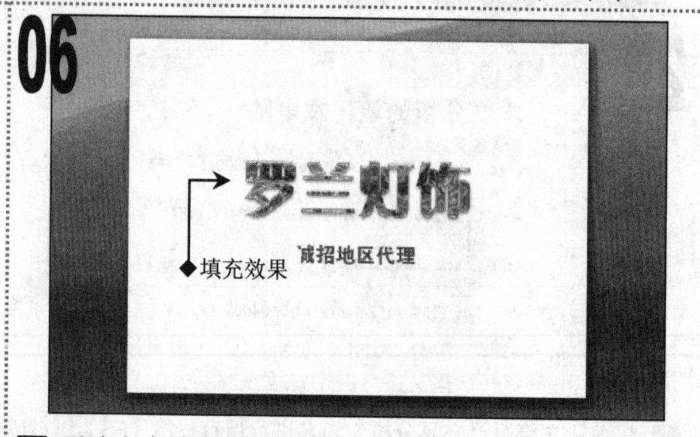

■ 更改文本填充后的效果如图所示。

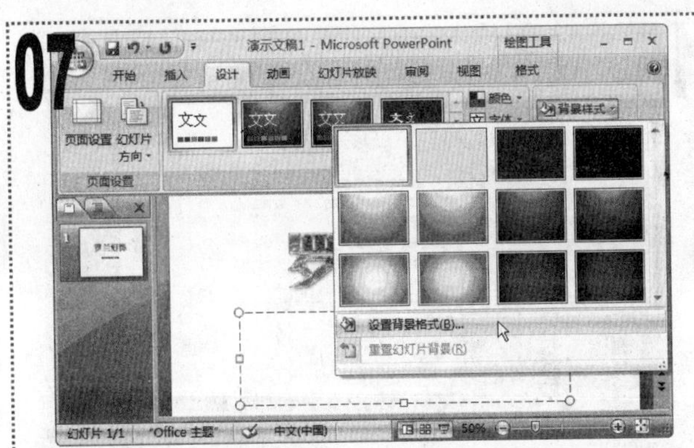

■ 单击“设计”选项卡，在“背景”组中单击“背景样式”下拉按钮，在弹出的下拉菜单中选择“设置背景格式”命令。

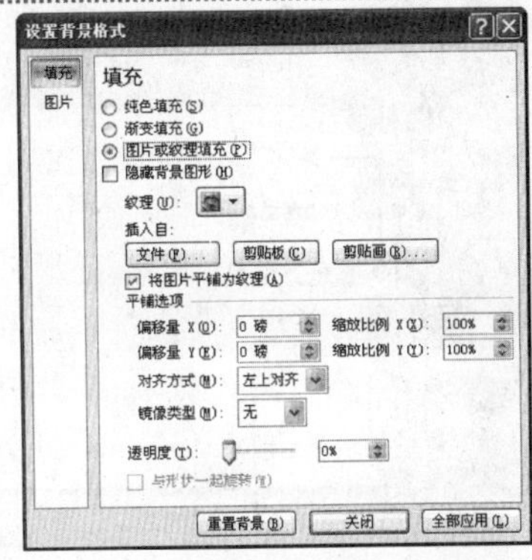

■ 在打开的“设置背景格式”对话框中，选中“图片或纹理填充”单选按钮，单击显示出来的“文件”按钮。

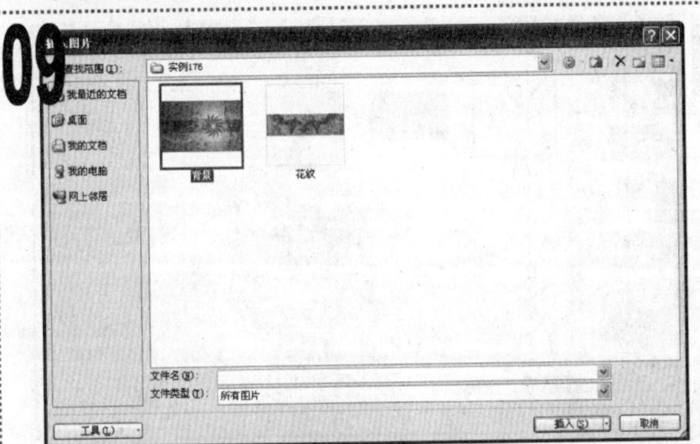

■ 在打开的“插入图片”对话框中，选择“背景”图片文件，单击“插入”按钮。

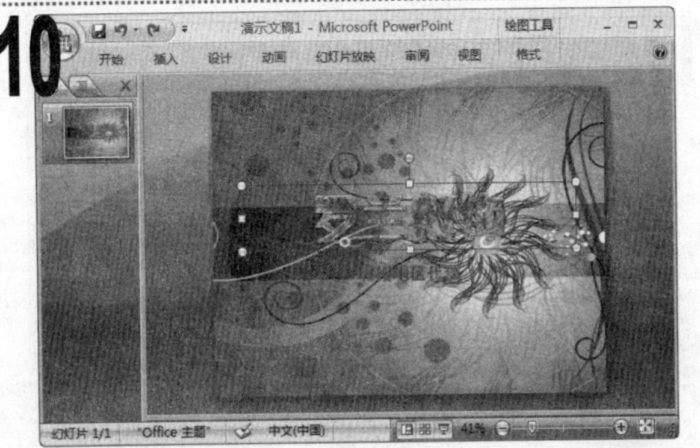

■ 返回“设置背景格式”对话框，单击“关闭”按钮，将所选图片设置为幻灯片的背景。

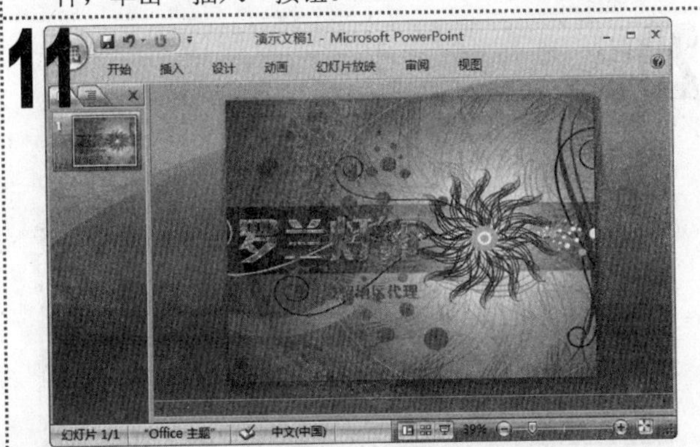

■ 拖动标题与副标题占位符到如图所示的位置。

■ 按【Ctrl+M】组合键新建一张幻灯片，在“设计”选项卡的“背景”组中单击“背景样式”下拉按钮，在弹出的下拉菜单中选择“设置背景格式”命令。

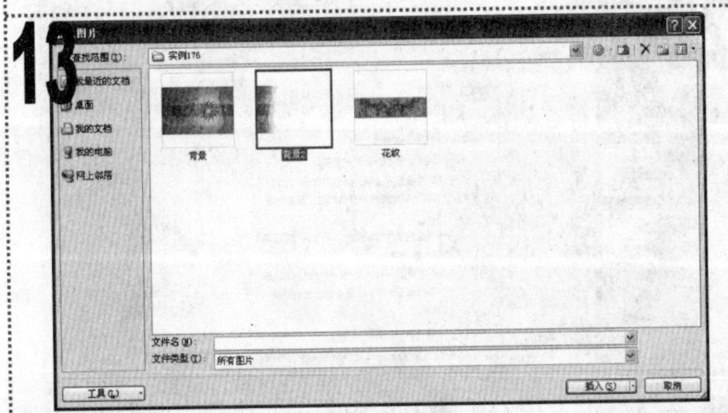

■ 在打开的“设置背景格式”对话框中，选中“图片或纹理填充”单选按钮，单击“文件”按钮，在打开的“插入图片”对话框中选择“背景 2”图片文件，单击“插入”按钮。

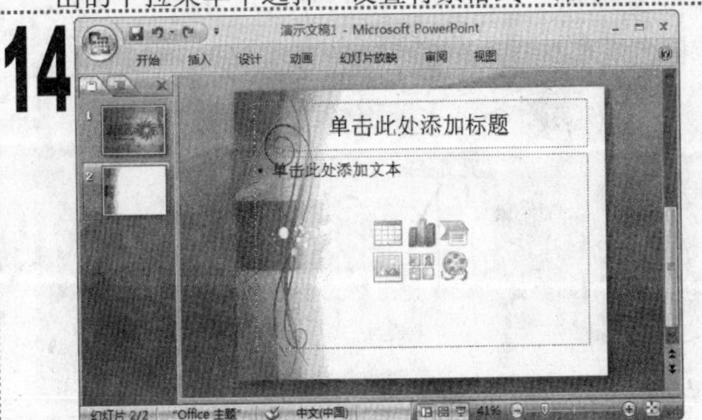

■ 返回“设置背景格式”对话框，单击“关闭”按钮，为第 2 张幻灯片设置图片背景。

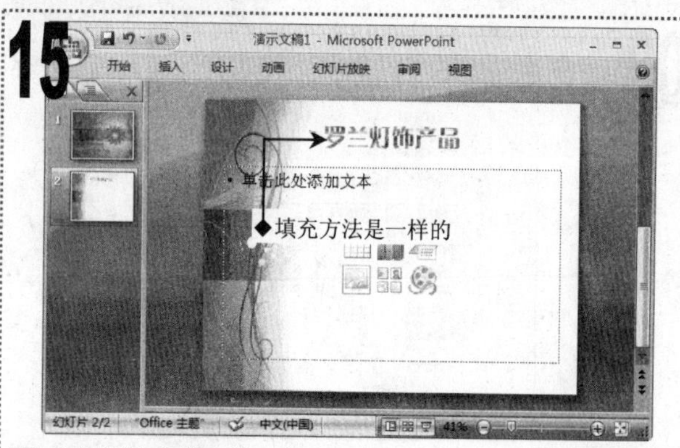

■ 在标题占位符中输入文本“罗兰灯饰产品”，将其字体设置为“方正粗倩简体”，同样应用“花纹”图片填充。

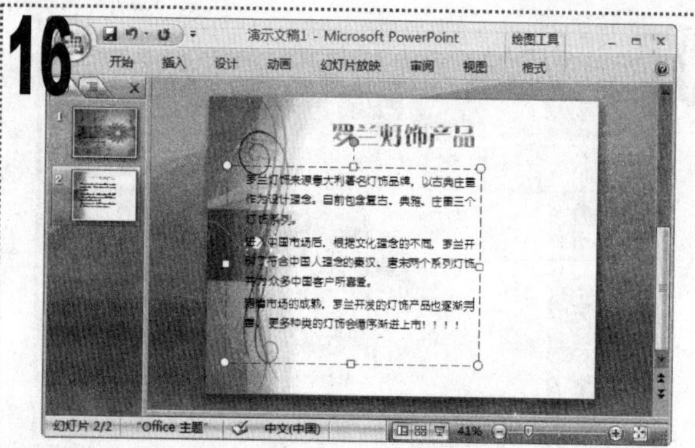

■ 在下方的占位符中输入相应的正文内容，将字体格式设置为“幼圆、20、1.5 倍行距”并调整占位符的宽度。

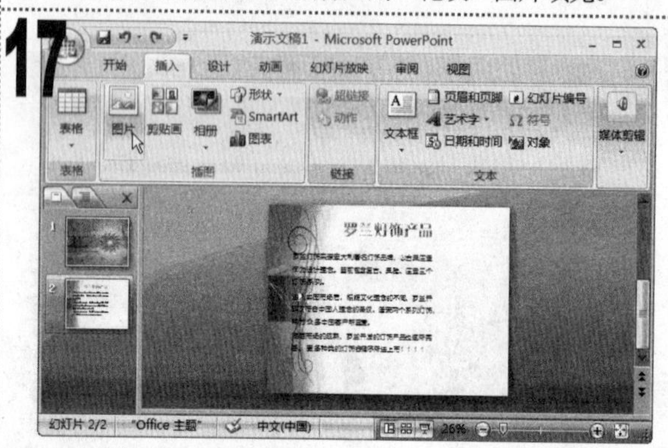

■ 单击“插入”选项卡，在“插图”组中单击“图片”按钮。

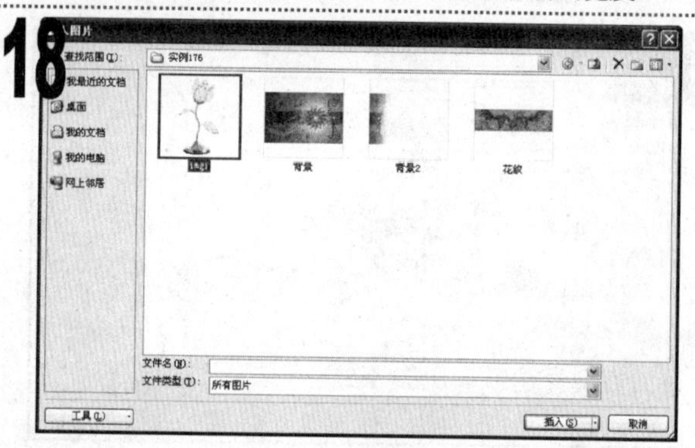

■ 在打开的“插入图片”对话框中，选择“img1”图片文件，单击“插入”按钮。

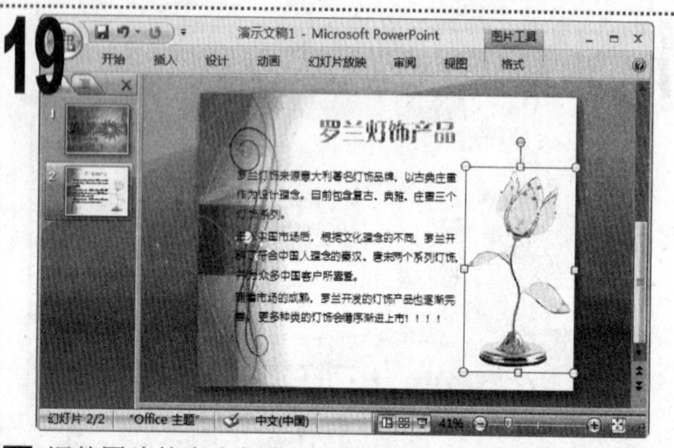

■ 调整图片的大小与位置，并将图片设置为“置于底层”。

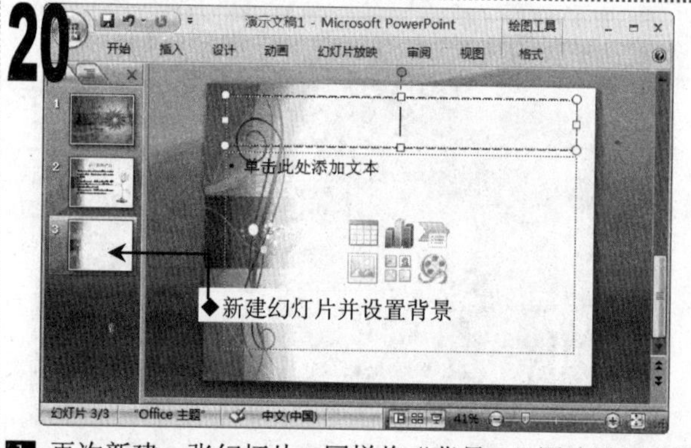

■ 再次新建一张幻灯片，同样将“背景 2”图片设置为幻灯片的背景。

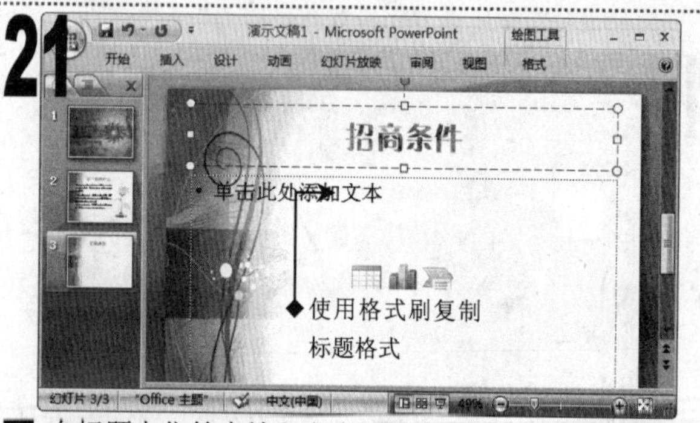

■ 在标题占位符中输入文本“招商条件”，并复制第 2 张幻灯片的标题文本的格式。

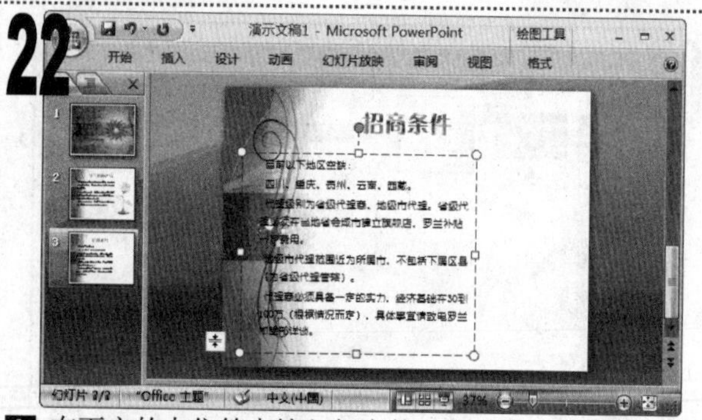

■ 在下方的占位符中输入相应的正文内容，复制第 2 张幻灯片中正文的格式。

23

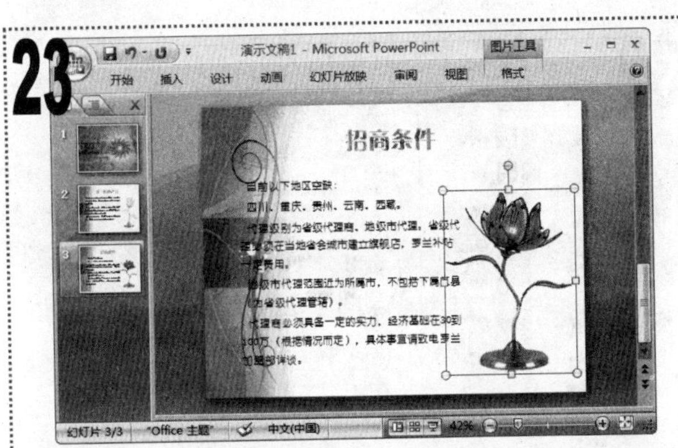

1 将素材文件所在文件夹中的“img2”图片文件插入到幻灯片中，也设置为“置于底层”并调整图片的大小与位置。

24

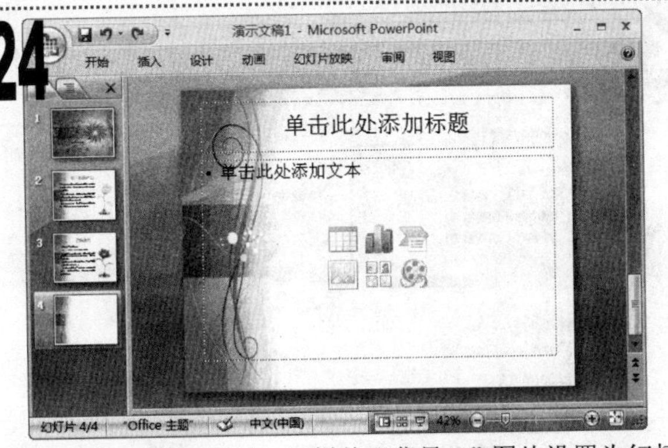

1 新建第 4 张幻灯片，同样将“背景 2”图片设置为幻灯片的背景。

25

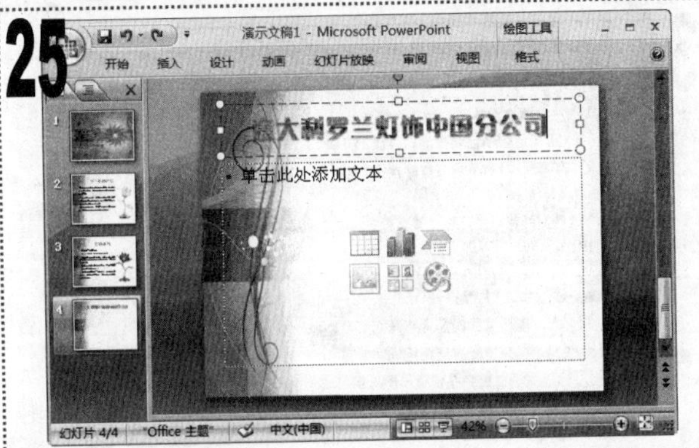

1 在标题占位符中输入相应的标题文本，并复制第 1 张幻灯片中的标题文本的格式，将其字号更改为“44”。

26

1 在下方的占位符中输入地址、联系方式、网址等信息，对齐方式设置为“左对齐”，为网址和加盟邮件等相关内容添加超链接。

27

1 将其字体设置为“方正大黑简体、20”，并调整占位符的位置。

28

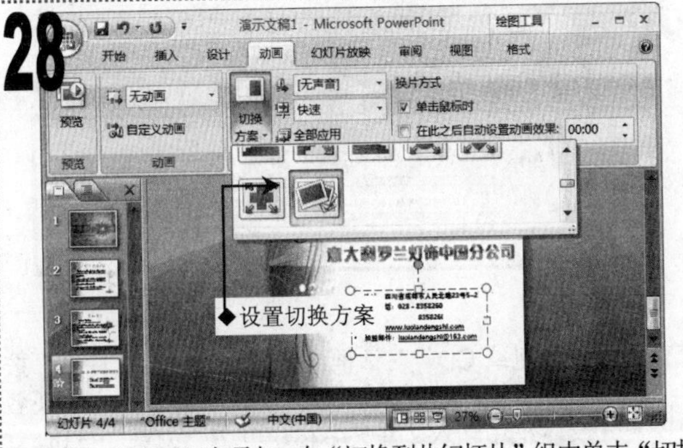

1 单击“动画”选项卡，在“切换到此幻灯片”组中单击“切换方案”下拉按钮，在弹出的下拉列表中选择“新闻快报”选项。

29

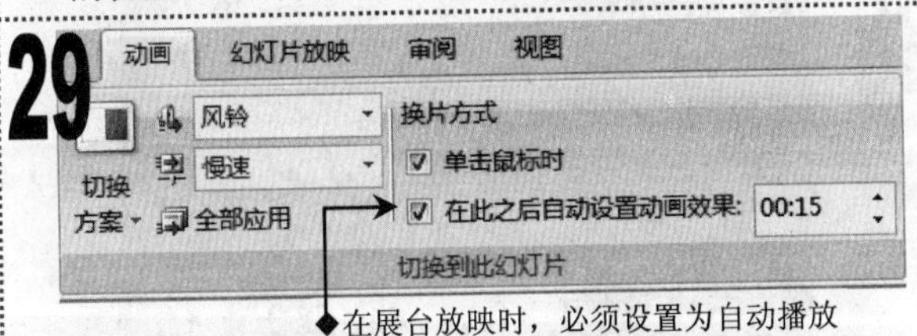

1 将切换声音设置为“风铃”，切换速度设置为“慢速”，选中“在此之后自动设置动画效果”复选框，在其后的数值框中输入“00：15”。

2 单击“全部应用”按钮，为所有幻灯片应用相同的切换方案。

30

1 单击“幻灯片放映”选项卡，在“设置”组中单击“设置幻灯片放映”按钮。

31

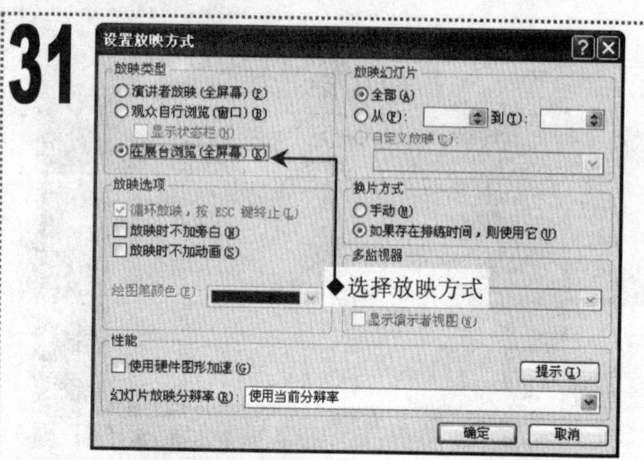

■ 在打开的“设置放映方式”对话框中，选中“在展台浏览”单选按钮，单击“确定”按钮。

32

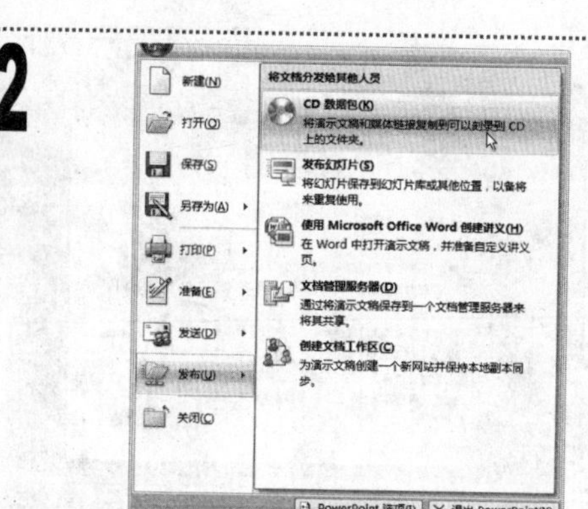

■ 将演示文稿以“加盟代理”为名进行保存，单击“Office”按钮，在弹出的下拉菜单中选择“发布/CD 数据包”命令。

33

■ 在打开的“打包成 CD”对话框中，单击“选项”按钮。

34

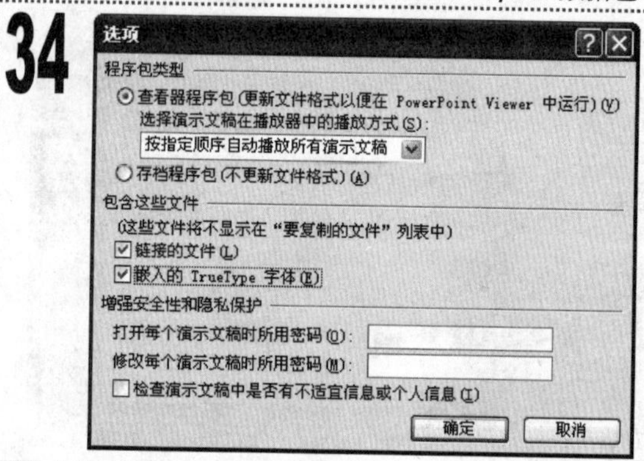

■ 在打开的“选项”对话框中，选中“嵌入的 TrueType 字体”复选框，单击“确定”按钮。

35

■ 返回“打包或 CD”对话框，单击“复制到文件夹”按钮，在打开的“复制到文件夹”对话框中的“文件夹名称”文本框中输入文件夹名称，单击“浏览”按钮。

36

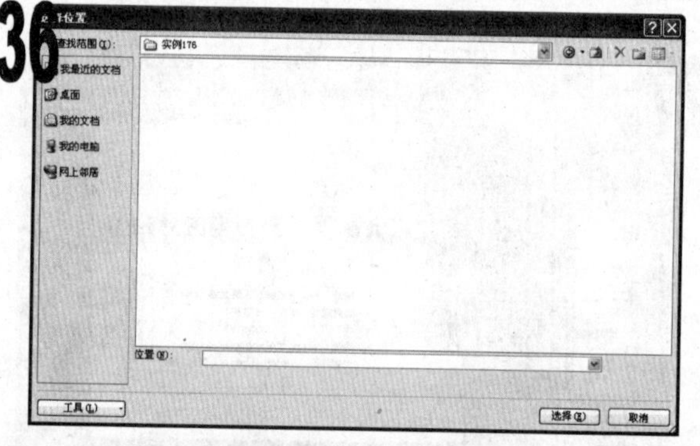

■ 在打开的“选择位置”对话框中，选择演示文稿的发布位置，单击“选择”按钮。

37

加盟代理

文件(F) 编辑(E) 查看(V) 收藏(A) 工具(T) 帮助(H)

文件和文件夹任务：重命名这个文件 移动这个文件 复制这个文件 将这个文件发布到 Web 以电子邮件形式发送此文件 打印这个文件 删除这个文件

其它位置：实例176 我的文档 共享文档

AUTORUN 安装信息；INTLDATE.DLL；microsoft.vc80.c... MANIFEST 文件；msvcm80.dll；msvcp80.dll；MSVCR80.dll；OGL.DLL；play MS-DOS 批处理文件；playlist 文本文档；PPTVIEW；pptview.exe.mani... MANIFEST 文件；PPWTHTL.DLL

◆双击该文件

■ 返回“复制到文件夹”对话框，单击“确定”按钮，开始发布演示文稿。发布完毕后，在“我的电脑”窗口中打开发布文件所在的文件夹，双击“Play”MS-DOS 文件。

38

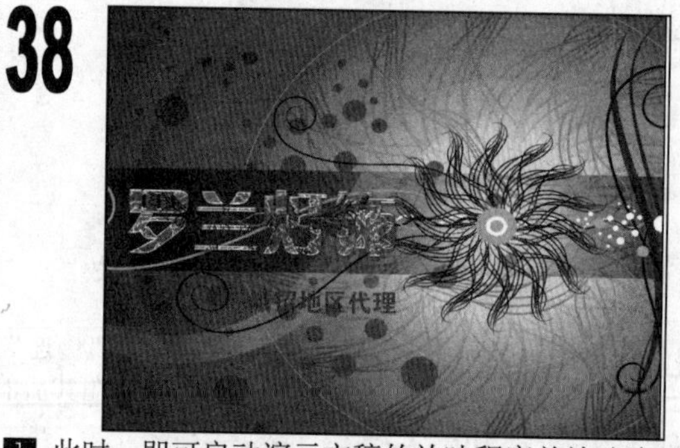

■ 此时，即可启动演示文稿的放映程序并放映演示文稿。在放映过程中幻灯片将自动切换，用户不需要亲自手动切换。

第13章

制作教学演示文稿

实例177 制作“国画欣赏”演示文稿

实例178 制作“文风”演示文稿

实例179 制作“算术”演示文稿

实例180 制作“动物秀”演示文稿

实例181 制作“成语课”演示文稿

实例182 制作“学电脑”演示文稿

实例183 制作“班会”演示文稿

13

演示文稿在教学活动中有非常大的用途，它生动形象、图文并茂的特点不但能够直观地将内容传达给学生，而且其附带的各种特效还能更好地吸引学生。本章将详细讲解教学用的演示文稿的制作方法，包括语文、数学及计算机等学科。

实例177 制作“国画欣赏”演示文稿

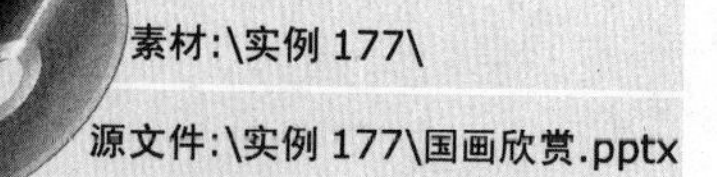

素材:\实例 177\

源文件:\实例 177\国画欣赏.pptx

包含知识

- 制作幻灯片母版
- 输入文本
- 插入并编辑图片
- 绘制形状
- 插入超链接

重点难点

- 插入并编辑图片
- 插入超链接

制作思路

制作幻灯片母版

插入并编辑图片

绘制形状

应用场所

用于为知识讲解场合制作的演示文稿。

01

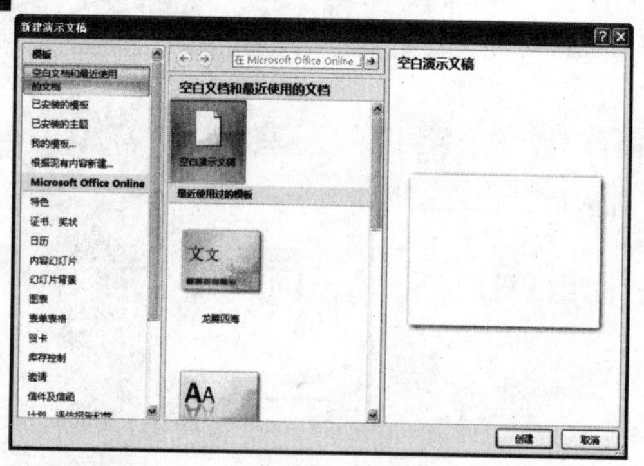

1 启动 PowerPoint 2007，选择“Office/新建”命令打开“新建演示文稿”对话框，在左侧的窗格中单击“空白文档和最近使用的文档”选项卡，在中间的窗格中选择“空白演示文稿”选项，单击“创建”按钮。

02

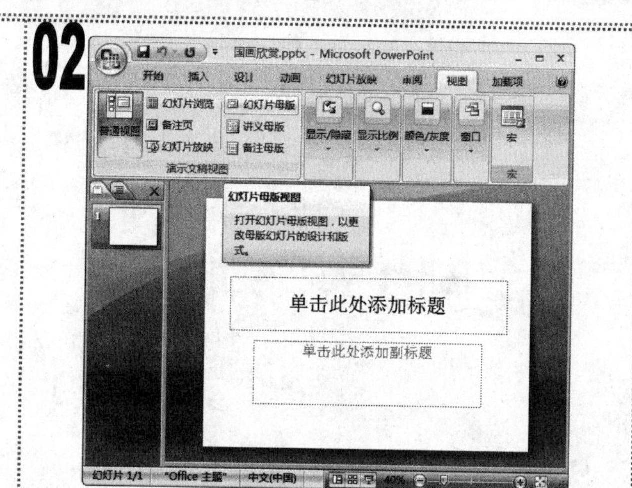

1 将演示文稿以“国画欣赏”为名进行保存。

2 单击“视图”选项卡，在“演示文稿视图”组中单击“幻灯片母版”按钮。

03

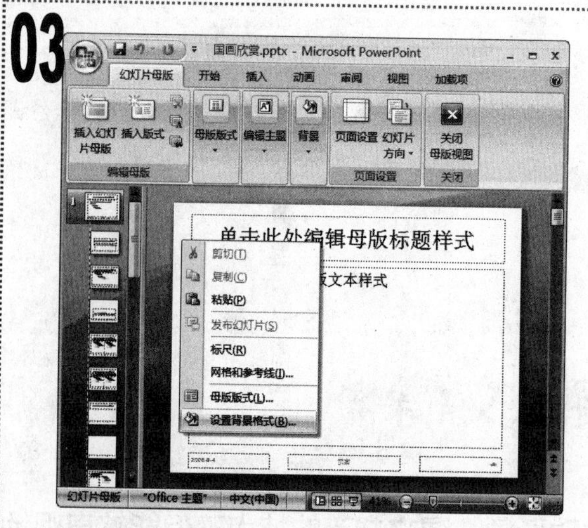

1 进入幻灯片母版视图，选择左侧窗格中的第 1 张幻灯片，在中间的窗格中的空白位置处单击鼠标右键，在弹出的快捷菜单中选择“设置背景格式”命令。

04

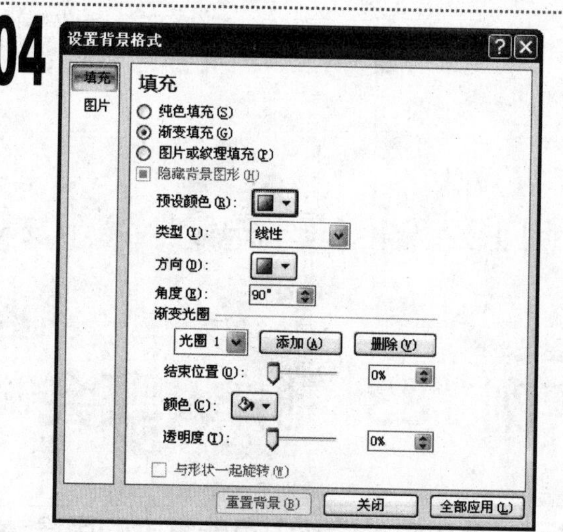

1 在打开的“设置背景格式”对话框中，选中“渐变填充”单选按钮，单击“预设颜色”下拉按钮，在弹出的下拉列表中选择“羊皮纸”选项，单击“关闭”按钮。

05

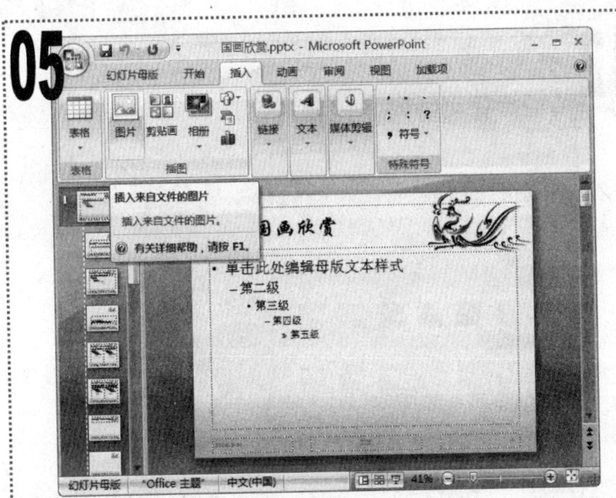

■ 单击“插入”选项卡，在“插图”组中单击“图片”按钮。

06

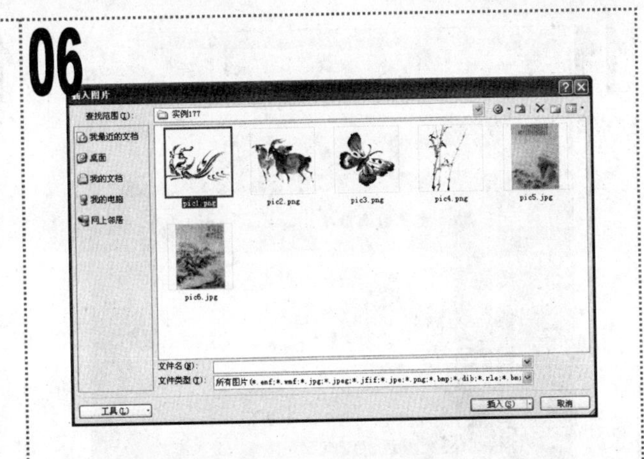

■ 在打开的“插入图片”对话框的“查找范围”下拉列表框中，选择素材文件所在的位置，在中间的列表框中选择图片文件“pic1”，单击“插入”按钮。

07

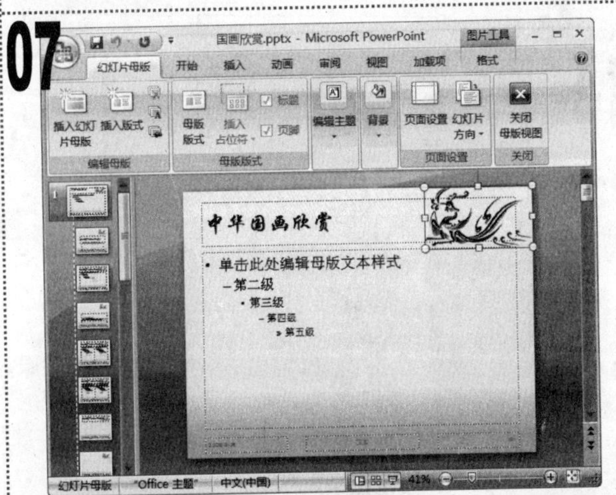

■ 选择插入的图片，将鼠标光标移动到其四周的边框上，当其变为“↔”形状时按住鼠标左键不放进行拖动，改变图片的大小。

② 将图片移动到幻灯片的右上角。

08

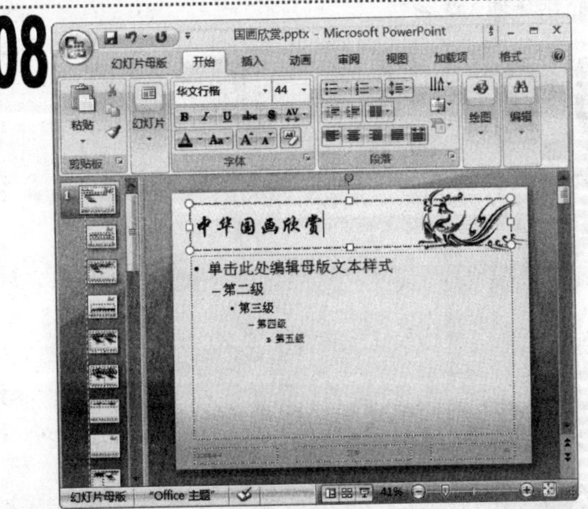

■ 将鼠标光标定位到标题占位符中，在“开始”选项卡中将其字体格式设置为“华文行楷、44”，并在其中输入文本“中华国画欣赏”，将其对齐方式设置为“左对齐”。

09

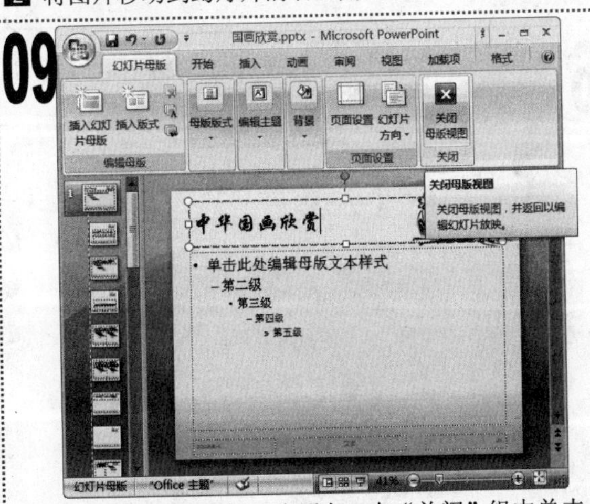

■ 单击“幻灯片母版”选项卡，在“关闭”组中单击“关闭母版视图”按钮，退出幻灯片母版视图。

10

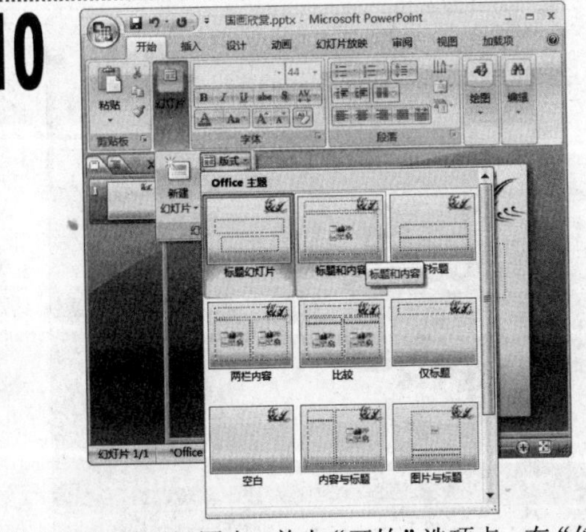

■ 返回到普通视图中，单击“开始”选项卡，在“幻灯片”组中单击“版式”下拉按钮，在弹出的下拉列表中选择“标题和内容”选项。

1 在标题占位符中输入文本“中华国画欣赏”。

2 在下方的占位符中单击“插入来自文件的图片”按钮，在打开的“插入图片”对话框中选择“pic2”图片文件，单击“插入”按钮。

1 选择插入的图片，单击“图片工具/格式”选项卡，单击“调整”组中的“重新着色”下拉按钮，在弹出的下拉菜单中选择“设置透明色”命令。

1 此时，鼠标光标将变为“✎”形状，在图片文件中的白色区域处单击鼠标左键，将其设置为透明色。

2 将图片移动到幻灯片的右侧。

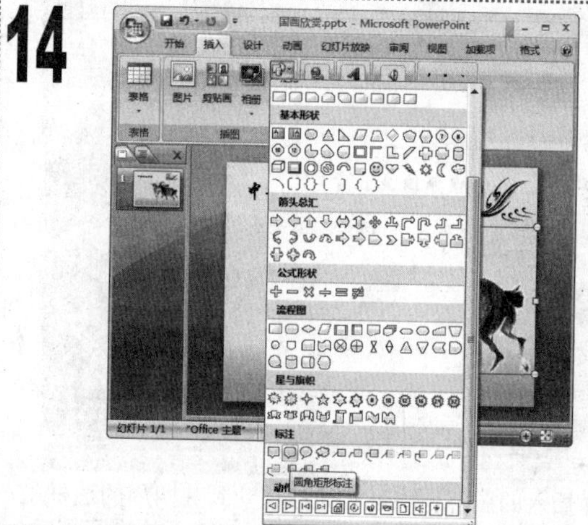

1 单击“插入”选项卡，在“插图”组中单击“形状”下拉按钮，在弹出的下拉列表中的“标注”栏中选择“圆角矩形标注”选项。

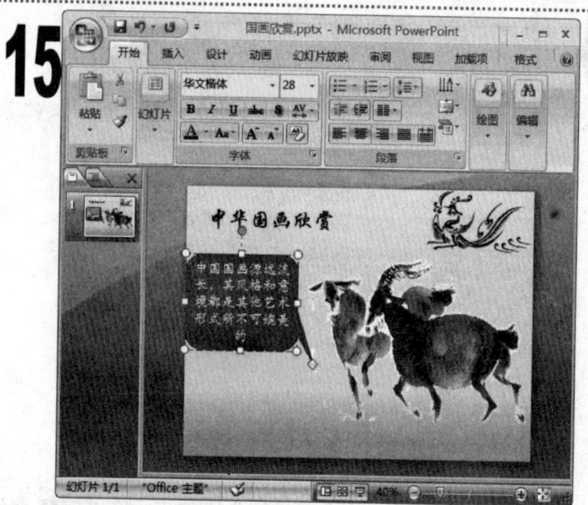

1 拖动鼠标在“幻灯片编辑”窗格中绘制一个圆角矩形标注并调整，在其中输入如图所示的文本并将其字体格式设置为“华文楷体、28”。

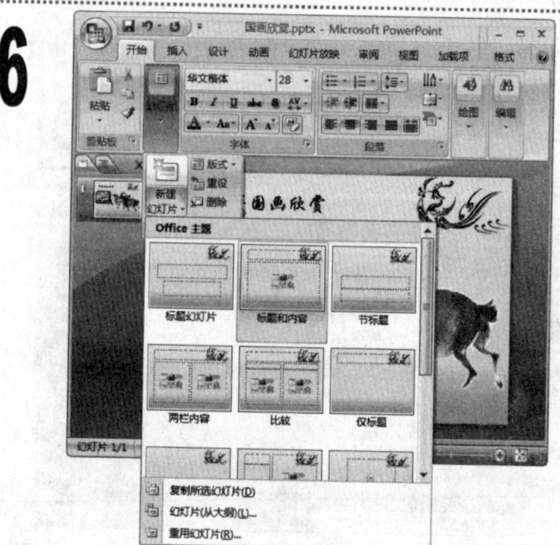

1 单击“开始”选项卡，在“幻灯片”组中单击“新建幻灯片”下拉按钮，在弹出的下拉菜单中选择“标题和内容”选项。

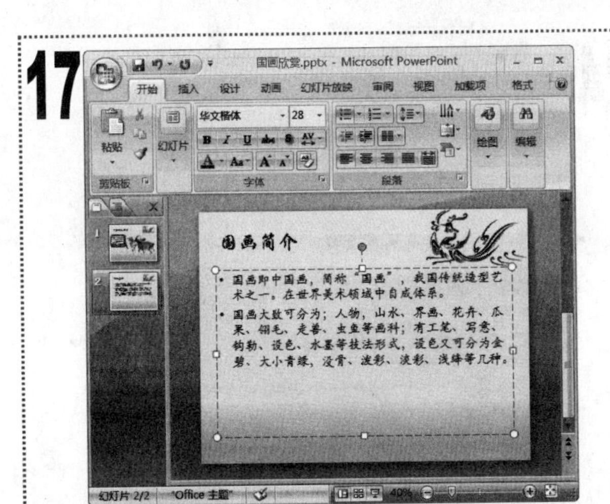

1 在新建的幻灯片中输入标题与正文文本，然后将正文文本的字体格式设置为“华文楷体、28”。

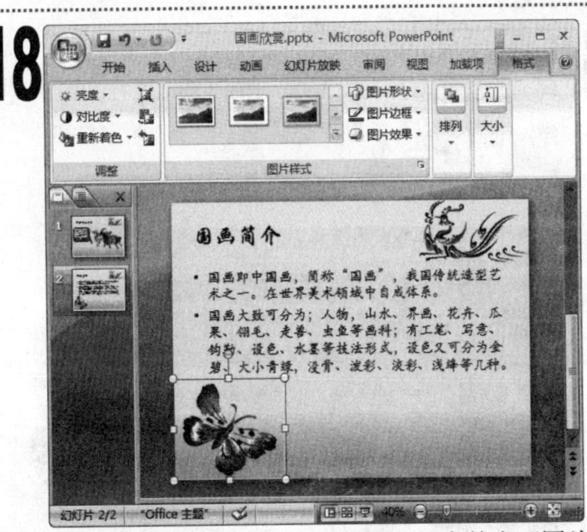

1 单击“插入”选项卡，在“插图”组中单击“图片”按钮，将“pic3”图片文件插入到幻灯片中，调整其大小和位置并设置透明色。

1 使用相同的方法在演示文稿中插入一张与第 2 张幻灯片版式相同的幻灯片，在其中输入如图所示的文本。

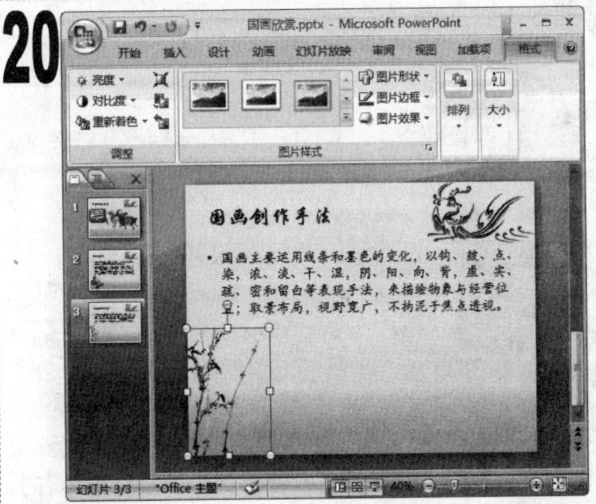

1 单击“插入”选项卡，在“插图”组中单击“图片”按钮，将“pic4”图片文件插入到幻灯片中，并调整其大小和位置。

1 单击“插入”选项卡，在“插图”组中单击“形状”下拉按钮，在弹出的下拉列表中选择“圆角矩形”选项，然后在幻灯片中绘制一个圆角矩形。

2 单击“绘图工具/格式”选项卡，在“形状样式”组中的列表框中选择“细微效果-强调颜色 6”选项。

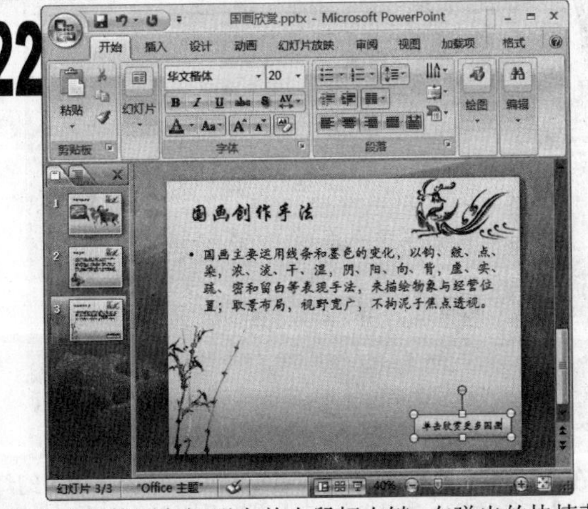

1 在绘制的圆角矩形上单击鼠标右键，在弹出的快捷菜单中选择“编辑文字”命令，在其中输入文本“单击欣赏更多国画”，将其字体格式设置为“华文楷体、20”。

23

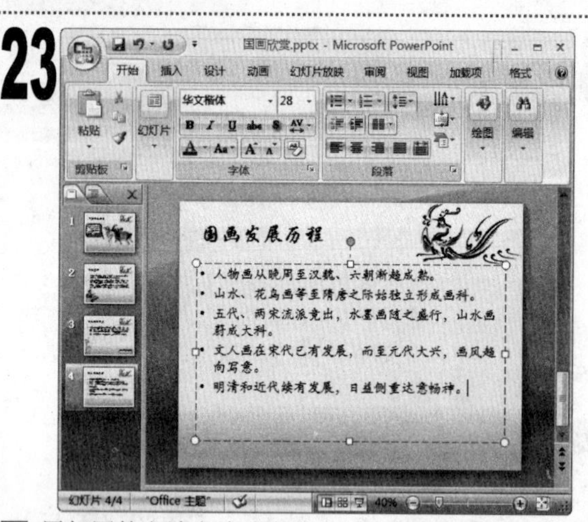

■ 用相同的方法在演示文稿中插入第 4 张幻灯片，在其中输入如图所示的文本。

24

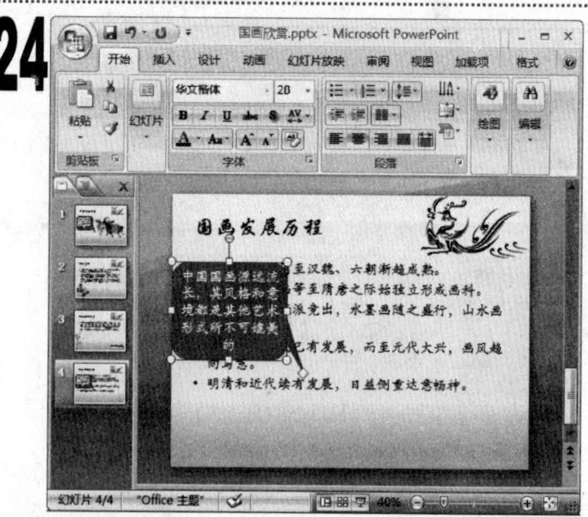

■ 在左侧的“幻灯片”窗格中选择第 1 张幻灯片，复制其中的圆角矩形标注形状，并将其粘贴到第 4 张幻灯片中。

25

■ 将该标注移动到幻灯片底部，将鼠标光标移动到其右上角的边框节点上，当其变为“↗”时按住鼠标左键不放进行拖动，改变其形状。

26

■ 将鼠标光标定位到圆角矩形标注中，将其中的文本修改为“在魏晋、南北朝、唐代和明清等时期，国画曾先后受到佛教艺术和西方绘画艺术的影响”。

27

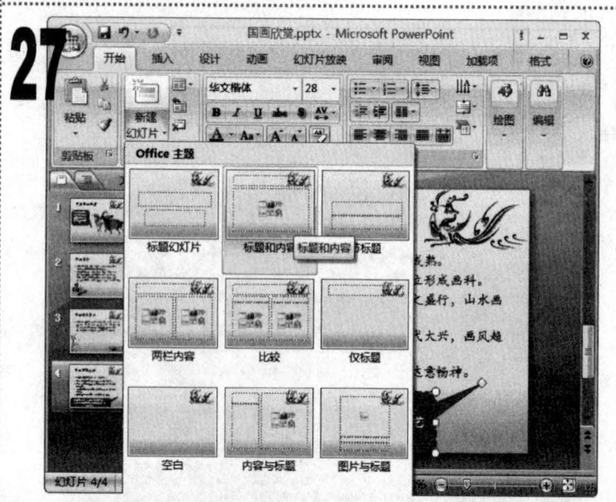

■ 在“开始”选项卡的“幻灯片”组中，单击“新建幻灯片”下拉按钮，在弹出的下拉菜单中选择“标题和内容”选项。

28

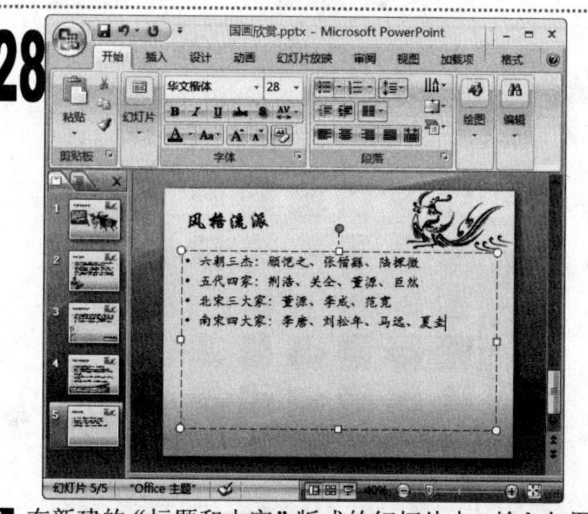

■ 在新建的“标题和内容”版式的幻灯片中，输入如图所示的文本，并设置其字体格式为“华文楷体、28”。

29

■ 再在演示文稿中新建一张版式为“标题和内容”的幻灯片，在其标题占位符中输入文本“名画鉴赏”，然后单击下方占位符中的“插入来自文件的图片”按钮。

30

■ 在打开的“插入图片”对话框中，选择“pic5”和“pic6”图片文件，单击“插入”按钮将其插入到幻灯片中，调整其大小和位置。

31

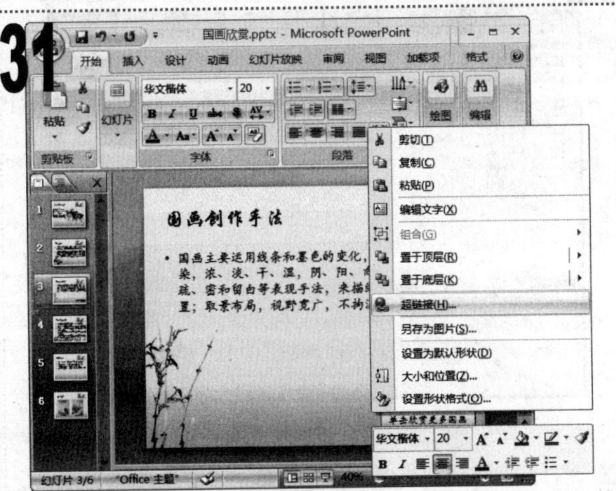

■ 在左侧“幻灯片”窗格中选择第 3 张幻灯片，选择其中的圆角矩形形状中的“欣赏”文本，然后单击鼠标右键，在弹出的快捷菜单中选择“超链接”命令。

32

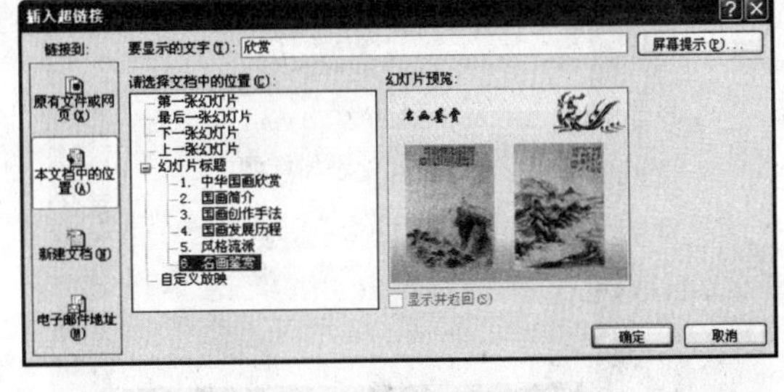

■ 在打开的“插入超链接”对话框中，单击左侧的“本文档中的位置”选项卡，在“请选择文档中的位置”列表框中选择“6.名画鉴赏”选项，此时在对话框右侧将出现该幻灯片的预览，单击“确定”按钮。

33

■ 在“幻灯片”窗格中选择第 1 张幻灯片，单击“动画”选项卡，在“切换到此幻灯片”组中的“切换声音”下拉列表框中选择“微风”选项，在“切换速度”下拉列表框中选择“中速”选项，单击“全部应用”按钮。

34

■ 最后保存演示文稿，完成本例的制作。按【F5】键放映演示文稿，最终效果如图所示。

实例178 制作“文风”演示文稿

素材:\实例 178\

源文件:\实例 178\

包含知识

- 制作相册
- 设置幻灯片背景
- 插入声音
- 设置放映方式
- 输入并编辑文本
- 插入动作形状
- 链接到其他演示文稿

制作思路

制作相册

链接到其他演示文稿

应用场所

用于讲解古诗文而制作的演示文稿。

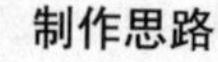

01

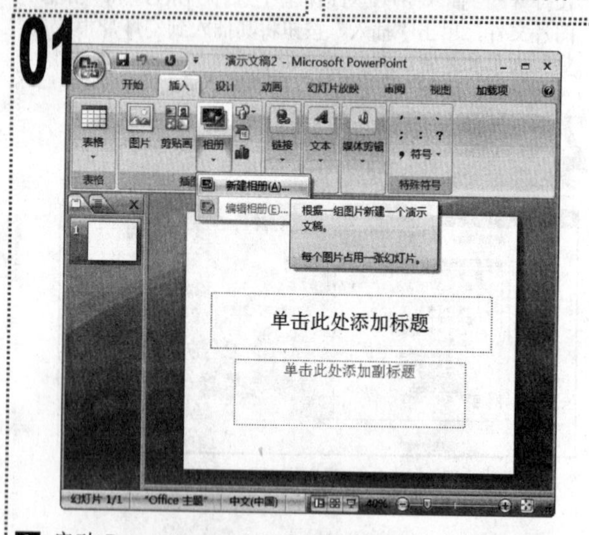

启动 PowerPoint 2007，新建一个空白演示文稿，单击“插入”选项卡，在“插图”组中单击“相册”下拉按钮，在弹出的下拉菜单中选择“新建相册”命令。

02

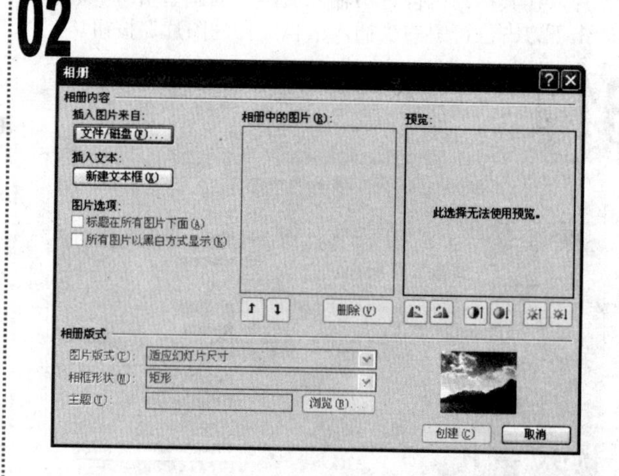

在打开的“相册”对话框中，单击“文件/磁盘”按钮。

03

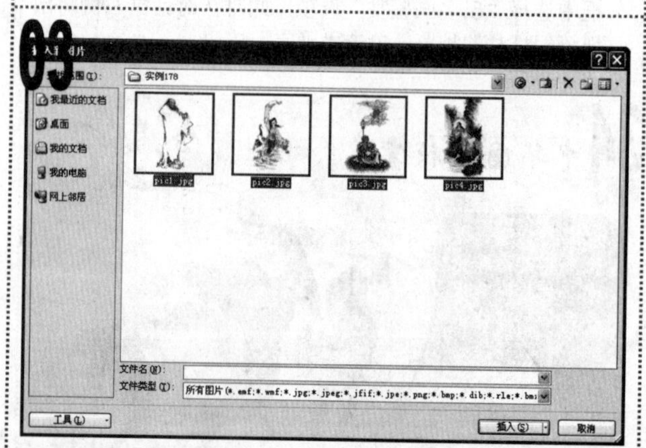

在打开的“插入新图片”对话框的“查找范围”下拉列表框中，选择素材文件所在的位置，在中间的列表框中选择其中的“pic1”~“pic4”图片文件，单击“插入”按钮。

04

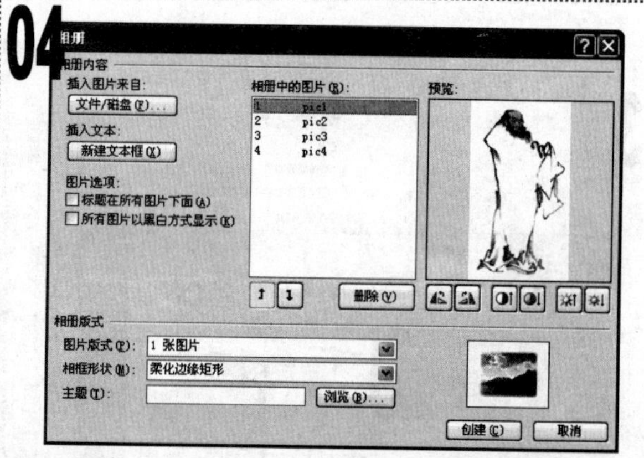

返回到“相册”对话框中，在“图片版式”下拉列表框中选择“1 张图片”选项，在“相框形状”下拉列表框中选择“柔化边缘矩形”选项，单击“创建”按钮。

05

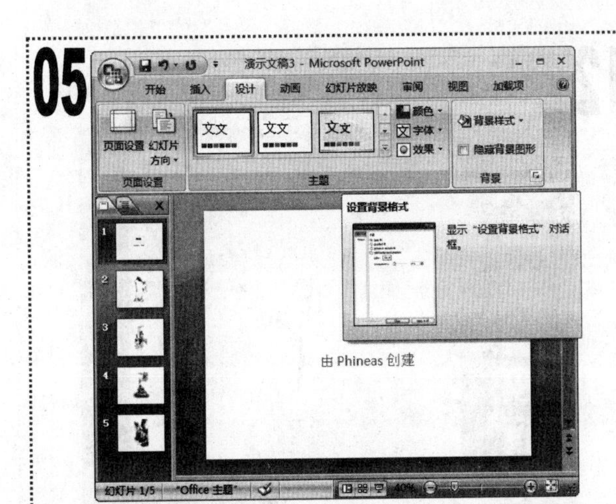

■ 返回到"幻灯片编辑"窗格中，单击"设计"选项卡，在"背景"组中单击其右下角的对话框启动器。

06

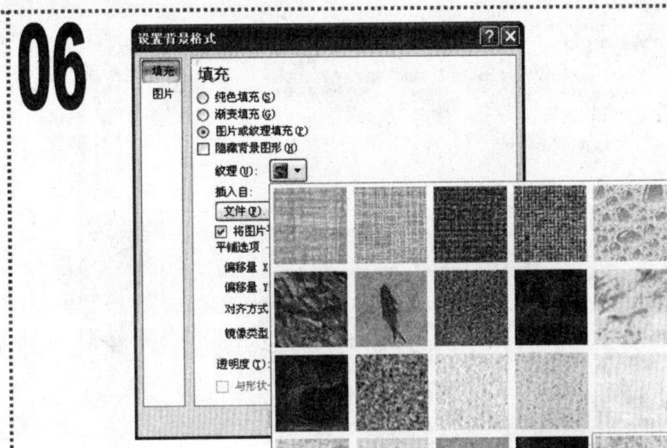

■ 在打开的"设置背景格式"对话框左侧单击"填充"选项卡，在右侧的窗格中选中"图片或纹理填充"单选按钮，单击"纹理"下拉按钮，在弹出的下拉列表中选择"花束"选项，单击"全部应用"按钮，再单击"关闭"按钮。

07

■ 在"幻灯片"窗格中选择第 1 张幻灯片，将其中的标题文本修改为"文风"，将其字体格式设置为"华文隶书、72、紫色"，并删除下方的副标题文本。

08

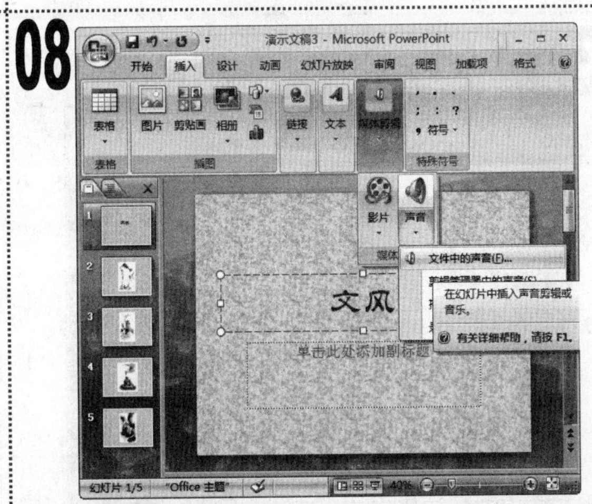

■ 单击"插入"选项卡，在"媒体剪辑"组中单击"声音"下拉按钮，在弹出的下拉菜单中选择"文件中的声音"命令。

09

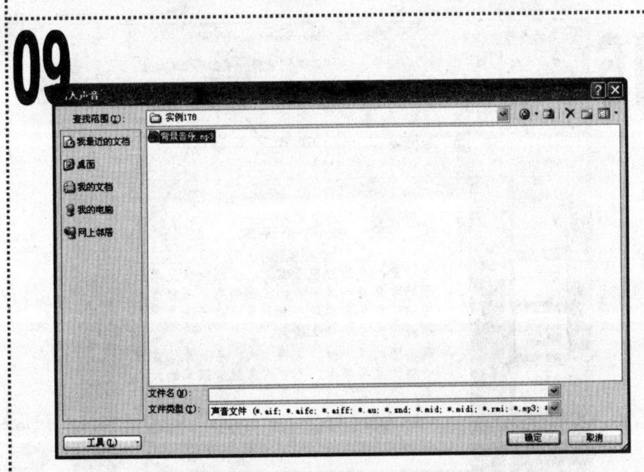

■ 在打开的"插入声音"对话框的"查找范围"下拉列表框中，选择素材文件所在的位置，在中间的列表框中选择"背景音乐"声音文件，单击"确定"按钮。

10

■ 在弹出的提示对话框中单击"自动"按钮，设置背景音乐自动进行播放。

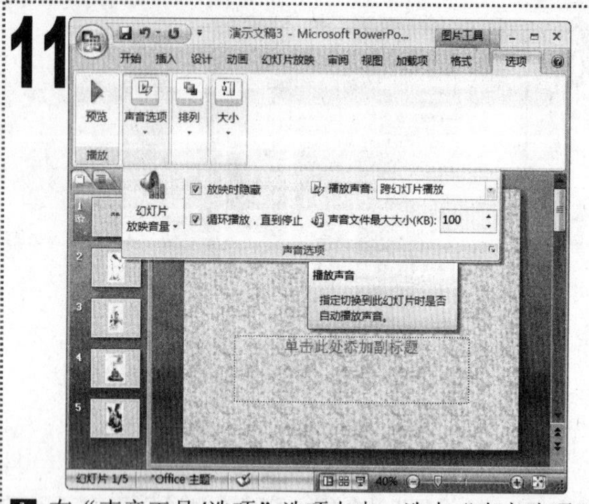

11 在"声音工具/选项"选项卡中，选中"声音选项"组中的"放映时隐藏"和"循环播放，直到停止"复选框，然后在"播放声音"下拉列表框中选择"跨幻灯片播放"选项。

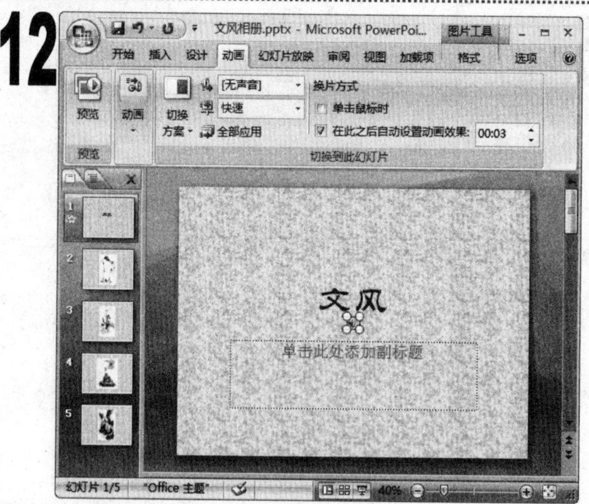

12 单击"动画"选项卡，取消选中"切换到此幻灯片"组中的"单击鼠标时"复选框，在"在此之后自动设置动画效果"复选框后的数值框中输入"00:03"，单击"全部应用"按钮，并将相册以"文风相册"为名进行保存。

13 打开"文风"演示文稿，在第 1 张幻灯片中输入标题"文风"，并将其字体格式设置为"华文隶书、72、紫色"。

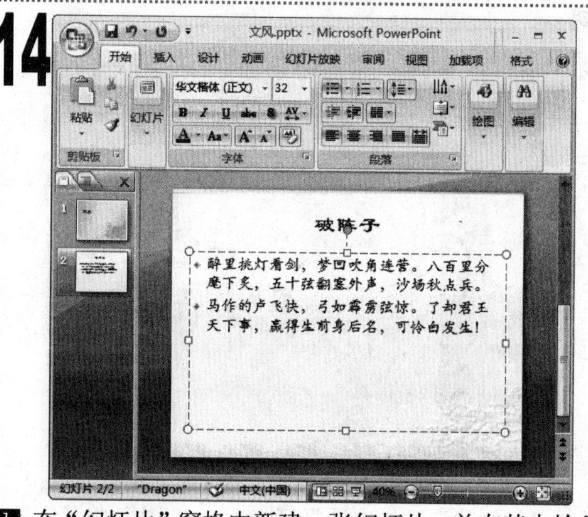

14 在"幻灯片"窗格中新建一张幻灯片，并在其中输入如图所示的文本。

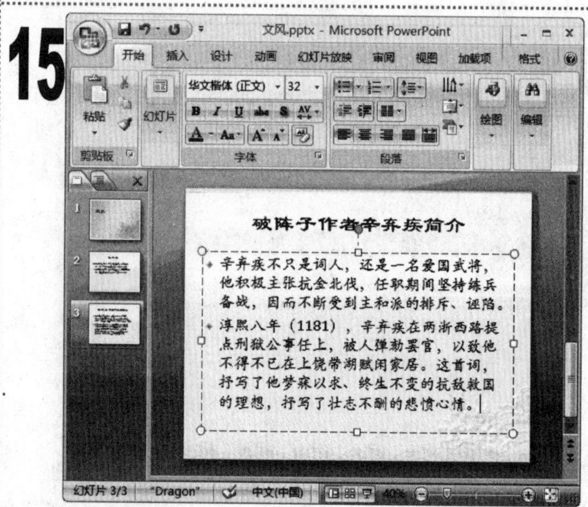

15 在"幻灯片"窗格中新建一张幻灯片，在其标题占位符中输入文本"破阵子作者辛弃疾简介"，然后在下面的占位符中输入如图所示的文本。

16 新建第 4 张幻灯片，在其标题占位符中输入文本"破阵子译文"，在下面的占位符中输入如图所示的文本。

17

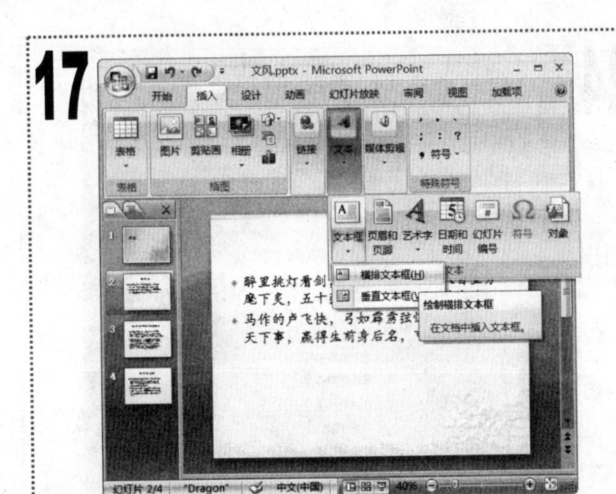

1 在“幻灯片”窗格中选择第 2 张幻灯片，单击“插入”选项卡，在“文本”组中单击“文本框”下拉按钮，在弹出的下拉菜单中选择“横排文本框”命令。

18

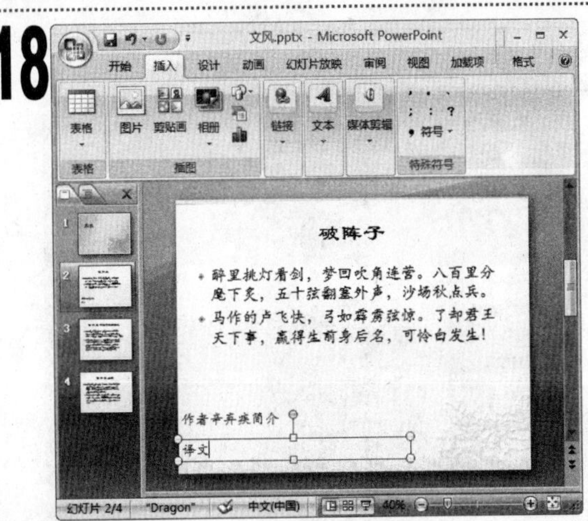

1 拖动鼠标在“幻灯片编辑”窗格中绘制两个文本框，分别在其中输入文本“作者辛弃疾简介”和“译文”，并将其字体格式设置为“华文楷体、28、红色”。

19

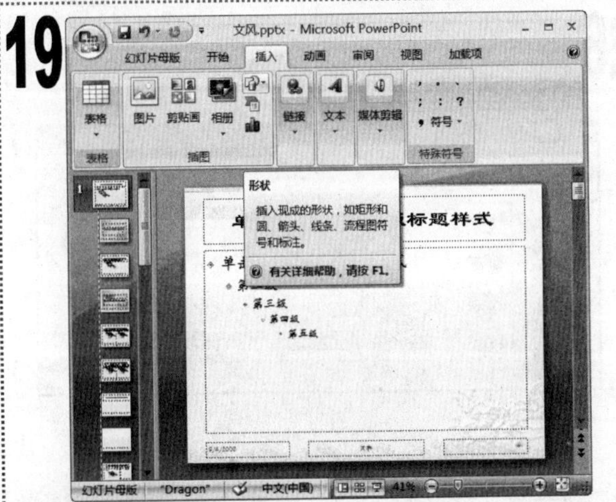

1 单击“视图”选项卡，在“演示文稿视图”组中单击“幻灯片母版”按钮，进入幻灯片母版视图。

2 在左侧的窗格中选择第 1 张幻灯片，在“插入”选项卡的“插图”组中单击“形状”下拉按钮。

20

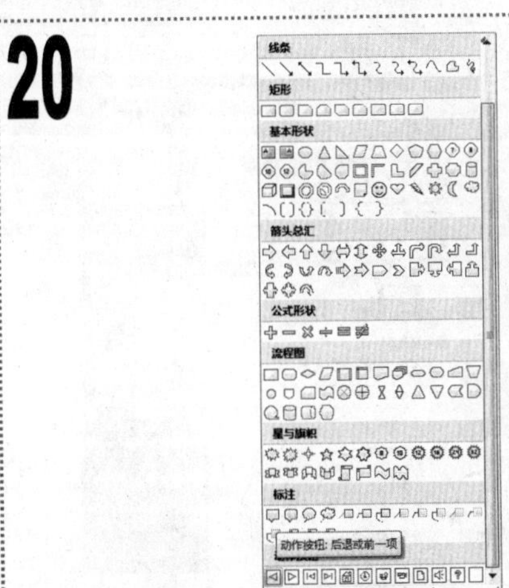

1 在弹出的下拉列表中选择“动作按钮”栏中的“动作按钮：后退或前一项”选项。

21

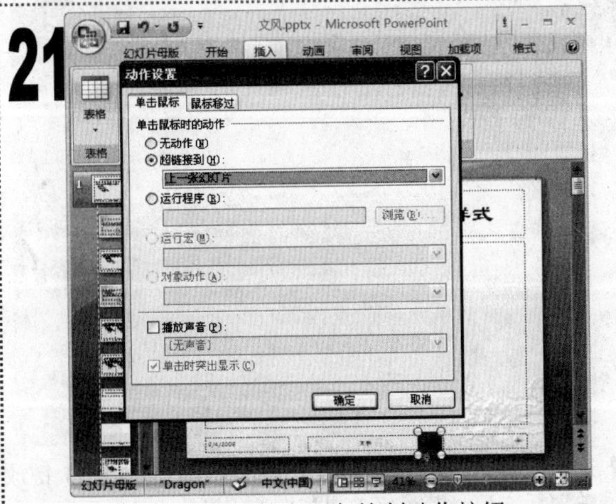

1 拖动鼠标在幻灯片的右下角绘制动作按钮。

2 释放鼠标后将打开“动作设置”对话框，在“超链接到”单选按钮下面的下拉列表框中，选择“上一张幻灯片”选项，然后单击“确定”按钮。

22

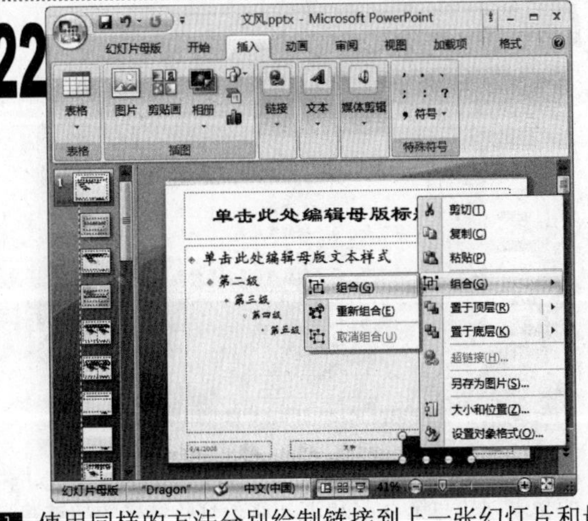

1 使用同样的方法分别绘制链接到上一张幻灯片和最近观看的幻灯片的动作按钮。

2 按住【Shift】键不放选择这三个按钮，单击鼠标右键，在弹出的快捷菜单中选择“组合/组合”命令，将其组合。

23

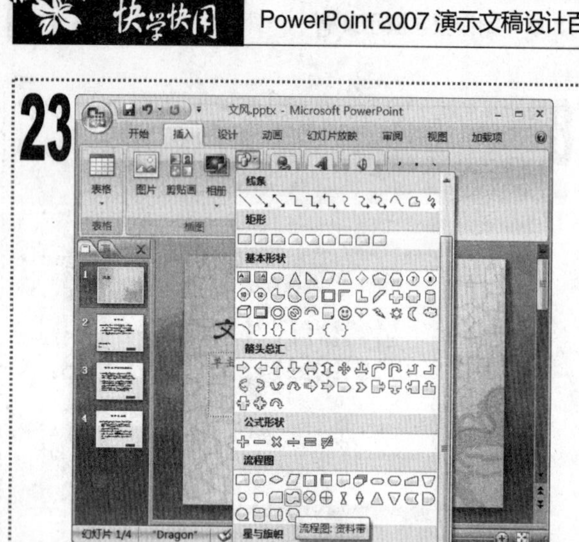

■ 退出幻灯片母版视图，在“幻灯片”窗格中选择第 1 张幻灯片，单击“插入”选项卡，在“插图”组中单击“形状”下拉按钮，在弹出的下拉列表中选择“流程图：资料带”选项。

24

■ 拖动鼠标在幻灯片右上角绘制一个“流程图：资料带”形状，在其上单击鼠标右键，在弹出的快捷菜单中选择“编辑文字”命令。

25

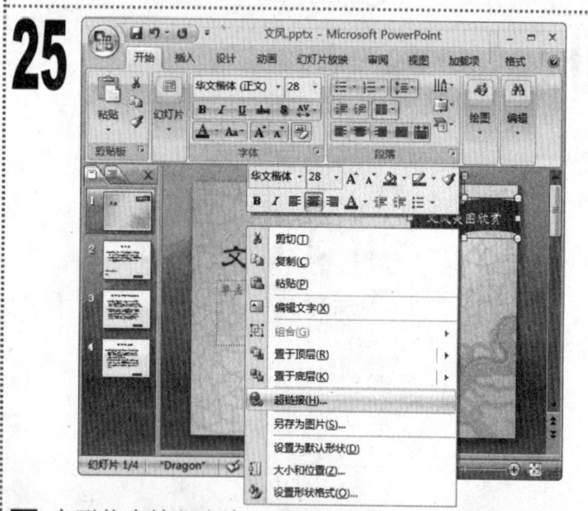

■ 在形状中输入文本“文风美图欣赏”，并设置其字体格式为“华文楷体、28”。在该形状上单击鼠标右键，在弹出的快捷菜单中选择“超链接“命令。

26

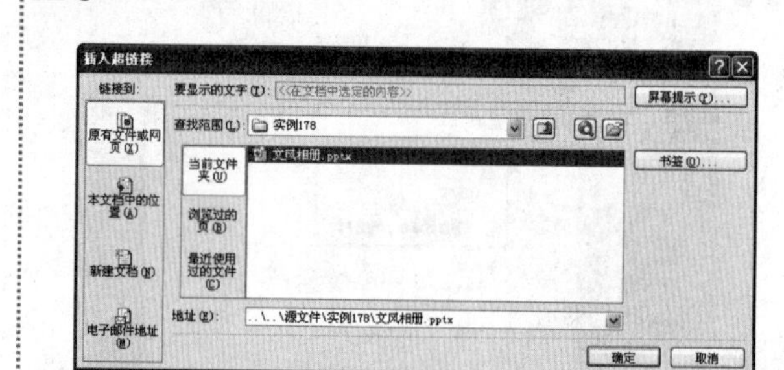

■ 在打开的“插入超链接”对话框中，单击左侧的“原有文件或网页”选项卡，在中间的列表框中选择之前制作的“文风相册”演示文稿，单击“确定”按钮。

27

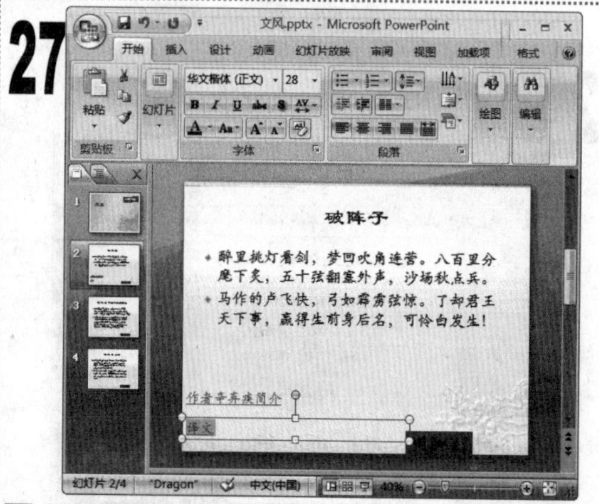

■ 用相同的方法分别为第 2 张幻灯片中的两个文本框中的文本创建与第 3 张和第 4 张幻灯片链接的超链接。

28

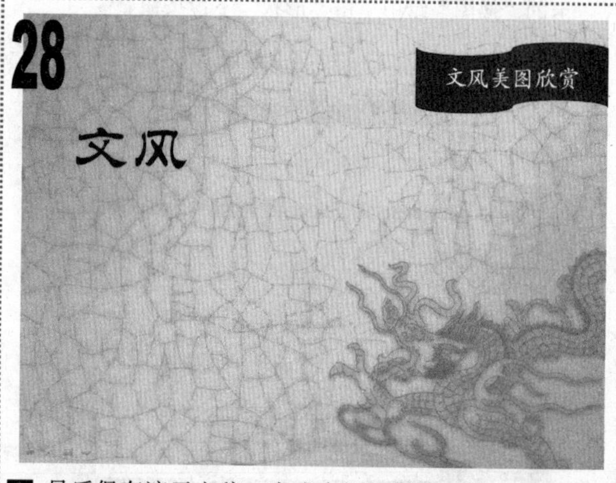

■ 最后保存演示文稿，完成本例的制作。按【F5】键放映演示文稿，其最终效果如图所示。

实例179 制作“算术”演示文稿

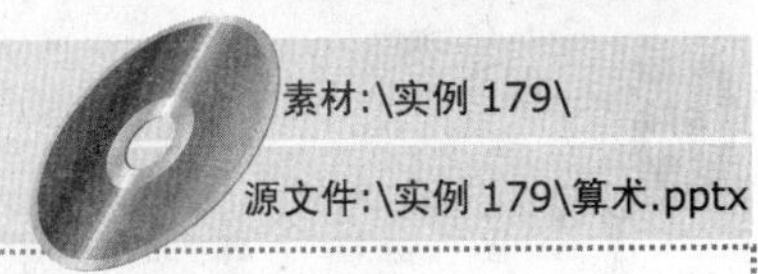
素材:\实例 179\
源文件:\实例 179\算术.pptx

包含知识

- 插入并编辑形状
- 添加并编辑页眉、页脚
- 插入图片
- 录制声音
- 添加动画
- 设置幻灯片切换效果

制作思路

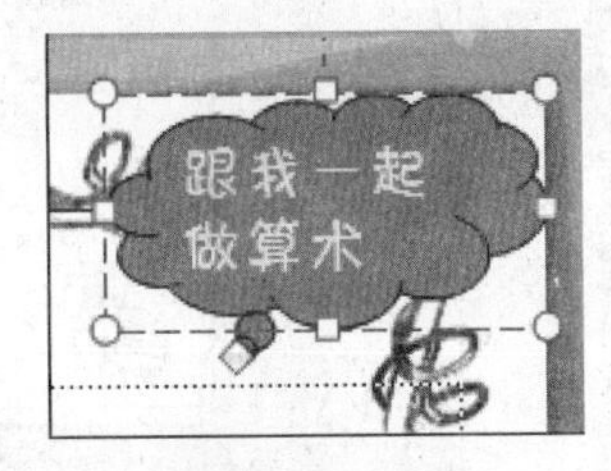

插入并编辑形状

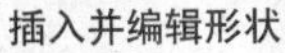

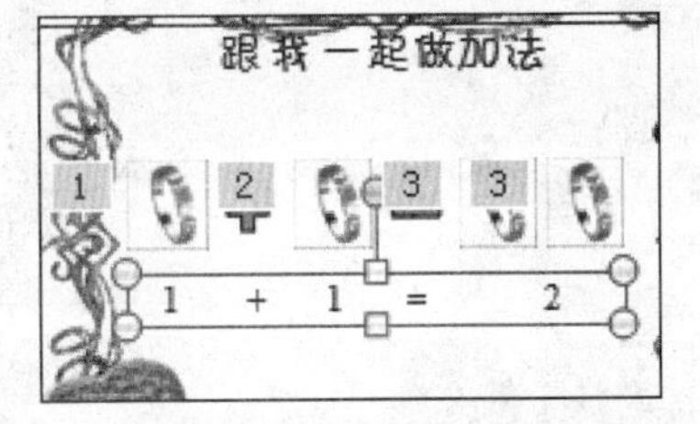

插入图片并设置动画

应用场所

用于制作小学数学类课件演示文稿。

01

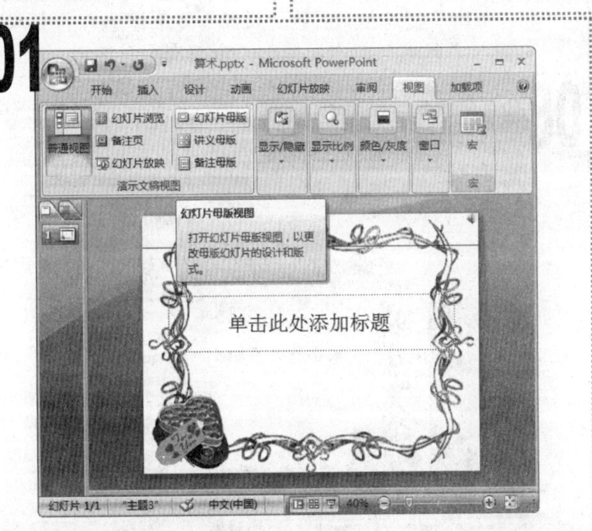

1 启动 PowerPoint 2007，打开“算术”演示文稿，在“视图”选项卡的“演示文稿视图”组中，单击“幻灯片母版”按钮。

02

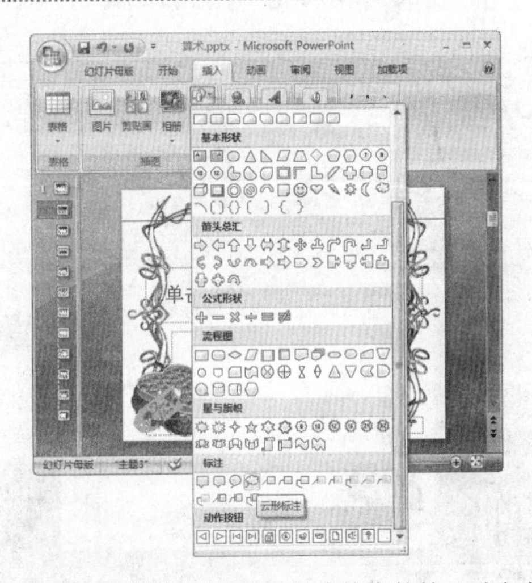

1 在幻灯片母版视图中选择左侧窗格中的第 2 张幻灯片，单击“插入”选项卡，在“插图”组中单击“形状”下拉按钮，在弹出的下拉列表中选择“云形标注”选项。

03

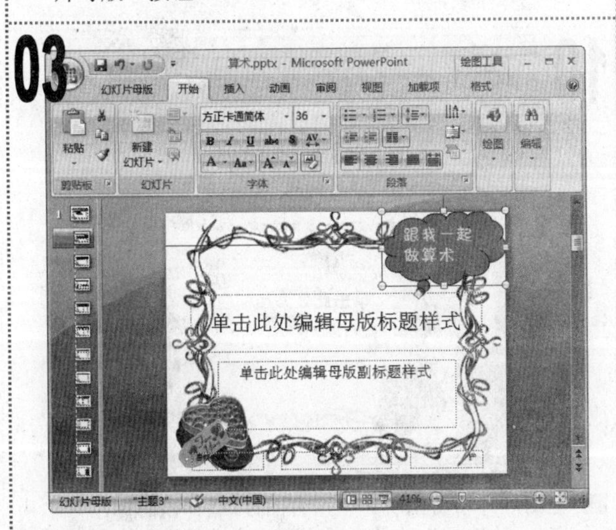

1 将鼠标光标移动到中间的窗格中，当其变为“十”形状时，在幻灯片右上角绘制一个云形标注。

2 在云形标注中输入文本“跟我一起做算术”，然后将其字体格式设置为“方正卡通简体、36、黄色”。

04

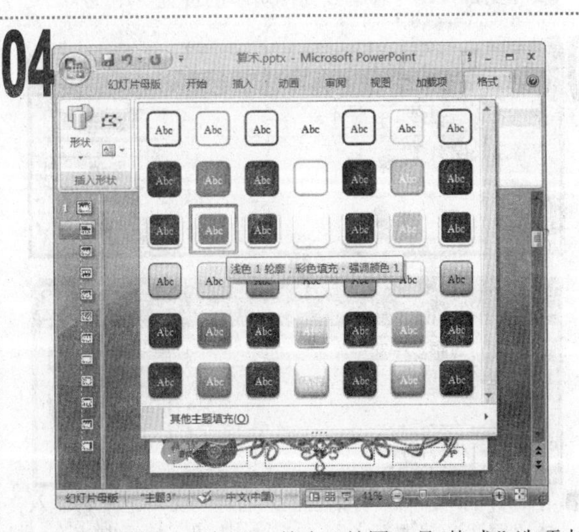

1 选择绘制的云形标注，单击“绘图工具/格式”选项卡，在“形状样式”组中的列表框的右下角单击“其他”按钮，在弹出的下拉菜单中选择“浅色 1 轮廓，彩色填充-强调颜色 1”选项。

05

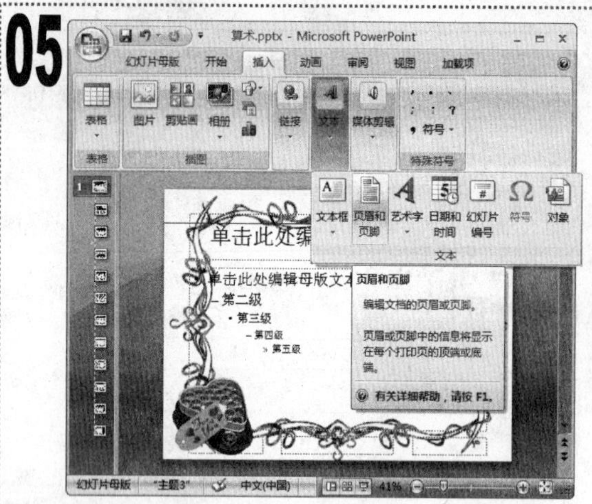

1 选择左侧窗格中的第 1 张幻灯片，单击“插入”选项卡，在“文本”组中单击“页眉和页脚”按钮。

06

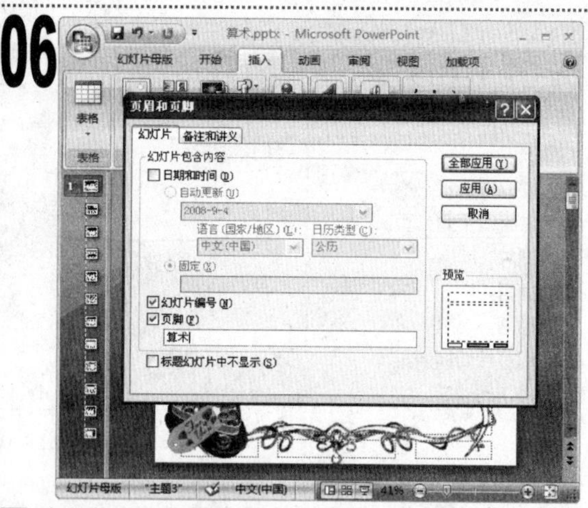

1 在打开的“页眉和页脚”对话框中，选中“幻灯片编号”和“页脚”复选框，并在“页脚”复选框下方的文本框中输入“算术”文本，单击“全部应用”按钮。

07

1 返回到幻灯片母版视图中，选择页脚中的文本，将其字体格式设置为“方正卡通简体、28、红色”，然后将页脚和幻灯片编号移动到如图所示的位置。

08

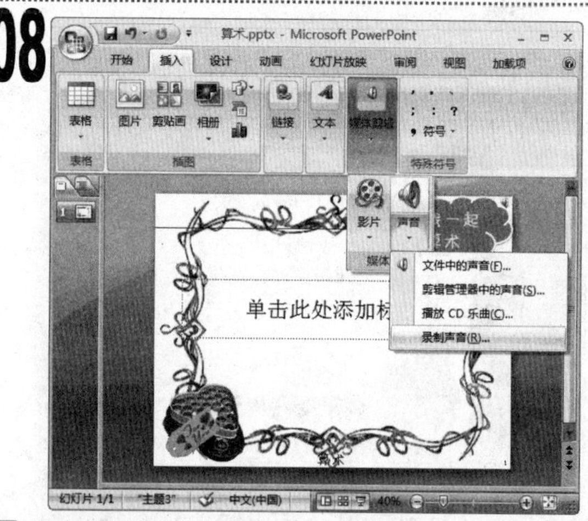

1 退出幻灯片母版视图，单击“插入”选项卡，在“媒体剪辑”组中单击“声音”下拉按钮，在弹出的下拉菜单中选择“录制声音”命令。

09

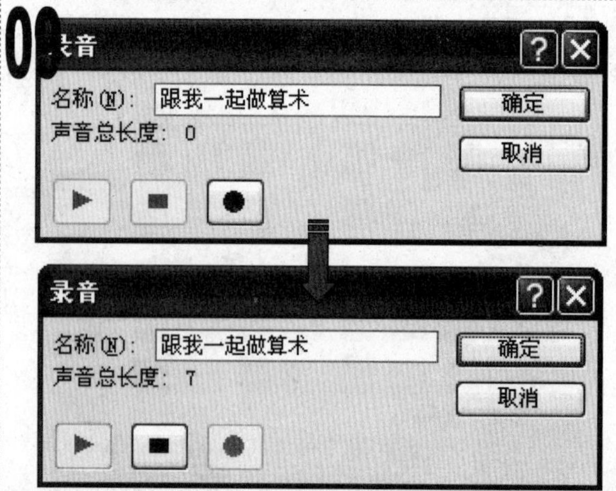

1 在打开的“录音”对话框的“名称”文本框中，输入文本“跟我一起做算术”，单击●按钮开始录制声音，录制完毕后单击■按钮停止录制，单击“确定”按钮关闭对话框。

10

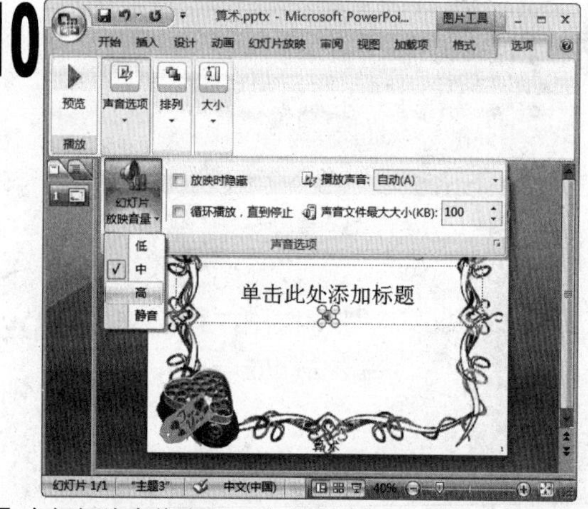

1 在幻灯片中将出现一个声音图标，选择该图标，单击“声音工具/选项”选项卡，在“声音选项”组中的“播放声音”下拉列表框中选择“自动”选项，单击“幻灯片放映音量”按钮，在弹出的下拉菜单中选择“高”命令。

11

■1 在标题占位符中输入文本“跟我一起做算术”并设置其字体格式。

■2 新建一张幻灯片，在其中的标题占位符中输入文本“跟我一起做加法”，设置其字体格式后单击下方占位符中的“插入来自文件的图片”按钮。

12

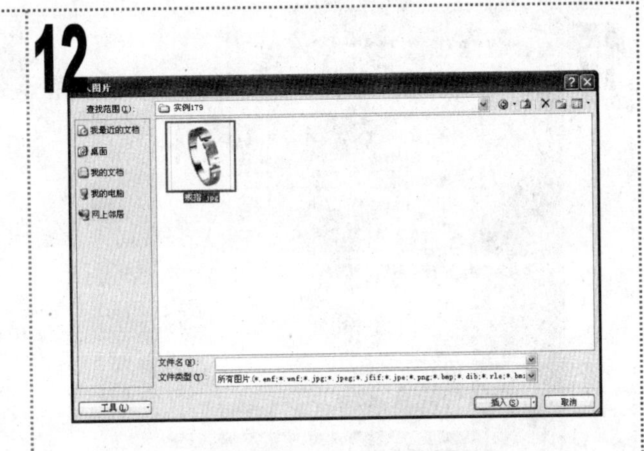

■1 在打开的“插入图片”对话框的“查找范围”下拉列表框中，选择素材文件所在的位置，在中间的列表框中选择“戒指”图片文件。

13

■1 改变插入的图片的大小和位置，按住【Ctrl】键不放拖动图片，在幻灯片中复制三张图片并按如图所示的位置进行排列。

14

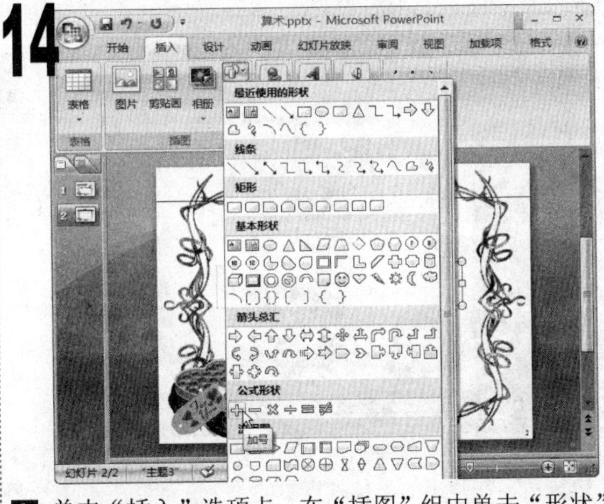

■1 单击“插入”选项卡，在“插图”组中单击“形状”下拉按钮，在弹出的下拉列表中的“公式形状”栏中选择“加号”选项。

15

■1 拖动鼠标在前两个“戒指”图片中间绘制一个“加号”形状。

■2 用同样的方法在后两个图片前绘制一个“等号”形状。

16

■1 在图形下方的空白处插入一个横排文本框，输入文本“1+1=2”，将文本设置为合适的大小，然后在中间输入适当的空格以使文本与上方的图片对应。

17

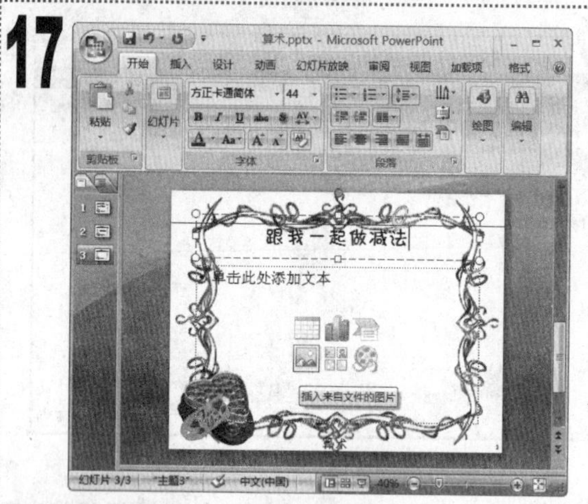

新建一张幻灯片，在其中的标题占位符中输入文本“跟我一起做减法”，设置其字体格式后单击下方占位符中的“插入来自文件的图片”按钮。

18

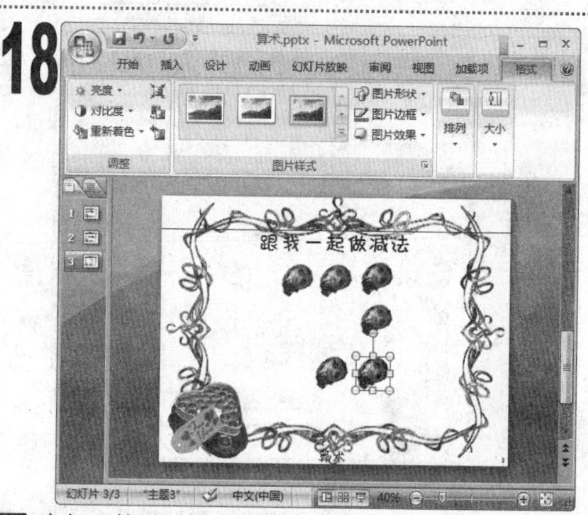

在打开的对话框中选择图片文件“七星瓢虫”，将其插入到幻灯片中，调整其大小后按住【Ctrl】键不放复制图片，并将其按如图所示的位置进行排列。

19

单击“插入”选项卡，在“插图”组中单击“形状”下拉按钮，在弹出的下拉列表中的“公式形状”栏中选择“减号”选项，拖动鼠标在如图所示的位置处绘制一个“减号”形状。

20

再次单击“插图”组中的“形状”下拉按钮，在弹出的下拉列表中的“线条”栏中选择“直线”选项，拖动鼠标在如图所示的位置处绘制一条直线。

21

在图形右侧的空白处插入一个垂直文本框，在其中输入文本“3-1=2”，将文本设置为合适的大小，并在中间输入适当多个空格以使文本与右侧的图片对齐。

22

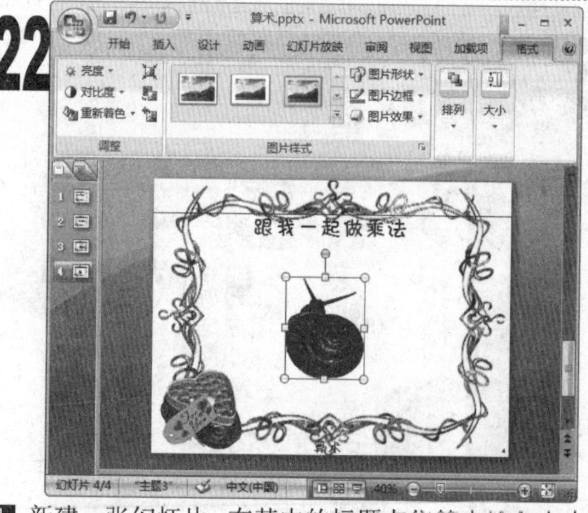

新建一张幻灯片，在其中的标题占位符中输入文本“跟我一起做乘法”，设置其字体格式后单击下方占位符中的“插入来自文件的图片”按钮，插入素材文件所在文件夹中的“蜗牛”图片文件。

23

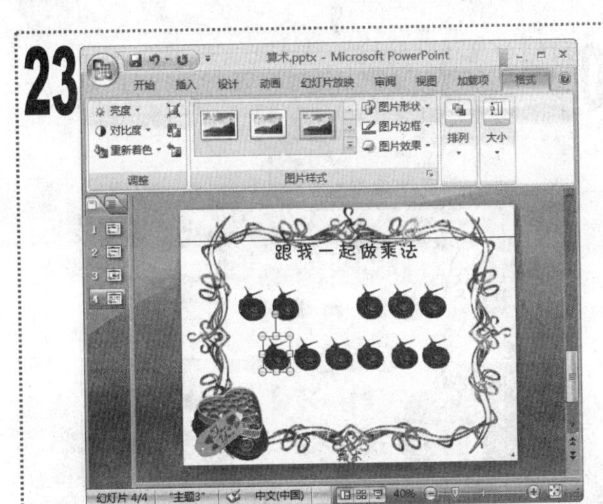

■ 调整图片的大小后，按住【Ctrl】键不放复制多张图片，并将其按如图所示的位置排列。

24

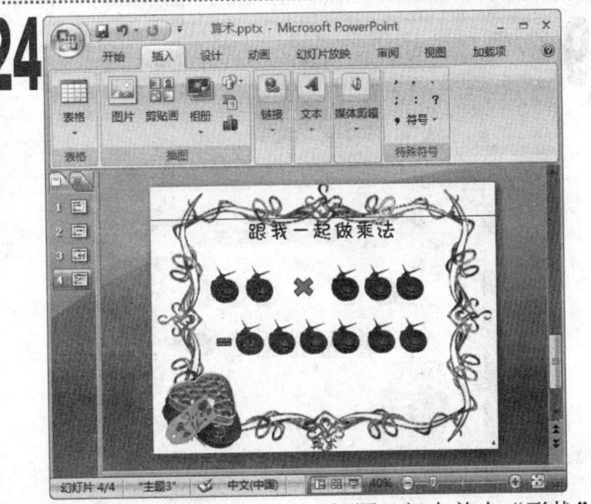

■ 单击“插入”选项卡，在“插图”组中单击“形状”下拉按钮，在弹出的下拉列表中选择“乘号”选项，在幻灯片中绘制一个“乘号”形状，然后用相同的方法在如图所示位置处绘制一个“等号”形状。

25

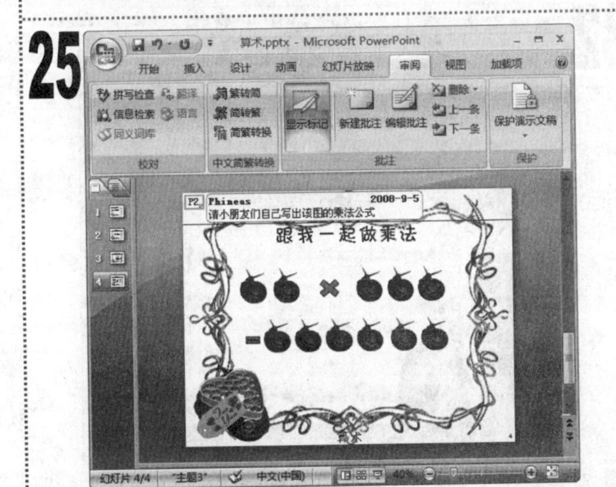

■ 单击“审阅”选项卡，在“批注”组中单击“新建批注”按钮，在出现的批注框中输入文本“请小朋友们自己写出该图的乘法公式”。

26

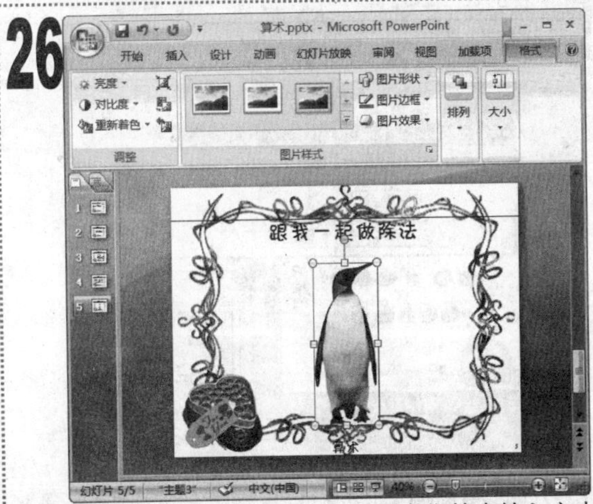

■ 新建一张幻灯片，在其中的标题占位符中输入文本“跟我一起做除法”，设置其字体格式后单击下方占位符中的“插入来自文件的图片”按钮，插入素材文件所在文件夹中的“企鹅”图片文件。

27

■ 调整图片的大小后，按住【Ctrl】键不放复制图片，并将其按如图所示的位置排列。

28

■ 单击“插入”选项卡，在“插图”组中单击“形状”下拉按钮，在弹出的下拉列表中选择相应的形状选项，在如图所示位置绘制“除号”形状和“等号”形状。

29

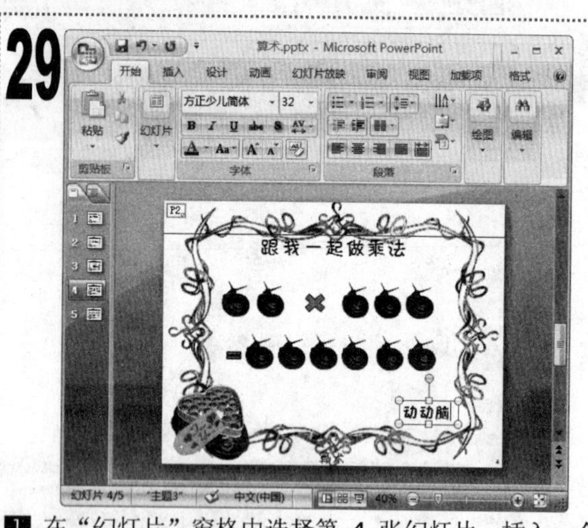

1 在“幻灯片”窗格中选择第 4 张幻灯片，插入一个横排文本框，在其中输入文本“动动脑”并将其字体格式设置为“方正少儿简体、32、红色”。

30

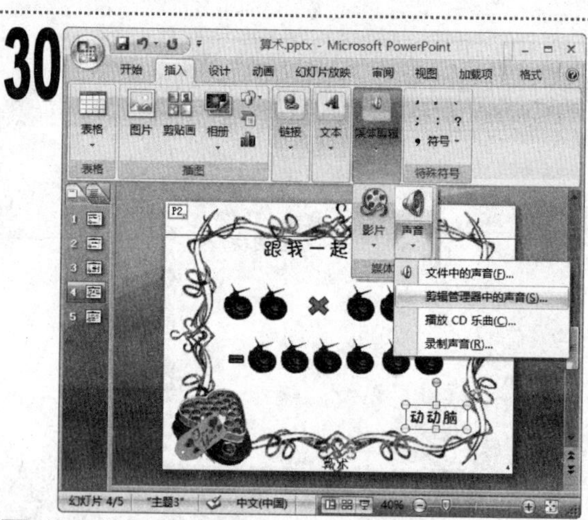

1 单击“插入”选项卡，在“媒体剪辑”组中单击“声音”下拉按钮，在弹出的下拉菜单中选择“剪辑管理器中的声音”命令。

31

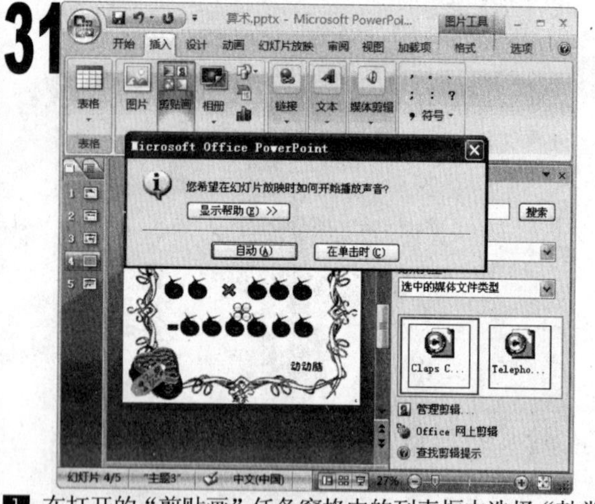

1 在打开的“剪贴画”任务窗格中的列表框中选择“鼓掌欢迎”声音文件，在弹出的提示对话框中选择“在单击时”按钮，设置声音的播放方式，关闭“剪贴画”任务窗格。

32

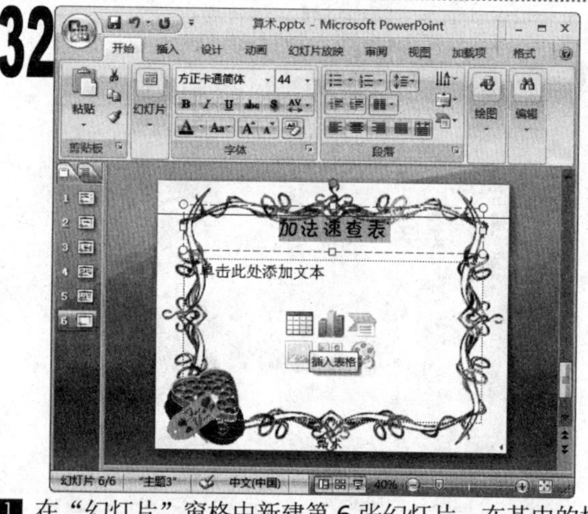

1 在“幻灯片”窗格中新建第 6 张幻灯片，在其中的标题占位符中输入文本“加法速查表”，设置其字体格式后单击下方占位符中的“插入表格”按钮。

33

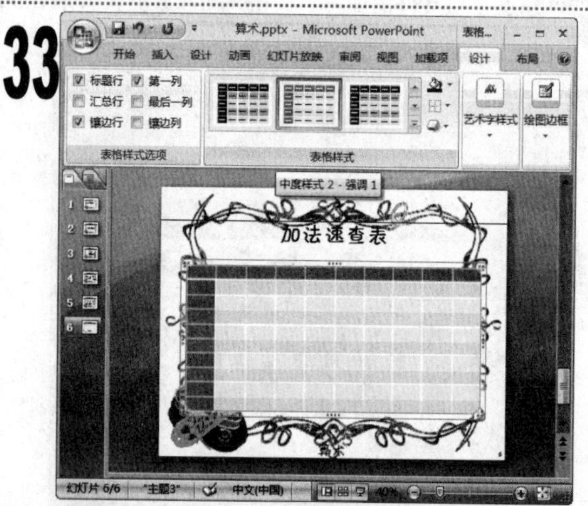

1 在打开的“插入表格”对话框的“列数”和“行数”数值框中分别输入“10”后，单击“确定”按钮。

2 选择插入的表格，在“表格工具/设计”选项卡的“表格样式选项”组中，选中“第一列”复选框，在“表格样式”组中的列表框中选择“中度样式 2-强调 1”选项。

34

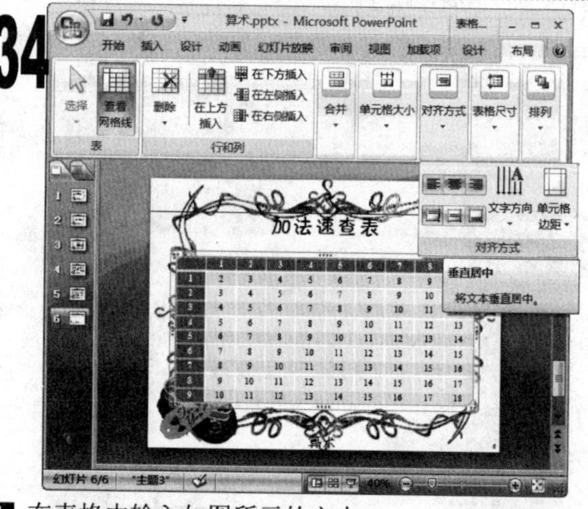

1 在表格中输入如图所示的文本。

2 选择插入的表格，在“表格工具/布局”选项卡中，单击“对齐方式”组中的“居中”和“垂直居中”按钮，设置文本在表格中的对齐方式。

35

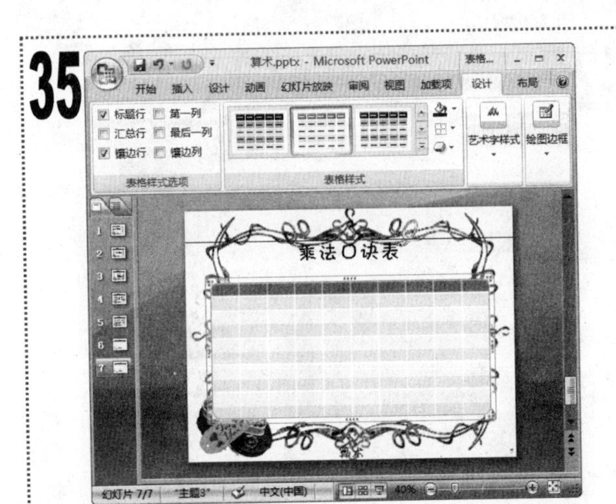

1. 新建一张幻灯片，在其标题占位符中输入文本“乘法口诀表”，设置其字体格式后在下方的占位符中插入一个10行10列的表格。

36

1. 在“表格工具/设计”选项卡的“表格样式选项”组中选中“第一列”复选框。
2. 在表格中输入如图所示的文本后，用同样的方式将其水平和垂直对齐方式均设置为居中对齐。

37

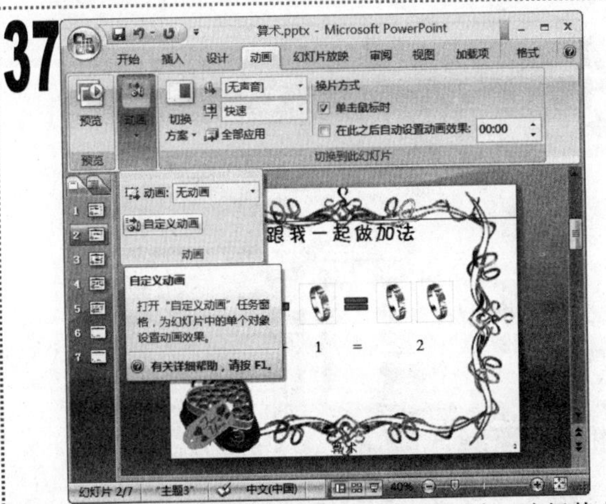

1. 在“幻灯片”窗格中选择第 2 张幻灯片，选择其中的第 1 个“戒指”图片，单击“动画”选项卡，在“动画”组中单击“自定义动画”按钮。

38

1. 在打开的“自定义动画”任务窗格中，单击“添加效果”下拉按钮，在弹出的下拉菜单中选择“进入/飞入”命令，在出现的“方向”下拉列表框中选择“自底部”选项，在“速度”下拉列表框中选择“中速”选项。

39

1. 为第 2 张图片设置“进入/百叶窗”动画效果，并在出现的“速度”下拉列表框中选择“中速“选项。
2. 选择后面两张图片，单击“添加效果”下拉按钮，在弹出的下拉菜单中选择“进入/其他效果”命令。

40

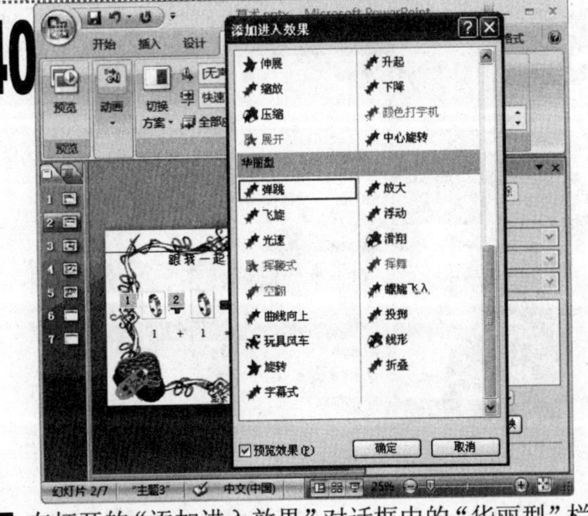

1. 在打开的“添加进入效果”对话框中的“华丽型”栏中，选择“弹跳”选项，单击“确定”按钮。

41

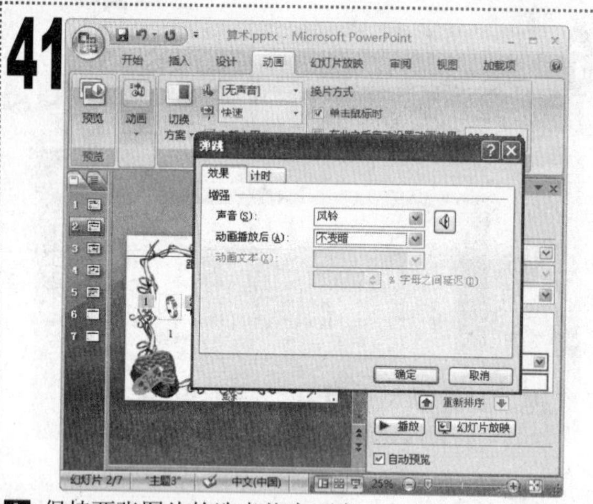

1 保持两张图片的选中状态不变，在“自定义动画”任务窗格中的列表框中单击鼠标右键，在弹出的快捷菜单中选择“效果选项”命令。

2 在打开的“弹跳”对话框的“声音”下拉列表框中选择“风铃”选项，单击“确定”按钮。

42

1 选择图片下方的文本框，单击“添加效果”下拉按钮，在弹出的下拉菜单中选择“进入/棋盘”命令，在出现的“速度”下拉列表框中选择“中速”选项。

43

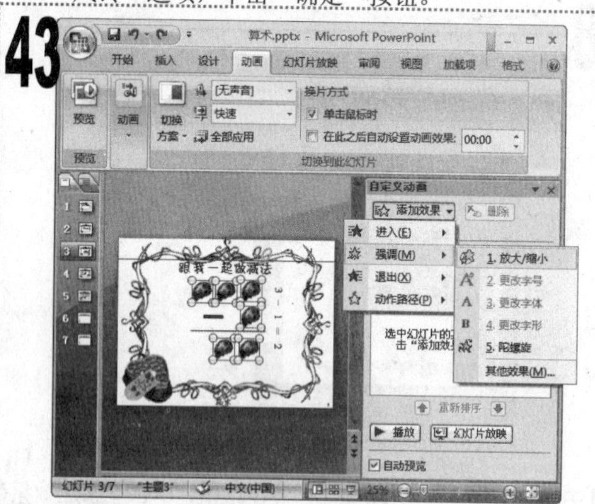

1 在“幻灯片”窗格中选择第 3 张幻灯片，按住【Shift】键不放选择其中的所有图片，单击“添加效果”下拉按钮，在弹出的下拉菜单中选择“强调/‘放大/缩小’”命令。

44

1 选择幻灯片中绘制的两个形状，单击“添加效果”下拉按钮，在弹出的下拉菜单中选择“强调/陀螺旋”命令。

45

1 选择第 4 张幻灯片，按住【Shift】键选择所有图片，单击“添加效果”下拉按钮，在弹出的下拉菜单中选择“强调/其他效果”命令，在打开的“添加强调效果”对话中选择“跷跷板”选项，单击“确定”按钮。

46

1 选择下方的“动动脑”文本框，单击“添加效果”下拉按钮，在弹出的下拉菜单中选择“动作路径/其他动作路径”命令，在打开的“添加动作路径”对话框中选择“心形”选项，单击“确定”按钮。

47

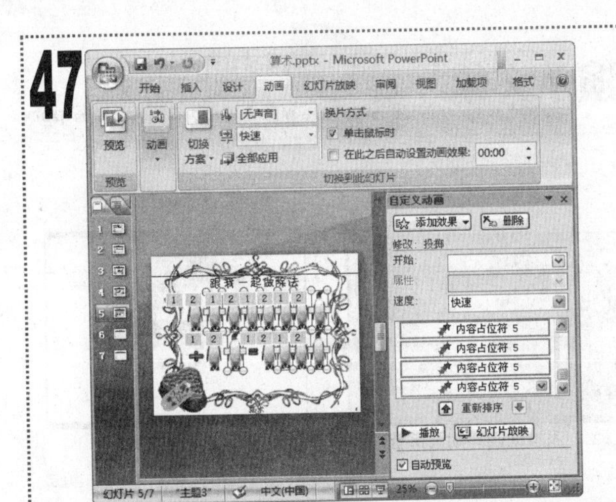

1 选择第 5 张幻灯片，按住【Shift】键选择其中奇数位的企鹅图片，打开“添加进入效果”对话框，在“华丽型”栏中选择“玩具风车”选项，单击“确定”按钮。

2 为偶数位的企鹅图片添加“投掷”效果的进入动画。

48

1 选择第 6 张幻灯片，选择其中的表格，打开“添加强调效果”对话框，在“温和型”栏中选择“跷跷板”选项，单击“确定”按钮。

49

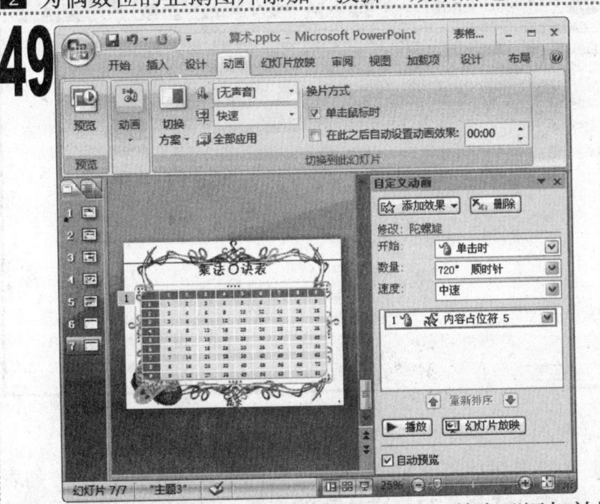

1 选择第 7 张幻灯片，选择其中的表格，单击“添加效果”下拉按钮，在弹出的下拉菜单中选择“强调/陀螺旋”命令，在“数量”下拉列表框中选择“720° 顺时针”选项。

50

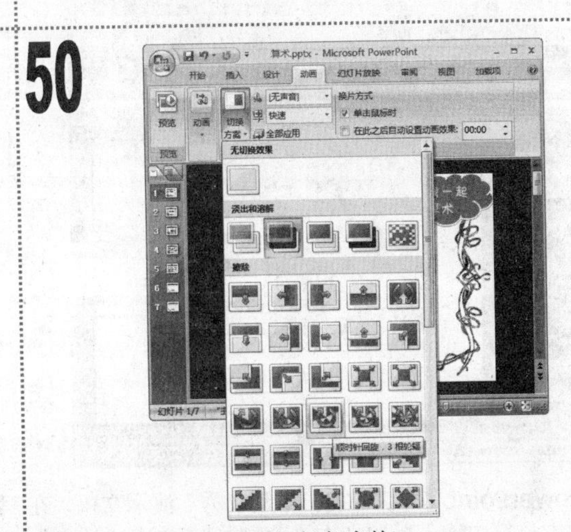

1 关闭“自定义动画”任务窗格。

2 在“切换到此幻灯片”组中单击“切换方案”下拉按钮，在弹出的下拉列表中选择“顺时针回旋，3 根轮辐”选项。

51

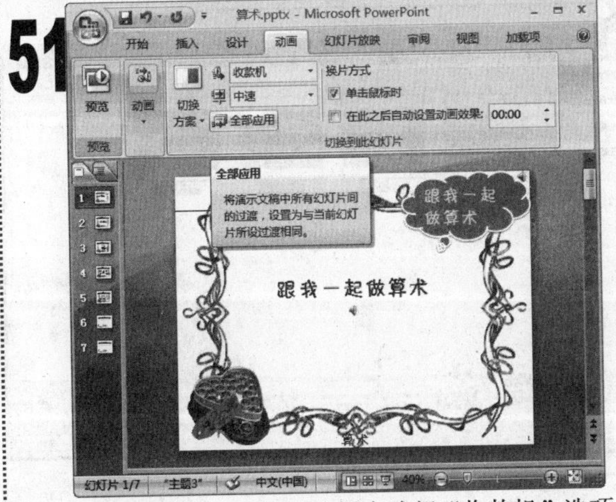

1 在“切换声音”下拉列表框中选择“收款机”选项，在“切换速度”下拉列表框中选择“中速”选项，单击“全部应用”按钮。

52

1 最后保存演示文稿，完成本例的制作。按【F5】键播放演示文稿进行浏览，最终效果如图所示。

实例180 制作“动物秀”演示文稿

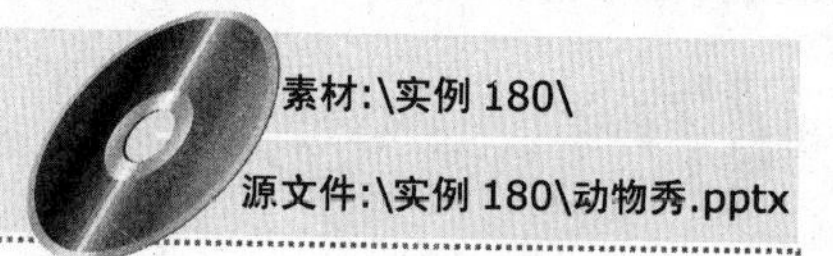

素材:\实例 180\

源文件:\实例 180\动物秀.pptx

包含知识

- 插入声音
- 添加并编辑图片
- 添加动画和动画声音
- 设置幻灯片的切换方式
- 录制旁白
- 自定义放映幻灯片

制作思路

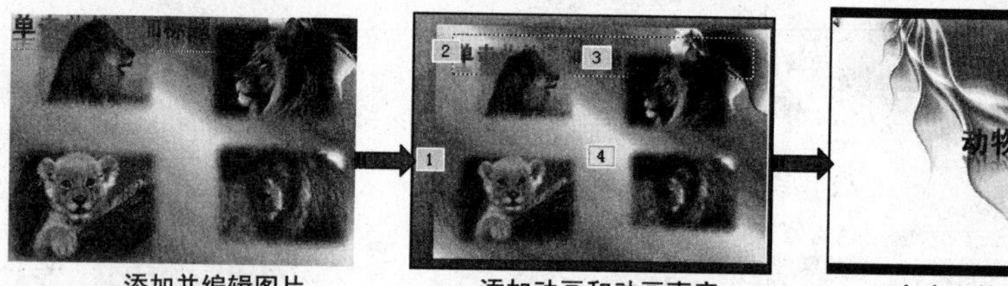

添加并编辑图片　添加动画和动画声音　自定义放映幻灯片

应用场所

用于制作生物课教学课件。

01

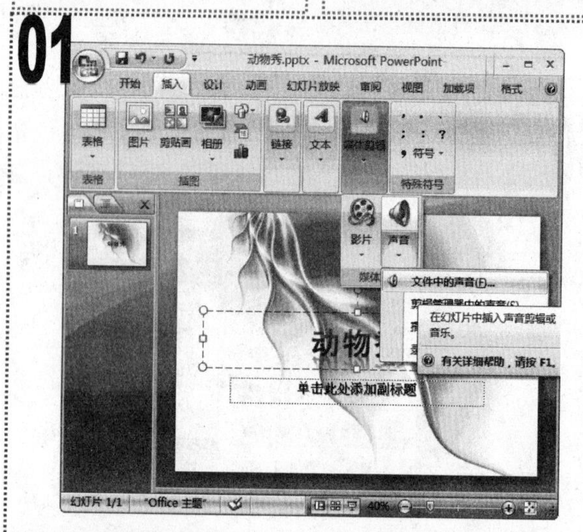

■ 在 PowerPoint 2007 中打开“动物秀”演示文稿，在标题占位符中输入标题文本“动物秀”，单击“插入”选项卡，在“媒体剪辑”组中单击“声音”下拉按钮。在弹出的下拉菜单中选择“文件中的声音”命令。

02

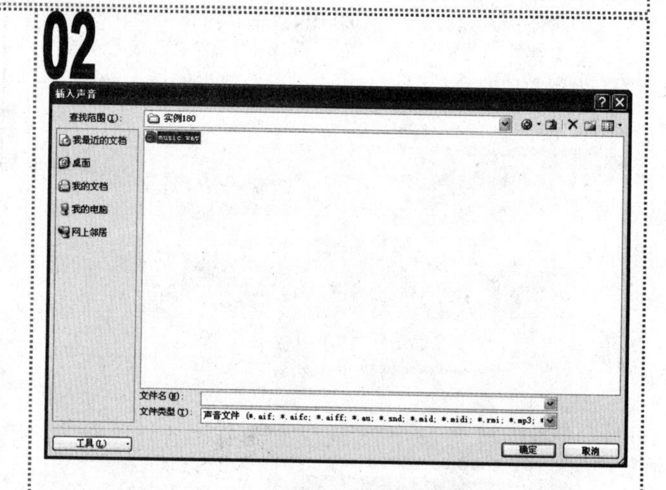

■ 在打开的“插入声音”对话框的“查找范围”下拉列表框中，选择素材文件所在的位置，在中间的列表框中选择声音文件“music”，单击“确定”按钮并在弹出的提示对话框中单击“自动”按钮。

03

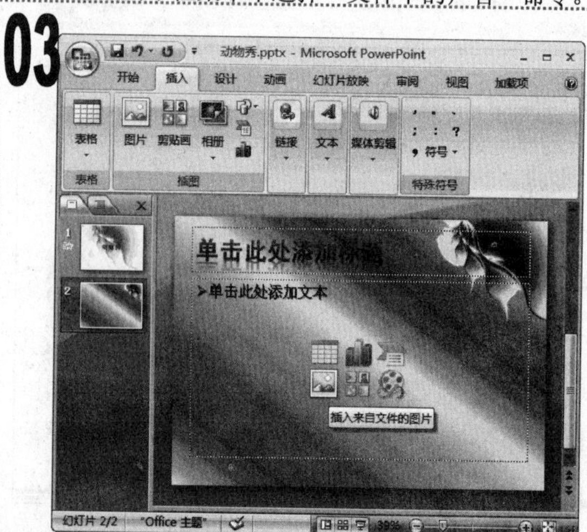

1 返回“幻灯片编辑”窗格，将声音图标移动到左上角位置。

2 新建一张幻灯片，在下方的占位符中单击“插入来自文件的图片”按钮。

04

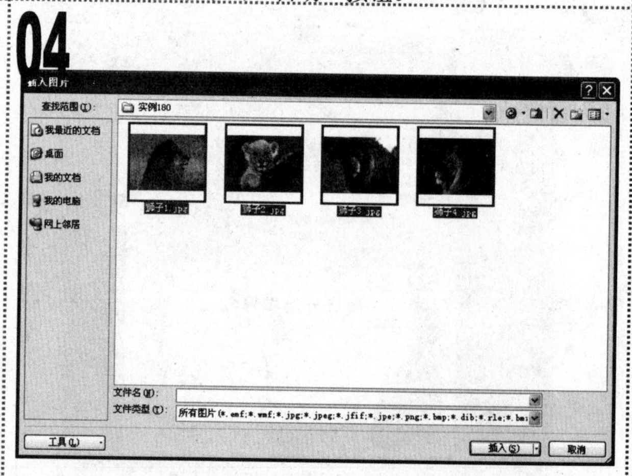

■ 在打开的“插入图片”对话框的“查找范围”下拉列表框中，选择素材文件所在的位置，在中间的列表框中选择图片文件“狮子 1”～“狮子 4”，单击“插入”按钮。

05

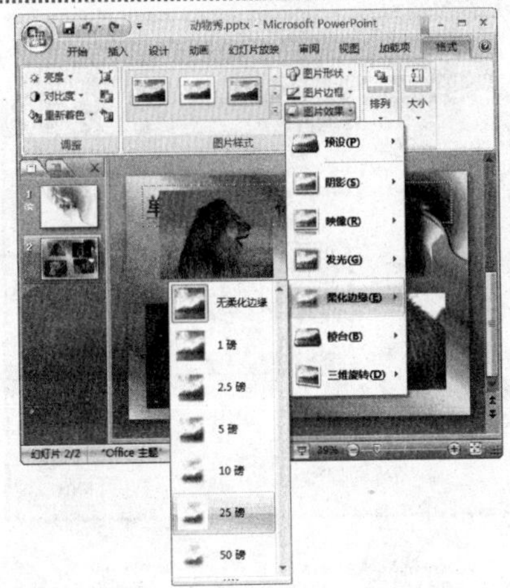

■ 调整插入图片的大小，选择其中一张图片，单击“图片工具/格式”选项卡，在“图片样式”组中单击“图片效果”下拉按钮，在弹出的下拉菜单中选择“柔化边缘/25 磅”选项。

06

■ 用同样的方法为其余三张图片设置柔化边缘效果，得到的效果如图所示。

07

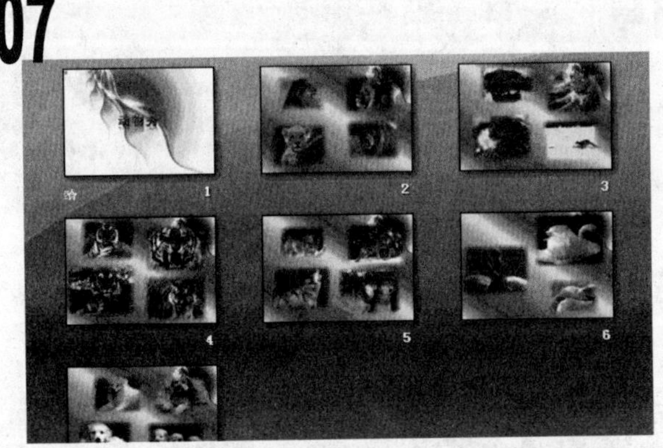

■ 新建 5 张幻灯片，使用同样的方法在每张幻灯片中插入同一种动物的图片，然后为图片设置柔化边缘效果并将图片重新排列。

08

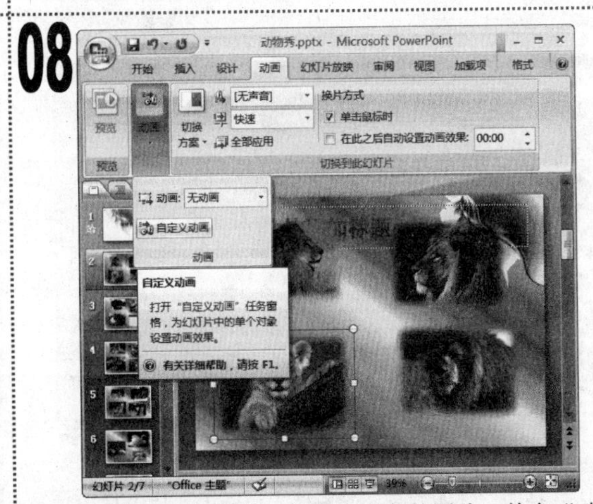

■ 选择第 2 张幻灯片，选择左下角的图片，单击“动画”选项卡，在“动画”组中单击“自定义动画”按钮。

09

■ 在打开的“自定义动画”任务窗格中单击“添加效果”下拉按钮，在弹出的下拉菜单中选择“进入/其他效果”命令。

10

■ 在打开的“添加进入效果”对话框的“华丽型”栏中，选择“光速”选项，在“幻灯片编辑”窗格中可以预览该效果，单击“确定”按钮。

11

■ 返回“幻灯片编辑”窗格，在“自定义动画”任务窗格中的列表框中的动画效果选项上单击鼠标右键，在弹出的快捷菜单中选择“效果选项”命令。

12

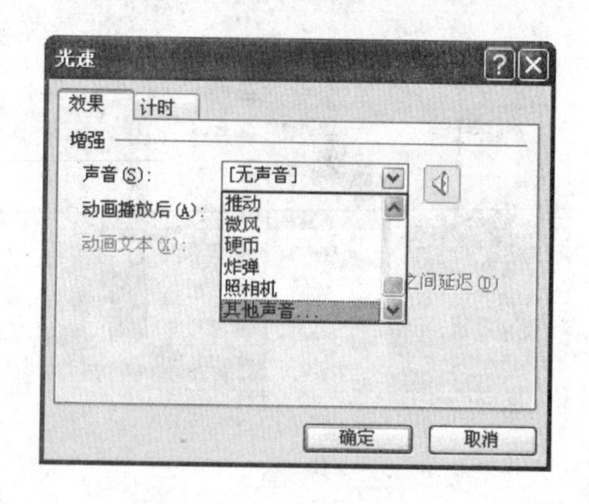

■ 在打开的“光速”对话框的“增强”栏中，选择“声音”下拉列表框中的“其他声音”选项。

13

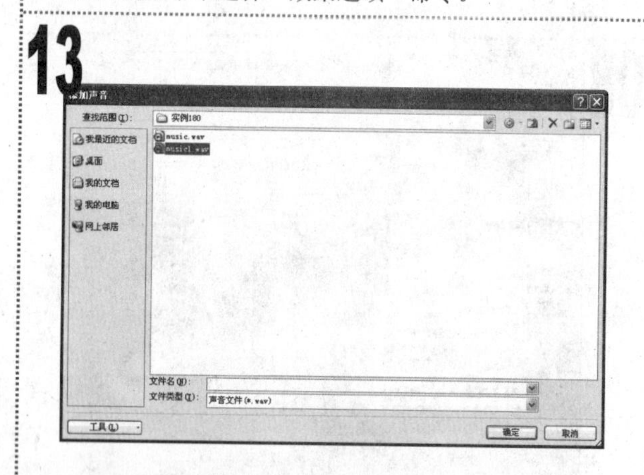

■ 在打开的“添加声音”对话框中，选择素材文件所在文件夹中的声音文件“music1”，单击“确定”按钮返回到“光速”对话框中，单击“确定”按钮应用设置。

14

■ 用同样的方法为幻灯片中的其他三张图片添加“光速”进入动画效果和“music1”声音。

15

■ 在“动画”选项卡的“切换到此幻灯片”组中，选择“切换声音”下拉列表框中的“鼓掌”选项，单击“切换方案”下拉按钮，在弹出的下拉列表中选择“随机切换效果”选项，最后单击“全部应用”按钮。

16

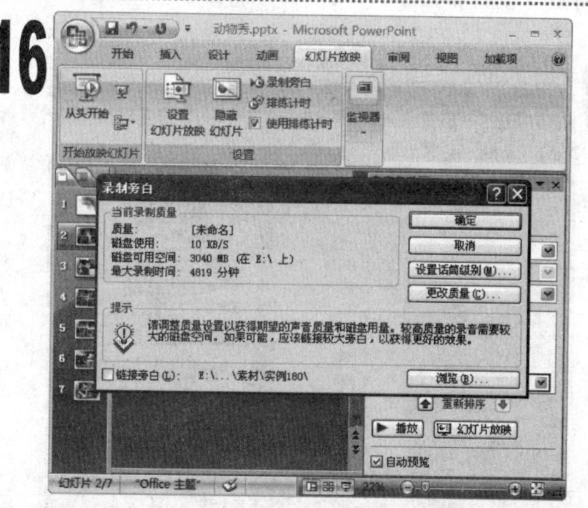

■ 单击“幻灯片放映”选项卡，在“设置”组中单击“录制旁白”按钮，在打开的“录制旁白”对话框中单击“确定”按钮。

17

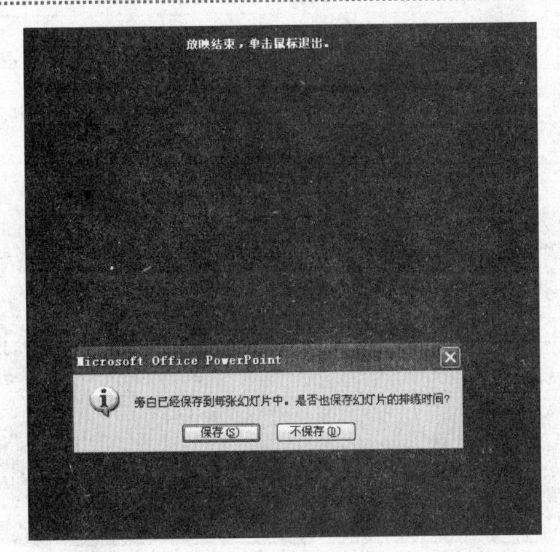

1. 在打开的对话框中单击“当前幻灯片”按钮，即可开始放映幻灯片并录制旁白。
2. 录制完成后，弹出一个提示对话框，单击其中的“保存”按钮。

18

1. 返回“幻灯片编辑”窗格，将自动切换到幻灯片浏览视图中，可以看到为每一张幻灯片录制的旁白时间。

19

1. 单击窗口底部的“普通视图”按钮，切换到普通视图，选择第 3 张幻灯片，依次为其中的每张图片添加“进入/压缩”动画效果和素材文件所在文件夹中的“music2”声音文件。

20

1. 在“幻灯片”窗格中选择第 4 张幻灯片，依次为其中的每张图片添加“进入/弹跳”动画效果和素材文件所在文件夹中的“music3”声音文件。

21

1. 在“幻灯片”窗格中选择第 5 张幻灯片，依次为其中的每张图片添加“进入/盒状”动画效果和素材文件所在文件夹中的“music4”声音文件。

22

1. 在“幻灯片”窗格中选择第 6 张幻灯片，依次为其中的每张图片添加“进入/棋盘”动画效果和素材文件所在文件夹中的“music5”声音文件。

23

1 在“幻灯片”窗格中选择第7张幻灯片，依次为其中的每张图片添加“进入/螺旋飞入”动画效果和素材文件所在文件夹中的“music6”声音文件。

24

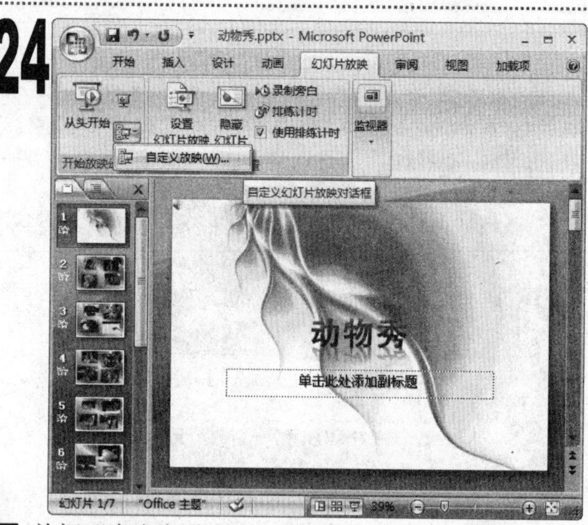

1 关闭“自定义动画”任务窗格。

2 单击“幻灯片放映”选项卡，在“开始放映幻灯片”组中单击“自定义幻灯片放映”下拉按钮，在弹出的下拉菜单中选择“自定义放映”命令。

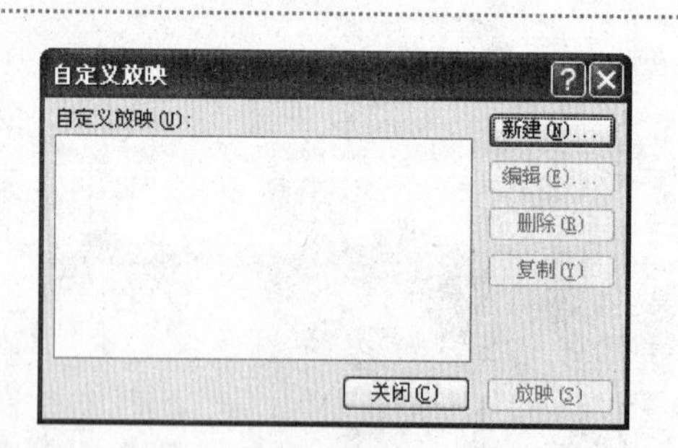

1 在打开的“自定义放映”对话框中，单击“新建”按钮。

26

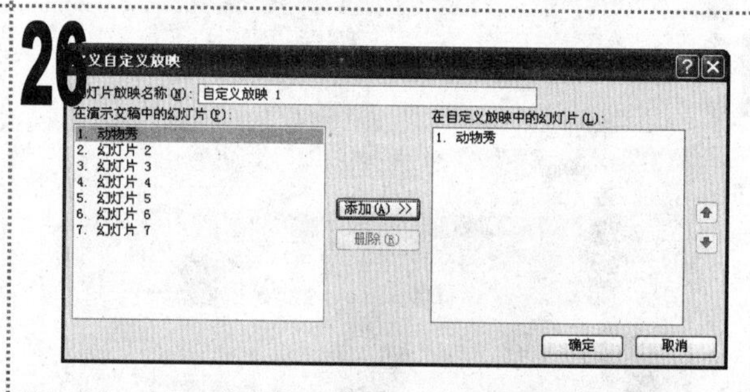

1 在打开的“定义自定义放映”对话框的“在演示文稿中的幻灯片”列表框中，选择“1.动物秀”选项，单击“添加”按钮将其添加到右侧的“在自定义放映中的幻灯片”列表框中。

27

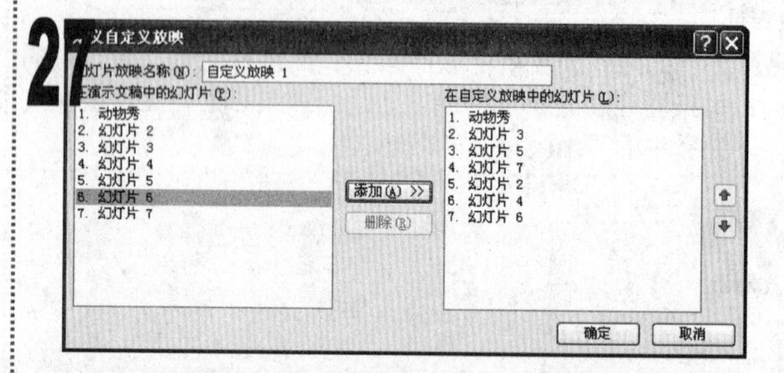

1 使用同样的方法将原演示文稿中的幻灯片按3，5，7，2，4，6的顺序添加到右侧的列表框中，单击“确定”按钮。

28

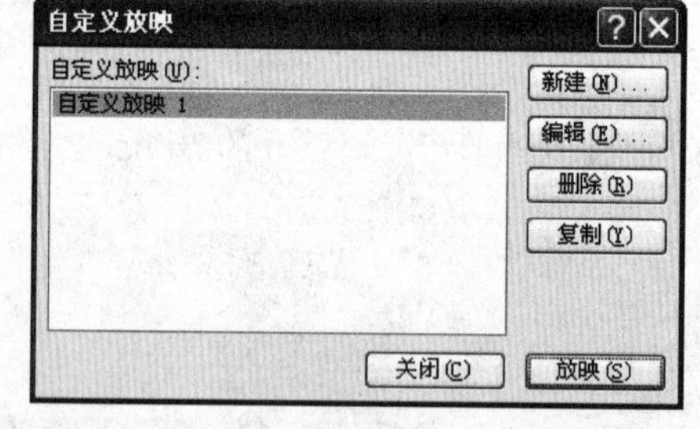

1 返回“自定义放映”对话框，单击“关闭”按钮关闭该对话框。

29

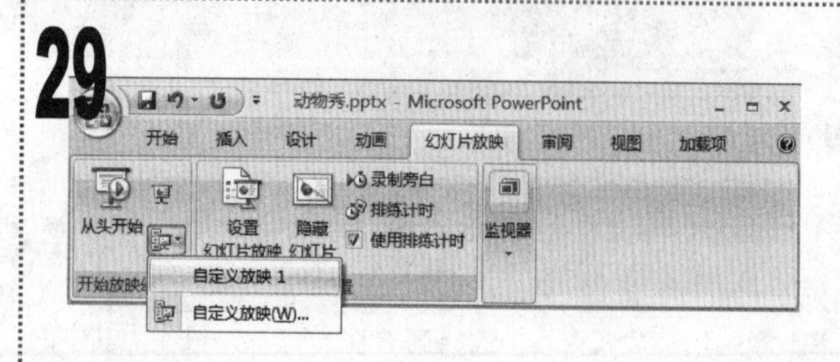

1 在“开始放映幻灯片”组中单击“自定义幻灯片放映”下拉按钮，在弹出的下拉菜单中选择“自定义放映1”命令。

30

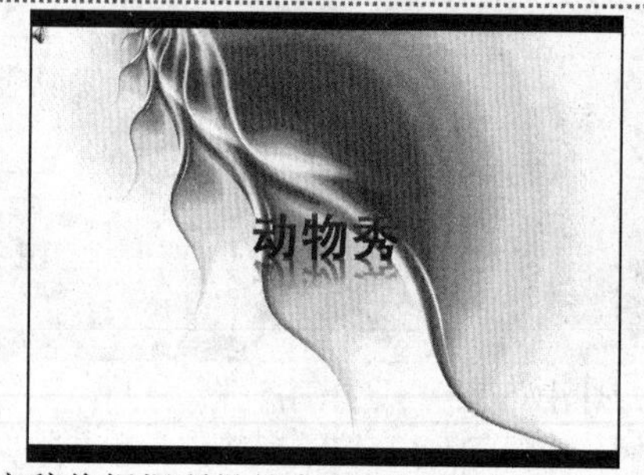

1 演示文稿将根据所做的自定义设置放映幻灯片，其效果如图所示。最后保存演示文稿，完成本例的制作。

实例181 制作“成语课”演示文稿

素材:\实例 181\

源文件:\实例 181\成语课.pptx

包含知识

- 保存并应用主题
- 插入并编辑形状
- 插入并编辑图片
- 插入动作按钮
- 设置填充和文本颜色
- 设置幻灯片背景
- 设置超链接

制作思路

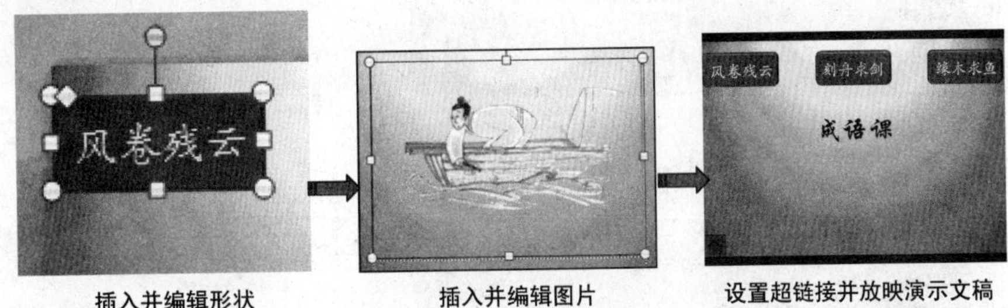

插入并编辑形状　　插入并编辑图片　　设置超链接并放映演示文稿

应用场所

用于制作语文课件。

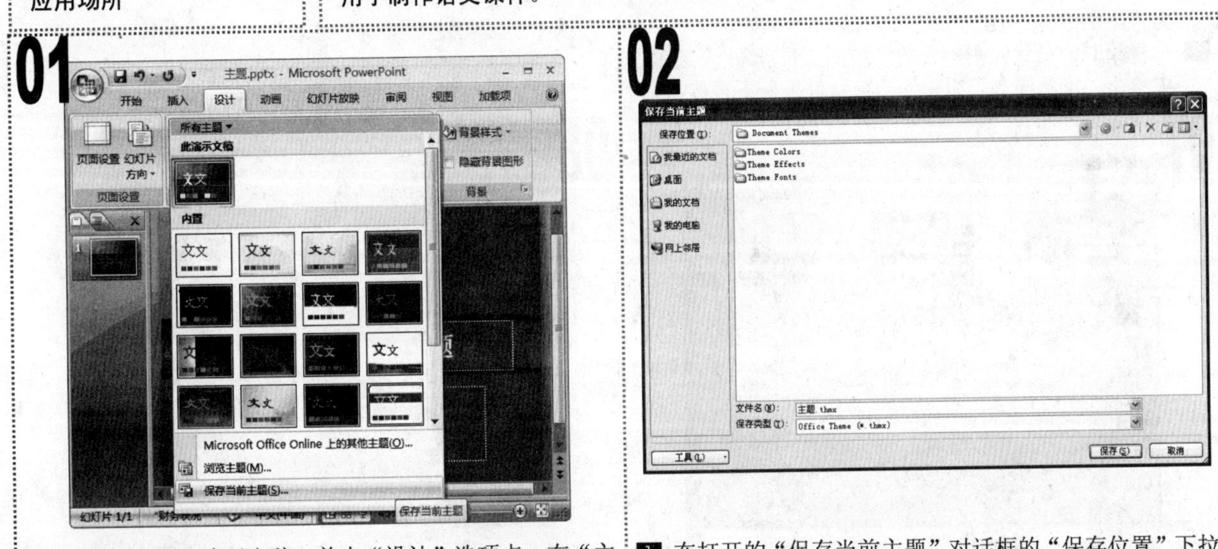

01 打开“主题”演示文稿，单击“设计”选项卡，在“主题”组中单击列表框右下角的“其他”按钮，在弹出的下拉菜单中选择“保存当前主题”命令。

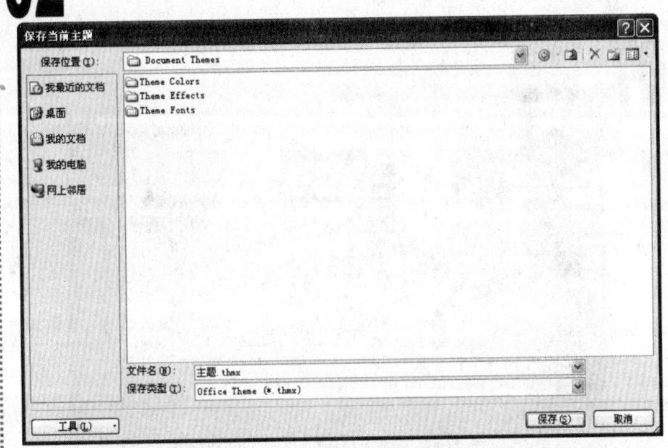

02 在打开的“保存当前主题”对话框的“保存位置”下拉列表框中，选择 PowerPoint 主题保存的位置，在“文件名”下拉列表框中输入“主题.thmx”，单击“保存”按钮保存主题。

03 关闭“主题”演示文稿，打开“成语课”演示文稿，单击“插入”选项卡，在“插图”组中单击“形状”下拉按钮，在弹出的下拉列表中选择“圆角矩形”选项。

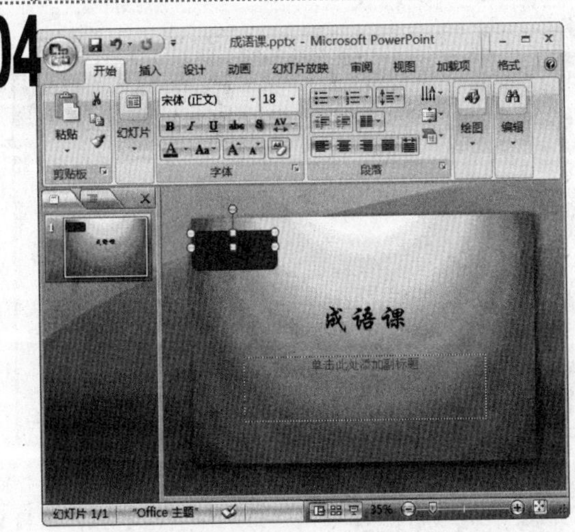

04 拖动鼠标在幻灯片中绘制一个圆角矩形，在 “绘图工具/格式”选项卡中，单击“插入形状”组中的“文本框”按钮，在形状中添加一个横排文本框。

05

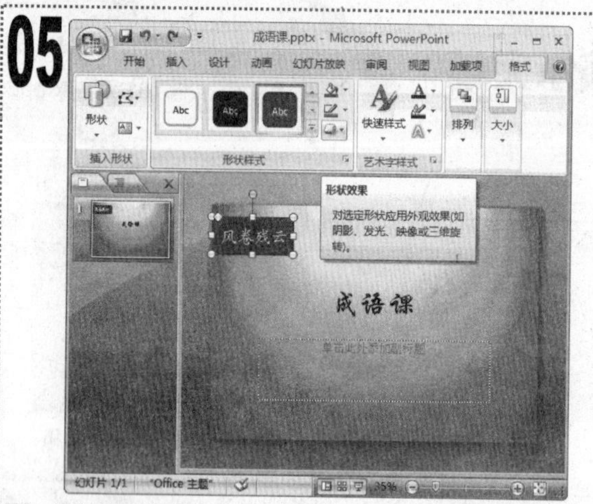

1. 在文本框中输入文本“风卷残云”，将其字体格式设置为“华文楷体、40、黄色”。
2. 选择绘制的形状，在出现的“绘图工具/格式”选项卡中单击“形状样式”组中的“形状效果”下拉按钮。

06

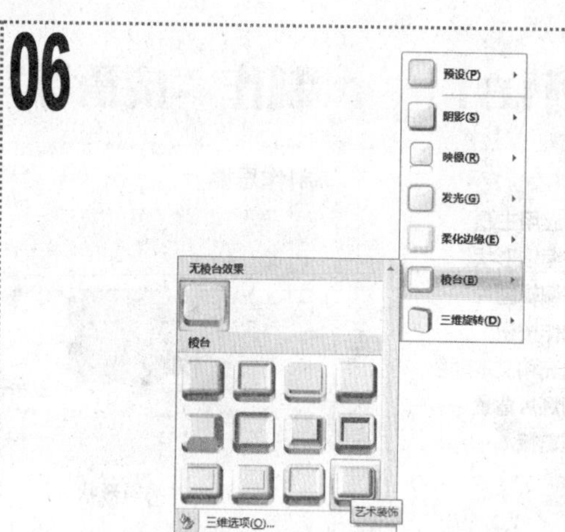

1. 在弹出的下拉菜单中选择“棱台”命令，在弹出的子菜单中选择“艺术装饰”选项。

07

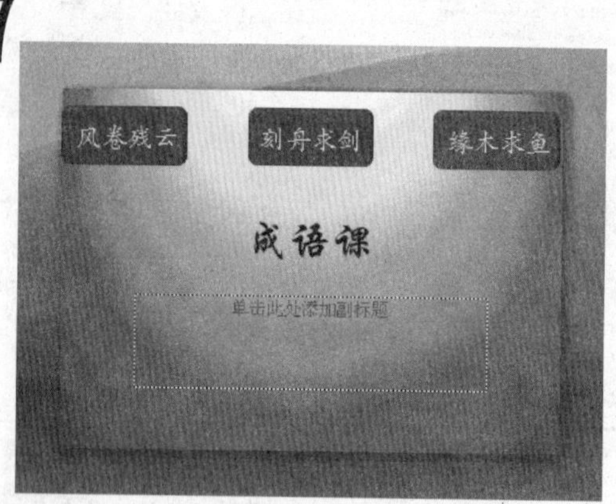

1. 按住【Ctrl】键不放拖动鼠标复制两个形状，分别修改文本框中的文本内容，得到的效果如图所示。

08

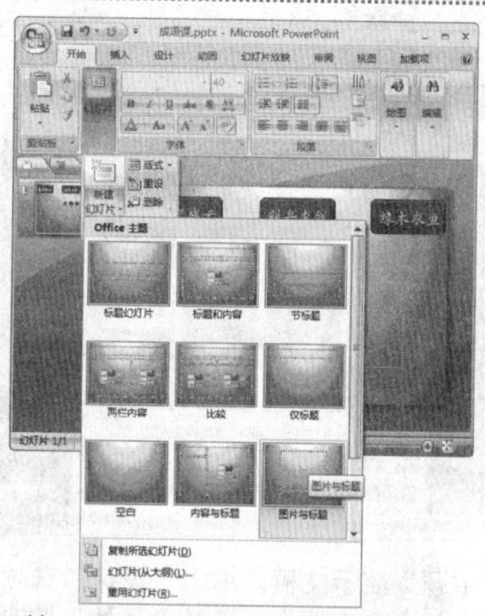

1. 单击“开始”选项卡，在“幻灯片”组中单击“新建幻灯片”下拉按钮，在弹出的下拉菜单中选择“图片与标题”选项。

09

1. 在插入的幻灯片中的图片占位符中，单击“插入来自文件的图片”按钮，在打开的“插入图片”对话框的“查找范围”下拉列表框中选择素材文件所在的位置，在中间的列表框中选择图片文件“pic1”，单击“插入”按钮。

10

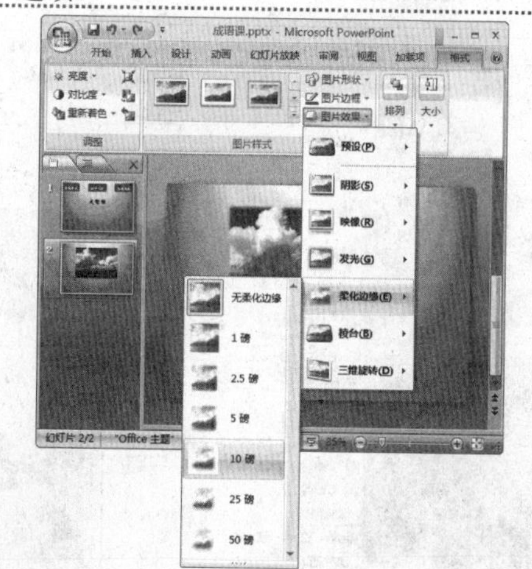

1. 选择刚插入的图片，在“图片工具/格式”选项卡中单击“图片样式”组中的“图片效果”下拉按钮，在弹出的下拉菜单中选择“柔化边缘/10 磅”选项。

11

1. 在图片下方的标题占位符中输入文本“风卷残云”，将其字体格式设置为“华文行楷、40”。
2. 再在下方的占位符中输入如图所示的文本，然后将其字体格式设置为“华文楷体、22”。

12

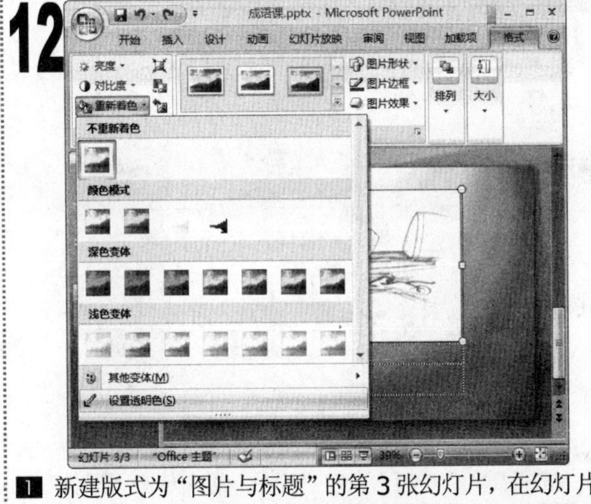

1. 新建版式为“图片与标题”的第 3 张幻灯片，在幻灯片中插入图片文件“pic2”。选择插入的图片，单击“图片工具/格式”选项卡，在“调整”组中单击“重新着色”下拉按钮，在弹出的下拉菜单中选择“设置透明色”命令。

13

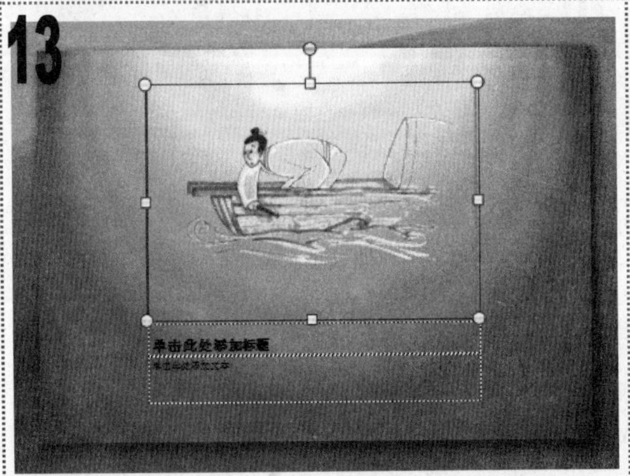

1. 移动鼠标光标到图片的白色区域处，单击鼠标左键，即可将该区域设置为透明。

14

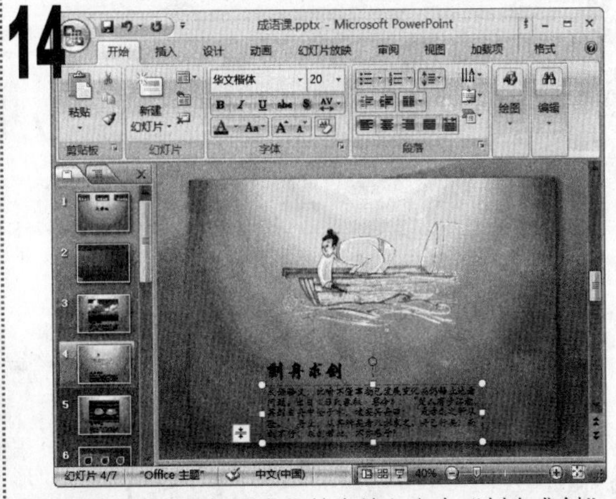

1. 在图片下方的标题占位符中输入文本“刻舟求剑”，将其字体格式设置为“华文行楷、40”。
2. 再在下方的占位符中输入如图所示的文本，然后将其字体格式设置为“华文楷体、20”。

15

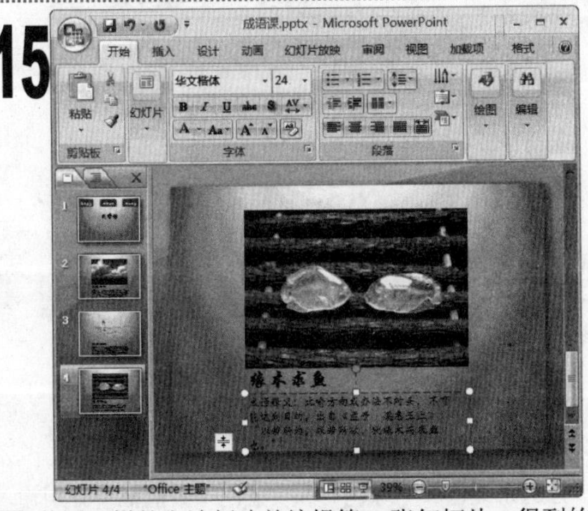

1. 使用同样的方法新建并编辑第 4 张幻灯片，得到的效果如图所示。

16

1. 新建版式为“空白”的第 5 张幻灯片，单击“设计”选项卡，在“主题”组中单击列表框右下角的“其他”按钮，在弹出的下拉菜单中的“Office 主题”选项上单击鼠标右键，在弹出的快捷菜单中选择“应用于选定幻灯片”命令。

17

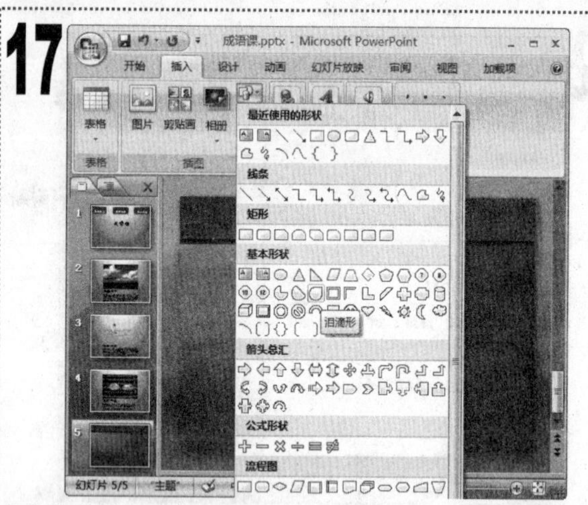

■ 单击“插入”选项卡，在“插图”组中单击“形状”下拉按钮，在弹出的下拉列表中选择“泪滴形”选项。

18

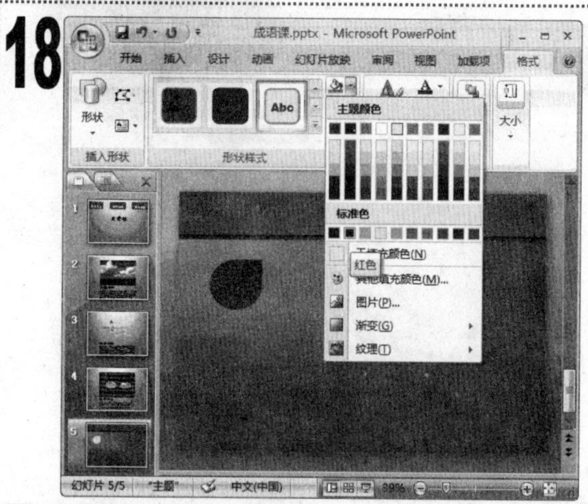

■ 拖动鼠标在幻灯片中绘制一个形状，单击“绘图工具/格式”选项卡，在“形状样式”组中单击“形状填充”按钮右侧的下拉按钮，在弹出的下拉菜单中选择“红色”选项。

19

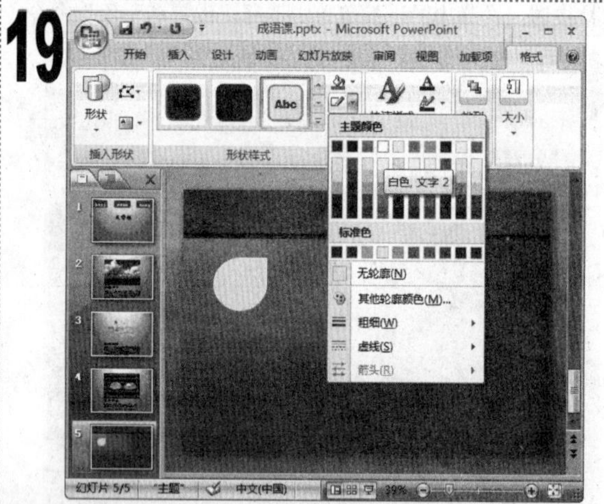

■ 保持形状的选中状态不变，在“形状样式”组中单击“形状轮廓”按钮右侧的下拉按钮，在弹出的下拉菜单中选择“白色，文字 2”选项。

20

■ 按住【Ctrl】键不放拖动“泪滴状”形状，在幻灯片中复制七个，并将其排列到如图所示的位置，将其中右上角的三个形状的颜色分别填充为蓝色、绿色和灰色。

21

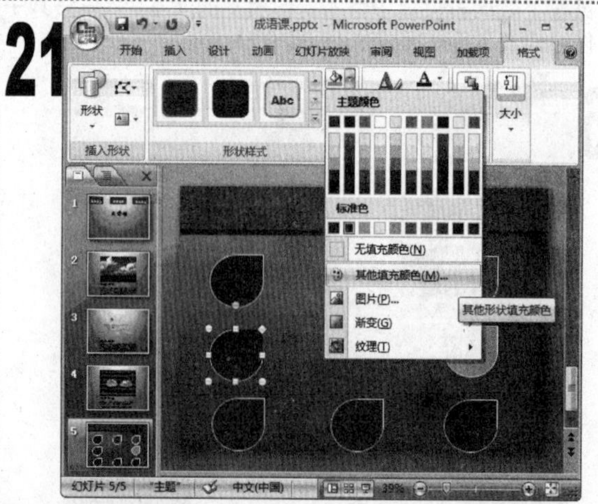

■ 选择左侧第 2 行的形状，单击“形状样式”组中的“形状填充”按钮右侧的下拉按钮，在弹出的下拉菜单中选择“其他填充颜色”命令。

22

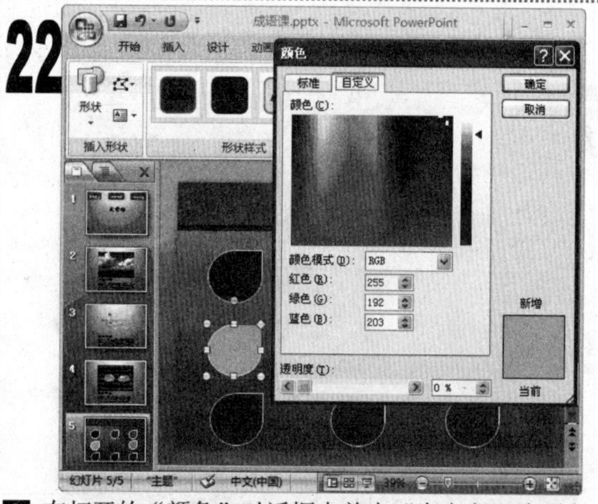

■ 在打开的“颜色”对话框中单击“自定义”选项卡，在下方的“红色”、“绿色”和“蓝色”数值框中分别输入“255”，“192”和“203”，单击“确定”按钮。

23

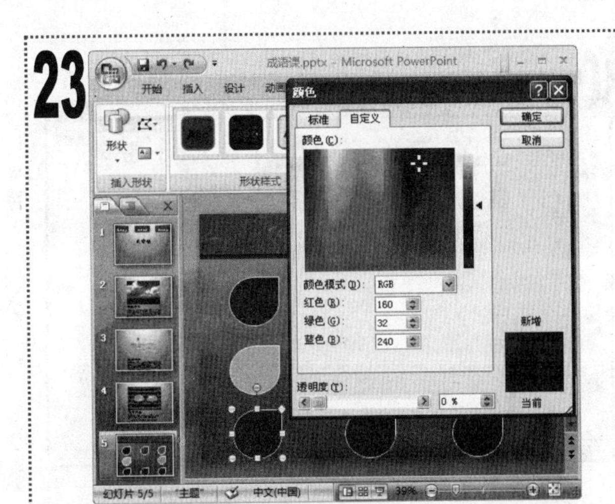

1 返回到“幻灯片编辑”窗格中，选择左侧第 3 行的形状，打开“颜色”对话框，在“自定义”选项卡的“红色”、“绿色”和“蓝色”数值框中分别输入“160”，“32”和“240”，单击“确定”按钮。

24

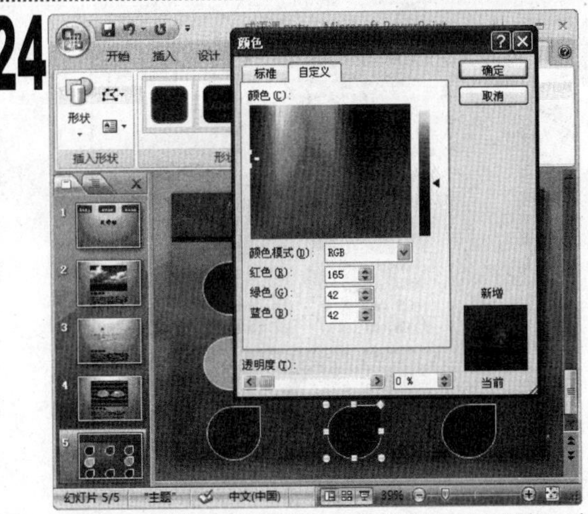

1 选择第 3 行第 2 列的形状，打开“颜色”对话框，在“自定义”选项卡的“红色”、“绿色”和“蓝色”数值框中分别输入“165”，“42”和“42”，单击“确定”按钮。

25

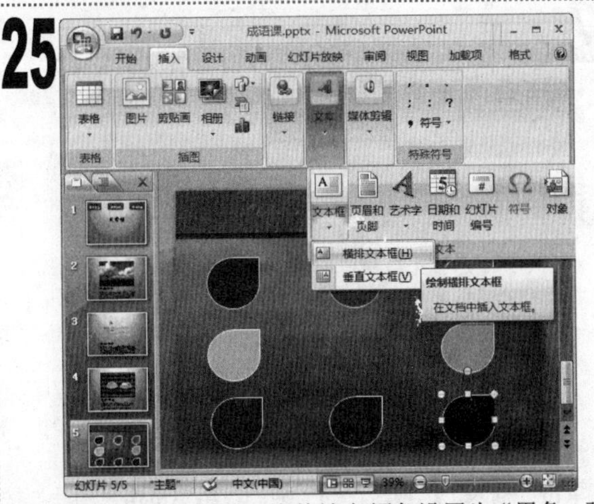

1 选择右下角的形状，将其填充颜色设置为“黑色，强调文字颜色 4”。

2 单击“插入”选项卡，在“文本”组中单击“文本框”下拉按钮，在弹出的下拉菜单中选择“横排文本框”命令。

26

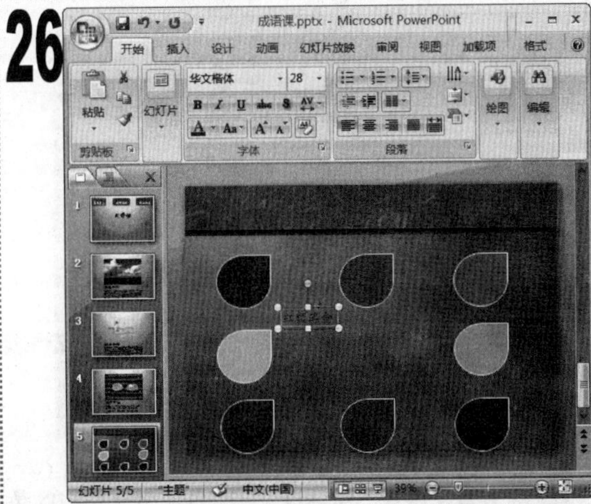

1 在中间空白区域的左上角单击鼠标左键，在出现的文本框中输入文本“红颜薄命”，将其字体格式设置为“华文楷体、28、红色”。

27

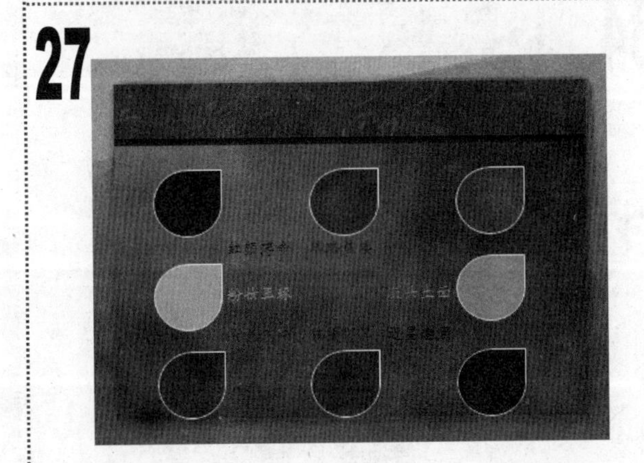

1 复制文本框，将其置于不同颜色的形状所属的方位，然后分别将其修改为如图所示的文本并将文本颜色设置为与对应的形状颜色相同。

28

1 新建版式为“空白”，主题为“主题”的第 6 张幻灯片，在幻灯片中单击鼠标右键，在弹出的快捷菜单中选择“设置背景格式”命令。

29

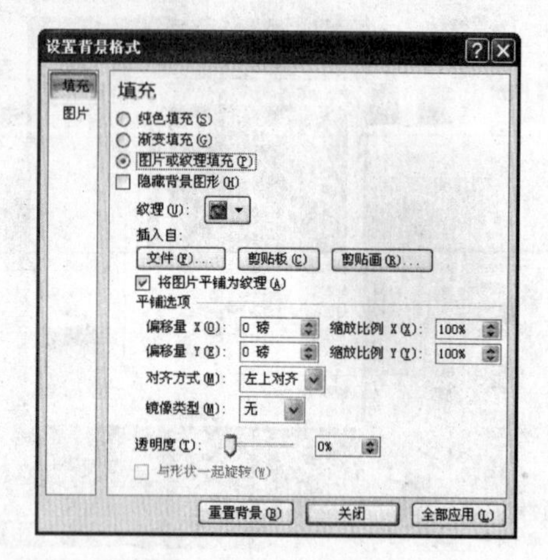

■ 在打开的“设置背景格式”对话框中，选中“图片或纹理填充”单选按钮，单击显示出来的“文件”按钮。

30

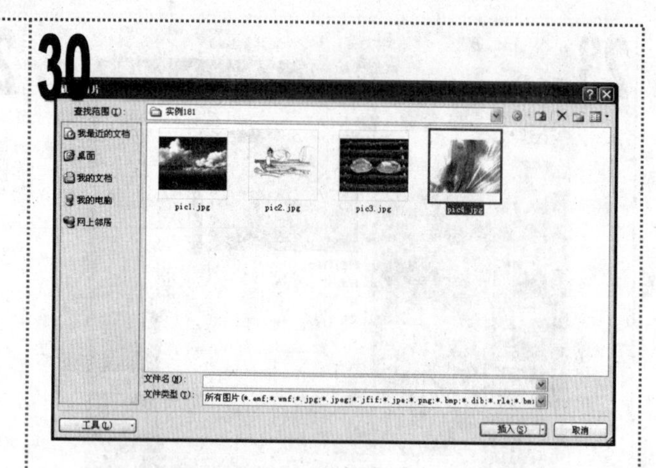

■ 在打开的“插入图片”对话框的“查找范围”下拉列表框中，选择素材文件所在的位置，在中间的列表框中选择“pic4”图片文件，单击“插入”按钮。

31

■ 返回“设置背景格式”对话框，在“透明度”栏中的数值框中输入“85%”，单击“关闭”按钮，得到的幻灯片效果如图所示。

32

■ 单击“插入”选项卡，在“插图”组中单击“图片”按钮，在打开的“插入图片”对话框中选择“pic5”和“pic6”图片文件，单击“插入”按钮将其插入到幻灯片中，调整图片的大小和位置。

33

■ 分别在两张图片下方插入文本框，在其中输入如图所示内容后，将其字体格式设置为“华文楷体、28”。

34

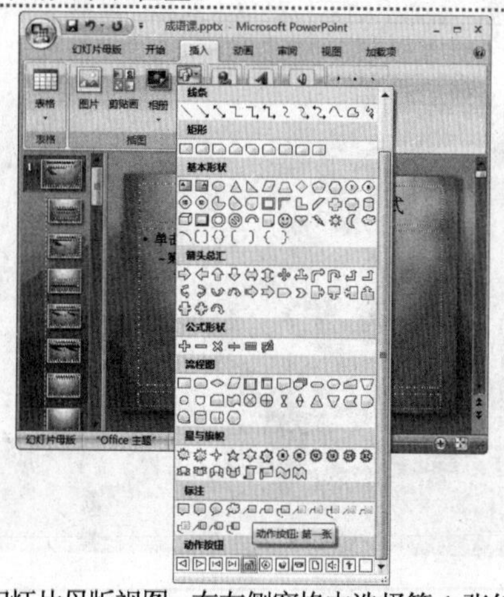

■ 进入幻灯片母版视图，在左侧窗格中选择第1张幻灯片，单击“插入”选项卡，在“插图”组中单击“形状”下拉按钮，在弹出的下拉列表中选择“动作按钮：第一张”选项。

35

■ 在幻灯片的左下角按住鼠标左键不放，拖动绘制动作按钮形状，释放鼠标后将打开“动作设置”对话框，保持其中的设置不变，单击“确定”按钮。

36

■ 在左侧窗格中选择标号为“2”的幻灯片组中的第 1 张幻灯片，在其左下角绘制一个“动作按钮：第一张”形状，释放鼠标后在打开的“动作设置”对话框中直接单击“确定”按钮。

37

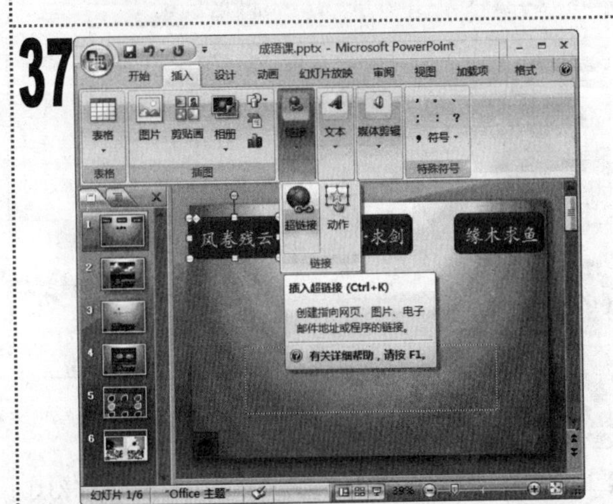

■ 退出幻灯片母版视图，返回普通视图。在“幻灯片”窗格中选择第 1 张幻灯片，选择其中的第 1 个形状，单击“插入”选项卡，在“链接”组中单击“超链接”按钮。

38

■ 在打开的“插入超链接”对话框左侧单击“本文档中的位置”按钮，在中间的“请选择文档中的位置”列表框中选择“2.风卷残云”选项，此时在对话框右侧将出现该选项的预览，单击“确定”按钮。

39

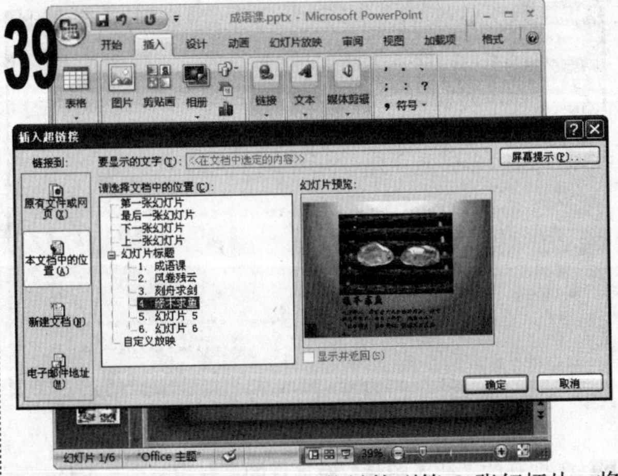

■ 用同样的方法将第 2 个形状链接到第 3 张幻灯片，将第 3 个形状链接到第 4 张幻灯片。

40

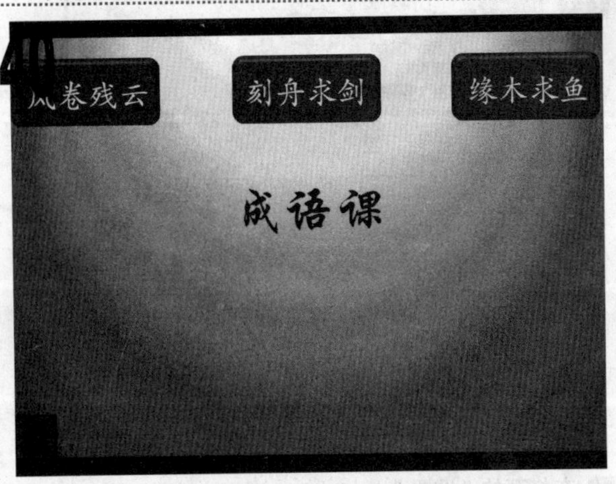

■ 最后保存演示文稿，完成本例的制作。按【F5】键放映幻灯片，最终效果如图所示。

实例182 制作“学电脑”演示文稿

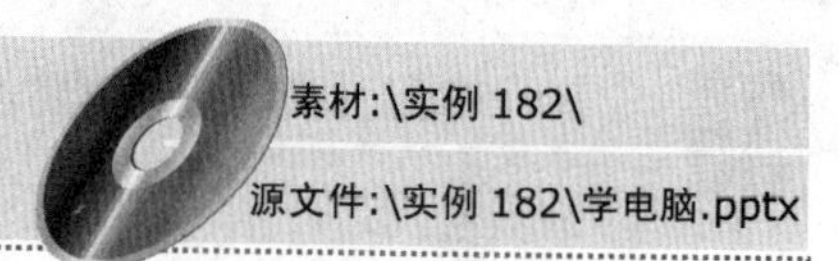

素材:\实例 182\

源文件:\实例 182\学电脑.pptx

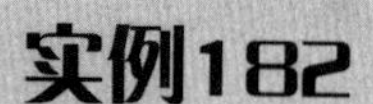

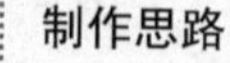

包含知识

- 为母版幻灯片设置不同的背景
- 设置文本格式
- 插入特殊符号
- 插入并编辑形状
- 添加动画效果

制作思路

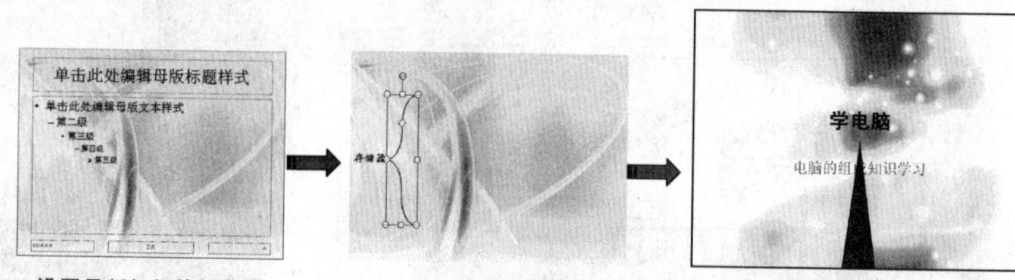

设置母版幻灯片的背景 → 插入并编辑形状 → 添加动画效果并进行放映

应用场所

用于制作信息技术课课件。

01

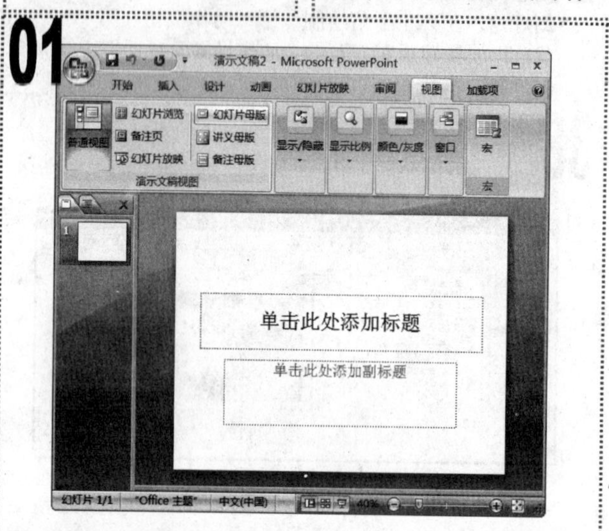

■ 新建一个空白演示文稿，单击“视图”选项卡，在“演示文稿视图”组中单击“幻灯片母版”按钮。

02

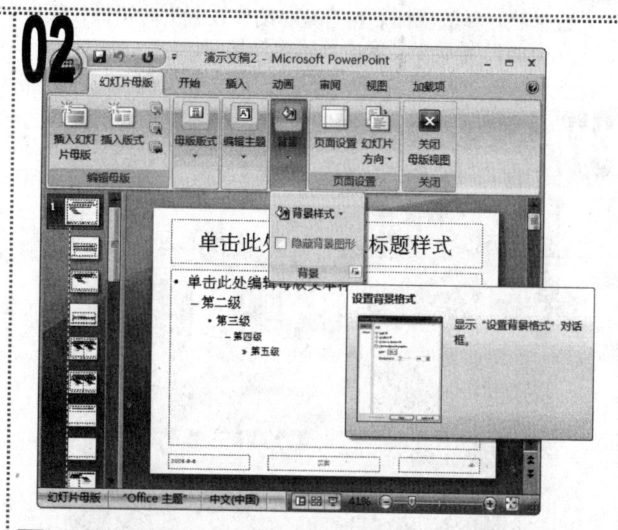

■ 进入幻灯片母版视图，在左侧窗格中选择第 1 张幻灯片，单击“幻灯片母版”选项卡，单击“背景”组中的对话框启动器。

03

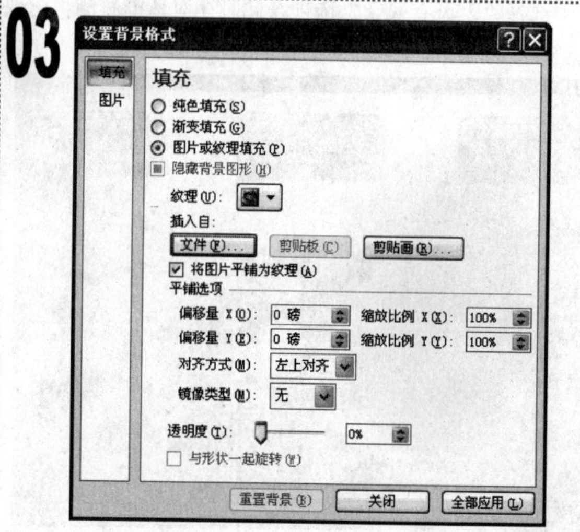

■ 在打开的“设置背景格式”对话框中选中“图片或纹理填充”单选按钮，单击显示出来的“文件”按钮。

04

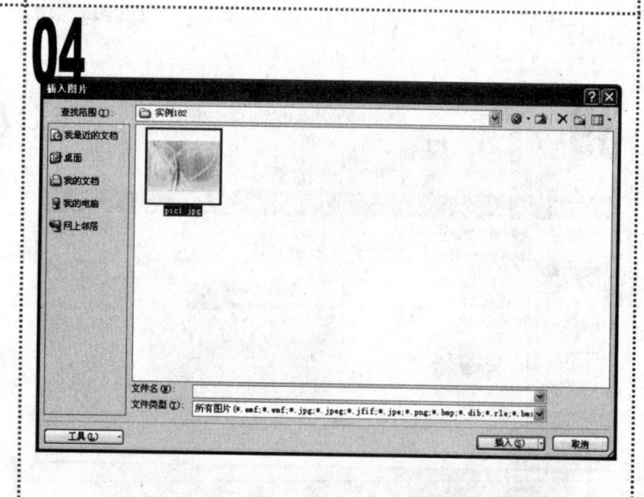

■ 在打开的“插入图片”对话框的“查找范围”下拉列表框中，选择素材文件所在的位置，在中间的列表框中选择“pic1”图片文件，单击“插入”按钮。

05

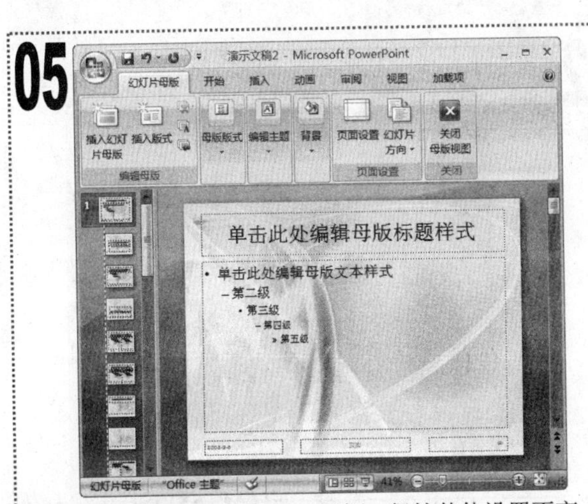

■ 返回“设置背景格式”对话框，保持其他设置不变，单击“关闭”按钮，得到的幻灯片效果如图所示。

06

■ 选择下面一张幻灯片，在其空白区域处单击鼠标右键，在弹出的快捷菜单中选择“设置背景格式”命令。

07

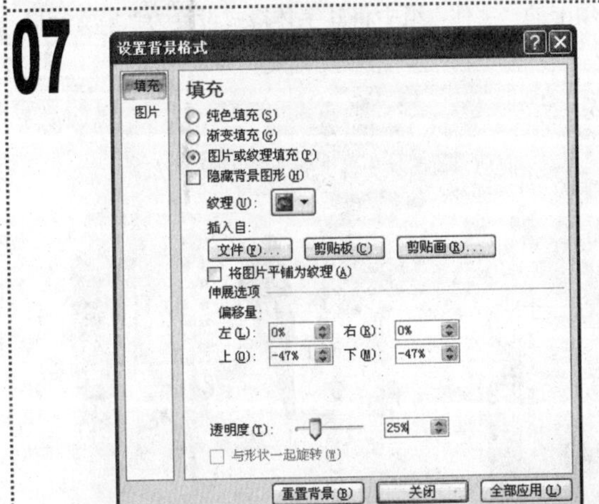

■ 在打开的“设置背景格式”对话框中选中“图片或纹理填充”单选按钮，单击“文件”按钮，在打开的“插入图片”对话框中选择“pic2”图片文件，单击“插入”按钮。

■ 返回“设置背景格式”对话框，在“透明度”数值框中输入“25%”，单击“关闭”按钮。

08

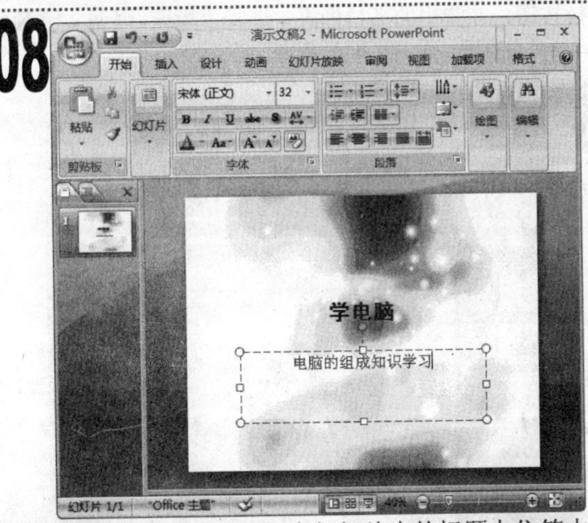

■ 退出幻灯片母版视图，在幻灯片中的标题占位符中输入标题文本，并将其字体格式设置为“黑体、44、加粗”，在下面的副标题占位符中输入副标题文本，并将其字体颜色设置为“紫色”。

09

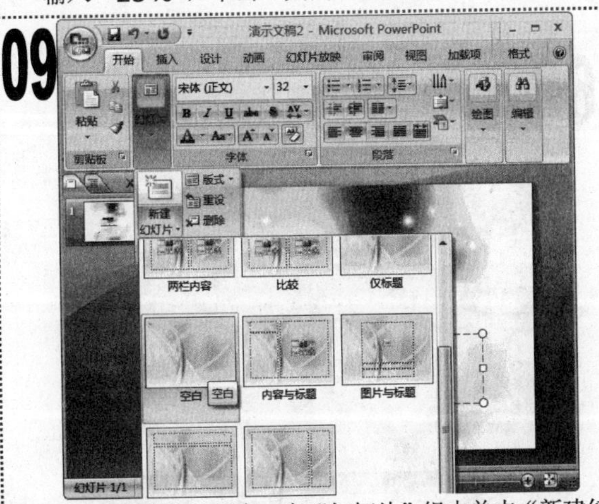

■ 单击“开始”选项卡，在“幻灯片”组中单击“新建幻灯片”下拉按钮，在弹出的下拉菜单中选择“空白”选项。

10

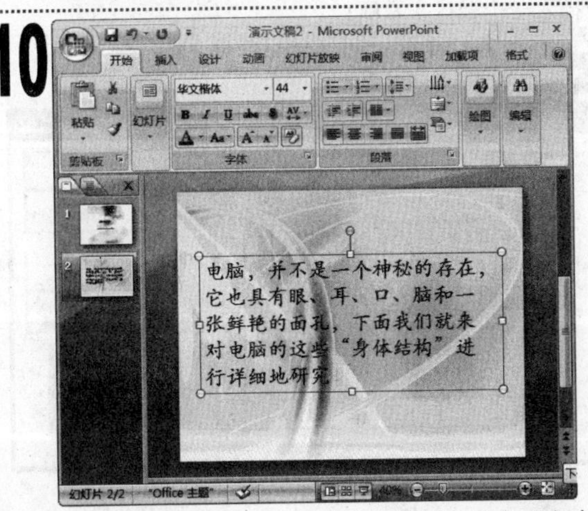

■ 单击“插入”选项卡，在“文本”组中单击“文本框”下拉按钮，在弹出的下拉菜单中选择“横排文本框”命令，拖动鼠标在幻灯片中绘制一个文本框，在其中输入如图所示的文本后设置其字体格式为“华文楷体、44”。

11

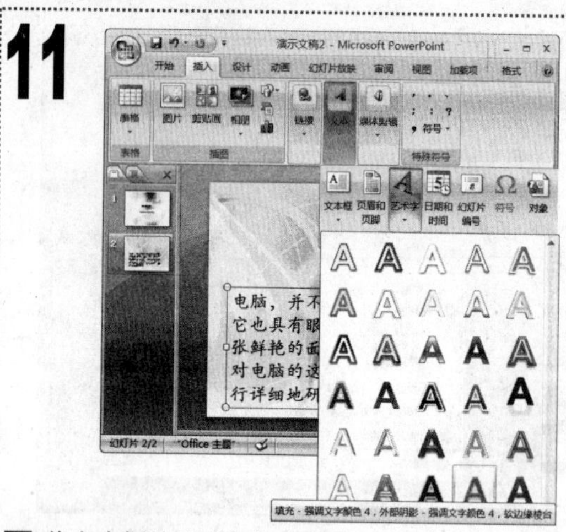

1. 将文本框移动到幻灯片底部。
2. 单击“插入”选项卡，在“文本”组中单击“艺术字”下拉按钮，在弹出的下拉列表中选择“填充-强调文字颜色 4，外部阴影-强调文字颜色 4，软边缘棱台”选项。

12

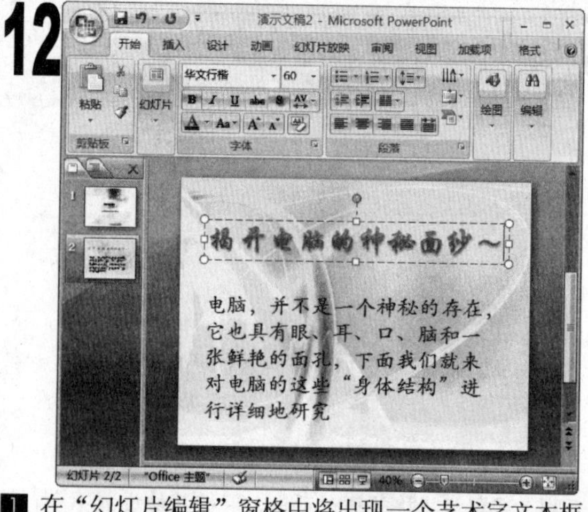

1. 在“幻灯片编辑”窗格中将出现一个艺术字文本框，在其中输入文本“揭开电脑的神秘面纱～”，并在“开始”选项卡的“字体”组中将其字体格式设置为“华文行楷、60”。

13

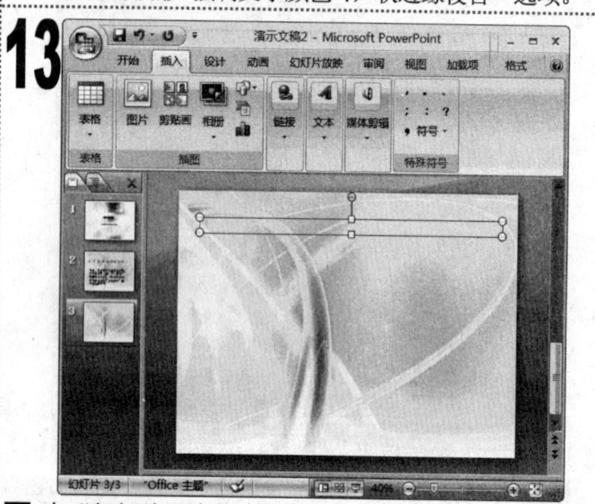

1. 在“幻灯片”窗格中的第 2 张幻灯片上单击鼠标右键，在弹出的快捷菜单中选择“新建幻灯片”命令，插入一张与第 2 张幻灯片版式相同的幻灯片，在新幻灯片中插入一个横排文本框。

14

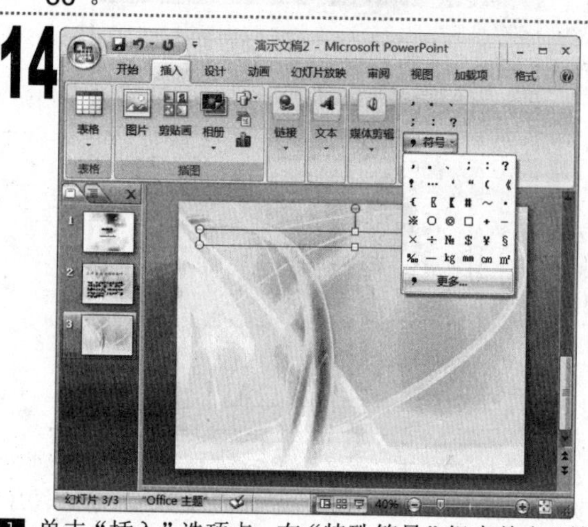

1. 单击“插入”选项卡，在“特殊符号”组中单击“符号”下拉按钮，在弹出的下拉菜单中选择“更多”命令。

15

1. 在打开的“插入特殊符号”对话框中，单击“特殊符号”选项卡，在中间的列表框中选择实心五角形符号，单击“确定”按钮。

16

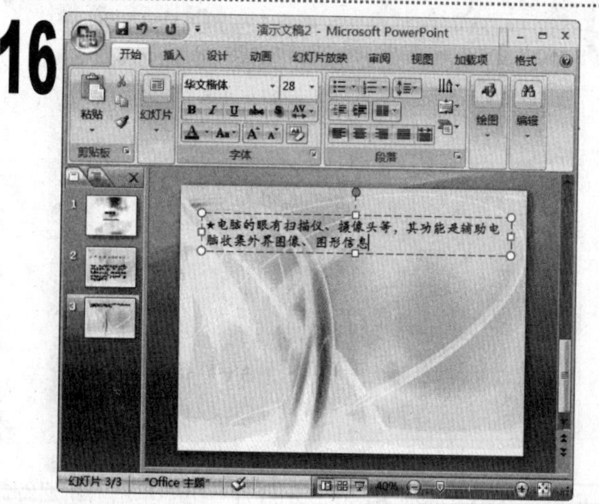

1. 返回“幻灯片编辑”窗格，在文本框中即插入了实心五角形符号。
2. 在符号后输入如图所示的文本，然后将其字体格式设置为“华文楷体、28”。

17

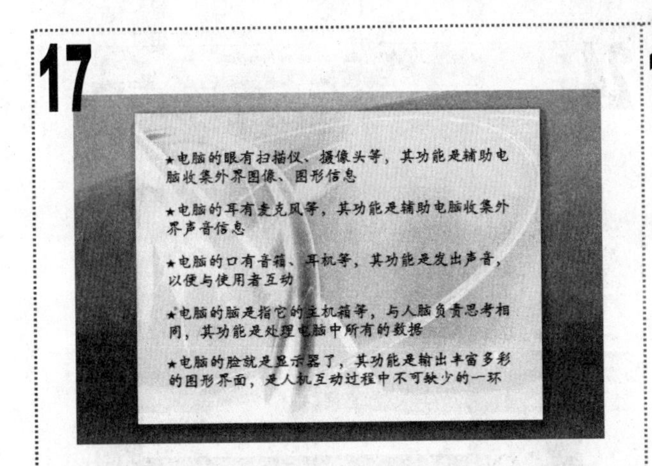

1 用同样的方法在下方插入四个文本框，在其中插入实心五角形符号后，输入如图所示的文本并设置其字体格式。

18

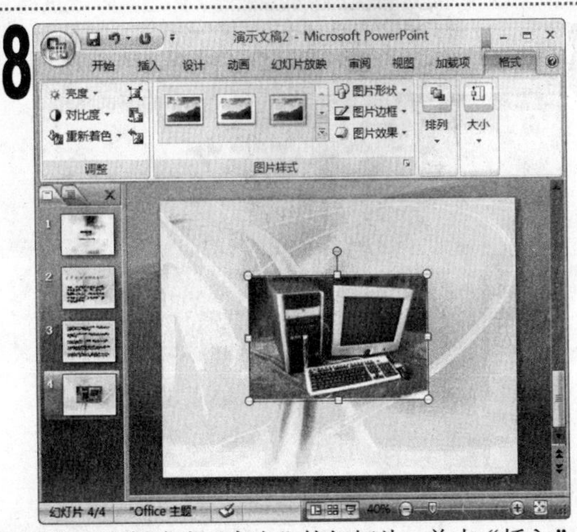

1 新建一张版式为“空白”的幻灯片，单击“插入”选项卡，在“插图”组中单击“图片”按钮，插入“pic3”图片文件。

19

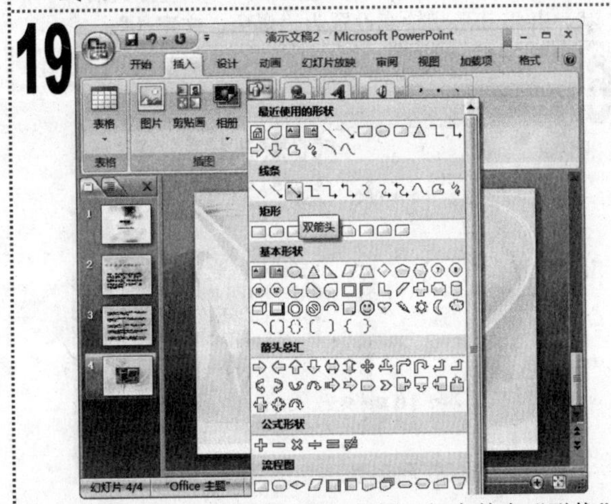

1 单击“插入”选项卡，在“插图”组中单击“形状”下拉按钮，在弹出的下拉列表中的“线条”栏中选择“双箭头”选项。

20

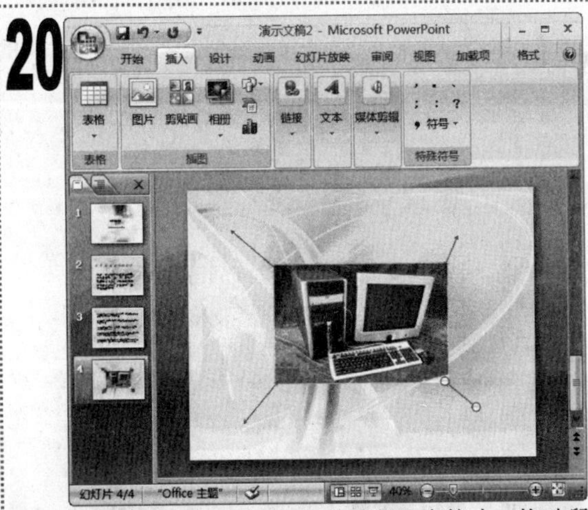

1 将鼠标光标移动到“幻灯片编辑”窗格中，拖动鼠标分别在图片左上角、左下角、右上角和右下角处绘制一个双向箭头形状。

21

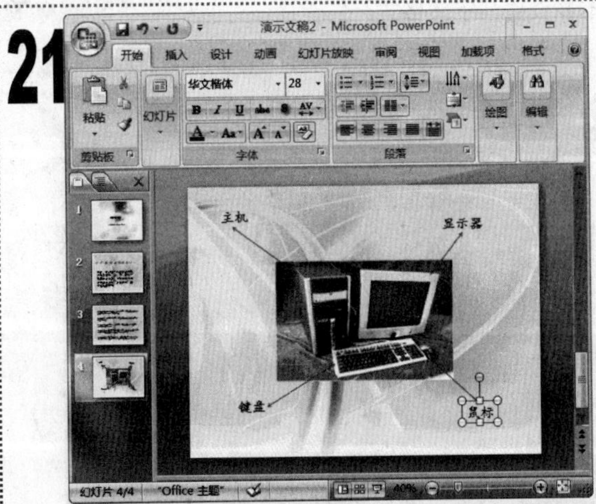

1 在幻灯片左上角插入一个横排文本框，在其中输入文本“主机”并设置其字体格式为“华文楷体、28”，调整双箭头形状使其指向图中的主机和插入的文本框。

2 用相同的方法插入其余三个文本框并输入文本，然后调整双箭头形状。

22

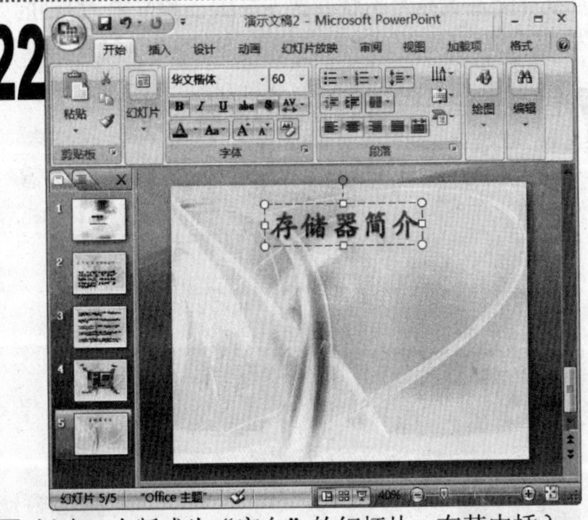

1 新建一个版式为“空白”的幻灯片，在其中插入一个样式为“填充-强调文字颜色 2，暖色粗糙棱台”的艺术字文本框，在其中输入文本“存储器简介”，设置其字体格式为“华文楷体、60”。

23

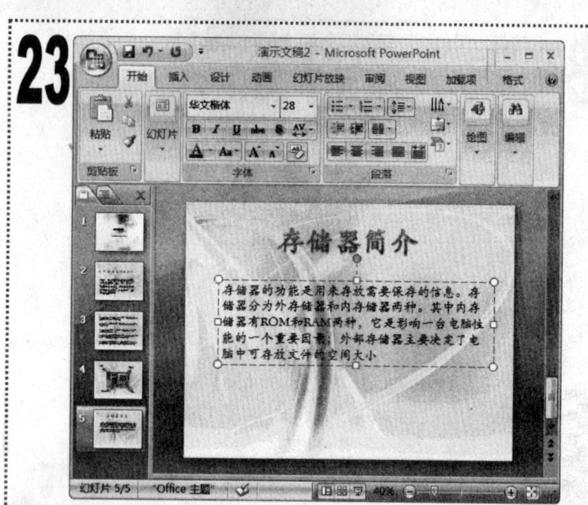

1. 在艺术字文本框下方插入一个文本框，在其中输入如图所示的文本后设置其字体格式为“华文楷体、28”。

24

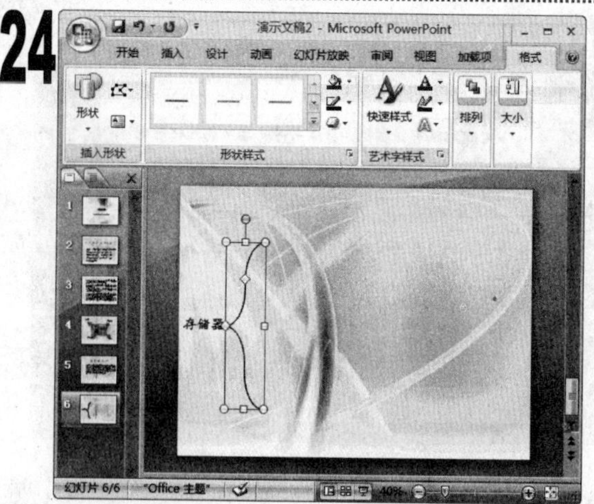

1. 新建一张版式为“空白”的幻灯片，在幻灯片左侧的中间位置处插入一个文本框，输入文本“存储器”。
2. 设置字体格式后在文本框之后插入一个“左大括号”形状，并将其形状轮廓设置为“黑色，文字 1”。

25

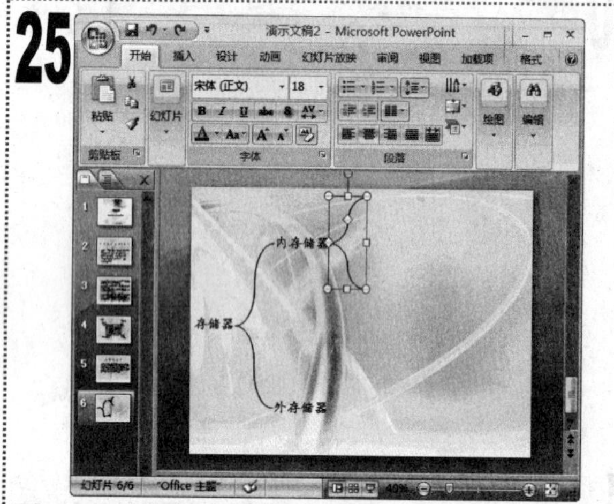

1. 分别在左大括号的两个端点处插入文本框，输入文本“内存储器”和“外存储器”，并设置其字体格式。
2. 复制一个左大括号形状并改变其大小和位置，得到的效果如图所示。

26

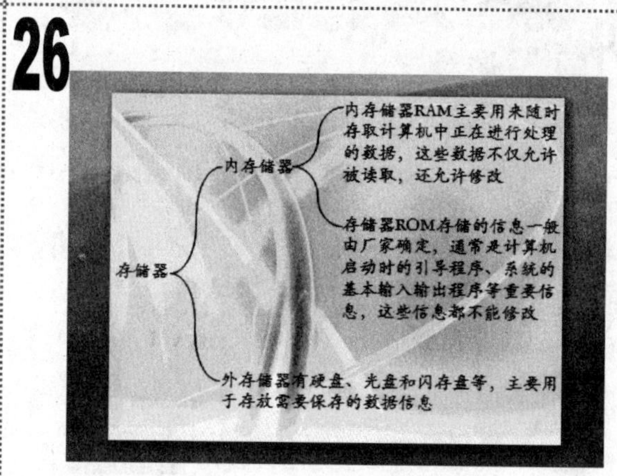

1. 分别在复制的左大括号的两个端点处及第一个左大括号下方的端点处插入文本框，在其中输入如图所示的文本并设置其字体格式。

27

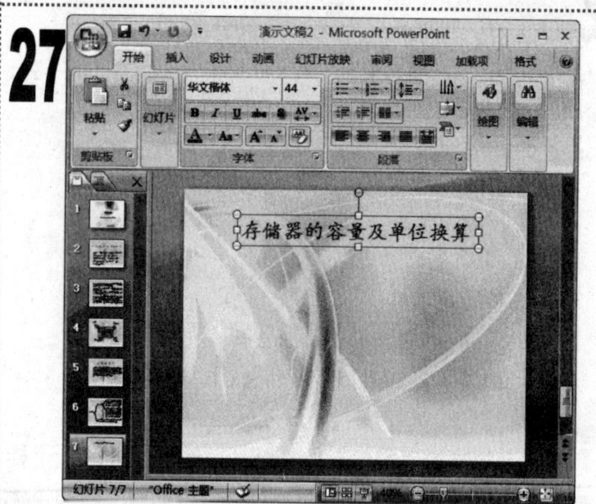

1. 新建一张版式为“空白”的幻灯片，在其中插入一个文本框，输入文本“存储器的容量及单位换算”并设置其字体格式。

28

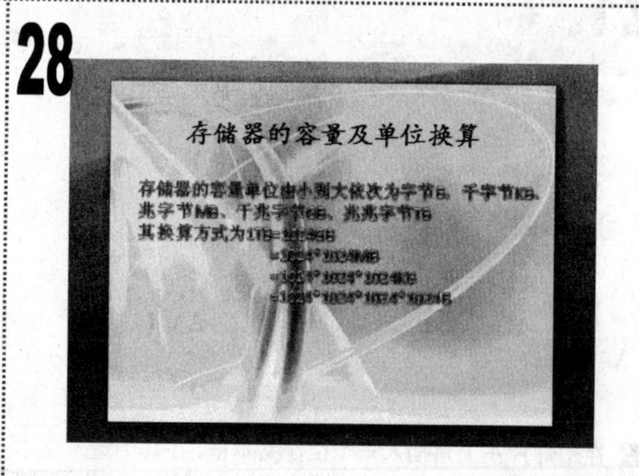

1. 单击“插入”选项卡，在“幻灯片编辑”窗格中插入一个样式为“填充-强调文字颜色 6，暖色粗糙棱台”的艺术字文本框，输入如图所示的文本后并设置其字体格式。

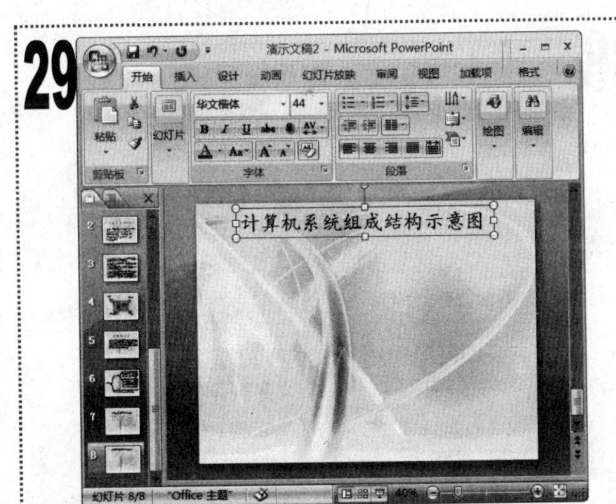

■ 新建一张版式为“空白”的幻灯片，在其中插入一个文本框，输入文本“计算机系统组成结构示意图”并设置其字体格式。

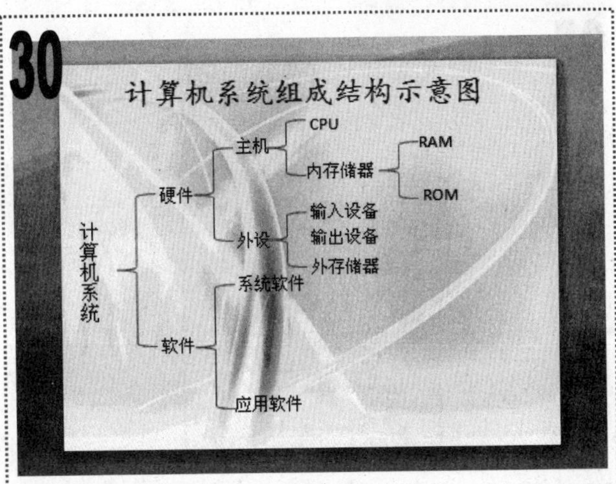

■ 在幻灯片中插入七个“左大括号”形状，按照如图所示的位置进行排列，然后在每个左大括号的端口处插入文本框，输入文本后设置其字体格式。

■ 在“幻灯片”窗格中选择第 2 张幻灯片，选择其中的艺术字文本框，打开“自定义动画”任务窗格，单击“添加效果”下拉按钮，在弹出的下拉菜单中选择“进入/弹跳”命令。

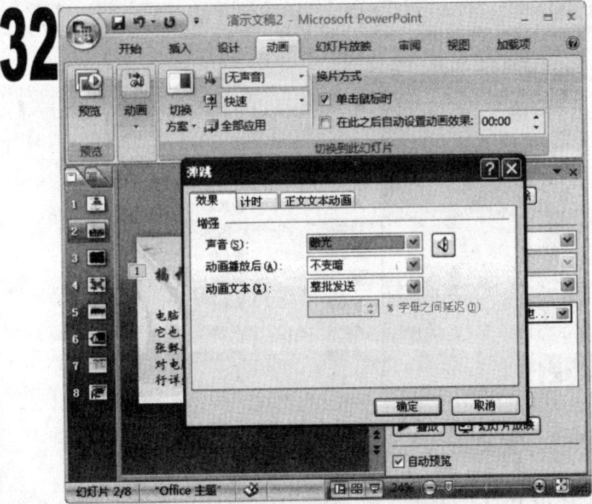

■ 在“自定义动画”任务窗格中的列表框中的添加的动画效果选项上单击鼠标右键，在弹出的快捷菜单中选择“效果选项”命令，打开“弹跳”对话框，在“声音”下拉列表框中选择“激光”选项，单击“确定”按钮。

■ 选择下方的文本框，单击“添加效果”下拉按钮，在弹出的下拉菜单中选择“进入/棋盘”命令。

■ 用相同的方法为其添加“硬币”声音。

■ 选择第 3 张幻灯片，选择其中的第 1 个文本框，单击“添加效果”下拉按钮，在弹出的下拉菜单中选择“进入/其他效果”命令。

35

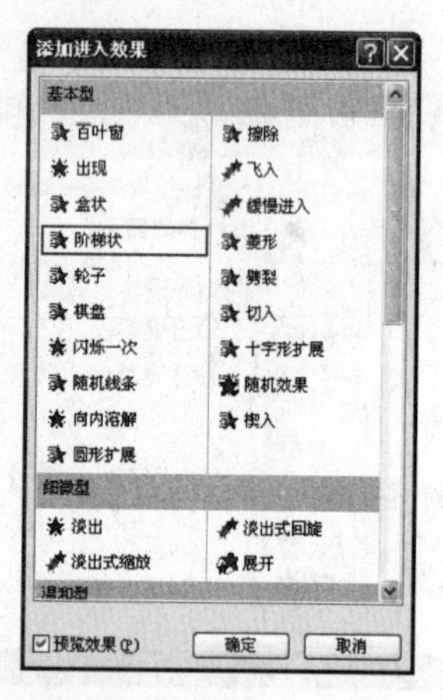

■ 在打开的“添加进入效果”对话框的“基本型”栏中，选择“阶梯状”选项，单击“确定”按钮应用设置。

36

■ 用同样的方法分别为该幻灯片中的其余四个文本框添加“轮子”、“随机线条”、“向内溶解”和“圆形扩展”进入效果。

37

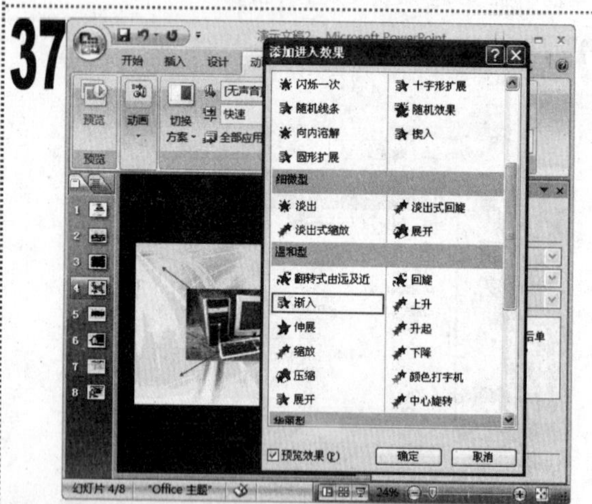

■ 选择第4张幻灯片，选择其中的所有文本框，单击“添加效果”下拉按钮，在弹出的下拉菜单中选择“进入/其他效果”命令，在打开的“添加进入效果”对话框中选择“渐入”选项，单击“确定”按钮。

38

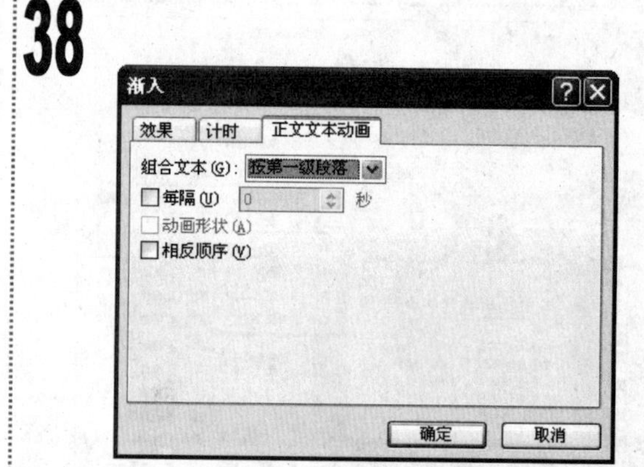

■ 在“自定义动画”任务窗格中的列表框中添加的动画效果选项上单击鼠标右键，在弹出的快捷菜单中选择“效果选项”命令，打开“渐入”对话框，单击“正文文本动画”选项卡，在“组合文本”下拉列表框中选择“按第一级段落”选项，单击“确定”按钮。

39

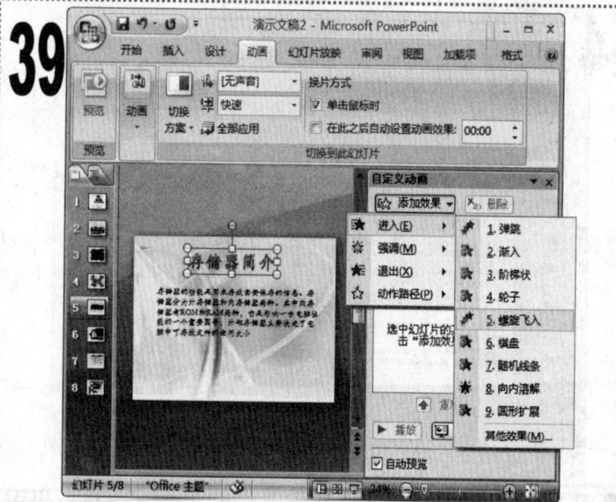

■ 选择第5张幻灯片，选择“存储器简介”文本所在的文本框，为其添加“进入/螺旋飞入”动画效果。

40

■ 选择下方的文本框，单击“添加效果”下拉按钮，在弹出的下拉菜单中选择“强调/跷跷板”命令，为其添加强调效果。

41

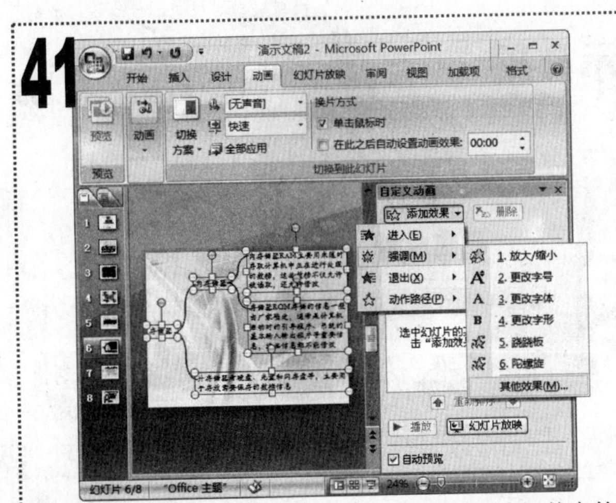

■ 选择第 6 张幻灯片，按住【Ctrl】键不放选择其中的所有文本框，单击“添加效果”按钮，在弹出的下拉菜单中选择“强调/其他效果”命令。

42

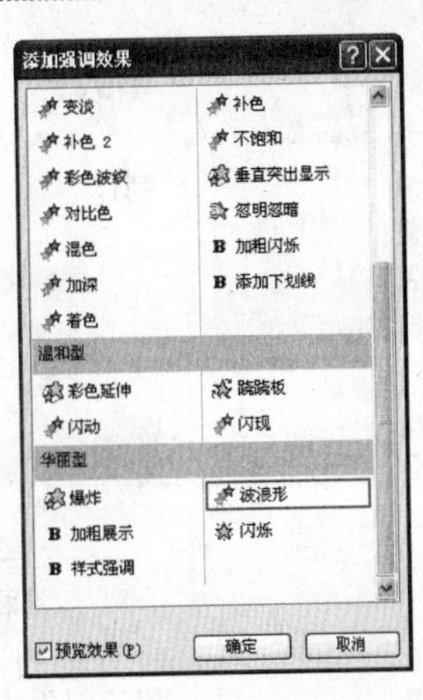

■ 在打开的“添加强调效果”对话框的“华丽型”栏中选择“波浪形”选项，单击“确定”按钮。

43

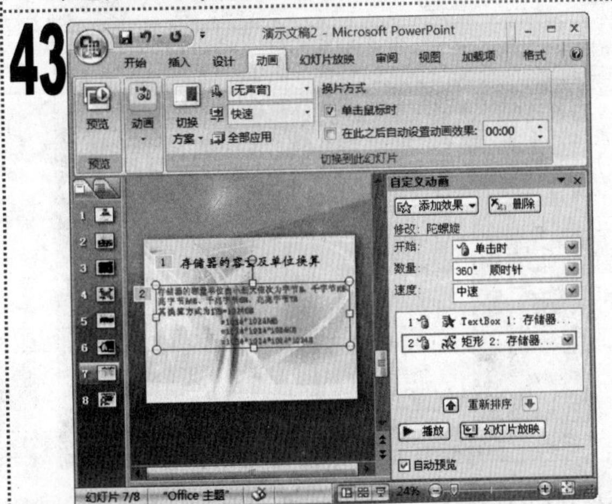

■ 在“幻灯片”窗格中选择第 7 张幻灯片，分别为其中的标题文本框和下方的文本框添加“阶梯状”进入效果和“陀螺旋”强调效果。

44

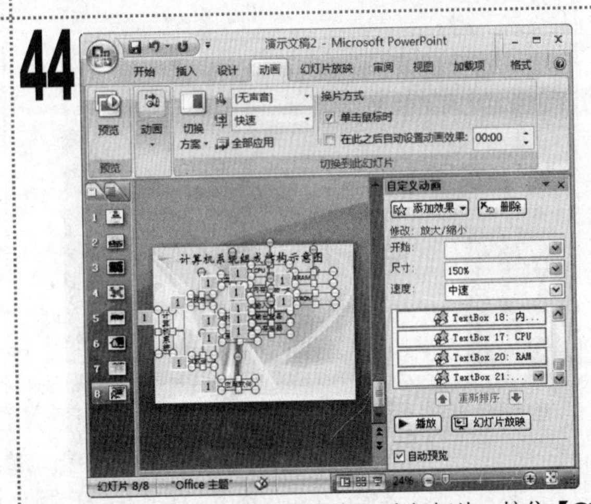

■ 在“幻灯片”窗格中选择第 8 张幻灯片，按住【Ctrl】键选择其中的所有文本框，单击“添加效果”下拉按钮，在弹出的下拉菜单中选择“强调/‘放大/缩小’”命令，为其添加强调效果。

45

■ 在“动画“选项卡中单击“切换到此幻灯片”组中的“切换方案”下拉按钮，在弹出的下拉列表中选择“楔入”选项，单击“全部应用”按钮。

46

■ 最后将演示文稿以“学电脑”为名进行保存，完成本例的制作。按【F5】键放映演示文稿，最终效果如图所示。

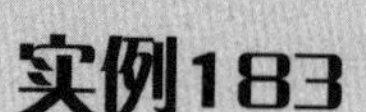

实例183 制作“班会”演示文稿

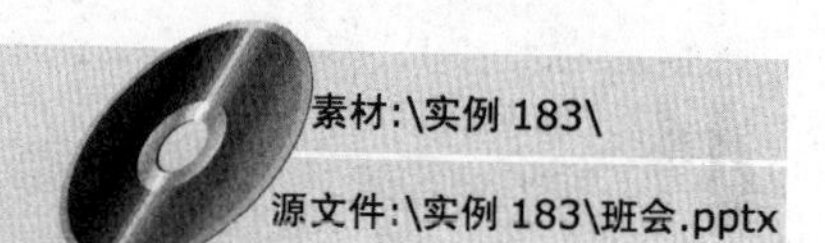

素材:\实例 183\

源文件:\实例 183\班会.pptx

包含知识

- 设置母版背景
- 设置文本格式
- 插入图片项目符号
- 插入艺术字
- 添加动画效果

制作思路

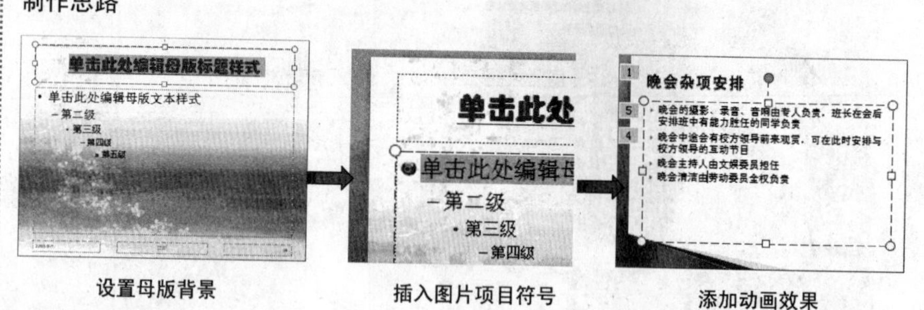

设置母版背景　　插入图片项目符号　　添加动画效果

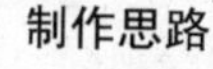

应用场所

用于制作集体活动辅助课件。

01

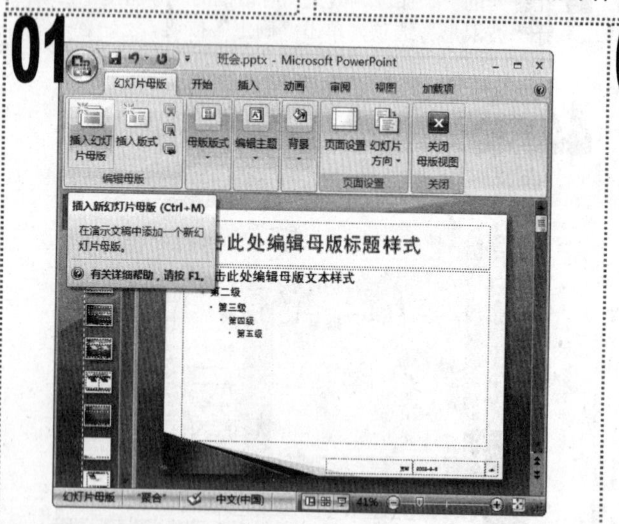

■ 打开“班会”演示文稿，单击“视图”选项卡，在“演示文稿视图”组中单击“幻灯片母版”按钮，进入幻灯片母版视图，在“幻灯片母版”选项卡的“编辑母版”组中单击“插入幻灯片母版”按钮。

02

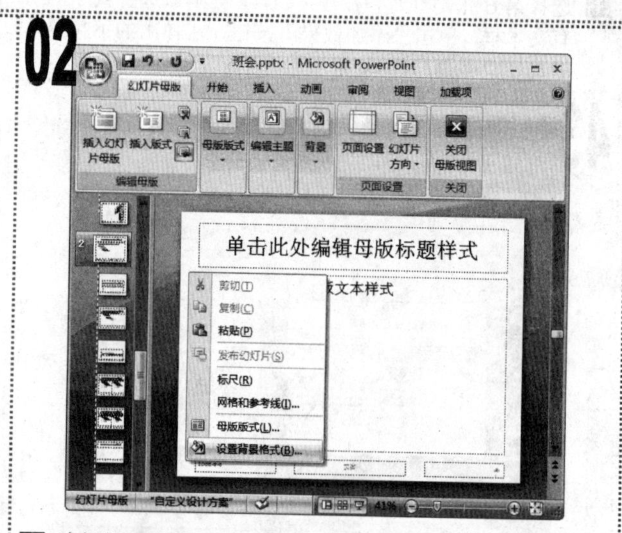

■ 选择插入的幻灯片母版中的第 1 张幻灯片，在中间的窗格中的空白位置处单击鼠标右键，在弹出的快捷菜单中选择“设置背景格式”命令。

03

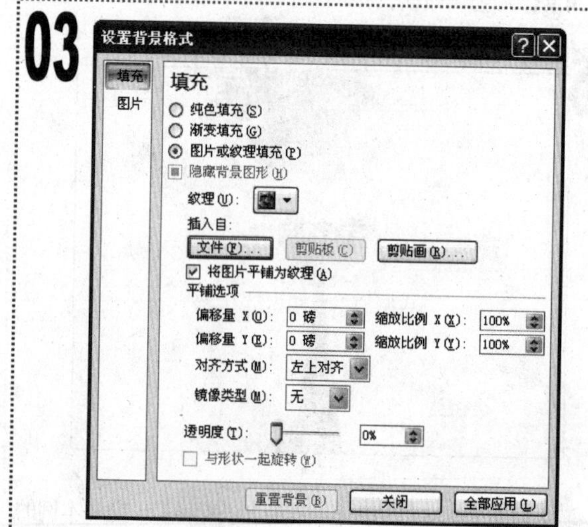

■ 在打开的“设置背景格式”对话框中选中“图片或纹理填充”单选按钮，单击显示出来的“文件”按钮。

04

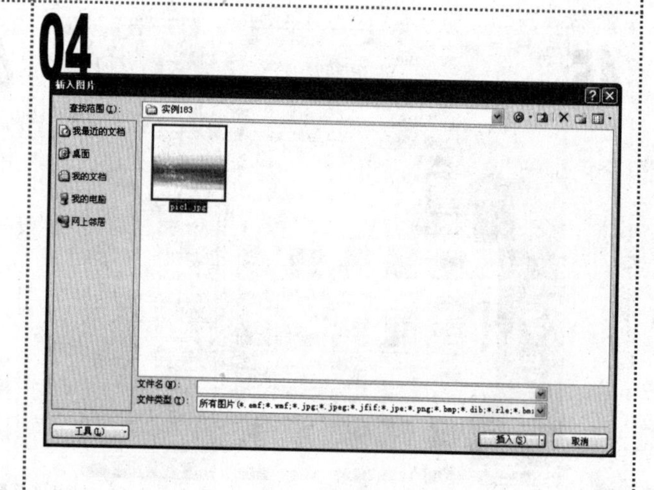

■ 在打开的“插入图片”对话框的“查找范围”下拉列表框中，选择素材文件所在的位置，在中间的列表框中选择“pic1”图片文件，单击“插入”按钮。

05

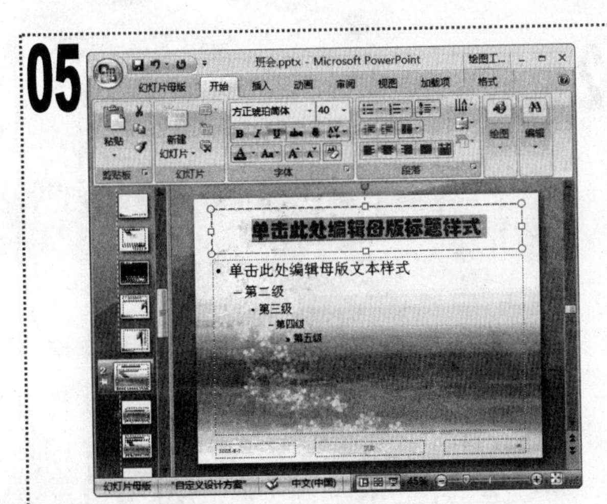

1 返回“设置背景格式”对话框，保持其他设置不变，单击“关闭”按钮。

2 选择标题占位符，在“开始”选项卡的“字体”组中将其字体格式设置为“方正琥珀简体、40、蓝色”，并单击“下画线”按钮为其添加下画线。

06

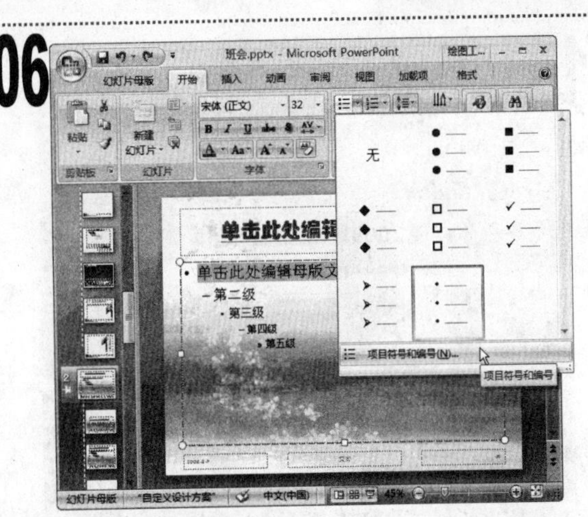

1 选择文本占位符中的第 1 行文本，单击“开始”选项卡的“段落”组中“项目符号”按钮右侧的下拉按钮，在弹出的下拉菜单中选择“项目符号和编号”命令。

07

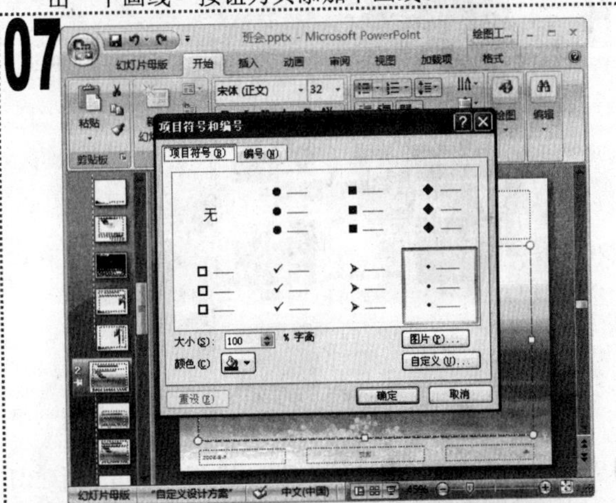

1 在打开的“项目符号和编号”对话框中，单击对话框下方的“图片”按钮。

08

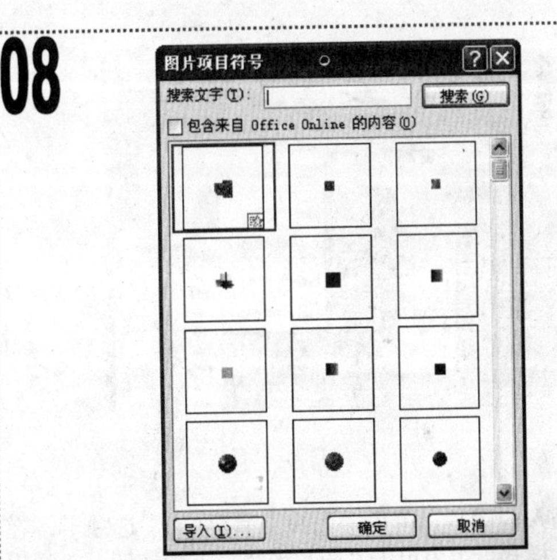

1 在打开“图片项目符号”对话框中，单击对话框下方的“导入”按钮。

09

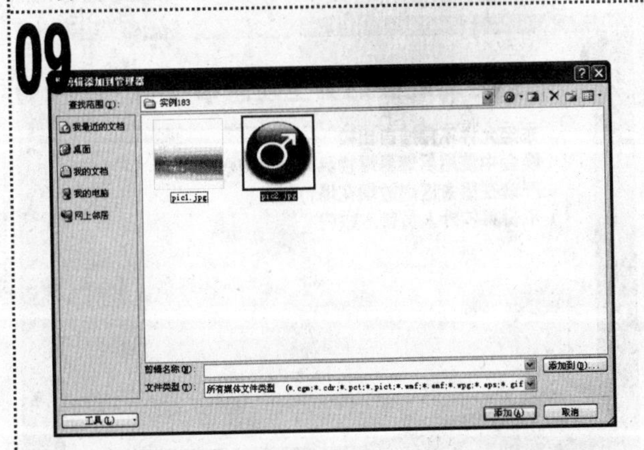

1 在打开的“将剪辑添加到管理器”对话框的“查找范围”下拉列表框中，选择素材文件所在的位置，在中间的列表框中选择图片文件“pic2”，单击“添加”按钮。

10

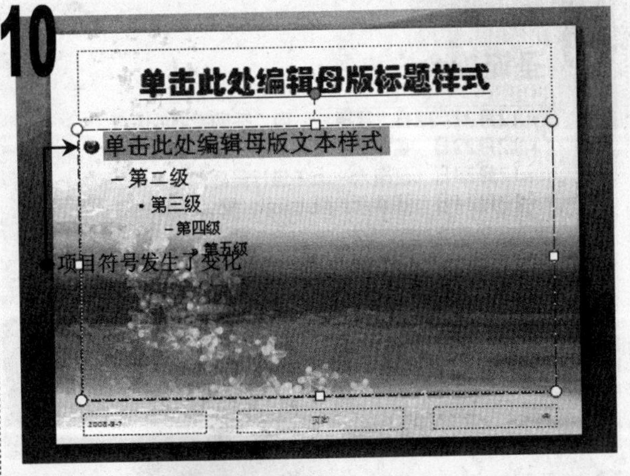

1 返回“图片项目符号”对话框，单击“确定”按钮。

2 返回“幻灯片编辑”窗格，可以看到文本占位符中的第 1 行文本前的项目符号变为了插入的图片项目符号。

11

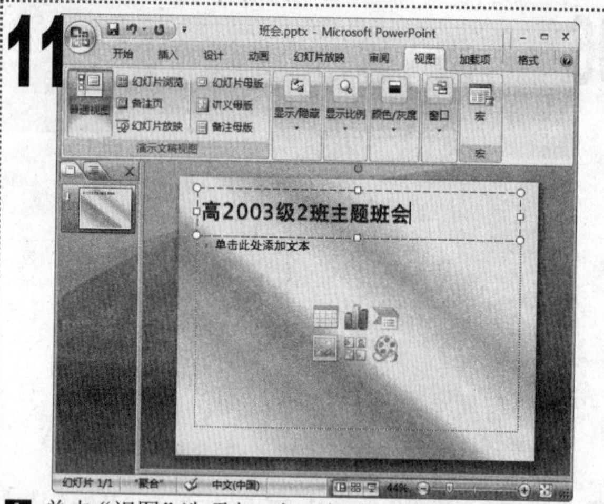

1 单击“视图”选项卡，在“演示文稿视图”组中单击“普通视图”按钮，返回普通视图。

2 在幻灯片中的标题占位符中输入如图所示的标题文本。

12

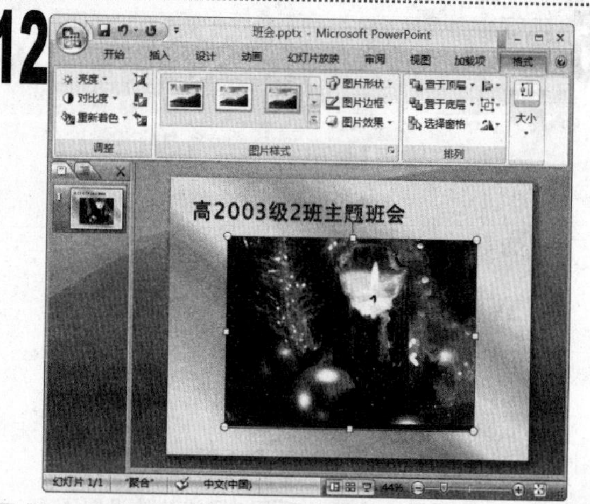

1 单击下方占位符中的“插入来自文件的图片”按钮，在打开的“插入图片”对话框中选择“pic3”图片文件，单击“插入”按钮将其插入到幻灯片中。

13

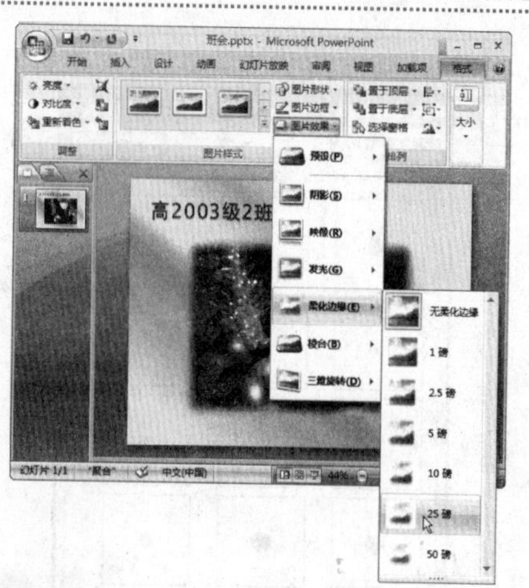

1 选择插入的图片，单击“图片工具/格式”选项卡，在“图片样式”组中单击“图片效果”下拉按钮，在弹出的下拉菜单中选择“柔化边缘/25 磅”选项。

14

1 单击“开始”选项卡，在“幻灯片”组中单击“新建幻灯片”下拉按钮，在弹出的下拉菜单中选择“标题和内容”选项。

15

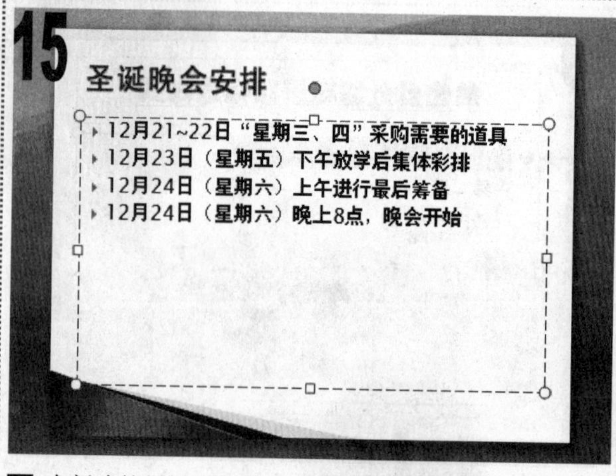

1 在新建的幻灯片中输入标题与正文文本，得到的效果如图所示。

16

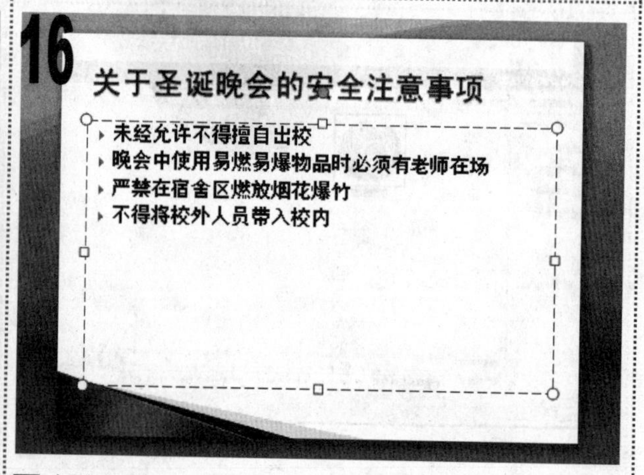

1 新建版式为“标题和内容”的第 3 张幻灯片，在其中输入标题与正文文本，得到的效果如图所示。

17

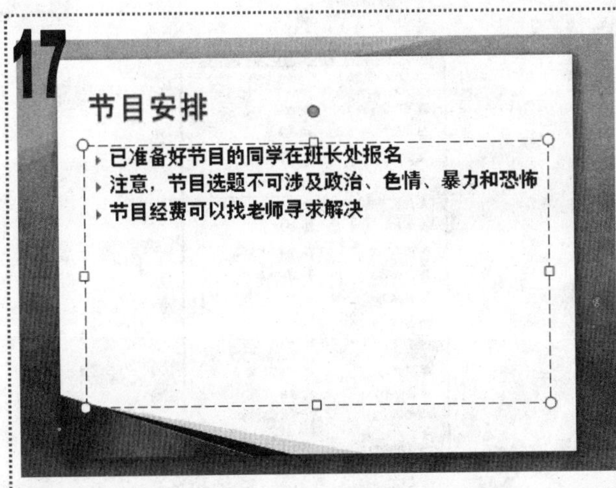

■ 新建版式为“标题和内容”的第 4 张幻灯片，在其中输入标题与正文文本，得到的效果如图所示。

18

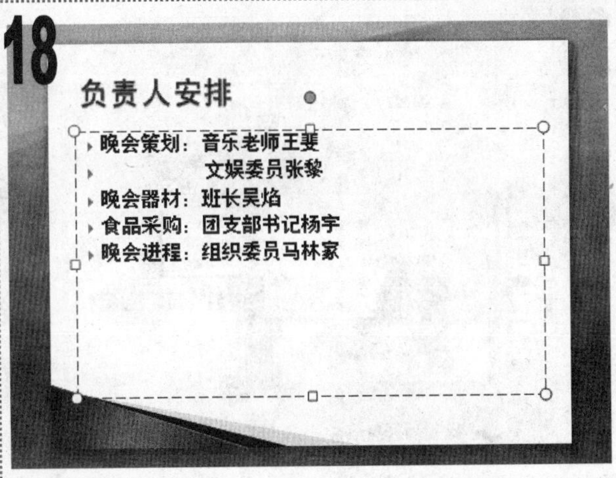

■ 新建版式为“标题和内容”的第 5 张幻灯片，在其中输入标题与正文文本，得到的效果如图所示。

19

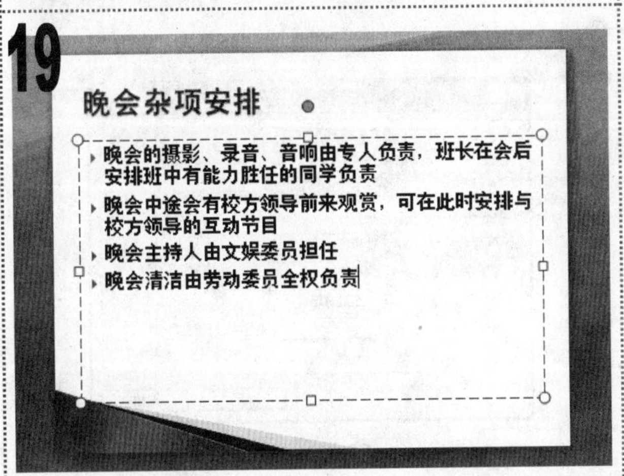

■ 新建版式为“标题和内容”的第 6 张幻灯片，在其中输入标题与正文文本，得到的效果如图所示

20

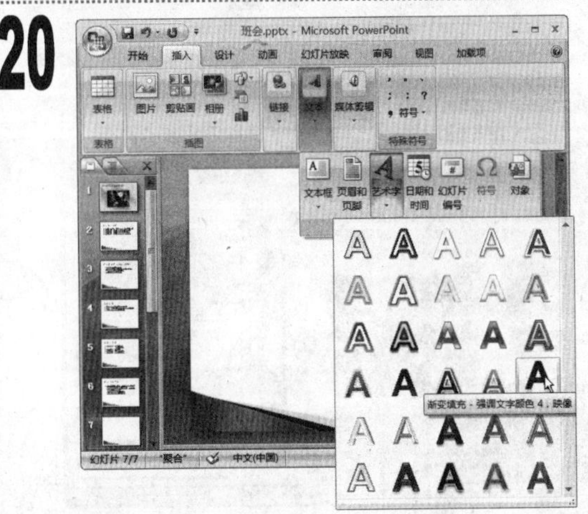

■ 新建版式为“空白”的第 7 张幻灯片，单击“插入”选项卡，在“文本”组中单击“艺术字”下拉按钮，在弹出的下拉列表中选择“渐变填充-强调文字颜色 4，映像”选项。

21

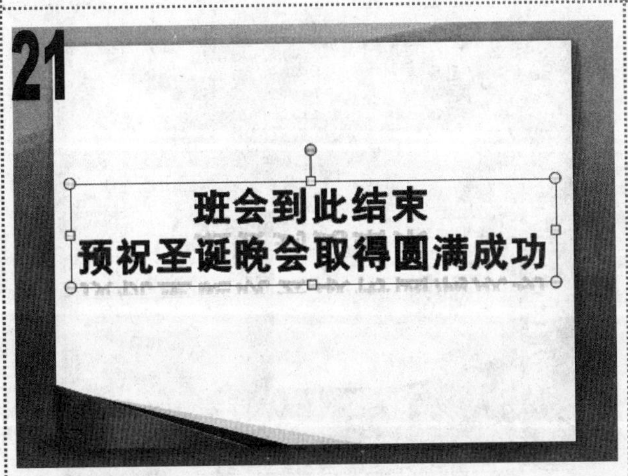

■ 在幻灯片中出现的艺术字文本框中输入文本“班会到此结束预祝圣诞晚会取得圆满成功”，然后将该文本框移动到如图所示的位置。

22

■ 在“幻灯片”窗格中选择第 1 张幻灯片，选择标题占位符，单击“动画”选项卡，在“动画”组中单击“自定义动画”按钮。

23

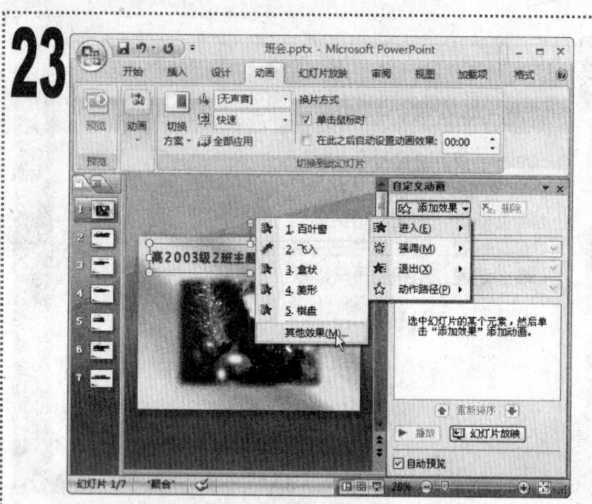

■ 在打开的“自定义动画”任务窗格中单击“添加效果”下拉按钮，在弹出的下拉菜单中选择“进入/其他效果”命令。

24

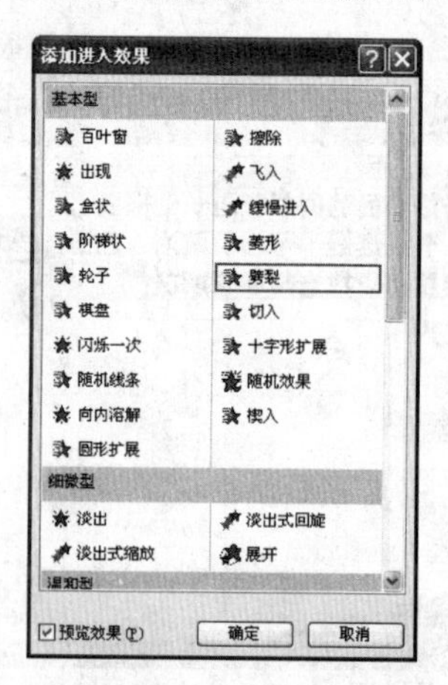

■ 在打开的“添加进入效果”对话框的“基本型”栏中，选择“劈裂”选项，单击“确定”按钮。

25

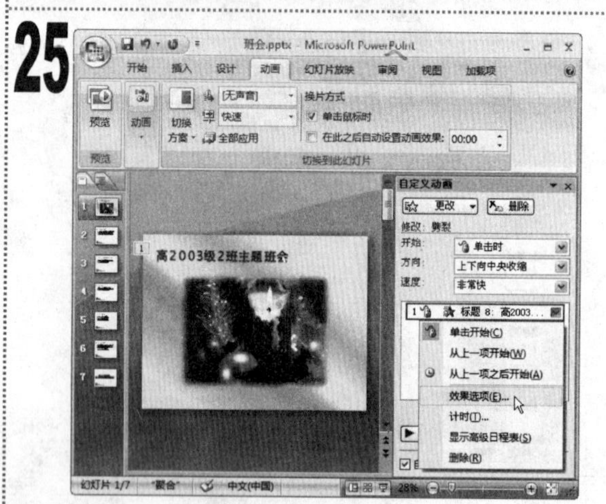

■ 在“自定义动画”任务窗格中的列表框中的添加的动画效果选项上单击鼠标右键，在弹出的快捷菜单中选择“效果选项”命令。

26

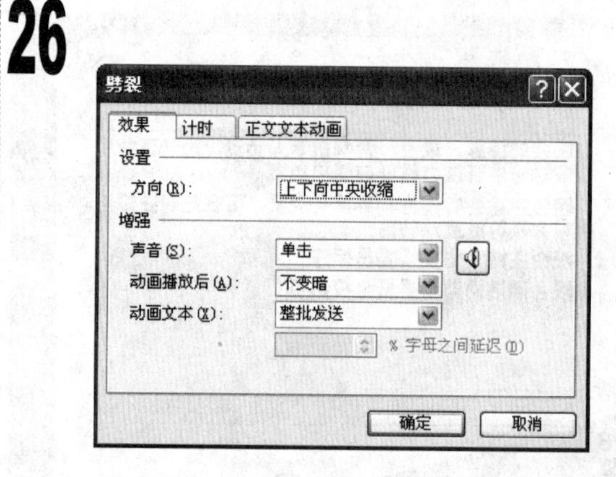

■ 在打开的“劈裂”对话框的“效果”选项卡中的“声音”下拉列表框中，选择“单击”选项，单击“确定”按钮。

27

■ 选择插入的图片文件，单击“添加效果”下拉按钮，在弹出的下拉菜单中选择“强调/陀螺旋”命令，然后用同样的方法为其添加“硬币”声音。

28

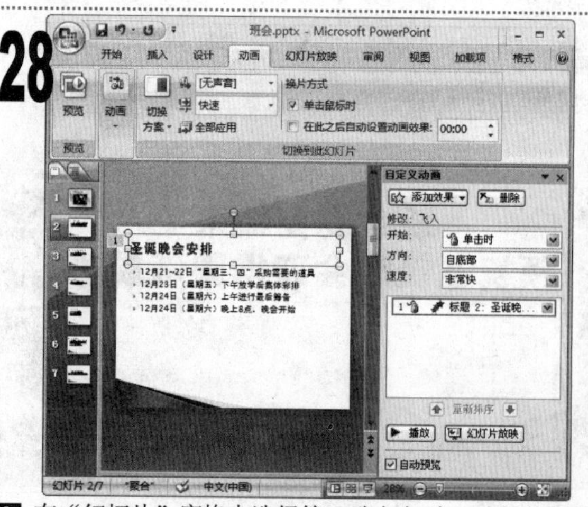

■ 在“幻灯片”窗格中选择第2张幻灯片，选择其中的标题占位符，为其添加“飞入”进入效果及“捶打”声音。

29

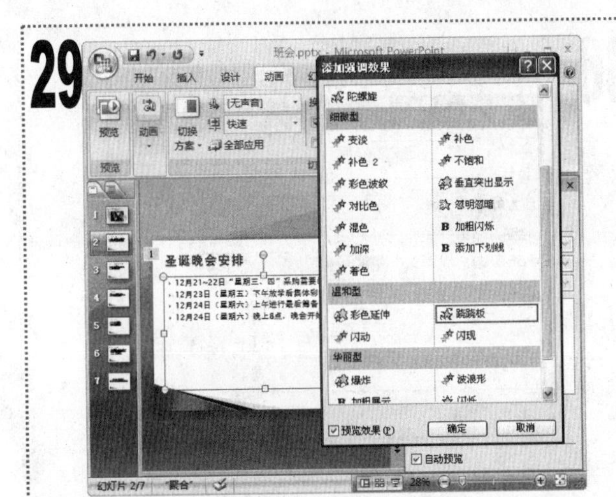

1 选择下方的占位符，单击“添加效果”下拉按钮，在弹出的下拉菜单中选择“强调/其他效果”命令，在打开的“添加强调效果”对话框中选择“跷跷板”选项，单击“确定”按钮。

30

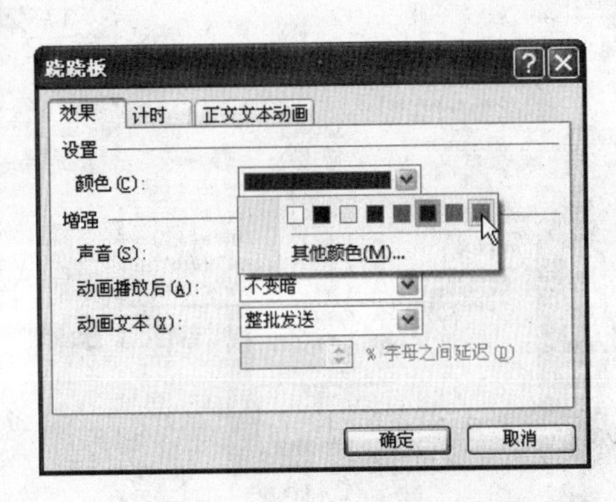

1 打开“跷跷板”对话框，在其中的“颜色”下拉列表框中选择“青色”选项，单击“确定”按钮。

31

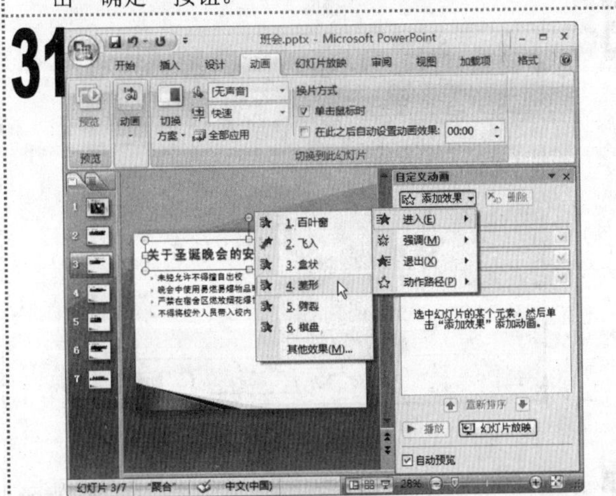

1 在“幻灯片”窗格中选择第 3 张幻灯片，选择其中的标题占位符，单击“添加效果”下拉按钮，在弹出的下拉菜单中选择“进入/菱形”命令。

32

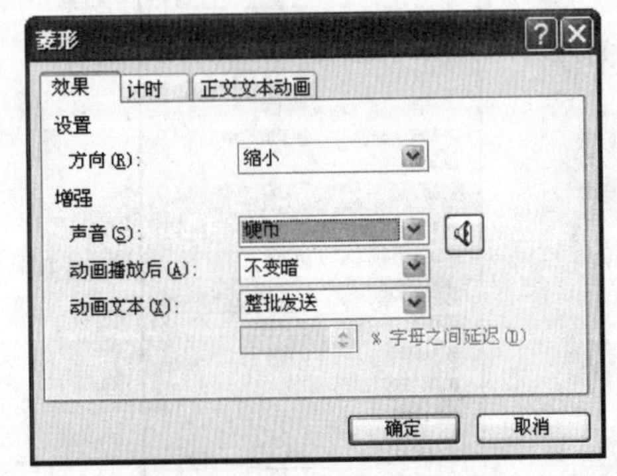

1 打开“菱形”对话框，在其中的“方向”下拉列表框中选择“缩小”选项，在“声音”下拉列表框中选择“硬币”选项，单击“确定”按钮。

33

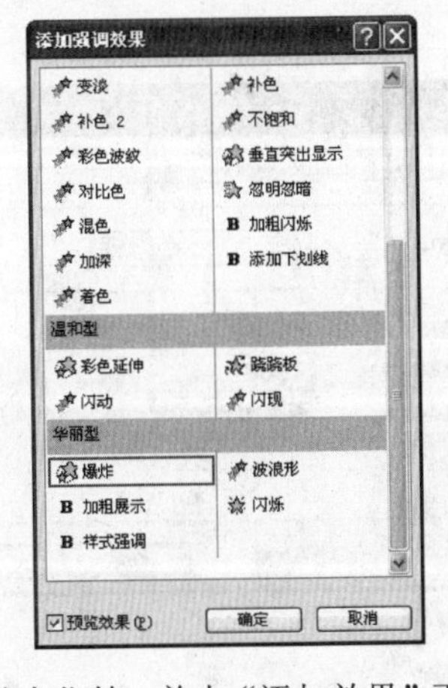

1 选择下方的占位符，单击“添加效果”下拉按钮，在弹出的下拉菜单中选择“强调/其他效果”命令，在打开的“添加强调效果”对话框中选择“爆炸”选项，单击“确定”按钮。

34

1 打开“爆炸”对话框，单击“正文文本动画”选项卡，选中其中的“相反顺序”复选框，单击“确定”按钮。

35

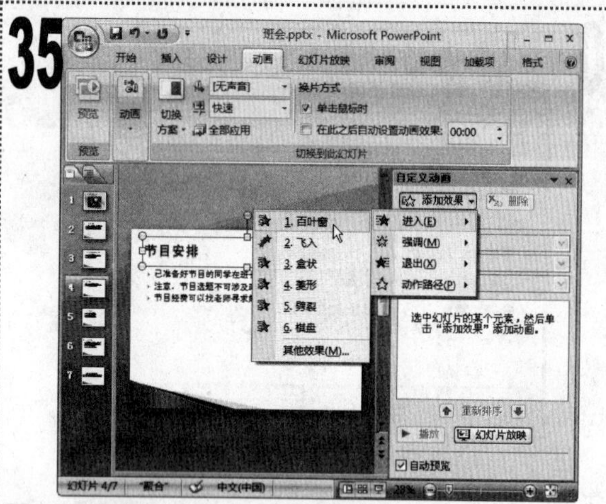

■ 在“幻灯片”窗格中选择第 4 张幻灯片，选择其中的标题占位符，单击“添加效果”下拉按钮，在弹出的下拉菜单中选择“进入/百叶窗”命令。

36

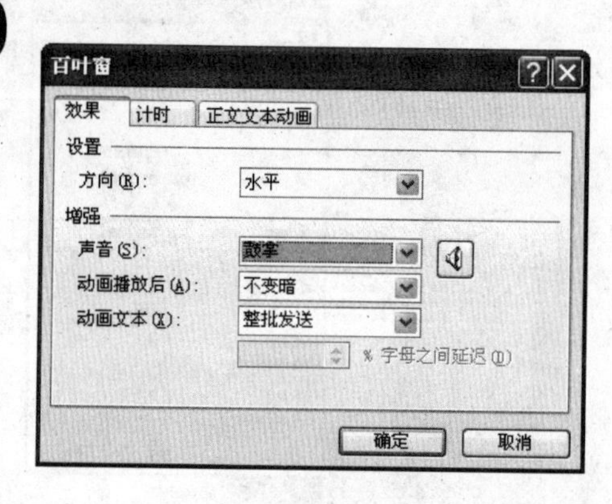

■ 打开“百叶窗”对话框，在“方向”下拉列表框中选择“水平”选项，在“声音”下拉列表框中选择“鼓掌”选项，单击“确定”按钮。

37

■ 选择下方的占位符，单击“添加效果”下拉按钮，在弹出的下拉菜单中选择“强调/其他效果”命令，在打开的“添加强调效果”对话框中选择“波浪形”选项，单击“确定”按钮。

38

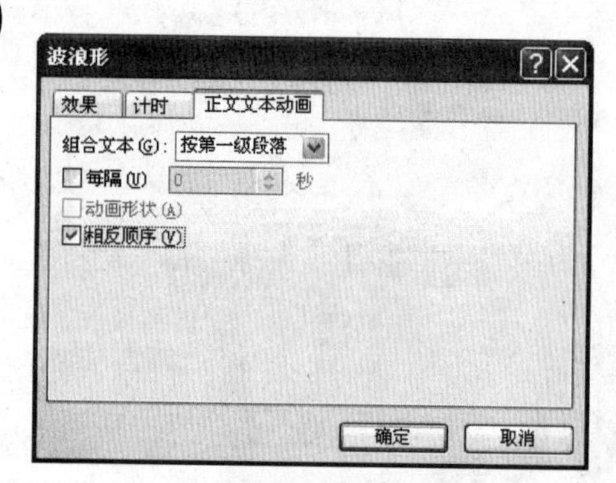

■ 打开“波浪形”对话框，单击“正文文本动画”选项卡，选中下方的“相反顺序”复选框，单击“确定”按钮。

39

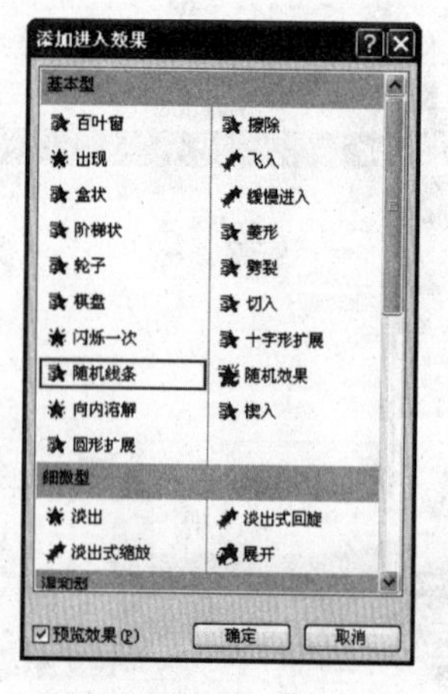

■ 在“幻灯片”窗格中选择第 5 张幻灯片，选择标题占位符，单击“添加效果”下拉按钮，在弹出的下拉菜单中选择“进入/其他效果”命令，在打开的“添加进入效果”对话框中选择“随机线条”选项，单击“确定”

40

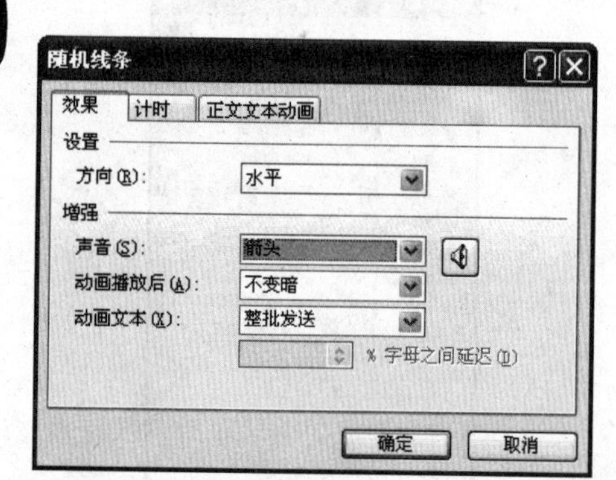

■ 打开“随机线条”对话框，在“方向”下拉列表框中选择“水平”选项，在“声音”下拉列表框中选择“箭头”选项，单击“确定”按钮。

41

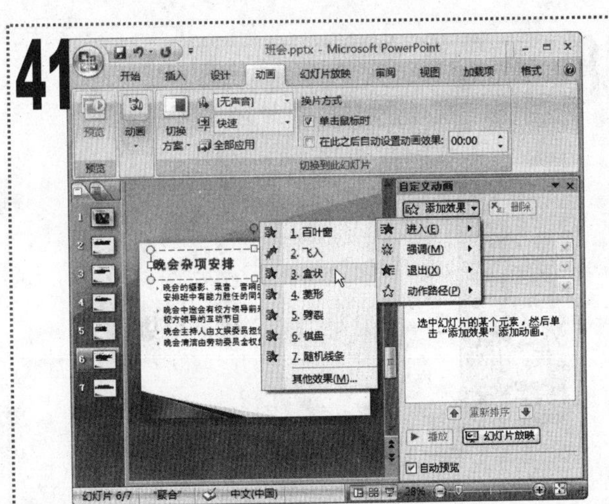

■ 在“幻灯片”窗格中选择第 6 张幻灯片，选择标题占位符，单击“添加效果”下拉按钮，在弹出的下拉菜单中选择“进入/盒状”命令。

42

■ 打开“盒状”对话框，在“方向”下拉列表框中选择“缩小”选项，在“声音”下拉列表框中选择“微风”选项，单击“确定”按钮。

43

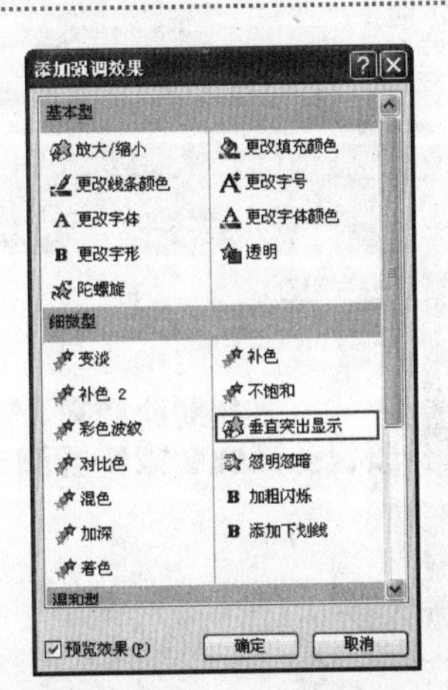

■ 选择下方的占位符，单击“添加效果”下拉按钮，在弹出的下拉菜单中选择“强调/其他效果”命令，在打开的“添加强调效果”对话框中选择“垂直突出显示”选项，单击“确定”按钮。

44

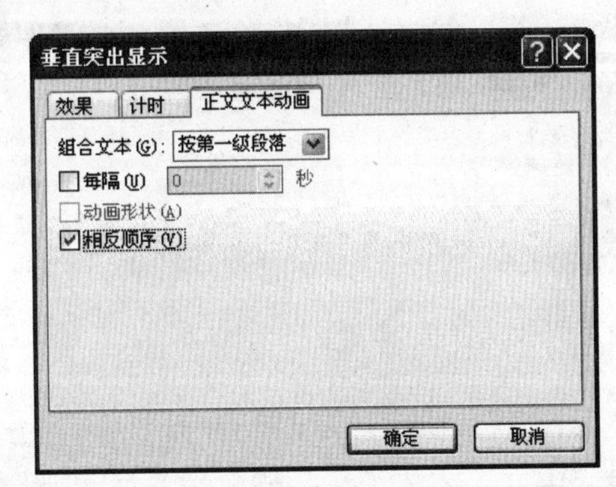

■ 打开“垂直突出显示”对话框，在“效果”选项卡的“颜色”下拉列表框中选择“青色”选项，再单击“正文文本动画”选项卡，选中“相反顺序”复选框，单击“确定”按钮。

45

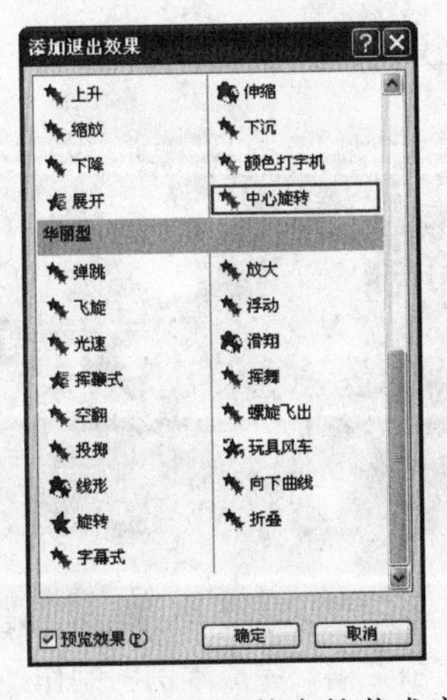

■ 选择第 7 张幻灯片，选择其中的艺术字文本框，单击“添加效果”下拉按钮，在弹出的下拉菜单中选择“退出/其他效果”命令，在打开的“添加退出效果”对话框中选择“中心旋转”选项，单击“确定”按钮。

46

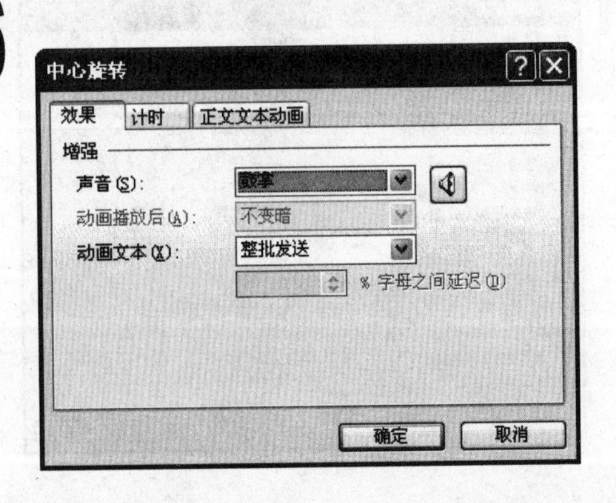

■ 打开“中心旋转”对话框，在“声音”下拉列表框中选择“鼓掌”选项，单击“确定”按钮。

47

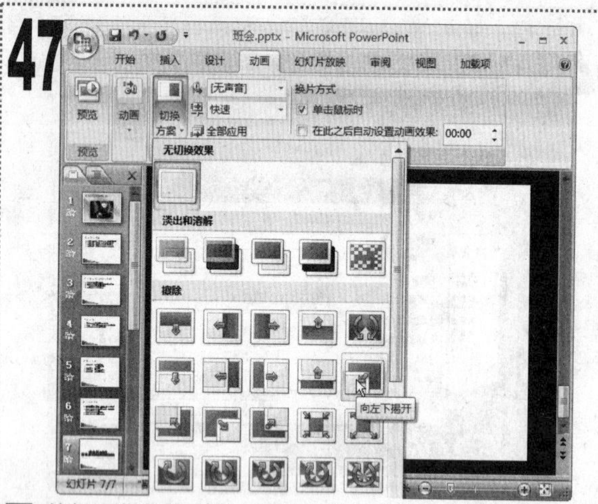

■ 关闭“自定义动画”任务窗格，在“动画”选项卡的“切换到此幻灯片”组中单击“切换方案”下拉按钮，在弹出的下拉列表中选择“向左下揭开”选项。

48

■ 在“切换声音”下拉列表框中选择“其他声音”选项。

49

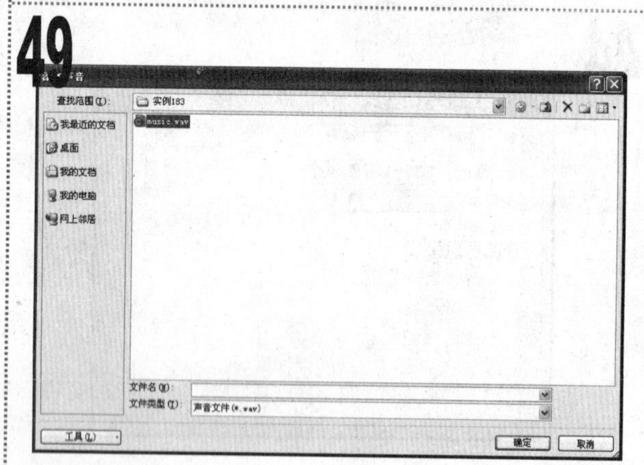

■ 在打开的“添加声音”对话框的“查找范围”下拉列表框中，选择素材文件所在的位置，在中间的列表框中选择声音文件“music”，单击“确定”按钮。

50

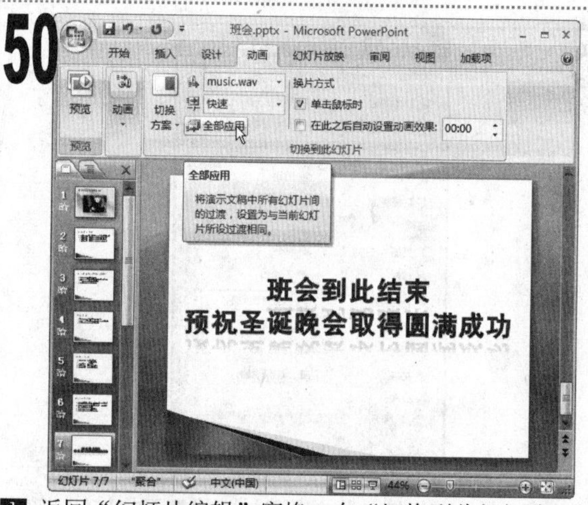

■ 返回“幻灯片编辑”窗格，在“切换到此幻灯片”组中单击“全部应用”按钮。

51

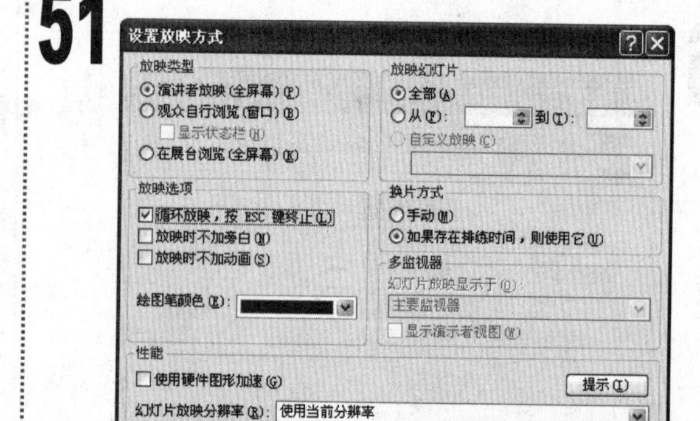

■ 单击“幻灯片放映”选项卡，在“设置”组中单击“设置幻灯片放映”按钮，在打开的“设置放映方式”对话框中选中“循环放映，按【Esc】键终止”复选框，单击“确定”按钮。

52

■ 最后保存演示文稿，完成本例的制作。按【F5】键播放演示文稿，最终效果如图所示。

第14章

制作培训演讲类演示文稿

与同事相处的标准

- 真诚合作
- 同甘共苦
- 一个好汉三个帮
- 公平竞争
- 宽以待人
- 人非圣贤，孰能无过

实例184 制作“培训计划”演示文稿

实例185 制作“技巧培训”演示文稿

实例186 制作“销售表”演示文稿

实例187 制作“礼仪”演示文稿

实例188 制作“市场报表”演示文稿

实例189 制作“拯救地球”演示文稿

实例190 制作“就职演说”演示文稿

实例191 制作“年度总结”演示文稿

实例192 设置“理念培训”演示文稿

14

在一场培训或者演讲类的活动中发表一篇精彩的演说很能打动观众，而如果在演说时能配以声情并茂的幻灯片辅助，无疑更锦上添花。本章我们将学习如何制作培训演讲类的演示文稿，让您在面对这些场合时更加游刃有余。

实例184 制作"培训计划"演示文稿

素材:\实例 184\

源文件:\实例 184\培训计划.pptx

包含知识

- 制作幻灯片母版
- 设置幻灯片背景
- 插入项目符号
- 插入并编辑图片
- 插入 SmartArt 图形
- 编辑 SmartArt 图形

制作思路

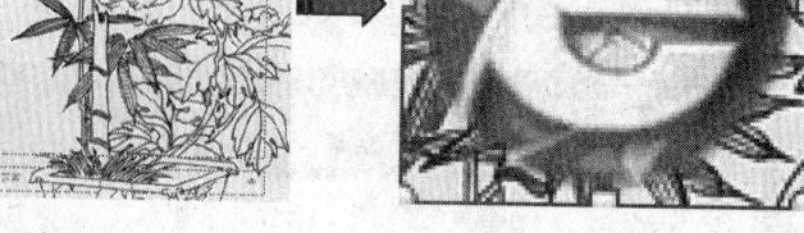

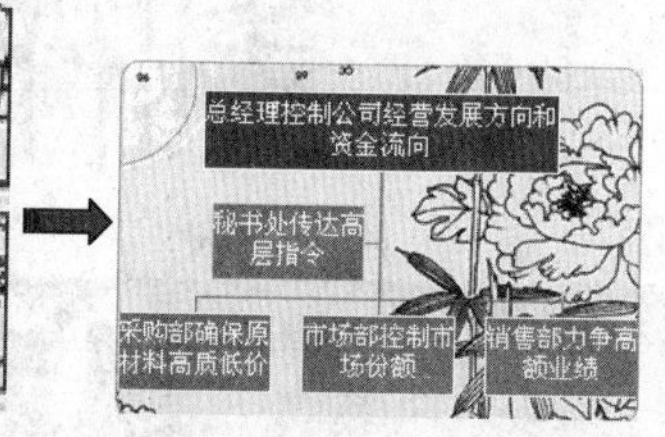

制作幻灯片母版　插入并编辑图片　插入并编辑 SmartArt 图形

应用场所

用于制作培训公司员工的演示文稿。

01

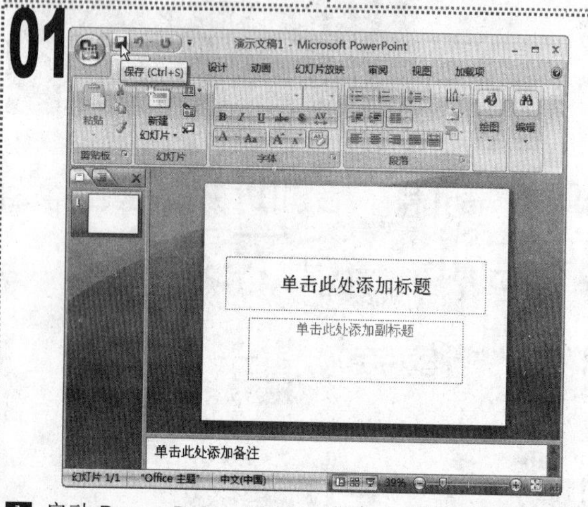

1. 启动 PowerPoint 2007，程序自动新建一个空白演示文稿，单击快速访问工具栏中的"保存"按钮。

02

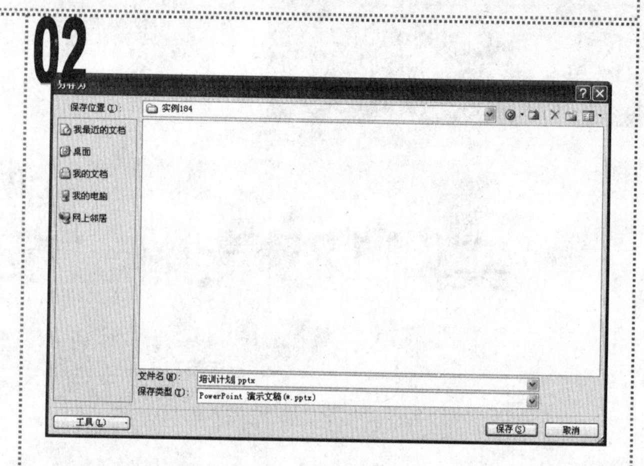

1. 在打开的"另存为"对话框的"保存位置"下拉列表框中选择存储位置，在"文件名"下拉列表框中输入"培训计划"。
2. 单击"保存"按钮。

03

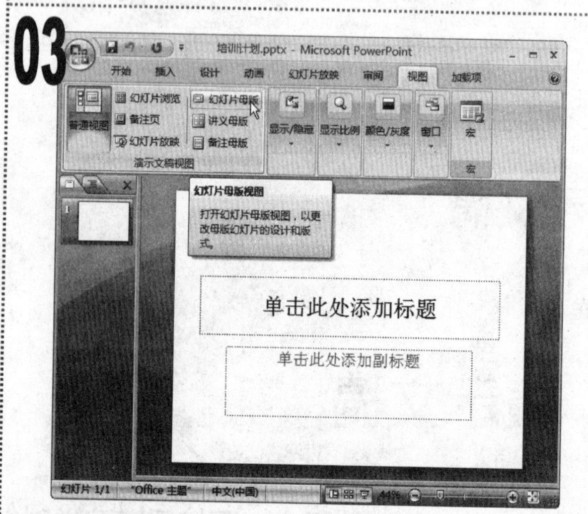

1. 单击"视图"选项卡，在"演示文稿视图"组中单击"幻灯片母版"按钮。

04

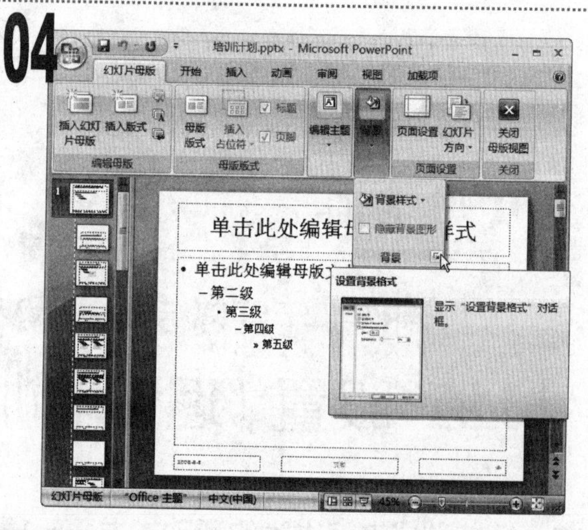

1. 进入幻灯片母版视图，在左侧的窗格中选择第 1 张母版幻灯片。
2. 单击"幻灯片母版"选项卡，单击"背景"组中的对话框启动器。

05

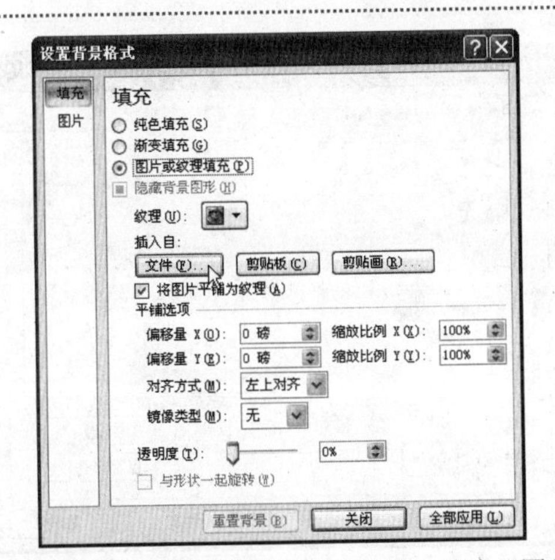

■ 在打开的“设置背景格式”对话框中，选中“图片或纹理填充”单选按钮，单击显示出来的“文件”按钮。

06

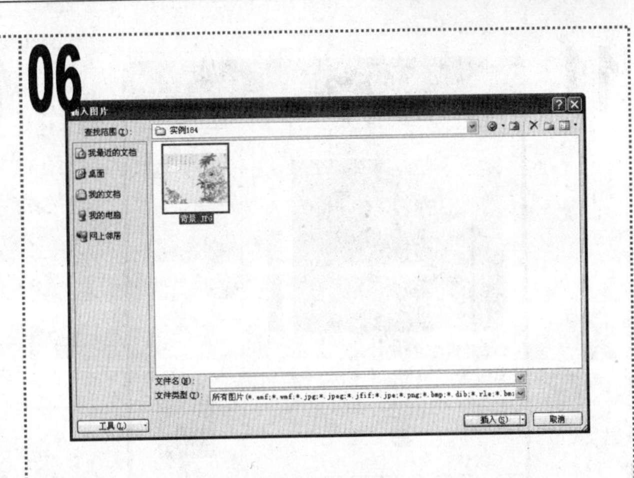

■ 在打开的“插入图片”对话框中，选择图片文件“背景”，单击“插入”按钮。

■ 返回“设置背景格式”对话框，单击“关闭”按钮。

07

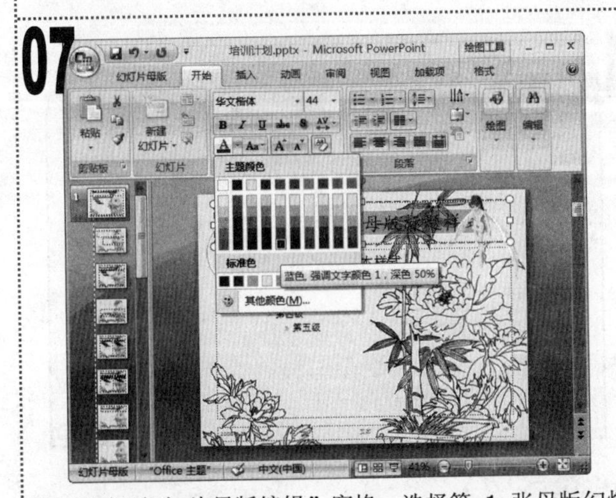

■ 返回“幻灯片母版编辑”窗格，选择第 1 张母版幻灯片的标题占位符中的文本，在“开始”选项卡的“字体”组中设置其字体格式为“华文楷体、44”，单击“字体颜色”按钮右侧的下拉按钮，在弹出的下拉菜单中选择“蓝色，强调文字颜色 1，深色 50%”选项。

08

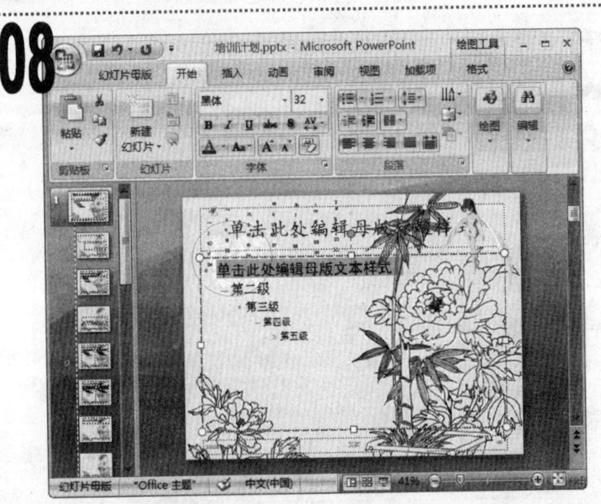

■ 选择下方占位符中的第 1 行文字，在“开始”选项卡中将其字体格式设置为“黑体、32”。

09

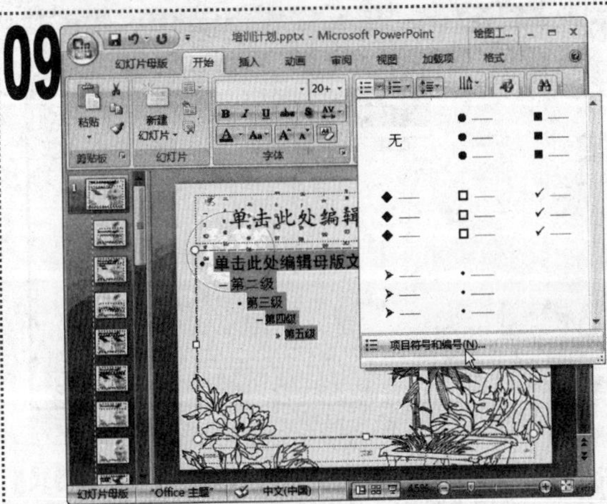

■ 选择该占位符中的所有文本，在“开始”选项卡的“段落”组中单击“项目符号”按钮右侧的下拉按钮，在弹出的下拉菜单中选择“项目符号和编号”命令。

10

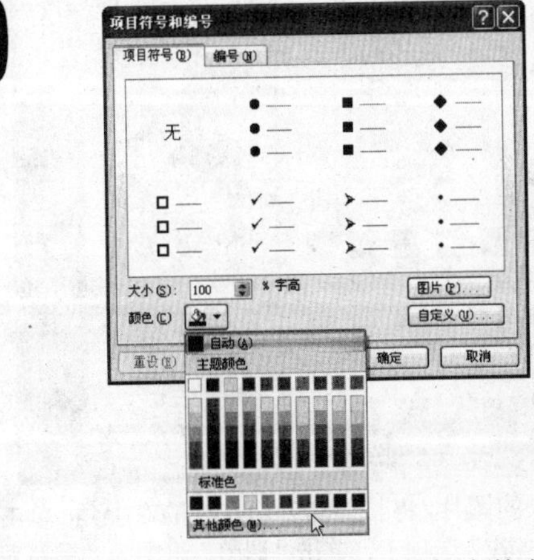

■ 在打开的“项目符号和编号”对话框中单击“颜色”下拉按钮，在弹出的下拉菜单中选择“其他颜色”命令。

11

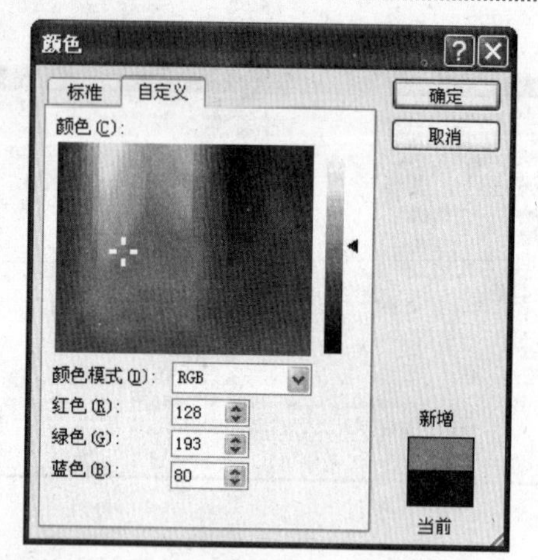

■ 在打开的“颜色”对话框中单击“自定义”选项卡，分别在“红色”、“绿色”和“蓝色”数值框中输入“128”，“193”和“80”，单击“确定”按钮。

12

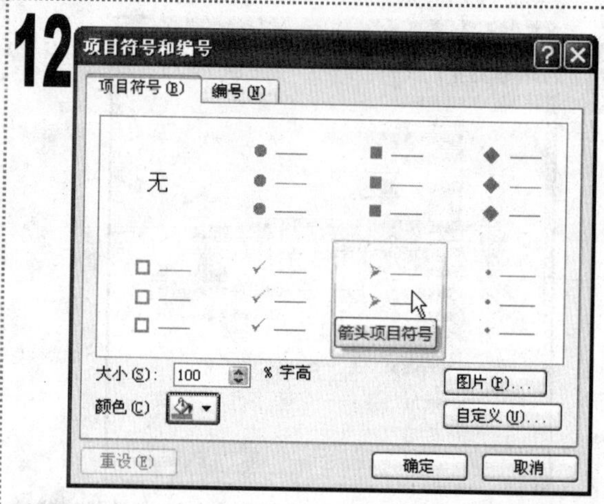

■ 返回“项目符号和编号”对话框，在“项目符号”选项卡中选择“箭头项目符号”选项，单击“确定”按钮。

13

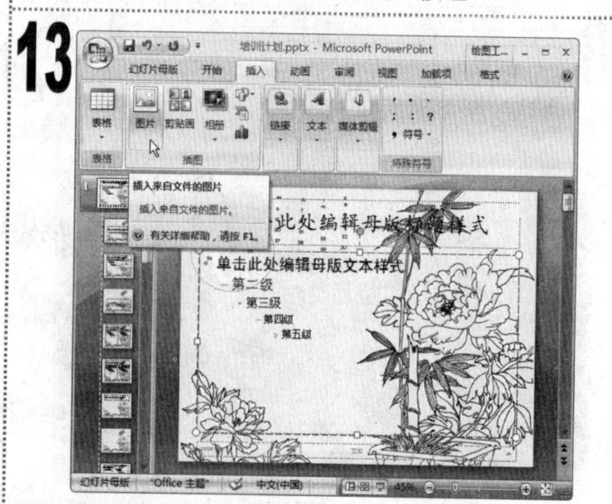

■ 返回“幻灯片母版编辑”窗格，单击“插入”选项卡，在“插图”组中单击“图片”按钮。

14

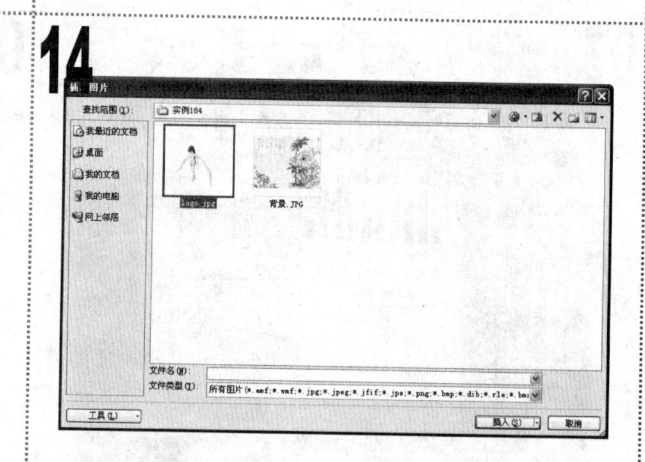

■ 在打开的“插入图片”对话框的“查找范围”下拉列表框中，选择素材文件所在的位置，在中间的列表框中选择图片文件“logo”，单击“插入”按钮。

15

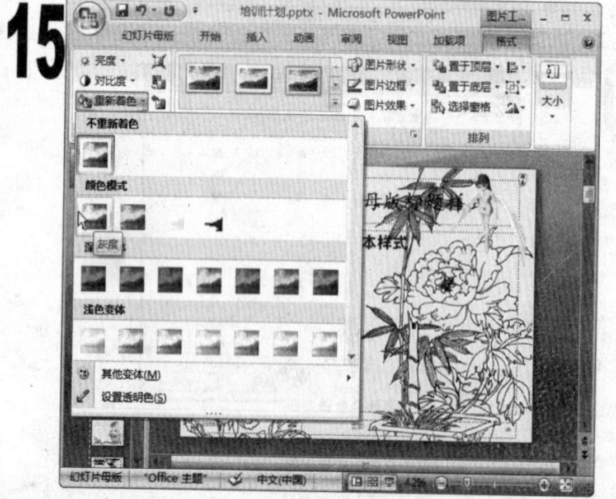

■ 选择插入的图片，将其移动到幻灯片的右上角，单击“图片工具/格式”选项卡，单击“调整”组中的“重新着色”下拉按钮，在弹出的下拉菜单中选择“灰度”选项。

16

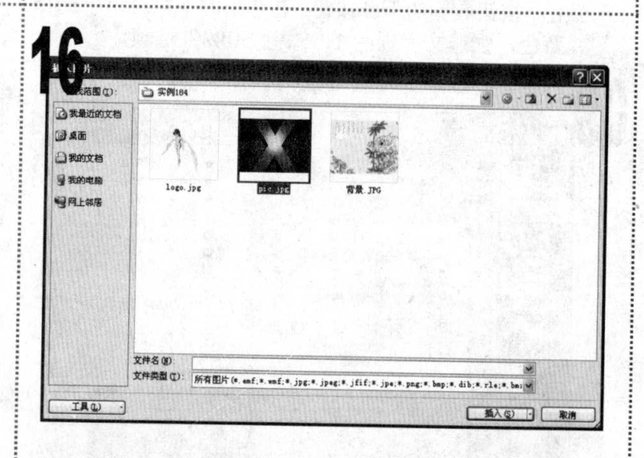

■ 选择左侧窗格中的第 2 张幻灯片，打开“设置背景格式”对话框，选中“图片或纹理填充”单选按钮，单击显示出来的“文件”按钮，在打开的对话框中选择图片文件“pic”，作为母版幻灯片的背景。

17

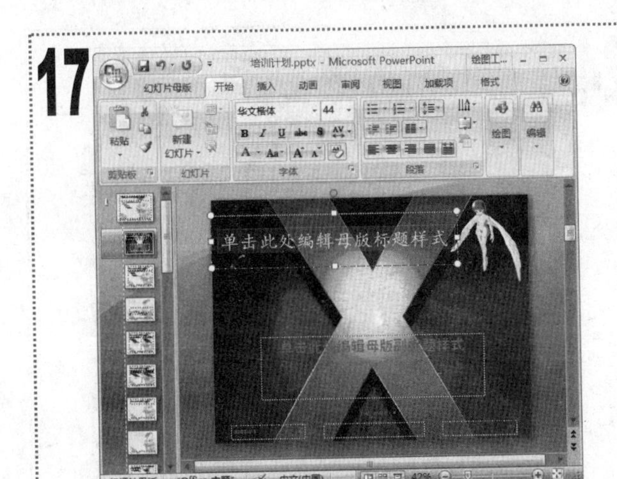

■ 返回“幻灯片母版编辑”窗格，调整标题占位符的大小和位置，然后将其字体颜色设置为“黄色”。

18

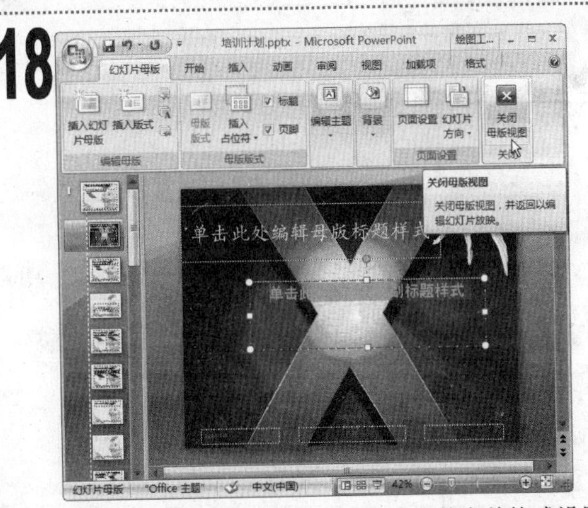

■ 调整副标题占位符的大小和位置，将其字体格式设置为“黑体、32、浅绿”。

■ 单击“幻灯片母版”选项卡，在“关闭”组中单击“关闭母版视图”按钮，退出幻灯片母版视图。

19

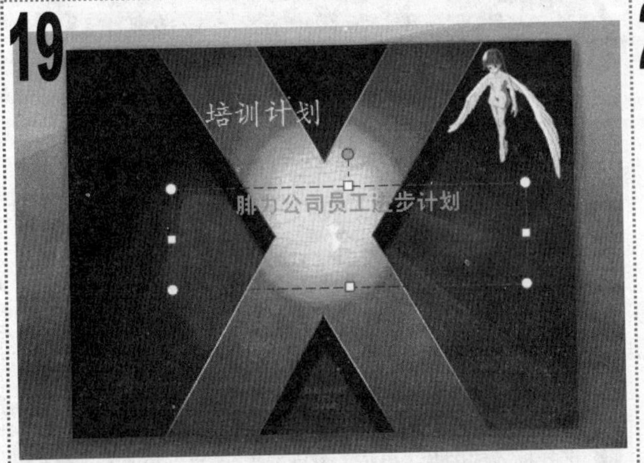

■ 将鼠标光标定位到标题占位符中，输入标题文本“培训计划”，然后在副标题占位符中输入文本“腓力公司员工进步计划”。

20

■ 单击“大纲”选项卡，在其中单击鼠标右键，在弹出的快捷菜单中选择“新建幻灯片”命令，新建一张幻灯片。在其后输入文本“欢迎成为腓力的生力军”。

21

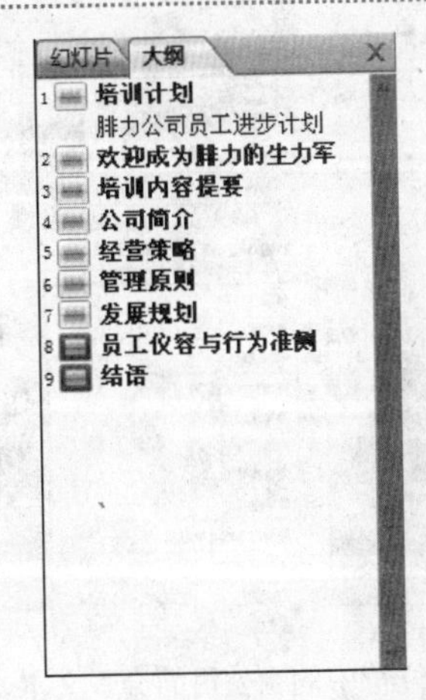

■ 用同样的方法继续新建幻灯片，并分别为其输入如图所示的标题文本。

22

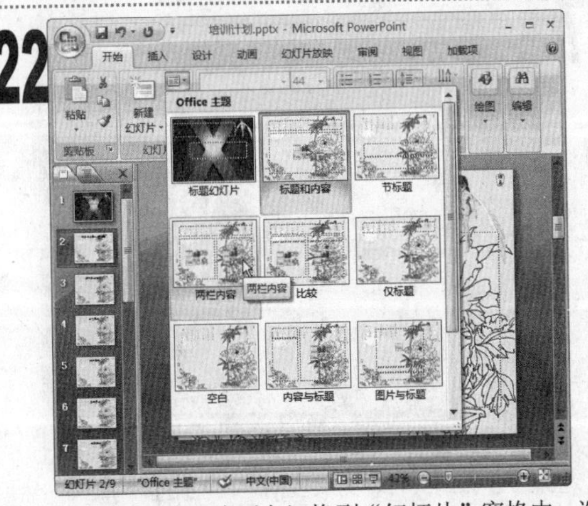

■ 单击“幻灯片”选项卡切换到“幻灯片”窗格中。选择第 2 张幻灯片，单击“开始”选项卡，单击“幻灯片”组中的“版式”下拉按钮，在弹出的下拉列表中选择“两栏内容”选项。

23

1 在幻灯片左侧的占位符中输入文本。

2 删除文本前的项目符号，将文本设置为居中对齐，将英文文本的字体颜色设置为“紫色”。

24

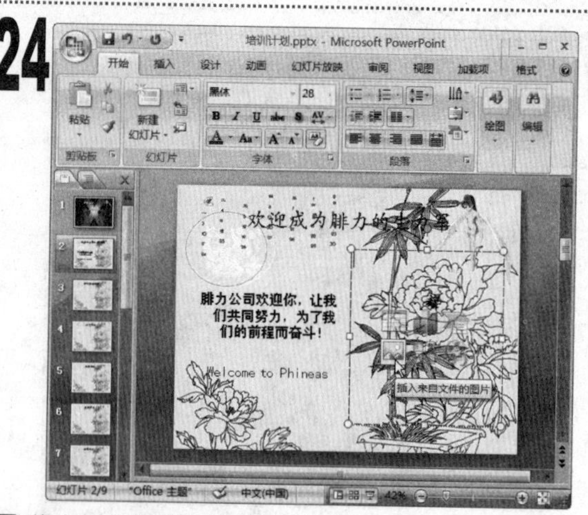

1 将右侧占位符中的项目符号删除。

2 单击其中的“插入来自文件的图片”按钮。

25

1 在打开的“插入图片”对话框中选择“素材”文件夹中的“pic1”图片文件，单击“插入”按钮，并调整图片的大小和位置。

26

1 选择插入的图片，单击“图片工具/格式”选项卡，在“图片样式”组中为图片应用“柔化边缘椭圆”图片样式。

27

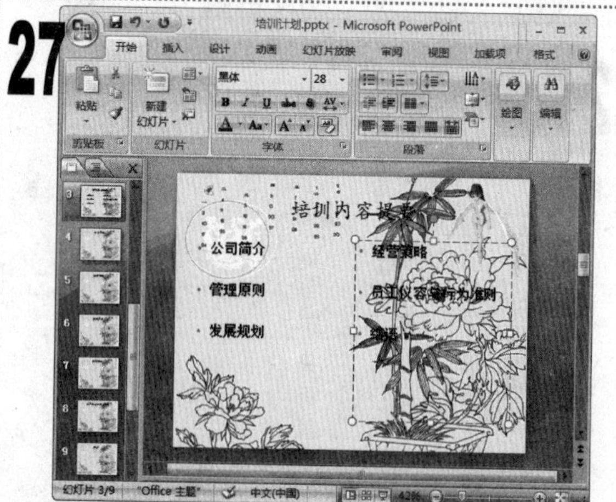

1 选择第3张幻灯片，为其应用“两栏内容”版式，然后在其中输入相应的文本内容。

28

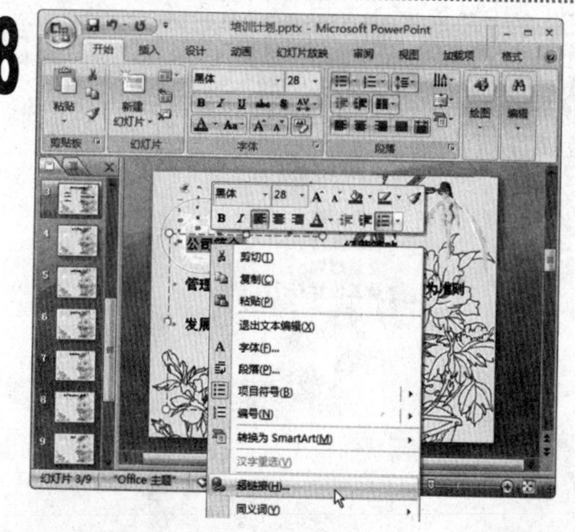

1 选择左侧占位符中的“公司简介”文本，在其上单击鼠标右键，在弹出的快捷菜单中选择“超链接”命令。

29

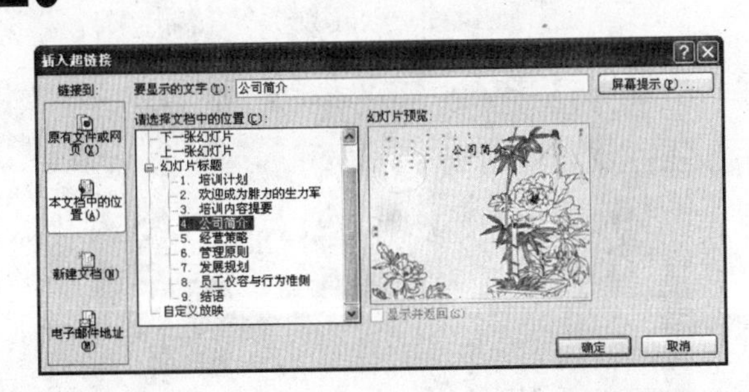

1 在打开的“插入超链接”对话框中，单击“链接到”栏中的“本文档中的位置”选项卡，在“请选择文档中的位置”列表框中选择“4.公司简介”选项，单击“确定”按钮。

30

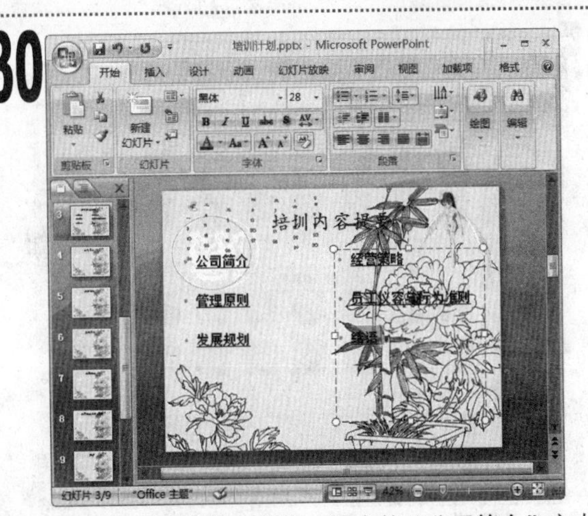

1 返回“幻灯片编辑”窗格，选中的“公司简介”文本将变为蓝色、下画线状态。

2 用同样的方法为其他文本添加超链接。

31

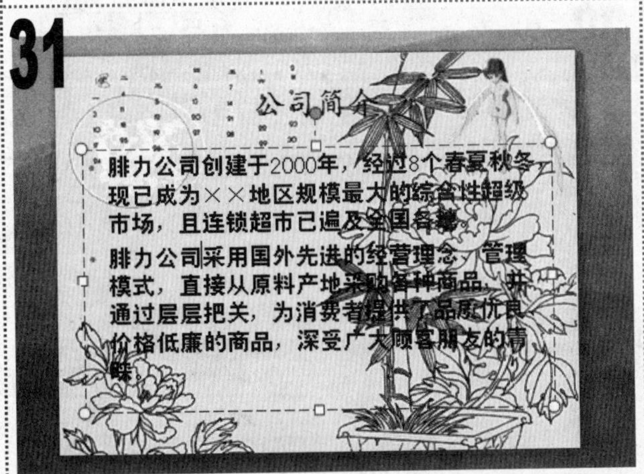

1 选择第 4 张幻灯片，在下面的占位符中输入公司简介的相关文本，其效果如图所示。

32

1 在“幻灯片”窗格中选择第 5 张幻灯片，单击“开始”选项卡，在“幻灯片”组中单击“版式”下拉按钮，在弹出的下拉列表中选择“仅标题”选项。

33

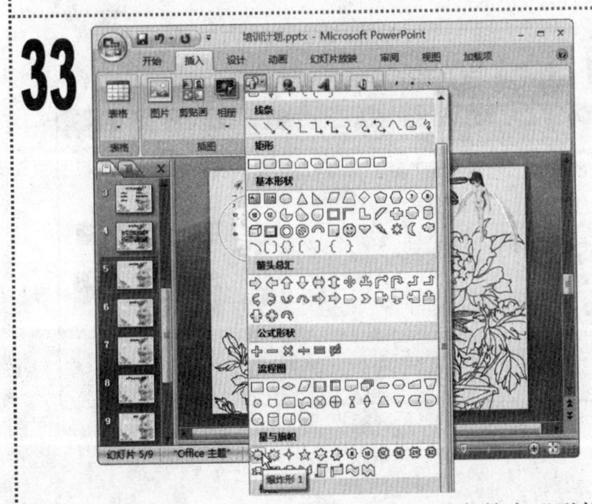

1 单击“插入”选项卡，在“插图”组中单击“形状”下拉按钮，在弹出的下拉列表中选择“爆炸形 1”选项。

34

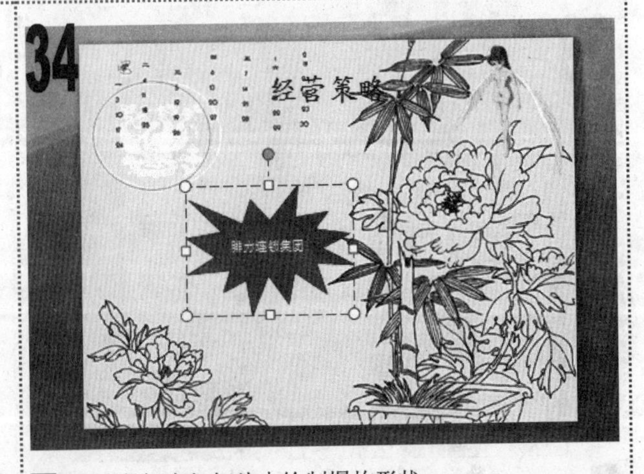

1 拖动鼠标在幻灯片中绘制爆炸形状。

2 在形状上单击鼠标右键，在弹出的快捷菜单中选择“编辑文字”命令，然后在形状中输入“腓力连锁集团”文本。

35

1 单击“绘图工具/格式”选项卡，在“形状样式”组中单击列表框右下角的“其他”按钮，在弹出的下拉菜单中选择“细微效果-强调颜色 2”选项。

36

1 选择形状中的文本，在“绘图工具/格式”选项卡的“艺术字样式”组中，单击“快速样式”下拉按钮，在弹出下拉菜单中选择“填充-白色，渐变轮廓-强调文字颜色 1”选项。

37

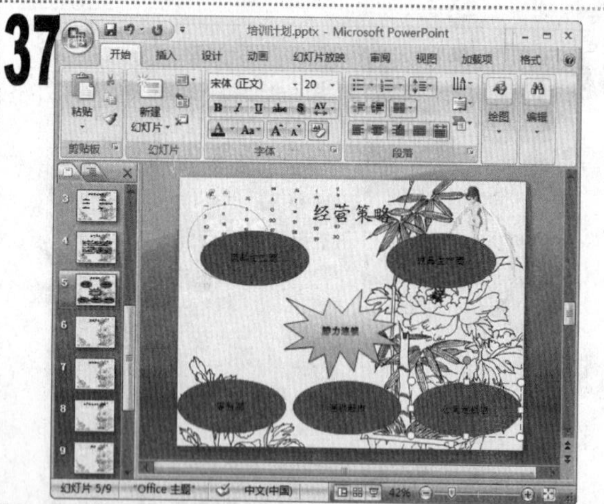

1 用同样的方法绘制五个“椭圆”形状，在其中输入如图所示的文本后对形状进行排列。

2 将形状中的文本的字体格式设置为“宋体、20、黑色”。

38

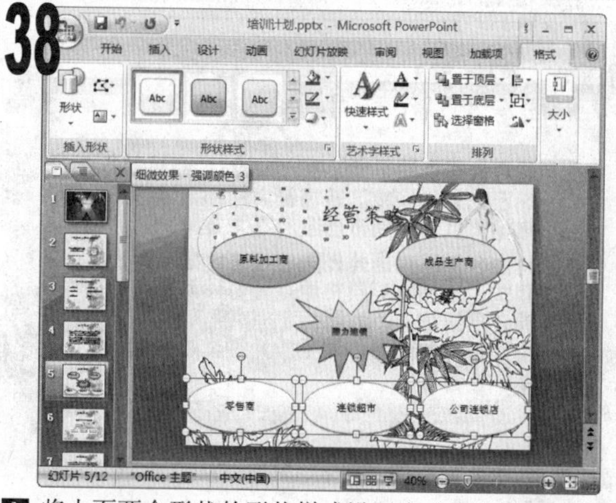

1 将上面两个形状的形状样式设置为“细微效果-强调颜色 1”，将下方的三个形状的形状样式设置为“细微效果-强调颜色 3”。

39

1 在“幻灯片”窗格中选择第 6 张幻灯片，将其设置为“仅标题”版式。

2 单击“插入”选项卡，在“插图”组中单击“SmartArt”按钮。

40

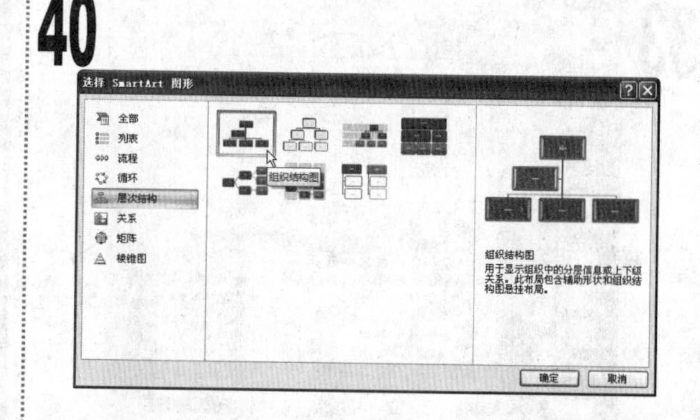

1 在打开的“选择 SmartArt 图形”对话框左侧单击“层次结构”选项卡，在中间的列表框中选择“组织结构图”选项，单击“确定”按钮。

41

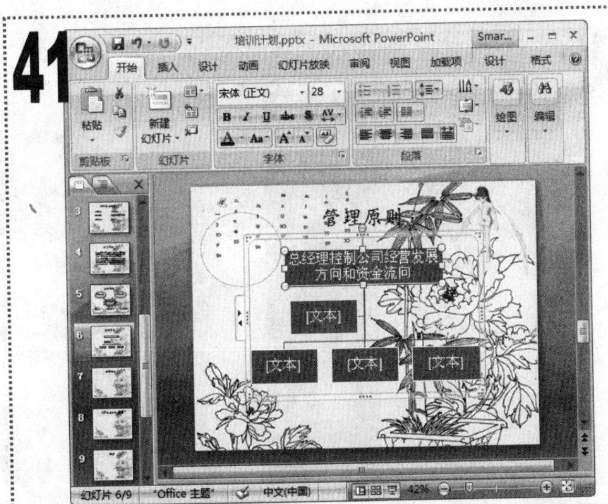

■ 返回“幻灯片编辑”窗格，在插入的 SmartArt 图形的第 1 个形状中输入文本“总经理控制公司经营发展方向和资金流向”，并适当调整形状大小。

42

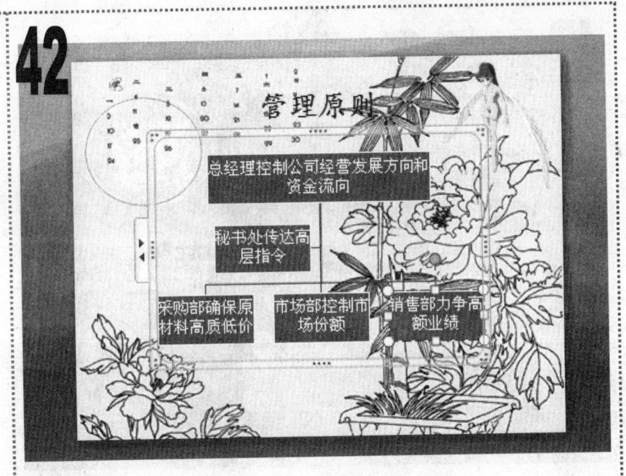

■ 依次在下方的形状中输入如图所示的文本。

43

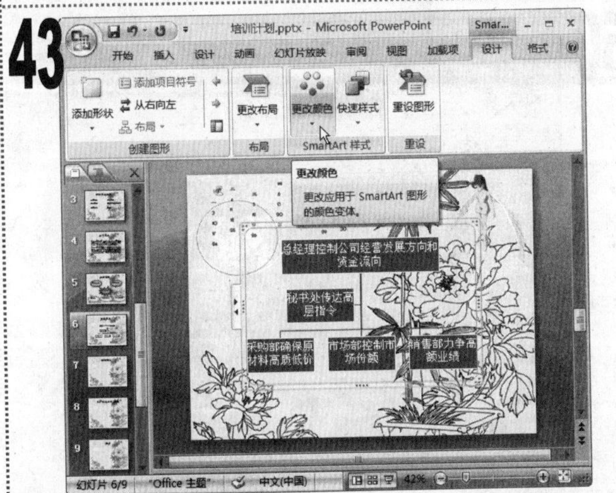

■ 选择插入的 SmartArt 图形，单击“SmartArt 工具/设计”选项卡，在“SmartArt 样式”组中单击“更改颜色”下拉按钮。

44

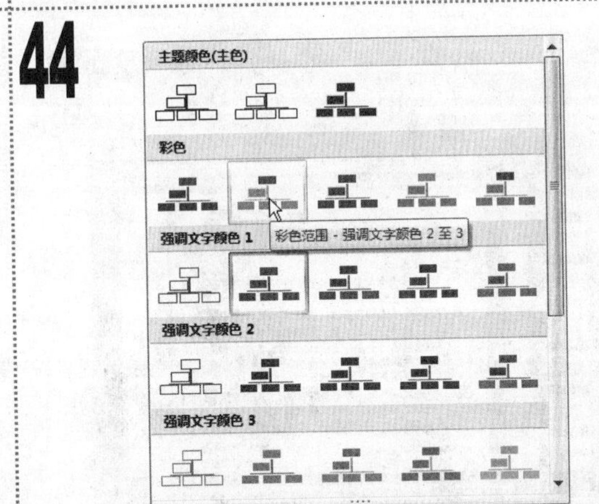

■ 在弹出的下拉列表的“彩色”栏中，选择“彩色范围-强调文字颜色 2 至 3”选项。

45

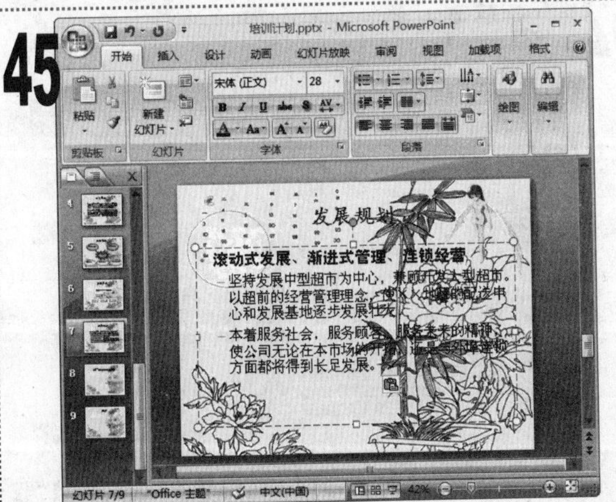

■ 在“幻灯片”窗格中选择第 7 张幻灯片，将鼠标光标定位到下方的占位符中，当输入完第 1 行后按【Enter】键换行，再按【Tab】键将项目符号设置为下一级后继续输入。

46

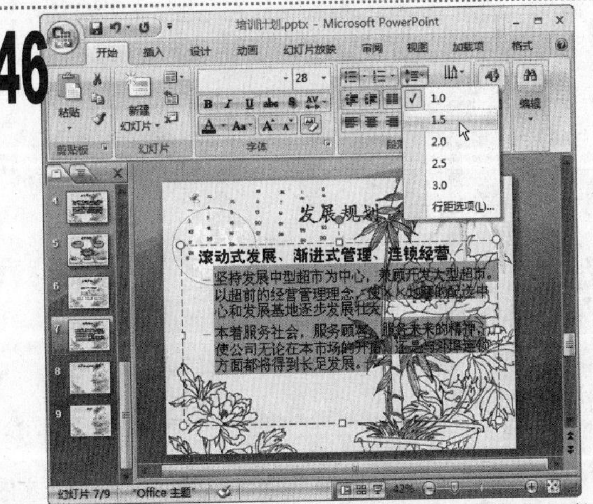

■ 选择第 2 级文本，单击“开始”选项卡，单击“段落”组中的“行距”下拉按钮，在弹出的下拉菜单中选择“1.5”命令，为选择的文本设置行距。

47

■ 在“幻灯片”窗格中选择第 8 张幻灯片，在其中输入员工仪容与行为准则的第 1 条内容，然后设置行距。

48

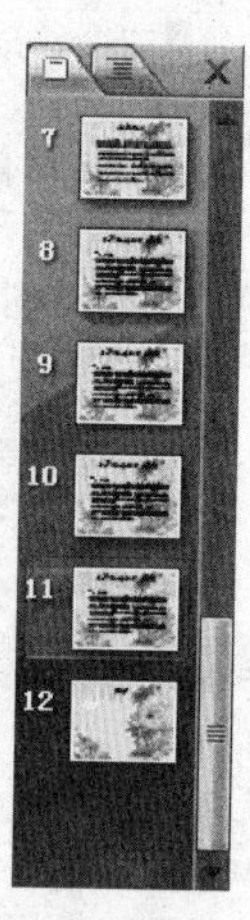

■ 选择第 8 张幻灯片，按【Ctrl+C】组合键复制，然后将鼠标光标定位到其后的空白区域处，按三次【Ctrl+V】组合键复制三张幻灯片。

49

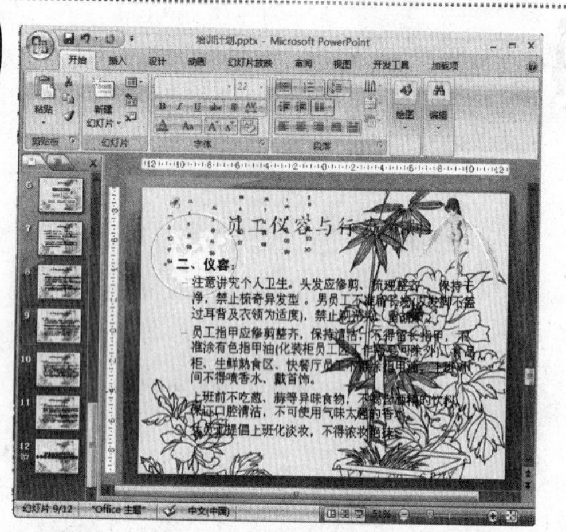

■ 在“幻灯片”窗格中选择第 9 张幻灯片，将其中的正文内容修改为员工仪容与行为准则的第 2 条内容并设置行距。

50

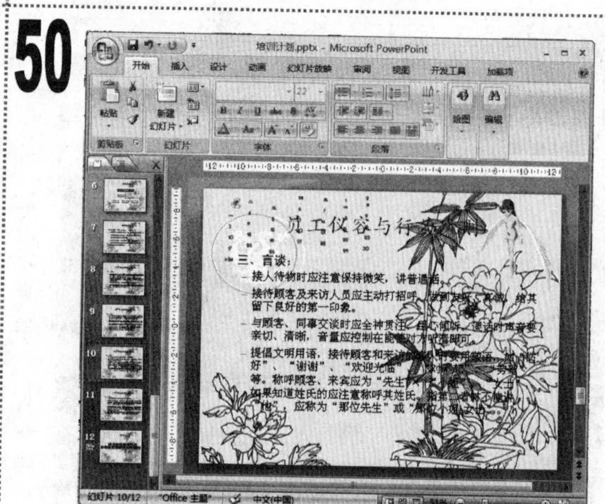

■ 在“幻灯片”窗格中选择第 10 张幻灯片，将其中的正文内容修改为员工仪容与行为准则的第 3 条内容并设置行距。

51

■ 在“幻灯片”窗格中选择第 11 张幻灯片，将其中的正文内容修改为员工仪容与行为准则的第 4 条内容并设置行距。

52

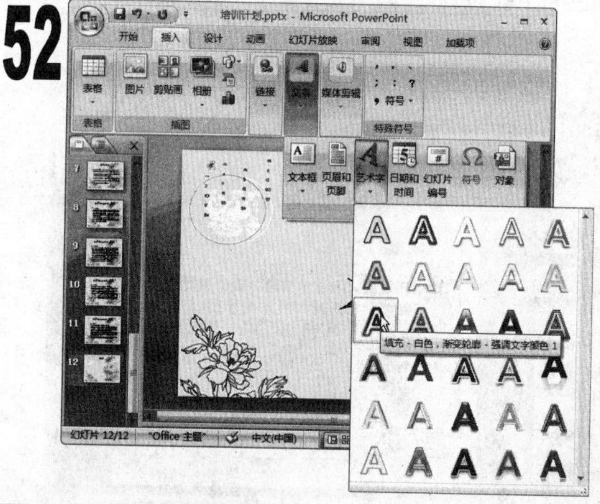

1. 在“幻灯片”窗格中选择最后一张幻灯片，为其应用“仅标题”版式。
2. 单击“插入”选项卡，在“文本”组中单击“艺术字”下拉按钮，在弹出下拉列表中选择“填充-白色，渐变轮廓-强调文字颜色 1”选项。

53

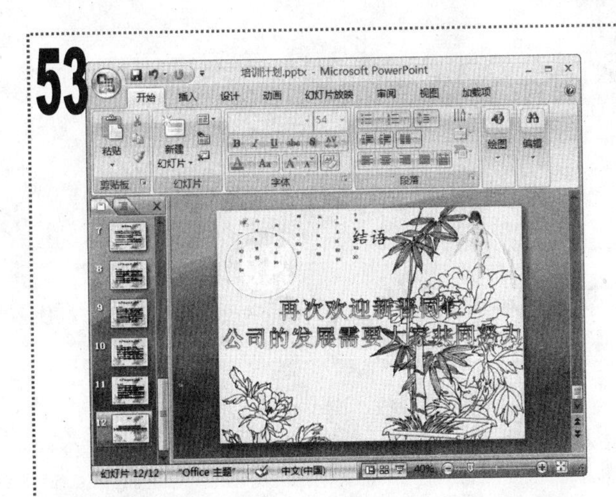

■ 在出现的艺术字文本框中输入文本“再次欢迎新晋同仁公司的发展需要大家共同努力”，然后将其分为两段居中显示。

54

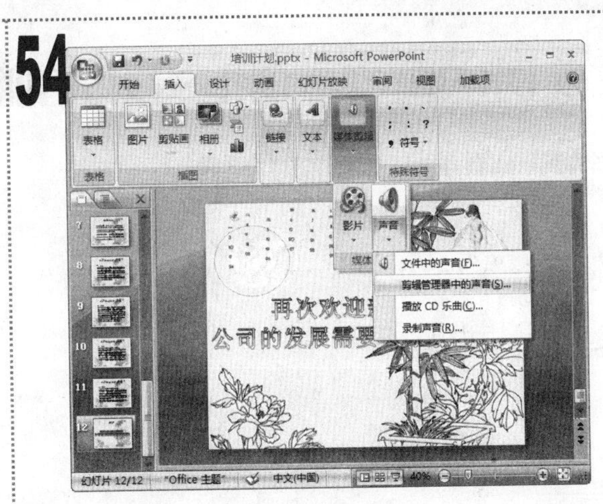

■ 单击“插入”选项卡，在“媒体剪辑”组中单击“声音”下拉按钮，在弹出的下拉菜单中选择“剪辑管理器中的声音”命令。

55

■ 在打开的“剪贴画”任务窗格中的列表框中选择“鼓掌欢迎”选项，在弹出的提示对话框中单击“在单击时”按钮，设置在单击鼠标左键时播放添加的声音。

56

■ 关闭“剪贴画”任务窗格，在幻灯片中将声音图标移动至艺术字的下方。

■ 单击“声音工具/选项”选项卡，在“声音选项”组中选中“循环播放，直到停止”复选框。

57

■ 单击“动画”选项卡，在“切换到此幻灯片”组中单击“切换方案”下拉按钮，在弹出的下拉列表中选择“盒状收缩”选项，单击“全部应用”按钮。

58

■ 最后保存演示文稿，完成本例的制作。按【F5】键预览演示文稿，最终效果如图所示。

实例185 制作“技巧培训”演示文稿

素材:\实例 185\技巧培训.pptx

源文件:\实例 185\技巧培训.pptx

包含知识

- 插入动作按钮
- 插入并编辑图片
- 插入并编辑 SmartArt 图形
- 添加动画
- 放映幻灯片并标记重点

制作思路

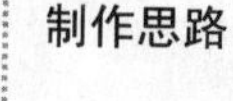

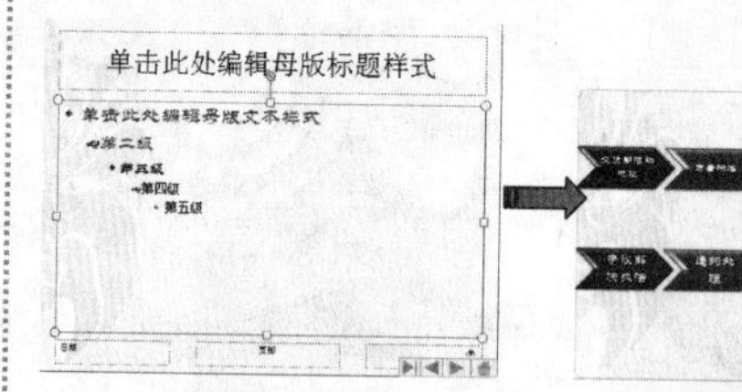

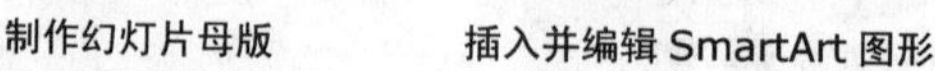

制作幻灯片母版　　插入并编辑 SmartArt 图形　　放映幻灯片并标记重点

应用场所

用于制作合同签订技巧培训演示文稿。

01

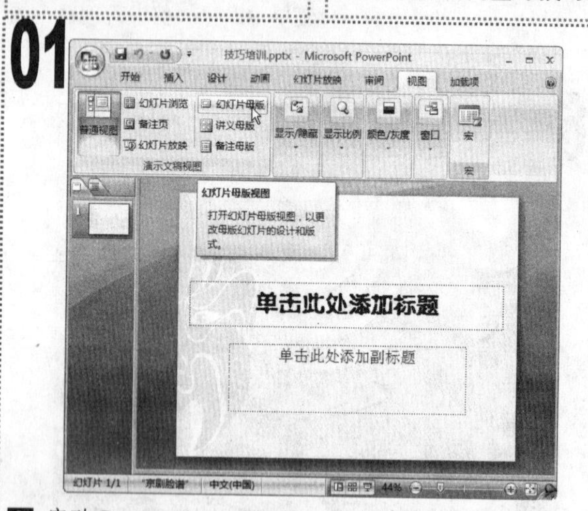

1 启动 PowerPoint 2007，打开“技巧培训”演示文稿，单击“视图”选项卡，在“演示文稿视图”组中单击“幻灯片母版”按钮。

02

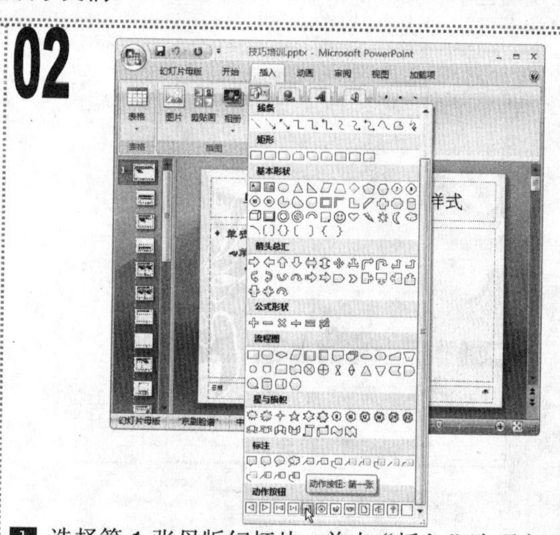

1 选择第 1 张母版幻灯片，单击“插入”选项卡，在“插图”组中单击“形状”下拉按钮，在弹出的下拉列表中选择“动作按钮：第一张”选项。

03

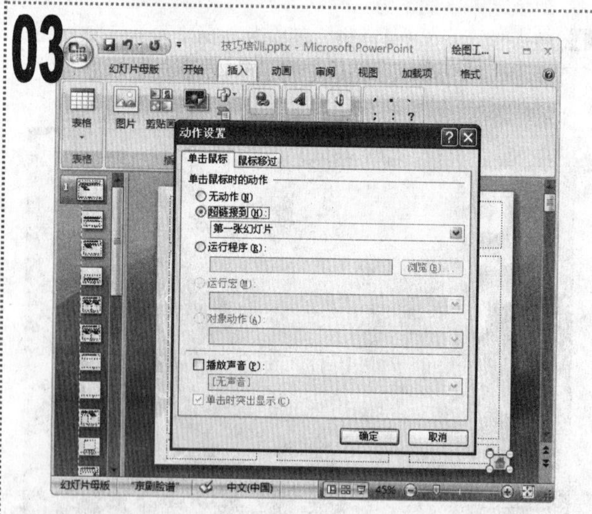

1 此时，鼠标光标变为“十”形状，将其移动到幻灯片右下角，拖动鼠标绘制该动作按钮。

2 释放鼠标后打开“动作设置”对话框，保持默认设置，单击“确定”按钮。

04

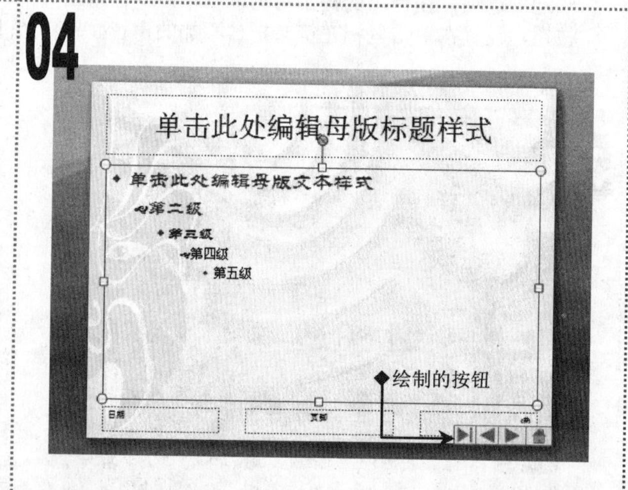

1 使用相同的方法继续绘制“动作按钮：前进或下一项”、“动作按钮：后退或前一项”和“动作按钮：结束”动作按钮。

05

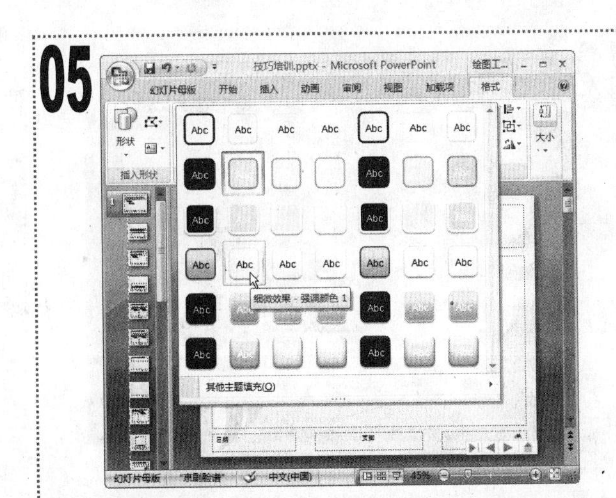

1 按住【Ctrl】键不放选择四个动作按钮，单击“绘图工具/格式”选项卡，在“形状样式”组中单击列表框右下角的“其他”按钮，在弹出的下拉菜单中选择“细微效果-强调颜色 1”选项。

06

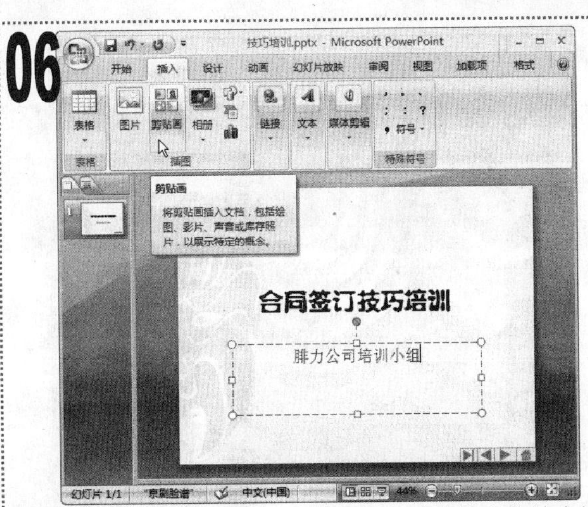

1 退出幻灯片母版视图，在标题幻灯片中的占位符中输入标题和副标题文本。

2 单击“插入”选项卡，在“插图”组中单击“剪贴画”按钮。

07

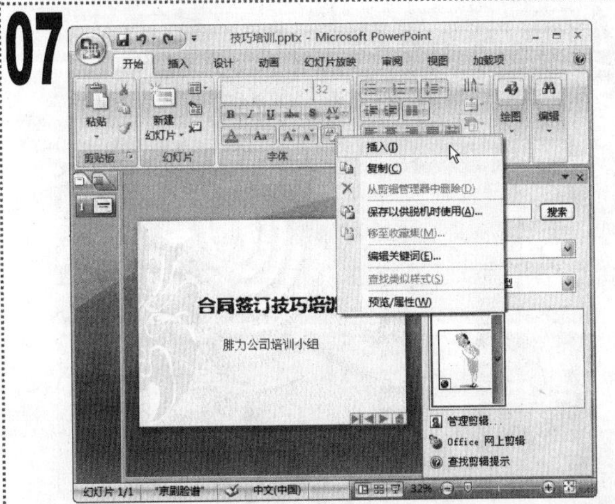

1 在打开的“剪贴画”任务窗格的“搜索文字”文本框中输入文本“友好”，单击“搜索”按钮，在下方的列表框中搜索出来的图片上单击鼠标右键，在弹出的快捷菜单中选择“插入”命令。

08

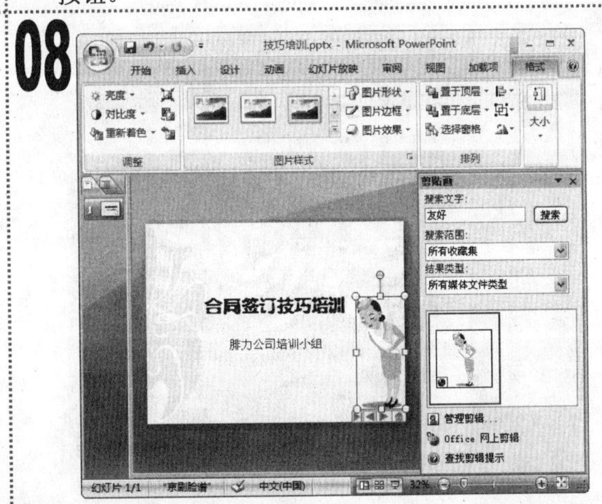

1 选择插入的剪贴画，调整其大小后将其移动到绘制的动作按钮上方。

09

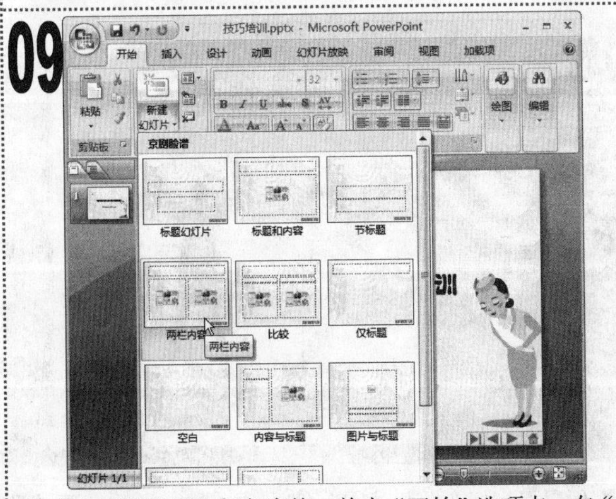

1 关闭“剪贴画”任务窗格，单击“开始”选项卡，在“幻灯片”组中单击“新建幻灯片”下拉按钮，在弹出的下拉菜单中选择“两栏内容”选项。

10

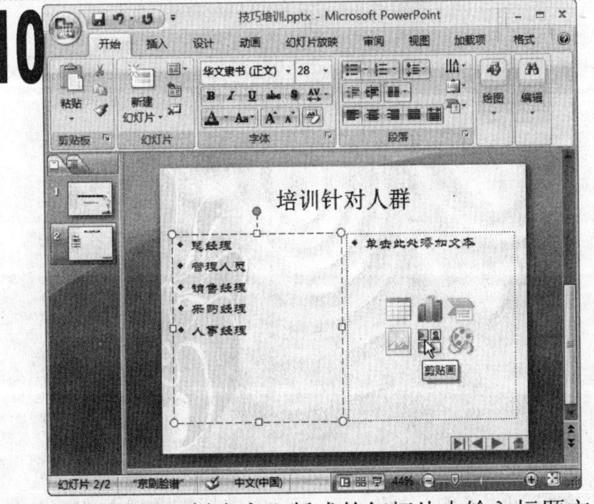

1 在新建的“两栏内容”版式的幻灯片中输入标题文本，在左侧的占位符中输入所需的文本。

2 在右侧占位符中单击“剪贴画”按钮。

■ 打开“剪贴画”任务窗格，在“搜索文字”文本框中输入文本“商业”，单击“搜索”按钮。
■ 在列表框中需插入的剪贴画上单击鼠标右键，在弹出的快捷菜单中选择“插入”命令。

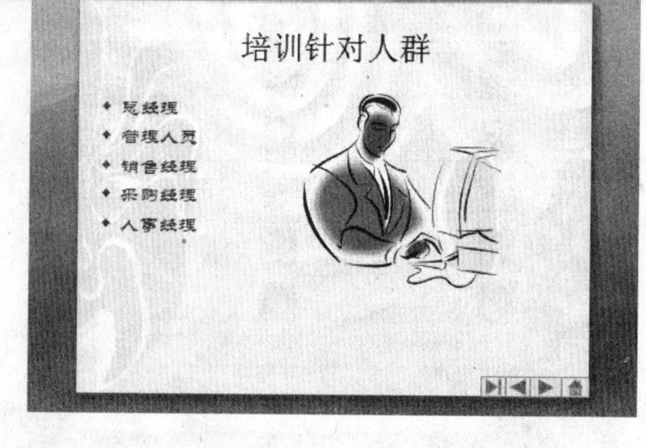

■ 将剪贴画插入到幻灯片中后关闭“剪贴画”任务窗格，调整剪贴画的大小和位置，如图所示。

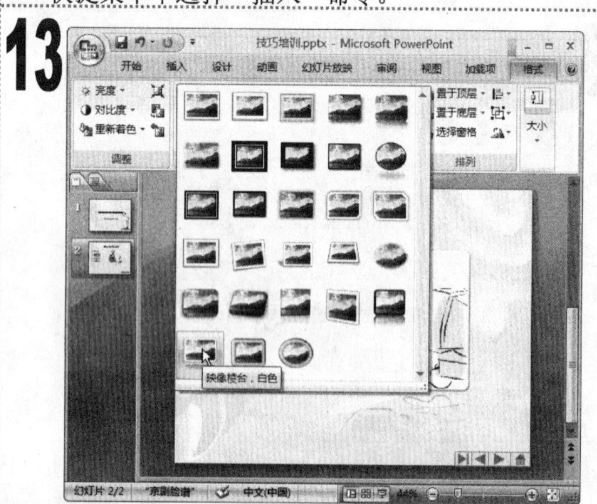

■ 选择插入的剪贴画，单击“图片工具/格式”选项卡，在“图片样式”组中单击列表框右下角的“其他”按钮，在弹出的下拉列表中选择“映像棱台，白色”选项。

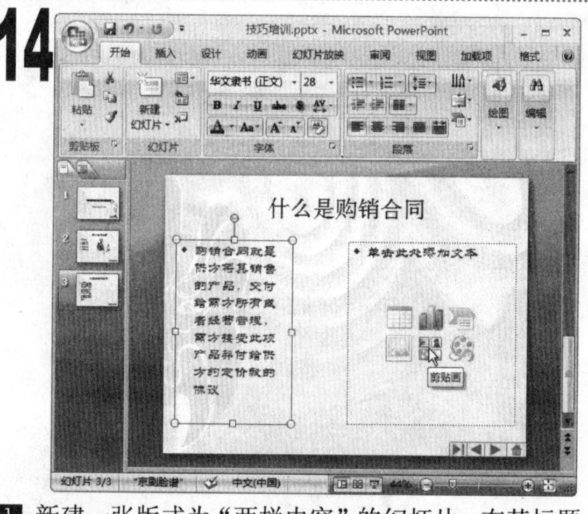

■ 新建一张版式为“两栏内容”的幻灯片，在其标题占位符中输入文本“什么是购销合同”，然后在左侧的占位符中输入如图所示的文本，单击右侧占位符中的“剪贴画”按钮。

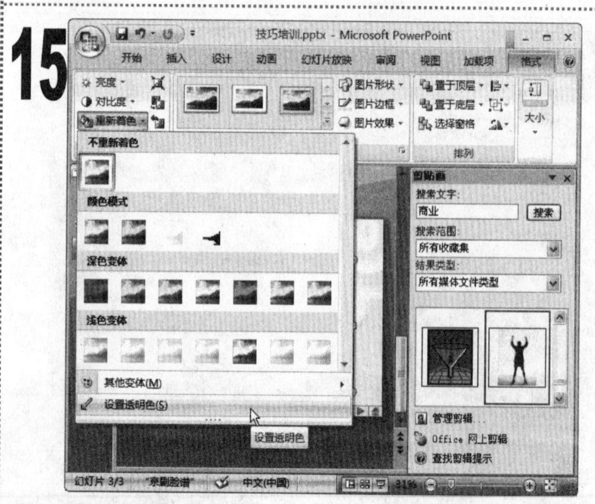

■ 在打开的“剪贴画”任务窗格中选择需要插入的剪贴画，将其插入到幻灯片中。选择插入的剪贴画，单击“图片工具/格式”选项卡，在“调整”组中单击“重新着色”下拉按钮，在弹出的下拉菜单中选择“设置透明色”命令。

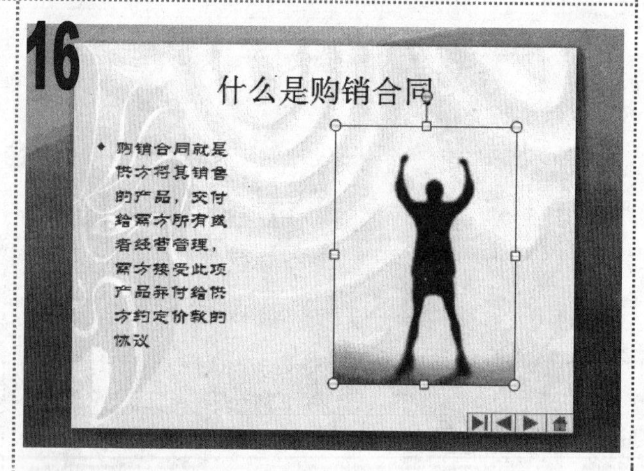

■ 用鼠标光标在图片外围白色区域中单击，将白色区域设置为透明色。
■ 关闭“剪贴画”任务窗格。

17

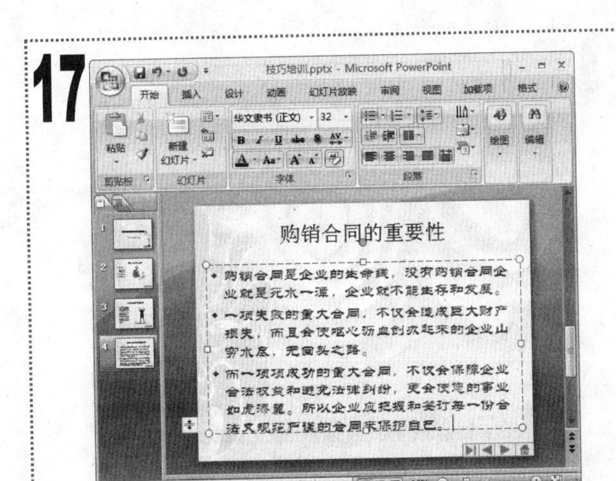

1 新建第 4 张版式为“标题和内容”的幻灯片，在其中输入如图所示的文本内容。

18

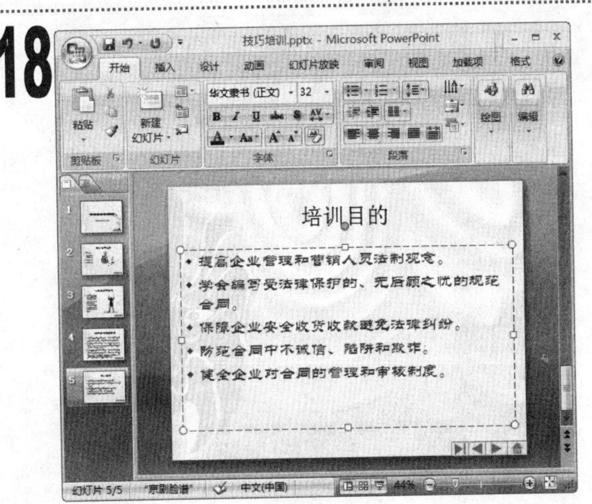

1 新建第 5 张版式为“标题和内容”的幻灯片，在其中输入如图所示的文本内容。

19

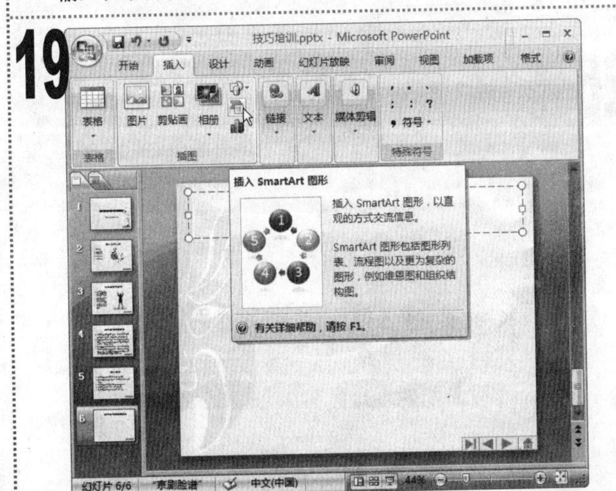

1 新建第 6 张版式为“仅标题”的幻灯片，在其标题占位符中输入文本“购销合同的组成部分”。

2 单击“插入”选项卡，在“插图”组中单击“SmartArt”按钮。

20

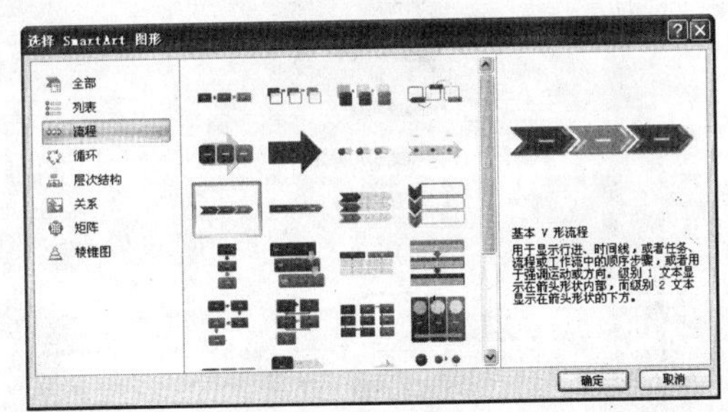

1 在打开的“选择 SmartArt 图形”对话框中单击“流程”选项卡，在中间的列表框中选择“基本 V 形流程”选项，单击“确定”按钮。

21

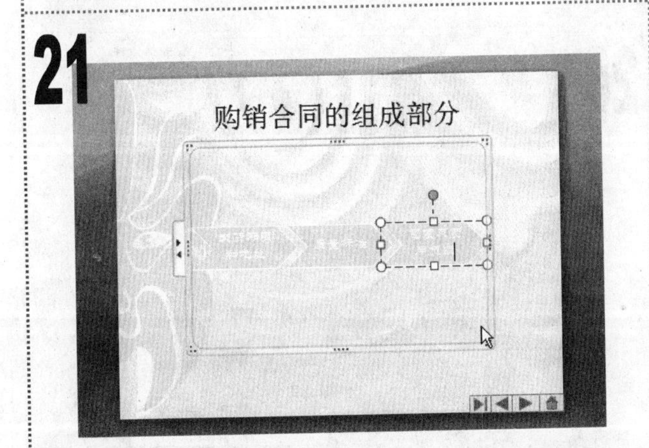

1 依次在 SmartArt 图形的各个形状中输入如图所示的文本内容。

22

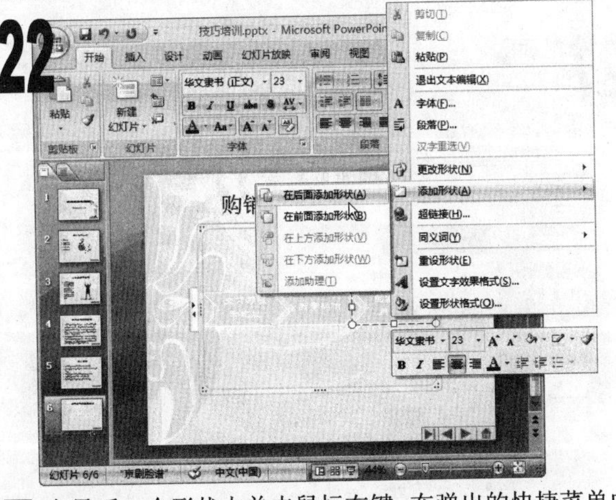

1 在最后一个形状上单击鼠标右键，在弹出的快捷菜单中选择“添加形状/在后面添加形状”命令。

23

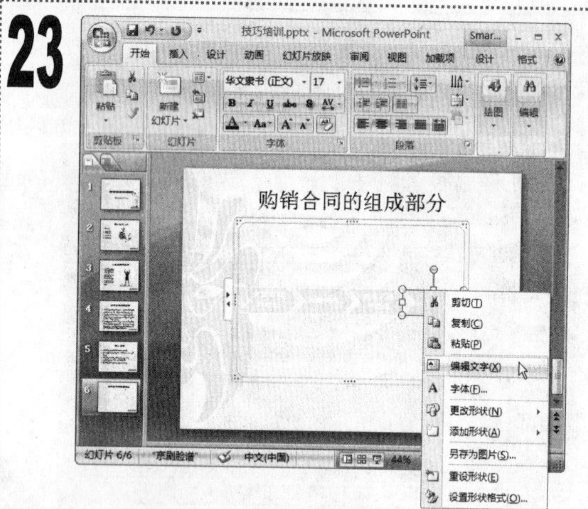

1 在添加的形状上单击鼠标右键，在弹出的快捷菜单中选择“编辑文字”命令。

24

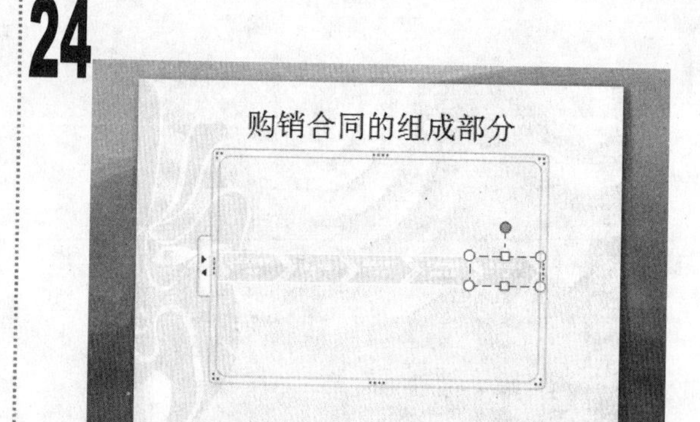

1 在形状中输入文本内容。

2 使用同样的方法在第 4 个形状后面再添加一个形状并输入相应的文本内容。

25

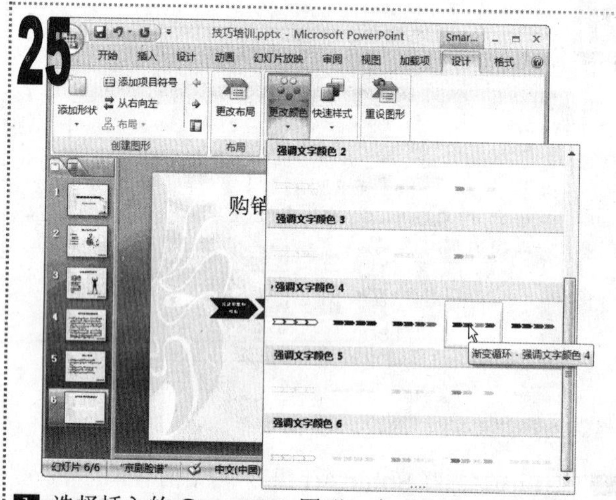

1 选择插入的 SmartArt 图形，在“SmartArt 工具/设计”选项卡的“SmartArt 样式”组中，单击“更改颜色”下拉按钮，在弹出的下拉列表中选择“渐变循环-强调文字颜色 4”选项。

26

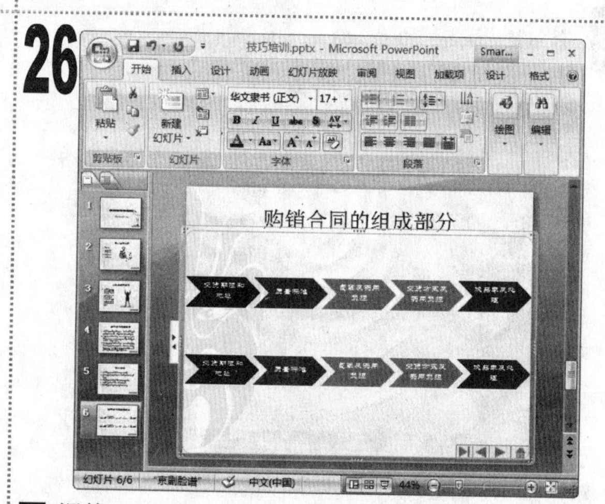

1 调整 SmartArt 图形的长度和宽度，然后按住【Ctrl】键不放进行拖动，在原 SmartArt 图形下方复制一个相同的 SmartArt 图形。

27

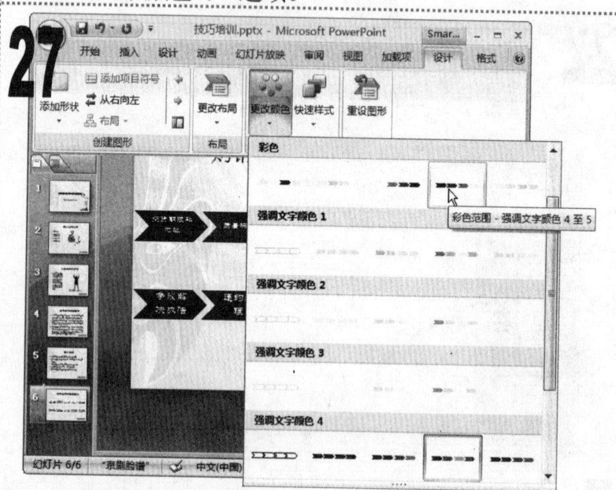

1 修改复制的图形中的文本，然后单击“SmartArt 工具/设计”选项卡，在“SmartArt 样式”组中单击“更改颜色”下拉按钮，在弹出的下拉列表中选择“彩色范围，强调文字颜色 4 至 5”选项。

28

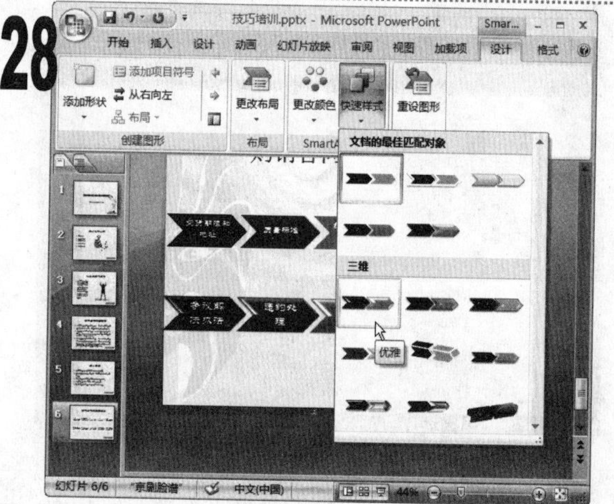

1 在“SmartArt 样式”组中单击“快速样式”下拉按钮，在弹出的下拉列表中选择“三维”栏中的“优雅”选项。

29

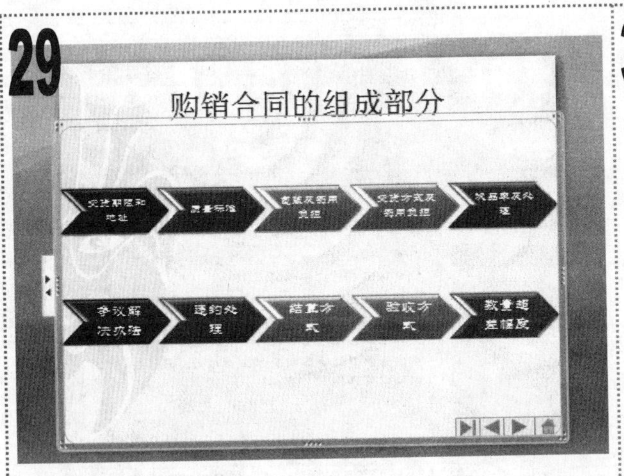

■ 使用同样的方法为上方的 SmartArt 图形应用相同的样式。

30

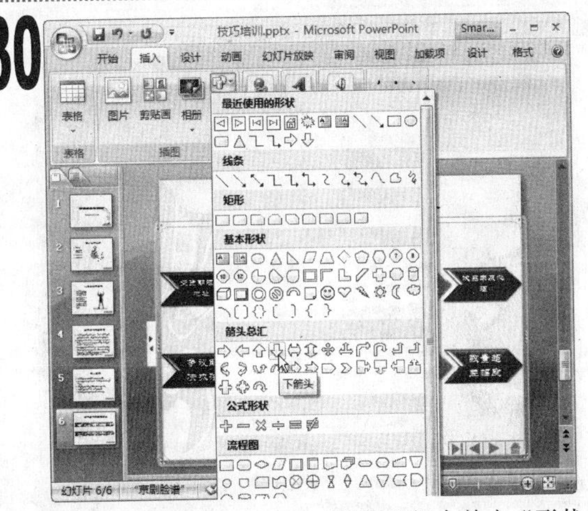

■ 单击“插入”选项卡，在“插图”组中单击“形状”下拉按钮，在弹出的下拉列表中选择“下箭头”选项。

31

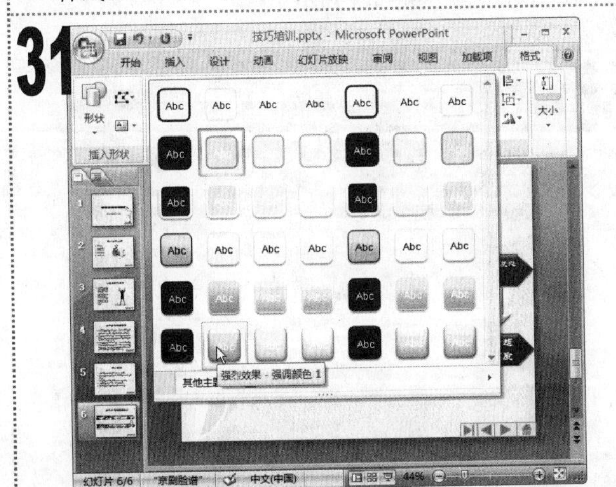

■ 在幻灯片中拖动鼠标绘制一个下箭头，并为其应用“强烈效果-强调颜色 1”形状样式。

32

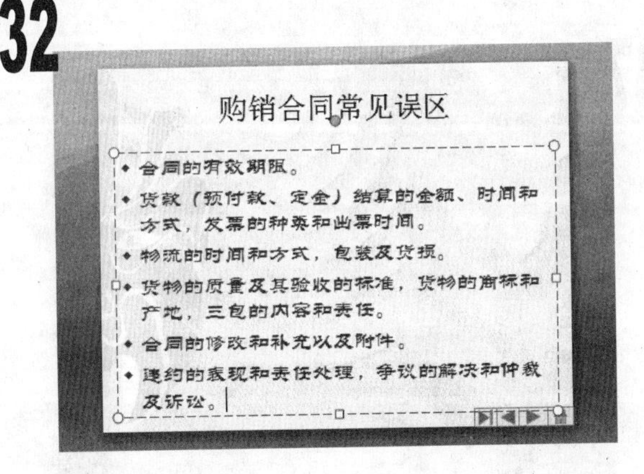

■ 接着插入版式为“标题和内容”的第 7 张幻灯片，在其中的占位符中输入如图所示的内容。

33

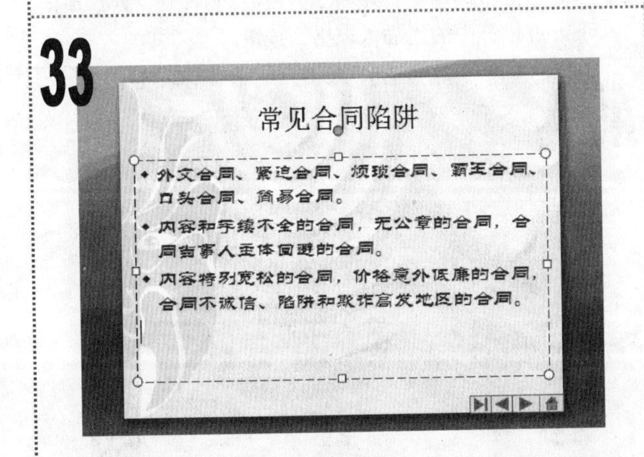

■ 插入版式为“标题和内容”的第 8 张幻灯片，在其中的占位符中输入如图所示的内容。

34

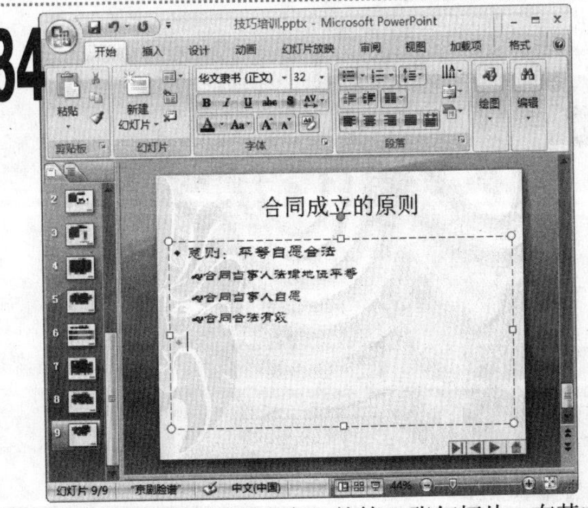

■ 插入版式为“标题和内容”的第 9 张幻灯片，在其中的占位符中输入如图所示的内容。

35

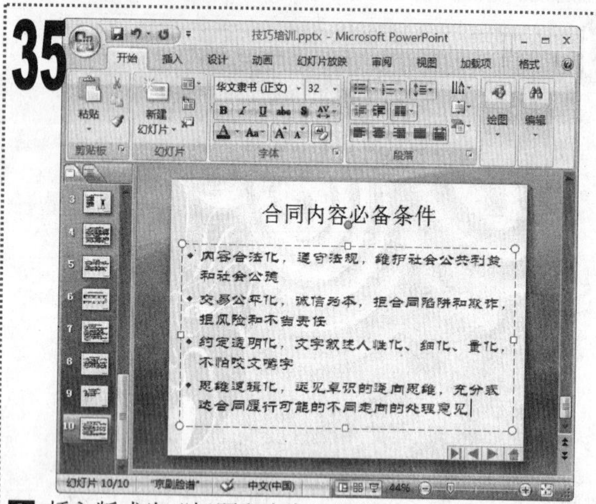

1 插入版式为“标题和内容”的第 10 张幻灯片，在其中的占位符中输入如图所示的内容。

36

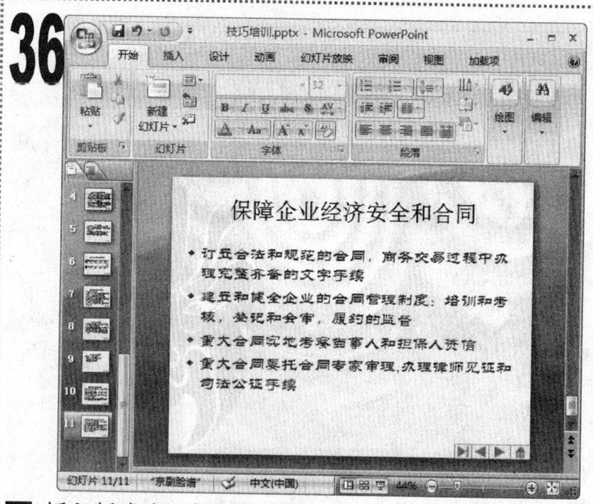

1 插入版式为“标题和内容”的第 11 张幻灯片，在其中的占位符中输入如图所示的内容。

37

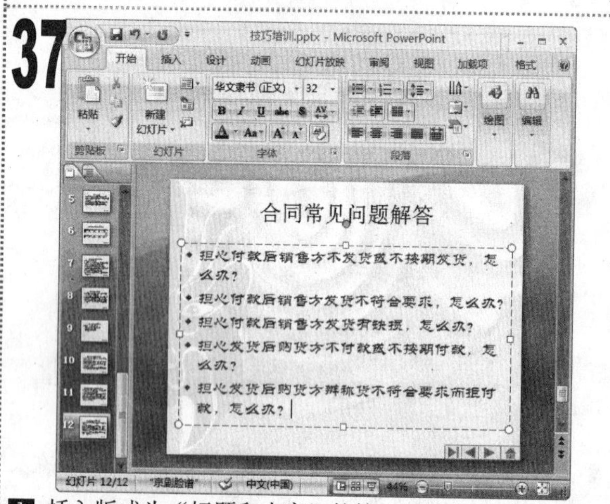

1 插入版式为“标题和内容”的第 12 张幻灯片，在其中的占位符中输入如图所示的内容。

38

1 新建版式为“标题和内容”的第 13 张幻灯片。

2 在标题占位符中输入标题文本“合同范例”，然后单击下方占位符中的“插入表格”按钮。

39

1 在打开的“插入表格”对话框的“列数”和“行数”数值框中分别输入“5”和“6”，然后单击“确定”按钮。

40

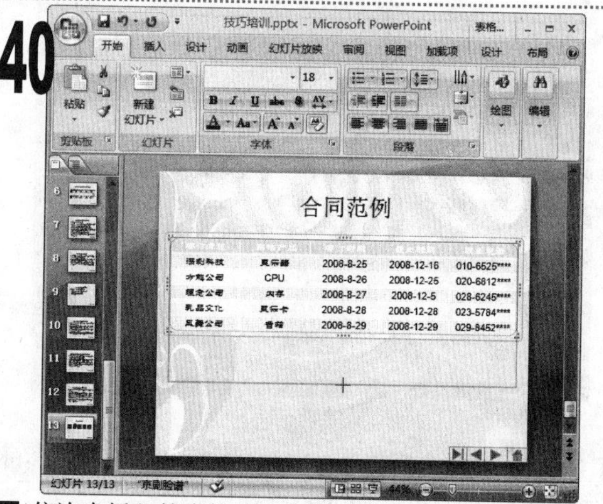

1 依次在插入的表格的各个单元格中输入数据。

2 数据输入完毕后将鼠标光标移动到下方的控制点上，当其变为“↕”形状时向下拖动鼠标。

41

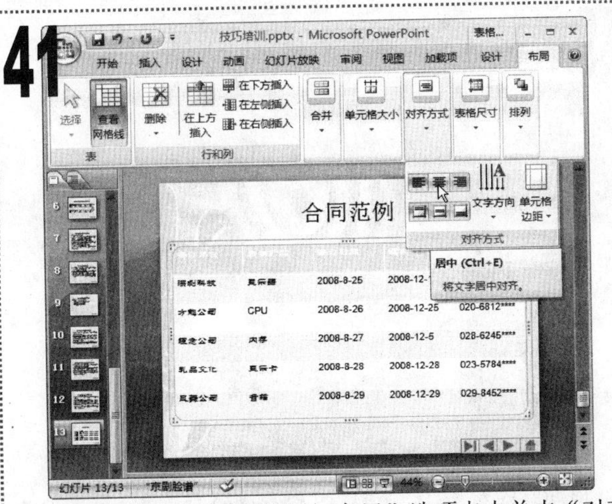

■ 选择表格，在“表格工具/布局”选项卡中单击“对齐方式”组中的“居中”按钮，表格中的文本将在水平方向上居中对齐。

42

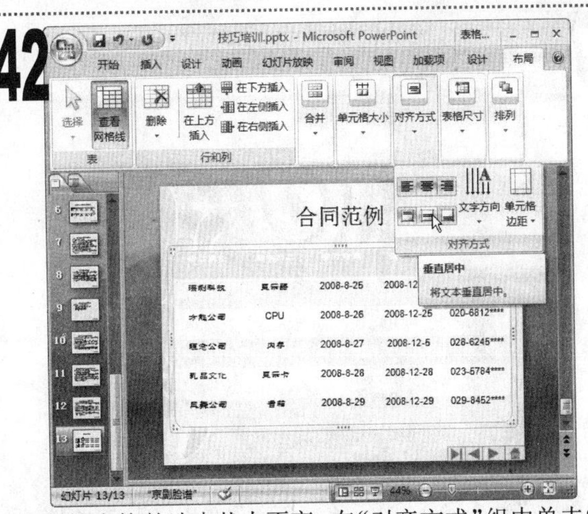

■ 保持表格的选中状态不变，在“对齐方式”组中单击“垂直居中”按钮，设置表格文本在垂直方向上居中对齐。

43

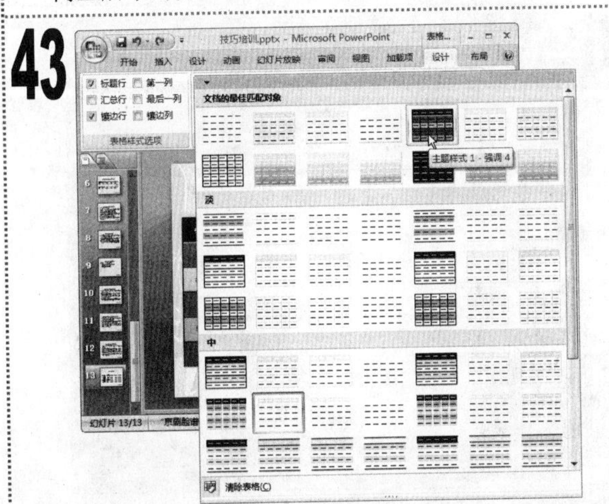

■ 保持表格的选中状态不变，在“表格工具/设计”选项卡中单击“表格样式”组中的列表框右下角的“其他”按钮，在弹出的下拉菜单中选择“主题样式 1-强调 4”选项。

44

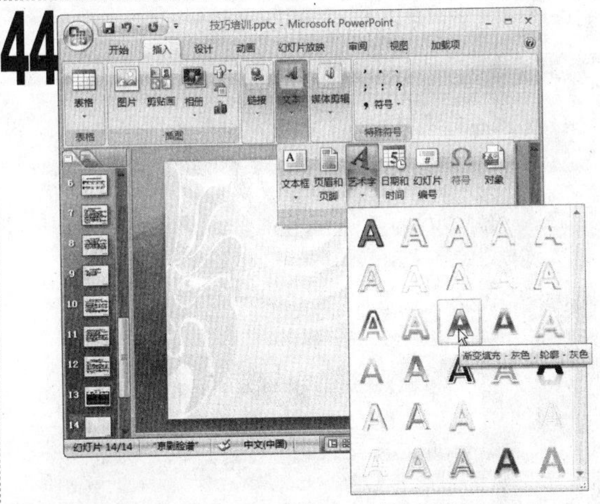

■ 新建版式为“空白”的第 14 张幻灯片。

■ 单击“插入”选项卡，在“文本”组中单击“艺术字”下拉按钮，在弹出的下拉列表中选择“渐变填充-灰色，轮廓-灰色”选项。

45

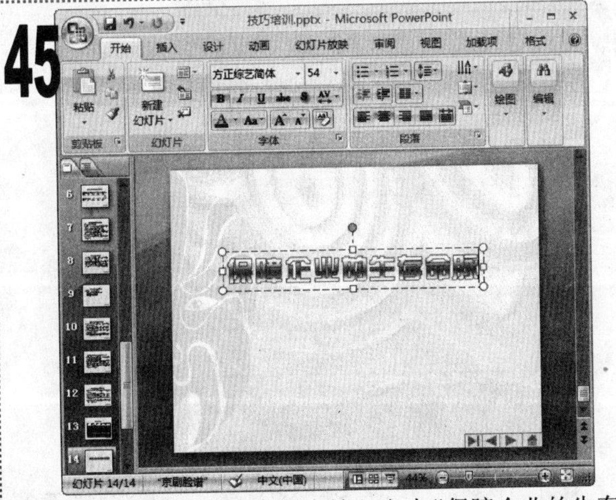

■ 在出现的艺术字文本框中输入文本“保障企业的生存命脉”，然后在“开始”选项卡的“字体”组中将字体格式设置为“方正综艺简体、54、加粗”。

46

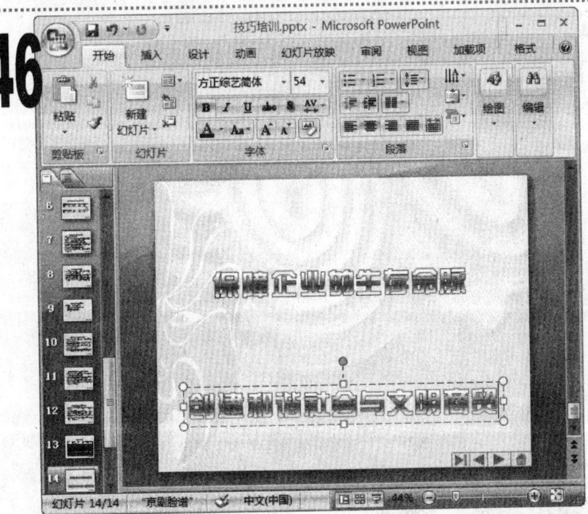

■ 用同样的方法在下方插入一个艺术字文本框，然后在其中输入“创建和谐社会与文明商贸”文本并设置其字体格式。

47

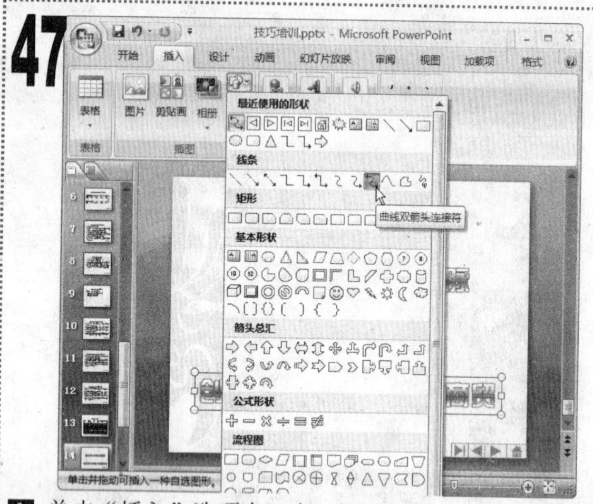

1 单击“插入”选项卡，在“插图”组中单击“形状”下拉按钮，在弹出的下拉列表中选择“曲线双箭头连接符”选项。

48

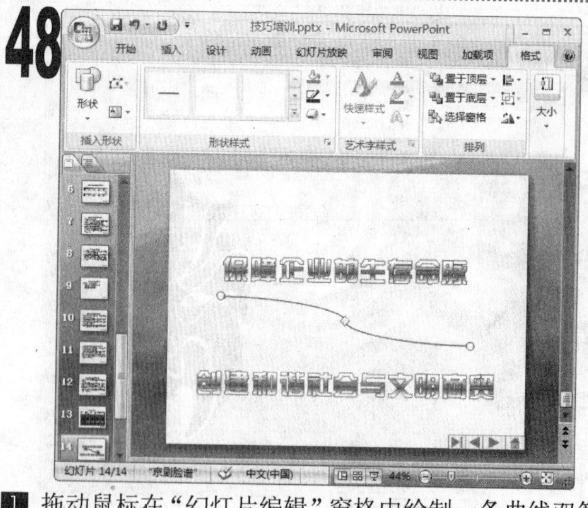

1 拖动鼠标在“幻灯片编辑”窗格中绘制一条曲线双箭头连接符，然后在“绘图工具/格式”选项卡的“形状样式”组中，将绘制的线条颜色设置为紫色。

49

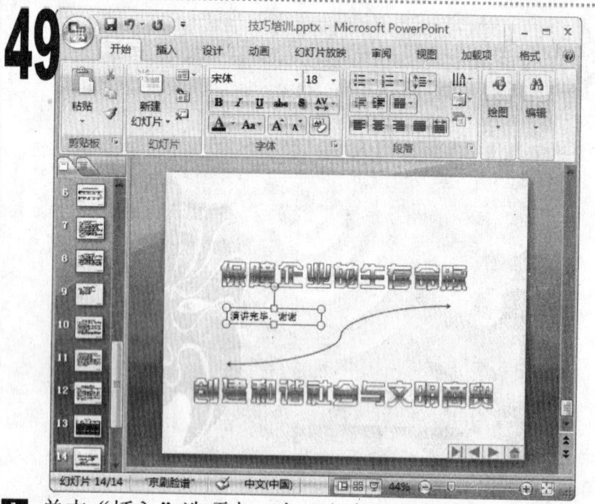

1 单击“插入”选项卡，在“文本”组中单击“文本框”下拉按钮，在弹出的下拉菜单中选择“横排文本框”命令，在如图所示的位置处绘制一个文本框，输入文本“演讲完毕，谢谢”。

50

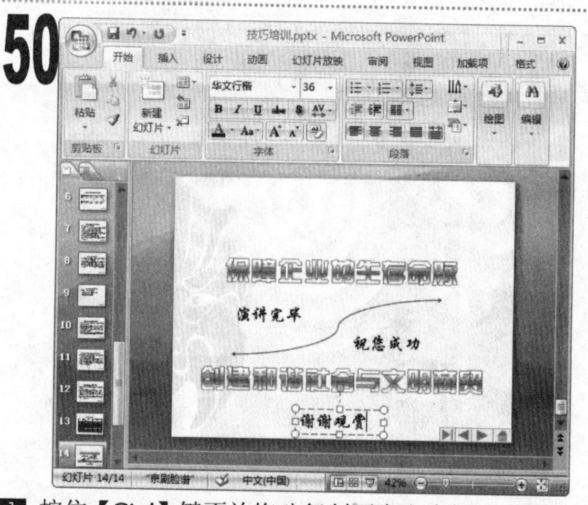

1 按住【Ctrl】键不放拖动复制两个文本框，将其中的文本分别修改为“祝您成功”和“谢谢观赏”。

2 按住【Shift】键选择三个文本框，将其中的文本的字体格式设置为“华文行楷、36”。

51

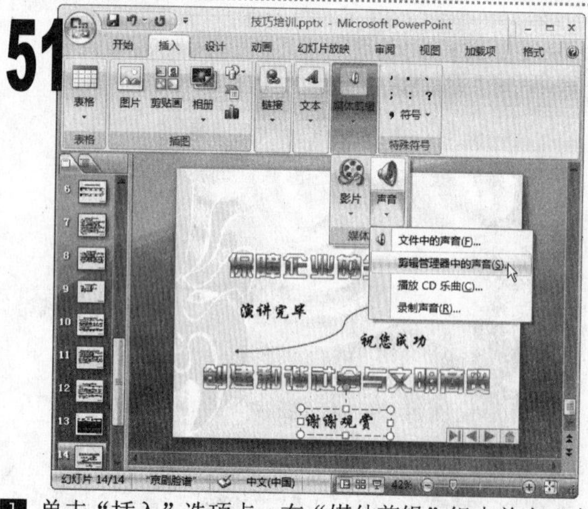

1 单击“插入”选项卡，在“媒体剪辑”组中单击“声音”下拉按钮，在弹出的下拉菜单中选择“剪辑管理器中的声音”命令。

52

1 在打开的“剪贴画”任务窗格中选择“鼓掌欢迎”声音文件，在弹出的提示对话框中单击“自动”按钮。

53

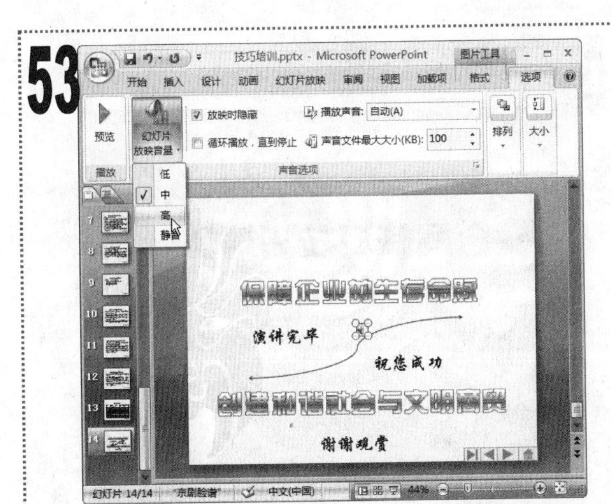

1 关闭“剪贴画”任务窗格，单击“声音工具/选项”选项卡，在“声音选项”组中选中“放映时隐藏”复选框，单击“幻灯片放映音量”按钮，在弹出的下拉菜单中选择“高”命令。

54

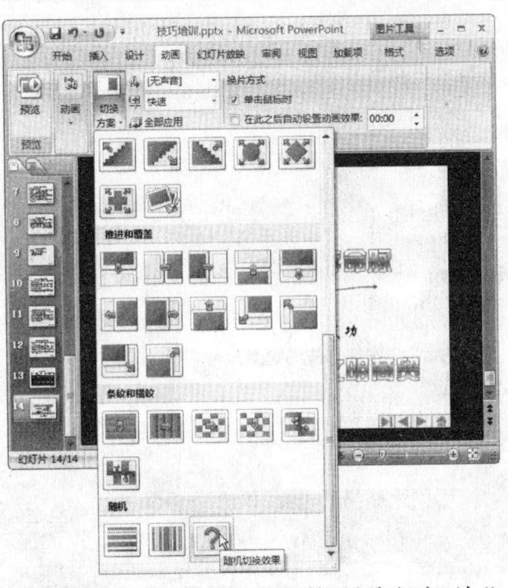

1 单击“动画”选项卡，在“切换到此幻灯片”组中单击“切换方案”按钮，在弹出的下拉列表中选择“随机”栏中的“随机切换效果”选项，单击“全部应用”按钮。

55

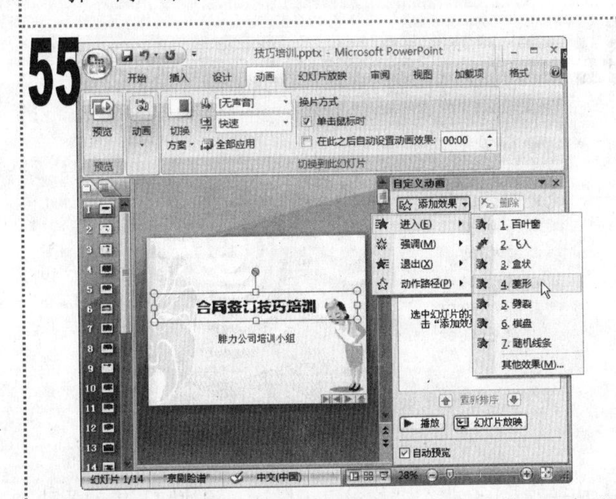

1 选择第 1 张幻灯片，选择标题占位符，单击“动画”选项卡，在“动画”组中单击“自定义动画”按钮，打开“自定义动画”任务窗格。

2 在打开的任务窗格中单击“添加效果”下拉按钮，在弹出的下拉菜单中选择“进入/菱形”命令。

56

1 在“开始”下拉列表框中选择“之后”选项，在“方向”下拉列表框中选择“缩小”选项，在“速度”下拉列表框中选择“中速”选项。

57

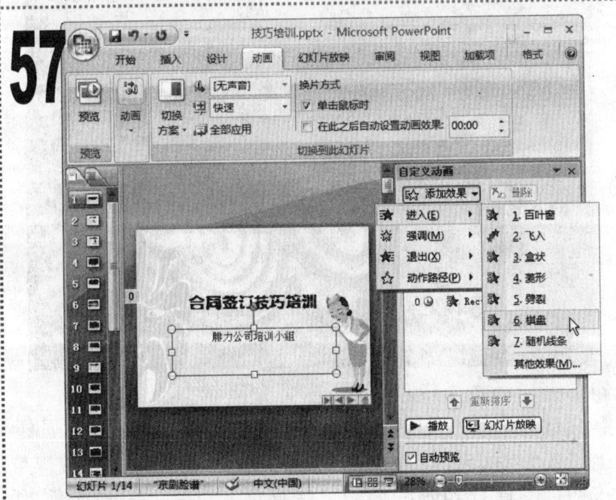

1 选择副标题占位符，单击“添加效果”下拉按钮，在弹出的下拉菜单中选择“进入/棋盘”命令。

58

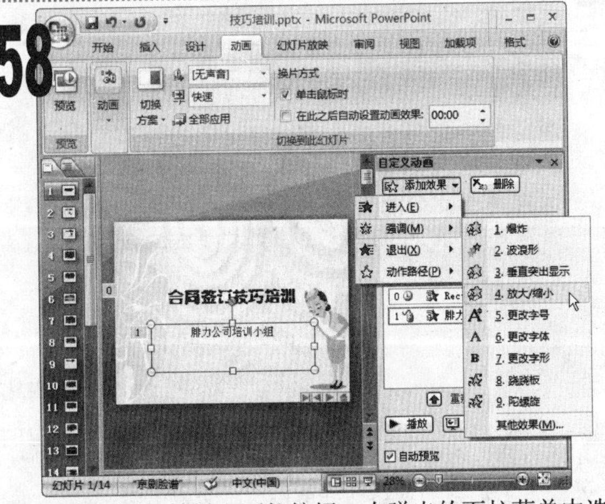

1 单击“添加效果”下拉按钮，在弹出的下拉菜单中选择“强调/‘放大/缩小’”命令。

59

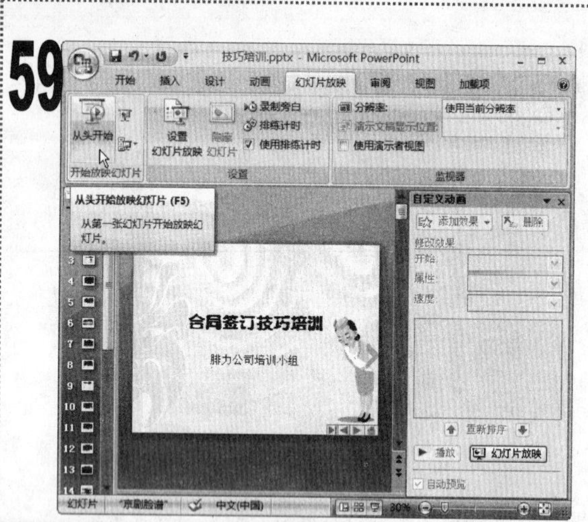

1 使用相同的方法为其他幻灯片中的对象设置相应的动画效果。

2 单击“幻灯片放映”选项卡，在“开始放映幻灯片”组中单击“从头开始”按钮。

60

合同签订技巧培训

腓力公司培训小组

1 进入幻灯片放映视图，从第 1 张幻灯片开始依次单击鼠标左键，播放幻灯片中的动画并切换幻灯片。

61

培训针对人群

- 总经理
- 管理人员
- 销售经理
- 采购经理
- 人事经理

1 在放映到第 2 张幻灯片时，单击底端的▶按钮，切换到下一张幻灯片。

62

什么是购销合同

- 购销合同就是供方将其销售的产品，交付给需方所有或者经营管理，需方接受此项产品并付给供方约定价款的协议

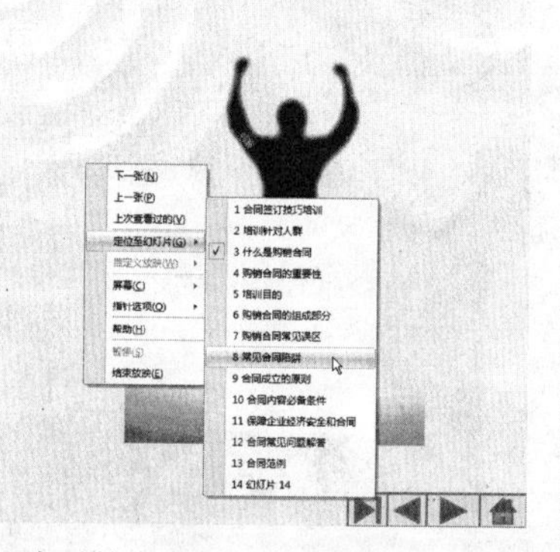

1 切换到第 3 张幻灯片后单击鼠标左键放映其中的各动画后，单击鼠标右键，在弹出的快捷菜单中选择“定位至幻灯片/8 常见合同陷阱”命令。

63

常见合同陷阱

- 外文合同、紧迫合同、烦琐合同、霸王合同、口头合同、简易合同。
- 内容和手续不全的合同，无公章的合同，合同当事人主体回避的合同。
- 内容特别宽松的合同，价格意外低廉的合同，合同不诚信、陷阱和欺诈高发地区的合同。

1 第 8 张幻灯片放映完毕后，单击鼠标右键，在弹出的快捷菜单中选择“指针选项/荧光笔”命令。

2 在需重点提示的部分拖动鼠标勾画重点内容。

64

1 勾画完毕后按【Esc】键退出荧光笔状态。

2 继续放映各张幻灯片，放映完毕时，在显示的黑色屏幕上单击鼠标左键，在弹出的提示对话框中单击“放弃”按钮，不保存勾画的内容。保存演示文稿，完成本例的制作。

实例186　制作“销售表”演示文稿

素材:无

源文件:\实例 186\销售表.pptx

包含知识

- 应用主题
- 更改主题颜色方案
- 更改主题字体方案
- 插入艺术字
- 插入并编辑表格
- 添加自定义动画

制作思路

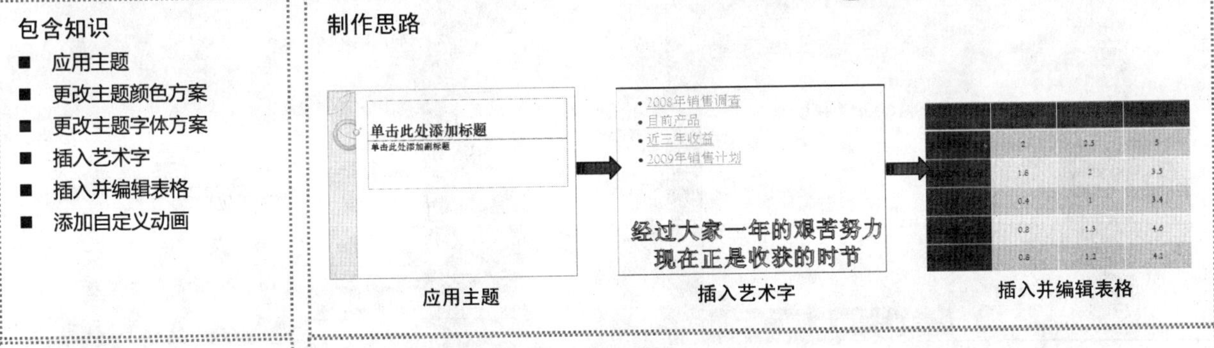

应用主题　插入艺术字　插入并编辑表格

应用场所

用于制作企业销售报表演示文稿。

01

1. 启动 PowerPoint 2007，程序自动新建一个空白演示文稿，将其以“销售表”为名进行保存。
2. 单击“设计”选项卡，在“主题”组中单击列表框右下角的“其他”按钮，在弹出的下拉菜单中选择“夏至”选项。

02

1. 单击“主题”组中的“颜色”下拉按钮，在弹出的下拉菜单中选择“凤舞九天”选项。

03

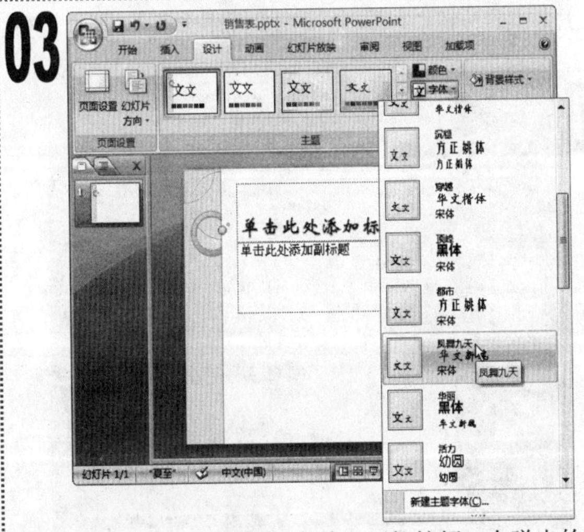

1. 单击“主题”组中的“字体”下拉按钮，在弹出的下拉菜单中选择“凤舞九天”选项。

04

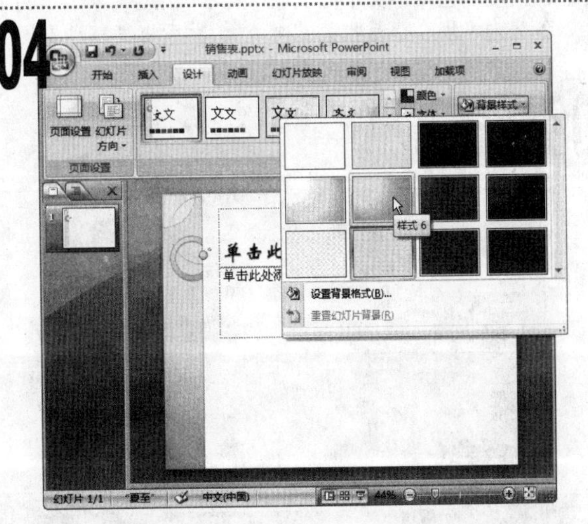

1. 在“设计”选项卡的“背景”组中单击“背景样式”下拉按钮，在弹出的下拉菜单中选择“样式 10”选项。

05

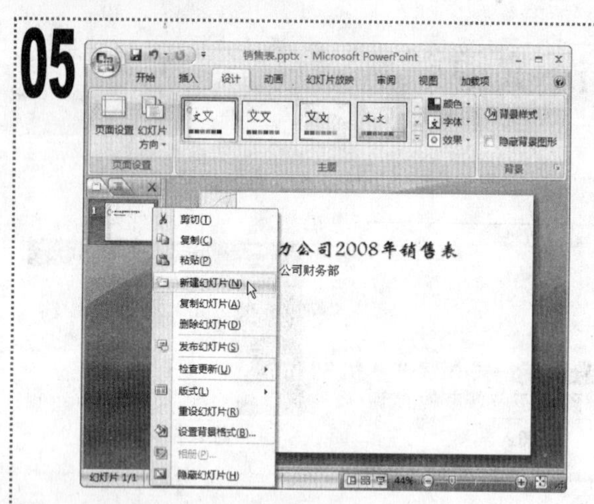

1. 在幻灯片中输入标题与副标题文本。
2. 在“幻灯片”窗格中的幻灯片上单击鼠标右键，在弹出的快捷菜单中选择“新建幻灯片”命令。

06

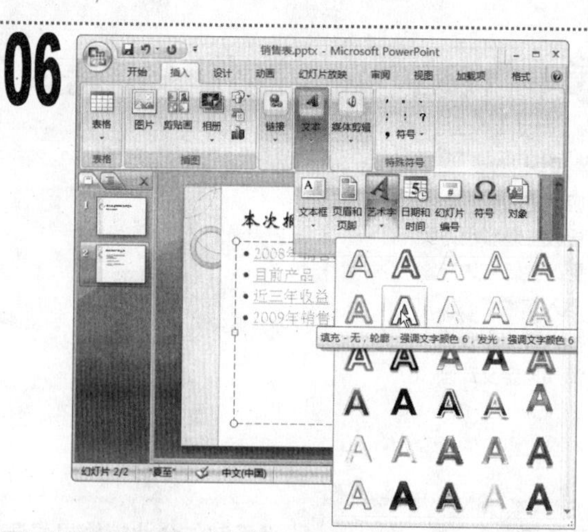

1. 在新建的幻灯片中输入标题与正文内容，将其字体颜色设置为“黄色”并添加下画线。
2. 单击“插入”选项卡，单击“文本”组中的“艺术字”下拉按钮，在弹出的下拉列表中选择“填充-无，轮廓-强调文字颜色 6，发光-强调文字颜色 6”选项。

07

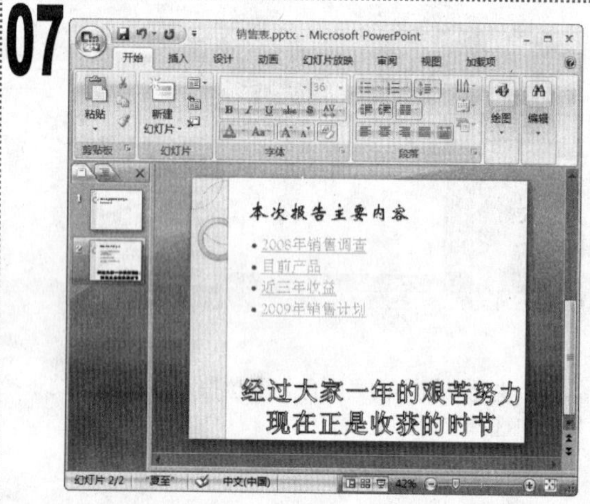

1. 在出现的艺术字文本框中输入文本“经过大家一年的艰苦努力，现在正是收获的时节”，然后将其移动到幻灯片右下角。

08

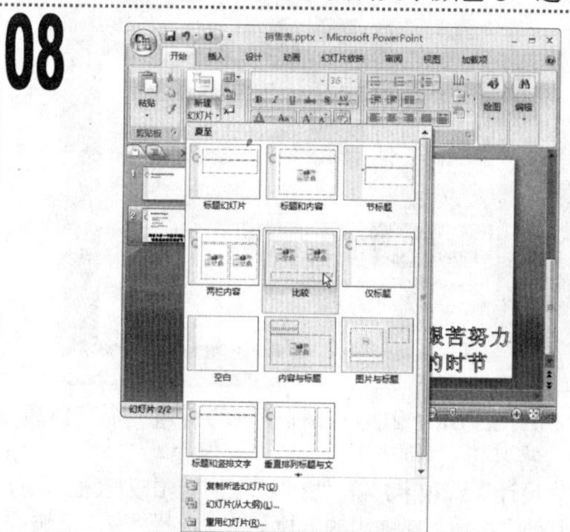

1. 单击“开始”选项卡，在“幻灯片”组中单击“新建幻灯片”下拉按钮，在弹出的下拉菜单中选择“比较”选项。

09

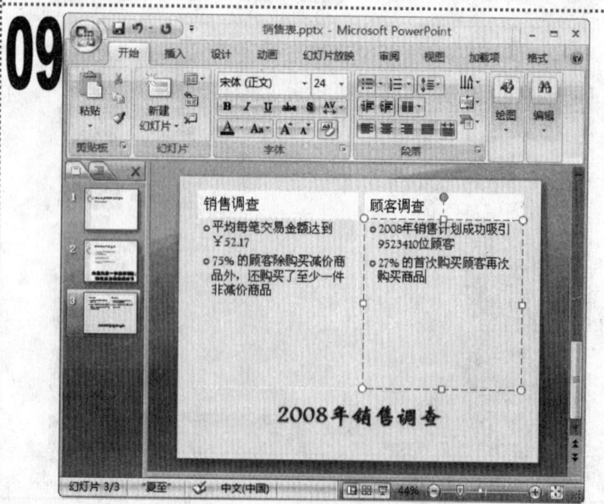

1. 在新建的第 3 张幻灯片中输入标题与正文。
2. 将上方的文本的字号设置为“28”，修改中间正文文本的项目符号，然后在幻灯片下方输入标题文本。

10

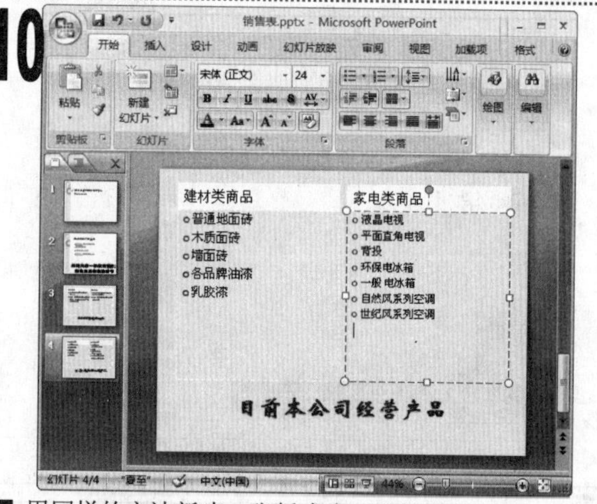

1. 用同样的方法新建一张版式为“比较”的幻灯片，在其中输入文本并设置为与第 3 张幻灯片相同的格式。

11

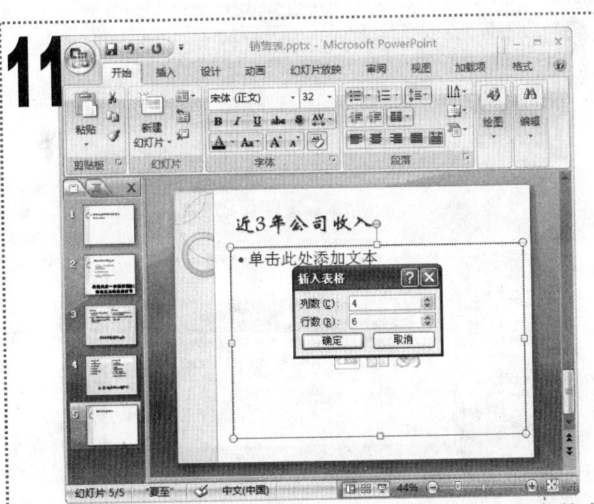

1 新建一张版式为“标题和内容”的幻灯片，并在其中输入标题文本“近 3 年公司收入”。

2 单击下方占位符中的“插入表格”按钮，在打开的“插入表格”对话框的“列数”和“行数”数值框中分别输入“4”和“6”，单击“确定”按钮。

12

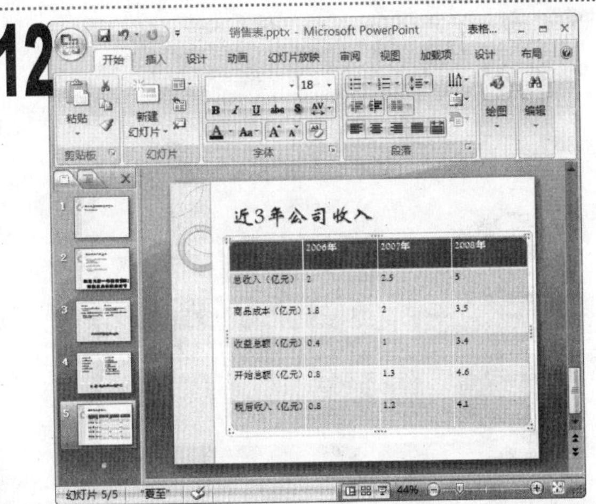

1 在插入的表格中输入表格内容，将鼠标光标移动到表格底部边框上，当其变为双箭头形状时，按住鼠标不放进行拖动以增加表格的高度，并将表格移动至合适的位置。

13

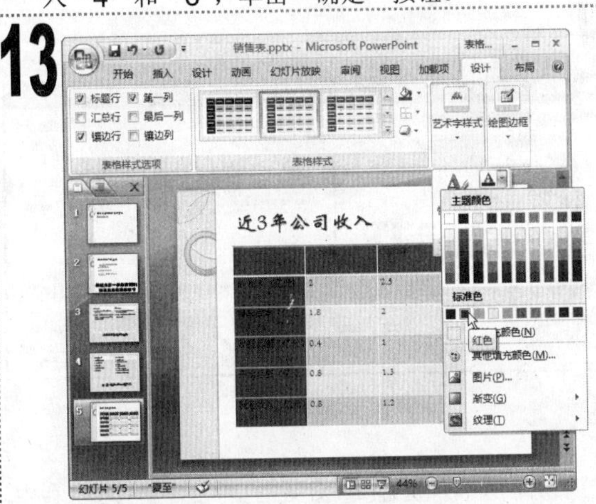

1 单击“表格工具/设计”选项卡，在“表格样式选项”组中选中“第一列”复选框。

2 在“艺术字样式”组中单击“文本填充”按钮右侧的下拉按钮，在弹出的下拉菜单中选择“红色”选项。

14

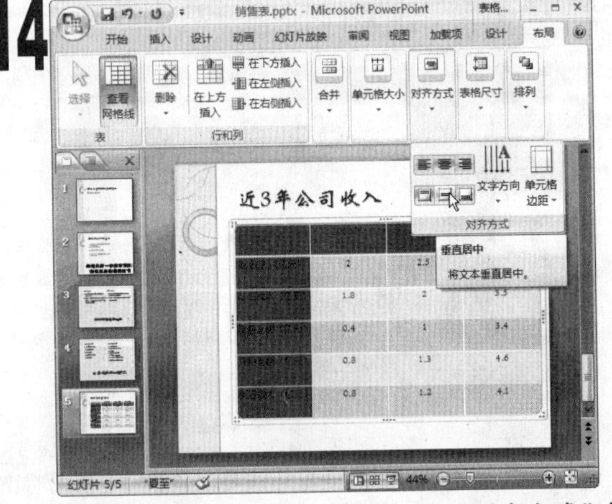

1 单击“表格工具/布局”选项卡，在“对齐方式”组中分别单击“居中”和“垂直居中”按钮，将表格中的文本设置为水平和垂直方向居中对齐。

15

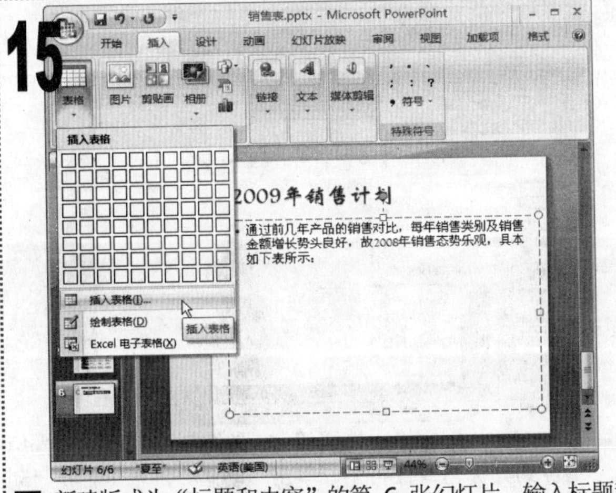

1 新建版式为“标题和内容”的第 6 张幻灯片，输入标题和正文文本后单击“插入”选项卡，在“表格”组中单击“表格”下拉按钮，在弹出的下拉菜单中选择“插入表格”命令。

16

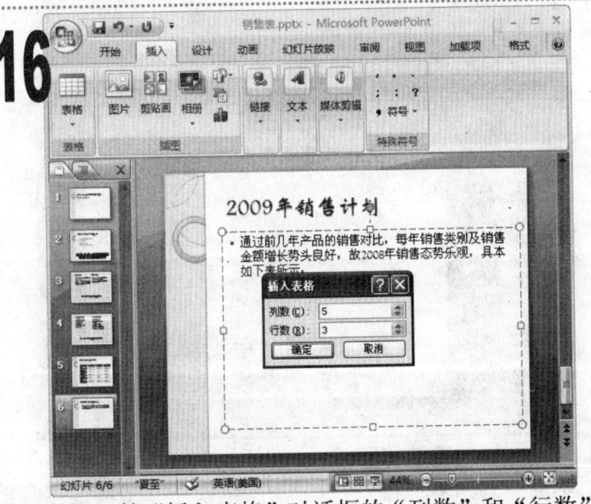

1 在打开的“插入表格”对话框的“列数”和“行数”数值框中，分别输入“5”和“3”，单击“确定”按钮。

17

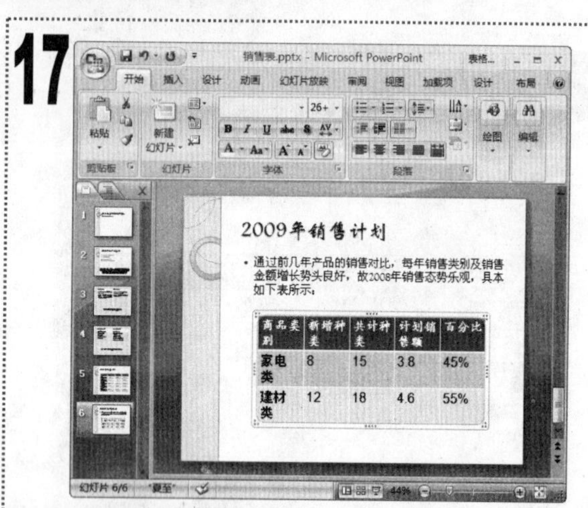

■ 在新建的表格中输入如图所示的文本内容，将表格第 1 行中的文本设置为“华文楷体、26、白色”，其他单元格中的中文文本的字体格式设置为“黑体、28、黑色”，西文文本的字体格式设置为“Arial、28、黑色”。

18

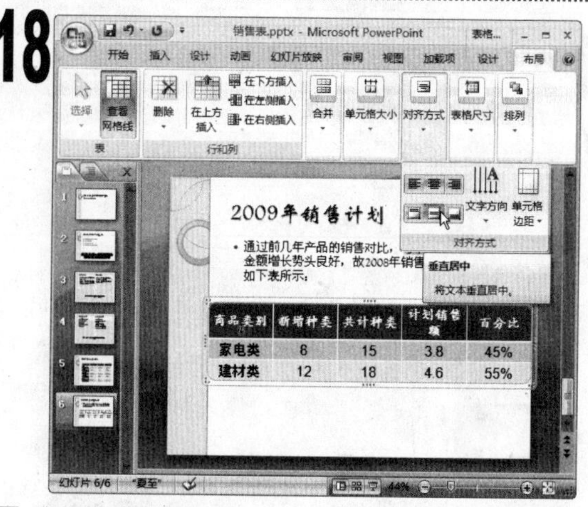

■ 选择插入的表格，单击“表格工具/布局”选项卡，在“对齐方式”组中单击“居中”和“垂直居中”按钮，设置表格文本的对齐方式，然后设置表格的大小。

19

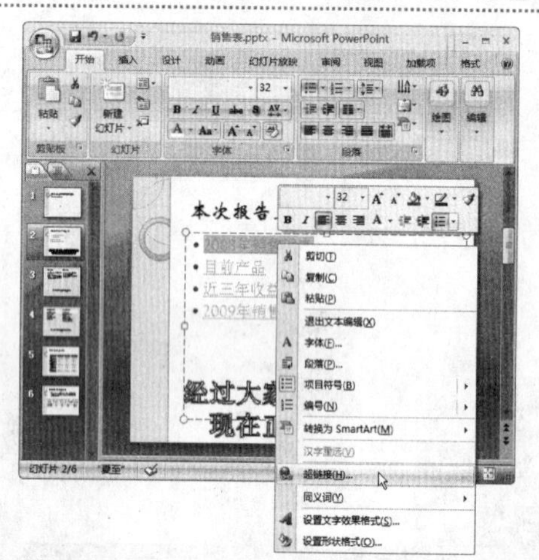

■ 选择第 2 张幻灯片，拖动鼠标选择其中的“2008 年销售调查”文本，在其上单击鼠标右键，在弹出的快捷菜单中选择“超链接”命令。

20

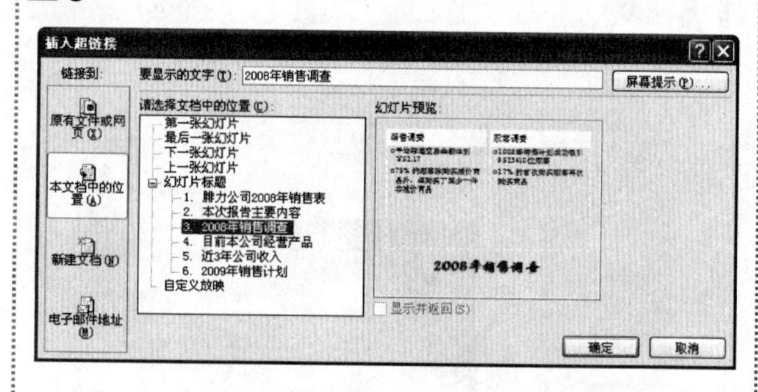

■ 在打开的“插入超链接”对话框左侧的“链接到”栏中，单击“本文档中的位置”选项卡，在中间的列表框中选择“3.2008 年销售调查”选项，单击“确定”按钮。

21

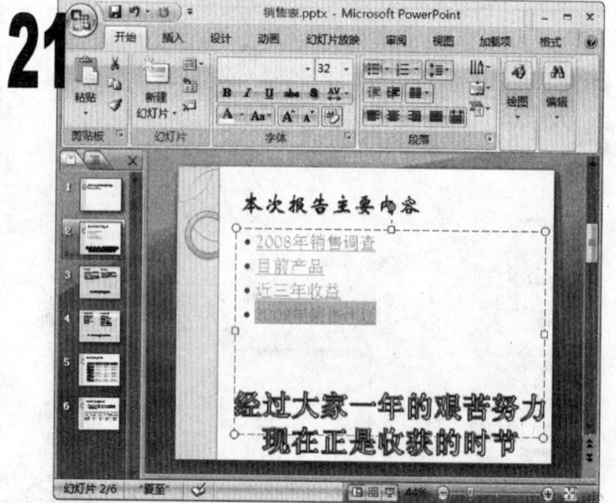

■ 使用同样的方法将第 2 张幻灯片中的“目前产品”文本链接到第 4 张幻灯片，“近三年收益”文本链接到第 5 张幻灯片，“2009 年销售计划”文本链接到第 6 张幻灯片。

22

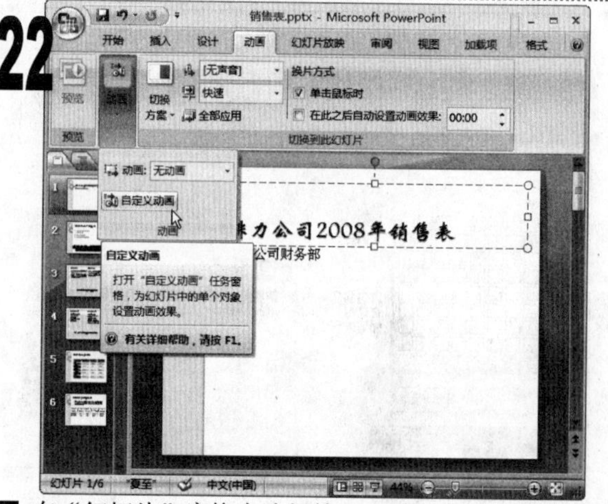

■ 在“幻灯片”窗格中选择第 1 张幻灯片，将鼠标光标定位到其标题占位符中，单击“动画”选项卡，在“动画”组中单击“自定义动画”按钮。

23

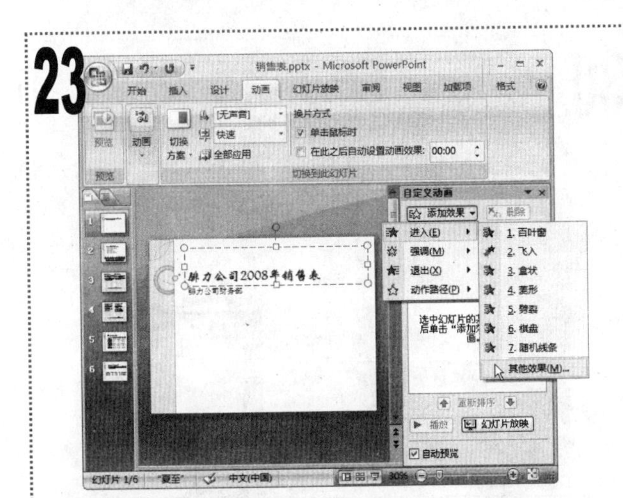

■ 在打开的“自定义动画”任务窗格中单击“添加效果”下拉按钮，在弹出的下拉菜单中选择“进入/其他效果”命令。

24

■ 在打开的“添加进入效果”对话框的“温和型”栏中，选择“渐入”选项，单击“确定”按钮。

25

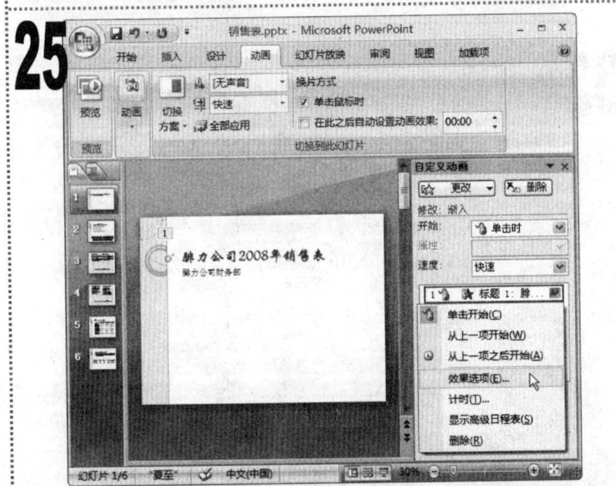

■ 在“自定义动画”任务窗格中的列表框中的添加的动画效果选项上，单击鼠标右键，在弹出的快捷菜单中选择“效果选项”命令。

26

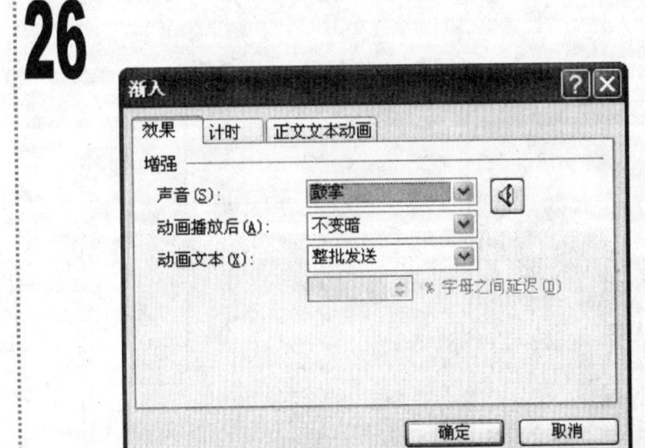

■ 在打开的“渐入”对话框中选择“声音”下拉列表框中的“鼓掌”选项，单击其后的“喇叭”按钮，在弹出的面板中拖动滑块将声音设置为最大，单击“确定”按钮。

27

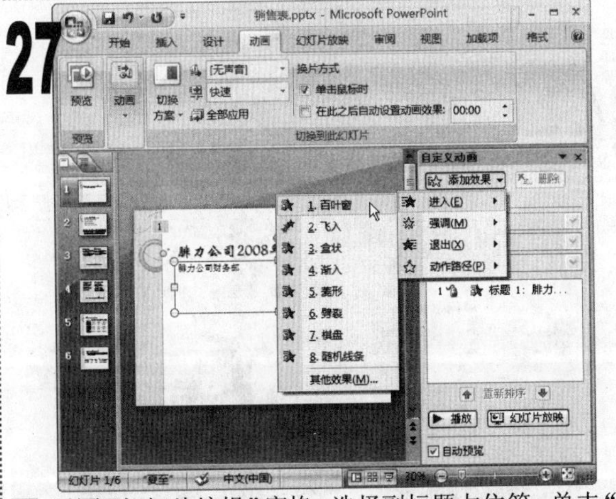

■ 返回“幻灯片编辑”窗格，选择副标题占位符，单击“添加效果”下拉按钮，在弹出的下拉菜单中选择“进入/百叶窗”命令。

28

■ 在“自定义动画”任务窗格的“开始”下拉列表框中选择“之后”选项，在“方向”下拉列表框中选择“垂直”选项，在“速度”下拉列表框中选择“中速”选项。

29

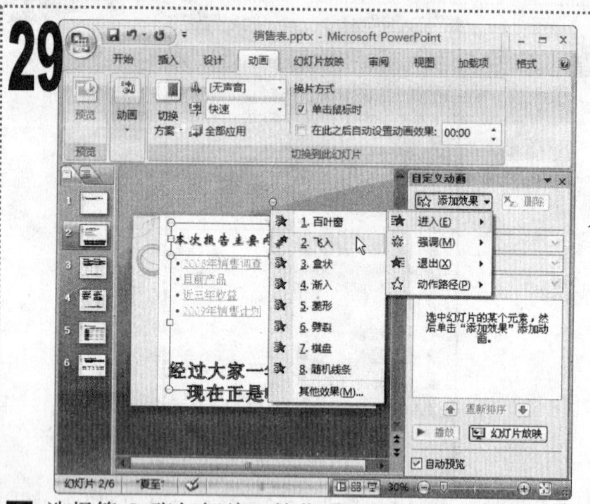

■ 选择第 2 张幻灯片，按住【Shift】键选择其中的标题占位符和其下方的占位符，单击“添加效果”下拉按钮，在弹出的下拉菜单中选择“进入/飞入”命令。

30

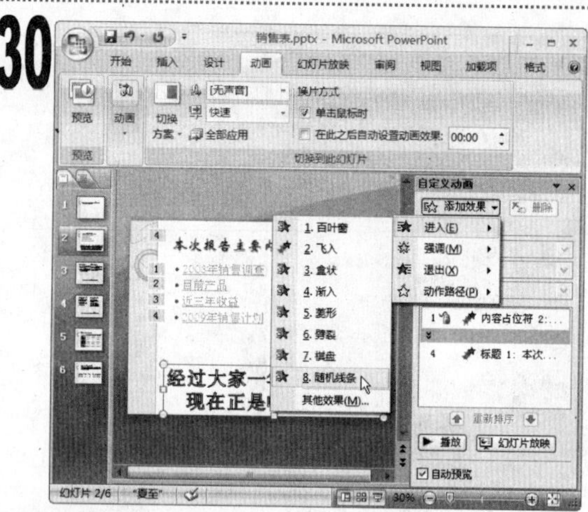

■ 选择幻灯片下方的艺术字文本框，单击“添加效果”下拉按钮，在弹出的下拉菜单中选择“进入/随机线条”命令。

31

■ 选择第 3 张幻灯片，选择幻灯片底部的标题占位符，单击“添加效果”下拉按钮，在弹出的下拉菜单中选择“进入/其他效果”命令，在打开的“添加进入效果”对话框中选择“颜色打字机”选项，单击“确定”按钮。

32

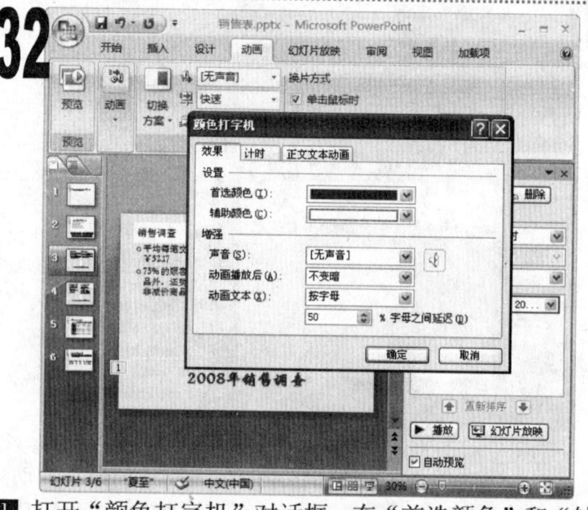

■ 打开“颜色打字机”对话框，在“首选颜色”和“辅助颜色”下拉列表框中选择“紫色”和“白色”选项，单击“确定”按钮。

33

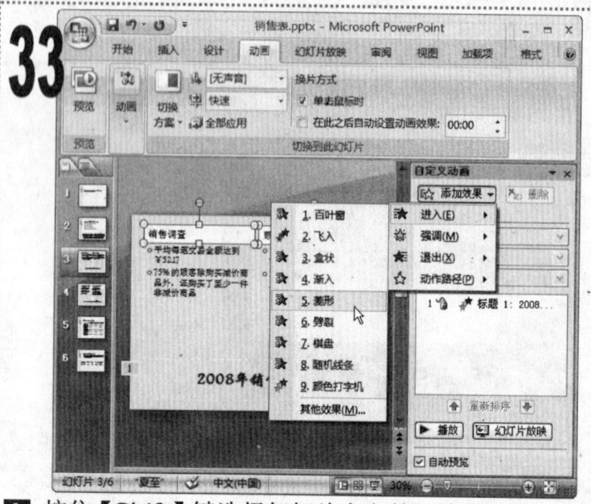

■ 按住【Shift】键选择幻灯片上方的“销售调查”和“顾客调查”文本所在的占位符，单击“添加效果”下拉按钮，在弹出的下拉菜单中选择“进入/菱形”命令。

34

■ 选择幻灯片中间的两个占位符，单击“添加效果”下拉按钮，在弹出的下拉菜单中选择“强调/爆炸”命令。

35

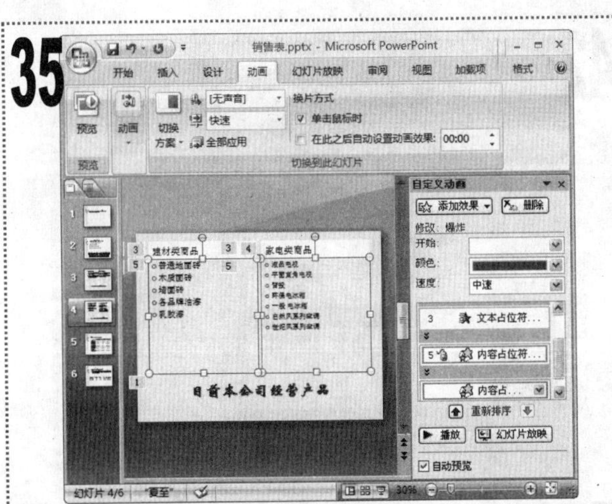

■ 选择第 4 张幻灯片，将其中相应位置占位符的动画效果设置为与第 3 张幻灯片的相同。

36

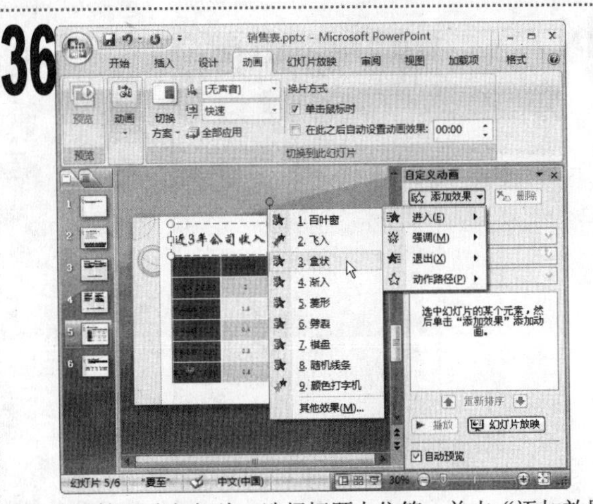

■ 选择第 5 张幻灯片，选择标题占位符，单击“添加效果”下拉按钮，在弹出的下拉菜单中选择“进入/盒状”命令。

37

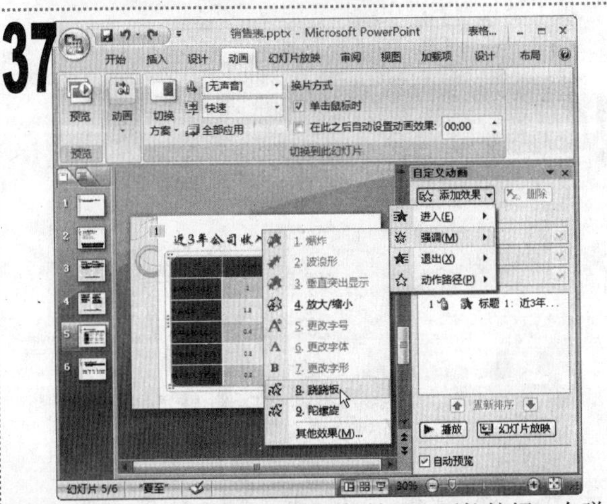

■ 选择下方的表格，单击“添加效果”下拉按钮，在弹出的下拉菜单中选择“强调/跷跷板”命令。

38

■ 在“自定义动画”任务窗格的“颜色”下拉列表框中选择“紫色”选项，在“速度”下拉列表框中选择“中速”选项。

39

■ 选择最后一张幻灯片，选择标题占位符，单击“添加效果”下拉按钮，在弹出的下拉菜单中选择“进入/其他效果”命令，在打开的“添加进入效果”对话框中选择“光速”选项，单击“确定”按钮。

40

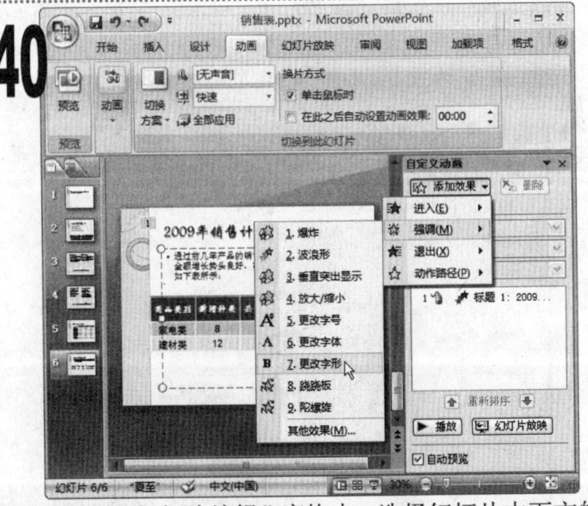

■ 返回到“幻灯片编辑”窗格中，选择幻灯片中下方的占位符，单击“添加效果”下拉按钮，在弹出的下拉菜单中选择“强调/更改字形”命令。

41

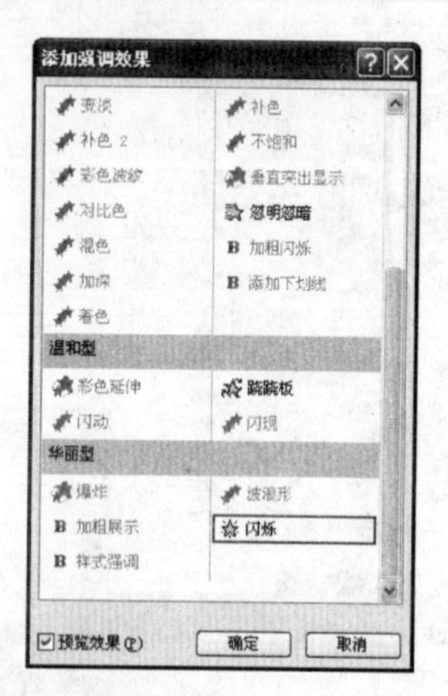

■ 选择幻灯片底部插入的表格，单击“添加效果”下拉按钮，在弹出的下拉菜单中选择“强调/其他效果”命令，在打开的“添加强调效果”对话框的“华丽型”栏中选择“闪烁”选项，单击“确定”按钮。

42

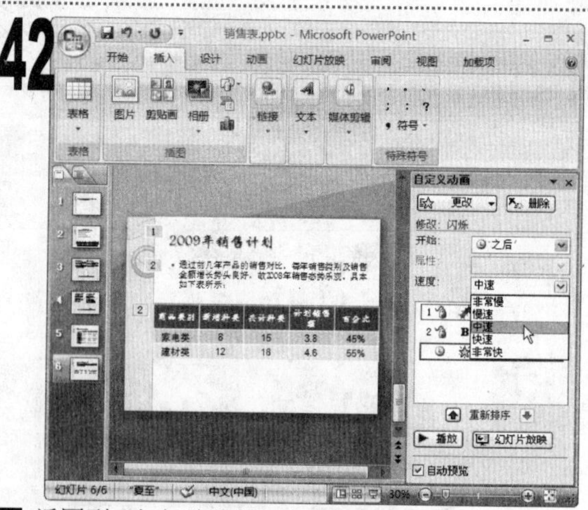

■ 返回到“幻灯片编辑”窗格中，在“自定义动画”任务窗格的“开始”下拉列表框中选择“之后”选项，在“速度”下拉列表框中选择“中速”选项。

43

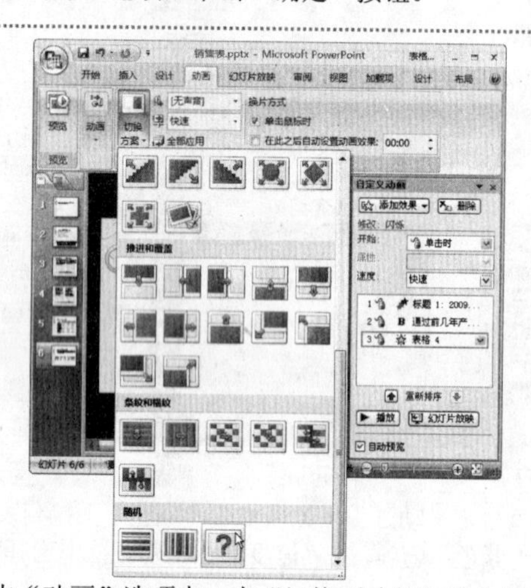

■ 单击“动画”选项卡，在“切换到此幻灯片”组中单击“切换方案”下拉按钮，在弹出的下拉列表中选择“随机”栏中的“随机切换效果”选项。

44

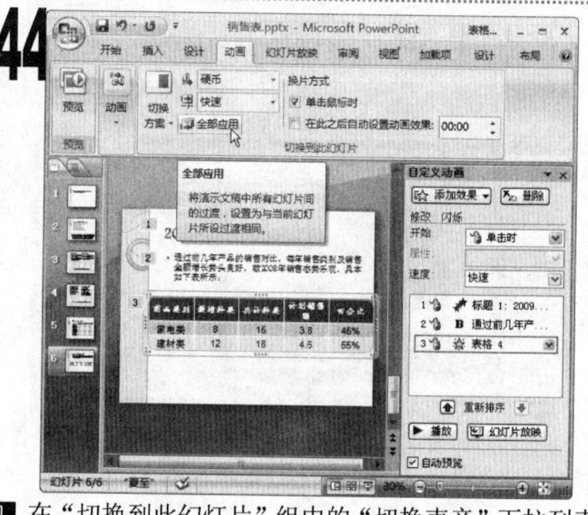

■ 在“切换到此幻灯片”组中的“切换声音”下拉列表框中选择“硬币”选项，单击“全部应用”按钮。

45

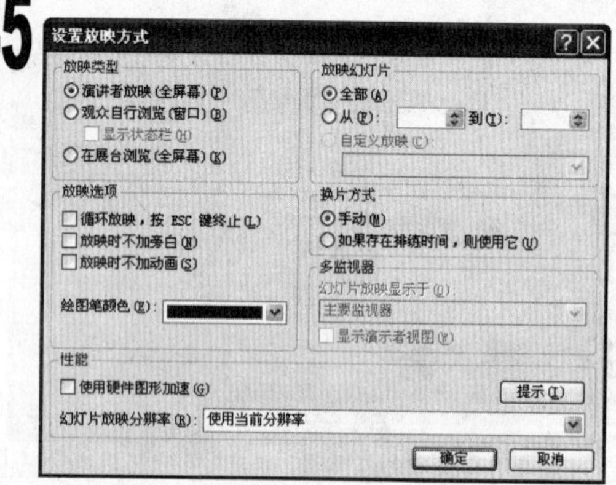

■ 单击“幻灯片放映”选项卡，在“设置”组中单击“设置幻灯片放映”按钮，在打开的“设置放映方式”对话框的“换片方式”栏中选中“手动”单选按钮，单击“确定”按钮。

46

■ 最后保存演示文稿，完成本例的制作。按【F5】键以手动方式放映幻灯片，其最终效果如图所示。

实例187 制作“礼仪”演示文稿

素材:\实例 187\

源文件:\实例 187\礼仪.pptx

包含知识

- 设置幻灯片的背景格式
- 更改项目符号颜色
- 新建幻灯片
- 自定义放映
- 放映时快速定位幻灯片

制作思路

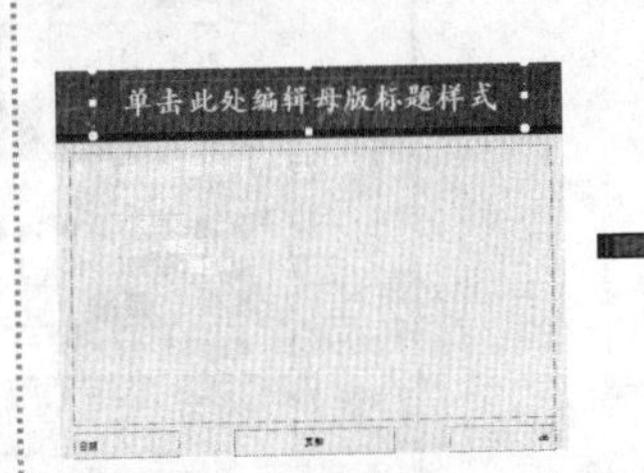
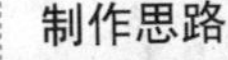

设置幻灯片的背景格式

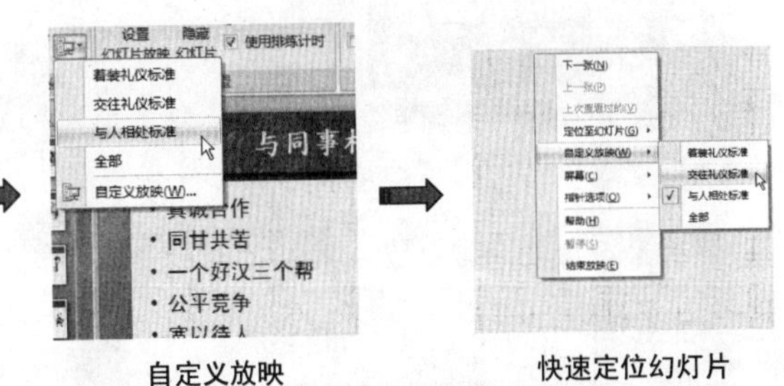

自定义放映　　快速定位幻灯片

应用场所

用于制作礼仪培训演示文稿。

01

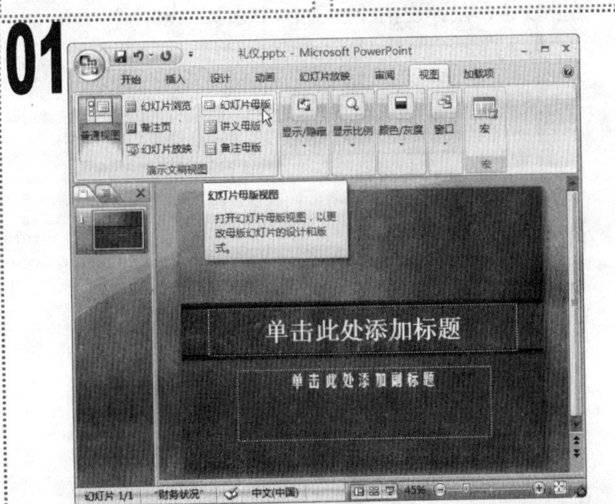

打开“礼仪”演示文稿，单击“视图”选项卡，在“演示文稿视图”组中单击“幻灯片母版”按钮。

02

选择左侧窗格中的第 1 张母版幻灯片，在“幻灯片母版编辑”窗格中幻灯片的空白位置处单击鼠标右键，在弹出的快捷菜单中选择“设置背景格式”命令。

03

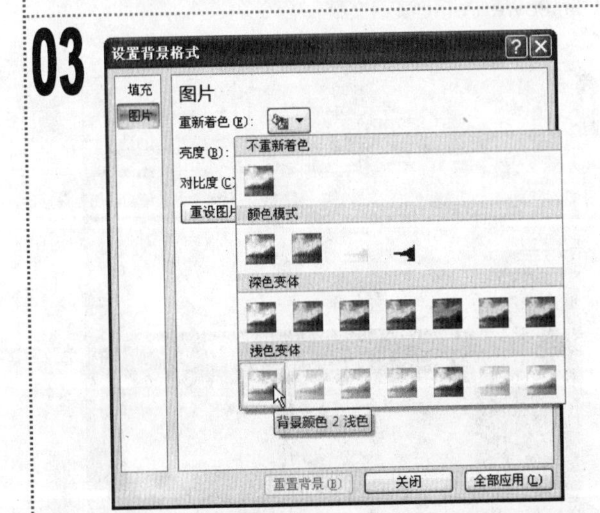

在打开的“设置背景格式”对话框中，单击“图片”选项卡，在右侧的窗格中单击“重新着色”下拉按钮，在弹出的下拉列表中选择“背景颜色 2 浅色”选项，单击“关闭”按钮。

04

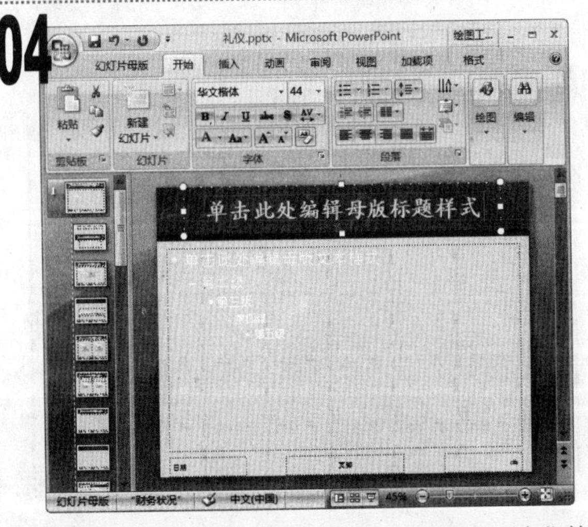

返回到“幻灯片母版编辑”窗格中，选择标题占位符中的文本，单击“开始”选项卡，在“字体”组中设置标题文本的字体格式为“华文楷体、44、黄色、加粗”。

05

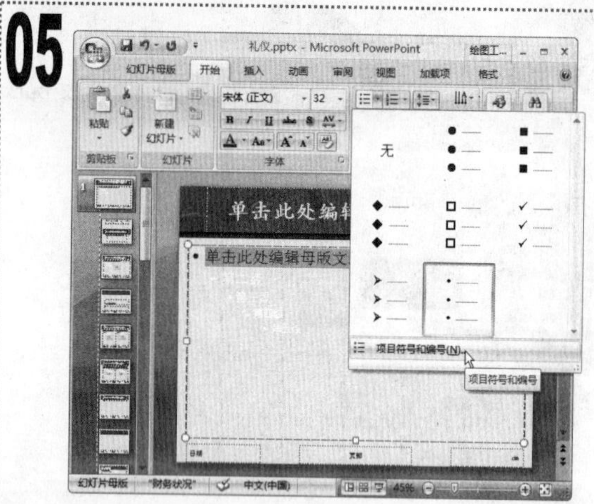

■ 在下方的占位符中选择第1级文本，将其字体颜色设置为“红色”，再在“段落”组中单击“项目符号”按钮右侧的下拉按钮，在弹出的下拉菜单中选择“项目符号和编号”命令。

06

■ 在打开的“项目符号和编号”对话框中，单击“颜色”下拉按钮，在弹出的下拉菜单中选择“紫色”选项，单击“确定”按钮。

07

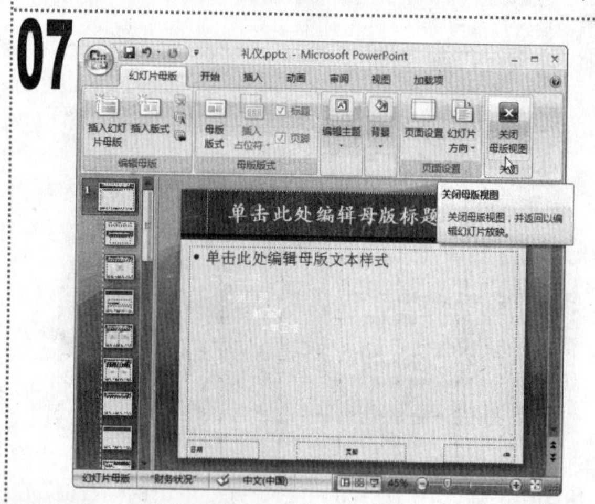

■ 返回“幻灯片母版编辑”窗格，单击“幻灯片母版”选项卡，在“关闭”组中单击“关闭母版视图”按钮，退出幻灯片母版视图。

08

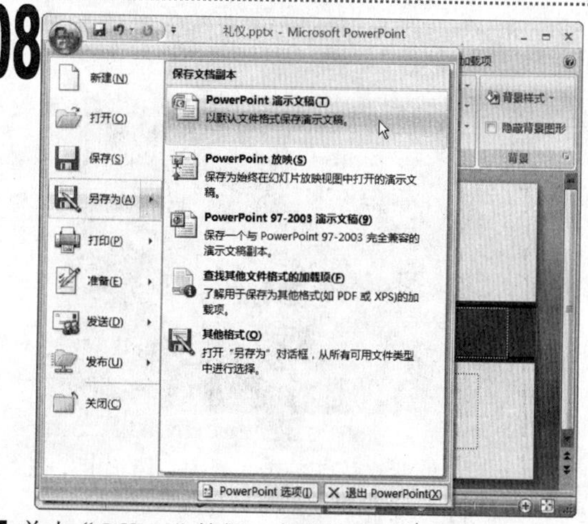

■ 单击“Office”按钮，在弹出的下拉菜单中选择“另存为/PowerPoint 演示文稿”命令。

09

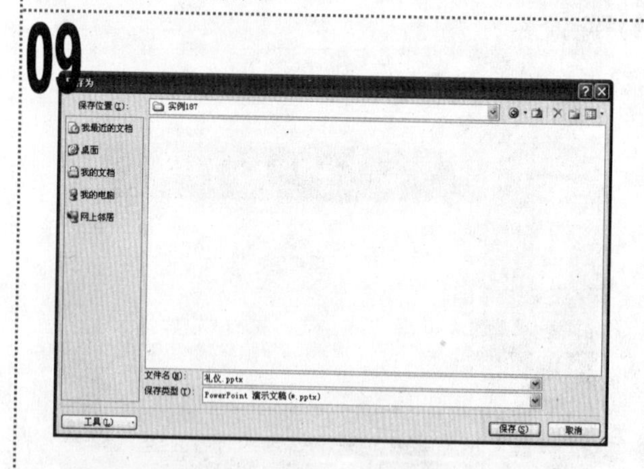

■ 在打开的“另存为”对话框的“保存位置”下拉列表框中，选择保存位置，单击“保存”按钮。

10

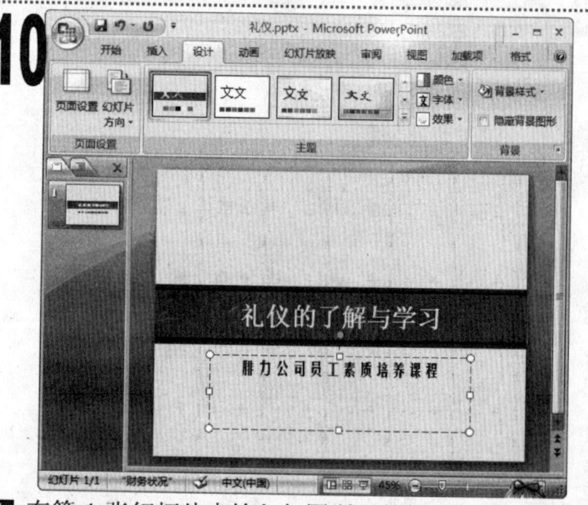

■ 在第 1 张幻灯片中输入如图所示的标题与副标题文本。

11

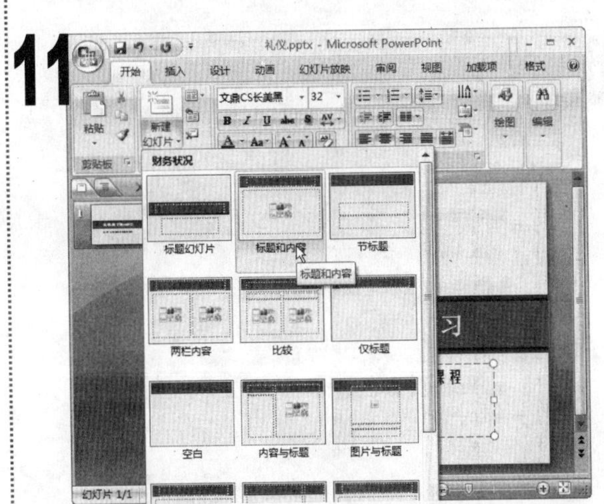

■ 单击“开始”选项卡，在“幻灯片”组中单击“新建幻灯片”下拉按钮，在弹出的下拉菜单中选择“标题和内容”选项。

12

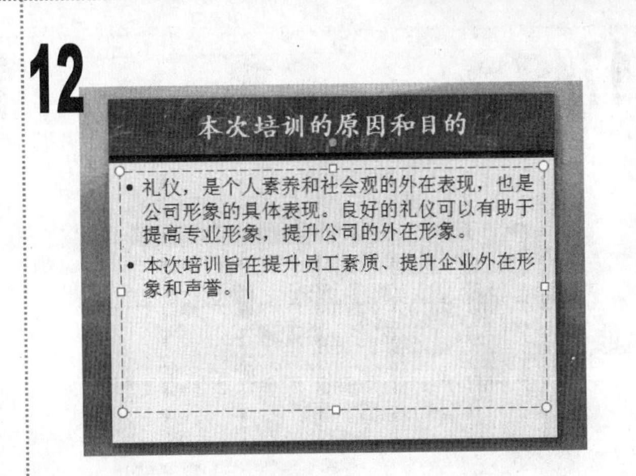

■ 在新建的版式为“标题和内容”的幻灯片中，输入如图所示的标题和文本内容。

13

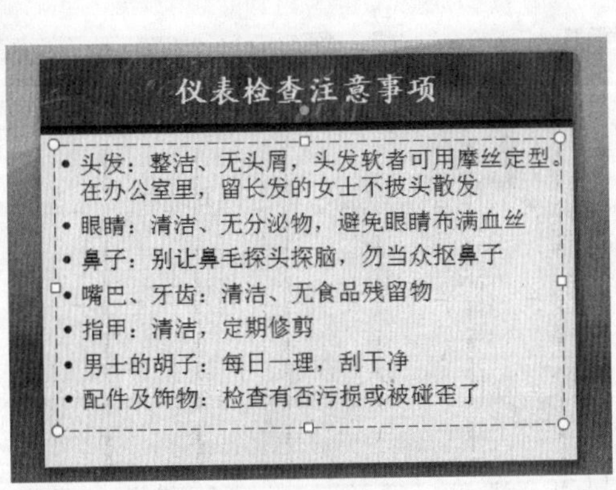

■ 使用同样的方法新建第 3 张版式为“标题和内容”的幻灯片，然后在其中输入标题和正文文本。

14

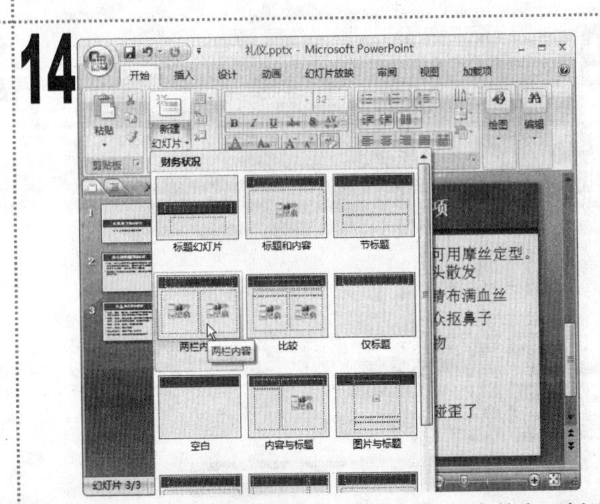

■ 单击“开始”选项卡，在“幻灯片”组中单击“新建幻灯片”下拉按钮，在弹出的下拉菜单中选择“两栏内容”选项。

15

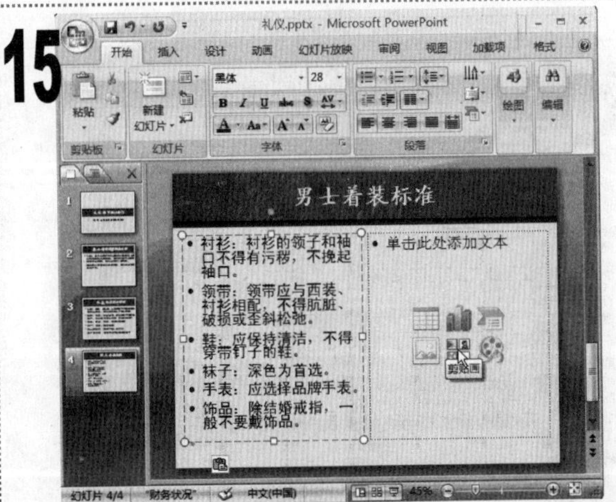

■ 在幻灯片中的标题占位符和左侧的占位符中输入如图所示的文本内容，将正文文本中的字体格式设置为“黑体”。

2 单击右侧占位符中的“剪贴画”按钮。

16

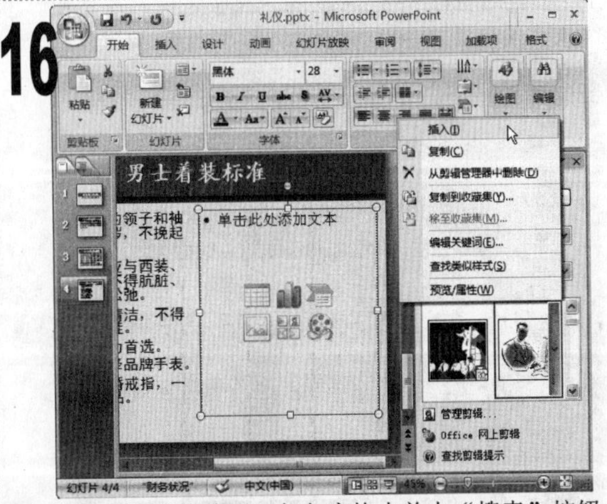

■ 在打开的“剪贴画”任务窗格中单击“搜索”按钮。

2 在下方的列表框中的如图所示的剪贴画上，单击鼠标右键，在弹出的快捷菜单中选择“插入”命令。

17

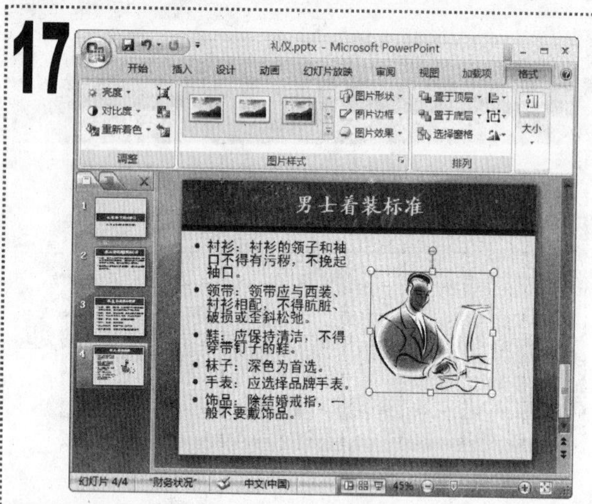

1 将剪贴画插入到幻灯片中后调整其大小和位置，然后关闭“剪贴画”任务窗格。

18

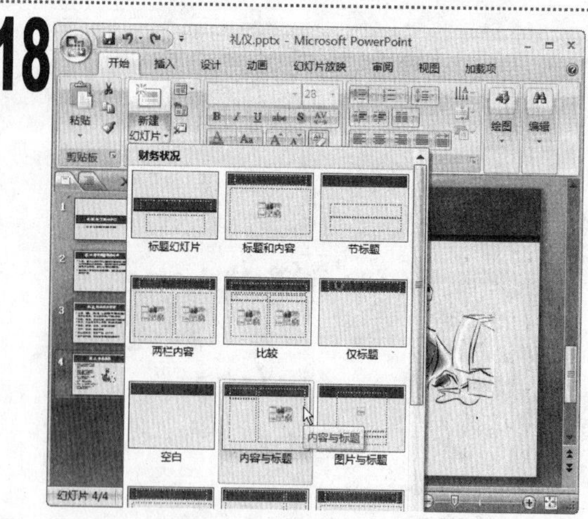

1 单击“开始”选项卡，在“幻灯片”组中单击“新建幻灯片”下拉按钮，在弹出的下拉菜单中选择“内容与标题”选项。

19

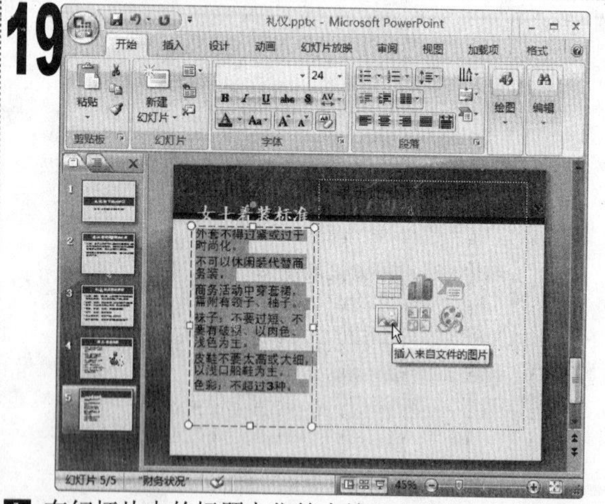

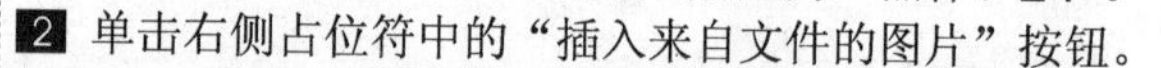

1 在幻灯片中的标题占位符中输入文本“女士着装标准”，将其字号设置为“36”，在其下方的文本占位符中输入正文文本，然后将其字体格式设置为“黑体、24”。

2 单击右侧占位符中的“插入来自文件的图片”按钮。

20

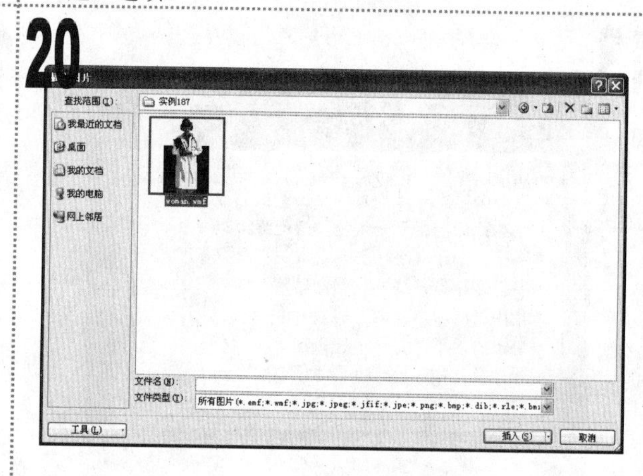

1 在打开的“插入图片”对话框的“查找范围”下拉列表框中，选择素材文件所在的位置，在中间的列表框中选择图片文件“woman”，单击“插入”按钮。

21

1 调整插入的图片文件的大小和位置，其最终效果如图所示。

22

1 单击“开始”选项卡，在“幻灯片”组中单击“新建幻灯片”下拉按钮，在弹出的下拉菜单中选择“两栏内容”选项，新建第 6 张幻灯片。

23

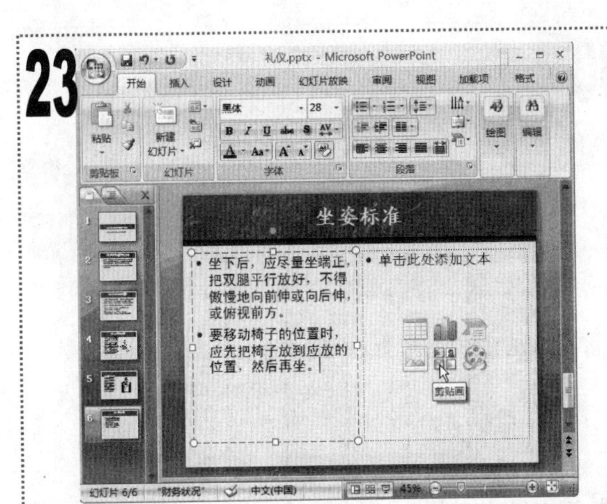

1 在幻灯片中的标题占位符中输入文本“坐姿标准”，在左侧占位符中输入正文文本，将其字体格式设置为“黑体、28”。

2 单击右侧占位符中的“剪贴画”按钮。

24

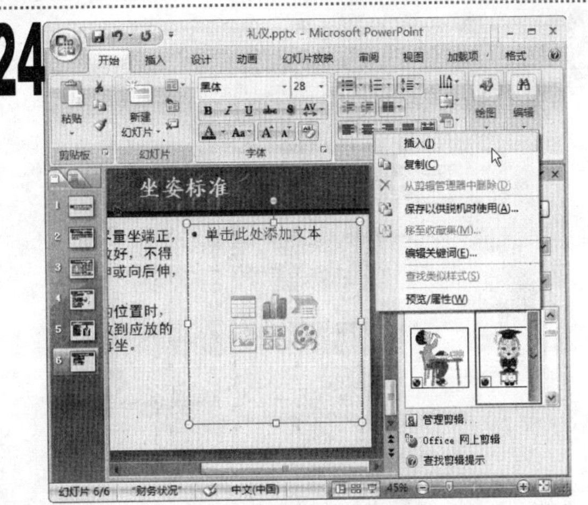

1 在打开的“剪贴画”任务窗格的“搜索文字”文本框中，输入文本“坐”，单击“搜索”按钮。

2 在下方的“剪贴画”列表框中选择如图所示的剪贴画，在其上单击鼠标右键，在弹出的快捷菜单中选择“插入”命令。

25

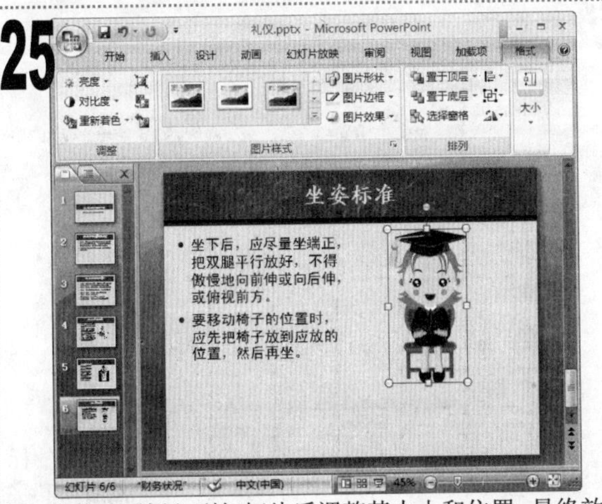

1 将剪贴画插入到幻灯片后调整其大小和位置，最终效果如图所示，然后关闭“剪贴画”任务窗格。

26

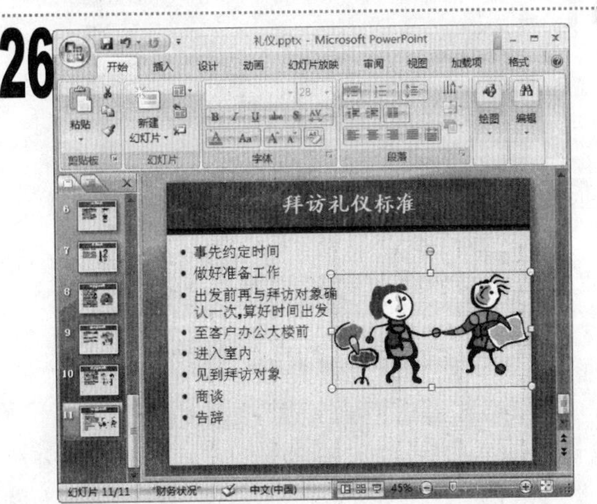

1 使用同样的方法制作第 7 张到第 11 张幻灯片，在左侧占位符中输入文本并设置其字号，在右侧占位符中插入相应的剪贴画。

27

1 单击“开始”选项卡，在“幻灯片”组中单击“新建幻灯片”下拉按钮，在弹出的下拉菜单中选择“标题和内容”选项，新建第 12 张幻灯片。

28

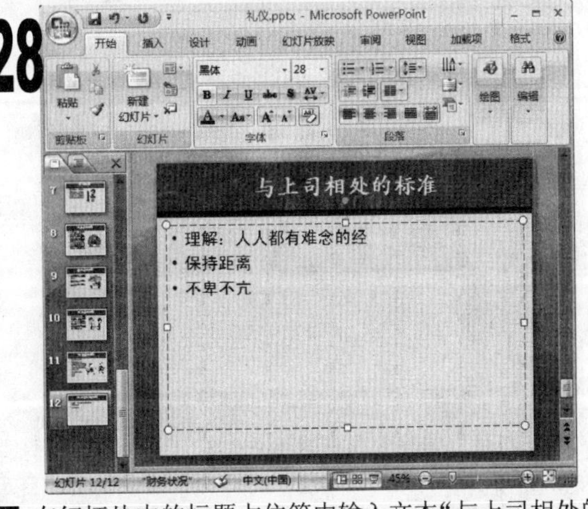

1 在幻灯片中的标题占位符中输入文本“与上司相处的标准”，在其下方的占位符中输入正文文本，将其字体格式设置为“黑体、32”。

29

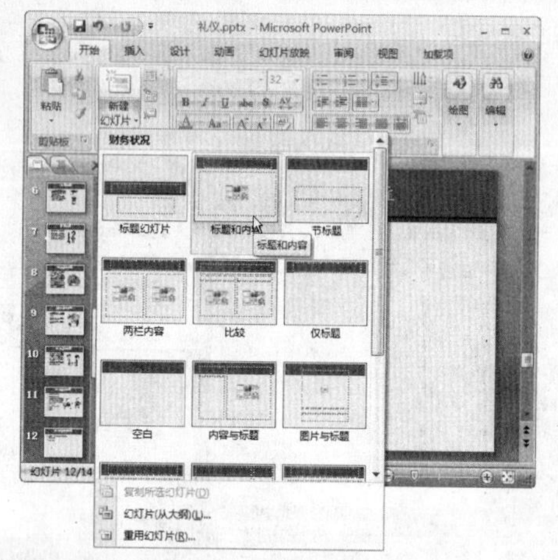

■ 单击“开始”选项卡，在“幻灯片”组中单击“新建幻灯片”下拉按钮，在弹出的下拉菜单中选择“标题和内容”选项，新建第 13 张幻灯片。

30

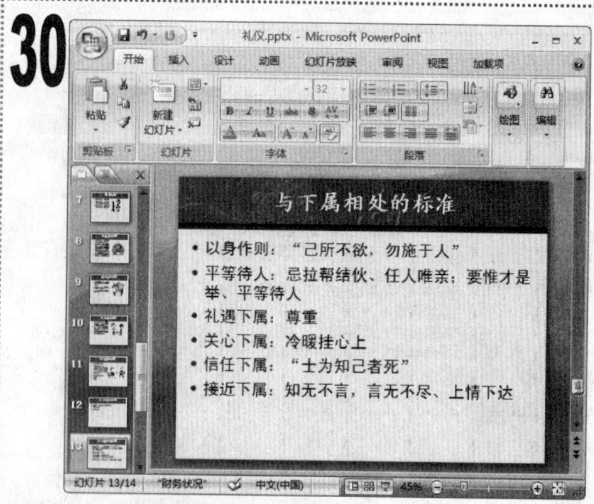

■ 在幻灯片中的标题占位符中输入文本“与下属相处的标准”，在其下方的占位符中输入正文文本，然后将其字体格式设置为“黑体、32”。

31

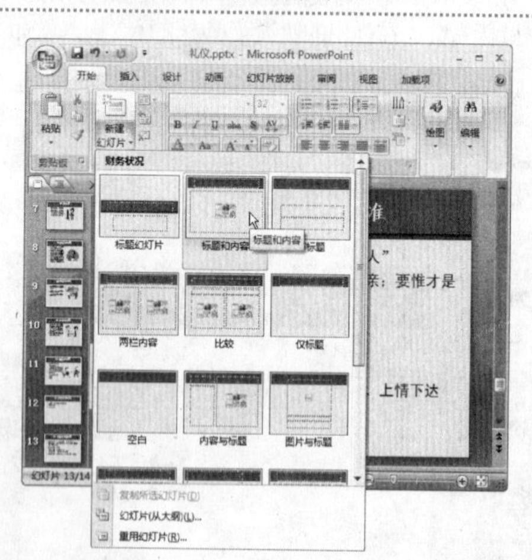

■ 单击“开始”选项卡，在“幻灯片”组中单击“新建幻灯片”下拉按钮，在弹出的下拉菜单中选择“标题和内容”选项，新建第 14 张幻灯片。

32

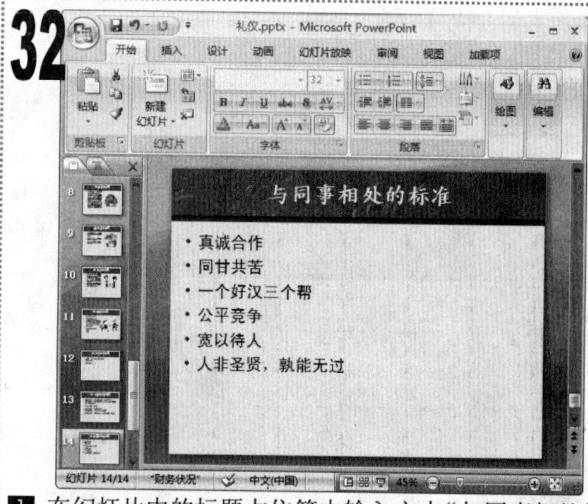

■ 在幻灯片中的标题占位符中输入文本“与同事相处的标准”，在其下方的占位符中输入正文文本，然后将其字体格式设置为“黑体、32”。

33

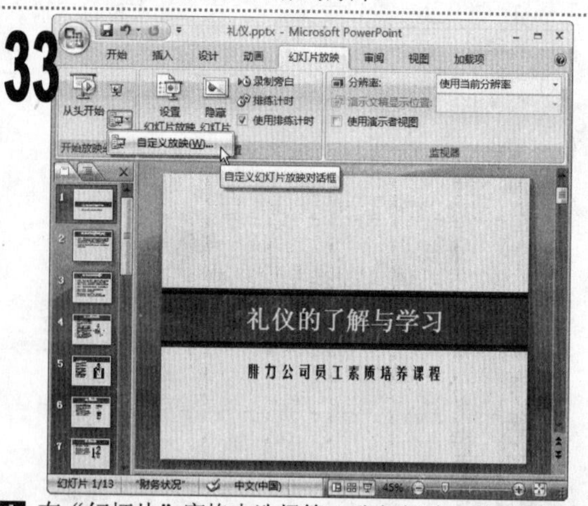

■ 在“幻灯片”窗格中选择第 1 张幻灯片，单击“幻灯片放映”选项卡，在“开始放映幻灯片”组中单击“自定义幻灯片放映”下拉按钮，在弹出的下拉菜单中选择“自定义放映”命令。

34

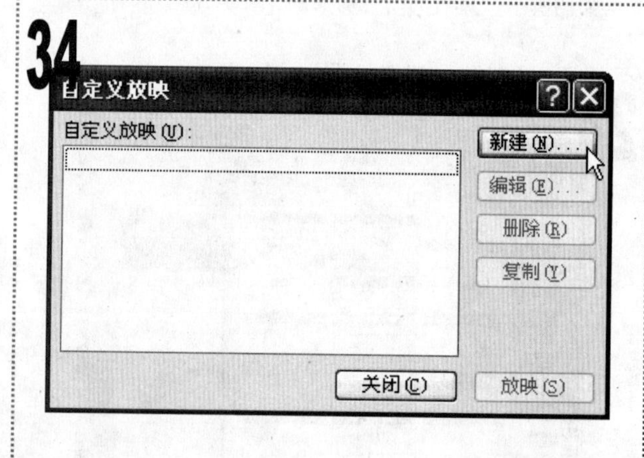

■ 在打开的“自定义放映”对话框中，单击“新建”按钮。

35

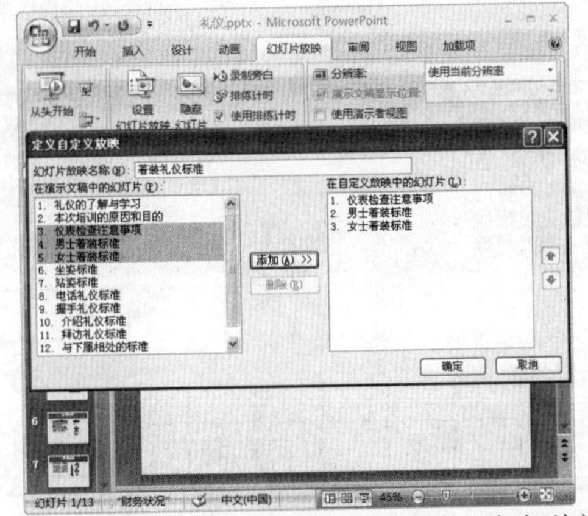

1 在打开的“定义自定义放映”对话框的“幻灯片放映名称”文本框中，输入“着装礼仪标准”文本。

2 按住【Shift】键在左侧的列表框中选择第 3 张到第 5 张幻灯片，单击“添加”按钮将其添加到右侧的列表框中，然后单击“确定”按钮。

36

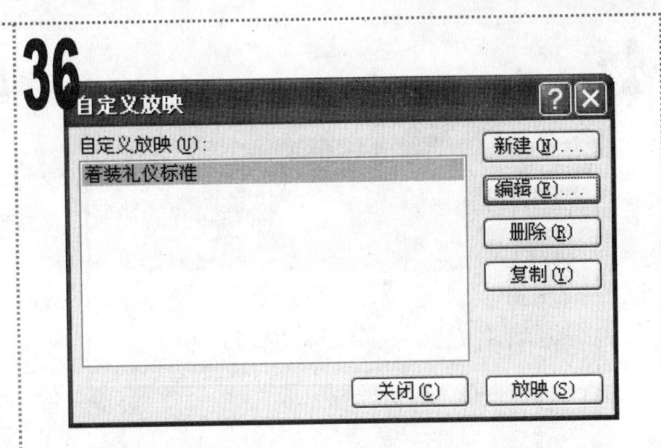

1 返回“自定义放映”对话框，再次单击“新建”按钮。

37

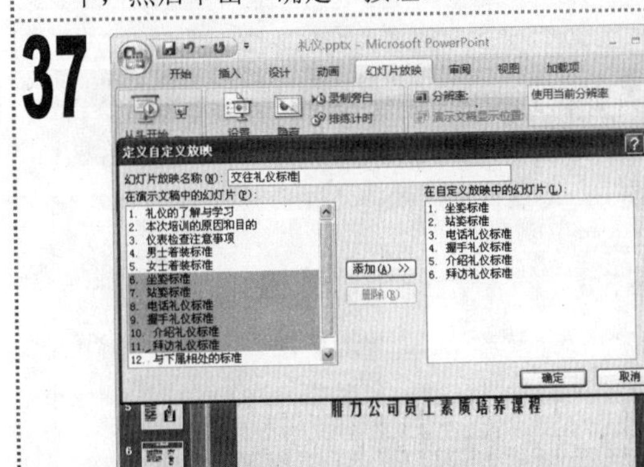

1 在打开的“定义自定义放映”对话框的“幻灯片放映名称”文本框中，输入“交往礼仪标准”文本。

2 在左侧的列表框中选择第 6 张到第 11 张幻灯片，然后单击“添加”按钮，再单击“确定”按钮。

38

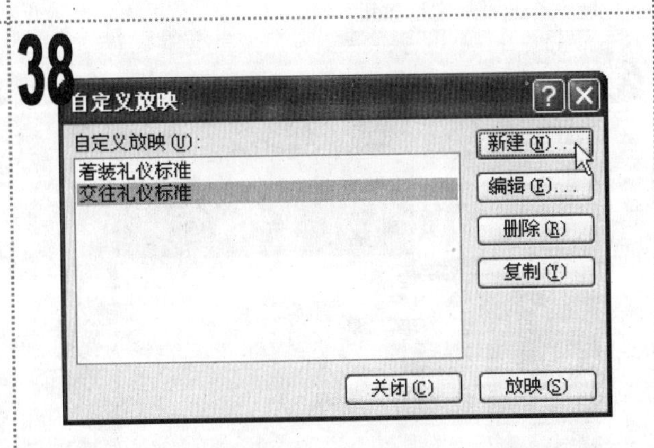

1 返回“自定义放映”对话框，再次单击“新建”按钮。

39

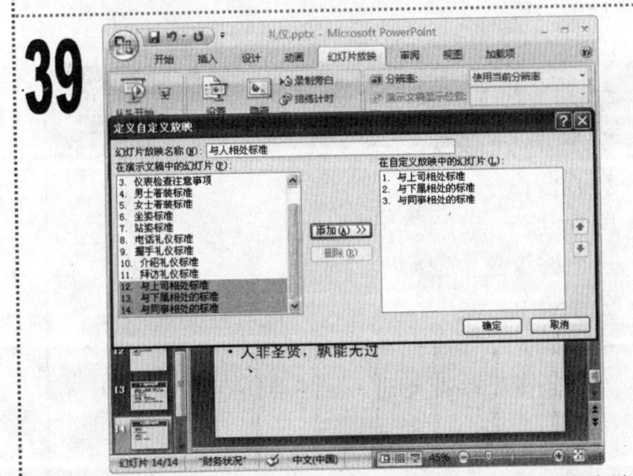

1 在打开的“定义自定义放映”对话框的“幻灯片放映名称”文本框中，输入“与人相处标准”文本。

2 在左侧的列表框中选择第 12 张到第 14 张幻灯片，单击“添加”按钮，最后单击“确定”按钮。

40

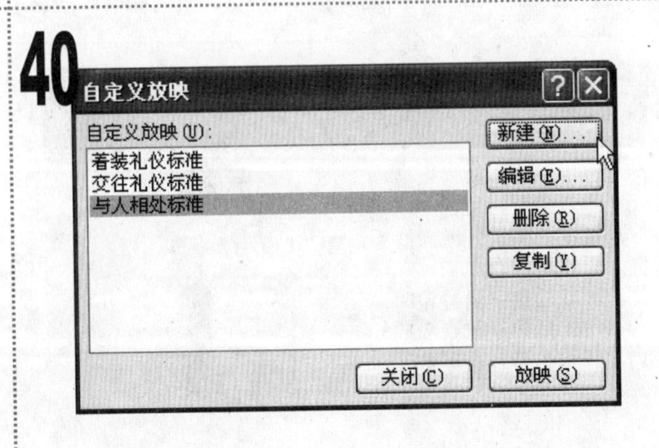

1 返回“自定义放映”对话框，再次单击“新建”按钮。

41

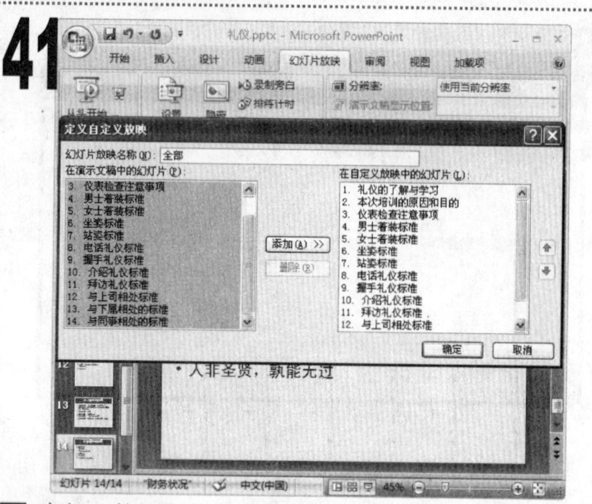

1. 在打开的“定义自定义放映”对话框的“幻灯片放映名称”文本框中，输入“全部”文本。
2. 在左侧的列表框中选择所有幻灯片，单击“添加”按钮，最后单击“确定”按钮。

42

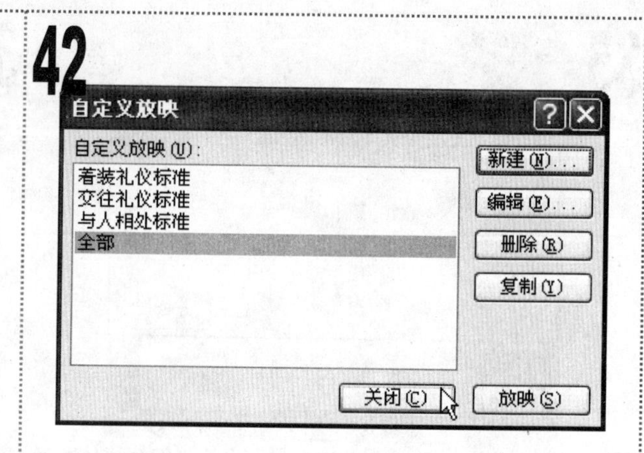

1. 返回“自定义放映”对话框，单击“关闭”按钮，关闭该对话框。

43

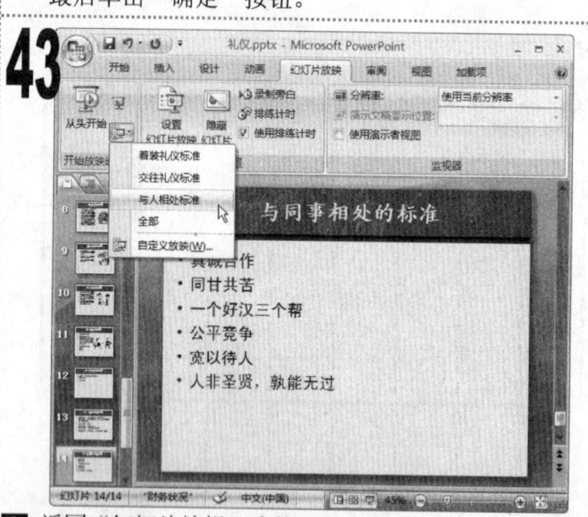

1. 返回“幻灯片编辑”窗格，单击“幻灯片放映”选项卡，在“开始放映幻灯片”组中单击“自定义幻灯片放映”下拉按钮，在弹出的下拉菜单中选择“与人相处标准”命令。

44

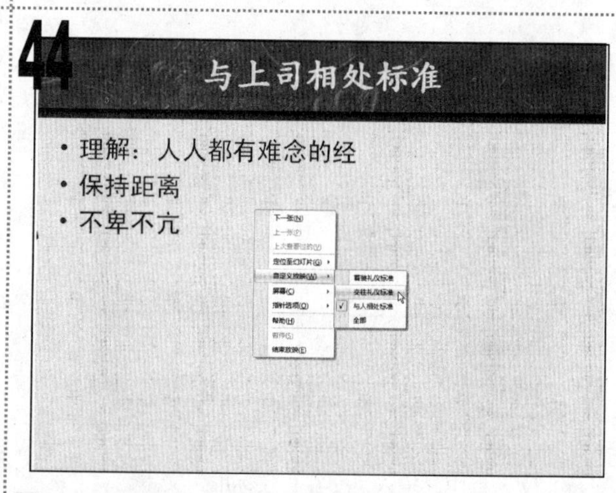

1. PowerPoint 2007 将放映第 12 张幻灯片。单击鼠标右键，在弹出的快捷菜单中选择“自定义放映/交往礼仪标准”命令。

45

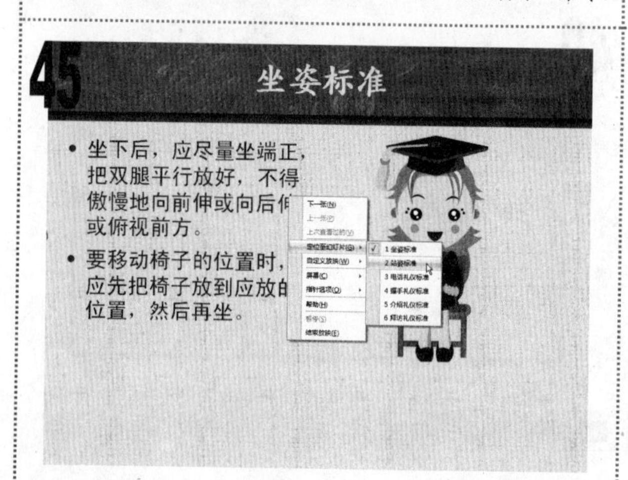

1. PowerPoint 2007 将放映“交往礼仪标准”自定义放映中的幻灯片，在幻灯片中单击鼠标右键，在弹出的快捷菜单中选择“定位至幻灯片/2 站姿标准”命令。

46

与同事相处的标准

- 真诚合作
- 同甘共苦
- 一个好汉三个帮
- 公平竞争
- 宽以待人
- 人非圣贤，孰能无过

1. PowerPoint 2007 将放映该自定义放映中的第 2 张幻灯片，继续放映剩下的幻灯片直至放映完毕。最后保存演示文稿，完成本例的制作。

实例188 制作“市场报表”演示文稿

素材:\实例 188\logo.jpg

源文件:\实例 188\市场报表.pptx

包含知识

- 为母版幻灯片设置不同的背景
- 插入并编辑图片
- 插入并编辑表格
- 插入并编辑图表

制作思路

设置母版幻灯片的背景 插入并编辑表格 插入并编辑图表

应用场所

用于制作企业年终总结评定演示文稿。

01

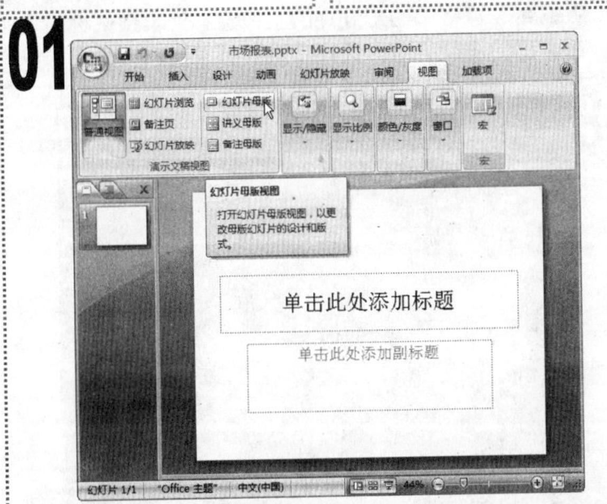

1. 启动 PowerPoint 2007，程序自动新建一个空白演示文稿，将其以“市场报表”为名进行保存。
2. 单击“视图”选项卡，在“演示文稿视图”组中单击“幻灯片母版”按钮。

02

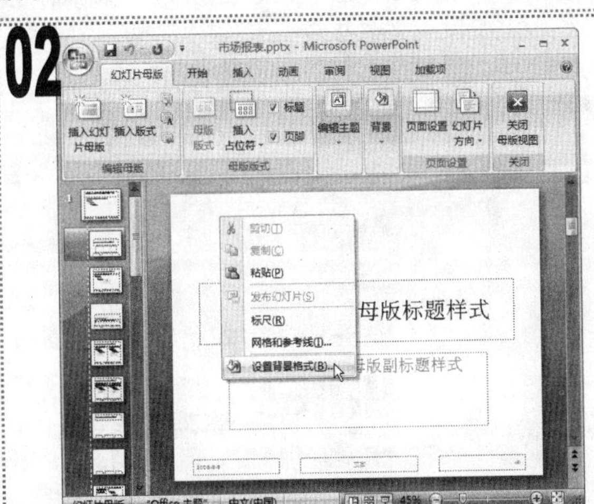

1. 进入幻灯片母版视图，在左侧的窗格中选择第 2 张幻灯片。
2. 在“幻灯片母版编辑”窗格中的空白区域处单击鼠标右键，在弹出的快捷菜单中选择“设置背景格式”命令。

03

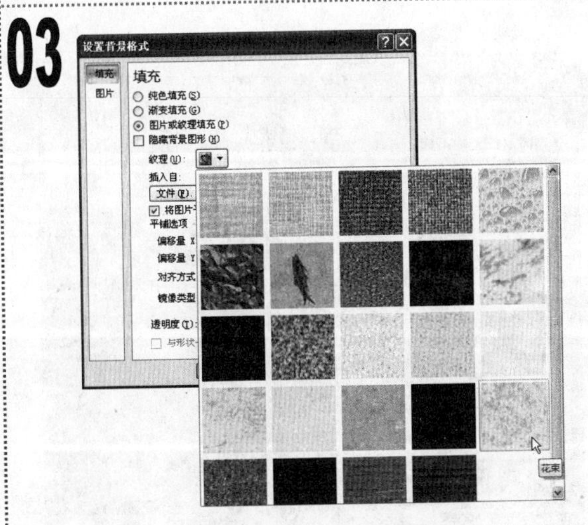

1. 在打开的“设置背景格式”对话框中选中“图片或纹理填充”单选按钮，单击“纹理”下拉按钮，在弹出的下拉列表中选择“花束”选项，单击“关闭”按钮。

04

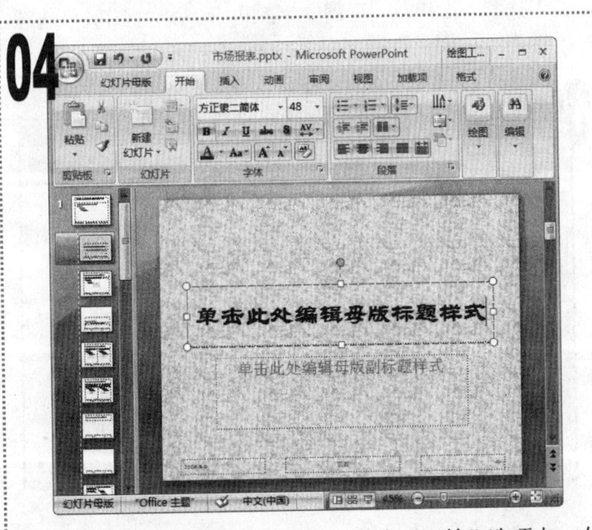

1. 选择幻灯片中的标题占位符，单击“开始”选项卡，在“字体”组中将其字体格式设置为“方正隶二简体、48、加粗”。

05

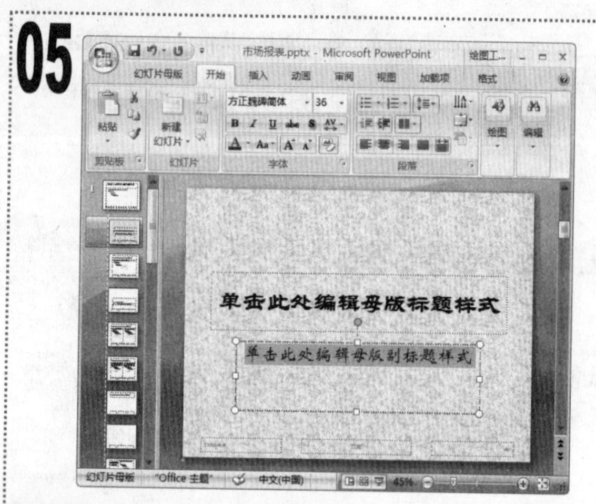

选择幻灯片中的副标题占位符，在“开始”选项卡的“字体”组中将其字体格式设置为“方正魏碑简体、36、深红色”。

06

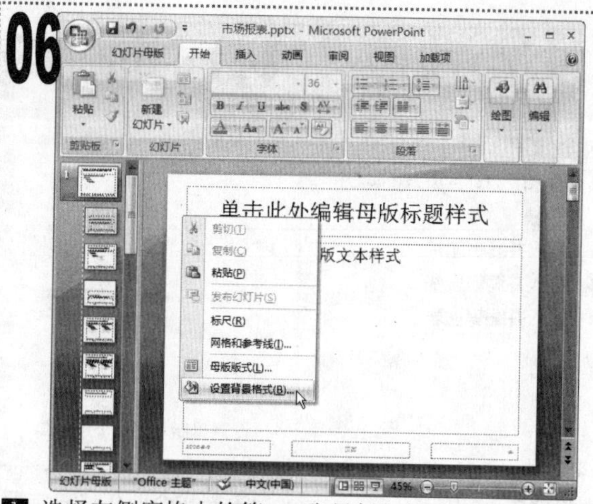

选择左侧窗格中的第 1 张母版幻灯片，在“幻灯片母版编辑”窗格中的幻灯片的空白位置处单击鼠标右键，在弹出的快捷菜单中选择“设置背景格式”命令。

07

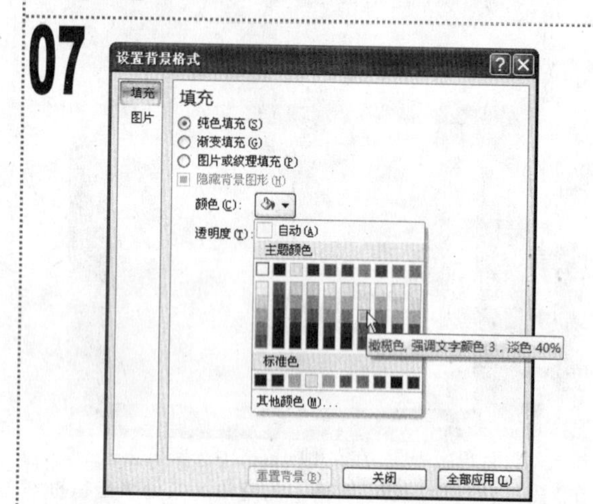

在打开的“设置背景格式”对话框中选中“纯色填充”单选按钮，单击“颜色”下拉按钮，在弹出的下拉菜单中选择“橄榄色，强调文字颜色 3，浅色 40%”选项，单击“关闭”按钮。

08

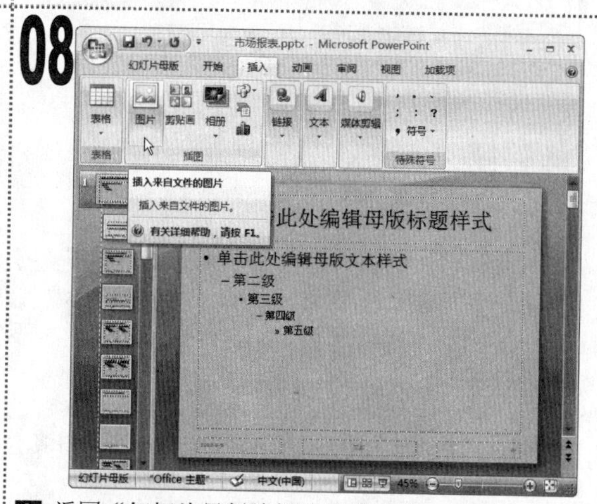

返回“幻灯片母版编辑”窗格，单击“插入”选项卡，在“插图”组中单击“图片”按钮。

09

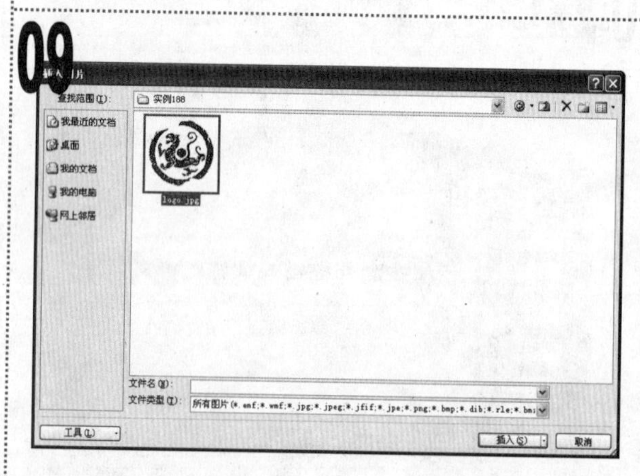

在打开的“插入图片”对话框的“查找范围”下拉列表框中，选择素材文件所在的位置，在中间的列表框中选择图片文件“logo”，单击“插入”按钮。

10

选择插入的图片，在“图片工具/格式”选项卡中单击“调整”组中的“重新着色”下拉按钮，在弹出的下拉菜单中选择“设置透明色”命令。

11

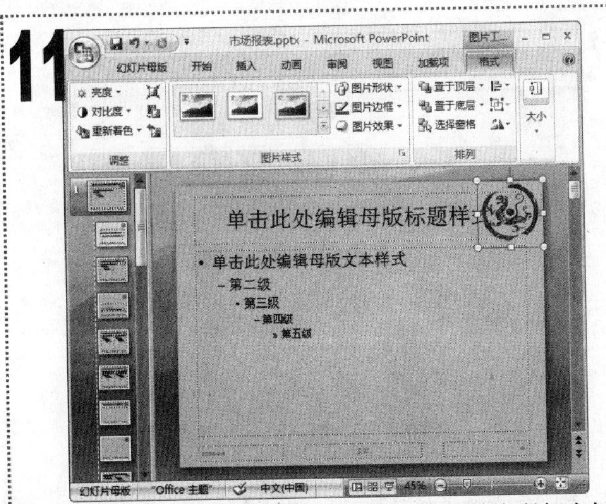

■ 将鼠标光标移动到图片的白色区域处，单击鼠标左键将该区域设置为透明，然后将图片移动到幻灯片右上角。

12

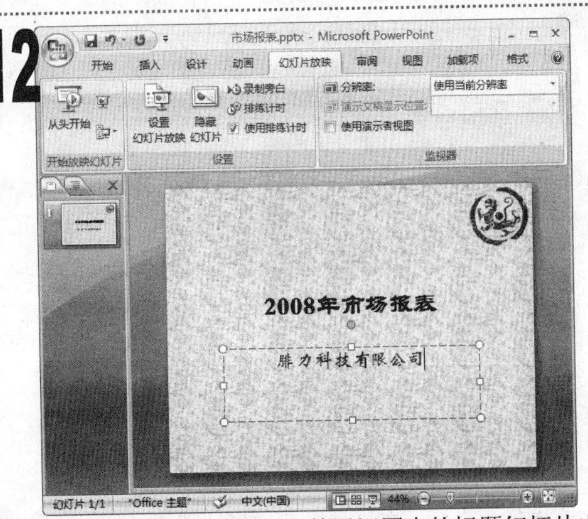

■ 退出幻灯片母版视图，在普通视图中的标题幻灯片中输入如图所示的标题与副标题文本。

13

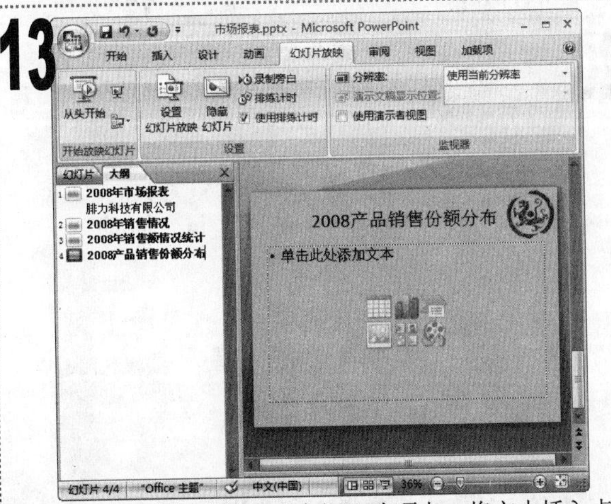

■ 在左侧的窗格中单击“大纲”选项卡，将文本插入点定位在第 1 张幻灯片后，然后连续按三次【Enter】键插入三张幻灯片，然后分别输入如图所示的幻灯片标题。

14

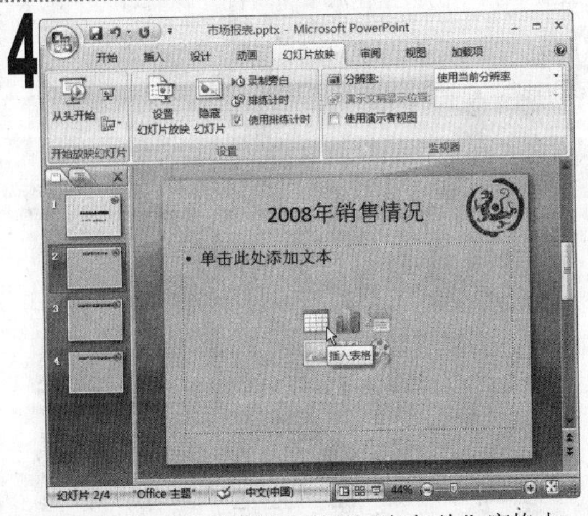

■ 单击“幻灯片”选项卡切换到“幻灯片”窗格中，在其中选择第 2 张幻灯片，在幻灯片中下方的占位符中单击“插入表格”按钮。

15

■ 在打开的“插入表格”对话框的“列数”和“行数”数值框中，分别输入“5”和“6”，单击“确定“按钮。

16

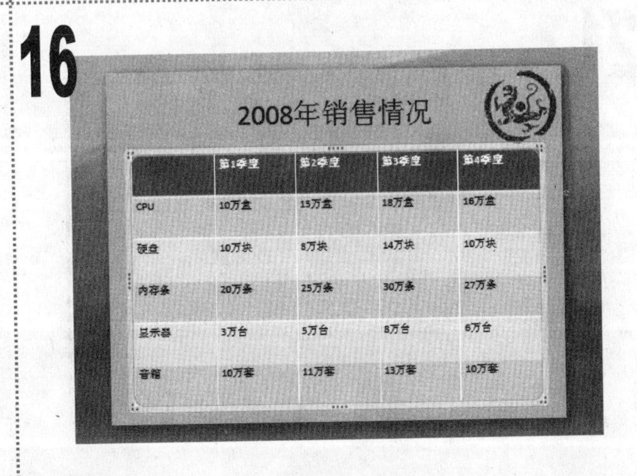

■ 在插入的表格中输入表格内容。

■ 输入完毕后将鼠标光标移动到表格的边框上，当其变为双箭头形状时按住鼠标不放进行拖动，调整表格的大小。

17

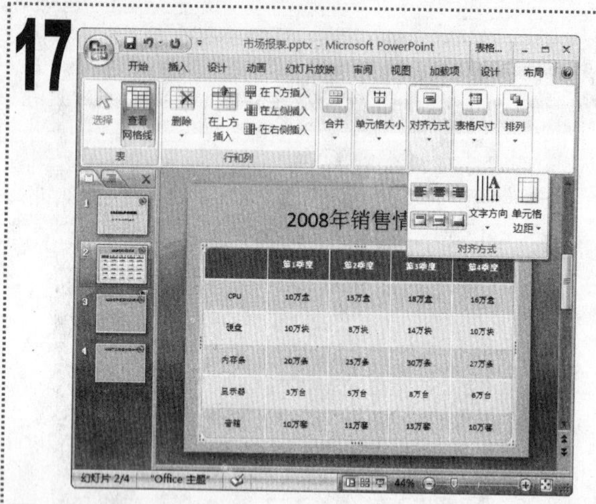

■ 选择整个表格，在“表格工具/布局”选项卡的“对齐方式”组中，分别单击“居中”和“垂直居中”按钮，设置表格中的数据在水平和垂直方向上均居中显示。

18

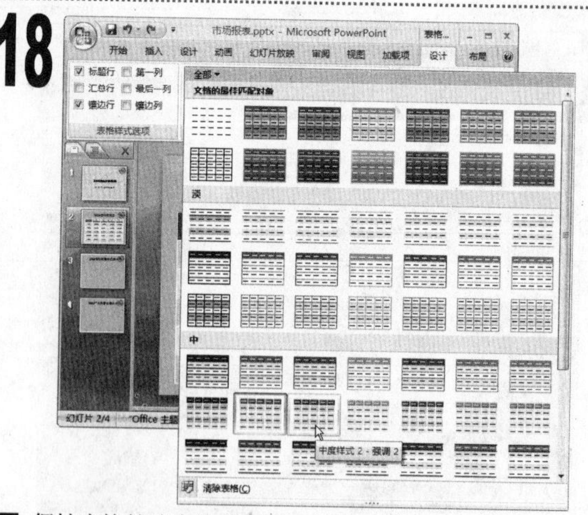

■ 保持表格的选中状态不变，单击“表格工具/设计”选项卡，在“表格样式”组中单击列表框右下角的“其他”按钮，在弹出的下拉菜单中选择的“中度样式 2-强调 2”选项。

19

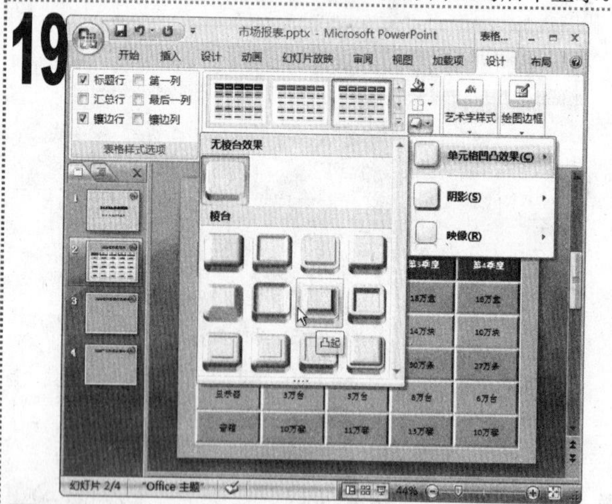

■ 单击“表格样式”组中的“效果”下拉按钮，在弹出的下拉菜单中选择“单元格凹凸效果”命令，在弹出的下拉列表中选择“凸起”选项。

20

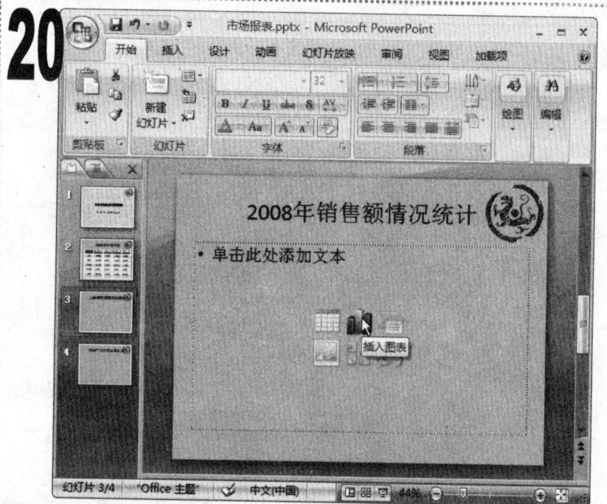

■ 在“幻灯片”窗格中选择第 3 张幻灯片，单击下方占位符中的“插入图表”按钮。

21

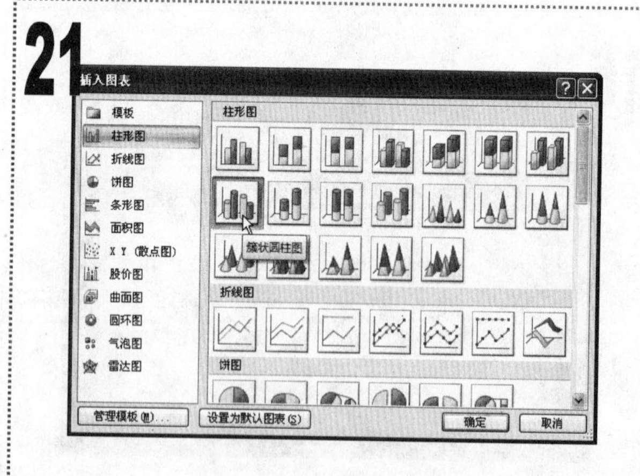

■ 在打开的“插入图表”对话框中单击“柱形图”选项卡，在中间的列表框中选择“簇状圆柱图”选项，单击“确定”按钮。

22

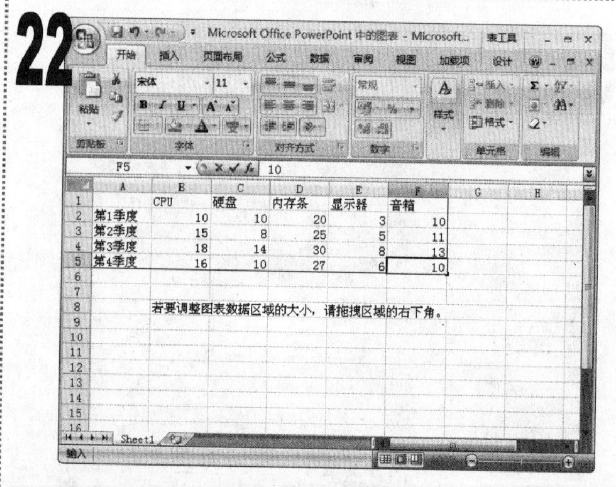

■ 将打开一个名为“Microsoft Office PowerPoint 中的图表”的 Excel 窗口，根据第 2 张幻灯片中的表格内容在单元格中输入内容，然后单击“关闭”按钮关闭该窗口。

23

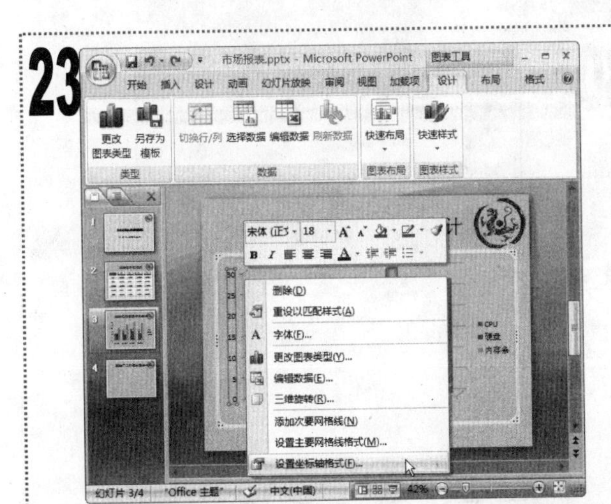

■ 返回“幻灯片编辑”窗格查看插入的图表。在纵坐标轴上单击鼠标右键，在弹出的快捷菜单中选择“设置坐标轴格式”命令。

24

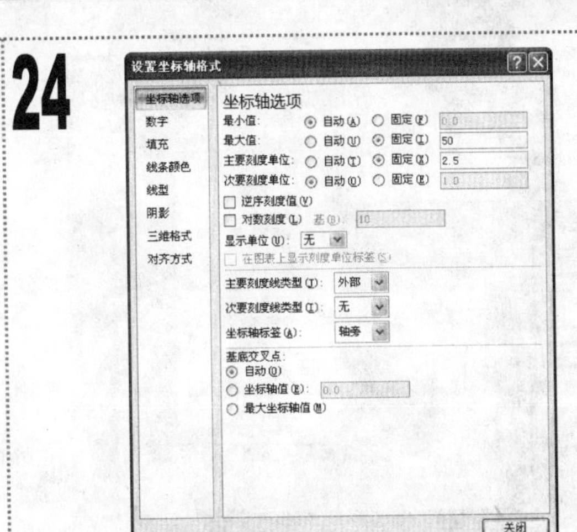

■ 在打开的“设置坐标轴格式”对话框中，选中“最大值”和“主要刻度单位”栏中的“固定”单选按钮，然后在其后面的文本框中分别输入“50”和“2.5”，单击“关闭”按钮。

25

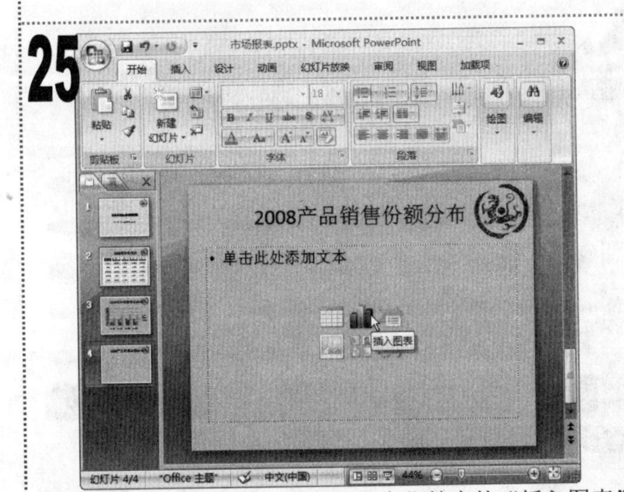

■ 选择第 4 张幻灯片，单击下方占位符中的“插入图表”按钮，打开“插入图表”对话框。

26

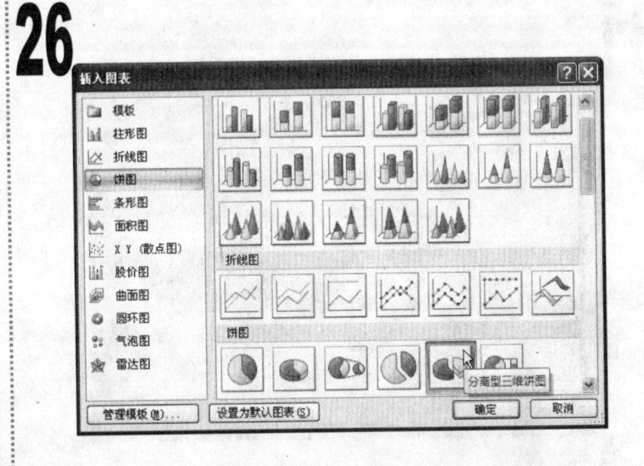

■ 在打开的“插入图表”对话框中单击“饼图”选项卡，在右侧的窗格中选择“分离型三维饼图”选项，单击“确定”按钮。

27

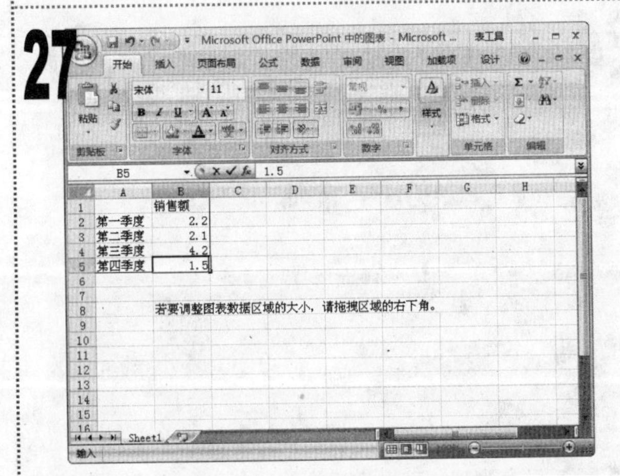

■ 将打开一个名为“Microsoft Office PowerPoint 中的图表”的 Excel 窗口，在其中输入如图所示的内容后，单击“关闭”按钮关闭该窗口。

28

■ 返回到“幻灯片编辑”窗格中查看根据销售额所创建的分离型三维饼图，其效果如图所示。

29

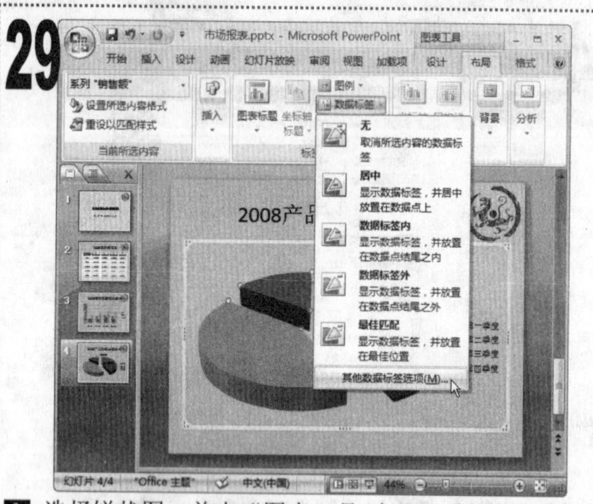

选择饼状图，单击“图表工具/布局”选项卡，在“标签”组中单击“数据标签”下拉按钮，在弹出的下拉菜单中选择“其他数据标签选项”命令。

30

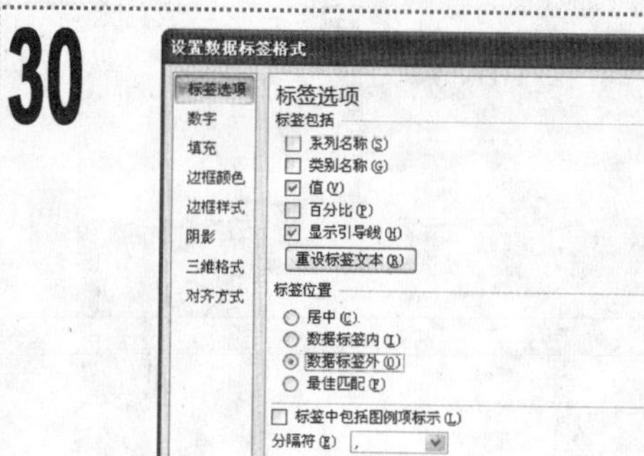

在打开的“设置数据标签格式”对话框的“标签包括”栏中选中“值”和“显示引导线”复选框，在“标签位置”栏中选中“数据标签外”单选按钮，单击“关闭”按钮。

31

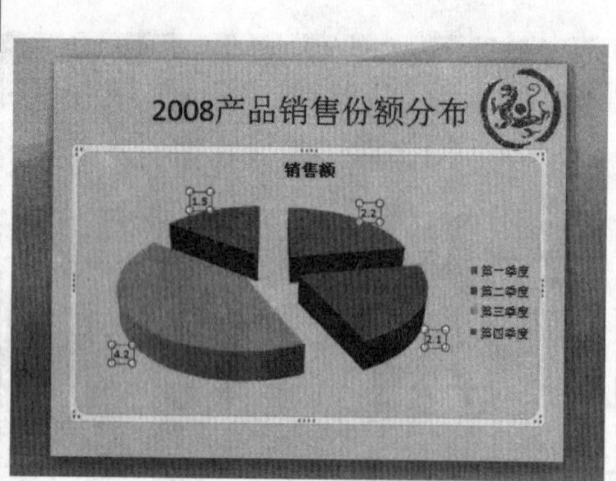

返回“幻灯片编辑”窗格，重新定义数据标签后的效果如图所示。

32

选择图表，单击“图表工具/设计”选项卡，在“图表样式”组中单击“快速样式”下拉按钮，在弹出的下拉列表中选择“样式22”选项。

33

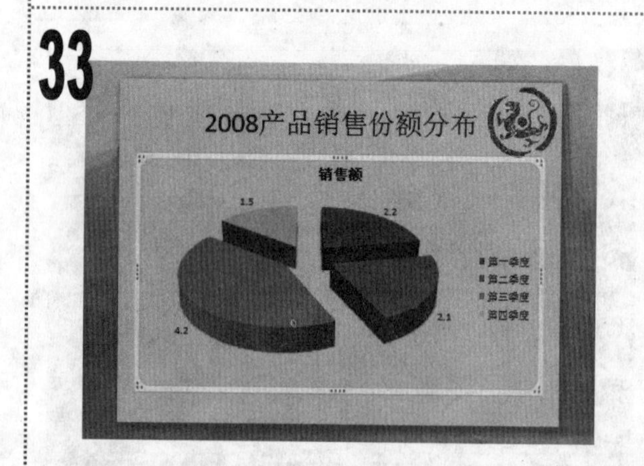

设置图表样式后的效果如图所示。

34

最后保存演示文稿，完成本例的制作。按【F5】键放映演示文稿，其最终效果如图所示。

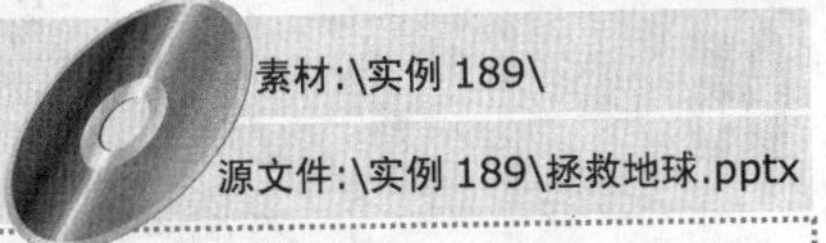

实例189　制作"拯救地球"演示文稿

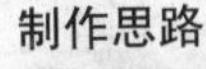

素材:\实例 189\

源文件:\实例 189\拯救地球.pptx

包含知识

- 制作并编辑相册
- 设置幻灯片背景格式
- 插入并编辑图片
- 为图片添加超链接

制作思路

制作并编辑相册

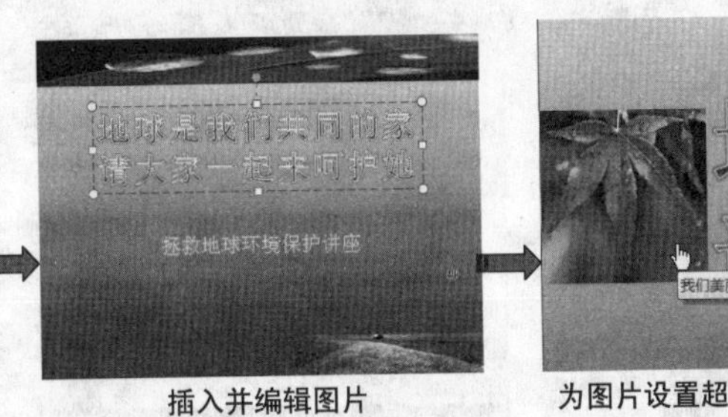

插入并编辑图片　为图片设置超链接

应用场所

用于制作在公共场合演讲与放映的演示文稿。

01

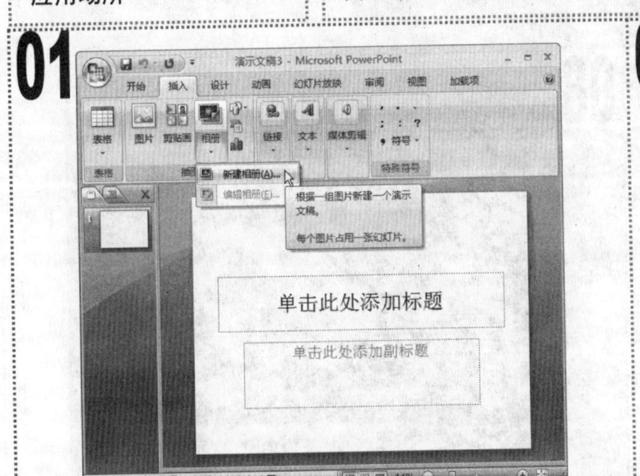

■ 新建一个空白演示文稿，在 PowerPoint 2007 中单击"插入"选项卡，在"插图"组中单击"相册"下拉按钮，在弹出的下拉菜单中选择"新建相册"命令。

02

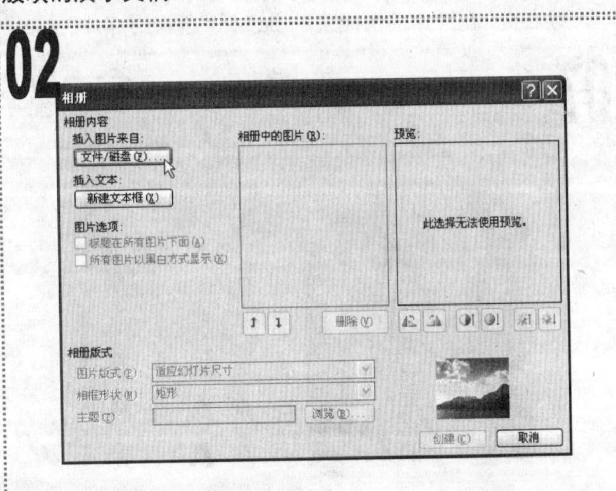

■ 在打开的"相册"对话框中，单击"文件/磁盘"按钮。

03

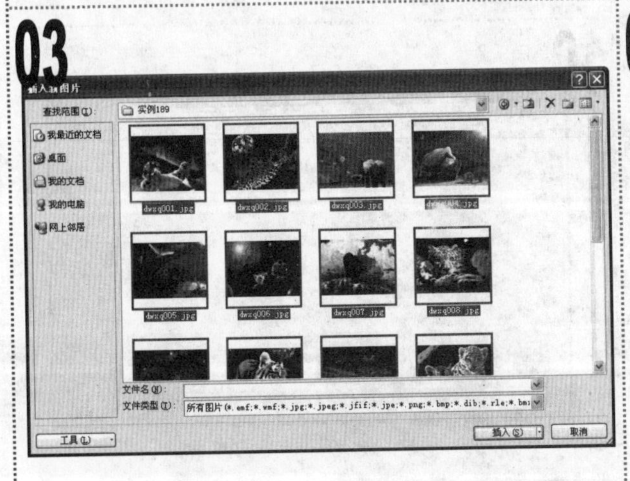

■ 在打开的"插入新图片"对话框的"查找范围"下拉列表框中，选择素材文件所在的位置，在中间的列表框中选择其中的所有图片，单击"插入"按钮。

04

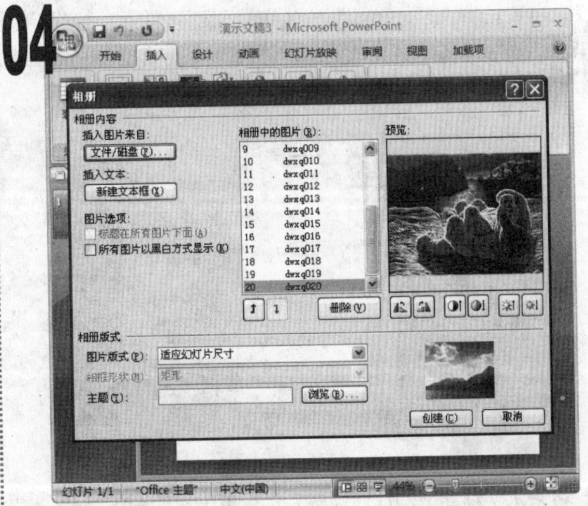

■ 返回"相册"对话框，直接单击"创建"按钮。

05

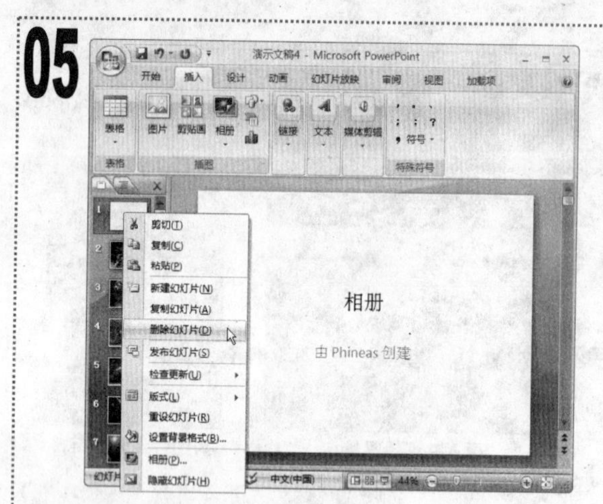

1 在左侧的“幻灯片”窗格中的第 1 张幻灯片上单击鼠标右键，在弹出的快捷菜单中选择“删除幻灯片”命令。

06

1 选择第 4 张幻灯片，拖动鼠标将其移动至第 1 张幻灯片前面。

07

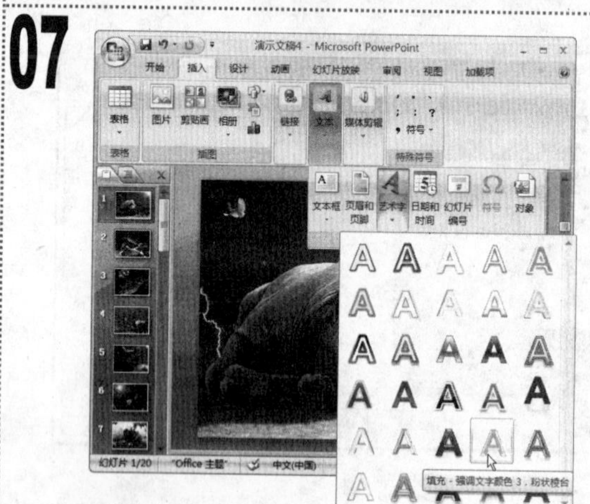

1 选择第 1 张幻灯片，单击“插入”选项卡，在“文本”组中单击“艺术字”下拉按钮，在弹出的下拉列表中选择“填充-强调文字颜色 3，粉状棱台”选项。

08

1 在出现的艺术字文本框中输入文本“我们美丽的地球需要大家一起来呵护”，并使其两行显示。

09

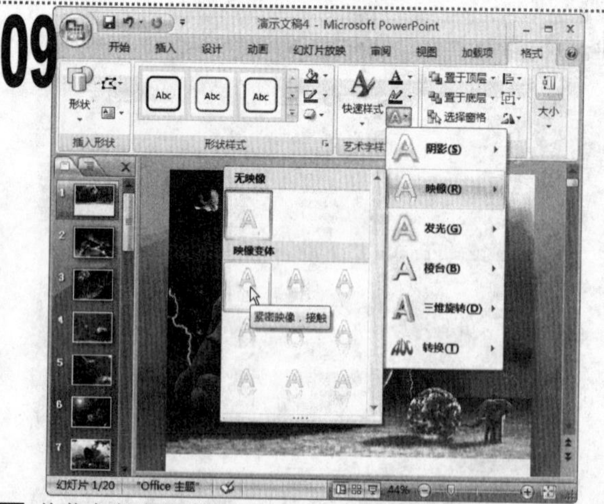

1 将艺术字移动至幻灯片顶部，然后单击“绘图工具/格式”选项卡，在“艺术字样式”组中单击“文本效果”下拉按钮，在弹出的下拉菜单中选择“映像/紧密映像，接触”选项。

10

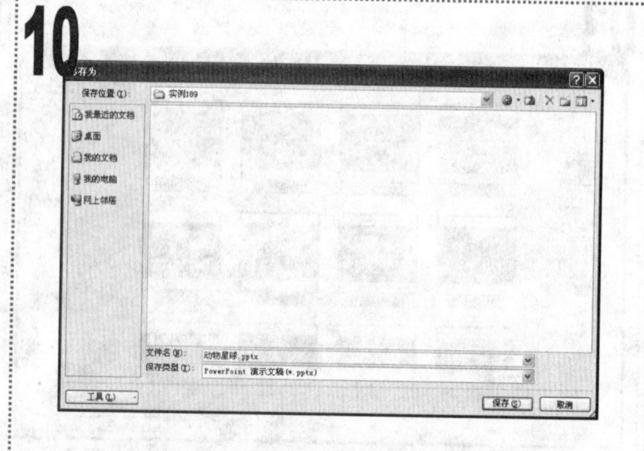

1 单击“Office”按钮，在弹出的下拉菜单中选择“保存”命令，将相册以“动物星球”为名保存。

11

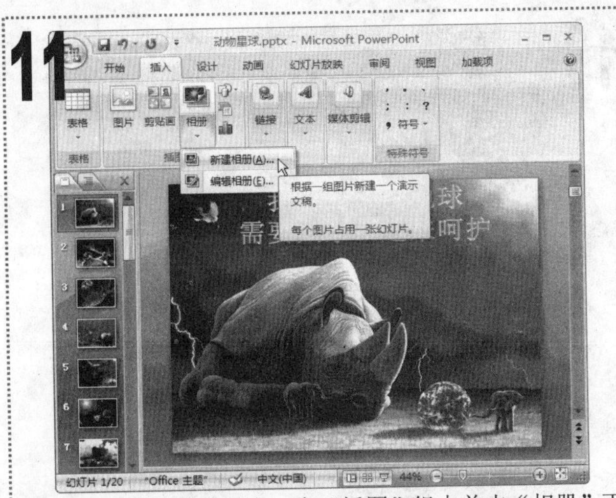

1 单击“插入”选项卡，在“插图”组中单击“相册”下拉按钮，在弹出的下拉菜单中选择“新建相册”命令。

12

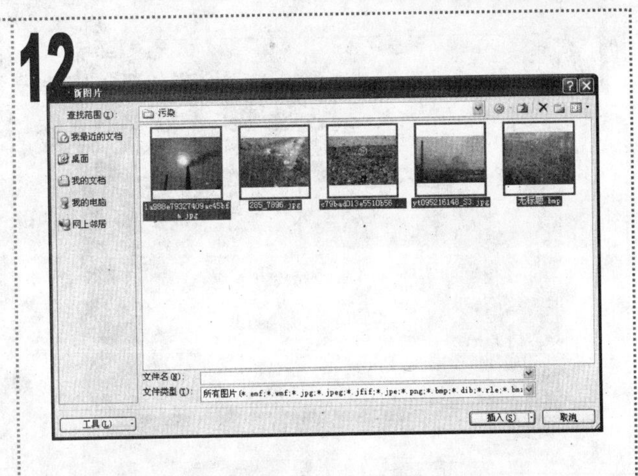

1 在打开的“相册”对话框中单击“文件/磁盘”按钮，在打开的“插入新图片”对话框中选择“污染”文件夹中的所有图片文件，单击“插入”按钮。

13

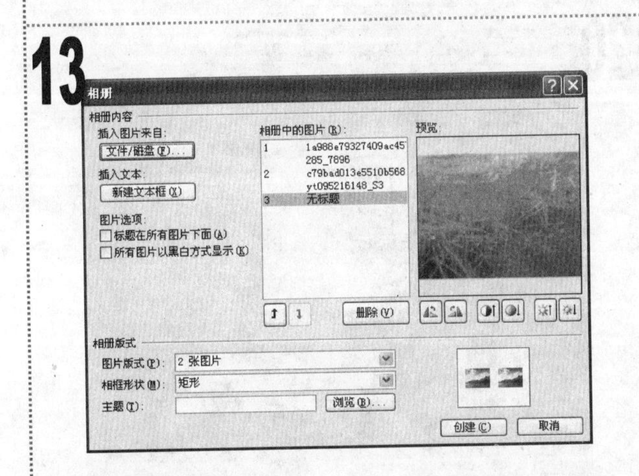

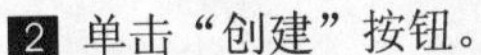

1 返回“相册”对话框，在“图片版式”下拉列表框中选择“2 张图片”选项。

2 单击“创建”按钮。

14

1 删除标题幻灯片，并将第 3 张幻灯片调整为第 1 张幻灯片。

15

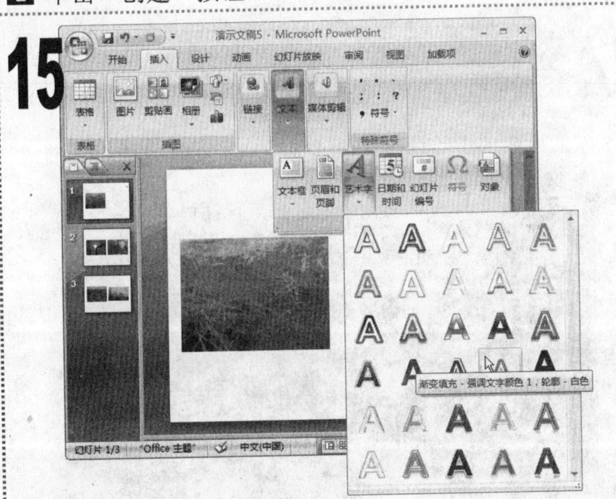

1 单击“插入”选项卡，在“文本”组中单击“艺术字”下拉按钮，在弹出的下拉列表中选择“渐变填充-强调文字颜色 1，轮廓-白色”选项。

16

1 在出现的艺术字文本框中输入文本“毁灭地球就是在毁灭人类自己”，然后将相册以“污染”为名进行保存。

17

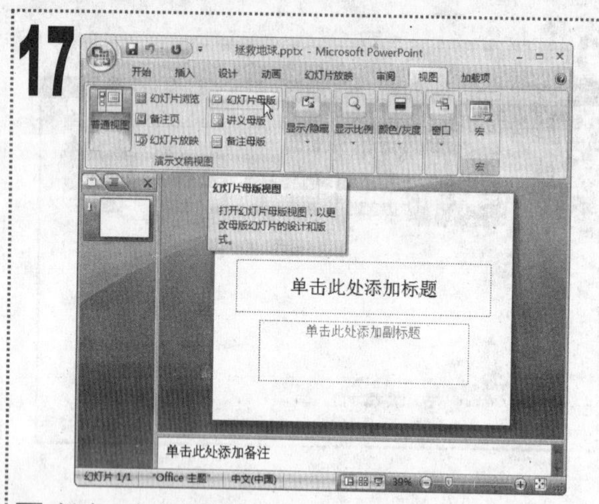

■ 新建一个空白演示文稿并以“拯救地球”为名进行保存。单击“视图”选项卡，在“演示文稿视图”组中单击“幻灯片母版”按钮。

18

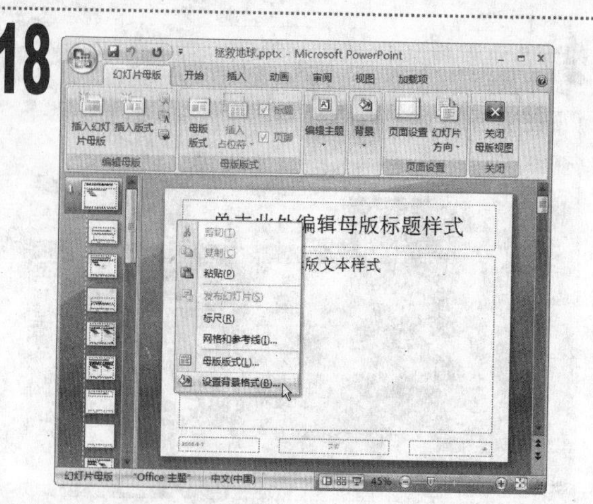

■ 进入幻灯片母版视图，选择第1张母版幻灯片，在幻灯片中的空白位置处单击鼠标右键，在弹出的快捷菜单中选择“设置背景格式”命令。

19

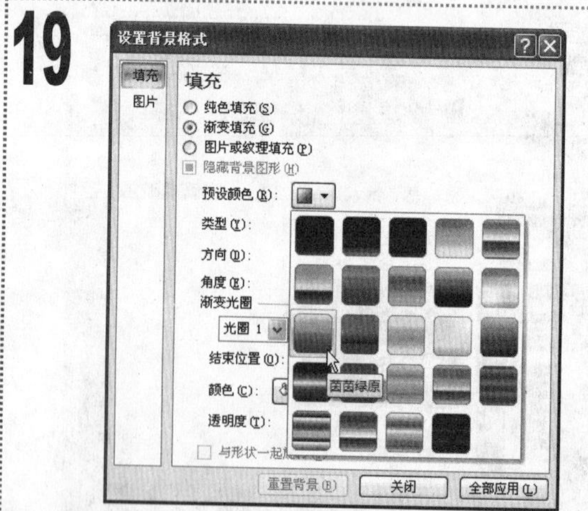

■ 在打开的“设置背景格式”对话框中选中“渐变填充”单选按钮，单击“预设颜色”下拉按钮，在弹出的下拉列表中选择“茵茵绿原”选项，单击“关闭”按钮。

20

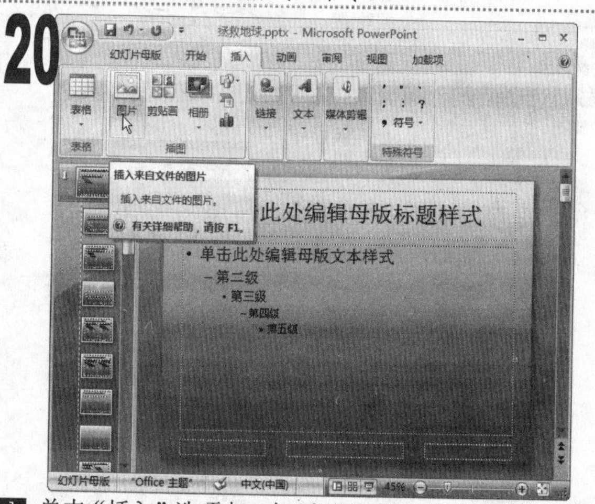

■ 单击“插入”选项卡，在“插图”组中单击“图片”按钮。

21

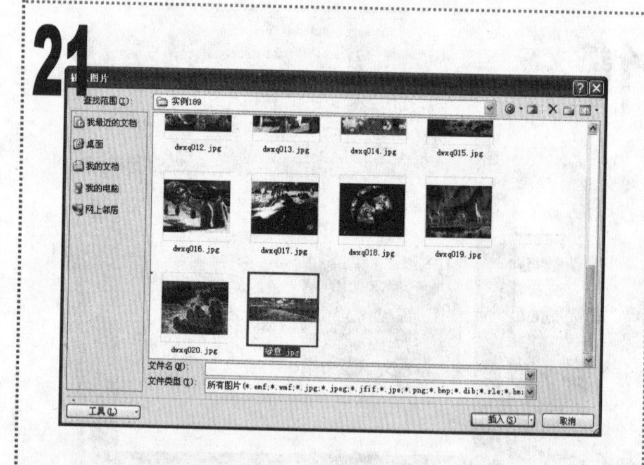

■ 在打开的“插入图片”对话框的“查找范围”下拉列表框中，选择素材文件所在的位置，在中间的列表框中选择图片文件“绿意”，单击“插入”按钮。

22

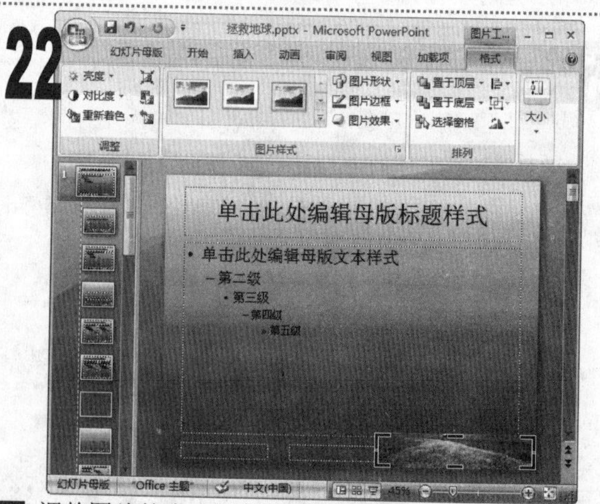

■ 调整图片的大小后单击“图片工具/格式”选项卡，在“大小”组中单击“裁剪”按钮，将鼠标光标移动至图片边框的上方，按住鼠标左键不放向下拖动将图片的上方裁剪掉，然后将图片移动到幻灯片的右下角。

23

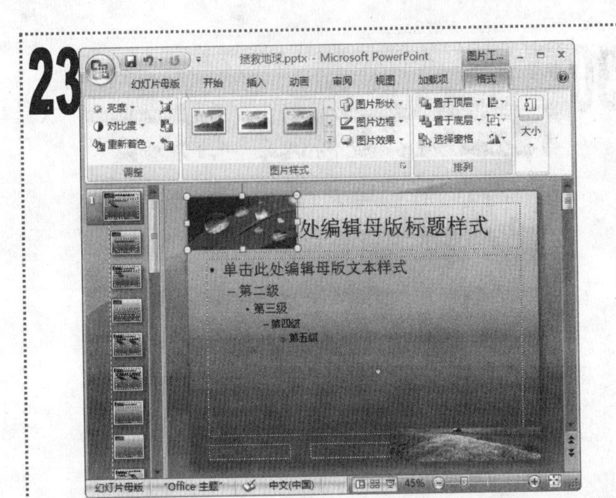

■ 用相同的方法插入“珠叶”图片文件，对图片的上部进行裁剪后，将其移动到幻灯片的左上角位置。

24

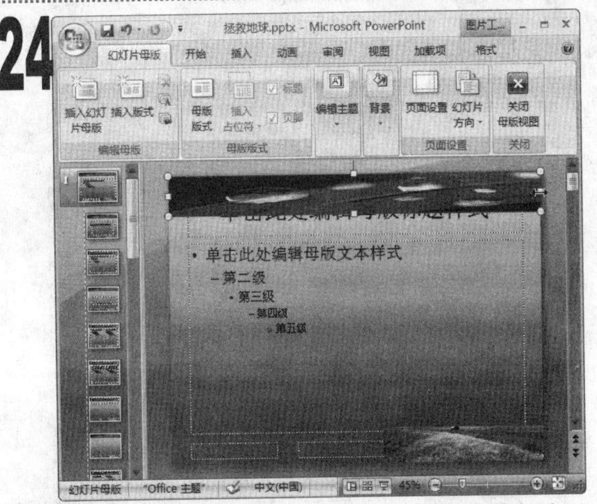

■ 将鼠标光标移动到“珠叶”图片右侧的变换框上，当其变为双箭头形状时按住鼠标左键不放将其拖动到幻灯片右侧边缘处。

25

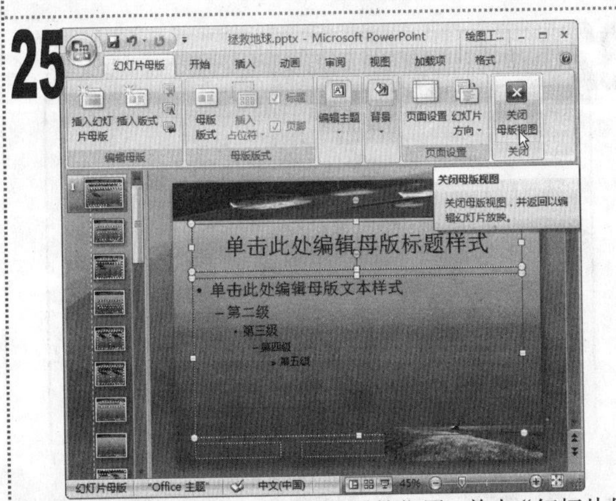

■ 将标题占位符向下移动至合适的位置，单击“幻灯片母版”选项卡，在“关闭”组中单击“关闭母版视图”按钮，退出幻灯片母版视图。

26

■ 返回普通视图，删除标题幻灯片中的标题占位符，在副标题占位符中输入文本“拯救地球环境保护讲座”，并将其字体颜色设置为“黄色”。

27

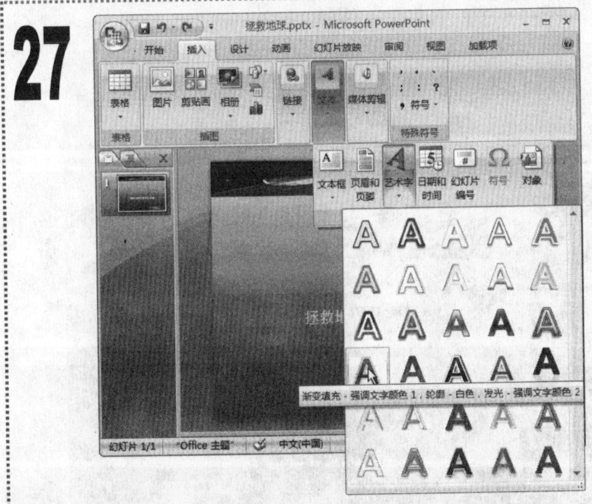

■ 单击“插入”选项卡，在“文本”组中单击“艺术字”下拉按钮，在弹出的下拉列表中选择“渐变填充-强调文字颜色 1，轮廓-白色，发光-强调文字颜色 2”选项。

28

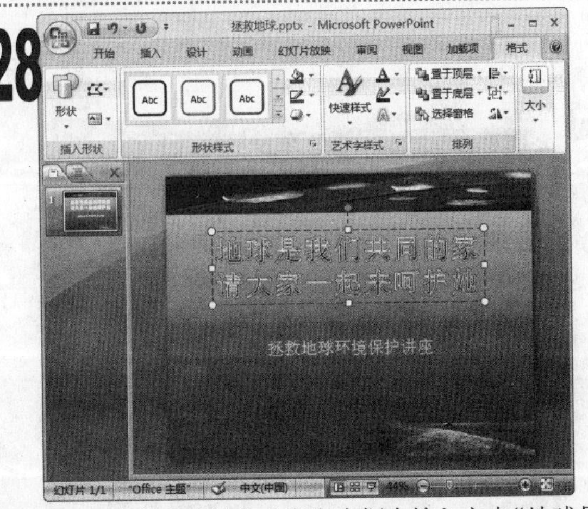

■ 在幻灯片中出现的艺术字文本框中输入文本“地球是我们共同的家请大家一起来呵护她”，并将其分为两行显示。

29

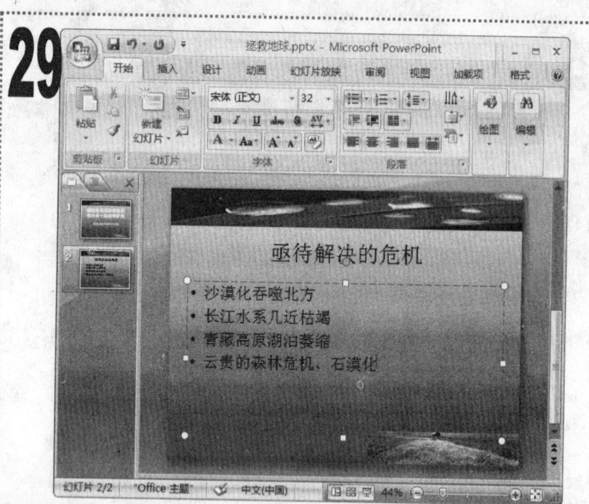

■ 在“幻灯片”窗格中选择第 1 张幻灯片，然后按【Enter】键新建版式为“标题与内容”的第 2 张幻灯片，在其中输入标题与正文文本。

30

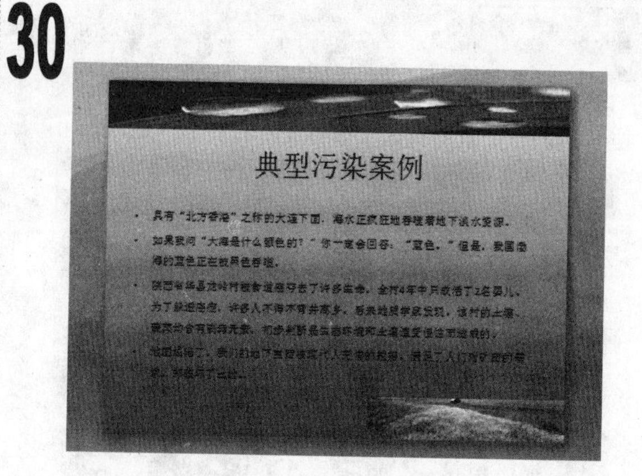

■ 使用同样的方法制作第 3 张幻灯片，并在其中输入如图所示的文本。

31

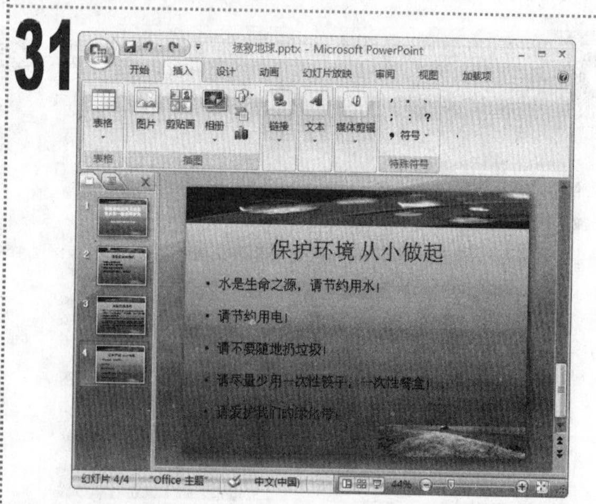

■ 使用同样的方法制作第 4 张幻灯片，并在其中输入如图所示的文本。

32

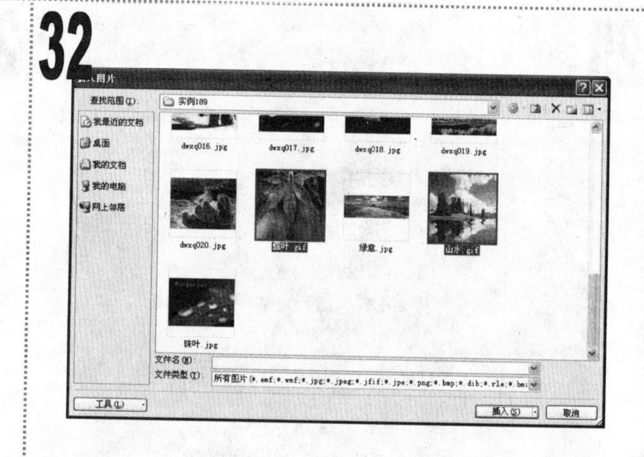

■ 选择第 1 张幻灯片，单击“插入”选项卡，在“插图”组中单击“图片”按钮，在打开的“插入图片”对话框中选择素材文件所在文件夹中的“露叶”和“山水”图片文件，单击“插入”按钮。

33

■ 调整插入的图片的大小，然后分别将其移动到幻灯片的左右两侧。

34

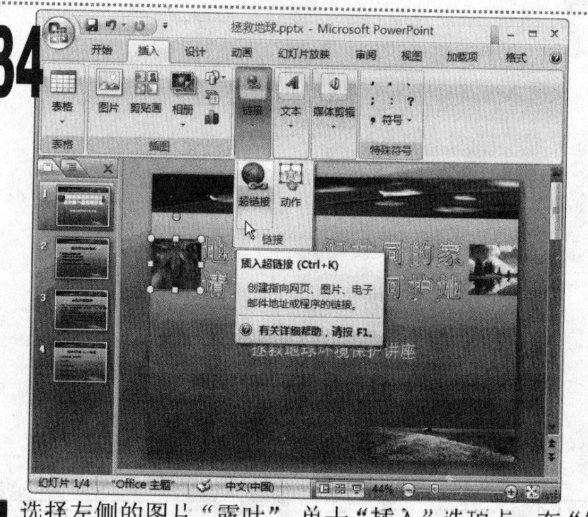

■ 选择左侧的图片“露叶”，单击“插入”选项卡，在“链接”组中单击“超链接”按钮。

35

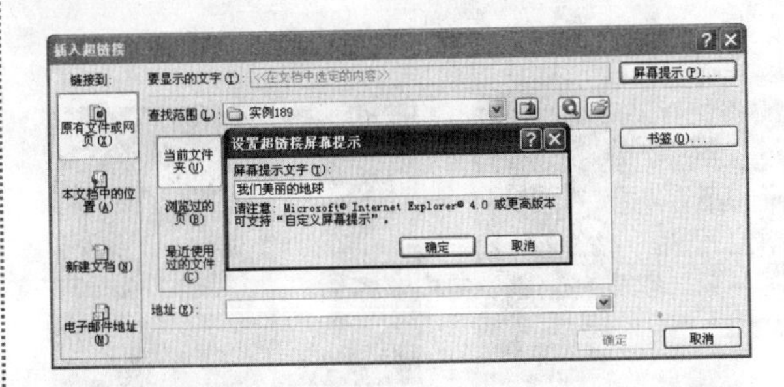

1 在打开的“插入超链接”对话框中单击“屏幕提示”按钮，打开“设置超链接屏幕提示”对话框，在其中的文本框中输入“我们美丽的地球”文本，单击“确定”按钮。

36

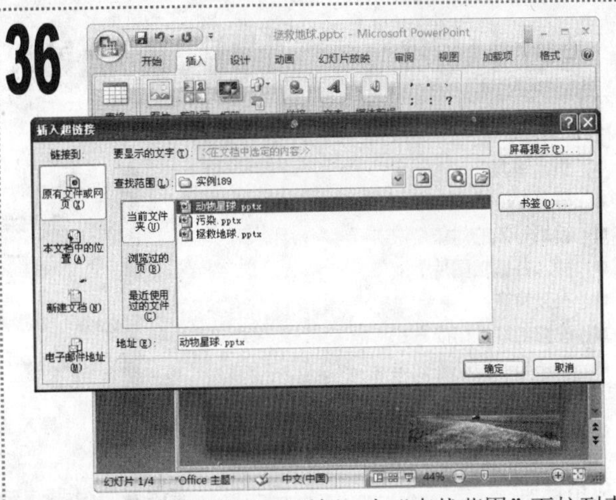

1 返回“插入超链接”对话框，在“查找范围”下拉列表框中选择前面保存相册的文件夹，在中间的列表框中选择“动物星球”演示文稿，单击“确定”按钮。

37

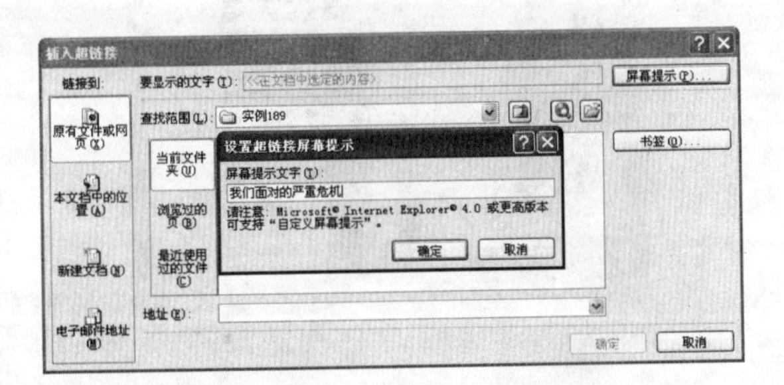

1 在幻灯片中选择图片“山水”，打开“插入超链接”对话框，单击“屏幕提示”按钮，在打开的“设置超链接屏幕提示”对话框中的文本框中输入“我们面对的严重危机”，然后单击“确定”按钮。

38

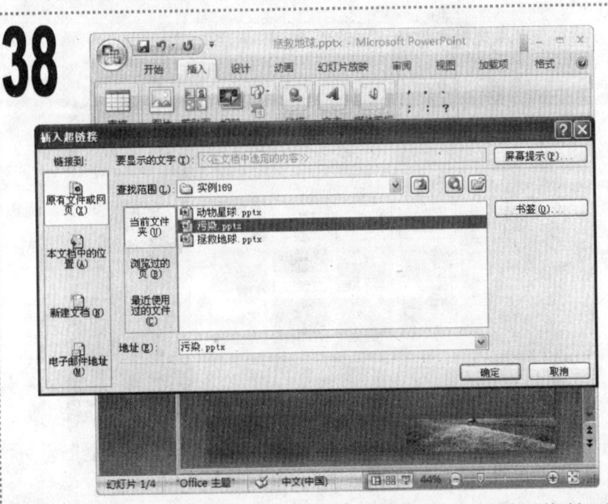

1 返回“插入超链接”对话框，在其中选择前面制作的“污染”相册演示文稿，然后单击“确定”按钮，即可为该图片设置超链接。

39

1 按【F5】键放映“拯救地球”演示文稿，放映第 1 张幻灯片时，将鼠标光标移动至其中的图片上，将显示相应的屏幕提示文字，单击“露叶”图片。

40

1 程序将放映“动物星球”演示文稿，在幻灯片中单击鼠标右键，在弹出的快捷菜单中选择“结束放映”命令，将结束放映“动物星球”演示文稿，而继续放映“拯救地球”演示文稿。最后保存演示文稿，完成本例的制作。

实例190 制作“就职演说”演示文稿

素材:\实例 190\

源文件:\实例 190\就职演说.pptx

包含知识

- 页面设置
- 导入 Word 文档
- 编辑导入的对象
- 插入并编辑图片
- 录制声音
- 设置幻灯片切换方式
- 添加与设置动画效果

制作思路

页面设置 → 导入 Word 文档 → 录制声音 → 添加动画效果与放映演示

应用场所

用于制作演讲者演说类演示文稿。

01

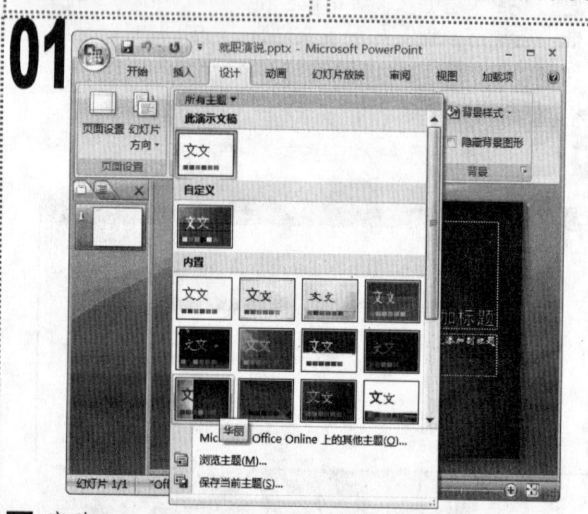

1 启动 PowerPoint 2007，程序自动新建一个空白演示文稿，将其以“就职演说”为名进行保存。

2 单击“设计”选项卡，在“主题”组中单击列表框右下角的“其他”按钮，在弹出的下拉菜单中选择“华丽”选项。

02

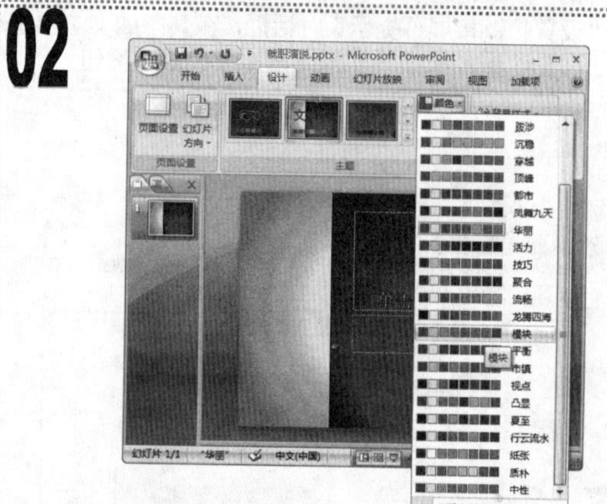

1 单击“主题”组中的“颜色”下拉按钮，在弹出的下拉菜单中选择“模块”选项。

03

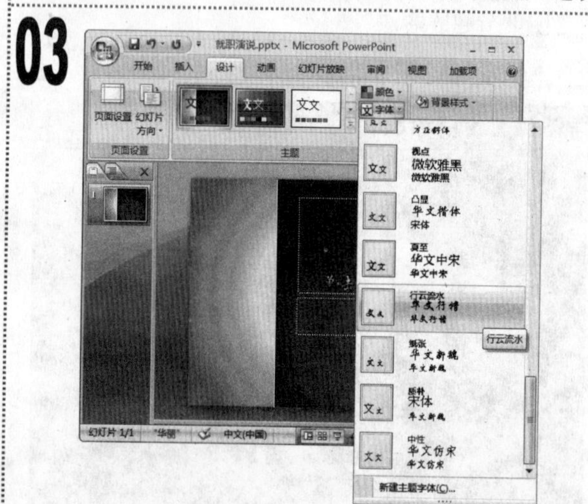

1 单击“主题”组中的“字体”下拉按钮，在弹出的下拉菜单中选择“行云流水”选项。

04

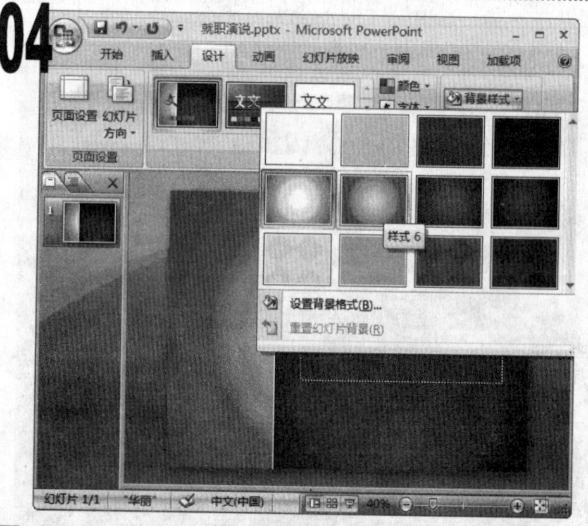

1 在“设计”选项卡的“背景”组中单击“背景样式”下拉按钮，在弹出的下拉菜单中选择“样式 5”选项。

05

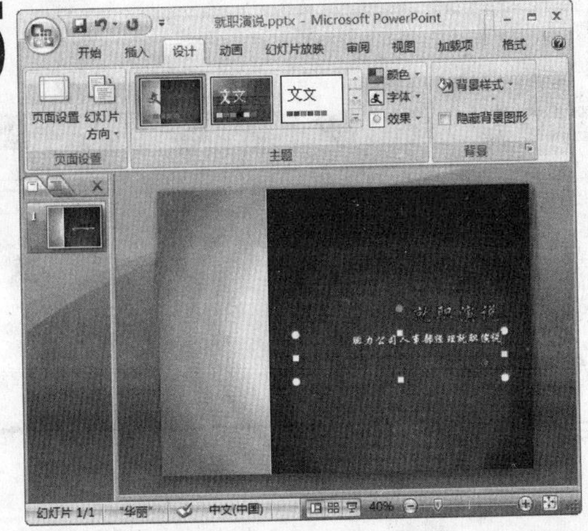

1 在标题占位符中输入文本“就职演说”，然后在副标题占位符中输入文本“腓力公司人事部经理就职演说”。

06

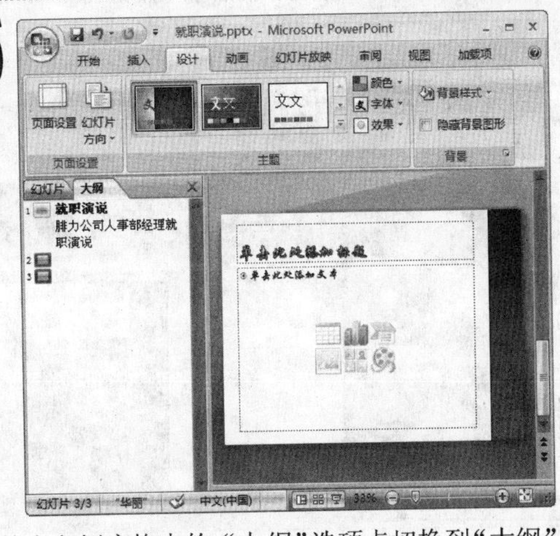

1 单击左侧窗格中的“大纲”选项卡切换到“大纲”窗格，将鼠标光标放在第 1 张幻灯片后，连续按两次【Enter】键新建两张幻灯片。

07

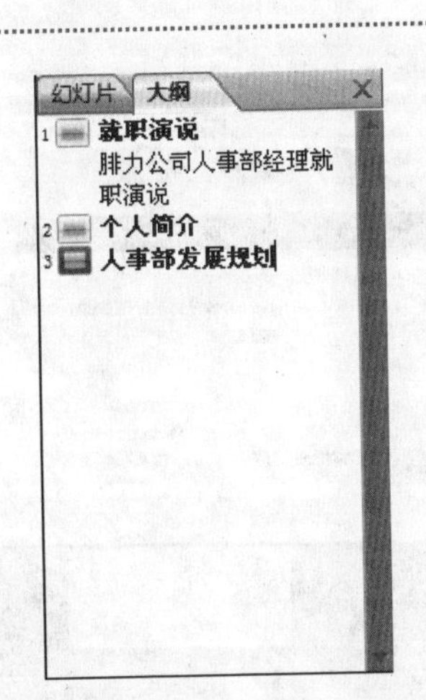

1 将文本插入点定位在窗格中相应的幻灯片后，然后输入各个幻灯片的标题文本，如图所示。

08

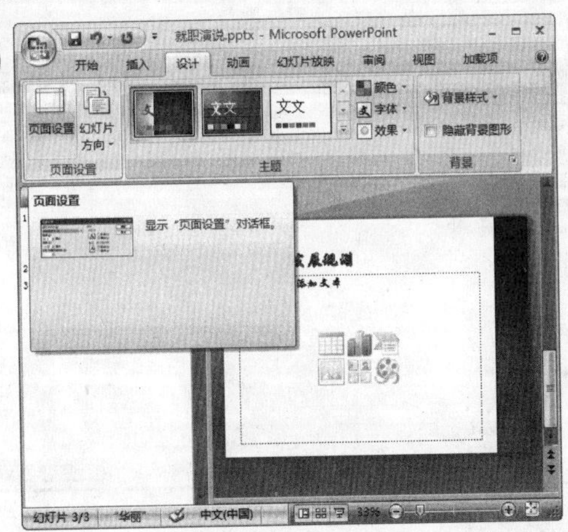

1 单击“设计”选项卡，在“页面设置”组中单击“页面设置”按钮。

09

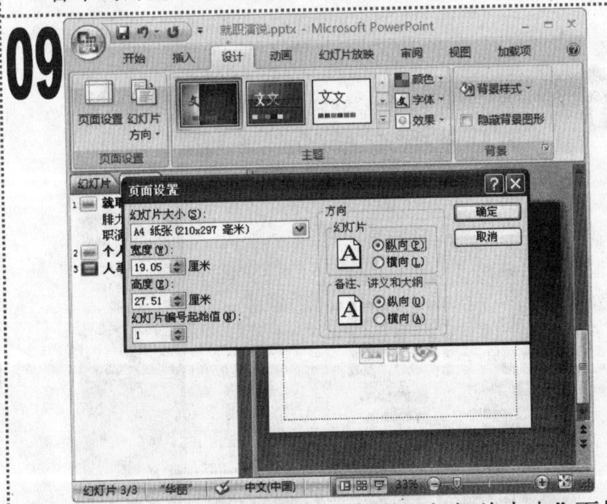

1 在打开的“页面设置”对话框的“幻灯片大小”下拉列表框中，选择“A4 纸张(210 毫米×297 毫米)”选项，在右侧的“幻灯片”栏中选择“纵向”单选按钮，单击“确定”按钮。

10

1 调整幻灯片的大小和显示方向后的效果如图所示。

11

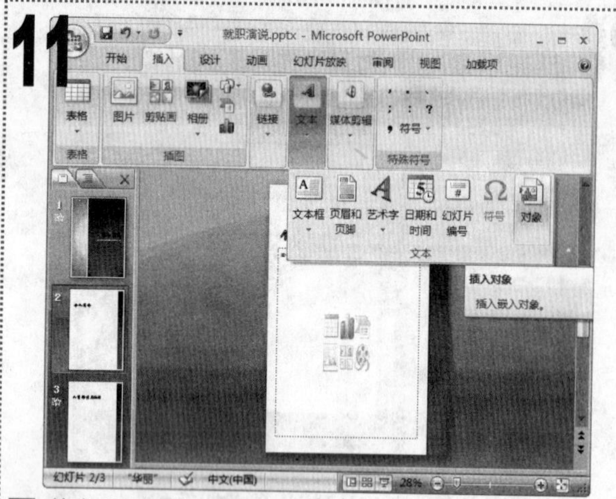

■ 单击“幻灯片”选项卡切换到“幻灯片”窗格中，选择第 2 张幻灯片，单击“插入”选项卡，在“文本”组中单击“对象”按钮。

12

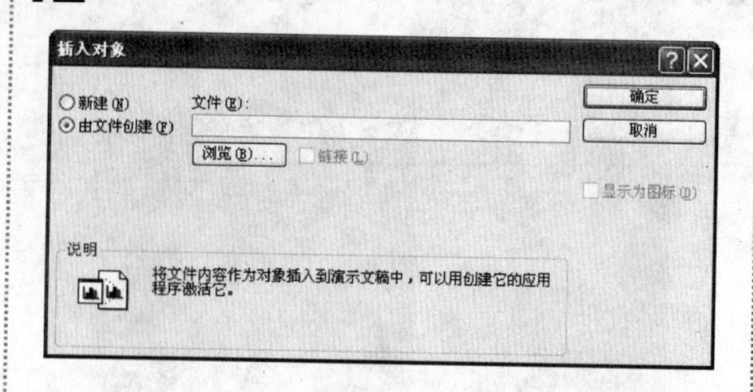

■ 在打开的“插入对象”对话框中，选中“由文件创建”单选按钮，然后单击显示出来的“浏览”按钮。

13

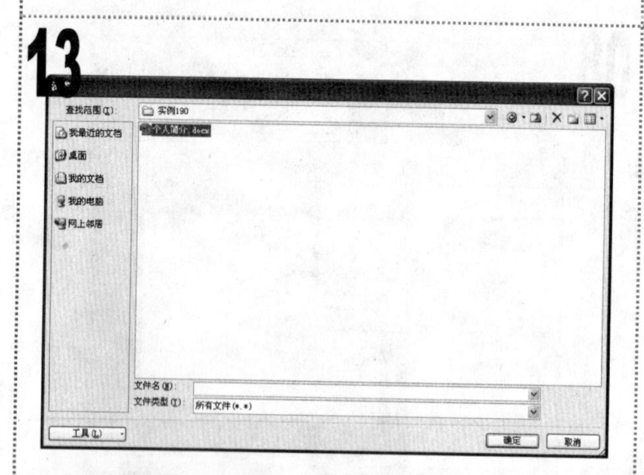

■ 在打开的“浏览”对话框的“查找范围”下拉列表框中，选择素材文件所在的位置，在中间的列表框中选择“个人简介”Word 文档，单击“确定”按钮。

14

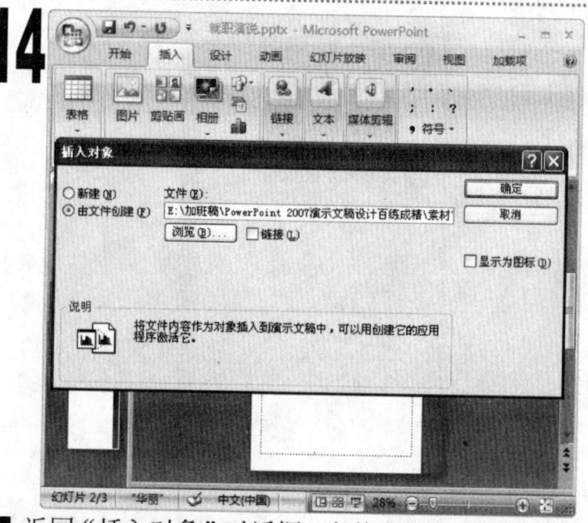

■ 返回“插入对象”对话框，在其中的文本框中将显示所选文件的详细路径信息，单击“确定”按钮。

15

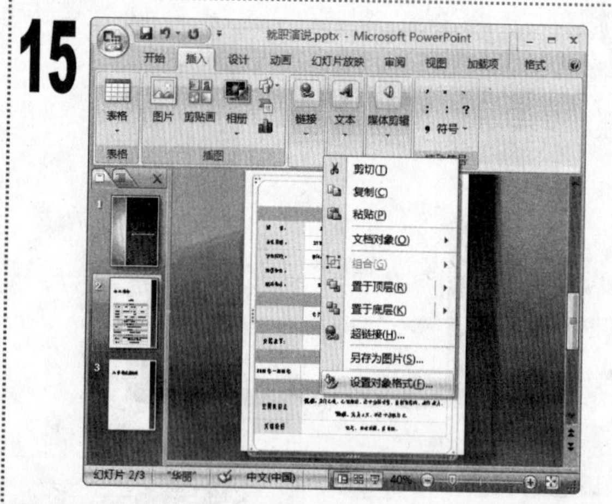

1 Word 文档将以对象方式插入到幻灯片中，拖动对象的边框调整对象的长度和宽度。

2 选择对象，然后单击鼠标右键，在弹出的快捷菜单中选择“设置对象格式”命令。

16

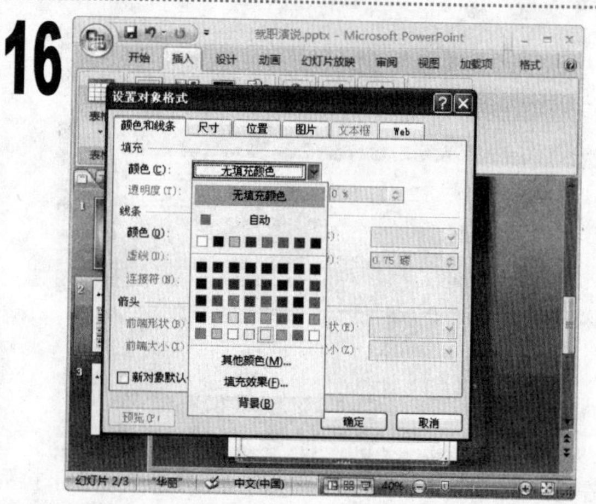

■ 在打开的“设置对象格式”对话框中单击“颜色和线条”选项卡，在“填充”栏中的“颜色”下拉列表框中选择“浅青绿”选项，单击“确定”按钮。

17

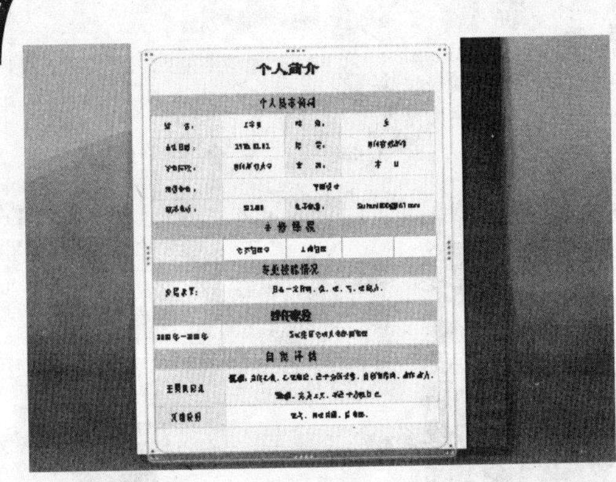

■ 返回到幻灯片中，可以看到设置格式后的对象效果如图所示。

18

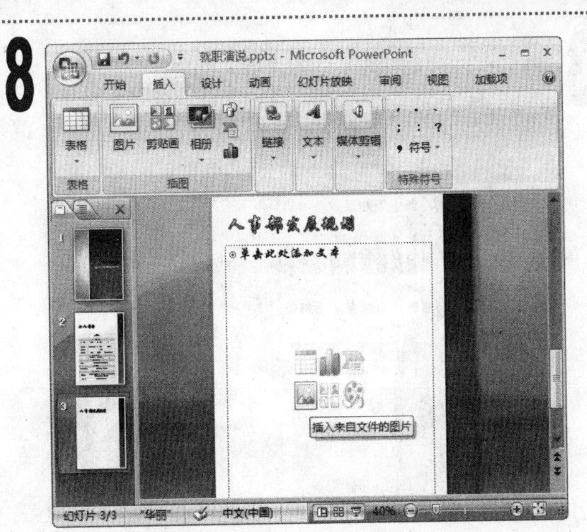

■ 在“幻灯片”窗格中选择第 3 张幻灯片，单击下方占位符中的“插入来自文件的图片”按钮。

19

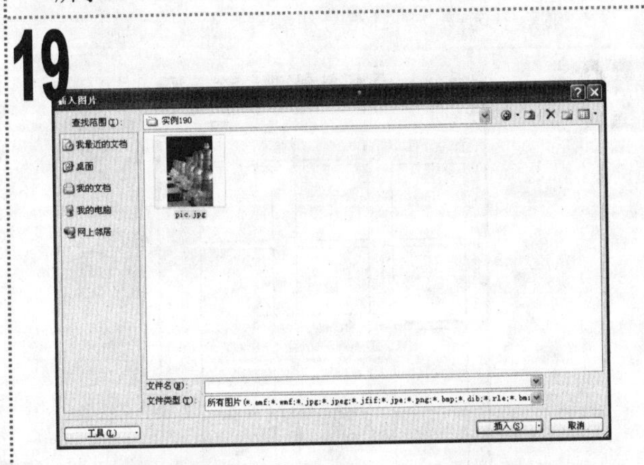

■ 在打开的“插入图片”对话框的“查找范围”下拉列表框中，选择素材文件所在的位置，在中间的列表框中选择图片文件“pic”，单击“插入”按钮。

20

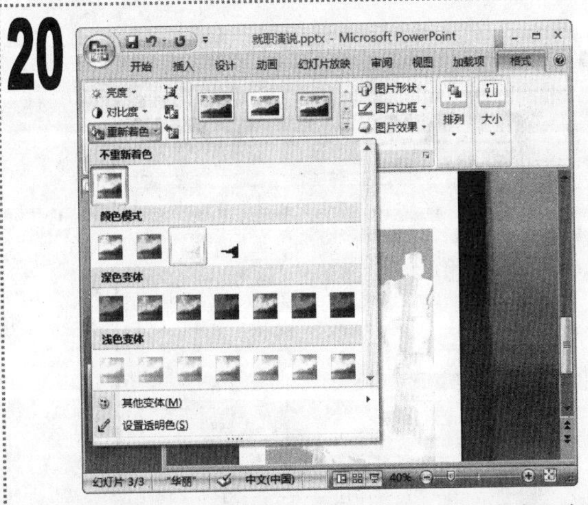

■ 选择插入的图片文件，单击“图片工具/格式”选项卡，在“调整”组中单击“重新着色”下拉按钮，在弹出的下拉菜单中选择“颜色模式”栏中的“冲蚀”选项。

21

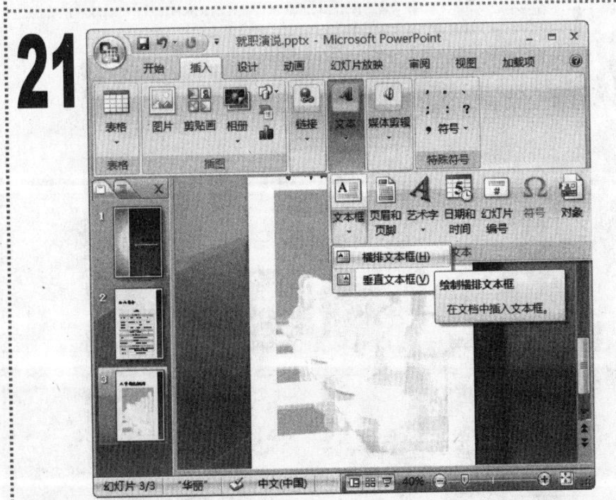

■ 单击“插入”选项卡，在“文本”组中单击“文本框”下拉按钮，在弹出的下拉菜单中选择“横排文本框”命令。

22

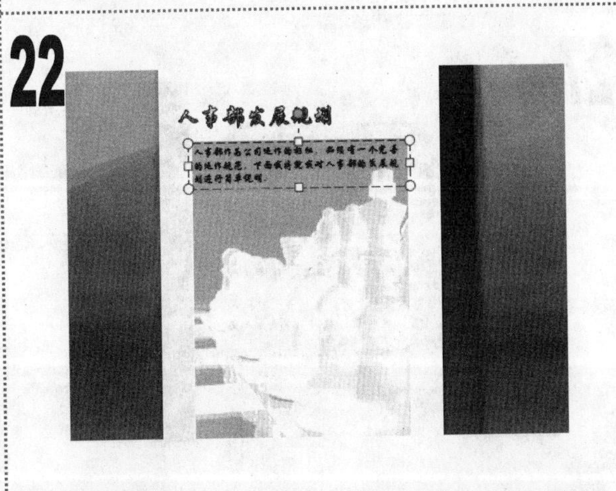

■ 将鼠标光标移动到“幻灯片编辑”窗格中，拖动鼠标绘制一个横排文本框，并在其中输入如图所示的文本。

23

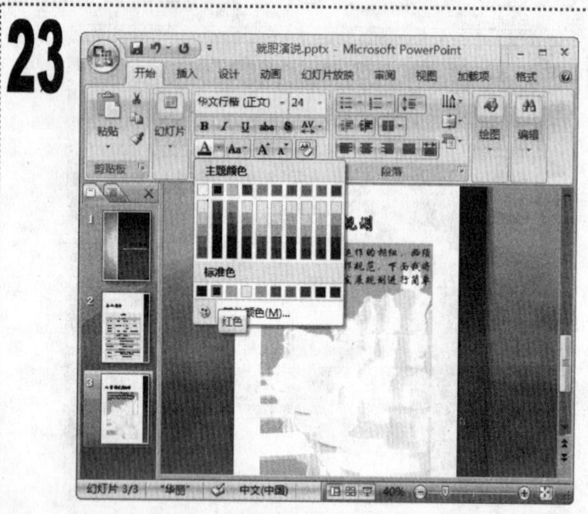

■ 选择输入的文本，在“开始”选项卡中将其字体格式设置为“华文行楷、24、红色”。

24

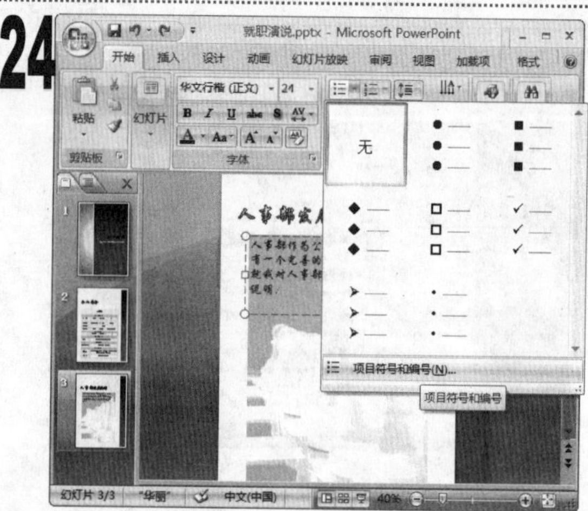

■ 按【Enter】键换行，在“开始”选项卡的“段落”组中单击“项目符号”按钮右侧的下拉按钮，在弹出的下拉菜单中选择“项目符号和编号”命令。

25

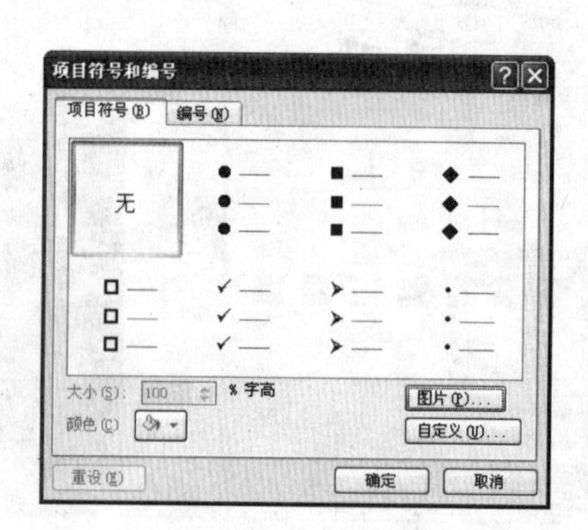

■ 在打开的“项目符号和编号”对话框中，单击“图片”按钮。

26

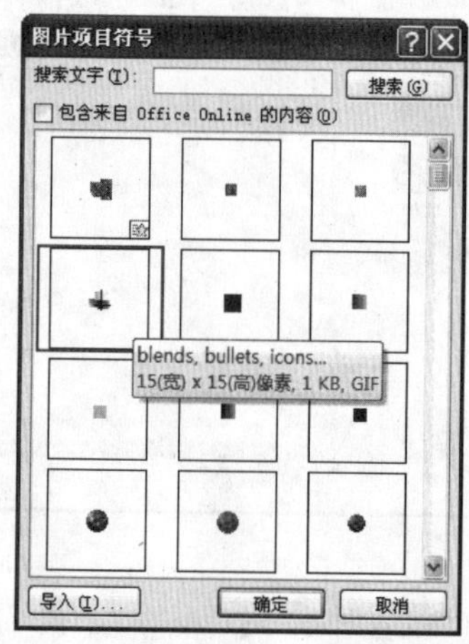

■ 在打开的“图片项目符号”对话框中的列表框中，选择如图所示的图片，单击“确定”按钮。

27

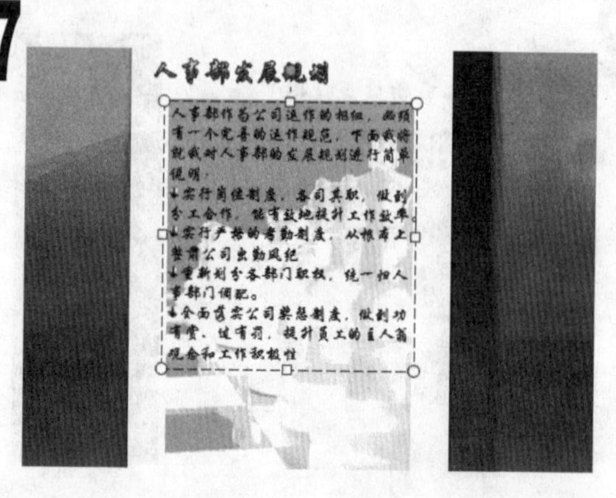

■ 返回“幻灯片编辑”窗格，在其中即插入了所选择的项目符号。

■ 在项目符号后输入如图所示的文本。

28

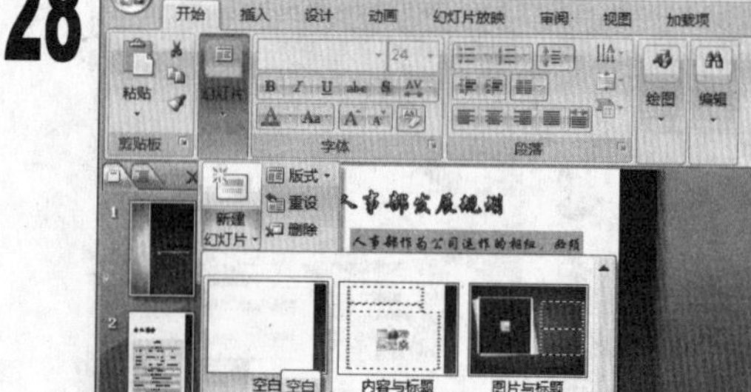

■ 单击“开始”选项卡，在“幻灯片”组中单击“新建幻灯片”下拉按钮，在弹出的下拉菜单中选择“空白”选项，插入一张版式为“空白”的幻灯片。

29

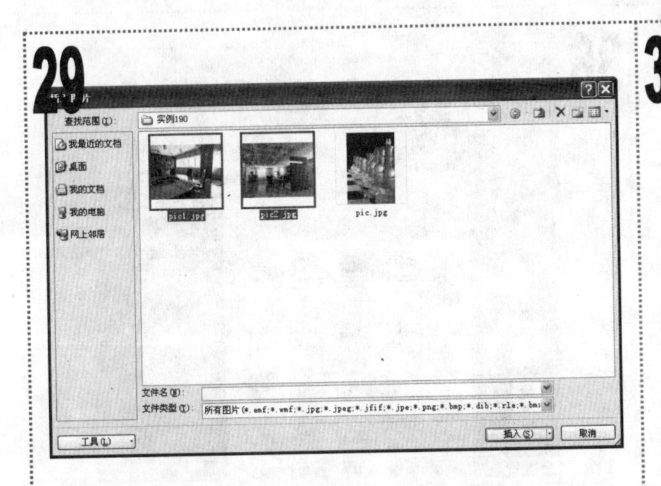

1 选择新建的幻灯片，单击“插入”选项卡，在“插图”组中单击“图片”按钮，在打开的“插入图片”对话框中选择素材文件所在文件夹中的“pic1”和“pic2”图片文件，单击“插入”按钮。

30

1 返回“幻灯片编辑”窗格，调整插入的图片的大小，然后将其按如图所示的位置进行排列。

31

1 单击“插入”选项卡，在“文本”组中单击“文本框”按钮，在幻灯片中插入一个横排文本框，输入如图所示的文本后设置其字体格式为“华文楷体、24”。

32

1 用同样的方法在第 2 张图片下方插入一个横排文本框，在其中输入如图所示的文本后设置其字体格式。

33

1 在“幻灯片”窗格中选择第 1 张幻灯片，单击“插入”选项卡，在“媒体剪辑”组中单击“声音”下拉按钮，在弹出的下拉菜单中选择“录制声音”命令。

34

1 在打开的“录音”对话框的“名称”文本框中，输入录音名称“就职演说”，单击●按钮开始录音。

2 录制完成后单击■按钮，然后单击“确定”按钮。

35

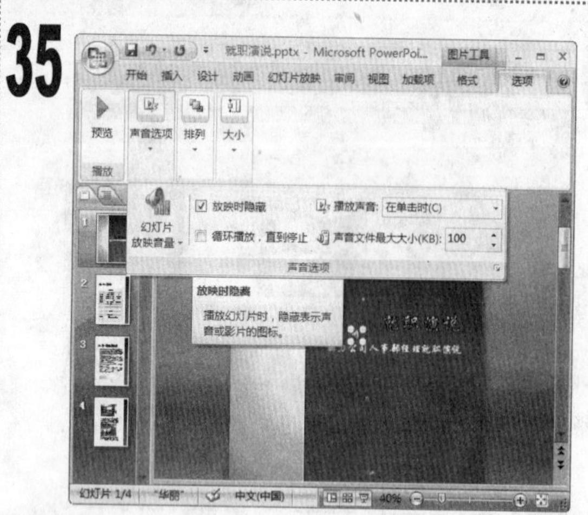

■ 返回“幻灯片编辑”窗格，在第 1 张幻灯片中将出现一个声音图标，选择该图标，单击“声音工具/选项”选项卡，在“声音选项”组中选中“放映时隐藏”复选框。

36

■ 单击“动画”选项卡，在“切换到此幻灯片”组中的“切换声音”下拉列表框中选择“单击”选项，单击“切换方案”下拉按钮，在弹出的下拉列表中选择“向右擦除”选项。

37

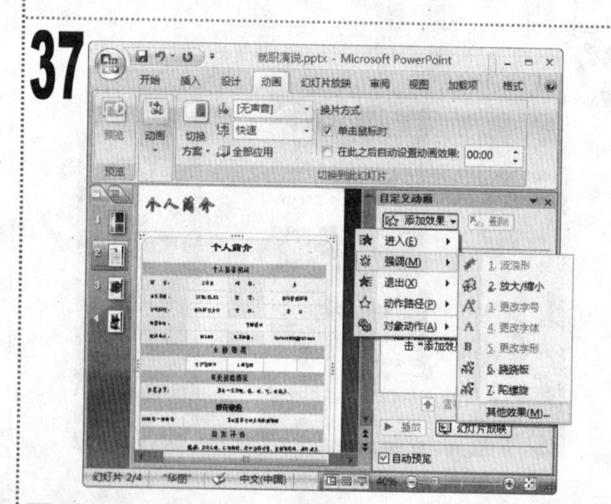

■ 选择第 2 张幻灯片，选择其中的 Word 文档对象，打开“自定义动画”任务窗格，单击“添加效果”下拉按钮，在弹出的下拉菜单中选择“强调/其他效果”命令。

38

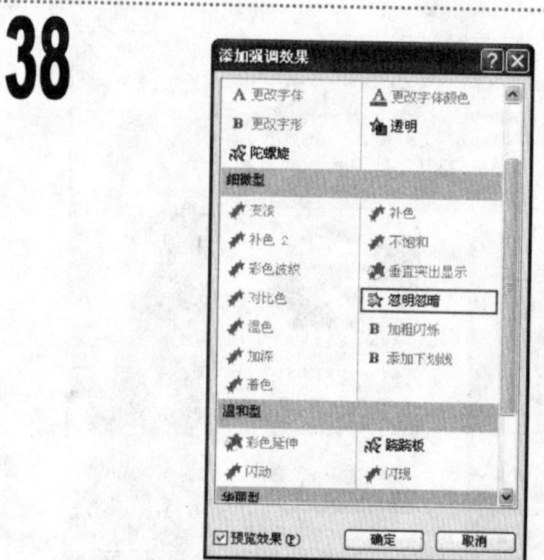

■ 在打开的“添加强调效果”对话框的“细微型”栏中，选择“忽明忽暗”选项，单击“确定”按钮。

39

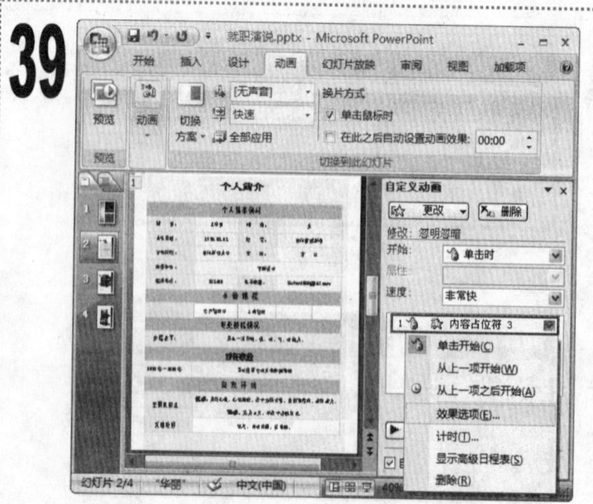

■ 在“自定义动画”任务窗格中的列表框中的添加的动画效果选项上单击鼠标右键，在弹出的快捷菜单中选择“效果选项”命令。

40

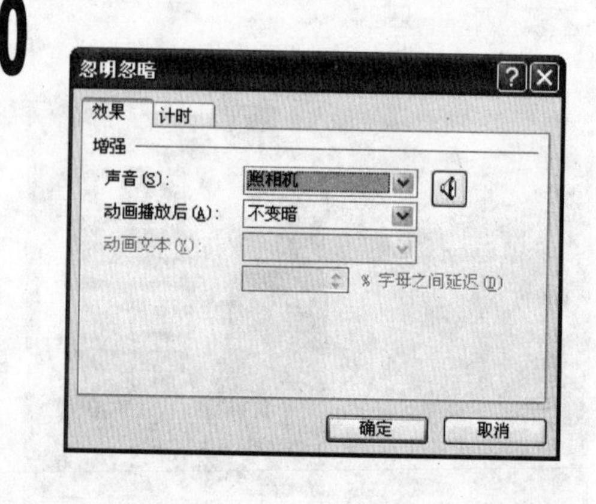

■ 在打开的“忽明忽暗”对话框的“声音”下拉列表框中选择“照相机”选项，单击“确定”按钮。

41

■ 保持该对象的选中状态不变，再次单击“添加效果”下拉按钮，在弹出的下拉菜单中选择“进入/棋盘”命令。

42

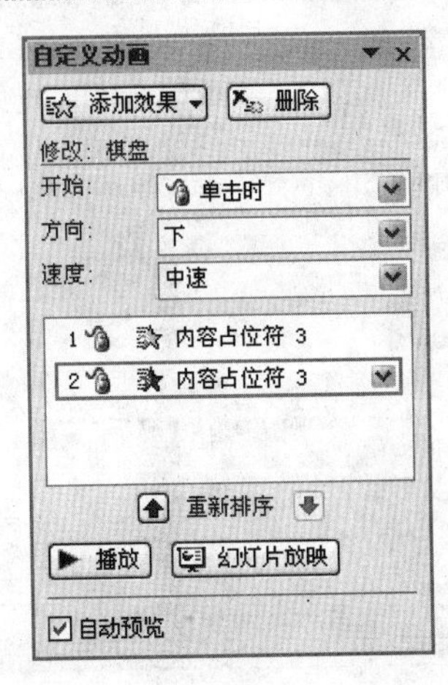

■ 在“自定义动画”任务窗格的“方向”下拉列表框中选择“下”选项，在“速度”下拉列表框中选择“中速”选项。

43

■ 在“自定义动画”任务窗格中的列表框中选择添加的进入动画选项，单击列表框下方的⬆按钮，将其向上移动一行，此时在“幻灯片编辑”窗格中的自定义动画编号也将随之发生改变，从而更改了动画的播放顺序。

44

■ 选择第 3 张幻灯片，单击“动画”选项卡，在“切换到此幻灯片”组中的“切换声音”下拉列表框中选择“单击”选项，单击“切换方案”下拉按钮，在弹出的下拉列表中选择“溶解”选项。

45

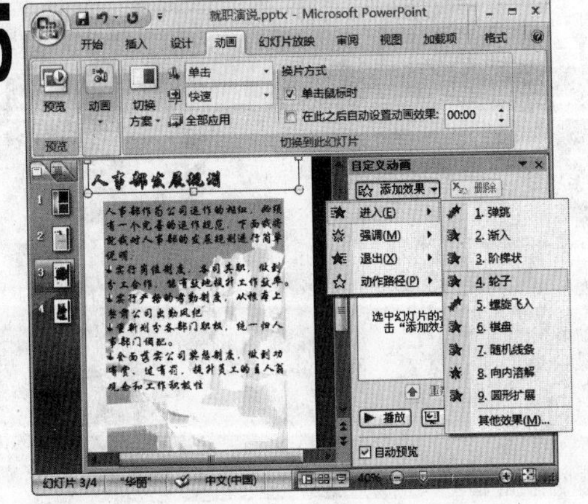

■ 选择其中的标题占位符，单击“添加效果”下拉按钮，在弹出的下拉菜单中选择“进入/轮子”命令。

46

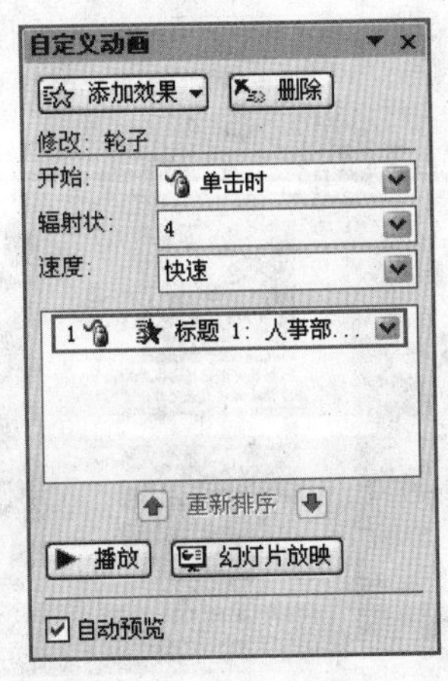

■ 在“自定义动画”任务窗格的“辐射状”下拉列表框中选择“4 轮辐图案（4）”选项，在“速度”下拉列表框中选择“快速”选项。

47

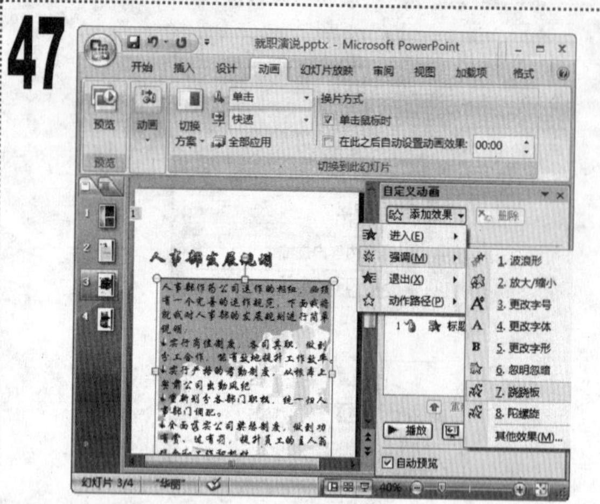

1 选择第 3 张幻灯片中的文本占位符，单击“添加效果”下拉按钮，在弹出的下拉菜单中选择“强调/跷跷板”命令。

48

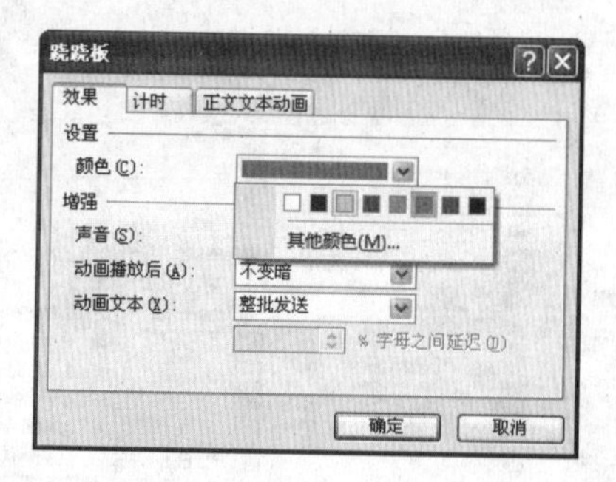

1 在“自定义动画”任务窗格中的列表框中的添加的动画效果选项上单击鼠标右键，在弹出的快捷菜单中选择“效果选项”命令，打开“翘翘板”对话框，在“颜色”下拉列表框中选择“灰色”选项，单击“确定”按钮。

49

1 选择第 4 张幻灯片，按住【Shift】键选择其中的两幅图片，单击“添加效果”下拉按钮，在弹出的下拉菜单中选择“进入/螺旋飞入”命令。

50

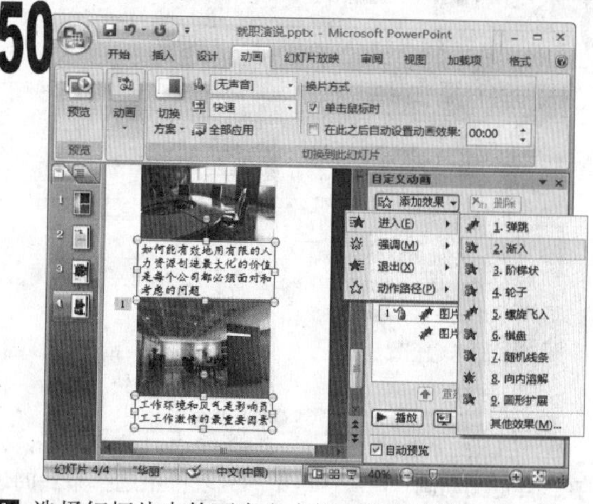

1 选择幻灯片中的两个文本框，单击“添加效果”下拉按钮，在弹出的下拉菜单中选择“进入/渐入”命令。

51

1 关闭“自定义动画”任务窗格，单击“幻灯片放映”选项卡，在“开始放映幻灯片”组中单击“从头开始”按钮。

52

1 PowerPoint 将从第 1 张幻灯片开始放映，其效果如图所示。

2 最后保存演示文稿，完成本例的制作。

实例191　制作“年度总结”演示文稿

素材:\实例 191\

源文件:\实例 191\年度总结.pptx

包含知识

- 制作幻灯片母版
- 添加表格和图表
- 添加 SmartArt 图形
- 创建超链接
- 放映并打包演示文稿

制作思路

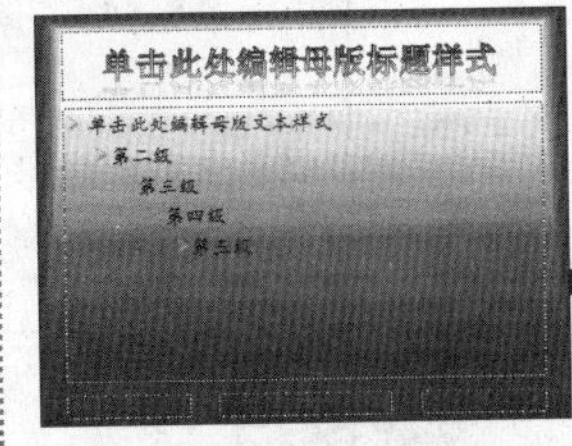

制作幻灯片母版

报告项目

销售总额报告

销售统计图表

放映演示文稿

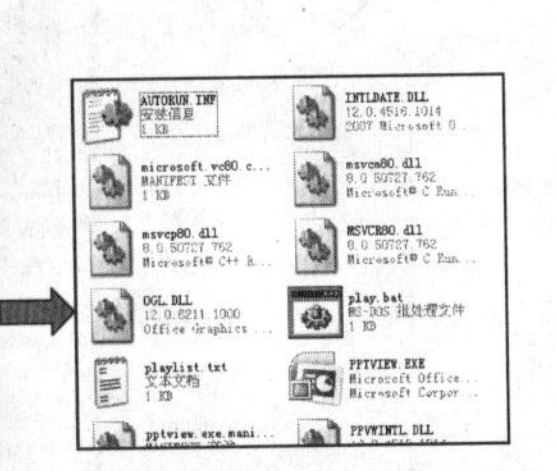

打包演示文稿

应用场所

用于制作企业年度销售情况总结的演示文稿。

01

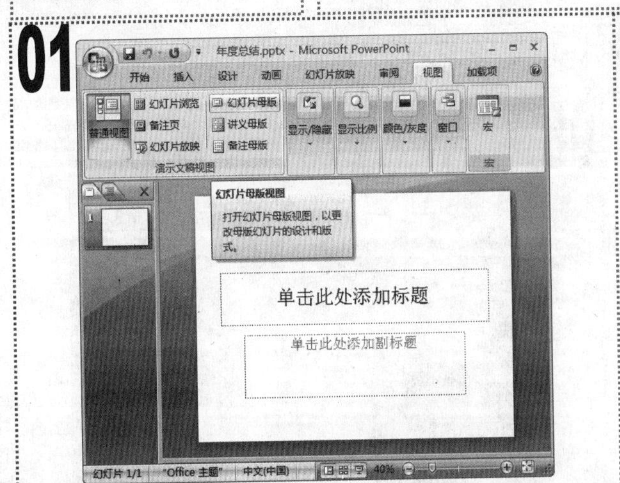

1. 启动 PowerPoint 2007，程序自动新建一个空白演示文稿，将其以“年度总结”为名进行保存。
2. 单击“视图”选项卡，在“演示文稿视图”组中单击“幻灯片母版”按钮。

02

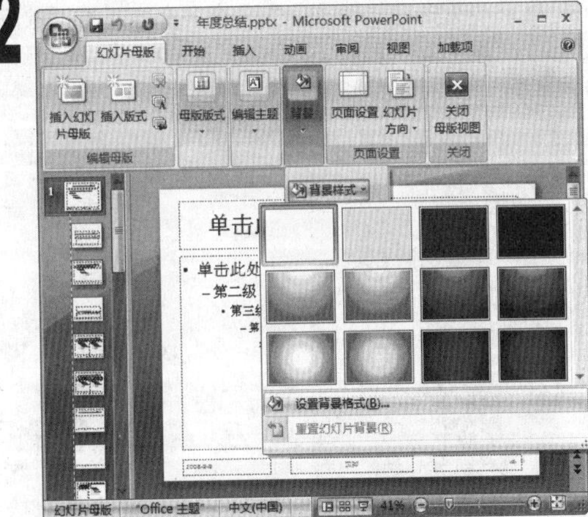

1. 选择第 1 张母版幻灯片，在“幻灯片母版”选项卡的“背景”组中单击“背景样式”下拉按钮，在弹出的下拉菜单中选择“设置背景格式”命令。

03

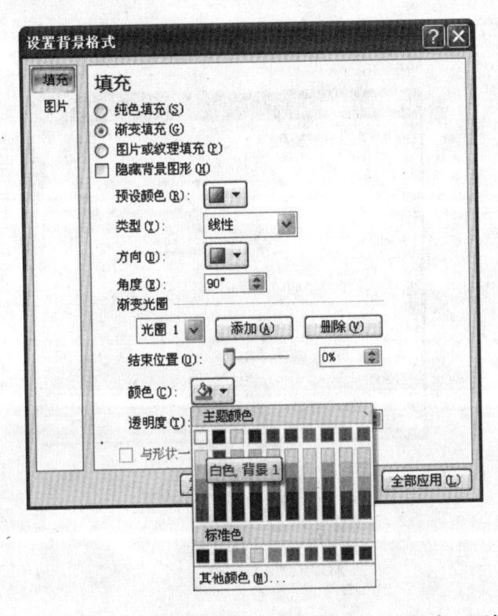

1. 在打开的“设置背景格式”对话框中选中“渐变填充”单选按钮，在“渐变光圈”栏中的“光圈”下拉列表框中选择“光圈 1”选项，单击“颜色”下拉按钮，在弹出的下拉菜单中选择“白色，背景 1”选项。

04

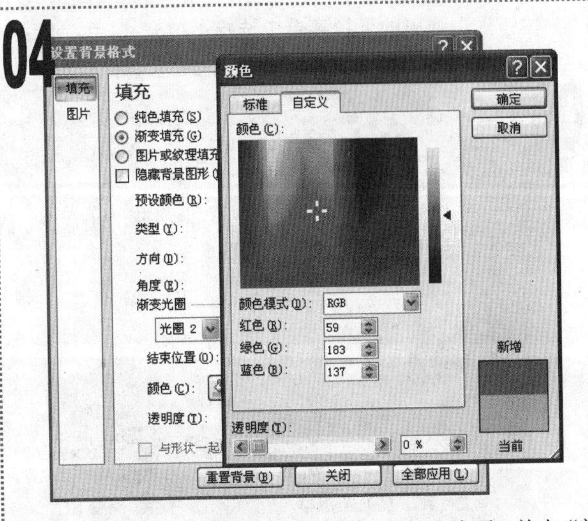

1. 在“光圈”下拉列表框中选择“光圈 2”选项，单击“颜色”下拉按钮，在弹出的下拉菜单中选择“其他颜色”命令，在打开的“颜色”对话框的“自定义”选项卡中，设置 RGB 值为“59，183，137”，单击“确定”按钮。

05

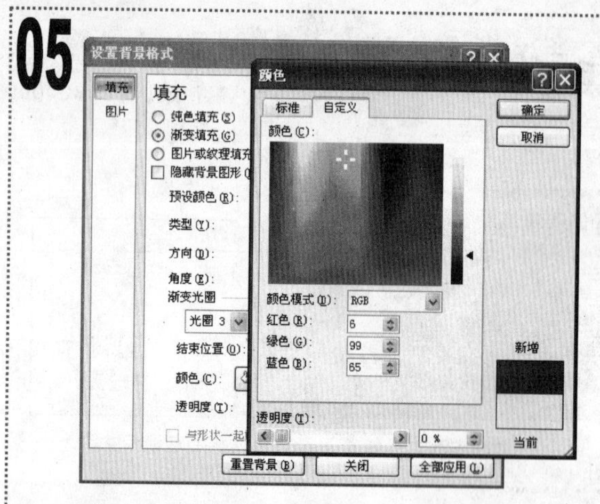

1 返回“设置背景格式”对话框，在“光圈”下拉列表框中选择“光圈 3”选项，单击“颜色”下拉按钮，在弹出的下拉菜单中选择“其他颜色”命令，在打开的“颜色”对话框中设置RGB值为“6，99，65”，单击“确定”按钮。

06

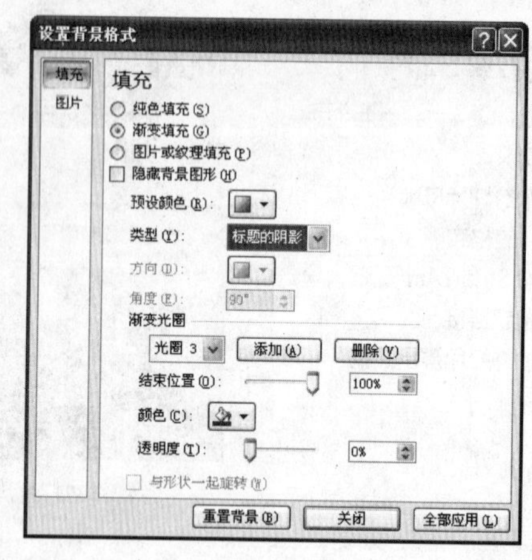

1 返回“设置背景格式”对话框，在“类型”下拉列表框中选择“标题的阴影”选项，单击“关闭”按钮。

07

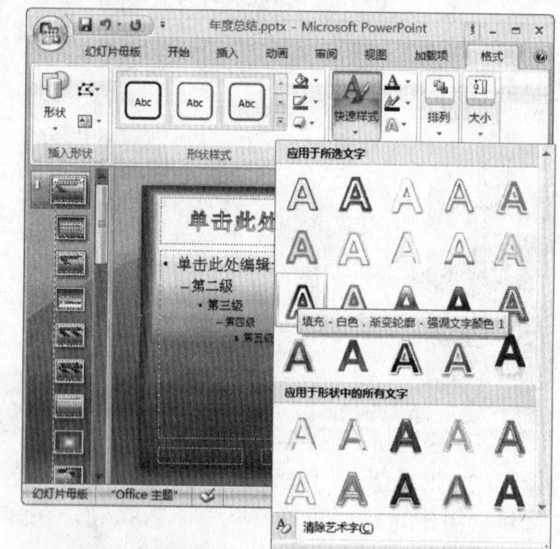

1 在幻灯片中选择标题占位符，单击“绘图工具/格式”选项卡，在“艺术字样式”组中单击“快速样式”下拉按钮，在弹出的下拉菜单中选择“填充-白色，渐变轮廓-强调文字颜色 1”选项。

08

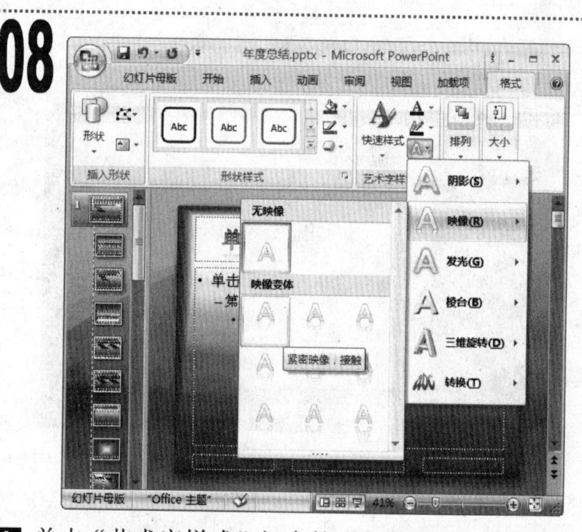

1 单击“艺术字样式”组中的“文本效果”下拉按钮，在弹出的下拉菜单中选择“映像/紧密映像，接触”选项。

09

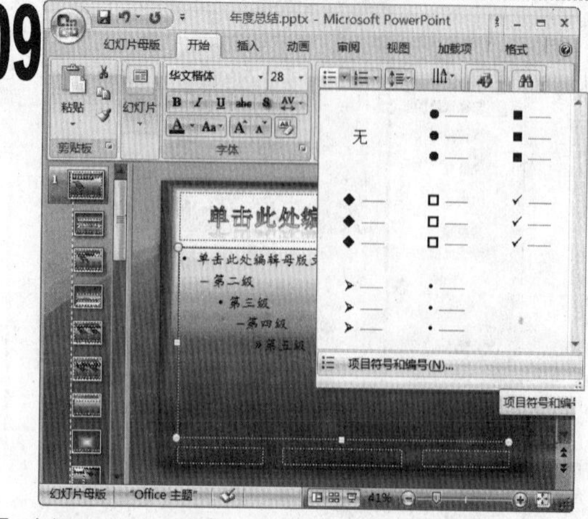

1 选择下方的占位符，单击“开始”选项卡，在“字体”组中设置字体格式为“华文楷体、28、深蓝”，单击“段落”组中的“项目符号”按钮右侧的下拉按钮，在弹出的下拉菜单中选择“项目符号和编号”命令。

10

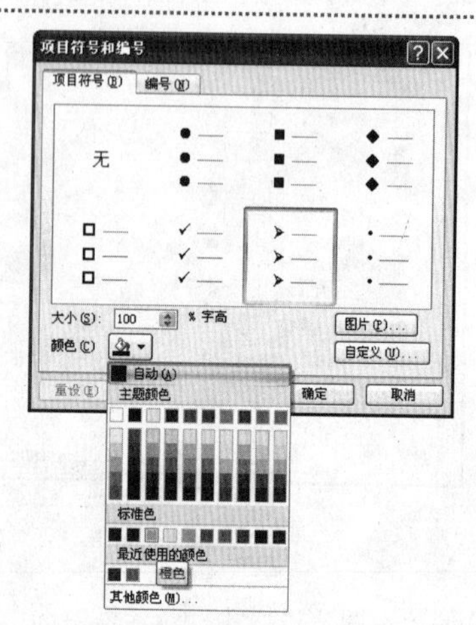

1 在打开的“项目符号和编号”对话框的列表框中，选择“箭头项目符号”选项，单击“颜色”下拉按钮，在弹出的下拉菜单中选择“橙色”选项，然后单击“确定”按钮。

11

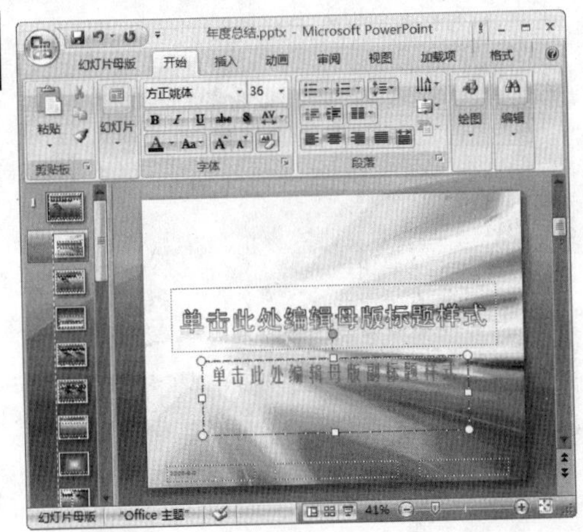

■ 在左侧的窗格中选择第 2 张幻灯片，将其背景设置为素材文件所在文件夹中的“背景”图片文件，设置标题占位符中文本的字体格式为“黑体、48”，副标题占位符中文本的字体格式为“方正姚体、36”。

12

■ 选择最后一张幻灯片，将左侧的占位符删除，然后单击“幻灯片母版”选项卡，在“母版版式”组中单击“插入占位符”下拉按钮，在弹出的下拉菜单中选择“内容(竖排)”命令。

13

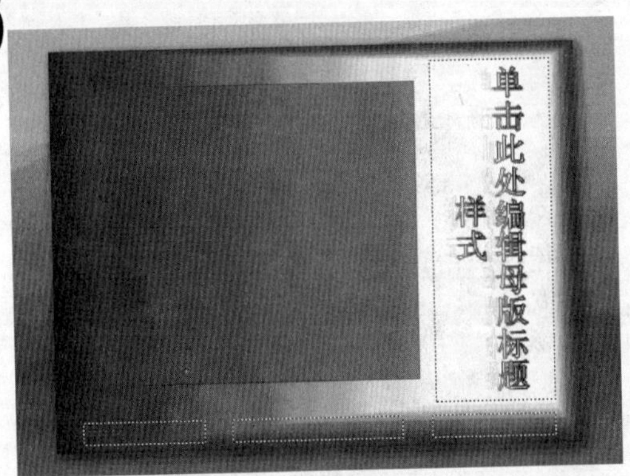

■ 将鼠标光标移动到幻灯片中，此时鼠标光标变为“＋”形状，按住鼠标左键不放并拖动鼠标到合适位置后释放，绘制出该占位符的范围。

14

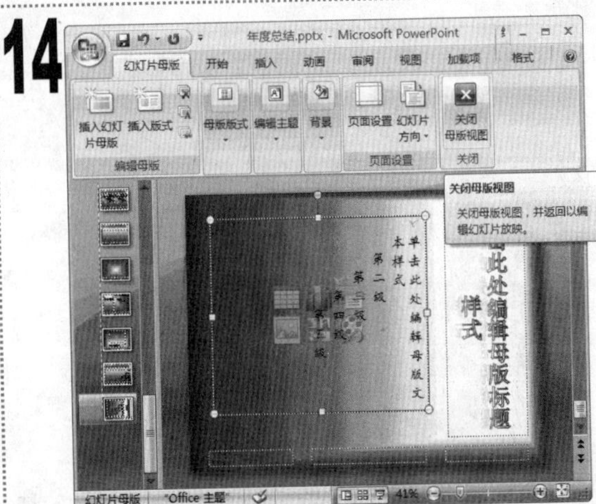

■ 调整占位符的大小和位置后，单击“幻灯片母版”选项卡的“关闭”组中的“关闭母版视图”按钮，退出幻灯片母版视图。

15

■ 在第 1 张幻灯片中的标题占位符中输入文本“年度总结”，在副标题占位符中输入文本“腓力集团”，单击“开始”选项卡，在“幻灯片”组中单击“新建幻灯片”下拉按钮，在弹出的下拉菜单中选择“内容与标题”选项。

16

■ 在新建的第 2 张幻灯片中输入如图所示的文本，设置字体格式后调整文本的行距。

17

1 单击“开始”选项卡，在“幻灯片”组中单击“新建幻灯片”下拉按钮，在弹出的下拉菜单中选择“标题和内容”选项。

18

1 将鼠标光标定位到新建幻灯片的标题占位符中，输入文本“2008 年度销售情况”。

19

1 新建版式为“标题和内容”的幻灯片，然后在新建幻灯片的标题占位符中输入文本“统计图表”。

20

1 单击“开始”选项卡，在“幻灯片”组中单击“新建幻灯片”下拉按钮，在弹出的下拉菜单中选择“垂直排列标题与文本”选项，然后在新建幻灯片的标题占位符中输入文本“销售手段总结”。

21

1 单击“开始”选项卡，在“幻灯片”组中单击“新建幻灯片”下拉按钮，在弹出的下拉菜单中选择“标题和内容”选项，然后在新建幻灯片的标题占位符中输入文本“总结”。

22

1 选择第 3 张幻灯片，单击下方占位符中的“插入表格”按钮，在打开的“插入表格”对话框的“列数”数值框中输入“6”，在“行数”数值框中输入“5”，然后单击“确定”按钮。

23

1 在表格中输入如图所示的文本。

24

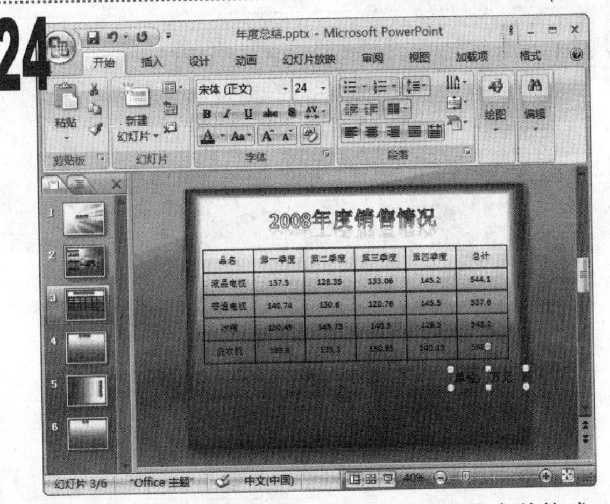

1 调整表格的大小和位置，设置其中文本的字体格式，然后在表格右下角插入一个横排文本框，输入文字“单位：万台”，并设置其字体格式。

25

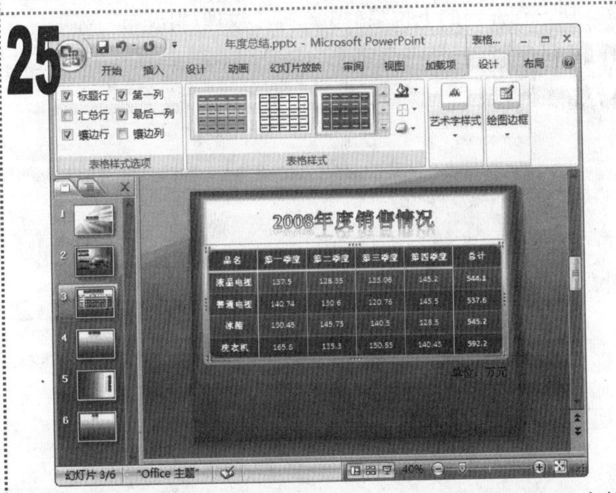

1 选择表格，单击“表格工具/设计”选项卡，在“表格样式”组中的列表框中选择“主题样式 2-强调 1”选项，单击“效果”下拉按钮，在弹出的下拉菜单中选择“单元格凹凸效果/柔圆”选项，在“表格样式选项”组中选中“第一列”和“最后一列”复选框。

26

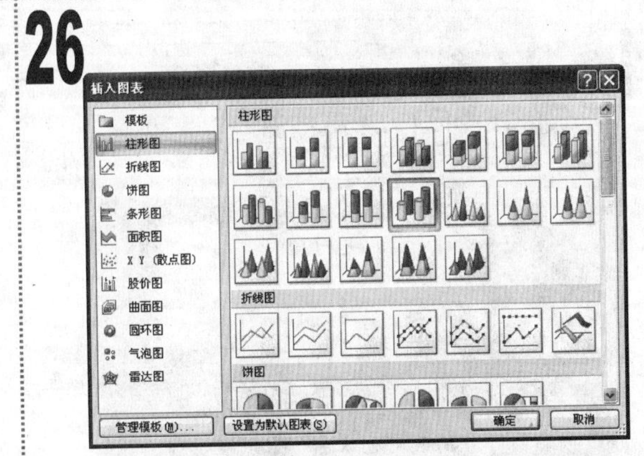

1 选择第 4 张幻灯片，单击下方占位符中的“插入图表”按钮，在打开的“插入图表”对话框中单击左侧的“柱形图”选项卡，在右侧选择“三维圆柱图”选项，单击“确定”按钮。

27

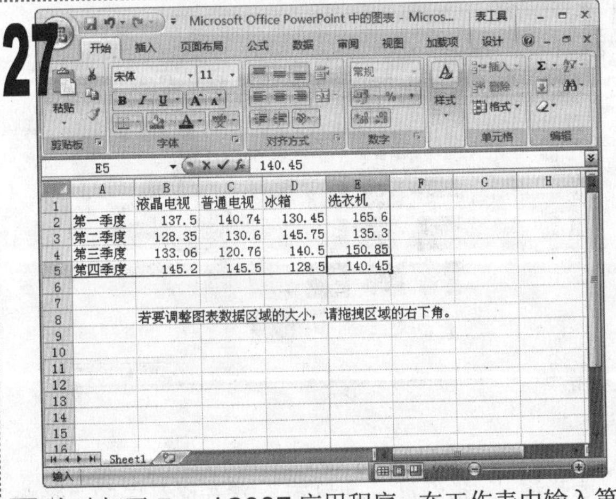

1 自动打开 Excel 2007 应用程序，在工作表中输入第 3 张幻灯片中表格中的数据，然后关闭 Excel 窗口。

28

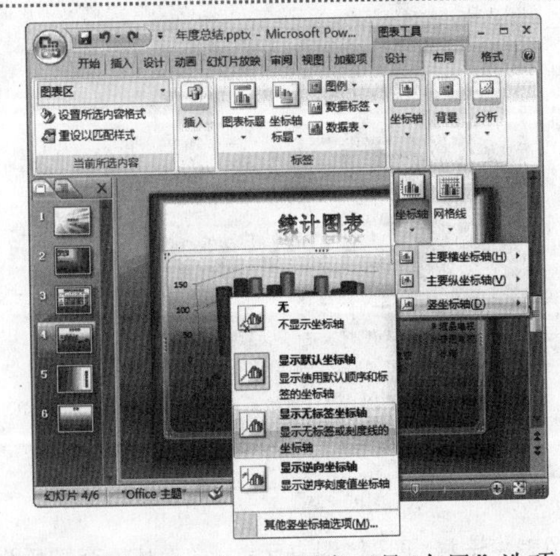

1 选择整个图表后，单击“图表工具/布局”选项卡，在“坐标轴”组中单击“坐标轴”下拉按钮，在弹出的下拉菜单中选择“竖坐标轴/显示无标签坐标轴”命令。

29

■ 在“坐标轴”组中单击“网格线”下拉按钮，在弹出的下拉菜单中选择“主要纵网格线/主要网格线和次要网格线”命令。

30

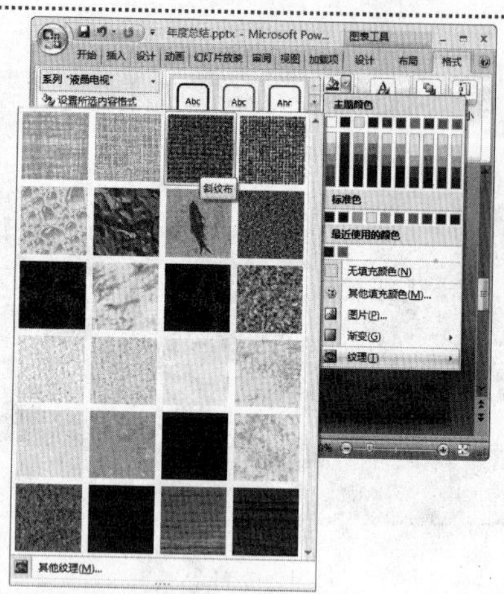

■ 单击“图表工具/格式”选项卡，在“当前所选内容”组的下拉列表框中选择“系列‘液晶电视’”选项，然后在“形状样式”组中单击“形状填充”按钮右侧的下拉按钮，在弹出的下拉菜单中选择“纹理/斜纹布”选项。

31

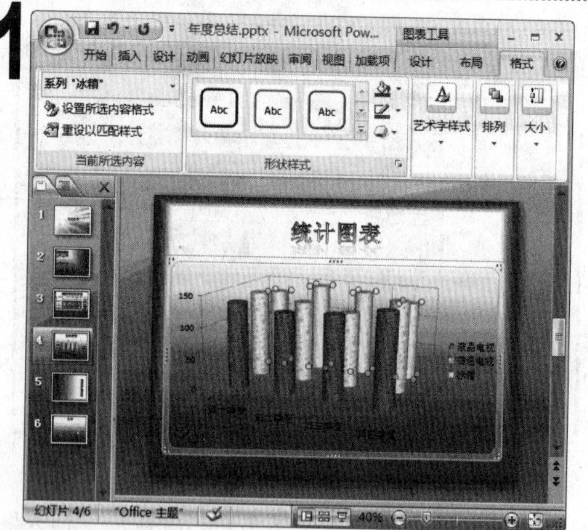

■ 按照相同的方法为其他数据系列设置填充效果，效果如图所示。

32

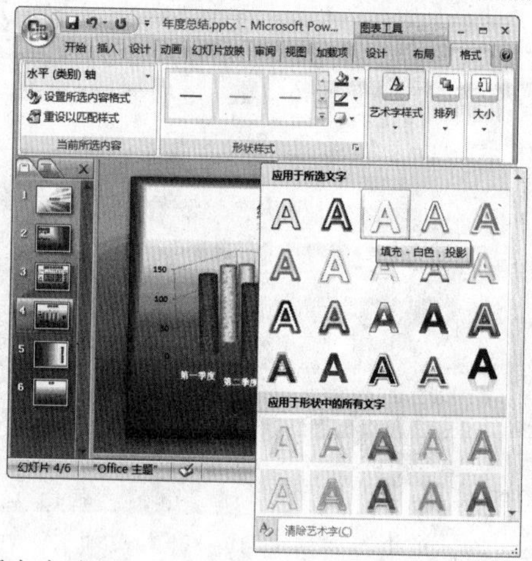

■ 在图表中选择“水平（类别）轴”图表元素，单击图表工具/格式”选项卡，在“艺术字样式”组中单击列表框右下角的“其他”按钮，在弹出的下拉菜单中选择“填充-白色，投影”选项。

33

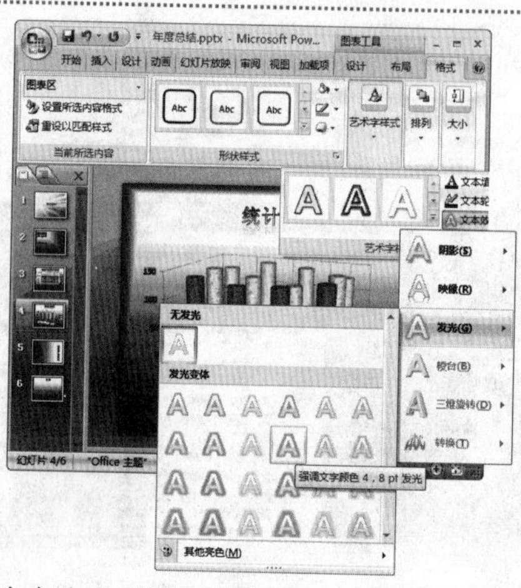

■ 在图表中选择“图例”图表元素，设置其填充颜色为“白色，背景1”，轮廓为“橙色”，然后单击“文本效果”下拉按钮，在弹出的下拉菜单中选择“发光/强调文字颜色4，8pt发光”选项。

34

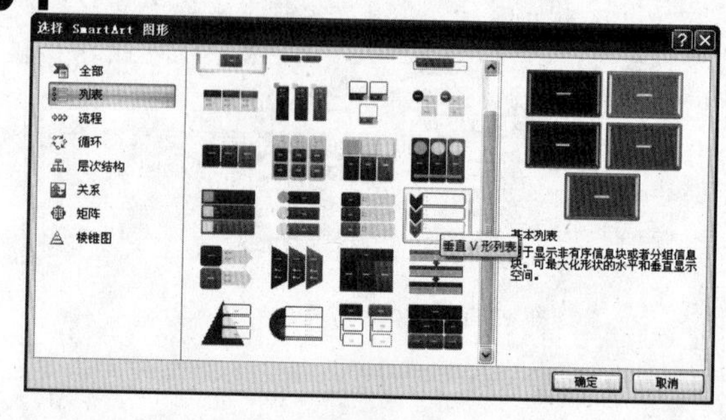

■ 选择第5张幻灯片，单击下方占位符中的“插入SmartArt图形”按钮，在打开的“选择SmartArt图形”对话框中单击左侧的“列表”选项卡，在中间的列表框中选择“垂直V形列表”选项，单击“确定”按钮。

35

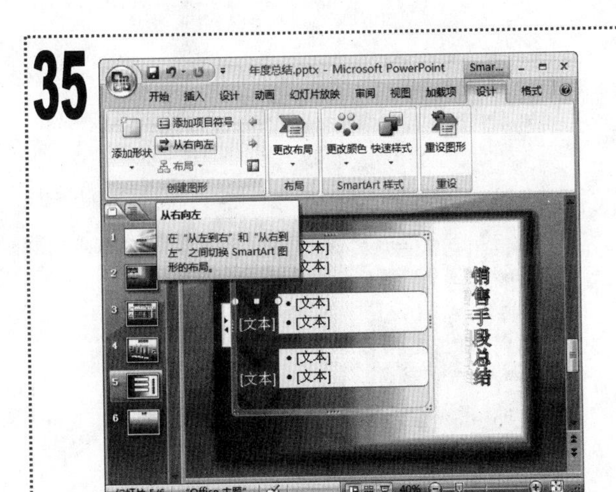

■ 单击“SmartArt 工具/设计”选项卡，在“创建图形”组中单击“从右向左”按钮。

36

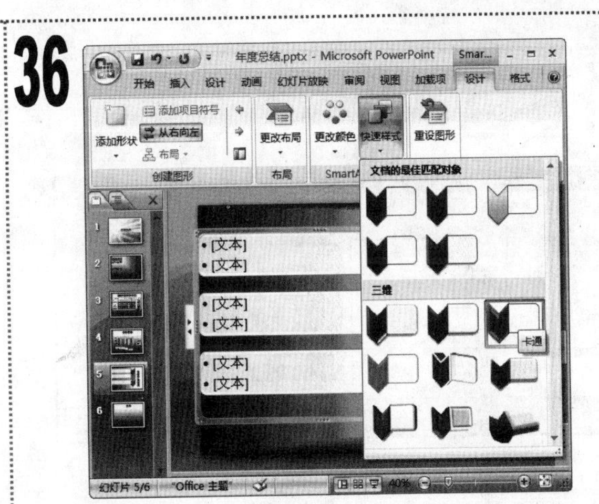

■ 在“SmartArt 工具/设计”选项卡的“SmartArt 样式”组中，单击“更改颜色”下拉按钮，在弹出的下拉列表中选择“彩色-强调文字颜色”选项，然后单击“快速样式”下拉按钮，在弹出的下拉列表中选择“卡通”选项。

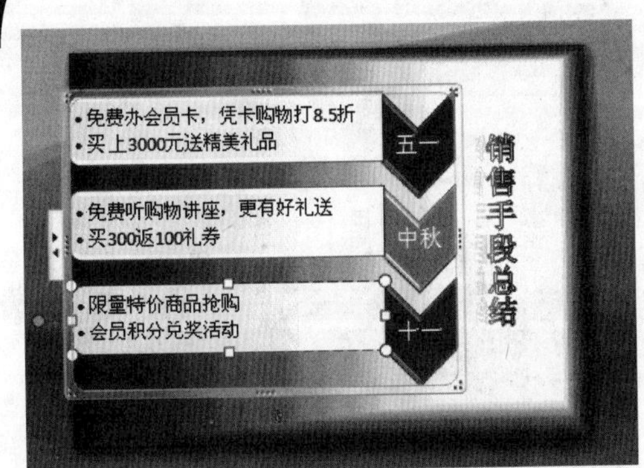

■ 在形状中输入文本并设置其字体格式，然后调整图形的大小和位置。

38

■ 选择第 2 张幻灯片，单击右侧占位符中的“插入来自文件的图片”按钮，在打开的“插入图片”对话框中选择素材文件所在文件夹中的“家电”图片文件，单击“插入”按钮，将其插入到幻灯片中。

39

■ 单击“图片工具/格式”选项卡，在“图片样式”组中的列表框中选择“棱台透视”选项。

■ 将图片调整到合适大小后，单击“插入”选项卡，在“链接”组中单击“超链接”按钮。

41

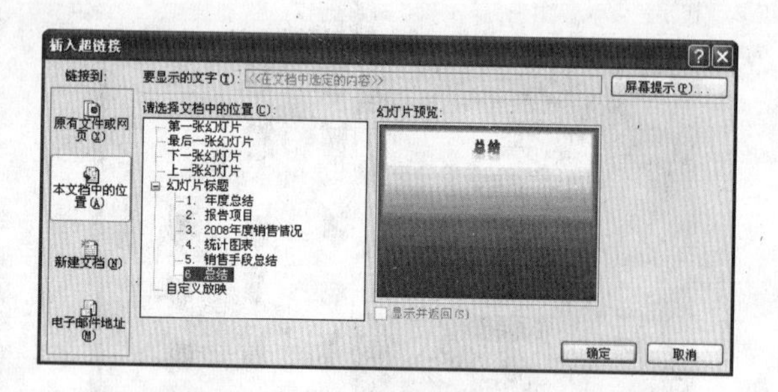

在打开的“插入超链接”对话框中单击左侧的“本文档中的位置”选项卡，在“请选择文档中的位置”列表框中选择“6.总结”选项，单击“确定”按钮。

42

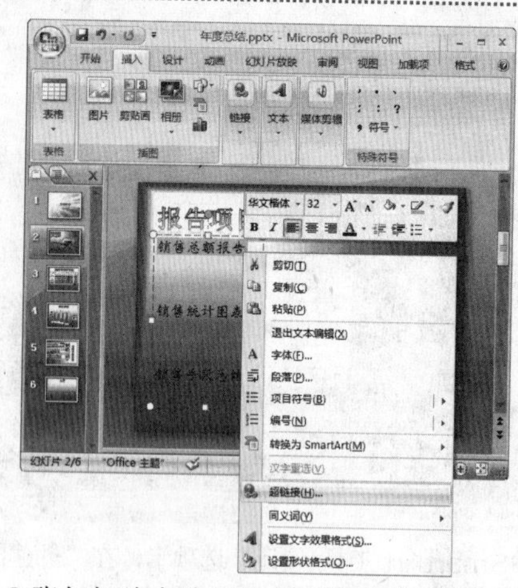

在第 2 张幻灯片中选择文本“销售总额报告”，然后单击鼠标右键，在弹出的快捷菜单中选择“超链接”命令。

43

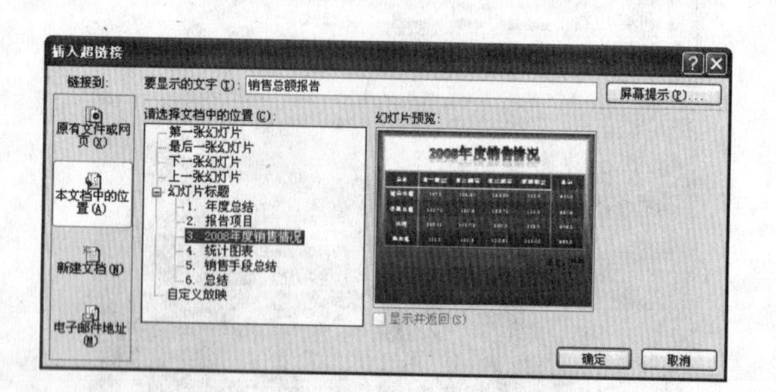

在打开的“插入超链接”对话框中单击“本文档中的位置”选项卡，在“请选择文档中的位置”列表框中选择“3. 2008 年度销售情况”选项，单击“确定”按钮。

44

按照相同的方法，将文本“销售统计图表”链接到第 4 张幻灯片，文本“销售手段总结”链接到第 5 张幻灯片。

45

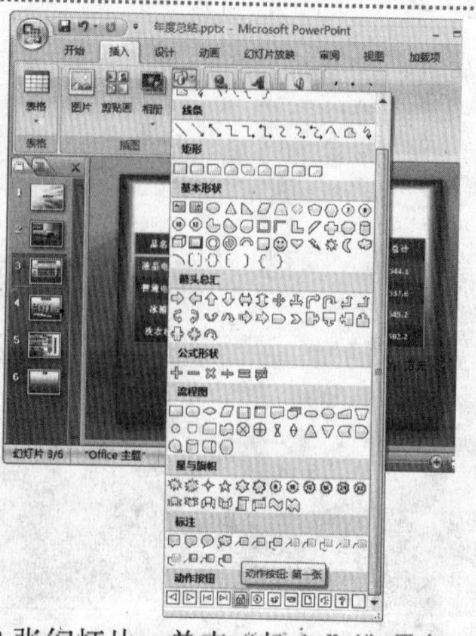

选择第 3 张幻灯片，单击“插入”选项卡，在“插图”组中单击“形状”下拉按钮，在弹出的下拉列表中选择“动作按钮”栏中的“动作按钮：第一张”选项。

46

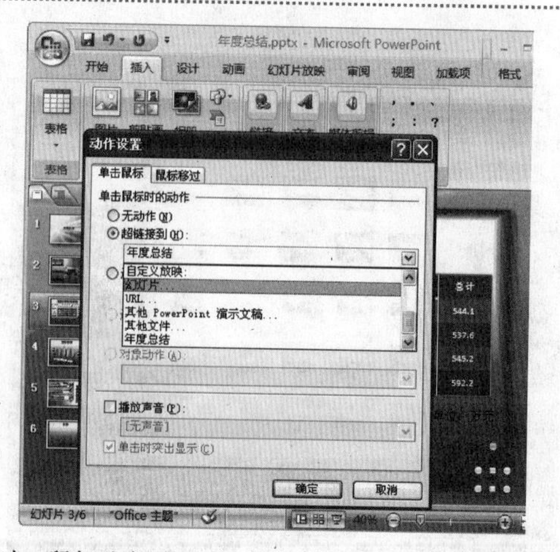

此时，鼠标光标变为“十”形状，将其移动到幻灯片右下角，然后按住鼠标左键不放并拖动，绘制出该形状，同时打开“动作设置”对话框，在其中的“超链接到”下拉列表框中选择“幻灯片”选项。

47

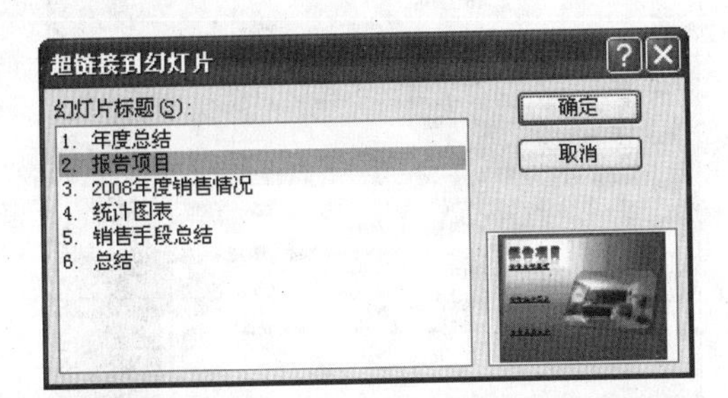

■ 在打开的“超链接到幻灯片”对话框中，选择“2.报告项目”选项，然后单击“确定”按钮返回“动作设置”对话框，单击“确定”按钮。

48

■ 返回“幻灯片编辑”窗格，单击“绘图工具/格式”选项卡，在“形状样式”组中的列表框中选择“细微效果-强调颜色 3”选项。

49

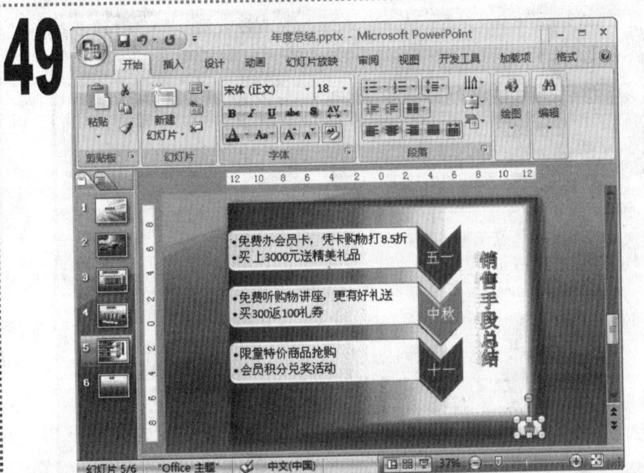

■ 按【Ctrl+C】组合键复制该形状，然后在第 4 张和第 5 张幻灯片中按【Ctrl+V】组合键进行粘贴，同时将超链接复制。

50

■ 从头开始放映幻灯片，单击鼠标左键，切换到第 2 张幻灯片，将鼠标光标移动到文本“销售总额报告”上，当其变为“☝”形状时，单击鼠标左键。

51

品名	第一季度	第二解毒	第三解毒	第四季度	总计
液晶电视	137.5	128.35	133.06	145.2	544.1
普通电视	140.74	130.6	120.76	145.5	537.6
冰箱	130.45	145.75	140.5	128.5	545.2
洗衣机	165.6	135.3	150.85	140.45	592.2

■ 此时，将自动切换到第 3 张幻灯片中，再将鼠标光标移动到动作按钮上，当鼠标光标再次变为“☝”形状时单击鼠标左键。

52

■ 切换回第 2 张幻灯片，其中刚刚单击过的文本超链接的颜色发生了改变。

53

1 依次单击其他超链接，观看幻灯片的切换效果，预览完毕后按【Esc】键退出幻灯片的放映。

54

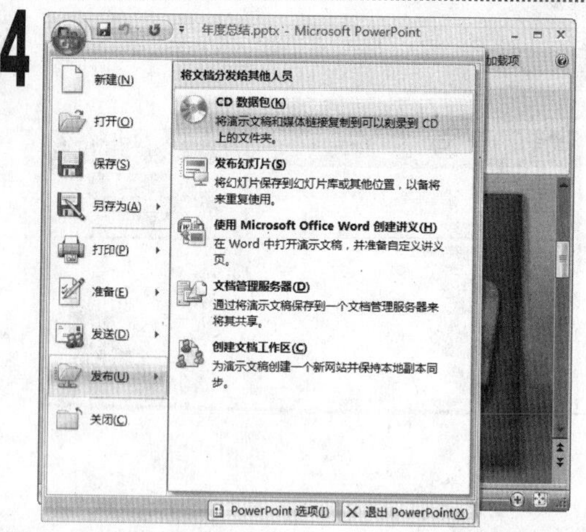

1 单击“Office”按钮，在弹出的下拉菜单中选择“发布/CD 数据包”命令。

55

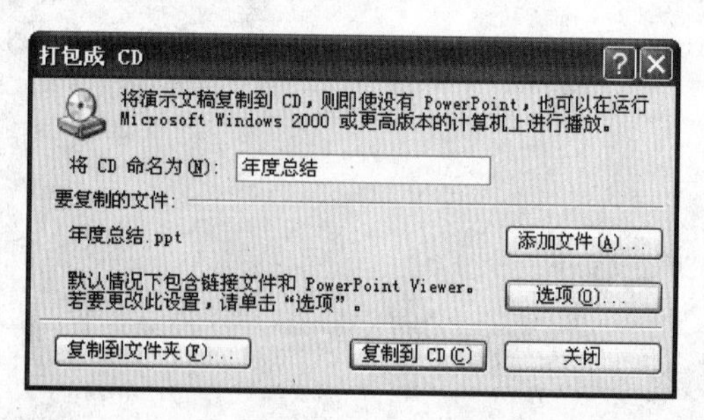

1 在打开的“打包成 CD”对话框的“将 CD 命名为”文本框中，输入“年度总结”文本，单击“选项”按钮。

56

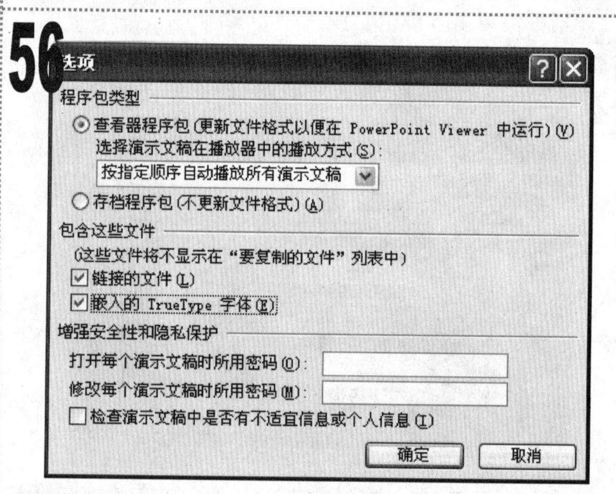

1 在打开的“选项”对话框中选中“链接的文件”复选框和“嵌入的 TrueType 字体”复选框，然后单击“确定”按钮。

57

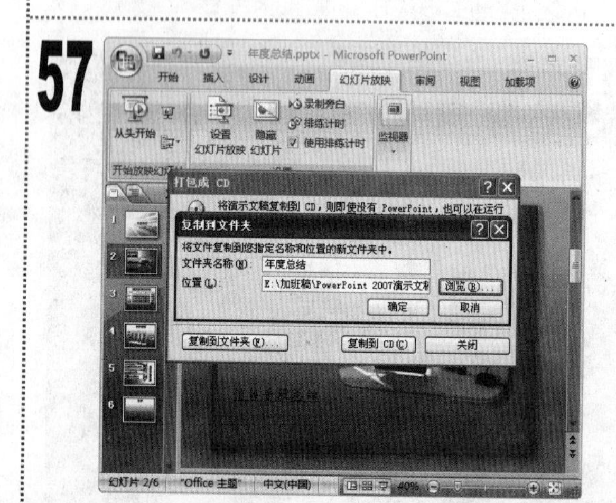

1 返回“打包成 CD”对话框，单击“复制到文件夹”按钮，在打开的“复制到文件夹”对话框的“位置”文本框右侧单击“浏览”按钮，在打开的对话框中选择打包 CD 的存放位置，单击“确定”按钮。

58

1 在弹出的提示对话框中单击“是”按钮，PowerPoint 2007 自动对演示文稿进行打包。

2 打包完成后进入文件打包位置查看打包后的文件夹中的文件，双击名为“PPTVIEW”的可执行文件，即可预览幻灯片。

3 最后保存演示文稿，完成本例的制作。

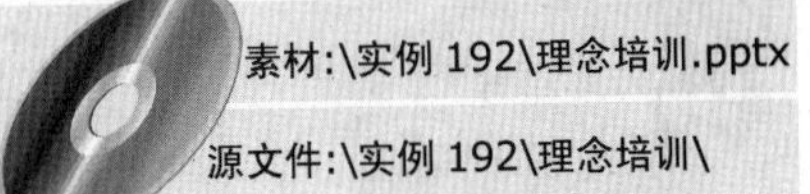

实例192　设置“理念培训”演示文稿

素材:\实例 192\理念培训.pptx

源文件:\实例 192\理念培训\

包含知识

- 页面设置
- 打印预览
- 打包演示文稿
- 解包演示文稿
- 播放演示文稿

重点难点

- 页面设置
- 打包演示文稿

制作思路

页面设置　　打包演示文稿　　播放演示文稿

应用场所

用于在不同环境的电脑中播放演示文稿。

01

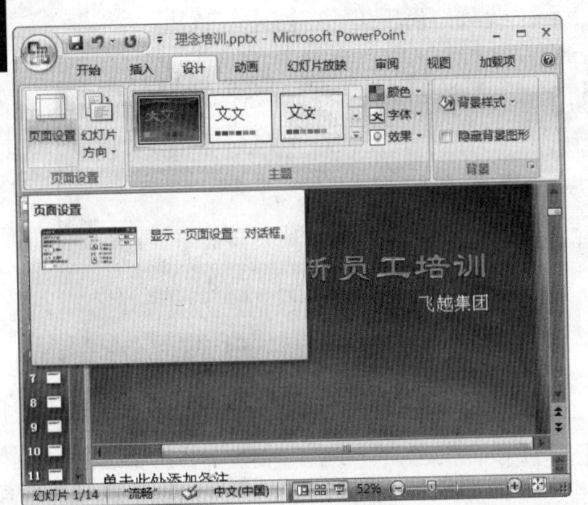

■ 打开“理念培训”演示文稿，单击“设计”选项卡，在“页面设置”组中单击“页面设置”按钮。

02

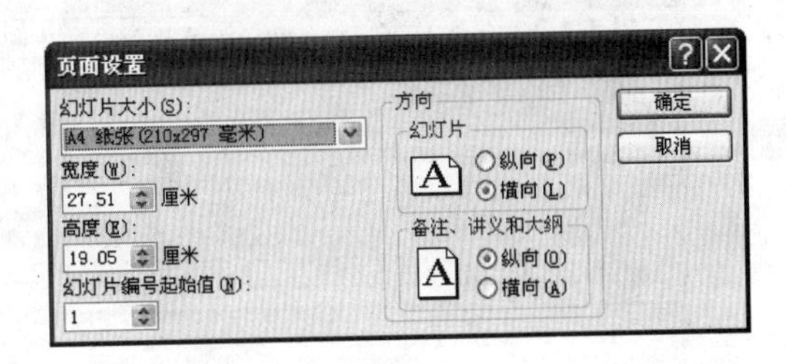

■ 在打开的“页面设置”对话框的“幻灯片大小”下拉列表框中选择“A4 纸张(210 毫米×297 毫米)”选项，单击“确定”按钮。

03

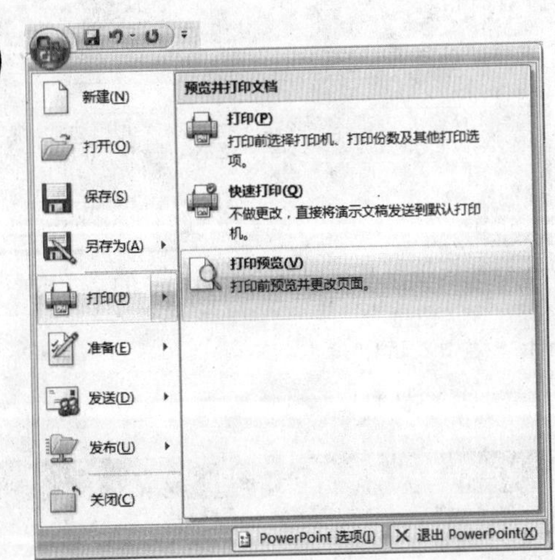

■ 单击“Office”按钮，在弹出的下拉菜单中选择“打印/打印预览”命令。

04

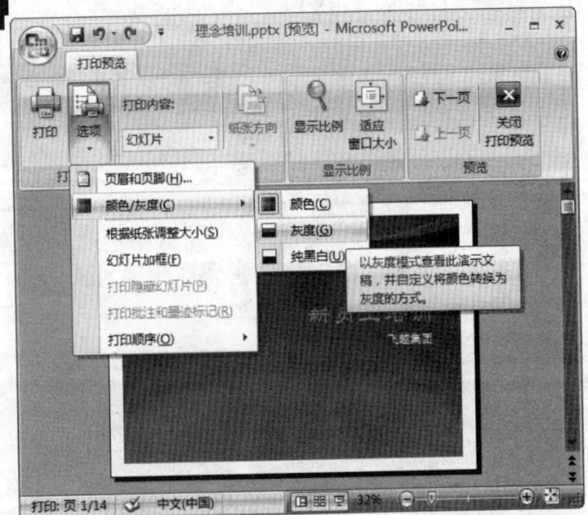

1. 进入打印预览模式，此时默认以打印机的颜色设置进行预览。
2. 在“打印预览”选项卡的“打印”组中，单击“选项”下拉按钮，在弹出的下拉菜单中选择“‘颜色/灰度’/灰度”命令，预览灰度打印模式。

05

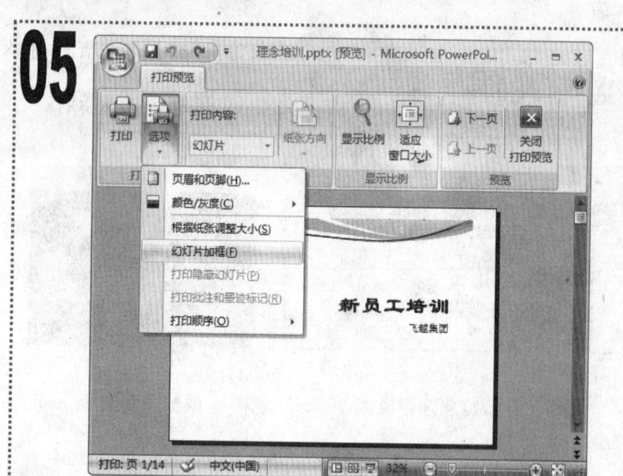

1 在“打印”组中单击“选项”下拉按钮，在弹出的下拉菜单中选择“幻灯片加框”命令，为打印范围添加边框。

2 在“预览”组中单击“关闭打印预览”按钮，关闭打印预览模式。

06

1 单击“Office”按钮，在弹出的下拉菜单中选择“发布/CD 数据包”命令。

2 弹出提示对话框，提示将把添加的文件更新到兼容模式，在对话框中单击“确定”按钮。

07

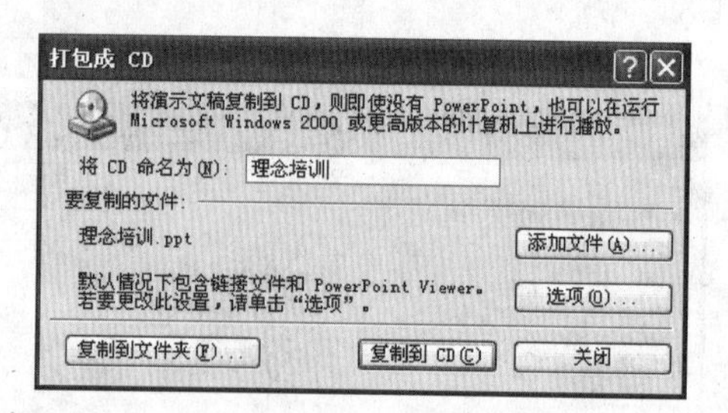

1 在打开的“打包成 CD”对话框的“将 CD 命名为”文本框中，输入名称，这里输入文本“理念培训”。

2 单击“选项”按钮。

08

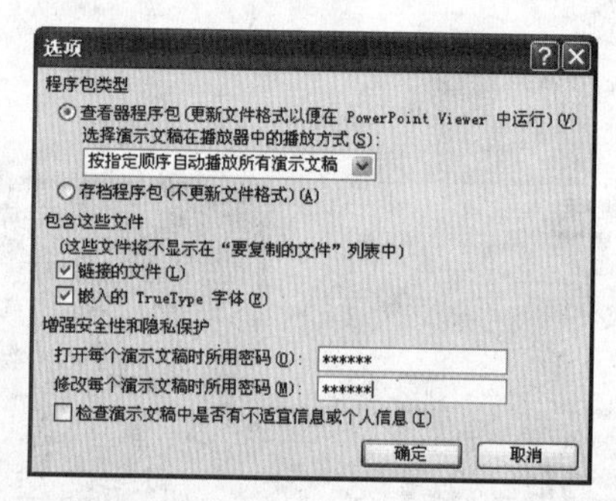

1 在打开的“选项”对话框中选中“包含这些文件”栏中的“嵌入的 TrueType 字体”复选框，然后分别在“增强安全性和隐私保护”栏中的两个文本框中输入密码，这里都输入“654321”。

2 单击“确定”按钮。

09

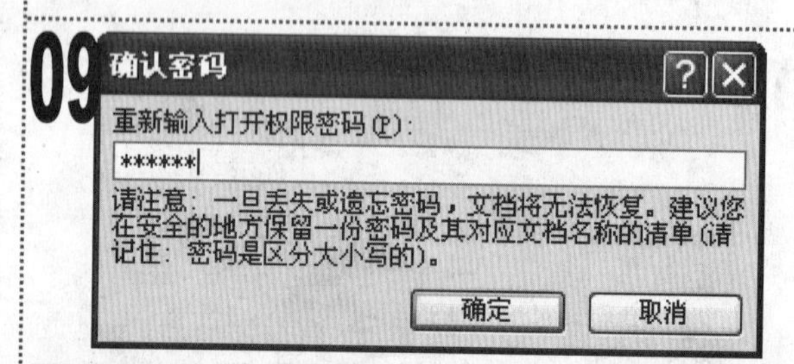

1 在打开的“确认密码”对话框中要求用户确认输入打开权限密码，在文本框中输入密码“654321”。

2 单击“确定”按钮。

10

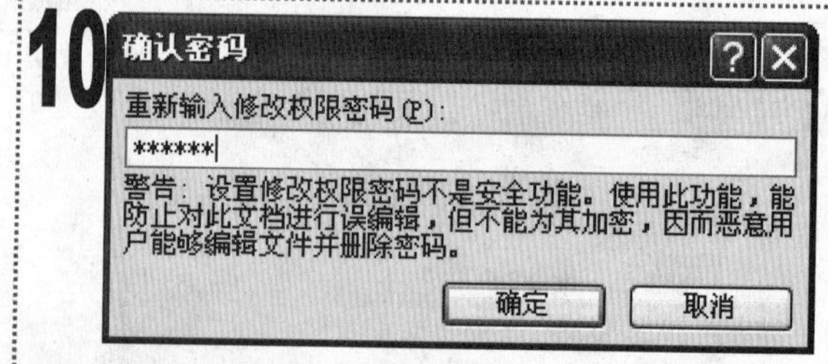

1 在打开的确认修改权限密码对话框中的文本框中，输入密码“654321”。

2 单击“确定”按钮。

11

打包成 CD

将演示文稿复制到 CD，则即使没有 PowerPoint，也可以在运行 Microsoft Windows 2000 或更高版本的计算机上进行播放。

将 CD 命名为(N): 理念培训

要复制的文件:

理念培训.ppt 添加文件(A)...

默认情况下包含链接文件和 PowerPoint Viewer。若要更改此设置，请单击“选项”。 选项(O)...

复制到文件夹(F)... 复制到 CD(C) 关闭

1 在返回的“打包成 CD”对话框中，单击“复制到文件夹”按钮。

12

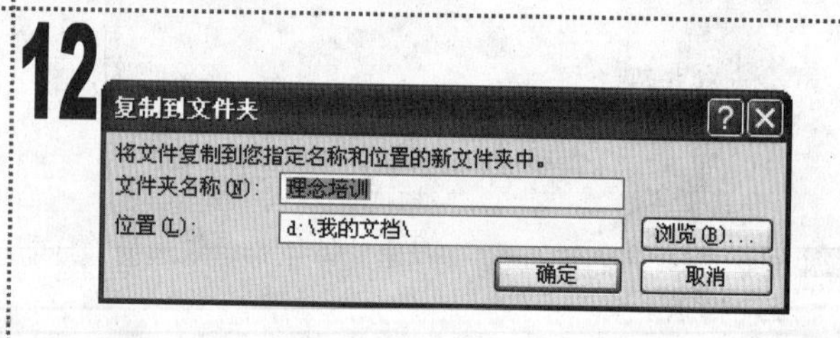

1 在打开的“复制到文件夹”对话框中，单击“位置”文本框后面的“浏览”按钮。

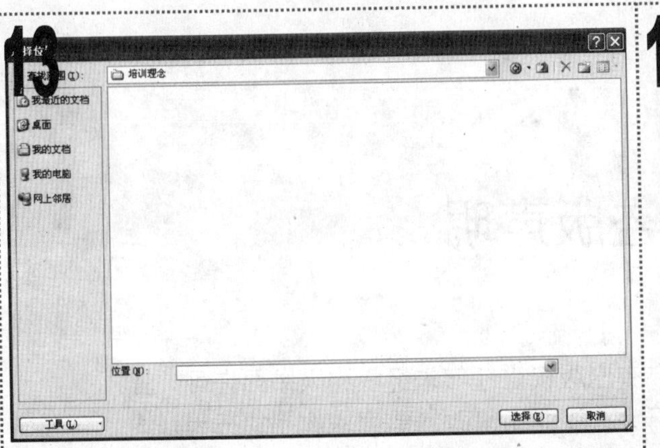

13

■1 在打开的“选择位置”对话框的“查找范围”下拉列表框中，选择将文件复制到的文件夹。

■2 单击“选择”按钮。

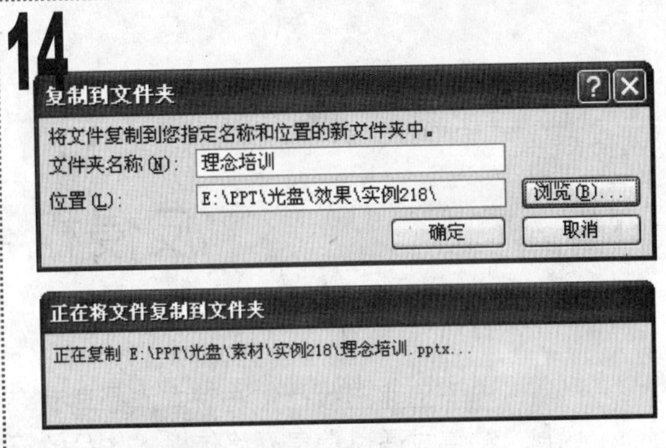

14

■1 返回“复制到文件夹”对话框，单击“确定”按钮，弹出一个提示对话框，在其中单击“是”按钮。

■2 软件自动对演示文稿进行打包，并打开一个对话框显示复制的进度。

■3 复制完成后返回“打包成 CD”对话框，单击“关闭”按钮关闭该对话框。

15

■1 将复制后包含数据包的文件夹复制到其他电脑中，打开名为“理念培训”的文件夹，双击名为“PPTVIEW”的可执行文件。

16

■1 在打开的确认许可证条款页面中单击“接受”按钮。

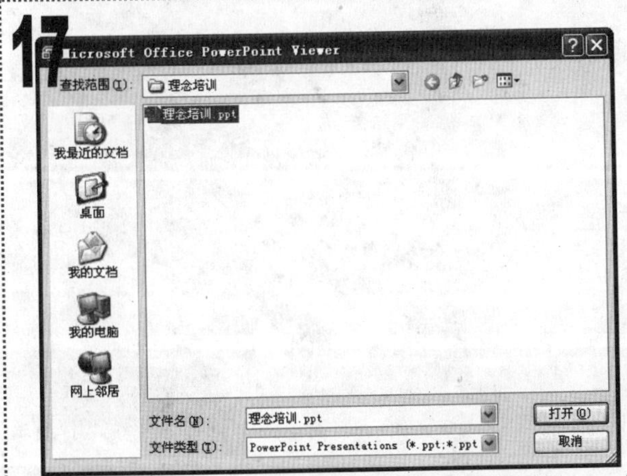

17

■1 在打开的“Microsoft Office PowerPoint Viewer”对话框的“查找范围”下拉列表框中选择“理念培训”文件夹。

■2 在下方的列表框中选择“理念培训”选项。

■3 单击“打开”按钮。

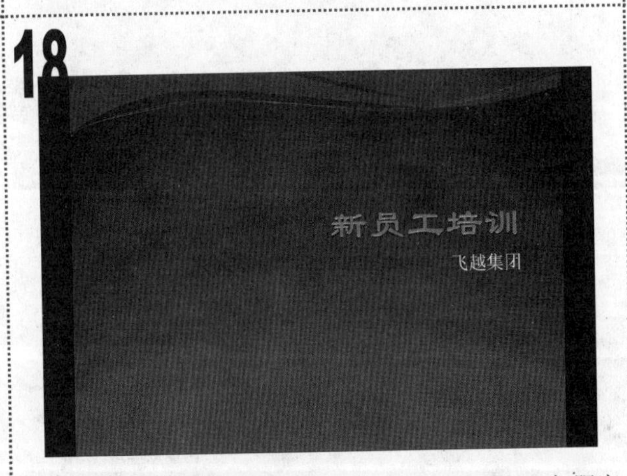

18

■1 在打开的“密码”对话框中输入前面设置的打开权限密码“654321”，然后单击“确定”按钮。

■2 开始全屏放映“理念培训”演示文稿，依次单击鼠标左键播放下一张幻灯片。

反侵权盗版声明